实用建筑结构静力计算手册

第2版

主　编　国振喜　高　松

副主编　国馨月　孙　谌　吴云钊

机 械 工 业 出 版 社

本书根据工程实践和多方著述，汇集了建筑结构静力计算基本知识，各种结构的实用计算方法、计算公式和计算用表与常用数学公式等供读者计算时使用，以及矩阵位移法、行列式法、逆矩阵法等计算结构的方法，使计算过程程序化、标准化和自动化，供读者在使用计算机计算时参考。除此之外，本书在第1版的基础上更换和补充了部分内容，以期更符合读者的阅读习惯。

本书主要包括建筑结构静力计算基本知识、常用截面图形的几何及力学特性、单跨梁与水平曲梁的计算、连续梁计算、板的计算、桁架的计算、在均布荷载作用下井字梁计算、拱的计算、排架计算、刚架计算、结构实用计算法、结构静力计算常用数学基本知识共12章内容。

同时，本书还配有四大线上资源：①24个授课视频；②474条知识条目；③190余个可计算公式；④38个可查询表格。读者可通过在平台中搜索关键词，直接获得相关结果，免去复杂的计算过程和查表过程。

本书强调应用，实用性强，应用方便，有大量的实用计算例题，以使读者能够熟练掌握计算方法，做到举一反三。

本书可供广大建筑结构设计人员、施工人员及监理人员使用，也可供大专院校土建专业师生及科学研究人员使用与参考。

图书在版编目（CIP）数据

实用建筑结构静力计算手册/国振喜，高松主编．—2版．—北京：机械工业出版社，2024.2

ISBN 978-7-111-73887-9

Ⅰ.①实…　Ⅱ.①国…②高…　Ⅲ.①建筑结构－结构静力学－计算方法－手册　Ⅳ.①TU311.1-62

中国国家版本馆CIP数据核字（2023）第179223号

机械工业出版社（北京市百万庄大街22号　邮政编码100037）
策划编辑：何文军　李宣敏　　责任编辑：何文军　李宣敏
责任校对：郑　婕　陈　越　　封面设计：王　旭
责任印制：张　博
北京联兴盛业印刷股份有限公司印刷
2025年1月第2版第1次印刷
184mm×260mm·45.25印张·1238千字
标准书号：ISBN 978-7-111-73887-9
定价：168.00元

电话服务	网络服务
客服电话：010-88361066	机　工　官　网：www.cmpbook.com
010-88379833	机　工　官　博：weibo.com/cmp1952
010-68326294	金　　书　　网：www.golden-book.com
封底无防伪标均为盗版	机工教育服务网：www.cmpedu.com

前　言

《实用建筑结构静力计算手册》第1版（以下简称第1版）自2009年出版以来，深受广大建筑行业从业人员的欢迎，已先后印刷8次之多。与此同时，我们也接到不少读者的反馈，对第1版表示关切，并提出了建议与指正，要求提供更多的实用计算方法和计算例题，为此，我们深表谢意！

为适应我国建设事业发展的需要，加快现代化建设的步伐，高层建筑、民用建筑、工业建筑、公共建筑、地下建筑、高速公路和铁路建筑、海港码头等现代化设施建筑，以及防治各种自然灾害的构筑物正以前所未有的速度发展着。这些都需要进行各种不同的结构静力计算。因此，我们在第1版的基础上，补充和更换了部分内容，使其更实用，以此献给广大的建设工作者！希望对他们理解和掌握以及处理建筑结构静力计算问题有所帮助。

虽说目前几乎各大设计单位多使用计算机解决结构计算问题，但是，并不能事事处处都依赖计算机计算。在许多情况下，利用设计计算用表和基本知识常常能更及时地解决计算问题。对经常亲临现场的设计人员，想必同样需要这方面的工具书，来提高设计速度和工作能力，以更好地完成工作任务。况且，目前我国中小设计单位众多，所以这本工具书的出版就更具有现实意义。作为建筑结构设计人员，不但要具备用计算机解决结构计算的能力，更应具备结构计算的基本功和理论水平，本书将提供这方面的基础知识和计算方法。

本书主要包括建筑结构静力计算基本知识、常用截面图形的几何及力学特性、单跨梁与水平曲梁的计算、连续梁计算、板的计算、桁架的计算、在均布荷载作用下井字梁计算、拱的计算、排架计算、刚架计算、结构实用计算法、结构静力计算常用数学基本知识共12章内容。

本书第1章建筑结构静力计算基本知识主要包括常用的基本概念，以及静定结构受力计算分析，如力法、位移法、矩阵位移法等；除此之外，还提供了各种类型的实用计算例题，每一例题都是工程应用的基础。第2章主要阐述常用截面图形的几何及力学特性。第3～第10章是各种结构类型的实用计算用表，为一般计算提供准确、迅速的计算方法与计算公式及计算例题。第11章结构实用计算法，包括力矩分配法、无剪力分配法、分层法、反弯点法及D值法，都是工程中常用的计算方法。第12章结构静力计算常用数学基本知识包括初等代数、平面三角、微积分、行列式、矩阵等计算方法和实用计算例题，是计算的基础工具，必须掌握。

除此之外，本书还配有四大线上资源，资源平台地址为：https://shop.cmpkgs.com，进入平台后再搜索“实用建筑结构静力计算手册”，即可使用本书配套的所有线上资源。同时，读者可通过扫描封底二维码直接在手机端使用本书所有线上资源。线上资源大致包括：①24个授课视频，主题围绕力法、位移法、力矩分配法和矩阵位移法；②474条知识条目，本书纸质版内容中的所有概念、表格和例题，以及结构静力计算常用的基本数学知识，均转化为这474条知识条目，读者在平台直接输入关键词进行搜索，就可获得想要查找的内容；③190余个可计算公式，这些计算公式为结构静力计算的常用公式，读者在线上平台搜索之后，可通过输入公式的各项基本参数，直接获得计算结果，不再需要进行人工手算，免去复杂的计算过程；④38个可查询表格，这些表格也是结构静力计算的常用表格，读者可通过在平台中搜索表格名称关键词，再输入查询的条件，就可直接获得查询结果。

本书的主要特点如下：

（1）简明实用。本书以建筑结构设计人员结构静力计算中常用的、基础的、普遍的各种结构的计算方法、计算公式、简化计算用表、典型实用的计算例题等提供给广大的建筑行业从业人员，供工程计算时参照应用，举一反三，从而节省广大设计人员的宝贵时间，提高工作效率，缩短设计周期，满足工程建设需要。

（2）内容丰富。本书包括的12章内容，可以满足建筑结构设计人员计算和实际应用的需要。

（3）应用方便。本书将繁多的内容取其精华，均以条理化、表格化、公式化、计算例题等浓缩为一本书，读者携带方便，一目了然，可迅速找到所需要解决问题的方法。

本书由国振喜、高松任主编，国馨月、孙谌、吴云钊任副主编，参加编写的人员还有：张树义、国伟、李玉芝、孙学、李建强、马哲斌、国忠琦、司文、司浩然、焦芷薇和国英。

在本书的编写过程中，参阅和引用了一些文献资料内容，谨向它们的作者表示真诚的感谢和敬意！

在本书的编写和出版过程中，得到许多同志的支持和帮助，在此一并致谢！

由于我们水平有限，难免有不妥之处，敬请指教，以利改进。

国振喜

目　录

第1章　建筑结构静力计算基本知识

1.1　常用基本概念

1.1.1　结构与结构的分类及杆件结构的计算简图

结构与结构的分类及杆件结构的计算简图见表1-1。

表1-1　结构与结构的分类及杆件结构的计算简图

序号	项　目	内　　容
1	结构	在建筑物中用以支承、传递荷载和起骨架作用的部分称为工程结构，简称结构。例如，在房屋建筑中，由屋盖、梁、柱、基础等构件组成的体系是在建筑物中起骨架作用的，这个体系称为房屋结构。水工建筑物中承受水压力的闸口和水坝，公路和铁路上支承行车荷载的桥梁和隧洞等都可称为结构
2	结构的分类	（1）按几何特性分类 1）平面结构。在平面结构中，各杆的轴线和外力的作用线均在同一平面内的结构 2）空间结构。在空间结构中，各杆的轴线不在同一平面内的结构，如空间刚架、电视塔等 （2）按几何角度分类 1）杆系结构。由一个方向的尺寸(长度)远大于其他两个方向的尺寸(宽、高)的杆件组成的结构，称为杆系结构。如，梁和柱子等均属于杆系结构 2）板壳结构。一个方向的尺寸(厚度)远小于其他两个方向的尺寸(长、宽)的结构，称为板壳结构。如，板和壳体等均属于板壳结构 3）实体结构。三个方向的尺寸约为同量级的结构，称为实体结构。如，水坝、挡土墙等均属于实体结构 （3）按计算特性分类 1）静定结构。其杆件内力(包括反力)可由静力学的平衡条件唯一确定 2）超静定结构。其杆件内力(包括反力)仅由平衡条件还不能唯一确定，而计算时必须同时考虑变形条件才能唯一确定 （4）按受力和变形特性分类 1）梁。梁(图1-1a)是一种受弯构件，其轴线通常为直线。梁有单跨的和多跨的。其内力一般有弯矩和剪力，以弯矩为主 2）刚架。刚架(图1-1b)由梁和柱等直杆组成，结点多为刚结点。其内力一般有弯矩、剪力和轴力，以弯矩为主 3）拱。拱(图1-1c)的轴线为曲线，其力学特点是在竖向荷载作用下会产生水平反力(推力)。这使得拱内弯矩和剪力比同跨度、同荷载的梁小。其内力以压力为主 4）桁架。桁架(图1-1d)由直杆组成，所有结点都为理想铰结点。当仅受结点集中荷载作用时，其内力只有轴力(拉力或压力) 5）组合结构。组合结构(图1-1e)是由只承受轴力的桁杆和主要承受弯矩的梁杆(梁或刚架杆件)组成的结构，其中含有组合结点 6）悬索结构。悬索结构(图1-1f)也是一种有推力的结构。因为索极为柔软，其抗弯刚度可以忽略，因此，索的弯矩为零，剪力也为零，通常以仅能承受拉力的柔性缆索作为主要受力构件
3	杆件结构的计算简图	（1）结构的计算简图 1）在结构计算时，实际结构是很复杂的，要完全按照结构的实际情况进行力学分析，既不可能，也无必要。结构的计算简图是力学计算的基础，极为重要

续表 1-1

<table>
<tr><th>序号</th><th>项 目</th><th>内 容</th></tr>
<tr><td>3</td><td>杆件结构的计算简图</td><td>2）在结构计算中，必需忽略次要因素，抓住主要因素，经过科学抽象加以简化，用以代替实际结构的计算图形，这种用以计算的模型称为结构的计算简图
(2) 选取的原则及要求
1）选取的原则是：一要从实际出发，二要分清主次，抓住本质和主流，略去不重要细节
2）选取的要求是：既要尽可能正确地反映结构的实际工作性能，又要尽可能使计算简化，便于计算
3）有时，根据不同的要求和具体情况，对于同一实际结构也可选取不同的计算简图。例如，在初步设计阶段，可选取比较粗略的计算简图，而在施工图设计阶段，则可选取较为精确的计算简图；手算时，可选取较为简单的计算简图，而采用计算机计算时，则可选取较为复杂的计算简图
4）工程中常见的建筑物已有了成熟的计算简图，可以直接应用。但是对于一些新型结构，则需要设计人员自己确定计算简图
(3) 实际杆件结构计算简图的简化要点
1）结构体系的简化。实际工程结构一般都是空间结构，在大多数情况下，常可忽略一些次要的空间约束而将其分解为平面结构，使计算得到简化
2）几何形式的简化。无论是直杆或曲杆，忽略宽、高的影响后，均可以其轴线(截面形心的连线)代替杆件，而用按杆轴线形成的几何轮廓来代替原结构
3）材料性质的简化。杆件材料一般均假设为连续、均匀、各向同性、完全弹性或弹塑性
4）结点的简化。由两根或两根以上的杆件相互连接的位置称为结点。实际平面结构各杆件连接的形式多种多样，但通常可以简化为以下两种基本结点和一种组合结点：
① 刚结点。其变形特征和受力特点是，汇交于结点的各杆端之间不能发生相对转动的结点称为刚结点。刚结点处不但能承受和传递力，而且能承受和传递弯矩，如图 1-2a 所示
② 铰结点。其变形特征和受力特点是，汇交于结点的各杆端可以绕结点自由转动的结点称为铰结点。在铰结点处，只能承受和传递力，而不能传递弯矩，如图 1-2b 所示
③ 组合结点(又称不完全铰结点或半铰结点)。在同一结点上，部分刚结、部分铰结的结点称为组合结点，如图 1-2c 所示
5）支座的简化。把结构与基础或其他支承物联系起来的装置称为支座。在计算简图中一般简化为以下类型：
① 活动铰支座(或称可动铰支座、滚轴支座、辊轴支座)，构造如图 1-3a 所示，图 1-3b、c、d 是它的三种常用简化表示形式。如果支承面是光滑的，这种支座容许构件(杆端 A)沿水平方向(R_x)自由移动和绕 A 点转动，但沿竖向方向(R_y)不能移动。因此，在荷载作用时，这种支座约束力垂直于支承面，通过铰链中心，A 点有竖向反力 R_y，指向待定，如图 1-3e 所示
② 固定铰支座(或称铰支座、不动铰支座)，构造如图 1-4a 所示，图 1-4b、c、d、e 是它的四种常用简化表示形式。结构可以绕 A 点自由转动，但 A 点的水平移动和竖向移动则被限制。因此，结构受荷载作用时，A 点有水平反力 R_x 和竖向反力 R_y。略去摩擦力作用，反力 R_x 和 R_y 都通过铰的中心。图 1-4f 所示为用支杆表示铰支座的计算简图。支杆是专门用来表示支座的链杆。支杆通常被认为是刚性的，即不考虑其长度的改变
③ 固定支座，固定端表示方法如图 1-5a、b 所示。结构 A 端的水平移动、竖向移动和转动全被限制。在荷载作用下，A 端有水平反力 R_x、竖向反力 R_y 及反力矩 M。图 1-5c 所示为用支杆表示固定支座的计算简图，图 1-5d 所示为支座 A 的约束力计算简图
④ 定向滑动支座(或称定向支座、滑动支座、双链杆支座)，如图 1-6 所示。这种支座只能允许杆端沿一定方向自由移动，而沿其他方向既不能移动，也不能转动。沿自由移动的方向没有反力，但产生垂直于自由移动方向的反力和约束杆端转动的力矩
图 1-6a 及图 1-6c 代表允许沿 A 端水平向滑动的定向支座(它们是同一支座的不同表示方法)，其反力如图 1-6b 所示，图 1-6d 代表允许沿 A 端竖向滑动的定向支座，其反力如图 1-6e 所示</td></tr>
</table>

续表 1-1

序号	项　目	内　容
3	杆件结构的计算简图	6）荷载的计算与简化。荷载是主动作用于结构的外力，如结构的自重、加于结构的水压力和土压力。除外力以外，还有其他因素可以使结构产生内力或变形，如温度变化、基础沉陷、材料收缩等。从广义上来说，这些因素也可称为荷载 对结构进行计算以前，需先确定结构所受的荷载。荷载的确定是结构设计中极为重要的工作。如对荷载估计过大，则设计的结构过于笨重，造成浪费；若对荷载估计过小，则设计的结构将不够安全。确定荷载需要周密地考虑和谨慎地计算 荷载可以根据不同特征进行分类 根据荷载作用时间的久暂，可以分为恒荷载及活荷载两类。恒荷载是长期作用在结构上的不变荷载，如结构的自重或土压力。活荷载是在建筑物施工和使用期间可能存在的可变荷载，如楼面荷载、屋面荷载、吊车荷载、雪荷载及风荷载等 对结构进行计算时，恒荷载及大部分活荷载(如雪荷载、风荷载)在结构上作用的位置可以认为是固定的，这种荷载称为固定荷载。有些活荷载如吊车梁上的吊车荷载、公路桥梁上的汽车荷载，在结构上的位置是可以移动的，这种荷载称为移动荷载 根据荷载作用的性质，可以分为静力荷载与动力荷载两类。静力荷载的数量、方向和位置不随时间变化或变化极为缓慢，因而不使结构产生显著的运动。动力荷载是随时间迅速变化的荷载，能使结构产生显著的运动。结构的自重及其他恒荷载是静力荷载。动力机械产生的荷载或冲击波的压力是动力荷载。车辆荷载、风荷载和地震力通常在设计中视作静力荷载，但在特殊情况下也会按动力荷载考虑 荷载的确定，常常是比较复杂的。相关荷载规范总结了计算经验和科学研究的成果，设计中可以参考。在许多情况下，设计者需要深入现场，结合实际情况进行调查研究，才能对荷载进行合理地计算 在对结构进行分析时，常将荷载简化为沿杆轴连续分布的线荷载或作用在一点的集中力 例如，对于横放的等截面杆，可以将其自重简化为沿杆长均匀分布的线荷载；对水坝进行计算时，常取单位长度(如 1m)的坝段，将水压力简化为作用在坝段对称面内，与水深成正比的线性分布荷载 又如，当荷载的作用面积相对于构件的几何尺寸很小时，可以将其简化为集中力。工业厂房中，通过轮子作用在吊车梁上的吊车荷载，由于轮子与吊车梁的接触面积很小，可以将轮压看作是作用在吊车梁上的集中荷载

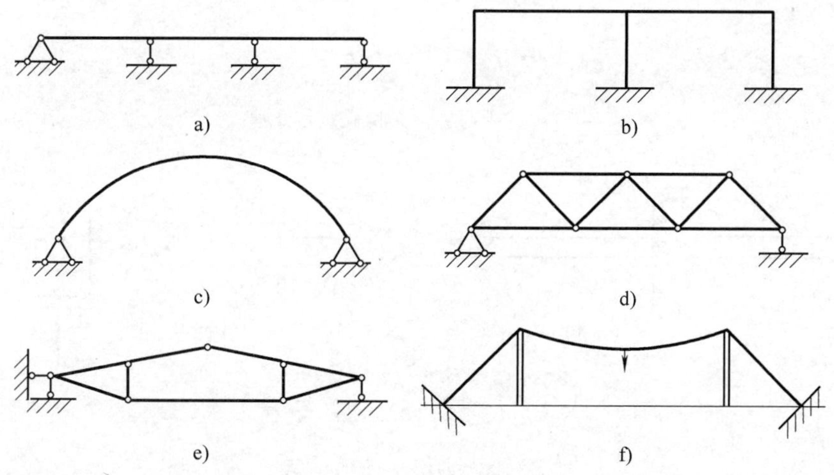

图 1-1　平面杆件结构

a）梁　b）刚架　c）拱　d）桁架　e）组合结构　f）悬索结构

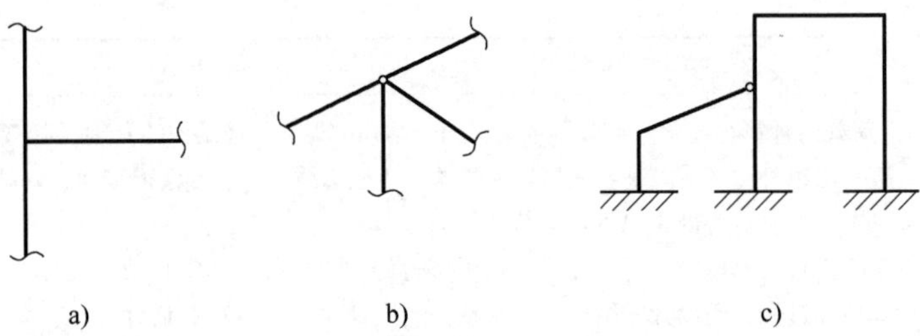

图 1-2 平面杆件结构的结点

a）刚结点 b）铰结点 c）组合结点

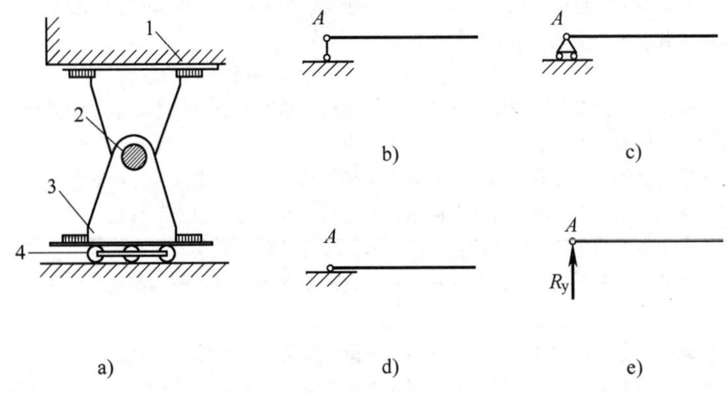

图 1-3 平面杆件结构活动铰支座

1—构件 2—销钉 3—支座 4—辊轴

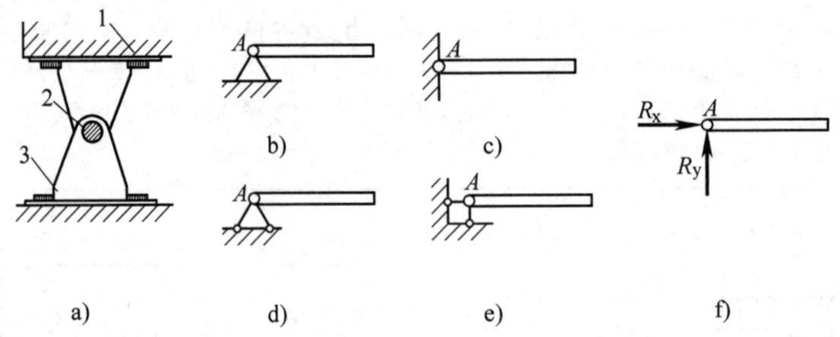

图 1-4 平面杆件结构固定铰支座

1—构件 2—销钉 3—支座

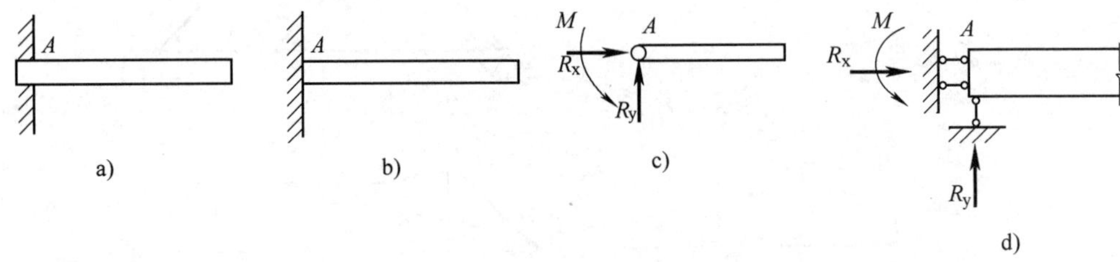

图 1-5 平面杆件结构固定支座

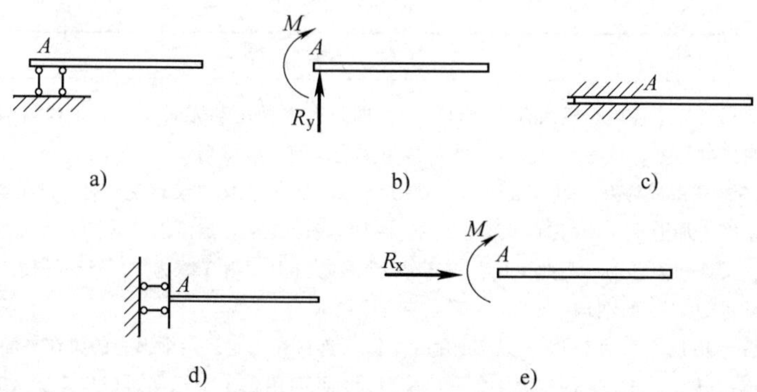

图1-6 平面杆件结构定向滑动支座

1.1.2 平面体系的几何组成构造分析

平面体系的几何组成构造分析见表1-2。

表1-2 平面体系的几何组成构造分析

序号	项目	内容
1	说明	建筑结构既然是用来支承荷载的，它就必须是牢固的，并且能够维持自身形状和位置。如何分析平面结构的几何构造，以判定它是否是一个牢固的(几何不变的)体系，则是这里研究的目的。几何构造分析也可以判定一个结构是静定的或超静定的
2	名词解释	(1) 几何不变体系及几何可变体系。图1-7a所示为两个竖杆和一个横杆绑扎组成的支架。假定竖杆在地面埋深很小，所以将C、D两端都取为铰支座。绑扎结点A及B取为铰结点。这个支架是不牢固的，容易倾倒，如图中虚线所示。如果加上一个斜撑CB，就得到如图1-7b所示的结构，这就是一个牢固的体系 结构受荷载作用时，截面上产生应力，材料因而产生应变。由于材料的应变，结构会产生变形，但这种变形一般是很小的。在几何构造分析中，不考虑这种由于材料的应变所产生的变形。这样，杆件体系可以分两类： 1) 几何不变体系(图1-7b)。在不考虑材料应变的条件下，在任意荷载作用下，其位置和几何形状是不能改变的体系称为几何不变体系 2) 几何可变体系(图1-7a)。在不考虑材料应变的条件下，在任意荷载作用下，其位置和几何形状是可以改变的体系称为几何可变体系 一般结构都必须是几何不变体系，而不能采用几何可变体系。几何构造分析的主要目的就是保证结构是几何不变的 在平面体系中，不考虑材料应变的几何不变部分称为刚片，如一根梁、一根链杆、一个铰结三角形等都可称为刚片 (2) 运动的自由度。自由度是指物体或体系运动时可以独立变化的几何参数的数目，即确定物体或体系位置所需的独立坐标数。平面上的一个点有两个自由度，平面上的一个刚片有三个自由度 图1-8a表示平面内一点A的位置改变至A'。一点在平面内可以沿水平方向(x轴方向)移动，又可以沿竖直方向(y轴方向)移动，即平面内一点有两种独立运动方式(有两个独立的坐标x、y可以改变)，称之为有两个自由度 图1-8b表示平面内一个物体由原来的位置AB改变到后来的位置$A'B'$。这个物体可以有x轴方向的移动(Δx)、y轴方向的移动(Δy)，还可以有转动($\Delta\theta$)。因为一个物体在平面内有三种独立的运动方式(有三个坐标x、y、θ可以独立地改变)，即一个物体在平面内有三个自由度 一般来说，如果一个体系有n个独立的运动方式，就称这个体系有n个自由度。换句话说，一个体系的自由度，等于这个体系运动时可以独立改变的坐标的数目

续表 1-2

序号	项　目	内　容
2	名词解释	普通机械中使用的机构有一个自由度，即只有一种运动方式。一般工程结构都是几何不变体系，其自由度为零。凡是自由度大于零的体系都是几何可变体系 (3) 联系或约束。图1-9a所示一梁AB，有一个支杆AC。没有支杆时，这个梁AB在平面内有三个自由度。加上支杆AC以后，梁AB只有两种运动方式：A点沿以C为圆心、以AC为半径画的圆弧移动；梁绕A点转动。由此可见，支杆AC使梁的自由度由3减为2，即支杆使梁的自由度减少一个。由此可知，一个支杆相当于一个联系或一个约束 图1-9b所示为两个梁AB及BC用一个铰B连接在一起。两个孤立的梁在平面内有6个自由度。用铰连接以后，自由度便减为4个。这是因为，此时用三个坐标便可以确定梁AB的位置，然后梁BC只能绕B点转动，即只需一个转角就可以确定梁BC的位置。由此可见，一个连接两个物体的铰使自由度减少两个，所以一个铰相当于两个联系或两个约束 一般来说，使一个体系减少n个自由度的装置，相当于n个联系或约束。应当记住：一个支杆(链杆)相当于一个联系；一个简单铰(连接两个物体)相当于两个联系
3	几何不变体系的组成规律	(1) 用链杆固定一点的方式。试研究如何用链杆固定一个结点。 如图1-10a所示，如果用一个链杆AC把结点C连于基础，结点C仍然可以沿圆弧Ⅰ(圆心在A点，半径为AC)移动。这个体系是几何可变的 图1-10b所示结点C用不在同一直线上的两个链杆AC和BC连于基础。这时结点C是固定不动的。假想AC和BC两杆在C点分开，则结点C，如视为属于链杆AC，则只能沿圆弧Ⅰ移动；如视为属于链杆BC，则只能沿圆弧Ⅱ(圆心在B点，半径为BC)移动。这两个圆弧只有一个交点。这就确定了两杆连接在一块的结点C的实际位置。因此，这个体系是几何不变的 图1-10c所示两个链杆AC和BC同在一条直线上。这时圆弧Ⅰ和圆弧Ⅱ在C点相切，有一段微小的共同线段。所以结点C仍然可以在与AB直线垂直的方向有微小的移动。当结点C有微小竖向位移以后，AC和BC两个链杆就不在一条直线上了，此时就变成了几何不变的。如果一个几何可变体系发生微小的位移以后，即成为几何不变体系，则将此类体系称为瞬变体系。瞬变体系是可变体系的一种特殊情况。为了便于区别，如果一个几何可变体系可以发生大量的位移，可以称之为常变体系。图1-10a为常变体系的例子 在图1-10d中，结点C由三个链杆连于基础。既然AC和BC两个链杆已足以固定结点C的位置，所以链杆CD是多余的。因此，这个体系是几何不变的，但有一个多余联系 由上面的分析，得到下述规律： 规律1：用两个不在一条直线上的链杆可以固定一个结点，是几何不变的，并且没有多余联系 从这个规律可以看出，要组成一个没有多余联系的几何不变体系，首先要注意联系的数目。如果所加的联系太少，则体系是常变的；如果所加的联系太多，则体系有多余联系。其次，还要注意联系的布置。在图1-10c中，虽然加了两个链杆，从所加联系的数目来看，是足够的。但由于布置不合理，实际上两个链杆只起了一个联系的作用(杆AC和杆BC都只能阻止C点的水平位移，不能阻止C点的竖向位移)，因而体系仍然是可变的 (2) 两个物体(刚片)互相连接的方式。试研究如何用链杆固定一个构件。 图1-11a所示为一梁，用AB、CD两个链杆连于基础。由于链杆的约束，A点的微小位移与AB垂直，C点的微小位移与CD垂直。以O表示AB与CD的交点。显然，梁可以发生以O为中心的微小转动。O点成为瞬时转动的中心，其作用相当于一个铰。随着运动的进行，转动中心O的位置也在改变。因而，这个体系是几何可变的 如图1-11b所示，如果再加上一个链杆EF，不通过O点，则由于这个链杆的约束，E点的微小位移必须与EF垂直，这就不符合绕O点转动的条件，因而就消除了梁绕O点转动的可能性。这样，梁的位置就完全固定了，此时，体系是几何不变的

续表 1-2

序号	项　　目	内　　容
3	几何不变体系的组成规律	图 1-11c 所示为三个链杆同交于一点。梁可以绕交点 O 有微小的转动，一般来说，转动发生后，三杆将不再交于一点。因此，图 1-11c 所示情况属于瞬变体系 图 1-11d 所示为三个链杆互相平行。梁可以有水平位移，体系是几何可变的 在图 1-11e 中，1、2、4 三个链杆已足以把梁的位置完全固定，链杆 3 是多余的。因此，体系是几何不变的，且有一个多余联系 在图 1-11 中，梁和基础代表两个物体(或称刚片)。由此，得到的规律如下： 规律 2：两个物体(或称刚片)用不全平行也不同交于一点的三个链杆连接在一起，就成为几何不变的整体，并且没有多余联系 上述规律也可以用另一方式表述： 规律 3：两个物体用一个铰和轴线不通过此铰的一个链杆连接，就成为几何不变的整体，并且没有多余联系 如图 1-12a 所示，Ⅰ、Ⅱ两个物体(或称刚片)由铰 A 及链杆 BC 连接，就形成几何不变的整体并且没有多余联系。铰 A 实际上相当于两个相交链杆的交点位置(图 1-12b)。所以规律 3 与规律 2 是等效的 (3) 三个物体(刚片)互相连接的方式。在图 1-12a 中，可以把链杆 BC 看成物体Ⅲ。由此可知，三个物体Ⅰ、Ⅱ、Ⅲ用不在同一直线上的三个铰 A、B、C 相连接，就成为几何不变的整体。事实上，因为 AB、BC、CA 三段直线的长度是不变的，它们组成的三角形的形状也就不能改变。这样，由规律 3 可以得到下述规律： 规律 4：三个物体(刚片)用不在同一直线上的三个铰互相连接，可组成几何不变的整体，并且没有多余联系 在图 1-10b 中，可以把链杆 AC、链杆 BC 和基础看成三个物体，由 A、B、C 三个铰互相连接。由此可知，规律 4 与规律 1 本质上也是相同的。由图 1-10c 可知：当三个物体由三个同在一直线上的三个铰互相连接时，得到的体系是瞬变体系
4	几何构造与静定性的关系	几何构造分析除可以判定体系是几何不变的或几何可变的以外，还可以说明体系是静定的还是超静定的 图 1-13a 所示为一简支梁，三个支杆不全平行也不同交于一点，则体系是几何不变的，且没有多余联系。这里三个支杆代表三个联系，有三个未知反力。如果去掉支杆，梁有三个自由度，平衡方程数也是三个。未知反力数与平衡方程数相等，所以，简支梁是一个静定结构。图 1-13b 所示为一连续梁，一个水平支杆和两个竖向支杆就足以保证体系是几何不变的，由此可知，体系是几何不变的，并且有一个多余联系(多一个竖向支杆)。这里四个支杆代表四个联系，有四个未知反力。如果去掉所有支杆，梁有三个自由度，平衡方程数也是三个。未知反力数超过平衡方程数，所以连续梁是一个超静定结构。几何不变并且没有多余联系的体系是静定的，几何不变而有多余联系的体系是超静定的。这是一个一般结论 几何不变体系在不考虑材料的应变时，是不能改变结构位置和形状的。荷载加到几何不变体系上以后，立刻受到反力和内力的抵抗，不能产生刚体运动，体系是可以保持平衡的。如果体系没有多余联系，则未知反力数与平衡方程数相等，所有未知反力都可由平衡方程计算出来，因而体系是静定的。如果体系有多余联系，则未知反力数大于平衡方程的数目，未知反力不能由平衡方程完全确定，因而体系是超静定的

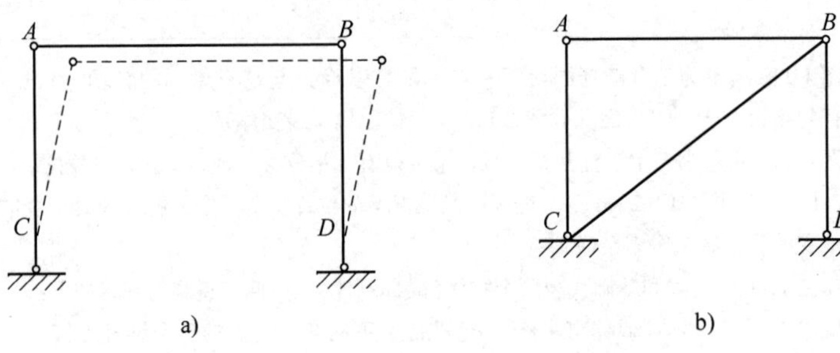

图 1-7 支架结构

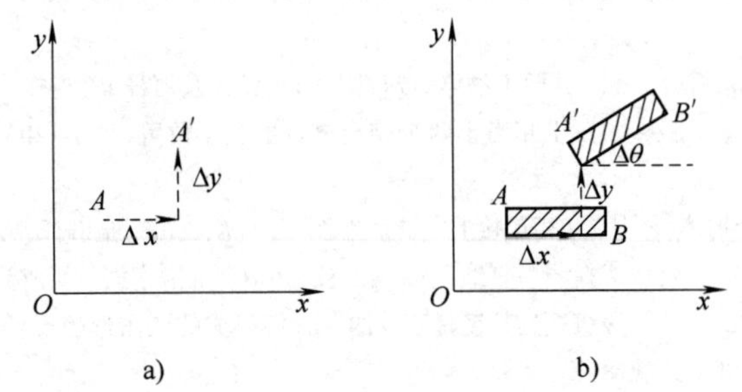

图 1-8 一个点与一个物体(刚片)的自由度

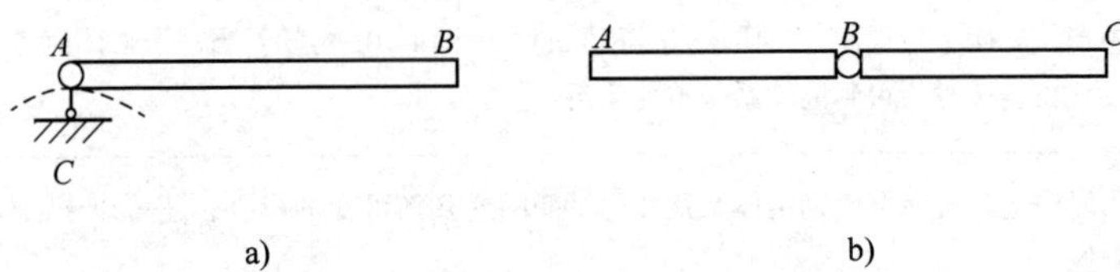

图 1-9 联系或约束

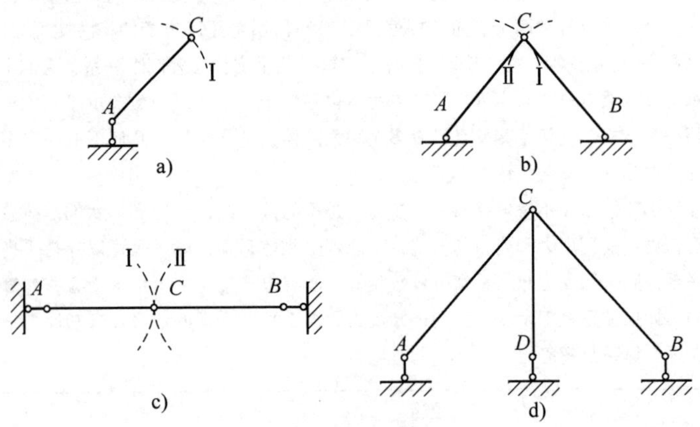

图 1-10 链杆固定一点

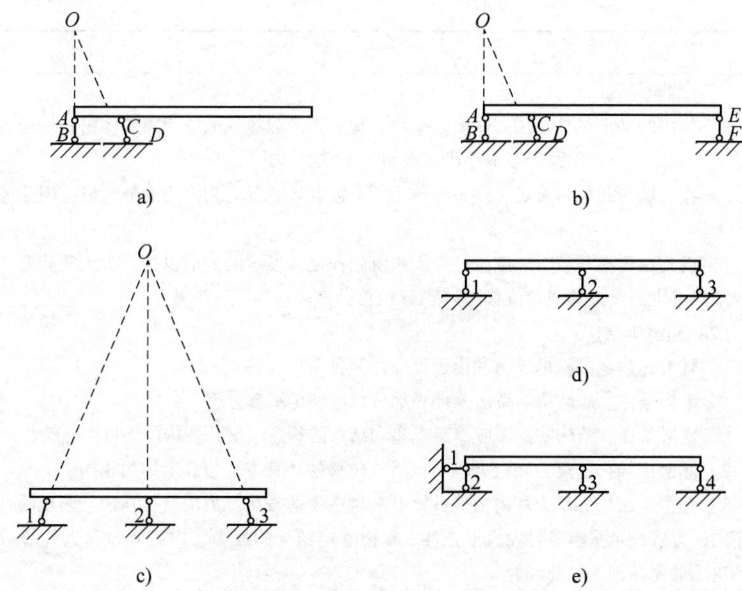

图1-11　两个物体互相连接的方式

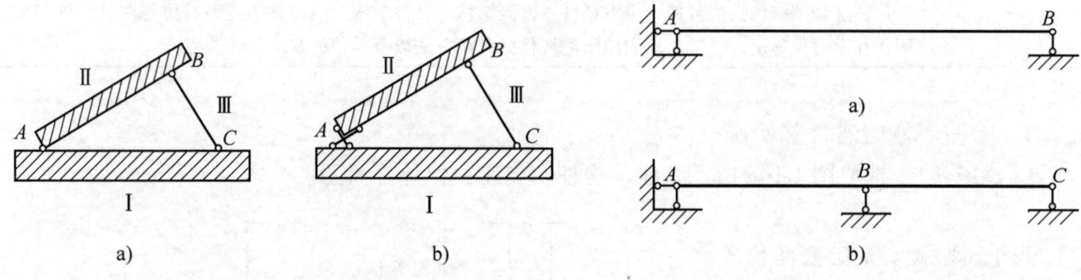

图1-12　三个物体互相连接的方式

图1-13　简支梁及连续梁

1.1.3　静定结构与超静定结构

静定结构与超静定结构见表1-3。

表1-3　静定结构与超静定结构

序号	项　目	内　容
1	简述	在实际工程中，静定结构应用得很多。同时，静定结构分析又是超静定结构分析的基础。因此，掌握静定结构的受力分析方法，了解各种静定结构的力学性能，对结构设计工作极为重要 用来作为结构的平面杆件体系，必须是几何不变的，而几何不变体系又分为有多余约束的几何不变体系和无多余约束的几何不变体系，前者的约束数目除满足几何不变性的要求外还有多余，后者的约束数目与满足几何不变性要求的约束数目相等。因此，把有多余约束的几何不变体系称为超静定结构，无多余约束的几何不变体系称为静定结构 从静力的角度来看，用平衡方程式可以求出全部支座反力和内力的结构称为静定结构，用平衡方程式不能求出全部支座反力和内力的结构称为超静定结构
2	几何特征	1）静定结构：几何不变且无多余约束的体系 2）超静定结构：几何不变但有多余约束的体系
3	静力特征	1）静定结构：其杆件内力(包括反力)可由静力平衡条件唯一确定 2）超静定结构：其杆件内力(包括反力)由静力平衡条件还不能唯一确定，必须同时考虑变形条件才能唯一确定

续表 1-3

序号	项　目	内　容
4	静定结构与超静定结构计算方法	（1）静定结构 1）使用的基本工具是隔离体图及平衡方程。正确而熟练地应用隔离体图和平衡方程极为重要，这是结构力学中分析问题的基本手段，必须切实掌握 2）在移动荷载如起重机、汽车等作用下，需要计算反力和内力的最大值，因此还要利用影响线这个工具 3）确定结构在荷载、温度改变或支座沉陷作用下发生的变形也是一个重要问题，通常需要计算结构某点发生的线位移或角位移(转角)。位移计算以功能原理为基础 （2）超静定结构 1）计算超静定结构的反力和内力要应用两种条件： ① 平衡条件。从结构中截出的任一部分都应满足平衡方程 ② 变形条件。结构的变形应满足支座和结点的约束情况并使构件保持为连续体 2）超静定结构的反力和内力求出以后，位移的计算方法与静定结构相同 3）超静定结构的反力和内力的计算有三种主要的方法：力法、位移法、渐近法。三种方法分别以不同的方式满足平衡条件及变形条件。掌握静定结构的反力、内力和位移的计算方法，才能顺利地解决超静定结构的计算问题 力法是把超静定结构拆成静定结构，再由静定结构过渡到超静定结构。静定结构的内力和位移计算是力法计算的基础，因而在学习力法时，要求牢固地掌握静定结构的分析方法 位移法是把结构拆成杆件，再由杆件过渡到结构。杆件的内力与位移的关系是位移法计算的基础。因而在学习位移法时，要求牢固地掌握杆件的分析方法以及杆件的基本特性

1.1.4 常用基本概念计算例题

［例题 1-1］ 选取图 1-14a 所示工业厂房柱端支座，作计算简图。

［解］

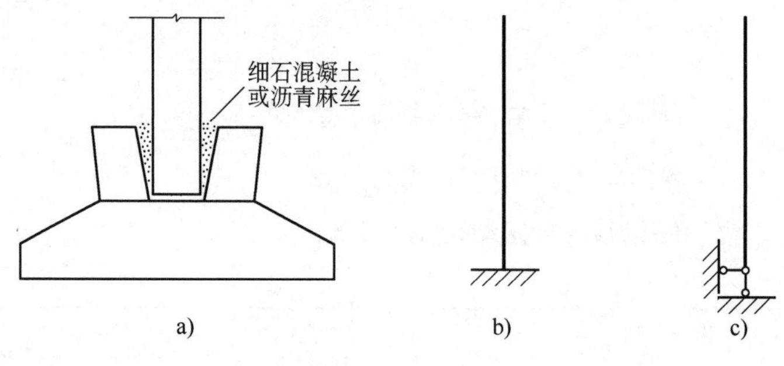

图 1-14 ［例题 1-1］计算简图

当土质坚硬、基础底面积较大时，预制钢筋混凝土柱子放入杯形基础后，如果用细石混凝土灌注杯口中，则柱子和杯形基础连接的计算简图可取为固定端（图 1-14b），因为杯形基础与柱端的线位移和转角均较小，结构的位移主要是柱子和上部结构变形引起的；柱端可以承受较大的弯矩。如果用沥青麻丝灌注杯口中，则柱子和杯形基础连接的计算简图可取为固定铰支座（图 1-14c），因为杯口中沥青麻丝对柱端转动的约束力较小。

［例题 1-2］ 选取图 1-15a 工业厂房中吊车梁，作计算简图。

［解］

1）说明。图 1-15a 所示为工业厂房中采用的一种吊车梁，横梁 AB 和竖杆 CE 及 DF 都是由钢筋混凝土浇筑而成，但是竖杆 CE 及 DF 的截面面积比梁 AB 的截面面积小很多。杆件 AE、EF 及 FB 是由锰钢做成。吊车梁的两端由厂房柱的牛腿支承。

2）支座的简化。由于吊车梁的两端与柱牛腿上的预埋钢板通过焊接相连，且焊缝较短，因此这种连接方式对吊车梁两端的转动没有多大的约束作用，又考虑梁的受力特性和计算简图要便于计算的原则，梁可简化为简支梁，即梁一端为固定铰支座，另一端为可动铰支座。

3）结点的简化。因梁 *AB* 是一根整体的钢筋混凝土梁，截面面积较大，而杆 *CE*、*DF*、*AE*、*EF*、*FB* 截面面积与梁 *AB* 的截面面积相比较小，主要承受轴力，故 *A*、*E*、*F*、*B* 结点可以简化为铰，*C*、*D* 结点可简化为半铰（梁 *AB* 在 *C*、*D* 点是连续的，杆 *CE* 在 *C* 点是铰、杆 *DF* 在 *D* 点是铰）。

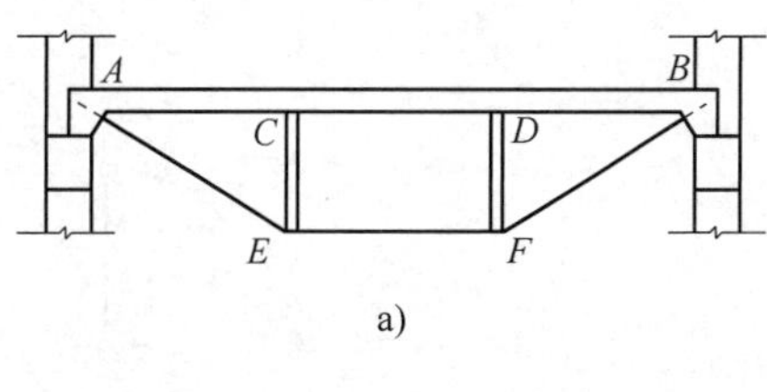

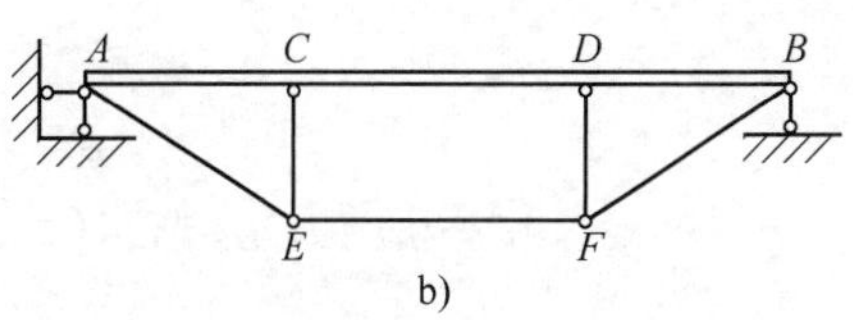

图 1-15　[例题 1-2] 计算简图

用各杆的轴线代替杆件，可得结构的计算简图为图 1-15b，图 1-15b 中 *A*、*B*、*E*、*F* 为铰结点，*C*、*D* 为半铰。这个简图，反映了杆件梁 *AB* 的主要受力性能（弯矩、剪力、轴力）；对 *AE*、*EF*、*FB*、*CE*、*DF* 保留了主要的内力（轴力），忽略了弯矩、剪力的影响。对于支座保留了主要的内力（竖向的支承力），忽略了转动的约束作用。实践证明，这个简图是合理的，既反映了结构的主要变形和受力特点，又便于计算。

[例题 1-3]　分析图 1-16 所示体系，确定其是否为几何可变体系。

[解]

AB 部分有三个支杆连于基础，此三个支杆不同交于一点，所以 *AB* 部分是不动的，已完全固定于基础上。进而可以把 *AB* 视为基础的一部分，*BC* 视为支杆，则 *CD* 部分也是由不交于一点的三个支杆连于基础。所以，整个体系是几何不变的，并且没有多余联系。

[例题 1-4]　分析图 1-17 所示体系的几何构造。

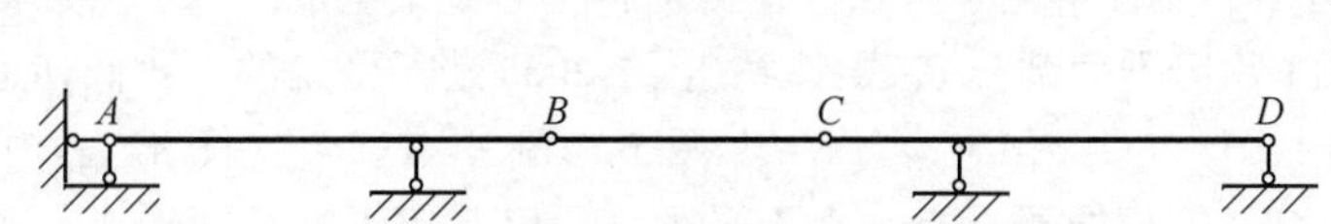

图 1-16　[例题 1-3] 计算简图

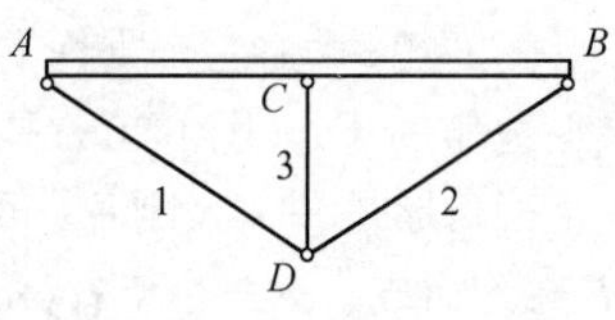

图 1-17　[例题 1-4] 计算简图

[解]

AB 为一梁，结点 *D* 可由链杆 1、2 固定于梁 *AB* 上，链杆 3 是多余联系。所以，这个结构本身是几何不变的，且有一个多余联系。

[例题 1-5]　分析图 1-18 所示体系的几何构造。

[解]

考虑曲杆 *AC*、曲杆 *BC* 和基础这三个物体之间的联系。*C* 为一铰，*A* 点两个支杆亦相当于一铰，但 *B* 点缺一个支杆，不满足铰的条件。因此，整个体系是几何可变的，缺少一个支杆，即缺少一个联系。

图 1-18　[例题 1-5] 计算简图

[例题 1-6]　分析图 1-19 所示体系的几何构造。

[解]

构件Ⅰ与构件Ⅱ之间由铰 *C* 连接。构件Ⅰ与基础Ⅲ之间由链杆 1、2 连接，相当于一个铰在 *A* 点。构件Ⅱ与基础Ⅲ之间由链杆 3、4 连接，相当于一个铰在 *B* 点。如 *A*、*B*、*C* 三点不在同一直线上，则体系是几何不变的，且没有多余联系。如 *A*、*B*、*C* 三点在同一直线上，则体系是瞬变的。

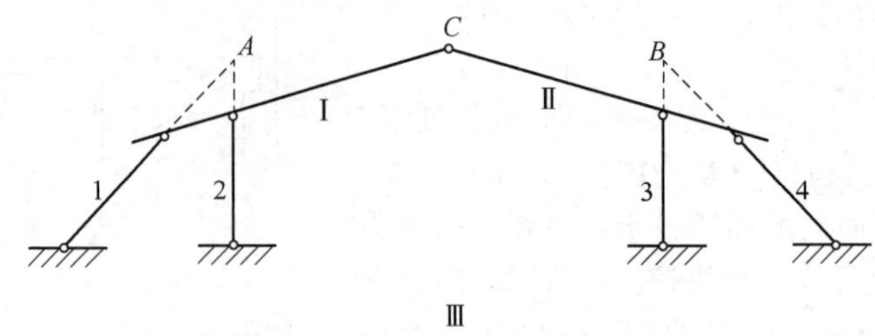

图1-19 [例题1-6]计算简图

[例题1-7] 分析图1-20a所示体系的几何构造。

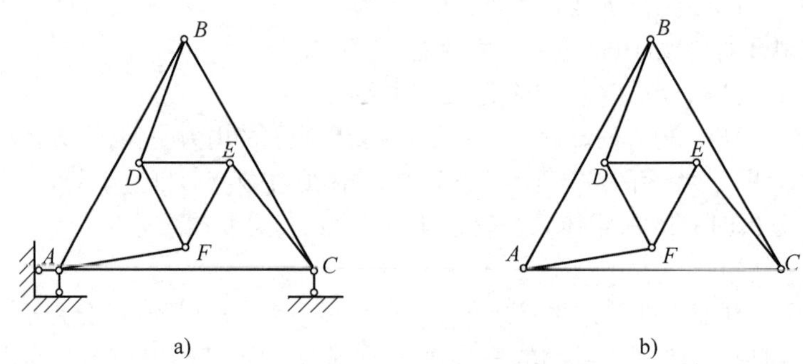

图1-20 [例题1-7]计算简图

[解]

图1-20a中有三个支杆支承，这三个支杆不交于一点，也不平行，与基础组成刚片。所以如果上边那一部分(图1-20b)是个刚片(几何不变部分)，则体系(图1-20a)是不可变的。我们知道一个三角形是一个大刚片，可见图1-20b是由$\triangle ABC$与$\triangle DEF$两个大刚片用三个支杆AF、BD、CE相连而成，这三个支杆(AF、BD、CE)不相交于一点，也不平行，所以几何不变，即形成一个刚片。所以原体系(图1-20a)是几何不变体系，并且没有多余联系。

[例题1-8] 分析图1-21所示体系的几何构造。

[解]

可将图1-21AB杆看成刚片Ⅰ，基础看成刚片Ⅱ。刚片Ⅰ与刚片Ⅱ由A铰和B支杆相连，组成几何不变体系。而杆AE、CE和杆BF、DF与杆AB(刚片Ⅰ)组成几何不变体系，而杆EF是一个多余联系(约束)，所以该体系(图1-21)是有一个多余联系的几何不变体系。

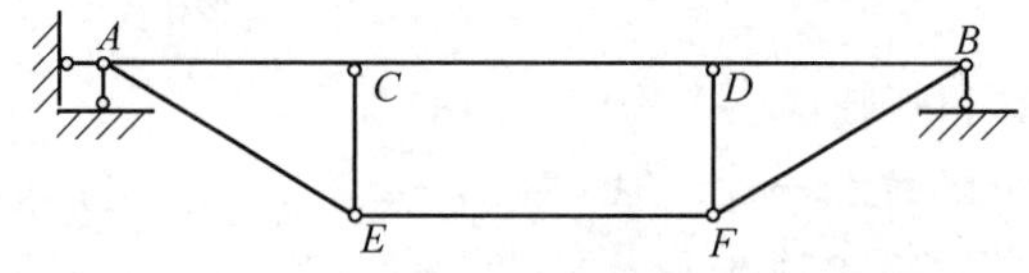

图1-21 [例题1-8]计算简图

1.2 静定结构受力计算分析

1.2.1 静定结构受力计算基础

静定结构受力计算基础见表1-4。

表 1-4　静定结构受力计算基础

序号	项　目	内　容
1	简述	1）从几何方面来看，静定结构是无多余约束的几何不变体系。从静力方面来看，静定结构是用平衡方程式就可以求出全部支座反力和内力的结构，即静定结构的独立平衡方程式的数目必等于未知约束力的数目。满足静力平衡条件的静定结构的反力和内力的解是唯一的。这是静定结构的基本特征 2）静定结构的受力计算分析，主要是确定各类静定结构由荷载所引起的内力和相应的内力图。静力分析的基本方法是应用截面法选取隔离体，建立平衡方程。静定结构的受力分析是静定结构位移计算和超静定结构计算的基础
2	变形固体的基本假设	（1）说明 1）生活中任何固体在外力作用下，都要或多或少地产生变形，即它的形状和尺寸总会有些改变。所以固体具有可变形的物理性能，通常将其称为变形固体 2）变形固体在外力作用下发生的变形可分为弹性变形和塑性变形。弹性变形是指变形固体在去掉外力后能完全恢复其原来的形状和尺寸的变形。塑性变形是指变形固体在去掉外力后变形不能全部消失而残留的部分，也称残留变形。本书仅研究弹性变形，即把结构看成完全弹性体 3）工程中大多数结构在荷载作用下产生的变形与结构本身尺寸相比是很微小的，故称之为小变形。本书研究的内容将限制在小变形范围，即在研究结构的平衡等问题时，可用结构变形之前的原始尺寸进行计算，变形的高次方项可以忽略不计 （2）基本假设。为了研究结构在荷载作用下的内力、应力、变形、应变等，在做理论分析时，对材料的性质作如下的基本假设： 1）连续性假设。认为在材料体积内充满了物质，毫无间隙。在此假设下，物体内的一些物理量能用坐标的连续函数表示它的变化规律。实际上，可变形固体内部存在着间隙，只不过其尺寸与结构尺寸相比极为微小，可以忽略不计 2）均匀性假设。认为材料内部各部分的力学性能是完全相同的。所以，在研究结构时，可取构件内部任意的微小部分作为研究对象 3）各向同性假设。认为材料沿不同方向具有相同的力学性能，这使研究的对象局限在各向同性的材料之上，如钢材、铸铁、玻璃、混凝土等。若材料沿不同方向具有不同的力学性质，则称为各向异性材料，如木材、复合材料等。本书着重研究各向同性材料 由于采用了上述假设，大大地方便了理论研究和计算方法的推导。尽管由此得出的计算方法只具备近似的准确性，但它的精度完全可以满足工程需要
3	内力	（1）内力的概念。变形体因受到外力的作用而变形，其内部各部分之间的相互作用力也发生改变。这种由于外力作用，而引起构件内部任意两部分之间改变的相互作用力，称为内力。由于变形前变形体为了保持其固有的形态，已有相互凝聚的内力存在，故这里讲的由变形引起的内力是一种附加内力，简称内力。对内力进行分析是解决构件失效问题的基础 力学中，把构件对变形的抵抗力称为内力。必须指出的是，构件的内力是由于外力的作用引起的。因此，又称为“附加内力” （2）截面法。内力是不能直接观察的，只有将构件用假想截面截开，将内力显露出来，再应用平衡原理，方可确定内力，这种方法称为截面法。截面法是计算构件内力的基本方法，即将构件在指定截面切开，取截面任一侧部分为隔离体，利用隔离体的静力平衡条件，确定此截面的内力。因此，应用截面法的过程包括： 1）沿所要求内力的截面处，用假想截面将构件截开 2）任取其中的一部分作为研究对象，在截开的截面上，用内力代替构件另一部分对这一部分的作用 3）因为构件是平衡的，构件的任何一个局部也必然是平衡的。所以，作用在研究对象上的外力和内力组成平衡力系，应用平衡方程，求出未知内力

续表 1-4

序号	项　目	内　容
4	结构内力的符号规定	1）平面结构在荷载作用下，其杆件任一截面上一般有三个内力分量：轴力 N、剪力 V 和弯矩 M，如图 1-22a 所示 2）弯矩是截面上的应力对截面形心的合力矩，如图 1-22b 所示。材料力学规定，在水平杆件中，使杆件下边纤维受拉的弯矩为正弯矩，反之为负弯矩。但在结构力学中，不仅有水平杆件，也有竖向杆件，因此在绘制弯矩图时，规定弯矩图上不标正负号，而是将弯矩图画在杆件纤维受拉的一侧 任意截面弯矩等于该截面一侧所有外力对截面形心的力矩代数和 3）剪力是截面上的应力沿杆轴法线方向的合力，剪力以绕隔离体顺时针方向转动的为正剪力，以绕隔离体逆时针方向转动的为负剪力，正剪力绘于梁的上侧或柱的左侧，如图 1-23 所示 任意截面剪力等于该截面一侧所有外力沿杆轴法线方向的投影代数和 4）轴力是截面上的应力沿杆轴切线方向的合力。轴力以拉力为正，以压力为负，如图 1-24 所示 任意截面轴力等于该截面一侧所有外力沿杆轴切线方向的投影代数和
5	构件的基本变形	当外力以不同方式作用于杆件时，首先要了解杆件的几何特性及其变形形式 （1）杆件的几何特性。在工程中，通常把纵向尺寸远大于横向尺寸的构件称为杆件。杆件有两个常用的元素：横截面和轴线。横截面是指沿垂直杆长度方向的截面。轴线是指各横截面的形心的连线。两者具有相互垂直的关系 杆件按截面和轴线的形状不同又可分为等截面杆、变截面杆及直杆、曲杆与折杆等 （2）杆件的基本变形。杆件在外力作用下，实际杆件的变形有时是非常复杂的，但是复杂的变形总可以分解成几种基本的变形形式。杆件的基本变形形式有如下四种： 1）轴向拉伸或轴向压缩。在一对大小相等、方向相反、作用线与杆轴线重合的外力作用下，使杆件在长度方向发生长度的改变(伸长或缩短) 2）扭转。在一对转向相反、位于垂直杆轴线的两平面内的力偶作用下，杆任意两横截面发生相对转动 3）剪切。在一对大小相等、方向相反、作用线相距很近的横向力作用下，杆件的横截面将沿力作用线的方向发生错动 4）弯曲。在一对大小相等、转向相反，位于杆的纵向平面内的力偶作用下，或者在杆件的纵向对称面内受到与轴线垂直的横向外力作用，使直杆任意两横截面发生相对倾斜，且杆件轴线变为曲线 实际杆件的变形是多种多样的，有时可能只是某一种基本变形，有时也可能是两种或两种以上基本变形形式的组合，称为组合变形

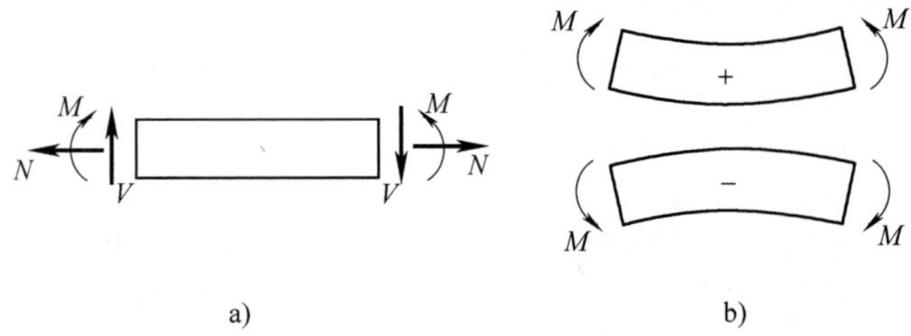

图 1-22　截面上轴力、剪力和弯矩及弯矩正、负号规定

1.2.2　静定结构计算包括的内容

静定结构计算包括的内容见表 1-5。

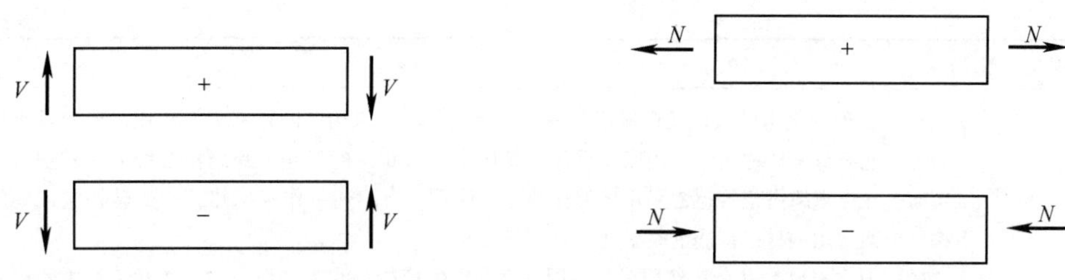

图 1-23　截面上剪力正、负号规定　　图 1-24　截面上轴力正、负号规定

表 1-5　静定结构计算包括的内容

序号	项　目	内　容
1	单跨静定梁	（1）梁 1）梁为承受垂直杆轴方向荷载的构件。梁是细长的杆件，其长度一般超过其截面高度的 5 倍 2）梁多用于短跨结构，如檩条、屋面大梁、楼板梁、门窗过梁、吊车梁、短跨桥梁等。如果梁的截面尺寸沿梁的长度不变，则这种梁称为等截面梁。有时为了节约材料，使用变截面梁，而在内力较大的区段增大截面的尺寸 3）梁在两支座间的部分称为跨度，其长度称为梁的跨长 （2）工程上将单跨静定梁划为三种基本形式，分别为悬臂梁，如图 1-25a 所示；简支梁，如图1-25b、c 所示（杆轴水平或倾斜）；外伸梁，如图 1-25d、e 所示（两侧外伸或一侧外伸）
2	多跨静定梁	（1）为了材料的经济和施工的便利，有时使梁连续穿越几个跨度，这样就形成了连续梁。连续梁是超静定结构；如果在连续梁中加铰（去掉联系），使之变成为静定结构，这就形成了多跨静定梁 （2）多跨静定梁是由若干单跨静定梁用铰连接而成的静定结构。多跨静定梁由基本部分（主）和附属部分（次）组成。不需要依靠其他部分而能独立承受荷载的部分，称为基本部分（主）。需要基本部分的支承才能承受荷载并保持平衡的部分，称为附属部分（次）。其在木屋架的檩条、钢筋混凝土梁和桥梁中多有应用 （3）多跨静定梁的组成方式，常见的有以下三种： 1）主从相间。基本部分梁和附属部分梁相间排列，如图 1-26a 所示。它们的特征是无铰跨部分梁和有铰跨部分梁相间交替出现。其层次图如图 1-26b 所示。从图 1-26b 中可以看出 *ABC* 杆、*DEFG* 杆、*HIJ* 杆是基本部分梁（主），*CD* 杆、*GH* 杆是附属部分梁（次） 2）依次搭接。除一跨为基本部分梁外，其余各个附属部分梁依次附属于前一个附属部分梁，如图 1-27a 所示。它们的特征是除一跨梁外，其余各跨梁均有一个铰。其层次图如图 1-27b 所示。从图 1-27b 中可以看出 *ABC* 杆是基本部分梁（主），*CDE* 杆是附属部分梁（次），*EFG* 杆是附属部分梁（再次），*GHI* 杆是附属部分梁（最次） 3）混合组成。是上述 1）与 2）两种方式的混合形式，如图 1-28a 所示，其层次图如图 1-28b 所示。从图 1-28b 中可以看出 *ABC* 杆、*DEFG* 杆是基本部分梁（主），*CD* 杆、*GHIJ* 杆是附属部分梁（次） （4）基本部分和附属部分。从几何构造来看，可将多跨静定梁分解为： 1）基本部分（主要部分）。能独立存在 2）附属部分（次要部分）。需依赖于基本部分的支承方能存在
3	静定平面刚架	1）一般由若干梁、柱等直杆组成且具有刚结点的结构，称为刚架。杆轴及荷载均在同一平面内且无多余约束的几何不变刚架，称为静定平面刚架，也称静定平面框架；不在同一平面内且无多余约束的几何不变刚架，称为静定空间刚架 2）刚结点处夹角不可改变，且能承受和传递全部内力（M、V、N） 3）内部空间较大，杆件弯矩较小，且制造比较方便。因此，刚架在土木工程中得到广泛应用 4）刚架主要有悬臂刚架（图 1-29a）、简支刚架（图 1-29b）、三铰刚架（图 1-29c）、组合刚架（图 1-29d）四种类型。还可将其进行组合，得到多跨、多层静定平面刚架（图 1-29e、f）

续表 1-5

序号	项　　目	内　　容
4	静定平面桁架	(1) 桁架在土木工程以及机械工程中，有相当广泛的应用。同梁和刚架相比，桁架具有应力分布均匀、能充分发挥材料的作用以及重量轻等优点。因此，桁架是大跨结构常用的一种形式。起重机塔架、输电电缆塔架等也常采用桁架作为受力体系。桁架还可作高层建筑中的转换层或建筑主体结构。桁架常用钢材、钢筋混凝土或木材制作 (2) 凡各杆轴线和荷载作用线位于同一平面内的桁架，称为平面桁架。实际工程中的桁架都是空间桁架，但常可简化为平面桁架来分析 (3) 由轴力杆件组成的结构称为桁架(图 1-30)。轴力杆件分为上弦杆、下弦杆、竖腹杆、斜腹杆。竖腹杆和斜腹杆统称为腹杆，结点水平间距称为节间，两支座间的距离称为跨度，如图 1-30 所示 (4) 桁架是从梁演变而来的，平行弦桁架(图 1-30)可以看作是掏空了的梁(去掉了梁腹板中不能充分利用的材料)，因此较梁省材料，减少自重，适用于大跨度；简支式桁架上弦杆受压(相当于工字梁的上翼缘)，下弦杆受拉(相当于下翼缘)，腹杆承受梁中的剪力(相当于梁的腹板) (5) 静定平面桁架的分类 1) 按桁架的几何构造组成方式分类 ① 简单桁架。从一个基本铰结三角形或地基上，依次增加两杆结点，最后以三个链杆与地面相连而组成的桁架，如图 1-31a、c、d、f 所示 ② 联合桁架。它是由两个简单桁架按照两刚片相连的组成规则所形成的桁架，如图 1-31b、g 所示 ③ 复杂桁架。不属于简单桁架和联合桁架的静定桁架称为复杂桁架。例如图 1-31e 所示即为复杂桁架。从它的几何组成看，没有一个两杆结点，当然不是简单桁架；也不可能把它看作是两个刚片的联合，因此也不是联合桁架。这个桁架可以看成是由简单桁架演变得来的。图 1-31f 所示的桁架是简单桁架，把杆件 AC 去掉，加上杆件 AD，即得图 1-31e 所示的复杂桁架 2) 按桁架的外形分类 ① 平行弦桁架(图 1-31a) ② 三角形桁架(图 1-31b) ③ 折弦桁架(图 1-31c) ④ 梯形桁架(图 1-31d) 3) 按支座反力的性质分类 ① 梁式桁架或无推力桁架(图 1-31a ~ f) ② 拱式桁架或有推力桁架(图 1-31g)
5	三铰拱	1) 在竖向荷载作用下产生水平推力的曲线结构称为拱，如图 1-32a 所示。拱结构与曲梁结构的区别为是否在竖向荷载作用下产生水平推力。图 1-32b 为拱，图 1-32c 为曲梁。拱的计算简图及各部分名称如图 1-32d 所示。由于拱结构中有水平推力作用，拱结构中截面的弯矩比相应的梁结构中截面的弯矩小，这使拱体主要承受轴向压力，所以用抗压强度较高的材料(如砖、石、混凝土)建造拱。拱结构在桥涵工程中常被采用 2) 从铰的位置和数量来分类，拱可分为三铰拱(图 1-33a)、两铰拱(图 1-33b)、无铰拱(图 1-33c)。三铰拱是静定结构，两铰拱、无铰拱是超静定结构。为了消除水平推力对支承结构的影响，常在两个支座之间设置水平拉杆，拉杆中产生的拉力代替了支座水平推力的作用。因此，拱又可分为带拉杆拱(图 1-33d)和无拉杆拱(图 1-33a、b、c) 3) 拱高与跨度之比称为高跨比。高跨比是影响拱的受力性能的一个重要参数，工程中的高跨比一般取 0.1 ~ 1
6	静定组合结构	在工程结构中，常会碰到这样一种结构：一部分杆件是桁架杆件，即只承受轴力作用；另一部分杆件是受弯杆件，即除了轴力以外，还有弯矩和剪力。这种在同一结构中由两类杆件组成的结构，称为组合结构，又称混合结构 组合结构是工程中较常见的一种结构，它将不同结构的优点加以结合，使材料的利用率大为提高

续表 1-5

序号	项　　目	内　　容
6	静定组合结构	组合结构是由桁杆(二力杆)和梁式杆所组成的，常用于房屋建筑中的屋架、吊车梁以及桥梁的承重结构。桁杆是指两端铰接且其上无横向荷载作用、只承受轴力的杆件；梁式杆是指杆端有刚结点、杆中有组合结点或其上有横向荷载作用，兼有弯矩、剪力和轴力的杆件。图 1-34 所示的结构，就是较常见的静定组合结构的实例。其中，杆 AFC、杆 CGB 为梁式杆，其余杆均为桁杆
7	悬索结构	详见表 1-15

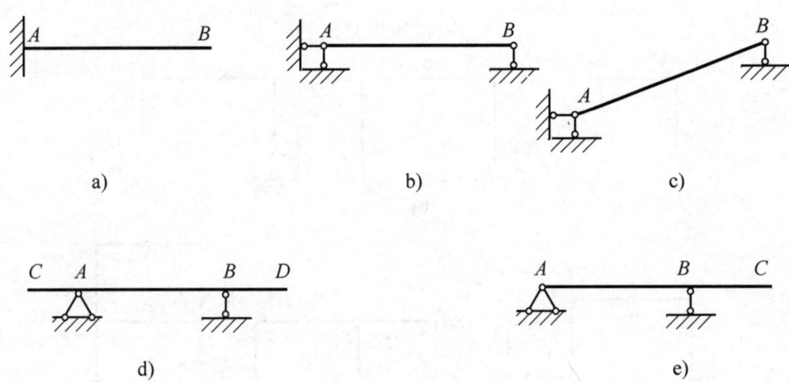

图 1-25　单跨静定梁

a）悬臂梁　b）简支梁(杆轴水平)　c）简支梁(杆轴倾斜)　d）外伸梁(两侧外伸)　e）外伸梁(一侧外伸)

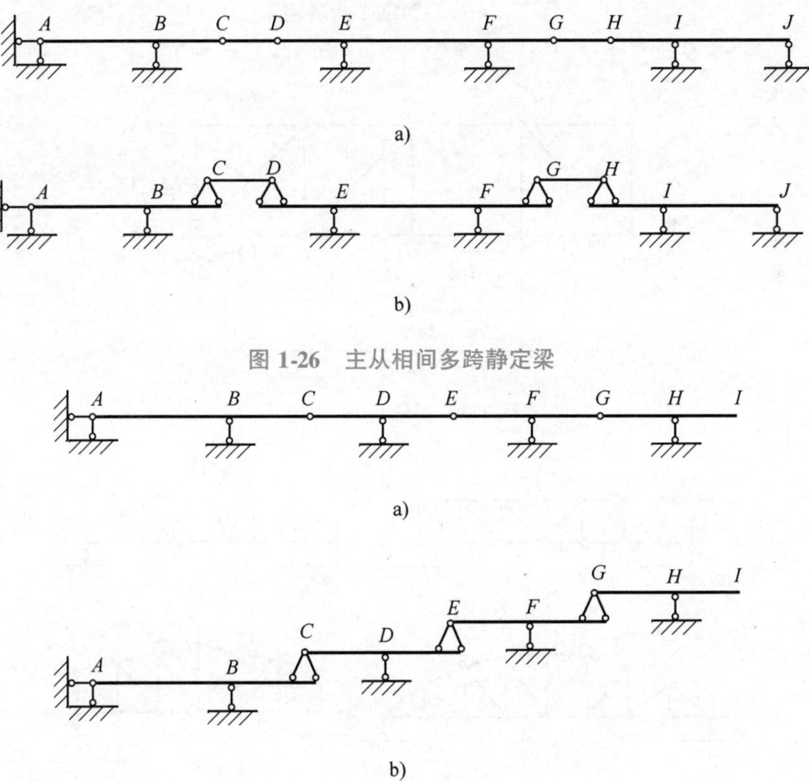

图 1-26　主从相间多跨静定梁

a)

b)

图 1-27　依次搭接多跨静定梁

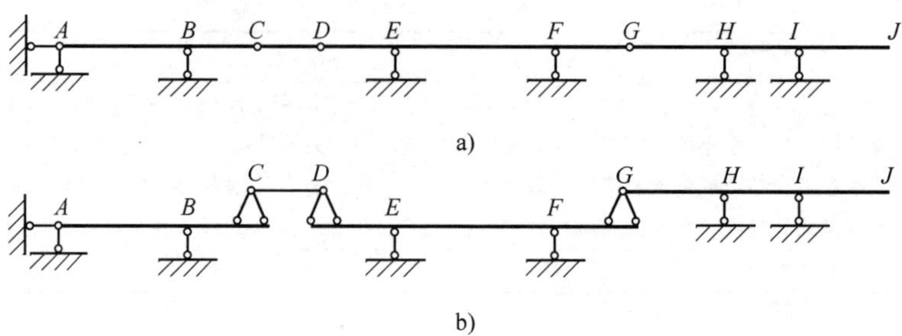

图 1-28 混合组成多跨静定梁

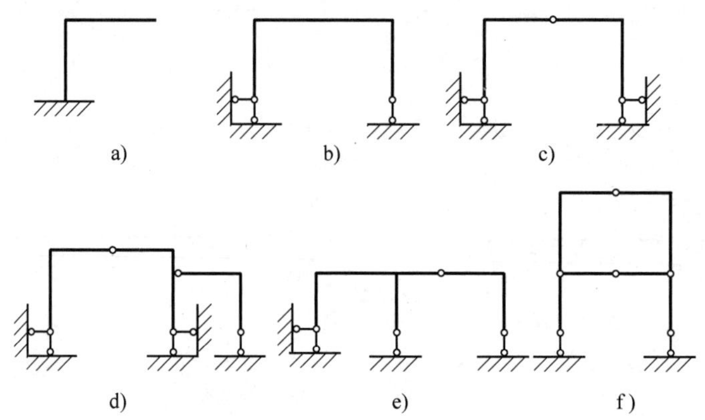

图 1-29 静定平面刚架

a）悬臂刚架 b）简支刚架 c）三铰刚架 d）组合刚架 e）多跨刚架 f）多层刚架

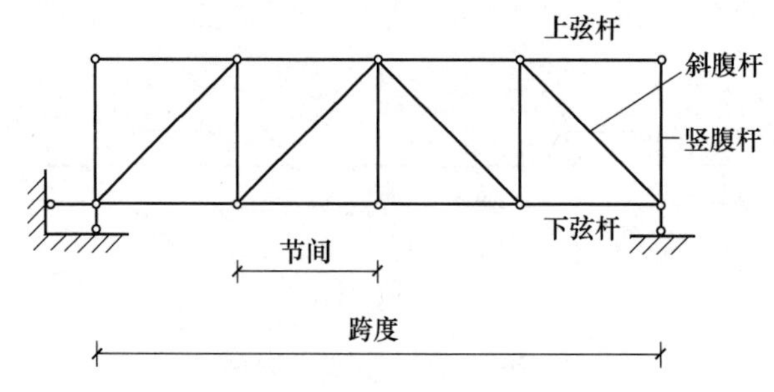

图 1-30 平面桁架组成

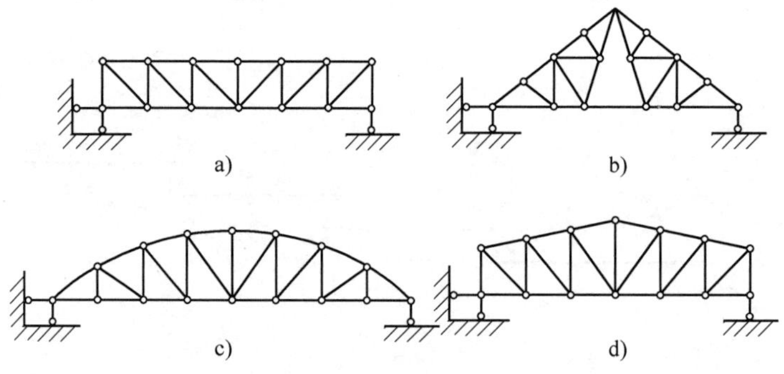

图 1-31 平面桁架的分类

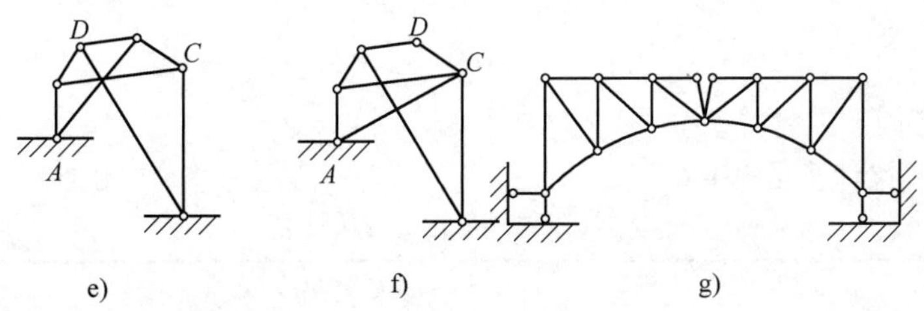

图 1-31　平面桁架的分类(续)

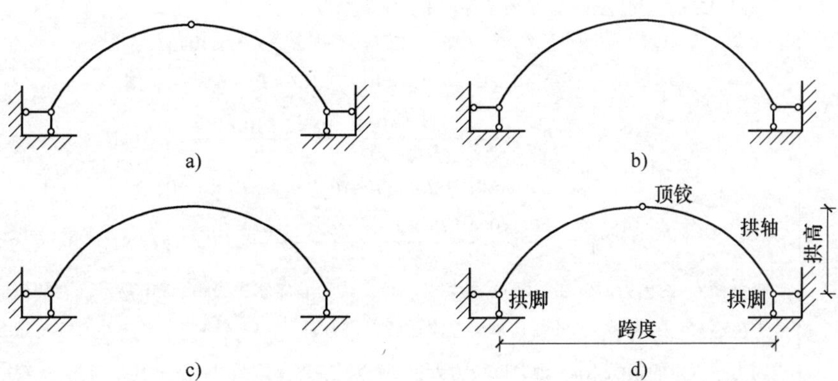

图 1-32　拱与曲梁

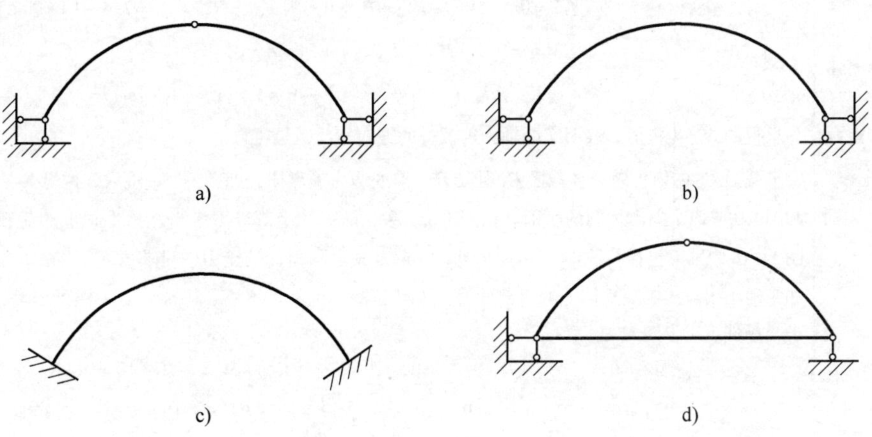

图 1-33　拱结构的基本形式

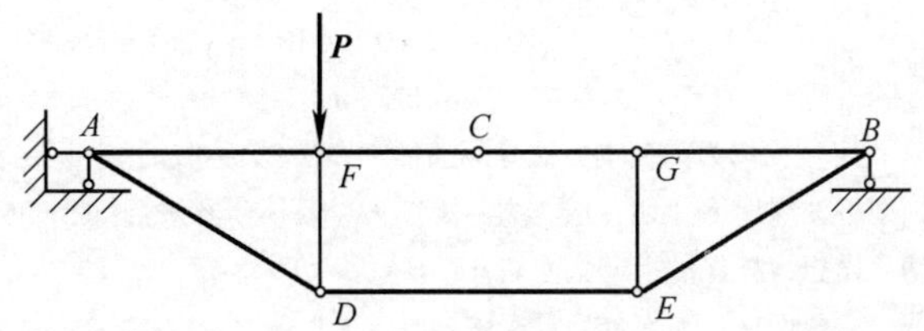

图 1-34　静定组合结构

1.3 单跨静定梁

1.3.1 单跨静定简支梁计算

单跨静定简支梁计算见表1-6。

表1-6 单跨静定简支梁计算

<table>
<tr><th>序号</th><th>项 目</th><th>内 容</th></tr>
<tr><td>1</td><td>用隔离体平衡法计算指定截面内力</td><td>
(1) 图1-35a所示的简支梁AB，在荷载 $P_1=10\text{kN}$ 和C处牛腿上施有水平力 $P_2=10\text{kN}$ 的作用下，试求牛腿左右两截面 C_1 和 C_2 的内力
求内力之前，先应用整体平衡条件求得支座反力为
$$\sum X=0 \quad R_{Ax}-P_2=0，则 R_{Ax}=P_2=10\text{kN}(\rightarrow)$$
$$\sum M_B=0 \quad R_{Ay}\times 10-P_1\times 7-P_2\times 0.4=0，则$$
$$R_{Ay}=\frac{P_1\times 7+P_2\times 0.4}{10}=\frac{10\times 7+10\times 0.4}{10}=7.4(\text{kN})(\uparrow)$$
$$\sum M_A=0 \quad R_{By}\times 10+P_2\times 0.4-P_1\times 3=0，则$$
$$R_{By}=\frac{-P_2\times 0.4+P_1\times 3}{10}=\frac{-10\times 0.4+10\times 3}{10}=2.6(\text{kN})(\uparrow)$$
求截面 C_1 的内力时，在截面 C_1 处切开，取左边为隔离体，如图1-35b所示。在隔离体上保留已知外力(支座反力、荷载)，并在切割面上添加所求内力 M_{C_1}、V_{C_1}、N_{C_1}。已知外力按实际方向绘出，所求内力按规定的正向添加(轴力以拉力为正；剪力以绕隔离体顺时针方向转动者为正；弯矩以使梁的下侧纤维受拉者为正)。再利用隔离体的平衡条件直接求得为
$$\sum X=0 \quad R_{Ax}+N_{C_1}=0，则 N_{C_1}=-R_{Ax}=-10\text{kN}$$
$$\sum Y=0 \quad V_{C_1}-R_{Ay}+P_1=0，则 V_{C_1}=R_{Ay}-P_1=7.4-10=-2.6(\text{kN})$$
$$\sum M_{C_1}=0 \quad M_{C_1}-R_{Ay}\times 7+P_1\times 4=0，则$$
$$M_{C_1}=R_{Ay}\times 7-P_1\times 4=7.4\times 7-10\times 4=11.8(\text{kN}\cdot\text{m})$$
求得的 N_{C_1} 为负值，表明实际轴力与假设的方向相反，是压力
求截面 C_2 的内力时，在截面 C_2 处切开，取左边为隔离体，如图1-35c所示。这里要注意图1-35b和图1-35c两个隔离体图的区别：在图1-35c中，隔离体上的外力应当包括牛腿上的荷载 P_2，而在图1-35b中则不包括荷载 P_2。由此可见，正确地画出隔离体的受力图是非常重要的。分析时，必须如实地画出作用于隔离体上的全部外力，不可遗漏，也不可增添。隔离体受力图画出后，即可利用平衡条件求出未知力为
$$\sum X=0 \quad N_{C_2}+R_{Ax}-P_2=0，则 N_{C_2}=-R_{Ax}+P_2=-10+10=0(\text{kN})$$
$$\sum Y=0 \quad V_{C_2}+P_1-R_{Ay}=0，则 V_{C_2}=-P_1+R_{Ay}=-10+7.4=-2.6(\text{kN})$$
$$\sum M_{C_2}=0 \quad M_{C_2}+P_2\times 0.4+P_1\times 4-R_{Ay}\times 7=0，则$$
$$M_{C_2}=-P_2\times 0.4-P_1\times 4+R_{Ay}\times 7$$
$$=-10\times 0.4-10\times 4+7.4\times 7$$
$$=7.8(\text{kN}\cdot\text{m})$$
(2) 计算指定截面内力的基本方法是隔离体平衡法(又称截面法)。在首先利用整体平衡条件求出支反力后，即可按照以下“切、取、力、平”四个具体步骤进行(图1-35)
第一，切。设想将杆件沿指定截面切开
第二，取。取截面任一侧部分为隔离体
第三，力。这是该方法最关键的一步。一是勿忘在隔离体上保留原有的全部外力(包括支反力)；二是必须在切割面上添加要求的未知内力。所求的轴力和剪力，按正方向添加(轴力以拉力为正，剪
</td></tr>
</table>

续表 1-6

序号	项　　目	内　　容
1	用隔离体平衡法计算指定截面内力	力以绕隔离体顺时针方向转动者为正）；而所求的弯矩，其方向可任意假设，只需注意在计算后判断其实际方向，并在绘制弯矩图时，画在杆件受拉一侧 第四，平。利用隔离体平衡条件，直接计算截面的内力，即 1）任意截面的轴力等于该截面一侧所有外力沿杆轴切线方向投影的代数和 2）任意截面的剪力等于该截面一侧所有外力沿杆轴法线方向投影的代数和 3）任意截面的弯矩等于该截面一侧所有外力对某点(如该截面形心)的力矩代数和(关于各项正负号的确定：凡与所设截面弯矩的方向相反者，即与之对抗者，取正号；方向相同者，即与之协力者，取负号) 如果截面内力计算结果为正(或负)，则表示该指定截面内力的实际方向与所假设的方向相同(或相反) （3）画隔离体受力图时，应注意以下五点： 1）隔离体与其周围的联系要全部截断，而以相应的联系力代替 2）联系力要符合联系的性质。截断链杆(两端为铰的杆件,杆上无荷载作用)时，在截面上加轴力。截断受弯杆件时，在截面上加轴力、剪力和弯矩。去掉辊轴支座、铰支座、固定支座时分别加一个、两个、三个支座反力或力矩 3）隔离体是应用平衡条件进行分析的对象。在受力图中只画隔离体本身所受到的力，不画隔离体施给周围的力 4）不要遗漏力。受力图上的力包括两类；一类是荷载，一类是截断联系处的联系力 5）未知力按正号方向画，数值是代数值(正数或负数)。已知力按实际方向画，数值是绝对值(正数)。未知力计算得到的正负号就是实际的正负号
2	内力图及其特征	（1）荷载与内力之间的微分关系 1）内力图是表示结构上各截面内力变化规律的图形。通常是以杆轴为基线，表示截面的位置，在垂直于杆轴的方向量取竖标，表示内力的数值而绘出的。在土建工程中，弯矩图习惯绘在杆件受拉的一侧，图上不注明正负号；剪力图和轴力图可绘在杆件的任一侧，但需注明正负号。绘制内力图的简便方法是利用微分关系 2）水平杆在竖向荷载作用下(图 1-36a)，荷载、剪力和弯矩之间存在下述关系(竖向荷载向下为正；横坐标 x 向右为正) ① 在荷载连续分布的区段内(图 1-36b)，取微段 dx 为隔离体 由　$\sum Y=0 \quad V-q\mathrm{d}x-(V+\mathrm{d}V)=0$ 得　$\frac{\mathrm{d}V}{\mathrm{d}x}=-q(x)$　(1-1) 由　$\sum M_{\mathrm{D}}=0$ $M-(M+\mathrm{d}M)+V\frac{\mathrm{d}x}{2}+(V+\mathrm{d}V)\frac{\mathrm{d}x}{2}=0$ 得　$\frac{\mathrm{d}M}{\mathrm{d}x}=V$　(1-2) 从式(1-1)和式(1-2)，还可得出 $\frac{\mathrm{d}^2M}{\mathrm{d}x^2}=-q(x)$　(1-3) 式(1-1)、式(1-2)和式(1-3)就是 M、V、q 三者之间的微分关系 ② 在集中力作用处。在集中力作用点 B 取微段为隔离体(图 1-36c) 由　$\sum Y=0$　$V_{\text{B右}}-V_{\text{B左}}=-P$ 由　$\sum M_{\mathrm{B}}=0$　$M_{\text{B左}}=M_{\text{B右}}$　(1-4) 式(1-4)表明，在集中力作用点的两侧，剪力不相等，其差值等于 P

续表 1-6

序号	项　目	内　容
2	内力图及其特征	③ 在集中力偶作用处。在 F 点取微段为隔离体(图 1-36d)，集中力偶以顺时针方向为正 由 $\sum Y=0$　$V_{\text{F右}}=V_{\text{F左}}$ 由 $\sum M_{\text{F}}=0$　$M_{\text{F右}}-M_{\text{F左}}=+m$　(1-5) 式(1-5)表明，在集中力偶作用点，剪力无变化 集中力偶两侧的弯矩不相等，其差值等于 m。由于两侧剪力相等，因而弯矩图中两侧为平行线，故在弯矩图中形成台阶 ④ 自梁中取出荷载连续分布的一段 AB(图 1-37)，由式(1-1)和式(1-2)积分可得 $V_{\text{B}}=V_{\text{A}}-\int_{\text{A}}^{\text{B}}q(x)\mathrm{d}x$ $M_{\text{B}}=M_{\text{A}}+\int_{\text{A}}^{\text{B}}V(x)\mathrm{d}x$　(1-6) 这就是 q、V、M 之间的积分关系 积分关系的几何意义是： B 端的剪力等于 A 端的剪力减去该段荷载图的面积 B 端的弯矩等于 A 端的弯矩加上此段剪力图的面积 ⑤ 如果 AB 段内除作用有分布荷载 $q(x)$ 外，还作用有集中力 P 和集中力偶 m，则积分关系式(1-6)应该为 $V_{\text{B}}=V_{\text{A}}-\int_{\text{A}}^{\text{B}}q(x)\mathrm{d}x-\sum_{A}^{B}P$ $M_{\text{B}}=M_{\text{A}}+\int_{\text{A}}^{\text{B}}V(x)\mathrm{d}x+\sum_{A}^{B}m$　(1-7) 这里，$\sum_{A}^{B}P$ 表示 AB 段内集中力的代数和，P 以向下为正；$\sum_{A}^{B}m$ 表示 AB 段内集中力偶的代数和，m 以顺时针为正 荷载、剪力、弯矩之间的关系式，对于绘制内力图及校核内力图都有用处 3）根据式(1-1)～式(1-5)的几何意义得出 ① 剪力图在某点的切线斜率等于该点的荷载集度，但两者的正负号相反 ② 弯矩在某点的切线斜率等于该点的剪力 ③ 弯矩在某点的二阶导数与该点的荷载集度成正比 （2）梁的荷载图、剪力图以及弯矩图之间的关系。迅速准确地画出梁的剪力图和弯矩图，是学好工程力学的重要环节。为此就必须了解荷载图、剪力图和弯矩图之间的关系，摸索出作图的规律 1）无荷载段 ① 剪力图是水平线 ② 弯矩图是直线，其中包括水平线和斜直线 2）均布荷载段 ① 剪力图是斜直线 ② 弯矩图是开口向上的抛物线，极值点的位置和剪力等于零的位置相对应 3）集中力作用点 ① 剪力图发生突变，从梁的左侧向右移动，突变的方向和荷载的方向一致，突变的高度为该集中荷载的大小 ② 弯矩图是转折点 4）集中力偶作用点 ① 剪力图没有发生变化，和无荷载一样 ② 弯矩图发生突变，如力偶转向是逆时针的，从梁的左侧向右移动突变的方向是向上，如力偶转向是顺时针的，则突变的方向相反

续表1-6

序号	项　目	内　容
2	内力图及其特征	5）无荷载和均布荷载的交界点 ①剪力图是转折点 ②弯矩图是直线和抛物线的过渡点
3	用区段叠加法作直杆弯矩图	（1）作弯矩图时，可以采用叠加法，使绘制工作得到简化。图1-38a所示为一两侧外伸梁。在荷载作用下，作*AB*段的弯矩图时，先画出*A*、*B*两端的弯矩竖距$M_A=-1\text{kN}\cdot\text{m}$，$M_B=-0.5\text{kN}\cdot\text{m}$，连以细直线；再以此直线为基线，画出*AB*段由于均布荷载q所产生的简支梁弯矩图(抛物线,跨中数值为$ql^2/8=4\text{kN}\cdot\text{m}$)。这样便得到*AB*段的弯矩图，其跨中竖距为$4-(1+0.5)/2=3.25(\text{kN}\cdot\text{m})$。这种作弯矩图的方法称为叠加法。借助简支梁的弯矩图来作任一直杆段的弯矩图，因而收到简化的效果 （2）弯矩图的叠加法，是一个有普遍意义的方法，对于结构的任一直杆中间的任意段，都是适用的。现结合一般情形说明如下： 图1-39a的杆*AB*，是从结构中任意取出的一个直线段落 *AB*所受的外力，除荷载q，两端弯矩M_A、M_B以外，还有剪力V_A、V_B。图1-39b所示为一简支梁受同样荷载及杆端力偶作用，其反力为R_A、R_B。比较图1-39a及图1-39b，可以知道，求剪力V_A及V_B和求反力R_A、R_B所用的平衡方程是完全相同的，因此它们也是相等的。由此可见，图1-39a和图1-39b中两段梁的受力情况完全相同，弯矩图也应相同 这样，可以利用图1-39b所示简支梁作图1-39a中*AB*一段的弯矩图。把问题分解为两部分，如图1-39c及图1-39d所示。由于两端力偶的作用，简支梁的弯矩图为一直线(图1-39c)；由于均布荷载的作用，简支梁的弯矩图为一抛物线(图1-39d) 最后，将弯矩图的叠加法说明如下：梁*AB*段(图1-39a)的*M*图做法，是先画出*A*、*B*两点的弯矩M_A、M_B，连以直线，然后以此直线为基线，画出*AB*段的简支梁弯矩图(即把*AB*段当作简支梁时由横向荷载产生的弯矩图)(图1-39e) 应当指出，这里所说的*M*图的叠加，是指两个弯矩图纵坐标的叠加，而不是两个图形的简单拼合 （3）利用上述内力图的形状特点及弯矩图的叠加法，梁的弯矩图的做法可归结如下： 1）选定外力的不连续点(如集中力作用点、集中力偶作用点、分布荷载的起点和终点等)为控制截面，求出控制截面的弯矩值 2）画弯矩图。当控制截面间无荷载时，根据控制截面的弯矩值，即可作出直线弯矩图。当控制截面间有荷载作用时，根据控制截面的弯矩值作出直线图形后，还应叠加这一段按简支梁求得的弯矩图
4	求单跨静定梁内力的计算步骤	用截面法计算指定截面的剪力和弯矩的步骤及方法如下： 1）计算支座反力 2）用假想的截面在欲求内力处将梁切成左、右两部分，取其中一部分为研究对象 3）画研究对象的受力图。画研究对象的受力图时，对于截面上未知的剪力和弯矩，均假设为正向 4）建立平衡方程，求解剪力和弯矩 计算出的内力值可能为正值或负值，当内力值为正值时，说明内力的实际方向与假设方向一致，内力为正剪力或正弯矩；当内力值为负值时，说明内力的实际方向与假设的方向相反，内力为负剪力或负弯矩

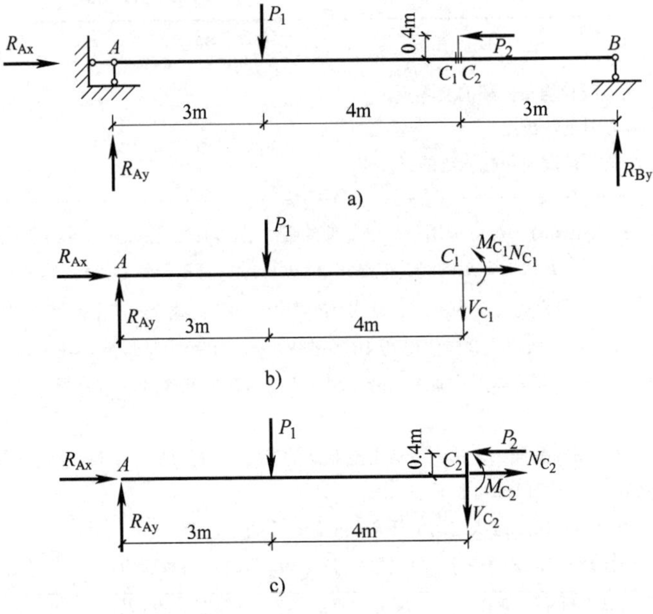

图 1-35　隔离体平衡法(截面法)求指定截面内力

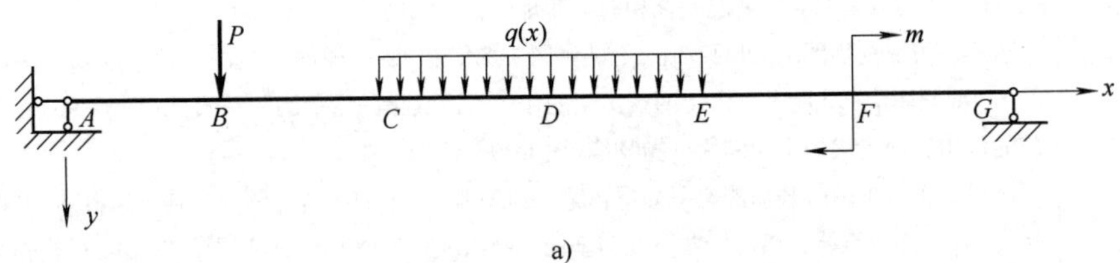

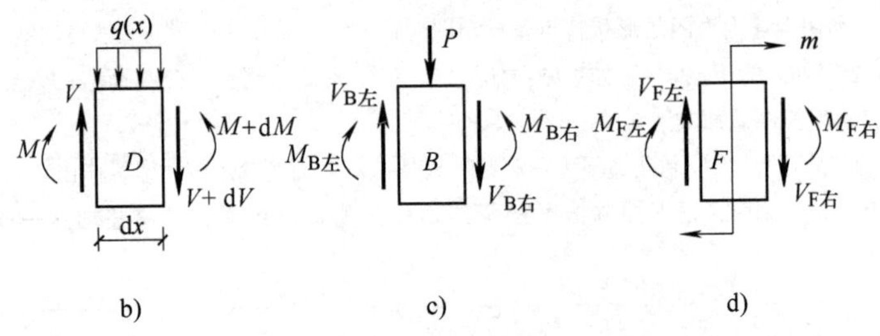

图 1-36　梁的受力分析

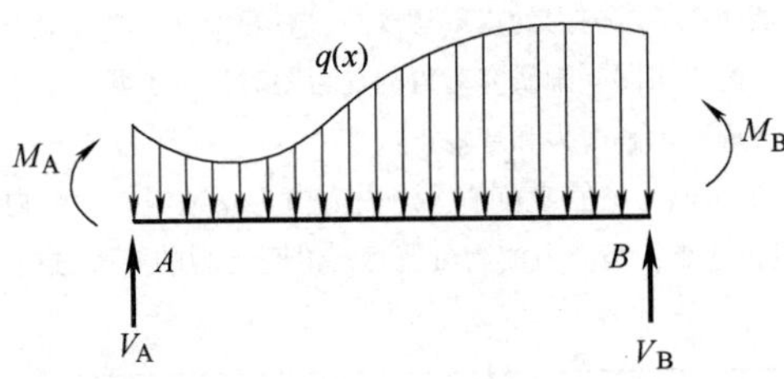

图 1-37　自梁中取出荷载连续分布的一段 AB

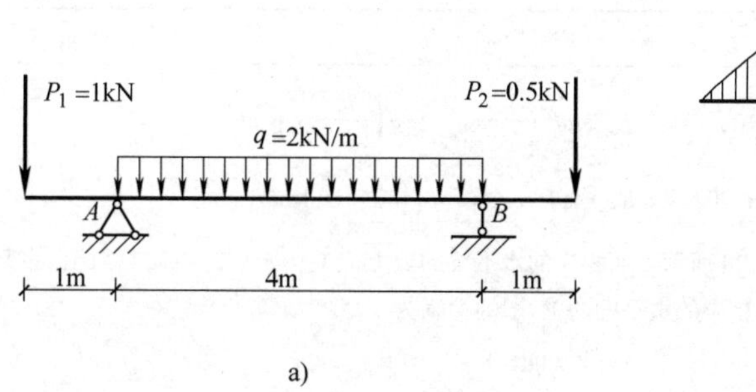

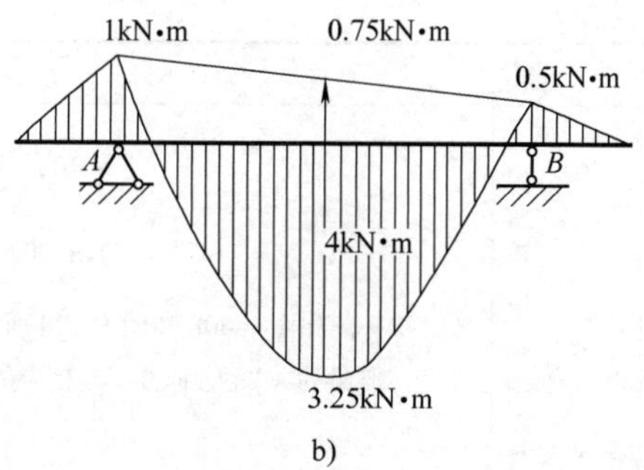

图 1-38　叠加法作弯矩图

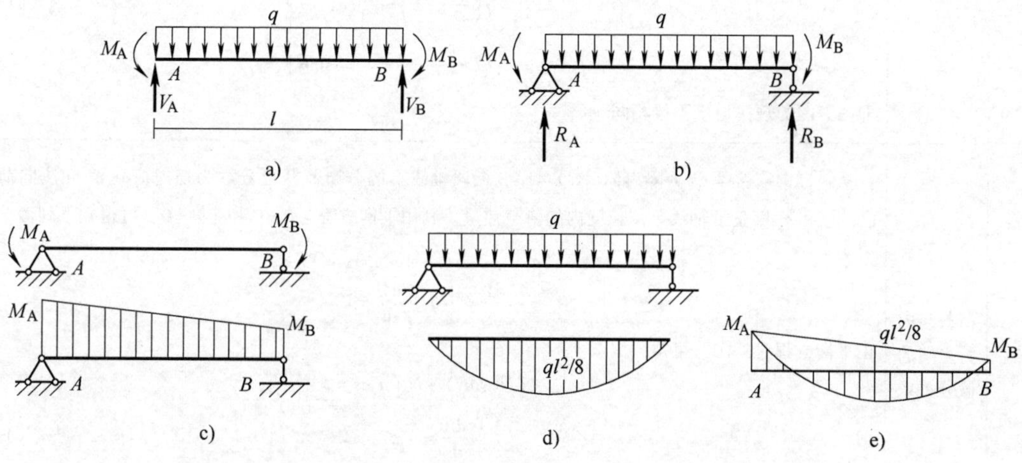

图 1-39　任意直杆段叠加法作弯矩图

1.3.2　简支斜梁计算

简支斜梁计算见表 1-7。

表 1-7　简支斜梁计算

序号	项　目	内　容
1	斜梁的内力图	1）图 1-40a 所示为一简支斜梁，A 端为铰支座，B 端有竖向支杆，斜梁的倾角为 θ，水平跨度为 l，沿水平线每单位长度内作用有竖向荷载 qkN/m，求作斜梁的内力图 2）利用整体平衡条件，求得支座反力如下： $$R_{Ax}=0,\ R_{Ay}=R_{By}=\frac{ql}{2}(\uparrow)$$ 3）为了求得任一截面 C 的内力，在 C 点切开，取隔离体(图 1-40b)。这里，N 和 V 都是倾斜的力求弯矩时，用 C 点的力矩平衡方程 $\sum M_c=0$，得 $$M=R_{Ay}x-qx\frac{x}{2}=\frac{q}{2}(lx-x^2)$$ M 图为一抛物线，当 $x=l/2$ 时，跨中弯矩为 $ql^2/8$，如图 1-40c 所示。由此看出，斜梁在竖向荷载作用下的弯矩图与相应的水平梁(荷载相同、水平跨度相同)的弯矩图是相同的 求轴力和剪力时，将反力 R_{Ay} 和荷载 qx 沿杆轴的切线方向(s 方向)和法线方向(r 方向)进行分解，然后利用沿 s 方向和 r 方向的投影平衡方程可求出 N 和 V 为

续表 1-7

序号	项　目	内　容
1	斜梁的内力图	$$\sum S=0: N=-R_{Ay}\sin\theta+qx\sin\theta=-q\left(\frac{l}{2}-x\right)\sin\theta$$ $$\sum R=0: V=R_{Ay}\cos\theta-qx\cos\theta=q\left(\frac{l}{2}-x\right)\cos\theta$$ N 图和 V 图如图 1-40e 和图 1-40d 所示。而相应的水平梁的剪力为 $V^{o}=q(l/2-x)$，因此，在竖向荷载下，斜梁的 N 图及 V 图，与相应的水平梁的 V^{o} 图的关系为 $$N=-V^{o}\sin\theta,\ V=V^{o}\cos\theta$$ 由上述分析，可得 $$\left.\begin{aligned}M_{斜}&=\frac{q}{2}(lx-x^{2})=M_{平}\\V_{斜}&=q\left(\frac{l}{2}-x\right)=V_{平}\cos\theta\\N_{斜}&=-q\left(\frac{l}{2}-x\right)=-V_{平}\sin\theta\end{aligned}\right\}\quad(1\text{-}8)$$ 即内力图的规律与水平梁相同
2	荷载与内力之间的微分关系	从斜杆中取微段 ds 为隔离体(图 1-41)，微段轴线上的分布荷载可分解为切向荷载 q_s 和法向荷载 q_r，q_s 和 q_r 都是沿轴线单位长度内的荷载数量。利用平衡方程 $\sum R=0$ 和 $\sum M=0$，可得到下列微分关系为 $$\frac{dV}{ds}=-q_r,\ \frac{dM}{ds}=V$$ 由平衡方程 $\sum S=0$，可得 $$(N+dN)-N+q_s ds=0$$ 即 $$\frac{dN}{ds}=-q_s\quad(1\text{-}9)$$ 由此可知：如杆上作用有均布的切向荷载，即 q_s = 常数，则轴力 N 应是 s 的一次函数，因而轴力图是斜直线。如果杆上没有切向荷载，即 $q_s=0$，则 N = 常数，因而轴力图是与杆件平行的直线
3	用叠加法作弯矩图	斜杆的弯矩图也可以用叠加法绘制。图 1-42a 所示为一段斜杆 AB，q 为单位水平距离内竖向荷载的数量。斜杆两端的作用力可分解为三种分量：弯矩 M_A、M_B，竖向力 R_{Ay}、R_{By}，沿斜杆轴线方向的力 S_A、S_B。可以看出，图 1-42a 中的斜杆受力状态与图 1-42b 中的简支斜杆的受力状态完全相同，因而弯矩图也相同。由于 S_A 和 S_B 不产生弯矩，因此斜杆的弯矩图仍是由两部分叠加而成，即由杆端弯矩所得出的直线图和由荷载产生的简支斜梁弯矩图叠加而成，如图 1-42c 所示。还可指出，在竖向荷载作用下，简支斜梁的弯矩图可以采用简支水平梁的弯矩图

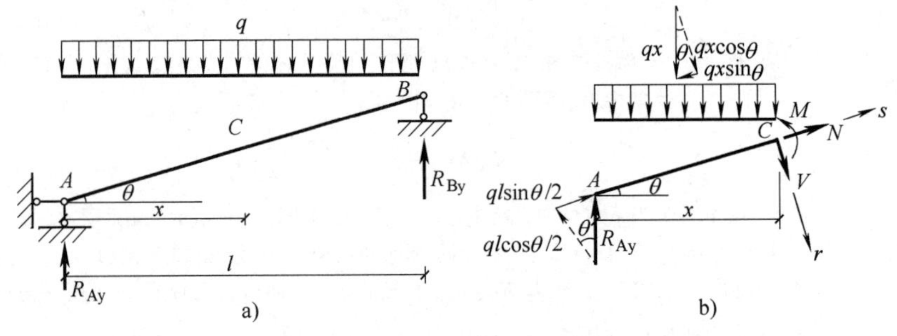

图 1-40　简支斜梁的内力图

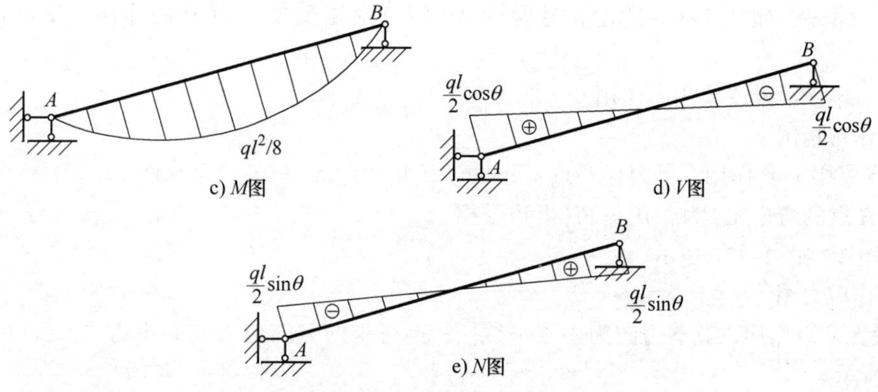

图 1-40　简支斜梁的内力图(续)

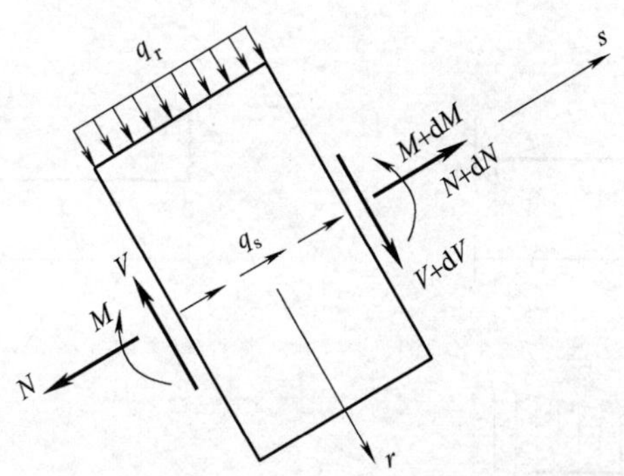

图 1-41　荷载与内力之间的微分关系

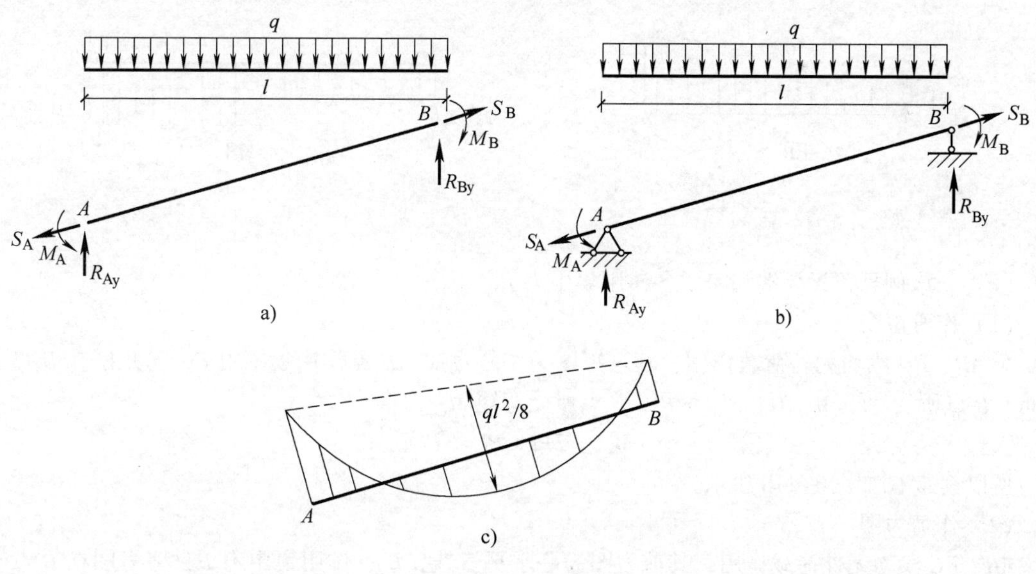

图 1-42　斜杆弯矩图的叠加

1.3.3 单跨静定梁计算例题

[例题 1-9] 如图 1-43a 所示，悬臂梁 AB 的自由端受集中力 P 的作用。试画出此梁的内力图。

[解] 本例梁端受集中力作用。

(1) 作弯矩图

A 点受集中力 P 作用，梁内任一点 x 处的弯矩 M_x 为：$M_x = Px$，为一直线。

所以 B 点的弯矩 M_B 为：$M_B = Pl$(上边受拉)。

其弯矩图如图 1-43b 所示。

(2) 作剪力图

AB 段无荷载作用，其剪力图为一水平线。B 点所受的竖向剪力其大小为 P，所以剪力图如图 1-43c 所示。

见表 3-2 中序号 1。

[例题 1-10] 如图 1-44a 所示，悬臂梁梁端和跨中各受集中力 P 的作用，试画出此梁的内力图。

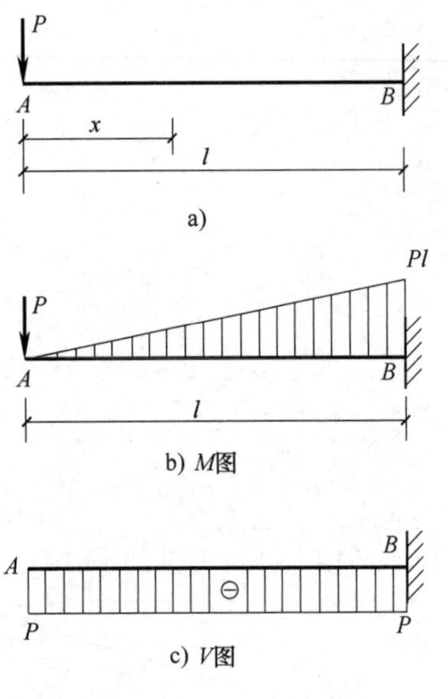

图 1-43 [例题 1-9]计算简图

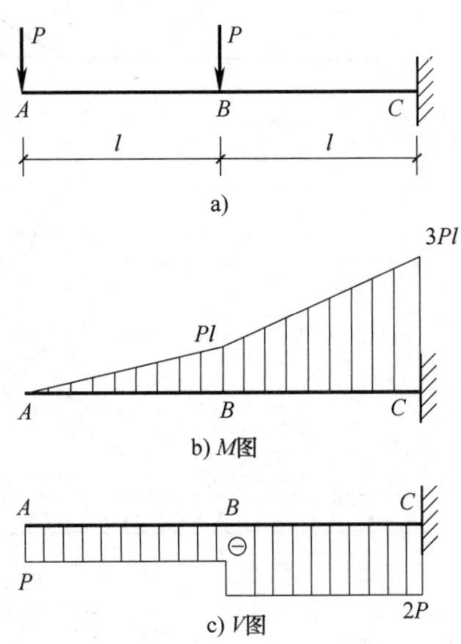

图 1-44 [例题 1-10]计算简图

[解] 该例悬臂梁梁端和跨中各作用集中力 P。

(1) 作弯矩图

梁 AB、BC 段均无外荷载作用，其弯矩图为一斜直线；B 点作用集中力 P，弯矩图在 B 点有弯折。B 点所受弯矩 M_{BA} 为：$M_{BA} = Pl$，C 点所受弯矩 M_{CA} 为：

$$M_{CA} = 2Pl + Pl = 3Pl$$

所以其 M 图如图 1-44b 所示。

(2) 作剪力图

AB、BC 段均无外荷载作用，其剪力图为一水平直线；B 点作用集中力 P，剪力图在 B 点有突变。其 V 图如图 1-44c 所示。

[例题 1-11] 如图 1-45a 所示，简支梁受集中力 P 作用，试画出此梁的内力图。

[解]　设在集中力 P 作用下，A、B 两点各受支座反力 R_A、R_B 作用。

（1）求支座反力

$$\left.\begin{array}{lll}\sum y=0 & R_A+R_B-P=0 & ①\\ \sum M_B=0 & R_A(a+b)-Pb=0 & ②\end{array}\right\}$$

①、②联立计算，得

$$R_A=\frac{Pb}{a+b},\ R_B=\frac{Pa}{a+b}$$

（2）作内力图

1）作弯矩图。C 点所受弯矩 M_C 为：

$$M_C=R_A\,a=\frac{Pab}{a+b}$$

所以 M 图如图 1-45b 所示。

2）作剪力图。AC、BC 段均无外荷载作用，其剪力图为一水平线，其所受剪力即为 R_A、R_B，所以 V 图如图 1-45c 所示。

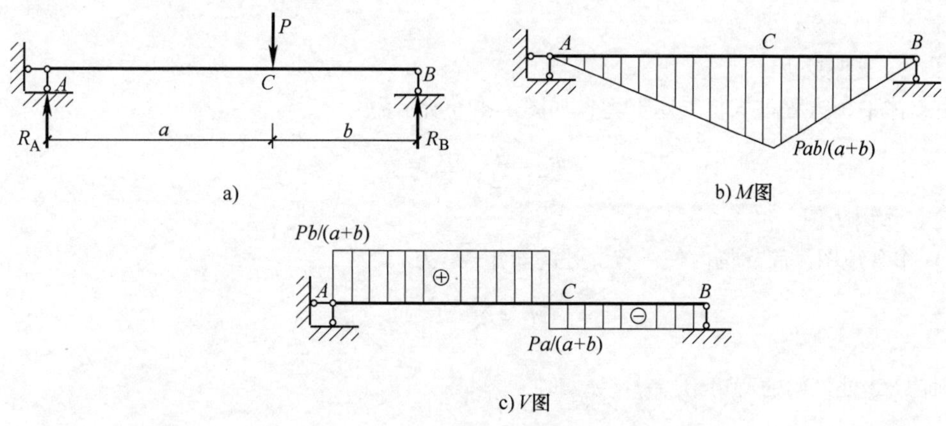

图 1-45　[例题 1-11] 计算简图

见表 3-3 中序号 2。

[例题 1-12]　如图 1-46a 所示，简支梁受集中力 P 作用，试画出此梁的内力图。

[解]

（1）求支座反力

由整体平衡方程可求得支座反力，如图 1-46b 所示为

$$R_A=\frac{P}{2},\ R_B=\frac{P}{2}$$

（2）作内力图

1）作弯矩图。跨中 C 点的弯矩 M_C 为

$$M_C=R_A\frac{l}{2}=pl/4$$

其弯矩图如图 1-46c 所示。

2）作剪力图。AC、BC 段都无外力作用，其剪力图为一水平直线，且在 C 点有突变，如图 1-46d 所示。

见表 3-3 中序号 1。

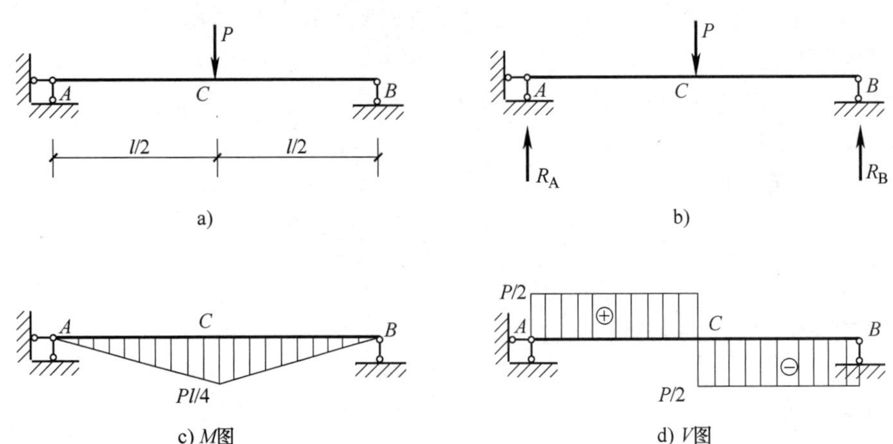

图 1-46 [例题 1-12] 计算简图

[例题 1-13] 如图 1-47a 所示，简支梁受均布荷载 q 的作用，试画出此梁的内力图。

[解]

(1) 求支座反力

由整体平衡方程可求得支座反力，如图 1-47b 所示为

$$R_A=\frac{ql}{2},\ R_B=\frac{ql}{2}$$

(2) 作内力图

1) 作弯矩图。简支梁内任一点 x 处的弯矩 M_x 为

$$M_x=\frac{qx}{2}(l-x)$$

则在 $l/2$ 处该梁的弯矩 $M_{l/2}$ 为：$M_{l/2}=\dfrac{ql^2}{8}$

则其弯矩图如图 1-47c 所示。

2) 作剪力图。简支梁受均布荷载作用，其全梁剪力图为一斜直线，两端支座反力的大小即为剪力的大小。剪力图如图 1-47d 所示。

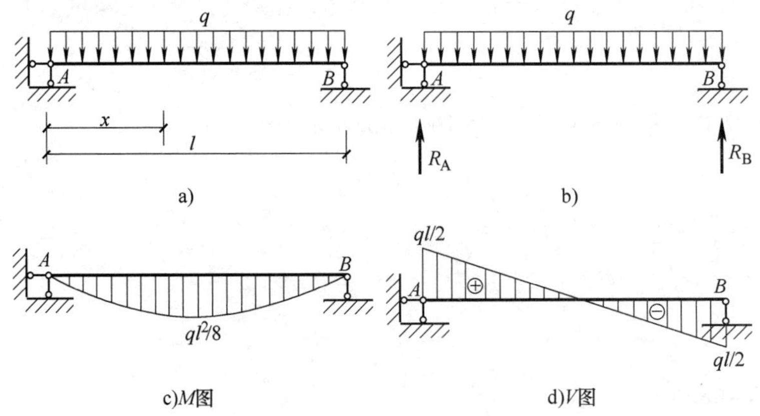

图 1-47 [例题 1-13] 计算简图

见表 3-3 中序号 8。

［例题 1-14］　如图 1-48a 所示，简支梁受局部均布荷载 q 的作用，试画出此梁的内力图。

［解］

（1）求支座反力

由整体平衡方程可求得支座反力，如图 1-48b 所示

$$R_A = \frac{qc}{l}\left(l - d - \frac{c}{2}\right),\ R_B = \frac{qc}{l}\left(d + \frac{c}{2}\right)$$

（2）作内力图

1）作弯矩图：

C 点的弯矩 M_C 为

$$M_C = R_A d（下侧受拉）$$

D 点的弯矩 M_D 为

$$M_D = R_B(l - c - d)（下侧受拉）$$

CD 中点的 $M_{中}$ 为

$$M_{中} = R_A\left(d + \frac{c}{2}\right) - \frac{qc^2}{8}（下侧受拉）$$

其弯矩图如图 1-48c 所示。

2）作剪力图。AC、DB 段均无荷载作用，其剪力图为一水平直线，且剪力值分别为 R_A、R_B，其剪力图如图 1-48d 所示。

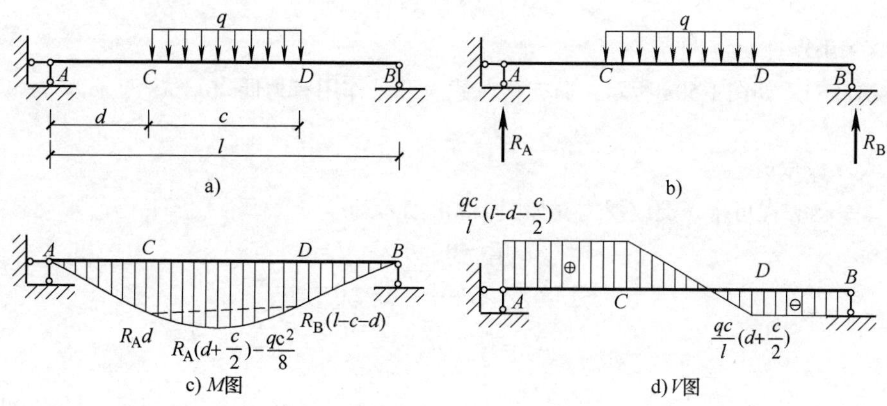

图 1-48　［例题 1-14］计算简图

见表 3-3 中序号 10。

［例题 1-15］　如图 1-49a 所示，简支梁受局部均布荷载 q 的作用，试画出此梁的内力图。

［解］

（1）求支座反力

由整体平衡方程可得支座反力，如图 1-49b 所示为

$$R_A = \frac{qc}{2},\ R_B = \frac{qc}{2}$$

（2）作内力图

1）作弯矩图。控制点 C、D 点的弯矩 M_C、M_D 分别为

$$M_C = M_D = R_A a = \frac{qac}{2}（下侧受拉）$$

C、D 中点的 $M_中$ 为

$$M_{中}=R_{A}a+\frac{qc^{2}}{8}=\frac{qac}{2}+\frac{qc^{2}}{8}(\text{下侧受拉})$$

其弯矩图如图 1-49c 所示。

2）作剪力图。AC、DB 段均无荷载作用，其剪力图为一水平直线，且剪力值分别为 R_A、R_B，CD 段作用有均布荷载，剪力图为一斜直线，其剪力图如图 1-49d 所示。

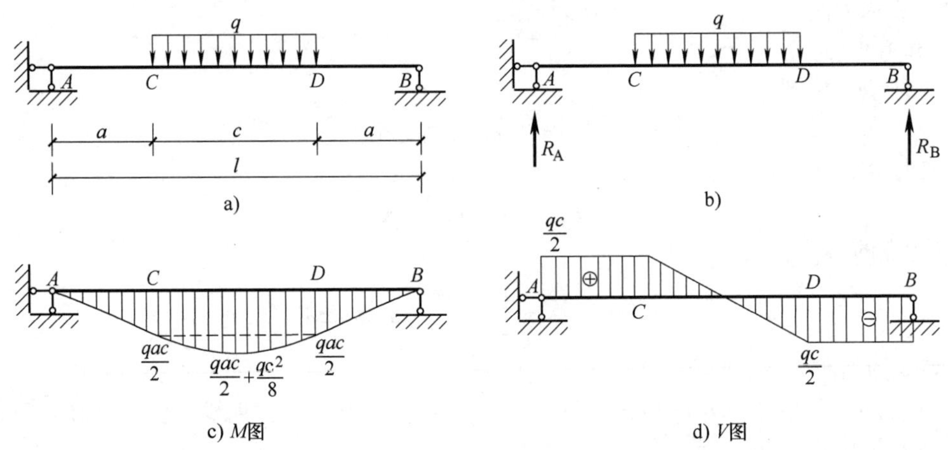

图 1-49 ［例题 1-15］计算简图

见表 3-3 中序号 11。

［例题 1-16］ 如图 1-50a 所示，简支梁在截面 C 处作用有力偶 M，试画出此梁的内力图。

［解］

（1）求支座反力

由整体平衡方程可求得支座反力，如图 1-50b 所示为

$$\text{由}\quad \sum M_{B}=0,\ R_{A}l-M=0$$

$$\sum y=0,\ R_{A}+R_{B}=0$$

得

$$R_{A}=\frac{M}{l},\ R_{B}=-\frac{M}{l}$$

（2）作内力图

1）作弯矩图：

控制点 C 点左侧的弯矩 $M_{C左}$ 为

$$M_{C左}=R_{A}a=\frac{a}{l}M(\text{下侧受拉})$$

控制点 C 点右侧的弯矩 $M_{C右}$ 为

$$M_{C右}=R_{B}b=-\frac{b}{l}M(\text{“}-\text{”表示上侧受拉})$$

其弯矩图如图 1-50c 所示。

2）作剪力图。全梁受集中力偶作用，剪力图无变化。其剪力图如图 1-50d 所示。

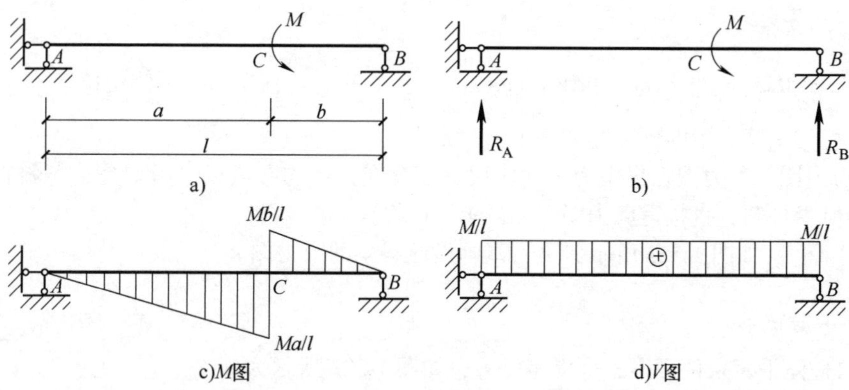

图 1-50　[例题 1-16] 计算简图

见表 3-3 中序号 39。

[例题 1-17]　在荷载作用下，如图 1-51a 所示简支梁。试画出此梁的内力图。

[解]

(1) 求支座反力

由整体平衡方程可得支座反力，由图 1-51b 计算，得

$\sum y=0$　　$R_A+R_B-12\text{kN}-6\text{kN}-1.5\text{kN/m}\times2\text{m}+3\text{kN/m}\times4\text{m}=0$

$\sum M_B=0$　　$R_A\times9\text{m}+3\text{kN/m}\times4\text{m}\times4\text{m}-12\text{kN}\times7.5\text{m}-6\text{kN}\times2\text{m}-1.5\text{kN/m}\times2\text{m}\times1\text{m}=0$

可求得：

$$R_A=\frac{19}{3}\text{kN},\ R_B=\frac{8}{3}\text{kN}$$

(2) 作内力图

1) 作弯矩图：

控制截面 C 点的弯矩

$$M_C=R_A\times1.5\text{m}=9.5\text{kN}\cdot\text{m}(\text{下侧受拉})$$

D 点的弯矩

$$M_D=R_A\times3\text{m}-12\text{kN}\times1.5\text{m}=1\text{kN}\cdot\text{m}(\text{下侧受拉})$$

E 点的弯矩

$$M_E=R_B\times2\text{m}-1.5\text{kN/m}\times2\text{m}\times1\text{m}=\frac{7}{3}\text{kN}\cdot\text{m}(\text{下侧受拉})$$

DE 中点的弯矩

$$M_{DE中}=R_A\times5\text{m}-12\text{kN}\times3.5\text{m}+3\text{kN/m}\times2\text{m}\times1\text{m}=-\frac{13}{3}\text{kN}\cdot\text{m}(\text{上侧受拉})$$

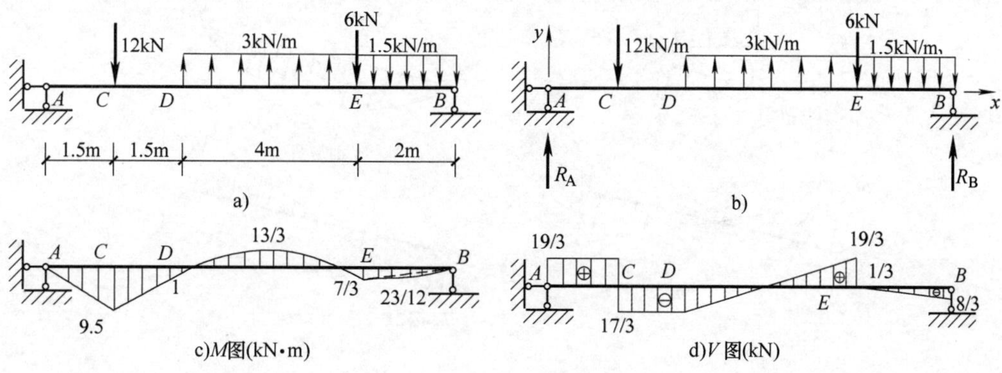

图 1-51　[例题 1-17] 计算简图

EB 中点的弯矩

$$M_{EB中}=R_B\times 1\text{m}-1.5\text{kN/m}\times 2\text{m}\times\frac{1}{2}\times\frac{1}{2}\text{m}=\frac{23}{12}\text{kN}\cdot\text{m}(下侧受拉)$$

由此，可作出简支梁的弯矩图如图1-51c所示。

2）作剪力图。剪力图在集中力荷载作用下有突变，在均布荷载作用下是一条斜直线，根据支座反力及所受外载，直接得剪力图，如图1-51d所示。

[例题1-18] 如图1-52a所示斜梁，试画出此斜梁的内力图。

[解]

(1) 求支座反力

由梁的整体平衡条件可得三个支座反力，如图1-52b所示为

$$H_A=0,\ R_A=\frac{ql}{2}(\uparrow),\ R_B=\frac{ql}{2}(\uparrow)$$

(2) 求斜梁的内力方程，并作内力图

以支座 A 为坐标原点，任一截面 K 的位置以 x 表示，取图1-52c为隔离体，由

$$\sum M_K=0$$

可得

$$M=\frac{qx}{2}(l-x)$$

为一抛物线，其中点 C 的弯矩 $M_C=\frac{ql^2}{8}$，可见与水平简支梁的相同。M 图如图1-52d所示。

对于图1-52c所示隔离体，沿与截面平行方向 s 和垂直方向 n，分别列投影方程为

$$\sum F_s=0和\sum F_n=0，可得$$

$$V=\left(\frac{ql}{2}-qx\right)\cos\theta \qquad (0\leqslant x\leqslant l)$$

$$N=-\left(\frac{ql}{2}-qx\right)\sin\theta \qquad (0\leqslant x\leqslant l)$$

由此可得出 V 图和 N 图，分别如图1-52e、图1-52f所示。

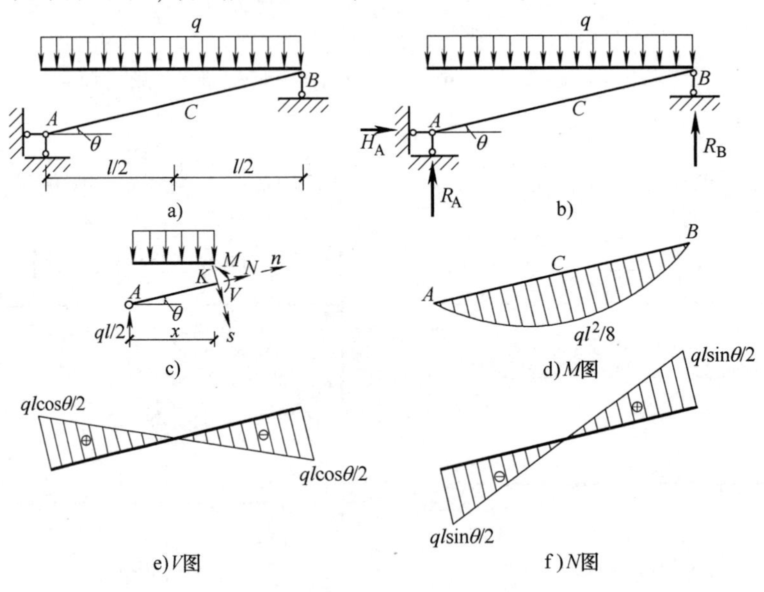

图1-52 [例题1-18]计算简图

［例题 1-19］　如图 1-53a 所示三折斜梁，试画出此三折斜梁的内力图。

［解］

（1）求支座反力

由梁的整体平衡条件，可得三个支座反力，如图 1-53b 所示为

$$H_A = 0,\ R_A = \frac{ql}{2},\ R_B = \frac{ql}{2}$$

（2）求三折斜梁的内力方程，并作内力图

以支座 A 为坐标原点，任一截面 K 的位置以 x 表示，取图 1-53c 为隔离体，由 $\sum M_K = 0$，可得

$$M = \frac{qx}{2}(l - x)$$

为一抛物线，与水平简支梁相同，将各个控制点坐标代入方程，可得 M 图，其 M 图如图 1-53d 所示。

对于图 1-53c 所示隔离体，沿与截面平行方向 s 和垂直方向 n，分别列投影方程为

$$\sum F_s = 0 \text{和} \sum F_n = 0$$

则对于弯折斜梁中的斜梁，其剪力 V 和轴力 N 的方程为

$$V = \left(\frac{ql}{2} - qx\right)\cos\theta \quad \left(\frac{l}{3} \leqslant x \leqslant \frac{2l}{3}\right)$$

$$N = -\left(\frac{ql}{2} - qx\right)\sin\theta \quad \left(\frac{l}{3} \leqslant x \leqslant \frac{2l}{3}\right)$$

由此可得 V 图和 N 图，分别如图 1-53e 和图 1-53f 所示。

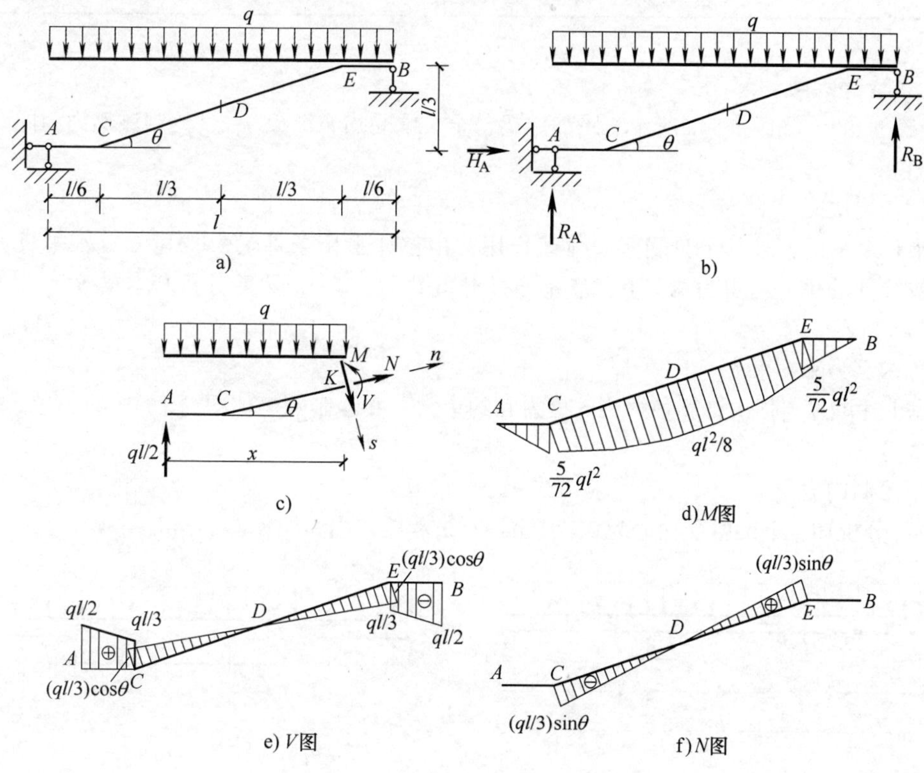

图 1-53　［例题 1-19］计算简图

1.4 多跨静定梁

1.4.1 多跨静定梁计算

多跨静定梁计算见表1-8。

表1-8 多跨静定梁计算

序号	项目	内容
1	力的传递	由附属部分向基本部分传递，且当基本部分受荷载时，附属部分无内力产生；当附属部分受荷载时，基本部分有内力产生
2	计算步骤	采用分层计算法，其关键是分清主次，先“附”后“基”（计算反力和内力）。其具体计算步骤为： 1）作层次图 2）计算反力 3）绘内力图 4）叠加(注意铰处弯矩为零) 5）校核
3	计算方法	根据多跨静定梁的层次图可知，它们的每一跨都是静定梁，因此，可逐跨计算内力，一般的求解办法是：当荷载作用于基本部分时，只有该基本部分受力，而与其相邻的附属部分不受力，故只要把基本部分内力算出即可；当荷载作用于附属部分时，则不仅该附属部分受力，且会通过铰接关系将力传递到与其相关的基本部分上去，故计算多跨静定梁的内力时，必须先从附属部分计算，再计算基本部分。注意将附属部分的支座约束力按反方向加于基本部分。各跨内力图画出以后，再将它们的内力图连在一起，便得到多跨静定梁的内力图

1.4.2 多跨静定梁计算例题

[例题1-20] 如图1-54a所示三跨静定梁，全长承受均布荷载q，试绘制该梁内力图。

[解]

(1) 作层次图

因梁是水平的，且其上只受竖向荷载作用，由整体平衡条件$\sum X=0$可知，水平反力为0，因而各铰接处的水平约束力均为0。首先分析附属梁AE、FD，然后分析基本梁BC，其层次图如图1-54b所示。

(2) 求反力和约束力

根据上述顺序，依次计算各根梁的反力和约束力，并绘制隔离体图(图1-54c)，整个计算过程不再赘述。

(3) 绘制内力图

由(1)分析知，全梁所受轴力为0，其余计算过程略。内力图如图1-54d、e所示。

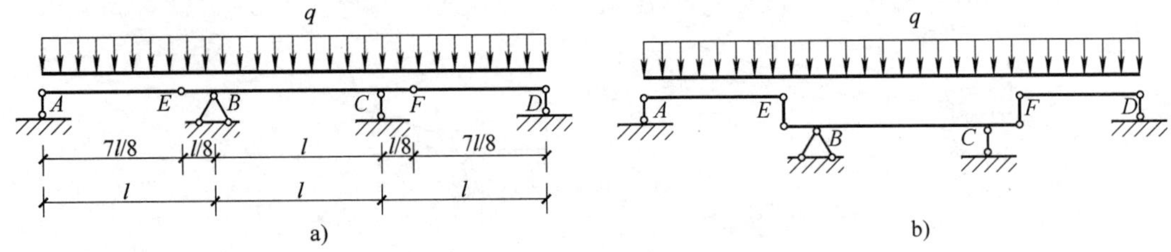

图1-54 [例题1-20]计算简图

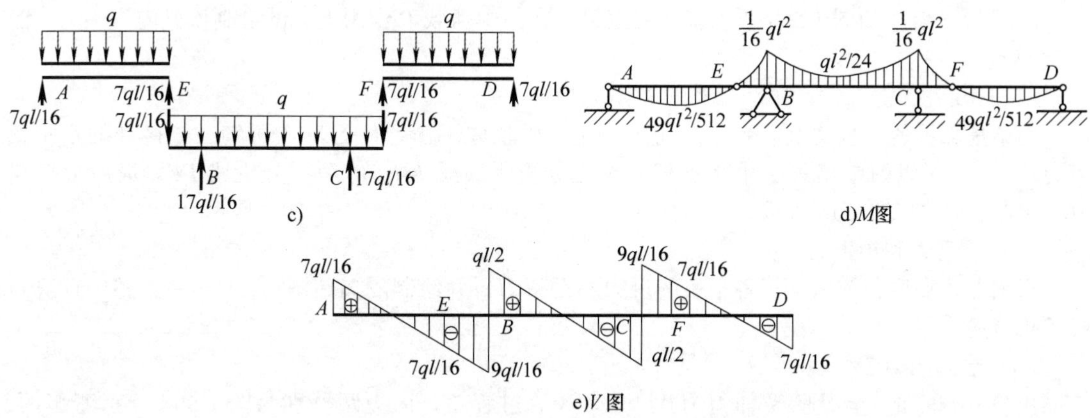

图 1-54　[例题 1-20]计算简图（续）

[例题 1-21]　如图 1-55a 所示三跨静定梁，全长承受均布荷载 q，试绘制该梁内力图。

[解]

(1) 作层次图

因梁是水平的，且其上只受竖向荷载作用，由整体平衡条件$\sum X=0$可知，水平反力为 0，因而各铰接处的水平约束力均为 0。首先分析附属梁 EF，然后再分析基本梁 AB、CD，其层次图如图 1-55b 所示。

(2) 求反力和约束力

根据上述顺序，依次计算各根梁的反力和约束力，并绘制隔离体图(图 1-55c)，整个计算过程不再赘述。

(3) 绘制内力图

由(1)分析知，全梁所受轴力为 0，其余计算过程略。内力图分别为图 1-55d 所示弯矩图，以及图 1-55e 所示剪力图。

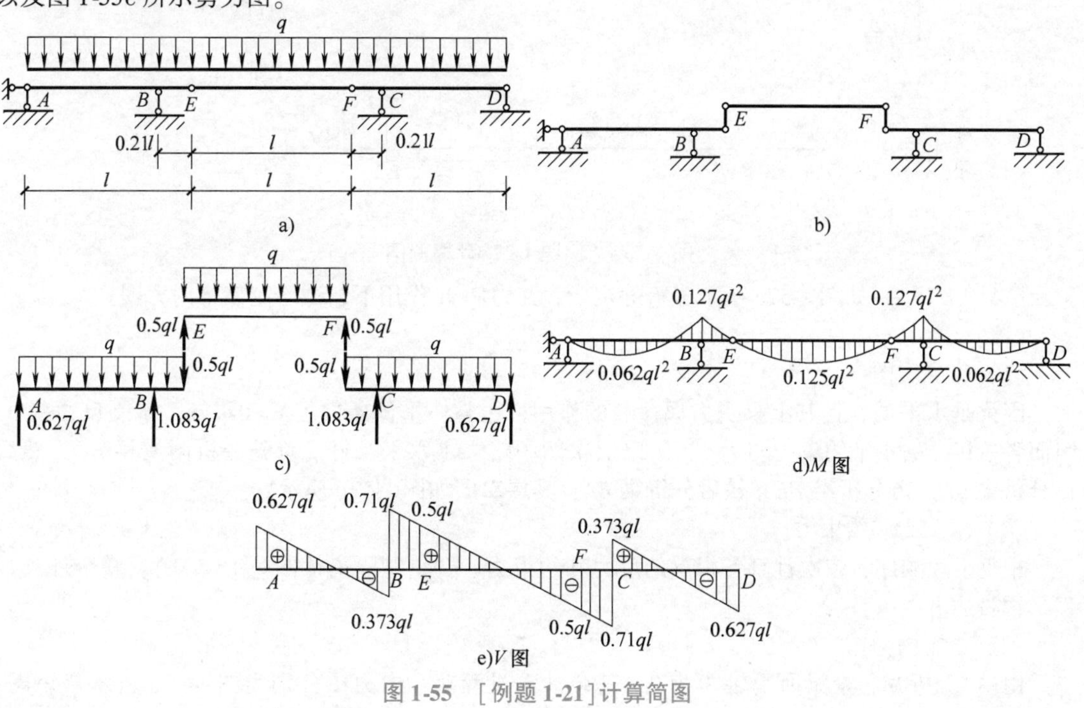

图 1-55　[例题 1-21]计算简图

［例题 1-22］ 如图 1-56a 所示多跨静定梁，在集中荷载 P 作用下，试绘制该梁内力图。

［解］

（1）作层次图

因梁是水平的，且其上只受竖向荷载作用，由整体平衡条件 $\sum X=0$ 可知，铰接处的水平约束力均为 0，所以图中略去了水平支杆。首先分析附属梁 FG，然后再分析梁 EF，最后分析梁 AB。其层次图如图 1-56b 所示。

（2）求反力和约束力

根据上述顺序，依次计算各根梁的反力和约束力，并绘制隔离体图（图 1-56c），整个计算过程不再赘述。

（3）绘制内力图

由（1）分析知，全梁所受轴力为 0，其余计算过程略。内力图分别为图 1-56d 所示弯矩图，以及图 1-56e 所示剪力图。

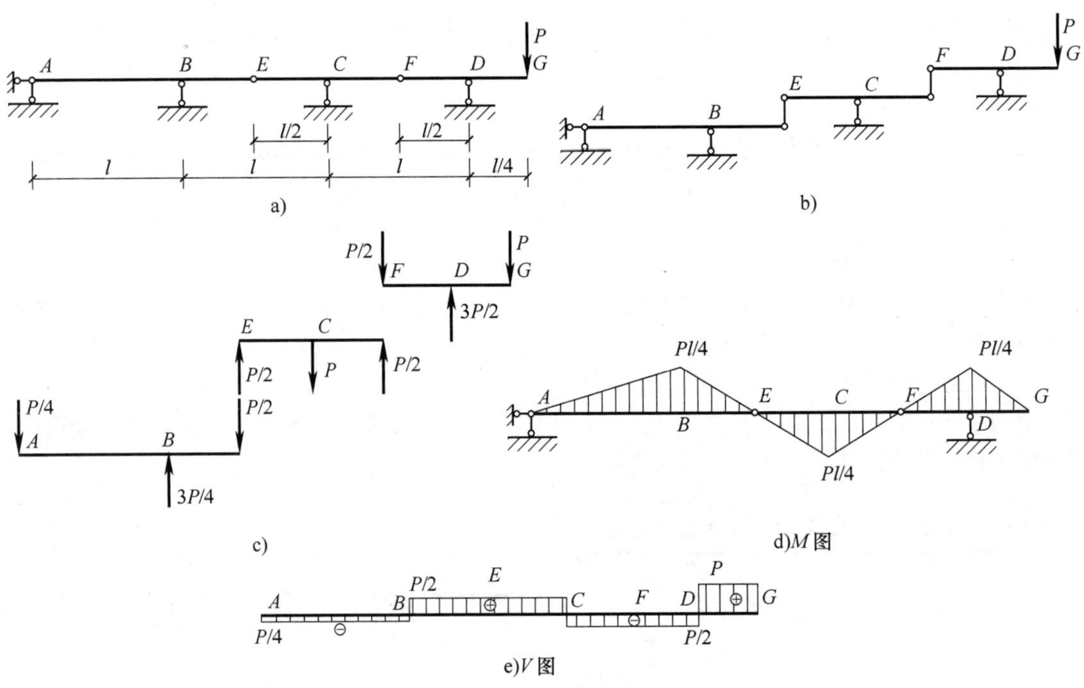

图 1-56 ［例题 1-22］计算简图

［例题 1-23］ 如图 1-57a 所示多跨静定梁，在力偶 M 作用下，试绘制该梁内力图。

［解］

（1）作层次图

因梁是水平的，且其上只受力偶荷载的作用，由整体平衡条件 $\sum X=0$ 可知，水平反力为 0，因而各铰接处的水平约束力均为 0，所以层次图中略去了水平支杆。首先分析附属梁 HG，然后再分析梁 GF，再分析梁 FE，最后分析梁 EA。其层次图如图 1-57b 所示。

（2）求反力和约束力

根据上述顺序，依次计算各根梁的反力和约束力，并绘制隔离体图（图 1-57c），整个计算过程不再赘述。

（3）绘制内力图

由（1）分析知，全梁所受轴力为 0，其余计算过程略。内力图分别为图 1-57d 所示弯矩图，以及图1-57e所示剪力图。

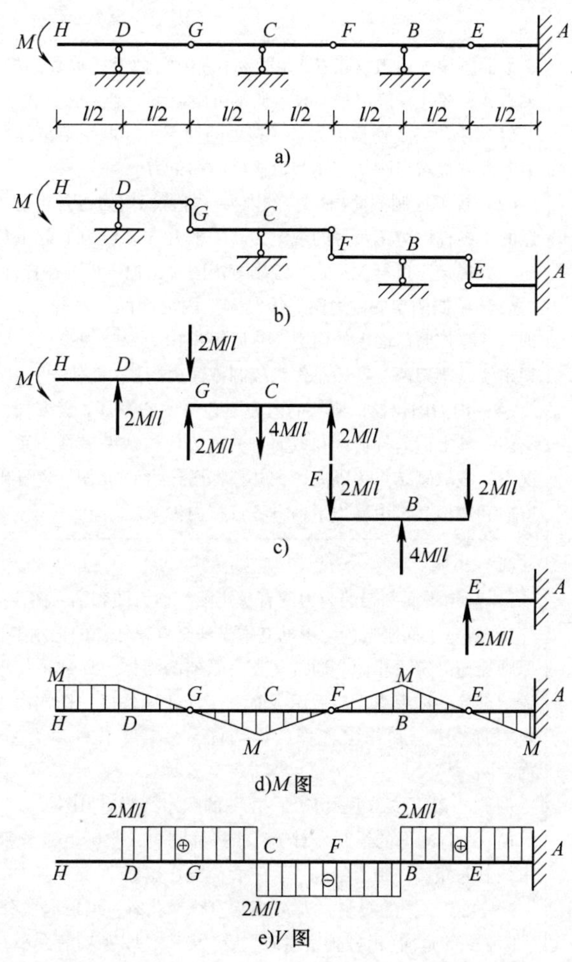

图1-57　［例题1-23］计算简图

1.5　静定平面刚架

1.5.1　静定平面刚架计算

静定平面刚架计算见表1-9。

表1-9　静定平面刚架计算

序　号	项　目	内　容
1	静定平面刚架的内力分析	（1）悬臂刚架。悬臂刚架是刚架中最简单的一种，它与基础用固定端相连。计算悬臂刚架时，不需要求出支座反力就能绘制内力图 （2）简支刚架。简支刚架本身是没有多余约束的几何不变体系，刚架与基础用一个铰和一根不通过此铰的链杆相连或用三根既不平行又不相交于一点的链杆相连。因此，计算简支刚架时，应用平衡方程式可以求出支座反力，再绘制内力图 （3）三铰刚架。三铰刚架本身是由两个构件组成，即为用不共线的三个铰将两个构件和基础两两相连的结构。计算三铰刚架时，由于支座反力的数目多于平衡方程式的数目，因此，需要用截面法取隔离体来补充方程，才能计算出支座反力，然后再绘制内力图 （4）组合刚架。在组合刚架中，一般由前三种刚架的一种作为基本部分，另一部分是根据几何不变体系的组成规律连接上去，并作为附属部分。其计算方法与多跨静定梁的计算方法相同，先计算附属部分，后计算基本部分

续表 1-9

序　号	项　目	内　容
2	内力计算步骤	平面刚架的内力是指各杆(梁和柱)中垂直于杆轴线的横截面上的弯矩 M、剪力 V、轴力 N。在计算静定刚架时，通常可由以下四步完成： (1) 求出各支座反力和各铰接处的约束力。取刚架整体或部分为研究对象，利用静力平衡方程求出刚架支座和铰接处的约束力 (2) 计算控制截面(杆端)的内力。杆截面内力也是由静力平衡方程求得的。值得注意的是各杆内力正负号的规定，其中轴力 N 和剪力 V 的正负号规定与以前相同，而弯矩不再规定正负号。只是在绘制弯矩图时，把弯矩画在杆件的受拉一侧 (3) 绘制刚架的内力图。绘制刚架内力图的方法与绘制静定梁内力图的方法一样，即先计算控制截面上的内力，然后根据内力变化规律及区段叠加法作出内力图。对刚架来说，刚架两端一般总作为控制截面(详见本表序号3) (4) 内力图校核。刚架的内力图必须满足静力平衡方程，即从刚架中任意取一个隔离体，其上面的外荷载和截面上的内力应构成一平衡力系，应满足平衡方程。通常情况下，截取刚结点为隔离体，并根据已作出的 M 图、V 图和 N 图，标出截面上内力的方向和数值，再由静力平衡方程校核内力
3	内力图的绘制	(1) 说明 1) 静定平面刚架的内力图有弯矩图、剪力图和轴力图 2) 静定平面刚架内力图的基本做法是杆梁法，即把刚架拆成杆件，其内力计算方法原则上与静定梁相同。通常是先由刚架的整体或局部平衡条件，求出支座反力或某些铰结点处的约束力，然后用截面法逐杆计算各杆的杆端内力，再利用杆端内力按照静定梁的方法分别作出各杆的内力图，最后将各杆内力图合在一起，就得到刚架的内力图 (2) 一般可按 M 图、V 图、N 图的顺序绘制内力图 1) 关于 M 图的绘制。对于每个杆件而言，实际上是分别应用一次区段叠加法(“一求控制弯矩，二引直线相连，三叠简支弯矩”) 2) 关于 V 图的绘制。当 M 图为直线变化时，可根据微分关系，由 M 图“下坡”或“上坡”的走向(沿杆轴由左向右看)及其“坡度”的大小，直接确定剪力 V 的正负和大小(如前所述)；当 M 图为二次抛物线变化时，可取该杆段为隔离体，化为等效的简支梁，根据杆端的已知弯矩 M 及跨间荷载，利用力矩方程，求杆端剪力值 3) 关于 N 图的绘制。对于比较复杂的情况，可取结点为隔离体，根据已知剪力 V，利用投影方程，求杆件轴力值 (3) 刚架的 M 图绘在杆件受拉一侧，不标注正负号；V 图和 N 图可绘在杆件的任一侧，但必须标注正负号，其符号规定与梁相同 (4) 关于简单刚结点的概念。两杆刚结点，称为简单刚结点。当无外力偶作用时，汇交于该处两杆的杆端弯矩坐标应在结点的同一侧(内侧或外侧)，且数值相等。作 M 图时，可充分利用这一特性

1.5.2 静定平面刚架计算例题

[例题 1-24] 试求如图 1-58a 所示刚架内力图。

[解]

(1) 求支座反力

取整个刚架为隔离体，如图 1-58b 所示，由平衡条件求支座反力

$\sum F_x = 0 \qquad H_A + 2\text{kN} = 0 \qquad\qquad H_A = -2\text{kN}(\leftarrow)$

$\sum F_y = 0$　　$R_A - 3\text{kN} - 4 \times 1\text{kN} = 0$　　$R_A = 7\text{kN}$（↑）

$\sum M_A = 0$　　$M_{AB} - 2 \times 3\text{kN}\cdot\text{m} - 3 \times 4\text{kN}\cdot\text{m} - 1 \times 4 \times 2\text{kN}\cdot\text{m} = 0$　　$M_{AB} = 26\text{kN}\cdot\text{m}$

（2）求杆端内力

考虑 AB 杆，其 A 端截面上的内力由支点反力就可求得，即 $M_{AB} = 26\text{kN}\cdot\text{m}$，$N_{AB} = -7\text{kN}$，$V_{AB} = 2\text{kN}$。

取结点 B 为隔离体，如图 1-58c 所示，则 B 端的截面内力为

$\sum M_B = 0$　　$M_{BA} - M_{AB} - H_A \times 6\text{m} - 2 \times 3\text{kN}\cdot\text{m} = 0$　　$M_{BA} = 20\text{kN}\cdot\text{m}$

$\sum F_x = 0$　　$H_{BA} + H_A + 2\text{kN} = 0$　　$H_{BA} = 0$

$\sum F_y = 0$　　$N_{BA} - R_A = 0$　　$N_{BA} = -7\text{kN}$

考虑 BC 杆，其 C 端的内力由作用外力就可求得，即 $M_{CB} = 0$，$N_{CB} = 0$，$V_{CB} = 3\text{kN}$。

同理可求得 BC 杆上 B 端内力为

$M_{BC} = 20\text{kN}\cdot\text{m}$　　$V_{BC} = 7\text{kN}$　　$N_{BC} = 0$

（3）作内力图

由(2)中求得各杆端内力，可得刚架的内力图，如图 1-58d（M 图）、图 1-58e（N 图）、图 1-58f（V 图）所示。

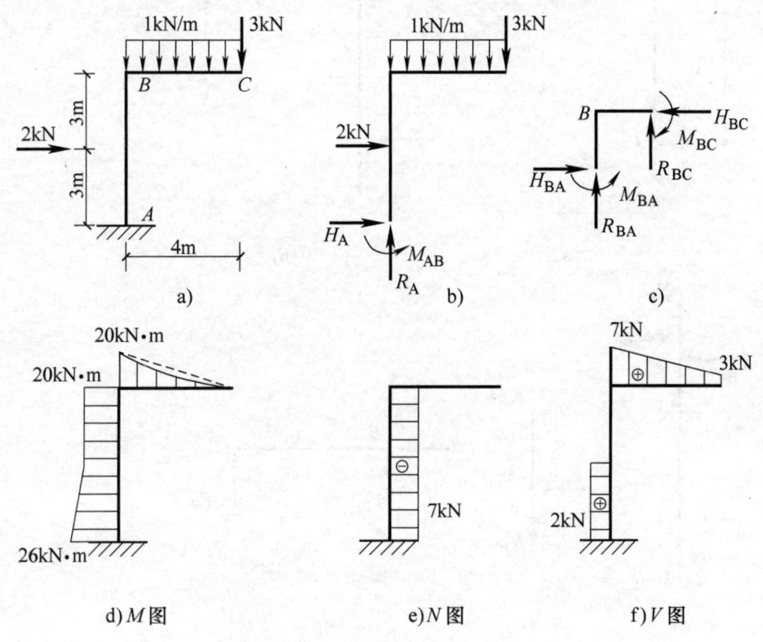

图 1-58　[例题 1-24] 计算简图

[例题 1-25]　试求如图 1-59a 所示刚架内力图。

[解]

（1）求支座反力

取整个刚架为隔离体，如图 1-59b 所示，由平衡条件求支座反力为

$\sum M_A = 0$　　$R_E \times 2a - 2M = 0$　　$R_E = \dfrac{M}{a}$（↑）

$\sum F_x = 0$　　$H_A = 0$　　$H_A = 0$

$\sum F_y = 0$　　$R_A + R_E = 0$　　$R_A = -\dfrac{M}{a}$（↓）

（2）求各杆杆端内力

由图1-59c、d、e所示隔离体，求各杆杆端内力。

由图1-59c计算，得

$N_{BA}=\frac{M}{a}$　　$V_{BA}=0$　　$M_{BA}=0$

由图1-59d计算，得

$V_{BC}=0$　　$N_{BC}=0$　　$M_{BC}=-M$（左侧受拉）

由图1-59e计算，得

$V_{BE}=-\frac{M}{a}$　　$N_{BE}=0$　　$M_{BE}=M$（下侧受拉）

（3）作内力图

根据(2)求得的各杆杆端内力，得内力图分别如图1-59f、g、h所示。

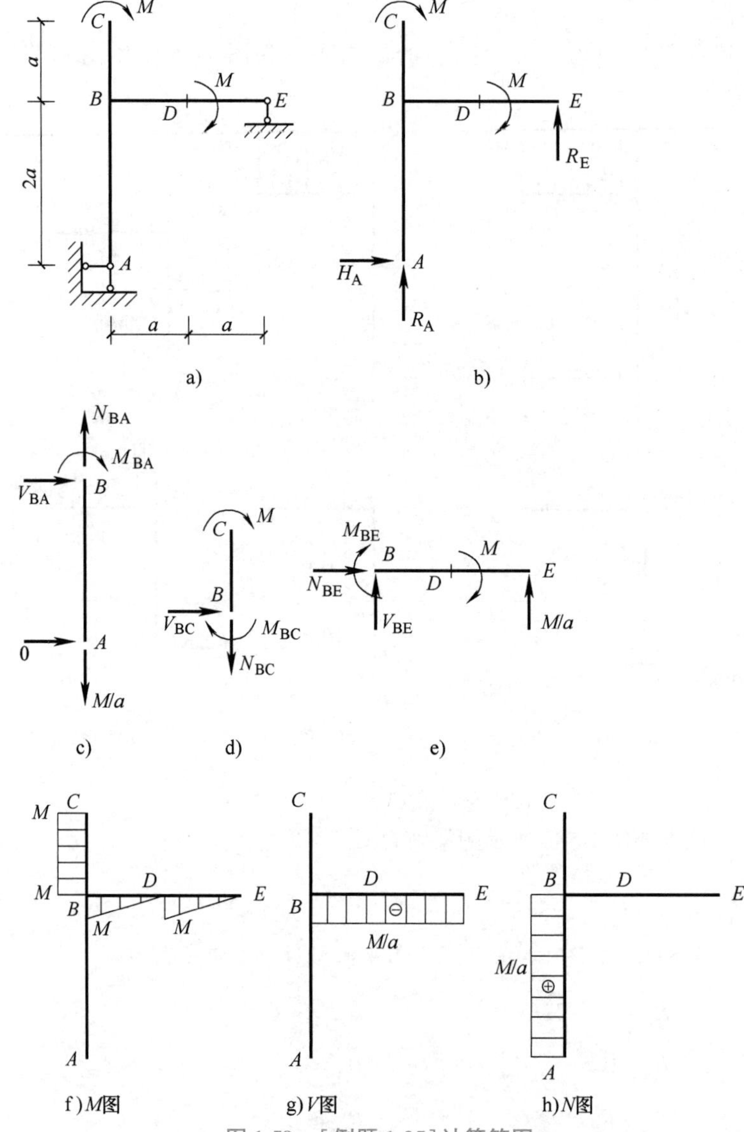

图1-59 ［例题1-25］计算简图

[例题 1-26]　试求如图 1-60a 所示刚架内力图。

[解]

(1) 求支座反力

取整个刚架为隔离体，如图 1-60b 所示，由平衡条件求支座反力为

$\sum F_x = 0$　　$H_A + P_1 = 0$　　$H_A = -P_1(\leftarrow)$

$\sum M_A = 0$　　$R_B l - P_1 l - P_2 \cdot \dfrac{l}{2} = 0$　　$R_B = \dfrac{2P_1 + P_2}{2}(\uparrow)$

$\sum F_y = 0$　　$R_A + R_B - P_2 = 0$　　$R_A = \dfrac{P_2 - 2P_1}{2}(\uparrow)$

(2) 求各杆杆端内力

由图 1-60c、d、e 所示隔离体，求各杆杆端内力。

由图 1-60c 计算，得

$V_{CA} = P_1$　　$N_{CA} = -\dfrac{P_2 - 2P_1}{2}$　　$M_{CA} = -P_1 l$(右侧受拉)

由图 1-60d 计算，得

$V_{CD} = \dfrac{P_2 - 2P_1}{2}$　　$N_{CD} = 0$　　$M_{CD} = -P_1 l$(下侧受拉)

由图 1-60e 计算，得

$V_{DC} = -\dfrac{2P_1 + P_2}{2}$　　$N_{DC} = 0$　　$M_{DC} = 0$

(3) 作内力图

根据(2)求得的各杆杆端内力，得内力图分别如图 1-60f、g、h 所示。

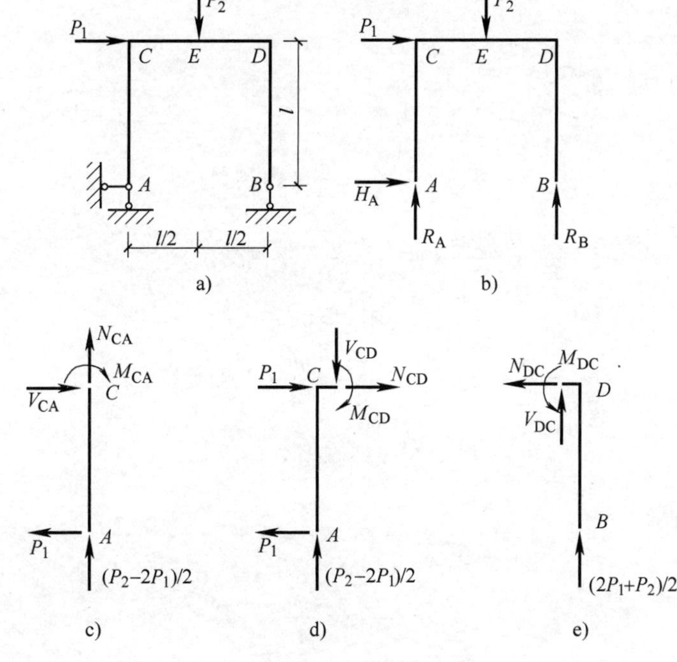

图 1-60　[例题 1-26]计算简图

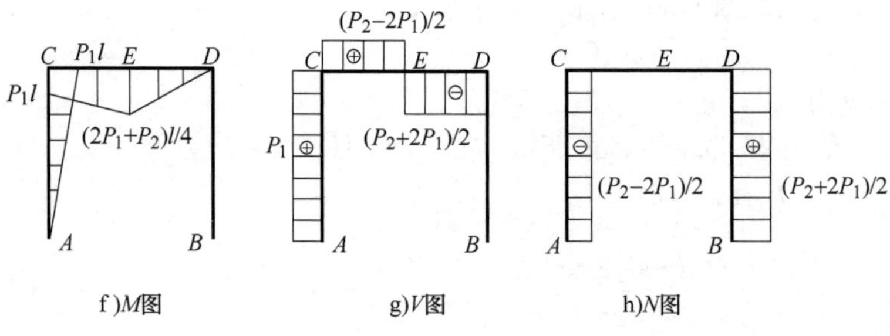

f) M图　　g) V图　　h) N图

图 1-60 [例题 1-26] 计算简图（续）

[例题 1-27] 试求如图 1-61a 所示刚架内力图。

[解]

(1) 求支座反力

取整个刚架为隔离体，如图 1-61b 所示，由平衡条件求支座反力为

$$\sum M_A = 0 \qquad R_B l - \frac{qh^2}{2} = 0 \qquad R_B = \frac{qh^2}{2l}(\uparrow)$$

$$\sum F_y = 0 \qquad R_A + R_B = 0 \qquad R_A = -\frac{qh^2}{2l}(\downarrow)$$

再取右半部分结构为隔离体，则有

$$\sum M_E = 0 \qquad R_B \cdot \frac{l}{2} - H_B \cdot h = 0 \qquad H_B = \frac{qh}{4}(\leftarrow)$$

对整个结构

$$\sum F_x = 0 \qquad H_A + qh - H_B = 0 \qquad H_A = -\frac{3qh}{4}(\leftarrow)$$

(2) 作内力图

1) 作 M 图。各杆杆端弯矩为

$$M_{AC} = 0$$

$$M_{CA} = \frac{3}{4}qh \cdot h - \frac{qh^2}{2} = \frac{qh^2}{4}(\text{内侧受拉})$$

$$M_{CE} = \frac{qh^2}{2l} \cdot l - \frac{qh^2}{4} = \frac{qh^2}{4}(\text{下侧受拉})$$

$$M_{EC} = M_{ED} = 0$$

$$M_{DE} = \frac{qh^2}{2l} \cdot l + \frac{qh^2}{2} - \frac{3qh^2}{4} = \frac{qh^2}{4}(\text{上侧受拉})$$

$$M_{DB} = \frac{qh^2}{4}(\text{外侧受拉})$$

M 图如图 1-61c 所示。

2) 作 V 图：

$$V_{AC} = -H_A = \frac{3qh}{4}$$

$$V_{CA} = \frac{3qh}{4} - qh = -qh$$

$$V_{CE}=R_A=-\frac{qh^2}{2l}$$

$$V_{DE}=-R_B=-\frac{qh^2}{2l}$$

$$V_{DB}=V_{BD}=H_B=\frac{qh}{4}$$

由此得到 V 图如图 1-61d 所示。

3）作 N 图：

$$N_{AC}=N_{CA}=\frac{qh^2}{2l}$$

$$N_{BD}=N_{DB}=-\frac{qh^2}{2l}$$

$$N_{CD}=N_{DC}=-\frac{qh}{4}$$

由此得到 N 图如图 1-61e 所示。

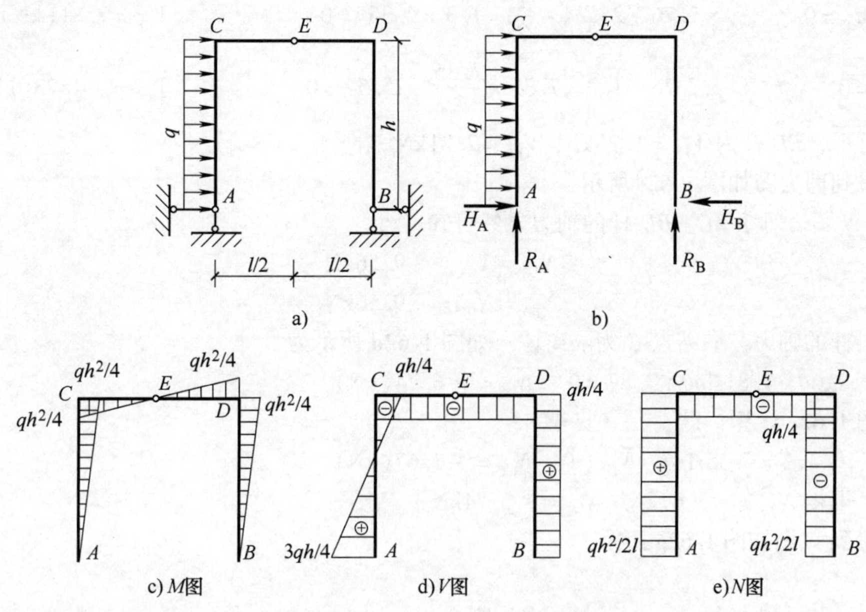

图 1-61　[例题 1-27] 计算简图

[例题 1-28]　试求如图 1-62a 所示刚架内力图。

[解]

(1) 求支座反力

取整个刚架为隔离体，如图 1-62b 所示，由平衡条件求支座反力为

$\sum M_A=0$　　$R_B\times7.35\times2-1.3\times7.35\times2\times7.35=0$　　$R_B=9.56(\text{kN})(\uparrow)$

$\sum F_y=0$　　$R_A+R_B-1.3\times7.35\times2=0$　　$R_A=9.56(\text{kN})(\uparrow)$

取右半部分 BDE 为隔离体为

$\sum M_E=0$　　$9.56\times7.35-H_B\times(6.6+2.49)-\frac{1.3\times7.35^2}{2}=0$　　$H_B=3.87(\text{kN})$

对于整个刚架为

$\sum F_x=0 \qquad H_A-3.87=0 \qquad\qquad H_A=3.87(\text{kN})$

（2）作内力图

1）作 M 图。各杆端弯矩为

$$M_{AC}=0$$
$$M_{CA}=M_{CE}=3.87\times6.6=25.54(\text{kN}\cdot\text{m})(\text{外侧受拉})$$
$$M_{EC}=M_{ED}=0$$
$$M_{DE}=M_{DB}=3.87\times6.6=25.54(\text{kN}\cdot\text{m})(\text{外侧受拉})$$
$$M_{DB}=0$$

M 图如图 1-62e 所示。其中 CE、ED 段是用叠加法求得的。其中点弯矩计算为

$$\frac{1}{2}\times25.54-\frac{1}{8}\times1.3\times7.35^2=3.99(\text{kN}\cdot\text{m})$$

2）作 V 图。杆 AC、BD 的剪力显然可知，$V_{AC}=V_{CA}=-3.87\text{kN}$，$V_{BD}=V_{DB}=3.87\text{kN}$

对于斜杆，取斜杆 CE 为隔离体，如图 1-62c 所示。

斜杆 CE 长度为 $\qquad \sqrt{7.35^2+2.49^2}=7.76(\text{m})$

则 $\sum M_E=0 \qquad V_{CE}\times7.76-25.54-\dfrac{1}{2}\times1.3\times7.35^2=0 \qquad\qquad V_{CE}=7.81(\text{kN})$

$\sum M_C=0 \qquad V_{EC}\times7.76+1.3\times7.35\times\dfrac{7.35}{2}-25.54=0 \qquad\qquad V_{EC}=-1.23(\text{kN})$

同理可得，ED 杆内 $V_{ED}=1.23\text{kN}$，$V_{DE}=7.81\text{kN}$

由此得到剪力图如图 1-62f 所示。

3）作 N 图。对于 AC、BD 杆的轴力显然可知

$$N_{AC}=N_{CA}=-9.56\text{kN}$$
$$N_{BD}=N_{DB}=-9.56\text{kN}$$

对于斜杆的轴力，取结点 C 为隔离体，如图 1-62d 所示为

$N_{CE}\cos\theta+7.81\sin\theta+3.87=0 \qquad N_{CE}=-6.74(\text{kN})$

再由图 1-62c 计算，得

$N_{CE}+1.3\times7.35\sin\theta-N_{EC}=0 \qquad N_{EC}=-3.67(\text{kN})$

同理，可得 $N_{ED}=-3.67\text{kN}$，$N_{DE}=-6.74\text{kN}$

由此得到 N 图如图 1-62g 所示。

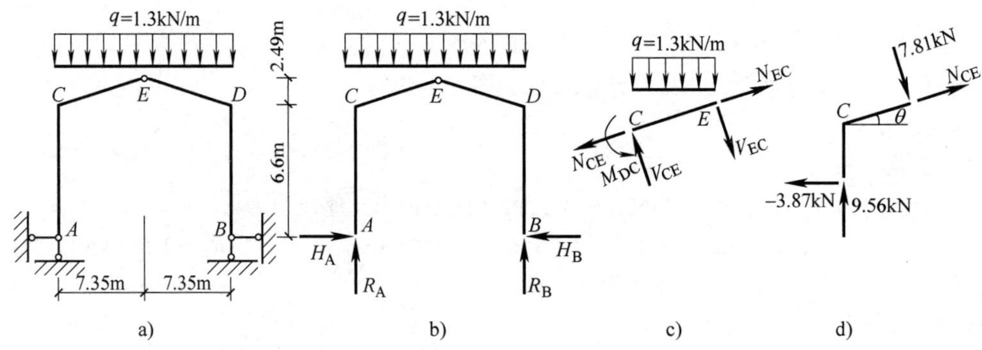

图 1-62 ［例题 1-28］计算简图

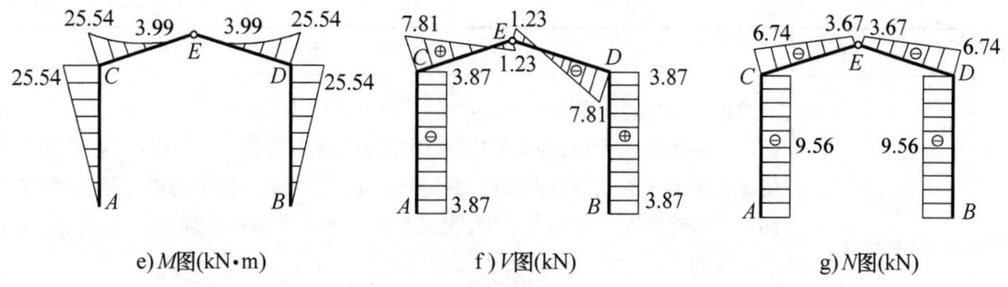

图 1-62　[例题 1-28] 计算简图（续）

[例题 1-29]　试求如图 1-63a 所示刚架弯矩图。

[解]

(1) 求支座反力

取整个刚架为隔离体，如图 1-63b 所示，由平衡条件求支座反力为

$\sum F_x=0 \quad H_A+3P=0 \qquad H_A=-3P(\leftarrow)$

B 点右侧部分对 B 点求矩计算，得

$\sum M_B=0 \quad R_C\cdot l-2P\cdot l=0 \quad R_C=2P(\uparrow)$

再取整体结构计算，得

$\sum F_y=0 \quad R_A+R_C=0 \qquad R_A=-2P(\downarrow)$

$\sum M_A=0 \quad M_{AB}+R_C\cdot 2l-3P\cdot l=0$

$M_{AB}=-pl$(下侧受力)

(2) 作弯矩图

运用叠加法直接作弯矩图，如图 1-63c 所示。

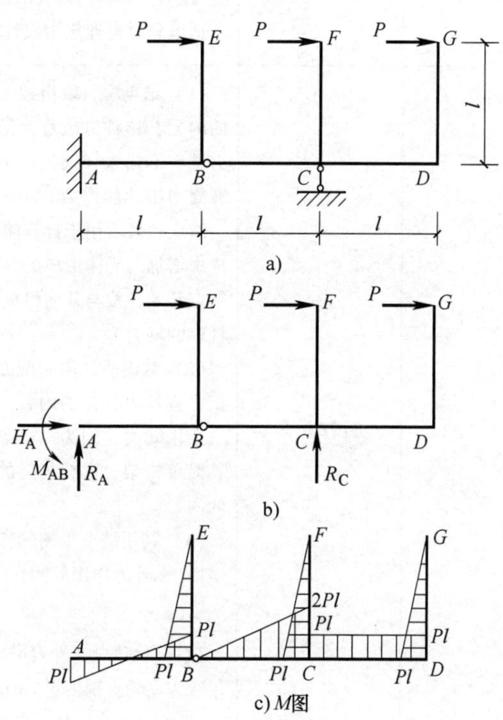

图 1-63　[例题 1-29] 计算简图

1.6　静定平面桁架

1.6.1　静定平面桁架计算

静定平面桁架计算见表 1-10。

表 1-10　静定平面桁架计算

序　号	项　目	内　容
1	计算规定	(1) 关于桁架计算简图的三个假定 1) 各结点都是光滑的理想铰 2) 各杆轴线都是直线，且通过结点铰的中心 3) 荷载和支座反力都作用在结点上，且通过铰的中心 满足以上假定的桁架，称为理想桁架 (2) 桁架的组成特点。理想桁架是各直杆在两端用理想铰相连接而组成的几何不变体系(格构式结构、链杆体系) (3) 桁架的力学特性。理想桁架各杆其内力只有轴力(拉力或压力)而无弯矩和剪力，且两杆端轴力大小相等、方向相反、具有同一作用线，习称二力杆 (4) 主内力和次内力。有必要指出：实际桁架都不可能完全符合以上关于理想桁架的三个假定。如钢筋混凝土桁架的结点是浇筑的，钢桁架是用结点板把各杆焊接在一起的。这些结点都有一定的刚性，并不是理想铰结点。实际桁架的杆件也不可能绝对平直，荷载也不完全作用在结点上。杆件内力除轴力外，还有弯矩和剪力

续表 1-10

序号	项目	内容
1	计算规定	按理想桁架算出的内力(或应力)，称为主内力(或主应力)；由于不符合理想情况而产生的附加内力(或应力)，称为次内力(或次应力)。大量的工程实践表明：一般情况下桁架中的主应力占总应力的80%以上，所以主应力的确定是桁架中应力的主要部分。也就是说，桁架的内力主要是轴力，而由于不符合理想情况的附加弯矩的影响是次要的 次内力的计算一般需将桁架结点取为刚结点，按超静定结构方法计算。计算主内力则按理想桁架计算简图计算 这里只讨论理想桁架计算问题，即桁架主内力的计算问题
2	计算方法	(1) 结点法。取桁架的一个结点为隔离体，利用该结点的静力平衡方程解出各杆的内力，这种方法称为结点法。一个结点一般不能多于两个未知力，否则杆件的内力就解不出来，因为一个结点只有两个独立方程(平面汇交力系)，可以用结点法计算简单桁架的内力 结点法最适用于计算简单桁架。由于简单桁架是从地基或一个基本铰结三角形开始，依次增加二元体形成的，其最后一个结点只包含两根杆件，所以只需从最后一个两杆结点开始，按与几何组成相反的顺序，依次截取结点计算，就可顺利地求出桁架全部杆件的轴力 (2) 截面法。用一截面截取桁架的某一部分作为隔离体，利用该隔离体的静力平衡方程解出各杆的内力，这种方法称为截面法。一般来说，截面截取隔离体不多于三个未知力，因为一个隔离体只有三个独立方程(平面一般力系)。可以用截面法计算简单桁架、联合桁架的内力。但是，复杂桁架一般需用特殊截面才能计算出杆件的内力 (3) 利用结点平衡的特殊情况，判定零杆 1) 无外力作用的两杆结点(图1-64a)，两杆的轴力都是零。如图1-64a所示，$N_1=N_2=0$ 2) 两杆结点，外力沿一杆作用(图1-64b)，则另一杆的轴力为零。取P和N_1的作用线为y轴，则由$\Sigma X=0$，可知$N_2=0$。如图1-64b所示，$N_2=0$，$N_1=-P$ 3) 无外力作用的三杆结点，有两杆在一直线上，则第三杆的轴力为零，如图1-64c所示。如取两杆所在的直线为x轴，则由$\Sigma y=0$，可知$N_3=0$，$N_1=N_2$

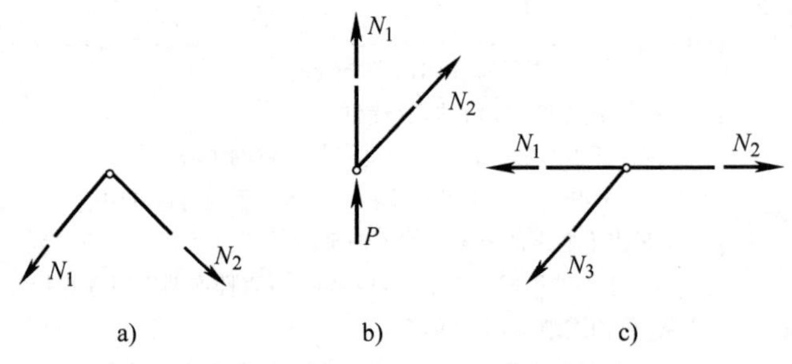

图1-64 判定零杆

a) $N_1=N_2=0$ b) $N_2=0$，$N_1=-P$ c) $N_3=0$，$N_1=N_2$

1.6.2 静定平面桁架计算例题

[例题1-30] 一桁架的尺寸及所受荷载如图1-65a所示，试用结点法求各杆的内力。

[解]

(1) 求支座反力

取整个桁架为隔离体，如图1-65b所示，由平衡条件求支座反力。由于结构对称，外加荷载对称，易知 $R_A = R_B = 60\text{kN}$，$H_A = 0$

(2) 计算各杆内力

由对称性知，结构中对称杆件轴力相等，故只需计算半边结构，现选择左半边结构计算。

1) 取结点A(图1-65c)：

$\sum F_y = 0 \qquad N_{AD} \cdot \sin\theta + 45 = 0, \qquad N_{AD} = 100.62(\text{kN})$

$\sum F_x = 0 \qquad N_{AE} + N_{AD}\cos\theta = 0, \qquad N_{AE} = 90(\text{kN})$

2) 取结点E。由该结点特点，容易得出DE杆为零杆，即 $N_{DE} = 0$，则 $N_{EF} = N_{AE} = 90\text{kN}$

3) 取结点D(图1-65d)：

$\sum F_y = 0 \qquad -30\cos\alpha - N_{DF}\cos\beta = 0 \qquad N_{DF} = -33.54(\text{kN})$

$\sum F_x = 0 \qquad 100.62 - 30\sin\alpha - 33.54\sin\beta + N_{DC} = 0 \qquad N_{DC} = -67.08(\text{kN})$

4) 取结点C(图1-65e)：

$\sum F_y = 0 \qquad -30 + 67.08 \times \sin\theta - N_{CF} = 0 \qquad N_{CF} = 0$

(3) 最后将各杆件的内力标注在图1-65b上(其中，正号表示拉力，负号表示压力)

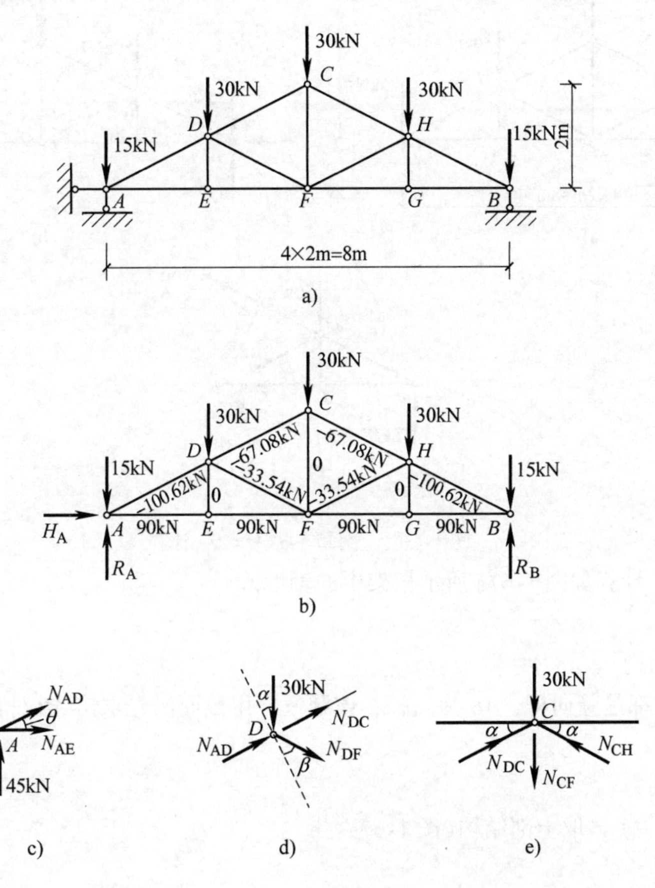

图1-65　[例题1-30]计算简图

[例题 1-31] 一桁架的尺寸及所受荷载如图 1-66a 所示，试用截面法求 *DC*、*DF*、*DE* 杆的内力。

[解]

(1) 求支座反力

取整个桁架为隔离体，如图 1-66b 所示，由平衡条件求支座反力。由于结构对称，外加荷载对称，易知

$$R_A = R_B = 100\text{kN},\ H_A = 0$$

(2) 求杆的内力

① 作截面Ⅰ—Ⅰ，如图 1-66b 所示，易求得 $N_{DE} = 0$。

② 作截面Ⅱ—Ⅱ，取左半部分结构，如图 1-66c 所示为

$\sum M_F = 0$　　$50\times2-75\times4-N_{DC}\times\dfrac{4}{\sqrt{5}}=0$　　$N_{DC} = -50\sqrt{5}$(kN)(受压)

$\sum M_E = 0$　　$50\sqrt{5}\times\dfrac{2}{\sqrt{5}}-75\times2-N_{DF}\times\dfrac{2}{\sqrt{5}}=0$　　$N_{DF} = -25\sqrt{5}$(kN)(受压)

(3) 最后将求得的杆件内力标注在图 1-66b 上(其中，正号表示拉力，负号表示压力)

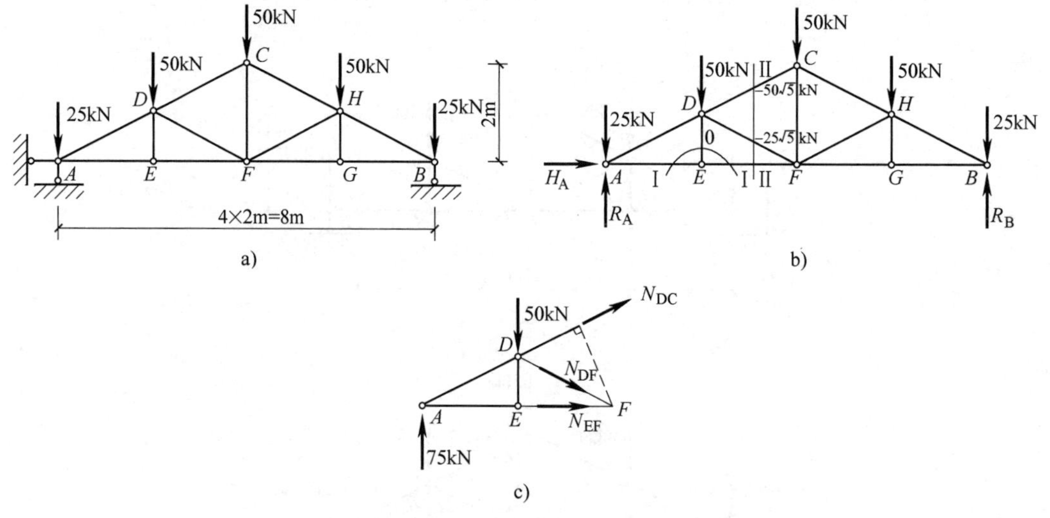

图 1-66 [例题 1-31] 计算简图

[例题 1-32] 计算如图 1-67a 所示桁架中的轴力。

[解]

(1) 分析该结构

DF、*EG*、*CH* 都是竖向杆，*AB* 为斜杆，该题适合用截面法先求出 *AB* 杆的内力，再利用结点法求其余杆的内力。

(2) 求杆件轴力

1) 作截面Ⅰ—Ⅰ，取上部结构(图 1-67a、b)：

由 $\sum F_x = 0$，　　$P - N_{BA}\dfrac{\sqrt{2}}{2} = 0$，　　$N_{BA} = \sqrt{2}P$

2) 取结点 *B*(图 1-67c)：

由$\sum F_y = 0$　　$-\sqrt{2}P \cdot \frac{\sqrt{2}}{2} - N_{BD} \cdot \frac{\sqrt{2}}{2} = 0$　　$N_{BD} = -\sqrt{2}P$(受压)

由$\sum F_x = 0$　　$P - \sqrt{2}P \cdot \frac{\sqrt{2}}{2} - \sqrt{2}P \cdot \frac{\sqrt{2}}{2} + N_{BC} = 0$　　$N_{BC} = P$

3）取结点 C(图 1-67d)：

由$\sum F_x = 0$　　$-P - N_{CE} \cdot \frac{\sqrt{2}}{2} = 0$　　$N_{CE} = -\sqrt{2}P$(受压)

由$\sum F_y = 0$　　$\sqrt{2}P \cdot \frac{\sqrt{2}}{2} - N_{CH} = 0$　　$N_{CH} = P$

4）取结点 D(图 1-67e)：

由$\sum F_y = 0$　　$-\sqrt{2}P \cdot \frac{\sqrt{2}}{2} - N_{DF} = 0$　　$N_{DF} = -P$(受压)

由$\sum F_x = 0$　　$\sqrt{2}P \cdot \frac{\sqrt{2}}{2} - N_{DE} = 0$　　$N_{DE} = -P$(受压)

5）取结点 E(图 1-67f)：

由$\sum F_y = 0$　　$-\sqrt{2}P \cdot \frac{\sqrt{2}}{2} - N_{EG} = 0$　　$N_{EG} = -P$(受压)

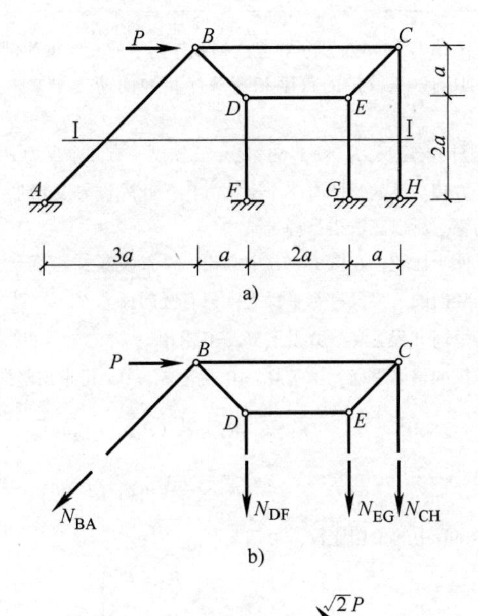

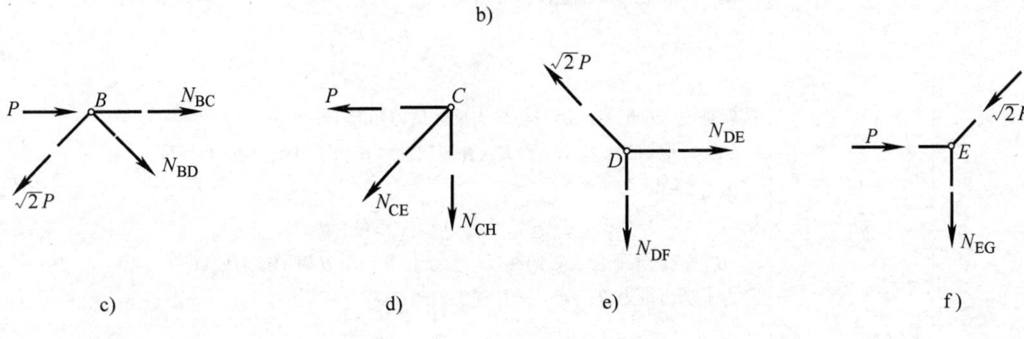

图 1-67　[例题 1-32]计算简图

1.7 三铰拱

1.7.1 三铰拱的计算

三铰拱的计算见表1-11。

表1-11 三铰拱的计算

序号	项目	内容
1	简述	三铰拱在屋盖和桥梁中都有应用。图1-68所示为三铰拱的两种形式。图1-68a所示为无拉杆的三铰拱，AC和BC是两个曲杆，在C点用铰连接，A、B两点是铰支座。图1-68b所示为有拉杆的三铰拱，B点改为辊轴支座，同时加上拉杆AB。拱的基本特点是在竖向荷载作用下有水平反力，也称为推力。对于有拉杆的三铰拱，推力就是拉杆内的拉力。推力对拱的内力有重要影响。曲杆的轴线常用抛物线和圆弧，有时采用悬链线。拱高f与跨长l的比值是拱的几何特征。工程应用中，高跨比为1/10～1，变化的范围很大 总体来看，拱比梁能更有效地发挥材料的作用，因此适用于较大的跨度和较重的荷载。由于拱主要是受压，所以，便于利用抗压性能好而抗拉性能差的材料，如砖、石、混凝土等。但是，事物都是一分为二的。三铰拱既然受到向内的推力作用，也就给基础施加向外的推力，所以三铰拱的基础比梁的要大。因此，用拱作屋顶时，都使用有拉杆的三铰拱，以减少对墙(或柱)的推力
2	支座反力的计算	(1)下面以图1-69a所示在竖向荷载作用下的三铰拱为例，进行受力分析。为了便于比较，取与该三铰拱的跨度和荷载均相同的简支梁，称为相当简支梁，如图1-69b所示 (2)竖向支座反力。图1-69a所示三铰拱，有四个反力R_A、H_A、R_B、H_B，求解时需要四个方程。拱的整体有三个平衡方程，此外铰C又增加一个静力学方程，即C点的弯矩为零。所以三铰拱是静定结构 为了便于比较，在图1-69b中画出一个简支梁，跨度及荷载都与三铰拱相同。因为荷载是竖向的，梁没有水平反力，只有竖向反力R_A^0及R_B^0。简支梁的反力R_A^0和R_B^0可分别由平衡方程$\sum M_B=0$及$\sum M_A=0$求出 考虑拱的整体平衡，由$\sum M_B=0$及$\sum M_A=0$，可求出竖向反力R_A和R_B为 $$R_A=\frac{1}{l}(P_1b_1+P_2b_2)$$ $$R_B=\frac{1}{l}(P_1a_1+P_2a_2)$$ 与图1-69b中的梁相比较，可知 $$\left.\begin{aligned}R_A=R_A^0\\R_B=R_B^0\end{aligned}\right\}\qquad(1\text{-}10)$$ 这就是说，拱的竖向反力与简支梁的反力相同 (3)水平支座反力(H_A和H_B,在竖向荷载作用下可统一表示为H) 由$\sum X=0$，得 $$H_A=H_B=H$$ A、B两点的水平反力方向相反，数量相等，以H表示推力的数量 为了求出推力H，应用铰C提供的条件 $$M_C=0$$ 考虑铰C左边所有的外力，上式可写为

续表1-11

序　号	项　目	内　容
2	支座反力的计算	$$R_A l_1 - P_1 d_1 - Hf = 0$$ 前两项是 C 左边所有竖向力对 C 点力矩的代数和，等于简支梁相应截面 C 的弯矩。以 M_C^0 表示简支梁截面 C 的弯矩，则上式可写成 $$M_C^0 - Hf = 0$$ 所以 $$H = \frac{M_C^0}{f} \quad (1\text{-}11)$$ 由此可知，推力与拱高 f 成反比，拱越低推力越大。荷载向下时，H 得正值，方向如图1-69a所示，推力是向内的。如果 $f=0$，推力为无限大，这时 A、B、C 三个铰在一条直线上，成为几何可变体系
3	内力的计算	试求指定截面 D 的内力 在计算中，借用简支梁相应截面 D 的弯矩 M^0 和剪力 V^0(图1-69c)。图1-69d所示三铰拱截面 D 左边的隔离体，在截面 D 作用的内力不但有弯矩 M，而且有水平力(等于拱的推力 H)、竖向力(等于简支梁截面 D 的剪力 V^0)。后两个力可由投影方程 $\sum X=0$ 及 $\sum Y=0$ 证实。而 M 要对 D 点(截面 D 的形心)写力矩方程才能得到，即 $$M = M^0 - Hy \quad (1\text{-}12)$$ 这里 y 是 D 点到 AB 直线的垂直距离。弯矩 M 以使拱的内面产生拉应力为正 图1-69e所示设计中使用的内力分量，剪力 V 与截面 D 处轴线的切线垂直，轴力 N 与轴线的切线平行。把图1-69d中的竖向力 V^0 和水平力 H 加以分解(图1-69f)，就得到剪力 V 和轴力 N。以 θ 表示截面 D 处轴线的切线与水平线所成的锐角，得 $$V = V^0\cos\theta - H\sin\theta \quad (1\text{-}13)$$ $$N = -V^0\sin\theta - H\cos\theta \quad (1\text{-}14)$$ 这里截面的剪力以使小段顺时针方向转动为正，轴力以拉力为正。应用式(1-13)及式(1-14)时，在拱的左半，θ 取正号；在拱的右半，θ 取负号
4	受力特点	(1) 在竖向荷载作用下，梁没有水平反力，而拱有推力 (2) 由式(1-12)可知，由于推力的存在，三铰拱截面上的弯矩比简支梁的弯矩小。弯矩的降低，使拱能更充分地发挥材料的作用 (3) 在竖向荷载作用下，梁的截面内没有轴力，而拱的截面轴力较大，且一般为压力(参见例题1-36)

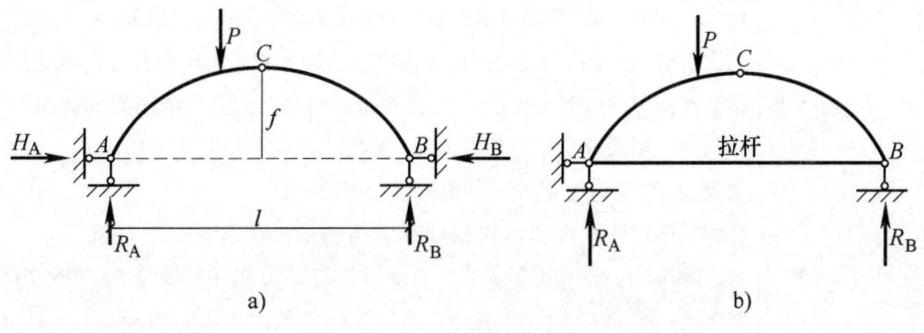

图1-68　三铰拱

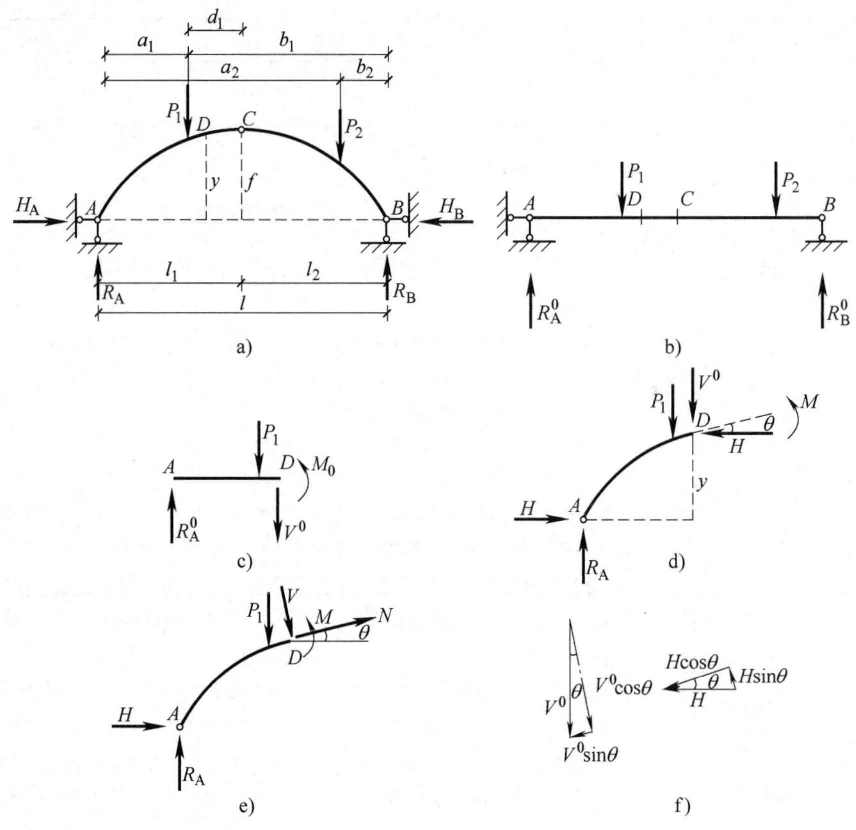

图1-69 三铰拱的支座反力和内力计算

1.7.2 三铰拱的压力线及合理轴线

三铰拱的压力线及合理轴线见表1-12。

表1-12 三铰拱的压力线及合理轴线

序号	项目	内容
1	压力线	为了确定三铰拱的内力，也可以用图解法先确定任一截面左边(或右边)所有外力的合力(包括数量、方向和作用点)。再由此合力确定该截面的弯矩、剪力和轴力 现以图1-70所示三铰拱为例加以说明 先用数解法求出支座 A、B 的竖向和水平反力，其合力为 R_A 和 R_B。然后，按 R_A、P_1、P_2、P_3、R_B 的顺序画出闭合力多边形(图1-70b)。以 R_A 和 R_B 的交点 O 为极点，画出射线12、23(连接极点至力多边形的顶点的直线称为射线)，则由 R_A、R_B 及每一条射线即可确定某一截面左边(或右边)所有外力的合力的数量和方向 例如，截面 D 左边的外力为 R_A 及 P_1，其合力即由射线12表示。截面 E 左边的外力为 R_A、P_1 及 P_2，其合力即由射线23表示 为了确定这些合力的作用线在结构图中的位置，可通过支点 A 作 R_A 的作用线(图1-70a)与 P_1 相交于 F 点，自 F 点作射线12的平行线与 P_2 交于 G 点，自 G 点作射线23的平行线与 P_3 交于 H 点，然后作 R_B 的作用线 HB，得到多边形 $AFGHB$，如图1-70a所示。在结构图中，连接两个力并与射线平行的直线称为索线，索线组成的多边形称为索多边形。$AFGHB$ 就是一个索多边形

续表 1-12

序　号	项　目	内　容
1	压力线	多边形 $AFGHB$ 的每一边，即代表左边或右边所有外力的合力的作用线。如索线 12 为 R_A 和 P_1 的合力的作用线，索线 23 为 R_A、P_1 和 P_2 的合力的作用线，而首末两边与 R_A 和 R_B 的作用线重合。这样的索多边形称为合力多边形。对拱来说，合力多边形也称为压力线 由压力线和力多边形可以确定任一截面左边（或右边）所有外力的合力的作用线和量值，因而可以求得每一截面的弯矩、剪力和轴力。以截面 D 为例（图 1-70 和图 1-71），此截面左边所有外力的合力 R_D 由索线 12（图 1-70a）和射线 12（图 1-70b）所表示。由射线 12 的长度可量得 R_D 的量值，再将 R_D 分解为平行和垂直于截面 D 的两个分力，便得到截面 D 的剪力 V_D 和轴力 N_D（图 1-71）。截面 D 的弯矩等于合力 R_D 对截面形心的力矩。以 r_D 表示截面形心 D 到索线 12 的垂直距离，则 $M_D = R_D r_D$。弯矩 M_D 也可以利用轴力 N_D 来计算，以 e_D 表示偏心距，则 $M_D = N_D e_D$ 在铰 A、B、C 处，弯矩为零。因而相应的距离 r（或 e）应为零，可见压力线应当通过 A、B、C 三个铰。利用这个性质，可对压力线的绘制进行校核 压力线在砖石及混凝土拱的设计中是很重要的概念。由于这些材料的抗拉强度低，通常要求各个截面不出现拉应力。因此，压力线不应超出截面的核心。如拱的截面为矩形，因矩形截面的截面核心高度为截面高度的 1/3，故压力线不应超出截面对称轴上三等分的中段范围
2	合理轴线	当拱的压力线与拱的轴线重合时，各截面的弯矩为零；拱处于无弯矩状态，此时各截面只受轴力作用，正应力沿截面均匀分布，材料的使用最经济。在固定荷载下使拱处于无弯矩状态的轴线称为合理轴线 从式（1-12）知道，在竖向荷载作用下，三铰拱的弯矩（M）是由简支梁的弯矩（M^0）与（$-Hy$）叠加而得，而后一项与拱的轴线有关。则可以通过选择拱的轴线形式，使拱处于无弯矩状态。三铰拱在竖向荷载作用下，合理轴线的方程可由公式求得 $$M = M^0 - Hy = 0$$ 即　$$y = \frac{M^0}{H} \qquad (1\text{-}15)$$ 这就是说，在竖向荷载作用下，三铰拱的合理轴线的纵坐标与简支梁弯矩图的纵坐标成正比

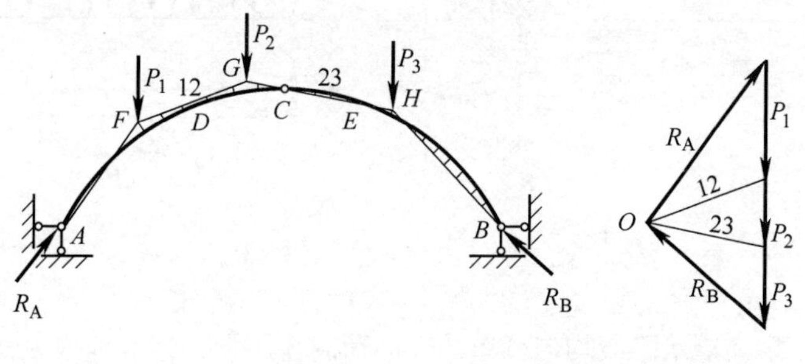

图 1-70　三铰拱压力线的图解法

a）压力线（一种特殊的索多边形）　b）自行封闭的力多边形

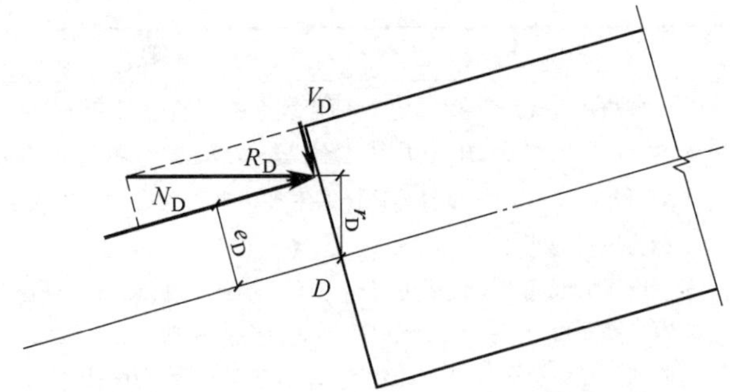

图1-71 截面 D 上外力的合力 R_D 及其在截面形心处的分解

1.7.3 三铰拱计算例题

[例题1-33] 设三铰拱承受沿水平方向均匀分布的竖向荷载(图1-72a)，求其合理轴线。

[解]

由式(1-15)知

$$y=\frac{M^0}{H}$$

简支梁(图1-72b)的弯矩方程为

$$M^0=\frac{ql}{2}x-\frac{qx^2}{2}=\frac{q}{2}x(l-x)$$

由式(1-11)得推力为

$$H=\frac{M_C^0}{f}=\frac{ql^2}{8f}$$

所以

$$y=\frac{4f}{l^2}x(l-x) \tag{1-16}$$

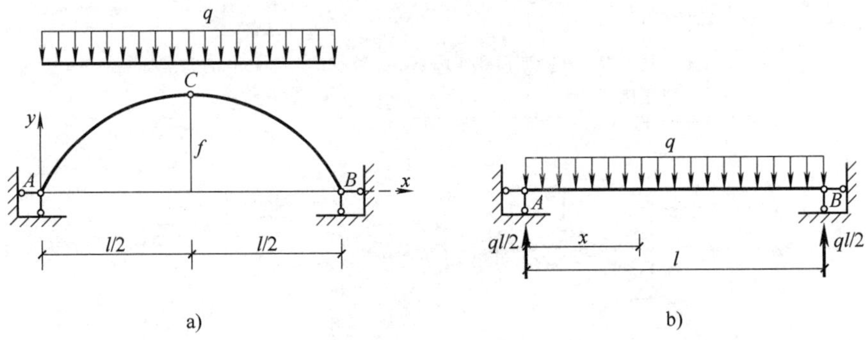

图1-72 [例题1-33]计算简图

a) 三铰拱计算简图 b) 相当简支梁计算简图

由此可知，三铰拱在沿水平线均匀分布的竖向荷载作用下，合理轴线为一抛物线，房屋建筑中拱的轴线常用抛物线就是这个缘故。

在合理拱轴的抛物线方程式(1-16)中，拱高 f 没有确定，即具有不同高跨比的一组抛物线都是合理轴线。

[例题1-34] 设在三铰拱的上面填土，填土表面为一水平面，试求在填土重量下三铰拱的

合理轴线。设填土的重度为 γ，则拱所受的竖向分布荷载为 $q=q_c+\gamma y$(图 1-73)。

[解]

将式(1-15)对 x 微分两次，得

$$\frac{d^2y}{dx^2}=\frac{1}{H}\frac{d^2M^0}{dx^2}$$

用 $q(x)$ 表示沿水平线单位长度的荷载值，则

$$\frac{d^2M^0}{dx^2}=-q(x)$$

所以

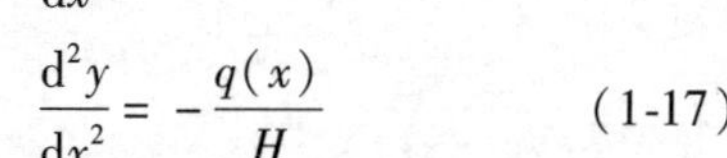

$$\frac{d^2y}{dx^2}=-\frac{q(x)}{H} \tag{1-17}$$

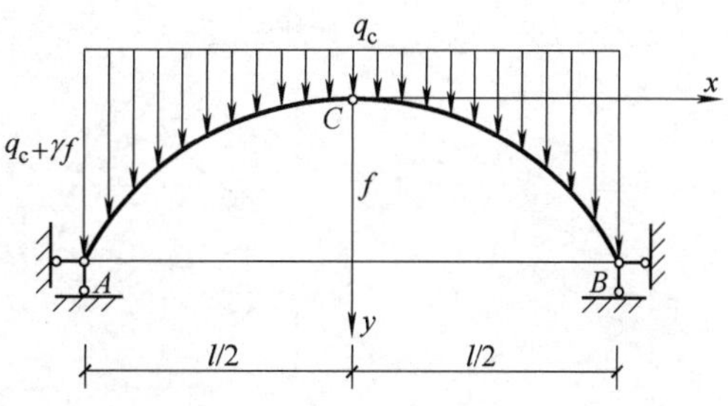

图 1-73　[例题 1-34]计算简图

这就是合理轴线的微分方程。式中，规定 y 向上为正。在图 1-73 中，y 轴是向下的，故式(1-17)右边应改取正号，即

$$\frac{d^2y}{dx^2}=\frac{q(x)}{H} \tag{1-18}$$

在本题中，当拱轴线改变时，荷载也随之改变，M^0 图无法事先求得，因此求合理轴线时，不用式(1-15)，而用式(1-18)。

将 $q=q_c+\gamma y$ 代入式(1-18)，得

$$\frac{d^2y}{dx^2}-\frac{\gamma}{H}y=\frac{q_c}{H}$$

这个微分方程的解答可用双曲线函数表示为

$$y=A\text{ch}\sqrt{\frac{\gamma}{H}}x+B\text{sh}\sqrt{\frac{\gamma}{H}}x-\frac{q_c}{\gamma}$$

两个常数 A 和 B 可由边界条件求出如下：

当 $x=0$ 时，$y=0$；得 $A=\dfrac{q_c}{\gamma}$

当 $x=0$ 时，$\dfrac{dy}{dx}=0$；得 $B=0$

因此得

$$y=\frac{q_c}{\gamma}\left(\text{ch}\sqrt{\frac{\gamma}{H}}x-1\right) \tag{1-19}$$

上述式(1-19)表明：在填土重量作用下，三铰拱的合理轴线是一悬链线。

[例题 1-35]　设三铰拱承受均匀水压力，试证明其合理轴线是圆弧曲线(图 1-74a)。

[解]

首先，假定拱在均匀水压力作用下处于无弯矩状态；然后，根据平衡方程推算拱轴线的形状。

从拱中截出微段 DE，弧长为 ds，夹角为 $d\theta$，D 点和 E 点的曲率半径分别为 r 和 $r+dr$。由图 1-74b 可得出如下的几何关系

$$ds=rd\theta$$

设拱处于无弯矩状态，因此，截面 D 和 E 都只有轴力，而没有弯矩和剪力。以曲率中心 O 为矩心，写出力矩平衡方程 $\sum M_0=0$，由于法向荷载指向 O 点，其力矩为零，故得

$$N_D\cdot r-N_E(r+dr)=0$$

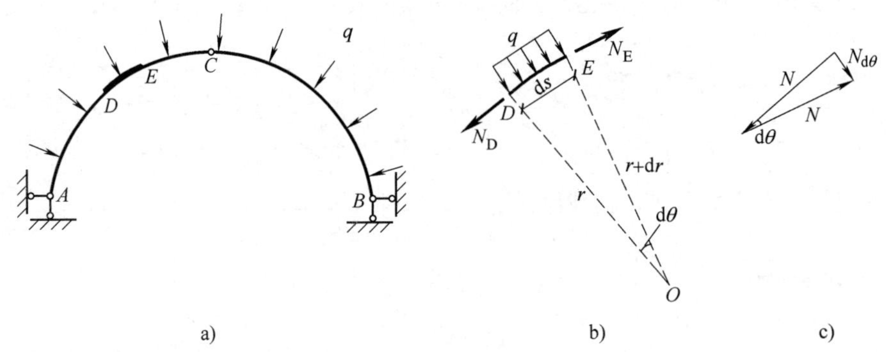

图 1-74 [例题 1-35]计算简图

忽略式中的微量项，得

$$N_D = N_E$$

这就是说，当拱在法向分布荷载作用下处于无弯矩状态时，各截面的轴力应是一个常数，可用 N 表示。

再沿微段法线方向写出平衡方程，得

$$N\mathrm{d}\theta + q\mathrm{d}s = 0$$

这里 $N\mathrm{d}\theta$ 是 N_D 和 N_E 的合力(图 1-74c)。由于 $\mathrm{d}s = r\mathrm{d}\theta$，故得

$$N = -qr \tag{1-20}$$

前面已知各截面的轴力 N 是一个常数，荷载 q 也是常数，因此由上式得知各截面的曲率半径 r 也应是一个常数。这就是说，拱的轴线应是圆弧曲线。

总结来说，拱在均匀水压力作用下，合理轴线为圆弧，而轴力等于常数。水管、高压隧洞和拱坝常采用圆形截面，就是这个缘故。

[例题 1-36] 三铰拱及所受荷载如图 1-75 所示，拱的轴线为抛物线公式(1-16)：$y=\dfrac{4f}{l^2}x(l-x)$。求支座反力，并绘制内力图。

[解]

(1) 支座反力计算

由式(1-10)计算为

$$R_A = R_A^0 = \frac{4\times4+8\times12}{16} = 7(\mathrm{kN})\uparrow$$

$$R_B = R_B^0 = \frac{8\times4+4\times12}{16} = 5(\mathrm{kN})\uparrow$$

由式(1-11)计算为

$$H = \frac{M_C^0}{f} = \frac{5\times8-4\times4}{4} = 6(\mathrm{kN})$$

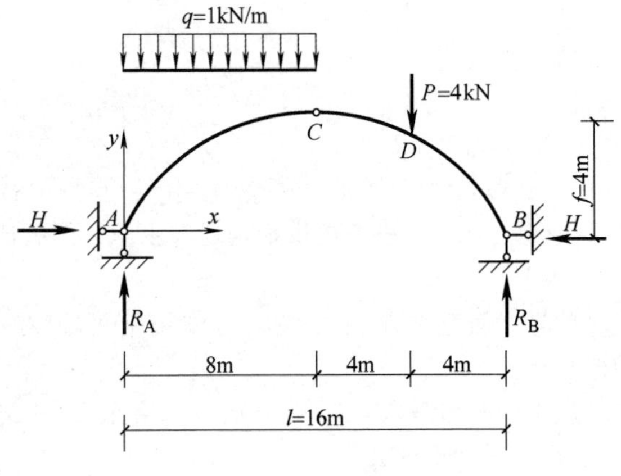

图 1-75 [例题 1-36]计算简图

(2) 内力计算

为了绘制内力图，将拱沿跨度方向分成八等分，算出每个截面的弯矩、剪力和轴力的数值。现以 $x=12\mathrm{m}$ 的截面 D 为例来说明计算步骤。

1) 截面 D 的几何参数：

根据拱轴线的方程

$$y=\frac{4f}{l^2}x(l-x)=\frac{4\times4}{16^2}\times12(16-12)=3(\mathrm{m})$$

$$\tan\theta=\frac{\mathrm{d}y}{\mathrm{d}x}=\frac{4f}{l^2}(l-2x)=\frac{4\times4}{16^2}\times(16-2\times12)=-0.5$$

因而得出：$\theta=-26°34'$，$\sin\theta=-0.447$，$\cos\theta=0.894$

2）截面 D 的内力：

由式(1-12)，$M=M^0-Hy=5\times4-6\times3=2(\mathrm{kN\cdot m})$

由式(1-13)及式(1-14)：因为集中荷载处 V^0 有突变，所以要算出左、右两边的剪力和轴力。

$$\begin{cases}V_{左}=V^0_{左}\cos\theta-H\sin\theta=-1\times0.894-6(-0.447)=1.79(\mathrm{kN})\\N_{左}=V^0_{左}\sin\theta-H\cos\theta=-(-1)(-0.447)-6\times0.894=-5.81(\mathrm{kN})\end{cases}$$

$$\begin{cases}V_{右}=V^0_{右}\cos\theta-H\sin\theta=-5\times0.894-6(-0.447)=-1.79(\mathrm{kN})\\N_{右}=V^0_{右}\sin\theta-H\cos\theta=-(-5)(-0.447)-6\times0.894=-7.6(\mathrm{kN})\end{cases}$$

具体计算时，可列表进行(表1-13)。根据表1-13中的数值，绘出内力图，如图1-76所示。

表1-13　三铰拱内力计算

截面几何参数						V^0/kN	弯矩/kN·m			剪力/kN			轴力/kN		
x/m	y/m	$\tan\theta$	θ	$\sin\theta$	$\cos\theta$		M^0	$-Hy$	M	$V^0\cos\theta$	$-H\sin\theta$	V	$-V^0\sin\theta$	$-H\cos\theta$	N
0	0	1	45°	0.707	0.707	7	0	0	0	4.95	-4.24	0.71	-4.95	-4.24	-9.19
2	1.75	0.75	36°52′	0.600	0.800	5	12	-10.5	1.5	4.00	-3.60	0.40	3.00	-4.80	-7.80
4	3.00	0.50	26°34′	0.447	0.894	3	20	-18.0	2	2.68	-2.68	0	-1.34	-5.36	-6.70
6	3.75	0.25	14°2′	0.243	0.970	1	24	-22.5	1.5	0.97	-1.46	-0.49	-0.24	-5.82	-6.06
8	4.00	0	0	0	1	-1	24	-24.0	0	-1.00	0	-1.00	0	-6.00	-6.00
10	3.75	-0.25	-14°2′	-0.243	0.970	-1	22	-22.5	-0.5	-0.97	1.46	0.49	-0.24	-5.82	-6.06
12	3.00	-0.50	-26°34′	-0.447	0.894	-1 -5	20	-18.0	2	-0.89 -4.47	2.68	1.79 -1.79	-0.45 -2.24	-5.36	-5.81 -7.60
14	1.75	-0.75	-36°52′	-0.600	0.800	-5	10	-10.5	-0.5	-4.00	3.60	-0.40	-3.00	-4.80	-7.80
16	0	-1	-45°	-0.707	0.707	-5	0	0	0	-3.54	4.24	0.70	-3.54	-4.24	-7.78

［例题1-37］　如图1-77a所示，三铰拱轴线的方程为 $y=\frac{4f}{l^2}x(l-x)$，试求截面 D 的 M、V、N 值，并画内力图。

［解］

(1) 取整体为研究对象，求支座反力(图1-77)

由 $\Sigma M_A=0$，得 $R_B=\frac{P}{4}$；$\Sigma M_B=0$，$R_A=\frac{3P}{4}$

取 CB 部分结构为

由 $\Sigma M_C=0$，得 $H_B=\frac{P}{2}$

再取整体结构为

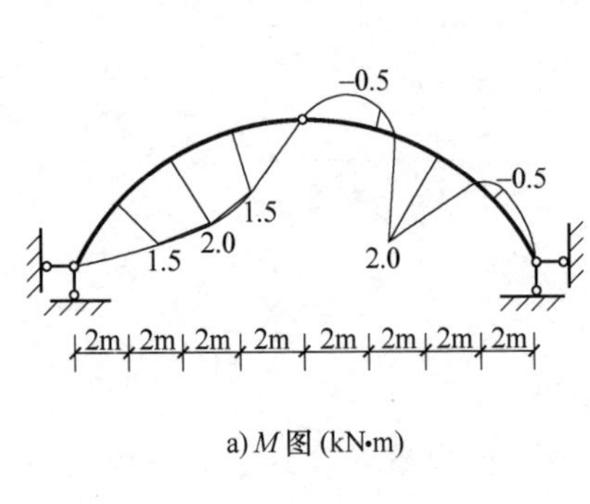

a) M图 (kN·m)

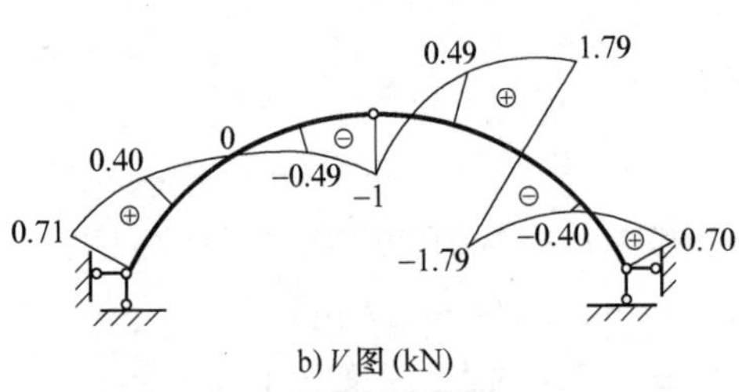

b) V图 (kN)

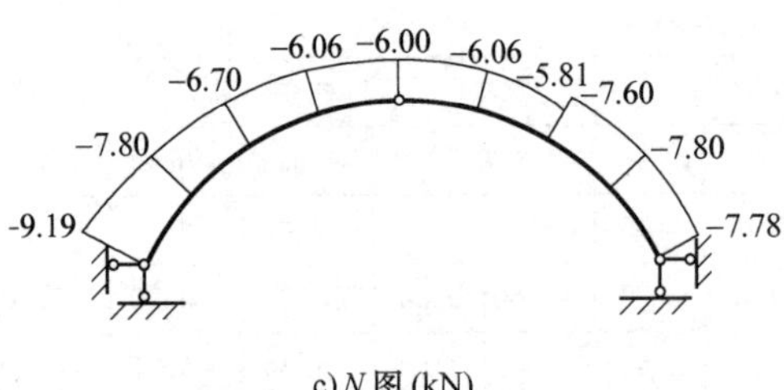

c) N图 (kN)

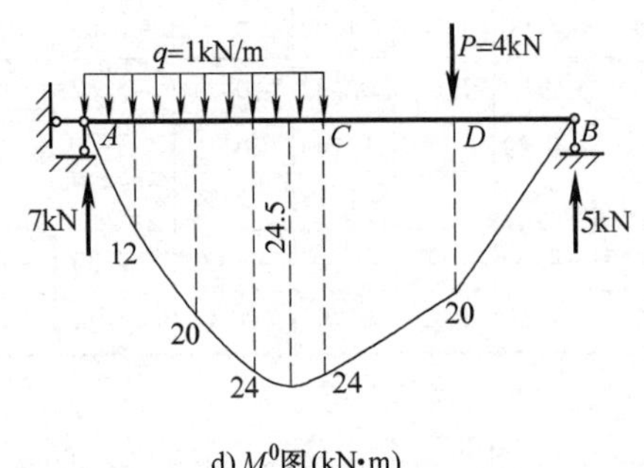

d) M^0图 (kN·m)

图 1-76 [例题 1-36] 内力图

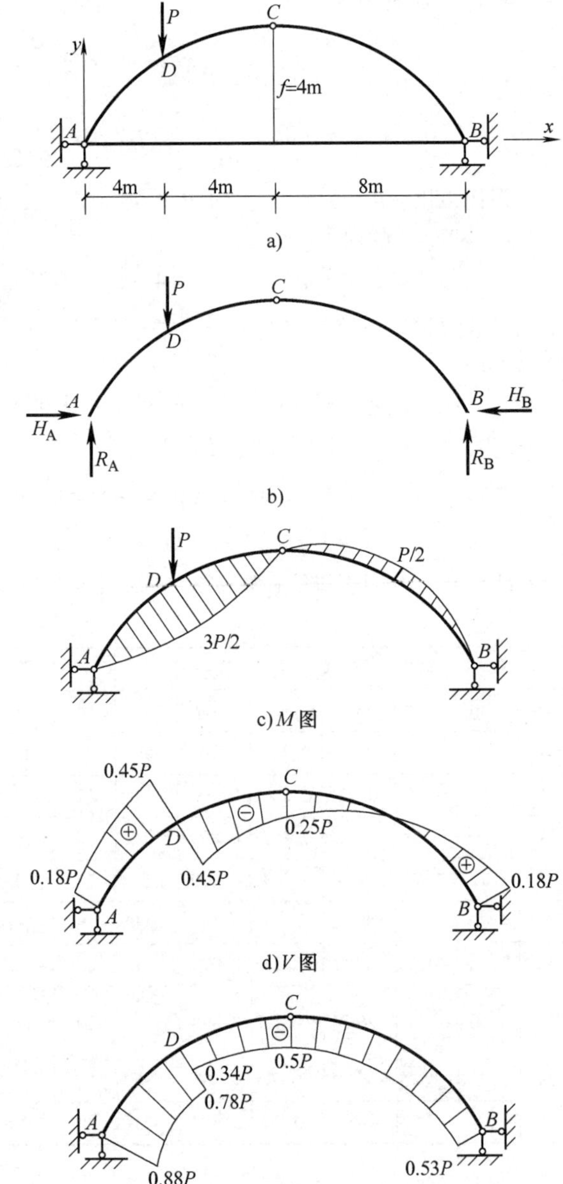

图 1-77 [例题 1-37] 计算简图

$\sum F_x = 0$，得 $H_A = \dfrac{P}{2}$

(2) 求截面内力

1) 根据拱轴线方程，当 $x = 4$ 时，$y = \dfrac{4f}{l^2}x(l - x) = 3\text{m}$，$\tan\theta = \dfrac{dy}{dx} = \dfrac{4f}{l^2}(l - 2x) = 0.5$，得 $\theta = 26°34'$，则 $\sin\theta = 0.447$，$\cos\theta = 0.894$

2) 截面 D 处的内力为：

$$M = M^0 - H_A y = \frac{3P}{4} \times 4 - \frac{P}{2} \times 3 = \frac{3P}{2}\text{(内侧受拉)}$$

D 处有集中荷载，因此应分别算出两侧的剪力和弯矩为

$$V_L = V_L^0 \cos\theta - H_A \sin\theta = \frac{3P}{4} \times 0.894 - \frac{P}{2} \times 0.447 = 0.45P$$

$$V_R = V_R^0 \cos\theta - H_A \sin\theta = -\frac{P}{4} \times 0.894 - \frac{P}{2} \times 0.447 = -0.45P$$

$$N_L = -V_L^0 \sin\theta - H_A \cos\theta = -\frac{3P}{4} \times 0.447 - \frac{P}{2} \times 0.894 = -0.78P$$

$$N_R = -V_R^0 \sin\theta - H_A \cos\theta = \frac{P}{4} \times 0.447 - \frac{P}{2} \times 0.894 = -0.34P$$

（3）作内力图

按照(2)的计算步骤，可求出任意截面上的内力，该过程可由读者自己完成。从而得出内力图如图 1-77c、d、e 所示。

[例题 1-38] 如图 1-78a 所示一圆拱，试计算截面 D 的内力值。作压力线，再用图解法求出截面 D 的弯矩值，并与计算结果进行比较。

[解]

（1）取整体为研究对象，求支座反力(图 1-78b)

由于结构对称，外加荷载对称，易知

$$R_A = R_B = P = 100\text{kN}$$

取 CB 部分结构为

由 $\sum M_C = 0$，得 $H_B = P = 100\text{kN}(\leftarrow)$

再取整体结构

$\sum F_x = 0$，得 $H_A = 100\text{kN}(\rightarrow)$

（2）求截面内力

1）根据拱轴线方程，当 $x = 4\text{m}$ 时，$y = \frac{4f}{l^2}x(l - x) = 3\text{m}$，$\tan\theta = \frac{dy}{dx} = \frac{4f}{l^2}(l - 2x) = 0.5$，得 $\theta = 26°34'$，则 $\sin\theta = 0.447$，$\cos\theta = 0.894$

2）截面 D 处的内力为：

$$M = M^0 - H_A \cdot y = 100 \times 4 - 100 \times 3 = 100(\text{kN} \cdot \text{m})\text{(内侧受拉)}$$

D 处有集中荷载，因此应分别算出两侧的剪力和弯矩为

$$V_L = V_L^0 \cos\theta - H_A \sin\theta = 100 \times 0.894 - 100 \times 0.447 = 44.7(\text{kN})$$

$$V_R = V_R^0 \cos\theta - H_A \sin\theta = 0 \times 0.894 - 100 \times 0.447 = -44.7(\text{kN})$$

$$N_L = -V_L^0 \sin\theta - H_A \cos\theta = -100 \times 0.447 - 100 \times 0.894 = -134.1(\text{kN})$$

$$N_R = -V_R^0 \sin\theta - H_A \cos\theta = 100 \times 0.447 - 100 \times 0.894 = -44.7(\text{kN})$$

（3）作压力线并求 D 截面弯矩

首先，确定 A、B 两点的合力，$R_A = R_B = 100\sqrt{2}\text{kN}$，合力的方向与水平线夹角为 45°，其压力多边形如图 1-78c 所示。

利用压力多边形，可以绘出拱轴线的压力线，如图 1-78d 所示。

量得 D 截面至压力线 AE 的距离 r_D 为 0.71m，则有 $M_D = R_A \times r_D = 100\sqrt{2} \times 0.71 =$

100.41(kN·m)，与数解法基本相同。

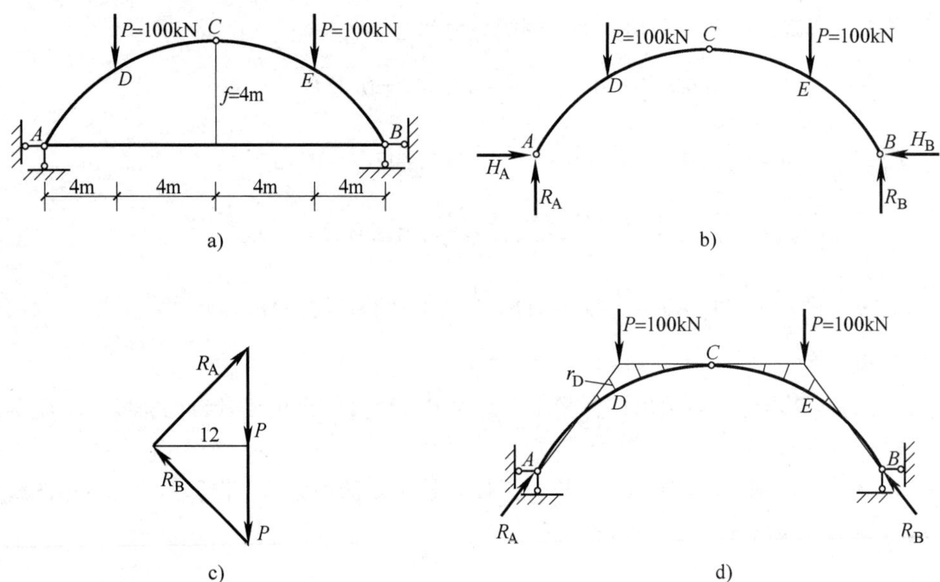

图1-78 [例题1-38]计算简图

1.8 静定组合结构

1.8.1 静定组合结构的计算

静定组合结构的计算见表1-14。

表1-14 静定组合结构的计算

序　号	项　目	内　容
1	计算方法	计算组合结构的内力时一般要先求出支座反力和各轴力杆件的内力，然后再计算梁式杆件的内力并绘制出内力图。这里值得注意的是，在计算中，必须分清哪些杆件是梁式杆件，哪些杆件是轴力杆件。一般来说，当截断梁式杆件时，截面上有三个内力(弯矩、剪力、轴力)；当截断轴力杆件时，截面上只有一个轴力 组合结构内力计算的一般步骤是：首先计算出结构的支座反力，然后计算桁架杆的轴力，最后再根据荷载计算受弯杆的弯矩、剪力和轴力，并绘制结构的内力图
2	分清各杆内力性质	计算组合结构时，先分清各杆内力性质，并进行几何组成分析。对可分清主次结构的，按层次图，由次要结构向主要结构的顺序；逐结构进行内力分析。对无主次结构关系的，则需在求出支座反力后，先求联系桁杆的内力，再分别求出其余桁杆以及梁式杆的内力，最后，作出其 M、V 和 N 图。需强调的是，要注意区分桁杆和梁式杆。例如，观察图1-79所示杆件，虽然 A、B 两端都是铰结，但由于杆上荷载作用情况不同(图1-79a、b)或跨中 C 点结构构造情况不同(图1-79c、d)，则图1-79a、c所示杆为桁杆，而图1-79b、d所示杆为梁式杆。在建立平衡方程计算中，要尽可能避免截取由桁杆和梁式杆相连的结点。其中图1-79c为全铰，图1-79d为组合结点

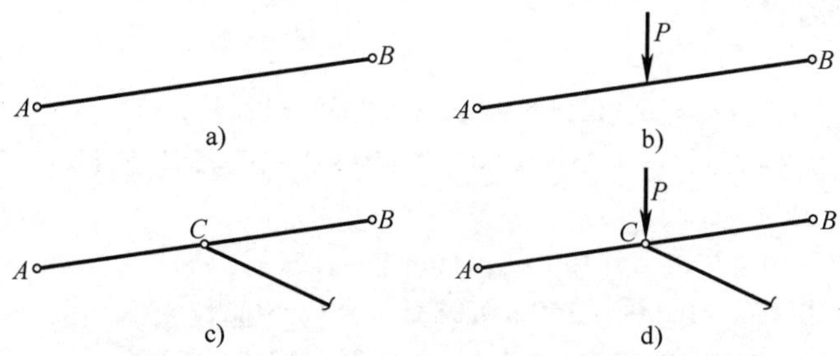

图1-79 区分桁杆和梁式杆

a）桁杆 b）梁式杆 c）桁杆 d）梁式杆

1.8.2 静定组合结构计算例题

［例题1-39］ 作图1-80a所示组合结构的内力图。并作$f_1=0\text{m}$、$f_2=1.2\text{m}$，$f_1=0.5\text{m}$、$f_2=0.7\text{m}$，$f_1=1.2\text{m}$、$f_2=0\text{m}$三种情况的弯矩图。

［解］

1）求支座反力和杆件的轴力：

由整体平衡方程可得支座反力，如图1-80a所示为

$H_A=0$　　$R_A=60\text{kN}$　　$R_B=60\text{kN}$

用Ⅰ—Ⅰ截面截开铰C，取隔离体，如图1-80c所示。

计算DE杆件的轴力。

$\sum M_C=0$　　$N_{DE}\times1.2-60\times6+6\times10\times3=0$

$N_{DE}=150(\text{kN})$

再由D和E结点可以求得全部轴力杆件的内力，计算过程省略，计算结果标在图1-80b中。

2）计算梁式杆的内力。由于结构和荷载对称，取半边结构计算。取AFC为隔离体，如图1-80d所示。在结点A处，将A点的支座反力和AD杆的轴力合并后，AFC的受力图如图1-80e所示。控制截面A、F、C，$\sin\theta=0.0835$，$\cos\theta=0.996$

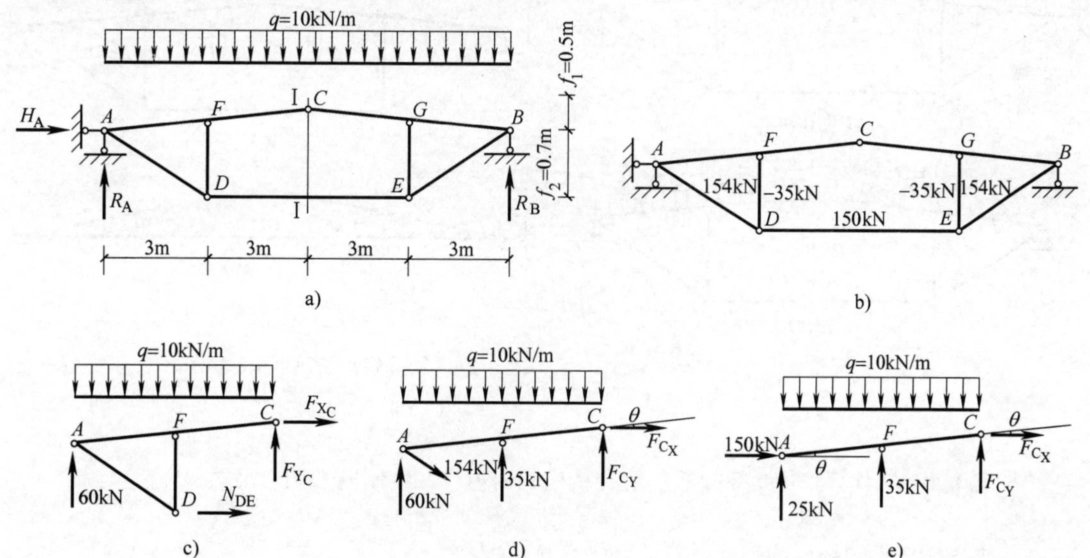

图1-80 ［例题1-39］计算简图

控制截面 A 的内力为

$$M_{AF}=0$$

$$V_{AF}=V_{AF}^{0}\cos\theta-H\sin\theta=25\times0.996-150\times0.0835=12.4(\text{kN})$$

$$N_{AF}=-V_{AF}^{0}\sin\theta-H\cos\theta=-25\times0.0835-150\times0.996=151.5(\text{kN})$$

控制截面 F 的内力为

$$M_{FA}=25\times3-10\times3\times1.5-150\times3\times\tan\theta=-7.5(\text{kN}\cdot\text{m})$$

$$V_{FA}=(25-10\times3)\times0.996-150\times0.0835=-17.5(\text{kN})$$

$$V_{FC}=(25-10\times3+35)\times0.996-150\times0.0835=17.4(\text{kN})$$

$$N_{FA}=-(25-10\times3)\times0.0835-150\times0.996=-149(\text{kN})$$

$$N_{FC}=-(25-10\times3+35)\times0.0835-150\times0.996=-151.9(\text{kN})$$

控制截面 C 的内力为

$$M_{CF}=0$$

$$V_{CF}=(25-10\times6+35)\times0.996-150\times0.0835=-12.5(\text{kN})$$

$$N_{CF}=-(25-10\times6+35)\times0.0835-150\times0.996=-149.4(\text{kN})$$

3）绘制内力图，如图 1-81a、b、c 所示。

4）其他。当高度 f 确定后，结构的受力状态随 f_1 和 f_2 的比例不同而不同。下面给出了弯矩 M 图三种计算结果，如图 1-82a、b、c 所示。从图中可以看出，当 $f_1=0.45\sim0.5(f_1+f_2)$ 时，结构中的梁式杆件受力性能较好。

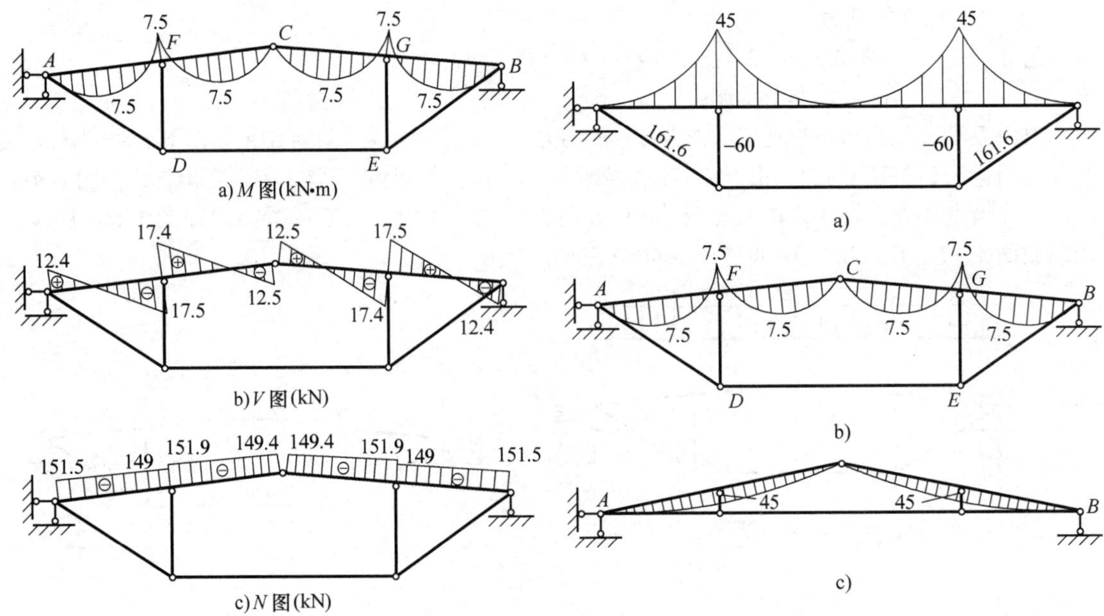

图 1-81 ［例题 1-39］内力图

图 1-82 ［例题 1-39］三种情况弯矩图比较(单位:kN・m)
a）$f_1=0\text{m}$、$f_2=1.2\text{m}$ b）$f_1=0.5\text{m}$、$f_2=0.7\text{m}$
c）$f_1=1.2\text{m}$、$f_2=0\text{m}$

［例题 1-40］ 计算如图 1-83a 所示组合结构的内力，并绘制内力图。

［解］

1）求支座反力和杆件的轴力：

由整体平衡方程可得支座反力，如图 1-83a 所示为

$H_A=0$ $R_A=2qa$ $R_B=2qa$

用Ⅰ—Ⅰ截面截开铰 C，取隔离体，如图 1-81c 所示。

计算 DE 杆件的轴力。

$$\sum M_C = 0 \qquad N_{DE}a - 2qa \times 2a + qa \times 2a = 0$$

$$N_{DE} = 2qa$$

再由 D 和 E 结点可以求得全部轴力杆件的内力，计算过程省略，计算结果标在图 1-80b 中。

2）计算梁式杆的内力。由于结构和荷载对称，取半边结构计算。取 AFC 为隔离体(图 1-83d)。在结点 A 处，将 A 点的支座反力和 AD 杆的轴力合并后，AFC 的受力图如图 1-83e 所示。控制截面 A、F、C：

控制截面 A 的内力为

$$M_{AF} = 0$$
$$V_{AF} = 0$$
$$N_{AF} = -2qa$$

控制截面 F 的内力为

$$M_{FA} = M_{FC} = \frac{qa^2}{2}$$
$$V_{FA} = -qa$$
$$V_{FC} = qa$$

控制截面 C 的内力为

$$M_{CF} = 0$$
$$V_{CF} = 0$$
$$N_{CF} = -2qa$$

3）绘制内力图，如图 1-83f、g、h 所示。

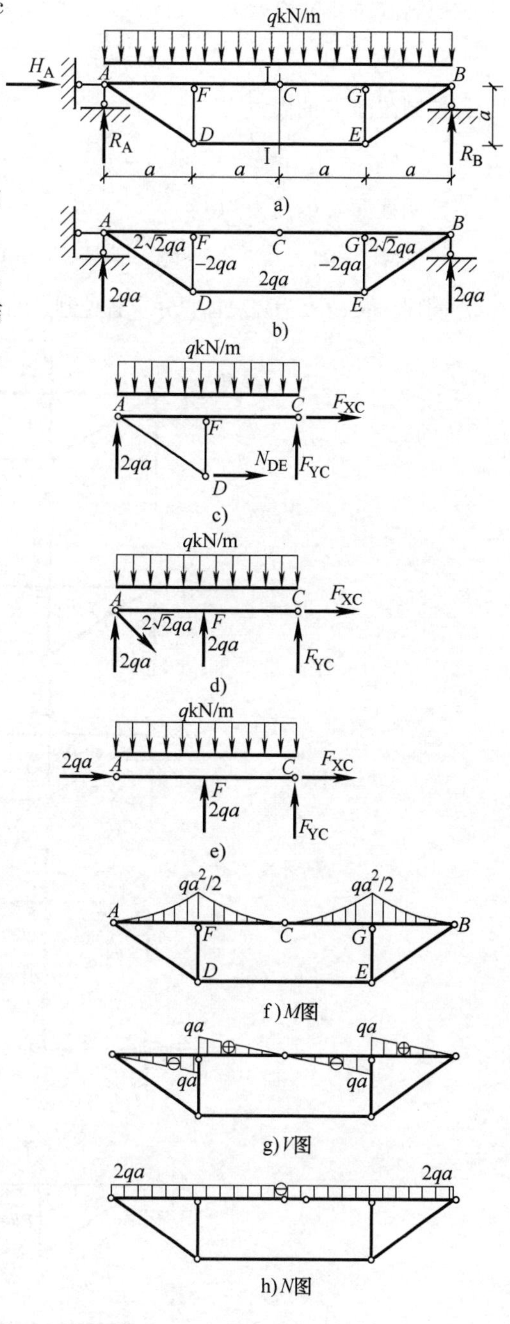

图 1-83　[例题 1-40]计算简图

[例题 1-41]　计算如图 1-84a 所示组合结构的内力，并绘制内力图。

[解]

(1) 求支座反力和杆件的轴力

由整体平衡方程可得支座反力，如图 1-84a 所示为

$$H_A = 0 \qquad R_A = \frac{3P}{4} \qquad R_B = \frac{P}{4}$$

用Ⅰ—Ⅰ截面截开铰 C，取隔离体，如图 1-84c 所示。

计算 DE 杆件的轴力为

$$\sum M_C = 0 \qquad N_{DE} \times l - \frac{3P}{4} \times 2l + P \times l = 0$$

$$N_{DE} = \frac{P}{2}$$

再由 D 和 E 结点可以求得全部轴力杆件的内力，计算过程省略，计算结果标注在图 1-84b 中。

(2) 计算梁式杆的内力

取 AFC 为隔离体(图 1-83d)。在结点 A 处，将 A 点的支座反力和 AD 杆的轴力合并，在结点 F 处，外力与 DF 的轴力合并，则 AFC 的受力图如图 1-83e 所示。控制截面 A、F、C：

控制截面 A 的内力为

$$M_{AF}=0 \qquad V_{AF}=\frac{P}{4} \qquad N_{AF}=-\frac{P}{2}$$

控制截面 F 的内力为

$$M_{FA}=M_{FC}=\frac{pl}{4} \qquad V_{FA}=\frac{P}{4} \qquad V_{FC}=-\frac{P}{2}+\frac{P}{4}=-\frac{P}{4}$$

控制截面 C 的内力为

$$M_{CF}=0 \qquad V_{CF}=-\frac{P}{4} \qquad N_{CF}=-\frac{P}{2}$$

同理，取 CGB 为隔离体，并求各控制点的内力，此不赘述。最后得内力图如图 1-84f、g、h 所示。

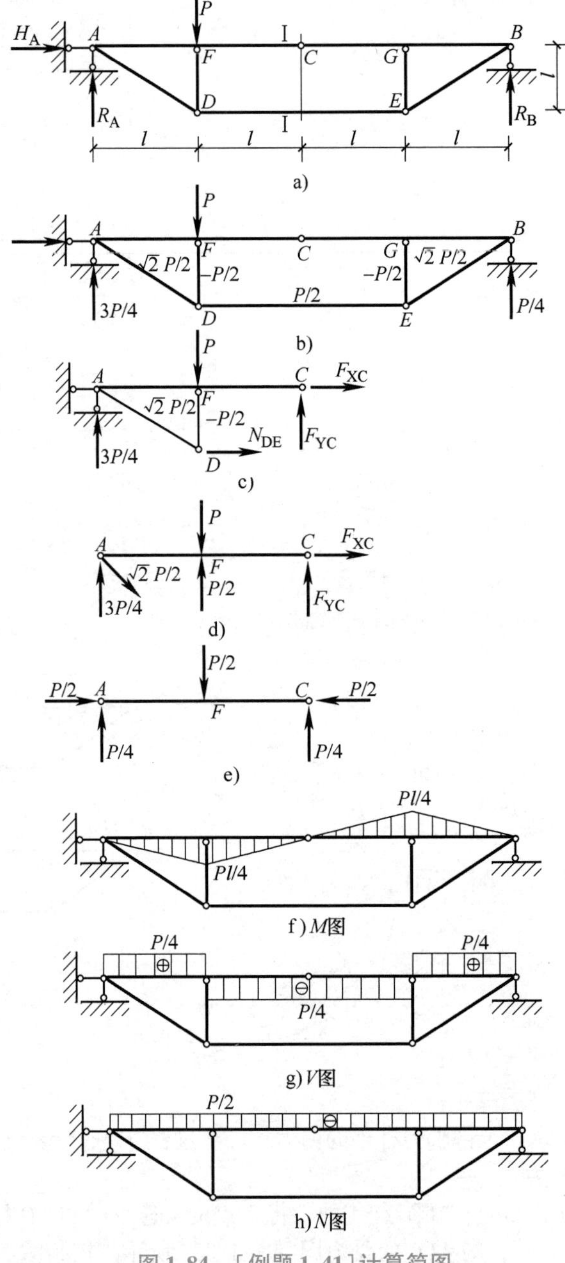

图 1-84 [例题 1-41] 计算简图

1.9　悬索结构

1.9.1　悬索结构计算

悬索结构计算见表 1-15。

表 1-15　悬索结构计算

序　号	项　目	内　容
1	简述	悬索结构常用于悬桥及无线电桅杆塔，在建筑及水利施工中也利用悬索进行吊装。四川泸定大渡河上的铁索桥，跨长 104m，始建于 1705 年。都江堰的竹索桥跨过 320m 宽的岷江。这些都是我国劳动人民的伟大创造。图 1-85 所示为安装工作中使用的走线滑车
2	计算	悬索结构也是一种有推力的结构。因为索极为柔软，其抗弯刚度可以忽略，因此，索内弯矩为零，剪力也为零，只受轴向拉力作用。图 1-86 所示为一支座等高的悬索受竖向荷载作用。与三铰拱相反，悬索的水平反力 H 是向外的。与同跨简支梁相比，可以得到与式(1-10)相同的形式为 $$\left.\begin{array}{l} R_{\mathrm{A}}=R_{\mathrm{A}}^{0} \\ R_{\mathrm{B}}=R_{\mathrm{B}}^{0} \end{array}\right\}$$ 悬索任一截面 D 的弯矩为零，故有 $$M=M^{0}-Hy=0$$ $$y=\frac{M^{0}}{H} \quad (1\text{-}21)$$ 式(1-21)与式(1-15)完全相同。当悬索上有一点的竖矩 y 已定时，便可由式(1-21)求得推力 H。其他各点的竖距也就可以计算了。推力 H 等于悬索各段内拉力的水平分力。由水平分力及各段的竖距可以求出各段索的拉力 由式(1-21)可知，当悬索承受沿水平方向均匀分布的竖向荷载时，其曲线为一抛物线
3	其他	将悬索与三铰拱及简支梁对比，可以得到下列认识： 1）悬索的平衡形式与三铰拱的合理轴线相同，所不同的是：当荷载向下时，拱的水平反力是向内的，悬索的水平反力是向外的；拱向上升起，而悬索则下垂；拱受压而悬索受拉 2）弯矩是梁的主要内力，而悬索只受轴力作用。故悬索利用材料最为经济。与此同时，悬索的刚度比较小，在荷载作用下变形较大。悬索的支座也需要抵抗推力的作用

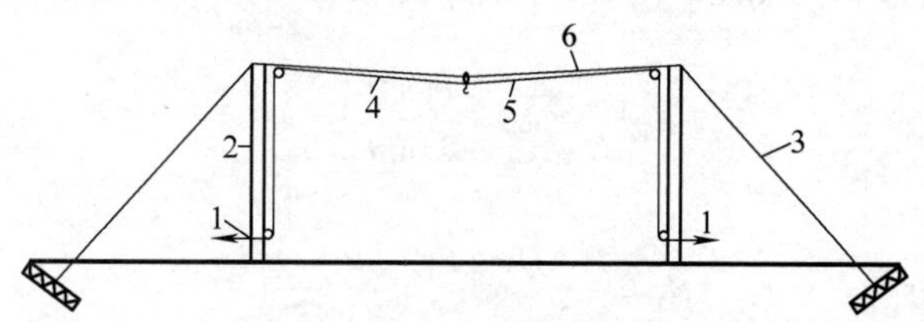

图 1-85　悬索结构的组成

1—接卷扬机　2—钢塔　3—拉绳　4—牵引钢绳

5—起重钢绳　6—钢索走线

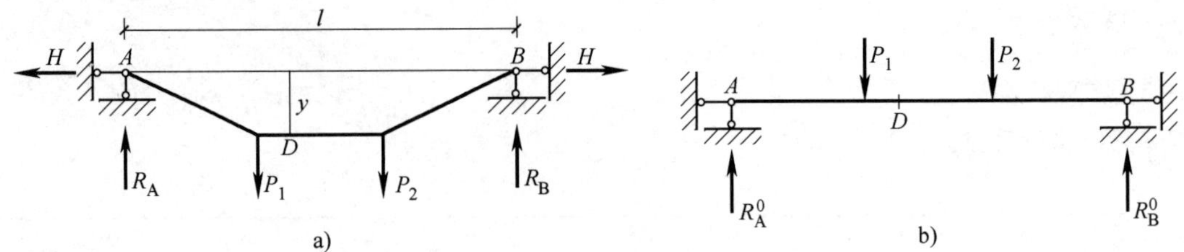

图1-86 悬索结构受力简图

1.9.2 悬索结构计算例题

[例题1-42] 如图1-87a所示，设P为物重，Q为小车及起重机重量，钢索沿水平方向均匀分布的竖向荷载为q(kN/m)。

(1) 试证明：钢索拉力的水平分力为$H=\dfrac{(P+Q)l}{4f}+\dfrac{ql^2}{8f}$，拉绳的拉力为$T=\dfrac{H}{\cos\alpha}$。

(2) 设$P=3$kN，$Q=0.5$kN，$l=80$m，$f=4$m，$\alpha=30°$，求钢索的拉力及拉绳的拉力。

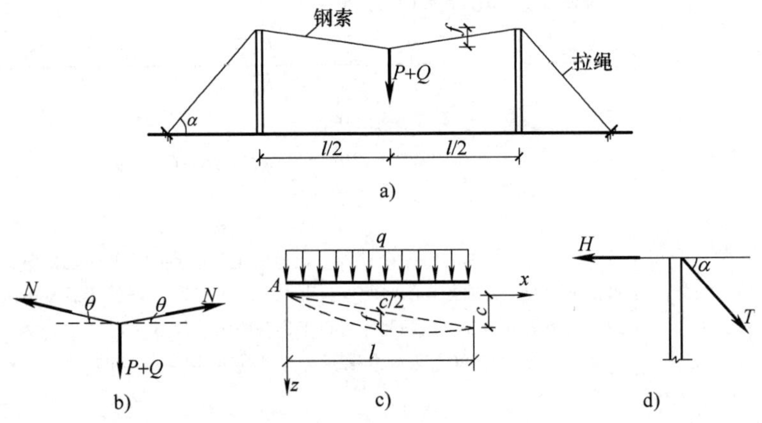

图1-87 [例题1-42]计算简图

[解]

(1) 证明：根据题意，钢索拉力由本身自重、物重及小车、吊钩的重量产生。

1) 计算由物重与小车及吊钩重量作用产生的水平分力H_1。取$P+Q$的作用点，如图1-87b所示。由

$\sum F_y=0$，即$N\times\sin\theta+N\times\sin\theta-(P+Q)=0$，得$N=\dfrac{P+Q}{2\sin\theta}$

则
$$H_1=N\cos\theta=\frac{P+Q}{2\sin\theta}\cdot\cos\theta$$

又知$\dfrac{\cos\theta}{\sin\theta}=\dfrac{\frac{l}{2}}{f}$，则
$$H_1=\frac{P+Q}{2}\times\frac{l}{2f}=\frac{(P+Q)l}{4f}$$

2) 计算由钢索自重产生的水平分力H_2。由于钢索自重为水平方向q(kN/m)，如图1-87c所示，设$q_x=q$(常量)

由此可知
$$\frac{d_z^2}{d_x^2}=-\frac{q}{H_1}$$

将上式积分两次，得
$$Z=\frac{q}{2H_1}x^2+c_1x+c_2 \quad ①$$

当 $x=0$ 时，$Z=0$；$x=1$ 时，$Z=c$。代入式①，求出 c_1，c_2

得
$$Z=\frac{q}{2H_1}x(l-x)+\frac{c}{l}x \quad ②$$

题中垂度为 f，即
$$x=\frac{l}{2},\ Z=\frac{c}{2}+f$$

代入式②可求得
$$H_1=\frac{ql^2}{8f}$$

则总水平分力
$$H=H_1+H_2=\frac{(P+Q)l}{4f}+\frac{ql^2}{8f}$$

3）由1)中知道钢索拉力的水平分力为 H，取竖杆上端点，如图1-87d所示，在不考虑摩擦的情况下，由

$\sum F_x=0$，即 $-H+T\cos\alpha=0$，从而得到 $T=\dfrac{H}{\cos\alpha}$。

(2）由(1)中知

$$H=\frac{(P+Q)l}{4f}+\frac{ql^2}{8f}=\frac{(3+0.5)\times 80}{4\times 4}+\frac{q\times 80^2}{8\times 4}=17.5+20q$$

则钢索的拉力
$$N=\frac{H}{\cos\theta}=\frac{17.5+20q}{\dfrac{10}{\sqrt{101}}}=\frac{7\sqrt{101}}{4}+2\sqrt{101}q$$

$$T=\frac{H}{\cos\alpha}=\frac{17.5+20q}{\dfrac{\sqrt{3}}{2}}=\frac{35\sqrt{3}}{3}+\frac{40\sqrt{3}}{3}q$$

1.10　结构的位移计算

1.10.1　结构的位移计算简述

结构的位移计算简述见表1-16。

表1-16　结构的位移计算简述

序　号	项　目	内　容
1	结构的位移	1）结构除需要满足强度要求以外，还需要具有足够的刚度，以保证在荷载作用下不致发生过大的位移。在结构设计中不仅要计算结构的内力以核算强度，而且要计算结构的位移以核算刚度 2）任何结构都是由可变形的固体材料组成的，在荷载等外因作用下都将产生形状的改变，称为结构变形，结构变形引起结构上任一横截面位置和方向的改变，称为位移 3）结构的位移一般分为线位移和角位移
2	结构位移产生的原因	结构位移产生的原因有下列三种： 1）荷载作用 2）温度变化或材料胀缩 3）结构支座沉陷或制造误差
3	结构位移计算的目的	1）从工程应用方面看。主要进行结构刚度验算。要求结构的最大位移不超过规范规定的允许值。例如，钢筋混凝土电动起重机梁的跨中允许挠度$[w]\leqslant l_0/600$，手动起重机梁的跨中允许挠度$[w]\leqslant l_0/500$，其中 l_0 为构件的计算跨度。又如屋盖、楼盖梁，若 $l_0<7\text{m}$，则其跨中容许挠度$[w]\leqslant l_0/200$

续表 1-16

序 号	项 目	内 容
3	结构位移计算的目的	2）从结构分析方面看。为超静定结构的内力分析打好基础(利用位移条件建立补充方程)。因为超静定结构的内力计算单凭静力平衡条件不能求出全部的内力。所以在计算超静定结构的内力时，不仅要利用静力平衡条件，而且还要考虑变形协调条件。因此，需要进行位移计算 3）从土建施工方面看。在结构构件的制作、架设等过程中，常需预先知道结构位移后的位置，以便制定施工措施，确保安全和质量
4	结构位移计算的方法	1）几何法。几何法是以杆件变形关系为基础的。例如，材料力学中主要用于计算梁的挠度的重积分法。位移计算虽然是一个几何问题，但最好的解决办法并不是几何法，而是虚功法(虚力法) 2）虚功法。结构力学的能量原理中最重要的是虚功原理。其余几个重要的原理(如互等定理、卡氏定理和最小势能原理等)以及结构内力、位移的计算方法，都可以通过虚功原理导出。能量原理不仅是结构未知位移和未知力计算的常用方法，同时也是进行结构矩阵分析、结构动力学、结构稳定性分析以及近似计算的理论基础，应该注意理解和运用 计算结构位移的虚功法是以虚功原理为基础的，所导出的单位荷载法最为实用。单位荷载法能直接求出结构任一截面、任一形式的位移，能适用于各种外因，且能适合于各种结构；还解决了重积分法推导位移方程较繁且不能直接求出任一指定截面位移的问题

1.10.2 功和功能原理

功和功能原理见表 1-17。

表 1-17 功和功能原理

序号	项目	内 容
1	功	功的概念来源于人们的劳动实践。井上提水，水越多，井越深，作功愈大。由此可知，功是力与位移的乘积。图 1-88 所示物体上作用一个力，力的大小为一常量 P，力的作用点发生的位移 $\overline{AA'}=\Delta$，与力的方向相同。力 P 所作的功即等于 P 与 Δ 的乘积。在图 1-89 中，力的作用点发生的位移 $\overline{AA'}$ 与力 P 的方向不同，以 Δ 表示 $\overline{AA'}$ 在 P 的作用线方向的分位移，称作与 P 相应的位移，则力 P 所作的功仍为 P 与 Δ 的乘积，即 $$功(W)=力(P)\times 相应位移(\Delta) \quad (1\text{-}22)$$ 在式(1-22)中，如果力 P 与相应位移 Δ 二者方向一致，则功为正值；如果二者方向相反，则功为负值 图 1-90 所示一转盘，受力偶作用。设转盘绕 O 点转一微小角度 $\mathrm{d}\theta$，此二力所作的总功为 $$P\cdot\overline{AA'}+P\cdot\overline{BB'}=P\cdot\overline{OA}\mathrm{d}\theta+P\cdot\overline{OB}\mathrm{d}\theta$$ $$=P(\overline{OA}+\overline{OB})$$ 由此可见，力偶所作的功等于力偶矩 M 与转角 $\mathrm{d}\theta$ 的乘积，即 $$\mathrm{d}W=M\cdot\mathrm{d}\theta \quad (1\text{-}23)$$
2	实功与虚功	现在讨论在结构发生变形的过程中外力所作的功 图 1-91a 所示一简支梁 AB 在中点 C 作用集中荷载 P。荷载 P 由零开始，逐渐增加，C 点的挠度 Δ 也随着增加。最后，荷载达到 P_1，相应的挠度则达到 Δ_1 当梁的变形很小并处于弹性阶段时，位移 Δ 与荷载 P 之间为直线关系，如图 1-91b 所示。当荷载

续表 1-17

序号	项目	内　容
2	实功与虚功	由 P 增加微量 $\mathrm{d}P$ 时，位移也增加 $\mathrm{d}\Delta$。在此小间隔内，荷载所作的功为 $P\mathrm{d}\Delta$，即等于图中画有阴影线的矩形面积。在 P 由 O 到 P_1 的全部加载过程中，荷载所作的总功等于三角形 Oab 的面积，即 $W_{11}=\frac{1}{2}P_1\Delta_1$　　(1-24) 这里 W_{11} 表示荷载 P_1 在位移 Δ_1 上所作的功。在式(1-24)的右边出现一个系数 $\frac{1}{2}$，这是因为荷载 P 与位移 Δ 都是从零开始增长的，而且 P 与 Δ 之间为直线关系的缘故 如果在 C 点加荷载 P_1 后，又逐渐加荷载 P_2。这时 C 点又产生新的位移 Δ_2，如图 1-92a 所示。在产生新位移 Δ_2 的过程中，除新加的荷载 P_2 作功外，原来的荷载 P_1 也作功。它们新作的总功即等于图 1-92b 中梯形 $abec$ 的面积。将梯形 $abec$ 分解为三角形 bde 和矩形 $abdc$，则三角形 bde 的面积表示荷载 P_2 在位移 Δ_2 上所作的功 W_{22}，即 $W_{22}=\frac{1}{2}P_2\Delta_2$　　(1-25) 而矩形 $abdc$ 的面积表示荷载 P_1 在位移 Δ_2 上所作的功 W_{12}，即 $W_{12}=P_1\Delta_2$　　(1-26) 这里要注意 W_{22} 与 W_{12} 的区别：在产生位移 Δ_2 的过程中，荷载 P_2 是逐渐增加的，所以在计算 W_{22} 时要加一个系数 $\frac{1}{2}$；荷载 P_1 是原来已有的荷载，它在新的位移过程中始终保持为常值，所以在计算 W_{12} 时不要再加系数 $\frac{1}{2}$ 如上所述，在讨论结构变形过程中外力所作的功时，应当注意两种不同的情况：一种是力在自身引起的位移上所作的功，称作实功；另一种是力在别的因素所引起的位移上所作的功，称作虚功 作实功时，力随位移而变化。在弹性阶段中，实功的计算公式为 $W=\frac{1}{2}P\Delta$ 由于力自身引起的相应位移总是与力的方向一致，所以实功总是正功 作虚功时，力不随位移而变化，虚功的计算公式为 $W=P\Delta$ 当别的因素所引起的相应位移与力的方向一致时，虚功为正功；方向相反时，虚功为负功 虚功是与实功相比较而存在的。所谓“虚”，在这里并不是虚无的意思，而是强调位移与力无关这一特点 下面再举一个虚功的例子。图 1-93a 所示一梁，受荷载 P 作用产生一定的变形。假设梁由于温度变化产生新的变形，荷载作用点产生新的位移 Δ。这个位移 Δ 与力 P 是无关的，所以力 P 在温度位移 Δ 上所作的功是虚功。在图 1-93b 中，P 为一常值，图中的矩形 $Oacb$ 的面积即表示荷载 P 对位移 Δ 所作的虚功，即 $W=P\Delta$
3	功能原理	（1）变形体的实功原理。在图 1-94 中，梁在静力荷载作用下产生变形，外力所作的实功为 $W=\frac{1}{2}(P_1\Delta_1+P_2\Delta_2)$。这个外力功转化到哪里去了呢？原来在变形过程中，梁的各部分内力对材料的变形也作功，外力功即转化为内能，以变形能的形式储存在梁内。根据能量守恒定律，外力功应等于内能，即等于梁各部分的内力对材料变形所作的实功。以 U 表示内力作的实功，则 外力实功(W) = 内力实功(U)　　(1-27) 这个功能原理称作变形体的实功原理 （2）变形体的虚功原理。上述功能原理不仅适用于荷载自身所引起的变形，同样也适用于别种因素所引起的变形

续表 1-17

序号	项目	内　　容
3	功能原理	在图 1-95 中，图 1-95a 所示一组荷载以及与之平衡的支座反力和内力。图 1-95b 所示其他因素（如温度变化、基础沉降、别的荷载作用等）所产生的变形。让图 1-95a 中的平衡力系经历图 1-95b 中的变形，并研究在变形过程中功能的转化情况。这时外力所作的虚功为 $W=\sum P\Delta+\sum R_c$，其中 $\sum P\Delta$ 是荷载所作的虚功，$\sum R_c$ 是反力作的虚功（在图 1-95 中，C_1、C_2 都是负值）。根据能量守恒定律，外力所作的虚功转化为内能，并等于变形过程中梁各部分的内力对材料的变形所作的虚功 U，即 外力虚功 (W) = 内力虚功 (U)　　(1-28) 这个功能原理称作变形体的虚功原理 关于内力功 U 的计算方法将在以后各节中结合各种类型的结构加以讨论 总体来看，对变形是外力自己产生的情况或者对变形是由其他原因产生的情况，都有同样的结论：如果力系在变形过程中保持平衡，则外力所作的功等于结构内部增加的内能，也就是内力对材料变形所作的功 变形体的实功原理与虚功原理虽然非常相似，但它们的应用范围却很不相同。在实功原理中，对于一个给定的平衡力系，只有一个相应的变形状态，因此应用范围是很局限的。在虚功原理中，对于一个给定的平衡力系，可以选择多种的变形状态。或者对于一个给定的变形状态，可以选择多种的平衡力系。因此，应用范围是很广的。正是由于这一点，虚功原理才成为一个更为普遍、更为重要、更为有用的原理 总体来说，虚功原理是力学中一个非常普遍的原理。力系与变形可以独立无关，而原理仍然适用。也就是说，原理的普遍性正是在于力系和变形二者之间的独立性。虚功原理的应用条件只有两个：力系在变形过程中始终是平衡的，变形是微小的而且是协调的（也就是说，结构变形后应当仍是一个连续体，既不出现缝隙，又不出现搭接现象）。除此之外，再没有别的限制 另外，虚功原理不仅适用于变形体体系，也适用于刚体体系。在图 1-96 中，图 1-96a 所示梁上的平衡力系，图 1-96b 所示由于基础沉降而产生的刚体位移。让图 1-96a 的平衡力系经历图 1-96b 的刚性位移，在二者之间应用虚功原理方程式(1-28)。在位移过程中，梁始终保持为一个刚体，材料不产生变形。因此，梁中虽然有内力，但材料没有变形，因而内力虚功 U 等于零。由此得出结论：如果力系在刚体位移过程中保持平衡，则外力所作的虚功总和为零，即 外力虚功 $(W)=0$　　(1-29) 这个结论称为刚体体系的虚功原理 例如，图 1-97a 所示一简单桁架，在结点 C 承受竖向荷载 P；图 1-97b 所示由于温度升高，AC、BC 两杆各伸长 λ，结点 C 位移至 C'，产生竖向位移 $\Delta=\overline{CC'}$。令图 1-97a 中的力系经历图 1-97b 中的变形，试分别计算外力功和内力功，并检验虚功原理方程式(1-28)的正确性 先计算外力功。由于支座 A 和 B 没有位移，支座反力 R_A 和 R_B 不作功。由于 C 点的竖向位移为 $\Delta=\overline{CC'}$，荷载 P 所作的功为 $P\Delta$。因此，外力功为 $W=P\Delta$　　(1) 在图 1-97b 中，可得出如下的几何关系： $\Delta=\sqrt{2}\lambda$　　(2) 将式(2)代入式(1)，得 $W=\sqrt{2}\lambda P$　　(3) 再计算内力功。各杆内力由于杆件变形所作的功等于轴力 N 乘以杆的伸长 λ，即 $U=N_{AC}\lambda+N_{BC}\lambda$　　(4) 在图 1-97a 中，根据平衡条件，可得 $\dfrac{N_{AC}}{\sqrt{2}}+\dfrac{N_{BC}}{\sqrt{2}}=P$ 再考虑对称性，得　$N_{AC}=N_{BC}=\dfrac{\sqrt{2}}{2}P$　　(5)

续表 1-17

<table>
<tr><th>序号</th><th>项目</th><th>内　　容</th></tr>
<tr><td>3</td><td>功能原理</td><td>将式(5)代入式(4)，得
$$U=\frac{\sqrt{2}}{2}P\lambda+\frac{\sqrt{2}}{2}P\lambda=\sqrt{2}P\lambda \tag{6}$$
比较式(3)和式(6)，可见外力功 W 与内力功 U 彼此相等，从而检验了虚功方程式(1-28)的正确性
现结合上例讨论如下：
根据式(1)和式(4)，虚功方程 $W=U$ 可表示为
$$P\Delta=N_{AC}\lambda+N_{BC}\lambda \tag{1-30}$$
在虚功方程式(1-30)中包含有两组物理量：一组是力——外力 P 和内力 N；一组是变形——结点位移 Δ 和杆件伸长 λ。因此，对于虚功方程可以有两种理解和两方面的应用：
一方面，把虚功方程式(1-30)看成是外力 P 与内力 N 之间的方程。例如，将几何关系式(2)代入，则式(1-30)可简化为如下的平衡方程
$$P=\frac{N_{AC}}{\sqrt{2}}+\frac{N_{BC}}{\sqrt{2}}$$
因此，虚功方程是用功的形式表示的静力方程或平衡方程。可以应用它来计算内力
另一方面，把虚功方程式(1-30)看成是结点位移 Δ 和杆件伸长 λ 之间的方程。例如将平衡关系式(5)代入，则式(1-30)可简化为如下的几何方程
$$\Delta=\sqrt{2}\lambda$$
因此，虚功方程是用功的形式表示的几何方程。可以应用它来计算位移
从计算位移的角度来看虚功方程式(1-28)：形式上是功的方程，实质上是几何方程</td></tr>
</table>

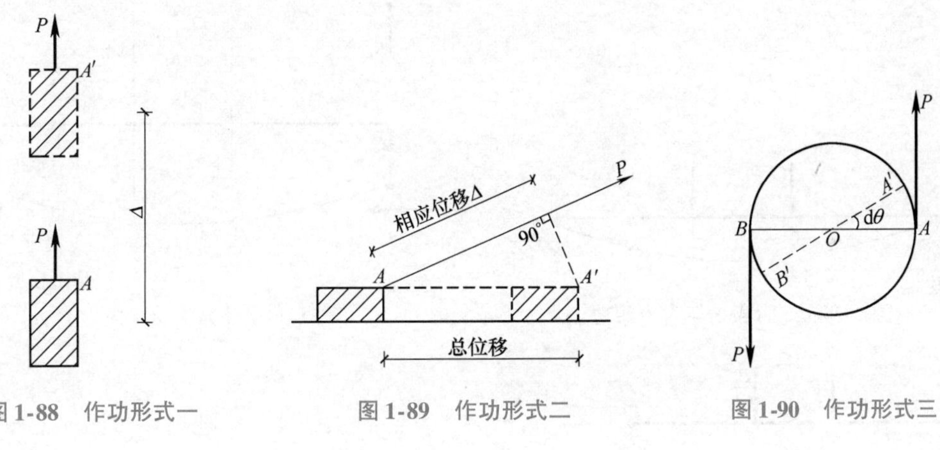

图 1-88　作功形式一　　图 1-89　作功形式二　　图 1-90　作功形式三

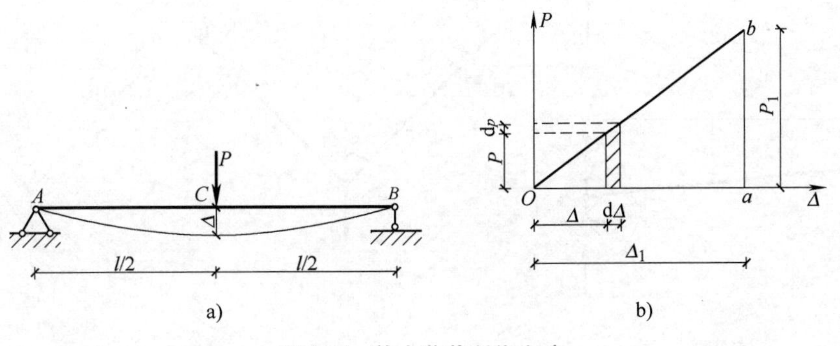

图 1-91　静力荷载所作实功

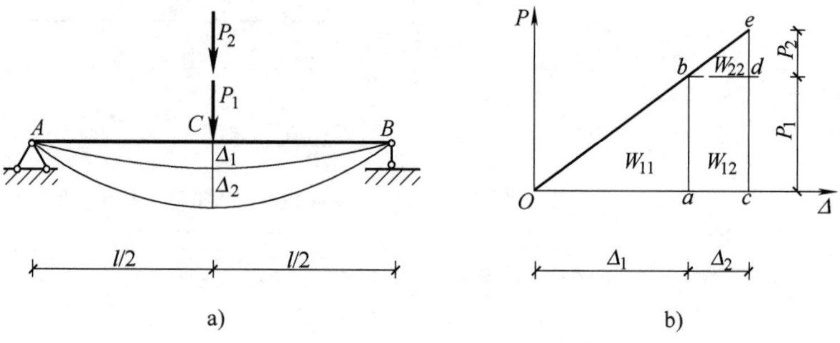

图 1-92　常力 P_1 在位移 Δ_2 上作虚功

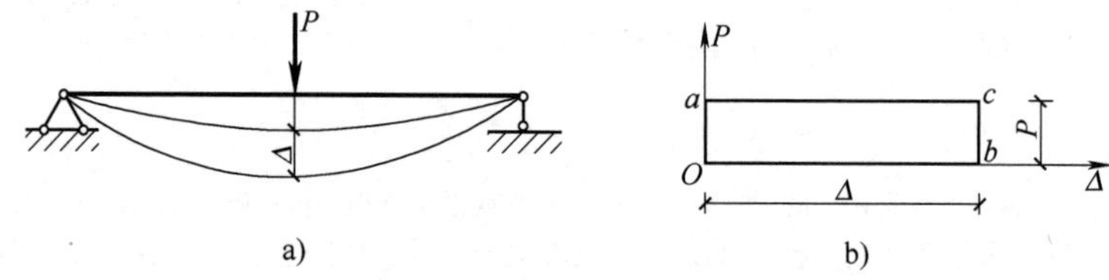

图 1-93　力 P 在温度位移 Δ 上所作的虚功

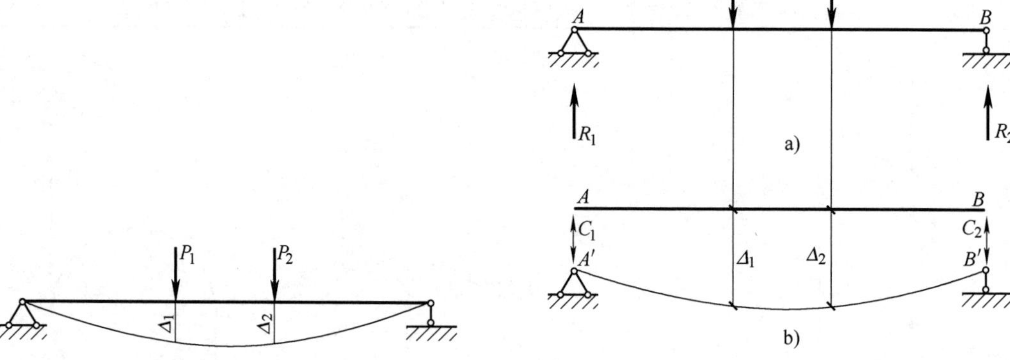

图 1-94　外力实功与内力实功

图 1-95　外力虚功与内力虚功

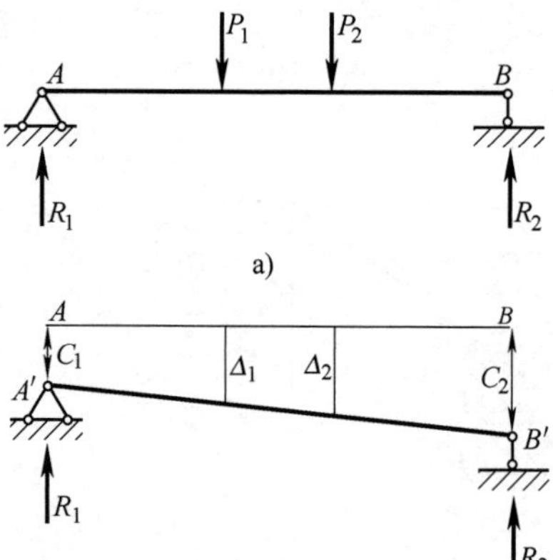

图 1-96　刚体外力虚功

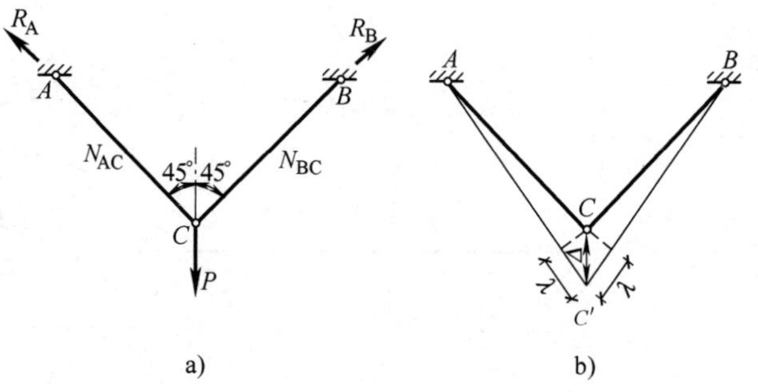

图 1-97　简单桁架受力示图

1.10.3 结构位移计算的一般公式(单位荷载法)

结构位移计算的一般公式(单位荷载法)见表1-18。

表1-18 结构位移计算的一般公式(单位荷载法)

序号	项目	内 容
1	一般公式的建立	图1-98a所示一平面结构。由于基础沉降，支座产生位移 C_1、C_2；由于荷载作用或者温度改变，任一微段 dx 产生的三种变形为： 1）弯曲变形。微段两端截面相对转角为 dθ 2）轴向变形。微段两端截面相对轴向位移为 du 3）剪切变形。微段两端截面相对滑移为 dv 现拟求 D 点的水平位移 Δ。为此，在图1-98b加单位水平荷载 $P=1$，相应的支座反力为 $\overline{R}_1$、$\overline{R}_2$、$\overline{R}_3$，各微段的内力为弯矩 $\overline{M}$、轴力 $\overline{N}$、剪力 $\overline{V}$ 对图1-98b的虚设力系和图1-98a的实际变形应用虚功原理进行计算 先计算外力虚功 W。单位荷载所作的功为 $1\cdot\Delta$，反力 $\overline{R}$ 对支座位移 C 所作的功为 $\overline{R}_1c_1+\overline{R}_2c_2$（图中 $c_3=0$, $\overline{R}_3$ 未作功）。因此， $$W=1\cdot\Delta+\sum\overline{R}c$$ 再计算内力虚功 U。由于微段两端的内力 $\overline{M}$、$\overline{N}$、$\overline{V}$ 分别对微段的相对位移 dθ、du、dv 作功。因此，微段的内力虚功 dU 为 $$\mathrm{d}U=\overline{M}\mathrm{d}\theta+\overline{N}\mathrm{d}u+\overline{V}\mathrm{d}v$$ 再对每一杆件的微段的内力虚功进行积分，并把各杆的内力虚功进行叠加，就得出整个结构的内力虚功 U，即 $$U=\sum\int\overline{M}\mathrm{d}\theta+\sum\int\overline{N}\mathrm{d}u+\sum\int\overline{V}\mathrm{d}v$$ 由于 $W=U$，故得 $$1\times\Delta+\sum\overline{R}c=\sum\int\overline{M}\mathrm{d}\theta+\sum\int\overline{N}\mathrm{d}u+\sum\int\overline{V}\mathrm{d}v$$ 由此求得位移 Δ $$\Delta=\sum\int\overline{M}\mathrm{d}\theta+\sum\int\overline{N}\mathrm{d}u+\sum\int\overline{V}\mathrm{d}v-\sum\overline{R}c \quad (1\text{-}31)$$ 这就是平面结构位移的一般公式。这个公式具有普遍性：可以同时考虑荷载、温度和支座移动等因素的影响；可以同时考虑弯曲、拉伸和剪切变形的影响(变形可以是弹性的,也可以是非弹性的)；可以适用于桁架、梁、刚架、拱等各种形式的平面结构(结构可以是静定的,也可以是超静定的) 这种通过虚设单位荷载作用下的平衡状态，利用虚功原理求结构位移的方法，称为单位荷载法。该方法适用于结构小变形的情况
2	虚拟单位荷载的施加方法	1）应用单位荷载法每次只能求得一个位移。这个位移可以是线位移，也可以是角位移或相对线位移、相对角位移，即属广义位移。因此，需特别强调，当求任意广义位移时，所需施加的虚单位荷载，应是一个在所求位移截面、沿所求位移方向并且与所求广义位移相应的广义力。这里，“相应”是指力与位移在作功关系上的对应，如集中力与线位移对应，力偶与角位移对应，等等 2）计算位移时虚设单位荷载的指向可以任意假定，若计算出来的结果为正，就表示实际位移的方向与虚设单位荷载的方向相同，否则相反

1.10.4 静定结构在荷载作用下的位移计算

静定结构在荷载作用下的位移计算见表1-19。

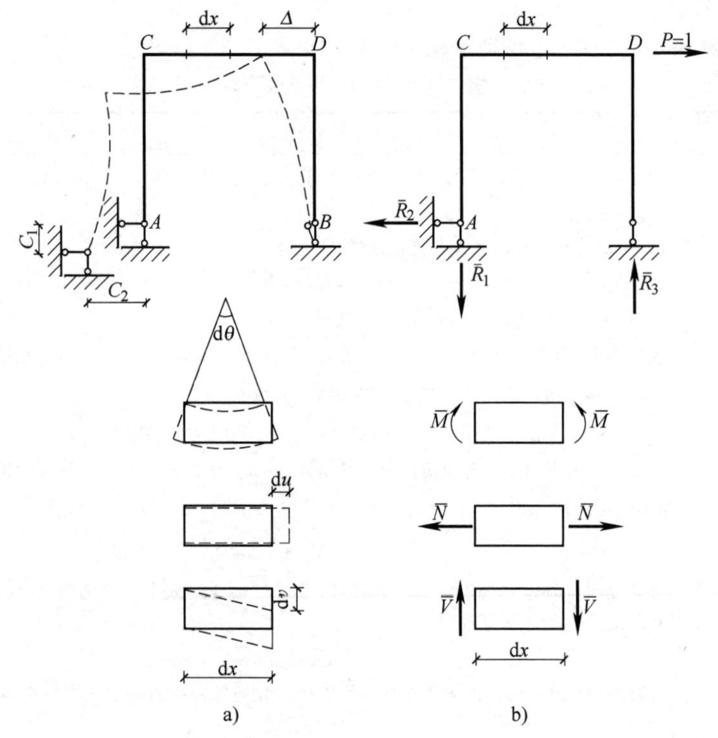

图 1-98 单位荷载法计算简图

a）实际变形 b）虚设力系

表 1-19 静定结构在荷载作用下的位移计算

<table>
<tr><th>序号</th><th>项目</th><th>内　容</th></tr>
<tr><td>1</td><td>在荷载作用下位移计算的一般公式</td><td>
当仅考虑荷载作用时，由于无支座移动项，式(1-31)简化为

$$\Delta = \sum \int \overline{M} \mathrm{d}\theta + \sum \int \overline{N} \mathrm{d}u + \sum \int \overline{V} \mathrm{d}v \tag{1-32}$$

式中，dθ、du 和 dv 是实际状态中由荷载引起的微段 ds 上的变形位移

对于常见的在荷载作用下的弹性结构，则有

$$\left.\begin{aligned} \mathrm{d}u &= \frac{N}{EA}\mathrm{d}s \\ \mathrm{d}v &= \mu\frac{V}{GA}\mathrm{d}s \\ \mathrm{d}\theta &= \frac{M}{EI}\mathrm{d}s \end{aligned}\right\} \tag{1-33}$$

式中，N、V、M 分别为轴力、剪力、弯矩；EA、GA、EI 分别为抗拉压、抗剪、抗弯刚度；μ 为考虑剪应力分布不均匀系数，如对于矩形截面 $\mu = 1.2$，圆形截面 $\mu = 10/9$，薄壁圆环形截面 $\mu = 2$，工字形或箱形截面 $\mu = A/A_1$（A_1 为腹板面积）

注意到式(1-33)的一组三个基本参数的计算公式中，分子均为相应的内力，分母均为相应的刚度(仅 dv 式中须用 μ 修正)，然后再乘以 ds。因此，很有规律，既好理解，又好记忆

式(1-33)中的各内力 M、N、V，应采用由实际状态中的荷载引起的内力 M_P、N_P、V_P。将式(1-33)代入式(1-32)，即可得到平面杆件结构在荷载作用下的位移计算公式为

$$\Delta = \sum \int \frac{\overline{M}M_P}{EI}\mathrm{d}s + \sum \int \frac{\overline{N}N_P}{EA}\mathrm{d}s + \sum \int \frac{\mu \overline{V}V_P}{GA}\mathrm{d}s \tag{1-34}$$
</td></tr>
</table>

续表 1-19

<table>
<tr><th>序号</th><th>项目</th><th>内　容</th></tr>
<tr><td>1</td><td>在荷载作用下位移计算的一般公式</td><td>如果各杆均为直杆，则可用 dx 代替 ds，即
$$\Delta=\sum\int\frac{\overline{M}M_P}{EI}dx+\sum\int\frac{\overline{N}N_P}{EA}dx+\sum\int\frac{\mu\,\overline{V}V_P}{GA}dx \qquad (1\text{-}35)$$
注意，在式(1-34)和式(1-35)中共有两类内力：
M_P、N_P、V_P——实际荷载引起的内力
$\overline{M}$、$\overline{N}$、$\overline{V}$——虚设单位荷载引起的内力
关于内力的正负号可规定如下：
轴力 N_P、$\overline{N}$——以拉力为正
剪力 V_P、$\overline{V}$——以使微段顺时针转动者为正
弯矩 M_P、$\overline{M}$——只规定乘积 $\overline{M}$ 与 M_P 的正负号。当 $\overline{M}$ 与 M_P 使杆件同侧纤维受拉时，其乘积取正值</td></tr>
<tr><td>2</td><td>各类结构的位移计算公式</td><td>1）说明。对各类不同的结构，弯曲变形、轴向变形及剪切变形的影响在位移中所占的比重各不相同。按照考虑主要影响忽略次要影响的原则，从式(1-34)或式(1-35)可得各类结构相应的简化计算公式
2）梁和刚架。在梁和刚架中，位移主要是弯矩引起的，轴力和剪力的影响较小，因此，位移公式(1-34)可简化为
$$\Delta=\sum\int\frac{\overline{M}M_P}{EI}ds \qquad (1\text{-}36)$$
如果各杆均为直杆，则可用 dx 代替 ds，即式(1-36)可表达为
$$\Delta=\sum\int\frac{\overline{M}M_P}{EI}dx \qquad (1\text{-}37)$$
3）桁架。在桁架中，在结点荷载作用下，各杆只受轴力，而且每根杆的截面面积 A 以及轴力 $\overline{N}$ 和 N_P 沿杆长 l 一般都是常数。因此，位移公式(1-34)可简化为
$$\Delta=\sum\int\frac{\overline{N}N_P}{EA}ds=\sum\frac{\overline{N}N_P l}{EA} \qquad (1\text{-}38)$$
4）桁梁组合结构。在桁梁组合结构中，梁式杆主要受弯曲，桁杆只受轴力，因此位移公式(1-34)可简化为
$$\Delta=\sum\int\frac{\overline{M}M_P}{EI}ds+\sum\int\frac{\overline{N}N_P}{EA}ds \qquad (1\text{-}39)$$
5）拱。计算表明，在拱中通常只需考虑弯曲变形的影响，即可按式(1-36)计算。但当拱轴线与压力线比较接近(即两者的距离与杆件的截面高度为同量级)，或者是计算扁平拱($f/l<1/5$)中的水平位移时，则还需要考虑轴向变形的影响，即有
$$\Delta=\sum\int\frac{\overline{M}M_P}{EI}ds+\sum\int\frac{\overline{N}N_P}{EA}ds \qquad (1\text{-}40)$$
当压力线与拱轴线不相近时，则只需考虑 M 的影响，即按式(1-36)进行计算。由于拱是曲杆，对拱轴线的弧长 s 来讲，M_P 和 $\overline{M}$ 都不是 s 的一次函数，因此求位移时不能采用图乘法
而像拱坝一类的厚度较大的拱形结构，剪切变形的影响则需一并考虑
6）这里所列出的在荷载作用下的位移计算公式，不仅适用于静定结构，也同样适用于超静定结构</td></tr>
<tr><td>3</td><td>单位荷载法的计算步骤</td><td>应用单位荷载法计算在荷载作用下结构的位移，其计算步骤可归纳如下(以梁和刚架为例)：
1）列写在实际荷载作用下的 M_P 的表达式(或作出荷载弯矩图 M_P 图)
2）加相应的单位荷载，列写 $\overline{M}$ 的表达式(或作出单位弯矩图 $\overline{M}$ 图)
3）计算位移值：将 $\overline{M}$ 和 M_P 代入式(1-36)或式(1-37)求出拟求位移 Δ
注意：须在计算所得的位移值后加圆括号，注明实际方向</td></tr>
</table>

1.10.5 用积分法求结构位移计算例题

[例题 1-43] 计算如图 1-99a 所示悬臂结构在集中荷载 P 作用下 A 点、C 点的竖向位移。已知 EI 为常数。

[解]

(1) 建立实际状态弯矩方程

对于求 A 点位移，取 A 点为坐标原点，如图 1-99b 所示，弯矩下侧受拉为正，弯矩方程为

$$M_{PA}=0,\ 0\leqslant x\leqslant a$$

$$M_{PA}=-P(x-a),\quad a<x\leqslant l$$

对于求 C 点位移，取 C 点为坐标原点，如图 1-99c 所示为

$$M_{PC}=-Px\quad 0<x\leqslant b$$

(2) 建立虚拟状态方程

对于图 1-99b　　$\overline{M}=-x\quad 0\leqslant x\leqslant l$

对于图 1-99c　　$\overline{M}=-x\quad 0\leqslant x\leqslant b$

(3) 计算位移

应用式(1-37)计算为

$$w_A=\sum\int\frac{\overline{M}M_{PA}}{EI}\mathrm{d}x=\frac{1}{EI}\int_a^l(-x)\ [-P(x-a)]\mathrm{d}x=\frac{Pb^2}{6EI}(3l-b)$$

$$w_C=\sum\int\frac{\overline{M}M_{PC}}{EI}\mathrm{d}x=\frac{1}{EI}\int_0^b(-x)(-Px)\mathrm{d}x=\frac{Pb^3}{3EI}$$

见表 3-2 中序号 2。

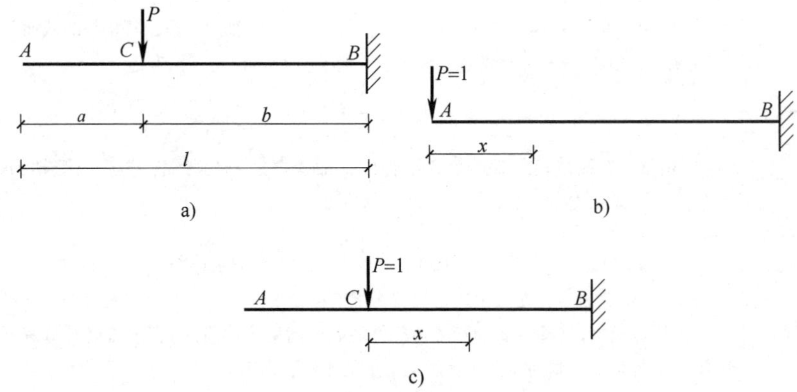

图 1-99 [例题 1-43]计算简图

[例题 1-44] 计算如图 1-100a 所示悬臂结构在均布荷载 q 作用下，A 点的竖向位移。已知 EI 为常数。

[解]

(1) 建立实际状态弯矩方程

选取自由端 A 点为坐标原点，如图 1-100b 所示，弯矩方程为

$$M_{PA}=-\frac{q}{2}x^2\quad 0<x\leqslant l$$

(2) 建立虚拟状态弯矩方程

$$\overline{M}=-x\quad 0\leqslant x\leqslant l$$

（3）计算位移

$$w_A = \sum \int \frac{\overline{M}M_{PA}}{EI}dx = \frac{1}{EI}\int_0^l x\frac{q}{2}x^2dx = \frac{ql^4}{8EI}$$

见表 3-2 中序号 4。

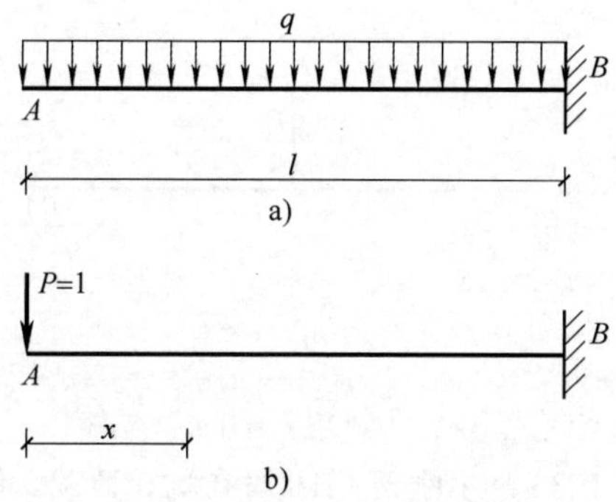

图 1-100　[例题 1-44]计算简图

[例题 1-45]　计算如图 1-101a 所示简支梁在集中荷载 P 作用下跨中 C 点的竖向位移。已知 EI 为常数。

[解]

（1）建立实际状态弯矩方程

$$M_P = \frac{P}{2}x \quad 0 < x \leqslant \frac{l}{2}$$

（2）建立虚拟状态弯矩方程（图 1-101b）

$$\overline{M} = \frac{x}{2}$$

（3）计算位移

应用式(1-37)计算为

$$w_C = \sum \int \frac{\overline{M}M_P}{EI}dx = \frac{2}{EI}\int_0^{l/2} \frac{x}{2}\cdot\frac{P}{2}xdx = \frac{Pl^3}{48EI}$$

见表 3-3 中序号 1。

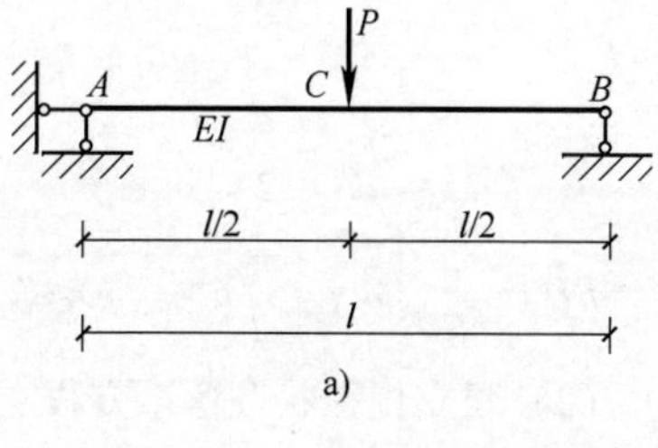

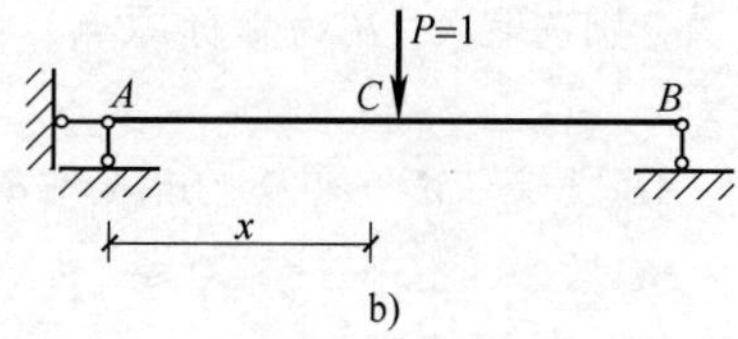

图 1-101　[例题 1-45]计算简图

[例题 1-46]　计算如图 1-102a 所示简支梁在均布荷载 q 作用下跨中 C 点的竖向位移。已知 EI 为常数。

[解]

（1）建立实际状态弯矩方程

选取 A 为坐标原点，弯矩方程为

$$M_P = \frac{ql}{2}x - \frac{ql}{2}x^2 \quad 0 \leqslant x \leqslant l$$

（2）建立虚拟状态弯矩方程（图 1-102b）

$$\overline{M} = \frac{x}{2} \quad 0 \leqslant x \leqslant \frac{l}{2}$$

（3）计算位移

应用式(1-37)计算为

$$w_C = \sum \int \frac{\overline{M}M_P}{EI}dx = \frac{2}{EI}\int_0^{l/2} \frac{x}{2}\left(\frac{ql}{2}x - \frac{ql}{2}x^2\right)dx = \frac{5ql^4}{384EI}$$

见表3-3中序号8。

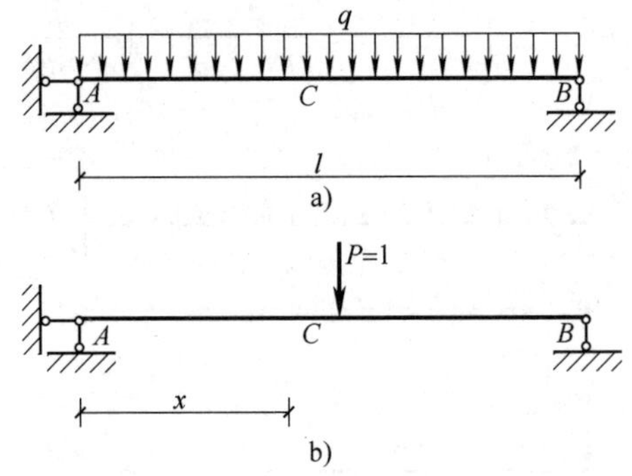

图1-102 [例题1-46]计算简图

[例题1-47] 计算如图1-103a所示刚架，AB段在均布荷载q作用下A点的竖向位移。已知EI为常数。

[解]

(1) 建立实际状态弯矩方程

分别选取A、B为坐标原点，如图1-103a所示，弯矩方程为

AB段 $M_{P1}=\frac{q}{2}x_1^2 \qquad 0\leqslant x_1\leqslant a$

BD段 $M_{P2}=\frac{q}{2}a^2 \qquad 0\leqslant x_2\leqslant a$

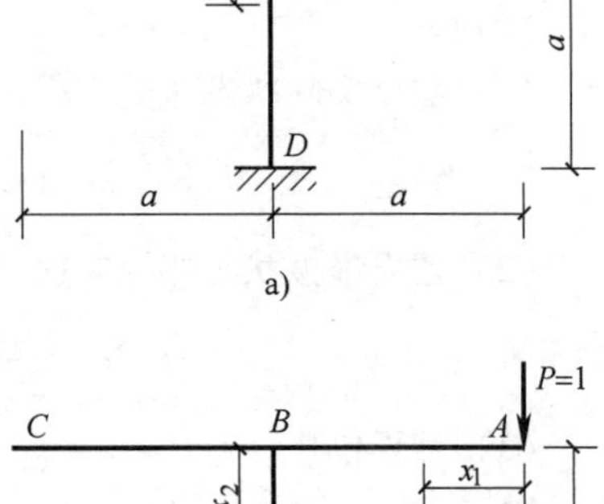

(2) 建立虚拟状态弯矩方程

分别选取A、B为坐标原点，如图1-103b所示，弯矩方程为

AB段 $\overline{M}_1=x_1 \qquad 0\leqslant x_1\leqslant a$

BD段 $\overline{M}_2=a \qquad 0\leqslant x_2\leqslant a$

(3) 计算位移

应用式(1-37)计算为

$$w_A=\sum\int\frac{\overline{M}M_P}{EI}dx=\sum\int_0^a\frac{\overline{M}_1M_{P1}}{EI}dx_1+\sum\int_0^a\frac{\overline{M}_2M_{P2}}{EI}dx_2$$

$$=\frac{1}{EI}\int_0^a x_1\cdot\frac{1}{2}qx_1^2dx_1+\frac{1}{EI}\int_0^a a\cdot\frac{1}{2}qa^2dx_2=\frac{5qa^2}{8EI}$$

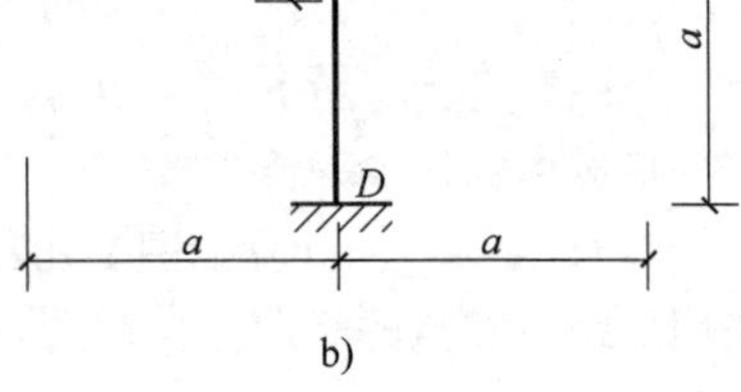

图1-103 [例题1-47]计算简图

[例题1-48] 计算如图1-104a所示三铰刚架E点的水平位移和截面B的转角。已知EI为常数。

[解]

(1) 建立实际状态弯矩方程(刚架内侧受拉为正，以下同)

AD段为x_1，CD段为x_2，BE段为x_3，CE段为x_4，如图1-104a所示为

AD段 $M_{P1}=\frac{3}{4}qlx_1-\frac{1}{2}qx_1^2 \qquad 0\leqslant x_1\leqslant l$

CD段 $M_{P2}=\frac{1}{4}qlx_2 \qquad 0\leqslant x_2\leqslant l$

BE 段　　$M_{P3}=-\frac{1}{4}qlx_3$　　$0\leqslant x_3\leqslant l$

CE 段　　$M_{P4}=-\frac{1}{4}qlx_4$　　$0\leqslant x_4\leqslant l$

(2) 在 E 处添加单位水平力，建立虚拟状态弯矩方程(图 1-104b)

AD 段　　$\overline{M}_{P1}=-\frac{1}{2}x_1$　　$0\leqslant x_1\leqslant l$

CD 段　　$\overline{M}_{P2}=-\frac{1}{2}x_2$　　$0\leqslant x_2\leqslant l$

BE 段　　$\overline{M}_{P3}=\frac{1}{2}x_3$　　$0\leqslant x_3\leqslant l$

CE 段　　$\overline{M}_{P4}=\frac{1}{2}x_4$　　$0\leqslant x_4\leqslant l$

(3) 在 B 处添加单位力偶，建立虚拟状态弯矩方程(图 1-104c)

AD 段　　$\overline{M}_{M1}=\frac{1}{2l}x_1$　　$0\leqslant x_1\leqslant l$

CD 段　　$\overline{M}_{M2}=\frac{1}{2l}x_2$　　$0\leqslant x_2\leqslant l$

BE 段　　$\overline{M}_{M3}=\frac{1}{2l}x_3-1$　　$0\leqslant x_3\leqslant l$

CE 段　　$\overline{M}_{M4}=-\frac{1}{2l}x_4$　　$0\leqslant x_4\leqslant l$

(4) 计算 E 点处的水平位移

应用式(1-37)计算为

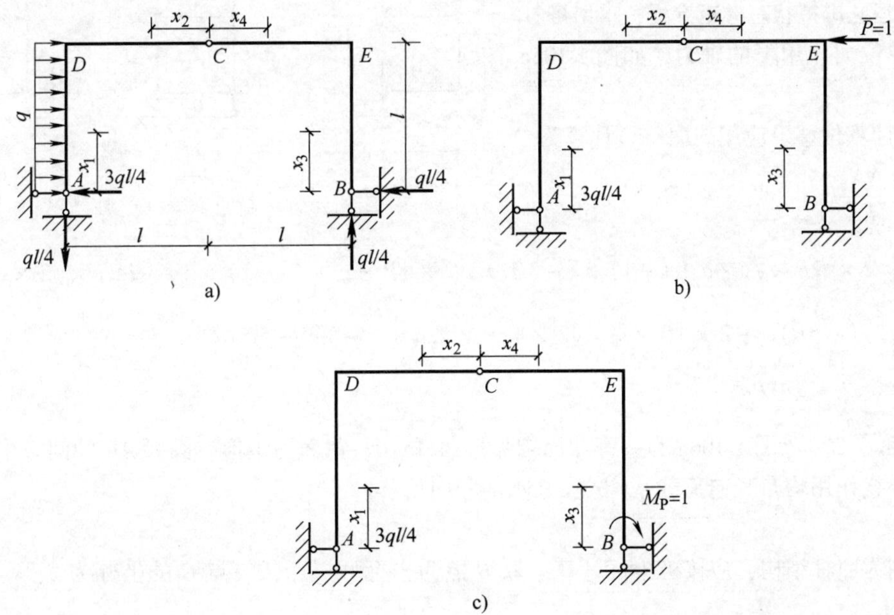

图 1-104　[例题 1-48] 计算简图

$$w_E = \sum \int \frac{\overline{M}_P M_P}{EI}dx = \int_0^l \frac{\overline{M}_{P1} M_{P1}}{EI}dx_1 + \int_0^l \frac{\overline{M}_{P2} M_{P2}}{EI}dx_2 + \int_0^l \frac{\overline{M}_{P3} M_{P3}}{EI}dx_3 + \int_0^l \frac{\overline{M}_{P4} M_{P4}}{EI}dx_4$$

$$= \frac{1}{EI}\int_0^l \left(-\frac{1}{2}x_1\right)\left(\frac{3}{4}qlx_1 - \frac{1}{2}qx_1^2\right)dx_1 + \frac{1}{EI}\int_0^l \left(-\frac{1}{2}x_2\right)\left(\frac{1}{4}qlx_2\right)dx_2 +$$

$$\frac{1}{EI}\int_0^l \left(\frac{1}{2}x_3\right)\left(-\frac{1}{4}qlx_3\right)dx_3 + \frac{1}{EI}\int_0^l \left(\frac{1}{2}x_4\right)\left(-\frac{1}{4}qlx_4\right)dx_4$$

$$= -\frac{3ql^4}{16EI}$$

（5）计算 B 点处的转角

应用式(1-37)计算为

$$w_B = \sum \int \frac{\overline{M}_M M_P}{EI}dx = \int_0^l \frac{\overline{M}_{M1} M_{P1}}{EI}dx_1 + \int_0^l \frac{\overline{M}_{M2} M_{P2}}{EI}dx_2 + \int_0^l \frac{\overline{M}_{M3} M_{P3}}{EI}dx_3 + \int_0^l \frac{\overline{M}_{M4} M_{P4}}{EI}dx_4$$

$$= \frac{1}{EI}\int_0^l \left(\frac{1}{2l}x_1\right)\left(\frac{3}{4}qlx_1 - \frac{1}{2}qx_1^2\right)dx_1 + \frac{1}{EI}\int_0^l \left(\frac{1}{2l}x_2\right)\left(\frac{1}{4}qlx_2\right)dx_2 +$$

$$\frac{1}{EI}\int_0^l \left(\frac{1}{2l}x_3 - 1\right)\left(-\frac{1}{4}qlx_3\right)dx_3 + \frac{1}{EI}\int_0^l \left(-\frac{1}{2l}x_4\right)\left(-\frac{1}{4}qlx_4\right)dx_4$$

$$= -\frac{3ql^3}{16EI}$$

［例题 1-49］ 计算如图 1-105a 所示桁架 C 点的水平位移。已知 EA 为常数。

［解］

1）建立实际状态弯矩方程，求出各杆在水平力 P 作用下的轴力，如图 1-105b 所示。

2）建立虚拟状态弯矩方程，求出各杆在 C 点单位力作用下的轴力，如图 1-105c 所示。

3）计算位移。应用式(1-38)计算为

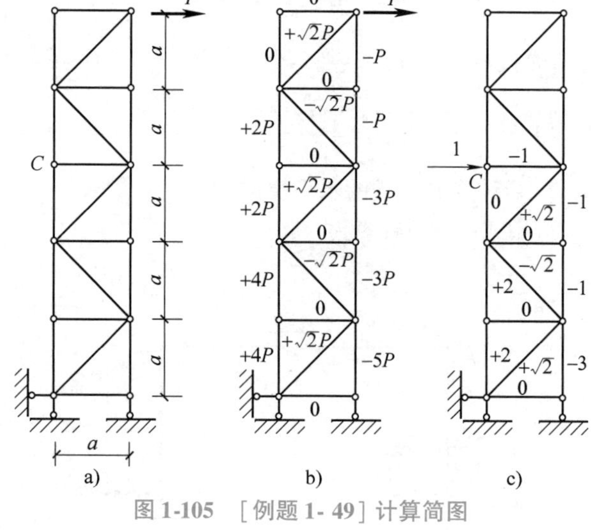

图 1-105 ［例题 1-49］计算简图

$$\omega_C = \sum \int \frac{\overline{N}N_P}{EA}l$$

$$= \frac{1}{EA}[\sqrt{2} \times \sqrt{2}P \times \sqrt{2} \times a + (-1) \times (-3P)a + 2 \times 4P \times a + (-\sqrt{2}) \times (-\sqrt{2}P) \times \sqrt{2} \times a +$$

$$(-1)(-3P)a + 2 \times 4P \times a + \sqrt{2} \times \sqrt{2}P \times \sqrt{2}a + (-3)(-5P)a]$$

$$= \frac{1}{EA}(6\sqrt{2} + 37)Pa$$

［例题 1-50］ 图 1-106a 为一等截面圆弧形曲杆 AB，截面为矩形，圆弧 AB 的圆心半径为 R，设沿水平线作用均布竖向荷载 q，试求 B 点的竖向位移。

［解］

本例为曲杆结构，应按极坐标计算。取 B 点为坐标原点，任一点 C 的坐标为 x、y，圆心角为 θ。

1）建立实际状态，如图 1-106a 所示，写出弯矩方程。弯矩设为下侧受拉(图 1-106b)，有

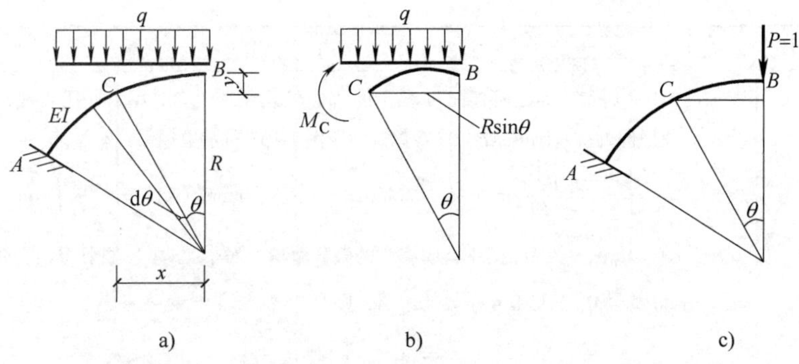

图 1-106　[例题 1-50]计算简图

$$M_P = -\frac{qx^2}{2} = -\frac{R^2}{2}\sin^2\theta \qquad 0 \leqslant \theta \leqslant \frac{\pi}{2}$$

2）设虚拟状态，如图 1-106c 所示，弯矩设下侧受拉，有

$$\overline{M} = -1 \times x = -1 \times R\sin\theta \qquad 0 \leqslant \theta \leqslant \frac{\pi}{2}$$

3）计算位移。应用式(1-40)计算为

$$w_{By} = \sum \int \frac{\overline{M}M_P}{EI}dx = \frac{1}{EI}\int_0^{\frac{\pi}{2}}(-R\sin\theta)\left(-\frac{qR^2}{2}\sin^2\theta\right)Rd\theta$$

$$= \frac{qR^4}{2EI}\int_0^{\frac{\pi}{2}}\sin^3\theta d\theta = \frac{qR^4}{2EI}\int_0^{\frac{\pi}{2}}(1-\cos^2\theta)\sin\theta d\theta$$

$$= \frac{qR^4}{2EI}\left[-\cos\theta + \frac{1}{3}\cos^3\theta\right]_0^{\frac{\pi}{2}} = \frac{qR^4}{3EI}$$

1.10.6　图形相乘法

图形相乘法见表 1-20。

表 1-20　图形相乘法

序号	项　目	内　容
1	简述	计算梁和刚架在荷载作用下的位移时，常需利用式(1-37)，即 $\Delta = \sum \int \frac{\overline{M}M_P}{EI}dx$ 当结构杆件数量较多而荷载情况又较复杂时，以上弯矩列式和积分计算将十分烦琐 在实用计算中，除了曲杆、连续变截面杆等情况外，对于工程中符合本表序号 2 适用条件的大多数的梁和刚架，均能采用这里介绍的图形相乘法(简称图乘法)将式(1-37)复杂的积分运算转化为简单的几何计算
2	简化的条件(适用条件)	1）杆段的 EI 为常数 2）杆段的轴线为直线 3）杆段的 $\overline{M}$ 图和 M_P 图中至少有一个为直线图形 其实，只要梁和刚架各杆段均为等直杆(即等截面直线杆)，则以上的三个条件就都能自然地得到满足。因为若杆段为等截面，则其抗弯刚度 EI 必然为常数；杆段为直线杆，则由单位荷载产生的单位弯矩图 $\overline{M}$ 必然为直线图形或折线图形(或可分解为两个或两个以上的直线图形)

续表 1-20

<table>
<tr><th>序号</th><th>项　目</th><th>内　容</th></tr>
<tr><td>3</td><td>图形相乘法的计算</td><td>如图 1-107 所示，等截面直杆 ab 段上的两个弯矩图中，设 $\overline{M}$ 图为一段直线，而 M_P 图为任意形状。该杆件的抗弯刚度 EI 为一常数。对于图 1-107 所示坐标系，有
$$\int \frac{\overline{M}M_P}{EI}dx = \frac{1}{EI}\int \overline{M}M_P dx = \frac{1}{EI}\int (x\tan\alpha)(dA) = \frac{\tan\alpha}{EI}\int x dA \quad (1\text{-}41)$$
式中，$dA = M_P dx$，为 M_P 图中有阴影线的微分面积，而 $\int x dA$ 即为整个 M_P 图的面积对 y 轴的静矩。用 x_0 表示 M_P 的形心至 y 轴的距离，则有
$$\int x dA = Ax_0 \quad (1\text{-}42)$$
将式(1-42)代入式(1-41)，有
$$\int \frac{\overline{M}M_P}{EI}dx = \frac{\tan\alpha}{EI}(Ax_0) = \frac{A(x_0\tan\alpha)}{EI}$$
即
$$\int \frac{\overline{M}M_P}{EI}ds = \frac{Ay_0}{EI} \quad (1\text{-}43)$$
式中，$y_0 = x_0\tan\alpha$，是 M_P 图的形心 C 处所对应的 $\overline{M}$ 图中的竖标
可见，上述积分式等于一个弯矩图的面积 A 乘以其形心 C 处所对应的另一直线弯矩图上的竖标 y_0，再除以 EI
这种以图形计算代替积分运算的位移计算方法，就称为图形相乘法(图乘法)。式(1-43)即为图乘法的计算公式
由此可见，式(1-37)中 Δ 就等于(图 1-107) M_P 图的面积 A 乘以其形心所对应的 $\overline{M}_1$ 图上的纵坐标 y_0，再除以杆件的刚度 EI。对于由多根杆件组成的结构，如果不考虑剪切变形和轴向变形的情况下，则位移计算公式(1-37)可写为
$$\Delta = \sum \int \frac{\overline{M}M_P}{EI}dx = \sum \frac{Ay_0}{EI} \quad (1\text{-}44)$$</td></tr>
<tr><td>4</td><td>应用图形相乘法的注意事项</td><td>(1) y_0 只能取自直线图形，而 A 应取自另一图形
(2) 当 A 与 y_0 在弯矩图的基线同侧时，其互乘值应取正号；在异侧时，应取负号
(3) 图 1-108 列出了几种常见简单图形的面积与形心位置。需注意的是：图中所示抛物线 M 图均为标准抛物线，即 M 图曲线的中点(或端点)为抛物线的顶点，而曲线顶点处的切线均与基线平行，该处剪力为零
(4) 如果 M_P 与 $\overline{M}$ 均为直线，则 y_0 可取自其中任一图形
(5) 如果 $\overline{M}$ 是折线图形，而 M_P 为非直线图形，则应分段图乘，然后叠加，如图 1-109 及式(1-45)所示
$$\sum \frac{Ay_0}{EI} = \frac{1}{EI}(A_1y_1 + A_2y_2 + A_3y_3) \quad (1\text{-}45)$$
(6) 如果杆件为阶形杆(EI 为分段常数)，则应按 EI 分段图乘，然后叠加，如图 1-110 及式(1-46)所示
$$\sum \frac{Ay_0}{EI} = \frac{A_1y_1}{EI_1} + \frac{A_2y_2}{EI_2} \quad (1\text{-}46)$$
(7) 如果 M_P 图为复杂的组合图形(由不同类型荷载按区段叠加法绘出)，因而其面积和形心位置不便确定，则可用叠加法的逆运算，将 M_P 图分解(还原)为每一种荷载作用下的几个简单图形，分别与 $\overline{M}$ 图互乘，然后叠加。这里，讨论两种常见图形的分解
1) 考虑梯形的分解：</td></tr>
</table>

续表 1-20

<table>
<tr><th>序号</th><th>项　目</th><th>内　容</th></tr>
<tr><td>4</td><td>应用图形相乘法的注意事项</td><td>例如，图 1-111 所示的两个梯形图形相乘时，可将 M_P 分解为两个三角形(也可分解为一个矩形及一个三角形)。于是，有
$$\sum\frac{Ay_0}{EI}=\frac{1}{EI}(A_1y_1+A_2y_2) \quad (1\text{-}47)$$
标距 y_1、y_2 可用下式计算为
$$\left.\begin{aligned}y_1&=\frac{2}{3}c+\frac{1}{3}d\\ y_2&=\frac{1}{3}c+\frac{2}{3}d\end{aligned}\right\} \quad (1\text{-}48)$$
图 1-112 中的直线图具有正号及负号部分。M_P 图可以看作两个三角形：一个三角形 ADB 在上边，高度为 a；一个三角形 ABC 在下边，高度为 b。式(1-47)和式(1-48)仍可应用，只需把 b 和 c 取为负值即可
2）考虑抛物线非标准图形的分解：
图 1-113a 所示一段直杆 AB 在均布荷载 q 作用下的 M_P 图。M_P 图是由两端弯矩 M_A、M_B 组成的直线图(图 1-113b 的 M_1 图)和简支梁在均布荷载 q 作用下的弯矩图(图 1-113c 的 M_2 图)叠加而成。因此，可将图 1-113a 中的 M_P 图分解成图 1-113b 和图 1-113c 的两个简单图形，即 M_1 图和 M_2 图，然后分别应用图乘法
还要指出，所谓弯矩图的叠加是指弯矩图的纵坐标(即标距)的叠加。例如在图 1-113a 中，竖距 M_P 等于竖距 M_1 和竖距 M_2 之和，不要以为其中的 M_2 是与 CD 线垂直的距离。由此可以看出，尽管图 1-113a 中的 M_2 图与图 1-113c 中的 M_2 图在形状上并不相似，但在同一横坐标 x 处，二者的纵坐标彼此相同，微段 $\mathrm{d}x$ 的微小面积(图中带阴影的面积)彼此相同，因而两图的面积以及形心的横坐标也是相同的</td></tr>
<tr><td>5</td><td>应用图形相乘法的计算步骤</td><td>1）作实际荷载弯矩图 M_P 图
2）加相应单位荷载，作单位弯矩图 $\overline{M}$ 图
3）用图乘法公式(1-44)求位移</td></tr>
</table>

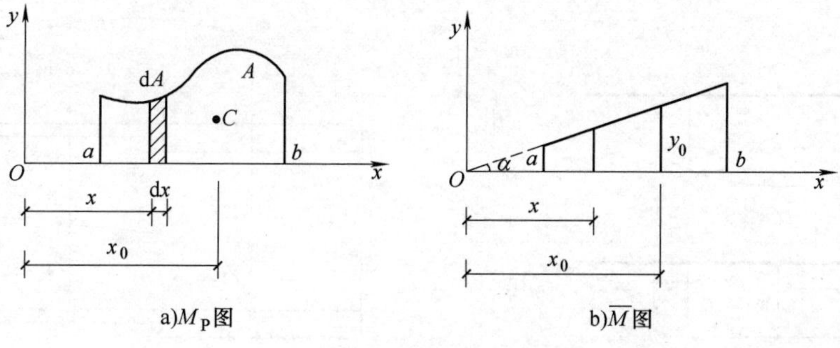

图 1-107　图形相乘法计算示意

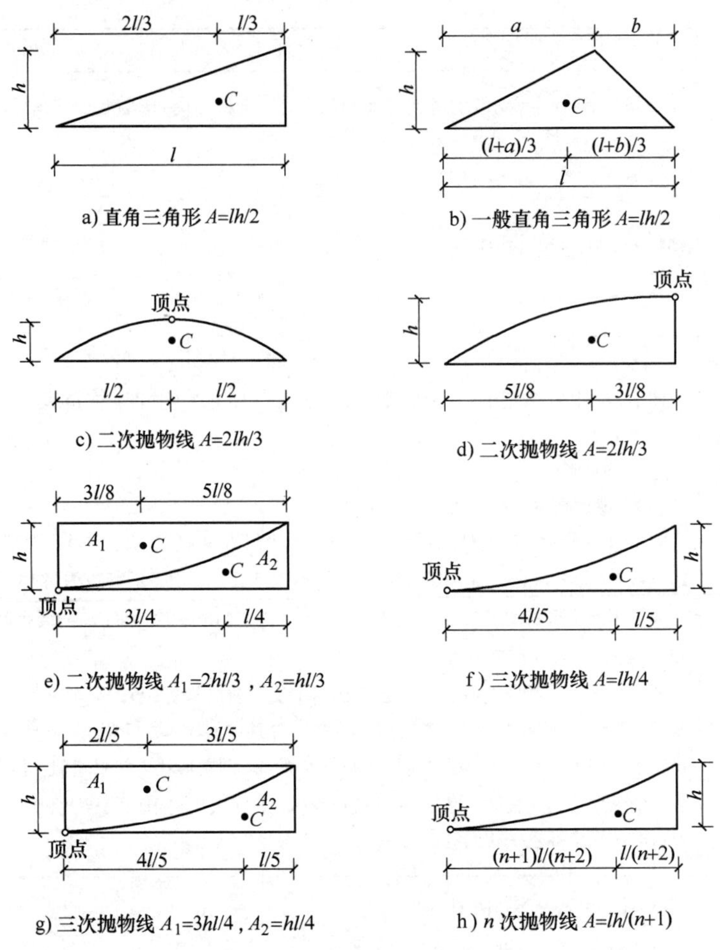

a) 直角三角形 $A=lh/2$ b) 一般直角三角形 $A=lh/2$

c) 二次抛物线 $A=2lh/3$ d) 二次抛物线 $A=2lh/3$

e) 二次抛物线 $A_1=2hl/3$，$A_2=hl/3$ f) 三次抛物线 $A=lh/4$

g) 三次抛物线 $A_1=3hl/4$，$A_2=hl/4$ h) n 次抛物线 $A=lh/(n+1)$

图 1-108 几种常见简单图形的面积 A 与形心 C 位置

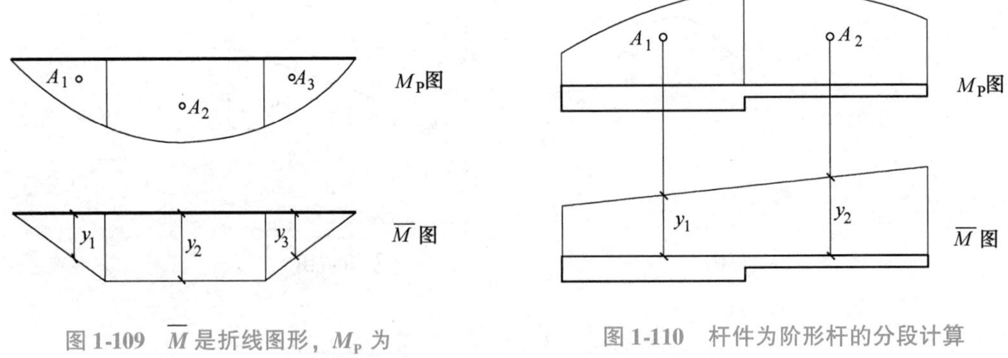

图 1-109 $\overline{M}$ 是折线图形，M_P 为非直线图形的计算

图 1-110 杆件为阶形杆的分段计算

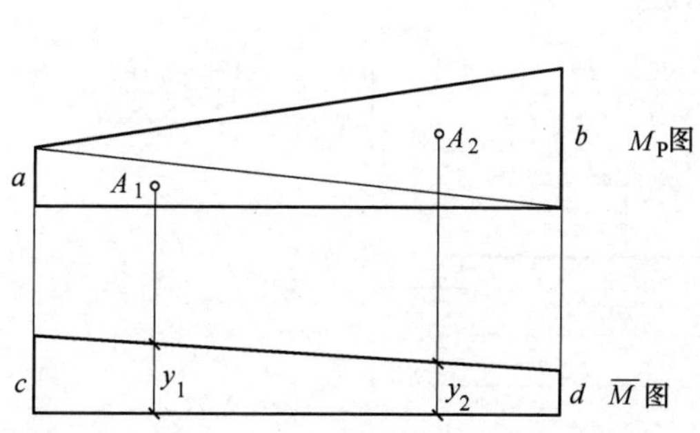

图1-111　关于梯形图形的分解

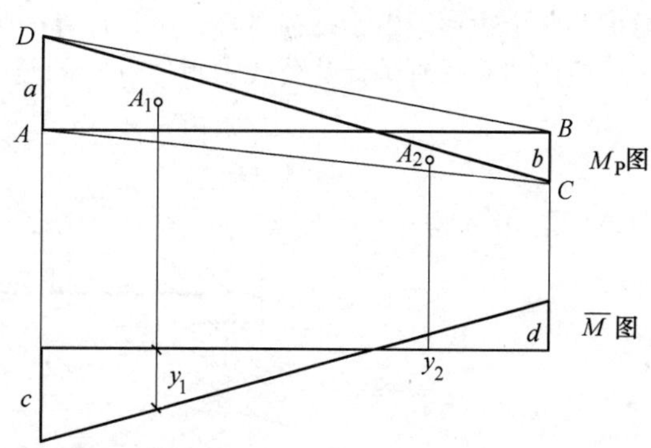

图1-112　直线图形具有正号及负号部分的计算

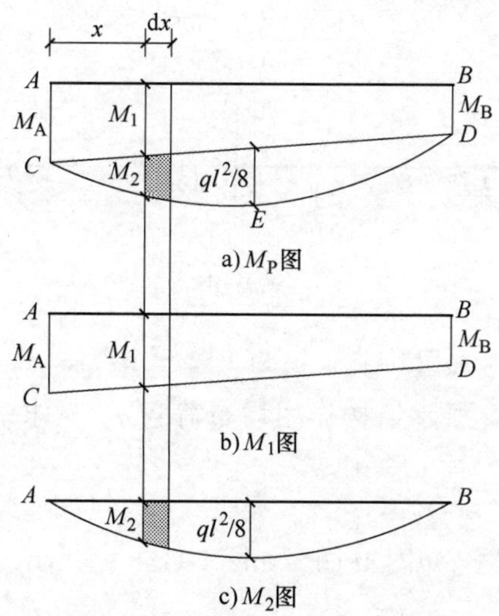

图1-113　关于抛物线非标准图形的分解

1.10.7　用图形相乘法求结构位移计算例题

[例题1-51]　如图1-114a所示等截面悬臂梁AB在A点作用集中荷载P。试求中点C的竖向位移ω_C。EI为常数。

[解]

作荷载弯矩图M_P图和单位弯矩图$\overline{M}$图，如图1-114b、c所示。

应用图乘法求得为

$$\omega_C=\frac{1}{EI}\left[\frac{l}{2}\cdot\frac{l}{2}\cdot\frac{1}{2}\times\left(\frac{1}{3}\times\frac{Pl}{2}+\frac{2}{3}\times Pl\right)\right]=\frac{5Pl^3}{48EI}$$

[例题1-52]　如图1-115a所示结构作用集中荷载P。试求中点C的竖向位移ω_C。EI为常数。

[解]

作荷载弯矩图M_P图和单位弯矩图$\overline{M}$图，如图1-115b、c所示。将M_P图分为四部分，分别为两个三

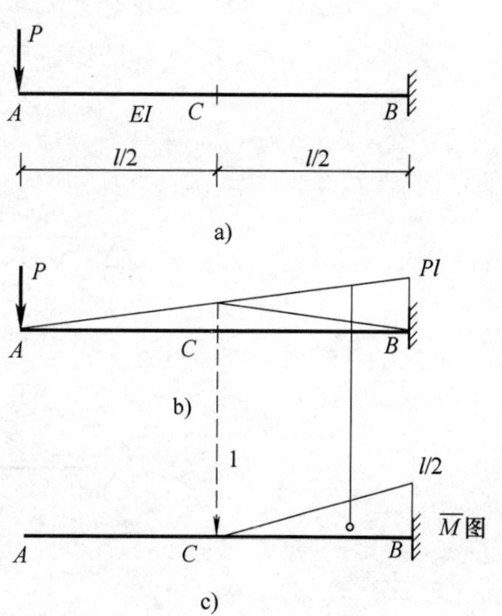

图1-114　[例题1-51]计算简图

角形和两个矩形。由于结构对称，可只计算一半结构，然后加倍。

应用图乘法有关计算公式求得中点 C 的竖向位移为

$$\omega_C=\frac{2}{EI}(A_1y_1+A_2y_2)=\frac{2}{EI}\left[\frac{Pl}{3}\cdot\frac{l}{3}\cdot\frac{1}{2}\times\frac{2}{3}\cdot\frac{l}{6}+\frac{Pl}{3}\cdot\frac{l}{6}\times\frac{1}{2}\cdot\left(\frac{l}{6}+\frac{l}{4}\right)\right]=\frac{23Pl^3}{648EI}$$

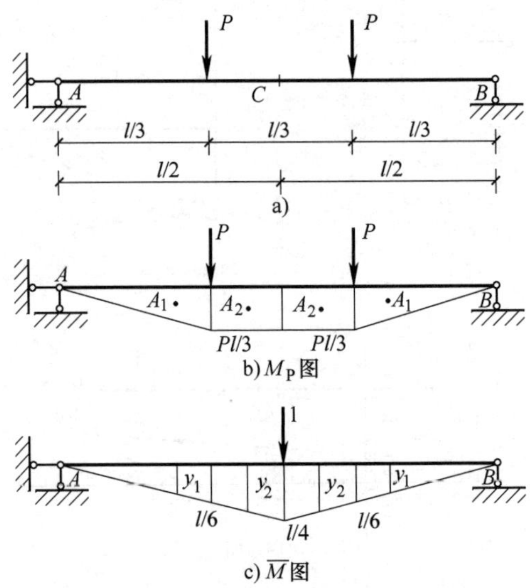

图 1-115 ［例题 1-52］计算简图

［例题 1-53］ 如图 1-116a 所示结构作用均布荷载 q。试求端点 C 的竖向位移 ω_C。EI 为常数。

［解］

作荷载弯矩图 M_P 图和单位弯矩图 $\overline{M}$ 图，如图 1-116b、c 所示。

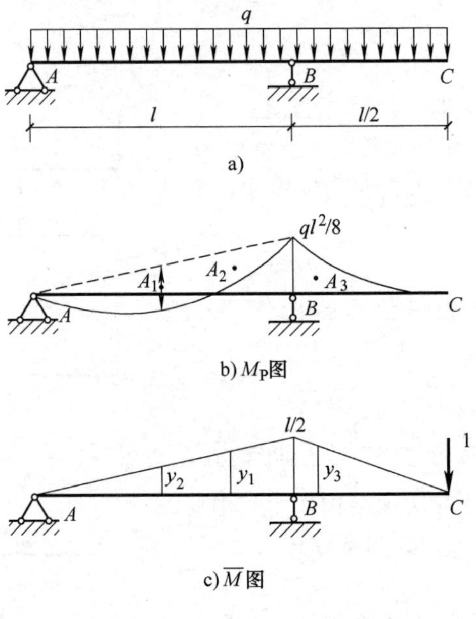

图 1-116 ［例题 1-53］计算简图

AB 段的 M_P 图可以分解为一个三角形和一个二次标准抛物线形；BC 段的 M_P 图则为一条二次标准抛物线。图乘时两图位于同侧则取正号，反之取负号。则有

$$A_1=\frac{1}{2}\cdot l\cdot\frac{1}{8}ql^2=\frac{ql^3}{16},\qquad y_1=\frac{2}{3}\cdot\frac{1}{2}l=\frac{l}{3}\text{（与 }A_1\text{ 同侧）}$$

$$A_2=\frac{2}{3}\cdot l\cdot\frac{1}{8}ql^2=\frac{ql^3}{12},\qquad y_2=-\frac{1}{2}\cdot\frac{1}{2}l=-\frac{l}{4}\text{（与 }A_2\text{ 不同侧）}$$

$$A_3=\frac{1}{3}\cdot\frac{l}{2}\cdot\frac{1}{8}ql^2=\frac{ql^3}{48},\qquad y_3=\frac{3}{4}\cdot\frac{1}{2}l=\frac{3l}{8}\text{（与 }A_3\text{ 同侧）}$$

于是，得 C 点竖向位移为

$$w_C=\frac{1}{EI}\left[\frac{ql^3}{16}\cdot\frac{l}{3}+\frac{ql^3}{12}\cdot\left(-\frac{l}{4}\right)+\frac{ql^3}{48}\cdot\frac{3l}{8}\right]=\frac{ql^4}{128EI}$$

［例题 1-54］　如图 1-117a 所示刚架作用均布荷载 q。试求 B 截面的水平位移 Δ_B 和 A 截面的转角 θ_A。EI 为常数。

［解］

作荷载弯矩图 M_P 图和 B 点单位水平力作用下的弯矩图 $\overline{M}_1$ 图和 A 点单位力偶作用下的单位弯矩图 $\overline{M}_2$ 图，分别如图 1-117b、c、d 所示。

图 1-117b、c 相乘，并根据弯矩图同侧为正异侧为负的原则，得 B 点的水平位移为

$$\Delta_B=\frac{1}{EI}\left(-\frac{ql^2}{2}\cdot l\cdot\frac{1}{2}\cdot\frac{2}{3}\cdot l-\frac{2}{3}\cdot l\cdot\frac{ql^2}{8}\cdot\frac{l}{2}-\frac{ql^2}{2}\cdot l\cdot\frac{1}{2}\cdot l\right)=-\frac{11ql^4}{24EI}$$

图 1-117b、d 相乘，并根据弯矩图同侧为正异侧为负的原则，得 A 点的转角位移为

$$\theta_A=\frac{1}{EI}\left(\frac{ql^2}{2}\cdot l\cdot\frac{1}{2}\cdot 1+\frac{2}{3}\cdot l\cdot\frac{ql^2}{8}\cdot 1+\frac{ql^2}{2}\cdot l\cdot\frac{1}{2}\cdot\frac{2}{3}\cdot 1\right)=\frac{ql^3}{2EI}$$

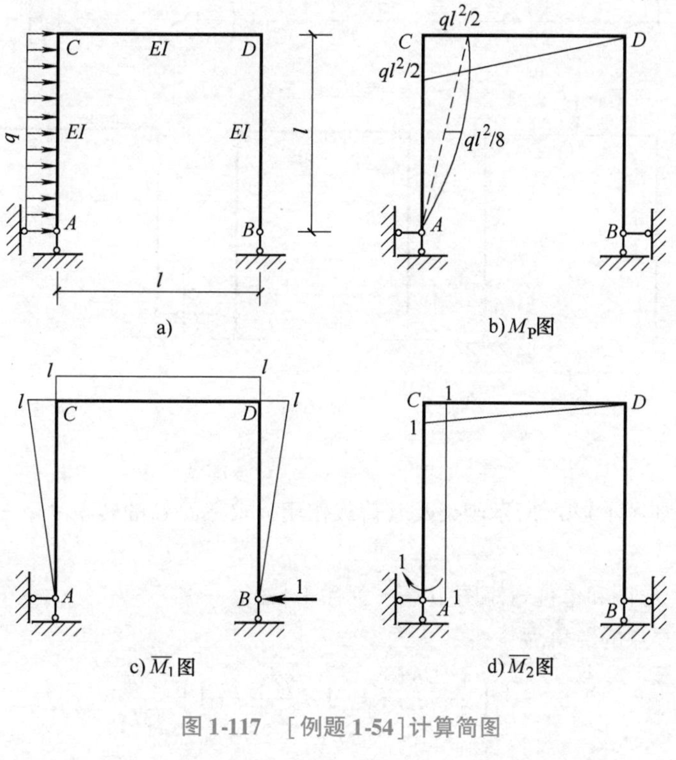

图 1-117　［例题 1-54］计算简图

[例题 1-55] 如图 1-118a 所示刚架，支座 B 作用水平集中荷载 P。EI 为常数，试求 B 的转角 θ_B。

[解]

作荷载弯矩图 M_P 图和 B 点单位力偶作用下的弯矩图 $\overline{M}$ 图，如图 1-118b、c 所示。

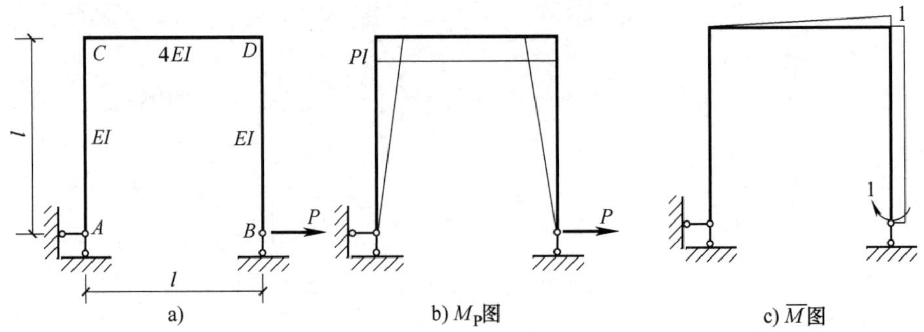

图 1-118 [例题 1-55]计算简图

进行逐杆图乘，而后相加。两弯矩在杆轴的异侧，其积为负。请注意各杆刚度不同。

$$\theta_B = -\frac{1}{4EI}(Pl \cdot l) \times \frac{1}{2} - \frac{1}{EI}\left(\frac{1}{2}Pl \cdot l\right) \times 1 = -\frac{5}{8}\frac{Pl^2}{EI}$$

结果为负，说明真实的转角与所设的方向相反。

[例题 1-56] 如图 1-119a 所示刚架作用集中荷载 P。EI 为常数，试求 D 的转角 θ_D。

[解]

作荷载弯矩图 M_P 图和单位弯矩图 $\overline{M}$ 图，如图 1-119b、c 所示。进行图乘，得 D 点的转角为

$$\theta_D = \frac{1}{EI}\left[-\frac{Pl}{4} \cdot \frac{l}{2} \cdot \frac{1}{2} \cdot \frac{2}{3} \cdot \frac{1}{2} - \frac{Pl}{4} \cdot \frac{l}{2} \cdot \frac{1}{2} \cdot \left(\frac{2}{3} \cdot \frac{1}{2} + \frac{1}{3} \cdot 1\right)\right] = -\frac{1}{16}\frac{Pl^2}{EI}$$

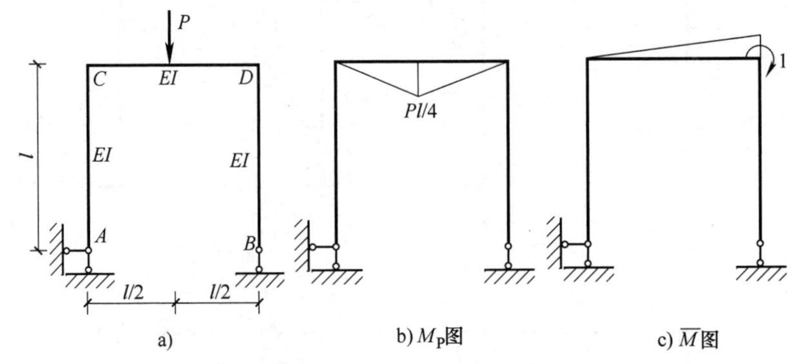

图 1-119 [例题 1-56]计算简图

[例题 1-57] 如图 1-120a 所示刚架及其荷载作用，求截面 C 的转角 θ_C。EI 为常数。

[解]

作荷载弯矩图 M_P 图和单位弯矩图 $\overline{M}$ 图，如图 1-120b、c 所示。

进行图乘，得 C 点的转角为

$$\theta_C = \frac{1}{EI}\left(\frac{1}{3} \cdot \frac{ql^2}{2} \cdot l \cdot 1 + \frac{ql^2}{2} \cdot l \cdot 1\right) = \frac{2ql^3}{3EI}$$

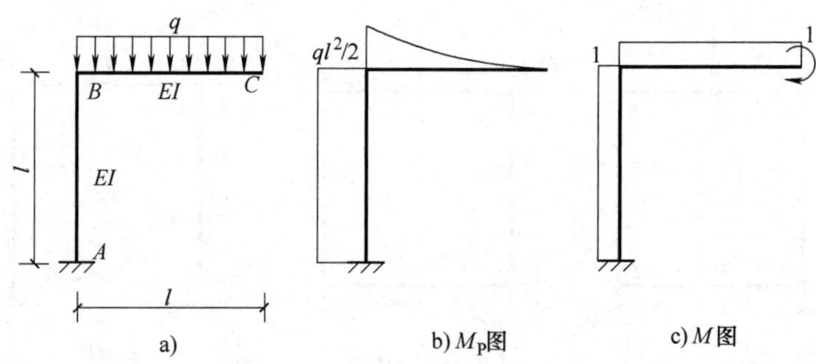

图 1-120　[例题 1-57] 计算简图

[例题 1-58]　如图 1-121a 所示桁架，其各杆的 EA 都相等，求结点 C 在所示荷载作用下产生的竖向位移。

[解]

计算由荷载引起的各杆轴力和由单位力引起的各杆轴力，如图 1-121b、c 所示，各杆轴力数值已标在相应杆件上。

相应各杆长度分别为：AD 杆、CD 杆、CE 杆、BE 杆各为$\frac{\sqrt{2}}{2}l$，AC 杆、BC 杆、DE 杆各为 l，将各杆对应图乘，得

$$w_{\rm C} = \frac{2}{EA}\left[-\sqrt{2}P \cdot \frac{\sqrt{2}}{2}l \cdot \left(-\frac{\sqrt{2}}{2}\right) + P \cdot l \cdot \frac{1}{2}\right] + \frac{1}{EA}\left[-P \cdot l \cdot (-1)\right] = \frac{1}{EA}(2+\sqrt{2})Pl$$

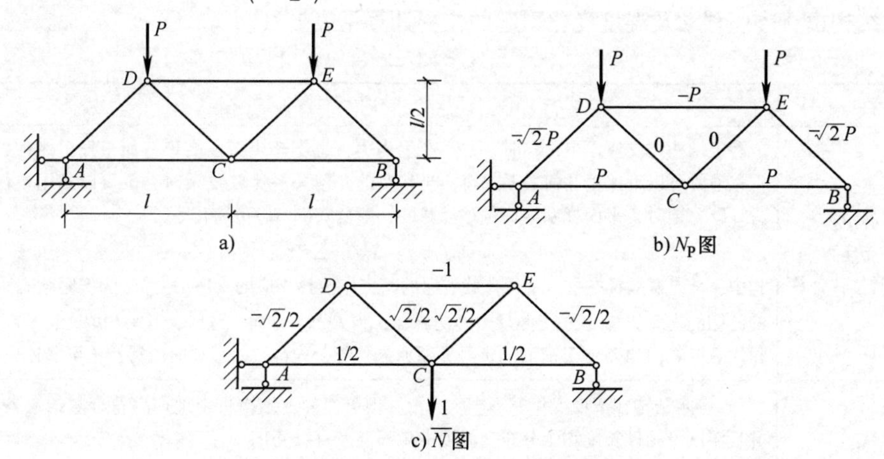

图 1-121　[例题 1-58] 计算简图

[例题 1-59]　求图 1-122a 所示组合结构（带拉杆的三铰刚架）铰 C 处的竖向位移 $\Delta_{\rm C}$。刚架杆的抗弯刚度为 EI，桁架杆的抗拉刚度为 E_1A_1，且 $E_1A_1 = \frac{2EI}{l^2}$。

[解]

计算组合结构位移时，通常刚架杆只考虑弯曲变形，而桁架杆只考虑轴向变形，即应用式(1-39)计算为

$$\Delta_{\rm iP} = \sum \int \overline{M}_i \frac{M_{\rm P}{\rm d}s}{EI} + \sum \overline{N}_i \frac{N_{\rm P}l}{E_1A_1}$$

作荷载弯矩图 $M_{\rm P}$ 图和单位弯矩图 $\overline{M}$ 图，计算相应桁架杆的轴向力并标注在图中，如图 1-122b、c 所示。

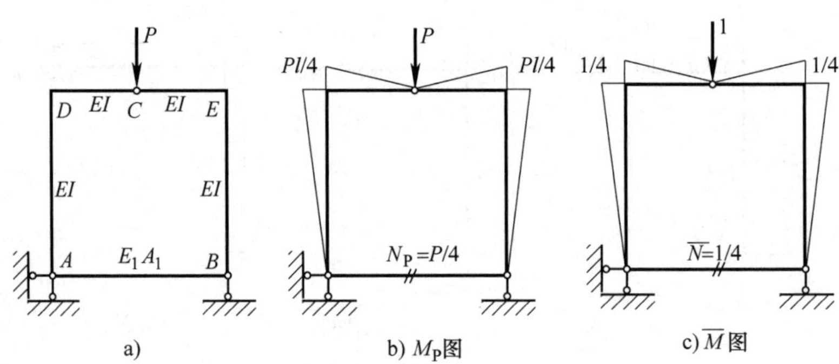

图 1-122 [例题 1-59] 计算简图

前一项用图乘法可得$\dfrac{Pl^3}{16EI}$。后一项等于

$$\overline{N}_i\frac{N_P l}{E_1A_1}=\left(\frac{1}{4}\right)\frac{\left(\frac{P}{4}\right)l}{E_1A_1}=\frac{Pl^3}{32EI}$$

于是

$$\Delta_C=\frac{Pl^3}{16EI}+\frac{Pl^3}{32EI}=\frac{3Pl^3}{32EI}$$

即为所求。

1.10.8 静定结构由于支座移动及温度变化引起的位移计算

静定结构由于支座移动及温度变化引起的位移计算见表 1-21。

表 1-21 静定结构由于支座移动及温度变化引起的位移计算

序号	项　目	内　容
1	静定结构支座移动时位移计算	静定结构当支座发生位移时，并不产生内力，也不产生微段变形，而只发生刚体位移。这种位移通常可以直接由几何关系求得；当涉及的几何关系比较复杂时，也可以利用单位荷载法进行计算，这时，平面杆系结构位移计算的一般公式(1-31)可简化为 $$\Delta=-\sum\overline{R}c \quad (1\text{-}49)$$ 式中，$\overline{R}$ 为虚拟状态中由单位荷载引起的与支座位移相应的支座反力；c 为实际状态中与 $\overline{R}$ 相应的已知的支座位移。$\sum\overline{R}c$ 为反力虚功总和，当 $\overline{R}$ 与 c 方向一致时，其乘积取正；相反时，取负。须注意，式(1-49)中$\sum$前面的负号，系原来推导公式(1-31)移项时所得，不可漏掉
2	静定结构温度变化时位移计算	1）静定结构在温度变化时不产生内力，但可使静定结构自由地产生符合其约束条件的变形。并且温度沿杆件长度均匀分布、温度沿截面高度直线变化 2）杆件有温度变化时，材料发生伸缩变形，结构因而产生位移。图 1-123a 所示一刚架，杆件一侧温度升高 t_2，另一侧升高 t_1，沿杆件的厚度 h 温度可认为是直线变化的 取杆件小段 ds，研究其温度变形。以 h_1、h_2 表示轴线至最外侧纤维的距离。t_0 表示轴线处温度的升高，t_0 可由比例关系得到 $$t_0=\frac{h_1t_2+h_2t_1}{h}$$ 以 α 表示温度线胀系数，则小段的轴线伸长为 $$du=\alpha t_0 ds$$ 小段两端截面的相对转角为 $$d\theta=\frac{\alpha t_2 ds-\alpha t_1 ds}{h}=\frac{\alpha(t_2-t_1)}{h}ds=\frac{\alpha t'}{h}ds$$ 其中，$t'=t_2-t_1$，代表最外侧纤维的温度差

续表 1-21

序号	项　目	内　容
2	静定结构温度变化时位移计算	设拟求刚架 C 点的竖向位移 Δ。如图 1-123b 所示，在 C 点加竖向单位荷载 P。以 $\overline{M}$、$\overline{N}$ 表示单位荷载所产生的弯矩及轴力。令刚架发生温度改变，则由虚功原理得到 $$1\times\Delta=\sum\int\overline{N}\mathrm{d}u+\sum\int\overline{M}\mathrm{d}\theta$$ 即 $$\Delta=\sum\int\overline{N}\alpha t_0\mathrm{d}s+\sum\int\overline{M}\frac{\alpha t'}{h}\mathrm{d}s \quad (1\text{-}50)$$ 如果 t_0、t'和 h 沿每一杆件的全长为常数，则得 $$\Delta=\alpha t_0\int\overline{N}\mathrm{d}s+\sum\frac{\alpha t'}{h}\int\overline{M}\mathrm{d}s \quad (1\text{-}51)$$ 式(1-51)是求温度位移的公式，积分号包括杆的全长，总和号包括刚架各杆。轴力 $\overline{N}$ 以拉伸为正，t_0 以升高为正。弯矩 $\overline{M}$ 与温差 t'引起的弯曲为同一方向时(即当 $\overline{M}$ 和 t'使杆件的同一边产生拉伸变形时)，其乘积取正值；反之，取负值 如果结构各微段有变形，而没有支座移动，则位移公式(1-31)变为 $$\Delta=\sum\int\overline{M}\mathrm{d}\theta+\sum\int\overline{N}\mathrm{d}u+\sum\int\overline{V}\mathrm{d}v \quad (1\text{-}52)$$ 如果结构只受温度的作用(轴线温度升高为 t_0，温差为 t')，则微段变形为 $$\mathrm{d}\theta=\frac{\alpha t'}{h}\mathrm{d}s,\quad \mathrm{d}u=\alpha t_0\mathrm{d}s,\quad \mathrm{d}v=0$$ 因此，位移与式(1-50)相同的表达式为 $$\Delta=\sum\int\overline{M}\frac{\alpha t'}{h}\mathrm{d}s+\sum\int\overline{N}\alpha t_0\mathrm{d}s$$ 3）对于桁架，在温度变化时，根据式(1-50)其位移计算公式为 $$\Delta=\sum\overline{N}\alpha t_0 l \quad (1\text{-}53)$$ l 为桁架杆件长度 当桁架的杆件长度因制造误差而与设计长度不符时，由此引起的位移计算与温度变化时相类似。设各杆长度的误差为 Δl(伸长为正，缩短为负)，则位移计算公式为 $$\Delta=\sum\overline{N}\Delta l \quad (1\text{-}54)$$

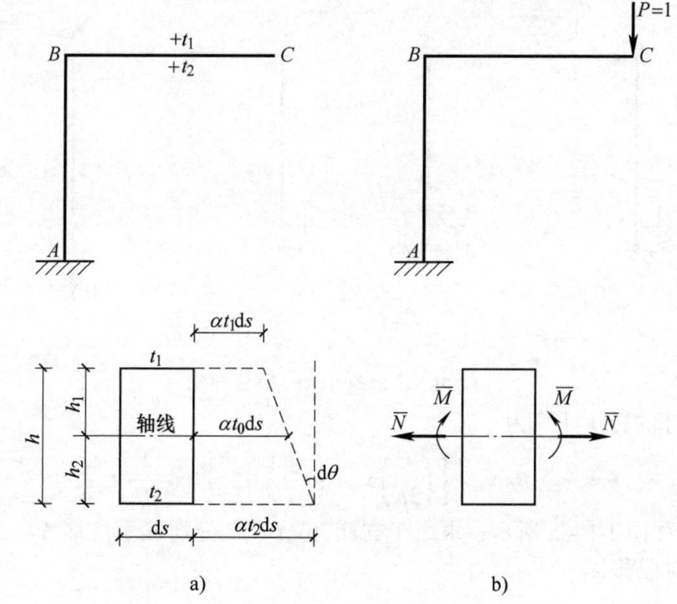

图 1-123　温度变化引起的位移计算

1.10.9 静定结构由于支座移动及温度变化引起的位移计算例题

[例题1-60] 图1-124a所示三铰刚架的支座B有给定的水平位移a，试求铰C两边截面相对转角θ_C。

[解]

(1) 建立虚拟状态，求支座反力（图1-124b）

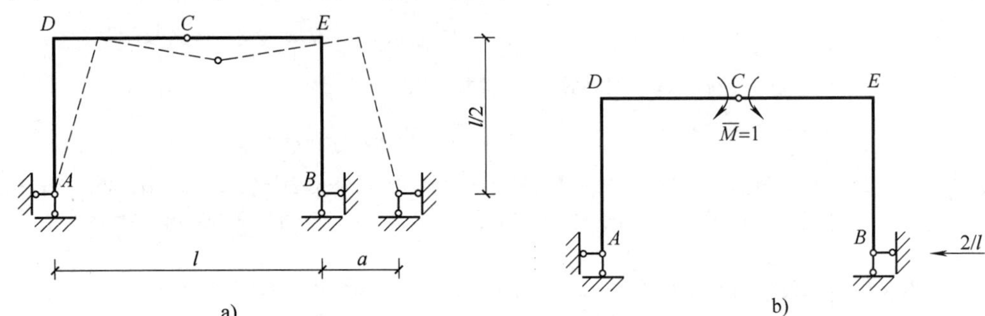

图1-124 [例题1-60]计算简图

(2) 计算位移

C点的相对转角为

$$\theta_C = -\left(-\frac{2}{l}\cdot a\right) = \frac{2a}{l}$$

[例题1-61] 如图1-125a所示三铰刚架，其右支座B发生了位移，位移的水平分量为Δ_1，竖向分量为Δ_2，试求右半部的转角θ。

[解]

当支座移动时，左、右两半部分分别发生刚性位移(平面运动)。因此，右半部各截面的转角均相同，从而虚拟状态时单位力偶可作用在右半部分的任何截面上。

加单位力偶并求支座反力，如图1-125b所示。

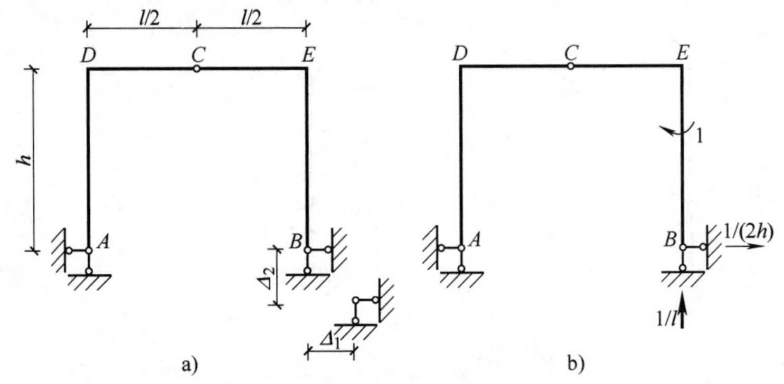

图1-125 [例题1-61]计算简图

于是，右半部分的转角计算为

$$\theta = -\sum \overline{R}c = -\left[\left(\frac{1}{2h}\right)\Delta_1 + \left(-\frac{1}{l}\right)\Delta_2\right] = -\frac{\Delta_1}{2h} + \frac{\Delta_2}{l}$$

[例题1-62] 如图1-126a所示，求由于支座A、B、C分别发生位移Δ_1、Δ_2、Δ_3产生的D、E两截面的竖向相对位移Δ_{DE}。

[解]

相应的单位广义力如图1-126b所示。应用式(1-49)计算为

$$\Delta_{DE} = -\sum \overline{R} \cdot c$$

这里，支座位移 $c_1 = \Delta_1$，$c_2 = \Delta_2$，$c_3 = \Delta_3$。Δ_1 为转角，与之对应的广义反力是反力矩。

本结构由基本部分和附属部分组成，按照这种结构的计算方法算得支座反力如图 1-126b 所示。由此，$\overline{R_1} = -\frac{l}{2}$，$\overline{R_2} = 1$，$\overline{R_3} = 0$。代入位移公式(1-49)计算，得

$$\Delta_{DE} = -\sum \overline{R} \cdot c = -\left[1 \cdot \Delta_2 + 0 \cdot \Delta_3 + \left(-\frac{l}{2}\right) \cdot \Delta_1\right] = -\Delta_2 + \frac{l}{2}\Delta_1$$

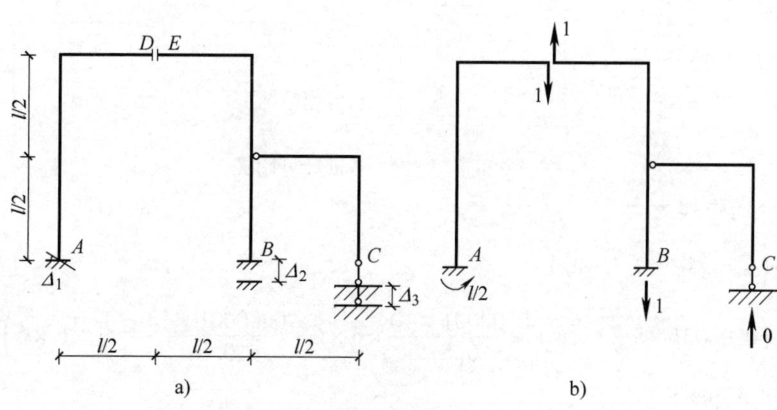

图 1-126　[例题 1-62]计算简图

[例题 1-63]　如图 1-127a 所示多跨梁支座 D 有向下的沉降 Δ，试求点 A 所产生的转角 θ_A。

[解]

1）建立虚拟状态，并求 D 点的支座反力，如图 1-127b 所示。

2）计算位移。应用式(1-49)计算，得

$$\theta_A = -\sum \overline{R} \cdot c = -\Delta \cdot \frac{3}{2l} = -\frac{3\Delta}{2l}$$

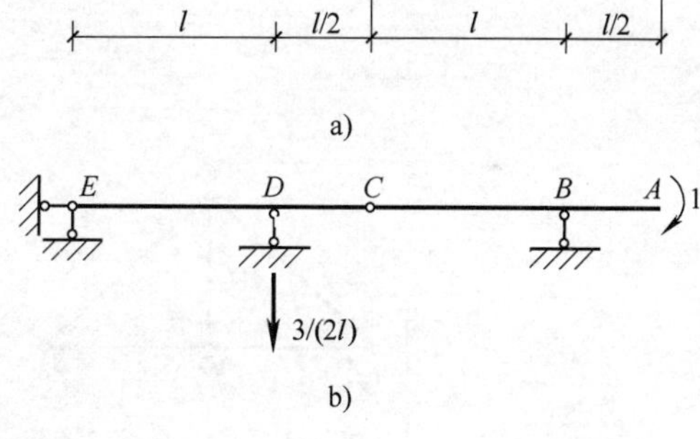

图 1-127　[例题 1-63]计算简图

[例题 1-64]　求图 1-128a 所示刚架 C 点的竖向位移 Δ_C。梁下侧及柱右侧温度升高 10℃，梁上侧及柱左侧温度无改变。各杆截面为矩形，高度 $h = 600\text{mm}$，$a = 6\text{m}$，$\alpha = 0.00001$。

[解]

1）建立虚拟状态，并画 $\overline{M}$ 图和 $\overline{N}$ 图，如图 1-128b、c 所示。

2）计算杆件轴线处温度变化 t_0 和两侧温度变化之差 t'，AB、BC 两杆温度变化相同，有

$$t_0 = \frac{1}{2}(0 + 10) = 5(℃)（升温）$$

$$t' = 10 - 0 = 10(℃)（内侧受拉）$$

3）计算位移，应用式(1-50)计算，得

$$\Delta_C = \pm\left(\sum \alpha t_0 A_{\overline{N}} + \sum \frac{\alpha t'}{h} A_{\overline{M}}\right)$$

其中，$A_{\overline{N}}$为 $\overline{N}$ 图的面积，$A_{\overline{M}}$为 $\overline{M}$ 图的面积。当虚拟状态与实际状态所引起的变形一致时，则上述公式中取正号，反之取负号。

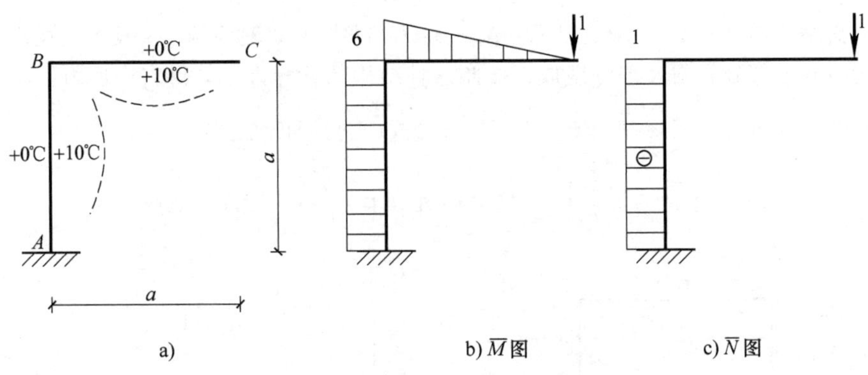

图1-128 [例题1-64]计算简图

则C点的竖向位移为

$$\Delta_C = -\left(\sum \alpha t_0 A_{\overline{N}} + \sum \frac{\alpha t'}{h} A_{\overline{M}}\right)$$

$$= -\left(0.00001 \times 5 \times 1 \times 6 + \frac{0.00001 \times 10}{0.6} \times 6 \times 6 + \frac{0.00001 \times 10}{0.6} \times \frac{1}{2} \times 6 \times 6\right)$$

$$= -9.3(\text{mm})$$

[例题1-65] 如图1-129a所示桁架中，杆AD由于制造误差过长Δ值，求杆BC由于此项制造误差所产生的转角θ_{BC}。

[解]

1）建立虚拟状态，并求得AD杆所受轴向力大小为$\frac{1}{2l}$，且为压力，如图1-129b所示。

2）计算杆BC的转角为

$$\theta_{BC} = -\frac{1}{2l} \times \Delta = -\frac{\Delta}{2l}$$

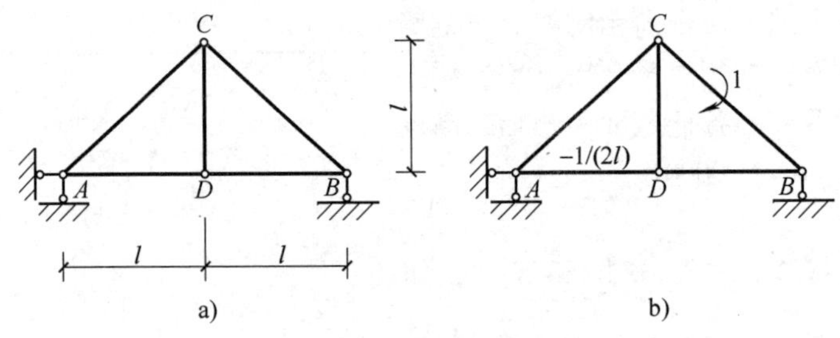

图1-129 [例题1-65]计算简图

[例题1-66] 设三铰刚架内部升温30℃，各杆截面为矩形，h相同，求图1-130a所示C点的竖向位移Δ_C。

[解]

1）建立虚拟状态，并画$\overline{M}$图和$\overline{N}$图，如图1-130 b、c所示。

2）计算杆件轴线处温度变化t_0和两侧温度变化之差t'，所有杆件温度变化相同，有

$$t_0 = \frac{1}{2}(0 + 30) = 15(℃)(升温)$$

$$t' = 30 - 0 = 30(℃)(内侧受拉)$$

3）计算位移。应用式(1-50)计算，得

$$\begin{aligned}\Delta_{\mathrm{C}} &= -\left(\sum \alpha t_0 A_{\overline{\mathrm{N}}} + \sum \frac{\alpha t'}{h} A_{\overline{\mathrm{M}}}\right) \\ &= -\left(\alpha \times 15 \times 4 \times \frac{1}{2} \times 6 + \frac{\alpha \times 30}{h} \times 4 \times \frac{1}{2} \times 3 \times 6\right) \\ &= -\left(180\alpha + \frac{1080\alpha}{h}\right)\end{aligned}$$

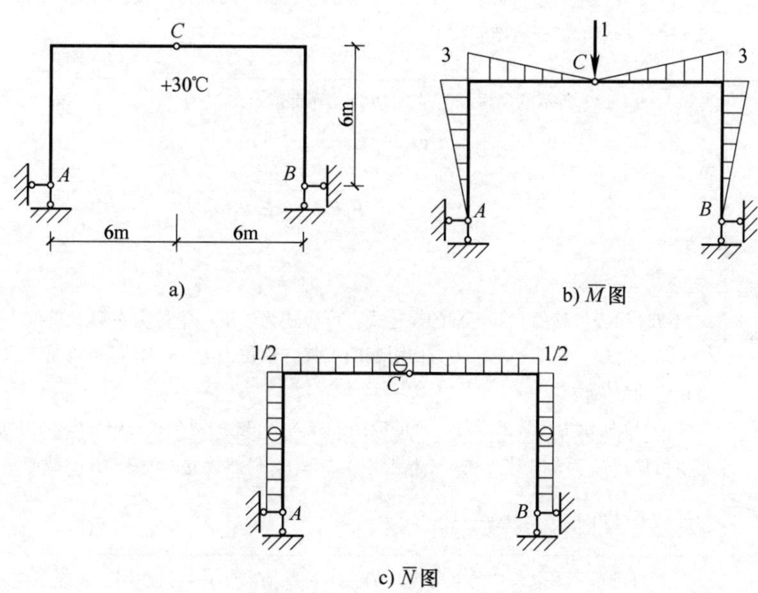

图1-130 [例题1-66]计算简图

1.10.10 线性弹性体系的互等定理

线性弹性体系的互等定理见表1-22。

表1-22 线性弹性体系的互等定理

序号	项 目	内 容
1	简述	线性弹性体系有四个简单的、普遍的互等定理，其中基本的是功的互等定理。其他三个定理分别是位移的互等定理、反力的互等定理和位移与反力的互等定理。后三个互等定理都可以由功的互等定理推导出来。这四个定理对超静定结构的计算都有用处
2	功的互等定理	图1-131所示同一线性弹性体系的两种加载方式。实线表示先加的荷载及体系由此而产生的挠度曲线；虚线表示后加的荷载及体系最后得到的挠度曲线 假设先加P_1，后加P_2(图1-131a)，则外力所做的总功为 $W = W_{11} + W_{22} + W_{12}$ (1-55) 其中W的第一下标表示作功的力，第二下标表示引起位移的力。W_{11}代表P_1经过由于P_1的位移所做的功；W_{22}代表P_2经过由于P_2的位移所做的功；W_{12}代表P_1经过由于P_2的位移所做的功 假设先加P_2，后加P_1(图1-131b)，则外力所做的总功为

续表 1-22

序号	项　目	内　容
2	功的互等定理	$$W' = W_{22} + W_{11} + W_{21} \quad (1\text{-}56)$$ 其中 W_{21} 表示 P_2 经过由于 P_1 的位移所做的功。因外力所做的总功与加载次序无关，故由式(1-55)和式(1-56)得 $W = W'$，因而 $$W_{12} = W_{21} \quad (1\text{-}57)$$ 式(1-57)即功的互等定理表达式。可以把 P_1 和 P_2 看作两种状态下的荷载(图1-132)。功的互等定理可叙述为：第一状态的外力经过由于第二状态的位移所做的功等于第二状态的外力经过由于第一状态的位移所做的功
3	位移的互等定理	试对图1-132所示的两个状态应用功的互等定理。由 $$W_{12} = W_{21}$$ 可得 $$P_1P_2\delta_{12} = P_2P_1\delta_{21}$$ 故有 $$\delta_{12} = \delta_{21} \quad (1\text{-}58)$$ 式(1-58)代表位移的互等定理的表达式，可表述为：第一单位力在第二单位力方向引起的位移等于第二单位力在第一单位力方向引起的位移。单位力 P_1 和 P_2 都可以是广义力，而 δ_{12} 和 δ_{21} 是相应的广义位移 图1-133所示为位移的互等定理的应用。在图1-133的两个状态中，P_1 为力而 M_2 为力偶；δ_{12} 为线位移，θ_{21} 为角位移。在这个情况下，$\delta_{12} = \theta_{21}$ 仍然成立。设梁 AB 的截面不变，则由材料力学的结果可知 $\delta_{12} = \theta_{21} = \dfrac{l^2}{16EI}$
4	反力的互等定理	反力的互等定理也是功的互等定理的一个特殊情形，并且只适用于超静定体系 图1-134a所示支杆1沿此支杆的方向有单位位移时，在支杆1中所产生的反力 r_{11} 和在支杆2中所产生的反力 r_{21}。图1-134b所示支杆2沿此支杆的方向有单位位移时，在支杆2中所产生的反力 r_{22} 和在支杆1中所产生的反力 r_{12}。对这两个状态应用功的互等定理 $W_{12} = W_{21}$，即得 $$-r_{21}\cdot 1 + r_{11}\cdot 0 = r_{22}\cdot 0 - r_{12}\cdot 1$$ 故 $$r_{12} = r_{21} \quad (1\text{-}59)$$ 式(1-59)不仅适用于两个支杆中的反力，也适用于体系内任何两个联系中的反力。反力的互等定理可描述为：第2联系沿其本身的方向有单位位移时在第1联系内所产生的反力等于第1联系沿其本身的方向有单位位移时在第2联系内所产生的反力。此定理将在计算超静定结构的位移法中得到应用
5	反力与位移的互等定理	在反力和位移之间也有互等关系。图1-135a所示一梁的第一状态，即梁受单位荷载 $P=1$ 作用时在左端产生的反力矩为 r_{1p}。图1-135b所示此梁的第二状态，即梁左端有单位转角时在左端所产生反力矩为 r_{11}，在单位荷载作用的方向所产生的位移为 δ_{p1}。对这两个状态应用功的互等定理，得 $$r_{1p}\cdot 1 + 1\cdot\delta_{p1} = r_{11}\cdot 0$$ 故 $$r_{1p} = -\delta_{p1} \quad (1\text{-}60)$$ 反力与位移的互等定理可描述为：单位荷载在体系某一联系中所产生的反力在数值上等于此一联系沿其本身方向有单位位移时在单位荷载的方向所产生的位移，但二者的正负号相反。此定理将在计算超静定结构的混合法中得到应用

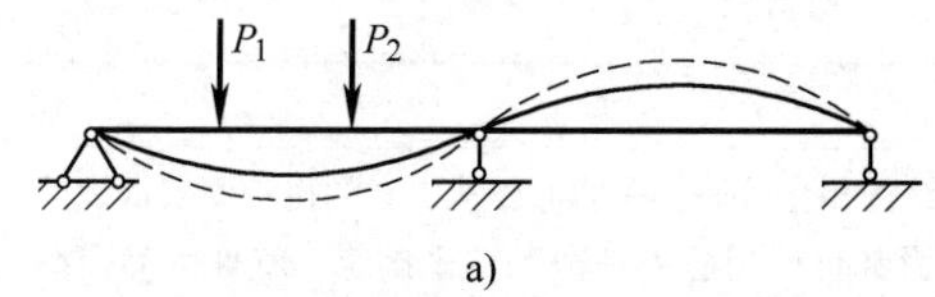

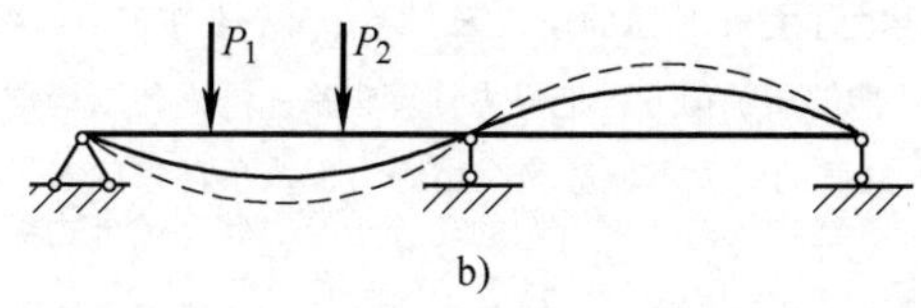

图 1-131　功的互等定理

a）先加 P_1 后加 P_2 状态　b）先加 P_2 后加 P_1 状态

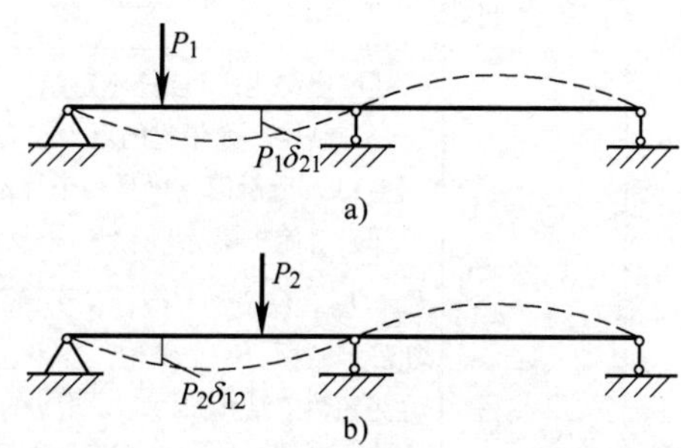

图 1-132　位移的互等定理

a）第一状态　b）第二状态

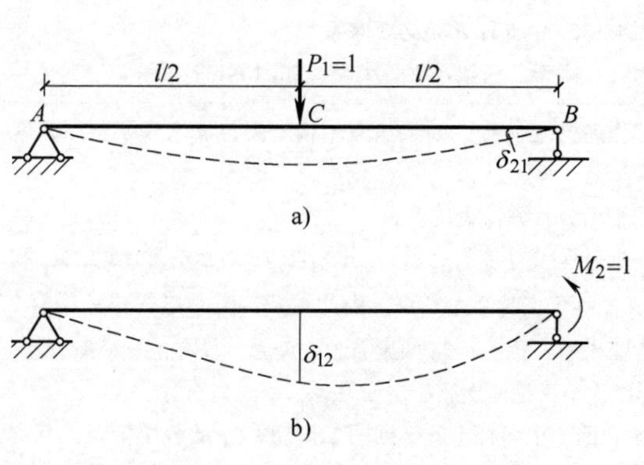

图 1-133　位移的互等定理的应用

a）第一状态　b）第二状态

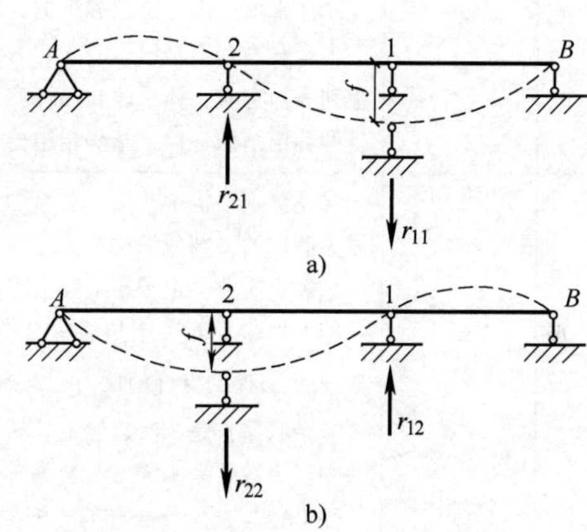

图 1-134　反力的互等定理

a）第一状态　b）第二状态

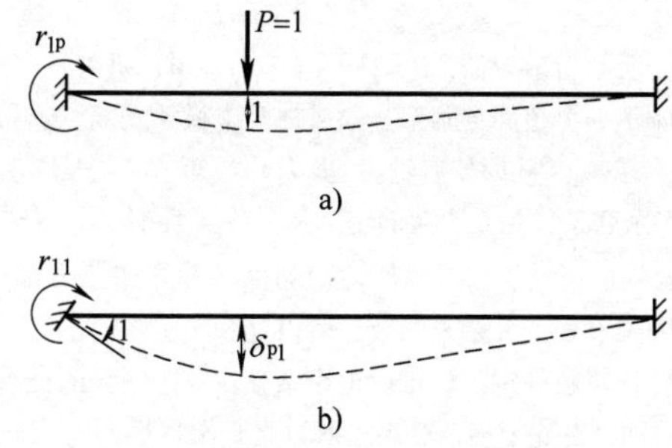

图 1-135　反力与位移的互等定理

a）第一状态　b）第二状态

1.11　力法

1.11.1　超静定结构的组成及超静定次数

超静定结构的组成及超静定次数见表 1-23。

表 1-23 超静定结构的组成及超静定次数

<table>
<tr><th>序号</th><th>项 目</th><th>内 容</th></tr>
<tr><td>1</td><td>超静定结构的组成</td><td>超静定结构(又名静不定结构)是与静定结构相比较而存在的，要从二者的比较中来认识前者
一个结构，如果它的反力和各截面的内力都可以用静力平衡条件来确定，就称为静定结构。图 1-136a 所示简支梁是一个静定结构。它的反力和各截面的内力都可以由平衡方程确定
如果对简支梁 AB 增加一个支杆 C，就得到图 1-136b 所示的连续梁。它有四个未知反力：X_A、Y_A、Y_B、Y_C，却只有三个平衡方程，因而不能够用平衡方程把反力计算出来，这样的结构称为超静定结构。一个结构，如果它的反力和各截面的内力不能够完全由静力平衡条件来确定，就称为超静定结构
现在再从几何组成来看，简支梁和连续梁都是几何不变的。但是，如果从简支梁中去掉支杆 B，就变成了图 1-136c 所示的几何可变体系。反之，如果从连续梁中去掉支杆 C，则仍然是几何不变的。因此，支杆 C 称为多余联系。由此引出结论：静定结构是没有多余联系的几何不变体系，而超静定结构是有多余联系的几何不变体系
总体来说，内力是超静定的，联系有多余的，这就是超静定结构区别于静定结构的基本特点
多余联系并不是没用的，它可以减小弯矩、减小挠度等；与多余联系相对应，还有必要联系，单独去掉它时，体系即几何可变，如图 1-136a 中支杆 B 是必要联系
像静定结构一样，超静定结构也分为梁、刚架、桁架及拱等类型，如图 1-137 所示</td></tr>
<tr><td>2</td><td>超静定次数的确定</td><td>在超静定结构中，多余联系的个数称作超静定次数。如果从原结构中去掉 n 个联系，结构就成为静定的，则原结构即为 n 次超静定
超静定次数，也等于未知力个数减去平衡方程数所得的差数
图 1-137a 所示一个超静定梁。如果去掉中间 2 个支杆，就得到图 1-137b 所示的静定梁，X_1 和 X_2 表示去掉的支杆的反力。去掉 2 个支杆等于去掉 2 个联系。由此可知，图 1-137a 中的梁有 2 个多余联系，是 2 次超静定。从另一方面来看，图 1-137a 的梁有 5 个反力，只有 3 个平衡方程，未知反力数减去平衡方程数等于 2，所以这个梁是两次超静定
图 1-137c 所示一个超静定桁架。如果切断 4 个斜杆，就得到图 1-137d 所示的静定桁架，其中 X_1、X_2、X_3 及 X_4 表示切断杆的轴力。切断 4 根斜杆等于去掉 4 个联系。由此可知，图 1-137c 所示桁架有 4 个多余联系，是 4 次超静定。一般说来，以 b 表示桁架的杆数，以 r 表示桁架的支杆数，则桁架的未知轴力和未知反力的总数为 $b+r$。以 j 表示桁架的结点数，每个结点有 2 个平衡方程($\sum X=0$ 及 $\sum Y=0$)，故平衡方程总数为 $2j$。因此，桁架的超静定次数为
$$n=b+r-2j$$
以图 1-137c 所示桁架为例，$b=21$，$r=3$，$j=10$，所以 $n=21+3-2\times10=4$
图 1-137e 所示一个超静定刚架。如果把两个横梁切断，就得到图 1-137f 所示的静定刚架。切开一个梁式杆(在切开截面处有轴力、剪力和弯矩)等于去掉 3 个联系。由此可知，图 1-137e 的刚架有 6 个多余联系，是 6 次超静定。从另一方面看，如果未知力 X_1、X_2、X_3、X_4、X_5 和 X_6 (图 1-137f)的数值给定了，则其他截面的内力和支座反力都可以由平衡方程确定。由此看来，图 1-137e 的刚架有 6 个多余未知数，所以是 6 次超静定
由图 1-137e 计算超静定次数可以得出结论：一个闭合的框有 3 个多余联系。图 1-137e 可看成是两个闭合的框，有 6 个多余联系，所以是 6 次超静定
也可以把图 1-137g 所示超静定拱看成是一个闭合框，有 3 个多余联系，所以这个结构是 3 次超静定
图 1-137g 所示一个超静定拱。如果在其轴线上加上三个铰，就得到图 1-137h 所示的静定三铰拱。在连续杆的一个截面加上一个铰，就把原来这个截面的 3 个联系改为 2 个联系，所以每加一个铰等于去掉 1 个联系。由此可知，图 1-137g 的拱有 3 个多余联系，是 3 次超静定。从另一方面看，图 1-137g 所示拱有 6 个未知反力，只有 3 个平衡方程，$6-3=3$，所以这个结构是 3 次超静定</td></tr>
</table>

续表 1-23

序号	项 目	内 容
2	超静定次数的确定	归纳起来，超静定次数等于多余联系的数目。确定多余联系的数目时，要注意以下三点： 1）撤去一个支杆或切断一个链杆，等于去掉1个联系 2）切开一个梁式杆的截面，等于去掉3个联系 3）连接两个杆件的铰称为简单铰，在连续杆上加一个简单铰等于去掉1个联系

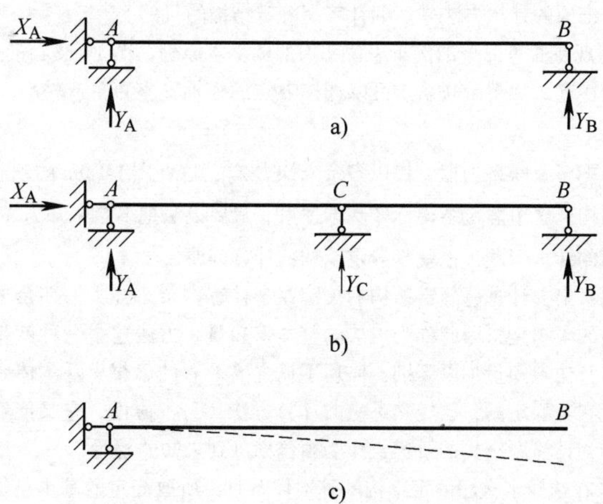

图 1-136 静定结构及超静定结构

a）静定结构 b）超静定结构 c）几何可变体系

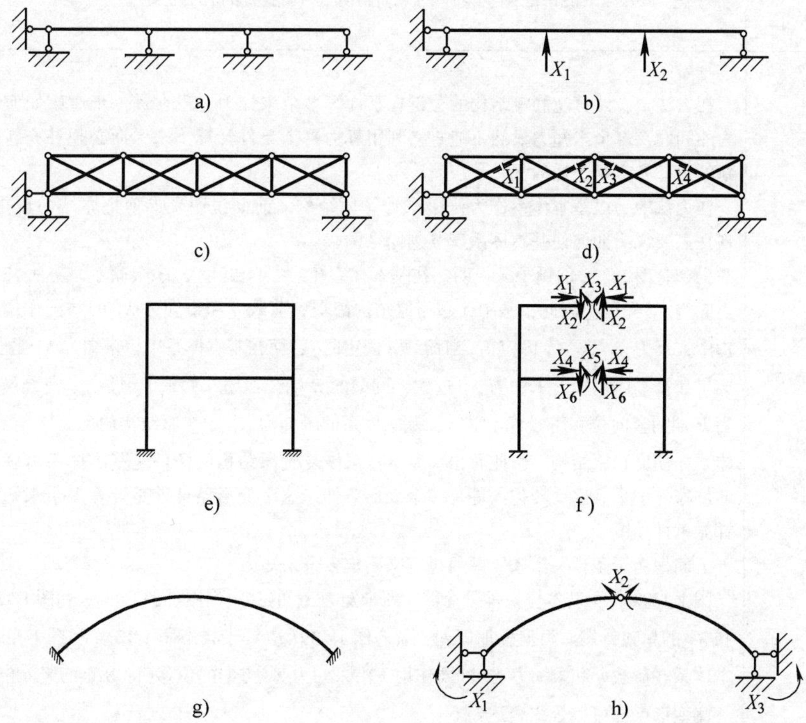

图 1-137 结构超静定次数分析

1.11.2 力法的基本原理及典型方程的建立

力法的基本原理及典型方程的建立见表1-24。

表1-24 力法的基本原理及典型方程的建立

序号	项目	内容
1	力法的基本未知量和基本体系	(1) 力法的基本思路是把超静定结构的计算问题转化成静定结构的计算问题，利用已经熟悉的静定结构的计算方法来达到计算超静定结构的目的 (2) 现在通过简单的例子来说明力法的基本原理。图1-138a所示一超静定梁，它是一次超静定结构，有一个多余联系。可以选择B点的辊轴支座为多余联系，辊轴支座的反力X_1称作多余未知力 如果把多余联系去掉，代以多余未知力X_1，这样图1-138a的超静定结构就转化为图1-138b的静定结构。这个静定结构称作基本体系。只要设法把多余未知力X_1计算出来，剩下的问题就是悬臂梁的计算问题，也就是静定结构的计算问题 由此看出，计算超静定结构的关键在于计算多余未知力。多余未知力是首先要计算的，也是最关键的未知量，因此称为力法的基本未知量。力法这个名称就是由此而来的。这里把基本未知量与其他未知量加以区别，体现了抓主要矛盾的思想。基本体系在计算中占有重要地位。一方面，它是静定的，已经熟悉它的计算方法；另一方面，它又能够代表原结构，因此，可以利用它作为计算原结构的桥梁，作为由已知进到未知的桥梁 (3) 在选择多次超静定结构的基本体系时，所取静定的基本结构形式可能有多种，但应当满足以下三个条件： 1) 必须满足几何不变的条件 2) 便于绘制内力图 3) 基本结构只能由原结构减少约束而得到，不能增加新的约束
2	一次超静定结构力法典型方程的建立	在力法中，计算超静定结构的关键在于计算多余未知力。现在进一步讨论如何计算多余未知力的问题。多余未知力显然不能直接利用静力平衡条件计算出来，而必须补充新的条件。这个新的条件究竟是怎样的呢 在力法中，以基本体系作为桥梁来计算原结构。前面说明了如何把原结构转化为基本体系，现在需要说明如何使基本体系恢复到原结构 仍结合图1-138的例子来说明。在基本体系中(图1-138b)，多余联系虽被去掉，但多余未知力X_1仍然保留。因此，基本体系与原结构都受到荷载q和未知力X_1的共同作用。但是在原结构中，反力X_1是一个固定值(当荷载q固定时)；而在基本体系中，未知力X_1是看作一个变量。如果在基本体系中，未知力X_1过大，则梁的B端往上翘；如果X_1过小，则B端往下垂。只有当B端的竖向位移正好等于零时，基本体系的未知力X_1才与原结构的反力X_1相等，这时基本体系才恢复到原结构。由此看出，基本体系恢复到原结构的条件是基本体系沿多余未知力方向的位移等于零。这个转化条件是一个变形条件。这个变形条件就是计算多余未知力时所需要的补充条件 下面把变形条件写出来，并通过它来确定多余未知力 图1-139a所示基本体系承受荷载q和未知力X_1的共同作用。图1-139b和图1-139c分别表示q和X_1的单独作用。根据叠加原理，状态图1-139a应等于状态图1-139b和图1-139c的总和。基本体系在荷载q和未知力X_1共同作用下沿未知力X_1方向的位移(即B点的竖向位移)应等于零 此变形条件可用公式表达如下： $$\Delta_1=\Delta_{1P}+\Delta_{11}=0 \quad (1\text{-}61)$$

续表 1-24

<table>
<tr><th>序号</th><th>项　　目</th><th>内　　容</th></tr>
<tr><td>2</td><td>一次超静定结构力法典型方程的建立</td><td>
这里 Δ_1 是基本体系沿 X_1 方向的总位移(即图 1-139a 中 B 点的竖向位移)，Δ_{1P}是基本体系在荷载作用下沿 X_1 方向的位移(图 1-139b)，Δ_{11}是基本体系在未知力 X_1 作用下沿 X_1 方向的位移(图 1-139c)。位移 Δ_1 的方向与力 X_1 的正方向相同时，位移 Δ_1 规定为正
基本体系在未知力 X_1 作用下沿 X_1 方向的位移 Δ_{11}与 X_1 成正比，可以写成
$$\Delta_{11}=\delta_{11}X_1 \tag{1-62}$$
这里 δ_{11}是由于单位力 $X_1=1$ 的作用，基本体系沿 X_1 方向产生的位移(图 1-140b)
因此，变形条件可写为
$$\delta_{11}X_1+\Delta_{1P}=0 \tag{1-63}$$
这个方程称为力法方程，即一次超静定结构力法典型方程
力法方程中的系数 δ_{11}和自由项 Δ_{1P}都是基本体系即静定结构的位移，已经熟悉其计算方法。为了计算 δ_{11}和 Δ_{1P}，作基本体系在荷载作用下的弯矩图 M_P(图 1-140a)和在单位力 $X_1=1$ 作用下的弯矩图$\overline{M}_1$(图 1-140b)。应用图乘法计算，得
$$\Delta_{1P}=\int\frac{\overline{M}_1M_P}{EI}\mathrm{d}x=-\frac{1}{EI}\left(\frac{1}{3}\times\frac{ql^2}{2}\times l\right)\times\frac{3l}{4}=-\frac{ql^4}{8EI}$$
$$\delta_{11}=\int\frac{\overline{M}_1\ \overline{M}_1}{EI}\mathrm{d}x=\frac{1}{EI}\left(\frac{l\times l}{2}\times\frac{2l}{3}\right)=\frac{l^3}{3EI}$$
代入力法方程式(1-63)计算，得
$$\frac{l^3}{3EI}X_1-\frac{ql^4}{8EI}=0$$
由此求出
$$X_1=\frac{3}{8}ql$$
求得的未知力是正号的，表示反力 X_1 的方向与原设的方向相同
多余未知力求出以后，就可以利用平衡条件求原结构的反力，作内力图，计算结果如图 1-141 所示
根据叠加原理结构任一截面的弯矩 M 也可以用以下公式表示为
$$M=\overline{M}_1X_1+M_P \tag{1-64}$$
这里 $\overline{M}_1$ 是 $X_1=1$ 在基本体系中任一截面所产生的弯矩，M_P 是荷载在基本体系中同一截面所产生的弯矩
</td></tr>
<tr><td>3</td><td>二次超静定结构力法典型方程的建立</td><td>
图 1-142a 所示一三跨连续梁，它是两次超静定结构。如果以支座 B 和 C 为多余联系，可得到图 1-142b 所示的基本体系
为了确定多余未知力 X_1 和 X_2，利用变形条件，即基本体系在 B 点和 C 点的竖向位移等于零，以符合原结构在支座 B 和 C 的实际变形情况。因此，两个变形条件可写成
$$\left.\begin{aligned}\Delta_1=0\\ \Delta_2=0\end{aligned}\right\} \tag{1-65}$$
这里 Δ_1 是基本体系沿多余未知力 X_1 方向的总位移，即 B 点的竖向位移；Δ_2 是沿 X_2 方向的总位移，即 C 点的竖向位移
为了计算基本体系在荷载 P 和多余未知力 X_1、X_2 共同作用下的总位移 Δ_1、Δ_2，先来分别计算基本体系在 P、X_1、X_2 单独作用时的位移
1）荷载 P 单独作用——相应位移为 Δ_{1P}、Δ_{2P}(图 1-142c)
2）单位力 $X_1=1$ 单独作用——相应位移为 δ_{11}、δ_{21}(图 1-142d)
3）单位力 $X_2=1$ 单独作用——相应位移为 δ_{12}、δ_{22}(图 1-142e)
这里，用 Δ 表示一般的位移，而用 δ 表示单位力产生的位移。由叠加原理，得
</td></tr>
</table>

续表 1-24

序号	项　目	内　容
3	二次超静定结构力法典型方程的建立	$$\left.\begin{aligned}\Delta_1=\delta_{11}X_1+\delta_{12}X_2+\Delta_{1P}\\ \Delta_2=\delta_{21}X_1+\delta_{22}X_2+\Delta_{2P}\end{aligned}\right\}\quad(1\text{-}66)$$ 因此，变形条件即为 $$\left.\begin{aligned}\delta_{11}X_1+\delta_{12}X_2+\Delta_{1P}=0\\ \delta_{21}X_1+\delta_{22}X_2+\Delta_{2P}=0\end{aligned}\right\}\quad(1\text{-}67)$$ 方程式(1-67)称为力法方程，也称方程式(1-67)为二次超静定结构力法典型方程。力法方程代表变形条件。力法方程表示的物理意义就是：基本体系沿着每一个多余未知力方向的位移应和原来结构中相应的位移相等 方程(1-67)可写成以下矩阵形式为 $$\begin{bmatrix}\delta_{11} & \delta_{12}\\ \delta_{21} & \delta_{22}\end{bmatrix}\begin{bmatrix}X_1\\ X_2\end{bmatrix}+\begin{bmatrix}\Delta_{1P}\\ \Delta_{2P}\end{bmatrix}=\begin{bmatrix}0\\ 0\end{bmatrix}\quad(1\text{-}67a)$$ 或 $$[\delta][X]+[\Delta_P]=[0]\quad(1\text{-}67b)$$ 其中，$[\delta]$称为柔度矩阵，其元素 δ_{11}、δ_{12}，δ_{21}、δ_{22}称为柔度系数，体系越柔，其值越大 哪里有多余联系，哪里就有相应的变形条件。变形条件的个数与多余未知力的个数正好相等，因而根据这些变形条件即可解出多余未知力 力法方程中的系数 δ 和自由项 Δ 代表基本体系的位移。由于基本体系是静定结构，所以计算这些系数和自由项时并无困难。由此看出，建立力法方程时只遇到静定结构的计算问题，而解力法方程时却得出原结构的多余未知力，这正好说明基本体系的桥梁作用 位移符号中采用两个下标，第一个下标表示位移的方向，第二个下标表示产生位移的原因。例如： Δ_{1P}——由荷载产生的沿 X_1 方向的位移 δ_{12}——由 $X_2=1$ 产生的沿 X_1 方向的位移 位移正负号规则为：当位移方向与相应力的正方向相同时，则位移为正。例如，图 1-142b 中规定 X_1、X_2 向上为正。因此，图 1-142c 中的 Δ_{1P}、Δ_{2P}为负值，而图 1-142d、e 中的 δ_{11}、δ_{21}、δ_{12}、δ_{22}都为正值 根据位移的互等原理，系数 δ_{12}和 δ_{21}是相等的 多余未知力 X_1、X_2 求出以后，基本体系的内力便可以由平衡条件确定，这些内力也就是原结构的内力。基本体系任一截面的弯矩 M、剪力 V 和轴力 N 也可以用下列公式表示为 $$\left.\begin{aligned}M=\overline{M}_1X_1+\overline{M}_2X_2+M_P\\ V=\overline{V}_1X_1+\overline{V}_2X_2+V_P\\ N=\overline{N}_1X_1+\overline{N}_2X_2+N_P\end{aligned}\right\}\quad(1\text{-}68)$$ 这里$\overline{M}_1$、$\overline{M}_2$ 各代表由于 $X_1=1$ 和 $X_2=1$ 在基本体系中某一截面所产生的弯矩，M_P 则代表荷载在基本体系此一截面所产生的弯矩。其余符号的意义是相似的
4	三次超静定结构力法典型方程的建立	例如，在图 1-143a 所示一具有 3 个多余联系的超静定刚架；图 1-143b 所示为此刚架的 1 个基本体系，其中撤去 B 点原有的固定支座而用 3 个未知反力 X_1、X_2、X_3 来代替 选定基本体系以后，就面临力法中的核心问题：如何确定基本体系中多余未知力的数值，使它们与原来结构中相应的联系的内力相等。以图 1-143b 为例，当确定 X_1、X_2、X_3 多余未知力的数值时，必须满足的变形条件是使基本体系中 B 点的水平位移、竖向位移和转角都等于零，以符合原来刚架中 B 点的实际情况。换句话说，使基本体系在 X_1、X_2 和 X_3 各方向的总位移分别与原来刚架中这些方向的位移相同

续表 1-24

序号	项　目	内　容
4	三次超静定结构力法典型方程的建立	用 δ 表示单位力产生的位移，一般的位移则以 Δ 表示。位移的符号下面常加两个下标：第一下标表示位移的方向，第二下标表示产生位移的原因。例如 δ_{11}——由于 $X_1=1$ 在 X_1 方向产生的位移 δ_{12}——由于 $X_2=1$ 在 X_1 方向产生的位移 δ_{13}——由于 $X_3=1$ 在 X_1 方向产生的位移 Δ_{1P}——由于荷载在 X_1 方向产生的位移 这样，基本体系在多余未知力 X_1、X_2、X_3 和荷载的共同作用下在 X_1 方向产生的总位移为 $\delta_{11}X_1+\delta_{12}X_2+\delta_{13}X_3+\Delta_{1P}$ 同理，符号 δ_{21}、δ_{22}、δ_{23} 各表示单位力 $X_1=1$、$X_2=1$、$X_3=1$ 在 X_2 方向产生的位移，而 Δ_{2P} 表示荷载在 X_2 方向产生的位移。基本体系在 X_2 方向的总位移为 $\Delta_{21}X_1+\delta_{22}X_2+\delta_{23}X_3+\Delta_{2P}$ 又符号 δ_{31}、δ_{32}、δ_{33} 各表示单位力 $X_1=1$、$X_2=1$、$X_3=1$ 在 X_3 方向产生的位移，而 Δ_{3P} 表示荷载在 X_3 方向产生的位移。基本体系在 X_3 方向的总位移为 $\delta_{31}X_1+\delta_{32}X_2+\delta_{33}X_3+\Delta_{3P}$ 这样，基本体系在 X_1、X_2、X_3 各方向的总位移均必须为零的条件可用下式表示为 $\left.\begin{aligned}\delta_{11}X_1+\delta_{12}X_2+\delta_{13}X_3+\Delta_{1P}=0\\ \delta_{21}X_1+\delta_{22}X_2+\delta_{23}X_3+\Delta_{2P}=0\\ \delta_{31}X_1+\delta_{32}X_2+\delta_{33}X_3+\Delta_{3P}=0\end{aligned}\right\}$　(1-69) 方程式(1-69)称为力法方程，也称方程式(1-69)为三次超静定结构力法典型方程。力法方程所表示的物理意义就是，基本体系中沿每一多余未知力方向的位移应和原来结构中相应的位移相等。力法方程所表示的是几何条件，其数目恰与多余未知力的数目相同。力法方程中各未知力的系数是单位力使基本体系产生的位移，自由项则表示荷载或其他外界因素使基本体系产生的位移。既然基本体系是一个静定结构，这些系数和自由项便容易求出，因此多余未知力也就可以从力法方程解出 方程(1-69)可写成以下矩阵形式为 $\begin{bmatrix}\delta_{11} & \delta_{12} & \delta_{13}\\ \delta_{21} & \delta_{22} & \delta_{23}\\ \delta_{31} & \delta_{32} & \delta_{33}\end{bmatrix}\begin{bmatrix}X_1\\ X_2\\ X_3\end{bmatrix}+\begin{bmatrix}\Delta_{1P}\\ \Delta_{2P}\\ \Delta_{3P}\end{bmatrix}=\begin{bmatrix}0\\ 0\\ 0\end{bmatrix}$　(1-69a) 或 $[\delta][X]+[\Delta_P]=[0]$　(1-69b) 其中，$[\delta]$ 称为柔度矩阵，其元素 δ_{11}、δ_{12}、δ_{13}，δ_{21}、δ_{22}、δ_{23}，δ_{31}、δ_{32}、δ_{33} 称为柔度系数，体系越柔，其值越大 多余未知力 X_1、X_2、X_3 一旦求出，则基本体系中各截面的内力便可以由平衡条件求出，同时这些内力也就是原来结构的内力。应用叠加原理，可以把基本体系中任一截面的弯矩 M、剪力 V 和轴力 N 用下列公式表示为 $\left.\begin{aligned}M=\overline{M}_1X_1+\overline{M}_2X_2+\overline{M}_3X_3+M_P\\ V=\overline{V}_1X_1+\overline{V}_2X_2+\overline{V}_3X_3+V_P\\ N=\overline{N}_1X_1+\overline{N}_2X_2+\overline{N}_3X_3+N_P\end{aligned}\right\}$　(1-70) 其中，$\overline{M}_1$、$\overline{M}_2$ 和 $\overline{M}_3$ 各代表由于 $X_1=1$、$X_2=1$ 和 $X_3=1$，在基本体系中此一截面所产生的弯矩，M_P 则代表荷载在基本体系中此一截面所产生的弯矩，其余符号的意义是类似的

续表 1-24

序号	项　目	内　容
5	n 次超静定结构力法典型方程的建立	若结构为 n 次超静定，有 n 个多余未知力 X_1、X_2、…、X_n，则在 n 个多余联系处的 n 个变形条件为 $$\left.\begin{aligned}\delta_{11}X_1+\delta_{12}X_2+\cdots+\delta_{1n}X_n+\Delta_{1P}=0\\\delta_{21}X_1+\delta_{22}X_2+\cdots+\delta_{2n}X_n+\Delta_{2P}=0\\\vdots\qquad\\\delta_{n1}X_1+\delta_{n2}X_2+\cdots+\delta_{nn}X_n+\Delta_{nP}=0\end{aligned}\right\}\qquad(1\text{-}71)$$ 方程式(1-71)是 n 次超静定结构在荷载作用下力法方程的一般形式，也称 n 次超静定结构力法典型方程。在方程组式(1-71)中，从左上角到右下角的对角线叫主对角线，上面的系数 δ_{11}、δ_{22}、…、δ_{nn} 称为主系数。主系数都是正值，且不为零。主对角线两边的系数称为副系数，副系数可以为正、为负或为零。副系数成对相等，如 $\delta_{12}=\delta_{21}$，$\delta_{1n}=\delta_{n1}$ 方程(1-71)可写成以下矩阵形式为 $$\begin{bmatrix}\delta_{11}&\delta_{12}&\cdots&\delta_{1n}\\\delta_{21}&\delta_{22}&\cdots&\delta_{2n}\\\vdots&\vdots&&\vdots\\\delta_{n1}&\delta_{n2}&\cdots&\delta_{nn}\end{bmatrix}\begin{bmatrix}X_1\\X_2\\\vdots\\X_n\end{bmatrix}+\begin{bmatrix}\Delta_{1P}\\\Delta_{2P}\\\vdots\\\Delta_{nP}\end{bmatrix}=\begin{bmatrix}0\\0\\\vdots\\0\end{bmatrix}\qquad(1\text{-}71a)$$ 或 $$[\delta][X]+[\Delta_P]=[0]\qquad(1\text{-}71b)$$ 其中，$[\delta]$为柔度矩阵，柔度矩阵是一个对称的矩阵。柔度矩阵主对角线上的系数 δ_{11}、δ_{22}、δ_{33}、…、δ_{nn} 称为柔度系数。不在主对角线上的系数 $\delta_{ij}(i\neq j)$ 称为副系数 从力法方程解出多余未知力 X_1、X_2、…、X_n 后，结构的内力可由下列叠加公式计算为 $$\left.\begin{aligned}M=\overline{M}_1X_1+\overline{M}_2X_2+\cdots+\overline{M}_nX_n+M_P\\N=\overline{N}_1X_1+\overline{N}_2X_2+\cdots+\overline{N}_nX_n+N_P\\V=\overline{V}_1X_1+\overline{V}_2X_2+\cdots+\overline{V}_nX_n+V_P\end{aligned}\right\}\qquad(1\text{-}72)$$
6	关于系数和自由项计算	在力法的典型方程式(1-71)中： 1）主斜线(自左上方的 δ_{11} 至右下方的 δ_{nn})上的系数 δ_{ii} 称为主系数或主位移，它是单位多余未知力 $X_i=1$ 单独作用时所引起的沿其本身方向上的位移，其值恒为正，且不会等于零 2）其他的系数 $\delta_{ij}(i\neq j)$ 称为副系数或副位移，它是单位多余未知力 $X_j=1$ 单独作用时所引起的沿 X_i 方向的位移，其值可能为正、负或零 3）各式中最后一项 Δ_{iP} 称为自由项，它是荷载单独作用时所引起的沿 X_i 方向的位移，其值可能为正、负或零 4）根据位移的互等定理可知，在主斜线两边处于对称位置的两个副系数 δ_{ij} 与 δ_{ji} 是相等的，即 $$\delta_{ij}=\delta_{ji}\qquad(1\text{-}73)$$ 典型方程中的各系数和自由项，都是基本结构在已知力作用下的位移，完全可以用本章 1.10 节所述方法求得。对于荷载作用下的平面结构，这些位移的计算式可写为 $$\delta_{ii}=\Sigma\int\frac{\overline{M}_i^2\mathrm{d}s}{EI}+\Sigma\int\frac{\overline{N}_i^2\mathrm{d}s}{EA}+\Sigma\int\frac{\mu\overline{V}_i^2\mathrm{d}s}{GA}\qquad(1\text{-}74)$$ $$\delta_{ij}=\Sigma\int\frac{\overline{M}_i\overline{M}_j\mathrm{d}s}{EI}+\Sigma\int\frac{\overline{N}_i\overline{N}_j\mathrm{d}s}{EA}+\Sigma\int\frac{\mu\overline{V}_i\overline{V}_j\mathrm{d}s}{GA}\qquad(1\text{-}75)$$ $$\Delta_{iP}=\Sigma\int\frac{\overline{M}_iM_P\mathrm{d}s}{EI}+\Sigma\int\frac{\overline{N}_iN_P\mathrm{d}s}{EA}+\Sigma\int\frac{\mu\overline{V}_iV_P\mathrm{d}s}{GA}\qquad(1\text{-}76)$$

续表 1-24

序号	项　　目	内　　容
6	关于系数和自由项计算	显然，对于各种具体结构，通常只需计算其中的一项或两项。系数和自由项求得后，将它们代入典型方程即可解出多余未知力。然后，由平衡条件，即可求出其余反力和内力。结构的最后弯矩图可按叠加法作出，即 $$M=\overline{M}_1X_1+\overline{M}_2X_2+\cdots+\overline{M}_nX_n+M_P \quad (1\text{-}77)$$ 在应用式(1-77)作出原结构的最后弯矩图后，可直接应用平衡条件计算 V 和 N，并作出 V 图和N 图 如上所述，力法典型方程中的每个系数都是基本结构在某单位多余未知力作用下的位移。显然，结构的刚度越小，这些位移的数值越大，因此，这些系数又称为柔度系数；力法典型方程表示变形条件，故又称为结构的柔度方程；力法又称为柔度法
7	力法的基本原理及计算步骤	（1）力法的基本原理是：以结构中的多余未知力为基本未知量；根据基本体系上解出多余约束处的位移应与原结构的已知位移相等的变形条件，建立力法的基本方程，从而求得多余未知力；最后，在基本结构上，应用叠加原理作原结构的内力图 （2）用力法计算超静定结构的步骤可归纳如下： 1）确定基本未知量数目。多余未知力是力法的基本未知量。多余未知力的计算问题是用力法计算超静定结构问题的主要矛盾 2）选择力法基本体系。从原结构中去掉多余联系，代以未知力，所得到的静定结构是力法的基本体系。基本体系是用以计算原结构的桥梁 3）建立力法基本方程 4）求力法方程中的系数和自由项 5）解力法方程。力法方程是使基本体系恢复到原结构的转化条件。它代表的变形条件有：基本体系沿着每一个多余未知力方向的位移应和原结构中相应的位移相等。利用力法方程可解出全部多余未知力 6）作内力图 7）校核

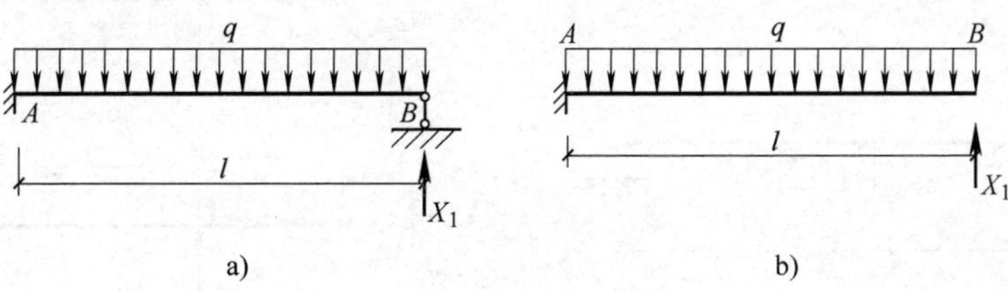

图 1-138　力法的基本未知量和基本体系

a）一次超静定结构　b）基本体系

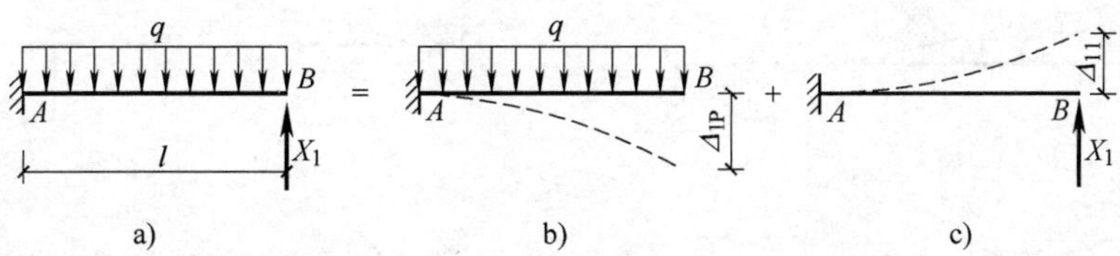

图 1-139　力法的基本方程

a）基本体系　b）Δ_{1P}　c）Δ_{11}

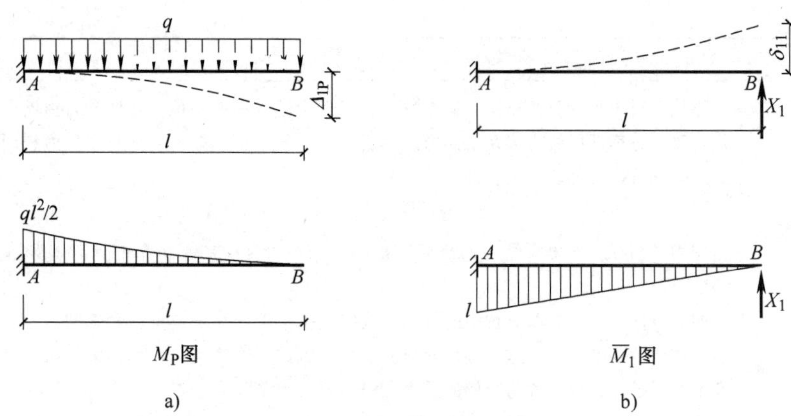

图 1-140 图乘法求位移

a）基本体系，荷载作用 b）基本体系，单位力 $X_1=1$ 作用

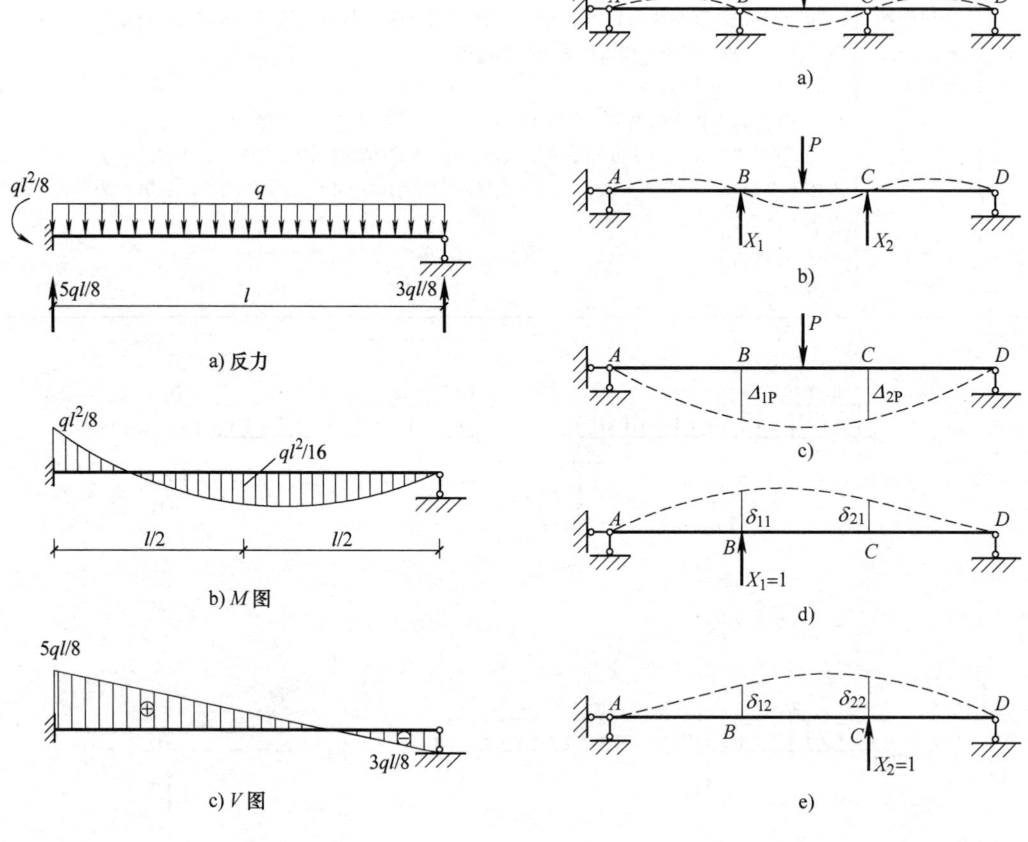

图 1-141 内力图

图 1-142 二次超静定结构力法方程的建立

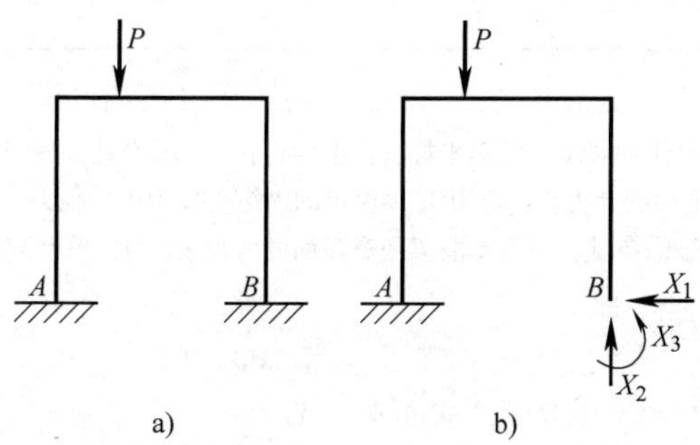

图1-143 三次超静定结构力法方程的建立

a）原来刚架 b）基本体系

1.11.3 用力法计算超静定结构在荷载作用下的内力

用力法计算超静定结构在荷载作用下的内力见表1-25。

表1-25 用力法计算超静定结构在荷载作用下的内力

序号	项　目	内　容
1	超静定梁和刚架	力法计算梁和刚架位移时，通常忽略轴力和剪力的影响，只考虑弯矩的影响。但在高层刚架中，轴力对柱的影响比较大；当杆件短而粗时，剪力的影响也比较大，此时应特殊处理
2	超静定桁架	用力法计算超静定桁架的原理和步骤，与力法计算超静定梁和刚架相同。但由于桁架承受结点集中荷载时各杆只产生轴力，故力法典型方程中的系数和自由项按前述式(1-74)、式(1-75)和式(1-76)计算时，只需考虑与轴力相关项 桁架各杆的最后轴力则可按下式计算 $$N=\overline{N}_1X_1+\overline{N}_2X_2+\cdots+\overline{N}_nX_n+N_P \qquad (1\text{-}78)$$
3	超静定组合结构	超静定组合结构与静定组合结构一样，也是由梁式杆和桁杆组成。用力法计算时，一般可将桁架作为多余约束切断而得到其静定的基本体系。计算系数和自由项时，对桁杆应考虑轴向变形的影响；对梁式杆只考虑弯曲变形的影响，而忽略其剪切变形和轴向变形的影响
4	铰接排架	单层工业厂房中使用广泛的铰接排架，是由屋架(或屋面大梁)、柱和基础共同组成的一个横向承受荷载的结构单元。通常将柱与基础之间的连接简化为刚性连接，而将屋架与柱顶之间的连接简化为铰接。当屋面受竖向荷载作用时，屋架按两端铰支的桁架计算。当柱子受水平荷载和偏心荷载(如风荷载、地震荷载或吊车荷载)作用时，屋架对柱顶只起联系作用，而且由于屋架本身沿跨度方向的轴向变形很小，故可略去其影响，近似地将屋架看成轴向刚度 EA 为无穷大的一根链杆。图1-144a、b为单跨排架及其计算简图。对排架进行内力分析，主要是计算排架柱的内力。由于厂房的柱子要承放吊车梁，因此，常被设计成阶形变截面柱
5	两铰拱	(1) 无拉杆两铰拱。两铰拱是土木工程中常用的一种结构形式。两铰拱(图1-145a)是一次超静定结构。用力法计算时，通常采用简支曲梁为基本体系，以支座的水平推力为多余未知力(图1-145b)。利用基本体系在 A 支座沿 X_1 方向的线位移为零的变形条件，可建立力法方程(表示支座 B 没有水平位移)为 $$\delta_{11}X_1+\Delta_{1P}=0 \qquad (1\text{-}79)$$ 拱是曲杆，系数 δ_{11} 和自由项 Δ_{1P} 只能用积分法计算。一般可略去剪力的影响，而轴力的影响仅在扁平拱(拱高 $f<l/5$)的情况下计算 δ_{11} 式中予以考虑，即 $$\left.\begin{aligned}\delta_{11}&=\Sigma\int\frac{\overline{M}_1^2}{EI}ds+\Sigma\int\frac{\overline{N}_2^2}{EA}ds\\ \Delta_{1P}&=\Sigma\int\frac{\overline{M}_1M_P}{EI}ds\end{aligned}\right\} \qquad (1\text{-}80)$$ 内力表达式 $\overline{M}_1$、M_P 和 $\overline{N}_1$ 均可在基本体系上列出 基本体系在 $X=1$ 作用下(图1-145c)，竖向支反力为零，任意截面 C 的弯矩和轴力为 $$\overline{M}_1=-1\times y=-y,\ \overline{N}_1=-1\times\cos\theta=-\cos\theta \qquad (1\text{-}81)$$

续表 1-25

序号	项　目	内　容
5	两铰拱	这里 y 表示任意截面 C 的纵坐标，向上为正；θ 表示 C 处拱轴切线与 x 轴所成的锐角，左半拱的 θ 为正，右半拱的 θ 为负；弯矩 M 以使拱的内缘受拉为正；轴力 N 以拉力为正 如果只受竖向荷载，则简支曲梁任意截面的弯矩 M_P 与同跨度同荷载的简支水平梁相应截面的弯矩 M^0 彼此相等，即 $$M_P = M^0 \quad (1\text{-}82)$$ 将式(1-81)和式(1-82)代入式(1-80)，得 $$\left.\begin{aligned}\Delta_{1P} &= -\int \frac{yM^0}{EI}ds \\ \delta_{11} &= \int \frac{y^2}{EI}ds + \int \frac{\cos^2\theta}{EA}ds\end{aligned}\right\} \quad (1\text{-}83)$$ δ_{11} 和 Δ_{1P} 求出后，由力法方程可求出 X_1（即推力 H）为 $$H = X_1 = -\frac{\Delta_{1P}}{\delta_{11}} = \frac{\int \frac{yM^0}{EI}ds}{\int \frac{y^2}{EI}ds + \int \frac{\cos^2\theta}{EA}ds} \quad (1\text{-}84)$$ 推力 H 求出后，内力的计算方法和计算公式完全与三铰拱相同。在竖向荷载下，两铰拱的内力计算公式为 $$\left.\begin{aligned}M &= M^0 - Hy \\ V &= V^0\cos\theta - H\sin\theta \\ N &= -V^0\sin\theta - H\cos\theta\end{aligned}\right\} \quad (1\text{-}85)$$ 从以上讨论中可以看出下列两点： 1）从力法计算来看，两铰拱与［例题 1-71］中的两铰刚架基本相同，只是位移 δ_{11} 和 Δ_{1P} 需按曲杆公式计算，不能采用图乘法 2）从受力特性来看，两铰拱与三铰拱基本相同。内力算式(1-85)在形式上与三铰拱完全相同，只是其中的 H 值有所不同：在三铰拱中，推力 H 是由平衡条件求得的，在两铰拱中，推力 H 则是由变形条件求得的 （2）有拉杆两铰拱。在屋盖结构中采用的两铰拱，通常带拉杆（图 1-146a）。设置拉杆的目的，一方面是使砖墙不受推力，从而在砖墙中不产生弯矩；另一方面又使拱肋承受推力，从而减小了拱肋的弯矩 计算带拉杆的两铰拱时，可将拉杆切断，基本体系示于图 1-146b。基本未知力 X_1 是拉杆内的拉力，也就是拱肋所受的推力 H。力法方程（表示切口两边无相对位移）为 $$\delta_{11}X_1 + \Delta_{1P} = 0 \quad (1\text{-}86)$$ 与无拉杆的两铰拱相比，力法方程在形式上是一样的。但是在计算 δ_{11} 时，应当考虑拉杆的变形，即 $$\delta_{11} = \int \frac{\overline{M}_1^2}{EI}ds + \int \frac{\overline{N}_1^2}{EA}ds + \int \frac{\overline{N}_1^2}{E_sA_s}dx \quad (1\text{-}87)$$ 这里，前两项是对拱肋积分，末一项是对拉杆积分。E_s 和 A_s 分别表示拉杆的弹性模量和截面面积。基本体系在 $X_1=1$ 作用下，拉杆的轴力为 $\overline{N}_1=1$。因此，末一项积分为 $$\int_0^l \frac{\overline{N}_1^2}{E_sA_s}dx = \int_0^l \frac{1^2}{E_sA_s}dx = \frac{l}{E_sA_s} \quad (1\text{-}88)$$ 将式(1-88)代回式(1-87)，得 $$\delta_{11} = \int \frac{\overline{M}_1^2}{EI}ds + \int \frac{\overline{N}_1^2}{EA}ds + \frac{l}{E_sA_s} \quad (1\text{-}89)$$

续表 1-25

序号	项　目	内　　容
5	两铰拱	基本体系在荷载作用下，拉杆的拉力为零。因此，计算 Δ_{1P} 时只对拱肋积分，即 $$\Delta_{1P}=\int\frac{\overline{M}_1M_P}{EI}ds \quad (1\text{-}90)$$ 于是，可得 $$X_1=-\frac{\Delta_{1P}}{\delta_{11}}=\frac{\int\frac{yM^0}{EI}ds}{\int\frac{y^2}{EI}ds+\int\frac{\cos^2\theta}{EA}ds+\frac{l}{E_sA_s}} \quad (1\text{-}91)$$ 多余未知力 X_1（即拱肋所受的推力 H）算出后，仍可由式(1-91)计算拱中任一截面的内力 （3）两种形式两铰拱比较。下面对两铰拱的两种形式(有拉杆和无拉杆)加以比较。由式(1-89)和式(1-90)，可得出位移 δ_{11}、Δ_{1P}(无拉杆)与位移 δ_{11}^*、Δ_{1P}^*(有拉杆)之间的关系如下： $$\delta_{11}^*=\delta_{11}+\frac{l}{E_sA_s},\ \Delta_{1P}^*=\Delta_{1P} \quad (1\text{-}92)$$ 由此可得出推力 H(无拉杆)和推力 H^*(有拉杆)的算式如下： $$H=-\frac{\Delta_{1P}}{\delta_{11}},\ H^*=-\frac{\Delta_{1P}^*}{\delta_{11}^*}=-\frac{\Delta_{1P}}{\delta_{11}+\frac{l}{E_sA_s}} \quad (1\text{-}93)$$ 如果拉杆的刚度很大($E_sA_s\to\infty$)，则 $H^*\to H$。这时，两种形式的推力基本相等，因而受力状态也基本相同 如果拉杆的刚度很小($E_sA_s\to 0$)，则 $H^*\to 0$。这时，带拉杆的两铰拱实际上是一个简支曲梁，拱肋的受力状态是很不利的 由此可见，在设计带拉杆的两铰拱时，为了减少拱肋的弯矩，改善拱的受力状态，应当适当地加大拉杆的刚度

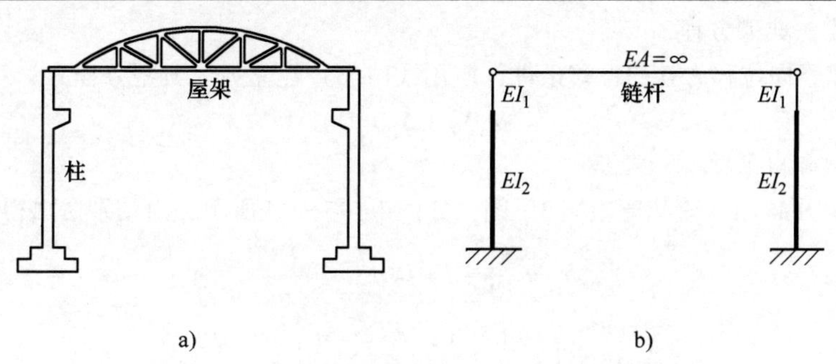

图 1-144　单层厂房排架

a）单跨排架　b）计算简图

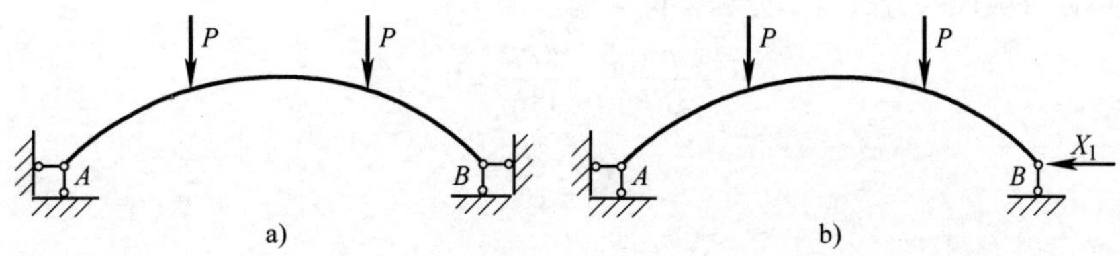

图 1-145　无拉杆两铰拱计算

a）原结构　b）基本体系

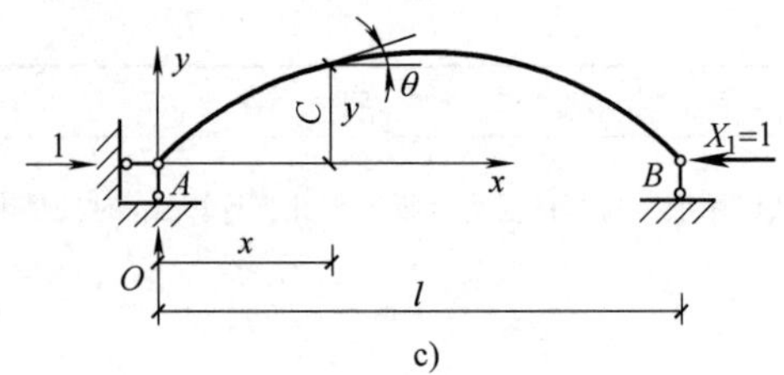

图 1-145 无拉杆两铰拱计算(续)

c) $X_1=1$ 单独作用

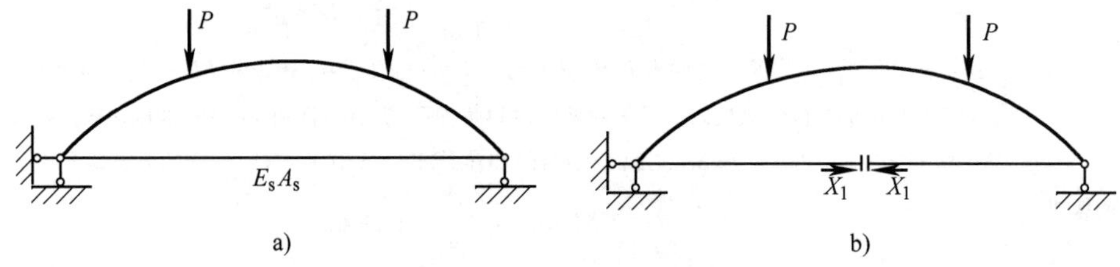

图 1-146 有拉杆两铰拱计算

a) 原结构 b) 基本体系

1.11.4 力法计算例题

[例题 1-67] 计算如图 1-147a 所示作用集中荷载 P 的单跨超静定梁，画出内力图。已知梁的抗弯刚度 EI 为常数。

[解]

(1) 选取基本结构

本例为一次超静定结构。解除 A 点可动铰支座的竖向支杆，取基本结构为一端固定一端自由的悬臂梁，如图 1-147b 所示。

(2) 建立力法典型方程

根据 A 支座竖向位移为 0 的位移条件，应用式(1-63)建立力法典型方程为

$$\delta_{11}X_1+\Delta_{1P}=0$$

(3) 求系数和自由项

作单位弯矩图 $\overline{M}$ 图和荷载弯矩图 M_P 图，如图 1-147c、d 所示，由图乘法求得

$$\delta_{11}=\frac{1}{EI}\frac{1}{2}l\cdot l\cdot\frac{2}{3}l=\frac{l^3}{3EI}$$

$$\Delta_{1P}=\frac{1}{EI}\left(-\frac{1}{2}\cdot\frac{Pl}{2}\cdot\frac{l}{2}\cdot\frac{5l}{6}\right)=-\frac{5Pl^3}{48EI}$$

(4) 求多余未知力

将系数和自由项代入力法典型方程，得

$$\frac{l^3}{3EI}X_1-\frac{5Pl^3}{48EI}=0$$

$$X_1=\frac{5P}{16}$$

(5) 作最后内力图

根据式(1-64)$M=\overline{M}X_1+M_P$，作弯矩图如图 1-147e 所示。并根据求得的支座反力作剪力图如图 1-147f 所示。

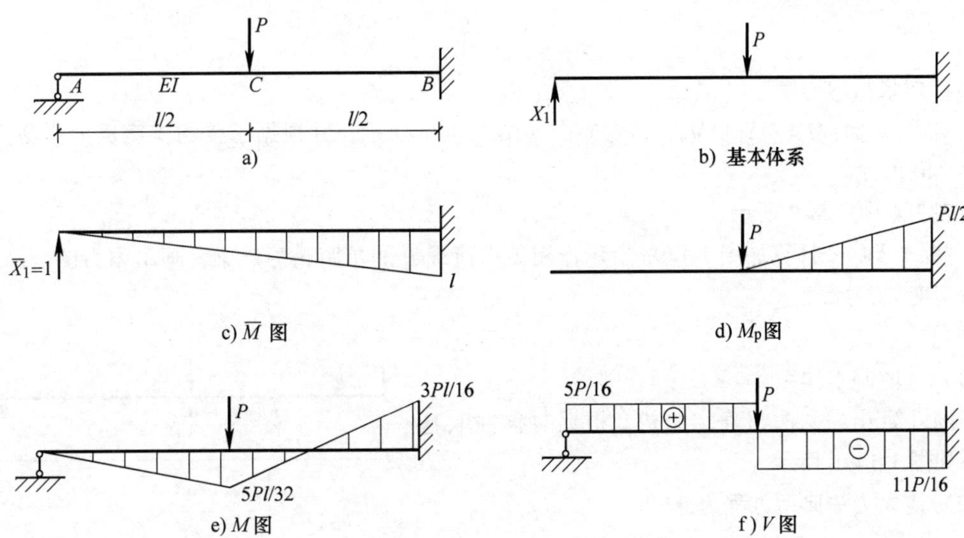

图 1-147　[例题 1-67]计算简图

见表 3-4 中序号 2 所示。

[例题 1-68]　计算如图 1-148a 所示作用均布荷载 q 的单跨超静定梁，画出内力图。已知梁的抗弯刚度 EI 为常数。

[解]

(1) 选取基本结构

本例为一次超静定结构。解除 A 点可动铰支座的竖向支杆，取基本体系为一端固定一端自由的悬臂梁，如图 1-148b 所示。

(2) 建立力法典型方程

根据 A 支座竖向位移为 0 的位移条件，应用式(1-63)建立力法典型方程为

$$\delta_{11}X_1 + \Delta_{1P} = 0$$

(3) 求系数和自由项

作单位弯矩图 $\overline{M}$ 图和荷载弯矩图 M_P 图，如图 1-148c、d 所示，由图乘法求得

$$\delta_{11} = \frac{1}{EI}\frac{1}{2}l \cdot l \cdot \frac{2}{3}l = \frac{l^3}{3EI}$$

$$\Delta_{1P} = \frac{1}{EI}\left(-\frac{1}{3} \cdot \frac{ql^2}{2} \cdot l \cdot \frac{3l}{4}\right) = -\frac{ql^4}{8EI}$$

(4) 求多余未知力

将系数和自由项代入力法典型方程，得

$$\frac{l^3}{3EI}X_1 - \frac{ql^4}{8EI} = 0$$

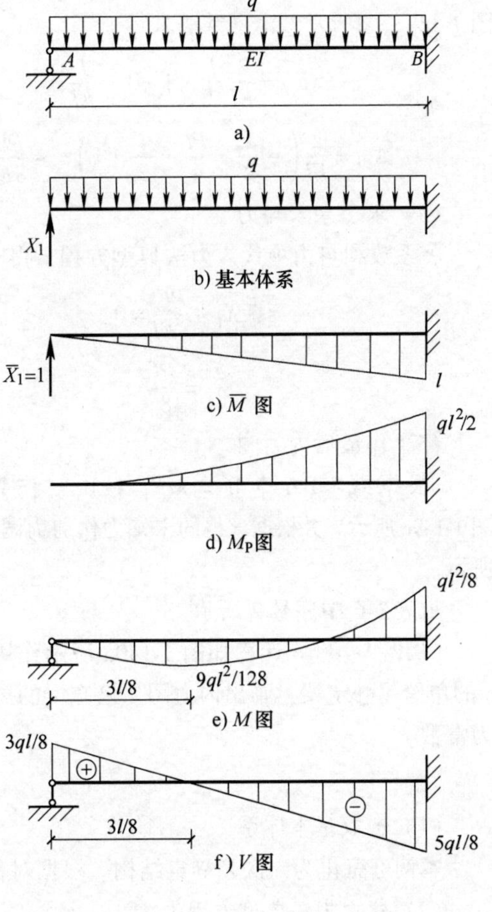

图 1-148　[例题 1-68]计算简图

$$X_1 = \frac{3ql}{8}$$

（5）作最后内力图

根据式(1-64)$M=\overline{M}X_1+M_P$，作弯矩图如图1-148e所示。并根据求得的支座反力作剪力图，如图1-148f所示。

见表3-4中序号8所示。

［例题1-69］ 计算如图1-149a所示作用集中荷载P的单跨超静定梁，画出内力图。已知梁的抗弯刚度EI为常数。

［解］

（1）选取基本体系

本例可简化为一次超静定结构。根据对称性取基本体系如图1-149b所示。

（2）建立力法典型方程为

$$\delta_{11}X_1+\Delta_{1P}=0$$

（3）求系数和自由项

作单位弯矩图$\overline{M}$图和荷载弯矩图M_P图，如图1-149c、d所示，由图乘法求得

$$\delta_{11}=\frac{2}{EI}\frac{l}{2}\cdot 1\cdot 1=\frac{l}{EI}$$

$$\Delta_{1P}=\frac{2}{EI}\left(-\frac{1}{2}\cdot\frac{Pl}{4}\cdot\frac{l}{2}\cdot 1\right)=-\frac{Pl^2}{8EI}$$

（4）求多余未知力

将系数和自由项代入力法典型方程，得

$$\frac{l}{EI}X_1-\frac{Pl^2}{8EI}=0$$

$$X_1=\frac{Pl}{8}$$

（5）作最后内力图

根据式(1-64)$M=\overline{M}X_1+M_P$，作弯矩图如图1-149e所示。并根据求得的未知力作剪力图如图1-149f所示。

见表3-6中序号2所示。

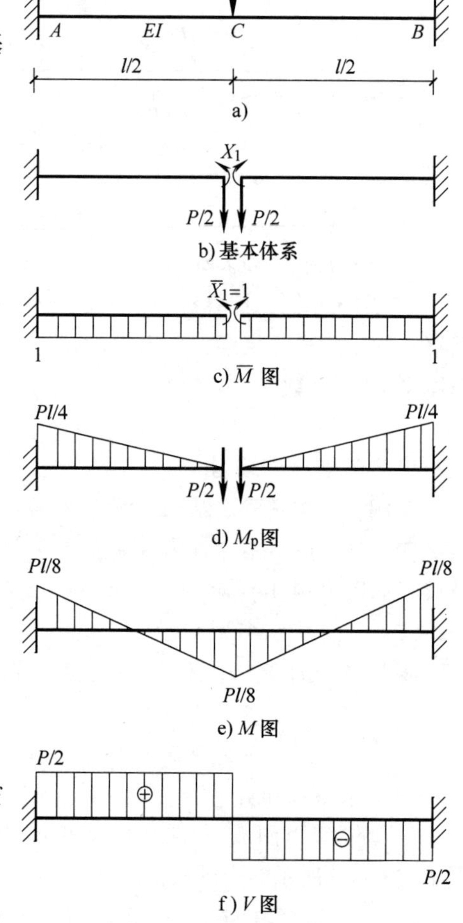

图1-149 ［例题1-69］计算简图

［例题1-70］ 计算如图1-150a所示作用均布荷载q的单跨超静定梁，画出内力图。已知梁的抗弯刚度EI为常数。

［解］

（1）选取基本体系

本例可简化为一次超静定结构。根据对称性取基本体系如图1-150b所示。

（2）建立力法典型方程为

$$\delta_{11}X_1+\Delta_{1P}=0$$

(3) 求系数和自由项

作单位弯矩图 $\overline{M}$ 图和荷载弯矩图 M_P 图，如图 1-150c、d 所示，由图乘法求得

$$\delta_{11}=\frac{2}{EI}\frac{l}{2}\cdot 1\cdot 1=\frac{l}{EI}$$

$$\Delta_{1P}=\frac{2}{EI}\left(-\frac{1}{3}\cdot\frac{ql^2}{8}\cdot\frac{l}{2}\cdot 1\right)=-\frac{ql^3}{24EI}$$

(4) 求多余未知力

将系数和自由项代入力法典型方程，得

$$\frac{l}{EI}X_1-\frac{ql^3}{24EI}=0$$

$$X_1=\frac{ql^2}{24}$$

(5) 作最后内力图

根据式(1-64) $M=\overline{M}X_1+M_P$，作弯矩图如图 1-150e 所示。并根据求得的支座反力作剪力图如图 1-150f 所示。

见表 3-6 中序号 7 所示。

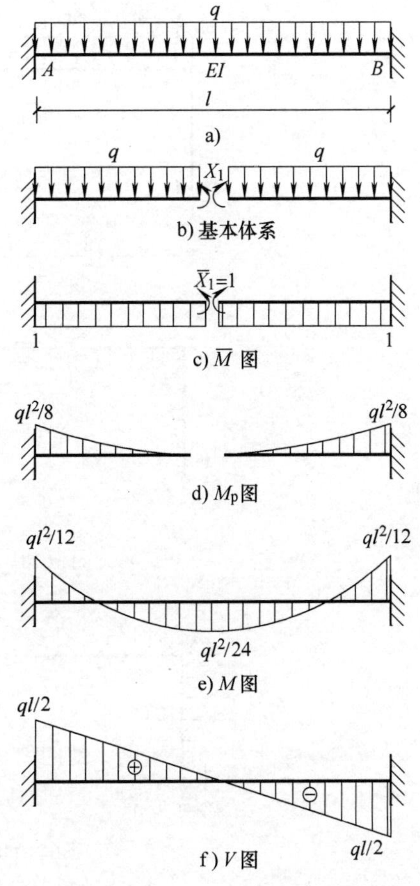

图 1-150　[例题 1-70] 计算简图

[例题 1-71]　图 1-151a 所示一超静定刚架，梁与柱的截面惯性矩分别为 I_1 和 I_2，$I_1:I_2=2:1$。当横梁承受均布荷载 $q=20\text{kN/m}$ 时，求刚架的内力图。

[解]

(1) 本例为一次超静定结构，选取力法基本体系(图 1-151b)

(2) 建立力法典型方程为

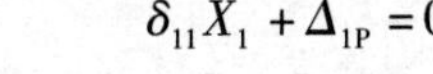

$$\delta_{11}X_1+\Delta_{1P}=0$$

(3) 求系数和自由项

作单位弯矩图 $\overline{M}$ 图和荷载弯矩图 M_P 图，如图1-151c、d 所示，由图乘法求得

$$\delta_{11}=\frac{2}{EI_1}4\cdot 1\cdot 1+\frac{2}{EI_2}\frac{1}{2}\cdot 6\cdot 1\cdot\frac{2}{3}\cdot 1=\frac{8}{EI_1}+\frac{4}{EI_2}=\frac{16}{EI_1}$$

$$\Delta_{1P}=\frac{-2}{EI_1}\frac{1}{3}\cdot 4\cdot 160\cdot 1-\frac{2}{EI_2}\frac{1}{2}\cdot 6\cdot 160\cdot\frac{2}{3}=-\left(\frac{1280}{3EI_1}+\frac{640}{EI_2}\right)=-\frac{5120}{3EI_1}$$

(4) 求多余未知力

将系数和自由项代入力法典型方程，得

$$\frac{16}{EI_1}X_1-\frac{5120}{3EI_1}=0$$

$$X_1=\frac{320}{3}\approx 106.7(\text{kN}\cdot\text{m})$$

(5) 作最后内力图

根据式(1-64) $M=\overline{M}X_1+M_P$，作弯矩图如图 1-151e 所示。并根据求得的未知力作剪力图如图 1-151f 所示。

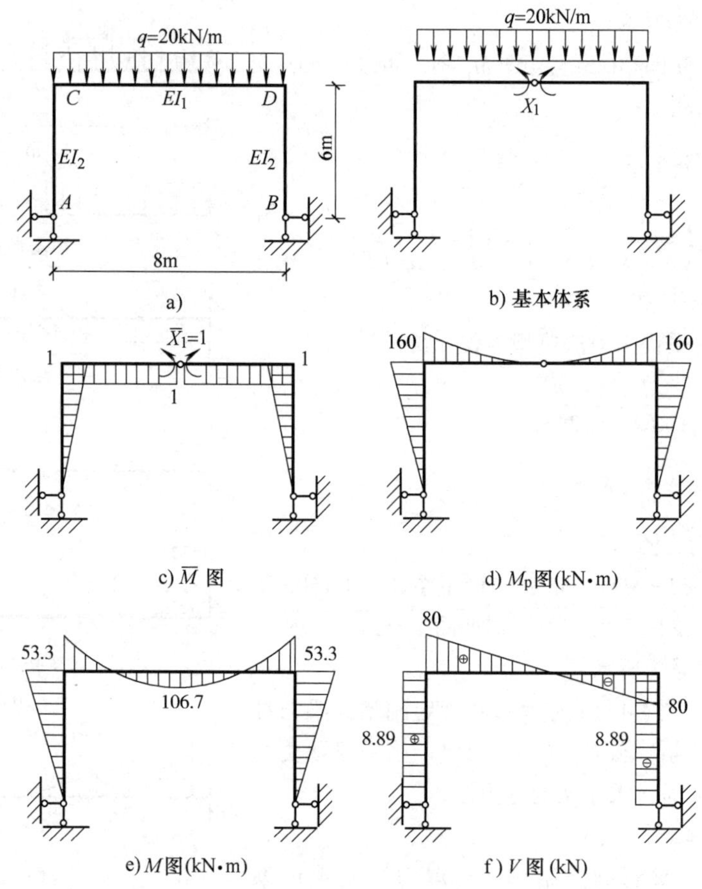

图 1-151 [例题 1-71]计算简图

[例题 1-72] 求图 1-152a 所示超静定桁架的内力。设各杆的 EA 相同。

[解]

(1) 本例为一次超静定桁架，多余未知力为水平连杆 BC 的轴力

选取基本体系如图 1-152b 所示。

(2) 建立力法典型方程为

$$\delta_{11}X_1+\Delta_{1P}=0$$

(3) 求系数和自由项

求在单位力$\overline{X}_1=1$ 作用下各杆的轴力，计算结果如图 1-152c 所示。则

$$\delta_{11}=\frac{1}{EA}\Sigma\overline{X}_1^2 l=\frac{1}{EA}[4\times1^2\times l+2\times(-\sqrt{2})^2\times\sqrt{2}l]=\frac{4}{EA}(1+\sqrt{2})l$$

在外荷载 P 作用下各杆的轴力如图 1-152d 所示N_P 图。则

$$\Delta_{1P}=\Sigma\frac{\overline{X}_1N_Pl}{EA}=\frac{1}{EA}[1\times P\times l\times2+(-\sqrt{2})\cdot(-\sqrt{2}P)\cdot\sqrt{2}l]$$

$$=\frac{1}{EA}(2Pl+2\sqrt{2}Pl)=\frac{2Pl}{EA}(1+\sqrt{2})$$

(4) 求多余未知力

将系数和自由项代入力法典型方程，得

$$X_1 = -\frac{\Delta_{1P}}{\delta_{11}} = -\frac{\frac{2Pl}{EA}(1+\sqrt{2})}{\frac{4}{EA}(1+\sqrt{2})l} = -\frac{P}{2}$$

（5）求最终各杆内力

根据求得的未知力及外荷载，求各杆的轴力，其计算结果如图 1-152e 所示。

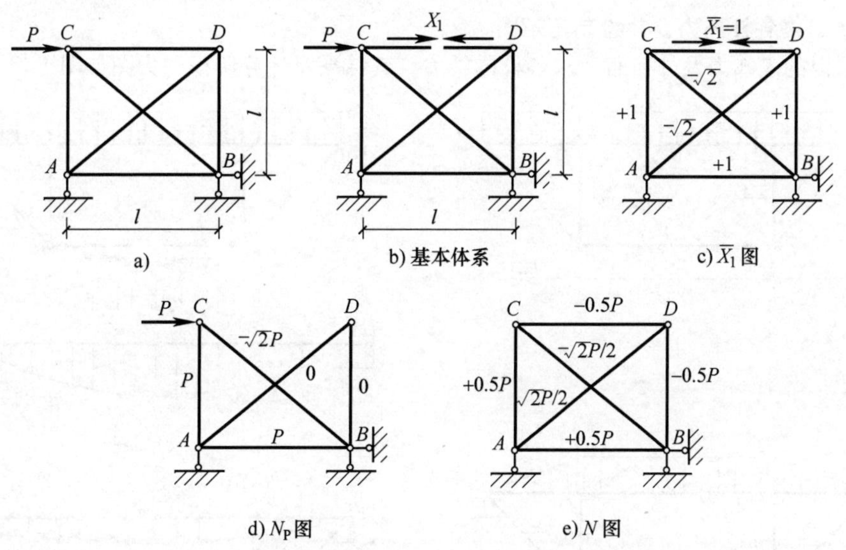

图 1-152　[例题 1-72] 计算简图

[例题 1-73]　求图 1-153a 所示组合结构，EA、EI 均为常数，并绘制内力图。

[解]

（1）选取力法基本体系

如图 1-153b 所示，本例为一次超静定结构。

（2）建立力法典型方程为

$$\delta_{11}X_1 + \Delta_{1P} = 0$$

（3）求系数和自由项

分别绘制基本结构在 $\overline{X}_1 = 1$ 和已知荷载作用下的弯矩图，并计算各杆的轴力，其结果示于图 1-153c、d。

$$\delta_{11} = \Sigma\frac{\overline{N_i^2}l}{EA} + \Sigma\int\frac{\overline{M_i^2}\mathrm{d}x}{EI}$$

$$= \frac{1}{EA}\left[1^2 \times l + (-1)^2 \times \frac{l}{2} \times 2 + (\sqrt{2})^2 \times \frac{\sqrt{2}}{2}l \times 2\right] + \frac{1}{EI}\left(\frac{l}{2} \times \frac{l}{2} \times \frac{1}{2} \times \frac{2}{3} \times \frac{l}{2} \times 2 + \frac{l}{2} \times l \times \frac{l}{2}\right)$$

$$= \frac{(2+2\sqrt{2})l}{EA} + \frac{l^3}{3EI}$$

$$\Delta_{1P} = \Sigma\frac{\overline{N}_i N_P l}{EA} + \Sigma\int\frac{\overline{M}_i M_P \mathrm{d}x}{EI}$$

$$= 0 + \frac{-1}{EI}\left(\frac{2}{3} \times 2l \times \frac{ql^2}{2} \times \frac{l}{2} - \frac{2}{3} \times \frac{l}{2} \times \frac{3ql^2}{8} \times \frac{3}{8} \times \frac{l}{2} \times 2\right)$$

$$= -\frac{55ql^4}{192EI}$$

(4) 求多余未知力

将系数和自由项代入力法典型方程，得

$$X_1 = -\frac{\Delta_{1P}}{\delta_{11}} = \frac{\dfrac{55ql^4}{192EI}}{\dfrac{2+2\sqrt{2}}{EA}l + \dfrac{l^3}{3EI}}$$

(5) 求最终各杆内力，并绘制弯矩图

根据求得的未知力及外荷载，求各杆的轴力，其结果及计算所得内力图如图 1-153e 所示。

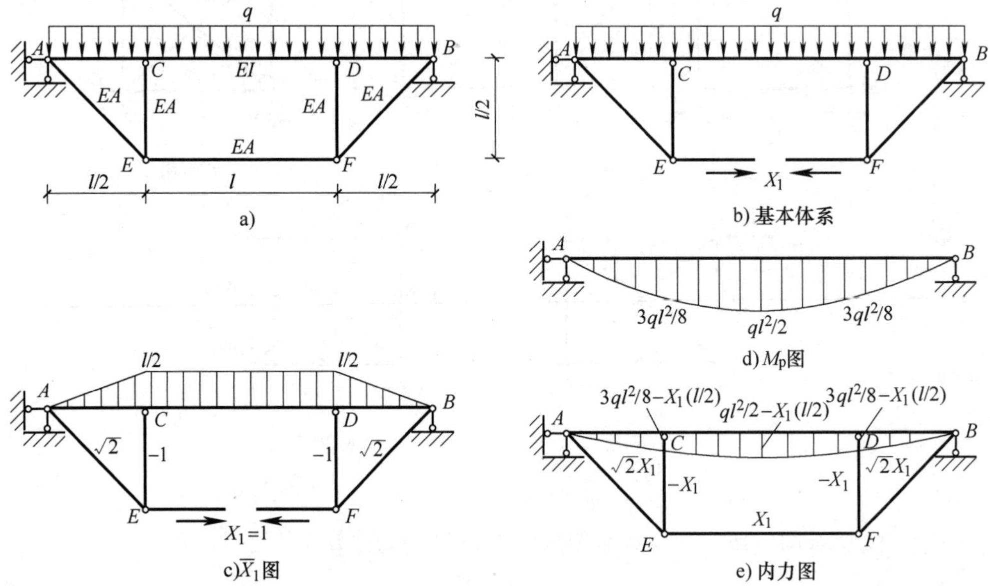

图 1-153 [例题 1-73] 计算简图

[例题 1-74] 如图 1-154a 所示排架，作其弯矩图。

[解]

(1) 此排架为一次超静定结构

将横梁切断并代之以多余力 X_1，得基本体系如图 1-154b 所示。

(2) 建立力法典型方程为

$$\delta_{11}X_1 + \Delta_{1P} = 0$$

(3) 求系数和自由项

分别绘制单位弯矩图和荷载弯矩图，其结果示于图 1-154c、d 中。

$$\delta_{11} = \frac{1}{EI}\frac{l}{2}\times\frac{l}{2}\times\frac{1}{2}\times\frac{2}{3}\times\frac{l}{2}\times 2 = \frac{l^3}{12EI}$$

$$\Delta_{1P} = \frac{1}{EI}\frac{1}{3}\times\frac{l}{2}\times\frac{ql^2}{2}\times\frac{1}{4}\times\frac{l}{2} = \frac{ql^4}{96EI}$$

(4) 求多余未知力

将系数和自由项代入力法典型方程，得

$$X_1 = -\frac{\Delta_{1P}}{\delta_{11}} = -\frac{\dfrac{ql^4}{96EI}}{\dfrac{l^3}{12EI}} = -\frac{ql}{8}$$

（5）绘制弯矩图

由式(1-64) $M=\overline{M}X_1+M_P$ 绘制最后弯矩图，其结果如图 1-154e 所示。

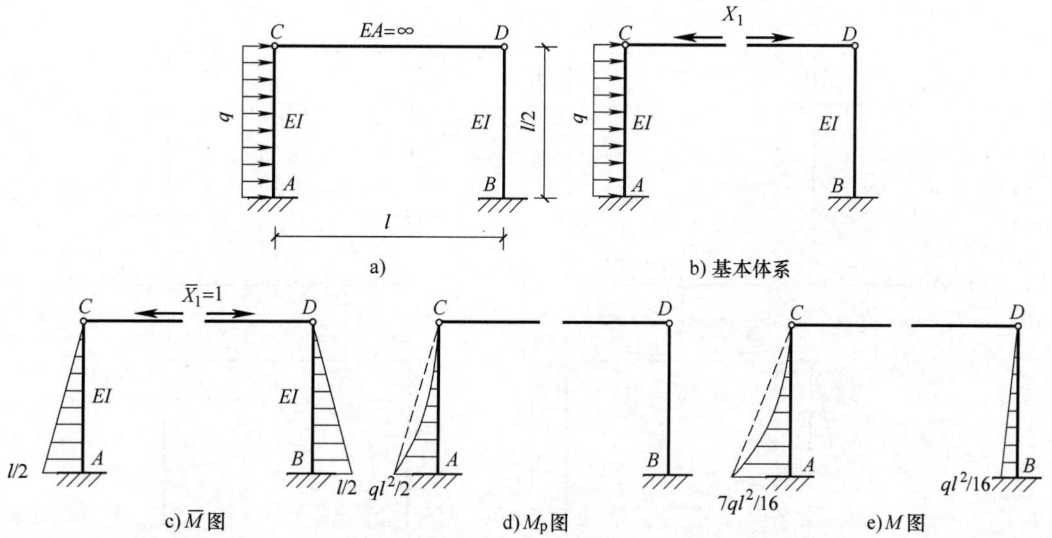

图 1-154　[例题 1-74] 计算简图

[例题 1-75]　计算如图 1-155a 所示排架，并作弯矩图。

[解]

（1）此排架为一次超静定结构

将横梁切断并代之以多余力 X_1，得基本体系如图 1-155b 所示。

（2）建立力法典型方程

$$\delta_{11}X_1+\Delta_{1P}=0$$

（3）求系数和自由项

分别绘制单位弯矩图和荷载弯矩图，其计算结果示于图 1-155c、d 中。

$$\begin{aligned}\delta_{11}&=\frac{2}{EI}\frac{l}{4}\times\frac{l}{4}\times\frac{1}{2}\times\frac{2}{3}\times\frac{l}{4}+\frac{2}{3EI}\left[\frac{3l}{4}\times\frac{l}{2}\times\frac{1}{2}\times\left(\frac{2}{3}\times\frac{3l}{4}+\frac{1}{3}\times\frac{l}{4}\right)\right]+\\&\quad\frac{2}{3EI}\left[\frac{l}{4}\times\frac{l}{2}\times\frac{1}{2}\times\left(\frac{2}{3}\times\frac{l}{4}+\frac{1}{3}\times\frac{3l}{4}\right)\right]\\&=\frac{29l^3}{288EI}\end{aligned}$$

$$\begin{aligned}\Delta_{1P}&=\frac{1}{EI}\frac{1}{3}\times\frac{l}{4}\times\frac{ql^2}{32}\times\frac{3}{4}\times\frac{l}{4}+\frac{1}{3EI}\left[\frac{1}{2}\times\frac{ql^2}{32}\times\frac{1}{2}l\times\left(\frac{2}{3}\times\frac{l}{4}+\frac{1}{3}\times\frac{3l}{4}\right)+\frac{1}{2}\times\right.\\&\quad\left.\frac{9ql^2}{32}\times\frac{1}{2}l\times\left(\frac{2}{3}\times\frac{3l}{4}+\frac{1}{3}\times\frac{l}{4}\right)-\frac{2}{3}\times\frac{l}{2}\times\frac{ql^2}{32}\times\frac{1}{2}\times\left(\frac{l}{4}+\frac{3l}{4}\right)\right]\\&=\frac{83ql^4}{6144EI}\end{aligned}$$

（4）求多余未知力

将系数和自由项代入力法典型方程计算，得

$$X_1=-\frac{\Delta_{1P}}{\delta_{11}}=-\frac{\dfrac{83ql^4}{6144EI}}{\dfrac{29l^3}{288EI}}=-\frac{23904}{178176}ql\approx-0.134ql$$

(5) 绘制弯矩图

由式(1-64)$M=\overline{M}X_1+M_P$ 绘制最后弯矩图，其计算结果如图 1-155e 所示。

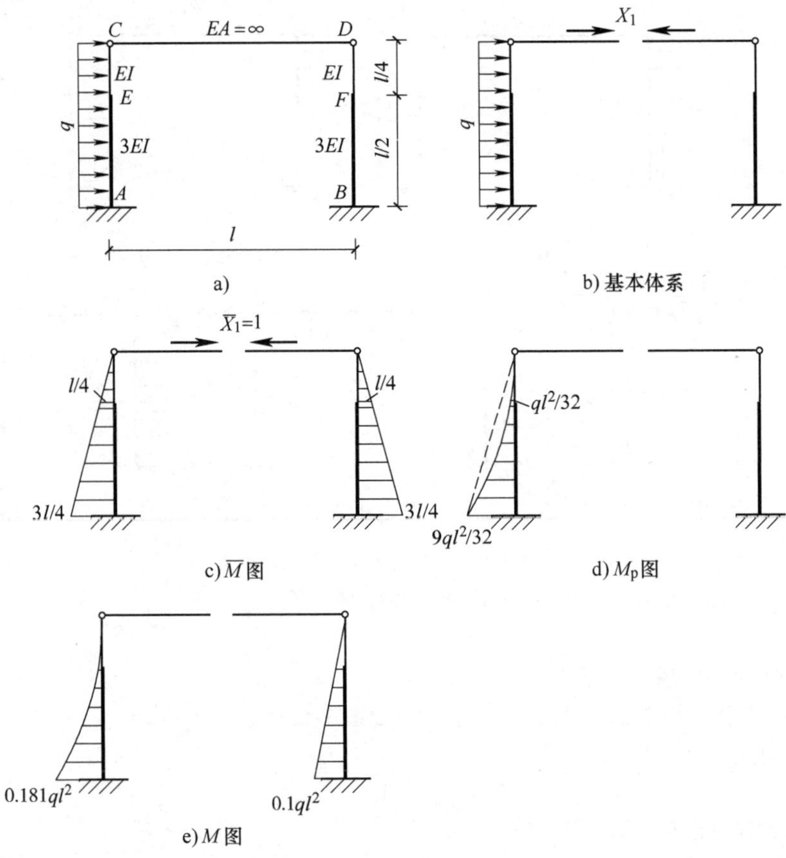

图 1-155 [例题 1-75]计算简图

[例题 1-76] 计算如图 1-156a 所示带拉杆的两铰拱，求水平杆 AB 的轴向力。拱轴截面 EI 为常数，拉杆 E_SI_S 为常数，拱轴方程为 $y=\frac{4f}{l^2}x(l-x)$。计算位移时，拱身只考虑弯矩的作用。

[解]

(1) 将拉杆切断并代之以多余力 X_1，得基本体系(图 1-156b)

(2) 建立力法典型方程

$$\delta_{11}X_1+\Delta_{1P}=0$$

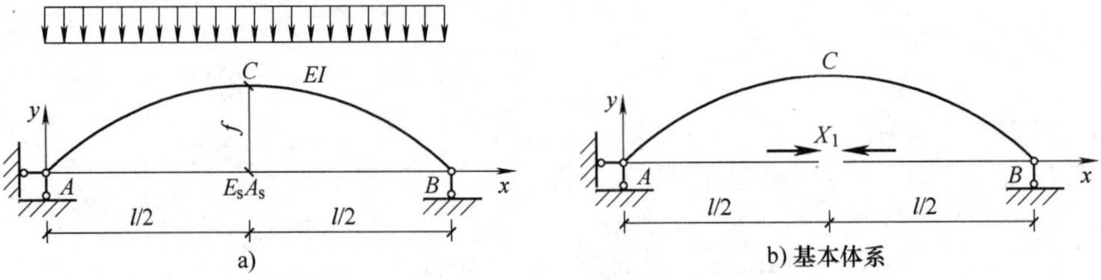

a)

b) 基本体系

图 1-156 [例题 1-76]计算简图

（3）求系数和自由项

$$\delta_{11} = \sum \int \frac{\overline{M}_1^2}{EI} ds + \frac{l}{E_S A_S} = \int \frac{1}{EI}\left[\frac{4f}{l^2}x(l-x)\right]^2 dx + \frac{l}{E_S A_S} = \frac{8f^2 l}{15EI} + \frac{l}{E_S A_S}$$

$$\begin{aligned}\Delta_{1P} &= \frac{1}{EI}\int_0^l \overline{M}_1 M_P ds = \frac{1}{EI}\int_0^l (-y)\cdot\frac{q}{2}x(l-x)dx \\ &= -\frac{1}{EI}\int_0^l \frac{4f}{l^2}x(l-x)\cdot\frac{q}{2}x(l-x)dx \\ &= -\frac{2qf}{EIl^2}\int_0^l x^2\cdot(l-x)^2 dx \\ &= -\frac{qfl^3}{15EI}\end{aligned}$$

（4）求多余未知力，即拉杆轴力

将系数和自由项代入力法典型方程计算，得

$$X_1 = -\frac{\Delta_{1P}}{\delta_{11}} = -\frac{-\dfrac{qfl^3}{15EI}}{\dfrac{8f^2 l}{15EI}+\dfrac{l}{E_S A_S}} = \frac{ql^2}{8f}\cdot\frac{1}{1+\dfrac{15}{8}\dfrac{EI}{E_S A_S f^2}}$$

即为所求。

1.11.5　用力法计算超静定结构在支座移动和温度变化时的内力

用力法计算超静定结构在支座移动和温度变化时的内力见表 1-26。

表 1-26　用力法计算超静定结构在支座移动和温度变化时的内力

序号	项　目	内　容
1	简述	对于静定结构，在支座移动、温度变化等非荷载因素作用下，可发生自由变形，但并不引起内力；而对于超静定结构，由于存在多余约束，在非荷载因素作用下，一般会产生内力，这种内力称为自内力 图 1-157a 所示一简支梁。假设支座 B 有微小沉降，移至 B'。梁的轴线仍为直线，没有内力。实际上，如果去掉支座 B，梁就成为几何可变体系，可绕 A 点自由转动。等 B 端转到 B' 时，再把梁与沉降后的辊轴支座相连。在整个过程中，梁内不产生内力 图 1-157b 所示一连续梁。如果支座 B 有微小沉降，移至 B'，梁的轴线将变成曲线，产生内力。实际上，如果去掉支座 B，梁仍是几何不变体系，不能自由发生运动。要使梁与沉降后的辊轴支座相连，必须使梁产生弯曲变形，因而在梁内产生内力 超静定结构在支座移动及温度改变等因素作用下产生的内力，同样可以用力法计算。计算步骤与荷载作用的情形基本相同
2	支座移动时的内力计算	图 1-158a 所示一个三次超静定刚架，由于地基的沉陷，其支座 A 有水平位移 a、竖向位移 b 及转角 θ。计算此刚架时，可取图 1-158b 所示的基本体系，以 A 点的反力 X_1、X_2 和反力矩 X_3 为多余未知力。X_1、X_2、X_3 的数值须使基本体系 A 点的位移与原刚架 A 点的移动相同。力法方程为 $\left.\begin{aligned}\delta_{11}X_1+\delta_{12}X_2+\delta_{13}X_3&=-a\\ \delta_{21}X_1+\delta_{22}X_2+\delta_{23}X_3&=-b\\ \delta_{31}X_1+\delta_{32}X_2+\delta_{33}X_3&=+\theta\end{aligned}\right\}$　（1-94） 如果选取图 1-158c 所示的基本体系，则力法方程为 $\left.\begin{aligned}\delta_{11}X_1+\delta_{12}X_2+\delta_{13}X_3+\Delta_{1c}&=0\\ \delta_{21}X_1+\delta_{22}X_2+\delta_{23}X_3+\Delta_{2c}&=0\\ \delta_{31}X_1+\delta_{32}X_2+\delta_{33}X_3+\Delta_{3c}&=0\end{aligned}\right\}$　（1-95） 式(1-95)表明基本体系的 B 点沿 X_1、X_2、X_3 方向的总位移须等于零，与原刚架相同。Δ_{1c}、

续表 1-26

<table>
<tr><th>序号</th><th>项　目</th><th>内　容</th></tr>
<tr><td>2</td><td>支座移动时的内力计算</td><td>Δ_{2c}、Δ_{3c}各表示基本体系中由于支座移动在 X_1、X_2 和 X_3 方向所产生的位移，其数值为
$$\left.\begin{aligned}\Delta_{1c}&=a\\ \Delta_{2c}&=-b-l\theta\\ \Delta_{3c}&=0-\theta\end{aligned}\right\}\quad(1\text{-}96)$$
这些自由项的计算并无困难。举例来说，求 Δ_{2c}时，可在基本体系上面加单位力$\overline{X}_2=1$，求出各反力 $\overline{R}$(图 1-158d)。由式(1-49)得
$$\Delta_{2c}=-\sum\overline{R}c=-(1\cdot b+l\cdot\theta)=-b-l\theta$$
多余未知力 X_1、X_2、X_3 求出以后，刚架的弯矩图可由下列公式得出
$$M=\overline{M}_1X_1+\overline{M}_2X_2+\overline{M}_3X_3\quad(1\text{-}97)$$
计算结果表明：支座移动所产生的内力状态与杆件 EI 的绝对值有关。这是与荷载作用时的情况不同的</td></tr>
<tr><td>3</td><td>温度变化时的内力计算</td><td>图 1-159a 所示一个二次超静定刚架。假设各杆的温度，一边升高 t_1，另一边升高 t_2，求刚架的内力分布($t_2>t_1$)
去掉多余联系，代以未知力 X_1 及 X_2，得到基本体系(图 1-159b)。基本体系在 X_1 及 X_2 方向的位移应与原刚架相同，故力法方程为
$$\left.\begin{aligned}\delta_{11}X_1+\delta_{12}X_2+\Delta_{1t}=0\\ \delta_{21}X_1+\delta_{22}X_2+\Delta_{2t}=0\end{aligned}\right\}\quad(1\text{-}98)$$
未知力系数 δ_{11}、δ_{22}和 $\delta_{12}=\delta_{21}$的计算方法与前述相同。自由项 Δ_{1t}及 Δ_{2t}各代表在基本体系内由于温度改变在 X_1 方向及 X_2 方向发生的位移，计算的公式[参看式(1-51)]如下：
$$\left.\begin{aligned}\Delta_{1t}&=\sum\int\frac{\overline{M}_1\alpha t'}{h}\mathrm{d}s+\sum\int\overline{N}_1\alpha t\mathrm{d}s\\ \Delta_{2t}&=\sum\int\frac{\overline{M}_2\alpha t'}{h}\mathrm{d}s+\sum\int\overline{N}_2\alpha t\mathrm{d}s\end{aligned}\right\}\quad(1\text{-}99)$$
这里 α 是膨胀系数，t'是杆件截面两边最外侧纤维的温度差(t_2-t_1)，t 是杆件轴线处温度的升高，h 是杆件截面的厚度。由式(1-99)可知，为了计算自由项，除需要 $\overline{M}_1$ 和 $\overline{M}_2$ 等单位弯矩图以外，还需要 $\overline{N}_1$ 和 $\overline{N}_2$ 等单位轴力图。各种单位内力图都是由于 $X_1=1$ 或 $X_2=1$ 在基本体系中产生的
多余未知力 X_1 及 X_2 求出以后，基本体系最后的弯矩图(即刚架的弯矩图)可由下式计算，得
$$M=\overline{M}_1X_1+\overline{M}_2X_2\quad(1\text{-}100)$$
因为基本体系是静定结构，由于温度改变不产生弯矩，所以弯矩图全是由多余未知力 X_1 和 X_2 产生的
计算结果表明，温度变化引起的内力与杆件的 EI 成正比。在给定的温度条件下，截面尺寸越大，内力也越大。所以为了改善结构在温度作用下的受力状态，加大截面尺寸并不是一个有效的途径
当杆件有温差 t'时，弯矩图的竖矩出现在降温面一边，使升温面产生压应力，降温面产生拉应力。因此，在钢筋混凝土结构中，要特别注意因降温可能出现裂缝</td></tr>
</table>

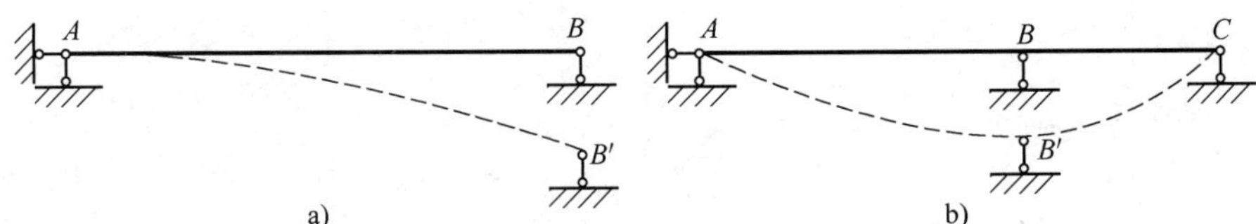

图 1-157　简支梁和连续梁支座沉降分析

a) 简支梁　b) 连续梁

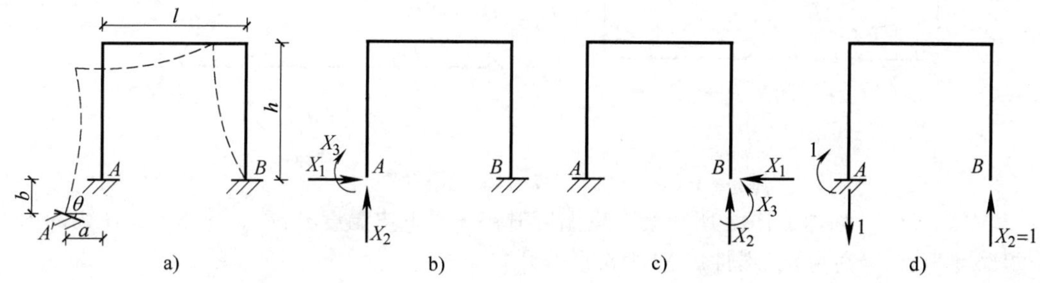

图 1-158　三次超静定刚架支座沉降计算

a）刚架沉降　b）A 支座基本体系　c）B 支座基本体系　d）单位力 $X_2=1$

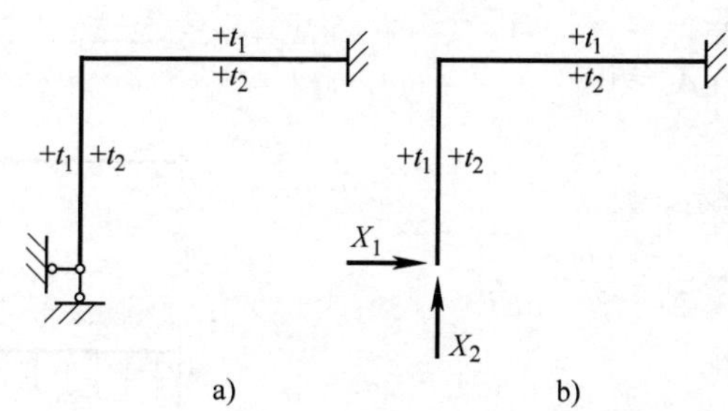

图 1-159　二次超静定刚架受温度计算

a）刚架受温度　b）基本体系

1.11.6　用力法计算超静定结构在支座移动和温度变化时的计算例题

［例题 1-77］　计算如图 1-160a 所示梁的 B 端下沉 Δ，作梁的内力图。EI 为常量。

［解］

去掉 B 端支座，得一悬臂梁，以它为基本体系，如图 1-160b 所示。变形条件为

$$\Delta_1=\Delta$$

基本体系的位移 Δ_1 只是 X_1 引起的，所以

$$\Delta_1=\delta_{11}X_1$$

即

$$\Delta=\delta_{11}X_1$$

作 $\overline{M}$ 图，如图 1-160c 所示，则

$$\delta_{11}=\frac{l^3}{3EI}$$

所以

$$X_1=\frac{\Delta}{\delta_{11}}=\frac{3EI}{l^3}\Delta$$

并由 X_1 作为外加力作弯矩图，如图 1-160d 所示。

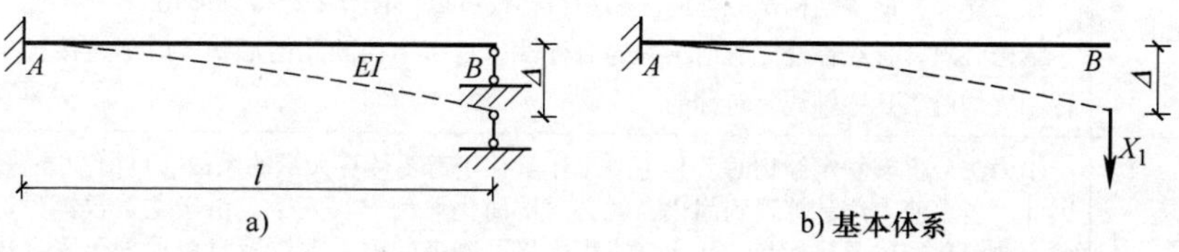

图 1-160　［例题 1-77］计算简图

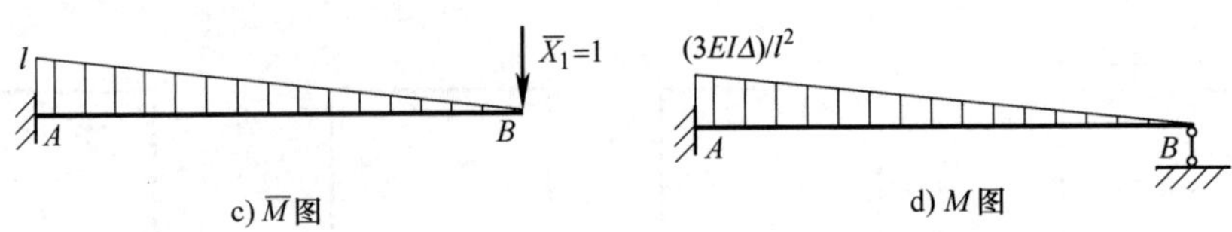

图1-160 [例题1-77]计算简图（续）

[例题1-78] 如图1-161a所示梁上皮温度升高 t_1，下皮温度升高 t_2，$t_2>t_1$，作梁的内力图。设跨度为 l，梁高为 h，惯性矩 EI 为常量。

[解]

（1）取基本体系(图1-161b)

（2）建立力法典型方程

$$\delta_{11}X_1+\Delta_{1t}=0$$

（3）求系数和自由项

作$\overline{M}$图，如图1-161c所示。则

$$\delta_{11}=\frac{1}{EI}l\times l\times\frac{1}{2}\times\frac{2l}{3}=\frac{l^3}{3EI}$$

内外温差为

$$t'=t_2-t_1$$

所以有

$$\Delta_{1t}=\Sigma\alpha\frac{t'}{h}\int\overline{M}_1\mathrm{d}s=\Sigma\alpha\frac{t'}{h}\cdot l\times l\times\frac{1}{2}=\frac{\alpha l^2}{2h}(t_2-t_1)$$

（4）解力法方程

将系数和自由项代入力法典型方程计算，得

$$X_1=-\frac{\Delta_{1t}}{\delta_{11}}=-\frac{\dfrac{\alpha l^2}{2h}(t_2-t_1)}{\dfrac{l^3}{3EI}}=\frac{3\alpha EI(t_2-t_1)}{2hl}$$

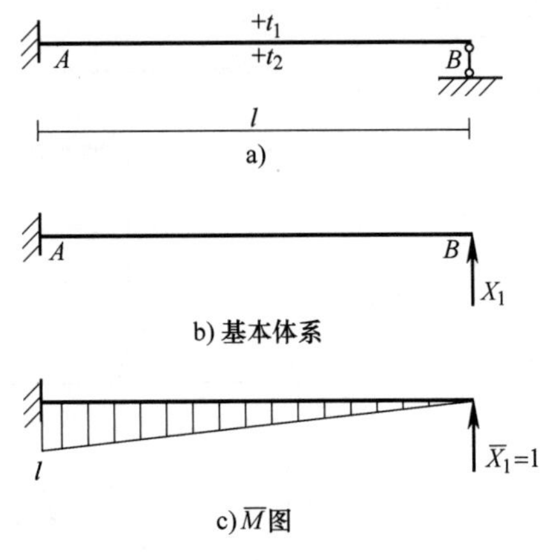

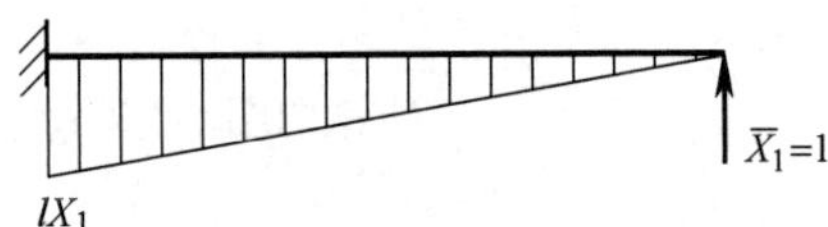

d) M图

图1-161 [例题1-78]计算简图

（5）作内力图

由

$$M=\overline{M}_1X_1$$

则其弯矩图如图1-161d所示。

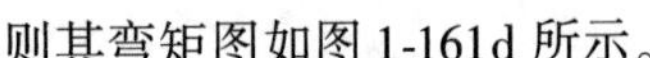

1.11.7 对称结构的简化计算

对称结构的简化计算见表1-27。

表1-27 对称结构的简化计算

序号	项 目	内 容
1	简化的前提条件	在工程中，很多结构是对称的。利用对称性可以使计算工作得到简化 结构必须具有对称性。所谓结构的对称性，是指结构的几何形状、内部连接、支承条件以及杆件刚度均对于某一轴线是对称的
2	简化的主要目标	用力法分析超静定结构时，其主要工作量在于需要计算大量的系数、自由项并解算其典型方程。因此，若要使力法计算得到简化，就必须从简化典型方程入手。由于主系数恒为正且不为零，因此力法简化的主要目标是：使典型方程中尽可能多的副系数以及自由项等于零，从而使典型方程成为独立方程或少元联立方程。能达到这一目的的途径很多，其关键都在于选择合理的基本体系，以及设置适当的基本未知量

续表 1-27

序号	项　　目	内　　容
3	简化的计算方法	图 1-162a 所示一个对称的单跨刚架，有一个竖向对称轴 换句话说，结构绕对称轴对折后，左右两部分完全重合 图 1-162b 所示对称刚架受任意荷载作用。如沿对称轴上梁的中间截面切开，得到的基本体系如图 1-163a 所示。这时多余未知力包括三对力：一对弯矩 X_1，一对轴力 X_2，一对剪力 X_3 如果绕对称轴对折后，二力重合(作用点相对应、数值相等、方向相同)，称此二力为对称力。如果绕对称轴对折后，二力相反(作用点相对应、数值相等、方向相反)，称此二力为反对称力。在图 1-163a 中，X_1 和 X_2 是对称力，X_3 是反对称力 基本体系(图 1-163a)所要满足的变形条件是 $\Delta_1=0,\ \Delta_2=0,\ \Delta_3=0 \quad (1\text{-}101)$ 这里 Δ_1 是沿 X_1 方向的位移。由于 X_1 是一对力矩，所以位移 Δ_1 是指切口两侧截面的相对转角，而第一个力法方程是指切口两侧截面的相对转角应等于零。注意，这里不是指截面的转角等于零，而是指相对转角等于零，即两侧截面的转角应彼此相等。同样，第二个和第三个力法方程分别表示切口两侧截面的水平相对位移和竖向相对位移应等于零 图 1-163b、c、d 所示各单位未知力作用时的单位弯矩图和变形图。显然，对称未知力 X_1 和 X_2 所产生的弯矩 $\overline{M}_1$、$\overline{M}_2$ 和变形图是对称的，反对称未知力 X_3 所产生的弯矩图 $\overline{M}_3$ 和变形图是反对称的。因此 $\left.\begin{aligned}\delta_{13}=\delta_{31}=\sum\int\frac{\overline{M}_1\overline{M}_3}{EI}ds=0\\ \delta_{23}=\delta_{32}=\sum\int\frac{\overline{M}_2\overline{M}_3}{EI}ds=0\end{aligned}\right\} \quad (1\text{-}102)$ 这样，力法方程就简化为 $\left.\begin{aligned}\delta_{11}X_1+\delta_{12}X_2+\Delta_{1P}=0\\ \delta_{21}X_1+\delta_{22}X_2+\Delta_{2P}=0\\ \delta_{33}X_3+\Delta_{3P}=0\end{aligned}\right\} \quad (1\text{-}103)$ 可以看出，方程已分为两组。一组只包含对称未知力 X_1、X_2，另一组只包含反对称未知力 X_3 图 1-162 中所示荷载是非对称的荷载，可以把它分解为两部分：一部分是对称荷载(图 1-164a)，另一部分是反对称荷载(图 1-165a)。根据叠加原理，可以对这两部分荷载分别计算，然后把内力图叠加起来 在对称荷载作用下，基本体系的荷载弯矩图 M'_P 和变形图(图 1-164b)是对称的，因此 $\Delta_{3P}=\sum\int\frac{\overline{M}_3 M_P}{EI}ds=0 \quad (1\text{-}104)$ 因而，由方程式(1-103)的第三式可知，反对称未知力 $X_3=0$，则只有对称未知力 X_1 和 X_2 需要计算 在反对称荷载作用下，基本体系的荷载弯矩图 M''_P 和变形图(图 1-165b)是反对称的，因此 $\left.\begin{aligned}\Delta_{1P}=\sum\int\frac{\overline{M}_1 M_P}{EI}ds=0\\ \Delta_{2P}=\sum\int\frac{\overline{M}_2 M_P}{EI}ds=0\end{aligned}\right\} \quad (1\text{-}105)$ 因而由方程式(1-103)的前两式可知，对称未知力 $X_1=X_2=0$，则只有反对称未知力 X_3 需要计算 总之，对称结构在对称荷载作用下，变形是对称分布的(图 1-164a)，反力和内力也是对称分布的。因此，在对称的基本体系中，反对称的未知力必等于零，只需计算对称未知力(图 1-164c) 对称结构在反对称荷载作用下，变形是反对称分布的(图 1-165a)，反力和内力也是反对称分布的。因此，在对称的基本体系中，对称的未知力必等于零，只需计算反对称未知力(图 1-165c)

续表 1-27

序号	项　目	内　容
4	简化的计算原则	归纳起来，利用结构的对称性以简化计算的原则如下： 1）把荷载分为对称荷载和反对称荷载 2）选用对称的基本体系 3）在对称荷载作用下，只考虑对称未知力（反对称未知力等于零） 4）在反对称荷载作用下，只考虑反对称未知力（对称未知力为零）

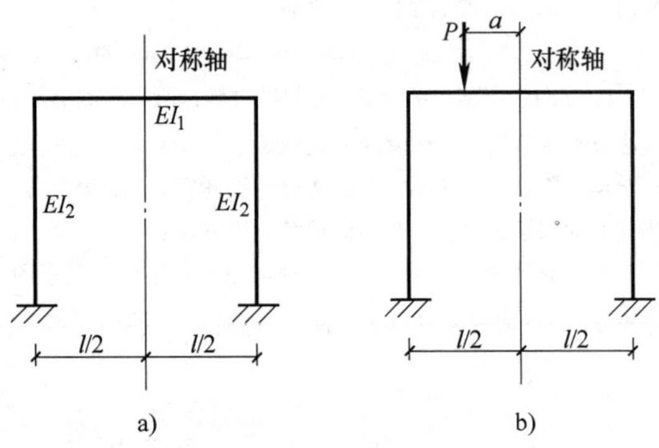

图 1-162　对称结构及非对称荷载

a）对称结构　b）非对称荷载

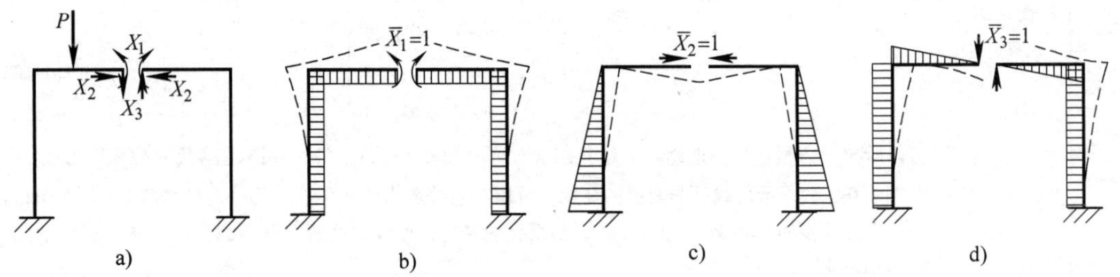

图 1-163　对称力，反对称力及单位弯矩图

a）X_1 和 X_2 是对称力，X_3 是反对称力　b）$\overline{X}_1=1$ 图　c）$\overline{X}_2=1$ 图　d）$\overline{X}_3=1$ 图

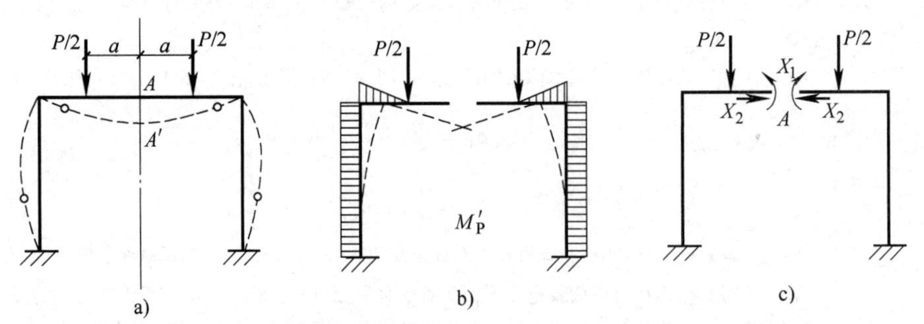

图 1-164　对称荷载作用

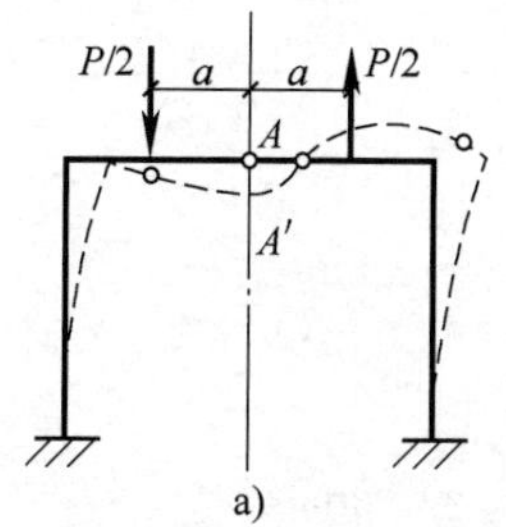

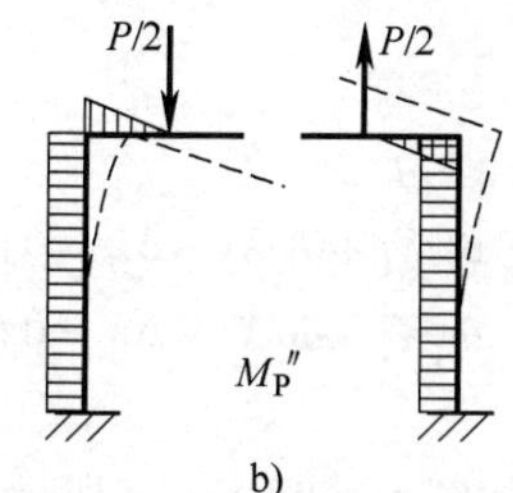

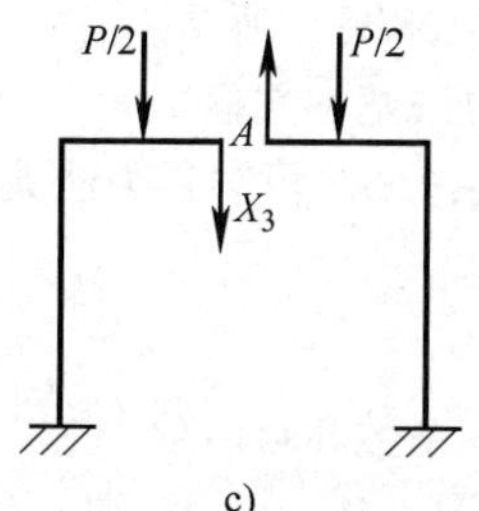

图 1-165　反对称荷载作用

1.11.8　对称结构计算例题

［例题 1-79］　计算如图 1-166a 所示刚架在水平力 P 作用下的弯矩图。

［解］

(1) 荷载 P 分为对称荷载(图 1-166b)和反对称荷载(图 1-166c)

在对称荷载作用下，可以得出只有横梁承受压力$\dfrac{P}{2}$，而其他杆件无压力的结论。因此，计算图 1-166a 所示刚架的弯矩图就是在反对称荷载作用下的弯矩图。

(2) 在反对称荷载作用下，取基本体系如图 1-166d 所示

切口截面的弯矩、轴力都是对称未知力，应为零。只有反对称未知力 X_1 存在。基本体系在荷载和单位未知力作用下的弯矩图，如图 1-166e、f 所示。由此得

$$\Delta_{1P}=2\frac{1}{2}\times\frac{Ph}{2}h\frac{1}{2EI_1}=\frac{Ph^2}{4EI_1}$$

$$\delta_{11}=2\left(\frac{lh}{2}\frac{l}{2EI_1}+\frac{1}{2}\times\frac{l}{2}\times\frac{l}{2}\frac{l}{3}\frac{1}{EI_2}\right)=\frac{l^2h}{2EI_1}+\frac{l^3}{12EI_2}$$

图 1-166　［例题 1-79］计算简图

(3) 代入力法方程

设 $K=\dfrac{I_2h}{I_1l}$，得

$$X_1=-\frac{\Delta_{1P}}{\delta_{11}}=-\frac{6K}{6K+1}\frac{Ph}{2l}$$

(4) 作刚架的弯矩图（图 1-167）

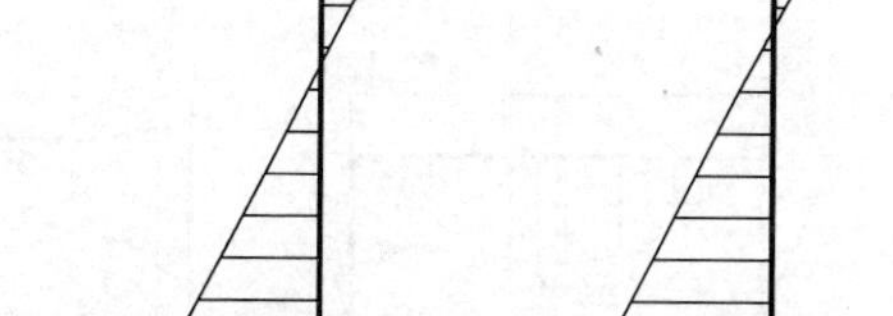

图 1-167　［例题 1-79］弯矩图

［例题 1-80］　计算如图 1-168a 所示刚架，画内力图。

［解］

(1) 取基本体系

本例所示刚架结构对称，荷载也对称，可取一半结构进行计算，并去掉定向约束取为基本体

系，如图1-168b、c所示。

(2) 力法基本方程

应用式(1-67)可写得力法典型方程为

$$\left.\begin{aligned}\delta_{11}X_1+\delta_{12}X_2+\Delta_{1P}=0\\\delta_{21}X_1+\delta_{22}X_2+\Delta_{2P}=0\end{aligned}\right\}$$

(3) 求系数和自由项

作 $\overline{M}_1$ 图、$\overline{M}_2$ 图、M_P 图，分别如图1-168d、e、f所示。则计算，得

$$\delta_{11}=\frac{1}{EI}6\times6\times\frac{1}{2}\times\frac{2}{3}\times6=\frac{72}{EI}$$

$$\delta_{22}=\frac{1}{4EI}1\times6\times1+\frac{1}{EI}1\times6\times1=\frac{15}{2EI}$$

$$\delta_{12}=\delta_{21}=\frac{1}{EI}6\times6\times\frac{1}{2}\times1=\frac{18}{EI}$$

$$\Delta_{1P}=\frac{1}{EI}6\times6\times\frac{1}{2}\times360=\frac{6480}{EI}$$

$$\Delta_{2P}=\frac{1}{4EI}\frac{1}{3}\times360\times6\times1+\frac{1}{EI}360\times6\times1=\frac{2340}{EI}$$

(4) 解力法方程

将系数和自由项代入力法典型方程，并化简，得

$$\left.\begin{aligned}4X_1+X_2+360=0\\2.4X_1+X_2+312=0\end{aligned}\right\}$$

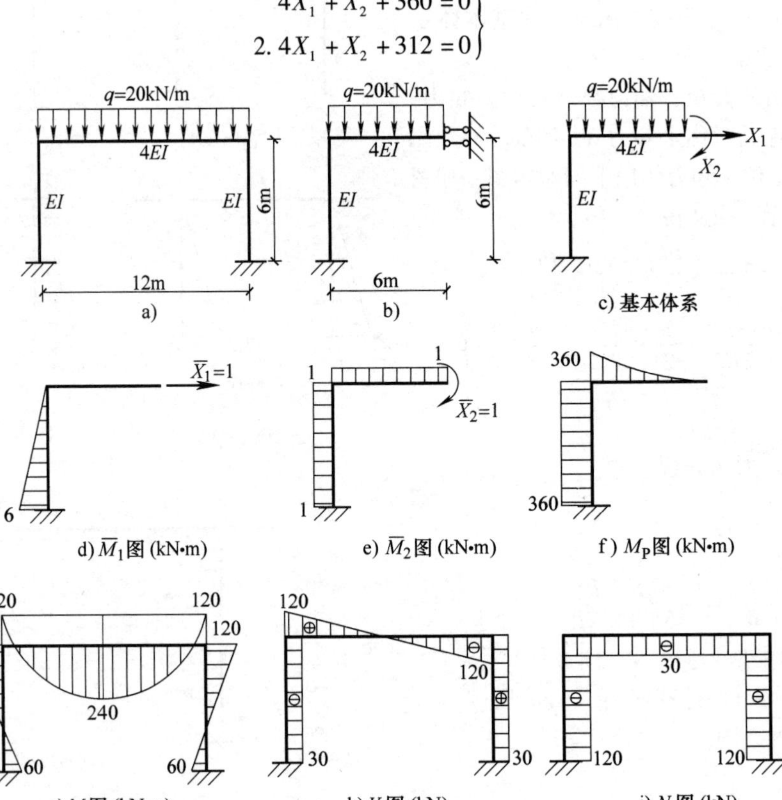

图1-168 [例题1-80]计算简图

解之，得

$$X_1 = -30\text{kN}$$
$$X_2 = -240\text{kN}\cdot\text{m}$$

（5）作内力图

根据式(1-68) $M = X_1\overline{M}_1 + X_2\overline{M}_2 + M_P$，作刚架的内力图如图 1-168g($M$ 图)、图 1-168h(V 图)、图 1-168i(N 图)所示。

[例题 1-81]　计算如图 1-169a 所示刚架，画内力图。

[解]

（1）取基本体系

本例所示刚架结构对称，荷载也对称，可取一半结构进行计算，如图 1-169b 所示，并取基本体系如图 1-169c 所示。

（2）力法基本方程

根据式(1-67)可写得力法典型方程为

$$\left.\begin{aligned}\delta_{11}X_1+\delta_{12}X_2+\Delta_{1P}=0\\ \delta_{21}X_1+\delta_{22}X_2+\Delta_{2P}=0\end{aligned}\right\}$$

（3）求系数和自由项

作 $\overline{M}_1$ 图、$\overline{M}_2$ 图、M_P 图，分别如图 1-169d、e、f 所示。

则计算，得

$$\delta_{11}=\frac{1}{EI}\left[3\times5\times\frac{1}{2}\times\frac{2}{3}\times3+3\times4\times\frac{1}{2}\times\left(\frac{2}{3}\times3+\frac{1}{3}\times7\right)+7\times4\times\frac{1}{2}\times\left(\frac{2}{3}\times7+\frac{1}{3}\times3\right)\right]$$
$$=\frac{1}{EI}\left(15+26+\frac{238}{3}\right)=\frac{361}{3EI}$$

$$\delta_{22}=\frac{1}{EI}1\times5\times1+\frac{1}{EI}1\times4\times1=\frac{9}{EI}$$

$$\delta_{12}=\delta_{21}=\frac{1}{EI}\left(3\times5\times\frac{1}{2}\times1+3\times4\times\frac{1}{2}\times1+7\times4\times\frac{1}{2}\times1\right)=\frac{55}{2EI}$$

$$\Delta_{1P}=\frac{1}{EI}\left(80\times5\times\frac{1}{3}\times\frac{3}{4}\times3+80\times4\times\frac{10}{2}\right)=\frac{1900}{EI}$$

$$\Delta_{2P}=\frac{1}{EI}\left(\frac{1}{3}\times80\times5\times1+80\times4\times1\right)=\frac{1360}{3EI}$$

（4）解力法方程

将系数和自由项代入力法典型方程，并化简，得

$$\frac{361}{3}X_1+\frac{55}{2}X_2+1900=0$$

$$\frac{55}{2}X_1+9X_2+\frac{1360}{3}=0$$

解之，得

$$X_1=-14.18\text{kN}$$
$$X_2=-6.98\text{kN}\cdot\text{m}$$

（5）作内力图

根据式(1-68) $M = X_1\overline{M}_1 + X_2\overline{M}_2 + M_P$，作刚架的内力图如图 1-169g($M$ 图)、图 1-169h(V 图)、图 1-169i(N 图)所示。

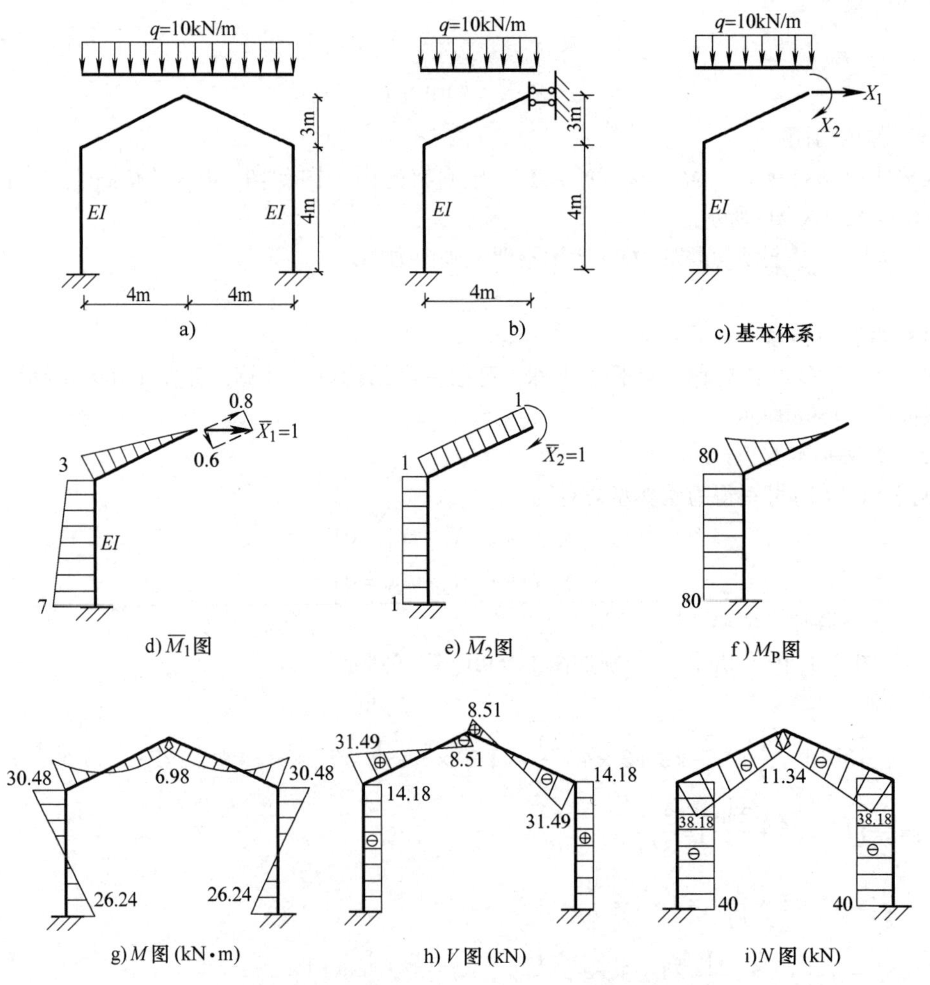

图 1-169 ［例题 1-81］计算简图

［例题 1-82］ 计算如图 1-170a 所示结构，*EI* 为常数，作其弯矩图。

［解］

（1）取基本体系

本例所示结构对称，荷载也对称，可取 1/4 结构进行计算，如图 1-170b 所示，并取基本体系如图 1-170c 所示。

（2）力法基本方程

应用式(1-63)建立力法典型方程为

$$\delta_{11}X_1+\Delta_{1P}=0$$

（3）求系数和自由项

作 $\overline{M}_1$ 图、M_P 图，分别如图 1-170d、e 所示。则计算，得

$$\delta_{11}=\frac{1}{EI}\left(1\times\frac{l}{2}\times1+1\times\frac{l}{2}\times1\right)=\frac{l}{EI}$$

$$\Delta_{1P}=\frac{1}{EI}\left(\frac{ql^2}{8}\times\frac{1}{3}\times\frac{l}{2}\times1+\frac{ql^2}{8}\times\frac{l}{2}\times1\right)=\frac{ql^3}{12EI}$$

（4）解力法方程

将系数和自由项代入力法典型方程并解之，得

$$X_1 = -\frac{\Delta_{1P}}{\delta_{11}} = -\frac{ql^2}{12}$$

（5）作弯矩图

根据式(1-64) $M = X_1\overline{M}_1 + M_P$，作刚架的弯矩图如图 1-170f 所示。

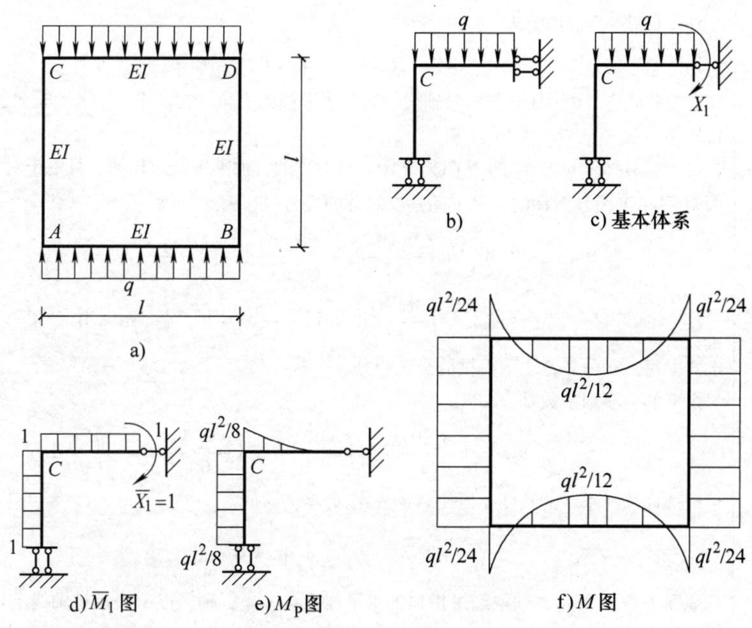

图 1-170　[例题 1-82] 计算简图

1.11.9　用弹性中心法计算对称无铰拱

用弹性中心法计算对称无铰拱见表 1-28。

表 1-28　用弹性中心法计算对称无铰拱

序号	项　目	内　容
1	简述	在土木工程中，常采用具有闭合周界的三次超静定结构，如无铰拱，矩形框架，马蹄形、圆形及上圆下方等截面形式的隧道和输水涵管等都是这类结构的实例。这类结构通常是对称的，一般具有一根或两根对称轴。这里以对称的无铰拱为例，介绍一种解算这类结构常用的简便方法，即弹性中心法
2	弹性中心	这里只考虑对称的无铰拱(图 1-171a)，因为这种情形比较常见。无铰拱是三次超静定的结构。为使计算简单，选取图 1-171b 所示的基本体系。在拱顶 C 点把拱切开，使用两个刚臂 CE 把多余未知力 X_1、X_2、X_3 加到 E 点。刚臂的长度 a 还要作适当的选择。在刚臂末端 E 点所加的未知力 X_1、X_2、X_3 是和拱顶截面 C 的剪力 X_1、轴力 X_2、弯矩 X_3 静力等效的。求未知力的力法方程为 $$\left.\begin{array}{l}\delta_{11}X_1+\delta_{12}X_2+\delta_{13}X_3+\Delta_{1P}=0\\\delta_{21}X_1+\delta_{22}X_2+\delta_{23}X_3+\Delta_{2P}=0\\\delta_{31}X_1+\delta_{32}X_2+\delta_{33}X_3+\Delta_{3P}=0\end{array}\right\}\quad(1\text{-}106)$$ 选 E 为坐标原点，x 轴是水平的，y 轴即对称轴。单位未知力在基本体系内所产生的内力可由图 1-172、图 1-173 和图 1-174 得到

续表 1-28

<table>
<tr><th>序号</th><th>项　目</th><th>内　容</th></tr>
<tr><td>2</td><td>弹性中心</td><td>$\overline{X}_1=1$ 所产生的内力为
$$\overline{M}_1=x,\quad \overline{V}_1=\cos\theta,\quad \overline{N}_1=-\sin\theta \tag{1-107}$$
$\overline{X}_2=1$ 所产生的内力为
$$\overline{M}_2=-y,\quad \overline{V}_2=-\sin\theta,\quad \overline{N}_2=-\cos\theta \tag{1-108}$$
$\overline{X}_3=1$ 所产生的内力为
$$\overline{M}_3=1,\quad \overline{V}_3=0,\quad \overline{N}_3=0 \tag{1-109}$$
在上面各式中，θ 为任意截面处轴线切线与水平线的交角。在左半拱中 θ 为正号，在右半拱中 θ 为负号
由于反对称未知力 X_1 的 M 图和 N 图是反对称的，而 V 图是对称的，且由于对称未知力 X_2 或 X_3 的 M 图和 N 图是对称的，而 V 图是反对称的或为零。因此，得
$$\delta_{12}=\int\frac{\overline{M}_1\ \overline{M}_2}{EI}\mathrm{d}s+\int\frac{\overline{N}_1\ \overline{N}_2}{EA}\mathrm{d}s+\int\frac{\mu\ \overline{V}_1\ \overline{V}_2}{GA}\mathrm{d}s=0$$
$$\delta_{13}=\int\frac{\overline{M}_1\ \overline{M}_3}{EI}\mathrm{d}s+\int\frac{\overline{N}_1\ \overline{N}_3}{EA}\mathrm{d}s+\int\frac{\mu\ \overline{V}_1\ \overline{V}_3}{GA}\mathrm{d}s=0$$
上式中每一积分号都表示沿拱的全长积分
余下的一项副系数是
$$\delta_{23}=\int\frac{\overline{M}_2\ \overline{M}_3}{EI}\mathrm{d}s+\int\frac{\overline{N}_2\ \overline{N}_3}{EA}\mathrm{d}s+\int\frac{\mu\ \overline{V}_2\ \overline{V}_3}{GA}\mathrm{d}s=-\int\frac{y}{EI}\mathrm{d}s$$
可以这样选择刚臂的长度 a 而使副系数 δ_{23} 为零，即使
$$\int\frac{y}{EI}\mathrm{d}s=0$$
如图 1-171b 所示，如取经过拱顶的水平线为参考坐标轴，以 y' 表示拱轴线上任一点距参考轴的垂直距离，则由
$$\int\frac{y}{EI}\mathrm{d}s=\int\frac{a-y'}{EI}\mathrm{d}s=a\int\frac{\mathrm{d}s}{EI}-\int\frac{y'}{EI}\mathrm{d}s=0$$
可得
$$a=\frac{\int\frac{y'}{EI}\mathrm{d}s}{\int\frac{1}{EI}\mathrm{d}s}=0 \tag{1-110}$$
如利用式(1-110)求得刚臂的长度，则刚臂末端 E 点称为拱的弹性中心。假想一窄条面积，其轴线即拱的轴线，其任一点的宽度等于 $1/EI$，则由式(1-110)得知弹性中心就是这种假想面积的重心</td></tr>
<tr><td>3</td><td>荷载作用下的计算</td><td>当多余未知力加于弹性中心时，则所有副系数都等于零，因而力法方程式(1-106)可简化为以下三个独立的方程为
$$\left.\begin{aligned}\delta_{11}X_1+\Delta_{1P}=0\\ \delta_{22}X_2+\Delta_{2P}=0\\ \delta_{33}X_3+\Delta_{3P}=0\end{aligned}\right\} \tag{1-111}$$
方程式(1-111)表明：多余未知力 X_1、X_2、X_3 在基本体系中所产生的位移是互相独立的。每一未知力只在其本身的方向产生位移，而在其他两个未知力方向不产生位移。各多余未知力可以独立算出，即
$$X_1=-\frac{\Delta_{1P}}{\delta_{11}};\ X_2=-\frac{\Delta_{2P}}{\delta_{22}};\ X_3=-\frac{\Delta_{3P}}{\delta_{33}} \tag{1-112}$$
参考式(1-107)、式(1-108)、式(1-109)及图 1-175，可知力法方程的系数及自由项的算式如下：</td></tr>
</table>

续表 1-28

<table>
<tr><th>序号</th><th>项　目</th><th>内　容</th></tr>
<tr><td>3</td><td>荷载作用下的计算</td><td>

$$\delta_{11}=\int\frac{x^2}{EI}ds+\int\frac{\sin^2\theta}{EA}ds+\int\frac{\mu\cos^2\theta}{GA}ds$$

$$\delta_{22}=\int\frac{y^2}{EI}ds+\int\frac{\cos^2\theta}{EA}ds+\int\frac{\mu\sin^2\theta}{GA}ds$$

$$\delta_{33}=\int\frac{1}{EI}ds$$

$$\Delta_{1P}=\int\frac{xM_P}{EI}ds-\int\frac{N_P\sin\theta}{EA}ds+\int\frac{\mu V_P\cos\theta}{GA}ds$$

$$\Delta_{2P}=-\int\frac{yM_P}{EI}ds-\int\frac{N_P\cos\theta}{EA}ds-\int\frac{\mu V_P\sin\theta}{GA}ds$$

$$\Delta_{3P}=\int\frac{M_P}{EI}ds$$

这里，M_P、N_P、V_P 是基本体系(亦即二伸臂曲梁)由于荷载所产生的内力。这些系数和自由项常用数值积分来计算

比较计算表明：如果拱的高跨比$\frac{f}{l}>\frac{1}{5}$，拱身厚度与跨度的比值$\frac{h}{l}<\frac{1}{30}$，则计算系数和自由项时，剪力和轴力的影响都可以忽略

多余未知力求出以后，拱的内力可按下列公式计算为

$$\left.\begin{aligned}M&=\overline{M}_1X_1+\overline{M}_2X_2+\overline{M}_3X_3+M_P=X_1x-X_2y+X_3+M_P\\V&=\overline{V}_1X_1+\overline{V}_2X_2+\overline{V}_3X_3+V_P=X_1\cos\theta+X_2\sin\theta+V_P\\N&=\overline{N}_1X_1+\overline{N}_2X_2+\overline{N}_3X_3+N_P=-X_1\sin\theta-X_2\cos\theta+N_P\end{aligned}\right\}\quad(1\text{-}113)$$

求得 X_1、X_2、X_3 以后，拱的压力曲线可以自拱的中间向两端画出。也可以先求出拱的反力再自拱的两端向中间画出压力曲线

图 1-176 所示无铰拱压力曲线的作法。在力多边形中(图 1-176b)，量出所给荷载；以表示支座反力 R_A 及 R_B 的交点为极点，作出各射线。在绘制索多边形时(图 1-176a)，先作第一边 0－1 与 R_A 的作用线重合，然后依次作出其他各边。绘制是否精确，可以视索多边形的最后一边是否与 R_B 的作用线重合来检查。利用压力曲线也可以计算拱内各截面的内力

</td></tr>
<tr><td>4</td><td>温度变化时的计算</td><td>

计算无铰拱因温度改变所产生的内力时，仍用前面所选的基本体系。多余未知力的计算公式为

$$X_1=-\frac{\Delta_{1t}}{\delta_{11}};\quad X_2=-\frac{\Delta_{2t}}{\delta_{22}};\quad X_3=-\frac{\Delta_{3t}}{\delta_{33}}\quad(1\text{-}114)$$

举例来说，假设全拱温度均匀增高 t℃(图 1-177)，则

$$\Delta_{1t}=\int\overline{N}_1\alpha t ds=-\alpha t\int\sin\theta ds=-\alpha t\int dy=0$$

$$\Delta_{2t}=\int\overline{N}_2\alpha t ds=-\alpha t\int\cos\theta ds=-\alpha t\int dy=-\alpha tl$$

$$\Delta_{3t}=\int\overline{N}_3\alpha t ds=0$$

故有

$$X_1=X_3=0,\ X_2=\frac{\alpha tl}{\delta_{22}}\quad(1\text{-}115)$$

拱的内力为

$$M=-X_2y,\quad V=-X_2\sin\theta,\ N=-X_2\cos\theta\quad(1\text{-}116)$$

对混凝土拱因材料收缩所产生的内力和温度改变所产生的内力的计算方法是相同的

</td></tr>
<tr><td>5</td><td>支座移动时的计算</td><td>

现在讨论无铰拱在支座移动作用下的计算。将多余未知力加于弹性中心(图 1-177)，力法方程为

$$\delta_{11}X_1+\Delta_{1c}=0,\quad \delta_{22}X_2+\Delta_{2c}=0,\quad \delta_{33}X_3+\Delta_{3c}=0$$

图 1-178a 所示一特例，设拱的右支座 B 有水平移动 h、竖向沉陷 v 及转角 θ。基本体系由于这些移动和转动在多余未知力 X_1、X_2、X_3 等方向的位移各为

</td></tr>
</table>

续表 1-28

<table>
<tr><th>序号</th><th>项　目</th><th>内　容</th></tr>
<tr><td>5</td><td>支座移动时的计算</td><td>$$\Delta_{1c}=-v+\frac{l}{2}\theta,\quad \Delta_{2c}=h+(f-a)\theta,\quad \Delta_{3c}=\theta$$
以Δ_{2c}为例，说明自由项的计算方法。如图 1-178b 所示，在基本体系上加单位力$X_2=1$，求出B端的各反力，然后得
$$\Delta_{2c}=-\sum\overline{R}c=-[-1\cdot h-(f-a)\theta]=h+(f-a)\theta$$
系数及自由项求得后，多余未知力可按下式计算：
$$X_1=-\frac{\Delta_{1c}}{\delta_{11}};\ X_2=-\frac{\Delta_{2c}}{\delta_{22}};\ X_3=-\frac{\Delta_{3c}}{\delta_{33}} \quad (1\text{-}117)$$
故内力计算如下：
$$\left.\begin{aligned}M&=\overline{M}_1X_1+\overline{M}_2X_2+\overline{M}_3X_3\\N&=\overline{N}_1X_1+\overline{N}_2X_2+\overline{N}_3X_3\\V&=\overline{V}_1X_1+\overline{V}_2X_2+\overline{V}_3X_3\end{aligned}\right\} \quad (1\text{-}118)$$
在式(1-117)中，分子与拱的刚度无关，而分母与拱的刚度成反比。由此可知，由于一定的支座移动，拱内所产生的内力与其刚度成正比</td></tr>
</table>

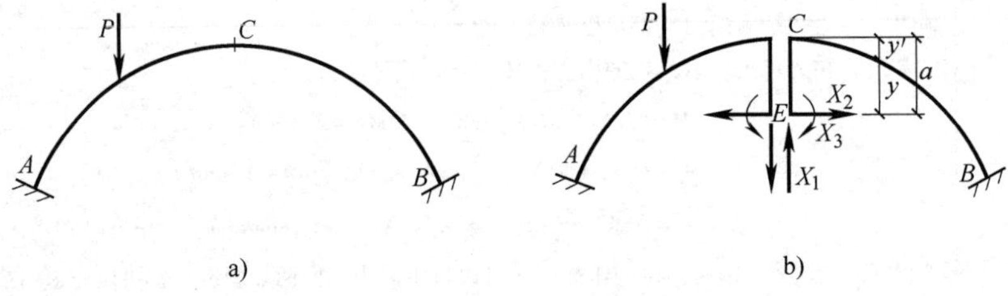

图 1-171　弹性中心法计算对称无铰拱

a）对称无铰拱　b）基本体系

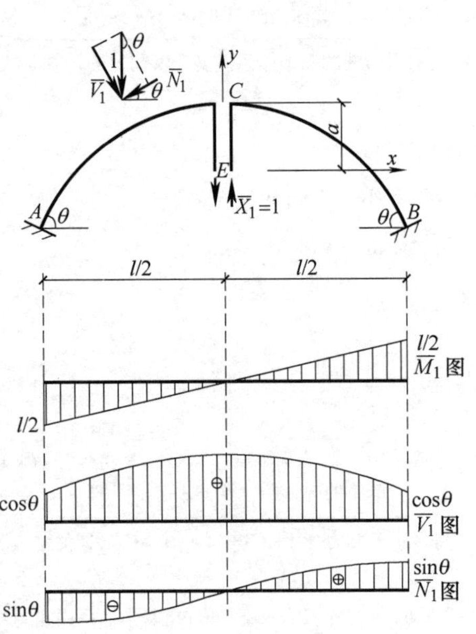

图 1-172　单位未知力$\overline{M}_1$、$\overline{V}_1$、$\overline{N}_1$ 内力图

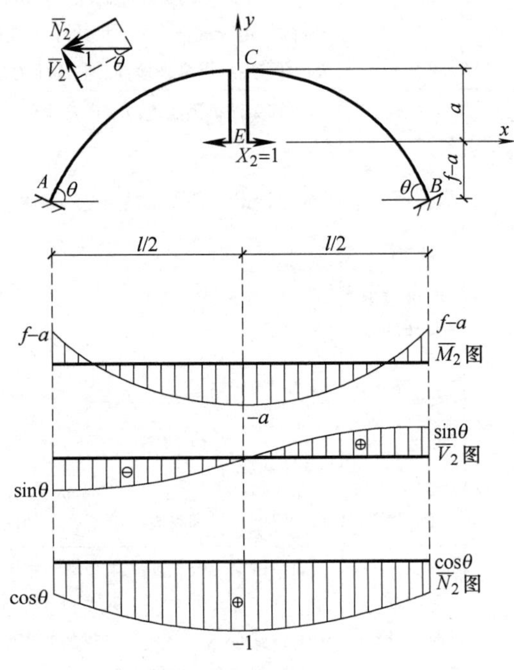

图 1-173　单位未知力$\overline{M}_2$、$\overline{V}_2$、$\overline{N}_2$ 内力图

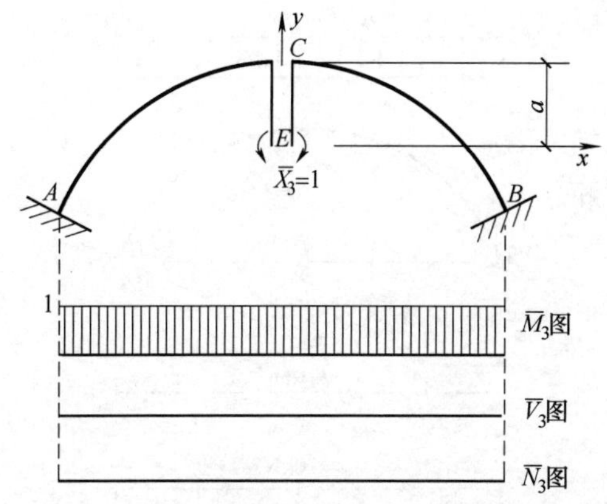

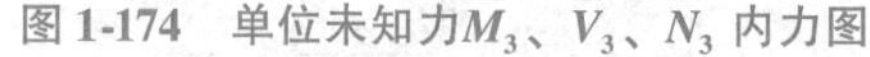

图 1-174　单位未知力 $\overline{M}_3$、$\overline{V}_3$、$\overline{N}_3$ 内力图

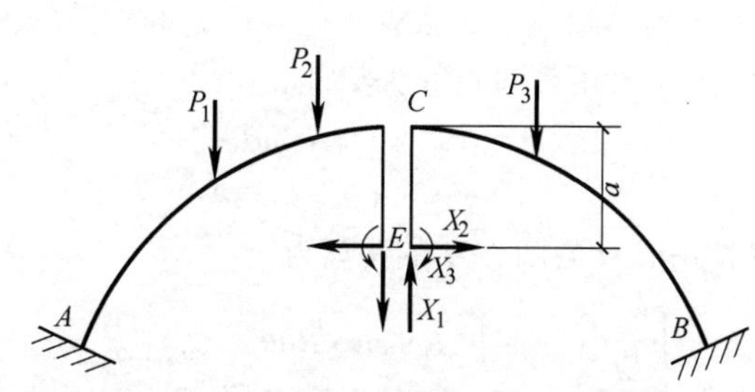

图 1-175　荷载作用下无铰拱弹性中心法计算

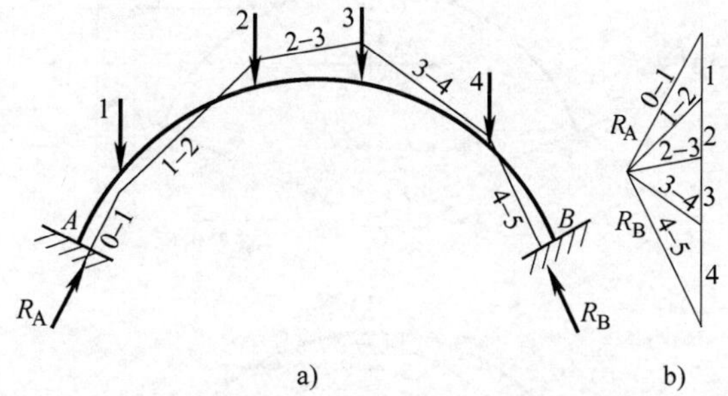

图 1-176　无铰拱压力曲线的作法

图 1-177　无铰拱温度作用计算

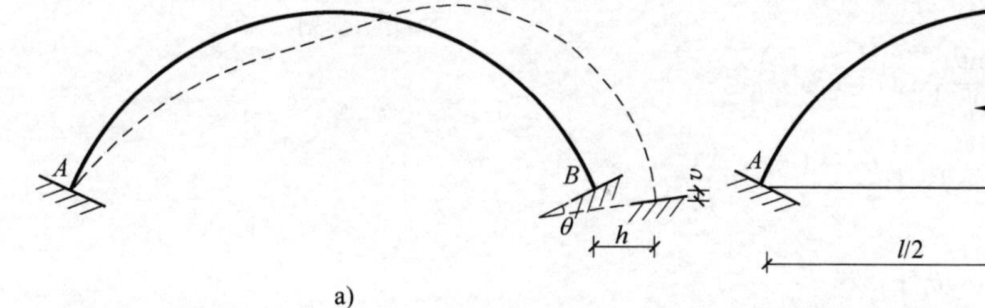

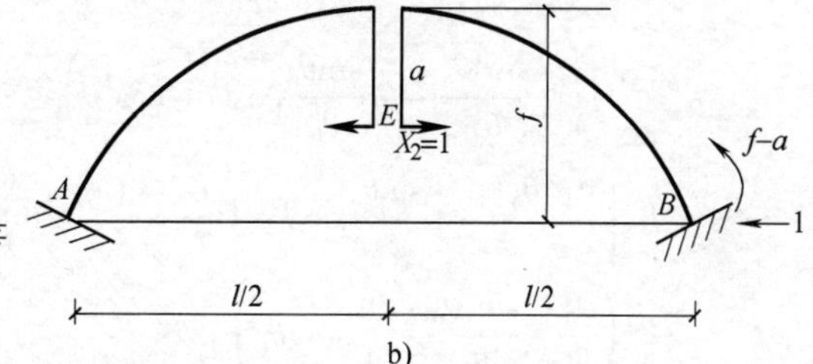

图 1-178　无铰拱支座移动计算

1.11.10　对称无铰拱计算例题

［例 1-83］　求图 1-179a 等截面圆弧无铰拱在均布竖向荷载 $q=10\text{kN/m}$ 作用下的内力，作其弯矩图。设跨度 $l=10\text{m}$，矢高 $f=2.5\text{m}$。

［解］

（1）求圆弧的半径 R 和半拱的圆心角 θ

由直角三角形 $O'AD$，得

$$R^2=\left(\frac{l}{2}\right)^2+(R-f)^2$$

$$R=\frac{l^2+4f^2}{8f}=6.25\text{m}$$

所以

$$\sin\theta_0=\frac{AD}{O'A}=\frac{l/2}{R}=0.8,\ \cos\theta_0=0.6,\ \theta_0=0.9273\text{rad}$$

(2) 确定弹性中心 O 的位置

坐标轴 x 和 y 通过弹性中心 O，另取参考坐标轴 x'和 y'通过圆心 O'。拱轴上任一点 E 的坐标(x，y)和(x'，y')可用其圆心角 θ 表示如下

$$x'=x=R\sin\theta$$

$$y'=y+a=R\cos\theta$$

弹性中心 O 与圆心 O'的距离为

$$a=\frac{\displaystyle\int\frac{y'}{EI}\mathrm{d}s}{\displaystyle\int\frac{\mathrm{d}s}{EI}}=\frac{a\displaystyle\int_0^{\theta_0}R\cos\theta\cdot R\mathrm{d}\theta}{2\displaystyle\int_0^{\theta_0}R\mathrm{d}\theta}=\frac{R\sin\theta_0}{\theta_0}=5.39\text{m}$$

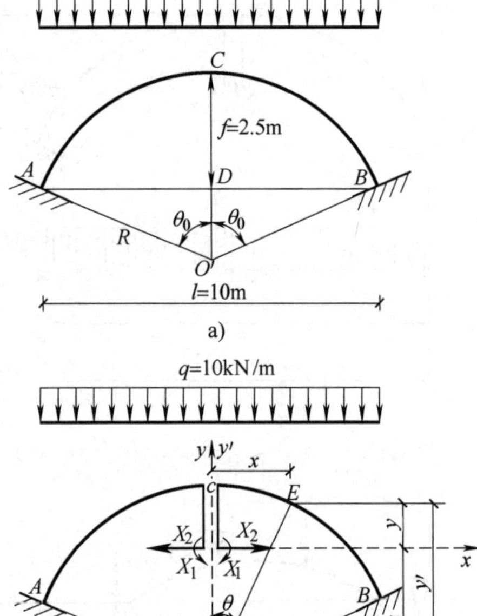

b)

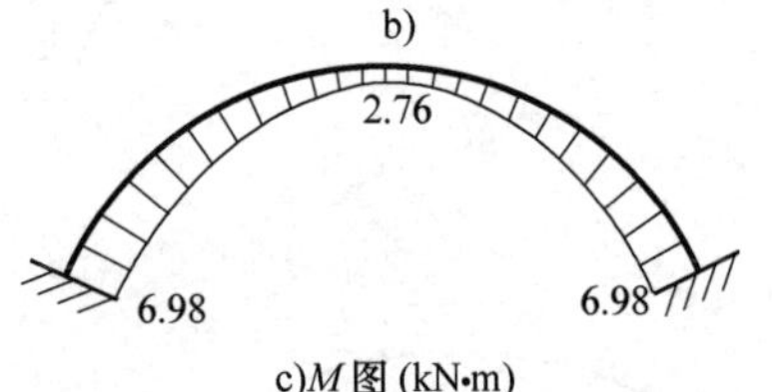

c) M 图 (kN·m)

图 1-179 ［例题 1-83］计算简图

(3) 求系数 δ_{11} 和 δ_{22}

由于对称，$X_3=0$。计算位移时，只考虑弯矩的影响。在 $\overline{X}_1=1$ 作用下，基本体系的弯矩方程为

$$\overline{M}_1=1$$

$$\overline{M}_2=-y=a-y'=R\left(\frac{\sin\theta_0}{\theta_0}-\cos\theta\right)$$

因此计算，得

$$EI\delta_{11}=\int\overline{M}_1^2\mathrm{d}s=2\int_0^{\theta_0}R\mathrm{d}\theta=2R\theta_0$$

$$EI\delta_{22}=\int\overline{M}_2^2\mathrm{d}s=2\int_0^{\theta_0}R^2\left(\frac{\sin\theta_0}{\theta_0}-\cos\theta_0\right)\cdot R\mathrm{d}\theta$$

$$=2R^3\int_0^{\theta_0}\left(\frac{\sin^2\theta_0}{\theta_0^2}-2\frac{\sin\theta_0}{\theta_0}\cos\theta+\cos^2\theta\right)\mathrm{d}\theta$$

$$=2R^3\left[\frac{\sin^2\theta_0}{\theta_0^2}\theta-2\frac{\sin\theta_0}{\theta_0}\sin\theta+\left(\frac{\theta}{2}+\frac{1}{4}\sin^2\theta\right)\right]_0^{\theta_0}$$

$$=2R^3\left(\frac{\theta_0}{2}-\frac{\sin^2\theta_0}{\theta_0}+\frac{1}{4}\sin2\theta_0\right)$$

将数字代入计算，得

$$EI\delta_{11}=1.855R$$

$$EI\delta_{22}=0.0270R^3$$

(4) 求自由项 Δ_{1P} 和 Δ_{2P}

基本体系在荷载 q 作用下的弯矩方程为

$$M_P=-\frac{q}{2}x^2=-\frac{q}{2}R^2\sin^2\theta$$

因此计算，得

$$EI\Delta_{1P}=\int\overline{M}_1M_P\mathrm{d}s=2\int_0^{\theta_0}1\cdot\left(-\frac{q}{2}R^2\sin^2\theta\right)\cdot R\mathrm{d}\theta=-qR^3\left[\frac{\theta}{2}-\frac{1}{4}\sin^2\theta\right]_0^{\theta_0}=-qR^3\left(\frac{\theta_0}{2}-\frac{1}{4}\sin^2\theta_0\right)$$

$$EI\Delta_{2P}=\int\overline{M}_2M_P\mathrm{d}s=2\int_0^{\theta_0}R\cdot\left(\frac{\sin\theta_0}{\theta_0}-\cos\theta\right)\times\left(-\frac{q}{2}R^2\sin^2\theta\right)\cdot R\mathrm{d}\theta$$

$$= -qR^4\left[\frac{\sin\theta_0}{\theta_0}\left(\frac{\theta}{2}-\frac{1}{4}\sin^2\theta_0\right)-\frac{1}{3}\sin^3\theta\right]_0^{\theta_0}$$

$$= -qR^4\left(\frac{1}{2}\sin\theta_0-\frac{1}{4\theta_0}\sin\theta_0\sin^2\theta_0-\frac{1}{3}\sin^3\theta_0\right)$$

将数字代入计算，得

$$EI\Delta_{1P} = -0.224qR^3$$

$$EI\Delta_{2P} = -0.0223qR^4$$

（5）内力计算

多余未知力为

$$X_1 = -\frac{\Delta_{1P}}{\delta_{11}} = \frac{0.224qR^3}{1.855R} = 0.121qR^2 = 47.1\text{kN}\cdot\text{m}$$

$$X_2 = -\frac{\Delta_{2P}}{\delta_{22}} = \frac{0.0223qR^4}{0.0270R^3} = 0.827qR = 51.7\text{kN}$$

由此求得为

水平推力　$H = X_2 = 51.7\text{kN}$

拱顶弯矩　$M_0 = X_1 - X_2(R-a) = 47.1 - 51.7\times(6.25-5.39) = 2.76(\text{kN}\cdot\text{m})$

拱脚弯矩　$M_A = M_B = X_1 + X_2(a - R\cos\theta_0) - \dfrac{q}{2}\left(\dfrac{l}{2}\right)^2 = 6.98\text{kN}\cdot\text{m}$

［例 1-84］　求图 1-180a 所示等截面圆弧无铰拱在均匀水压力作用下的内力。

［解］

在计算无铰拱之前，先讨论三铰拱的受力状态。在均匀水压力 p 的作用下，圆弧三铰拱轴线是合理轴线，弯矩和剪力都等于零，轴力等于常数，即 $N=-pR$，其中 R 是圆弧的半径。

在计算无铰拱时，将利用三铰拱的上述受力特点以简化计算。下面按两种情况加以讨论。

第一种情况，忽略轴向变形时的内力计算。

取三铰拱作为基本体系，如图 1-180b 所示。基本体系在荷载作用下的受力状态如图 1-180c 所示。

$$M_P = 0$$

$$V_P = 0$$

$$N_P = -pR$$

计算力法方程的自由项时，如果忽略轴力 N_P 对位移的影响，再考虑到 M_P 和 V_P 为零，可得

$$\Delta_{1P} = 0$$

$$\Delta_{2P} = 0$$

$$\Delta_{3P} = 0$$

因而多余未知力 X_1、X_2、X_3 全部为零。

由此可知，在忽略轴向变形的假定下，无铰圆弧拱在均匀水压力的作用下的内力与三铰圆拱完全相同，即为图 1-180c 所示的无弯矩状态。

第二种情况，考虑轴向变形时的内力计算。

计算时采用弹性中心法。同时，为了简化，把精确的受力状态分为两部分：

1）不考虑弹性变形时荷载引起的受力状态——无弯矩状态。

2）单纯由轴向变形引起的受力状态——附加内力状态。

第一部分受力状态前面已经求出，如图 1-180c 所示，其中在截面 C 处，轴力为压力 pR，弯

矩和剪力为零。

第二部分附加内力状态可看作是由弹性中心处的多余未知力 X_1 和 X_2 引起的(由于对称，$X_3=0$)。

将两部分受力状态合在一起，即得出基本体系总的受力状态，如图 1-180d 所示。

下面利用弹性中心法求 X_1 和 X_2。弹性中心 O 距圆拱的圆心 O'的距离为(参见[例题 1-83])

$$a=\frac{R\sin\theta_0}{\theta_0}$$

考虑轴向变形时，可得出下列位移为

$$\Delta_{1P}=0$$

$$\Delta_{2P}=\int\frac{\overline{N}_2N_P}{EA}ds=\int\frac{\cos\theta\cdot pR^2\cdot d\theta}{EA}=2\frac{pR^2}{EA}\sin\theta_0$$

$$\delta_{22}=\int\frac{\overline{M}_2^2}{EI}ds+\int\frac{\overline{N}_2^2}{EA}ds=\int\frac{y^2ds}{EI}+\int\frac{\cos^2\theta ds}{EA}$$

$$=\frac{2R^3}{EI}\left(\frac{1}{2}\theta_0+\frac{1}{4}\sin2\theta_0-\frac{\sin^2\theta_0}{\theta_0}\right)+\frac{2R}{EA}\left(\frac{1}{2}\theta_0+\frac{1}{4}\sin2\theta_0\right)$$

因此得

$$X_1=0$$

$$X_2=-\frac{\Delta_{2P}}{\delta_{22}}=-\frac{pR\sin\theta_0}{12\left(\frac{R}{h}\right)^2\left(\frac{1}{2}\theta_0+\frac{1}{4}\sin2\theta_0-\frac{\sin^2\theta_0}{\theta_0}\right)+\left(\frac{1}{2}\theta_0+\frac{1}{4}\sin2\theta_0\right)}$$

其中 h 为拱脚截面的厚度。附加弯矩图如图 1-180e 所示，最大弯矩发生在拱顶和拱脚处。

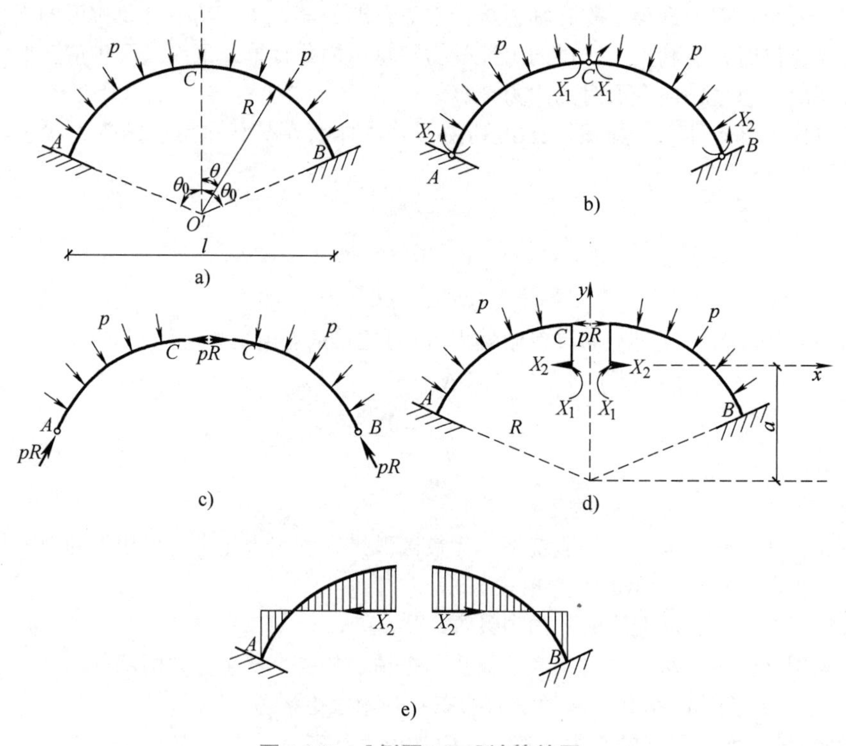

图 1-180 [例题 1-84]计算简图

［例 1-85］　试求图 1-181a 所示的等截面圆弧无铰拱的多余未知力。

［解］

(1) 确定弹性中心 O 的位置

坐标轴 x 和 y 通过弹性中心 O，另取参考坐标轴 x' 和 y' 通过圆心 O'（图 1-181b）。拱轴上任一点 E 的坐标 (x, y) 和 (x', y') 可用其圆心角 θ 表示如下：

$$x' = x = R\sin\theta$$

$$y' = y + a = R\cos\theta$$

弹性中心 O 与圆心 O' 的距离为

$$a = \frac{\int \frac{y'}{EI}\mathrm{d}s}{\int \frac{\mathrm{d}s}{EI}} = \frac{a\int_0^{\theta_0} R\cos\theta \cdot R\mathrm{d}\theta}{2\int_0^{\theta_0} R\mathrm{d}\theta} = \frac{R\sin\theta_0}{\theta_0}$$

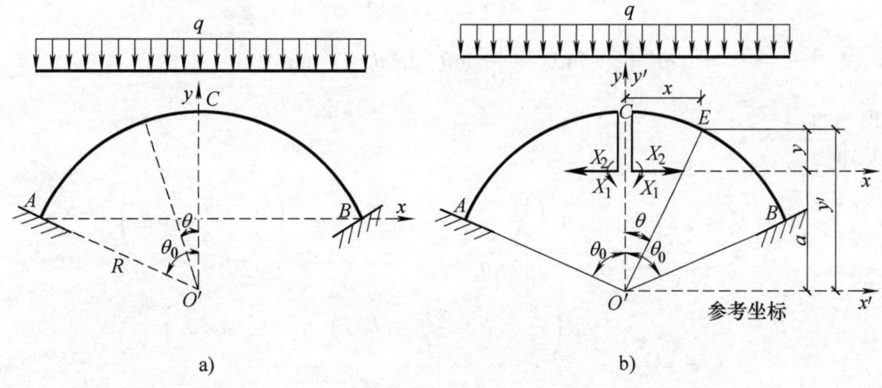

图 1-181　［例题 1-85］计算简图

(2) 求系数 δ_{11} 和 δ_{22}

由于对称，$X_3 = 0$。计算位移时，只考虑弯矩的影响。在 $\overline{X}_1 = 1$ 作用下，基本体系的弯矩方程为

$$\overline{M}_1 = 1$$

$$\overline{M}_2 = -y = a - y' = R\left(\frac{\sin\theta_0}{\theta_0} - \cos\theta\right)$$

因此得

$$EI\delta_{11} = \int \overline{M}_1^2 \mathrm{d}s = 2\int_0^{\theta_0} R\mathrm{d}\theta = 2R\theta_0$$

$$EI\delta_{22} = \int \overline{M}_2^2 \mathrm{d}s = 2\int_0^{\theta_0} R^2\left(\frac{\sin\theta_0}{\theta_0} - \cos\theta_0\right)^2 \cdot R\mathrm{d}\theta$$

$$= 2R^3\int_0^{\theta_0}\left(\frac{\sin^2\theta_0}{\theta_0^2} - 2\frac{\sin\theta_0}{\theta_0}\cos\theta + \cos^2\theta\right)\mathrm{d}\theta$$

$$= 2R^3\left[\frac{\sin^2\theta_0}{\theta_0^2}\theta - 2\frac{\sin\theta_0}{\theta_0}\sin\theta + \left(\frac{\theta}{2} + \frac{1}{4}\sin^2\theta\right)\right]_0^{\theta_0}$$

$$= 2R^3\left(\frac{\theta_0}{2} - \frac{\sin^2\theta_0}{\theta_0} + \frac{1}{4}\sin 2\theta_0\right)$$

(3) 求自由项 Δ_{1P} 和 Δ_{2P}

基本体系在荷载 q 作用下的弯矩方程为

$$M_P = -\frac{q}{2}x^2 = -\frac{q}{2}R^2\sin^2\theta$$

因此得

$$EI\Delta_{1P} = \int \overline{M}_1 M_P \mathrm{d}s = 2\int_0^{\theta_0} 1 \cdot \left(-\frac{q}{2}R^2\sin^2\theta\right)\cdot R\mathrm{d}\theta$$

$$= -qR^3\left[\frac{\theta}{2}-\frac{1}{4}\sin^2\theta\right]_0^{\theta_0} = -qR^3\left(\frac{\theta_0}{2}-\frac{1}{4}\sin^2\theta_0\right)$$

$$EI\Delta_{2P} = \int \overline{M}_2 M_P \mathrm{d}s = 2\int_0^{\theta_0} R\cdot\left(\frac{\sin\theta_0}{\theta_0}-\cos\theta\right)\times\left(-\frac{q}{2}R^2\sin^2\theta\right)\cdot R\mathrm{d}\theta$$

$$= -qR^4\left[\frac{\sin\theta_0}{\theta_0}\left(\frac{\theta}{2}-\frac{1}{4}\sin^2\theta\right)-\frac{1}{3}\sin^3\theta\right]_0^{\theta_0}$$

$$= -qR^4\left(\frac{1}{2}\sin\theta_0-\frac{1}{4\theta_0}\sin\theta_0\sin^2\theta_0-\frac{1}{3}\sin^3\theta_0\right)$$

(4) 内力计算

多余未知力为

$$X_1 = -\frac{\Delta_{1P}}{\delta_{11}} = -\frac{-qR^3\left(\frac{\theta_0}{2}-\frac{1}{4}\sin^2\theta_0\right)}{2R\theta_0} = \frac{-qR^2\left(\frac{\theta_0}{2}-\frac{1}{4}\sin^2\theta_0\right)}{2\theta_0}$$

$$X_2 = -\frac{\Delta_{2P}}{\delta_{22}} = \frac{qR\left(\frac{1}{2}\sin\theta_0-\frac{1}{4\theta_0}\sin\theta_0\sin^2\theta_0-\frac{1}{3}\sin^3\theta_0\right)}{2\left(\frac{\theta_0}{2}-2\frac{\sin^2\theta_0}{\theta_0}+\frac{1}{4}\sin^2\theta\right)}$$

[例 1-86] 试求图 1-182a 所示圆弧无铰拱由于均匀温度变化及混凝土收缩而产生的内力。

[解]

基本体系如图 1-182b 所示，通过刚臂把多余未知力放在弹性中心 O 上。因为对称，剪力 $X_3=0$。

由于内外两侧温度相同，$\Delta t=0$，t_0 为常数。利用温度变化时的位移计算公式以及下列公式

$$\overline{M}_1=1,\ \overline{N}_1=0,\ \overline{M}_2=-y,\ \overline{N}_2=-\cos\theta$$

求得

$$\Delta_{1t} = \int\frac{\alpha\Delta t\,\overline{M}_1\mathrm{d}s}{h} = 0$$

$$\Delta_{2t} = \int\frac{\alpha\Delta t\,\overline{M}_2\mathrm{d}s}{h} + \int\alpha t_0\,\overline{N}_2\mathrm{d}s = -\alpha t_0\int\cos\theta\mathrm{d}s = -\alpha t_0 l$$

所以

$$X_1 = -\frac{\Delta_{1t}}{\delta_{11}} = 0$$

$$X_2 = -\frac{\Delta_{2t}}{\delta_{22}} = \frac{\alpha t_0 l}{\delta_{22}}$$

拱的温度内力为

$$M = -X_2 y$$
$$N = -X_2 \cos\theta$$
$$V = -X_2 \sin\theta$$

压力线为通过弹性中心的水平线。压力线与拱轴线之间的竖距与弯矩成正比。弯矩图如图 1-182c 所示。

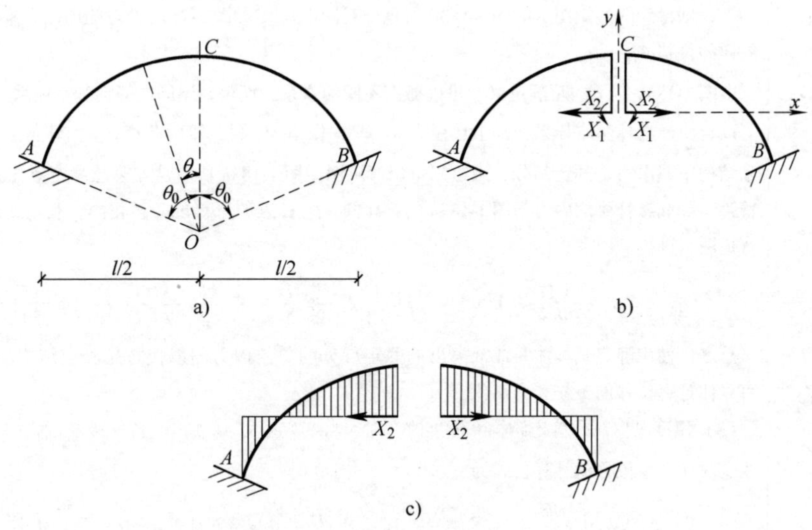

图 1-182　[例题 1-86] 计算简图

1.11.11　超静定结构的位移计算和计算校核

超静定结构的位移计算和计算校核见表 1-29。

表 1-29　超静定结构的位移计算和计算校核

序号	项　目	内　容
1	超静定结构的位移计算	（1）说明。这里讨论超静定结构的位移的计算方法。本书 1.10 节中推导的求位移的一般公式(1-31)及其他的有关内容对超静定结构也同样是适用的。但在计算超静定结构的位移以前，须先求出结构的内力。同时，超静定结构的位移的计算对于校核其内力的计算结果也十分有用 （2）荷载作用。在荷载作用下，超静定结构的位移计算公式由式(1-34)得出为 $\Delta_{iP} = \sum \int \frac{\overline{M}_i M_p}{EI} ds + \sum \int \frac{\overline{N}_i N_p}{EA} ds + \sum \int \frac{\mu \overline{V}_i V_p}{GA} ds \quad (1\text{-}119)$ 其中，M_p、N_p、V_p 是荷载在超静定结构中所产生的内力；$\overline{M}_i$、$\overline{N}_i$、$\overline{V}_i$ 是 $\overline{X}_i = 1$ 在超静定结构产生的内力。将要说明一个很重要的原则：在式(1-119)中，$\overline{M}_i$、$\overline{N}_i$、$\overline{V}_i$ 也可以是 $\overline{X}_i = 1$ 加于超静定结构的任一基本体系或任一截离出的静定部分上面所产生的内力 在梁和刚架中，位移主要是弯矩引起的，轴力和剪力的影响较小，因此，位移公式(1-119)可简化为 $\Delta_{iP} = \sum \int \frac{\overline{M}_i M_p}{EI} ds \quad (1\text{-}120)$ 图 1-183a 所示一超静定梁 AB、EI 不变，全跨 l 承受均布荷载 qkN/m。试求梁跨度中点 C 的竖向位移 Δ_{1P}。在荷载作用下此梁的弯矩图示于图 1-183a 中。在原结构的 C 点加竖向单位力 $\overline{X}_1 = 1$，则得到的弯矩图如图 1-183b 所示。如忽略剪力的影响，并应用图乘法，则由式(1-120)计算，得 $\Delta_{1P} = \sum \int \frac{\overline{M}_1 M_p}{EI} ds = \frac{2}{EI}\left[\frac{1}{12} q l^2 \frac{1}{2}(0) + \frac{2}{3}\frac{q l^2}{8}\frac{1}{2}\left(\frac{l}{8}\frac{1}{4}\right)\right] = \frac{q l^4}{384 EI}$

续表 1-29

<table>
<tr><th>序号</th><th>项　目</th><th>内　容</th></tr>
<tr><td>1</td><td>超静定结构的位移计算</td><td>
图 1-183c 所示同一梁 AB，承受均布荷载 q，与图 1-183a 所不同的只是去掉了 A、B 两端的转动约束，而代以原来梁的反力矩。显然，这个静定的基本体系的弯矩图和位移与原来的梁（图 1-183a）相同。因此，可以把问题改换为求此静定基本体系 C 点的竖向位移。把竖向单位力$\overline{X}_1=1$加于此静定梁上，则得到的弯矩图示如图 1-183d 所示。对图 1-183a 和图 1-183d 两弯矩图用图乘法，即可得到同样的位移 Δ_{1P}
由图 1-183a 所示的超静定梁，可以撤去不同的联系，而得到不同的静定基本体系。计算位移时，可以自由地选择基本体系，加上单位力 $\overline{X}_1=1$，作出 $\overline{M}_1$ 图，然后计算 Δ_{1P}。事实上，也可以从原来结构中截出一个静定部分，来绘制单位弯矩图。图 1-183e 所示从原来超静定梁中截出的一段悬臂梁。如此悬臂梁的内力与图 1-183a 的梁相同，则 C 点的位移也必然相同。利用此悬臂梁的单位弯矩图，则得
$$\Delta_{1P}=\frac{1}{EI}\int\overline{M}_1M_p\mathrm{d}s=\frac{1}{EI}\left(\frac{1}{12}ql^2\ \frac{l}{2}\ \frac{l}{4}-\frac{2}{3}\ \frac{ql^2}{8}\ \frac{l}{2}\frac{l}{2}\ \frac{3}{8}\right)=\frac{ql^4}{384EI}$$
总之，使用静定基本体系或截离出的静定部分的单位内力图以代替超静定结构的单位内力图，可以使计算位移的工作大为简化
（3）温度改变。超静定结构有温度改变时，将产生内力 M_t、N_t、V_t。参考由式（1-50）得到温度改变时所产生位移的计算公式为
$$\Delta_{it}=\Sigma\int\frac{\overline{M}_iM_t}{EI}\mathrm{d}s+\Sigma\int\frac{\overline{N}_iN_t}{EA}\mathrm{d}s+\Sigma\int\frac{\mu\overline{V}_iV_t}{GA}\mathrm{d}s+\Sigma\int\overline{N}_i\alpha t_0\mathrm{d}s+\Sigma\int\overline{M}_i\frac{\alpha t'}{h}\mathrm{d}s \quad (1\text{-}121)$$
应用这个公式时，$\overline{M}_i$、$\overline{N}_i$、$\overline{V}_i$ 也可以取自结构的静定基本体系或截离出的静定部分
（4）支座移动。超静定结构有支座移动时，将产生内力 M_c、N_c、V_c。参考由式（1-49）得支座移动时所产生位移的计算公式为
$$\Delta_{ic}=\Sigma\int\frac{\overline{M}_iM_c}{EI}\mathrm{d}s+\Sigma\int\frac{\overline{N}_iN_c}{EA}\mathrm{d}s+\Sigma\int\frac{\mu\overline{V}_iV_c}{GA}\mathrm{d}s-\Sigma\overline{R}_ic \quad (1\text{-}122)$$
其中，$\overline{M}_i$、$\overline{N}_i$、$\overline{V}_i$ 及 $\overline{R}_i$ 都可以取自静定基本体系或截离出的静定部分。这样进行计算也是比较简便的
如果把 $\overline{X}_i=1$ 加于原来超静定结构，以计算 $\overline{M}_i$、$\overline{N}_i$、$\overline{V}_i$ 及 $\overline{R}_i$，则
$$\Sigma\int\frac{\overline{M}_iM_c}{EI}\mathrm{d}s+\Sigma\int\frac{\overline{N}_iN_c}{EA}\mathrm{d}s+\Sigma\int\frac{\mu\overline{V}_iV_c}{GA}\mathrm{d}s=0 \quad (1\text{-}123)$$
因而得 $$\Delta_{ic}=-\Sigma\overline{R}_ic \quad (1\text{-}124)$$
与式（1-49）的表达形式一样
（5）超静定结构位移的计算步骤
1）荷载作用下
① 解算超静定结构，绘出 M 图
② 将单位力加在任意的基本体系上，绘 $\overline{M}_i$ 图
③ 按式（1-119）或式（1-120）计算结构位移
2）温度改变或支座移动。若超静定体系的位移不是荷载引起的，而是由温度改变或支座移动引起的，则与此类似。计算方法为：
① 在温度改变或支座移动作用下解算超静定结构，绘 M 图
② 化为基本体系
③ 求基本体系的位移，它就是原体系的位移。基本体系的位移是静不定力与温度或支座移动联合作用下产生的
</td></tr>
</table>

续表 1-29

序号	项　目	内　容
2	超静定结构计算校核	（1）计算过程的校核。超静定结构的计算过程较长，数字运算较烦琐。为了保证计算结果的正确性，校核工作很重要 校核工作应当在计算过程中的各个阶段逐步进行，这样可以及时发现错误，避免引起大的返工 计算开始时，必须对计算简图进行校核。结构的几何尺寸、材料常数、荷载的位置和数量，都要经过核对，然后开始计算 基本体系的选择是计算中重要的一环。应使所选的基本体系便于计算。要注意基本体系必须是几何不变的 力法方程的系数和自由项，是根据单位内力图和荷载内力图求出的，因此这些内力图必须经过校对。系数和自由项的计算要仔细。不要忘记各杆的 EI 和正负号 力法方程的解算是容易发生错误的一个环节。多余未知力求出以后，应代入原方程中，检查是否满足 为了便于校核，计算书应当层次分明，交代清楚 （2）最后内力图的校核。刚架最后的 M 图、V 图和 N 图必须经过校核。这些内力图应当满足平衡条件和形变条件 从刚架中截取任一部分，都应该满足平衡条件。举例来说，图 1-184a、b、c 是刚架的最后内力图。为了校核 M 图，可以任取一结点 C(图 1-184d)，检查结点所受的力矩是否满足 $\sum M=0$。为了校核 V 图，可以沿柱顶作一截面，考虑上部的截离体(图 1-184e)，检查是否满足 $\sum X=0$。为了校核 N 图，可以取同一截离体(图 1-184f)，检查是否满足 $\sum Y=0$ 由弯矩图可以迅速校核刚架任一截面剪力的正负号。因为根据式(1-2)为 $$V=\frac{\mathrm{d}M}{\mathrm{d}s}$$ 所以每杆的 M 图如果加或减一个常数，V 值是不变的

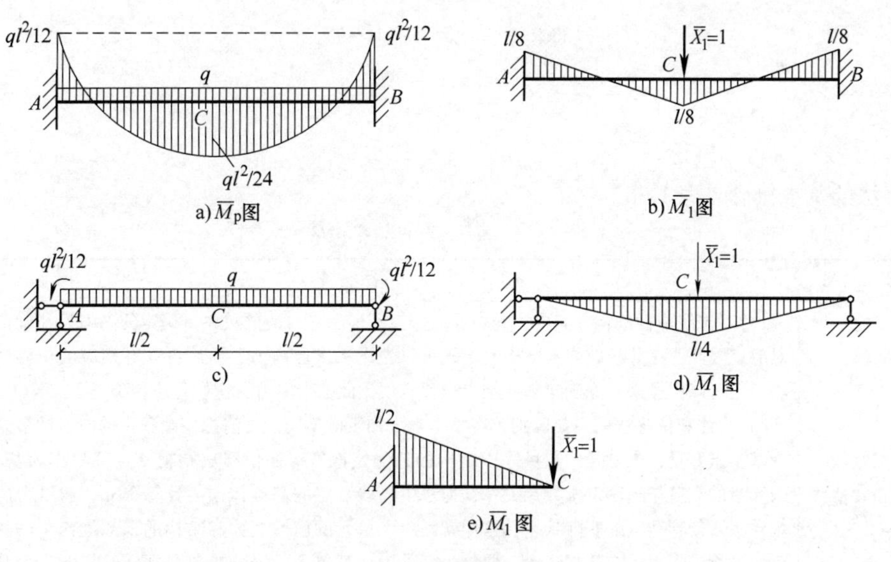

图 1-183　单跨超静定梁

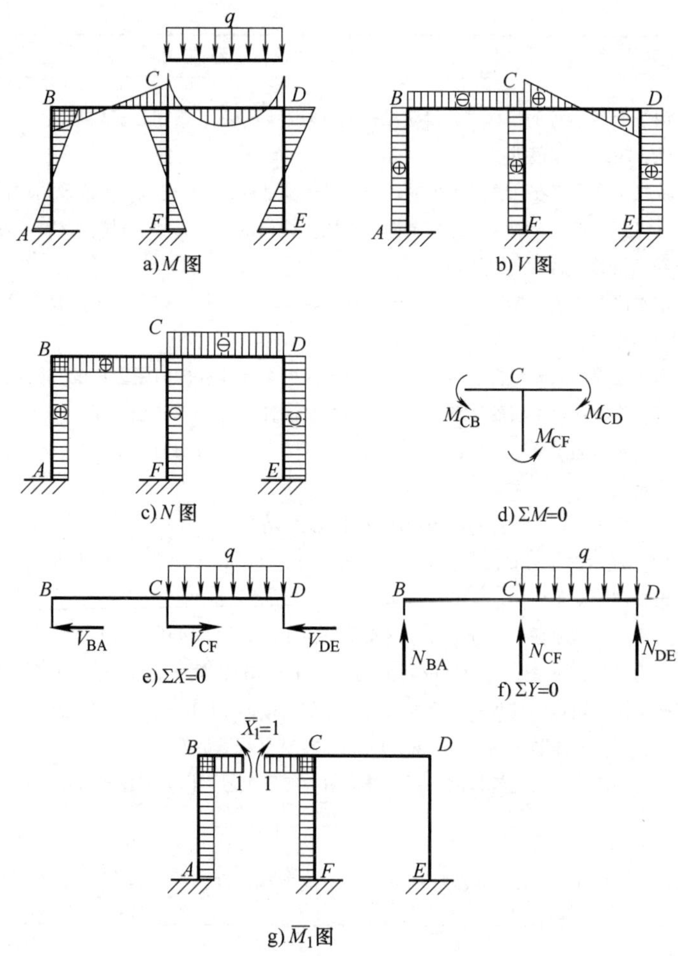

图 1-184 结构内力校核

1.12 位移法

1.12.1 位移法的基本概念

位移法的基本概念见表 1-30。

表 1-30 位移法的基本概念

序号	项 目	内 容
1	力法与位移法	1）对于线弹性结构，其内力与位移之间存在着一一对应的关系，确定的内力只与确定的位移相对应。因此，在分析超静定结构时，既可以先设法求出内力，然后再计算相应的位移，这便是力法；也可以反过来，先确定某些结点位移，再据此推求内力，这便是位移法 2）力法和位移法的主要区别，在于基本未知量的不同。力法把多余联系的内力即多余未知力作为基本未知量，未知量的数目等于结构的超静定次数。而位移法则把结点位移作为基本未知量，未知量的数目与超静定次数无关。在力法中，取静定的基本体系为计算单元；通过力法方程使基本体系恢复到结构的实际状态，这样就解决了单元的已知规律和结构的未知规律之间的矛盾，从已知过渡到未知。在位移法中，取单个杆件为计算单元，先分析单个杆件的杆端反力和变形之间的规律，然后适当选择结点位移使各杆连接起来，既满足实际结构的变形连续条件，又满足平衡条件。位移法使用的基本体系，是从原结构中沿独立位移方向添加约束，并引入未知位移而得到

续表 1-30

序号	项　目	内　容
1	力法与位移法	的体系。在位移法的基本体系中，各杆都变为两端固定或是一端固定另一端铰支的杆件；无论是由于结点的单位位移或是由于荷载作用，杆端弯矩都可由转角位移方程确定。单个杆件的杆端反力和变形之间的关系称为转角位移方程，它是位移法的基础。利用转角位移方程这个工具，可从单个杆件过渡到结构整体，从已知过渡到未知 3）基本方程表示基本体系恢复到原结构的条件。力法方程表示基本体系沿每一多余未知力方向的位移为零，体现变形连续条件。位移法方程表示基本体系每一附加约束处的反力为零，体现平衡条件
2	位移法基本概念	（1）为了说明位移法的概念，来分析图 1-185a 所示刚架的位移。该刚架在集中荷载 P 作用下发生如图曲线所示变形。由于结点 A 为刚结点，杆件 AB、AC、AD 在结点 A 处有相同的转角 θ_A。若略去受弯直杆的轴向变形，并不计由于弯曲而引起杆段两端的接近，则可认为三杆长度不变，因而结点 A 没有线位移。如何据此来确定各杆的内力呢？可将刚架按杆件拆开来分析。对于 AB 杆，可以看作是一根两端固定的梁，对于 AC 杆，也可以看作是两端固定的梁，它们均在固定端 A 处发生了转角 θ_A，如图 1-185b、c 所示，其内力可以用力法算出。对于 AD 杆，则可以看作是一端固定一端铰支的梁，除了受到集中荷载 P 作用外，固定端 A 处还发生了转角 θ_A，其内力同样可用力法算出。可见，在计算刚架时，若以结点 A 的转角为基本未知量，只要设法首先求出 θ_A，则各杆的内力随之均可确定。因此，对整个结构来说，求解的关键就是如何确定基本未知量 θ_A 的值 （2）由上述可知，力法是把超静定结构拆成静定结构(即基本体系)，作为其计算单元；而位移法则是把结构拆成杆件(即如图 1-185b、c、d 所示的三种基本的单跨超静定梁)，作为其计算单元 （3）通过对既有转角又有线位移的刚架分析可知，只要将结构中某些结点的角位移和线位移(即各杆端的转角和线位移)先行求出，则各杆的内力就可以完全确定。如以结点的独立位移作为基本未知量，则上述各单杆杆端的约束反力(亦即各单杆的杆端内力)就应是基本未知量及荷载的函数。将拆开的各杆组装成原结构时，应满足结点或截面平衡条件，从而可确定这些基本未知量的方程式 （4）由以上分析可知：在位移法分析中，需要解决下面三个问题： 1）确定杆件的杆端内力与杆端位移及荷载之间的函数关系(即杆件分析或单元分析) 2）选取结构上哪些结点位移作为基本未知量 3）建立求解这些基本未知量的位移法方程(即整体分析)

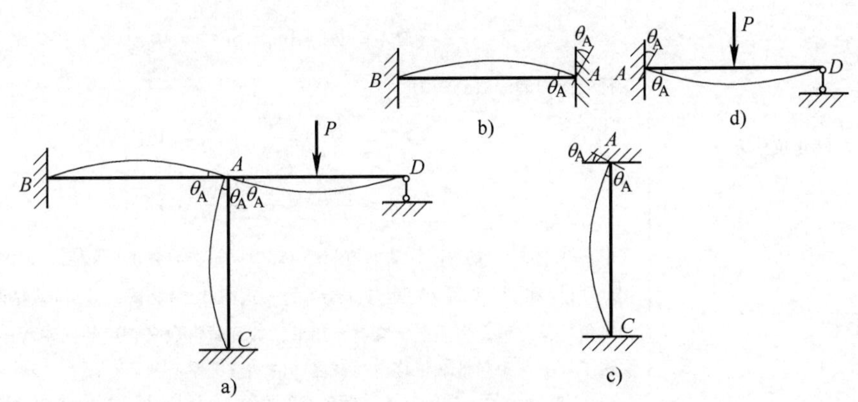

图 1-185　将刚架按杆件拆开来分析

a）原结构　b）AB 两端固定梁　c）AC 两端固定梁　d）AD 一端固定一端铰支梁

1.12.2 等截面直杆的转角位移方程

等截面直杆的转角位移方程如表1-31所示。

表1-31 等截面直杆的转角位移方程

序号	项　目	内　容
1	杆端内力及杆端位移的正负号规定	1）杆端内力的正负号规定。如图1-186所示，*AB* 杆 *A* 端的杆端弯矩和剪力分别以 M_{AB}、V_{AB} 表示，*B* 端的杆端弯矩和剪力分别以 M_{BA}、V_{BA} 表示 杆端弯矩对杆端而言，以顺时针方向为正，反之为负(注意：作用在结点上的外力偶，其正负号规定与此相同)；对结点或支座而言，则以逆时针方向为正，反之为负。杆中弯矩可由平衡条件求得，弯矩图仍画在杆件受拉纤维一侧。杆端剪力和杆端轴力的正负号规定，与通常规定相同 2）杆端位移的正负号规定。角位移以顺时针为正，反之为负 线位移以杆的一端相对于另一端产生顺时针方向转动的线位移为正，反之为负
2	单跨超静定梁的形常数和载常数	位移法中，常用到图1-187所示三种基本的等截面单跨超静定梁，它们在荷载、支座移动或温度变化作用下的内力可通过力法求得 由杆端单位位移引起的杆端内力称为形常数，列入表1-32中。表中引入记号 $i=EI/l$，称为杆件的线刚度 由荷载或温度变化引起的杆端内力称为载常数。其中的杆端弯矩也常称为固端弯矩，用 M^F_{AB} 和 M^F_{BA} 表示；杆端剪力也常称为固端剪力，用 V^F_{AB} 和 V^F_{BA} 表示。常见荷载和温度作用下的载常数列入表1-33中 形常数和载常数在之后的计算中会经常用到。在使用表1-32和表1-33时应注意，表中的形常数和载常数是根据图示的支座位移和荷载的方向求得的。当计算某一结构时，应根据其杆件两端实际的位移方向和荷载方向，判断形常数和载常数应取的正负号
3	转角位移方程	1）两端固定梁。图1-188所示两端固定的等截面梁 *AB*，设 *A*、*B* 两端的转角分别为 θ_A 和 θ_B，垂直于杆轴方向的相对线位移为 Δ，梁上还作用有外荷载。梁 *AB* 在上述四种外因共同作用下的杆端弯距，应等于 θ_A、θ_B、Δ 和荷载单独作用下的杆端弯矩的叠加。利用表1-32和表1-33计算，可得杆端弯矩的一般公式为 $$\left.\begin{aligned}M_{AB}&=4i\theta_A+2i\theta_B-6i\frac{\Delta}{l}+M^F_{AB}\\M_{BA}&=2i\theta_A+4i\theta_B-6i\frac{\Delta}{l}+M^F_{BA}\end{aligned}\right\}\qquad(1\text{-}125)$$ 杆端剪力的一般公式为 $$\left.\begin{aligned}V_{AB}&=-\frac{6i\theta_A}{l}-\frac{6i\theta_B}{l}+\frac{12i\Delta}{l^2}+V^F_{AB}\\V_{BA}&=-\frac{6i\theta_A}{l}-\frac{6i\theta_B}{l}+\frac{12i\Delta}{l^2}+V^F_{BA}\end{aligned}\right\}\qquad(1\text{-}126)$$ 式中，线刚度 $i=EI/l$，其量纲为kN·m；Δ/l 称为杆件的弦转角，记为 β；M^F_{AB} 和 M^F_{BA} 与 V^F_{AB} 和 V^F_{BA} 为固端弯矩与固端剪力。式(1-125)和式(1-126)就是两端固定梁的转角位移方程。实质上，它就是用形常数和载常数来表达的杆端弯矩计算公式，反映了杆端弯矩与杆端位移及荷载之间的函数关系 2）一端固定另一端铰支梁。图1-189所示一端固定另一端铰支的等截面梁 *AB*，设 *A* 端转角为 θ_A，两端相对线位移为 Δ，梁上还作用有外荷载。根据叠加原理，利用表1-32和表1-33，可得杆端弯矩的一般公式为

续表 1-31

<table>
<tr><th>序号</th><th>项　目</th><th>内　容</th></tr>
<tr><td>3</td><td>转角位移方程</td><td>$$\left.\begin{aligned} M_{AB} &= 3i\theta_A - 3i\frac{\Delta}{l} + M_{AB}^F \\ M_{BA} &= 0 \end{aligned}\right\} \tag{1-127}$$
杆端剪力的一般公式为
$$\left.\begin{aligned} V_{AB} &= -\frac{3i\theta_A}{l} + \frac{3i\Delta}{l^2} + V_{AB}^F \\ V_{BA} &= -\frac{3i\theta_A}{l} + \frac{3i\Delta}{l^2} + V_{BA}^F \end{aligned}\right\} \tag{1-128}$$
式(1-127)和式(1-128)就是一端固定另一端铰支梁的转角位移方程
3）一端固定另一端定向支承梁。图 1-190 所示一端固定另一端定向支承梁，设 A 端转角为 θ_A，B 端转角为 θ_B，梁上还作用有外荷载。根据叠加原理，利用表 1-32 和表 1-33，可得杆端弯矩的一般公式为
$$\left.\begin{aligned} M_{AB} &= i\theta_A - i\theta_B + M_{AB}^F \\ M_{BA} &= -i\theta_A + i\theta_B + M_{BA}^F \end{aligned}\right\} \tag{1-129}$$
杆端剪力的一般公式为
$$\left.\begin{aligned} V_{AB} &= V_{AB}^F \\ V_{BA} &= 0 \end{aligned}\right\} \tag{1-130}$$
式(1-129)和式(1-130)就是一端固定另一端定向支承梁的转角位移方程
式(1-125)～式(1-130)中的固端弯矩 M_{AB}^F 和 M_{BA}^F 值和固端剪力 V_{AB}^F 和 V_{BA}^F 值，根据具体情况可由表 1-32、表 1-33 查得
式(1-125)～式(1-130)表明，当已知荷载、杆端转角和杆两端相对线位移时，杆端弯矩和杆端剪力即可确定
有了转角位移方程，就可以用来直接建立位移法方程</td></tr>
</table>

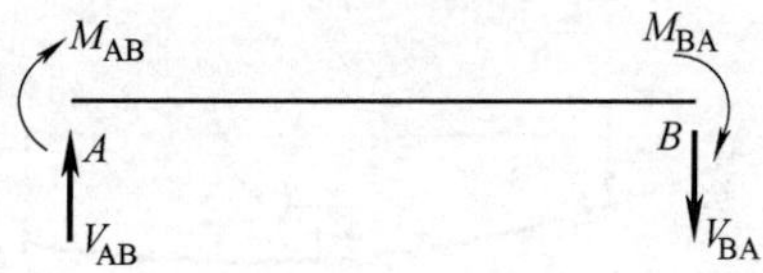

图 1-186　杆端内力正负号规定

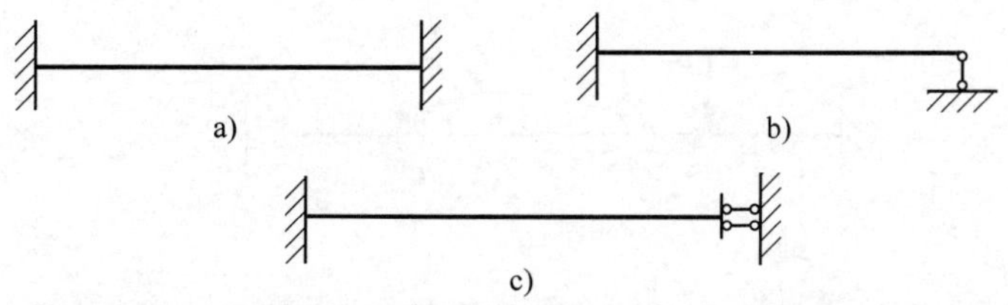

图 1-187　位移法的三种基本计算单元

a）两端固定　b）一端固定一端铰支　c）一端固定一端定向支承

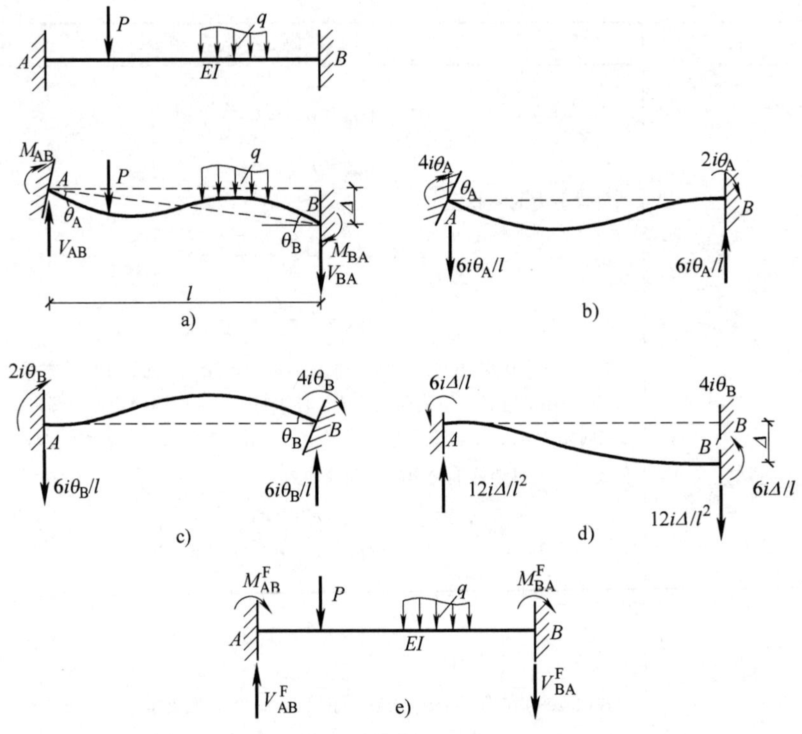

图 1-188　两端固定梁受荷载作用转动情况

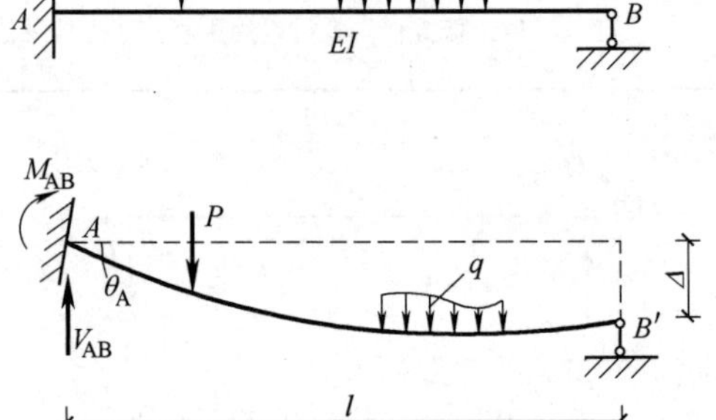

图 1-189　一端固定另一端铰支梁受荷载作用转动情况

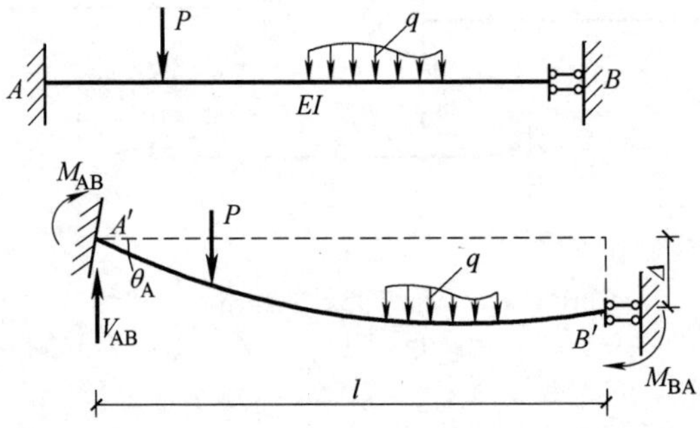

图 1-190　一端固定另一端定向支承梁受荷载作用转动情况

表 1-32　单跨超静定梁的形常数

序号	计算简图	弯矩图（绘在受拉边缘）	杆端弯矩		杆端剪力	
			M_{AB}	M_{BA}	V_{AB}	V_{BA}
1	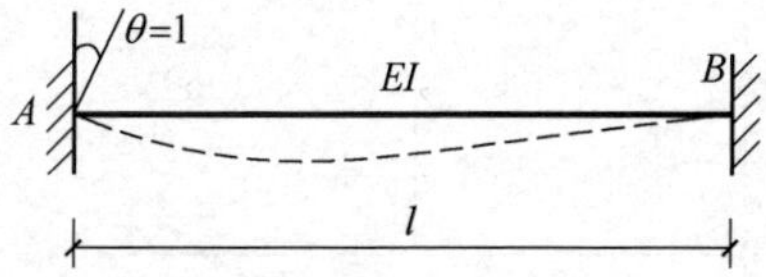 $\theta=1$ A EI B l	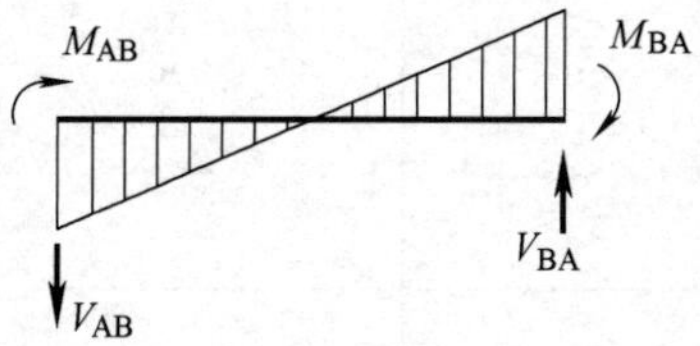 M_{AB} M_{BA} V_{BA} V_{AB}	$\frac{4EI}{l}=4i$	$\frac{2EI}{l}=2i$	$-\frac{6EI}{l^2}=-\frac{6i}{l}$	$-\frac{6EI}{l^2}=-\frac{6i}{l}$
2	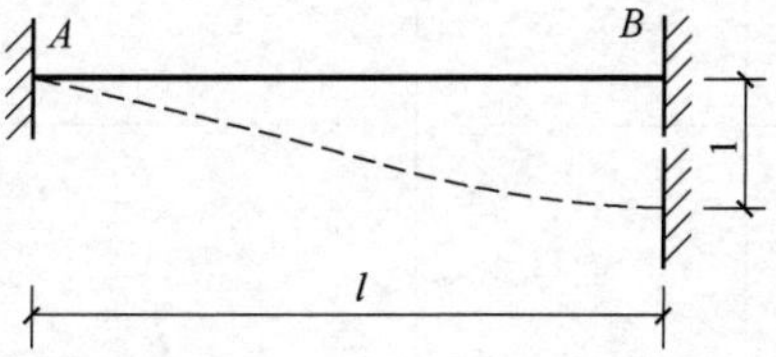 A B 1 l	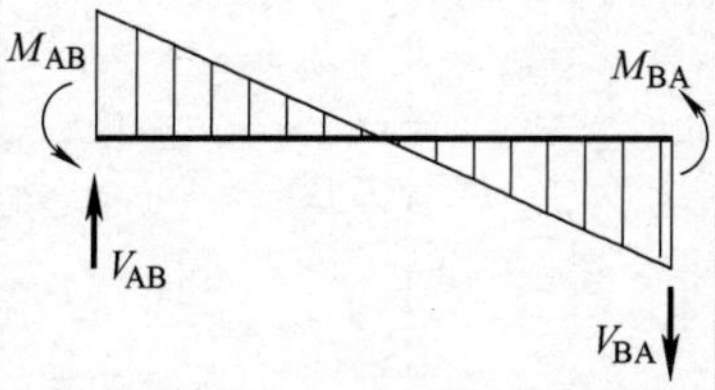 M_{AB} M_{BA} V_{AB} V_{BA}	$-\frac{6EI}{l^2}=-\frac{6i}{l}$	$-\frac{6EI}{l^2}=-\frac{6i}{l}$	$\frac{12EI}{l^3}=\frac{12i}{l^2}$	$\frac{12EI}{l^3}=\frac{12i}{l^2}$
3	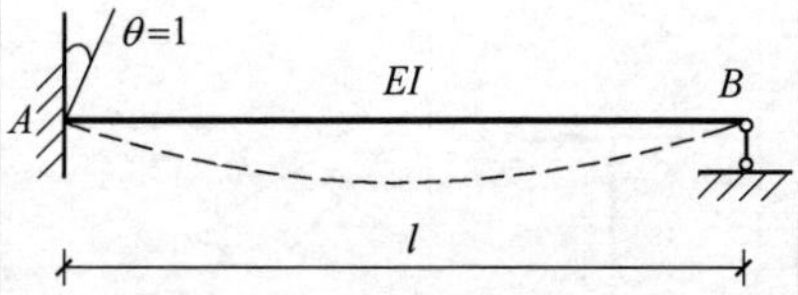 $\theta=1$ A EI B l	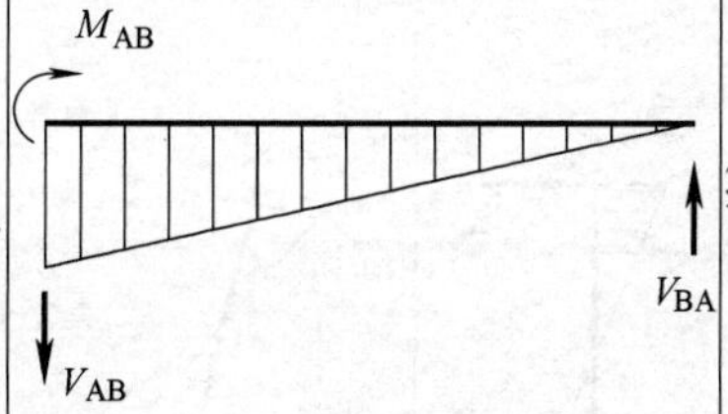 M_{AB} V_{BA} V_{AB}	$\frac{3EI}{l}=3i$	0	$-\frac{3EI}{l^2}=-\frac{3i}{l}$	$-\frac{3EI}{l^2}=-\frac{3i}{l}$
4	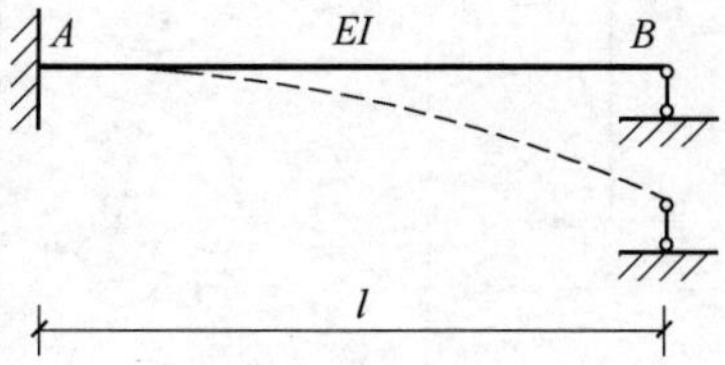 A EI B 1 l	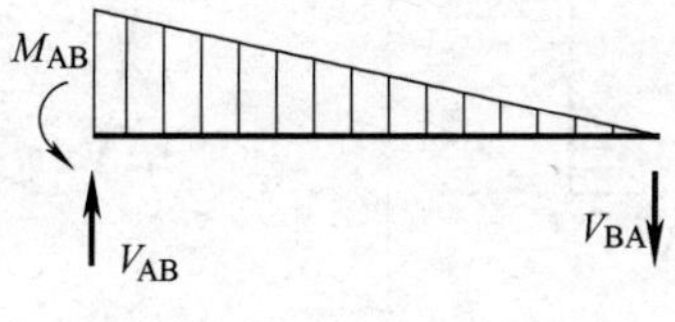 M_{AB} V_{AB} V_{BA}	$-\frac{3EI}{l^2}=-\frac{3i}{l}$	0	$\frac{3EI}{l^3}=\frac{3i}{l^2}$	$\frac{3EI}{l^3}=\frac{3i}{l^2}$
5	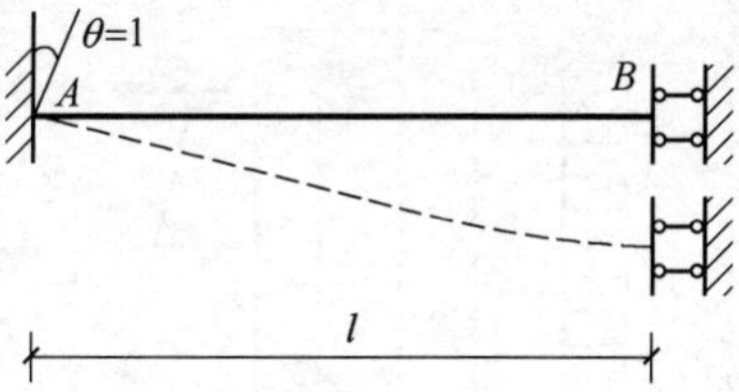 $\theta=1$ A B l	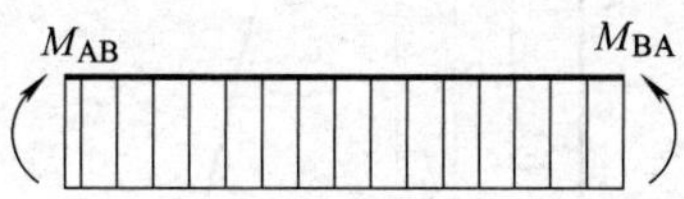 M_{AB} M_{BA}	$\frac{EI}{l}=i$	$-\frac{EI}{l}=-i$	0	0
6	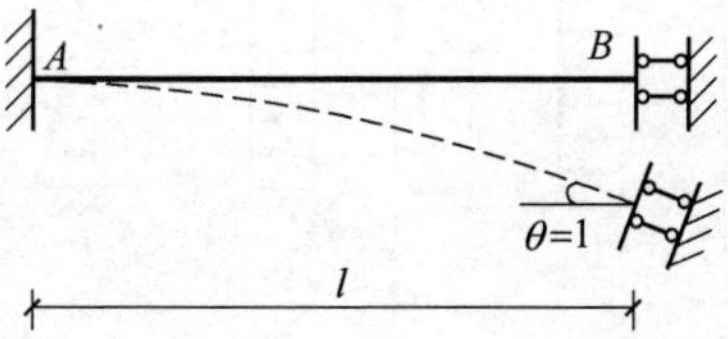 A B $\theta=1$ l	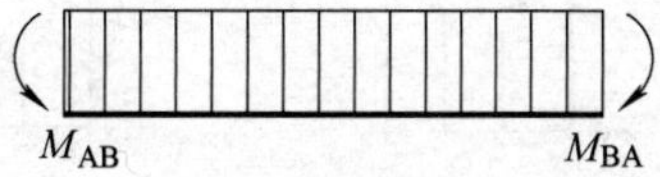 M_{AB} M_{BA}	$-\frac{EI}{l}=-i$	$\frac{EI}{l}=i$	0	0

表 1-33 单跨超静定梁的载常数

序号	计算简图	弯矩图（绘在受拉边缘）	杆端弯矩		杆端剪力	
			M_{AB}^{F}	M_{BA}^{F}	V_{AB}^{F}	V_{BA}^{F}
1	P; A; B; l/2; l	M_{AB}^{F}; M_{BA}^{F}; V_{AB}^{F}; V_{BA}^{F}	$-\frac{Pl}{8}$	$\frac{Pl}{8}$	$\frac{P}{2}$	$-\frac{P}{2}$
2	P; A; B; a; b; l	M_{AB}^{F}; M_{BA}^{F}; V_{AB}^{F}; V_{BA}^{F}	$-\frac{Pab^2}{l^2}$	$\frac{Pa^2b}{l^2}$	$\frac{Pb^2}{l^2}\left(1+\frac{2a}{l}\right)$	$-\frac{Pa^2}{l^2}\left(1+\frac{2b}{l}\right)$
3	P; A; B; α; l/2; l/2	M_{AB}^{F}; M_{BA}^{F}; V_{AB}^{F}; V_{BA}^{F}	$-\frac{Pl}{8}$	$\frac{Pl}{8}$	$\frac{P}{2}\cos\alpha$	$-\frac{P}{2}\cos\alpha$
4	q; A; B; l	M_{AB}^{F}; M_{BA}^{F}; V_{AB}^{F}; V_{BA}^{F}	$-\frac{ql^2}{12}$	$\frac{ql^2}{12}$	$\frac{ql}{2}$	$-\frac{ql}{2}$
5	q; A; B; α; l/2; l/2	M_{AB}^{F}; M_{BA}^{F}; V_{AB}^{F}; V_{BA}^{F}	$-\frac{ql^2}{12}$	$\frac{ql^2}{12}$	$\frac{ql}{2}$	$-\frac{ql}{2}$

续表 1-33

序号	计算简图	弯矩图（绘在受拉边缘）	杆端弯矩 M_{AB}^{F}	杆端弯矩 M_{BA}^{F}	杆端剪力 V_{AB}^{F}	杆端剪力 V_{BA}^{F}
6	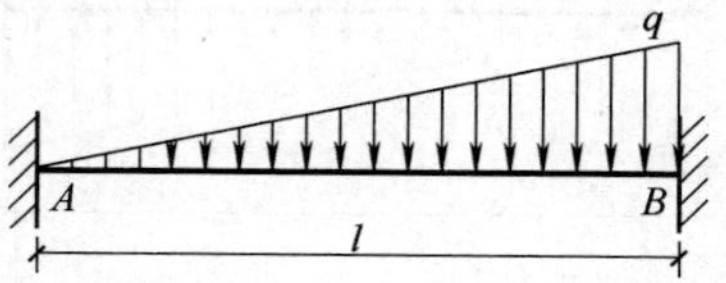 q; A, B; l	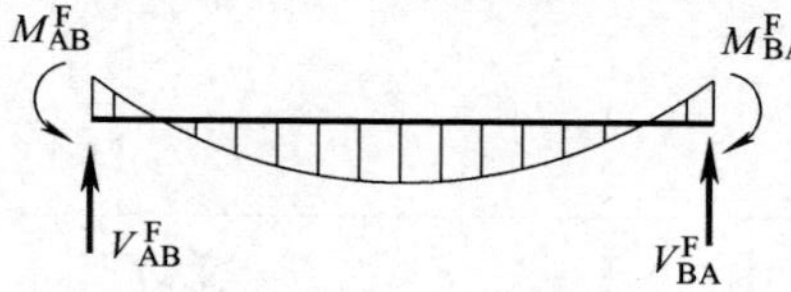 M_{AB}^{F}, M_{BA}^{F}, V_{AB}^{F}, V_{BA}^{F}	$-\frac{ql^2}{30}$	$\frac{ql^2}{20}$	$\frac{3ql}{20}$	$-\frac{7ql}{20}$
7	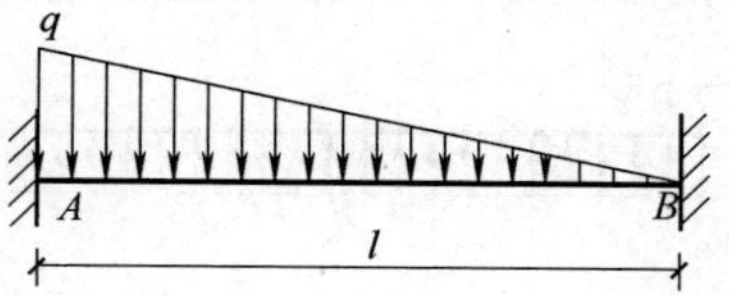 q; A, B; l	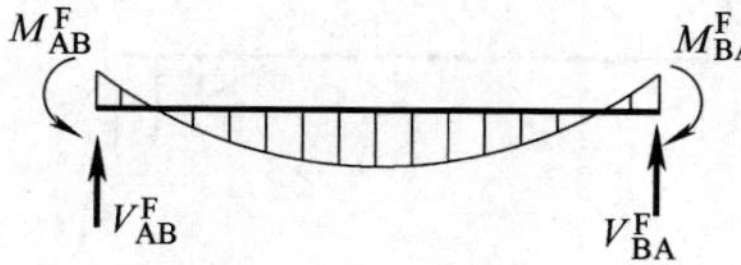 M_{AB}^{F}, M_{BA}^{F}, V_{AB}^{F}, V_{BA}^{F}	$-\frac{ql^2}{20}$	$\frac{ql^2}{30}$	$\frac{7ql}{20}$	$-\frac{3ql}{20}$
8	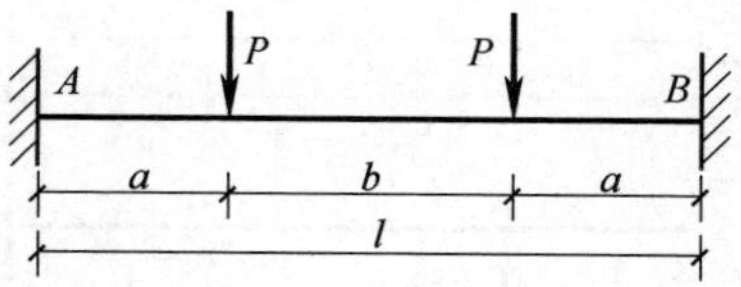 P, P; A, B; a, b, a; l	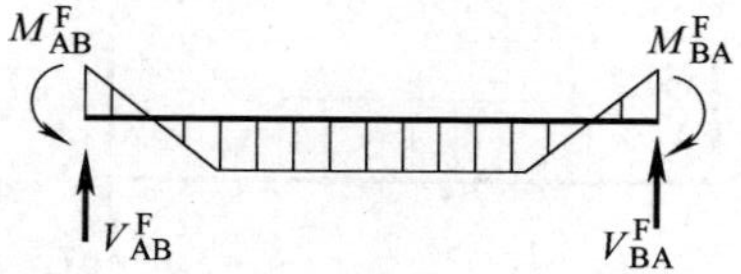 M_{AB}^{F}, M_{BA}^{F}, V_{AB}^{F}, V_{BA}^{F}	$-Pa\left(1-\frac{a}{l}\right)$	$Pa\left(1-\frac{a}{l}\right)$	P	$-P$
9	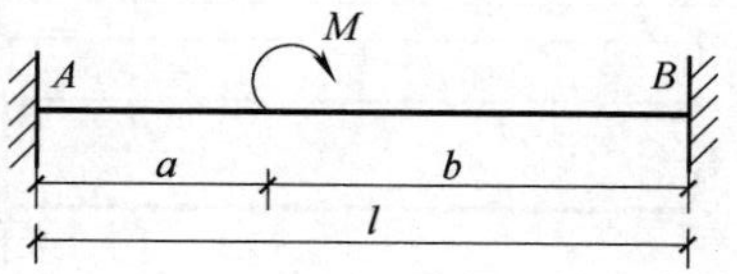 M; A, B; a, b; l	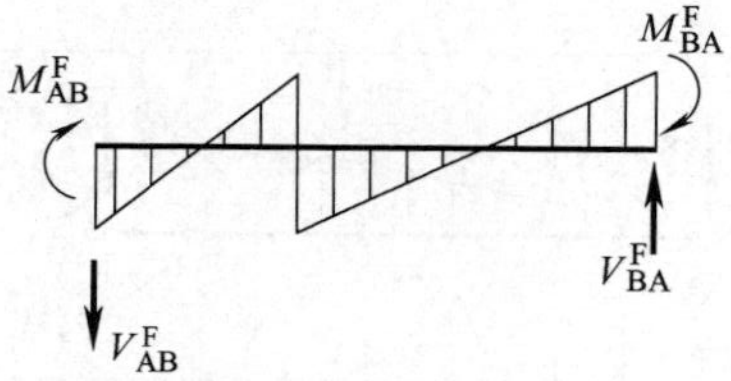 M_{AB}^{F}, M_{BA}^{F}, V_{AB}^{F}, V_{BA}^{F}	$\frac{b(3a-l)}{l^2}M$	$\frac{a(3b-l)}{l^2}M$	$-\frac{6ab}{l^3}M$	$-\frac{6ab}{l^3}M$
10	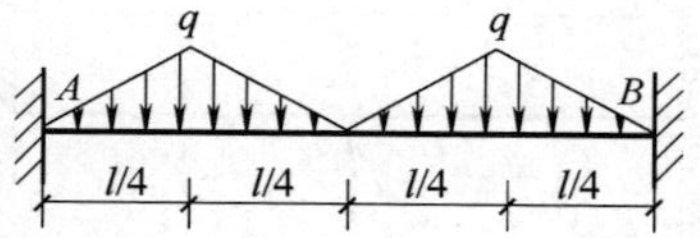 q, q; A, B; $l/4$, $l/4$, $l/4$, $l/4$	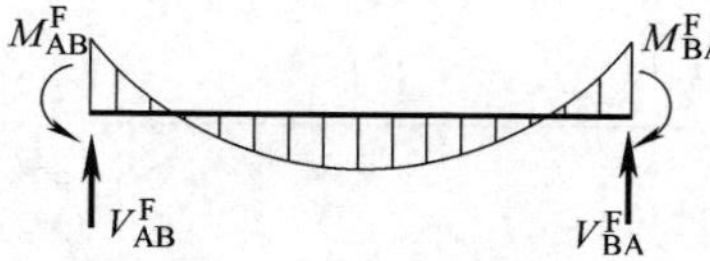 M_{AB}^{F}, M_{BA}^{F}, V_{AB}^{F}, V_{BA}^{F}	$-\frac{17ql^2}{384}$	$\frac{17ql^2}{384}$	$\frac{ql}{4}$	$-\frac{ql}{4}$
11	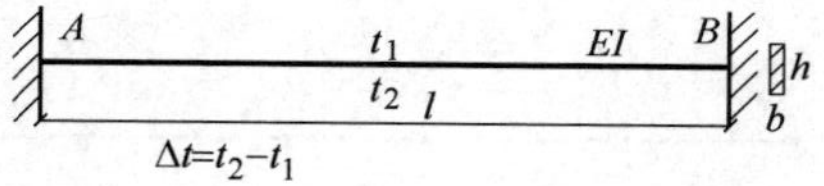 A, B; t_1, t_2; EI; h, b; l; $\Delta t=t_2-t_1$	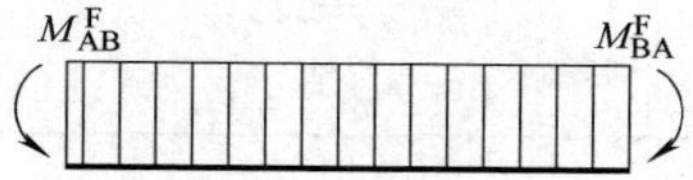 M_{AB}^{F}, M_{BA}^{F}	$-\frac{EI\alpha\Delta t}{h}$	$\frac{EI\alpha\Delta t}{h}$	0	0

续表 1-33

序号	计 算 简 图	弯矩图（绘在受拉边缘）	杆端弯矩		杆端剪力	
			M_{AB}^{F}	M_{BA}^{F}	V_{AB}^{F}	V_{BA}^{F}
12	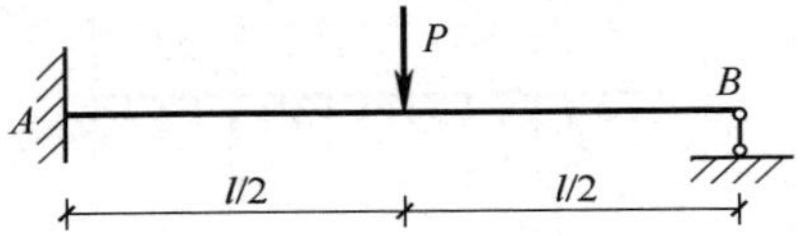 P, A, B, $l/2$, $l/2$	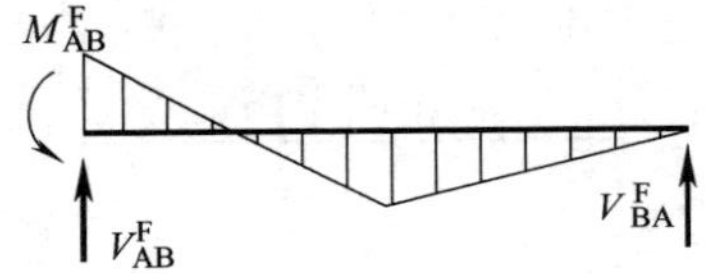 M_{AB}^{F}, V_{AB}^{F}, V_{BA}^{F}	$-\frac{3Pl}{16}$	0	$\frac{11P}{16}$	$-\frac{5P}{16}$
13	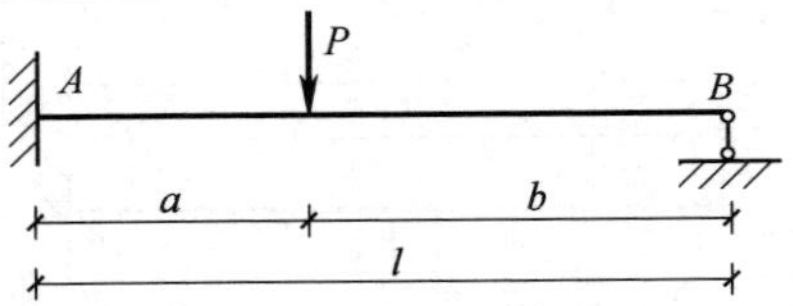 P, A, B, a, b, l	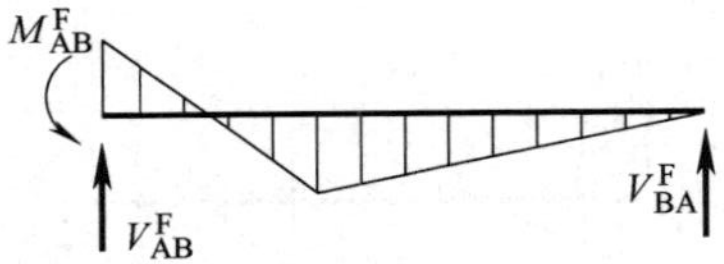 M_{AB}^{F}, V_{AB}^{F}, V_{BA}^{F}	$-\frac{Pab(l+b)}{2l^2}$	0	$\frac{Pb(3l^2-b^2)}{2l^3}$	$-\frac{Pa^2(3l-a)}{2l^3}$
14	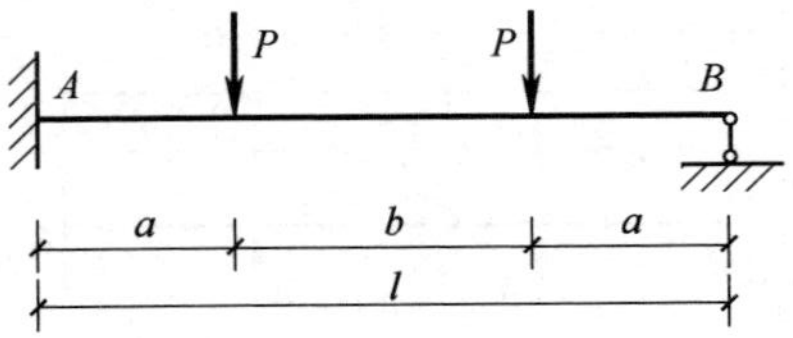 P, P, A, B, a, b, a, l	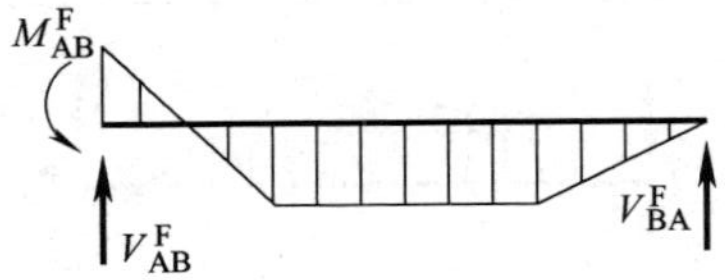 M_{AB}^{F}, V_{AB}^{F}, V_{BA}^{F}	$-\frac{3Pa}{2}\left(l-\frac{a}{l}\right)$	0	$\frac{P}{2}\left(2+\frac{3a^2}{l^2}\right)$	$-\frac{P}{2}\left(2+\frac{3a^2}{l^2}\right)$
15	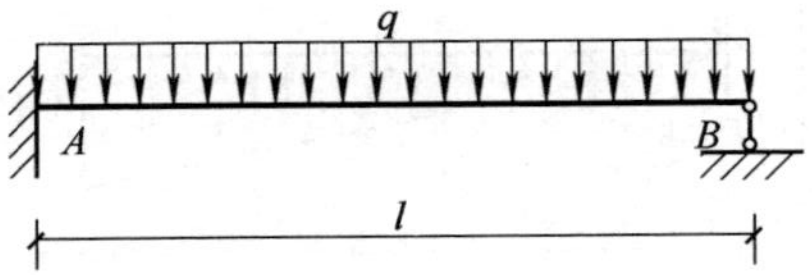 q, A, B, l	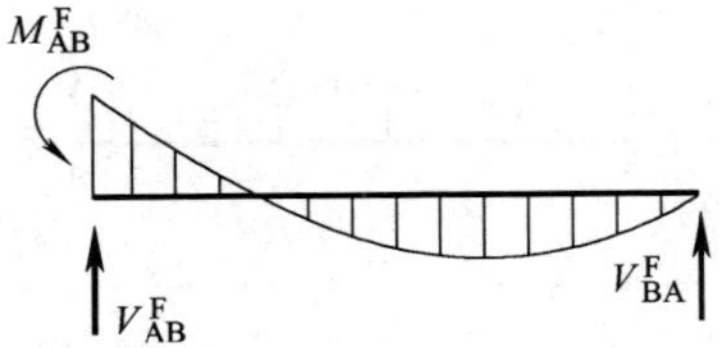 M_{AB}^{F}, V_{AB}^{F}, V_{BA}^{F}	$-\frac{ql^2}{8}$	0	$\frac{5ql}{8}$	$-\frac{3ql}{8}$
16	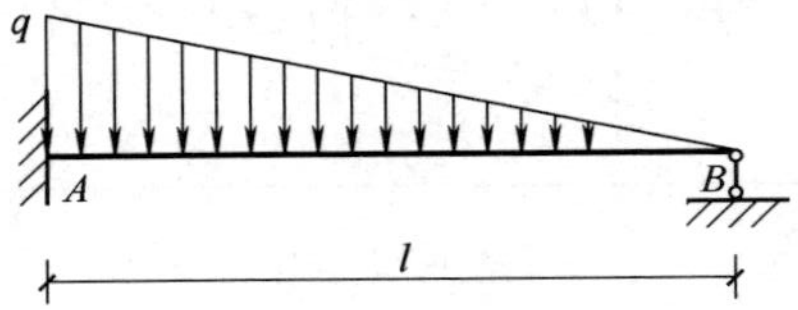 q, A, B, l	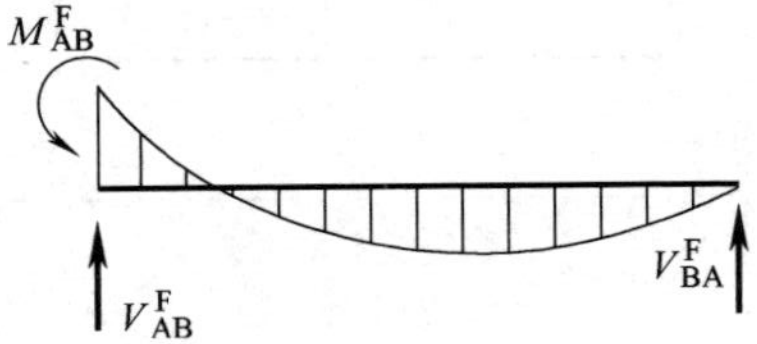 M_{AB}^{F}, V_{AB}^{F}, V_{BA}^{F}	$-\frac{ql^2}{15}$	0	$\frac{2ql}{5}$	$-\frac{ql}{10}$

续表 1-33

序号	计算简图	弯矩图（绘在受拉边缘）	杆端弯矩		杆端剪力	
			M_{AB}^F	M_{BA}^F	V_{AB}^F	V_{BA}^F
17	q A B l	M_{AB}^F V_{AB}^F V_{BA}^F	$-\frac{7ql^2}{120}$	0	$\frac{9ql}{40}$	$-\frac{11ql}{40}$
18	M A B a b l	M_{AB}^F V_{AB}^F V_{BA}^F	$\frac{l^2-3b^2}{2l^2}M$	0	$-\frac{3(l^2-b^2)}{2l^3}M$	$-\frac{3(l^2-b^2)}{2l^3}M$
19	M A B l	M_{AB}^F M_{BA}^F V_{AB}^F V_{BA}^F	$\frac{M}{2}$	M	$-\frac{3M}{2l}$	$-\frac{3M}{2l}$
20	P B α A l	M_{AB}^F V_{AB}^F V_{BA}^F	$-\frac{3Pl}{16}$	0	$\frac{11}{16}P\cos\alpha$	$-\frac{5}{16}P\cos\alpha$

续表 1-33

序号	计算简图	弯矩图（绘在受拉边缘）	杆端弯矩		杆端剪力	
			M_{AB}^{F}	M_{BA}^{F}	V_{AB}^{F}	V_{BA}^{F}
21	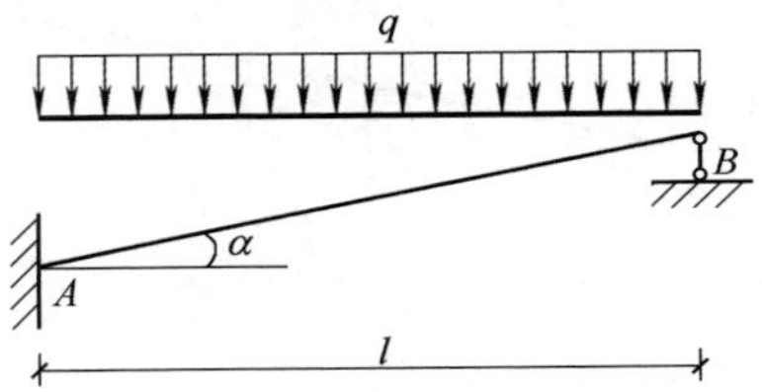 q, A, B, α, l	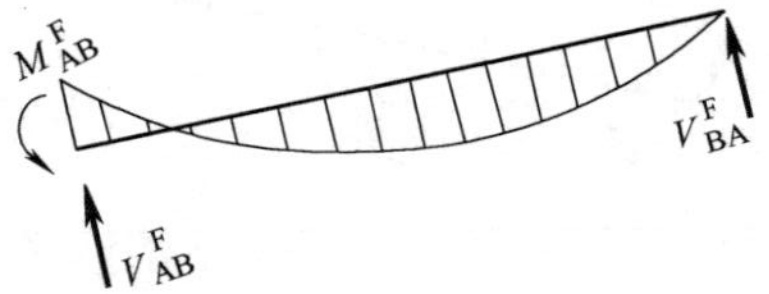 M_{AB}^{F}, V_{AB}^{F}, V_{BA}^{F}	$-\dfrac{ql^2}{8}$	0	$\dfrac{5}{8}ql\cos\alpha$	$-\dfrac{3}{8}ql\cos\alpha$
22	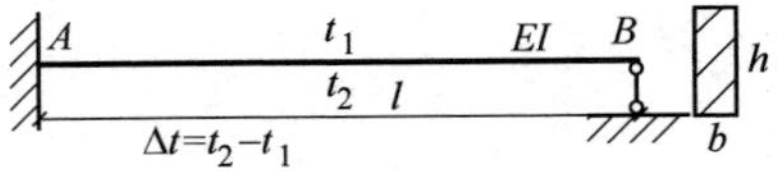 A, t_1, EI, B, h, t_2, l, b, $\Delta t=t_2-t_1$	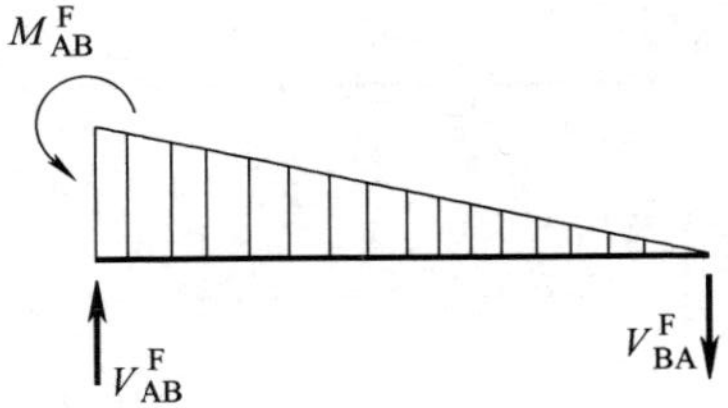 M_{AB}^{F}, V_{AB}^{F}, V_{BA}^{F}	$-\dfrac{3EI\alpha\Delta t}{2hl}$	0	$\dfrac{3EI\alpha\Delta t}{2hl}$	$\dfrac{3EI\alpha\Delta t}{2hl}$
23	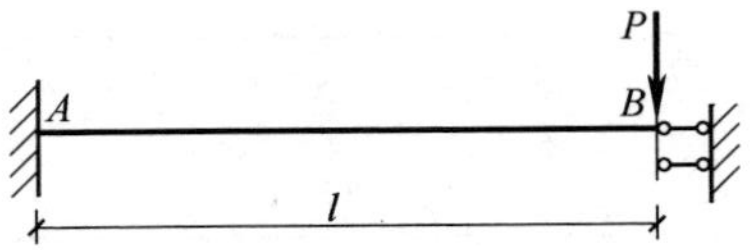 P, A, B, l	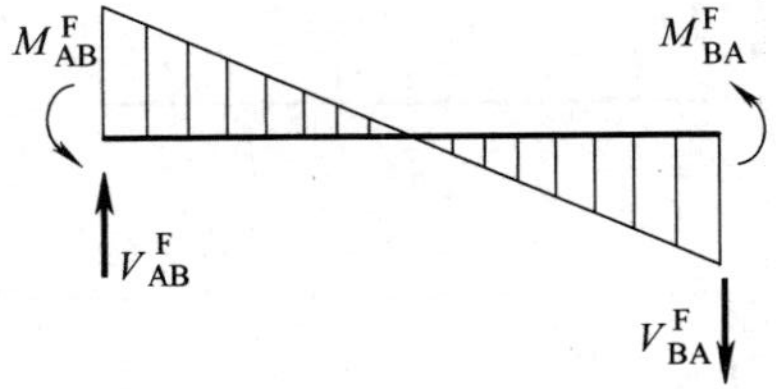 M_{AB}^{F}, M_{BA}^{F}, V_{AB}^{F}, V_{BA}^{F}	$-\dfrac{Pl}{2}$	$-\dfrac{Pl}{2}$	P	P
24	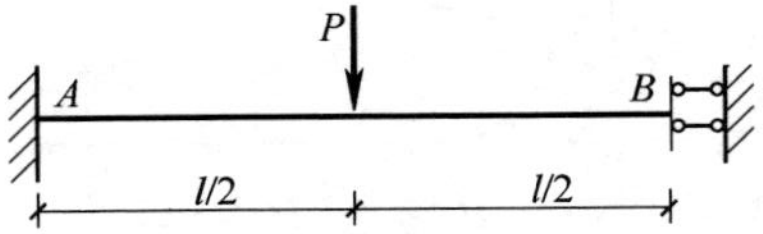 P, A, B, $l/2$, $l/2$	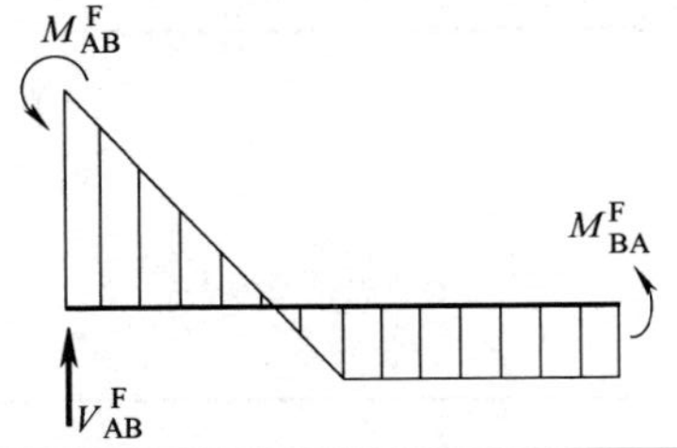 M_{AB}^{F}, M_{BA}^{F}, V_{AB}^{F}	$-\dfrac{3Pl}{8}$	$-\dfrac{Pl}{8}$	P	0

续表 1-33

序号	计算简图	弯矩图（绘在受拉边缘）	杆端弯矩		杆端剪力	
			M_{AB}^{F}	M_{BA}^{F}	V_{AB}^{F}	V_{BA}^{F}
25	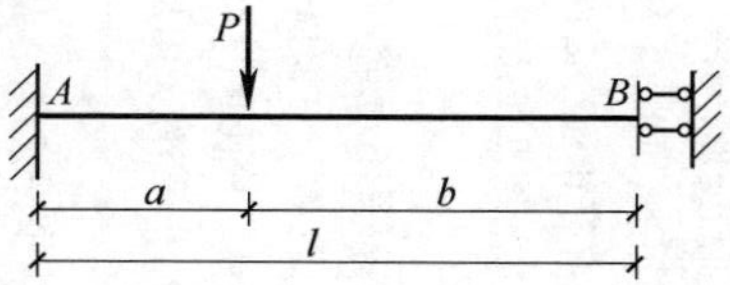 P；A，B；a，b；l	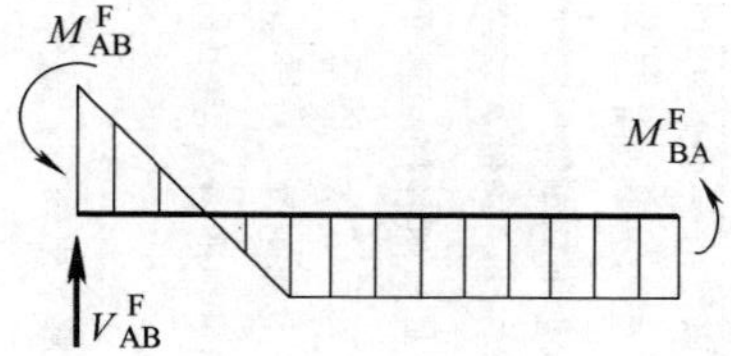 M_{AB}^{F}，M_{BA}^{F}，V_{AB}^{F}	$-\frac{Pa(l+b)}{2l}$	$-\frac{Pa^2}{2l}$	P	0
26	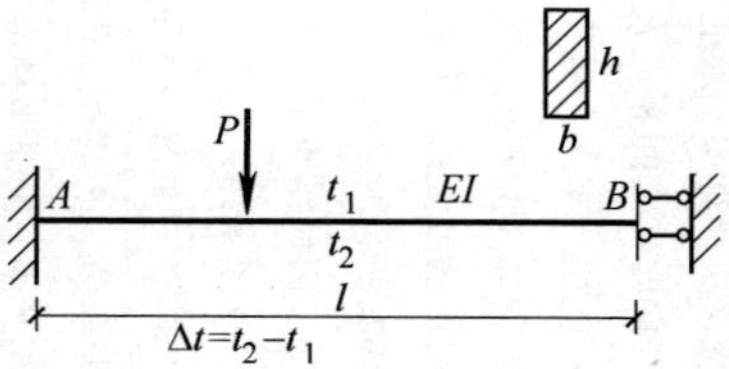 h，b；P；A，B；t_1，t_2，EI；l；$\Delta t=t_2-t_1$	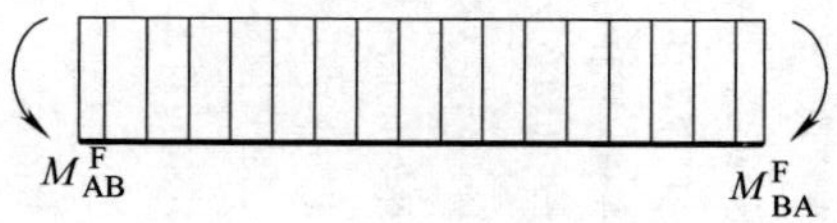 M_{AB}^{F}，M_{BA}^{F}	$-\frac{EI\alpha\Delta t}{h}$	$\frac{EI\alpha\Delta t}{h}$	0	0
27	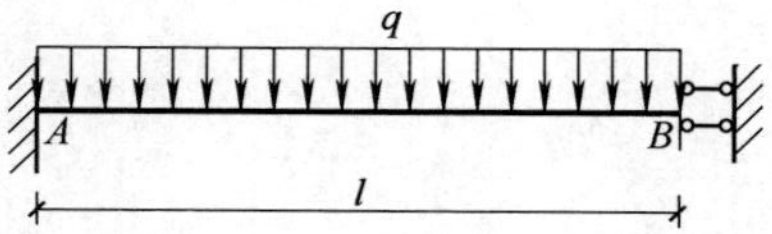 q；A，B；l	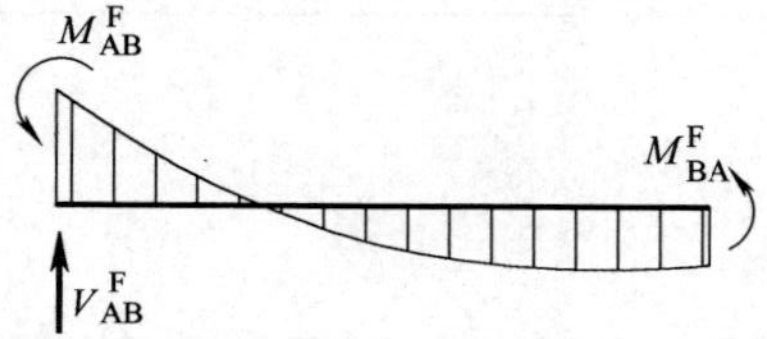 M_{AB}^{F}，M_{BA}^{F}，V_{AB}^{F}	$-\frac{ql^2}{3}$	$-\frac{ql^2}{6}$	ql	0

注：表中 α 为材料的线膨胀系数。

1.12.3 位移法基本体系的确定

位移法基本体系的确定见表1-34。

表1-34 位移法基本体系的确定

序号	项目	内容
1	简述	位移法选取结点的独立位移，包括结点的独立角位移和独立线位移作为其基本未知量，并用广义位移符号 Z 表示，以便与力法中使用的基本未知量 X 相区别 由上述可知，位移法的基本未知量是结点的角位移(转角)和线位移。为了变成基本体系，需要加一批约束：在能够转动的地方加附加刚臂(以符号"◥"表示)，在能够移动的地方加附加支杆。由此可见，位移法的基本未知量数目就等于基本体系上的附加约束的数目，因此，在选取基本体系的同时，也就确定了基本未知量的数目。下面分别讨论附加刚臂和附加支杆应加在什么地方，需要加多少
2	附加刚臂	基本体系所需附加刚臂数目容易确定。因为在同一刚结点处各杆端的转角是相等的，即每一个刚结点的转角都是一个独立的基本未知量，所以在每一个刚结点上都应加入一个附加刚臂。至于铰结点或铰支座处的转角可以不作为基本未知量，因为利用表1-32、表1-33求一端固定另一端铰支的单跨超静定梁的杆端弯矩时，可以不需要铰支端转角，故在铰结点处无须加入附加刚臂。例如，图1-191a所示刚架的结点 A 是刚结点，需要加附加刚臂，以使结点 A 变为固定端(因为原来结点 A 就不移动)，AE 杆变为两端固定梁，AB 杆变为一端固定另一端铰支梁。结点 B 为半铰结点，需在 BF 杆和 BC 杆的刚结点处加附加刚臂(注意此刚臂不固定 BA 杆的 B 端，因为铰结端的转角 Z_3 与相互刚结两杆端的转角 Z_2 不相等)，以使此两个杆变为一端固定另一端铰支梁。在铰结点 C 处虽然各杆端都可转动，且三个杆端转角不相等，但都不必加刚臂，因为这时汇交于结点 C 的三个杆均已变为一端固定另一端铰支的单跨梁了。由于加入了两个附加刚臂之后已经得到位移法的基本体系(图1-191b)，故该刚架有两个基本未知量，即结点 A 的转角 Z_1 和半铰结点 B 处相互刚结的两杆端转角 Z_2 其余转角 Z_3、Z_4、…、Z_7 都可以不作为基本未知量，这样可使计算得到简化(在本章的1.13节的矩阵位移法中将有与此不同的考虑)
3	附加支杆	精确地说，刚架变形后各杆长度都要改变，每个结点都有水平和竖向两个线位移。但是在位移法计算中，对受弯直杆忽略其轴向变形，并且认为弯曲变形微小。因此，假定杆件两端之间距离在变形后仍保持不变，即假定杆长不变。这样，每一根受弯直杆就相当于一个约束。由于在结点有杆相连，因而各结点线位移之间便存在一定的关系，而不全是独立的。只有独立的结点线位移才作为基本未知量，所以应当在选定的独立线位移处加附加支杆 例如图1-192a所示刚架中，E、F 两个固定端都是不动点，且两竖杆 BE、CF 的长度保持不变，因而结点 B、C 均无竖向位移，又由于三根横梁也保持长度不变，故 A、B、C、D 四个结点的水平位移相等。因此，该刚架只有一个独立的结点线位移，故需在结点 D 处加一水平支杆(图1-192b)。当然，附加支杆也可以不加在结点 D，而加在结点 A、结点 B 或结点 C 处 此外，该刚架 B、C 为刚结点，尚须加入两个附加刚臂，基本体系如图1-192b所示 对于简单结构，可以直接看出需要加几个支杆，在什么地方加支杆，对于较为复杂的结构可以采用下述方法确定

续表 1-34

序　号	项　目	内　容
3	附加支杆	在原结构的所有刚结点(包括固定支座)处加铰，使其变为铰结体系。然后，对此铰结体系进行几何组成分析，若为几何不变体系，则原结构即无线位移；若为几何可变体系或瞬变体系；则为使此铰结体系成为无多余约束的几何不变体系，所需加的支杆数目就是原体系的独立线位移数目。支杆需加在什么地方，原体系的附加支杆也需加在什么地方。例如，图 1-193a 所示刚架，首先把它变成铰结体系(图 1-193b)，容易看出，铰结体系是几何可变的，在结点 1、2 处加两个支杆后，即成为无多余约束的几何不变体系(图 1-193c)，则原刚架也需同样加两个附加支杆(图 1-193d)。此外，尚需在刚结点 1、2、3、4 处加入四个附加刚臂，才能得到基本体系(图 1-193d) 可以看出，图 1-193a 中虚线所示是刚架弹性变形的位移图。图 1-193b 中虚线所示是具有两个自由度体系的机构位移图。但是它们独立的结点线位移数目是相同的，都等于 2。这是因为图 1-193a 中弹性体系结点线位移间的约束方程，与图 1-193b 中可变体系结点线位移间的约束方程是一样的，都是在位移中结点间距不变。因而不仅独立的线位移数目相同，而且各结点线位移与独立线位移之间的数量关系也相同。因而可以用几何组成分析的方法来确定结点的独立线位移的数目 又如图 1-194a 所示刚架，其相应的铰结体系如图 1-194b 所示。为使此铰结体系成为无多余约束的几何不变体系，须加 4 个支杆(图 1-194c)，则原体系也须同样加 4 个附加支杆(图 1-194d)。原体系尚有 10 个刚结点，还要加入 10 个附加刚臂，基本体系如图 1-194d 所示 应当注意，上述利用相应铰结体系来确定结构的独立结点线位移的方法，是以受弯直杆变形后两端距离保持不变的假定为依据的，因此，只适用于受弯直杆体系。对于需要考虑轴向变形的二力杆，则其两端距离不能看作是不变的，因此，利用上述方法判定独立线位移数目会导致错误的结论。例如，如图 1-195a 所示排架，横梁轴向变形不能忽略，结点 A、B 的水平线位移不相等，所以独立的结点线位移的数目应是 2 而不是 1。需要在 A、B 加两个水平支杆才能得到基本体系(图 1-195b)

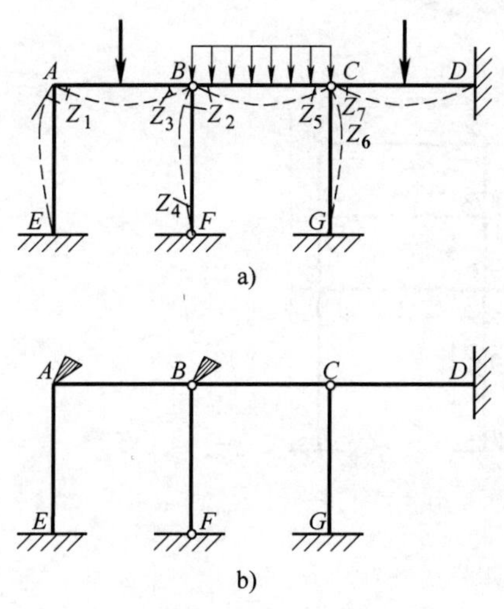

图 1-191　刚架加附加刚臂

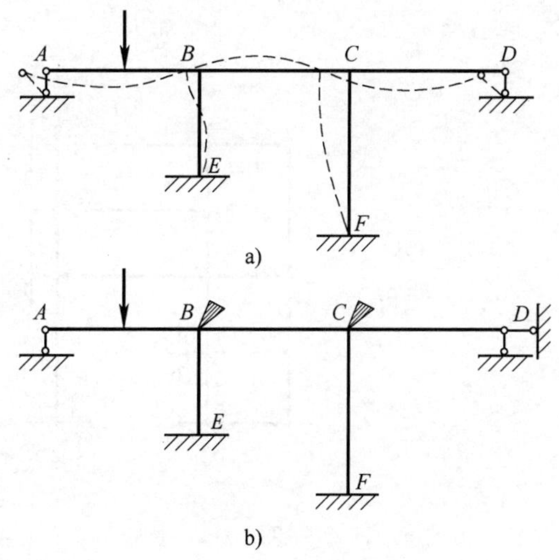

图 1-192　刚架加附加刚臂及附加支杆

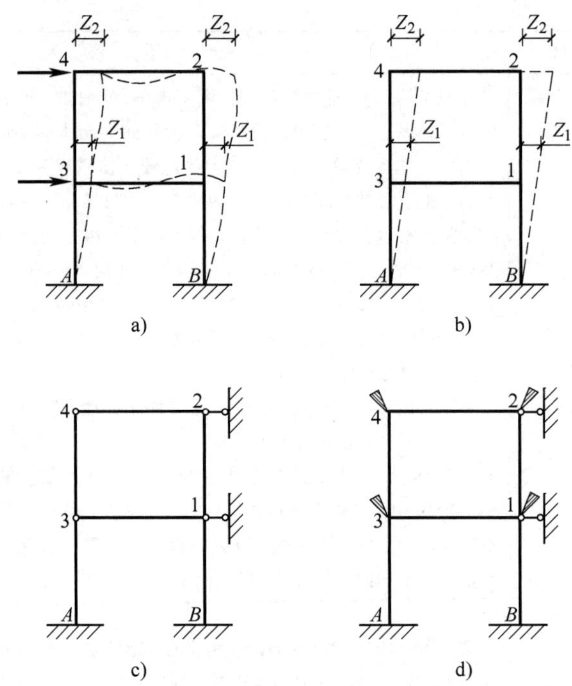

图 1-193 刚架变为铰结体系加附加刚臂及附加支杆

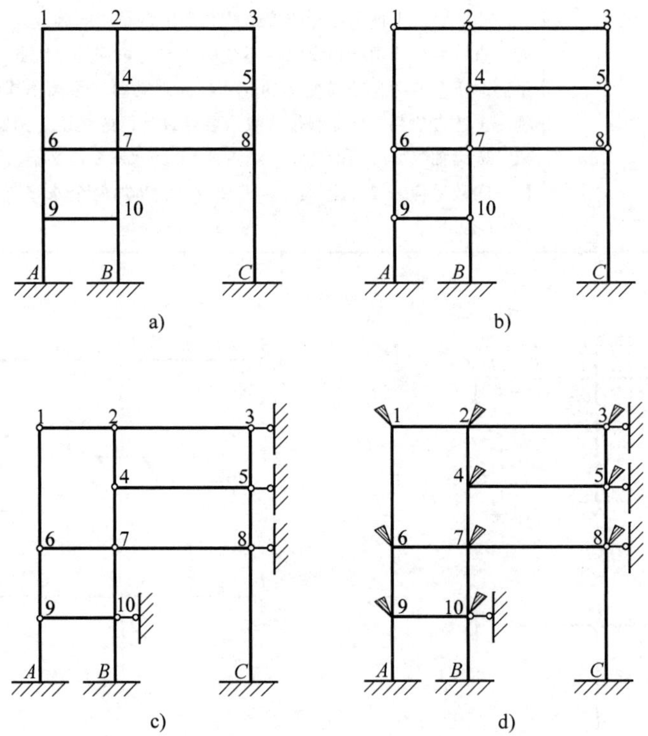

图 1-194 复杂刚架变为铰结体系加附加刚臂及附加支杆

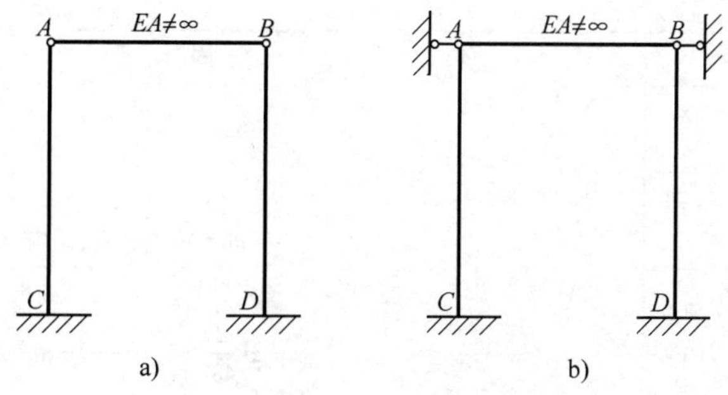

图 1-195　排架加附加支杆

1.12.4　位移法方程的建立

位移法方程的建立见表 1-35。

表 1-35　位移法方程的建立

序　号	项　目	内　容
1	具有一个基本未知量的位移法方程的建立	如图 1-196a 所示连续梁，因荷载作用产生如图中虚线所示的变形。该梁只有一个基本未知量，即 B 结点转角，设以顺时针的 Z_1 表示 在刚结点 B 处，加一个附加刚臂后限制 B 结点的转动，即构成它的基本体系，如图 1-196b 所示。这里要说明的是，刚臂的作用只能限制刚结点的转动，不能限制其移动。加上附加刚臂后，AB 和 BC 两杆就成为单跨超静定梁了，并且都属于一端固定、一端铰支的形式 试想，如果基本结构上作用原荷载后，再令刚臂强使结点 B 转过 Z_1 角，若能满足刚臂对结点 B 的约束力矩 $R_1=0$，如图 1-196c 所示，则将与原结构完全等效。显然，图 1-196c 又可分解成基本体系在 Z_1 作用下和基本体系在原荷载作用下的叠加，如图 1-196d、e 所示。图 1-196d 又可视为基本体系上 $Z_1=1$ 的基础上乘以 Z_1 倍，如图 1-196f 所示，查表 1-33 序号 15 可画出图 1-196e 的弯矩图，即基本体系在原荷载作用下的 M_P 图，如图 1-196g 所示。还可根据表 1-32 序号 3 画出图 1-196f 的弯矩图，即基本体系在 $Z_1=1$ 作用下的 M_1 图，如图 1-196h 所示 为了求得基本体系在荷载作用时刚臂对结点 B 的约束力矩 R_{1P}，可在图 1-196g 中取 B 结点，如图 1-196i 所示。约束力矩以顺时针为正 由 $\sum M_B=0$　得 $R_{1P}=M_{BA}^F+M_{BC}^F=-\frac{1}{8}ql^2$ 为了求得基本体系在 $Z_1=1$ 作用时刚臂对结点 B 的约束力矩 r_{11}，可在图 1-196h 中取 B 结点，如图 1-196j 所示 由 $\sum M_B=0$　得 $r_{11}=6i$ 对照图 1-196c、d、e 各图可知，刚臂对结点 B 的约束力矩之间存在如下关系 $$R_1=R_{11}+R_{1P}=0 \qquad (1\text{-}131)$$ 对照图 1-196d、f 两图可知，刚臂对结点 B 的约束力矩存在如下关系 $$R_{11}=r_{11}Z_1 \qquad (1\text{-}132)$$ 把式(1-132)代入式(1-131)可得一个基本未知量时的位移法典型方程为 $$r_{11}Z_1+R_{1P}=0 \qquad (1\text{-}133)$$ 将 r_{11}、R_{1P} 值代入式(1-133)后，得 $$6iZ_1-\frac{1}{8}ql^2=0 \qquad (1\text{-}134)$$ 解方程式(1-134)计算，得

续表 1-35

<table>
<tr><th>序 号</th><th>项 目</th><th>内 容</th></tr>
<tr><td>1</td><td>具有一个基本未知量的位移法方程的建立</td><td>$$Z_1=\frac{ql^2}{48i}$$
利用叠加原理
$$M=\overline{M}_1Z_1+M_p \tag{1-135}$$
可得杆端弯矩为
$$M_{BA}=3i\frac{ql^2}{48i}+0=\frac{1}{16}ql^2(\text{上拉})$$
$$M_{BC}=3i\frac{ql^2}{48i}+\left(-\frac{1}{8}ql^2\right)=-\frac{1}{16}ql^2(\text{上拉})$$
据此可画出弯矩图，如图 1-196k 所示。根据弯矩图又可画出剪力图，如图 1-196l 所示</td></tr>
<tr><td>2</td><td>具有三个基本未知量的位移法方程的建立</td><td>（1）现以图 1-197a 所示刚架为例，说明多未知量时的解法。此刚架有三个基本未知量：结点 C、结点 D 的转角和一个独立结点线位移(结点 C 或 D 或 E 的水平位移)。今后将角位移和线位移统一用 Z 来表示，设以 Z_1、Z_2 分别表示结点 C、结点 D 的转角，它们的方向先假定是顺时针的，以 Z_3 表示结点 E 的线位移，其方向先假定是向右的。为了把原刚架改造成为单跨梁系，须在结点 C、结点 D 处都加上附加刚臂，在结点 E 处加一水平附加支杆(支杆加在结点 C 或结点 D 处亦可)。基本体系如图 1-197b 所示
为了消除基本体系与原体系的差别，除了使它承受原荷载外，还使结点 C 转动 Z_1 角，结点 D 转动 Z_2 角，使横梁(包括结点 C、D、E)发生水平位移 Z_3(图 1-197b)。当 Z_1、Z_2、Z_3 分别等于原结构应有值时，结构恢复自然状态，所以各附加约束均不起作用，各附加约束反力等于零，即
$$\left.\begin{aligned}R_1&=0\\R_2&=0\\R_3&=0\end{aligned}\right\} \tag{1-136}$$
式(1-136)表明，基本体系在荷载及结点位移 Z_1、Z_2、Z_3 共同作用下，附加刚臂 C、D 中的反力矩 R_1、R_2 及附加支杆中的反力 R_3 均应等于零
（2）根据叠加原理，图 1-197b 所示状态可看成是由图 1-197c、d、e、f 四图所示状态叠加而得，则基本体系附加约束中的总反力可分解成如下四种情况分别计算为
1）荷载单独作用，相应的各附加约束反力为 R_{1P}、R_{2P}、R_{3P}(图 1-197c)
2）结点转角 Z_1 单独作用，相应的各附加约束反力为 R_{11}、R_{21}、R_{31}(图 1-197d)
3）结点转角 Z_2 单独作用，相应的各附加约束反力为 R_{12}、R_{22}、R_{32}(图 1-197e)
4）结点线位移 Z_3 单独作用，相应的各附加约束反力为 R_{13}、R_{23}、R_{33}(图1-197f)
其中，R 的第一个下角标表示反力所属的附加约束；第二个下角标表示引起该反力的原因
将以上各项叠加，得总约束反力为
$$\left.\begin{aligned}R_1&=R_{11}+R_{12}+R_{13}+R_{1P}\\R_2&=R_{21}+R_{22}+R_{23}+R_{2P}\\R_3&=R_{31}+R_{32}+R_{33}+R_{3P}\end{aligned}\right\} \tag{1-137}$$
则式(1-136)可写为</td></tr>
</table>

续表 1-35

序　号	项　目	内　容
2	具有三个基本未知量的位移法方程的建立	$$\left.\begin{aligned}R_{11}+R_{12}+R_{13}+R_{1P}=0\\R_{21}+R_{22}+R_{23}+R_{2P}=0\\R_{31}+R_{32}+R_{33}+R_{3P}=0\end{aligned}\right\}\quad(1\text{-}138)$$ 为了把式(1-138)表达为基本未知量 Z_1、Z_2 和 Z_3 的函数，再设以 r_{11}、r_{12}、r_{13} 分别表示由单位转角 $\overline{Z}_1=1$、$\overline{Z}_2=1$ 和 $\overline{Z}_3=1$ 所引起的附加刚臂 C 的反力矩；以 r_{21}、r_{22}、r_{23} 分别表示由单位转角 $\overline{Z}_1=1$、$\overline{Z}_2=1$ 和 $\overline{Z}_3=1$ 所引起的附加刚臂 D 的反力矩；以 r_{31}、r_{32}、r_{33} 分别表示由 $\overline{Z}_1=1$、$\overline{Z}_2=1$ 和 $\overline{Z}_3=1$ 引起的附加支杆 E 的反力，则式(1-138)可写为 $$\left.\begin{aligned}r_{11}Z_1+r_{12}Z_2+r_{13}Z_3+R_{1P}=0\\r_{21}Z_1+r_{22}Z_2+r_{23}Z_3+R_{2P}=0\\r_{31}Z_1+r_{32}Z_2+r_{33}Z_3+R_{3P}=0\end{aligned}\right\}\quad(1\text{-}139)$$ 解此方程即可求得基本未知量 Z_1、Z_2、Z_3 作最后内力图，按照下列公式 $$M=\overline{M}_1Z_1+\overline{M}_2Z_2+\overline{M}_3Z_3+M_P\quad(1\text{-}140)$$ 叠加得出最后弯矩图，根据弯矩图作出剪力图，利用剪力图根据结点平衡条件作出轴力图 式(1-139)中第一个方程的物理意义是：基本体系在荷载、转角 Z_1、Z_2 和结点位移 Z_3 的共同作用下附加刚臂 C 中的总反力矩 R_1 等于零，其中每个系数和自由项都是刚臂 C 中的反力矩，故第一个下角标都是 1 式(1-139)中第二个方程的物理意义是附加刚臂 D 中的总反力矩 R_2 等于零。其中每个系数和自由项都是刚臂 D 的反力矩，故第一个下角标都是 2 式(1-139)中第三个方程的物理意义是附加支杆 E 中的总反力 R_3 等于零。所以每个系数和自由项都是支杆 E 的反力，故第一个下角标都是 3 位移法方程都可以写成式(1-139)方程的形式，故称方程式(1-139)为有三个基本未知量的位移法的典型方程 (3) 为了求出典型方程式(1-139)中的系数和自由项，可利用表 1-32 和表 1-33 分别绘出基本体系在荷载作用下的弯矩图 M_P(图 1-198a)以及在 $\overline{Z}_1=1$、$\overline{Z}_2=1$、$\overline{Z}_3=1$ 作用下的单位弯矩图 $\overline{M}_1$ 图、$\overline{M}_2$ 图和 $\overline{M}_3$ 图(图 1-198b、c 和 d)。然后利用平衡条件求系数和自由项 作 M_P 图时，CD 杆上的均布荷载引起的弯矩图可查表 1-33 序号 4 求得，DB 杆上的集中力引起的弯矩图可查表 1-33 序号 1 或 2 求得。作用在结点 C 上的集中力 P_1 不产生弯矩图，因为它作用在不动结点上(无弯矩情况) 应强调指出，每个单位弯矩图只考虑一个单位位移作用在基本体系时的影响。例如，作 $\overline{M}_3$ 图时，令 $\overline{Z}_3=1$，即附加支杆发生单位水平位移，这时结点 C 和结点 D 仍受附加刚臂约束，不发生转角，横梁 CD 和 DE 两端无转角，又无相对线位移，只能平动，故不产生弯矩图。柱 CA 和 DB 因 C 端和 D 端发生水平位移而弯曲，其弯矩图可查表 1-32 序号 2 求得 所有系数和自由项不外是附加刚臂中的反力矩或附加支杆中的反力，所以，求系数和自由项的问题归结为求反力矩或反力的问题 如所已知，求反力矩采用结点法(所用的方程是所取结点的力矩平衡方程 $\sum M=0$)。求附加支杆反力，对柱子平行的刚架采用截面法(所用方程是所取隔离体的投影平衡方程 $\sum X=0$)

续表 1-35

<table>
<tr><th>序 号</th><th>项 目</th><th>内 容</th></tr>
<tr><td>2</td><td>具有三个基本未知量的位移法方程的建立</td><td>附加约束反力矩和反力的正负号规定：附加刚臂的反力矩与结点转角正向一致者为正，即顺时针为正；附加支杆的反力与结点线位移的正向一致者为正，即水平支杆反力向右为正
(4) 现求方程组式(1-139)中第一个方程式的系数和自由项。它们都是附加刚臂 C 的反力矩，应由结点 C 的平衡条件求出
r_{11}是 $\overline{Z}_1=1$ 所引起的附加刚臂 C 的反力矩，要根据 $\overline{M}_1$ 图中结点 C 的平衡条件来求。从 $\overline{M}_1$ 图中截取结点 C(图 1-198b)，由 $\sum M_1=0$ 得
$$r_{11}=4i_{CA}+4i_{CD}$$
r_{12}是 $\overline{Z}_2=1$ 所引起的附加刚臂 C 的反力矩，要根据 $\overline{M}_2$ 图中结点 C 的平衡条件来求。从 $\overline{M}_2$ 图中截取结点 C(图 1-198c)，由 $\sum M_1=0$ 得
$$r_{12}=2i_{CD}$$
r_{13}是 $\overline{Z}_3=1$ 所引起的附加刚臂 C 的反力矩，要根据 $\overline{M}_3$ 图中结点 C 的平衡条件来求。从 $\overline{M}_3$ 图中截取结点 C(图 1-198d)，由 $\sum M_1=0$ 得
$$r_{13}=-\frac{6i_{CA}}{l_{CA}}$$
R_{1P}是荷载所引起的附加刚臂 C 的反力矩，要根据 M_P 图中结点 C 的平衡条件来求。从 M_P 图中截取结点 C(图 1-198a)，由 $\sum M_1=0$ 得
$$R_{1P}=-\frac{1}{12}ql_{CD}^2$$
(5) 现求方程组式(1-139)中第二个方程式的系数和自由项，求法与上相仿。它们都是附加刚臂 D 的反力矩，应由结点 D 的平衡条件求出
r_{21}是 $\overline{Z}_1=1$ 所引起的附加刚臂 D 的反力矩，由 $\overline{M}_1$ 图中结点 D 的平衡条件求得为
$$r_{21}=2i_{DC}$$
r_{22}由 $\overline{M}_2$ 图中结点 D 的平衡条件求得为
$$r_{22}=4i_{DC}+4i_{DB}+3i_{DE}$$
r_{23}由 $\overline{M}_3$ 图中结点 D 的平衡条件求得为
$$r_{23}=-\frac{6i_{DB}}{l_{DB}}$$
R_{2P}由 M_P 图中结点 D 的平衡条件求得为
$$R_{2P}=\frac{1}{12}ql_{DC}^2+\frac{1}{8}P_2l_{DB}$$
(6) 现求方程组式(1-139)中第三个方程式的系数和自由项都是附加支杆 E 的反力，应由各图的截面平衡条件 $\sum X=0$ 来求
r_{31}是 $\overline{Z}_1=1$ 所引起的附加支杆 E 的反力，要在 $\overline{M}_1$ 图上作截面沿柱顶截开，取横梁为隔离体(图 1-198b)。在隔离体上无须绘出杆端力矩。对于柱子平行的刚架轴力也无须绘出，因为在所写的投影方程 $\sum X=0$ 中力矩和轴力均不出现
由表 1-32 和表 1-33 查出各柱端剪力，并按真实方向绘出。需要特别注意的是：隔离体上的剪力不要绘错了，它们作用在隔离体上，而不是作用在柱上，二者的方向刚好相反
由 $\sum X=0$ 得
$$r_{31}=-\frac{6i_{CA}}{l_{CA}}$$</td></tr>
</table>

续表 1-35

<table>
<tr><th>序　号</th><th>项　目</th><th>内　容</th></tr>
<tr><td>2</td><td>具有三个基本未知量的位移法方程的建立</td><td>类似地，由 $\overline{M}_2$ 图中的截面平衡条件(图 1-198c)得
$$r_{32} = -\frac{6i_{DB}}{l_{DB}}$$
由 $\overline{M}_3$ 图中的截面平衡条件(图 1-198d)得
$$r_{33} = \frac{12i_{CA}}{l_{CA}^2} + \frac{12i_{DB}}{l_{DB}^2}$$
由 M_P 图中的截面平衡条件(图 1-198a)得
$$R_{3P} = -P_1 - \frac{P_2}{2}$$
(7) 其他
1) 称两个下角标相同的系数 r_{ii} 为主系数；称两个下角标不同的系数 $r_{ij}(j \neq i)$ 为副系数；称 R_{iP} 为自由项
2) 系数和自由项的符号规定是：与所属附加约束的位移正向一致者为正。因此，主系数永远为正，且不会等于零。而副系数和自由项则可能为正、负或零
3) 在主、副系数中不包含与外界有关的因素，因此，当荷载(或其他外界因素)改变时它们不变，即它们是结构的常数。自由项则随外界因素的改变而改变。因此，当荷载改变时，只需重新计算自由项
4) 由所求系数可以看出，副系数是互等的，即
$$r_{12} = r_{21} = 2i_{CD};\ r_{13} = r_{31} = -\frac{6i_{CA}}{l_{CA}};\ r_{23} = r_{32} = \frac{6i_{DB}}{l_{DB}}$$
一般地写为 $r_{ij} = r_{ji}$
这再一次说明反力互等定理的正确性
利用这个性质可以校核求得的系数，也可以只求 r_{ij} 而不求 r_{ji}。例如，可以只求 r_{13}、r_{23} 而不求 r_{31}、r_{32}，因为求反力矩比求反力容易
可以看出，以上各点与力法典型方程是相似的
求出系数后所应进行的工作大家是清楚的，就无须赘言了
由上面对具有三个基本未知量的刚架分析可见，每加一个附加约束就有一个基本未知量，同时也就有一个附加约束力等于零的方程，所以方程式的数目永远等于基本未知量的数目</td></tr>
<tr><td>3</td><td>具有 n 个未知量的位移法方程</td><td>根据一个基本未知量的位移法典型方程式(1-133)和三个基本未知量的位移法典型方程式(1-139)，依此类推，不难得出，对于具有 n 个独立结点位移的结构，共有 n 个基本未知量，需增设 n 个附加约束，根据每一个附加约束的约束反力应等于零的条件，可建立 n 个方程。这时位移法典型方程可写成下列表达式为
$$\left.\begin{aligned} r_{11}Z_1 + r_{12}Z_2 + \cdots + r_{1n}Z_n + R_{1P} = 0 \\ r_{21}Z_1 + r_{22}Z_2 + \cdots + r_{2n}Z_n + R_{2P} = 0 \\ \vdots \\ r_{n1}Z_1 + r_{n2}Z_2 + \cdots + r_{nn}Z_n + R_{nP} = 0 \end{aligned}\right\} \quad (1\text{-}141)$$
式(1-141)可用矩阵表示为</td></tr>
</table>

续表 1-35

<table>
<tr><th>序号</th><th>项目</th><th>内容</th></tr>
<tr><td>3</td><td>具有 n 个未知量的位移法方程</td><td>$$\begin{bmatrix} r_{11} & r_{12} & \cdots & r_{1n} \\ r_{21} & r_{22} & \cdots & r_{2n} \\ \vdots & \vdots & \vdots & \vdots \\ r_{n1} & r_{n2} & \cdots & r_{nn} \end{bmatrix} \begin{bmatrix} Z_1 \\ Z_2 \\ \vdots \\ Z_n \end{bmatrix} + \begin{bmatrix} R_{1P} \\ R_{2P} \\ \vdots \\ R_{nP} \end{bmatrix} = \begin{bmatrix} 0 \\ 0 \\ \vdots \\ 0 \end{bmatrix} \quad (1\text{-}142)$$
或简写为
$$[K][Z]+[R]=[0] \quad (1\text{-}143)$$
式中
$$[K]=\begin{bmatrix} r_{11} & r_{12} & \cdots & r_{1n} \\ r_{21} & r_{22} & \cdots & r_{2n} \\ \vdots & \vdots & \vdots & \vdots \\ r_{n1} & r_{n2} & \cdots & r_{nn} \end{bmatrix} \quad (1\text{-}144)$$
称为结构的刚度矩阵，其元素称为结构的刚度系数</td></tr>
<tr><td>4</td><td>位移法的计算步骤</td><td>1）确定基本未知量数目
2）选择基本体系。加附加约束，锁住相关结点，使之不发生转动或移动，而得到一个由若干基本的单跨超静定梁组成的组合体作为基本体系(可不单独画出)；使基本体系承受原来的荷载，并令附加约束发生与原结构相同的位移，即可得到所选择的基本体系
3）建立位移法的典型方程。根据附加约束上反力矩或反力等于零的平衡条件建立典型方程
4）求系数和自由项。在基本体系上分别作出各附加约束发生单位位移时的单位弯矩图 $\overline{M}$ 图和荷载作用下的荷载弯矩图 M_P 图，由结点平衡和截面平衡即可求得
5）解方程，求基本未知量(Z_i)
6）作最后内力图。按照
$$M=\overline{M}_1Z_1+\overline{M}_2Z_2+\cdots+\overline{M}_nZ_n+M_P \quad (1\text{-}145)$$
叠加得出最后弯矩图；根据弯矩图作出剪力图；利用剪力图根据结点平衡条件作出轴力图
7）校核。由于位移法在确定基本未知量时已满足了变形协调条件，而位移法典型方程是静力平衡条件，故通常只需按平衡条件进行校核
可以看出，位移法(典型方程法)与力法在计算步骤上是极其相似的，但二者的原理却有所不同</td></tr>
</table>

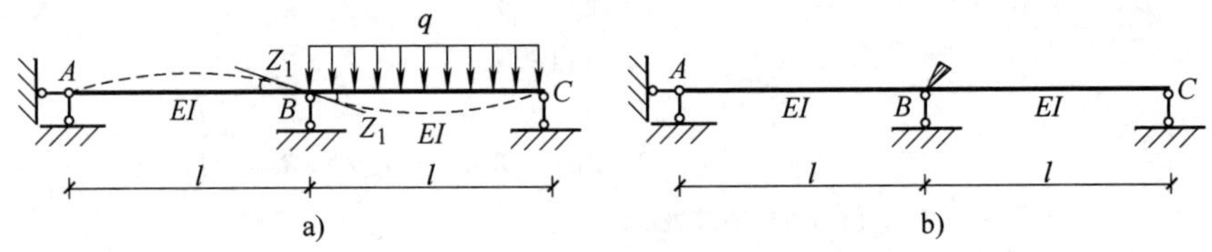

图 1-196 具有一个基本未知量的位移法方程的建立

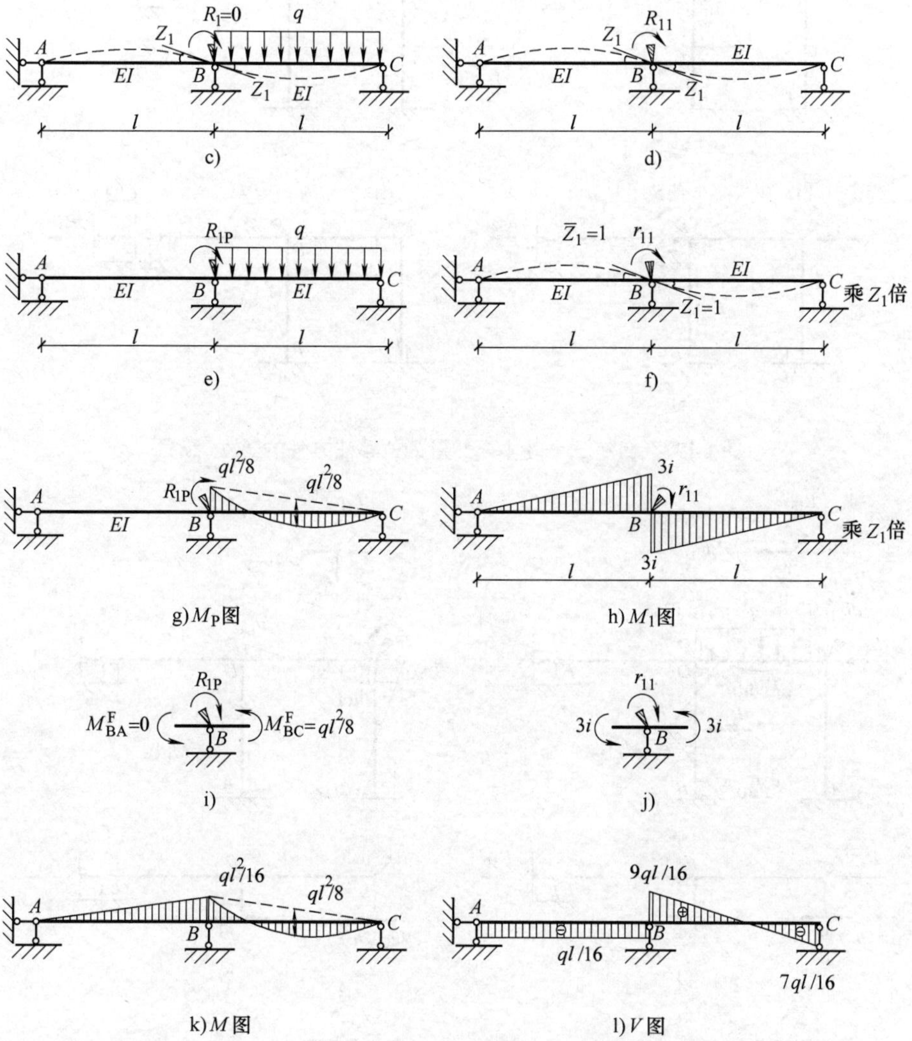

c)　　d)

e)　　f)

g) M_P图　　h) M_1图

i)　　j)

k) M图　　l) V图

图 1-196　具有一个基本未知量的位移法方程的建立(续)

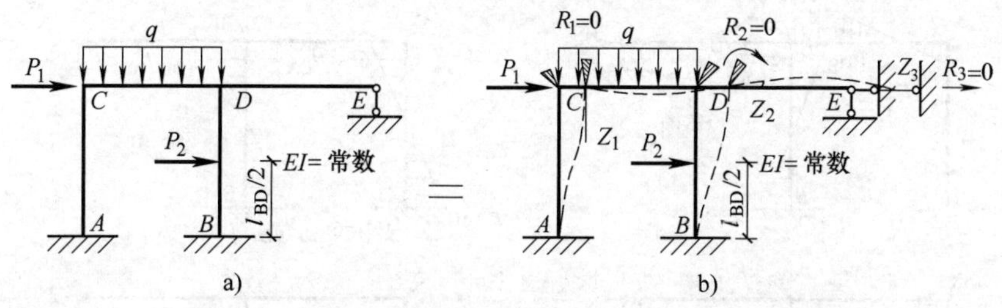

图 1-197　具有三个基本未知量的位移法方程的建立

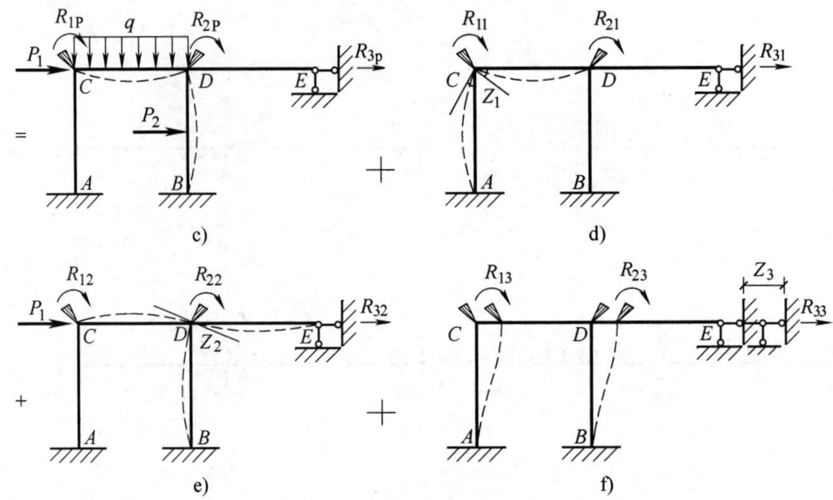

图 1-197　具有三个基本未知量的位移法方程的建立(续)

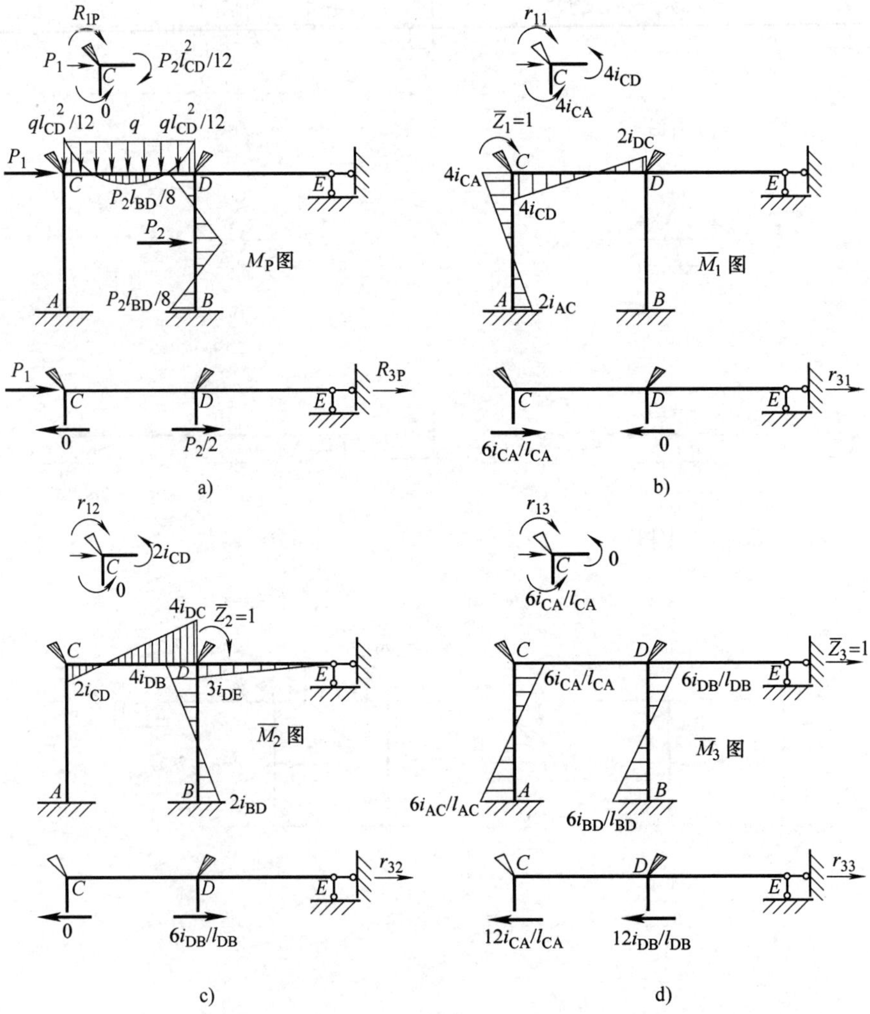

图 1-198　求方程中的系数和自由项

1.12.5　位移法计算例题

［例题 1-87］　如图 1-199a 所示两跨连续梁在均布荷载 q 作用下，EI 为常量，求其内力，并作内力图。

［解］

（1）选取基本体系

该结构只有一个刚结点 B，因此基本未知量即为 B 结点的转角，基本体系如图 1-199b 所示。

（2）建立位移法典型方程

$$r_{11}Z_1 + R_{1P} = 0$$

（3）求系数和自由项

分别作出结构在 $\overline{Z}_1 = 1$ 和荷载单独作用下的 $\overline{M}_1$ 图和 M_P 图，如图 1-199c、d 所示。由 B 点的平衡条件，可得

$$r_{11} = 3i + 3i = 6i$$

$$R_{1P} = 0$$

（4）位移法方程为

$$Z_1 = 0，M = M_P$$

即表明该结构 B 点并未发生转角。

（5）作弯矩图

由式(1-135) $M = Z_1\overline{M}_1 + M_P$，可得内力图如图 1-199d（$M$ 图）、图 1-199e（V 图）所示。

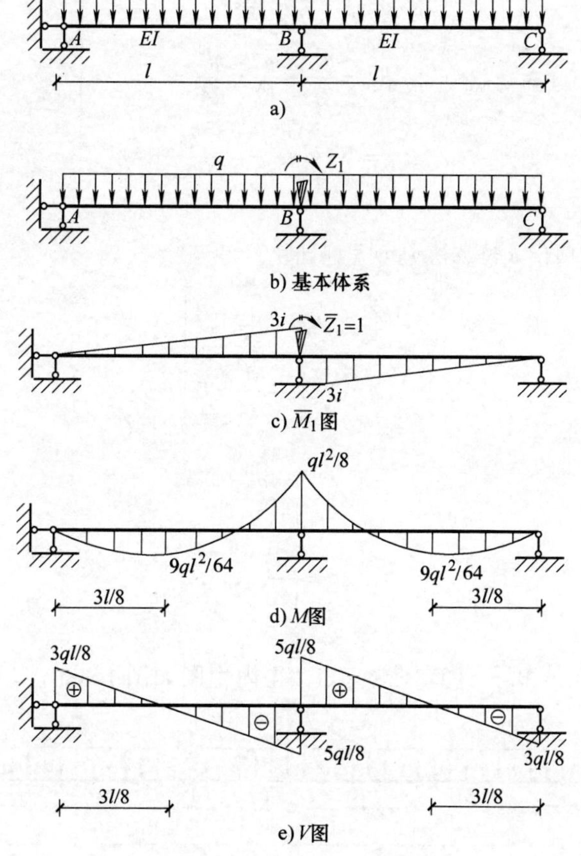

图 1-199　［例题 1-87］计算简图

见表4-7中序号1所示。

[例题1-88] 如图1-200a所示三跨连续梁在均布荷载 q 作用下，EI 为常量，求其内力，并作内力图。

[解]

(1) 选取基本体系

该结构有两个刚结点 B 和 C，因此基本未知量即为 B 和 C 结点的转角，基本体系如图1-200b所示。

(2) 建立位移法典型方程

依照式(1-139)可写出具有两个基本未知量的位移法典型方程为

$$\left.\begin{aligned} r_{11}Z_1 + r_{12}Z_2 + R_{1P} = 0 \\ r_{21}Z_1 + r_{22}Z_2 + R_{2P} = 0 \end{aligned}\right\}$$

(3) 求系数和自由项

分别作出结构在 $\overline{Z}_1=1$、$\overline{Z}_2=1$ 和荷载单独作用下的 $\overline{M}_1$ 图、$\overline{M}_2$ 图、M_P 图，其中 $i=\dfrac{EI}{l}$，如图1-200c、d、e所示。

由 B 点和 C 点的平衡条件，可得

$$r_{11} = 3i + 4i = 7i$$

$$r_{22} = 4i + 3i = 7i$$

$$r_{12} = r_{21} = 2i$$

$$R_{1P} = \frac{ql^2}{8} - \frac{ql^2}{12} = \frac{ql^2}{24}$$

$$R_{2P} = -\frac{ql^2}{8} + \frac{ql^2}{12} = -\frac{ql^2}{24}$$

(4) 解位移法方程

将上述系数、自由项代入位移法典型方程计算，得

$$\left.\begin{aligned} 7iZ_1 + 2iZ_2 + \frac{ql^2}{24} = 0 \\ 2iZ_1 + 7iZ_2 - \frac{ql^2}{24} = 0 \end{aligned}\right\}$$

解之，得

$$Z_1 = -\frac{ql^2}{120i}$$

$$Z_2 = \frac{ql^2}{120i}$$

(5) 作最终内力图

由 $M = Z_1\overline{M}_1 + Z_2\overline{M}_2 + M_P$，计算杆端弯矩，得内力图如图1-200f($M$ 图)、图1-200g(V 图)所示。

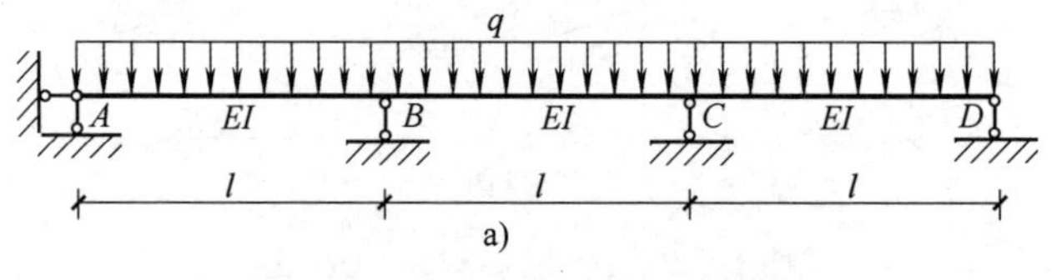

图1-200 [例题1-88]计算简图

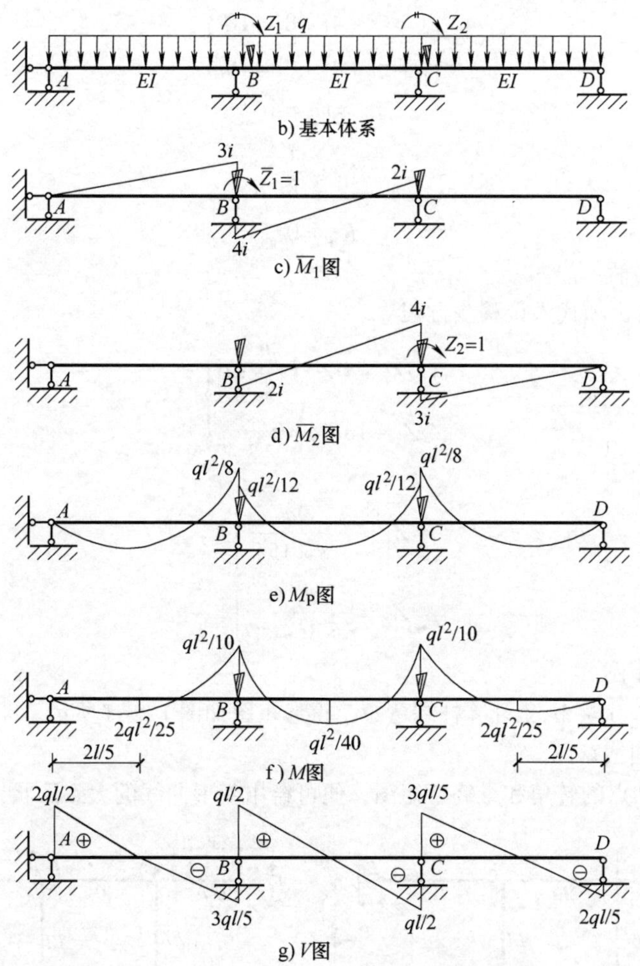

图 1-200　[例题 1-88] 计算简图（续）

见表 4-8 中序号 1 所示。

[例题 1-89]　计算如图 1-201a 所示刚架，作弯矩图，并绘出变形曲线草图。

[解]

(1) 选取基本体系

这是无侧移刚架，有两个基本未知量，刚结点 E 和 F 的转角。在 E 和 F 处加附加刚臂，得基本体系如图 1-201b 所示。

(2) 建立位移法典型方程

$$\left.\begin{aligned} r_{11}Z_1 + r_{12}Z_2 + R_{1P} = 0 \\ r_{21}Z_1 + r_{22}Z_2 + R_{2P} = 0 \end{aligned}\right\}$$

(3) 作荷载弯矩图和单位弯矩图

先计算各杆的线刚度，令 $i = \dfrac{EI}{l}$，柱的线刚度为 i，梁的线刚度为 $\dfrac{2EI}{l} = 2i$。分别绘出基本体系的荷载弯矩图 M_P、单位弯矩图 $\overline{M}_1$ 和 $\overline{M}_2$，如图 1-201c、d、e 所示。

(4) 求系数和自由项

由 E 点和 F 点的平衡条件，可得

$$\left.\begin{array}{l}r_{11}=6i+4i+8i=18i\\r_{22}=6i+4i+8i=18i\end{array}\right\}$$

$$r_{12}=r_{21}=4i$$

$$R_{1P}=\frac{ql^2}{8}$$

$$R_{2P}=0$$

（5）解位移法方程

将上述系数、自由项代入位移法方程

$$\left.\begin{array}{l}18iZ_1+4iZ_2+\dfrac{ql^2}{8}=0\\4iZ_1+18iZ_2=0\end{array}\right\}$$

解之，得

$$\left.\begin{array}{l}Z_1=-\dfrac{9ql^2}{8\times154i}\\Z_2=\dfrac{2ql^2}{8\times154i}\end{array}\right\}$$

（6）作最终弯矩图

由 $M=Z_1\overline{M}_1+Z_2\overline{M}_2+M_P$，计算杆端弯矩，得弯矩图如图1-201f所示。

（7）绘制变形曲线草图

根据求得的各结点的转角和最终弯矩图，便可绘出变形曲线的大致形状，如图1-201g所示。

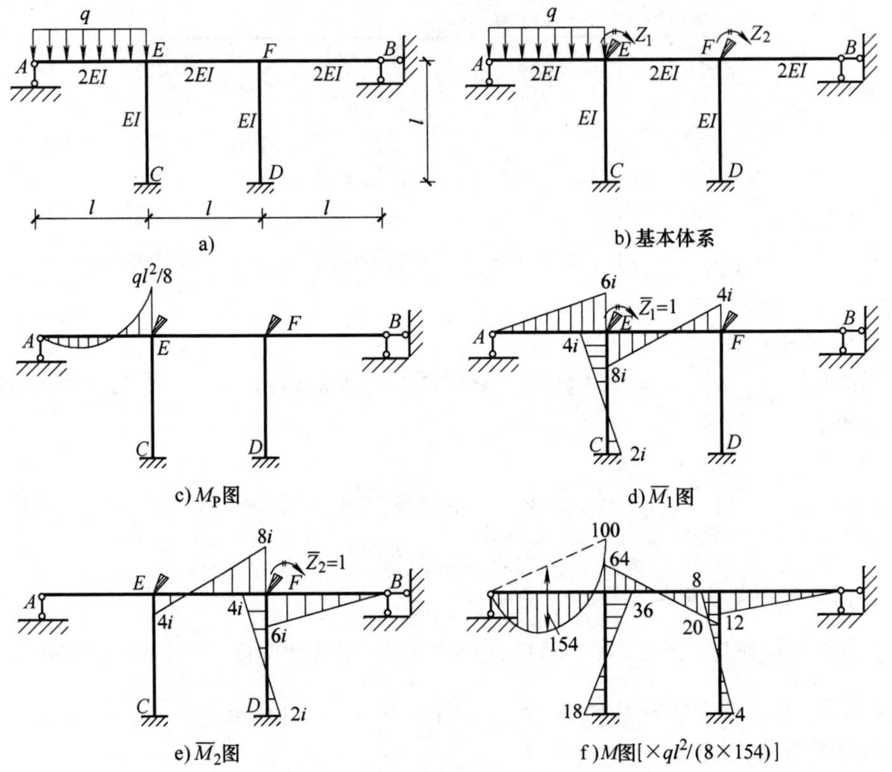

图1-201 ［例题1-89］计算简图

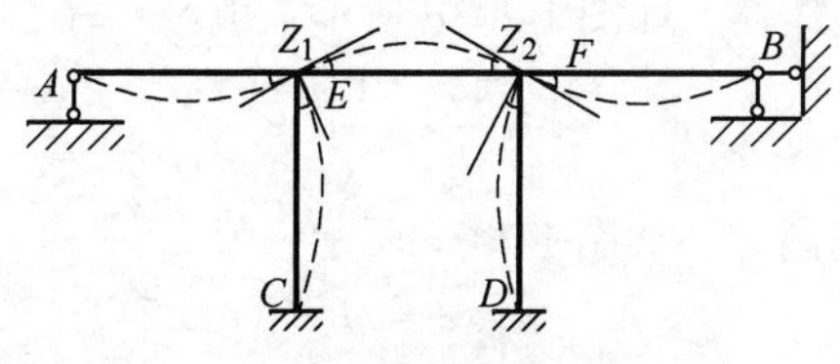

g) 变形曲线草图

图 1-201　[例题 1-89] 计算简图 (续)

[例题 1-90]　计算如图 1-202a 所示刚架，EI 为常数，作 M、V、N 图，并绘出变形曲线草图。

[解]

(1) 选取基本体系

这是有侧移刚架。有两个结点转角 Z_1、Z_2 和一个独立结点线位移 Z_3，并规定 Z_3 向右为正。在结点 C、D 加附加刚臂，在结点 D 加附加支杆，得基本体系如图 1-202b 所示。注意，结点 C 为半铰结点，所加附加刚臂只固定相互刚结的杆端 CA、CE。

(2) 列典型方程

根据式(1-139)可写得位移法典型方程为

$$\left.\begin{aligned}r_{11}Z_1+r_{12}Z_2+r_{13}Z_3+R_{1P}=0\\ r_{21}Z_1+r_{22}Z_2+r_{23}Z_3+R_{2P}=0\\ r_{31}Z_1+r_{32}Z_2+r_{33}Z_3+R_{3P}=0\end{aligned}\right\}$$

(3) 作荷载弯矩图及各单位弯矩图(图 1-202b、c、d、e)

在基本体系中由于集中力 P 作用在不动结点 C 上，所以不引起弯矩图，M_P 图只是均布荷载引起的，如图 1-202b 所示。

C 点附加刚臂只限制 CA 杆的 C 端和 CE 杆的 C 端的转动，并不限制杆 CD 的 C 端的转动。当 C 点附加刚臂发生单位转角时只有杆 CA 和 CE 发生弯曲，如图 1-202c 所示。

当附加支杆发生单位位移时(图 1-202e)，结点 D 和结点 C 均向右移动单位位移，其他结点不动。由变形曲线看出横梁 CD 平动，杆 CA、DB、CE 两端均发生单位相对位移。

(4) 求系数和自由项

第一方程式的系数和自由项，都是附加刚臂 C 的反力矩，由 C 点的力矩平衡条件求得如下：

$$r_{11}=7i,\ r_{12}=0,\ r_{13}=-\frac{3i}{l},\ R_{1P}=0$$

第二方程式的系数和自由项，都是附加刚臂 D 的反力矩，由 D 点的力矩平衡条件求得如下：

$$r_{21}=0,\ r_{22}=7i,\ r_{23}=-\frac{6i}{l},\ R_{2P}=\frac{ql^2}{8}$$

第三方程式的系数和自由项，都是附加支杆的反力，应由各弯矩图中横梁 CD 隔离体的投影平衡条件 $\sum X=0$ 求得，截面的作法如图 1-203a 所示。由 $\overline{M}_1$ 图截取横梁 CD 为隔离体，如图 1-203b 所示，算出上下层柱子的杆端剪力，由 $\sum X=0$ 求得

$$r_{31}=\frac{3i}{l}-\frac{6i}{l}=-\frac{3i}{l}=r_{13}$$

由 $\overline{M}_2$ 图截取横梁 CD 为隔离体，如图 1-203c 所示，由 $\sum X=0$，得

$$r_{32}=-\frac{6i}{l}=r_{23}$$

由 $\overline{M}_3$ 图截取横梁 CD 为隔离体，如图 1-203d 所示，由 $\sum X=0$，得

$$r_{33}=\frac{3i}{l^2}+\frac{12i}{l^2}+\frac{12i}{l^2}=\frac{27i}{l^2}$$

由 M_P 图截取横梁 CD 为隔离体，如图 1-203e 所示，得

$$R_{3P}=-ql$$

(5) 解典型方程求未知量

将系数和自由项代入典型方程，有

$$\left.\begin{aligned}7iZ_1-\frac{3i}{l}Z_3=0\\7iZ_2-\frac{6i}{l}Z_3+\frac{ql^2}{8}=0\\-\frac{3i}{l}Z_1-\frac{6i}{l}Z_2+\frac{27i}{l^2}Z_3-ql=0\end{aligned}\right\}$$

解之，得

$$Z_1=\frac{75}{4032}\frac{ql^2}{i},\ Z_2=\frac{78}{4032}\frac{ql^2}{i},\ Z_3=\frac{175}{4032}\frac{ql^3}{i}$$

(6) 作最终弯矩图(图 1-202f)

(7) 绘变形曲线草图(图 1-202g)

(8) 根据弯矩图作剪力图(图 1-202h)

(9) 根据剪力图作轴力图(图 1-202i)

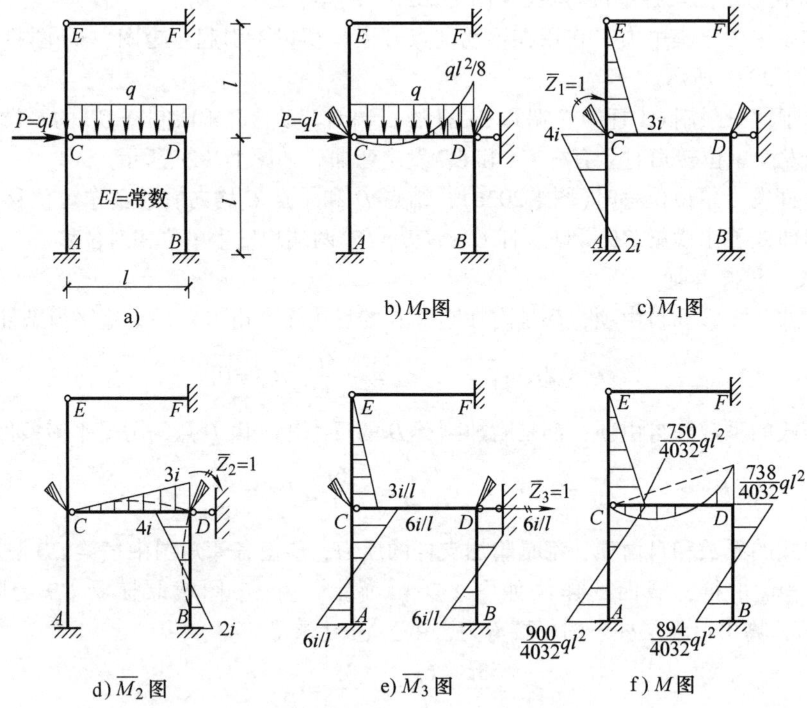

图 1-202 [例题 1-90] 计算简图

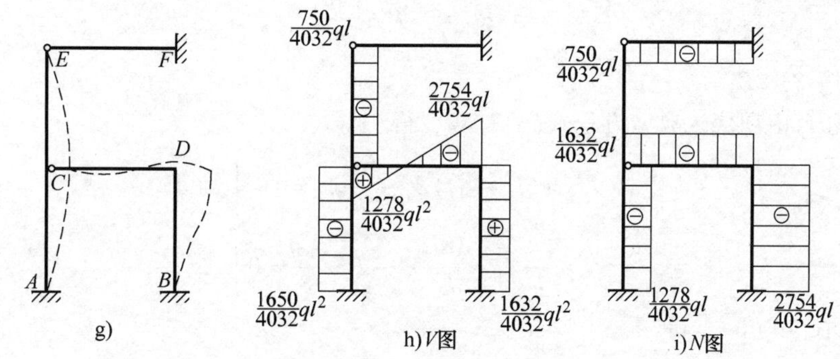

图1-202 [例题1-90]计算简图（续）

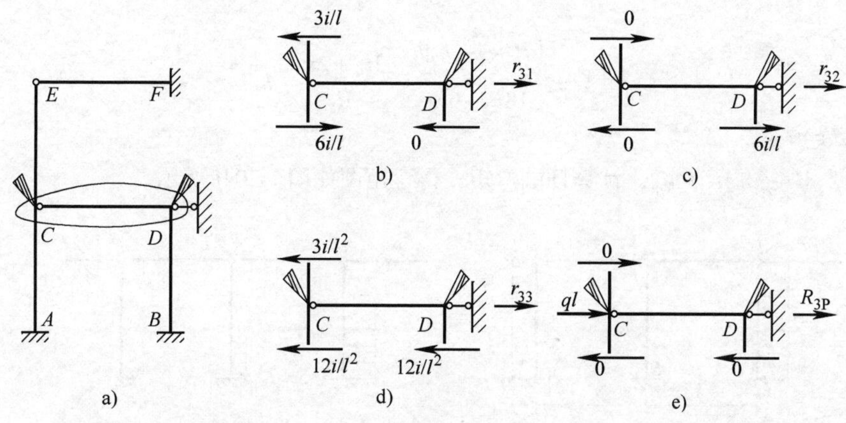

图1-203 [例题1-90]剪力图

[例题1-91] 计算如图1-204a所示刚架，EI为常数，作M图。

[解]

（1）选取基本体系

此刚架基本未知量共有两个，一个是结点E的角位移Z_1，一个是独立的结点线位移Z_2，基本体系如图1-204b所示。

（2）列位移法典型方程

$$\left.\begin{aligned}r_{11}Z_1+r_{12}Z_2+R_{1P}=0\\r_{21}Z_1+r_{22}Z_2+R_{2P}=0\end{aligned}\right\}\qquad(a)$$

（3）计算系数和自由项

先作$\overline{M}_1$、$\overline{M}_2$、M_P图，分别如图1-204c、d、e所示，并设$\dfrac{EI}{l}=i_1$，$\dfrac{EI}{h}=i_2$。

根据结点平衡及所取隔离体平衡，得

$$r_{11}=3i_1+3i_1+4i_2=6i_1+4i_2$$

$$r_{22}=\frac{12i_2}{h^2}+\frac{3i_2}{h^2}+\frac{3i_2}{h^2}=\frac{18i_2}{h^2}$$

$$r_{12}=r_{21}=-\frac{6i_2}{h}$$

$$R_{1P}=0$$

$$R_{2P}=-P-\frac{3qh}{8}$$

（4）求解 Z_1、Z_2

将系数和自由项代入典型方程式(a)计算，得

$$\left.\begin{aligned}(6i_1+4i_2)Z_1-\frac{6i_2}{h}Z_2=0\\-\frac{6i_2}{h}Z_1+\frac{18i_2}{h^2}Z_2-P-\frac{3ql}{8}=0\end{aligned}\right\}\tag{b}$$

代入数值，并解式(b)，得

$$Z_1=\frac{\left(P+\frac{3}{8}qh\right)h}{18i_1+6i_2}$$

$$Z_2=\frac{\left(P+\frac{3}{8}qh\right)h}{18i_1+6i_2}\cdot\frac{3i_1+2i_2}{3i_2}\cdot h$$

（5）作弯矩图

由 $M=Z_1\overline{M}_1+Z_2\overline{M}_2+M_P$，计算杆端弯矩，得弯矩图如图1-204f所示。

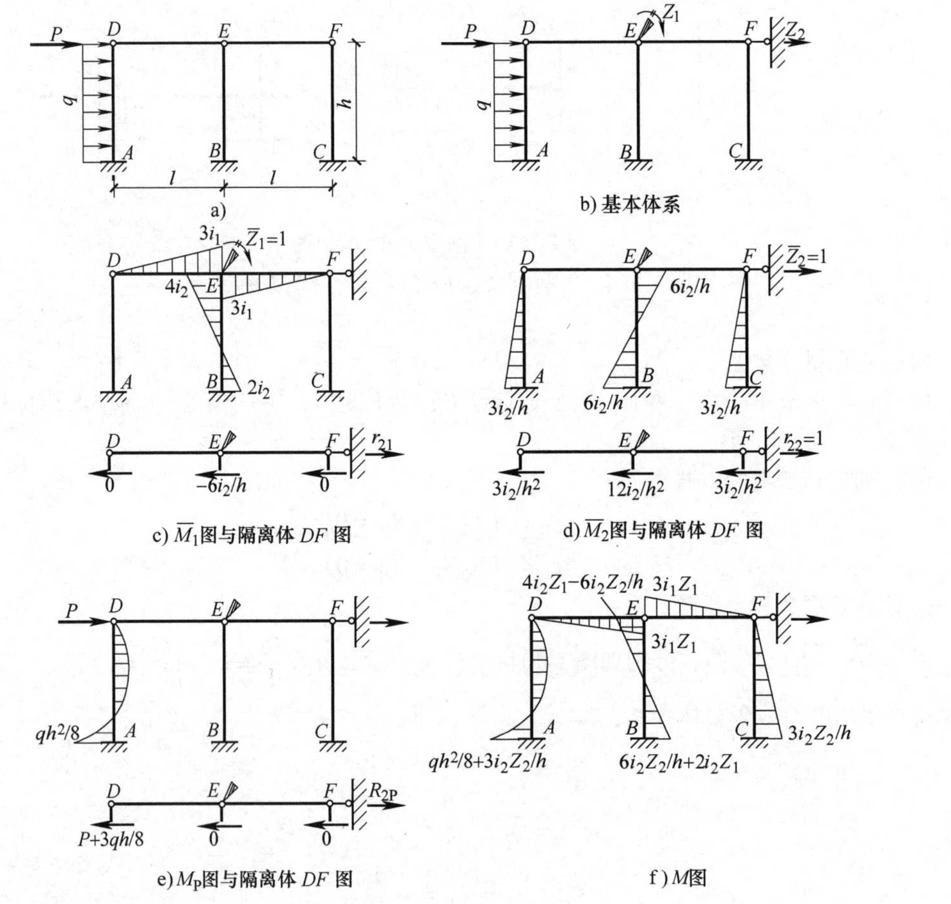

图1-204　[例题1-91]计算简图

［例题 1-92］　计算如图 1-205a 所示排架，作 M 图。

［解］

（1）选取基本体系

此排架基本未知量只有一个，即独立的结点线位移 Z_1，基本体系如图 1-205b 所示。

（2）列位移法典型方程

$$r_{11}Z_1 + R_{1P} = 0$$

（3）计算系数和自由项

先作 $\overline{M}_1$、M_P 图及求水平力时的隔离体图，分别如图 1-205c、d 所示。

$$r_{11} = \frac{3i}{h^2} + \frac{3i}{h^2} + \frac{3i}{h^2} + \frac{3i}{h^2} = \frac{12i}{h^2}$$

$$R_{1P} = -\left(-P - \frac{3}{8}qh\right) = P + \frac{3}{8}qh$$

所以

$$Z_1 = -\frac{R_{1P}}{r_{11}} = -\frac{P + \frac{3}{8}qh}{\frac{12i}{h^2}} = -\frac{\left(P + \frac{3}{8}qh\right)h^2}{12i}$$

（4）作弯矩图

由 $M = Z_1\overline{M}_1 + M_P$，计算杆端弯矩，得弯矩图如图 1-205e 所示。

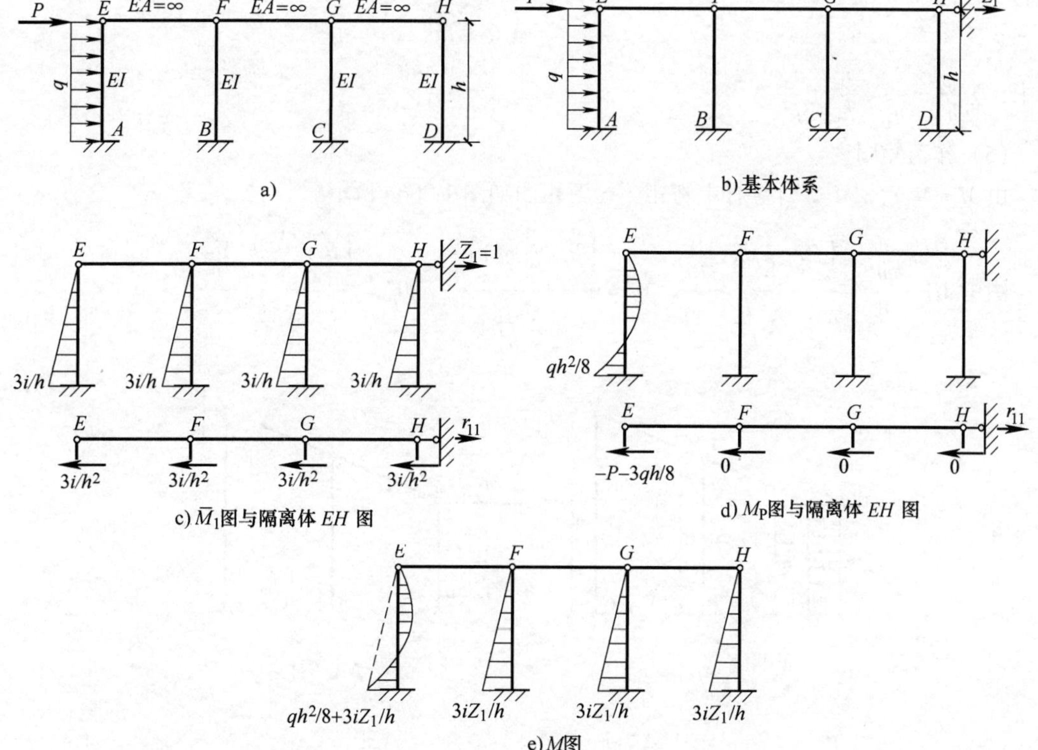

图 1-205　［例题 1-92］计算简图

[例题 1-93] 计算如图 1-206a 所示排架，忽略横梁的轴向变形，作 M 图。

[解]

(1) 取基本体系

此排架基本未知量只有一个，即独立的结点线位移 Z_1，基本体系如图 1-206b 所示。

(2) 列位移法典型方程

$$r_{11}Z_1 + R_{1P} = 0$$

(3) 计算系数和自由项

先作 $\overline{M}_1$、M_P 图及求水平力时的隔离体图，如图 1-206c、d 所示。其中 $i_1 = \dfrac{EI_1}{h_1}$，$i_2 = \dfrac{EI_2}{h_2}$，$i_3 = \dfrac{EI_3}{h_3}$，则

$$r_{11} = \frac{3i_1}{h_1^2} + \frac{3i_2}{h_2^2} + \frac{3i_3}{h_3^2}$$

$$R_{1P} = -P - \frac{3}{8}qh_1$$

(4) 解位移法方程

将系数和自由项代入位移法典型方程计算，得

$$Z_1 = -\frac{R_{1P}}{r_{11}} = \frac{P + \dfrac{3qh_1}{8}}{3\sum\dfrac{i}{h^2}}$$

其中，$\sum\dfrac{i}{h^2} = \dfrac{i_1}{h_1^2} + \dfrac{i_2}{h_2^2} + \dfrac{i_3}{h_3^2}$

(5) 作弯矩图

由 $M = \overline{M}_1 Z_1 + M_P$，计算杆端弯矩，得弯矩图如图 1-206e 所示。

图中 $M' = \dfrac{qh_1^2}{8} + \dfrac{\left(P + \dfrac{3}{8}qh_1\right)\dfrac{i_1}{h_1}}{\sum\dfrac{i}{h^2}}$，$M'' = \dfrac{\left(P + \dfrac{3}{8}qh_1\right)\dfrac{i_2}{h_2}}{\sum\dfrac{i}{h^2}}$，$M''' = \dfrac{\left(P + \dfrac{3}{8}qh_1\right)\dfrac{i_3}{h_3}}{\sum\dfrac{i}{h^2}}$

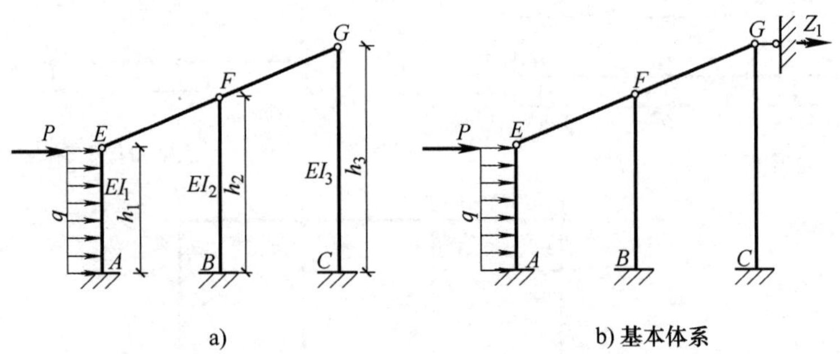

图 1-206 [例题 1-93] 计算简图

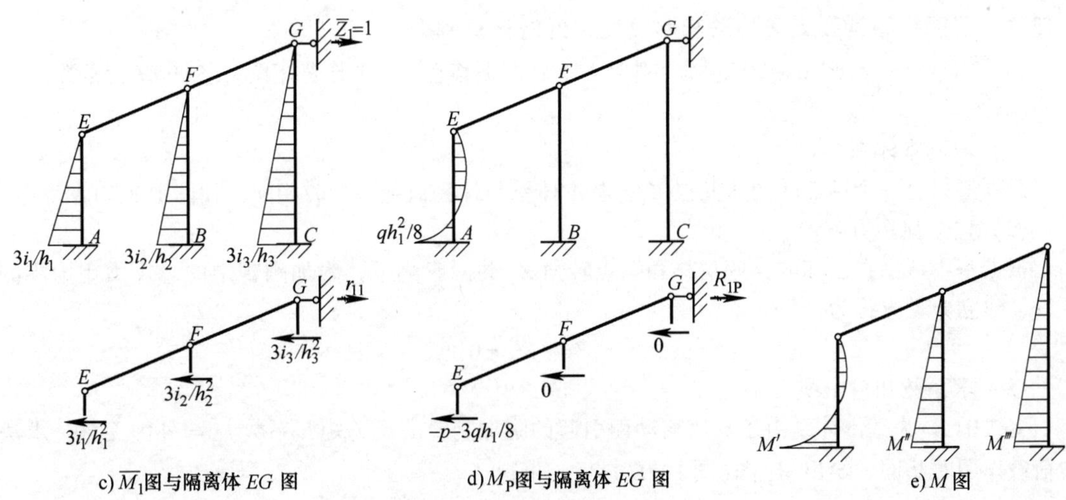

c) $\overline{M}_1$图与隔离体 EG 图　　d) M_P图与隔离体 EG 图　　e) M 图

图 1-206　[例题 1-93] 计算简图（续）

1.12.6　用典型方程法计算超静定结构在支座移动和温度变化时的内力

用典型方程法计算超静定结构在支座移动和温度变化时的内力见表 1-36。

表 1-36　用典型方程法计算超静定结构在支座移动和温度变化时的内力

序　号	项　目	内　容
1	支座移动时的内力计算	用典型方程法计算超静定结构在支座移动时的内力，其基本原理和分析步骤与荷载作用时是相同的，只是具体计算时，有以下两个特点： 1）典型方程中的自由项不同。这里的自由项，不再是荷载引起的附加约束中的 R_{iP}，而是基本体系由于支座移动产生的附加约束中的反力矩或反力 R_{ic}，它可先利用形常数作出基本体系由于支座移动产生的弯矩图 M_c 图，然后由平衡条件求得 2）计算最后内力的叠加公式不完全相同。其最后一项应以 M_c 替代荷载作用时的 M_P，即 $$M=\overline{M}_1Z_1+\overline{M}_2Z_2+\cdots+M_c \quad (1\text{-}146)$$
2	温度变化时的内力计算	用典型方程法计算超静定结构在温度变化时的内力，其基本原理和分析步骤与荷载作用时也是相同的，但在具体计算时，要注意以下三个特点： 1）典型方程中的自由项不同。这里的自由项不再是荷载引起的附加约束中的 R_{iP}，而是基本体系由于温度变化产生的附加约束中的反力矩或反力 R_{it}，它可先利用载常数作出基本体系由于温度变化产生的弯矩图 M_t 图，然后由平衡条件求得 2）计算最后内力的叠加公式不完全相同。其最后一项应以 M_t 替代荷载作用时的 M_P，即 $$M=\overline{M}_1Z_1+\overline{M}_2Z_2+\cdots+M_t \quad (1\text{-}147)$$ 3）要特别强调的是，在温度变化时，不能再忽略杆件的轴向变形，因而前述受弯直杆两端距离不变的假设这里不再适用。这是因为，不仅杆件两侧内外温差（Δt）会使杆件弯曲，而产生一部分固端弯矩，而且，轴线平均温度变化（t_0）使杆件产生的轴向变形，会使结点产生已知位移，从而使杆两端产生相对横向位移，于是又产生出另一部分固端弯矩 同支座移动时的内力计算一样，在计算温度变化引起的杆端弯矩时，必须用各杆 EI 的实际值

1.12.7 超静定结构在支座移动和温度变化时的计算例题

［例题1-94］ 已知图1-207a所示刚架支座B向下移动Δ，求作弯矩图。各杆EI为常数。

［解］

（1）取基本体系

此刚架只有一个结点转角未知量Z_1，基本体系与计算荷载影响时相同，如图1-207b所示。

（2）建立典型方程

根据基本体系在已知的支座位移和结点转角Z_1共同影响下，附加刚臂中的总反力矩为零的条件，建立典型方程为

$$r_{11}Z_1+R_{1c}=0$$

（3）求系数和自由项

上式中R_{1c}为基本体系由于支座移动而引起的附加刚臂的反力矩，系数r_{11}与外因无关，求法与荷载作用时相同，绘出$\overline{M}_1$图(图1-207b)后，求得

$$r_{11}=4i+4i+3i=11i$$

为求自由项R_{1c}，应作出基本体系在已知的支座位移影响下的弯矩图M_c图。将已知的支座位移Δ加到基本体系上，绘出如图1-207c所示M_c图。

由C点的力矩平衡，得

$$R_{1c}=-\frac{6i}{l}\Delta+\frac{3i}{l}\Delta=-\frac{3i}{l}\Delta$$

（4）解典型方程

将r_{11}和R_{1c}之值代入典型方程，解得

$$Z_1=-\frac{R_{1c}}{r_{11}}=\frac{3}{11}\frac{\Delta}{l}$$

（5）作弯矩图

最终弯矩图按式$M=Z_1\overline{M}_1+M_c$计算，如图1-207d所示。

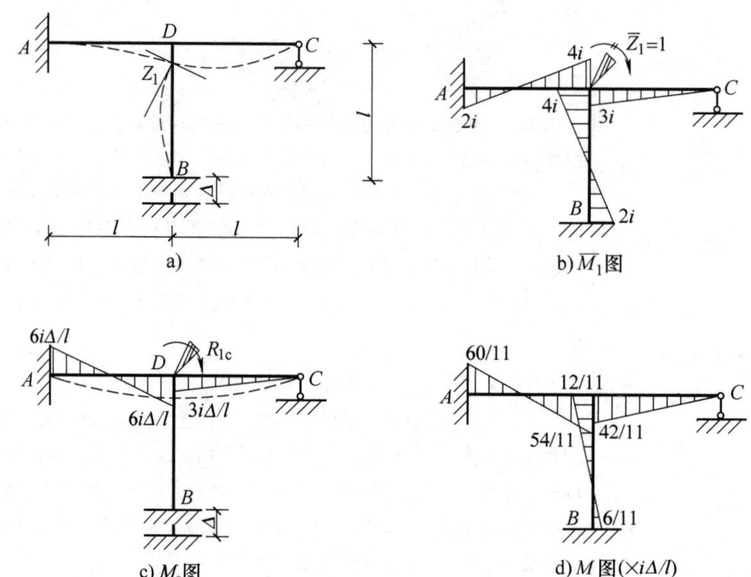

图1-207 ［例题1-94］计算简图

［例题 1-95］　已知图 1-208a 所示刚架，内外温度均升高 t℃，求作弯矩图。各杆 EI 为常数，材料的线膨胀系数为 α。

［解］

（1）取基本体系

此刚架只有一个结点转角未知量 Z_1，基本体系如图 1-208b 所示。

（2）建立典型方程

据基本体系在温度改变和结点转角 Z_1 共同影响下，附加刚臂中的总反力矩为零的条件，建立典型方程为

$$r_{11}Z_1 + R_{1t} = 0$$

（3）求系数和自由项

上式中 R_{1t}为基本体系由于温度改变而引起的附加刚臂的反力矩，系数 r_{11} 及$\overline{M}_1$ 图与上题同。

为求自由项 R_{1t}，应算出基本体系由于温度改变引起的各杆的固端弯矩，并作出弯矩图 M_t 图。

在基本体系中，由于温度平均升高，各杆均伸长 αtl，由此引起的各杆两端发生相对线位移，根据图 1-208b 的几何关系，可求得各杆两端相对线位移为

$$\Delta_{DA} = -\alpha tl$$

$$\Delta_{DC} = \alpha tl$$

$$\Delta_{DB} = \alpha tl$$

杆端相对线位移将使杆发生弯曲变形而产生固端弯矩，如图 1-208c 所示 M_t 图。

由 M_t 图，得

$$R_{1t} = \frac{6i\alpha tl}{l} - \frac{3i\alpha tl}{l} - \frac{6i\alpha tl}{l} = -3i\alpha t$$

（4）解典型方程

将 r_{11} 和 R_{1t}之值代入典型方程，解得

$$Z_1 = -\frac{R_{1t}}{r_{11}} = \frac{3}{11}\alpha t$$

（5）作弯矩图

最终弯矩图按式 $M = Z_1\overline{M}_1 + M_t$ 计算，如图 1-208d 所示。

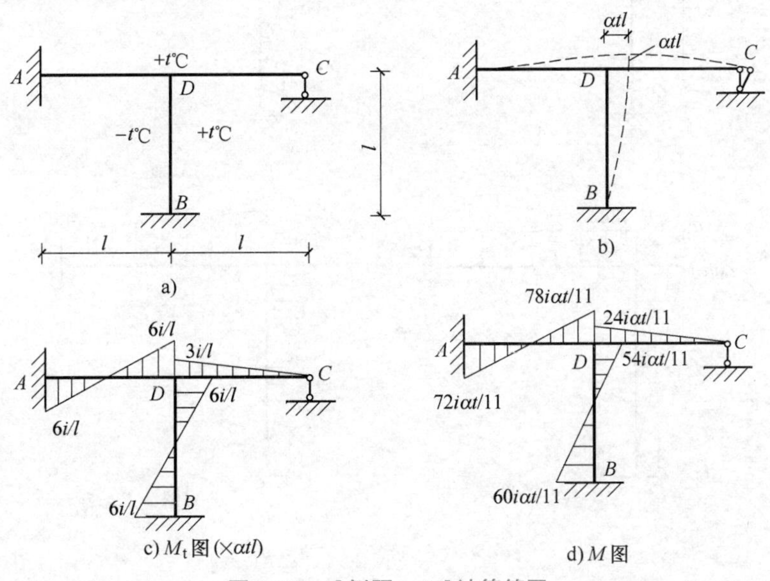

图 1-208　［例题 1-95］计算简图

[例题 1-96] 图 1-209a 所示刚架，内部温度升高 t℃，外部温度下降 t℃，求作弯矩图。各杆截面相同，且均为矩形，其高度 $h=\dfrac{l}{20}$，材料弹性模量 E 为常数，材料的线膨胀系数为 α。

[解]

在结点 B 加附加刚臂得基本体系。相应的基本未知量为结点 B 的转角 Z_1。典型方程为

$$r_{11}Z_1+R_{1t}=0$$

绘出 $\overline{M}_1$ 图如图 1-209b 所示，求得

$$r_{11}=4i+3i=7i$$

再作 M_t 图，求自由项 R_{1t}。

由题意知，各杆轴处的温度改变为 $t_0=(-t℃+t℃)/2=0℃$，所以各杆不伸长(或缩短)；杆两侧温度改变值之差为 $t'=t℃-(-t℃)=2t℃$，将不会使各杆产生轴向变形，只产生弯曲，由此引起的各杆固端弯矩为

$$M_{BC}^{F}=-\frac{EI\alpha t'}{h}=\frac{-EI\alpha\times 2t}{l/20}=-40i\alpha t$$

$$M_{CB}^{F}=\frac{EI\alpha t'}{h}=40i\alpha t$$

$$M_{BA}^{F}=\frac{3EI\alpha t'}{2h}=\frac{3EI\alpha\times 2t}{2l/20}=60i\alpha t$$

据此绘出 M_t 图如图 1-209c 所示。在 M_t 图中截取结点 B 为隔离体，可得

$$R_{1t}=60i\alpha t-40i\alpha t=20i\alpha t$$

将 r_{11} 和 R_{1t} 代入典型方程，解得

$$Z_1=-\frac{R_{1t}}{r_{11}}=-\frac{20i\alpha t}{7i}=-\frac{20}{7}\alpha t$$

最终弯矩图由 $M=Z_1\overline{M}_1+M_t$，如图 1-209d 所示。

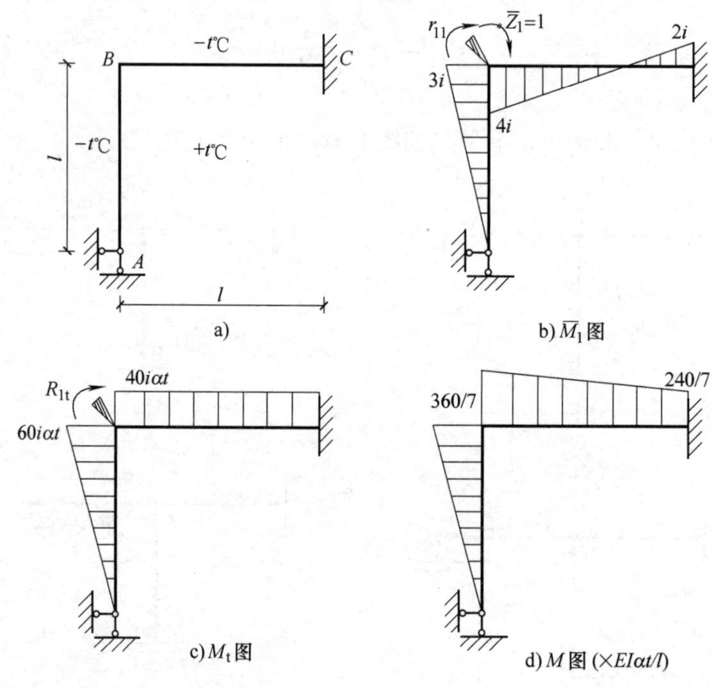

图 1-209 [例题 1-96]计算简图

1.12.8　对称性的利用

对称性的利用见表 1-37。

表 1-37　对称性的利用

序　号	项　目	内　容
1	简述	与力法一样，位移法也可以利用对称性来简化计算。如所已知，对称结构在对称荷载作用下位移是对称的，在反对称荷载作用下位移是反对称的。利用这个性质，在用位移法计算超静定结构时，可使位移未知量大为减少
2	计算方法	例如，利用对称性作图 1-210a 所示刚架的弯矩图 取等代结构如图 1-210b 所示。它有两个结点转角未知量。根据典型方程式(1-141)可写为 $$\left.\begin{aligned} r_{11}Z_1+r_{12}Z_2+R_{1P}=0 \\ r_{21}Z_1+r_{22}Z_2+R_{2P}=0 \end{aligned}\right\} \quad (1\text{-}148)$$ 图 1-210c、d、e 各示其 M_P 图、$\overline{M}_1$ 图及 $\overline{M}_2$ 图 计算中采用了相对刚度，即令 $EI=12$，则 $i_{CD'}=i_{BE'}=\frac{3EI}{3}=12$；$i_{AB}=i_{BC}=\frac{EI}{4}=3$ 此外，横梁为一端固定另一端定向支承梁，其杆端弯矩可由表 1-32 和表 1-33 查得。应当注意，此梁比原来两端固定梁短了一半，故其线刚度大了一倍，但也可以将原来的两端固定梁在对称情况下的弯矩图作出，然后取其一半即可。例如，图 1-211a 所示梁一端(A'端)转动的情况，相当于图 1-211b 所示两端固定梁，两端对称转动的情况、在荷载作用下的弯矩图也可仿此作出(图 1-211c、d) 求得各系数和自由项为 $$r_{11}=36,\ r_{12}=r_{21}=6,\ r_{22}=24$$ $$R_{1P}=0,\ R_{2P}=-60$$ 代入典型方程式(1-148)，得 $$\left.\begin{aligned} 36Z_1+6Z_2=0 \\ 6Z_1+24Z_2-60=0 \end{aligned}\right\}$$ 解上式计算，得 $$Z_1=-0.435,\ Z_2=2.609$$ 按公式 $$M=\overline{M}_1Z_1+\overline{M}_2Z_2+M_P \quad (1\text{-}149)$$ 作出等代结构的弯矩图，并利用对称关系作出原刚架的弯矩图如图 1-210f 所示

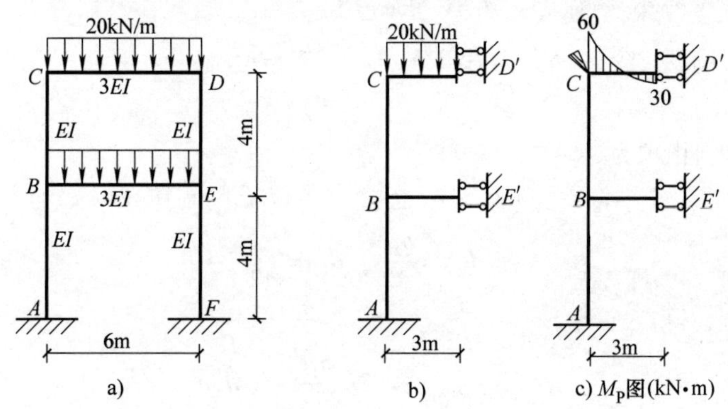

图 1-210　利用对称性计算

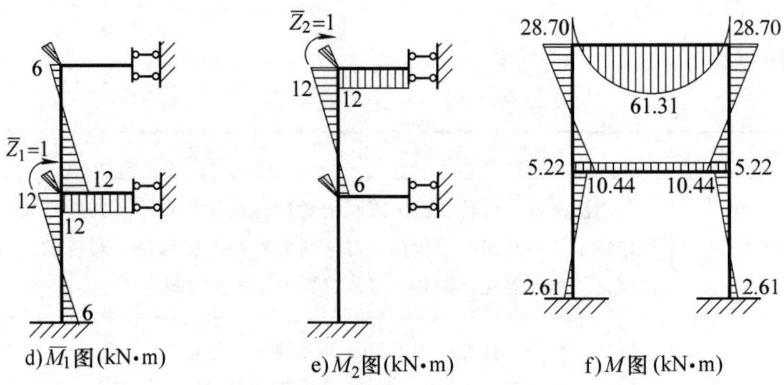

图 1-210 利用对称性计算（续）

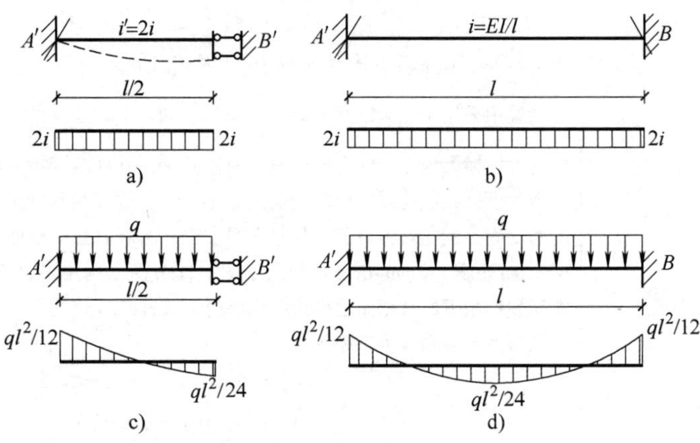

图 1-211 两端固定梁对称转动情况

1.12.9 对称性计算例题

［例题 1-97］ 利用对称性计算如图 1-212a 所示刚架，并作弯矩图。

［解］

取等代结构如图 1-212b 所示。它有两个结点转角未知量。写位移法典型方程为

$$\left.\begin{aligned} r_{11}Z_1+r_{12}Z_2+R_{1P}=0 \\ r_{21}Z_1+r_{22}Z_2+R_{2P}=0 \end{aligned}\right\}$$

图 1-212c、d、e 各示其 M_P 图、$\overline{M}_1$ 图和 $\overline{M}_2$ 图。

本题采用相对刚度，令 $EI/h_2=i_2$，$EI/h_1=i_1$，$\dfrac{2EI}{\dfrac{l}{2}}=i_3$。

求得各系数和自由项为

$$r_{11}=4i_1+4i_2+i_3,\ r_{12}=r_{21}=2i_2,\ r_{22}=4i_2+i_3$$

$$R_{1P}=\frac{q_2l^2}{12},\ R_{2P}=\frac{q_1l^2}{12}$$

代入典型方程，得

$$Z_1=\frac{r_{12}R_{2P}-r_{22}R_{1P}}{r_{22}r_{11}-r_{12}r_{21}}=\frac{2i_2\dfrac{q_1l^2}{12}-(4i_2+i_3)\dfrac{q_2l^2}{12}}{(4i_2+i_3)(4i_1+4i_2+i_3)-4i_2^2}$$

$$Z_2=\frac{r_{11}R_{2P}-r_{21}R_{1P}}{r_{21}r_{12}-r_{22}r_{11}}=\frac{(4i_1+4i_2+i_3)\dfrac{q_1l^2}{12}-2i_2\dfrac{q_2l^2}{12}}{4i_2^2-(4i_2+i_3)(4i_1+4i_2+i_3)}$$

按式 $M=Z_1\overline{M}_1+Z_2\overline{M}_2+M_P$ 作出等代结构的弯矩图，并利用对称关系作出原结构的弯矩图如图 1-212f 所示。

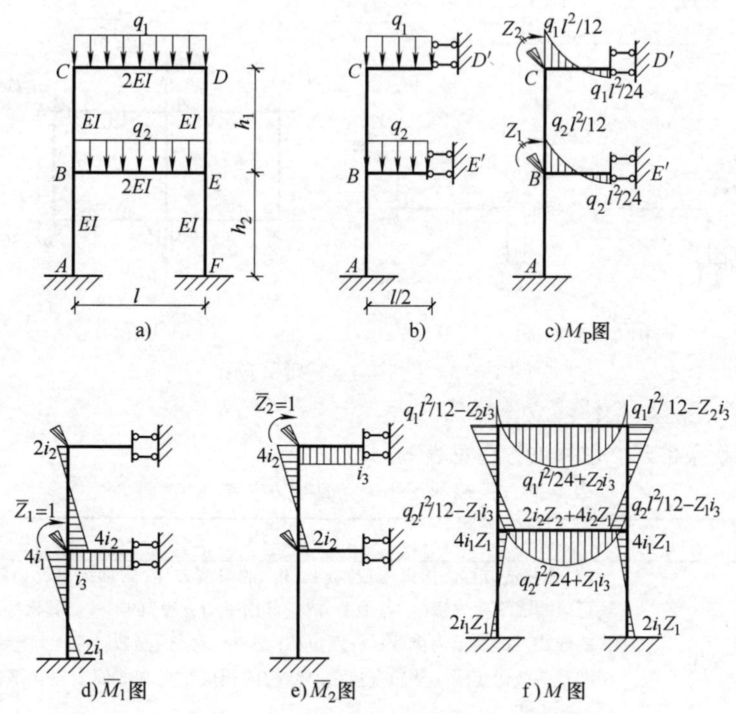

图 1-212　[例题 1-97] 计算简图

[例题 1-98]　利用对称性计算如图 1-213a 所示刚架，并作弯矩图。各杆的 EI 为常数。

[解]

由于刚架及荷载对于水平和竖直两个轴都是对称的，所以只需计算 1/4 刚架，其等代结构如图 1-213b 所示。该结构有一个基本未知量，即结点 D 的转角，典型方程为：

$$r_{11}Z_1+R_{1P}=0$$

M_P 图和 $\overline{M}_1$ 图如图 1-213c、d 所示。据此，由平衡条件求得

$$r_{11}=4i+2i=6i$$

$$R_{1P}=-\frac{ql^2}{12}$$

将 r_{11}、R_{1P}值代入典型方程，得

$$6iZ_1-\frac{1}{12}ql^2=0$$

解之，得

$$Z_1=\frac{ql^2}{72i}$$

等代结构的弯矩图如图 1-213e 所示。利用对称关系作出整个刚架的弯矩图如图 1-213f 所示。

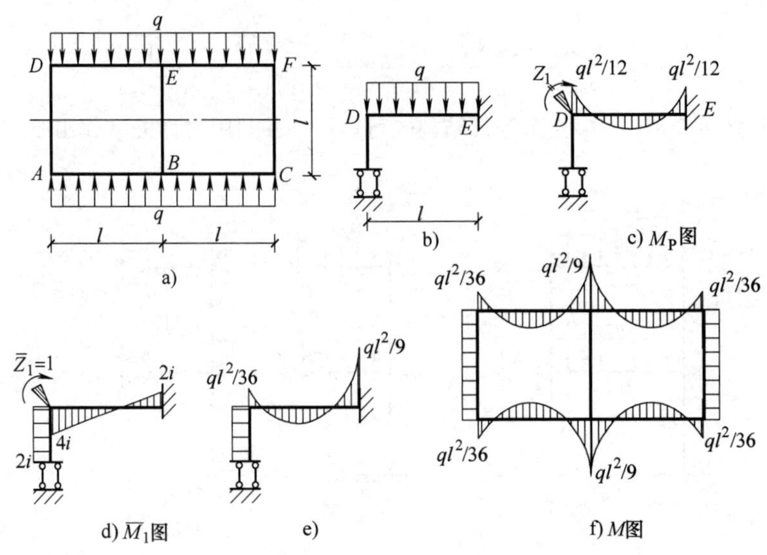

图 1-213 ［例题 1-98］计算简图

1.12.10 直接利用平衡条件建立位移法方程

直接利用平衡条件建立位移法方程见表 1-38。

表 1-38 直接利用平衡条件建立位移法方程

序号	项目	内容
1	简述	1）位移法方程除可以写成式(1-139)的典型方程(附加约束反力等于零)的形式外，还可以写成平衡方程(结点平衡方程、截面平衡方程)的形式。其做法是把杆端力写成公式的形式，即表示为荷载和杆端位移(结点位移)的函数，而无须绘基本体系的单位弯矩图及荷载弯矩图。然后直接在原结构的相应结点和截面上建立平衡方程，从而得到位移法方程 2）杆端力表达式(转角位移方程)见式(1-125)～式(1-130)
2	计算方法	(1) 当体系处于真正的平衡位置时(恢复自然状态时)，附加约束不起作用，反力等于零，这样就得到了位移法典型方程。从另一方面来看，当附加约束不起作用时，体系就在无附加约束情况下处于平衡状态。因此可以用平衡方程代替典型方程去确定真正的平衡位置(应有的位移) (2) 例如，图 1-214a 所示的无侧移刚架，当 Z_1 为真正的转角时附加刚臂不起作用，$R_1=0$，结点(图 1-214b)平衡条件 $\sum M_1=0$ 给出 $$M_{DA}+M_{DB}+M_{DC}=0 \qquad (1\text{-}150)$$ 根据转角位移方程有 $$\left.\begin{aligned}M_{DA}&=4i\theta_{DA}\\M_{DB}&=4i\theta_{DB}\\M_{DC}&=3i\theta_{DC}-\frac{3}{16}Pl\end{aligned}\right\} \qquad (1\text{-}151)$$ 再由变形谐调条件，将杆端转角用结点转角 Z_1 表示。即 $$\theta_{DA}=\theta_{DB}=\theta_{DC}=Z_1$$ 则式(1-151)可写为 $$\left.\begin{aligned}M_{DA}&=4iZ_1\\M_{DB}&=4iZ_1\\M_{DC}&=3iZ_1-\frac{3}{16}Pl\end{aligned}\right\} \qquad (1\text{-}152)$$

续表 1-38

<table>
<tr><th>序　号</th><th>项　目</th><th>内　容</th></tr>
<tr><td>2</td><td>计算方法</td><td>
将式(1-152)代入式(1-150)整理后得

$$11iZ_1-\frac{3}{16}Pl=0 \tag{1-153}$$

可见与典型方程完全相同。解出 Z_1 后利用转角位移方程，即可求得各杆端弯矩

在一般情况下，当结构有 n 个基本未知量时，对应于每一个结点转角都可写一个相应刚结点的力矩平衡方程，每一个独立结点线位移都可写一个相应的截面平衡方程。平衡方程数目恒与基本未知量数目相等，因而可求解出 n 个结点位移

(3) 例如，用直接写平衡方程的方法解图 1-215a 所示连续梁，作弯矩图

1) 确定基本未知量。有两个基本未知量：结点 B、C 的转角 Z_1、Z_2

2) 写出杆端弯矩表达式。先计算各杆线刚度

$$i_{AB}=\frac{6}{6}=1;\ i_{BC}=\frac{16}{8}=2;\ i_{CD}=\frac{6}{6}=1$$

写杆端弯矩式时，转角 Z_1、Z_2 均假设为正向(顺时针转)

应用式(1-125)可写为

$$\left.\begin{aligned}M_{BA}&=4i_{AB}\theta_{BA}+M_{BA}^{F}=4Z_1+12\\M_{AB}&=2i_{AB}\theta_{BA}+M_{AB}^{F}=2Z_1-12\\M_{BC}&=4i_{BC}\theta_{BC}+2i_{BC}\theta_{CB}+M_{BC}^{F}=8Z_1+4Z_2-5\\M_{CB}&=2i_{BC}\theta_{BC}+4i_{BC}\theta_{CB}+M_{CB}^{F}=4Z_1+8Z_2+5\\M_{CD}&=4i_{CD}\theta_{CB}=4Z_2\\M_{DC}&=2i_{CD}\theta_{CD}=2Z_2\end{aligned}\right\} \tag{1-154}$$

3) 列结点平衡方程。截取结点 B、C 为隔离体(图 1-215b、c)，各杆端弯矩均假设为正向，由 $\sum M_1=0$、$\sum M_2=0$ 得

$$\left.\begin{aligned}M_{BA}+M_{BC}=0\\M_{CB}+M_{CD}=0\end{aligned}\right\} \tag{1-155}$$

将式(1-154)中的有关杆端弯矩代入式(1-155)，整理得

$$\left.\begin{aligned}12Z_1+4Z_2+7=0\\4Z_1+12Z_2+5=0\end{aligned}\right\} \tag{1-156}$$

4) 求解基本未知量。由式(1-156)解得

$$Z_1=-0.5,\ Z_2=-0.25$$

5) 计算杆端弯矩。将 Z_1、Z_2 的值代回式(1-154)，得

$$\begin{aligned}M_{BA}&=4\times(-0.5)+12=10\\M_{AB}&=2\times(-0.5)-12=-13\\M_{BC}&=8\times(-0.5)+4\times(-0.25)-5=-10\\M_{CB}&=4\times(-0.5)+8\times(-0.25)+5=1\\M_{CD}&=4\times(-0.25)=-1\\M_{DC}&=2\times(-0.25)=-0.5\end{aligned}$$

6) 作弯矩图。根据杆端弯矩作弯矩图，如图 1-215d 所示

(4) 例如，用直接写平衡方程的方法解图 1-216a 所示刚架，作弯矩图

1) 确定基本未知量。因横梁抗弯刚度无穷大，故结点无转角，只有两横梁的水平位移 Z_1、Z_2 是基本未知量。为了不致弄错，可绘出变形曲线草图，标明未知位移，并假设 Z_1、Z_2 均向右

2) 杆端剪力表达式。由于基本未知量是水平位移，与此相应，应取横梁为隔离体，写出柱端剪力的投影平衡方程求解，所以需先写出杆端剪力表达式
</td></tr>
</table>

续表 1-38

序号	项目	内容
2	计算方法	按式(1-126)，设 $i=\frac{EI}{h}$ $\left.\begin{aligned}&V_{BA}=V_{AB}=\frac{12i}{h^2}\quad \Delta_{BA}=\frac{12i}{h^2}Z_1\\&V_{EF}=V_{FE}=\frac{12i}{h^2}\quad \Delta_{EF}=\frac{12i}{h^2}Z_1\\&V_{CB}=V_{BC}=\frac{12i}{h^2}\quad \Delta_{CB}=\frac{12i}{h^2}(Z_2-Z_1)\\&V_{DE}=V_{ED}=\frac{12i}{h^2}\quad \Delta_{DE}=\frac{12i}{h^2}(Z_2-Z_1)\end{aligned}\right\}\quad(1\text{-}157)$ 应当注意：转角位移方程中的 Δ 为杆件两端的相对线位移，这里所取的 Z_1 是横梁 BE 的绝对线位移，也是相对线位移，Z_2 是横梁 CD 的绝对线位移，所以 $\Delta_{CB}=\Delta_{DE}=Z_2-Z_1$ 3）列截面平衡方程。作截面Ⅰ-Ⅰ截取横梁 BE 为隔离体(图 1-216b)，由 $\sum X=0$ 得 $V_{BA}+V_{EF}-V_{BC}-V_{ED}-P=0\quad(1\text{-}158a)$ 作截面Ⅱ-Ⅱ截取横梁 CD 为隔离体(图 1-216c)由 $\sum X=0$ 得 $V_{CB}+V_{DE}-P=0\quad(1\text{-}158b)$ 将式(1-157)中有关杆端剪力代入式(1-158)，整理后得 $\left.\begin{aligned}&\frac{48i}{h^2}Z_1-\frac{24i}{h^2}Z_2-P=0\\&\frac{-24i}{h^2}Z_1+\frac{24i}{h^2}Z_2-P=0\end{aligned}\right\}\quad(1\text{-}159)$ 4）求解基本未知量。解方程式(1-159)得 $Z_1=\frac{Ph^2}{12i},\ Z_2=\frac{Ph^2}{8i}$ 5）计算杆端剪力。将 Z_1、Z_2 的值代入式(1-157)，得 $V_{BA}=V_{AB}=V_{EF}=V_{FE}=P$ $V_{CB}=V_{BC}=V_{DE}=V_{ED}=P/2$ 6）作弯矩图。有了杆端剪力各柱的受力情况便清楚了。由于各柱上均无荷载，两端无转角，则弯矩零点位于柱中点，因此柱两端弯矩均为 $V_{ik}\frac{h}{2}$(图 1-216d)，据此容易作出弯矩图，如图 1-216e 所示 也可以利用转角位移方程由 Z_1、Z_2 算出杆端弯矩 可以看出，写平衡方程的方法与写典型方程相比较，其优点是不必给单位弯矩图与荷载弯矩图，其缺点是物理形象不够鲜明。写典型方程方法的解题步骤与力法相似，比较规范化，易于掌握，特别是对初学者。一般地说，对平行柱刚架写平衡方程要简便些，对有斜杆刚架写典型方程要简便些

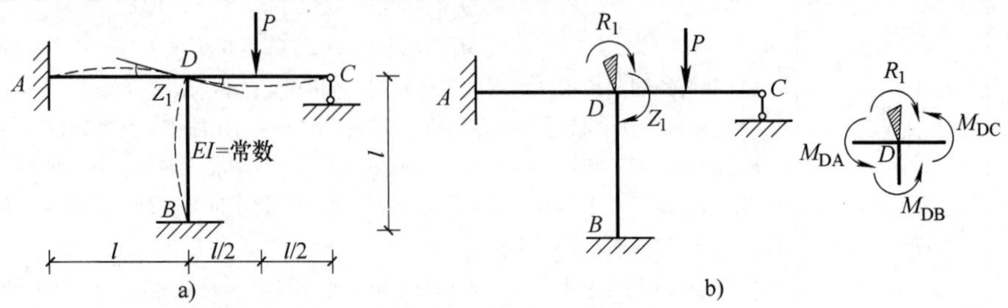

图 1-214　利用平衡条件计算无侧移刚架

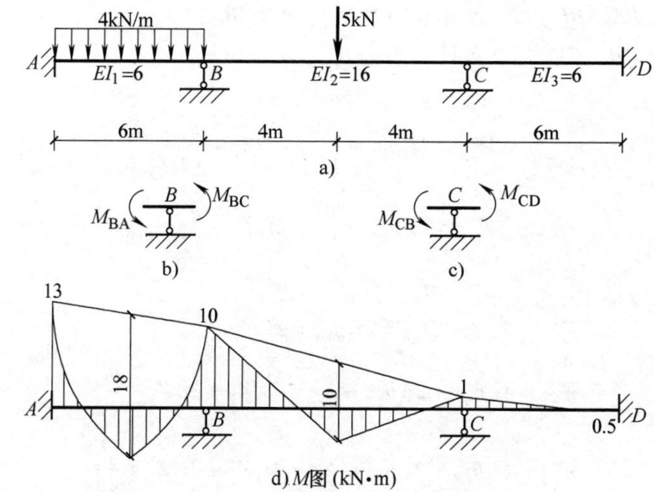

图 1-215 利用平衡条件计算连续梁

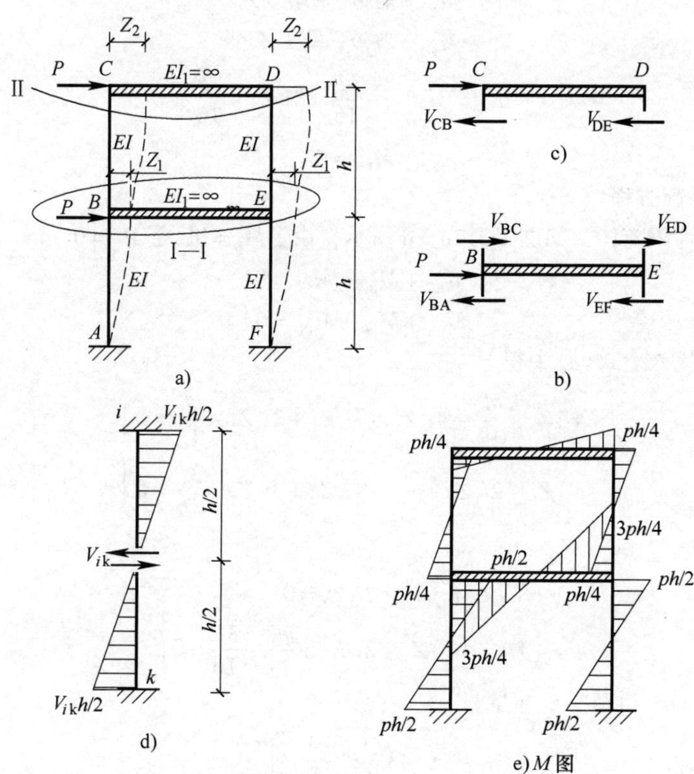

图 1-216 利用平衡条件计算有侧移刚架

1.12.11 利用平衡条件计算例题

［例题 1-99］ 计算如图 1-217a 所示无侧移刚架，作弯矩图。EI 为常数。

［解］

(1) 确定基本未知量

本例中基本未知量有两个，即结点 B、C 的转角，如图 1-217b 所示。

(2) 杆端弯矩表达式，其中 $i_1 = \dfrac{EI}{l}$，$i_2 = \dfrac{EI}{h}$

设 B 端转角对应 BA、BE、BC 各杆分别为 θ_{BA}、θ_{BE}、θ_{BC}。

设 C 端转角对应 CB、CF、CD 各杆分别为 θ_{CB}、θ_{CF}、θ_{CD}。

则有

$$M_{BA}=4i_1\theta_{BA}+\frac{ql^2}{12}=4i_1Z_1+\frac{ql^2}{12}$$

$$M_{AB}=2i_1\theta_{BA}-\frac{ql^2}{12}=2i_1Z_1-\frac{ql^2}{12}$$

$$M_{BE}=4i_2\theta_{BE}=4i_2Z_1$$

$$M_{EB}=2i_2\theta_{EB}=2i_2Z_1$$

$$M_{BC}=4i_1\theta_{BC}+2i_1\theta_{CB}-\frac{ql^2}{12}=4i_1Z_1+2i_1Z_2-\frac{ql^2}{12}$$

$$M_{CB}=4i_1\theta_{CB}+2i_1\theta_{BC}+\frac{ql^2}{12}=4i_1Z_2+2i_1Z_1+\frac{ql^2}{12}$$

$$M_{CF}=4i_2\theta_{CF}=4i_2Z_2$$

$$M_{FC}=2i_2\theta_{FC}=2i_2Z_2$$

$$M_{CD}=3i_1\theta_{CD}-\frac{3P}{16}=3i_1Z_2-\frac{3P}{16}$$

$$M_{DC}=0$$

(3) 列结点平衡方程

取结点 B、C 为隔离体，如图 1-217c、d 所示，由 $\sum M_B=0$，$\sum M_C=0$，得

$$\left.\begin{aligned}M_{BA}+M_{BE}+M_{BC}=0\\M_{CB}+M_{CF}+M_{CD}=0\end{aligned}\right\}\tag{a}$$

将(2)中结果代入上式(a)中得

$$\left.\begin{aligned}4i_1Z_1+\frac{ql^2}{12}+4i_2Z_1+4i_1Z_1+2i_1Z_2-\frac{ql^2}{12}=0\\4i_1Z_2+2i_1Z_1+\frac{ql^2}{12}+4i_2Z_2+3i_1Z_2-\frac{3P}{16}=0\end{aligned}\right\}\tag{b}$$

所以，由式(b)得

$$\left.\begin{aligned}(8i_1+4i_2)Z_1+2i_1Z_2=0\\(7i_1+4i_2)Z_2+2i_1Z_1+\frac{ql^2}{12}-\frac{3P}{16}=0\end{aligned}\right\}\tag{c}$$

(4) 求解式(c)，得基本未知量

$$Z_1=\frac{\left(\frac{ql^2}{6}-\frac{3}{8}P\right)i_1}{52i_1^2+60i_1i_2-16i_2^2}$$

$$Z_2=\frac{\frac{3}{16}P-\frac{ql^2}{12}}{13i_1^2+15i_1i_2+4i_2^2}(2i_1+i_2)$$

(5) 计算杆端弯矩

$$M_{BA}=4i_1Z_1+\frac{ql^2}{12}=\frac{\left(\frac{ql^2}{6}-\frac{3}{8}P\right)i_1^2}{13i_1^2+15i_1i_2+4i_2^2}+\frac{ql^2}{12}$$

$$M_{AB}=2i_1Z_1-\frac{ql^2}{12}=\frac{\left(\frac{ql^2}{6}-\frac{3}{8}P\right)i_1^2}{26i_1^2+30i_1i_2+8i_2^2}-\frac{ql^2}{12}$$

$$M_{BE}=4i_2Z_1=4i_2\cdot\frac{\left(\frac{ql^2}{6}-\frac{3}{8}P\right)i_1}{52i_1^2+60i_1i_2+16i_2^2}=\frac{\left(\frac{ql^2}{6}-\frac{3}{8}P\right)i_1i_2}{13i_1^2+15i_1i_2+4i_2^2}$$

$$M_{EB}=2i_2Z_1=\frac{\left(\frac{ql^2}{6}-\frac{3}{8}P\right)i_1i_2}{26i_1^2+30i_1i_2+8i_2^2}$$

$$M_{BC}=4i_1Z_1+2i_1Z_2-\frac{ql^2}{12}=\frac{\left(\frac{ql^2}{6}-\frac{3}{8}P\right)i_1^2}{13i_1^2+15i_1i_2+4i_2^2}+\frac{(4i_1^2+2i_1i_2)\left(\frac{3}{16}P-\frac{ql^2}{12}\right)}{13i_1^2+15i_1i_2+4i_2^2}-\frac{ql^2}{12}$$

$$M_{CB}=4i_1Z_2+2i_1Z_1+\frac{ql^2}{12}=\frac{(2i_1^2+i_1i_2)\left(\frac{3}{4}P-\frac{ql^2}{3}\right)}{13i_1^2+15i_1i_2+4i_2^2}+\frac{\left(\frac{ql^2}{6}-\frac{3}{8}P\right)i_1^2}{28i_1^2+30i_1i_2+8i_2^2}+\frac{ql^2}{12}$$

$$M_{CF}=4i_2Z_2=\frac{(2i_1i_2+i_2^2)\left(\frac{3}{4}P-\frac{ql^2}{3}\right)}{13i_1^2+15i_1i_2+4i_2^2}$$

$$M_{FC}=2i_2Z_2=\frac{(2i_1i_2+i_2^2)\left(\frac{3}{8}P-\frac{ql^2}{6}\right)}{13i_1^2+15i_1i_2+4i_2^2}$$

$$M_{CD}=3i_1Z_2-\frac{3P}{16}=\frac{(6i_1^2+3i_1i_2)\left(\frac{3}{16}P-\frac{ql^2}{12}\right)}{13i_1^2+15i_1i_2+4i_2^2}-\frac{3P}{16}$$

$$M_{DC}=0$$

（6）作弯矩图

根据各端点弯矩值作最后弯矩图，如图 1-217e 所示。

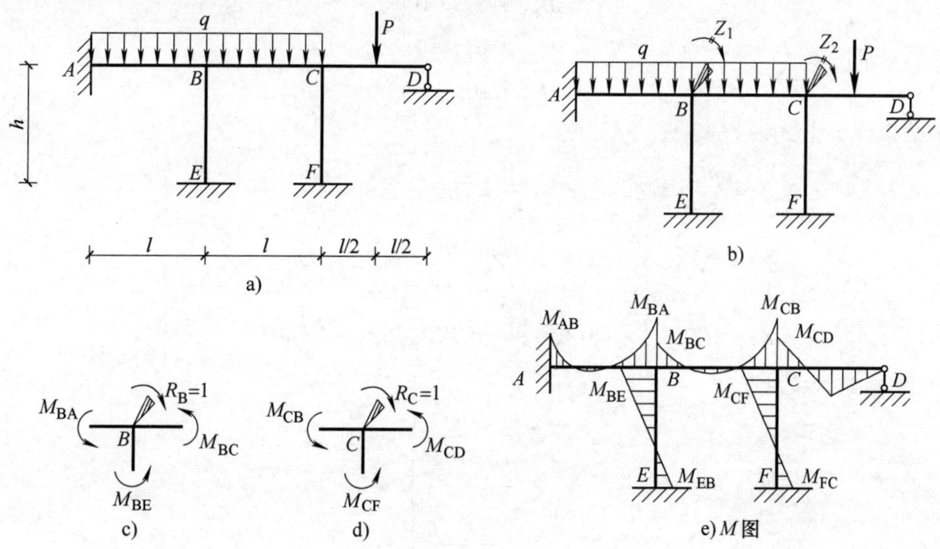

图 1-217　[例题 1-99] 计算简图

[例题 1-100] 计算如图 1-218a 所示连续梁，作内力图。EI 为常数。

[解]

(1) 确定基本未知量

本例中基本未知量有三个，即结点 B、C、D 的转角，如图 1-218b 所示。

(2) 写杆端弯矩，其中线刚度 $i=\frac{EI}{l}$

设 B 端转角对应 BA、BC 各杆分别为 θ_{BA}、θ_{BC}。

设 C 端转角对应 CB、CD 各杆分别为 θ_{CB}、θ_{CD}。

设 D 端转角对应 DC、DE 各杆分别为 θ_{DC}、θ_{DE}。

则有

$$M_{BA}=3i\theta_{BA}+\frac{ql^2}{8}=3iZ_1+\frac{ql^2}{8}$$

$$M_{AB}=0$$

$$M_{BC}=4i\theta_{BC}-\frac{1}{12}ql^2+2i\theta_{CB}=4iZ_1+2iZ_2-\frac{1}{12}ql^2$$

$$M_{CB}=4i\theta_{CB}+\frac{ql^2}{12}+2i\theta_{BC}=4iZ_2+2iZ_1+\frac{ql^2}{12}$$

$$M_{CD}=4i\theta_{CD}+2i\theta_{DC}-\frac{ql^2}{12}=4iZ_2+2iZ_3-\frac{ql^2}{12}$$

$$M_{DC}=4i\theta_{DC}+2i\theta_{CD}+\frac{ql^2}{12}=4iZ_3+2iZ_2+\frac{ql^2}{12}$$

$$M_{DE}=3i\theta_{DE}-\frac{ql^2}{8}=3iZ_3-\frac{ql^2}{8}$$

(3) 列结点平衡方程

取结点 B、C、D 为隔离体，如图 1-218c、d、e 所示，由 $\sum M_B=0$、$\sum M_C=0$、$\sum M_D=0$，得

$$\left.\begin{aligned}M_{BA}+M_{BC}=0\\M_{CB}+M_{CD}=0\\M_{DC}+M_{DE}=0\end{aligned}\right\}$$

将(2)中结果代入上式得

$$\left.\begin{aligned}3iZ_1+\frac{ql^2}{8}+4iZ_1+2iZ_2-\frac{ql^2}{12}=7iZ_1+2iZ_2+\frac{ql^2}{24}=0\\4iZ_2+2iZ_1+\frac{ql^2}{12}+4iZ_2+2iZ_3-\frac{ql^2}{12}=8iZ_2+2iZ_1+2iZ_3=0\\4iZ_3+2iZ_2+\frac{ql^2}{12}+3iZ_3-\frac{ql^2}{8}=7iZ_3+2iZ_2-\frac{ql^2}{24}=0\end{aligned}\right\}$$

(4) 求解基本未知量

$$\left.\begin{aligned}Z_1&=-\frac{ql^2}{168i}\\Z_2&=0\\Z_3&=\frac{ql^2}{168i}\end{aligned}\right\}$$

（5）计算杆端弯矩

$$M_{BA}=3iZ_1+\frac{ql^2}{8}=0.107ql^2$$

$$M_{AB}=0$$

$$M_{BC}=4iZ_1+2iZ_2-\frac{ql^2}{12}=-\frac{4}{168}ql^2-\frac{ql^2}{12}=-0.107ql^2$$

$$M_{CB}=4iZ_2+2iZ_1+\frac{ql^2}{12}=-\frac{2}{168}ql^2+\frac{ql^2}{12}=0.0719ql^2$$

$$M_{CD}=4iZ_2+2iZ_3-\frac{ql^2}{12}=\frac{2}{168}ql^2-\frac{ql^2}{12}=-0.0719ql^2$$

$$M_{DC}=4iZ_3+2iZ_2+\frac{ql^2}{12}=\frac{4}{168}ql^2+\frac{ql^2}{12}=0.107ql^2$$

$$M_{DE}=3iZ_3-\frac{ql^2}{8}=-0.107ql^2$$

$$M_{ED}=0$$

（6）作内力图

根据各端点弯矩值作最后弯矩图，如图 1-218f 所示，并作剪力图，如图 1-218g 所示。见表 4-9 中序号 1 所示。

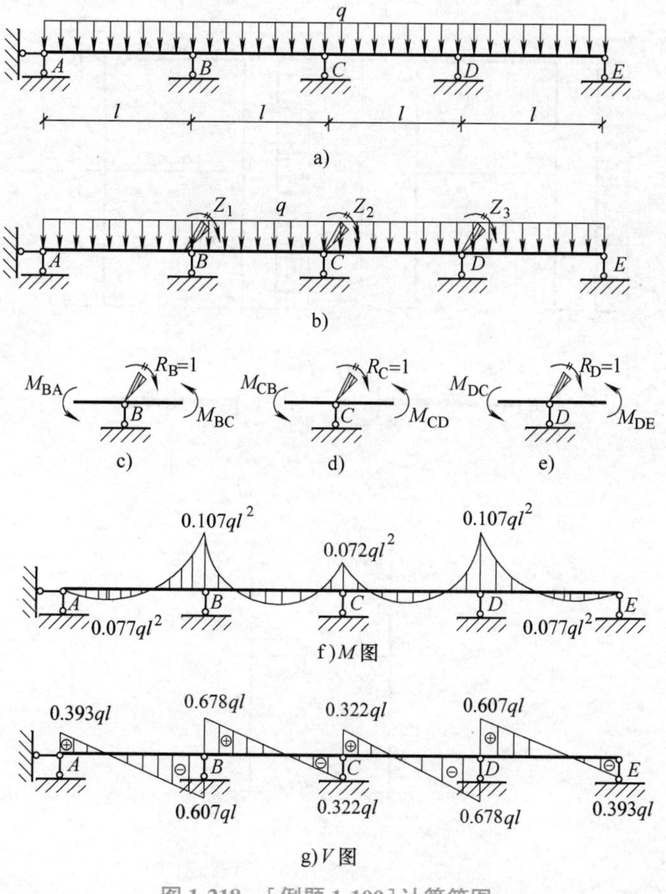

图 1-218　[例题 1-100] 计算简图

［例题 1-101］ 计算如图 1-219a 所示横梁刚度无穷大的刚架，作弯矩图。

［解］

(1) 确定基本未知量

本例因横梁抗弯刚度无穷大，故结点无转角，只有两横梁的水平位移 Z_1、Z_2 为基本未知量，如图 1-219b 所示。

(2) 杆端剪力表达式

由于基本未知量是水平位移，与此相应，取横梁为隔离体，如图 1-219c、d 所示。写杆端剪力的投影方程。

设 $i_1=\dfrac{EI}{h_1}$，$i_2=\dfrac{2EI}{h_2}$

则有

$$V_{BA}=V_{AB}=\frac{12i_2}{h_2^2}\Delta_{BA}-\frac{qh_2}{2}=\frac{12i_2}{h_2^2}Z_1-\frac{qh_2}{2}$$

$$V_{EF}=V_{FE}=\frac{12i_2}{h_2^2}\Delta_{EF}=\frac{12i_2}{h_2^2}Z_1$$

$$V_{CB}=V_{BC}=\frac{12i_1}{h_1^2}\Delta_{CB}-\frac{qh_1}{2}=\frac{12i_1}{h_1^2}(Z_2-Z_1)-\frac{qh_1}{2}$$

$$V_{DE}=V_{ED}=\frac{12i_1}{h_1^2}\Delta_{DE}=\frac{12i_1}{h_1^2}(Z_2-Z_1)$$

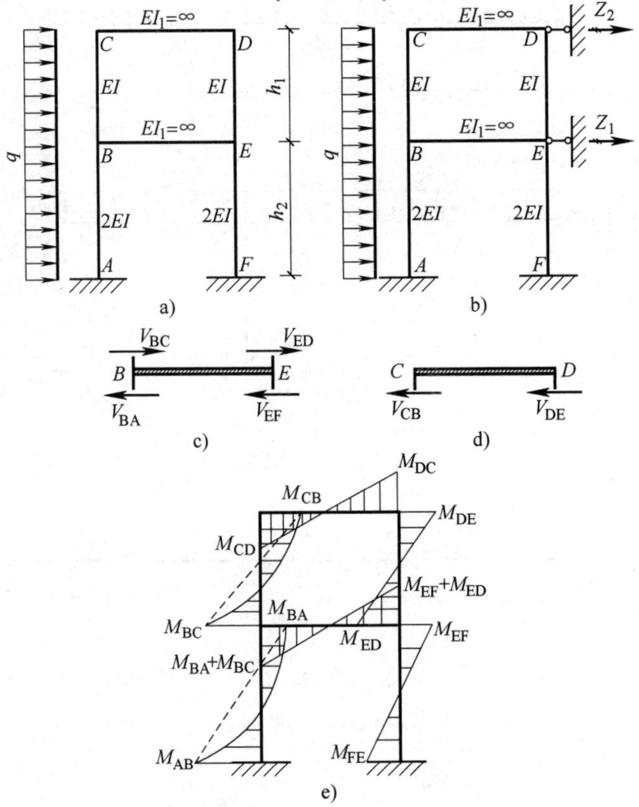

图 1-219 ［例题 1-101］计算简图

（3）列截面平衡方程

取横梁 *BE* 为隔离体，如图 1-219c 所示。

$$V_{BA}+V_{EF}-V_{BC}-V_{ED}=0$$

取横梁 *CD* 为隔离体，如图 1-219d 所示。

$$V_{CB}+V_{DE}=0$$

（4）求解基本未知量

将(2)中各式的表达式代入(3)中两式，得

$$\left.\begin{aligned}&\frac{12i_2}{h_2^2}Z_1-\frac{qh_2}{2}+\frac{12i_2}{h_2^2}Z_1-\frac{12i_1}{h_1^2}(Z_2-Z_1)+\frac{qh_1}{2}-\frac{12i_1}{h_1^2}(Z_2-Z_1)=0\\&\frac{12i_1}{h_1^2}(Z_2-Z_1)-\frac{qh_1}{2}+\frac{12i_1}{h_1^2}(Z_2-Z_1)=0\end{aligned}\right\}$$

即

$$\left.\begin{aligned}&\frac{24i_2}{h_2^2}Z_1-\frac{24i_1}{h_1^2}(Z_2-Z_1)-\frac{qh_2}{2}+\frac{qh_1}{2}=0\\&\frac{24i_1}{h_1^2}(Z_2-Z_1)-\frac{qh_1}{2}=0\end{aligned}\right\}$$

即

$$\left.\begin{aligned}&24\,\frac{i_2h_1^2+i_1h_2^2}{h_1^2h_2^2}Z_1-\frac{24i_1}{h_1^2}Z_2+\frac{q}{2}(h_1-h_2)=0\\&\frac{24i_1}{h_1^2}(Z_2-Z_1)-\frac{qh_1}{2}=0\end{aligned}\right\}$$

所以

$$\left.\begin{aligned}&Z_1=\frac{qh_2^3}{48i_2}\\&Z_2=\frac{q}{48}\left(\frac{h_2^3}{i_2}+\frac{h_1^3}{i_1}\right)\end{aligned}\right\}$$

（5）计算杆端弯矩

$$M_{BA}=-\frac{6i_2}{h_2}Z_1+\frac{qh_2^2}{12}=-\frac{6i_2}{h_2}\times\frac{qh_2^3}{48i_2}+\frac{qh_2^2}{12}=-\frac{qh_2^2}{24}$$

$$M_{AB}=-\frac{6i_2}{h_2}Z_1-\frac{qh_2^2}{12}=-\frac{6i_2}{h_2}\times\frac{qh_2^3}{48i_2}-\frac{qh_2^2}{12}=-\frac{5qh_2^2}{24}$$

$$M_{EF}=M_{FE}=-\frac{6i_2}{h_2}Z_1=-\frac{qh_2^2}{8}$$

$$M_{CB}=M_{CD}=-\frac{6i_1}{h_1}Z_2+\frac{qh_1^2}{12}=-\frac{6i_1}{h_1}\times\frac{q}{48}\left(\frac{h_2^3}{i_2}+\frac{h_1^3}{i_1}\right)+\frac{qh_1^2}{12}=-\frac{i_1qh_2^3}{8h_1i_2}-\frac{qh_1^2}{24}$$

$$M_{BC}=-\frac{6i_1}{h_1}Z_2-\frac{qh_1^2}{12}=-\frac{6i_1}{h_1}\times\frac{q}{48}\left(\frac{h_2^3}{i_2}+\frac{h_1^3}{i_1}\right)-\frac{qh_1^2}{12}=-\frac{i_1qh_2^3}{8h_1i_2}-\frac{5qh_1^2}{24}$$

$$M_{DE}=M_{DC}=-\frac{6i_1}{h_1}Z_2=-\frac{i_1qh_2^3}{8h_1i_2}-\frac{qh_1^2}{8}$$

$$M_{ED}=-\frac{6i_1}{h_1}Z_2=-\frac{i_1qh_2^3}{8h_1i_2}-\frac{qh_1^2}{8}$$

（6）作弯矩图

根据各端点弯矩值作最后弯矩图，如图 1-219e 所示。

1.13 矩阵位移法

1.13.1 矩阵位移法概述

矩阵位移法概述见表1-39。

表1-39 矩阵位移法概述

序号	项目	内容
1	简述	(1) 前面介绍的力法和位移法等都是建立在手算基础上的传统解算超静定结构的方法。由于手算仅借助于简单的计算工具，因此只能局限于解决较简单的结构计算问题。高速数字电子计算机的出现和广泛应用，也给结构力学带来巨大的变化，使快速精确地完成大型复杂结构的计算成为可能。传统的分析方法已不能适应这种新技术的要求。因此，以电算为基础的结构矩阵分析方法于20世纪60年代便得到迅速发展。结构矩阵分析方法与传统分析方法在基本原理上并无区别，仅在分析过程中采用了矩阵这一分析工具 在结构矩阵分析方法中，由于采用矩阵作为数学表达形式，不仅使公式非常紧凑简洁，而且在形式上具有统一性和模式化的特点，因此便于编制电子计算机程序，使计算过程程序化，从而显示出巨大的优越性 结构矩阵分析法也称杆件有限单元法。它讨论的范围仅限于一维问题，即只是针对杆系结构。其计算原理和解题步骤与用于分析二维或三维连续体的有限单元法有很多共同点，这可为学习有限单元法打下基础。可以认为，结构矩阵分析法就是有限单元法在杆系结构分析中的应用 (2) 结构矩阵分析的基本思想是先分后合，即先将结构分解为单元，进行单元分析；再将各单元集合成结构整体，进行整体分析。对这种分析过程作一简要说明如下： 1) 结构离散化。把整个结构看成由若干(杆件)单元组成的集合体，并假想地把连续的结构离散成有限数目的单元，这称为结构离散化。离散化的目的是为了将问题简化和便于进行单元分析。对于杆系结构，一般将每一根杆件或杆件的一段作为一个单元 2) 单元分析。建立单元杆端力和杆端位移之间关系的单元刚度方程或单元柔度方程，称为单元分析 3) 整体分析。根据平衡条件和位移协调条件将各离散单元按一定的条件集合成原结构，建立结构各结点力和结点位移之间关系的整体结构的刚度方程或柔度方程，以求解原结构的结点位移和内力，这称为整体分析 (3) 在这样一分一合、先拆后搭的过程中，把复杂结构的计算问题转化为简单单元的分析和集合问题 (4) 与传统的力法和位移法对应，结构矩阵分析的基本方法有矩阵力法(又称柔度法)和矩阵位移法(又称刚度法)。矩阵力法的计算原理与传统的力法相同，也是以超静定结构的多余力作为基本未知量，根据变形条件建立矩阵力法方程并求多余力。由于即使是同一超静定结构，矩阵力法的基本结构和相应多余力的选择也不是唯一的。因此，难以编制各种结构通用的计算机程序。矩阵位移法的计算原理与传统的位移法相同，也是以结构的未知结点位移作为基本未知量，根据结点的平衡条件和位移协调条件建立矩阵位移法方程并求得未知结点位移。矩阵位移法的基本结构和结点位移未知量的选择一般是唯一的，因此得出的公式和计算过程比较规则、简单，便于编制计算机程序而被广泛应用。矩阵位移法因形成结构总刚度矩阵所使用的方法不同，又分为一般刚度法和直接刚度法，但两者的原理并无本质区别。比较起来，直接刚度法的程序更简便且通用性强，故应用最广。这里只介绍矩阵位移法中的直接刚度法
2	结构离散化	1) 在用矩阵位移法分析结构时，首先要将结构离散成有限个单元，由这些单元的集合体代替原来的结构 2) 单元与单元相连接的点称为结点。若只限于讨论等截面直杆这种形式的单元，则对杆系结构进行单元划分时，杆件的转折点、汇交点、支承点和截面的突变点等均为结点。这些结点都是根据结构本身的结构特征确定的，故称为构造结点。由于矩阵位移法的基本方程(即总刚度方程)是表述结点位移和结点荷载之间的关系，因此考虑的荷

续表 1-39

序　号	项　目	内　容
2	结构离散化	载应是作用在结点上的荷载，即结点荷载。实际上，结构承受的荷载往往还有作用在单元上的非结点荷载。此时，可以采用表 1-44 中介绍的非结点荷载的处理方法，将它用等效的结点荷载替代。若非结点荷载为集中荷载，也可以将荷载作用点取作为结点，这种结点为非结构结点 3）在结构离散化时，将涉及到许多单元及连接它们的结点。为了避免混淆，每个单元应注明序号，可用①，②，…表示单元号，用 1，2，…表示结点号。现以图1-220a 所示的受集中荷载 P 作用的刚架为例，说明用矩阵位移法计算时采用的两种不同离散方式。一是荷载 P 的作用点不作为结点，则离散化模型如图 1-220b 所示。结构被划分为 3 个单元、4 个结点；另一是将荷载 P 作用点也作为结点，则离散化模型如图 1-220c 所示。结构被划分为 4 个单元、5 个结点，其中结点 3 为非构造结点，其余均为构造结点。后一种划分方式的单元数和结点位移的分量数均比前一种多，从而增加了计算工作量。因此，通常只取构造结点作为离散化模型的结点，而将非结点荷载转换为等效结点荷载 4）在结构离散化时，对于结构的曲杆和变截面杆件，可将它们划分为若干段，而每一段简化为一个等效等截面直杆单元。例如，在用矩阵位移法离散图 1-221 所示的拱和变截面梁时，可将拱简化为图 1-221a 中虚线所示的折拱；而将变截面梁简化为图 1-221b 中虚线所示分段等截面的阶形梁，其各单元的截面近似地取单元中点处的截面。显然，对这样的结构，单元划分得越多，将越接近实际情况
3	两种直角坐标系	对于一般杆系结构，各杆的方向不尽相同。因此，在矩阵位移法中根据单元分析和整体分析的不同需要，采用两种直角坐标系：局部坐标系和整体坐标系。两者一律取为右手坐标系 局部坐标系也称单元坐标系。结构中(图 1-222a)任一单元ⓔ的局部坐标系 $\overline{oxy}$ 是以该单元的某一端 i(始端)作为坐标原点 $\bar{o}$，以其轴线作为 $\bar{x}$ 轴，并取从 i 端向单元另一端 j(终端)的方向作为 $\bar{x}$ 轴的正向。$\bar{y}$ 轴为杆件截面的某一主轴，并假设它位于结构平面内(图 1-222b)。采用局部坐标系是为了进行单元分析，即建立杆端力和杆端位移之间的关系 在整体分析考虑结点的平衡和位移协调条件将离散化单元集合成原结构时，则需参照一个共同的坐标系。这个统一的共同坐标系称为整体坐标系或结构坐标系。整体坐标系的原点 O 及 X 轴的正向可以任意选定，通常取水平轴为 X 轴，取自左向右为 X 轴的正向。与 $\bar{y}$ 轴一样，取 Y 轴也位于结构平面内(图 1-222a)

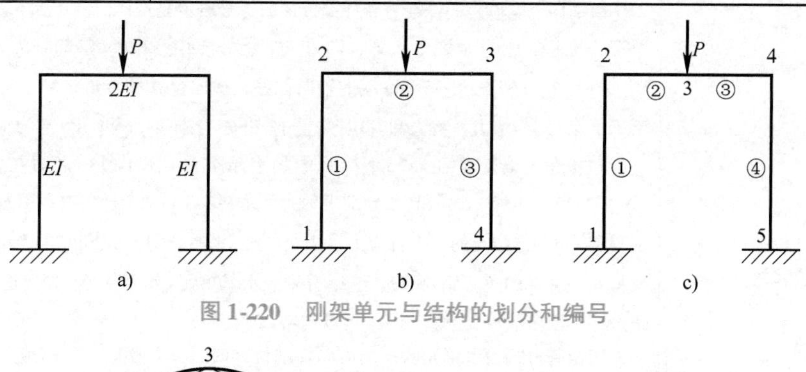

图 1-220　刚架单元与结构的划分和编号

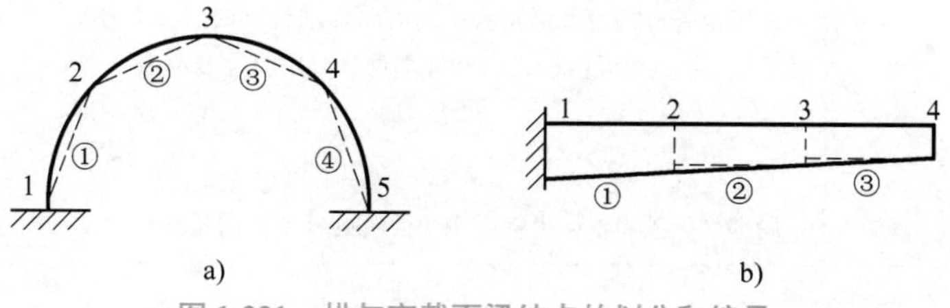

图 1-221　拱与变截面梁结点的划分和编号

a）拱　b）变截面梁

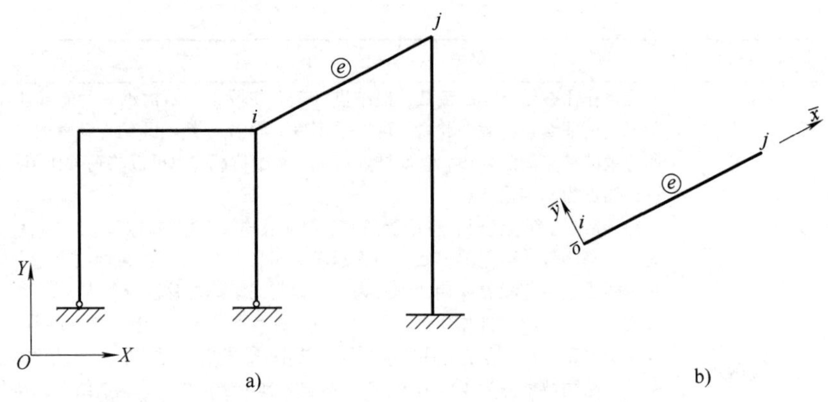

图1-222 结构坐标系和单元坐标系

1.13.2 局部坐标系中的单元刚度方程

局部坐标系中的单元刚度方程见表1-40。

表1-40 局部坐标系中的单元刚度方程

序号	项目	内容
1	说明	杆系结构的单元分析就是找出单元杆端位移之间的关系，即建立单元刚度方程，本节先讨论局部坐标系中的单元刚度方程。整体坐标系中的单元刚度方程将在表1-41中讨论
2	量值的正负号	对于局部和整体两种坐标系中均规定：一切与平移有关的量，如结点和杆端的线位移、集中力(也包括杆端轴力、剪力)、分布力等沿坐标轴方向的分量，均以其方向与坐标轴正向一致时为正，相反时为负；而一切与转动有关的量，如结点和杆端的角位移、集中力偶、分布力偶、杆端弯矩等，均按右手螺旋法则确定其正、负号，即当右手大拇指以外的四指沿着转动量的转向，拇指的指向(转动量对应的向量指向)与坐标轴正向($\bar{z}$或Z轴正向)一致时为正，相反时为负。这里所采用的量值正、负号规定与位移法中的规定不尽相同，学习中需加以注意
3	杆端力和杆端位移的表示法	杆系结构一般单元的杆端力和杆端位移的符号表示是这样的，单元i端和j端的量值用符号的下标i和j来区分。N_i^e、V_i^e和M_i^e分别表示ⓔ单元i端的轴力、剪力和弯矩；u_i^e、v_i^e和θ_i^e分别表示ⓔ单元i端的轴向位移、横向位移和转角。N_j^e、V_j^e和M_j^e分别表示ⓔ单元j端的轴力、剪力和弯矩；u_j^e、v_j^e和θ_j^e分别表示ⓔ单元j端的轴向位移、横向位移和转角。以上是在局部坐标系中的表示方法(图1-223)。而在整体坐标系中(图1-224)，用F_1^e、F_2^e和F_3^e分别表示ⓔ单元i结点的三个杆端力；用F_4、F_5和F_6分别表示ⓔ单元j结点的三个杆端力；用δ_1^e、δ_2^e和δ_3^e分别表示ⓔ单元i结点的X、Y方向位移和绕Z轴转角，用δ_4^e、δ_5^e和δ_6^e分别表示ⓔ单元j结点X、Y方向位移和绕Z轴转角。在不混淆的情况下，上标e可以省略 在用矩阵形式表示单元的杆端力和杆端位移时，其顺序应一一对应。例如，局部坐标系中i结点单元的杆端力和杆端位移可用向量表示为 $\bar{F}_i^{(e)}=\{\bar{F}_i\}^{(e)}=[N_i\quad V_i\quad M_i]^{T(e)}$ $\bar{\delta}_i^{(e)}=\{\bar{\delta}_i\}^{(e)}=[u_i\quad v_i\quad \theta_i]^{T(e)}$ 局部坐标系和整体坐标系中单元ⓔ的杆端力向量和杆端位移向量可分别表示为

续表 1-40

序号	项　目	内　容
3	杆端力和杆端位移的表示法	$$\{\overline{F}\}^{(e)}=\begin{Bmatrix}\overline{F}_i^{(e)}\\\overline{F}_j^{(e)}\end{Bmatrix}=\begin{Bmatrix}N_i\\V_i\\M_i\\N_j\\V_j\\M_j\end{Bmatrix}^{(e)},\quad \{F\}^{(e)}=\begin{Bmatrix}F_i^{(e)}\\F_j^{(e)}\end{Bmatrix}=\begin{Bmatrix}F_1\\F_2\\F_3\\F_4\\F_5\\F_6\end{Bmatrix}^{(e)} \qquad (1\text{-}160)$$ $$\{\overline{\delta}\}^{(e)}=\begin{Bmatrix}\overline{\delta}_i^{(e)}\\\overline{\delta}_j^{(e)}\end{Bmatrix}=\begin{Bmatrix}u_i\\v_i\\\theta_i\\u_j\\v_j\\\theta_j\end{Bmatrix}^{(e)},\quad \{\delta\}^{(e)}=\begin{Bmatrix}\delta_i^{(e)}\\\delta_j^{(e)}\end{Bmatrix}=\begin{Bmatrix}\delta_1\\\delta_2\\\delta_3\\\delta_4\\\delta_5\\\delta_6\end{Bmatrix}^{(e)} \qquad (1\text{-}161)$$
4	单元刚度方程和单元刚度矩阵	（1）说明。下面讨论分析平面杆系结构常用的两种自由式单元的单元刚度方程和单元刚度矩阵。自由式单元是指不受任何约束的单元，通常把考虑两次轴向变形和弯曲变形的两端刚接(等截面)直杆单元称为一般单元或刚度单元，只有轴向变形而两端铰接的直杆单元称为轴力单元或桁架单元 （2）一般单元。结构受到荷载等外因作用将产生变形，而单元的两端也将随之发生位移。就平面刚架而言，在一般情况下其典型单元两端的杆端力和杆端位移各有三个分量。下面在局部坐标系中，研究这种单元杆端力和杆端位移之间的关系。设刚架发生变形后，连接 i，j 结点的单元ⓔ由原来的位置 i、j 变到 i'、j'，相应的杆端位移和杆端力如图 1-225 所示 由于所讨论的问题仅限于线性变形体系的范畴，故不必考虑轴向变形和弯曲变形的相互影响，且可应用叠加原理。于是，可以根据虎克定律或转角位移方程先确定当杆端位移的某一分量等于 1，而其余分量均等于零时杆端力的各个分量。然后，应用叠加原理即可建立杆端力和杆端位移之间的关系。为此，也可以在自由式单元的两端人为地加上约束，使之成为两端固定的梁，然后使其支座依次单独发生上述某一单元位移，如图 1-226a ~ f 所示。各图中未绘出的杆端力分量和杆端位移分量，在该情况下其数值均为零 在图 1-226 所示的六种情形的基础上，应用叠加原理则可得出单元在任意杆端位移情况下各杆端力分量，即 $$\left.\begin{aligned}N_i&=\frac{EA}{l}u_i-\frac{EA}{l}u_j\\V_i&=\frac{12EI}{l^3}v_i+\frac{6EI}{l^2}\theta_i-\frac{12EI}{l^3}v_j+\frac{6EI}{l^2}\theta_j\\M_i&=\frac{6EI}{l^2}v_i+\frac{4EI}{l}\theta_i-\frac{6EI}{l^2}v_j+\frac{2EI}{l}\theta_j\\N_j&=-\frac{EA}{l}u_i+\frac{EA}{l}u_j\\V_j&=-\frac{12EI}{l^3}v_i-\frac{6EI}{l^2}\theta_i+\frac{12EI}{l^3}v_j-\frac{6EI}{l^2}\theta_j\\M_j&=\frac{6EI}{l^2}v_i+\frac{2EI}{l}\theta_i-\frac{6EI}{l^2}v_j+\frac{4EI}{l}\theta_j\end{aligned}\right\} \qquad (1\text{-}162)$$

续表 1-40

序号	项目	内容
4	单元刚度方程和单元刚度矩阵	式中 E——单元材料的弹性模量 A——单元的横截面面积 I——截面惯性矩 l——单元长度 式(1-162)可用矩阵形式表示为 $$\begin{Bmatrix} N_i\\ V_i\\ M_i\\ N_j\\ V_j\\ M_j\end{Bmatrix}^{(e)} = \begin{bmatrix} \frac{EA}{l} & 0 & 0 & -\frac{EA}{l} & 0 & 0\\ 0 & \frac{12EI}{l^3} & \frac{6EI}{l^2} & 0 & -\frac{12EI}{l^3} & \frac{6EI}{l^2}\\ 0 & \frac{6EI}{l^2} & \frac{4EI}{l} & 0 & -\frac{6EI}{l^2} & \frac{2EI}{l}\\ -\frac{EA}{l} & 0 & 0 & \frac{EA}{l} & 0 & 0\\ 0 & -\frac{12EI}{l^3} & -\frac{6EI}{l^2} & 0 & \frac{12EI}{l^3} & -\frac{6EI}{l^2}\\ 0 & \frac{6EI}{l^2} & \frac{2EI}{l} & 0 & -\frac{6EI}{l^2} & \frac{4EI}{l}\end{bmatrix}^{(e)} \begin{Bmatrix} u_i\\ v_i\\ \theta_i\\ u_j\\ v_j\\ \theta_j\end{Bmatrix}^{(e)} \qquad (1\text{-}163)$$ 需要指出，在单元刚度方程式(1-163)的推导中，尚未考虑剪切变形影响，这在杆件的截面高度与杆长之比较小时，与实际出入甚微。但是，当杆件截面高度与杆件长度之比较大时，则必须考虑剪切变形的影响。式(1-163)是平面杆系结构的一般单元在局部坐标系中的单元刚度方程，它可简写为 $$\{\bar{F}\}^{(e)} = [\bar{k}]^{(e)}\{\bar{\delta}\}^{(e)} \qquad (1\text{-}164)$$ 式中 $$\begin{matrix} 1 & 2 & 3 & 4 & 5 & 6\\ (u_i=1) & (v_i=1) & (\theta_i=1) & (u_j=1) & (v_j=1) & (\theta_j=1)\end{matrix}$$ $$[\bar{k}]^{(e)} = \begin{bmatrix} \frac{EA}{l} & 0 & 0 & -\frac{EA}{l} & 0 & 0\\ 0 & \frac{12EI}{l^3} & \frac{6EI}{l^2} & 0 & -\frac{12EI}{l^3} & \frac{6EI}{l^2}\\ 0 & \frac{6EI}{l^2} & \frac{4EI}{l} & 0 & -\frac{6EI}{l^2} & \frac{2EI}{l}\\ -\frac{EA}{l} & 0 & 0 & \frac{EA}{l} & 0 & 0\\ 0 & -\frac{12EI}{l^3} & -\frac{6EI}{l^2} & 0 & \frac{12EI}{l^3} & -\frac{6EI}{l^2}\\ 0 & \frac{6EI}{l^2} & \frac{2EI}{l} & 0 & -\frac{6EI}{l^2} & \frac{4EI}{l}\end{bmatrix}^{(e)} \qquad (1\text{-}165)$$ 这就是平面杆系结构的一般单元在局部坐标系中的单元刚度矩阵。单元刚度矩阵简称单刚。$[\bar{k}]^{(e)}$中的每个元素称为单元刚度系数，通常用$\bar{K}_{ij}$表示$[\bar{k}]^{(e)}$中的第i行、第j列元素。为了考察其物理意义，从式(1-164)中取出第l个方程，即 $$\bar{F}_l = \sum_{n=1}^{6} \bar{k}_{ln}\bar{\delta}_n \qquad (1\text{-}166)$$ 令第m个位移分量$\bar{\delta}_m=1$，其余的位移分量$\bar{\delta}_n=0(n\neq m)$，将它们代入式(1-166)即得$\bar{F}_l=\bar{k}^1_{lm}$。由此可知，$\bar{k}_{lm}$是表示使单元杆端的第$m$个位移分量$\bar{\delta}_m=1$(杆端的其余位移分量均为零)时，所需施加(或引起)的杆端力第l个分量的数值。单元刚度系数的物理意义也可更加一般地表述为，当单元只有第m个自由度发生单元位移(其余自由度的

续表 1-40

序号	项　目	内　容
4	单元刚度方程和单元刚度矩阵	位移均为零)时，在其第 l 个自由度上所需施加(或引起)的力。单元刚度矩阵的第 m 列元素表示，当单元只有第 m 个自由度发生单位位移时，在单元各个自由度上所需施加(或引起)的力 平面一般单元的刚度矩阵中某一列的 6 个元素，表示单元杆端沿某一位移分量方向发生单位位移时，在单元杆端所施加(或引起)的 6 个杆端力，如图 1-226 中各分图所示。因此，任一列上的诸元素均满足平衡条件 由式(1-165)不难看出，单元刚度矩阵对角线上的各元素(即对角元)$\bar{k}_{nn}$ 恒为正值。此外，单元刚度矩阵还具有以下重要性质： 1）对称性。单元刚度矩阵 $[\bar{k}]^{(e)}$ 是对称矩阵，即位于主对角线两侧对称位置上的两个元素是相等的，由反力互等定理也可得出该结论 根据对称性，在程序中建立单元刚度矩阵时，只要确定主对角线及其上方(或下方)的各元素，即矩阵上三角(或下三角)中的各元素 2）奇异性。单元刚度矩阵 $[\bar{k}]^{(e)}$ 是奇异矩阵，即其行列式等于零。若将矩阵第 4 行(列)加到第 1 行(列)上，则第 1 行(列)的元素全变为零。由此可知，单元刚度矩阵 $[\bar{K}]^{(e)}$ 的行列式等于零，这表明 $[\bar{k}]^{(e)}$ 是奇异的，其逆矩阵不存在。因此，已知单元的杆端位移 $\{\bar{\delta}\}^{(e)}$，利用式(1-164)可唯一地确定相应的杆端力 $\{\bar{F}\}^{(e)}$；反之，已知单元的杆端力 $\{\bar{F}\}^{(e)}$ 却不能确定杆端位移 $\{\bar{\delta}\}^{(e)}$。这是由于所讨论的单元是无约束的自由单元，单元除杆端力作用发生弹性变形引起的位移外，还可以有任意的刚体位移 以上这些性质是各种自由式单元的刚度矩阵所具有的共同性质。要消除自由式单元的刚体位移，至少要增加三个约束。有约束单元的刚度矩阵是否为奇异，取决其机动性质。若为几何不变体系，则刚度矩阵是非奇异的；反之，若为几何可变体系，则其刚度矩阵是奇异的 (3）轴力单元。这是一种两端铰接，在外因作用下只能产生轴向变形和轴力的杆件单元。例如，只承受结点荷载作用的桁架，其杆件均为轴力单元。平面杆系结构中的轴力单元，在结构发生变形时，其杆端通常有(沿 $\bar{x}$ 向的)轴向位移、(沿 $\bar{y}$ 向的)横向位移和(绕轴的)角位移。但这种单元在变形时始终保持平直，其杆端的横向位移和角位移只使单元发生位移而不产生变形和内力。因此，在局部坐标系中进行单元分析时，轴力单元只需考虑杆端的轴向位移和轴向力 典型的轴力单元如图 1-227 所示，使其杆端分别沿轴向发生单位位移即可求出相应的杆端力，然后利用叠加原理则可导出图 1-227 所示任意杆端位移情况下的杆端力的表达式。这就是轴力单元在局部坐标系中的单元刚度方程，即 $$\begin{Bmatrix} N_i \\ N_j \end{Bmatrix}^{(e)} = \begin{bmatrix} \frac{EA}{l} & -\frac{EA}{l} \\ -\frac{EA}{l} & \frac{EA}{l} \end{bmatrix}^{(e)} \begin{Bmatrix} u_i \\ u_j \end{Bmatrix}^{(e)} \quad (1\text{-}167)$$ 相应的单元刚度矩阵为 $$[\bar{k}]^{(e)} = \begin{bmatrix} \frac{EA}{l} & -\frac{EA}{l} \\ -\frac{EA}{l} & \frac{EA}{l} \end{bmatrix}^{(e)} \quad (1\text{-}168)$$ 轴力单元是一般单元的一种特殊情况，相当于单元没有抗弯能力。因此，在式(1-163)和式(1-165)中令截面惯性矩 $I=0$，并将第 2、3、5、6 行和列删掉即可导出轴力单元的单元刚度方程和单元刚度矩阵

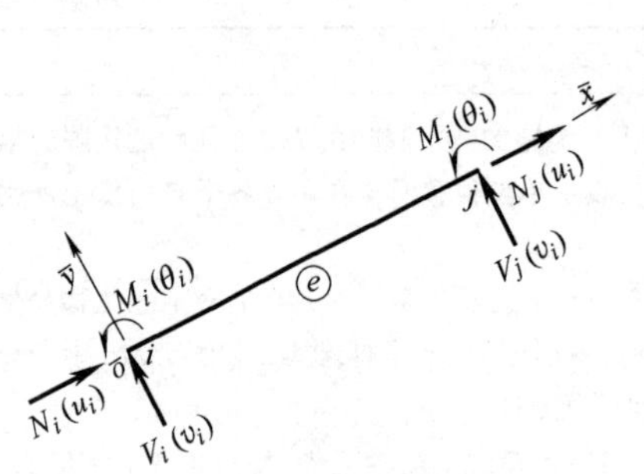

图 1-223 杆端力和杆端位移局部坐标系表示法

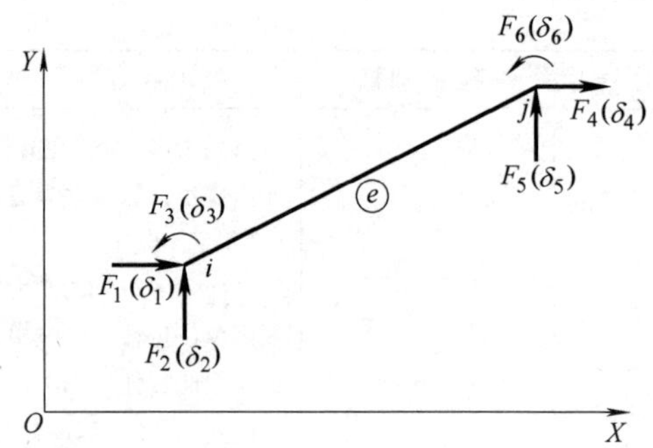

图 1-224 杆端力和杆端位移整体坐标系表示法

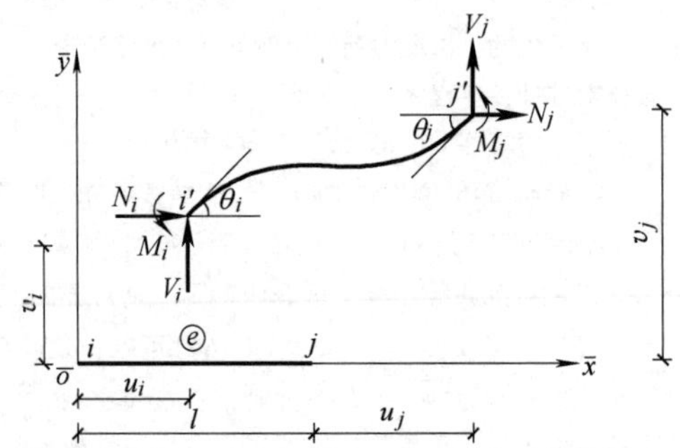

图 1-225 一般单元在局部坐标系中的受力与位移

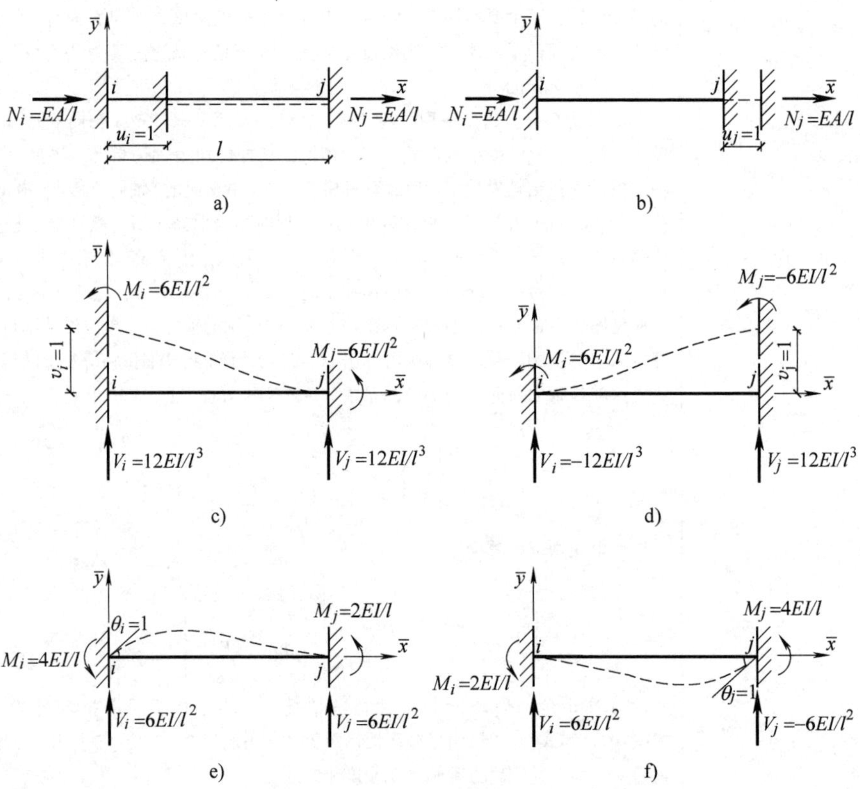

图 1-226 两端固定梁的六种位移情况

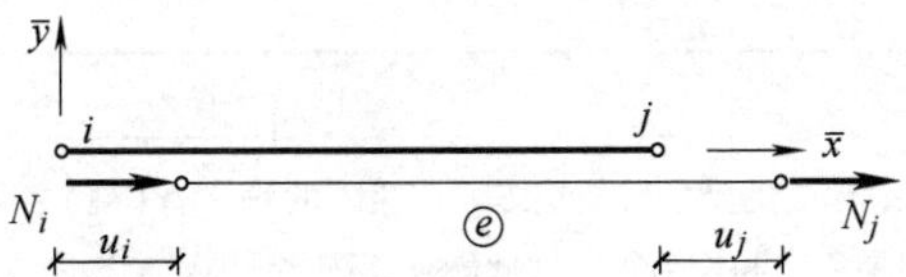

图1-227　轴力单元

1.13.3　整体坐标系中的单元刚度方程

整体坐标系中的单元刚度方程见表1-41。

表1-41　整体坐标系中的单元刚度方程

序号	项　目	内　容
1	说明	在一般情况下，杆系结构中各杆轴线的方向不尽相同，因此各单元局部坐标系也不完全一致。在进行结构整体分析时，为了便于考虑结点的平衡条件和位移协调条件、建立结构(结点力和结点位移之间关系)的总刚度方程，需建立整体坐标系中的单元(杆端力和杆端位移之间的)刚度方程。为此可以通过坐标变换，由局部坐标系中的单元刚度方程导出整体坐标系中的单元刚度方程
2	局部和整体两种坐标系中的单元杆端力及杆端位移的转换式	(1) 一般单元。先讨论两种坐标系中杆端力之间的转换关系。由于所讨论的是平面一般单元，其杆端弯矩和转角都是作用或位于同一平面上，即均是垂直于杆件所处的坐标平面的向量，故不受平面内坐标变换的影响。据此及图1-228，并注意到一个向量在某一轴上的投影等于其各个分量在该轴上投影之和，则可得到一般单元在局部和整体两种坐标系中的杆端力之间的转换关系，即 $$\left.\begin{aligned}N_i&=F_1\cos\theta+F_2\sin\theta\\V_i&=-F_1\sin\theta+F_2\cos\theta\\M_i&=F_3\\N_j&=F_4\cos\theta+F_5\sin\theta\\V_j&=-F_4\sin\theta+F_5\cos\theta\\M_j&=F_6\end{aligned}\right\}\qquad(1\text{-}169)$$ 式中，θ为由整体坐标系的X轴正向转向坐标系的$\bar{x}$轴正向的角度，并按右手螺旋法则确定θ的正、负号 式(1-169)的矩阵表示形式为 $$\begin{Bmatrix}N_i\\V_i\\M_i\\N_j\\V_j\\M_j\end{Bmatrix}^{(e)}=\begin{bmatrix}\cos\theta&\sin\theta&0&0&0&0\\-\sin\theta&\cos\theta&0&0&0&0\\0&0&1&0&0&0\\0&0&0&\cos\theta&\sin\theta&0\\0&0&0&-\sin\theta&\cos\theta&0\\0&0&0&0&0&1\end{bmatrix}^{(e)}\begin{Bmatrix}F_1\\F_2\\F_3\\F_4\\F_5\\F_6\end{Bmatrix}^{(e)}\qquad(1\text{-}170)$$ 式(1-170)可简写为 $$\{\bar{F}\}^{(e)}=[T]\{F\}^{(e)}\qquad(1\text{-}171)$$ 式(1-171)中 $$[T]=\begin{bmatrix}\cos\theta&\sin\theta&0&0&0&0\\-\sin\theta&\cos\theta&0&0&0&0\\0&0&1&0&0&0\\0&0&0&\cos\theta&\sin\theta&0\\0&0&0&-\sin\theta&\cos\theta&0\\0&0&0&0&0&1\end{bmatrix}^{(e)}\qquad(1\text{-}172)$$

续表 1-41

序号	项　目	内　容
2	局部和整体两种坐标系中的单元杆端力及杆端位移的转换式	这就是平面一般单元的坐标转换矩阵。该矩阵的每一行(列)各元素的平方和均为1，而任意两行(列)对应元素乘积之和均为零，因此转换矩阵$[T]$为正交矩阵 根据正交矩阵的性质，有 $[T]^{-1}=[T]^{\mathrm{T}}$ (1-173) 因此，式(1-173)的逆转换式为 $\{F\}^{(e)}=[T]^{\mathrm{T}}\{\overline{F}\}^{(e)}$ (1-174) 显然，与杆端力一样，两种坐标系中的杆端位移之间也有同样的转换关系，即 $\{\overline{\delta}\}^{(e)}=[T]\{\delta\}^{(e)},\ \{\delta\}^{(e)}=[T]^{\mathrm{T}}\{\overline{\delta}\}^{(e)}$ (1-175) 当局部坐标系与整体坐标系一致时，$[T]$为单元阵，于是有 $\{F\}^{(e)}=\{\overline{F}\}^{(e)},\ \{\delta\}^{(e)}=\{\overline{\delta}\}^{(e)}$ (1-176) (2) 轴力单元。轴力单元在局部坐标系和整体坐标系中的杆端力(杆端位移)分量分别是2个和4个，因此其转换矩阵和逆转换不再是方阵。根据图1-229，不难得出分轴力单元在两种坐标系中的杆端力之间的关系，即 $\left.\begin{aligned}N_i&=F_1\cos\theta+F_2\sin\theta\\N_j&=F_3\cos\theta+F_4\sin\theta\end{aligned}\right\}$ (1-177) 其矩阵表示形式为 $\begin{Bmatrix}N_i\\N_j\end{Bmatrix}^{(e)}=\begin{bmatrix}\cos\theta&\sin\theta&0&0\\0&0&\cos\theta&\sin\theta\end{bmatrix}^{(e)}\begin{Bmatrix}F_1\\F_2\\F_3\\F_4\end{Bmatrix}^{(e)}$ (1-178) 根据图1-229，也可导出式(1-178)的逆阵转换式为 $\begin{Bmatrix}F_1\\F_2\\F_3\\F_4\end{Bmatrix}^{(e)}=\begin{bmatrix}\cos\theta&0\\\sin\theta&0\\0&\cos\theta\\0&\sin\theta\end{bmatrix}^{(e)}\begin{Bmatrix}N_i\\N_j\end{Bmatrix}^{(e)}$ (1-179) 式(1-178)和式(1-179)可分别简写为 $\{\overline{F}\}^{(e)}=[T_\theta]\{F\}^{(e)},\ \{F\}^{(e)}=[T_\theta]^{\mathrm{T}}\{\overline{F}\}^{(e)}$ (1-180) 式中，$[T_\theta]$为轴力单元的坐标转换矩阵，为 $[T_\theta]=\begin{bmatrix}\cos\theta&\sin\theta&0&0\\0&0&\cos\theta&\sin\theta\end{bmatrix}^{(e)}$ (1-181) 由一般单元和轴力单元的杆端力(杆端位移)在两种坐标系之间的转换式可知，无论坐标矩阵是否为方阵，其逆矩阵转换矩阵均为此转换矩阵的转置
3	整体坐标系中的单元刚度方程及单元刚度矩阵	(1) 利用局部坐标系与整体坐标系之间杆端力及杆端位移的转换关系式，可由局部坐标系中的单元刚度方程和单元刚度矩阵导出整体坐标系中的单元刚度方程和单元刚度矩阵 在局部坐标系中，一般单元的刚度方程为 $\{\overline{F}\}^{(e)}=[\overline{k}]^{(e)}\{\overline{\delta}\}^{(e)}$ 将式(1-171)和式(1-175)代入上式得 $[T]\{F\}^{(e)}=[\overline{k}]^{(e)}[T]\{\overline{\delta}\}^{(e)}$ 上式两边左乘$[T]^{-1}$，并运用式(1-173)可得 $\{F\}^{(e)}=[T]^{\mathrm{T}}[\overline{k}]^{(e)}[T]\{\delta\}^{(e)}$

续表 1-41

<table>
<tr><th>序号</th><th>项　目</th><th>内　容</th></tr>
<tr><td>3</td><td>整体坐标系中的单元刚度方程及单元刚度矩阵</td><td>或写为
$$\{F\}^{(e)}=[k]^{(e)}\{\delta\}^{(e)} \tag{1-182}$$
式中
$$[k]^{(e)}=[T]^{T}[\bar{k}]^{(e)}[T] \tag{1-183}$$
实际上，式(1-182)和式(1-183)也是其他任何类型单元的两种坐标系中单元刚度矩阵之间转换式的简写形式
将式(1-165)和式(1-172)代入式(1-183)，可得出一般单元在整体坐标系中的单元刚度矩阵为
$$[k]^{(e)}=\begin{bmatrix} S_1 & S_2 & -S_3 & -S_1 & -S_2 & -S_3 \\ & S_4 & S_5 & -S_2 & -S_4 & S_5 \\ & & 2S_6 & S_3 & -S_5 & S_6 \\ & & & S_1 & S_2 & S_3 \\ & \text{对} & & \text{称} & S_4 & -S_5 \\ & & & & & 2S_6 \end{bmatrix}^{(e)} \tag{1-184}$$
式中
$$\left.\begin{aligned} &S_1=\frac{EA}{l}\cos^2\theta+\frac{12EI}{l^3}\sin^2\theta, \quad S_2=\left(\frac{EA}{l}-\frac{12EI}{l^3}\right)\sin\theta\cos\theta \\ &S_3=\frac{6EI}{l^2}\sin\theta, \quad S_4=\frac{EA}{l}\sin^2\theta+\frac{12EI}{l^3}\cos^2\theta \\ &S_5=\frac{6EI}{l^2}\cos\theta, \quad S_6=\frac{2EI}{l} \end{aligned}\right\} \tag{1-185}$$
将式(1-168)和式(1-181)代入式(1-183)，可得出轴力单元在整体坐标系中的单元刚度矩阵为
$$[k]^{(e)}=\frac{EA}{l}\begin{bmatrix} C^2 & S\cdot C & -C^2 & -S\cdot C \\ & S^2 & -S\cdot C & -S^2 \\ & & C^2 & S\cdot C \\ \text{对} & \text{称} & & S^2 \end{bmatrix}^{(e)} \tag{1-186}$$
式中，$S=\sin\theta$，$C=\cos\theta$。
当局部坐标系与整体坐标系一致(即两种坐标系的夹角 $\theta=0$)时，式(1-184)就是式(1-165)；而式(1-186)是将式(1-167)扩大成四阶的形式
(2) 整体坐标系中的单元刚度矩阵$[k]^{(e)}$与$[\bar{k}]^{(e)}$具有类似的性质：
1) 单元刚度矩阵中的元素 k_{ij} 表示整体坐标系中，只有第 j 个杆端位移分量 $\delta_j=1$(其余位移分量均为零)时，在位移分量 δ_i 所在的杆端沿方向所需施加或引起的力
2) 整体坐标系中自由单元的刚度矩阵$[k]^{(e)}$也是对称的、奇异的，其主对角元也恒为正</td></tr>
<tr><td>4</td><td>有约束单元的单元刚度方程和单元刚度矩阵</td><td>用矩阵位移法进行结构分析时，根据对支承条件处理的先后，矩阵位移法可分为先处理法和后处理法求解。若采用先处理法求解，则将结构视为自由单元和考虑杆端支承情况的由约束单元所组成的集合体；若采用后处理法求解，则先将结构视为全部由自由单元组成的集合体(即自由结构)，而后再考虑支承的约束条件。由此可知，若采用先处理法，则需研究由约束单元的杆端力和杆端位移之间的关系。下面讨论整体坐标系中有约束单元的单元刚度方程和单元刚度矩阵
对于刚性约束情况，只要将自由单元的单元刚度方程和单元刚度矩阵，删去与单元杆端零位移对应的行和列，就可得到相应的由约束单元的单元刚度方程和单元刚度矩阵
例如，图 1-230 所示的简支梁式单元，其两端的四个线位移分量全为零，即 $u_i=v_i=u_j=v_j=0$。将式(1-182)和式(1-184)的第 1、2、4、5 行和列删掉，则可得到简支梁式单元的刚度方程和刚度矩阵如下：</td></tr>
</table>

续表 1-41

<table>
<tr><th>序号</th><th>项　目</th><th>内　容</th></tr>
<tr><td>4</td><td>有约束单元的单元刚度方程和单元刚度矩阵</td><td>

$$\begin{Bmatrix} M_i \\ M_j \end{Bmatrix}^{(e)} = \begin{bmatrix} \frac{4EI}{l} & \frac{2EI}{l} \\ \frac{2EI}{l} & \frac{4EI}{l} \end{bmatrix}^{(e)} \begin{Bmatrix} \theta_i \\ \theta_j \end{Bmatrix}^{(e)} \quad (1\text{-}187)$$

和

$$[k]^{(e)} = \begin{bmatrix} \frac{4EI}{l} & \frac{2EI}{l} \\ \frac{2EI}{l} & \frac{4EI}{l} \end{bmatrix}^{(e)} \quad (1\text{-}188)$$

又如，图 1-231 所示单元，其 i 端的竖向位移、j 端的水平位移及转角均为零，因此，将式(1-184)的第 2、4、6 行和列删掉就可得到这种单元的单元刚度矩阵，即

$$[k]^{(e)} = \begin{bmatrix} S_1 & -S_3 & -S_2 \\ & 2S_6 & -S_5 \\ & \text{对称} & S_4 \end{bmatrix}^{(e)} \quad (1\text{-}189)$$

式中的 S_i 同式(1-185)

用同样方法还可导出其他各种由约束单元的单元刚度矩阵，在此不再赘述</td></tr>
<tr><td>5</td><td>单元刚度矩阵的分块性质</td><td>

由于在整体分析中，是对结构的每个结点分别建立平衡方程，因此将单元刚度方程中的矩阵按杆端结点 i、j 进行分块，用这种形式表示单元刚度方程和单元刚度矩阵，可使层次更分明、运算更简便。按结点号分块后，整体坐标系中的单元刚度方程可表示为

$$\begin{Bmatrix} F_i \\ F_j \end{Bmatrix}^{(e)} = \begin{bmatrix} k_{ii} & k_{ij} \\ k_{ji} & k_{jj} \end{bmatrix}^{(e)} \begin{Bmatrix} \delta_i \\ \delta_j \end{Bmatrix}^{(e)} \quad (1\text{-}190)$$

其展开形式为

$$\left.\begin{aligned} F_i^{(e)} &= k_{ii}^{(e)}\delta_i^{(e)} + k_{ij}^{(e)}\delta_j^{(e)} \\ F_j^{(e)} &= k_{ji}^{(e)}\delta_i^{(e)} + k_{jj}^{(e)}\delta_j^{(e)} \end{aligned}\right\} \quad (1\text{-}191)$$

式(1-191)中的每一个方程都具有明确的物理意义。例如，第一个方程，其右边第一项表示单元 i 端的位移引起 i 端的杆端力，而第二项则表示单元 j 端的位移引起 i 端的杆端力，两者叠加即为单元两端的任意位移引起 i 端的杆端力。式中第二个方程的意义与此类同，故不再赘述</td></tr>
</table>

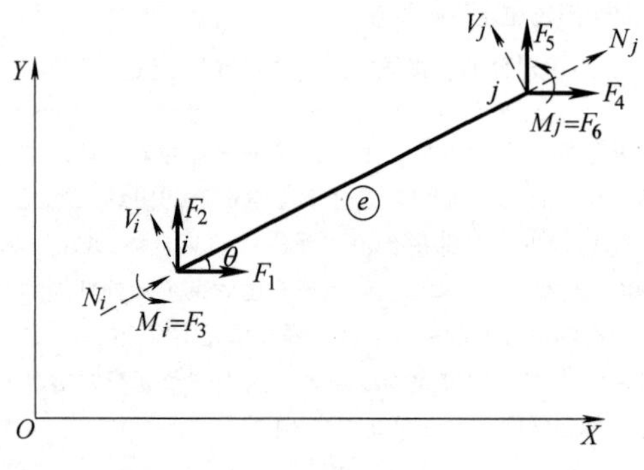

图 1-228　一般单元坐标转换

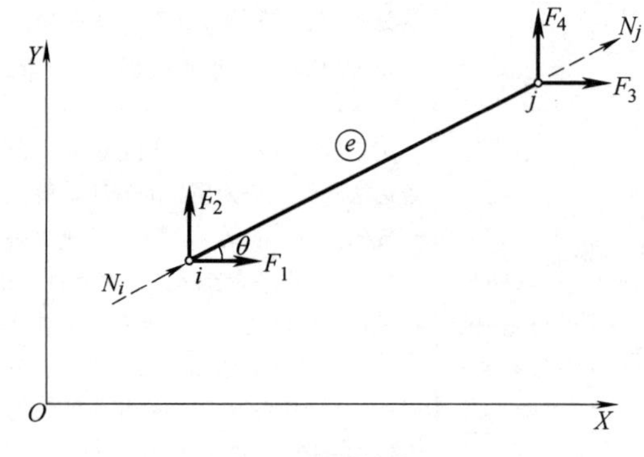

图 1-229　轴力单元

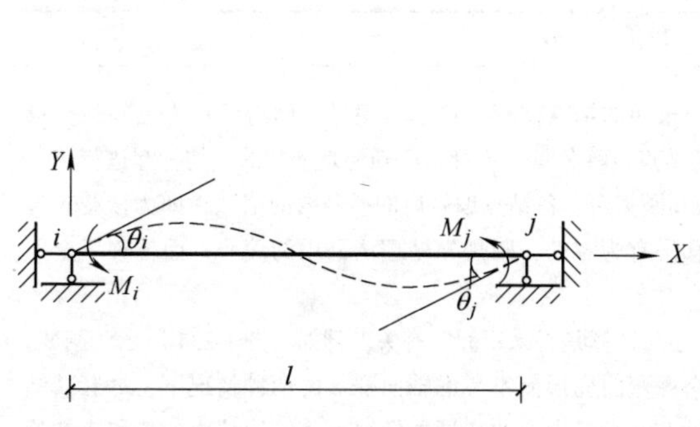

图 1-230　简支梁式单元

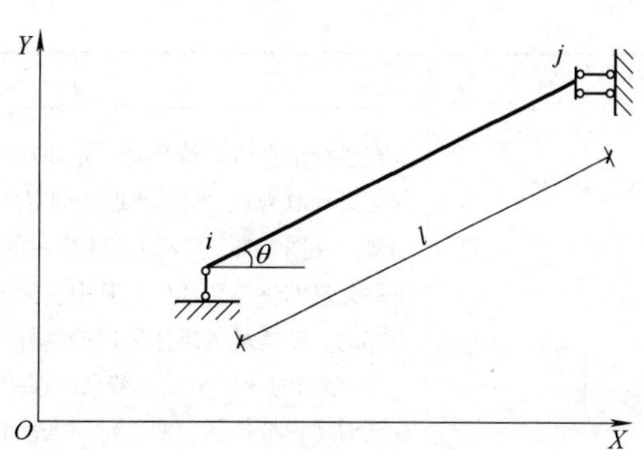

图 1-231　梁式单元

1.13.4　单元、结点及结点位移分量编号、结点位移分量和结点力分量

单元、结点及结点位移分量编号、结点位移分量和结点力分量见表 1-42。

表 1-42　单元、结点及结点位移分量编号、结点位移分量和结点力分量

序号	项　目	内　容
1	单元、结点及结点位移(分量)编号	(1) 单元编号。单元编号的方法，一般是将同一类型的单元连在一起编号。对于多层多跨刚架中的单元，可以由下层到上层或由上层到下层，每层从左到右依次编号；对连续梁可自左到右依次连续编号。但不论各单元如何编号，对总刚度矩阵都无影响 (2) 结点编号。对于桁架和单元相互连接全为刚结的刚架(图 1-232)，其结点的编号方法十分简单，每个结点只采用一个编号。但是，对于刚架或组合结构中并非刚结的结点(不包括仅连接轴力单元的铰结点)，不能只给予一个编号。例如，图 1-233 所示的刚架的混合结点 H，单元⑨、⑩的 H 端角位移与单元⑤的 H 端角位移是两个独立的位移未知量，如对该结点采用一个编号，表述 H 结点处三个单元的此端角位移，将出现困难。若对 H 结点编两个结点号 11 和 12，就可顺利解决上述困难。同理，混合结点 E 处也应编两个结点号。在铰结点 F 处，单元③、⑥、⑧的 F 端的角位移是三个独立的位移未知量，故结点 F 处的三个杆端应编三个结点号，即 7、8 和 9 一般说来，多个单元在某处连接时，若该结点为刚结点或为仅连接轴力单元的铰结点，则此结点采用一个结点号；否则，在此处应将彼此刚结的点编一个结点号，而彼此非刚结的杆端须编不同的结点号 (3) 结点和杆端的位移分量编号 1) 结点位移分量的统一编号——整体码。在用矩阵位移法进行结构分析时，既要确定结构中独立的结点位移未知量数目，还要将结构中所有独立的结点位移按自然数顺序进行统一编号。整体坐标系中独立位移分量的统一编号简称为结点位移编号或结点位移码，即整体码 在位移编号时，应按结点的编号顺序进行；而在同一结点处，通常再按整体坐标系中的 X 向线位移、Y 向线位移和角位移的顺利进行。一般说来，在整体坐标系中，平面桁架的每个结点只有 2 个独立的位移分量，而平面刚架的每个结点则有 3 个独立的位移分量。因此，结点位移编号是随着结点编号的确定而确定。独立的结点位移数目取决于诸多因素，因此结点位移编号也与这些因素有关。下面仅讨论其中的两个因素： ① 边界条件的处理方法。在建立矩阵位移法方程——结构的结点力和结点位移间的关系式时，按结构的边界条件在形成矩阵位移法方程之前还是之后考虑，矩阵位移法可以分为先处理法和后处理法两种 先处理法与后处理法的根本区别在于，先处理法把全部已知的结点位移分量(零位移或非零位移)均不作为结构的基本未知量；而后处理法则不论结点位移分量是已知还是未知的，全部作为结构的基本未知量。同一结构按先处理法或后处理法计算，结构的基本未知量数目是不同的，因此两种方法的结点位移编号也不同

续表 1-42

序号	项　目	内　容
1	单元、结点及结点位移(分量)编号	在进行结点位移编号时，先处理法仅对未知的结点位移分量进行编号，而将位移为已知的分量的编码均取为0；而后处理法则对所有的结点位移分量，不管是已知还是未知的，均一起进行统一编号。在图1-232与图1-233所示的桁架和刚架中，各结点编号后的括号内的诸数，即为该结点各位移分量的整体位移码。其中，只要位移码有为零的，则是先处理法采用的编号；而位移码全不为零的，则是后处理法采用的编号 ② 结构的变形情况。结点位移的编号还与计算是否采用假定有关。例如，图1-234所示的刚架，在同时考虑杆件的弯曲、轴向变形和只考虑弯曲变形而不考虑轴向变形的两种情况下，尽管其结点编号完全相同，但结点位移编号却不同。在只考虑弯曲变形的情况下，结构独立的位移未知量数目减少了。两种情况的位移编码分别如图1-234a、b所示 结点位移编号的方法有直接法和间接法两种。直接法是根据各结点可能的位移情况，直接写出各结点的唯一码。间接法是根据结点编号及各结点的约束信息推算出相应的结点位移码。若采用间接法，则对给定的结点，其结点位移的约束信息可填1或0。填1表明相应的位移分量受到约束，填0表明相应的位移分量未受到约束 直接法和间接法分别为手算和电算所采用。直接法的优点是编号灵活、直观；缺点是书写烦琐。若电算时采用此法，则不但输入结点位移码较麻烦，且浪费储存单元 2）结点、结点位移编号时应注意： ① 若某些结点有相同的结点位移，则应编同一个数码 ② 无效结点位移(指不产生结点力的位移)不编码或取其编码为0。例如，连接轴力单元的铰结点的角位移 ③ 结点(或结点位移)的编码原则是，应使各相关结点(彼此间有单元连接的结点)的位移码都尽量接近。这样可减少总刚度矩阵的半带宽，从而节省计算机的储存单元和计算时间。例如，图1-235a、b所示的结点编号，都是符合上述编码原则的。由此可见，对形状比较规则的刚架，可沿结点数少的方向进行编号；对闭合形结构则应跳着编号 3）杆端位移分量的编号——局部码。单元始末两端的全部位移分量按其顺序编号，此编号称为局部码。编号的顺序是先始端，后末端；在其某一端则是先线位移分量、后角位移分量，而在线位移分量中是先X向、后Y向。因此，轴力单元的位移分量的局部码为1～4，一般单元的位移分量的局部码为1～6
2	结点力向量和结点位移向量	结构的结点力和结点位移均可分为已知的和未知的两种。在结点上沿其未知位移分量方向作用的各个荷载就是已知的结点力；而在支座结点上沿其已知位移(零位移或非零位移)分量方向作用的结点力则是未知的。此时，结点力就是支座结点上沿其已知位移分量方向作用的荷载和相应的支座反力的合力。由于支座反力是未知的，因此与之相应的结点力也是未知的。由此可见，未知的位移分量所对应的结点力是已知的；反之，已知的结点位移分量所对应的结点力则是未知的 将结构的结点力和结点位移的各分量按位移码顺序分别组成列矩阵，通常将这两个列矩阵称为结构的结点力向量和结点位移向量。在先处理法中，结构的结点位移向量是由所有为未知的结点位移分量组成的；而结构的结点力向量是由与这些位移分量相应的结点力(结点荷载)分量组成的。但在后处理法中，结构的结点力向量和结点位移向量则是由所有的结点位移分量和结点力分量分别组成的。这两个向量中的分量可用两种方式表示：一种是分量以整体位移码作为其下标；另一种是分量以结点号作为其下标，或其中的一个下标 例如，图1-236所示的桁架按先处理法求解时，整体坐标系中结构的结点力向量和结点位移向量可分别表示为

续表 1-42

序号	项　目	内　容
2	结点力向量和结点位移向量	$$\{F\}=\begin{Bmatrix}F_1\\F_2\\F_3\\F_4\\F_5\end{Bmatrix}=\begin{Bmatrix}F_{2x}\\F_{3x}\\F_{3y}\\F_{4x}\\F_{4y}\end{Bmatrix},\ \{\delta\}=\begin{Bmatrix}\delta_1\\\delta_2\\\delta_3\\\delta_4\\\delta_5\end{Bmatrix}=\begin{Bmatrix}\Delta_{2x}\\\Delta_{3x}\\\Delta_{3y}\\\Delta_{4x}\\\Delta_{4y}\end{Bmatrix}$$ 而按后处理法求解时，结构的结点力向量和结点位移向量可分别表示为 $$\{F\}_o=\begin{Bmatrix}F_1\\F_2\\F_3\\F_4\\F_5\\F_6\\F_7\\F_8\end{Bmatrix}=\begin{Bmatrix}F_{R1x}+F_{1x}\\F_{R1y}+F_{1y}\\F_{2x}\\F_{R2y}+F_{2y}\\F_{3x}\\F_{3y}\\F_{4x}\\F_{4y}\end{Bmatrix},\ \{\delta\}_o=\begin{Bmatrix}\delta_1\\\delta_2\\\delta_3\\\delta_4\\\delta_5\\\delta_6\\\delta_7\\\delta_8\end{Bmatrix}=\begin{Bmatrix}\Delta_{1x}\\\Delta_{1y}\\\Delta_{2x}\\\Delta_{2y}\\\Delta_{3x}\\\Delta_{3y}\\\Delta_{4x}\\\Delta_{4y}\end{Bmatrix}$$ 式中，F_i，δ_i 表示结点力和结点位移；F_{ix}，F_{iy} 表示结点荷载的分量；F_{Rix}，F_{Riy} 表示支座结点的反力分量；$\delta_1=\delta_2=\delta_4=0$。结构在支座结点处的结点力分量为相应的结点荷载分量与支座反力向量之和 又如，图 1-237 所示刚架按先处理法求解时，在整体坐标系下结构的结点力向量和结点位移向量可分别表示为 $$\{F\}=\begin{Bmatrix}F_1\\F_2\\F_3\\F_4\\F_5\\F_6\\F_7\end{Bmatrix}=\begin{Bmatrix}F_{1\theta}\\F_{2x}\\F_{2y}\\F_{2\theta}\\F_{3x}\\F_{3y}\\F_{3\theta}\end{Bmatrix},\ \{\delta\}=\begin{Bmatrix}\delta_1\\\delta_2\\\delta_3\\\delta_4\\\delta_5\\\delta_6\\\delta_7\end{Bmatrix}=\begin{Bmatrix}\Delta_{1x}\\\Delta_{2x}\\\Delta_{2y}\\\Delta_{2\theta}\\\Delta_{3x}\\\Delta_{3y}\\\Delta_{3\theta}\end{Bmatrix}$$ 而按后处理法求解时，结构的结点力向量和结点位移向量可分别表示为 $$\{F\}_o=\begin{Bmatrix}F_1\\F_2\\F_3\\F_4\\F_5\\F_6\\F_7\\F_8\\F_9\\F_{10}\\F_{11}\\F_{12}\end{Bmatrix}=\begin{Bmatrix}F_{1x}+F_{R1x}\\F_{1y}+F_{R1y}\\F_{1\theta}\\F_{2x}\\F_{2y}\\F_{2\theta}\\F_{3x}\\F_{3y}\\F_{3\theta}\\F_{4x}+F_{R4x}\\F_{4y}+F_{R4y}\\F_{4\theta}+F_{R4\theta}\end{Bmatrix},\ \{\delta\}_o=\begin{Bmatrix}\delta_1\\\delta_2\\\delta_3\\\delta_4\\\delta_5\\\delta_6\\\delta_7\\\delta_8\\\delta_9\\\delta_{10}\\\delta_{11}\\\delta_{12}\end{Bmatrix}=\begin{Bmatrix}\Delta_{1x}\\\Delta_{1y}\\\Delta_{1\theta}\\\Delta_{2x}\\\Delta_{2y}\\\Delta_{2\theta}\\\Delta_{3x}\\\Delta_{3y}\\\Delta_{3\theta}\\\Delta_{4x}\\\Delta_{4y}\\\Delta_{4\theta}\end{Bmatrix}$$ 但是，有时为了表达简洁，支座结点处的结点力不写成和项的形式，而也用 F_{ix}、F_{iy}、$F_{i\theta}$ 表示。与桁架相比，刚架结构的结点力向量和结点位移向量中只是分别多了结点角位移和作用于结点的力矩（外力矩、反力矩）

续表 1-42

序号	项　目	内　容
3	单元定位向量	(1) 由单元两端全部位移分量的整体码按单元局部码的顺序组成的向量，称为单元定位向量，用$\{\boldsymbol{\eta}\}^{(e)}$表示。例如，图 1-236 桁架中单元①、⑥的定位向量分别为 $\{\boldsymbol{\eta}\}^{(1)}=(0\ \ 0\ \ 1\ \ 0)^{\mathrm{T}}$，$\{\boldsymbol{\eta}\}^{(6)}=(2\ \ 3\ \ 4\ \ 5)^{\mathrm{T}}$ 又如，图 1-237 刚架中单元①、②的定位向量分别为 $\{\boldsymbol{\eta}\}^{(1)}=(0\ \ 0\ \ 1\ \ 2\ \ 3\ \ 4)^{\mathrm{T}}$，$\{\boldsymbol{\eta}\}^{(2)}=(2\ \ 3\ \ 4\ \ 5\ \ 6\ \ 7)^{\mathrm{T}}$ (2) 利用单元定位向量提供的局部码与整体码的对应关系，可以确定： 1) 单元刚度矩阵中各元素在结构总刚度矩阵中的位置 2) 单元杆端位移分量在结构的结点位移向量中的位置 3) 单元的等效结点荷载分量在结构的结点荷载向量中的位置

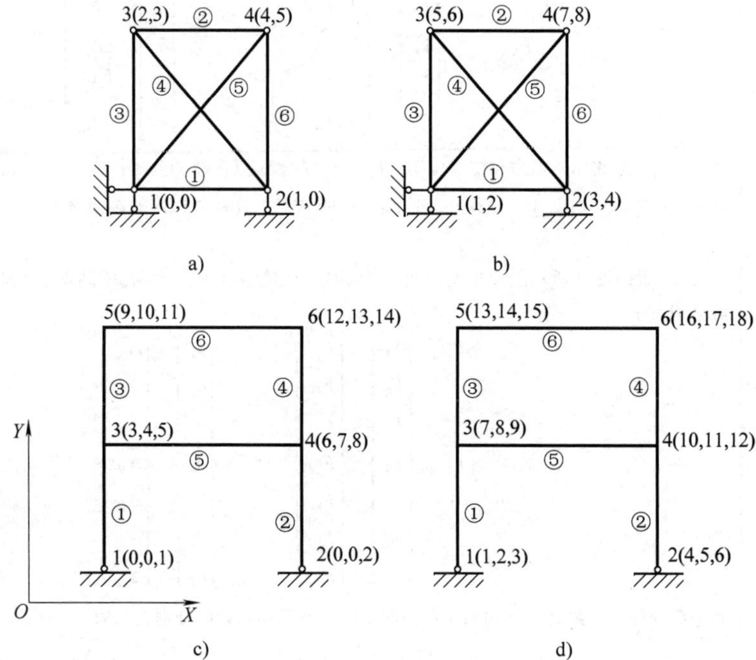

图 1-232　桁架和单元相互连接全为刚结的刚架结点的编号

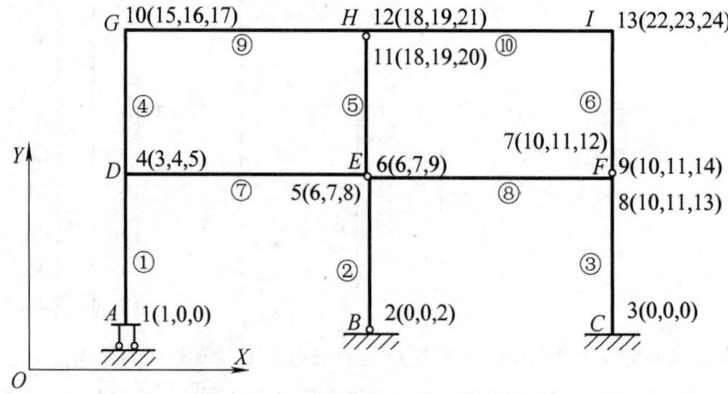

图 1-233　刚架的混合结点编号

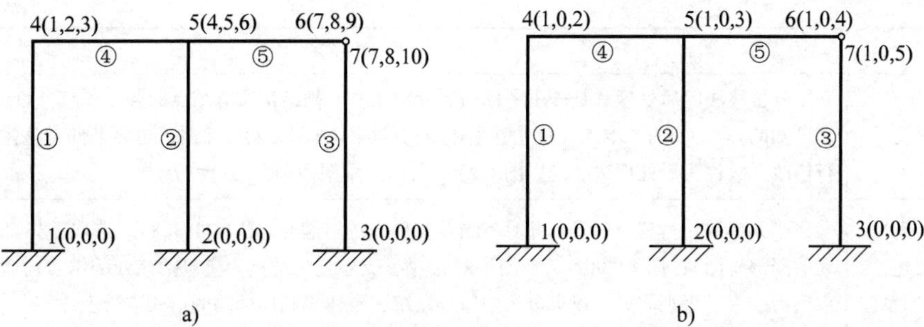

图1-234　结构变形情况刚架结点位移编号

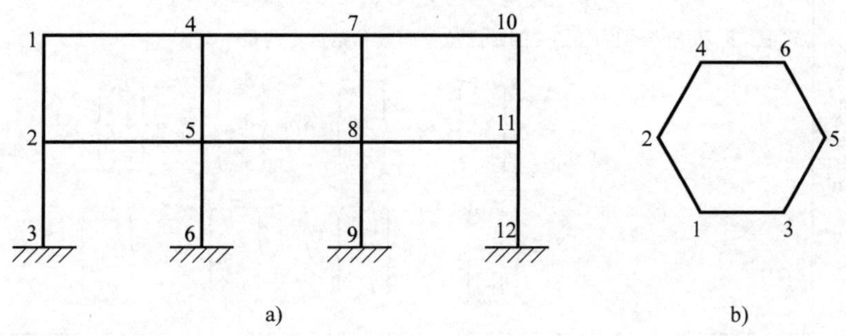

图1-235　结点、结点位移编号

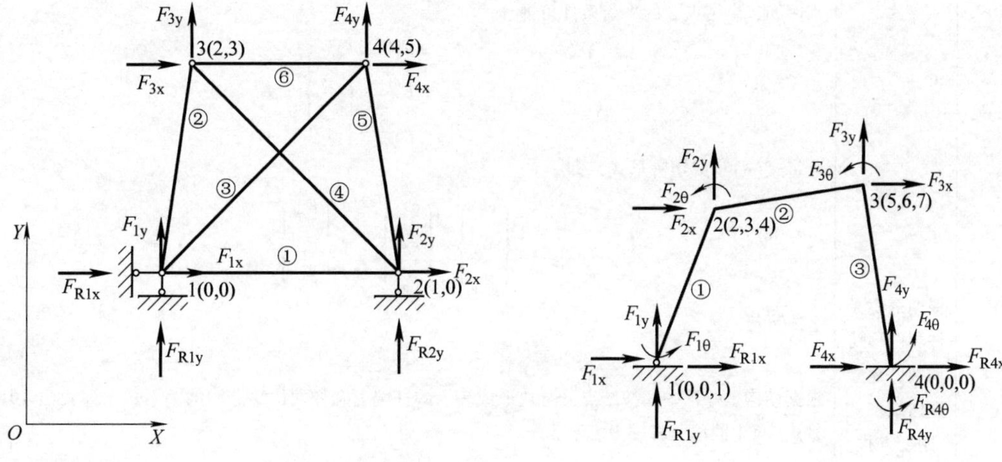

图1-236　桁架结点力向量和结点位移向量　　　　图1-237　刚架结点力向量和结点位移向量

1.13.5　矩阵位移法的后处理法

矩阵位移法的后处理法见表1-43。

表1-43　矩阵位移法的后处理法

序号	项　目	内　容
1	说明	在用矩阵位移法进行结构分析时，仍需考虑平衡、几何和物理三方面的条件。为此，首先将结构离散化为有限个单元，然后在单元分析的基础上进行整体分析，根据几何条件（包括支承和结点的变形协调条件）将单元的杆端位移用结构的结点位移表示，利用结点的平衡条件建立整体结构的刚度方程

续表 1-43

序号	项　目	内　容
1	说明	矩阵位移法的后处理法是先不考虑边界约束条件，把结构所有结点的各个位移分量(包括未知的和已知的)全部作为基本未知量建立整体结构的刚度方程，然后才引入边界条件对整体刚度方程进行修改，故称为后处理法。现以图 1-238a 所示的刚架为例介绍这种方法
2	结构离散化及建立坐标系	将刚架离散化为三个单元，并对各结点和单元进行编号(图 1-238a、c)，选取整体坐标系和各单元的局部坐标系(图 1-238b)。在图 1-238a 中，支座处的结点力应包括该处的结点荷载与相应的约束反力。为了直观起见，以下分析中暂未用统一整体码和局部码的形式进行表述
3	建立结点位移向量和相应的结点力向量	结点位移向量和相应的结点力向量分别为 $$\{\delta\}_o=[\delta_1\quad\delta_2\quad\delta_3\quad\delta_4]^T,\ \{F\}_o=[F_1\quad F_2\quad F_3\quad F_4]^T$$ 式中，δ_i 和 F_i 分别为结点 i 的结点位移向量和结点力向量 $$\delta_1=\begin{Bmatrix}\delta_{1x}\\\delta_{1y}\\\delta_{1\theta}\end{Bmatrix},\ \delta_2=\begin{Bmatrix}\delta_{2x}\\\delta_{2y}\\\delta_{2\theta}\end{Bmatrix},\ \delta_3=\begin{Bmatrix}\delta_{3x}\\\delta_{3y}\\\delta_{3\theta}\end{Bmatrix},\ \delta_4=\begin{Bmatrix}\delta_{4x}\\\delta_{4y}\\\delta_{4\theta}\end{Bmatrix}$$ $$F_1=\begin{Bmatrix}F_{1x}\\F_{1y}\\F_{1\theta}\end{Bmatrix},\ F_2=\begin{Bmatrix}F_{2x}\\F_{2y}\\F_{2\theta}\end{Bmatrix},\ F_3=\begin{Bmatrix}F_{3x}\\F_{3y}\\F_{3\theta}\end{Bmatrix},\ F_4=\begin{Bmatrix}F_{4x}\\F_{4y}\\F_{4\theta}\end{Bmatrix}$$
4	根据平衡条件和位移协调条件建立整体结构的刚度方程	利用各结点的平衡条件 $\sum F_x=0$、$\sum F_y=0$ 和 $\sum M=0$，可以建立结点力向量 $\{F\}_o$ 与结点位移向量 $\{\delta\}_o$ 之间的关系式。为此，取各结点为隔离体(图 1-238c)建立平衡方程 例如，由结点 2 的平衡条件可得 $$\left.\begin{aligned}F_{2x}&=F_{2x}^{(1)}+F_{2x}^{(2)}\\F_{2y}&=F_{2y}^{(1)}+F_{2y}^{(2)}\\F_{2\theta}&=F_{2\theta}^{(1)}+F_{2\theta}^{(2)}\end{aligned}\right\}\quad(a)$$ 可将式(a)写成矩阵形式，即 $$\begin{Bmatrix}F_{2x}\\F_{2y}\\F_{2\theta}\end{Bmatrix}=\begin{Bmatrix}F_{2x}\\F_{2y}\\F_{2\theta}\end{Bmatrix}^{(1)}+\begin{Bmatrix}F_{2x}\\F_{2y}\\F_{2\theta}\end{Bmatrix}^{(2)}\quad(b)$$ 上式可简写为 $$F_2=F_2^{(1)}+F_2^{(2)}\quad(c)$$ 根据结构坐标系中，按结点号分块形式表示的杆端力和杆端位移之间的关系式，即式(1-191)，可将式(c)中的单元杆端力表示为 $$\left.\begin{aligned}F_2^{(1)}&=k_{21}^{(1)}\delta_1^{(1)}+k_{22}^{(1)}\delta_2^{(1)}\\F_2^{(2)}&=k_{22}^{(2)}\delta_2^{(2)}+k_{23}^{(2)}\delta_3^{(2)}\end{aligned}\right\}\quad(d)$$ 由位移协调条件，有 $$\delta_1^{(1)}=\delta_1,\ \delta_2^{(1)}=\delta_2,\ \delta_3^{(2)}=\delta_3\quad(e)$$ 将式(d)、式(e)代入式(c)，则得以结点位移表示的结点 2 的平衡方程，即 $$F_2=k_{21}^{(1)}\delta_1+(k_{22}^{(1)}+k_{22}^{(2)})\delta_2+k_{23}^{(2)}\delta_3\quad(f)$$ 同理，对于结点 3，有 $$F_3=k_{32}^{(2)}\delta_2+(k_{33}^{(2)}+k_{33}^{(3)})\delta_3+k_{34}^{(3)}\delta_4\quad(g)$$ 对于结点 1 和 4，则分别有 $$F_1=k_{11}^{(1)}\delta_1+k_{12}^{(1)}\delta_2\quad(h)$$

续表 1-43

<table>
<tr><th>序号</th><th>项　目</th><th>内　容</th></tr>
<tr><td>4</td><td>根据平衡条件和位移协调条件建立整体结构的刚度方程</td><td>

$$F_4 = k_{43}^{(3)}\delta_3 + k_{44}^{(3)}\delta_4 \tag{i}$$

将以上四式按式(h)、式(f)、式(g)、式(i)的顺序汇集一起后，可用矩阵形式表示为

$$\begin{Bmatrix} F_1 \\ F_2 \\ F_3 \\ F_4 \end{Bmatrix} = \begin{bmatrix} k_{11}^{(1)} & k_{12}^{(1)} & 0 & 0 \\ k_{21}^{(1)} & k_{22}^{(1)} + k_{22}^{(2)} & k_{23}^{(2)} & 0 \\ 0 & k_{32}^{(2)} & k_{33}^{(2)} + k_{33}^{(3)} & k_{34}^{(3)} \\ 0 & 0 & k_{43}^{(3)} & k_{44}^{(3)} \end{bmatrix} \begin{Bmatrix} \delta_1 \\ \delta_2 \\ \delta_3 \\ \delta_4 \end{Bmatrix} \tag{1-192}$$

上式为用结点位移表示的所有结点的平衡方程，它表明了结点力和结点位移之间的关系式(1-192)可简写为

$$\{F\}_{\text{o}} = [k]_{\text{o}}\{\delta\}_{\text{o}} \tag{1-193}$$

式(1-193)中

$$[K]_{\text{o}} = \begin{bmatrix} K_{11} & K_{12} & K_{13} & K_{14} \\ K_{21} & K_{22} & K_{23} & K_{24} \\ K_{31} & K_{32} & K_{33} & K_{34} \\ K_{41} & K_{42} & K_{43} & K_{44} \end{bmatrix} = \begin{bmatrix} k_{11}^{(1)} & k_{12}^{(1)} & 0 & 0 \\ k_{21}^{(1)} & \sum\limits_{e=1,2} k_{22}^{(e)} & k_{23}^{(2)} & 0 \\ 0 & k_{32}^{(2)} & \sum\limits_{e=2,3} k_{33}^{(e)} & k_{34}^{(3)} \\ 0 & 0 & k_{43}^{(3)} & k_{44}^{(3)} \end{bmatrix} \tag{1-194}$$

通常将方程式(1-193)称为结构的原始刚度方程或整体刚度方程，$[K]_{\text{o}}$ 则称为结构的原始刚度矩阵或整体刚度矩阵(简称总刚)。所谓“原始”是强调尚未进行边界条件处理的意思</td></tr>
<tr><td>5</td><td>用直接刚度法形成结构的原始刚度矩阵</td><td>

(1) 由式(1-192)或式(1-194)可知，只需将每个单元在整体坐标系中的单元刚度矩阵按其两端结点分成四个子块，然后根据子块的两个下标号码逐一送到以结点为单位进行分块的结构原始刚度矩阵的相应位置上去，即“对号入座”就可形成总刚

在对号入座时，具有相同下标的各单刚子块，即被送到总刚中同一位置上的各单刚子块要相叠加；而在没有单刚子块入座的位置上，则为零子块

这种利用坐标转化后的单元刚度矩阵直接“对号入座”形成总刚度矩阵的方法，通常称为直接刚度法。下面就一般情况，对这个方法作进一步的阐述

若结构具有 n 个结点，可参照式(1-193)写出任何一个结点 i 的平衡方程，即

$$F_i = K_{i1}\delta_1 + K_{i2}\delta_2 + \cdots + K_{ii}\delta_i + \cdots + K_{in}\delta_n = \sum_{j=1}^{n} K_{ij}\delta_j\,(i = 1, 2, \cdots, n) \tag{1-195}$$

结点力向量 F_i 等于汇交于结点 i 的各单元的 i 端的杆端力向量之和，于是有

$$\sum_{j=1}^{n} K_{ij}\delta_j = \sum^{s} F_i^{(e)} \tag{j}$$

式中的 $\sum^{s}$ 是表示对结点 i 的相关单元求和，s 为结点 i 的相关单元总数

相关单元：汇交于某结点的各个单元称为该结点的相关单元

相关结点：两个结点之间有单元直接相连者称为相关结点

利用式(1-191)，可将结点 i 相关单元的 i 端的杆端力向量之和表示为

$$\sum^{s} F_i^{(e)} = \sum^{s} (k_{ii}^{(e)}\delta_i^{(e)} + k_{ij}^{(e)}\delta_j^{(e)}) \tag{k}$$

式中，$k_{ii}^{(e)}\delta_i^{(e)}$ 一项称为近端影响，$k_{ij}^{(e)}\delta_j^{(e)}$ 一项称为远端影响，右端项表示把结点 i 相关单元的近端位移和远端位移引起的这些单元 i 端的杆端力相加

由于结点 i 相关单元的 i 端位移 $\delta_i^{(e)}$ 等于结点位移 δ_i，而 j 端的杆端位移 $\delta_j^{(e)}$ 则等于结点位移 δ_j，故式(k)可表示为

$$\sum^{s} F_i^{(e)} = \sum^{s} (k_{ii}^{(e)}\delta_i + k_{ij}^{(e)}\delta_j) \tag{l}$$

</td></tr>
</table>

续表 1-43

序号	项　目	内　　容
5	用直接刚度法形成结构的原始刚度矩阵	由式(j)、式(l)可得 $\sum\limits_{j=1}^{n} K_{ij}\delta_j = \sum\limits^{s} k_{ii}^{(e)}\delta_i + \sum\limits^{s} k_{ij}^{(e)}\delta_j$　　(m) (2) 刚度矩阵主对角线上的子块，通常称为主子块；其余子块称为副子块。比较式(m)的两边相对应的项，可得出： 1) $K_{ii} = \sum\limits^{s} k_{ii}^{(e)}$，即总刚中的主子块 K_{ii} 为结点 i 的各相关单元的单刚子块相叠加 2) $K_{ij} = \sum\limits^{s} k_{ij}^{(e)}$，即当结点 i、j 为相关结点时，总刚的副子块 K_{ij} 等于连接 i、j 结点的单元的相应副子块 $k_{ij}^{(e)}$ 3) $K_{ij} = 0$，即当 i、j 为非相关结点时，总刚度矩阵的副子块 K_{ij} 为零子块 (3) 据此，可将直接刚度法形式结构原始刚度矩阵$[K]_0$的方法归纳如下： 1) 形成每个单元在整体坐标系中的单元刚度矩阵 $k^{(e)}$，并按其始、末端的结点号 i、j 分为四个子块 $k_{ii}^{(e)}$、$k_{ij}^{(e)}$、$k_{ji}^{(e)}$、$k_{jj}^{(e)}$ 2) 将各单元的四个子块按其两个下标号码逐一送到以结点为单元进行分块的结构原始刚度矩阵的相应位置上，即如图 1-239 所示进行“对号入座”（若 $i>j$,则此图应作相应的改动）。被送到总刚中同一位置上不同单元的子块，即同号子块应叠加；而没有单刚子块入座的位置则应置零 (4) 在以上讨论中，是将单元刚度矩阵按子块形式对号入座形成总刚度矩阵，这仅是为了讨论和书写的方便。实际上，子块的对号入座还必须落实到其每个元素的对号入座，为此只要利用各个单元的定位向量所提供的单元位移分量的局部码与整体码之间的对应关系，进行对号入座。于是，即使刚架中有铰结点、混合结点等，单元刚度矩阵的对号入座也无困难。这是由于在每个这种结点处采用2个或2个以上的结点编号，而独立的位移分量具有各自的整体码，可见后面的[例题1-102]所示
6	结构原始刚度矩阵的性质、存储方法与刚度系数的意义	(1) 总刚度矩阵系数的物理意义。若结点力分量、结点位移分量及刚度系数均以整体码作为下标，则原始刚度方程可表示为 $\begin{bmatrix} K_{11} & K_{12} & \cdots & K_{1j} & \cdots & K_{1n} \\ K_{21} & K_{22} & \cdots & K_{2j} & \cdots & K_{2n} \\ & & \vdots & & & \\ K_{i1} & K_{i2} & \cdots & K_{ij} & \cdots & K_{in} \\ & & \vdots & & & \\ K_{n1} & K_{n2} & \cdots & K_{nj} & \cdots & K_{nn} \end{bmatrix} \begin{Bmatrix} \delta_1 \\ \delta_2 \\ \vdots \\ \delta_i \\ \vdots \\ \delta_n \end{Bmatrix} = \begin{Bmatrix} F_1 \\ F_2 \\ \vdots \\ F_i \\ \vdots \\ F_n \end{Bmatrix}$　　(1-196) 根据式(1-196)，可以阐明总刚度矩阵各刚度系数的物理意义，即 1) 总刚度矩阵中的任一刚度系数 K_{ij}：表示只有第 j 个自由度发生单位位移而其余自由度上的位移均为零(即结点位移分量 $\delta_j = 1$，$\delta_i = 0$，$i \neq j$)时，在第 i 个自由度上(在第 j 位移分量的结点处沿该分量方向)所需施加或引起的力 2) 总刚度矩阵中第 j 列的各个刚度系数 K_{ij}($j=1$，2，…，n)：表示只有第 j 个自由度发生单位位移(其余自由度的位移均为零)时，在各个自由度(所有结点处沿各个位移分量方向)上所需施加或引起的力 3) 总刚度矩阵中第 i 行的各个刚度系数：表示各个自由度分别发生单位位移(各结点位移分量等于1)时，在第 i 个自由度(在第 i 个位移分量的结点处沿该分量方向)上所需施加或引起的力 (2) 结构原始刚度矩阵的性质 1) 对称性。结构的原始刚度矩阵是由各个单元的刚度矩阵，按对号入座的方法直接集成的。由

续表 1-43

序号	项　目	内　容
6	结构原始刚度矩阵的性质、存储方法与刚度系数的意义	于每个单元刚度矩阵都是对称的，因此总刚度矩阵必然也是对称的。对称性的结论也可根据反力互等定理直接得出 2）奇异性。结构原始刚度方程是描述无支承约束的自由结构的结点力与结点位移之间的关系。自由结构除变形产生的位移外，还可以有任意的刚体位移，因此结构原始刚度的结点位移的解答不是唯一的。这表明结构的原始刚度矩阵是奇异的，否则利用原始刚度方程可求出唯一的位移解答，这与事实不符 3）带状性与稀疏性。结构原始刚度矩阵中的非零元素是分布在主对角线两侧的斜带形区域内，故为带状矩阵；具有大量零元素的矩阵称为稀疏矩阵。大型结构的原始刚度矩阵通常为带状稀疏矩阵。当结构的结点数目越多时，带的宽度显得越窄小，则总刚度矩阵中的带外非零元素也越多，其稀疏性就越明显 由式(1-192)可知：当只有某个结点发生单位结点位移(该结点的各位移分量均等于1)时，原始刚度矩阵中只在其相关结点对应的子块上有非零的刚度系数；而在其非相关结点对应的子块上刚度系数全为零。在结点编号较合理的情况下，总刚度矩阵的非零元素一般都集中在主对角线附近的斜带状区域内。由于非相关结点的数目是随着结构结点数目的增加而增加，总刚度矩阵中的零元素也随着急剧增加，因此在大型结构的总刚度矩阵中零元素远远多于非零元素。例如，多跨多层框架结构的刚度矩阵就属于这种情况。在平面框架结构中，一个结点的相关结点通常最多只有 5 个(结点本身及由梁、柱与之连接的 4 个结点)。对于这个结点而言，其余结点为非相关结点，其数目随着框架的跨数和层数的增加而急剧增加 (3）总刚度矩阵的计算机存储和带宽。计算机的容量即存储信息的能力是有限的。在矩阵位移法的分析过程中，需将结构的各种原始数据、计算得到的总刚度矩阵的各个元素、结点位移分量、许多中间数据信息和有关的计算结果等存放在计算机的存储单元中。对于大型结构，总刚度矩阵元素所占用的存储单元是十分巨大的。在电算中，利用总刚度矩阵的对称性和稀疏性，既可以大量节省存放总刚度矩阵所需的存储单元，扩大计算机的运算能力，又可以提高计算效率和精度 图 1-240 为一带状矩阵的示意图。矩阵的带宽有行(列)带宽和矩阵带宽之分 矩阵的行(列)半带宽：矩阵的每一行(列)从主对角线元素起至该行(列)最外一个非零元素止所包含的元素个数，称为该行(列)的半带宽 矩阵的半带宽：矩阵各行(列)半带宽的最大值，称为矩阵的半带宽。由总刚度矩阵形成的规律可知其半带宽为 半带宽 = 相关结点的位移码的最大差值 + 1 (4）总刚度矩阵的存储可以采用以下不同的方法： 1）满阵存储。用一个二维数组存放矩阵的全部元素，这种存放方式称为满阵存储。若总刚度矩阵采用这种方式存放，除了占用大量的存储单元外，在解总刚度方程时，对某些本可不作运算的零元素也进行了运算。为了克服这种存储方式所存在缺点，需利用总刚度矩阵对称性与带状性。满阵存储的优点是：单元刚度矩阵形成总刚度矩阵以及解方程组的程序都比较简单、易读，便于初学者接受 2）等带宽存储。用一个二维数组存放总刚度矩阵半带宽内所有元素的存储方式，称为二维等带宽存储(简称等带宽存储)。在解刚度方程时，总刚度矩阵各行(列)半带宽以外的零元素是不起作用的，而矩阵的半带宽是各行(列)半带宽中的最大者，因此根据总刚度矩阵的对称性可采用半带存储。总刚度矩阵采用等带宽存储要比采用满阵存储节省大量的存储单元，特别是对于大型结构的分析。总刚度矩阵采用这种方式存储的计算程序，虽然比采用满阵存储要复杂，但比下述的变带宽存储要简洁且便于阅读。因此，对于总刚度矩阵大多数行(列)的半带宽都比较接近的情况，采用等带宽存储是比较恰当的

续表 1-43

序号	项　目	内　容
6	结构原始刚度矩阵的性质、存储方法与刚度系数的意义	3）变带宽存储。将总刚度矩阵各行(列)半带宽内的元素一行接一行(或一列接一列)地存放在一个一维数组中，由于总刚度矩阵每行(列)的带宽未必相同，故将这种存放方式称为一维变带宽存放，简称变带宽存储。用矩阵位移法进行大型结构分析时，为了更有效地节省计算机的存储单元，总刚度矩阵可采用变带宽存储。但是，变带宽存储的计算程序比较复杂 等带宽与变带宽存储除了可以节省不少存储单元外，还因按这两种存储方式设计的计算程序，都在不同程度上避免了总刚度矩阵的带外大量零元素的多余运算，因此提高了运算效率
7	边界条件的处理方法	由于结构原始刚度方程是在解除外界对结构的一切约束情况下建立的，其刚度矩阵$[K]_0$是奇异的，因此不可能有确定的解。只有引入实际结构的支承约束条件，并据此修改结构原始刚度方程，即进行边界条件处理后，才能求得未知的结点位移。处理边界条件的方法有以下三种： （1）划行划列法 1）这种方法是先将式(1-196)中的结点位移分量、结点力分量和总刚度矩阵中的元素重新排列，即通过换行和换列使未知的结点位移分量靠前、已知的结点位移分量靠后，并进行分块。于是，原始刚度方程可简写为 $\begin{bmatrix} K_{FF} & K_{FR} \\ K_{RF} & K_{RR} \end{bmatrix}\begin{Bmatrix} \delta_F \\ \delta_R \end{Bmatrix}=\begin{Bmatrix} F_F \\ F_R \end{Bmatrix}$　(1-197) 展开式(1-197)得 $K_{FF}\delta_F+K_{FR}\delta_R=F_F$　(1-198a) $K_{RF}\delta_F+K_{RR}\delta_R=F_R$　(1-198b) 式中　δ_F——未知结点位移(亦称自由结点位移)向量 δ_R——已知结点位移(亦称约束结点位移)向量 这样就把结构的原始刚度方程分解为对应于未知结点位移方向的平衡方程式(1-198a)和对应于已知的支座可能位移方向的平衡方程(1-198b)。前者可用来求得自由结点位移，后者则可以用来计算支座反力。由式(1-198a)可得 $K_{FF}\delta_F=F_F-K_{FR}\delta_R$　(1-199) 由上式可求得未知结点位移，即 $\delta_F=K_{FF}^{-1}(F_F-K_{FR}\delta_R)$　(1-200) 将式(1-200)代入式(1-198b)可求得未知结点力。由于 $F_R=F'_R+F_{RL}$　(1-201) 即未知结点力向量等于支座结点的反力向量F'_R与荷载向量F_{RL}之和。由式(1-198b)和式(1-201)可得支座反力为 $F'_R=K_{RF}\delta_F+K_{RR}\delta_R-F_{RL}$　(1-202) 2）讨论如下： ① 当支座位移均为零，即$\delta_R=0$时，式(1-199)、式(1-202)可分别简化为 $K_{FF}\delta_F=F_F$　(1-203) $F'_R=K_{RF}\delta_F-F_{RL}$　(1-204) 此时，式(1-203)相当于将原始刚度方程式(1-197)中与零位移分量对应的行和列划去，这种边界条件处理方法通常称为划行划列法。在这种情况下，原始刚度方程式(1-196)可以不进行重新排列，直接划去零位移分量相应的行和列，就可得到方程式(1-203)。由该方程求得自由结点位移δ_F后，利用式(1-204)可求出支座反力F'_R ② 通常将式(1-199)简写为

续表 1-43

序号	项　目	内　容
7	边界条件的处理方法	$$K\delta = F \qquad (1\text{-}205)$$ 式(1-205)中 $$K = K_{\mathrm{FF}},\ \delta = \delta_{\mathrm{F}},\ F = F_{\mathrm{F}} - K_{\mathrm{FR}}\delta_{\mathrm{R}}$$ 式(1-205)就是引入边界条件将原始刚度方程进行修改后的刚度方程，通常称为机构刚度方程；而矩阵 K 称为结构刚度矩阵，它是个非奇异矩阵。在一般情况下，用这种方法进行边界条件处理将破坏总刚度矩阵的带状特征，可能导致总刚度矩阵带宽的增加，而且编制通过换行换列重新排列总刚度矩阵的程序也比较复杂。为了不改变总刚度方程的排列顺序，不增加总刚度矩阵各行(列)原有的带宽，且便于进行程序设计，通常选用下述方法引入边界条件 （2）置大数法。设第 i 个结点位移分量 δ_i 为已知位移 $\bar{\delta}_i$(包括 $\bar{\delta}_i=0$)，则将原始刚度矩阵中的对角元 K_{ii} 改为一个充分大的数 R(相对于第 i 行的其他元素而言)，同时将原始刚度方程式(1-196)的右端项结点力向量中相应的分量 F_i 改为 $R\bar{\delta}_i$。这样式(1-196)的第 i 个方程变为 $$K_{i1}\delta_1 + K_{i2}\delta_2 + \cdots + R\delta_i + \cdots + K_{in}\delta_n = R\bar{\delta}_i \qquad (\mathrm{n})$$ 若将上式两边同除以大数 R，则除系数 δ_i 外，其他系数都很小，可以近似认为是零，上式变为 $\delta_i \approx \bar{\delta}_i$。这相当于引入已知位移条件 $\delta_i=\bar{\delta}_i$ 置大数法是一种近似处理边界条件的方法，其精度与大数 R 的取值有关，R 应取得足够大，但要以不使计算机产生溢出为原则。在计算中，一般可取 $10^{15} \sim 10^{20}$ 置大数法的优点是方法简单、效果相同，且在程序设计中容易实现，因此在电算中应用广泛 （3）置 1 充零法。若已知结点位移分量 $\delta_i=\bar{\delta}_i$(包括 $\bar{\delta}_i=0$)，则可将原始刚度矩阵 $[K]_0$ 的主对角元 K_{ii} 改为 1，而第 i 行的其他元素均改为零，同时将原始刚度方程式(1-196)右端结点力向量中相应的分量改为 δ_i，于是第 i 个方程变成为 $$\delta_i = \bar{\delta}_i$$ 而原始刚度方程式(1-196)中的其他方程并未改变，这相当于引入了已给定的位移边界条件。但为了不破坏总刚度矩阵的对称性，以节省计算机的存储单元，可将总刚度矩阵的第 i 列也作相应的处理，即保持 $K_{ii}=1$ 外，第 i 列的其他元素也均改为零，修改后的方程为 $$\begin{bmatrix} K_{11} & K_{12} & \cdots & 0 & \cdots & K_{1n} \\ K_{21} & K_{22} & \cdots & 0 & \cdots & K_{2n} \\ & & \vdots & & & \\ 0 & 0 & \cdots & 1 & \cdots & 0 \\ & & \vdots & & & \\ K_{n1} & K_{n2} & \cdots & 0 & \cdots & K_{nn} \end{bmatrix} \begin{Bmatrix} \delta_1 \\ \delta_2 \\ \vdots \\ \delta_i \\ \vdots \\ \delta_n \end{Bmatrix} = \begin{Bmatrix} F_1 - K_{1i}\bar{\delta}_i \\ F_2 - K_{2i}\bar{\delta}_i \\ \vdots \\ \bar{\delta}_i \\ \vdots \\ F_n - K_{ni}\bar{\delta}_i \end{Bmatrix} \qquad (1\text{-}206)$$ 由此可见，原始刚度方程经此修改后，第 i 个方程为给定的支座位移条件，而其余的方程并未改变，只是作了移项调整 置 1 充零法可归纳为：若位移分量 δ_i 为已知位移 $\bar{\delta}_i$，为了引入该位移条件，则只要将原始刚度矩阵的主对角元 K_{ii} 改为 1，第 i 行和第 i 列的其他元素均改为零；同时将结点力向量中相对的分量 F_i 改为 $\bar{\delta}_i$，其余分量 F_{k} 改为 $F_{\mathrm{k}} - K_{\mathrm{k}i}\bar{\delta}_i$ 即可 置 1 充零法虽不如置大数法简便，但却是一种精确方法，且程序设计还是比较简单的，因此在电算中也得到广泛应用 在进行边界条件处理时，采用置大数法或置 1 充零法均不改变总刚度方程的排列顺序，并保持总刚度矩阵的对称性和带状性，这可为以后运算带来很大方便

续表 1-43

序号	项　目	内　容
7	边界条件的处理方法	讨论：当某个位移 $\delta_i=0$，即受到刚性支座约束时，若采用置1充零法进行边界条件处理则十分简单。这时只要将原始刚度矩阵的主对角元改为1，第 i 行和第 i 列的其余元素均改为0；而在结点力向量中只改变一个元素，即把 F_i 改为零
8	结构的结点位移和单元杆端力的计算	用上述的任何一种边界条件处理方法，对所建立的结构原始刚度方程进行修改，则可得到如下形式的结构刚度方程为 $$K\delta=F$$ 若原结构为几何可变的或瞬变的体系，则引入边界条件后的结构刚度矩阵还是奇异的，仍然无法由结构刚度方程唯一地确定位移解答。若原结构为几何不变体系，则结构刚度矩阵是非奇异，此时可采用求解线性代数方程(组)的方法，求得结构的结点位移，即 $$\delta=K^{-1}F \qquad (1\text{-}207)$$ 由结构的结点位移就可以确定各单元的杆端位移 $\{\delta\}^{(e)}$，于是根据式(1-182)，即 $$\{F\}^{(e)}=[k]^{(e)}\{\delta\}^{(e)}$$ 可求得各单元整体坐标系中的杆端力。再由式(1-171)或式(1-180)可求得局部坐标系中各单元的杆端力 $$\{\overline{F}\}^{(e)}=[T]\{F\}^{(e)}=[T][k]^{(e)}\{\delta\}^{(e)} \qquad (1\text{-}208)$$
9	矩阵位移法的后处理法的解算步骤	根据以上讨论，可将矩阵位移法的后处理法的计算步骤归纳为： 1）对结构的结点和单元进行编号，并选择整体坐标系和局部坐标系 2）将所有结点力沿整体坐标系方向分量；建立结构的结点位移向量和结点力向量，两者的分量要一一对应 3）利用式(1-184)或式(1-186)计算整体坐标系中各单元的刚度矩阵 4）利用各单元的定位向量，将整体坐标系中各单元刚度矩阵的元素在结构原始刚度矩阵中一一对号入座且同号叠加，而在总刚中没有元素送入的位置上应置零(将用算例说明) 5）根据边界条件修改结构原始刚度方程，计算自由结点位移 6）利用式(1-182)，计算结构结点位移引起的局部坐标系中的单元杆端力；然后利用式(1-208)计算局部坐标系中的单元杆端力 7）计算支座反力

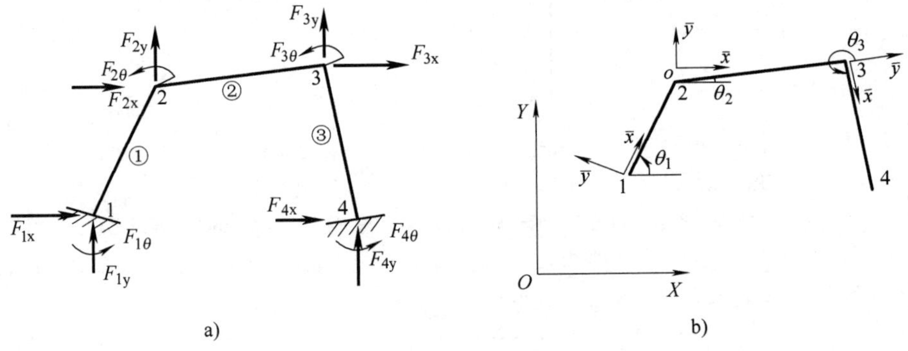

图 1-238　结构离散化

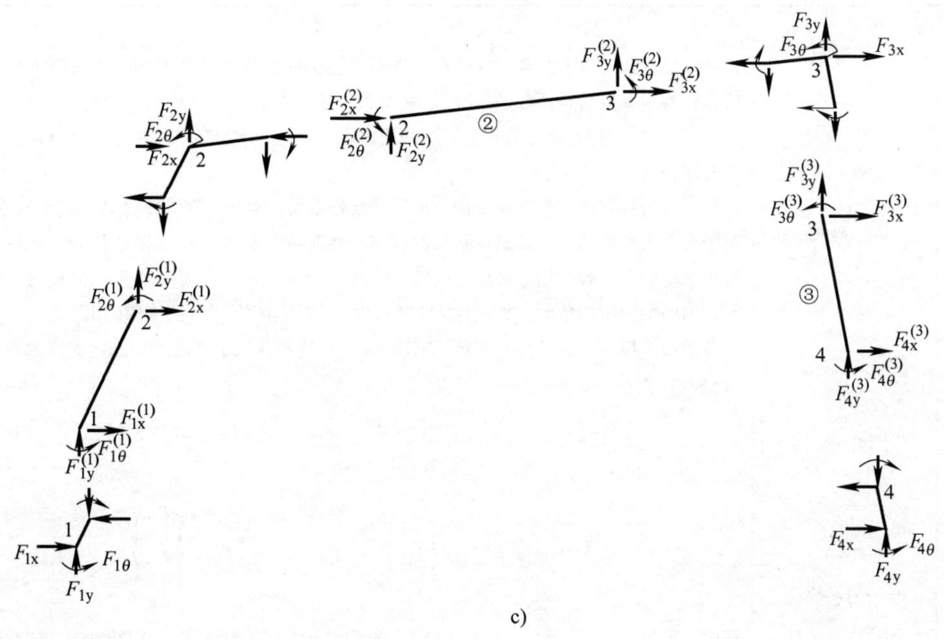

c)

图1-238 结构离散化(续)

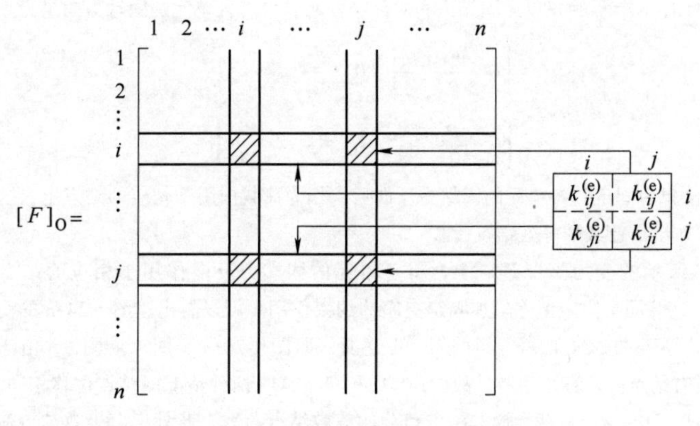

图1-239 对号入座示意

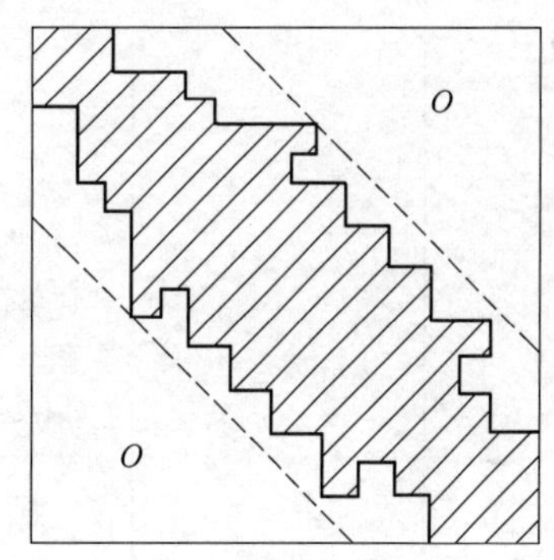

图1-240 带状矩阵示意

1.13.6 非结点荷载的处理

非结点荷载的处理见表1-44。

表1-44 非结点荷载的处理

序号	项 目	内 容
1	说明	结构上的荷载按其作用的位置不同，可分为结点荷载和非结点荷载。在以上分析中，所讨论的只是荷载作用在结点上的情况。但对于实际问题，不可避免地会遇到非结点荷载这种情况。在用矩阵位移法进行结构分析时，需要对非结点荷载进行处理。目前通常采用的处理方法是，将非结点荷载用等效结点荷载代替
2	荷载等效转换的原则和方法	荷载等效转换的原则是不改变结构的结点位移情况，即结构在等效结点荷载作用下结构的结点位移与实际荷载作用下结构的结点位移应相等。现以图1-241a所示的刚架

续表 1-44

序号	项　目	内　容
2	荷载等效转换的原则和方法	为例，说明如何进行荷载等效转换。根据上述的荷载等效转换原则，可按以下步骤将荷载转换为等效结点荷载 1）将结构的每对单元假想为两端均为固定的单元，求出各单元在原非结点荷载作用下的固端力 与位移法相类似，假想在结构的每一结点处添加一附加固定支座将结点完全约束住，对于支座所在的结点，可想象附加的固定约束加在距原来支座无限接近处。此后，结构才承受原有荷载作用。经这样处理，各结点均无位移，原支座也无任何反力，各单元成为两端固定的单元，如图1-241b所示(为了图面清晰,未将原支座画出) 在局部坐标系中，平面一般单元的固端力(即荷载作用引起的附加固定支座的约束反力)向量$\{\overline{F}_{\mathrm{f}}\}^{(e)}$可表示为 $$\{\overline{F}_{\mathrm{f}}\}^{(e)}=[\overline{F}_{\mathrm{f}i}\quad\overline{F}_{\mathrm{f}j}]^{(e)\mathrm{T}}=[\overline{F}_{\mathrm{f1}}\quad\overline{F}_{\mathrm{f2}}\quad\overline{F}_{\mathrm{f3}}\quad\overline{F}_{\mathrm{f4}}\quad\overline{F}_{\mathrm{f5}}\quad\overline{F}_{\mathrm{f6}}]^{(e)\mathrm{T}} \qquad (1\text{-}209)$$ 式(1-209)中 $$\overline{F}_{\mathrm{f}i}^{(e)}=\{\overline{F}_{\mathrm{f}i}\}^{(e)}=\begin{Bmatrix}\overline{F}_{\mathrm{f1}}\\\overline{F}_{\mathrm{f2}}\\\overline{F}_{\mathrm{f3}}\end{Bmatrix}^{(e)},\quad\overline{F}_{\mathrm{fe}}^{(e)}=\{\overline{F}_{\mathrm{fe}}\}^{(e)}=\begin{Bmatrix}\overline{F}_{\mathrm{f4}}\\\overline{F}_{\mathrm{f5}}\\\overline{F}_{\mathrm{f6}}\end{Bmatrix}^{(e)}$$ 其中，$\overline{F}_{\mathrm{f1}}$、$\overline{F}_{\mathrm{f2}}$、$\overline{F}_{\mathrm{f3}}$和$\overline{F}_{\mathrm{f4}}$、$\overline{F}_{\mathrm{f5}}$、$\overline{F}_{\mathrm{f6}}$分别为单元始端$i$和终端$j$的固端轴力、固端剪力及固端弯矩 根据图1-241d、e所示的各单元固端力和局部坐标系，可得各单元的固端力向量为 $$\{\overline{F}_{\mathrm{f}}\}^{(1)}=\begin{bmatrix}0&\frac{ql_1}{2}&\frac{ql_1^2}{12}&0&\frac{ql_1}{2}&-\frac{ql_1^2}{12}\end{bmatrix}^{\mathrm{T}}$$ $$\{\overline{F}_{\mathrm{f}}\}^{(2)}=\begin{bmatrix}0&\frac{P}{2}&\frac{Pl_2}{8}&0&\frac{P}{2}&-\frac{Pl_2}{8}\end{bmatrix}^{\mathrm{T}}$$ 2）将两端设想为固定的各单元的固端力反向后，作为荷载作用于相应的结点上，这些荷载就是原非结点荷载的等效结点荷载 在图1-241b所示的受力情况基础上，将各单元的固端力反向作用于相应的结点(图1-241c)，这等同于完全消除附加固定支座的约束作用。可以看出，图1-241a的受力及位移情况等于图1-241b、c两种情况的叠加，即图1-241a = 图b + 图c。由于图1-241b中所有结点的位移均为零，故图1-241a和图1-241c两种情况的结点位移相同。这说明图1-241c中的结点荷载为原非结点荷载的等效结点荷载。此外，由等效结点荷载引起的支座反力就是原荷载作用下的支座反力，因在添加附加固定支座约束的图1-241b情况中，原支座不受力
3	结构的等效结点荷载向量和结点力向量	结构的等效结点荷载就是由各单元的等效结点荷载集成的，只要利用单元定位向量就可将各单元的等效结点荷载向量集成为结构的等效结点荷载向量 在局部坐标系中，单元的等效结点力$\{\overline{F}_{\mathrm{e}}\}^{(e)}$与固端力$\{\overline{F}_{\mathrm{f}}\}^{(e)}$的关系为 $$\{\overline{F}_{\mathrm{e}}\}^{(e)}=-\{\overline{F}_{\mathrm{f}}\}^{(e)} \qquad (1\text{-}210)$$ 利用坐标转换可得整体坐标中单元的等效结点力为 $$\{F_{\mathrm{e}}\}^{(e)}=[T]^{\mathrm{T}}\{\overline{F}_{\mathrm{e}}\}^{(e)}=-[T]^{\mathrm{T}}\{\overline{F}_{\mathrm{f}}\}^{(e)} \qquad (1\text{-}211)$$ 式中，$[T]^{\mathrm{T}}$为单元坐标转换矩阵的转置矩阵。若单元的局部坐标系与结构的整体坐标系一致，则单元坐标转换及其转置矩阵均为单元矩阵，即不需进行坐标转换 于是，在整体坐标系中图1-241a各单元的等效结点力为

续表 1-44

<table>
<tr><th>序号</th><th>项　目</th><th>内　容</th></tr>
<tr><td>3</td><td>结构的等效结点荷载向量和结点力向量</td><td>

$$\{F_e\}^{(1)} = -[T]^{T}\{\overline{F}_f\}^{(1)} = -\begin{bmatrix} 0 & -1 & 0 & & & \\ 1 & 0 & 0 & & [0] & \\ 0 & 0 & 1 & & & \\ & & & 0 & -1 & 0 \\ & [0] & & 1 & 0 & 0 \\ & & & 0 & 0 & 1 \end{bmatrix}\begin{Bmatrix} 0 \\ \frac{ql_1}{2} \\ \frac{ql_1^2}{12} \\ 0 \\ \frac{ql_1}{2} \\ -\frac{ql_1^2}{12} \end{Bmatrix} = \begin{Bmatrix} \frac{ql_1}{2} \\ 0 \\ -\frac{ql_1^2}{12} \\ \frac{ql_1}{2} \\ 0 \\ \frac{ql_1^2}{12} \end{Bmatrix}\begin{matrix} \text{整体码}\downarrow \\ 1 \\ 2 \\ 3 \\ 4 \\ 5 \\ 6 \end{matrix}$$

和

$$\{F_e\}^{(2)} = \{\overline{F}_e\}^{(2)} = -\{\overline{F}_f\}^{(2)} = -\begin{Bmatrix} 0 \\ \frac{P}{2} \\ \frac{Pl_2}{8} \\ 0 \\ \frac{P}{2} \\ -\frac{Pl_2}{8} \end{Bmatrix} = \begin{Bmatrix} 0 \\ -\frac{P}{2} \\ -\frac{Pl_2}{8} \\ 0 \\ -\frac{P}{2} \\ \frac{Pl_2}{8} \end{Bmatrix}\begin{matrix} \text{整体码}\downarrow \\ 1 \\ 2 \\ 3 \\ 4 \\ 5 \\ 6 \end{matrix}$$

以上各单元的等效结点荷载向量右侧所列的各数为相应的单元定位向量的元素。利用单元定位向量，依次将各单元等效结点和荷载向量 $\{F_e\}^{(e)}$ 中的分量在结构的等效结点荷载向量 $\{F_e\}$ 中进行定位并叠加，可得

整体码→1　2　3　4　5　6　7　8　9

$$\{F_e\} = \left[\frac{ql_1}{2} \quad 0 \quad -\frac{ql_1^2}{12} \quad \frac{ql_1}{2} \quad -\frac{P}{2} \quad \frac{ql_1^2}{12}-\frac{Pl_2}{8} \quad 0 \quad -\frac{P}{2} \quad \frac{Pl_2}{8}\right]^{T}$$

</td></tr>
<tr><td>4</td><td>综合结点荷载</td><td>

若除了非结点荷载的等效结点荷载 $\{F_e\}$ 外，还有原来直接作用在结点上的荷载 $\{F_d\}$，则结构总的结点荷载向量为

$$\{F_c\} = \{F_e\} + \{F_d\} \tag{1-212}$$

式中　$\{F_c\}$——综合结点荷载向量
$\{F_e\}$——等效结点荷载向量
$\{F_d\}$——直接结点荷载向量

在分析中，可用综合结点荷载来代替原来荷载进行计算。在先处理法中，结构的结点力向量等于综合结点荷载向量；而在后处理法中，结构的结点力向量等于综合结点荷载向量与结构反力向量之和

在存在非结点荷载的情况下，综合结点荷载作用引起的单元杆端力并不等于原荷载作用引起的单元杆端力，必须把综合结点荷载作用下的各单元杆端力与相应的单元固端力相叠加，才能得到原结构在实际荷载作用下的单元杆端力，即

$$\{\overline{F}\}^{(e)} = [\overline{k}]^{(e)}\{\overline{\delta}\}^{(e)} + \{\overline{F}_f\}^{(e)} \tag{1-213}$$

</td></tr>
</table>

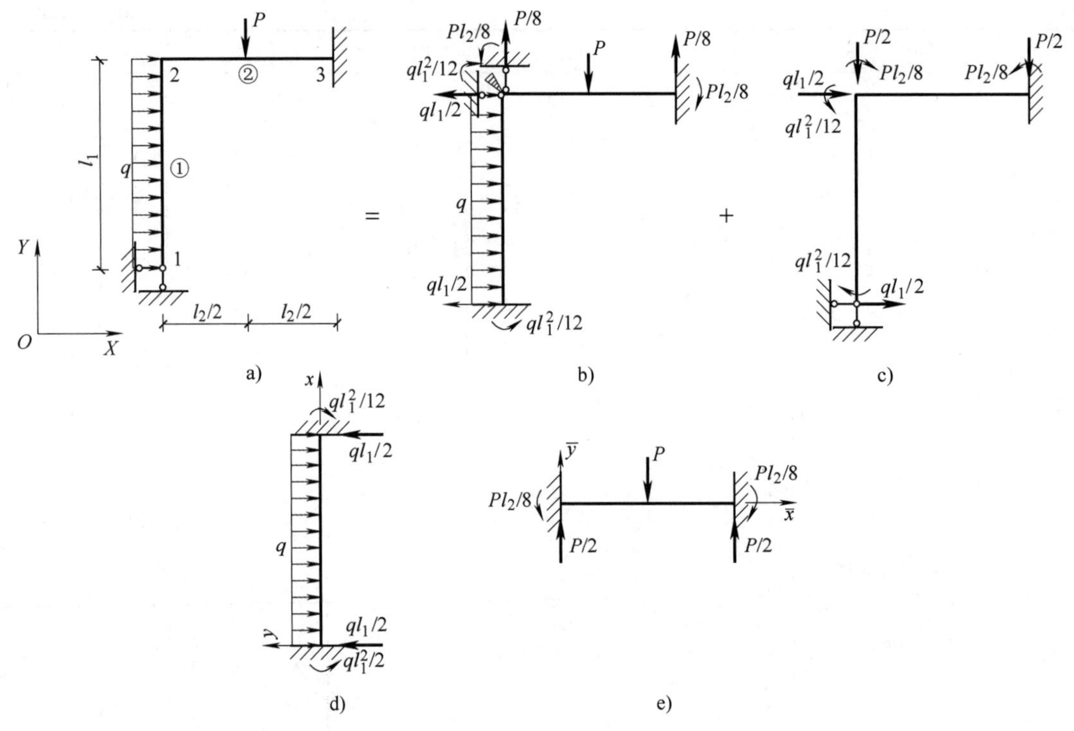

图1-241 荷载等效转换示意

1.13.7 矩阵位移法的先处理法

矩阵位移法的先处理法见表1-45。

表1-45 矩阵位移法的先处理法

序号	项 目	内 容
1	说明	矩阵位移法的先处理法的基本思想与前面介绍的后处理法并无本质区别。先处理法也是根据结点的平衡条件和位移协调条件建立结构的总刚度方程，同样可以用“对号入座”的方法形成总刚度矩阵。两种方法的主要区别在于，所取的结点位移基本未知量和引入边界条件所选择时期的先后不同
2	先处理法与后处理法的比较	(1) 从基本未知量看。先处理法只将未知的结点位移分量作为结构的基本未知量，而已知的结点位移分量(零位移和非零位移)均不作为基本未知量 后处理法是将结构的所有结点位移分量(已知的和未知的)均作为结构的基本未知量。因此，对于同一结构，先处理法的未知量数目恒少于后处理法 (2) 从两种方法所采用的单元看。用先处理法进行结构分析时，通常是既用到有约束单元，又用到自由单元(但也可能不用)。由于有约束单元随约束情况的不同而不同，因此这种单元类型繁多 后处理法进行结构分析时，只采用自由单元，而自由单元类型较单一。例如，只要利用一般单元和(或)轴力单元就可以分析任何杆系结构 (3) 从占用的计算机存储单元看。在用电算进行结构分析时，总刚度矩阵所采用的存储单元的数量随着矩阵阶数的不断升高而急剧增大。若边界的已知结点位移数目越多，两种方法的总刚度矩阵阶数的差值就越大，因此采用先处理法所能节省的存储量也越大。如何节省存储单元，是电算时必须注意的一个重要问题 (4) 从结点位移的求解过程看。按先处理法建立的结构刚度方程，既满足平衡条件和结构内部的变形协调条件，又满足支座结点处的位移边界条件。因此，只要结构为几何不变体系，结构刚度

续表 1-45

序号	项　　目	内　　容
2	先处理法与后处理法的比较	矩阵就是非奇异的。此时，结构的总刚度方程可以直接求解 由于后处理法建立的是自由结构的总刚度方程，其刚度矩阵是奇异的，必须引入边界条件对结构的原始刚度方程进行修改，消除结构的刚体位移后才可求解 由以上比较可知，先处理法和后处理法各有优缺点。先处理法所需的计算机存储单元比后处理法少，但后处理法所采用的单元种类比较单一。因此，后处理法便于编制计算程序，而且应用也比较方便 下面通过计算例题说明矩阵位移法的先处理法计算杆系结构的全过程

1.13.8　矩阵位移法计算例题

［例题 1-102］　试对图 1-242a 所示的结构，写出以各单元整体坐标系中单元刚度矩阵元素表示的结构原始刚度矩阵和结果刚度矩阵。

［解］

（1）对结构的结点、结点位移分量和单元进行编号

在进行结点和结点位移分量编号时，应考虑到铰 B 所连接的两根杆件(非二力杆)在该铰点处的杆端角位移是两个独立的位移分量。因此，铰 B 两侧的杆端应编上不同的结点号，而其角位移也应编上不同的位移分量号，如图 1-242a 所示。图中，在单元上沿其轴向标出的箭头指向为单元局部坐标系 $\bar{x}$ 轴的正向；而图 1-242b 中单元两端的 6 个编码为整体坐标系中单元的杆端力和杆端位移分量对应的局部码。

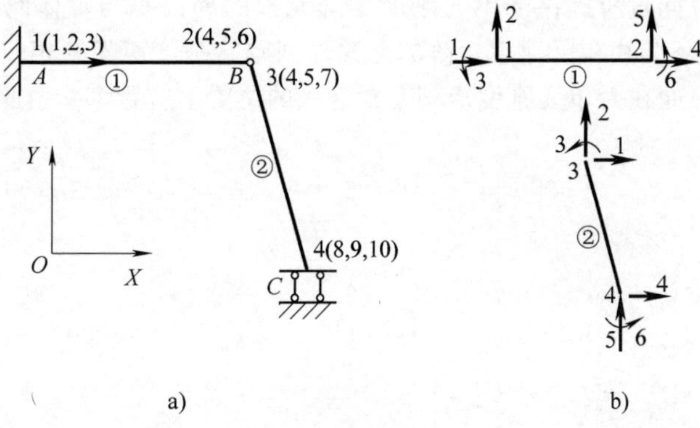

图 1-242　［例题 1-102］计算例题

在整体坐标系中，各单元的刚度矩阵可表示为

$$
\begin{array}{cccccccc}
1 & 2 & 3 & 4 & 5 & 6 & \leftarrow & \text{整体码} \\
1 & 2 & 3 & 4 & 5 & 6 & \leftarrow\text{局部码} & \downarrow \\
 & & & & & & \downarrow &
\end{array}
$$

$$
[k]^{(1)}=\begin{bmatrix}
k_{11} & k_{12} & k_{13} & k_{14} & k_{15} & k_{16} \\
k_{21} & k_{22} & k_{23} & k_{24} & k_{25} & k_{26} \\
k_{31} & k_{32} & k_{33} & k_{34} & k_{35} & k_{36} \\
k_{41} & k_{42} & k_{43} & k_{44} & k_{45} & k_{46} \\
k_{51} & k_{52} & k_{53} & k_{54} & k_{55} & k_{56} \\
k_{61} & k_{62} & k_{63} & k_{64} & k_{65} & k_{66}
\end{bmatrix}^{(1)}
\begin{array}{cc}
1 & 1 \\ 2 & 2 \\ 3 & 3 \\ 4 & 4 \\ 5 & 5 \\ 6 & 6
\end{array}
$$

$$
\begin{matrix}
 & 4 & 5 & 7 & 8 & 9 & 10 & \leftarrow \text{整体码} \\
 & 1 & 2 & 3 & 4 & 5 & 6 & \leftarrow \text{局部码}\ \downarrow \\
\end{matrix}
$$

$$
[k]^{(2)}=\begin{bmatrix}
k_{11} & k_{12} & k_{13} & k_{14} & k_{15} & k_{16} \\
k_{21} & k_{22} & k_{23} & k_{24} & k_{25} & k_{26} \\
k_{31} & k_{32} & k_{33} & k_{34} & k_{35} & k_{36} \\
k_{41} & k_{42} & k_{43} & k_{44} & k_{45} & k_{46} \\
k_{51} & k_{52} & k_{53} & k_{54} & k_{55} & k_{56} \\
k_{61} & k_{62} & k_{63} & k_{64} & k_{65} & k_{66}
\end{bmatrix}^{(2)}
\begin{matrix} 1 & 4 \\ 2 & 5 \\ 3 & 7 \\ 4 & 8 \\ 5 & 9 \\ 6 & 10 \end{matrix}
$$

式中，整体坐标系中单元刚度矩阵的元素 $k_{ij}^{(e)}$ 的下标 i、j 采用的是局部码。

若根据单元定位向量，将整体坐标系中各单元刚度矩阵的元素 $k_{ij}^{(e)}$ 的局部码下标改为整体码下标，则对任何结构均可用统一的公式描述总刚度矩阵任一元素 K_{ij} 与单元刚度矩阵元素 $k_{ij}^{(e)}$ 的关系，即

$$K_{ij}=\sum^{s} k_{ij}^{(e)}$$

式中 s——位移分量所在结点的相关单元总数；

(e)——相关单元的单元号。

上式表明，用直接刚度法形成总刚度矩阵时，整体坐标系中不同单元刚度矩阵元素若其整体码下标完全相同，则应叠加。

（2）结构原始刚度矩阵

根据各单元的定位向量所提供的单元刚度矩阵元素的局部码与整体码之间的对应关系，按“对号入座”的方法将各自由单元刚度矩阵的元素送到原始刚度矩阵的相应位置上，送到同一位置上的元素应相累加，而在无单元刚度矩阵元素送入的位置上应置零。由此可得结构的原始刚度矩阵为

$$
\begin{matrix} 1 & 2 & 3 & 4 & 5 & 6 & 7 & 8 & 9 & 10 \leftarrow \text{整体码} \end{matrix}
$$

$$
[K]_{o}=\begin{bmatrix}
k_{11}^{(1)} & k_{12}^{(1)} & k_{13}^{(1)} & k_{14}^{(1)} & k_{15}^{(1)} & k_{16}^{(1)} & & & & \\
k_{21}^{(1)} & k_{22}^{(1)} & k_{23}^{(1)} & k_{24}^{(1)} & k_{25}^{(1)} & k_{26}^{(1)} & & [0] & & \\
k_{31}^{(1)} & k_{32}^{(1)} & k_{33}^{(1)} & k_{34}^{(1)} & k_{35}^{(1)} & k_{36}^{(1)} & & & & \\
k_{41}^{(1)} & k_{42}^{(1)} & k_{43}^{(1)} & k_{44}^{(1)}+k_{11}^{(2)} & k_{45}^{(1)}+k_{12}^{(2)} & k_{46}^{(1)} & k_{13}^{(2)} & k_{14}^{(2)} & k_{15}^{(2)} & k_{16}^{(2)} \\
k_{51}^{(1)} & k_{52}^{(1)} & k_{53}^{(1)} & k_{54}^{(1)}+k_{21}^{(2)} & k_{55}^{(1)}+k_{22}^{(2)} & k_{56}^{(1)} & k_{23}^{(2)} & k_{24}^{(2)} & k_{25}^{(2)} & k_{26}^{(2)} \\
k_{61}^{(1)} & k_{62}^{(1)} & k_{63}^{(1)} & k_{64}^{(1)} & k_{65}^{(1)} & k_{66}^{(1)} & 0 & 0 & 0 & 0 \\
 & & & k_{31}^{(2)} & k_{32}^{(2)} & 0 & k_{33}^{(2)} & k_{34}^{(2)} & k_{35}^{(2)} & k_{36}^{(2)} \\
 & [0] & & k_{41}^{(2)} & k_{42}^{(2)} & 0 & k_{43}^{(2)} & k_{44}^{(2)} & k_{45}^{(2)} & k_{46}^{(2)} \\
 & & & k_{51}^{(2)} & k_{52}^{(2)} & 0 & k_{53}^{(2)} & k_{54}^{(2)} & k_{55}^{(2)} & k_{56}^{(2)} \\
 & & & k_{61}^{(2)} & k_{62}^{(2)} & 0 & k_{63}^{(2)} & k_{64}^{(2)} & k_{65}^{(2)} & k_{66}^{(2)}
\end{bmatrix}
\begin{matrix} 1 \\ 2 \\ 3 \\ 4 \\ 5 \\ 6 \\ 7 \\ 8 \\ 9 \\ 10 \end{matrix}
$$

根据支座位移条件 $\delta_1=\delta_2=\delta_3=\delta_9=\delta_{10}=0$，划去原始刚度矩阵 $[K]_{o}$ 中的第1、2、3、9、10行和列可得结构刚度矩阵，即

$$[K]=\begin{bmatrix} k_{44}^{(1)}+k_{11}^{(2)} & k_{45}^{(1)}+k_{12}^{(2)} & k_{46}^{(1)} & k_{13}^{(2)} & k_{14}^{(2)} \\ k_{54}^{(1)}+k_{21}^{(2)} & k_{55}^{(1)}+k_{22}^{(2)} & k_{56}^{(1)} & k_{23}^{(2)} & k_{24}^{(2)} \\ k_{64}^{(1)} & k_{65}^{(1)} & k_{66}^{(1)} & 0 & 0 \\ k_{31}^{(2)} & k_{32}^{(2)} & 0 & k_{33}^{(2)} & k_{34}^{(2)} \\ k_{41}^{(2)} & k_{42}^{(2)} & 0 & k_{43}^{(2)} & k_{44}^{(2)} \end{bmatrix}$$

[例题 1-103]　用矩阵位移法的后处理法计算如图 1-243a 所示桁架杆件的内力和支座反力。设各杆 EA = 常数。

[解]

(1) 对结构的结点、结点位移分量和单元进行编号

建立结构的整体坐标系 OXY，如图1-243b所示。各单元局部坐标系的选取注明在表 1-46 的第二列中，其中 i 表示局部坐标系的原点，$i \to j$ 表示 $\bar{x}$ 轴的正向。表 1-46 列出了各单元的基本数据。

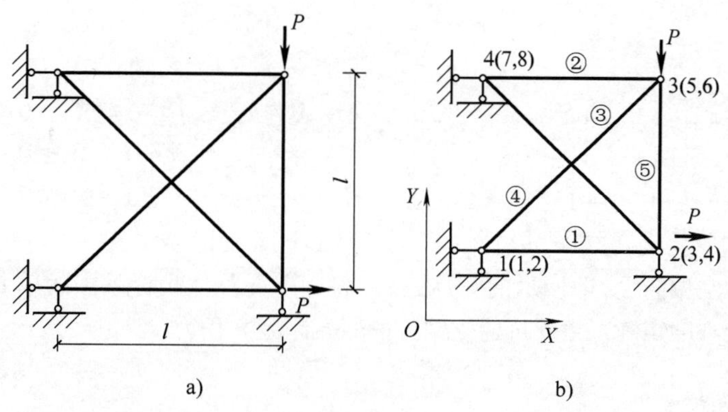

图 1-243　[例题 1-103]计算简图

表 1-46　基本数据

单　　元	单元坐标系轴 $i \to j$	杆　　长	$\sin\theta$	$\cos\theta$
①	1→2	l	0	1
②	4→3	l	0	1
③	1→3	$\sqrt{2}l$	$\frac{\sqrt{2}}{2}$	$\frac{\sqrt{2}}{2}$
④	2→4	$\sqrt{2}l$	$\frac{\sqrt{2}}{2}$	$-\frac{\sqrt{2}}{2}$
⑤	2→3	l	1	0

(2) 建立结点位移向量和结点力向量

$$\{\delta\}_o=[\delta_1 \quad \delta_2 \quad \delta_3 \quad \delta_4 \quad \delta_5 \quad \delta_6 \quad \delta_7 \quad \delta_8]^T$$

$$\{F\}_o=[F_{R1} \quad F_{R2} \quad P \quad F_{R4} \quad 0 \quad -P \quad F_{R7} \quad F_{R8}]^T$$

式中，F_{Ri}为与位移编码 i 对应的支座约束的反力分量；$\delta_1=\delta_2=\delta_4=\delta_7=\delta_8=0$。

(3) 建立整体坐标系中的单元刚度矩阵

利用式(1-186)和表 1-46，可算得各单元的刚度矩阵，即

$$
\begin{array}{cccc}
1 & 2 & 3 & 4\leftarrow \text{整体码}
\end{array}
$$

$$
[k]^{(1)} = \frac{EA}{l}\begin{bmatrix} 1 & 0 & -1 & 0 \\ 0 & 0 & 0 & 0 \\ -1 & 0 & 1 & 0 \\ 0 & 0 & 0 & 0 \end{bmatrix}\begin{matrix} 1 \\ 2 \\ 0 \\ 0 \end{matrix}
$$

$$
\begin{array}{cccc}
7 & 8 & 5 & 6\leftarrow \text{整体码}
\end{array}
$$

$$
[k]^{(2)} = \frac{EA}{l}\begin{bmatrix} 1 & 0 & -1 & 0 \\ 0 & 0 & 0 & 0 \\ -1 & 0 & 1 & 0 \\ 0 & 0 & 0 & 0 \end{bmatrix}\begin{matrix} 7 \\ 8 \\ 5 \\ 6 \end{matrix}
$$

$$
\begin{array}{cccc}
1 & 2 & 5 & 6\leftarrow \text{整体码}
\end{array}
$$

$$
[k]^{(3)} = \frac{0.354EA}{l}\begin{bmatrix} 1 & 1 & -1 & -1 \\ 1 & 1 & -1 & -1 \\ -1 & -1 & 1 & 1 \\ -1 & -1 & 1 & 1 \end{bmatrix}\begin{matrix} 1 \\ 2 \\ 5 \\ 6 \end{matrix}
$$

$$
\begin{array}{cccc}
3 & 4 & 7 & 8\leftarrow \text{整体码}
\end{array}
$$

$$
[k]^{(4)} = \frac{0.354EA}{l}\begin{bmatrix} 1 & -1 & -1 & 1 \\ -1 & 1 & 1 & -1 \\ -1 & 1 & 1 & -1 \\ 1 & -1 & -1 & 1 \end{bmatrix}\begin{matrix} 3 \\ 4 \\ 7 \\ 8 \end{matrix}
$$

$$
\begin{array}{cccc}
3 & 4 & 5 & 6\leftarrow \text{整体码}
\end{array}
$$

$$
[k]^{(5)} = \frac{EA}{l}\begin{bmatrix} 0 & 0 & 0 & 0 \\ 0 & 1 & 0 & -1 \\ 0 & 0 & 0 & 0 \\ 0 & -1 & 0 & 1 \end{bmatrix}\begin{matrix} 3 \\ 4 \\ 5 \\ 6 \end{matrix}
$$

(4) 建立结构原始刚度方程

根据各单元的定位向量(即所示的整体码)，将各单元整体坐标系中的单元刚度矩阵的元素对号入座形成原始刚度矩阵，由此可建立结构的原始刚度方程为

$$
\begin{array}{cccccccc}
1 & 2 & 3 & 4 & 5 & 6 & 7 & 8\leftarrow \text{整体码}
\end{array}
$$

$$
\frac{EA}{l}\begin{bmatrix}
1.354 & 0.354 & -1 & 0 & -0.354 & -0.354 & 0 & 0 \\
0.354 & 0.354 & 0 & 0 & -0.354 & -0.354 & 0 & 0 \\
-1 & 0 & 1.354 & -0.354 & 0 & 0 & -0.354 & 0.354 \\
0 & 0 & -0.354 & 1.354 & 0 & -1 & 0.354 & -0.354 \\
 & & 0 & 0 & 1.354 & 0.354 & -1 & 0 \\
 & & 0 & -1 & 0.354 & 1.354 & 0 & 0 \\
0 & 0 & -0.354 & 0.354 & -1 & 0 & 1.354 & -0.354 \\
0 & 0 & 0.354 & -0.354 & 0 & 0 & -0.354 & 0.354
\end{bmatrix}\begin{Bmatrix} \delta_1 \\ \delta_2 \\ \delta_3 \\ \delta_4 \\ \delta_5 \\ \delta_6 \\ \delta_7 \\ \delta_8 \end{Bmatrix} = \begin{Bmatrix} F_{R1} \\ F_{R2} \\ P \\ F_{R4} \\ 0 \\ -P \\ F_{R7} \\ F_{R8} \end{Bmatrix} \tag{a}
$$

(5) 修改结构原始刚度方程并计算自由结点位移

根据支座位移边界条件

$$
[\delta_1 \quad \delta_2 \quad \delta_4 \quad \delta_7 \quad \delta_8]^{\mathrm{T}} = [0 \quad 0 \quad 0 \quad 0 \quad 0]^{\mathrm{T}}
$$

将式(a)中的第 1、2、4、7、8 行和相应的列划去，即得结构刚度方程为

$$
\frac{EA}{l}\begin{bmatrix} 1.354 & 0 & 0 \\ 0 & 1.354 & 0.354 \\ 0 & 0.354 & 1.354 \end{bmatrix}\begin{Bmatrix} \delta_3 \\ \delta_5 \\ \delta_6 \end{Bmatrix} = \begin{Bmatrix} P \\ 0 \\ -P \end{Bmatrix} \tag{b}
$$

解结构刚度方程，即式(b)可得自由结点位移为

$$\begin{Bmatrix} \delta_3 \\ \delta_5 \\ \delta_6 \end{Bmatrix} = \frac{Pl}{EA} \begin{Bmatrix} 0.7386 \\ 0.2073 \\ -0.7927 \end{Bmatrix}$$

（6）计算杆端力

以单元③为例，该单元按整体坐标系的杆端力和杆端位移分别为

$$\{F\}^{(3)} = [k]^{(3)}\{\delta\}^{(3)},\ \{\delta\}^{(3)} = [\delta_1 \quad \delta_2 \quad \delta_5 \quad \delta_6]^{\mathrm{T}}$$

于是

$$\{F\}^{(3)} = \begin{Bmatrix} F_1 \\ F_2 \\ F_3 \\ F_4 \end{Bmatrix}^{(3)} = \frac{0.354EA}{l} \begin{bmatrix} 1 & -1 & -1 & 1 \\ -1 & 1 & 1 & -1 \\ -1 & 1 & 1 & -1 \\ 1 & -1 & -1 & 1 \end{bmatrix} \times \frac{Pl}{EA} \begin{Bmatrix} 0 \\ 0 \\ 0.2073 \\ -0.7927 \end{Bmatrix} = P \begin{Bmatrix} 0.2072 \\ 0.2072 \\ -0.2072 \\ -0.2072 \end{Bmatrix}$$

单元局部坐标系中的杆端力可利用式(1-180)求得，即

$$\{\overline{F}\}^{(3)} = \begin{Bmatrix} \overline{F}_1 \\ \overline{F}_2 \end{Bmatrix}^{(3)} = [T_{\mathrm{a}}]\{F\}^{(3)} = \begin{bmatrix} \frac{\sqrt{2}}{2} & \frac{\sqrt{2}}{2} & 0 & 0 \\ 0 & 0 & \frac{\sqrt{2}}{2} & \frac{\sqrt{2}}{2} \end{bmatrix} \times P \begin{Bmatrix} 0.2072 \\ 0.2072 \\ -0.2072 \\ -0.2072 \end{Bmatrix} = P \begin{Bmatrix} 0.2930 \\ -0.2930 \end{Bmatrix}$$

对于其余单元，也可以根据上述方法求得其局部坐标系中的杆端力，即

$$\begin{Bmatrix} \overline{F}_1 \\ \overline{F}_2 \end{Bmatrix}^{(1)} = P \begin{Bmatrix} -0.7386 \\ 0.7386 \end{Bmatrix},\ \begin{Bmatrix} \overline{F}_1 \\ \overline{F}_2 \end{Bmatrix}^{(2)} = P \begin{Bmatrix} -0.2073 \\ 0.2073 \end{Bmatrix},$$

$$\begin{Bmatrix} \overline{F}_1 \\ \overline{F}_2 \end{Bmatrix}^{(4)} = P \begin{Bmatrix} -0.3698 \\ 0.3698 \end{Bmatrix},\ \begin{Bmatrix} \overline{F}_1 \\ \overline{F}_2 \end{Bmatrix}^{(5)} = P \begin{Bmatrix} -0.7927 \\ 0.7927 \end{Bmatrix}$$

根据上述各单元的杆端力向量及矩阵位移法中杆端力的正、负号规定，可得各单元的轴力为

$$N_1 = 0.7386P,\ N_2 = 0.2073P,\ N_3 = -0.2930P$$

$$N_4 = 0.3698P,\ N_5 = -0.7927P$$

（7）计算支座反力

根据式(a)并考虑位移边界条件 $\delta_1 = \delta_2 = \delta_4 = \delta_7 = \delta_8 = 0$，可得

$$\begin{Bmatrix} F_{\mathrm{R1}} \\ F_{\mathrm{R2}} \\ F_{\mathrm{R4}} \\ F_{\mathrm{R7}} \\ F_{\mathrm{R8}} \end{Bmatrix} = \frac{EA}{l} \begin{bmatrix} -1 & -0.354 & -0.354 \\ 0 & -0.354 & -0.354 \\ -0.354 & 0 & -1 \\ -0.354 & -1 & 0 \\ 0.354 & 0 & 0 \end{bmatrix} \times \frac{Pl}{EA} \begin{Bmatrix} 0.7386 \\ 0.2073 \\ -0.7927 \end{Bmatrix} = P \begin{Bmatrix} -0.5314 \\ 0.2072 \\ 0.5312 \\ -0.4688 \\ 0.2615 \end{Bmatrix}$$

上式中的矩阵是将结构原始刚度矩阵划去与零位移对应的第 1、2、4、7、8 列和与支座反力无关的第 3、5、6 行后得到的。

结构的支座反力应与作用于结构的总荷载平衡，现校核如下：

$$\sum F_{\mathrm{X}} = F_{\mathrm{R1}} + F_{\mathrm{R7}} + F_{\mathrm{R8}}$$
$$= -0.5314P - 0.4688P + P = -0.0002P \approx 0$$

$$\sum F_{\mathrm{Y}} = F_{\mathrm{R2}} + F_{\mathrm{R4}} + F_{\mathrm{R8}} - P$$
$$= 0.2072P + 0.5312P + 0.2615P - P = -0.0001P \approx 0$$

在结构计算中，总的竖向反力应与总的竖向荷载（包括自重、活载等）平衡；总的水平反力应

与总的水平荷载(例如作用于结构上的风荷载的水平分量)平衡。通用的结构分析软件，一般都具有计算支座反力及总反力的功能。利用这一功能，求出支座反力并与总荷载进行比较，则可对所作分析的正确性给予一个总体的判断。

［例题 1-104］ 试确定如图 1-244a 所示结构按矩阵位移法的先处理法和后处理法计算对结构的结点力向量。

［解］

为了便于比较，对于先处理法和后处理法，结构的结点采用一致的编号。结点、结点位移分量和单元的编号及选定的整体和局部的坐标系分别如图 1-244b、c 所示。由于结点 D 是刚架中的铰结点，故汇交于该结点的各杆端应采用不同的结点号，而相应的杆端角位移的编号也必须不同。

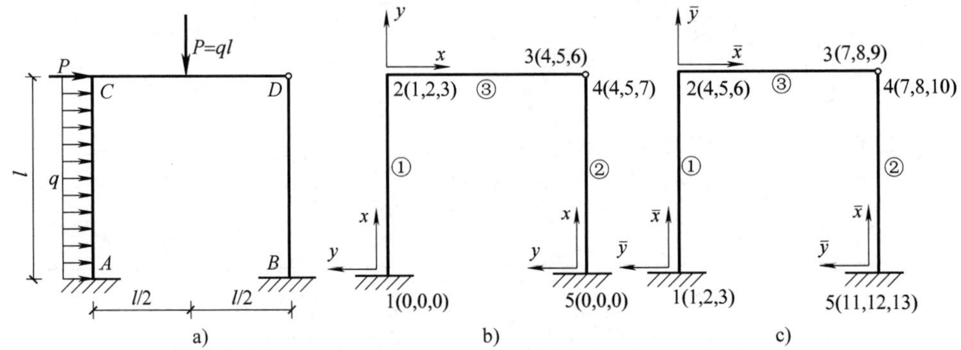

图 1-244 ［例题 1-104］计算简图

（1）求各单元在局部坐标系中的固端力

$$\{\overline{F}_{\mathrm{f}}\}^{(1)}=\begin{bmatrix}0 & \dfrac{ql}{2} & \dfrac{ql^2}{12} & 0 & \dfrac{ql}{2} & -\dfrac{ql^2}{12}\end{bmatrix}^{\mathrm{T}},\quad \{\overline{F}_{\mathrm{f}}\}^{(2)}=\{0\}$$

$$\{\overline{F}_{\mathrm{f}}\}^{(3)}=\begin{bmatrix}0 & \dfrac{P}{2} & \dfrac{Pl}{8} & 0 & \dfrac{P}{2} & -\dfrac{Pl}{8}\end{bmatrix}^{\mathrm{T}}$$

（2）计算各单元在整体坐标系中的等效结点荷载

整体坐标系的 x 轴与各单元的局部坐标系的 $\bar{x}$ 轴的夹角为 $\theta_1=\theta_2=90°$，$\theta_3=0$。根据式(1-211)计算，可得

$$\{F_{\mathrm{e}}\}^{(1)}=[T]^{\mathrm{T}}\{\overline{F}_{\mathrm{e}}\}^{(1)}=-[T]^{\mathrm{T}}\{\overline{F}_{\mathrm{f}}\}^{(1)}$$

$$=-\begin{bmatrix}0 & -1 & 0 & & & \\ 1 & 0 & 0 & & [0] & \\ 0 & 0 & 1 & & & \\ & & & 0 & -1 & 0 \\ & [0] & & 1 & 0 & 0 \\ & & & 0 & 0 & 1\end{bmatrix}\begin{Bmatrix}0 \\ \dfrac{ql}{2} \\ \dfrac{ql^2}{12} \\ 0 \\ \dfrac{ql}{2} \\ -\dfrac{ql^2}{12}\end{Bmatrix}=\begin{Bmatrix}\dfrac{ql}{2} \\ 0 \\ -\dfrac{ql^2}{12} \\ \dfrac{ql}{2} \\ 0 \\ \dfrac{ql^2}{12}\end{Bmatrix}\begin{matrix}\{\boldsymbol{\eta}\}^{(1)} & \{\boldsymbol{\eta}\}_{\mathrm{o}}^{(1)} \\ 0 & 1 \\ 0 & 2 \\ 0 & 3 \\ 1 & 4 \\ 2 & 5 \\ 3 & 6\end{matrix}$$

先处理法单元定位向量　后处理法单元定位向量

$$\{F_e\}^{(2)}=\{0\}\ \{F_e\}^{(3)}=\{\overline{F}_e\}^{(3)}=-\{\overline{F}_f\}^{(3)}=\begin{Bmatrix}0\\-\frac{P}{2}\\-\frac{Pl}{8}\\0\\-\frac{P}{2}\\\frac{Pl}{8}\end{Bmatrix}\begin{matrix}\{\eta\}^{(1)}&\{\eta\}_o^{(1)}\\1&4\\2&5\\3&6\\4&7\\5&8\\6&9\end{matrix}$$

式中，$\{\eta\}^{(e)}$和$\{\eta\}_o^{(e)}$分别为与先处理法和后处理法相对应的单元定位向量。

(3) 结构的等效结点荷载向量

利用单元定位向量，将各单元的等效结点荷载按对号入座方法集成为结构的等效结点荷载向量。

先处理法：

$$\begin{matrix}&1&2&3&4&5&6&7\\\{F_e\}=[&\frac{ql}{2}&-\frac{P}{2}&\frac{ql^2}{12}-\frac{Pl}{8}&0&-\frac{P}{2}&\frac{Pl}{8}&0&]^T\end{matrix}$$

后处理法：

$$\begin{matrix}&1&2&3&4&5&6&7&8&9&10&11&12&13\\\{F_e\}_o=[&\frac{ql}{2}&0&-\frac{ql^2}{12}&\frac{ql}{2}&-\frac{P}{2}&\frac{ql^2}{12}-\frac{Pl}{8}&0&-\frac{P}{2}&\frac{Pl}{8}&0&0&0&0&]^T\end{matrix}$$

(4) 结构的等效结点力向量

由上述结果并注意到$P=ql$，不难得到按先处理法与按后处理法计算时结构的结点力向量分别为

$$\begin{matrix}\text{整体码}\rightarrow&&1&2&3&4&5&6&7\\\{F\}=\{F_e\}+\{F_d\}=[&&\frac{3P}{2}&-\frac{P}{2}&-\frac{Pl}{24}&0&-\frac{P}{2}&\frac{Pl}{8}&0&]^T\end{matrix}$$

$$\{F\}_o=\{F_R\}+\{F_e\}_o+\{F_d\}$$

$$\begin{matrix}\text{整体码}\rightarrow&1&2&3&4&5&6&7&8&9&10&11&12&13\\\{F\}_o=[&F_{R1}+\frac{P}{2}&F_{R2}&F_{R3}-\frac{Pl}{12}&\frac{3P}{2}&-\frac{P}{2}&\frac{Pl}{24}&0&-\frac{P}{2}&\frac{Pl}{8}&0&F_{R11}&F_{R12}&F_{R13}&]^T\end{matrix}$$

式中，F_{Ri}为与结点位移码对应的支座约束反力向量。由于直接结点荷载向量$\{F_d\}$和支座反力向量$\{F_R\}$都比较简单，故未一一列出。

在确定单元等效结点荷载时，均应将单元两端视为固定。

在结构的结点和位移分量编码时，刚架中杆件之间的铰结点不能只编一个结点号，此铰结处各杆端角位移分量的编号也相应不同。

[例题1-105] 试用矩阵位移法的先处理法求如图1-245a所示的桁架各杆的轴力。

[解]

(1) 对各结点、结点位移分量和单元进行编号

建立结构整体坐标系和各单元的局部坐标系，如图1-245b所示。图中，各单元$\bar{x}$轴正向

用箭头标明。表1-47中列出了各单元的基本数据。

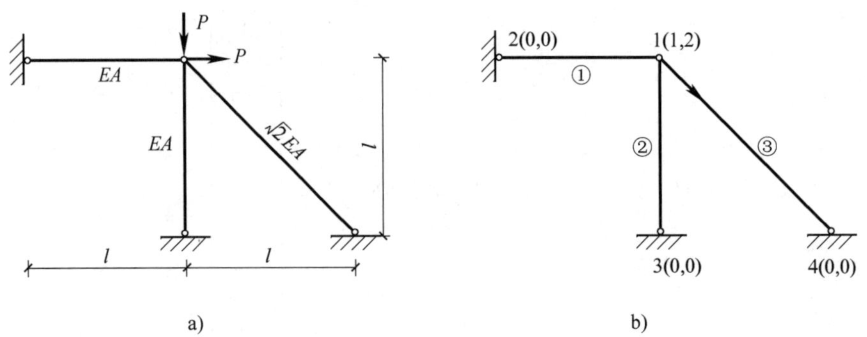

图1-245 [例题1-105]计算简图

表1-47 基本数据

单元	$i \to j$	刚度	杆长	$\sin\theta$	$\cos\theta$
①	$2 \to 1$	EA	l	0	1
②	$3 \to 1$	EA	l	1	0
③	$1 \to 4$	$\sqrt{2}EA$	$\sqrt{2}l$	$\frac{\sqrt{2}}{2}$	$\frac{\sqrt{2}}{2}$

(2) 结点位移向量和相应的结点力向量

$$\{\delta\} = \begin{Bmatrix} \delta_1 \\ \delta_2 \end{Bmatrix},\quad \{F\} = \begin{Bmatrix} P \\ P \end{Bmatrix}$$

(3) 建立整体坐标系中各单元的刚度矩阵

利用式(1-186)可得各单元的刚度矩阵分别为

$$\begin{matrix} 0 & 0 & 1 & 2 \leftarrow \text{整体码} \end{matrix}$$

$$[k]^{(1)} = \frac{EA}{l}\begin{bmatrix} 1 & 0 & -1 & 0 \\ 0 & 0 & 0 & 0 \\ -1 & 0 & 1 & 0 \\ 0 & 0 & 0 & 0 \end{bmatrix}\begin{matrix} 0 \\ 0 \\ 1 \\ 2 \end{matrix}$$

$$\begin{matrix} 0 & 0 & 1 & 2 \leftarrow \text{整体码} \end{matrix}$$

$$[k]^{(2)} = \frac{EA}{l}\begin{bmatrix} 0 & 0 & 0 & 0 \\ 0 & 1 & 0 & -1 \\ 0 & 0 & 0 & 0 \\ 0 & -1 & 0 & 1 \end{bmatrix}\begin{matrix} 0 \\ 0 \\ 1 \\ 2 \end{matrix}$$

$$\begin{matrix} 1 & 2 & 0 & 0 \leftarrow \text{整体码} \end{matrix}$$

$$[k]^{(3)} = \frac{EA}{l}\begin{bmatrix} 0.5 & -0.5 & -0.5 & 0.5 \\ -0.5 & 0.5 & 0.5 & -0.5 \\ -0.5 & 0.5 & 0.5 & -0.5 \\ 0.5 & -0.5 & -0.5 & 0.5 \end{bmatrix}\begin{matrix} 1 \\ 2 \\ 0 \\ 0 \end{matrix}$$

若仅是为了建立结构刚度方程或求出结点位移，则以上单元刚度矩阵中与零位移对应的行和列均可以删掉，只需应用有约束单元的刚度矩阵。

(4) 建立结构总刚度方程

利用单元的定位向量，将各单元刚度矩阵的元素按其整体码下标对号入座，可得结构总刚度方程为

$$\begin{matrix} & 1 & 2\leftarrow \text{整体码} \end{matrix}$$

$$\frac{EA}{l}\begin{bmatrix} 1.5 & -0.5 \\ -0.5 & 1.5 \end{bmatrix}\begin{Bmatrix} \delta_1 \\ \delta_2 \end{Bmatrix} = \begin{Bmatrix} P \\ -P \end{Bmatrix}$$

（5）求结点位移

解结构刚度方程，可得

$$\begin{Bmatrix} \delta_1 \\ \delta_2 \end{Bmatrix} = \frac{Pl}{EA}\begin{Bmatrix} 0.5 \\ -0.5 \end{Bmatrix}$$

（6）计算单元杆端力

以单元①为例，结构坐标系中的杆端力为

$$\{F\}^{(1)} = [k]^{(1)}\{\delta\}^{(1)} = \frac{EA}{l}\begin{bmatrix} 1 & 0 & -1 & 0 \\ 0 & 0 & 0 & 0 \\ -1 & 0 & 1 & 0 \\ 0 & 0 & 0 & 0 \end{bmatrix} \times \frac{Pl}{EA}\begin{Bmatrix} 0 \\ 0 \\ 0.5 \\ -0.5 \end{Bmatrix} = P\begin{Bmatrix} -0.5 \\ 0 \\ 0.5 \\ 0 \end{Bmatrix}$$

由式(1-180)，即$\{\overline{F}\}^{(1)} = [T_\theta]^{\mathrm{T}}\{F\}^{(e)}$，可求得局部坐标系中各单元的杆端力为

$$\{\overline{F}\}^{(1)} = \begin{Bmatrix} \overline{F}_1 \\ \overline{F}_2 \end{Bmatrix}^{(1)} = \begin{bmatrix} 1 & 0 & 0 & 0 \\ 0 & 0 & 1 & 0 \end{bmatrix} \times P\begin{Bmatrix} -0.5 \\ 0 \\ 0.5 \\ 0 \end{Bmatrix} = P\begin{Bmatrix} -0.5 \\ 0.5 \end{Bmatrix}$$

同理可得

$$\{\overline{F}\}^{(2)} = \begin{Bmatrix} \overline{F}_1 \\ \overline{F}_2 \end{Bmatrix}^{(2)} = P\begin{Bmatrix} 0.5 \\ -0.5 \end{Bmatrix},\quad \{\overline{F}\}^{(3)} = \begin{Bmatrix} \overline{F}_1 \\ \overline{F}_2 \end{Bmatrix}^{(3)} = \frac{\sqrt{2}}{2}P\begin{Bmatrix} 1 \\ -1 \end{Bmatrix},$$

根据矩阵位移法中杆端力的正负号规定，可得各单元轴力为

$$N_1 = 0.5P(\text{拉力}),\ N_2 = -0.5P(\text{压力}),\ N_3 = -0.7071P(\text{压力})$$

［例题 1-106］　试用矩阵位移法的先处理法计算如图 1-246a 所示连续梁的弯矩图，杆件 EI = 常数。

［解］

（1）对结构的结点、结点位移分量和单元进行编号

建立结构整体坐标系和单元局部坐标系，如图 1-246b 所示。图中，各单元的 $\bar{x}$ 轴正向用箭头标明。在先处理法中，结点位移分量需按结构的实际情况编号，即位移为已知的分量不编号或编号为零。此连续梁每个结点只可能有一个结点位移分量，即结点角位移。由于连续梁的特点，可使局部坐标系的方向取得与整体坐标系的方向一致，因此不需要坐标系转换。

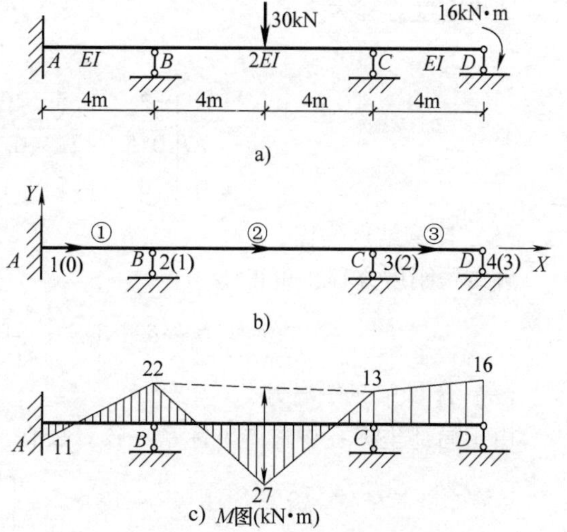

图 1-246　［例题 1-106］计算简图

（2）建立结点位移向量和相应的结点力向量

结构的结点位移向量为

$$\{\delta\}=[\delta_1 \quad \delta_2 \quad \delta_3]^{\mathrm{T}}$$

在建立结点力向量时，需先将非结点荷载化为等效结点荷载。各单元的固端力向量为

$$\{\overline{F}_{\mathrm{f}}\}^{(1)}=\{\overline{F}_{\mathrm{f}}\}^{(3)}=\{0\}，\{\overline{F}_{\mathrm{f}}\}^{(2)}=[30 \quad -30]^{\mathrm{T}}\mathrm{kN \cdot m}$$

整体坐标系中各单元的等效结点荷载向量为

$$\begin{array}{c} \qquad\qquad\qquad\qquad\qquad\qquad\qquad\qquad\qquad\qquad 1 \qquad 2 \leftarrow \text{整体码} \\ \{F_{\mathrm{e}}\}^{(1)}=\{F_{\mathrm{e}}\}^{(3)}=\{0\}，\{F_{\mathrm{e}}\}^{(2)}=\{F_{\mathrm{e}}\}^{(2)}=-\{\overline{F}_{\mathrm{f}}\}^{(2)}=[30 \quad -30]^{\mathrm{T}}\mathrm{kN \cdot m} \end{array}$$

利用单元定位向量,将各单元等效荷载集成为结构等效结点荷载向量,即

$$\begin{array}{c} \qquad\quad 1 \quad\ 2 \quad\ 3 \leftarrow \text{整体码} \\ \{F_{\mathrm{e}}\}=[-30 \quad 30 \quad 0]^{\mathrm{T}}\mathrm{kN \cdot m} \end{array}$$

在先处理法中，结点力向量等于综合结点荷载向量，即

$$\{F\}=\{F_{\mathrm{c}}\}=\{F_{\mathrm{e}}\}+\{F_{\mathrm{d}}\}=\begin{Bmatrix}-30\\30\\0\end{Bmatrix}+\begin{Bmatrix}0\\0\\-16\end{Bmatrix}=\begin{Bmatrix}-30\\30\\-16\end{Bmatrix}\mathrm{kN \cdot m}$$

(3) 建立整体坐标系中的单元刚度矩阵

在用先处理法计算该连续梁时，可将各单元视为简支梁式单元。根据式(1-188)可得各单元的刚度矩阵为

$$\begin{array}{cc} \begin{array}{c} \qquad\qquad\quad 0 \qquad 1 \leftarrow \text{整体码} \\ \qquad\qquad\qquad\qquad\quad \downarrow \\ [k]^{(1)}=EI\begin{bmatrix}1 & 0.5\\0.5 & 1\end{bmatrix}\begin{matrix}0\\1\end{matrix} \end{array} & \begin{array}{c} \qquad\qquad\quad 1 \qquad 2 \leftarrow \text{整体码} \\ \qquad\qquad\qquad\qquad\quad \downarrow \\ [k]^{(2)}=EI\begin{bmatrix}1 & 0.5\\0.5 & 1\end{bmatrix}\begin{matrix}1\\2\end{matrix} \end{array} \end{array}$$

$$\begin{array}{c} \qquad\qquad\quad 2 \qquad 3 \leftarrow \text{整体码} \\ \qquad\qquad\qquad\qquad\quad \downarrow \\ [k]^{(3)}=EI\begin{bmatrix}1 & 0.5\\0.5 & 1\end{bmatrix}\begin{matrix}2\\3\end{matrix} \end{array}$$

(4) 建立结构刚度方程

利用单元定位向量，将整体坐标系中的单元刚度矩阵对号入座集成结构刚度矩阵，于是得到结构刚度方程为

$$\begin{array}{c} \quad 1 \qquad 2 \qquad 3 \leftarrow \text{整体码} \\ EI\begin{bmatrix}2 & 0.5 & 0\\0.5 & 2 & 0.5\\0 & 0.5 & 1\end{bmatrix}\begin{Bmatrix}\delta_1\\\delta_2\\\delta_3\end{Bmatrix}=\begin{Bmatrix}-30\\30\\-16\end{Bmatrix} \end{array}$$

(5) 计算结点位移

解结构刚度方程，可得

$$[\delta_1 \quad \delta_2 \quad \delta_3]=\frac{1}{EI}[-22 \quad 28 \quad -30]$$

(6) 计算单元杆端力

由于局部坐标系与整体坐标系一致，故有

$$[\bar{k}]^{(e)}[k]^{(e)}，\{\bar{\delta}\}^{(1)}=\{\delta\}^{(1)}=\begin{Bmatrix}0\\\delta_1\end{Bmatrix}，\{\bar{\delta}\}^{(2)}=\begin{Bmatrix}\delta_1\\\delta_2\end{Bmatrix}，\{\bar{\delta}\}^{(3)}=\begin{Bmatrix}\delta_2\\\delta_3\end{Bmatrix}$$

利用式(1-213)，即

$$\{\overline{F}\}^{(e)} = [\overline{k}]^{(e)}\{\overline{\delta}\}^{(e)} + \{\overline{F}_f\}^{(e)}$$

可求得各单元的杆端力为

$$\{\overline{F}\}^{(1)} = \begin{Bmatrix} F_1 \\ F_2 \end{Bmatrix}^{(1)} = EI\begin{bmatrix} 1 & 0.5 \\ 0.5 & 1 \end{bmatrix} \times \frac{1}{EI}\begin{Bmatrix} 0 \\ -22 \end{Bmatrix} + \begin{Bmatrix} 0 \\ 0 \end{Bmatrix} = \begin{Bmatrix} -11 \\ -22 \end{Bmatrix}\text{kN}\cdot\text{m}$$

$$\{\overline{F}\}^{(2)} = \begin{Bmatrix} F_1 \\ F_2 \end{Bmatrix}^{(2)} = EI\begin{bmatrix} 1 & 0.5 \\ 0.5 & 1 \end{bmatrix} \times \frac{1}{EI}\begin{Bmatrix} -22 \\ 28 \end{Bmatrix} + \begin{Bmatrix} 30 \\ -30 \end{Bmatrix} = \begin{Bmatrix} 22 \\ -13 \end{Bmatrix}\text{kN}\cdot\text{m}$$

$$\{\overline{F}\}^{(3)} = \begin{Bmatrix} F_1 \\ F_2 \end{Bmatrix}^{(3)} = EI\begin{bmatrix} 1 & 0.5 \\ 0.5 & 1 \end{bmatrix} \times \frac{1}{EI}\begin{Bmatrix} 28 \\ -30 \end{Bmatrix} + \begin{Bmatrix} 0 \\ 0 \end{Bmatrix} = \begin{Bmatrix} 13 \\ -16 \end{Bmatrix}\text{kN}\cdot\text{m}$$

根据求出的各单元杆端力和矩阵位移法中的杆端力的正负号规定，可绘出结构的弯矩图，如图 1-246c 所示。

［例题 1-107］　试用矩阵位移法的先处理法计算如图 1-247a 所示的阶形截面梁，EI = 常数。

［解］

（1）对结构的结点、结点位移向量和单元进行编号

建立结构整体坐标系和单元局部坐标系，如图 1-247b 所示。图中，各单元的轴正向用箭头标明。由于局部坐标系方向与整体坐标系方向相同，因此在计算中不需坐标转换。考虑到各单元杆端均无轴向位移，而只有横向位移和角位移，故在结点位移分量编号时将 X 向位移剔除。单元杆端位移分量的局部码，如图 1-247c 所示。

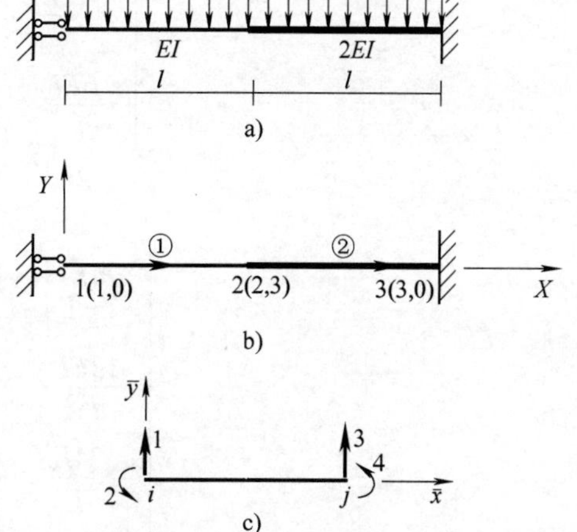

图 1-247　［例题 1-107］计算简图

（2）建立结点位移向量和相应的结点力向量

结构的结点位移向量为

$$\{\delta\} = [\delta_1 \quad \delta_2 \quad \delta_3]^{\mathrm{T}}$$

在非结点荷载作用情况下，建立结点力向量需依次确定单元的固端力和等效结点荷载。各单元的固端力向量为

$$\{\overline{F}_f\}^{(1)} = \begin{bmatrix} \frac{ql}{2} & \frac{ql^2}{12} & \frac{ql}{2} & -\frac{ql^2}{12} \end{bmatrix},\ \{\overline{F}_f\}^{(2)} = \begin{bmatrix} \frac{ql}{2} & \frac{ql^2}{12} & \frac{ql}{2} & -\frac{ql^2}{12} \end{bmatrix}$$

各单元的等效结点荷载向量为

$$\begin{matrix} & & 1 & 0 & 2 & 3\leftarrow\text{整体码} \end{matrix}$$

$$\{F_e\}^{(1)} = -[T]^{\mathrm{T}}\{\overline{F}\}^{(1)} = \begin{bmatrix} -\frac{ql}{2} & -\frac{ql^2}{12} & -\frac{ql}{2} & \frac{ql^2}{12} \end{bmatrix}^{\mathrm{T}}$$

$$\begin{matrix} & & 2 & 3 & 0 & 0\leftarrow\text{整体码} \end{matrix}$$

$$\{F_e\}^{(2)} = -[T]^{\mathrm{T}}\{\overline{F}\}^{(2)} = \begin{bmatrix} -\frac{ql}{2} & -\frac{ql^2}{12} & -\frac{ql}{2} & \frac{ql^2}{12} \end{bmatrix}^{\mathrm{T}}$$

由于两种坐标系方向一致，故式中转换矩阵为单位阵。利用单元定位向量，将单元等效结点荷载向量集成结构等效结点荷载向量，即

$$\begin{matrix} & 1 & 2 & 3\leftarrow \text{整体码} \end{matrix}$$

$$\{F\}=\{F_e\}=\begin{bmatrix} -\frac{ql}{2} & -ql & 0 \end{bmatrix}$$

（3）建立整体坐标系中的单元刚度矩阵

由于单元杆端的轴向位移为零，因此只要将一般单元的刚度矩阵，即式(1-163)或式(1-184)中的第1、4行和列删掉，就可得到各单元的刚度矩阵。这也是只考虑弯曲变形，而忽略轴向变形的平面弯曲单元的刚度矩阵。于是，单元刚度矩阵为

$$\begin{matrix} & 1 & 0 & 2 & 3\leftarrow \text{整体码} \end{matrix}$$

$$[k]^{(1)}=\begin{bmatrix} \frac{12EI}{l^3} & \frac{6EI}{l^2} & -\frac{12EI}{l^3} & \frac{6EI}{l^2} \\ \frac{6EI}{l^2} & \frac{4EI}{l} & -\frac{6EI}{l^2} & \frac{2EI}{l} \\ -\frac{12EI}{l^3} & -\frac{6EI}{l^2} & \frac{12EI}{l^3} & -\frac{6EI}{l^2} \\ \frac{6EI}{l^2} & \frac{2EI}{l} & -\frac{6EI}{l^2} & \frac{4EI}{l} \end{bmatrix}\begin{matrix} 1 \\ 0 \\ 2 \\ 3 \end{matrix}$$

$$\begin{matrix} & 2 & 3 & 0 & 0\leftarrow \text{整体码} \end{matrix}$$

$$[k]^{(2)}=\begin{bmatrix} \frac{24EI}{l^3} & \frac{12EI}{l^2} & -\frac{24EI}{l^3} & \frac{12EI}{l^2} \\ \frac{12EI}{l^2} & \frac{8EI}{l} & -\frac{12EI}{l^2} & \frac{4EI}{l} \\ -\frac{24EI}{l^3} & -\frac{12EI}{l^2} & \frac{24EI}{l^3} & -\frac{12EI}{l^2} \\ \frac{12EI}{l^2} & \frac{4EI}{l} & -\frac{12EI}{l^2} & \frac{8EI}{l} \end{bmatrix}\begin{matrix} 2 \\ 3 \\ 0 \\ 0 \end{matrix}$$

建立单元(忽略轴向变形,而只考虑弯曲变形的平面杆件单元)在局部坐标系中的单元刚度矩阵$[k]^{(e)}$与此处的$[k]^{(1)}$完全相同。

（4）建立结构刚度方程

利用单元定位向量，将单元刚度矩阵集成结构刚度矩阵，于是得结构刚度方程为

$$\begin{matrix} & 1 & 2 & 3\leftarrow \text{整体码} \end{matrix}$$

$$\begin{bmatrix} \frac{12EI}{l^3} & -\frac{12EI}{l^3} & \frac{6EI}{l^2} \\ -\frac{12EI}{l^3} & \frac{36EI}{l^3} & \frac{6EI}{l^2} \\ \frac{6EI}{l^2} & \frac{6EI}{l^2} & \frac{12EI}{l} \end{bmatrix}\begin{Bmatrix} \delta_1 \\ \delta_2 \\ \delta_3 \end{Bmatrix}=\begin{Bmatrix} -\frac{ql}{2} \\ -ql \\ 0 \end{Bmatrix}$$

（5）计算结点位移

解结构刚度方程，可得

$$\{\delta\}=\begin{bmatrix} -\frac{7ql^4}{16EI} & -\frac{11ql^4}{48EI} & \frac{ql^3}{3EI} \end{bmatrix}^{\mathrm{T}}$$

（6）计算单元杆端力

利用式(1-213)，即

$$\{\overline{F}\}^{(e)}=[\overline{k}]^{(e)}\{\overline{\delta}\}^{(e)}+\{\overline{F}_{f}\}^{(e)}$$

由于不需坐标转换，故局部与整体坐标系中的单元刚度矩阵及杆端位移向量相同，于是各单元的杆端力为

$$\{\overline{F}\}^{(1)}=\frac{EI}{l^3}\begin{bmatrix}12 & 6l & -12 & 6l\\ 6l & 4l^2 & -6l & 2l^2\\ -12 & -6l & 12 & -6l\\ 6l & 2l^2 & -6l & 4l^2\end{bmatrix}\times\frac{l^3}{EI}\begin{Bmatrix}-\frac{7}{16}ql\\ 0\\ -\frac{11}{48}ql\\ \frac{1}{3}ql\end{Bmatrix}+\begin{Bmatrix}\frac{1}{2}ql\\ \frac{1}{12}ql^2\\ \frac{1}{2}ql\\ -\frac{1}{12}ql^2\end{Bmatrix}=\begin{Bmatrix}0\\ -\frac{1}{2}ql^2\\ ql\\ 0\end{Bmatrix}$$

$$\{\overline{F}\}^{(2)}=\frac{2EI}{l^3}\begin{bmatrix}12 & 6l & -12 & 6l\\ 6l & 4l^2 & -6l & 2l^2\\ -12 & -6l & 12 & -6l\\ 6l & 2l^2 & -6l & 4l^2\end{bmatrix}\times\frac{l^3}{EI}\begin{Bmatrix}-\frac{11}{48}ql\\ \frac{1}{3}q\\ 0\\ 0\end{Bmatrix}+\begin{Bmatrix}\frac{1}{2}ql\\ \frac{1}{12}ql^2\\ \frac{1}{2}ql\\ -\frac{1}{12}ql^2\end{Bmatrix}=\begin{Bmatrix}-ql\\ 0\\ 2ql\\ -\frac{3}{2}ql^2\end{Bmatrix}$$

［例题1-108］　试用矩阵位移法的先处理法建立如图1-248a所示结构的总刚度方程。杆件EI、EA均为常数，受弯杆件不计轴向变形。

［解］

（1）对结构的结点、结点位移向量和单元进行编号

建立结构整体坐标系和单元局部坐标系，如图1-248b所示。图中，各单元的$\bar{x}$轴正向用箭头标明。

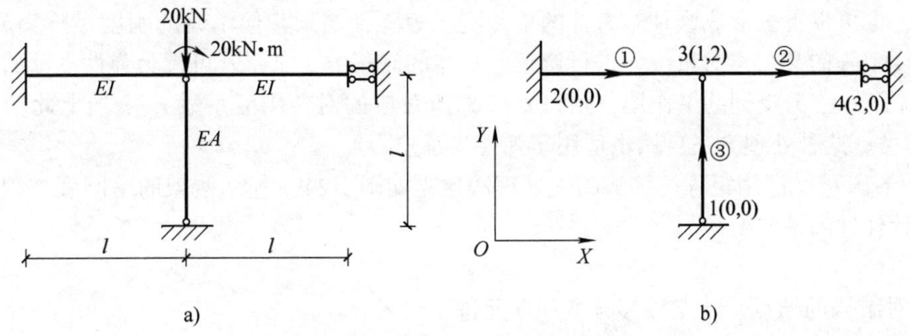

图1-248　［例题1-108］计算简图

（2）建立结点位移向量和相应结点力向量

$$\{\delta\}=[\delta_1\quad\delta_2\quad\delta_3]^{\mathrm{T}},\ \{F\}=[-20\quad-20\quad0]^{\mathrm{T}}$$

（3）建立整体坐标系中的单元刚度矩阵

在一般单元的刚度矩阵，即式(1-165)中删掉与零位移分量对应的行和列，可得

$$
\begin{array}{cc} 1 & 2\leftarrow \text{整体码} \\ & \downarrow \end{array}
$$

$$
[k]^{(1)}=\begin{bmatrix} \dfrac{12EI}{l^3} & -\dfrac{6EI}{l^2} \\ -\dfrac{6EI}{l^2} & \dfrac{4EI}{l} \end{bmatrix}\begin{matrix} 1 \\ \\ 2 \end{matrix}
$$

$$
\begin{array}{ccc} 1 & 2 & 3\leftarrow \text{整体码} \\ & & \downarrow \end{array}
$$

$$
[k]^{(2)}=\begin{bmatrix} \dfrac{12EI}{l^3} & \dfrac{6EI}{l^2} & -\dfrac{12EI}{l^3} \\ \dfrac{6EI}{l^2} & \dfrac{4EI}{l} & \dfrac{6EI}{l^2} \\ -\dfrac{12EI}{l^3} & -\dfrac{6EI}{l^2} & \dfrac{12EI}{l^3} \end{bmatrix}\begin{matrix} 1 \\ \\ 2 \\ \\ 3 \end{matrix}
$$

整体坐标系 X 轴与单元③的 $\bar{x}$ 轴的夹角 $\theta_3=\pi/2$，将之带入轴力单元的刚度矩阵，即式(1-186)，并删掉与零位移分量对应的第1、2、3行和列，可得

$$
\begin{array}{c} 1\leftarrow \text{整体码} \\ \downarrow \end{array}
$$

$$
[k]^{(3)}=\left[\frac{EA}{l}\right]\quad 1
$$

若仅是建立结构刚度方程，而不计算单元杆端力，则在建立单元刚度矩阵时，不必保留零位移分量所对应的行和列。

（4）建立结构总刚度方程

利用单元定位向量，将各单元刚度矩阵集成结构刚度矩阵，于是得到结构刚度方程为

$$
\begin{array}{ccc} 1 & 2 & 3\leftarrow \text{整体码} \end{array}
$$

$$
\begin{bmatrix} \dfrac{24EI}{l^3}+\dfrac{EA}{l} & 0 & -\dfrac{12EI}{l^3} \\ 0 & \dfrac{8EI}{l} & -\dfrac{6EI}{l^2} \\ -\dfrac{12EI}{l^3} & -\dfrac{6EI}{l^2} & \dfrac{12EI}{l^3} \end{bmatrix}\begin{Bmatrix} \delta_1 \\ \delta_2 \\ \delta_3 \end{Bmatrix}=\begin{Bmatrix} -20 \\ -10 \\ 0 \end{Bmatrix}
$$

由以上分析可知，当二力杆在结构中的作用相当于弹性支承时，若该杆与整体坐标系的某一坐标轴平行，则其刚度仅对总刚度矩阵的某个主对角线元素有影响。对于这种情况，在建立总刚度矩阵时，也可以不去形成这种二力杆的单元刚度矩阵，等到其他单元的刚度矩阵集成结束后，再对总刚度矩阵的某个主对角线元进行修正。具体的修正方法是，若可视为弹性支承的二力杆仅使第 i 个位移分量 δ_i 受到约束作用，则只要在 δ_i 所对应的对角刚度系数 K_{ii} 上加上此二力杆的刚度 EA/l 即可。这种处理方法自然也适用于弹性支承。

［例题 1-109］ 试用矩阵位移法的先处理法建立如图 1-249a 所示刚架的总刚度方程，$EI=$ 常数，且不计杆件的轴向变形。

［解］

（1）对结构的结点、结点位移分量和单元进行编号

建立结构整体坐标系和单元局部坐标系，如图 1-249b 所示。图中，$\bar{x}$ 轴的正向用箭头标明。

由于不计轴向变形，结点线位移的情况将发生变化。原来考虑轴向变形时独立的结点线位移，现在可能不再是独立的了，有的甚至等于零。因此结点位移分量需按结构的实际情况来编号。在现在情况下，结点2、3、4的水平位移相同，因此只能用同一编号；其竖向位移为零，故编为零。对于无斜柱而有侧移的刚架，将整体坐标系的 X 轴沿竖向取，则在计算中不需坐标转换。

（2）建立结点位移向量和相应的结点力向量

$$
\{\delta\}=[\delta_1\quad \delta_2\quad \delta_3\quad \delta_4],\ \{F\}=[P_1+P_2\quad 0\quad M\quad 0]
$$

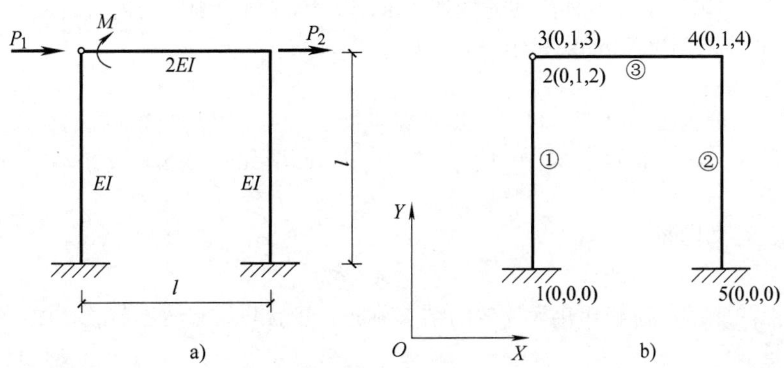

图 1-249　[例题 1-109] 计算简图

(3) 形成整体坐标系中各单元的刚度矩阵

单元①、②的局部坐标系方向与整体坐标系的方向一致，故不需进行坐标转换。利用式 (1-165) 删掉与零位移相应的第 1、2、3、4 行和列，可得单元刚度矩阵

$$[k]^{(1)}=\begin{bmatrix}\dfrac{12EI}{l^3} & -\dfrac{6EI}{l^2}\\ -\dfrac{6EI}{l^2} & \dfrac{4EI}{l}\end{bmatrix}\begin{matrix}1\\2\end{matrix}\qquad(\text{列整体码：}1,\ 2)$$

$$[k]^{(2)}=\begin{bmatrix}\dfrac{12EI}{l^3} & -\dfrac{6EI}{l^2}\\ -\dfrac{6EI}{l^2} & \dfrac{4EI}{l}\end{bmatrix}\begin{matrix}1\\4\end{matrix}\qquad(\text{列整体码：}1,\ 4)$$

在不计轴向变形时，与位移分量 Δ_1 的序号对应的总刚度方程中的第一个方程，实际上是表示柱顶截面的平衡条件 $\sum F_x=0$；而其余的方程则表示结点 2、3、4 的力矩平衡条件。由于不计轴向变形，这些平衡条件均与杆件的轴向刚度无关，而各位移分量又不需坐标转换，所以单元刚度矩阵可由一般单元局部坐标系中的刚度矩阵删掉与轴向变形有关的行和列及零位移对应的行和列得到。因此，单元③与简支梁式单元的刚度矩阵是一致的，且也不存在坐标转换问题。

$$[k]^{(3)}=\begin{bmatrix}\dfrac{8EI}{l} & \dfrac{4EI}{l}\\ \dfrac{4EI}{l} & \dfrac{8EI}{l}\end{bmatrix}\begin{matrix}2\\3\end{matrix}\qquad(\text{列整体码：}2,\ 3)$$

(4) 建立结构总刚度方程

利用单元定位向量，将各单元的刚度矩阵集成结构总刚度矩阵，于是得到结构总刚度方程为

$$\begin{bmatrix}\dfrac{24EI}{l^3} & -\dfrac{6EI}{l^2} & 0 & -\dfrac{6EI}{l^2}\\ -\dfrac{6EI}{l^2} & \dfrac{12EI}{l} & \dfrac{4EI}{l} & 0\\ 0 & \dfrac{4EI}{l} & \dfrac{8EI}{l} & 0\\ -\dfrac{6EI}{l^2} & 0 & 0 & \dfrac{4EI}{l}\end{bmatrix}\begin{Bmatrix}\delta_1\\ \delta_2\\ \delta_3\\ \delta_4\end{Bmatrix}=\begin{Bmatrix}P_1+P_2\\ 0\\ M\\ 0\end{Bmatrix}\qquad(\text{列整体码：}1,\ 2,\ 3,\ 4)$$

[例题 1-110] 试用矩阵位移法的先处理法求图 1-250a 所示刚架的内力。设各杆的弹性模量和截面尺寸相同，$E=210\text{kN/m}^2$，$A=0.4\text{m}^3$，$I=0.04\text{m}^4$。

[解]

(1) 将刚架划分为①、②两个单元，结点编号为 1、2、3，结点位移编码为 δ_1、δ_2、δ_3

结构坐标系为 Oxy，单元①取 $i\to1$、$j\to2$、$\theta_1=0$，单元②取 $i=2$、$j=3$、θ_2 如图 1-250b 所示。

(2) 结点位移列向量为

$$\bar{\delta}=[\delta_1 \quad \delta_2 \quad \delta_3]^{\mathrm{T}}$$

将单元①上的非结点荷载转化为等效的结点荷载，然后与原有结点荷载叠加，得相应的综合结点荷载列向量为

$$\bar{P}=\begin{Bmatrix}P_1\\P_2\\P_3\end{Bmatrix}=\begin{Bmatrix}0\\-45\\37.5\end{Bmatrix}+\begin{Bmatrix}50\\30\\20\end{Bmatrix}=\begin{Bmatrix}50\\-15\\57.5\end{Bmatrix}$$

(3) 建立整体坐标系下的单元刚度矩阵并换码

单元①，因 $\theta_1=0$，可求出$\vec{K}^{(1)}$，且$\vec{\lambda}^{(1)}=(0 \quad 0 \quad 0 \quad 1 \quad 2 \quad 3)^{\mathrm{T}}$，故得

$$\vec{K}^{(1)}=\bar{\bar{K}}^{(1)}=10^5\times\begin{array}{c}\begin{matrix}0 & 0 & 0 & 1 & 2 & 3\end{matrix}\\\begin{bmatrix}168 & 0 & 0 & -168 & 0 & 0\\0 & 8.06 & 20.16 & 0 & -8.06 & 20.16\\0 & 20.16 & 67.20 & 0 & -20.16 & 33.60\\-168 & 0 & 0 & 168 & 0 & 0\\0 & -8.06 & -20.16 & 0 & 8.06 & -20.16\\0 & 20.16 & 33.60 & 0 & -20.16 & 67.20\end{bmatrix}\end{array}\begin{matrix}0\\0\\0\\1\\2\\3\end{matrix}$$

单元② $\sin\theta_2=-\dfrac{2}{\sqrt{5}}=-0.894$，$\cos\theta_2=\dfrac{1}{\sqrt{5}}=0.447$

可求出$\vec{K}^{(2)}$，且$\vec{\lambda}^{(2)}=(1 \quad 2 \quad 3 \quad 0 \quad 0 \quad 0)^{\mathrm{T}}$，得

$$\vec{K}^{(2)}=10^5\times\begin{array}{c}\begin{matrix}1 & 2 & 3 & 0 & 0 & 0\end{matrix}\\\begin{bmatrix}34.67 & -57.79 & 14.43 & -34.67 & 57.79 & 14.43\\-57.79 & 121.36 & 7.21 & 57.79 & -121.36 & 7.21\\14.43 & 7.21 & 60.11 & -14.43 & -7.21 & 30.05\\-34.67 & 57.79 & -14.43 & 34.67 & -57.79 & -14.43\\57.79 & -121.36 & -7.21 & -57.79 & 121.36 & -7.21\\14.43 & 7.21 & 30.05 & -14.43 & -7.21 & 60.11\end{bmatrix}\end{array}\begin{matrix}1\\2\\3\\0\\0\\0\end{matrix}$$

(4) 将上述两个单元中的单元刚度矩阵的元素，用"对号入座"的方法就位可得结构刚度矩阵为

$$\vec{K}=10^5\times\begin{array}{c}\begin{matrix}1 & 2 & 3\end{matrix}\\\begin{bmatrix}(168+34.67) & -57.79 & 14.43\\-57.79 & (8.06+121.39) & (-20.16+7.21)\\14.43 & (-20.16+7.21) & (67.20+60.11)\end{bmatrix}\end{array}\begin{matrix}1\\2\\3\end{matrix}$$

$$=10^5\times\begin{array}{c}\begin{matrix}1 & 2 & 3\end{matrix}\\\begin{bmatrix}202.67 & -57.79 & 14.43\\-57.79 & 129.42 & -12.95\\14.43 & -12.95 & 127.31\end{bmatrix}\end{array}\begin{matrix}1\\2\\3\end{matrix}$$

结构刚度方程为

$$\vec{K}\vec{\delta}=\vec{P}$$

（5）解结构刚度方程求结点位移

$$\begin{Bmatrix}\delta_1\\\delta_2\\\delta_3\end{Bmatrix}=10^{-5}\times\begin{bmatrix}202.67 & -57.79 & 14.43\\-57.79 & 129.42 & -12.95\\14.43 & -12.95 & 127.31\end{bmatrix}^{-1}\begin{Bmatrix}50\\-15\\57.5\end{Bmatrix}=\begin{Bmatrix}2.238\times10^{-6}\text{m}\\2.699\times10^{-7}\text{m}\\4.291\times10^{-6}\text{rad}\end{Bmatrix}$$

（6）计算各单元的杆端力

单元①：因 $\theta=0$，可将杆端位移用相应的结点位移表示后，再计算单元坐标系下的杆端力，但该单元有非结点荷载作用，故还须叠加上相应的固端力。实际的杆端力为

$$\begin{Bmatrix}N_1\\V_1\\M_1\\N_2\\V_2\\M_2\end{Bmatrix}^{(1)}=\begin{Bmatrix}F_{1x}\\F_{1y}\\F_{1\theta}\\F_{2x}\\F_{2y}\\F_{2\theta}\end{Bmatrix}^{(1)}=10^5\times\begin{bmatrix}168 & 0 & 0 & -168 & 0 & 0\\0 & 8.06 & 20.16 & 0 & -8.06 & 20.16\\0 & 20.16 & 67.20 & 0 & -20.16 & 33.60\\-168 & 0 & 0 & 168 & 0 & 0\\0 & -8.06 & -20.16 & 0 & 8.06 & -20.16\\0 & 20.16 & 33.60 & 0 & -20.16 & 67.20\end{bmatrix}\begin{Bmatrix}0\\0\\0\\2.238\times10^{-6}\\2.699\times10^{-7}\\4.291\times10^{-6}\end{Bmatrix}+$$

$$\begin{Bmatrix}0\\45\\37.5\\0\\45\\-37.5\end{Bmatrix}=\begin{Bmatrix}-37.61\\53.43\\51.37\\37.61\\36.57\\-9.21\end{Bmatrix}$$

单元②：将杆端位移以相应的结点位移表示后可计算出整体坐标系下的杆端力为

$$\begin{Bmatrix}F_{2x}\\F_{2y}\\F_{2\theta}\\F_{3x}\\F_{3y}\\F_{3\theta}\end{Bmatrix}^{(2)}=10^5\times\begin{bmatrix}34.67 & -57.79 & 14.43 & -34.67 & 57.79 & 14.43\\-57.29 & 121.36 & 7.21 & 57.79 & -121.36 & 7.21\\14.43 & 7.21 & 60.11 & -14.43 & -7.21 & 30.05\\-34.67 & 57.79 & -14.43 & 34.67 & -57.79 & -14.43\\57.79 & -121.36 & -7.21 & -57.79 & 121.36 & -7.21\\14.43 & 7.21 & 30.05 & -14.43 & -7.21 & 60.11\end{bmatrix}\begin{Bmatrix}2.239\times10^{-6}\\2.699\times10^{-7}\\4.290\times10^{-6}\\0\\0\\0\end{Bmatrix}$$

$$=\begin{Bmatrix}12.39\\-6.57\\29.21\\-12.39\\6.57\\16.32\end{Bmatrix}$$

再按式(1-170)可以计算单元坐标系下的杆端力，得

$$\begin{Bmatrix}N_2\\V_2\\M_2\\N_3\\V_3\\M_3\end{Bmatrix}^{(2)}=\begin{bmatrix}0.447 & -0.894 & 0 & 0 & 0 & 0\\0.894 & 0.447 & 0 & 0 & 0 & 0\\0 & 0 & 1 & 0 & 0 & 0\\0 & 0 & 0 & 0.447 & -0.894 & 0\\0 & 0 & 0 & 0.894 & 0.447 & 0\\0 & 0 & 0 & 0 & 0 & 1\end{bmatrix}\begin{Bmatrix}12.39\\-6.57\\29.21\\-12.39\\6.57\\16.32\end{Bmatrix}=\begin{Bmatrix}11.42\text{kN}\\8.14\text{kN}\\29.21\text{kN}\cdot\text{m}\\-11.42\text{kN}\\-8.14\text{kN}\\16.32\text{kN}\cdot\text{m}\end{Bmatrix}$$

（7）根据各单元杆端力作内力图（图1-250c、d、e）。

值得注意的是，本方法对杆端力符号的规定与以往不同。作 M 图时应注意弯矩对杆端的作用是以逆时针方向为正，从而判断受拉一侧。作 V 图和 N 图时，要注意计算得到的剪力和轴力是以与单元坐标系的正方向相同为正，据此判断出它们的实际方向，才能确定轴力是拉力还是压力，剪力是正还是负，最后正确作内力图。

（8）校核

取结点2为隔离体，如图1-250f所示，根据平衡条件

$$\sum F_x = 50 - 37.61 - 12.39 = 0$$

$$\sum F_y = 30 - 36.57 + 6.57 = 0$$

$$\sum M = 20 + 9.21 - 29.21 = 0$$

可知满足全部平衡条件，故计算结果无误。

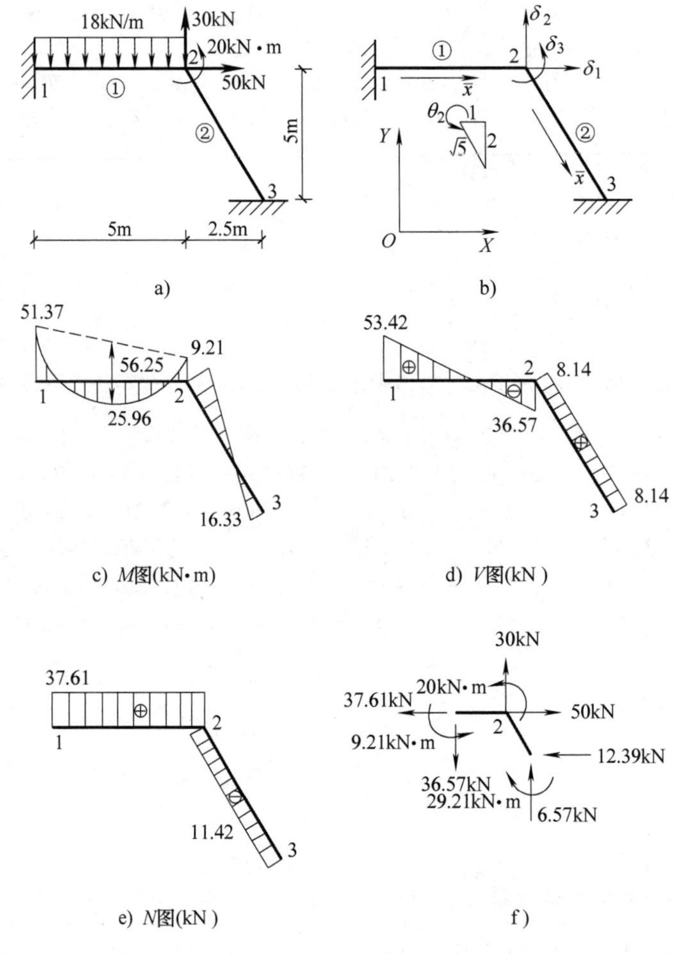

图1-250 ［例题1-110］计算简图

1.13.9 平面刚架计算程序

本内容摘自：郭长城主编《结构力学》中国建筑工业出版社，1993。

本节给出一个用FORTRAN算法语言编写的平面刚架结构内力计算程序。为了便于阅读和使用，程序中使用的主要标识符尽量与本章各节中使用的符号一致；程序中没有使用任何编程技巧

（如刚度矩阵等带存储等），只是矩阵位移法计算过程的简单描述。本程序中使用式（1-163）所示的单元刚度矩阵，并采用后处理法。

1. 程序的计算流程

计算流程如下：

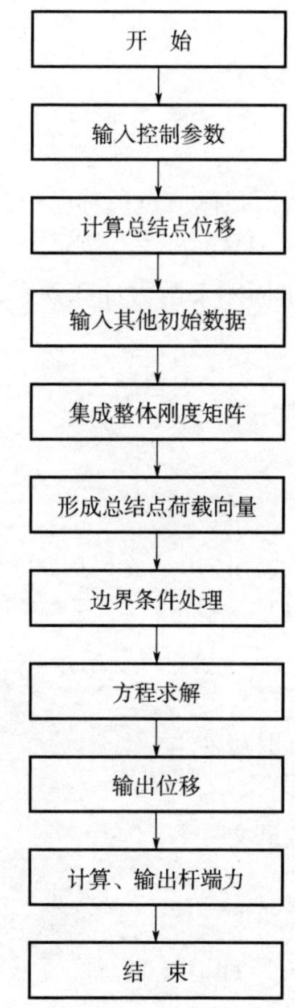

2. 程序中主要标识符含义说明

NE：单元数。

NJ：节点数。

NZ：约束数。

NP：节点荷载数。

NF：非节点荷载数。

EA（NE）：单元抗拉、压刚度数组。

EL（NE）：单元长度数组。

EI（NE）：单元抗弯刚度数组。

EJ（NE）：单元夹角数组。

JM（NE,2）：单元始末结点号数组。

PJ（NP,2）：结点荷载信息数组。

PF（NF,4）：非结点荷载信息数组。

NZC（NZ）：边界约束信息数组。

$EK_0(6,6)$：单元刚度矩阵。

T(6,6)：单元坐标转换矩阵。

FQ(6)：单元固端力。

PE(6)：单元等效结点荷载。

UE(6)：单元杆端位移向量。

FE(6)：单元杆端力向量。

N_3：结构总结点位移数。

$K(N_3,N_3)$：结构整体刚度矩阵。

$P(N_3)$：结构总节点荷载向量；结构整体节点位移向量。

3. 源程序及注释

平面刚架内力计算程序

主程序

```
      PROGRAM   PMGJ
C     数组及变量说明
      REAL P(100), K(100,100)
      DIMENSION EA(100), EL(100), EI(100), EJ(100), JM(100,2)
      DIMENSION PJ(40,2), PF(40,4)
      DIMENSION NZC(100)
      CHARACTER·12   DAT0, DAT1
      WRITE(·,·)'  输入：初始数据文件名.'
      READ(·, 3)DAT0
      WRITE(·,·)'  输入：计算结果文件名.'
      READ(·, 3)DAT1
3     FORMAT(A12)
      OPEN(8, FILE=DAT0, STATUS='OLD')
      OPEN(9, FILE=DAT1, STATUS='NEW')
      WRITE(9,2)
2     FORMAT(8X,'·······平面刚架内力计算····',')
C     输入控制参数
C     单元数，结点数，约束数，结点荷载数，非节点荷载数
      READ(8,·)NE, NJ, NZ, NP, NF
C     输出控制参数
      WRITE(9,12)NE, NJ, NZ, NP, NF
12    FORMAT(1X,'单元数=', 6X, I3,
   1           10X,'结束数=', 6X, I3,
   2           10X,'约束数=', 6X, I3,
   3           1X,'结点荷载数=', 2X, I3,
   4           10X,'非结点荷载数=', I3)
C     计算结构总结点位移数
      N3=NJ·3
```

```
C      输入初始数据
       CALL DAT(NE, NZ, NP, NF, EA, EL, EI, EJ, JM, PJ, PF, NZC)
C      集成整体刚度矩阵
       CALL JCZG(NE, N3, EA, EL, EI, EJ, JM, K)
C      形成总荷载向量
       CALL XCP(NE, N3, NP, NF, EL, EJ, JM, PJ, PF, P)
C      边界条件处理
       CALL BJCL(NZ, N3, K, NZC, P)
C      方程求解
       CALL FCQJ(N3, K, P)
C      输出位移
       CALL SCWY(NJ, N3, P)
C      计算，输出单元杆端力
       CALL GDL(NE, N3, NF, EA, EL, EI, EJ, JM, PF, P)
       WRITE(9,22)
22     FORMAT(/, 10X,'······计算结束····')
       END

C                      ***** 主程序结束 *****
                           输入初始数据子程序
       SUBROUTINE DAT(NE, NZ, NP, NF, EA, EL, EI, EJ, JM, PJ, PF, NZC)
C      入口参数：NE, NZ, NP, NF
C      出口参数：EA, EL, EI, EJ, JM, PJ, PF, NZC
       DIMENSION EA(NE), EL(NE), EI(NE), EJ(NE), JM(NE,2)
       DIMENSION PJ(NP,2), PF(NF,4), NZC(NZ)
C      输入单元信息数据
C      拉压刚度，杆长，抗弯刚度，夹角，始结点号，末结点号/
       READ(8, *)(EA(I), EL(I), EI(I), EJ(I), JM(I,1), JM(I,2), I=1,NE)
C      输出单元信息数据
       WRITE(9,11)
11     FORMAT(/, 单元特性数据:', /, 4X,
            1'抗压刚度 杆长 抗弯刚度 夹角 始结点号 末结点号')
       WRITE(9,19)(EA(I), EL(I), EI(I), EJ(I), JM(I,1), JM(I,2), I=1,NE)
19     FOEMAT(1X, 4F8, 3, 2I9)
C      如果有结点荷载，则输入结点荷载数据
       IF(NP. GT. 0)  THEN
C      荷载值 PJ(I,1)，相应的位移码 PJ(I,2)
       READ(8, *)(PJ(I,1), PJ(I,2), I=1,NP)
C      输出结点荷载数据
       WRITE(9,6)
6      FORMAT(/, 1X,'结点荷载数据：荷载值   相应位移码.')
```

```
      WRITE(9,16), (PJ(I,1), PJ(I,2), I=1,NP)
16    FORMAT(14X, 2F10, 4)
      END IF
C     如果有非结点荷载，则输入非结点荷载数据
      IF(NF, GT, 0)  THEN
C     输入非结点荷载数据
C     PF(I,1) -PF(I,4)为：数值，位置，所在单元号，类型
      READ(8,*)((PF(I,J), J=1,4), I=1,NF)
C     输出非结点荷载数据：
      WRITE(9,7)
7     FORMAT(/,'  非结点荷载数据:', /, 2X    1    1X,'  数值    位置    所在单元    类型')
      WRITE(9,13)((PF(I,J), J=1,4), I=1,NF)
13    FORMAT(1X, 4F9, 3)
      END IF
C     输入边界约束数据
C     NZC(I)为被约束的位移码
      READ(8,*)(NZC(I), I=1, NZ)
C     输出边界约束数据
      WRITE(9,8)(NZC(I), I=1, NZ)
8     FORMAT(/,'边界约束数据:', /, 20I4, /)
      END
```

计算单元固端力子程序

```
      SUBROUTINE DGL(NHF, NE, NF, PF, EL, FQ)
C     入口参数：NHF(荷载序号), NE, NF, PF, EL
C     出口参数：FQ
      DIMENSION PF(NF,4), FQ(6), EL(NE)
      REAL L
C     从 PF 数组中提取荷载信息
      Q=PF(NHF,1)
      A=PF(NHF,2)
      NT=INT(PF(NHF,3)+0.1)
      ID=INT(PF(NHF,4)+0.1)
C     取荷载所在单元的长度
      L=EL(NT)
C     计算公式中一些常出现的项
      B=L-A
      A1=A/L
      A2=A1*A1
      A3=A1*A2
      B1=B/L
```

```
      B2 = B1/L
C     由荷载类型决定执行相应部分语句
      GOTO(10, 20, 30), ID
C     均布荷载
 10     FQ(1) =0.0
        FQ(2) = -Q*A*(2-2*A2+A3)/2.0
        FQ(3) =Q*A*A*(6-8*A1+3*A2)/12.0
        FQ(4) =0.0
        FQ(5) = -Q*A-FQ(2)
        FQ(6) = -Q*A*A*A1(4-3*A1)/12.0
        GOTO 200
C     横向集中
 20     FQ(1) =0.0
        FQ(2) = -Q*B1*B2*(L+2*A)
        FQ(3) =Q*A*B1*B1
        FQ(4) =0.0
        FQ(5) = -Q*A2*(L+2*B)/L
        FQ(6) = -Q*B*A2
        GOTO 200
C     集中力偶
 30     FQ(1) =0.0
        FQ(2) = -6*Q*A*B1/L/L
        FQ(3) =Q*B1*(2-3*B1)
        FQ(4) =0.0
        FQ(5) = -FQ(2)
        FQ(6) =Q*A1*(2-3*A1)
 200  CONTINUE
      END
```

计算单元坐标转换矩阵子程序

```
      SUBROUTINE ZBZH(NEH, NE, EJ, T)
C     入口参数：NEH(单元号), NE, EJ
C     出口参数：T
      DIMENSION EJ(NE), T(6,6)
C     计算夹角的余弦，正弦
      CT = EJ(NEH)*3.14159/180.0
      C = COS(CT)
      S = SIN(CT)
C     T阵清零
      DO 10 I = 1,6
        DO 10 J = 1,6
```

```
          T(I,J) =0.0
   10 CONTINUE
C      形成 T 阵
          T(1,1) =C
          T(1,2) =S
          T(2,1) = -S
          T(2,2) =C
          T(3,3) =1,0
          T(4,4) =C
          T(4,5) =S
          T(5,4) = -S
          T(5,5) =C
          T(6,6) =1,0
       END
```

计算局部单元刚度矩阵子程序

```
       SUBROUTINE JBDG(NE0, NE, EA, EL, EI, KE0)
C      入口参数：NE0(单元号), NE, EA, EL, EI
C      出口参数：KE0
       DIMENSION EA(NE), EL(NE), EI(NE)
       REAL KE0(6,6)
C      DK 阵清零
       DO 10 I=1,6
         DO 10 J=1,6
           KE0(I,J) =0.0
   10 CONTINUE
C      提取单元信息
       A0 = EA(NE0)
       BL = EL(NE0)
       DI = EI(NE0)
C      计算，形成 EA/L 项元素
       S1 = A0/BL
       KE0(1,1) =S1
       KE0(4,1) = -S1
       KE0(1,4) = -S1
       KE0(4,4) =S1
C      计算，形成 12 * EI/L^3 项元素
       S1 =12.0 * DI/BL/BL/BL
       KE0(2,2) =S1
       KE0(5,2) = -S1
       KE0(2,5) = -S1
```

```
      KE0(5,5) = S1
C     计算，形成6 * EI/L2 项元素
      S1 = 6.0 * DI/BL/BL
      KE0(2,3) = - S1
      KE0(3,2) = - S1
      KE0(2,6) = - S1
      KE0(6,2) = - S1
      KE0(3,5) = S1
      KE0(5,3) = S1
      KE0(6,5) = S1
      KE0(5,6) = S1
C     计算，形成 EI/L 项元素
      S1 = DI/BL
      KE0(3,3) = 4.0 * S1
      KE0(6,6) = 4.0 * S1
      KE0(6,3) = 2.0 * S1
      KE0(3,6) = 2.0 * S1
    END
```

矩阵乘子程序

```
      SUBROUTINE JZC(KK,A,B,C)
C     入口参数：KK(选择控制参数)，A，B
C     出口参数：C
      DIMENSION  A(6,6)，B(6,6)，C(6,6)
C     清零
      DO 5 I = 1,6
        DO 5 J = 1,6
          C(I,J) = 0.0
5     CONTINUE
C     由 KK 决定矩阵乘方式
      GOTO(10,20)，KK
C     A 阵 * B 阵存入 C 阵
10    DO 15 I = 1,6
        DO 15 J = 1,6
          DO 15 L = 1,6
            C(I,J) = C(I,J) + A(I,L) * B(L,J)
15    CONTINUE
      GOTO 100

C     A 转置阵 * B 阵存入 C 阵
20    DO 25 I = 1,6
```

```
        DO 25 J = 1,6
          DO 25 L = 1,6
            C(I,J) = C(I,J) + A(L,I) * B(L,J)
25      CONTINUE
100     CONTINUE
        END
```

集成整体刚度矩阵子程序

```
        SUBROUTINE JCZG(NE, N3, EA, EL, EI, EJ, JM, K)
C       入口参数：NE, N3, EA, EL, EI, EJ, JM
C       出口参数：K
        DIMENSION EA(NE), EL(NE), EI(NE), EJ(NE), JM(NE,2)
        REAL KE0(6,6), KE(6,6), K(N3,N3)
        DIMENSION T(6,6), NT(6)
C       整体刚度矩阵清零
        DO 10 I = 1,N3
          DO 10 J = 1,N3
            K(I,J) = 0.0
10      CONTINUE
C       对单元循环集成整体刚度矩阵
        DO 100 NE0 = 1,NE
C       形成局部单元刚度矩阵
        CALL JBDG(NE0, NE, EA, EL, EI, KE0)
C       形成整体单元刚度矩阵
        IF(EI(NE0), NE, 0, 0)  THEN
            CALL ZBZH(NE0, NE, EJ, T)
            CALL JZC(1, KE0, T, KE)
            CALL JZC(2, T, KE, KE0)
        END IF
C       对号
        NA = (JM(NE0,1) - 1) * 3
        NB = (JM(NE0,2) - 1) * 3
        NT(1) = NA + 1
        NT(2) = NA + 2
        NT(3) = NA + 3
        NT(4) = NB + 1
        NT(5) = NB + 2
        NT(6) = NB + 3
C       入座
        DO 50 I = 1,6
          NH = NT(I)
```

```
      DO 50 J = 1,6
        NL = NT(J)
        K(NH,NL) = K(NH,NL) + KEO(I,J)
50    CONTINUE
100   CONTINUE
      END
```

形成结构总荷载向量子程序

```
      SUBROUTINE XCP(NE, N3, NP, NF, EL, EJ, JM, PJ, PF, P)
C     入口参数：NE, N3, NP, NF, EL, EJ, JM, PJ, PF
C     出口参数：P
      DIMENSION EL(NE), EJ(NE), JM(NE,2)
      DIMENSION PJ(NP,2), PF(NF,4)
      DIMENSION P(N3), T(6,6), FQ(6), PE(6)
C     P阵清零
      DP 10 I = 1,N3
        P(I) = 0.0
10    CONTINUE
C     结点荷载对号入座
      IF(NP.GT.0)  THEN
        DO 20 I = 1, NP
          J = INT(PJ(I,2) + 0.1)
          P(J) = PJ(I,1)
20    CONTINUE
      END IF
C     非结点荷载产生的等效结点荷载对号入座
      IF(NF.GT.0)  THEN
        DO 100 NF0 = 1, NF
C     计算单元固端力
      CALL DGL(NF0, NE, NF, PF, FQ, EL)
C     计算整体坐标系下的单元等效结点荷载
      ND = INT(PF(NF0,3) + 0.1)
      IF(EJ(ND), NE, 0, 0)  THEN
        CALL ZBZH(ND, NE, EJ, T)
        DO 30 J = 1,6
          PE(J) = 0.0
          DO 30 K = 1,6
            PE(J) = PE(J) - T(K,J) · FQ(K)
30    CONTINUE
      ELSE
        DO  40  I = 1,6
```

```
      PE(I) = -FQ(I)
40    CONTINUE
      END IF
C     对号入座
      NA = (JM(ND,1) -1) * 3
      NB = (JM(ND,2) -1) * 3
      P(NA +1) = P(NA +1) + PE(1)
      P(NA +2) = P(NA +2) + PE(2)
      P(NA +3) = P(NA +3) + PE(3)
      P(NB +1) = P(NB +1) + PE(4)
      P(NB +2) = P(NB +2) + PE(5)
      P(NB +3) = P(NB +3) + PE(6)
100   CONTINUE
      END IF
      END
```

边界条件处理子程序

```
      SUBROUTINE BJCL(NZ, N3, NZC, K, P)
C     入口参数：NZ, N3, NZC
C     出口参数：K, P
      REAL K(N3,N3), P(N3)
      DIMENSION NZC(NZ)
      DO 30 I = 1,NZ
C     取被约束的位移码
      J = NZC(I)
C     处理整体刚度矩阵元素
      DO 20 L = 1, N3
        IF(L,NE,J)  THEN
          K(J,L) = 0.0
          K(L,J) = 0.0
        ELSE
          K(J,J) = 1.0
        END IF
20    CONTINUE
C     处理总结点荷载向量
      P(J) = 0.0
30    CONTINUE
      END
```

方程求解子程序

```
      SUBROUTINE FCQJ(N3, K, P)
```

```
C     入口参数：N3，K
C     出口参数：P(整体结点位移)
      REAL  K(N3,N3)，P(N3)
      DO 20 L=1，N3-1
        DO 20 I=L+1，N3
          C1=K(L,I)/K(L,L)
          DO 10 J=L+1，N3
            K(I,J)=K(I,J)-C1*K(L,J)
10    CONTINUE
      P(I)=P(I)-C1*P(L)
20    CONTINUE
      P(N3)=P(N3)/K(N3,N3)
      DO 40 I=N3-1，1，-1
        DO 30 J=I+1，N3
          P(I)=P(I)-K(I,J)*P(J)
30    CONTINUE
      P(I)=P(I)K(I,I)
40    CONTINUE
      END
```

输出结构结点位移子程序

```
      SUBROUTINE SCWY(NJ，N3，P)
C     入口参数：NJ，N3，P
      DIMENSION P(N3)
      WRITE(9,3)
3     FORMAT(/，8X,'***** 计算结果 *****'，/)
      WRITE(9,10)
10    FORMAT(5X,':::::::::: 位移::::::::::'，/
     1     /'  结点     水平位移      竖向位移       转角位移')
C     对结点循环
      DO 100 I=1,NJ
C     取结点位移
      D1=P(3*I-2)
      D2=P(3*I-1)
      D3=P(3*I)
C     输出结点位移
      WRITE(9,20)I，D1，D2，D3
20    FORMAT(1X，I3，3F14，4)
100   CONTINUE
      END
```

计算输出单元杆端力子程序

```
      SUBROUTINE GDL(NE, N3, NF, EA, EL, EI, EJ, JM, PF, P)
C     入口参数：NE, N3, NF, EA, EL, EI, EJ, JM, PF, P
      DIMENSION EA(NE), EL(NE), EI(NE), EI(NE), EJ(NE), JM(NE,2)
      DIMENSION PF(NF,4), P(N3)
      DIMENSION UE(6), FE(6), FQ(6), T(6,6), NT(6)
      REAL KE0(6,6), KE(6,6)
      WRITE(9,88)
88    FORMAT(/, 10X,'··········杆端力··········', /, 1     2X,' 单元
      杆端     轴力     剪力     弯矩')
C     对单元循环
      DO 200 NE0 = 1,NE
C     计算局部单元刚度矩阵
      CALL JBDG(NE0, NE, EA, EL, EI, KE0)
C     计算单元杆端位移码
      NA = (JM(NE0,1) - 1) * 3
      NB = (JM(NE0,2) - 1) * 3
            NT(1) = NA + 1
            NT(2) = NA + 2
            NT(3) = NA + 3
            NT(4) = NB + 1
            NT(5) = NB + 2
            NT(6) = NB + 3
C     取杆端位移
      DO 20 I = 1,6
        J = NT(I)
        UE(I) = P(J)
20    CONTINUE
C     计算由杆端位移引起的杆端力
      IF(EJ(NE0). NE. 0. 0)   THEN
         CALL ZBZH(NE0, NE, EJ, T)
         CALL JZC(1, KE0, T, KE)
         DO 30 I = 1,6
           FE(I) = 0. 0
           DO 30 J = 1,6
             FE(I) = FE(I) + KE(I,J) * UE(J)
30     CONTINUE
       ELSE
         DO 40 I = 1,6
           FE(I) = 0,0
           DO 40 I = 1,6
```

```
        FE(I) = FE(I) + KE0(I,J) * UE(J)
40    CONTINUE
      END IF
C     计算由非结点荷载引起的杆端力
      IF(NF.GT.0)  THEN
       DO 50 I = 1,NF
        IF(INT(PF(I,3) +0.1).EQ.NE0)  THEN
          CALL DGL(I, NE, NF, PF, FQ, EL)
          DO 60 J = 1,6
            FE(J) = FE(J) + FQ(J)
60        CONTINUE
        END IF
50     CONTINUE
      END IF
C     输出单元杆端力
      WRITE(9,150)NE0, (FE(J), J=1,6)
150   FORMAT(3X, I2, 6X,'始端', 7X, 3F10.4/11X,'末端', 7X, 3F10.4)
200   CONTINUE
      END
```

第 2 章 常用截面图形的几何及力学特性

2.1 简述及重心与形心

常用截面图形的几何及力学特性的简述及重心与形心见表 2-1。

表 2-1 简述及重心与形心

<table>
<tr><th>序 号</th><th>项 目</th><th>内 容</th></tr>
<tr><td>1</td><td>简述</td><td>1）材料力学所研究的杆件，其横截面都是具有一定几何形状的平面图形。与平面图形形状及尺寸有关的几何量(如面积 A、截面二次极矩 I_p、抗扭截面系数 W_t 等)统称为平面图形的几何性质，杆件的强度、刚度与这些几何性质密切相关。如直杆拉压时，在相同的材料下，截面面积越大，就越能承受轴力；杆件受扭时，在面积相同的情况下，空心圆截面的抗扭截面系数 W_t 比实心圆截面大，空心圆轴比实心圆轴能承受更大的扭矩
2）平面图形的几何性质是指根据截面尺寸经过一系列运算所得的几何数据，如面积。构件的承载能力与这些几何数据有着直接的关系
将一杆件分别平放于两个支点上(图 2-1a)和竖放于两个支点上(图 2-1b)，然后加相同的力 P，显然前一种放置方式下所发生的弯曲变形要远大于后一种放置方式下所发生的弯曲变形。其差异仅是截面放置方式不同造成的，这就说明构件的承载能力与截面几何数据有直接的重要关系</td></tr>
<tr><td>2</td><td>重心与形心</td><td>1）地球上一切物体都受地心引力的作用，重力就是地球对物体的吸引力。如果将物体看作由无数个质点组成，则各质点的重力组成空间平行力系，此力系的合力就是物体的重力。不论物体如何放置，其重力的合力作用线相对于物体总是通过一个确定的点，这个点就称为物体的重心。重心位置在工程上有着重要意义，因此常需要确定物体重心的位置
在图 2-2 中，若某小块重为 G_i，在坐标系中的位置为(x_i、y_i、z_i)，则整块物体的重心坐标(x_C、y_C、z_C)为
$$\begin{cases} x_C = \dfrac{\sum G_i x_i}{\sum G_i} \\ y_C = \dfrac{\sum G_i y_i}{\sum G_i} \\ z_C = \dfrac{\sum G_i z_i}{\sum G_i} \end{cases} \tag{2-1}$$
如物体是均质的，其单位体积重量为 γ，各微小部分的体积是 ΔV_i，整个物体的体积为 $V = \sum \Delta V_i$，则 $\Delta G_i = \gamma \Delta V_i$，$G = \gamma V$，代入式(2-1)得
$$\begin{cases} x_C = \dfrac{\sum \Delta V_i x_i}{V} \\ y_C = \dfrac{\sum \Delta V_i y_i}{V} \\ z_C = \dfrac{\sum \Delta V_i z_i}{V} \end{cases} \tag{2-2}$$
由此可见均质物体的重心位置完全取决于物体的几何形状，而与物体的重量无关。均质物体的重心就是物体几何形状的中心，即形心。截面形心是指截面的几何中心。一般用字母 C 表示，其坐标分别记作 y_C、x_C(图 2-5)。例如，圆截面的形心位于圆心，矩形截面的形心位于两对角线的交点处。通常，截面图形的形心与匀质物体的重心是一致的
2）截面的形心就是其几何中心。当截面具有两个对称轴时，两者的交点就是形心，据此，很容易确定圆形、圆环、正方形的形心(图 2-3)；只有一个对称轴的截面，其形心一定在对称轴上，具体在对称轴上的哪一点，则需要计算才能确定。例如，图 2-4 中的 T 形截面，其形心一定在对称轴 y 上，而坐标 y_C 值需要计算确定
通过形心的坐标轴称为形心轴</td></tr>
</table>

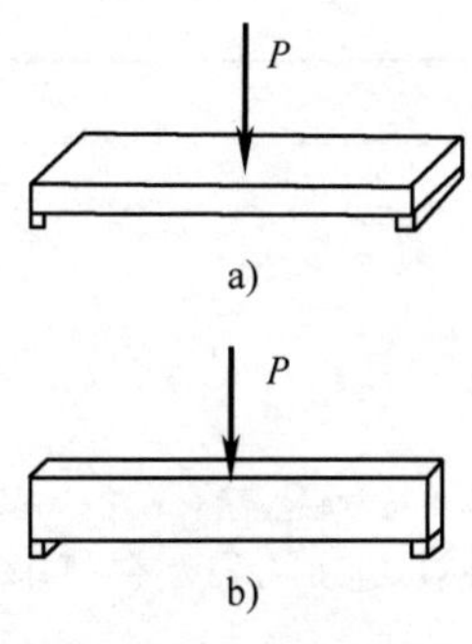

图 2-1　构件平放与竖放两支点上

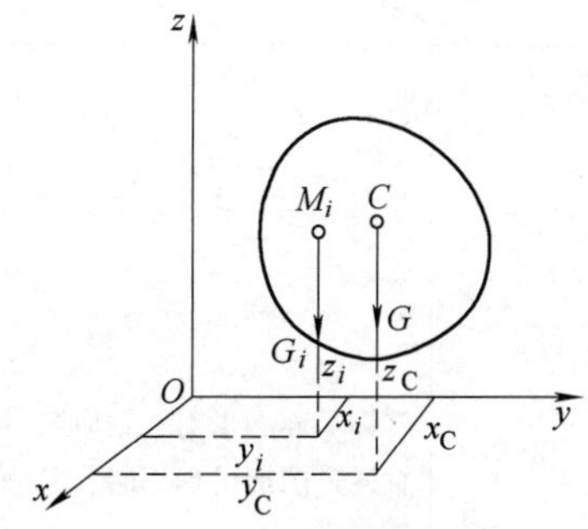

图 2-2　重心与形心

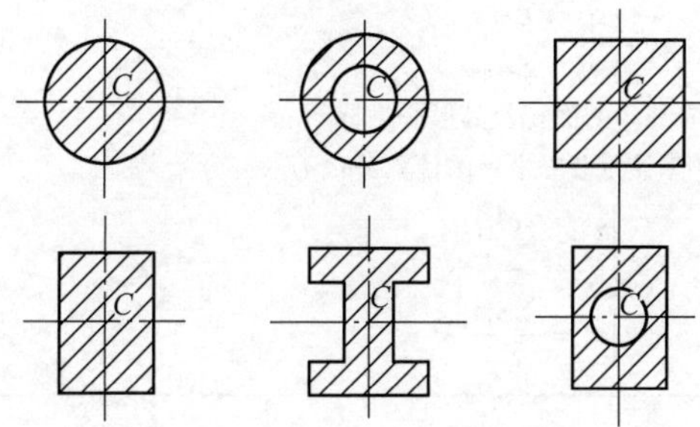

图 2-3　常见对称截面形状的形心

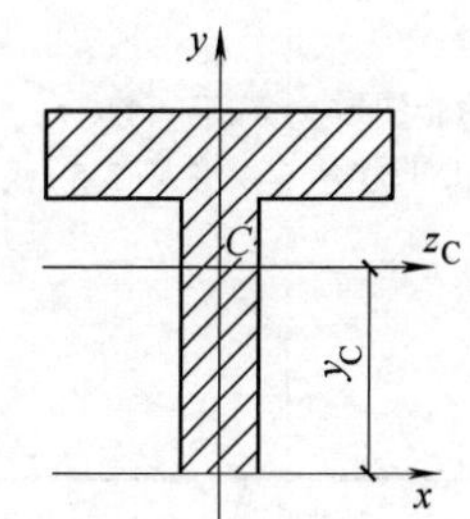

图 2-4　T 形截面的形心

2.2　面积静矩

2.2.1　面积静矩的定义与计算

面积静矩的定义与计算见表 2-2。

表 2-2　面积静矩的定义与计算

序　号	项　目	内　容
1	定义	图 2-5 所示一任意平面图形，其面积为 A。在图形平面内选取坐标系 Oyx，在平面图形内坐标为 x、y 处取一微面积 dA，则乘积 ydA(或 xdA)称为微面积 dA 对 x 轴(或 y 轴)的静矩，而截面图形内每一微面积 dA 与它到 y 轴或 x 轴距离乘积的总和，称为截面对 y 轴和 x 轴的静矩，用 S_y 或 S_x 表示，即 $$\begin{cases} S_x = \int_A y\mathrm{d}A \\ S_y = \int_A x\mathrm{d}A \end{cases} \tag{2-3}$$ 由式(2-3)可见，截面的静矩是对某定轴而言的。同一截面对不同坐标轴的静矩不同。静矩为代数量，可能为正，可能为负，也可能为零，其单位为“m^3”或“mm^3” 静矩可用来确定截面图形形心的位置。如图 2-5 所示，令该截面图形形心 C 的坐标为 y_C、x_C，根据静力学中的合力矩定理有 $$\int_A y\mathrm{d}A = Ay_C$$ $$\int_A x\mathrm{d}A = Ax_C$$ 由以上两式及式(2-3)可得

续表 2-2

<table>
<tr><th>序号</th><th>项目</th><th>内容</th></tr>
<tr><td>1</td><td>定义</td><td>$$y_C = \frac{S_x}{A} \quad x_C = \frac{S_y}{A}$$
即
$$\begin{cases} S_x = Ay_C \\ S_y = Ax_C \end{cases} \tag{2-4}$$
即平面图形对 x 轴（或 y 轴）的静矩等于图形面积 A 与形心坐标 y_C（或 x_C）的乘积。当坐标轴通过图形的形心时，其静矩为零；反之，若图形对某轴的静矩为零，则该轴必通过圆形的形心</td></tr>
<tr><td>2</td><td>组合图形形心的计算</td><td>当截面由若干个简单图形（如矩形、圆形、三角形等）组成时，由静矩的定义可知，截面各组成部分对某一轴的静矩的代数和等于整个组合截面对同一轴的静矩。即
$$\begin{cases} S_x = \sum A_i y_i \\ S_y = \sum A_i x_i \end{cases} \tag{2-5}$$
式中，A_i、x_i、y_i 分别代表任一组成部分的面积及其形心坐标
将式(2-5)代入式(2-4)，可得组合截面形心坐标的计算公式为
$$\begin{cases} y_C = \dfrac{\sum A_i y_i}{\sum A_i} \\ x_C = \dfrac{\sum A_i x_i}{\sum A_i} \end{cases} \tag{2-6}$$</td></tr>
</table>

2.2.2 面积静矩计算例题

[例题 2-1] 截面图形如图 2-6 所示，试求该图形的形心位置。

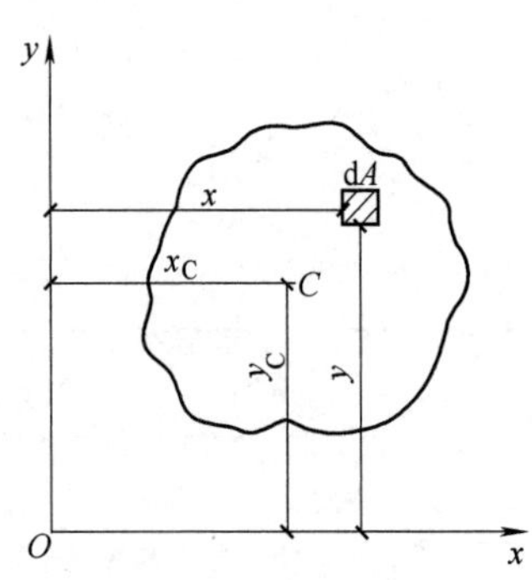

图 2-5 截面对坐标轴面积静矩定义

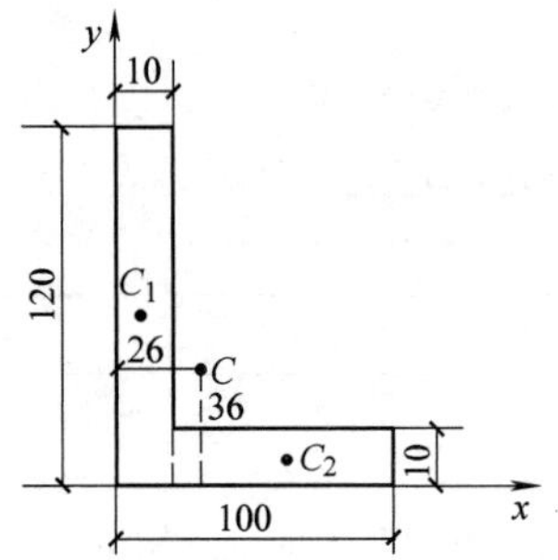

图 2-6 [例题 2-1]计算简图

[解]

选取坐标轴如图 2-6 所示，把图形分成两个矩形，则计算为

$$A_1 = 10 \times 120 = 1200(\text{mm}^2)$$

$$A_2 = 10 \times 90 = 900(\text{mm}^2)$$

$$x_1 = 5\text{mm}$$

$$x_2 = 55\text{mm}$$

$$y_1 = 60\text{mm}$$

$$y_2 = 5\text{mm}$$

将以上数据代入式(2-6)计算，得

$$x_C = \frac{\sum A_i x_i}{\sum A_i} = \frac{A_1 x_1 + A_2 x_2}{A_1 + A_2} = \frac{1200 \times 5 + 900 \times 55}{1200 + 900} = 26(\text{mm})$$

$$y_C = \frac{\sum A_i y_i}{\sum A_i} = \frac{A_1 y_1 + A_2 y_2}{A_1 + A_2} = \frac{1200 \times 60 + 900 \times 5}{1200 + 900} = 36(\text{mm})$$

即为所求。

［例题 2-2］　试计算如图 2-7 所示 T 形截面的形心坐标。

［解］

由于 y 轴是截面的对称轴，形心 C 必在 y 轴上，即 $x_C = 0$。将 T 形截面分割为Ⅰ、Ⅱ两个矩形，每个矩形的面积及其形心坐标分别为

矩形Ⅰ：$A_1 = 60 \times 20 = 1200(\text{mm}^2)$

$y_1 = 80 + 10 = 90(\text{mm})$

矩形Ⅱ：$A_2 = 80 \times 20 = 1600(\text{mm}^2)$

$y_2 = 40(\text{mm})$

应用式(2-4)和式(2-5)计算，得

$$y_C = \frac{\sum A_i y_i}{\sum A_i} = \frac{A_1 y_1 + A_2 y_2}{A_1 + A_2} = \frac{1200 \times 90 + 1600 \times 40}{1200 + 1600} = 60(\text{mm})$$

即为所求。

［例题 2-3］　试计算如图 2-8 所示截面的形心坐标。

［解］

由于 x 轴是截面的对称轴，形心 C 必在 x 轴上，即 $y_C = 0$。截面面积 A 可看成一个矩形 $A_1 = 4a \times 8a = 32a^2$ 和一个圆形的负面积 $A_2 = -\pi a^2$ 之和(对于规则图形中挖出的规则图形，可将挖出的规则图形的面积按负值计算)。

$x_1 = 0$，$x_2 = -a$，由式(2-6)计算，得

$$x_C = \frac{\sum A_i x_i}{\sum A_i} = \frac{A_1 x_1 + A_2 x_2}{A_1 + A_2} = \frac{24a^2 \times 0 + (-\pi a^2) \times (-a)}{32a^2 + (-\pi a^2)} = \frac{\pi}{32 - \pi} a = 0.11a$$

即为所求。

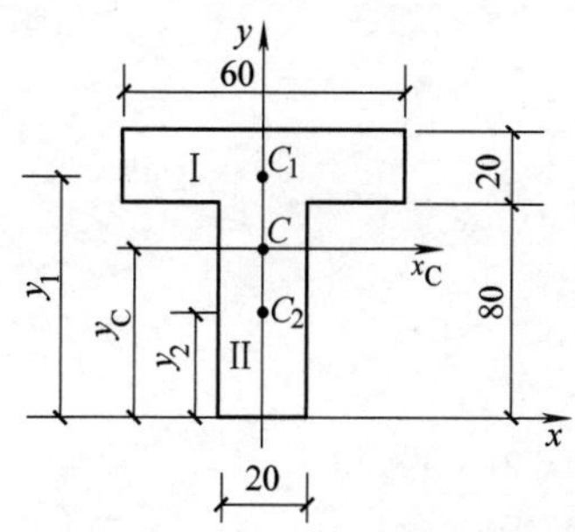

图 2-7　［例题 2-2］计算简图

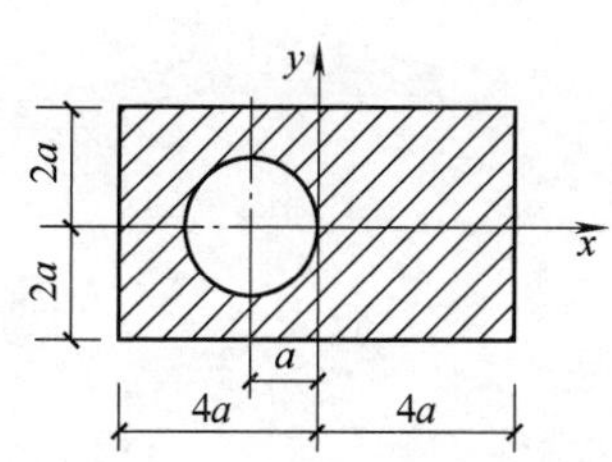

图 2-8　［例题 2-3］计算简图

［例题 2-4］　如图 2-9 所示矩形截面宽为 b，高为 h，试求该矩形截面阴影部分所围面积关于 x、y 轴的静矩(C 为图形的形心)。

［解］

由于阴影部分面积 A_0 和形心坐标 y_{C_1}、x_{C_1} 是可以直接计算得到的，则有

$$x_{C_1} = 0 \quad y_{C_1} = \frac{3h}{8} + \frac{h}{16} = \frac{7h}{16}$$

$$A_0=\frac{bh}{8}$$

从而，应用式(2-4)计算，得

$$S_y=A_0x_{C_1}=0 \quad (x_{C_1}=0)$$

$$S_x=A_0y_{C_1}=\frac{h}{8}b\times\frac{7h}{16}=\frac{7}{128}bh^2$$

即为所求。

［例题 2-5］ 求如图 2-10 所示的截面图形的形心坐标 x_C、y_C。

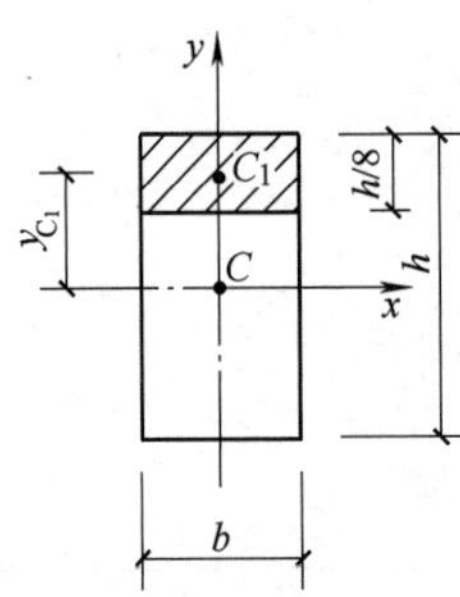

图 2-9 ［例题 2-4］计算简图

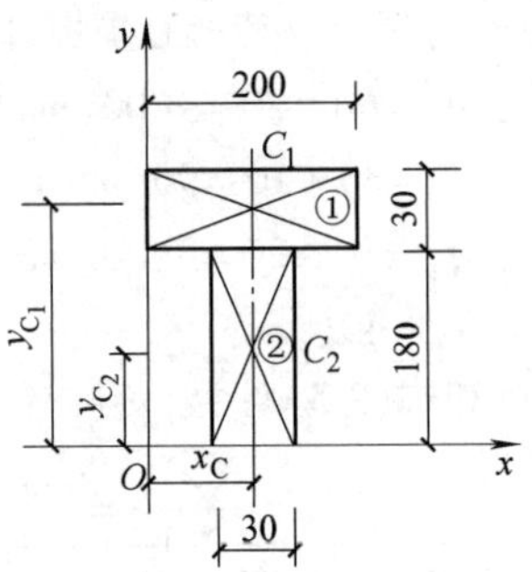

图 2-10 ［例题 2-5］计算简图

［解］

该图形由两个矩形组成，分别记作①、②，写出有关数据为

$$A_1=200\text{mm}\times30\text{mm}$$

$$A_2=180\text{mm}\times30\text{mm}$$

$$y_{C_1}=195\text{mm},\ y_{C_2}=90\text{mm}$$

$$x_{C_1}=100\text{mm},\ x_{C_2}=100\text{mm}$$

应用式(2-6)计算，得

$$x_C=\frac{\sum A_ix_{C_i}}{\sum A_i}=\frac{A_1x_{C_1}+A_2x_{C_2}}{A_1+A_2}$$

$$=\frac{200\times30\times100+180\times30\times100}{200\times30+180\times30}$$

$$=100(\text{mm})$$

$$y_C=\frac{\sum A_iy_{C_i}}{\sum A_i}=\frac{A_1y_{C_1}+A_2y_{C_2}}{A_1+A_2}$$

$$=\frac{200\times30\times195+180\times30\times90}{200\times30+180\times30}$$

$$=145(\text{mm})$$

即为所求。

2.3 惯性矩

2.3.1 惯性矩的定义与计算

惯性矩的定义与计算见表 2-3。

表 2-3　惯性矩的定义与计算

<table>
<tr><th>序　号</th><th>项　目</th><th>内　容</th></tr>
<tr><td>1</td><td>惯性矩的定义</td><td>如图 2-11 所示，整个图形上微面积 dA 与它到 x 轴(或 y 轴)距离平方的乘积的总和，称为该图形对 x 轴(或 y 轴)的截面惯性矩，用 I_x(或 I_y)表示，即
$$\begin{cases} I_x = \int_A dI_x = \int_A y^2 dA \\ I_y = \int_A dI_y = \int_A x^2 dA \end{cases} \tag{2-7}$$
显然，截面惯性矩与坐标轴有关，同一图形对不同轴的惯性矩是不同的。同时，因 dA、y^2、x^2 皆为正值，所以惯性矩的数值恒为正。惯性矩的单位一般为“m^4”或“mm^4”</td></tr>
<tr><td>2</td><td>简单图形惯性矩的计算</td><td>简单图形的惯性矩可直接用式(2-7)通过积分计算求得。常用的简单截面图形对其形心轴的惯性矩可在表 2-4 中查得。而角钢、工字钢及槽钢等型钢截面，其惯性矩可在型钢表 2-6 ~ 表 2-9 中查得</td></tr>
<tr><td>3</td><td>惯性半径、截面二次极矩</td><td>(1) 惯性半径。在工程实际应用中，为方便起见，还经常将惯性矩表示为截面面积 A 与某一长度平方的乘积，即
$$\begin{cases} I_x = i_x^2 A \\ I_y = i_y^2 A \end{cases} \tag{2-8}$$
式中，i_y 和 i_x 分别称为截面对 y 轴或 x 轴的惯性半径(m)。由式(2-8)可知，惯性半径可由截面的惯性矩和面积这两个几何量表示为
$$\begin{cases} i_x = \sqrt{\dfrac{I_x}{A}} \\ i_y = \sqrt{\dfrac{I_y}{A}} \end{cases} \tag{2-9}$$
定义：截面关于 x 轴的惯性半径记作 i_x，截面关于 y 轴的惯性半径记作 i_y，表达式如式(2-9)所示
宽为 b、高为 h 的矩形截面，对其形心轴 x 及 y 的惯性半径，可由式(2-9)计算得出
$$i_x = \sqrt{\frac{I_x}{A}} = \sqrt{\frac{bh^3/12}{bh}} = \frac{h}{\sqrt{12}}$$
$$i_y = \sqrt{\frac{I_y}{A}} = \sqrt{\frac{hb^3/12}{bh}} = \frac{b}{\sqrt{12}}$$
直径为 D 的圆形截面，由于对称，它对任一根形心轴的惯性半径都相等。由式(2-9)算得
$$i = \sqrt{\frac{I}{A}} = \sqrt{\frac{\pi D^4/64}{\pi D^2/4}} = \frac{D}{4}$$
(2) 截面二次极矩。截面对任一点 O 的截面二次极矩：等于截面各微面积 dA 与它到 O 点距离的平方乘积的总和(图 2-12)，并等于经过该点的互相垂直的任一对轴的惯性矩的总和，即
$$I_p = \int_A \rho^2 dA \tag{2-10}$$
由图 2-12 可以看出，ρ、y、x 之间存在着下列关系为
$$\rho^2 = y^2 + x^2$$
所以，由式(2-10)及式(2-7)可知
$$I_p = \int_A (y^2 + x^2) dA$$
或
$$I_p = I_x + I_y \tag{2-11}$$
式(2-11)说明：截面对任一直角坐标系中两坐标轴的惯性矩之和，等于它对坐标原点的截面二次极矩。因此，尽管过一点可以作出无限多对直角坐标轴，但截面对其中每一对直角坐标轴的两个惯性矩之和始终是不变的，且等于截面对坐标原点的截面二次极矩</td></tr>
</table>

续表 2-3

序号	项目	内容
4	平行移轴公式	同一平面图形对不同坐标轴的惯性矩各不相同，但它们之间存在着一定的关系。现讨论图形对两根互相平行的坐标轴的惯性矩之间的关系 如图2-13所示，C为截面形心，A为其面积，x_C轴和y_C轴为形心轴，x轴与x_C轴平行，且相距为a。y轴与y_C轴平行，其间距为b。相互平行的坐标轴之间的关系可表示为 $$\begin{cases}y=y_C+a\\x=x_C+b\end{cases}\quad(2\text{-}12)$$ 按定义，截面图形对形心轴y_C、x_C的惯性矩分别为 $$\begin{cases}I_{x_C}=\int_A y_C^2\mathrm{d}A\\I_{y_C}=\int_A x_C^2\mathrm{d}A\end{cases}\quad(2\text{-}13)$$ 图2-13中，截面对x、y轴的惯性矩分别为 $$\begin{cases}I_x=\int_A y^2\mathrm{d}A\\I_y=\int_A x^2\mathrm{d}A\end{cases}\quad(2\text{-}14)$$ 将式(2-12)第一式代入式(2-14)第一式并展开，得 $$I_x=\int_A(y_C+a)^2\mathrm{d}A=\int_A(y_C^2+2y_Ca+a^2)\mathrm{d}A=\int_A y_C^2\mathrm{d}A+2a\int_A y_C\mathrm{d}A+a^2\int_A\mathrm{d}A$$ 式中，第一项$\int_A y_C^2\mathrm{d}A$是截面对形心轴x_C的惯性矩I_{x_C}；第二项$\int_A y_C\mathrm{d}A$是截面对x_C轴的静矩S_{x_C}，因x_C轴是形心轴，故$S_{x_C}=0$；第三项$\int_A\mathrm{d}A$是截面的面积A。故得 $$\begin{cases}I_x=I_{x_C}+a^2A\\I_y=I_{y_C}+b^2A\end{cases}\quad(2\text{-}15)$$ 式(2-15)称为平行移轴定理或平行移轴公式。它表明截面对任一轴的惯性矩，等于它对平行于该轴的形心轴的惯性矩加上截面面积与两轴间距离平方的乘积。利用此公式可以根据截面对形心轴的惯性矩I_{y_C}、I_{x_C}来计算截面对与形心轴平行的其他轴的惯性矩I_y、I_x或者进行相反的运算。从式(2-15)可知，因a^2A及b^2A均为正值，所以在截面对一组相互平行的坐标轴的惯性矩中，对形心轴的惯性矩最小 平行移轴定理在惯性矩的计算中有广泛的应用
5	组合图形惯性矩的计算	在工程实践中，经常遇到组合图形，有的由矩形、圆形、三角形等几个简单图形组成，有的则由几个型钢截面组合而成。由惯性矩定义可知，组合图形对某轴的惯性矩，等于组成组合图形的各简单图形对同一轴的惯性矩的和。简单图形对本身形心轴的惯性矩可通过积分或查表求得，再应用平行移轴公式，就可计算出组合图形对其形心轴的惯性矩 实际中常见的组合截面多具有一个或两个对称轴，这种对称组合截面对形心主轴的惯性矩，是在弯曲等问题中经常用到的截面几何性质。详细情况通过2.3.2节有关计算例题来说明其计算方法
6	惯性积	如图2-14所示，整个截面上微面积$\mathrm{d}A$与它到y、x轴距离的乘积的总和称为截面对y、x轴的惯性积，用I_{yx}表示。即 $$I_{yx}=\int_A yx\mathrm{d}A\quad(2\text{-}16)$$ 惯性积的数值，可能为正、负或零，它的单位是“m^4”或“mm^4”

续表 2-3

序　号	项　目	内　容
6	惯性积	如果截面具有一个(或一个以上)对称轴，如图 2-15 所示，则对称轴两侧微面积 $xy\mathrm{d}A$ 值大小相等，符号相反，这两个对称位置的微面积对 x、y 轴的惯性积之和等于零，推广到整个截面，则整个截面的 $I_{yx}=0$。这说明，只要 x、y 轴之一为截面的对称轴，该截面对两轴的惯性积就一定等于零
7	其他计算	(1) 切应力的计算 1) 横截面上任一点处的切应力的计算公式为 $\tau_{\rho}=\frac{M_{n}}{I_{p}}\rho$　　(2-17) 式中，M_n 为横截面上的扭矩；ρ 为横截面上任一点到圆心的距离；I_p 为横截面对圆心的截面二次极矩 2) 在式(2-17)中，如取 $\rho=\rho_{max}=R$，则可得圆轴横截面周边上的最大切应力为 $\tau_{max}=\frac{M_{n}}{I_{p}}R$ 若令　$W_{t}=\frac{I_{p}}{R}$ 则最大切应力可写成 $\tau_{max}=\frac{M_{n}}{W_{t}}$　　(2-18) 式中，W_t 称为抗扭截面系数，常用单位为“mm^3”或“m^3” (2) 截面二次极矩 I_p 和抗扭截面系数 W_t 的计算 1) 圆形截面。对于直径为 D 的圆形截面，可取一距圆心为ρ、厚度为 $\mathrm{d}\rho$ 的圆环作为微面积 $\mathrm{d}A$(图2-16a)，则 $\mathrm{d}A=2\pi\rho\mathrm{d}\rho$ $I_{p}=\int_{A}\rho^{2}\mathrm{d}A=\int_{0}^{\frac{D}{2}}2\pi\rho^{3}\mathrm{d}\rho=\frac{\pi D^{4}}{32}\approx0.1D^{4}$　　(2-19) 圆形截面的抗扭截面系数为 $W_{t}=\frac{I_{p}}{R}=\frac{I_{p}}{D/2}=\frac{\pi D^{3}}{16}\approx0.2D^{3}$　　(2-20) 2) 圆环形截面。对于内径为 d、外径为 D 的空心圆截面(图 2-16b)，其惯性矩可以采用和圆形截面相同的方法求出 $I_{p}=\int_{A}\rho^{2}\mathrm{d}A=\int_{d/2}^{D/2}2\pi\rho^{3}\mathrm{d}\rho=\frac{\pi}{32}(D^{4}-d^{4})\approx0.1(D^{4}-d^{4})$　　(2-21) 若取内外径比 $\alpha=d/D$，则上式可写成 $I_{p}=\frac{\pi D^{4}}{32}(1-\alpha^{4})\approx0.1D^{4}(1-\alpha^{4})$　　(2-22) 圆环形截面的抗扭截面系数为 $W_{t}=\frac{I_{p}}{D/2}=\frac{\pi D^{3}}{16}(1-\alpha^{4})\approx0.2D^{3}(1-\alpha^{4})$　　(2-23) (3) 截面系数的计算。如图 2-17 所示，截面系数的计算公式为 $\begin{cases}W_{x_1}=\frac{I_{x_0}}{y_1}\\W_{x_2}=\frac{I_{x_0}}{y_2}\end{cases}$　　(2-24)

续表 2-3

序　号	项　目	内　容
7	其他计算	式中　W_{x_1}、W_{x_2}——截面上边缘及下边缘的截面系数 I_{x_0}——截面对形心轴 x_0 的惯性矩 y_1、y_2——形心到截面上边缘及下边缘的距离

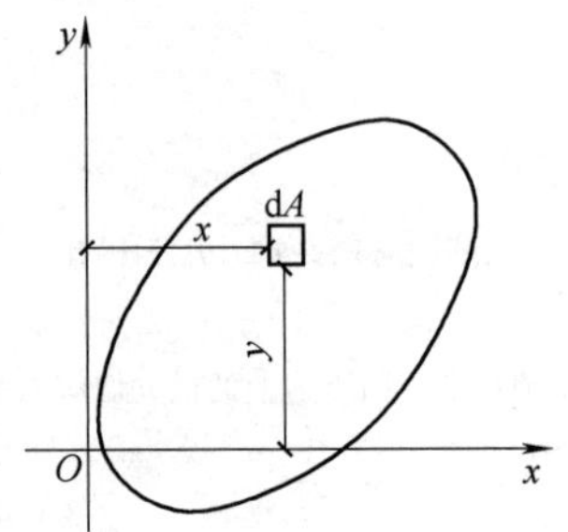

图 2-11　截面对坐标轴惯性矩的定义

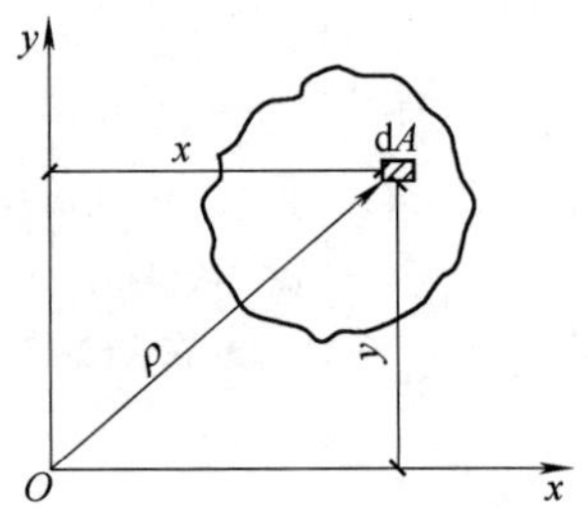

图 2-12　截面对坐标轴二次极矩的定义

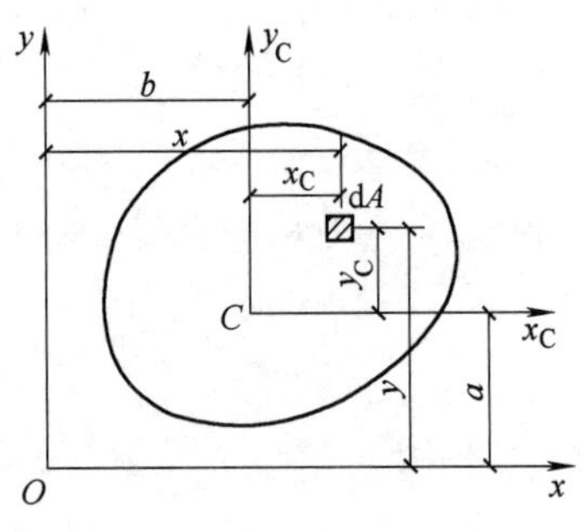

图 2-13　截面惯性矩的平行移轴

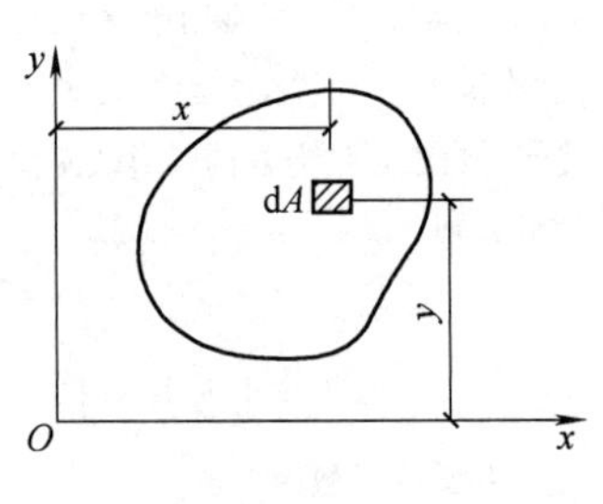

图 2-14　截面对坐标轴的惯性积

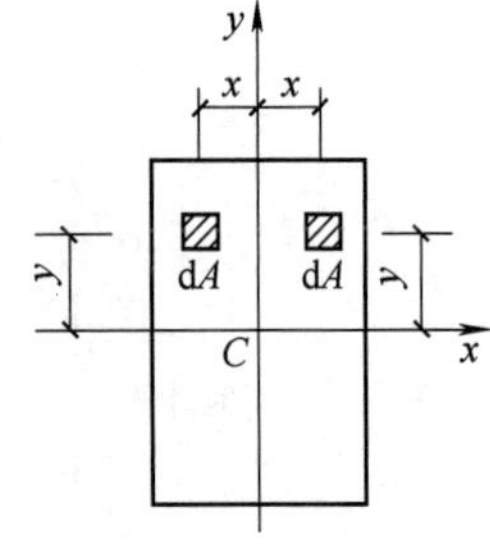

图 2-15　截面有对称坐标轴的惯性积

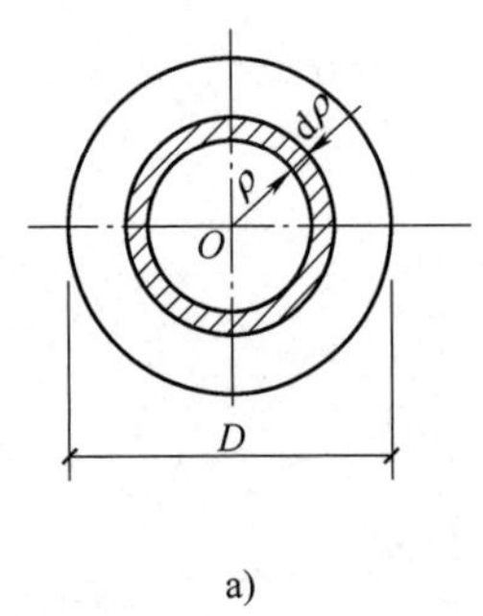

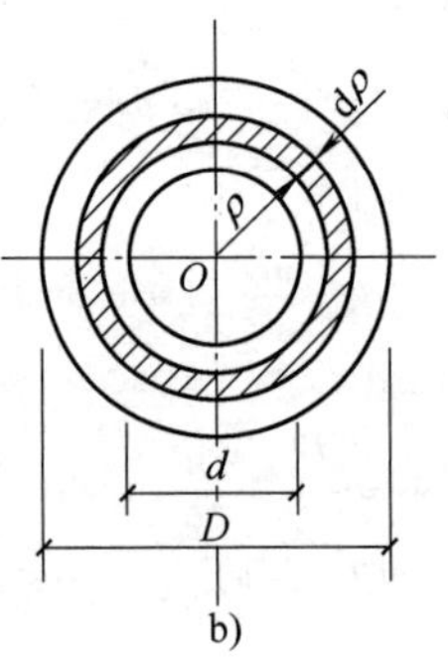

图 2-16　圆形截面与环行截面计算

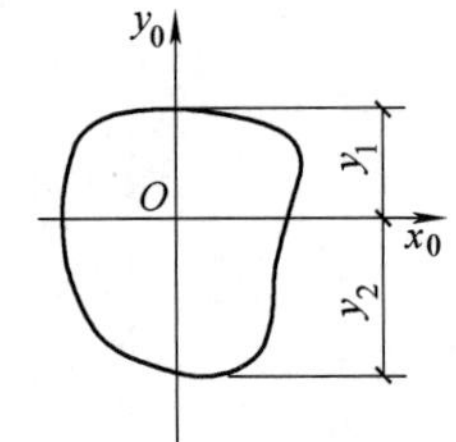

图 2-17　截面系数计算

2.3.2　惯性矩计算例题

［例题 2-6］　矩形截面高为 h、宽为 b。试计算矩形对通过形心的轴（简称形心轴）x、y（图 2-18）的惯性矩 I_x 和 I_y。

［解］

（1）计算 I_x

取平行于 x 轴的微面积 $dA = bdy$，dA 到 x 轴的距离为 y，应用式（2-7）计算，得

$$I_x = \int_A y^2 dA = \int_{-h/2}^{h/2} y^2 b dy = \frac{bh^3}{12}$$

（2）计算 I_y

取平行于 y 轴微面积 $dA = hdx$，dA 到 y 轴的距离为 x，应用式（2-7）计算，得

$$I_y = \int_A x^2 dA = \int_{-b/2}^{b/2} x^2 h dx = \frac{hb^3}{12}$$

因此，矩形截面对形心轴的惯性矩为

$$I_x = \frac{bh^3}{12} \quad I_y = \frac{hb^3}{12}$$

［例题 2-7］　圆形截面直径为 D（图 2-19），试计算它对形心轴的惯性矩。

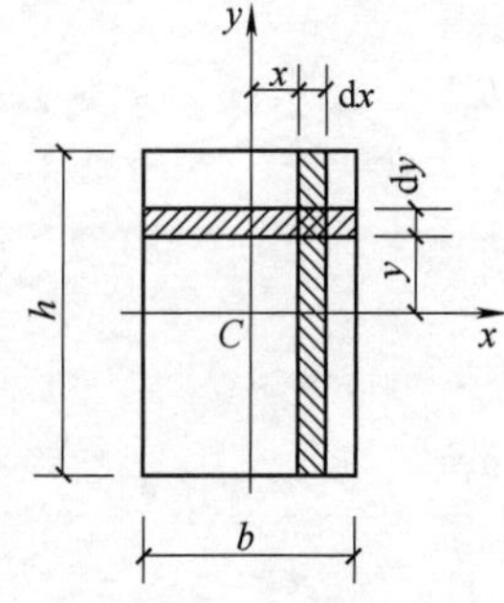

图 2-18　［例题 2-6］计算简图

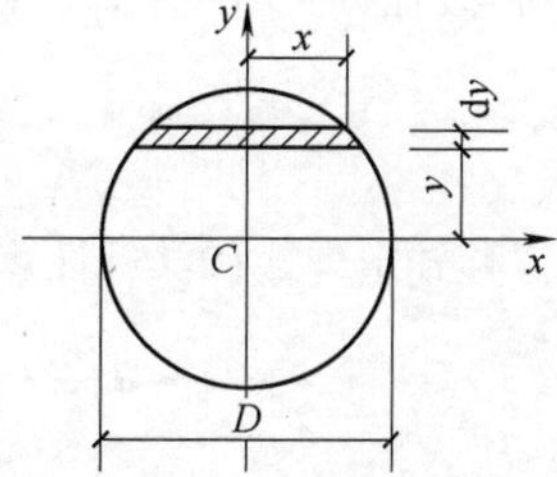

图 2-19　［例题 2-7］计算简图

［解］

取平行于 x 轴的微面积 $dA = 2xdy = 2\sqrt{\left(\frac{D}{2}\right)^2 - y^2}dy$，代入式（2-7）计算，得

$$I_x = \int_A y^2 dA = 2\int_{-D/2}^{D/2} y^2 \sqrt{\left(\frac{D}{2}\right)^2 - y^2}dy = \frac{\pi D^4}{64}$$

由于对称，圆形截面对任一形心轴的惯性矩都等于$\frac{\pi D^4}{64}$。

［例题 2-8］　计算如图 2-20 所示图形的截面二次极矩 I_p。

［解］

圆形的截面二次极矩既可直接由式（2-10）积分计算，也可由式（2-11）利用惯性矩计算。现分别用两种方法计算如下：

（1）用式（2-10）积分计算

如图 2-20 所示，取圆环作为微面积，$dA = 2\pi\rho d\rho$，代入式（2-10）计算，得

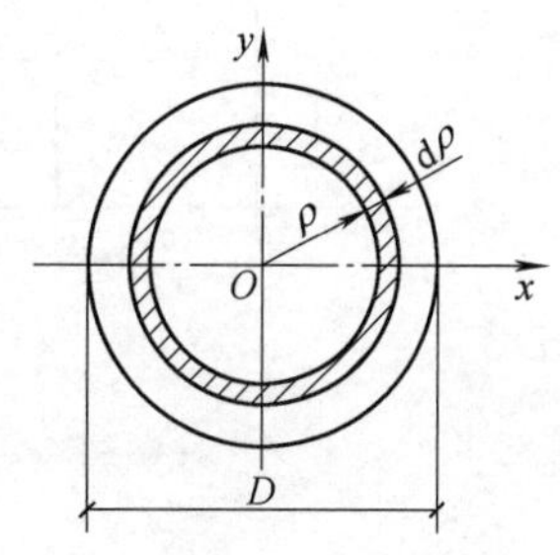

图 2-20　［例题 2-8］计算简图

$$I_p = \int_A \rho^2 \mathrm{d}A = \int_0^{\frac{D}{2}} \rho^2 (2\pi\rho \mathrm{d}\rho) = \frac{\pi D^4}{32}$$

这就是式(2-19)的表达式。

(2) 应用式(2-11)计算

利用已知圆截面的惯性矩值(见[例题2-7]) $I_x = I_y = \frac{\pi D^4}{64}$，代入式(2-11)计算，得

$$I_p = I_x + I_y = 2I_x = \frac{\pi D^4}{32}$$

[例题2-9] 如图2-21所示，计算内、外径分别为 d 和 D 的空心圆的截面二次极矩 I_p。

[解]

取 $\mathrm{d}A = 2\pi\rho\mathrm{d}\rho$，则计算为

$$I_p = \int_A \rho^2 \mathrm{d}A = \int_{\frac{d}{2}}^{\frac{D}{2}} \rho^2 \times 2\pi\rho\mathrm{d}\rho = \frac{\pi D^4}{32} - \frac{\pi d^4}{32} = \frac{\pi D^4}{32}(1 - \alpha^4)$$

其中，$\alpha = d/D$。这个结果即是式(2-22)的来源。

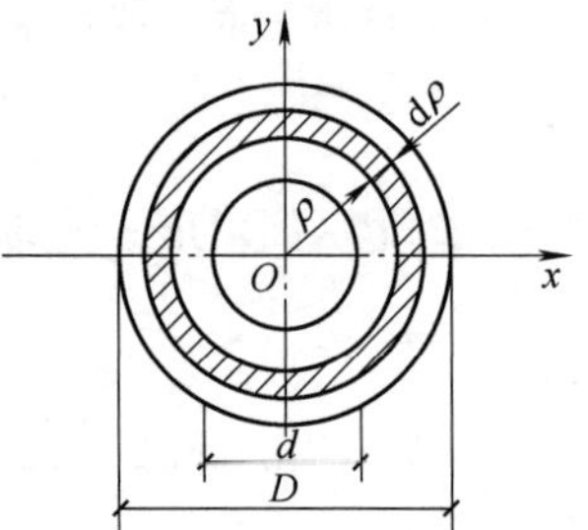

图2-21 [例题2-9]计算简图

[例题2-10] 用平行移轴定理计算如图2-22所示矩形对 y 与 x 轴的惯性矩 I_y、I_x。

[解]

由于矩形截面对形心轴 x_C、y_C 的惯性矩分别为 $I_{x_C} = \frac{b_0 h^3}{12}$、$I_{y_C} = \frac{b_0^3 h}{12}$

应用平行移轴定理式(2-15)计算，可得

$$I_x = I_{x_C} + a^2 A = \frac{b_0 h^3}{12} + \left(\frac{h}{2}\right)^2 b_0 h = \frac{b_0 h^3}{3}$$

$$I_y = I_{y_C} + b^2 A = \frac{b_0^3 h}{12} + \left(\frac{b_0}{2}\right)^2 b_0 h = \frac{b_0^3 h}{3}$$

即为所求。

[例题2-11] 计算如图2-23所示T形截面对形心轴 x、y 的惯性矩。

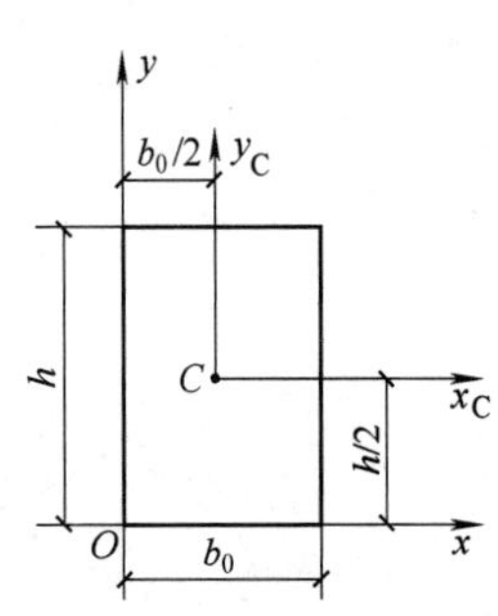

图2-22 [例题2-10]计算简图

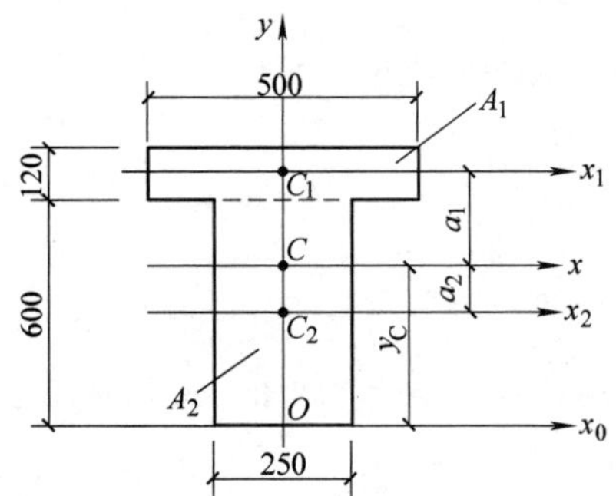

图2-23 [例题2-11]计算简图

[解]

(1) 求截面形心位置

由于截面有一根对称轴 y，故形心必在此轴上，即

$$x_C = 0$$

为求 y_C。先设 x_0 轴如图 2-23 所示，将图形分为两个矩形，这两部分的面积和形心对 x_0 轴的坐标分别为

$$A_1 = 500 \times 120 = 60 \times 10^3 (\text{mm}^2) \quad y_1 = 600 + 60 = 660(\text{mm})$$

$$A_2 = 250 \times 600 = 150 \times 10^3 (\text{mm}^2) \quad y_2 = \frac{600}{2} = 300(\text{mm})$$

故应用式(2-6)计算，得

$$y_C = \frac{\sum A_i y_i}{A} = \frac{60 \times 10^3 \times 660 + 150 \times 10^3 \times 300}{60 \times 10^3 + 150 \times 10^3} = 403(\text{mm})$$

(2) 计算 I_x、I_y

整个截面对 x、y 轴的惯性矩应等于两个矩形对 x、y 轴惯性矩之和。即

$$I_x = I_{1x} + I_{2x}$$

两个矩形对本身形心轴的惯性矩分别为

$$I_{1x_1} = \frac{500 \times 120^3}{12}\text{mm}^4 \quad I_{2x_2} = \frac{250 \times 600^3}{12}\text{mm}^4$$

应用平行移轴式(2-15)计算，可得

$$I_{1x} = I_{1x_1} + a_1^2 A_1 = \frac{500 \times 120^3}{12} + 257^2 \times 500 \times 120 = 40.35 \times 10^8 (\text{mm}^4)$$

$$I_{2x} = I_{2x_2} + a_2^2 A_2 = \frac{250 \times 600^3}{12} + 103^2 \times 250 \times 600 = 60.91 \times 10^8 (\text{mm}^4)$$

所以

$$I_x = I_{1x} + I_{2x} = 40.35 \times 10^8 + 60.91 \times 10^8 = 101.26 \times 10^8 (\text{mm}^4)$$

y 轴正好经过矩形 A_1 和 A_2 的形心，所以

$$I_y = I_{1y} + I_{2y} = \frac{120 \times 500^3}{12} + \frac{600 \times 250^3}{12} = 20.31 \times 10^8 (\text{mm}^4)$$

[例题 2-12]　试计算如图 2-24 所示由两根型号 20a 槽钢组成的截面对形心轴 x、y 的惯性矩。

[解]

组合截面有两根对称轴，形心 C 就在这两根对称轴的交点。由型钢表 2-9 查得每根槽钢的形心 C_1 或 C_2 到腹板边缘的距离为 20.1mm，每根槽钢截面面积为

$$A_1 = A_2 = 2.883 \times 10^3 \text{mm}^2$$

每根槽钢对本身形心轴的惯性矩为

$$I_{1x} = I_{2x} = 17.80 \times 10^6 \text{mm}^4$$

$$I_{1y_1} = I_{2y_2} = 1.280 \times 10^6 \text{mm}^4$$

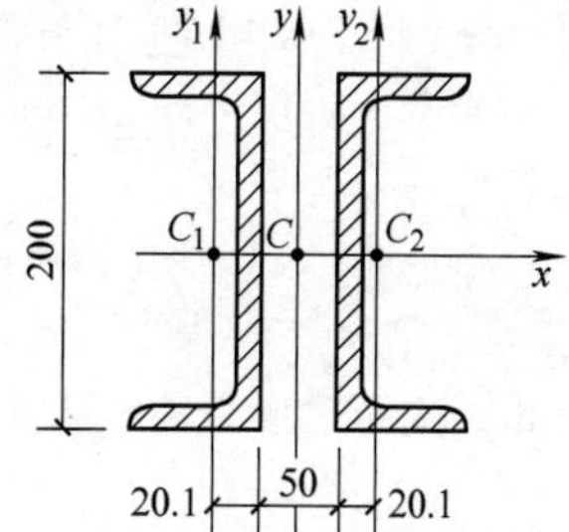

图 2-24　[例题 2-12] 计算简图

整个截面对形心轴的惯性矩应等于两根槽钢对形心轴的惯性轴之和，故得

$$I_x = I_{1x} + I_{2x} = 17.80 \times 10^6 + 17.80 \times 10^6 = 35.60 \times 10^6 (\text{mm}^4)$$

$$\begin{aligned} I_y &= I_{1y} + I_{2y} = 2I_{1y} = 2(I_{1y_1} + a^2 \times A_1) \\ &= 2 \times \left[1.280 \times 10^6 + \left(20.1 + \frac{50}{2}\right)^2 \times 2.883 \times 10^3\right] \\ &= 14.29 \times 10^6 (\text{mm}^4) \end{aligned}$$

即为所求。

[例题 2-13] 试计算如图 2-25 所示 T 形截面对形心轴的惯性矩。

[解]

将 T 形截面分割为Ⅰ、Ⅱ两个矩形(图 2-25)，应用表 2-4 序号 1 和式(2-15)可知，矩形Ⅰ和矩形Ⅱ对截面形心轴 x_C 的惯性矩分别为

$$I_{x_c}^{\mathrm{I}}=I_{x_{c_1}}+a_1^2A_1=60\times20^3/12+60\times20\times(80-60)^2=5.2\times10^5(\mathrm{mm}^4)$$

$$I_{x_c}^{\mathrm{II}}=I_{x_{c_2}}+a_2^2A_2=20\times70^3/12+70\times20\times(60-35)^2=14.5\times10^5(\mathrm{mm}^4)$$

因此，T 形截面对形心轴 x_C 的惯性矩 I_{x_c} 为

$$I_{x_c}=I_{x_c}^{\mathrm{I}}+I_{x_c}^{\mathrm{II}}=5.2\times10^5+14.5\times10^5=1.97\times10^6(\mathrm{mm}^4)$$

矩形Ⅰ和矩形Ⅱ对截面形心轴 y_c 的惯性矩分别为

$$I_{y_c}^{\mathrm{I}}=20\times60^3/12=3.6\times10^5(\mathrm{mm}^4)$$

$$I_{y_c}^{\mathrm{II}}=70\times20^3/12=0.5\times10^5(\mathrm{mm}^4)$$

因此，T 形截面对形心轴 y_c 的惯性矩 I_{y_c} 为

$$I_{y_c}=I_{y_c}^{\mathrm{I}}+I_{y_c}^{\mathrm{II}}=3.6\times10^5+0.5\times10^5=0.41\times10^6(\mathrm{mm}^4)$$

[例题 2-14] 试计算如图 2-26 所示截面对形心轴的惯性矩。

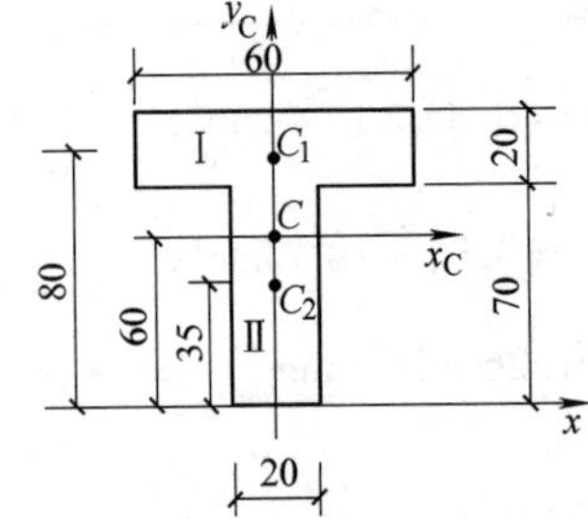

图 2-25 [例题 2-13]计算简图

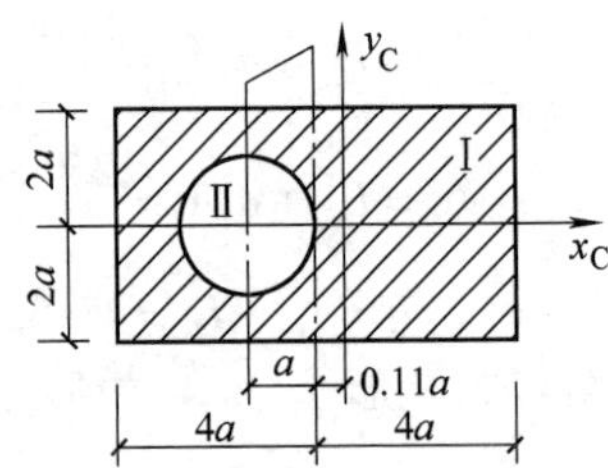

图 2-26 [例题 2-14]计算简图

[解]

将截面可看成一个矩形Ⅰ和圆形Ⅱ(图 2-26)对截面形心轴的惯性矩之差，应用表 2-4 序号 1 和序号 22 可知，矩形Ⅰ和圆形Ⅱ对截面形心轴 x_C 的惯性矩分别为

$$I_{x_c}^{\mathrm{I}}=\frac{bh^3}{12}=\frac{8a\times(4a)^3}{12}=42.7a^4$$

$$I_{x_c}^{\mathrm{II}}=\frac{\pi d^4}{64}=\frac{\pi(2a)^4}{64}=\frac{\pi a^4}{4}$$

因此，截面对形心轴 x_C 的惯性矩 I_{x_c} 为

$$I_{x_c}=I_{x_c}^{\mathrm{I}}-I_{x_c}^{\mathrm{II}}=\left(42.7-\frac{\pi}{4}\right)a^4=41.91a^4$$

应用表 2-4 序号 1 和序号 22 以及式(2-15)可知，矩形Ⅰ和圆形Ⅱ对截面形心轴 y_C 的惯性矩分别为

$$I_{y_c}^{\mathrm{I}}=\frac{hb^3}{12}+hb\times(0.11a)^2=\frac{4a\times(8a)^3}{12}+4a\times8a\times(0.11a)^2=171.05a^4$$

$$I_{y_c}^{\mathrm{II}}=\frac{\pi d^4}{64}+(a+0.11a)^2\times\frac{\pi d^2}{4}=\frac{\pi a^4}{4}+3.87a^4=4.66a^4$$

因此，截面对形心轴 y_C 的惯性矩 I_{y_c} 为

$$I_{y_c}=I_{y_c}^{\mathrm{I}}-I_{y_c}^{\mathrm{II}}=(171.05-4.66)a^4=166.39a^4$$

［例题 2-15］　某实心圆轴，直径 $D=50\text{mm}$，传递的扭矩 $M_n=4\text{kN}\cdot\text{m}$，试计算与圆心距离 $\rho=15\text{mm}$ 的 k 点的切应力及截面上的最大切应力（图 2-27）。

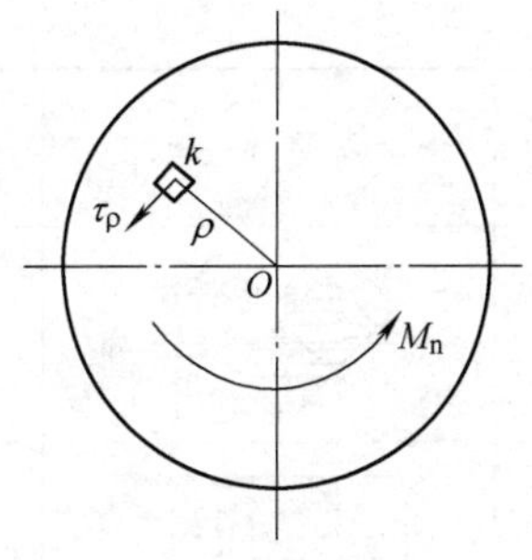

图 2-27　［例题 2-15］计算简图

［解］

扭矩 $M_n=4\text{kN}\cdot\text{m}=4\times10^3\text{N}\cdot\text{m}$

截面的极惯性矩和抗扭截面系数分别为

$$I_p=\frac{\pi D^4}{32}=\frac{\pi\times(50\times10^{-3})^4}{32}=61.4\times10^{-8}(\text{m}^4)$$

$$W_t=\frac{\pi D^3}{16}=\frac{\pi\times(50\times10^{-3})^3}{16}=24.5\times10^{-6}(\text{m}^3)$$

由式(2-17)、式(2-18)依次计算，得

k 点处的切应力

$$\tau_\rho=\frac{M_n}{I_p}\rho=\frac{4\times10^3}{61.4\times10^{-8}}\times15\times10^{-3}=97.7(\text{N/mm}^2)$$

最大切应力

$$\tau_{max}=\frac{M_n}{W_t}=\frac{4\times10^3}{24.5\times10^{-6}}=163.3(\text{N/mm}^2)$$

即为所求。

2.4　常用截面的特性用表

2.4.1　常用截面的力学特性用表

常用截面的力学特性见表 2-4。

表 2-4　常用截面的力学特性

说明	在表中：(1) x_0—x_0 及 y_0—y_0 为通过截面形心的轴 (2) 角度 α 均按弧度(rad)计算			
序号	截 面 简 图	截面面积(A)	图示轴线至边缘距离(y;x)	对于图示轴线的惯性矩、截面系数及回转半径(I、W及i)
1		bh	$y=\frac{h}{2}$	$I_{x_0}=\frac{bh^3}{12}$；$W_{x_0}=\frac{1}{6}bh^2$； $i_{x_0}=0.289h$
2		bh	$y=h$	$I_x=\frac{bh^3}{3}$
3		a^2	$y=\frac{a}{2}$	$I_{x_0}=\frac{a^4}{12}$；$W_{x_0}=\frac{a^3}{6}$； $i_{x_0}=0.289a$
4		a^2	$y=a$	$I_x=\frac{a^4}{3}$
5		bh	$y=\frac{bh}{\sqrt{b^2+h^2}}$	$I_{x_0}=\frac{b^3h^3}{6(b^2+h^2)}$；$W_{x_0}=\frac{b^2h^2\sqrt{b^2+h^2}}{6(b^2+h^2)}$； $i_{x_0}=\sqrt{\frac{b^2h^2}{6(b^2+h^2)}}$

续表 2-4

序号	截面简图	截面面积(A)	图示轴线至边缘距离(y;x)	对于图示轴线的惯性矩、截面系数及回转半径(I、W及i)
6		bh	$y=\frac{1}{2}(h\cos\alpha+b\sin\alpha)$	$I_{x_0}=\frac{bh}{12}(h^2\cos^2\alpha+b^2\sin^2\alpha)$
7		$a^2-a_1^2$	$y=a$	$I_x=\frac{1}{12}(4a^4-3a_1^2a^2-a_1^4)$
8		$a^2-a_1^2$	$y=\frac{a}{\sqrt{2}}$	$I_{x_0}=\frac{a^4-a_1^4}{12}$; $W_{x_0}=0.118\frac{a^4-a_1^4}{a}$; $i_{x_0}=0.289\sqrt{a^2+a_1^2}$
9		$bh-b_1h_1$	$y=\frac{h}{2}$	$I_{x_0}=\frac{bh^3-b_1h_1^3}{12}$; $W_{x_0}=\frac{bh^3-b_1h_1^3}{6h}$; $i_{x_0}=0.289\sqrt{\frac{bh^3-b_1h_1^3}{bh-b_1h_1}}$
10		$b(h-h_1)$	$y=\frac{h}{2}$	$I_{x_0}=\frac{b(h^3-h_1^3)}{12}$; $W_{x_0}=\frac{b(h^3-h_1^3)}{6h}$; $i_{x_0}=0.289\sqrt{h^2+hh_1+h_1^2}$
11	正六角形	$\frac{3\sqrt{3}}{2}a^2=2.598a^2$; $\frac{\sqrt{3}}{2}h^2=0.866h^2$	$y=\frac{\sqrt{3}}{2}a=0.866a=0.5h$	$I_{x_0}=\frac{5\sqrt{3}}{16}a^4=0.541a^4=0.0601h^4$; $W_{x_0}=\frac{5}{8}a^3=0.120h^3$; $i_{x_0}=0.456a=0.264h$
12	正六角形	$\frac{3\sqrt{3}}{2}a^2=2.598a^2$; $\frac{\sqrt{3}}{2}h^2=0.866h^2$	$y=a=\frac{h}{\sqrt{3}}=0.577h$	$I_{x_0}=\frac{5\sqrt{3}}{16}a^4=0.541a^4=0.0601h^4$; $W_{x_0}=0.541a^3=0.104h^3$; $i_{x_0}=0.456a=0.264h$
13	正八角形	$2\sqrt{2}R^2=2.828R^2$; $\frac{2\sqrt{2}}{2+\sqrt{2}}h^2=0.828h^2$	$y=\frac{\sqrt{2+\sqrt{2}}}{2}R=0.924R=0.5h$	$I_{x_0}=\frac{1+2\sqrt{2}}{6}R^4=0.638R^4=0.0547h^4$; $W_{x_0}=0.691R^3=0.109h^3$; $i_{x_0}=0.475R=0.257h$
14	正八角形	$2.828R^2$; $3.314R_1^2$; $4.828a^2$	$y=R=1.082R_1=1.307a$	$I_{x_0}=0.638R^4=0.876R_1^4=1.860a^4$; $W_{x_0}=0.638R^3=0.809R_1^3=1.423a^3$; $i_{x_0}=0.475R=0.514R_1=0.621a$
15		$\frac{h(b+b_1)}{2}$	$y_1=\frac{h(b_1+2b)}{3(b_1+b)}$; $y_2=\frac{h(b+2b_1)}{3(b+b_1)}$	$I_{x_0}=\frac{h^3(b^2+4bb_1+b_1^2)}{36(b+b_1)}$

续表 2-4

序号	截面简图	截面面积(A)	图示轴线至边缘距离(y;x)	对于图示轴线的惯性矩、截面系数及回转半径(I、W 及 i)
16	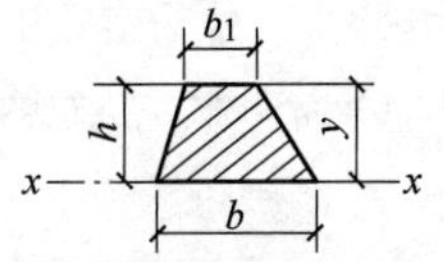	$\frac{h(b+b_1)}{2}$	$y=h$	$I_x=\frac{h^3(b+3b_1)}{12}$
17	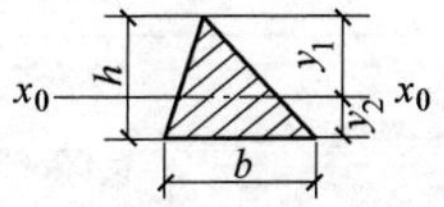	$\frac{bh}{2}$	$y_1=\frac{2h}{3}$; $y_2=\frac{h}{3}$	$I_{x_0}=\frac{bh^3}{36}$; $W_{x_01}=\frac{bh^2}{24}$; $W_{x_02}=\frac{bh^2}{12}$; $i_{x_0}=0.236h$
18	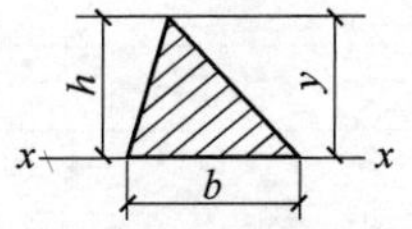	$\frac{bh}{2}$	$y=h$	$I_x=\frac{bh^3}{12}$
19	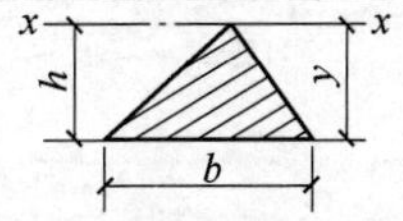	$\frac{bh}{2}$	$y=h$	$I_x=\frac{bh^3}{4}$
20	等腰三角形 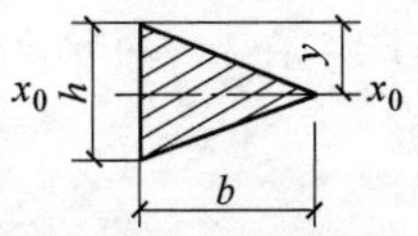	$\frac{bh}{2}$	$y=\frac{h}{2}$	$I_{x_0}=\frac{bh^3}{48}$; $W_{x_0}=\frac{bh^2}{24}$; $i_{x_0}=0.204h$
21	等边三角形 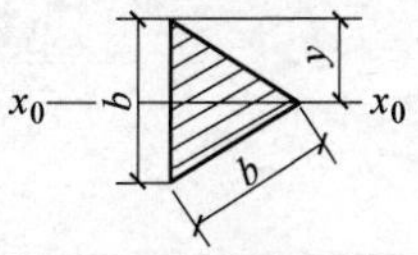	$\frac{\sqrt{3}b^2}{4}=0.433b^2$	$y=\frac{b}{2}$	$I_{x_0}=\frac{b^4}{32\sqrt{3}}=0.018b^4$; $W_{x_0}=0.0361b^3$; $i_{x_0}=0.204b$
22	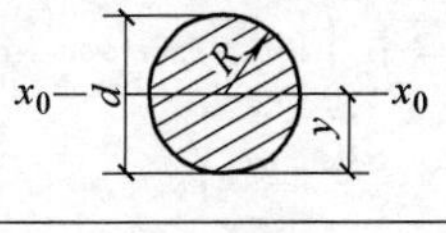	$\frac{\pi d^2}{4}=0.785d^2$; $\pi R^2=3.142R^2$	$y=\frac{d}{2}=R$	$I_{x_0}=\frac{\pi d^4}{64}=0.0491d^4$; $W_{x_0}=0.0982d^3$; $i_{x_0}=\frac{1}{4}d$
23	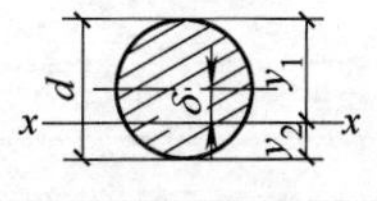	$\frac{\pi d^2}{4}=0.785d^2$	$y_1=\frac{d}{2}+\delta$; $y_2=\frac{d}{2}-\delta$	$I_x=\frac{\pi d^2}{64}(d^2+16\delta^2)$
24	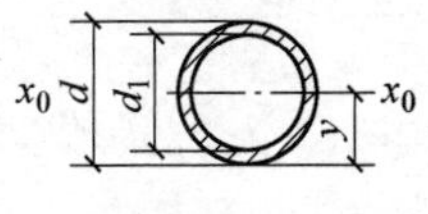	$\frac{\pi(d^2-d_1^2)}{4}=0.785(d^2-d_1^2)$	$y=\frac{d}{2}$	$I_{x_0}=\frac{\pi(d^4-d_1^4)}{64}=0.0491(d^4-d_1^4)$; $W_{x_0}=0.0982\frac{d^4-d_1^4}{d}$; $i_{x_0}=\frac{\sqrt{d^2+d_1^2}}{4}$
25	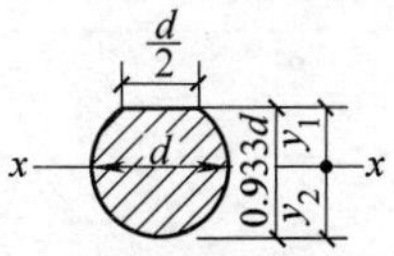	$0.763d^2$	$y_1=0.433d$; $y_2=\frac{d}{2}$	$I_x=0.0443d^4$
26	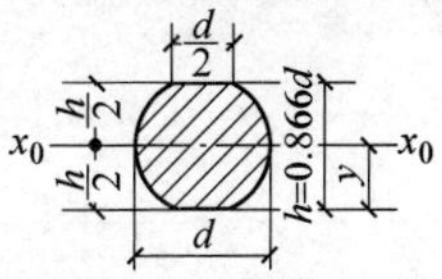	$0.740d^2$	$y=\frac{h}{2}=0.433d$	$I_{x_0}=0.0395d^4$; $W_{x_0}=0.0912d^3$; $i_{x_0}=0.231d$

续表 2-4

序号	截面简图	截面面积(A)	图示轴线至边缘距离(y;x)	对于图示轴线的惯性矩、截面系数及回转半径(I、W 及 i)
27		$0.695d^2$	$y=\frac{h}{2}=0.433d$	$I_{x_0}=0.0389d^4$；$W_{x_0}=0.0898d^3$；$i_{x_0}=0.237d$
28		$\frac{\pi d^2}{8}=0.393d^2$	$y_1=\frac{d(3\pi-4)}{6\pi}=0.288d$；$y_2=\frac{2d}{3\pi}=0.212d$	$I_{x_0}=\frac{d^4(9\pi^2-64)}{1152\pi}=0.00686d^4$
			$x=0.5d$	$I_{y_0}=0.0245d^4$
29		$\frac{\pi}{8}(d^2-d_1^2)=0.393(d^2-d_1^2)$	$y_1=\frac{d}{2}-y_2$；$y_2=\frac{2}{3\pi}\times\frac{(d^3-d_1^3)}{(d^2-d_1^2)}$	$I_{x_0}=\frac{9\pi^2(d^4-d_1^4)(d^2-d_1^2)-64(d^3-d_1^3)^2}{1152\pi(d^2-d_1^2)}$
30		$\frac{\pi}{4}R^2=0.785R^2$	$y_1=\left(1-\frac{4}{3\pi}\right)R=0.576R$；$y_2=\frac{4}{3\pi}R=0.424R$	$I_{x_0}=\frac{9\pi^2-64}{144\pi}R^4=0.0549R^4$
31		$R^2\left(1-\frac{\pi}{4}\right)=0.215R^2$	$y_1=0.223R$；$y_2=\frac{R}{6\left(1-\frac{\pi}{4}\right)}=0.777R$	$I_{x_0}=R^4\left(\frac{1}{3}-\frac{\pi}{16}-\frac{1}{36-9\pi}\right)=0.00755R^4$
32		$\frac{R^2}{2}(2\alpha-\sin2\alpha)$	$y_d=\frac{4R}{3}\times\frac{\sin^3\alpha}{2\alpha-\sin2\alpha}$；$y_1=R-y_d$；$y_2=R(1-\cos\alpha)-y_1$	$I_{x_0}=\frac{R^4}{72}\left(18\alpha-9\sin2\alpha\cos2\alpha-\frac{64\sin^6\alpha}{2\alpha-\sin2\alpha}\right)$；$I_x=\frac{R^4}{8}(2\alpha-\sin2\alpha\cos2\alpha)$
			$x=R\sin\alpha$	$I_{y_0}=\frac{R^4}{24}[6\alpha-\sin2\alpha(3+2\sin^2\alpha)]$
33		αR^2	$y_1=R-y_2$；$y_2=\frac{2}{3}\times\frac{R\sin\alpha}{\alpha}$	$I_{x_0}=\frac{R^4}{4}\left(\alpha+\sin\alpha\cos\alpha-\frac{16\sin^2\alpha}{9\alpha}\right)$
			$x=R\sin\alpha$	$I_{y_0}=\frac{R^4}{4}(\alpha-\sin\alpha\cos\alpha)$
34		αR^2	$y=R$	$I_x=\frac{R^4}{4}(\alpha+\sin\alpha\cos\alpha)$；$I_{y_0}=\frac{R^4}{4}(\alpha-\sin\alpha\cos\alpha)$

续表 2-4

序号	截面简图	截面面积(A)	图示轴线至边缘距离(y;x)	对于图示轴线的惯性矩、截面系数及回转半径(I、W 及 i)
35	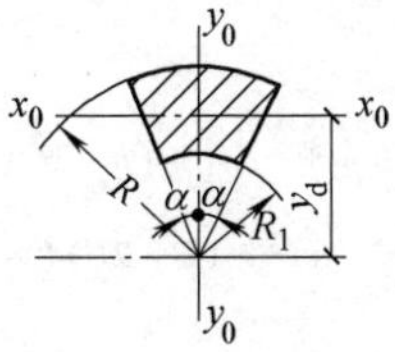	$\alpha(R^2-R_1^2)$	$y_d=\frac{2}{3}\times\frac{R^3-R_1^3}{R^2-R_1^2}\times\frac{\sin\alpha}{\alpha}$	$I_{x_0}=\frac{1}{4}\left(\alpha+\sin\alpha\cos\alpha-\frac{16\sin^2\alpha}{9\alpha}\right)\times(R^4-R_1^4)-\frac{4\sin^2\alpha R^2R_1^2(R-R_1)}{9\alpha(R+R_1)}$; $I_{y_0}=\frac{1}{4}(\alpha-\sin\alpha\cos\alpha)(R^4-R_1^4)$
36	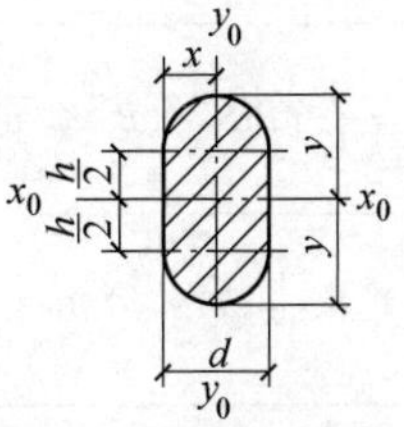	$\frac{\pi}{4}d^2+hd$	$y=\frac{1}{2}(h+d)$	$I_{x_0}=\frac{\pi d^4}{64}+\frac{hd^3}{6}+\frac{\pi h^2d^2}{16}+\frac{dh^3}{12}$
			$x=\frac{1}{2}d$	$I_{y_0}=\frac{\pi d^4}{64}+\frac{hd^3}{12}$
37	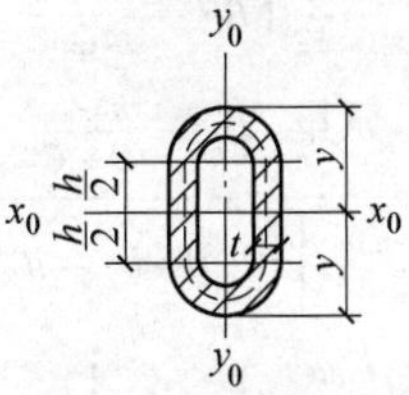	$2(\pi R+h)t$	$y=R+\frac{h+t}{2}$	$I_{x_0}=\pi R^3t+4R^2th+\frac{\pi}{2}Rth^2+\frac{1}{6}th^3+\left(\frac{\pi R}{4}+\frac{h}{3}\right)t^3$
38	椭圆 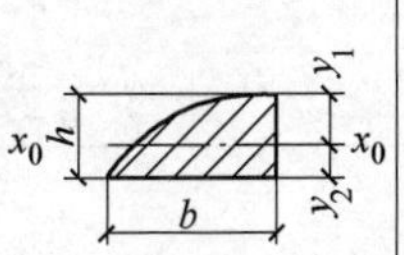	$\frac{\pi bh}{4}=0.785bh$	$y_1=h\left(1-\frac{4}{3\pi}\right)=0.576h$; $y_2=\frac{4}{3\pi}h=0.424h$	$I_{x_0}=\frac{9\pi^2-64}{144\pi}bh^3=0.0549bh^3$
39	椭圆 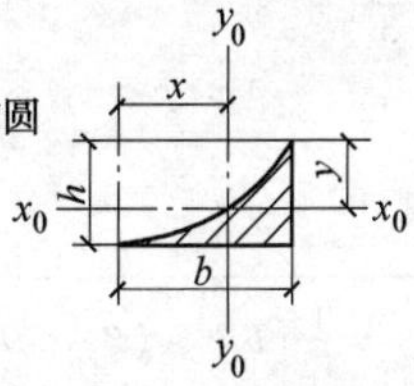	$bh\left(1-\frac{\pi}{4}\right)=0.215bh$	$y=\frac{h}{6\left(1-\frac{\pi}{4}\right)}=0.777h$	$I_{x_0}=\left(\frac{1}{3}-\frac{\pi}{16}-\frac{1}{36-9\pi}\right)bh^3=0.00755bh^3$
			$x=\frac{b}{6\left(1-\frac{\pi}{4}\right)}=0.777b$	$I_{y_0}=\left(\frac{1}{3}-\frac{\pi}{16}-\frac{1}{36-9\pi}\right)hb^3=0.00755hb^3$
40	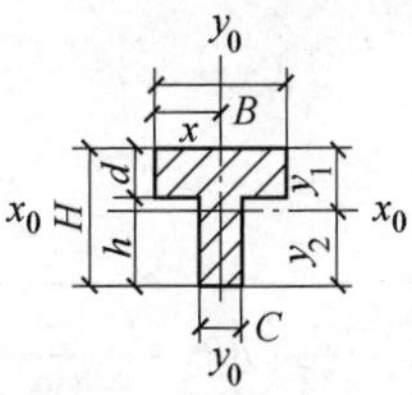	$Bd+hC$	$y_1=\frac{1}{2}\times\frac{CH^2+d^2(B-C)}{Bd+hC}$; $y_2=H-y_1$	$I_{x_0}=\frac{1}{3}[Cy_2^3+By_1^3-(B-C)\times(y_1-d)^3]$
			$x=\frac{1}{2}B$	$I_{y_0}=\frac{1}{12}(dB^3+hC^3)$
41	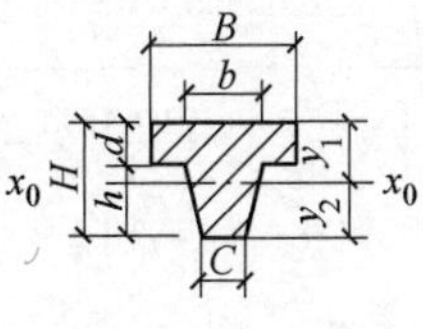	$Bd+\frac{h}{2}(b+C)$	$y_1=\frac{3d(Bd+bh+Ch)}{6Bd+3h(b+C)}+\frac{h^2(b+2C)}{6Bd+3h(b+C)}$; $y_2=H-y_1$	$I_{x_0}=\frac{1}{12}[4Bd^3+(b+3C)h^3]-\left[Bd+\frac{h}{2}(b+C)\right](y_1-d)^2$

续表 2-4

序号	截面简图	截面面积(A)	图示轴线至边缘距离 (y;x)	对于图示轴线的惯性矩、截面系数及回转半径(I、W及i)
42	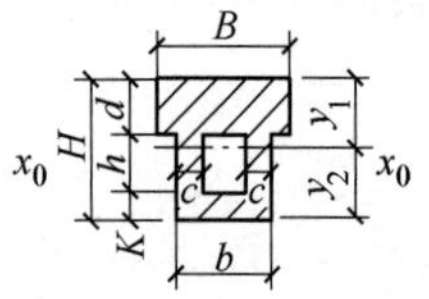	$Bd+2Ch+bK$	$y_1=H-y_2$; $y_2=\frac{1}{2}\times\left[\frac{2CH^2+(b-2C)K^2}{Bd+2Ch+bK}+\frac{(B-2C)(2H-d)d}{Bd+2Ch+bK}\right]$	$I_{x_0}=\frac{1}{3}[by_2^3+By_1^3-(b-2C)\times(y_2-K)^3-(B-2C)(y_1-d)^3]$
43		$Ch+2Bd$	$y=\frac{1}{2}H$	$I_{x_0}=\frac{1}{12}[BH^3-(B-C)h^3]$
			$x=\frac{1}{2}B$	$I_{y_0}=\frac{1}{12}(hC^3+2dB^3)$
44		$CH+2b(e+f)$	$y=\frac{1}{2}H$	$I_{x_0}=\frac{1}{12}\left(BH^3-\frac{h^4-a^4}{4\tan\alpha}\right)$ 式中 $\tan\alpha=\frac{h-a}{B-C}$
			$x=\frac{1}{2}B$	$I_{y_0}=\frac{1}{12}\left[B^3(H-h)+aC^3+\frac{\tan\alpha}{4}(B^4-C^4)\right]$ 式中 $\tan\alpha=\frac{h-a}{B-C}$
45	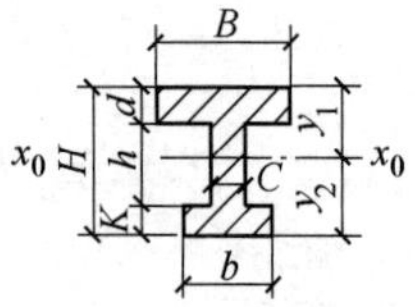	$Bd+Ch+bK$	$y_1=H-y_2$; $y_2=\frac{1}{2}\times\left[\frac{CH^2+(b-C)K^2}{Bd+Ch+bK}+\frac{(B-C)(2H-d)d}{Bd+Ch+bK}\right]$	$I_{x_0}=\frac{1}{3}[by_2^3+By_1^3-(b-C)\times(y_2-K)^3-(B-C)(y_1-d)^3]$
46		$BH-h(B-C)$	$y=\frac{1}{2}H$	$I_{x_0}=\frac{1}{12}[BH^3-(B-C)h^3]$
			$x_1=B-x_2$; $x_2=\frac{1}{2}\times\left[\frac{B^2H-h(B-C)^2}{BH-h(B-C)}\right]$	$I_{y_0}=\frac{1}{3}(2B^3d+hC^3)-[BH-h(B-C)]x_1^2$
47		$CH+b(e+f)$	$y=\frac{1}{2}H$	$I_{x_0}=\frac{1}{12}\left(BH^3-\frac{h^4-a^4}{8\tan\alpha}\right)$ 式中 $\tan\alpha=\frac{h-a}{2b}$
			$x_1=\frac{6B^2e+3hC^2}{6[CH+b(e+f)]}+\frac{2b(b+3C)(f-e)}{6[CH+b(e+f)]}$; $x_2=B-x_1$	$I_{y_0}=\frac{1}{3}\left[2eB^3+aC^3+\frac{\tan\alpha}{2}(B^4-C^4)\right]-[CH+b(e+f)]x_1^2$ 式中 $\tan\alpha=\frac{h-a}{2b}$

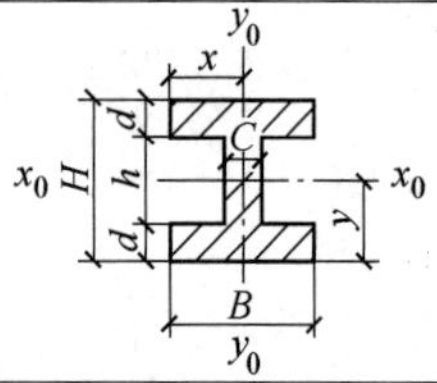

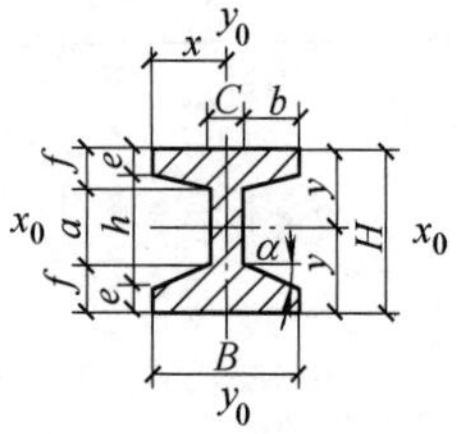

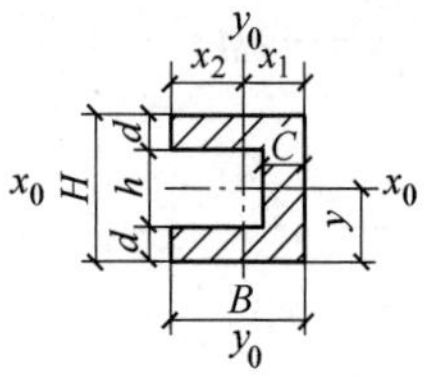

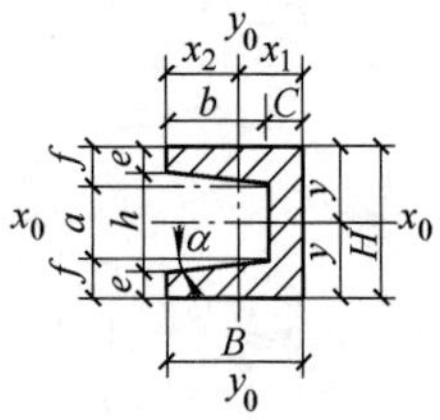

续表 2-4

序号	截面简图	截面面积(A)	图示轴线至边缘距离(y;x)	对于图示轴线的惯性矩、截面系数及回转半径(I、W 及 i)
48	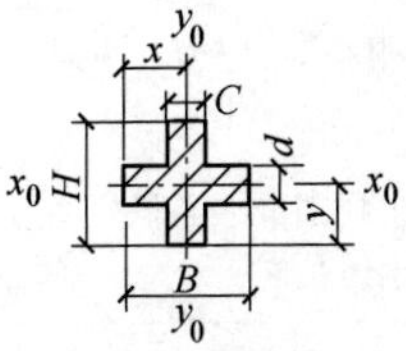	$CH+d(B-C)$	$y=\frac{1}{2}H$	$I_{x_0}=\frac{1}{12}[CH^3+d^3(B-C)]$
			$x=\frac{1}{2}B$	$I_{y_0}=\frac{1}{12}[dB^3+C^3(H-d)]$
49	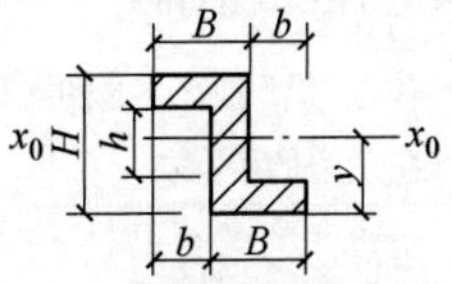	$BH-bh$	$y=\frac{1}{2}H$	$I_{x_0}=\frac{1}{12}(BH^3-bh^3)$
50	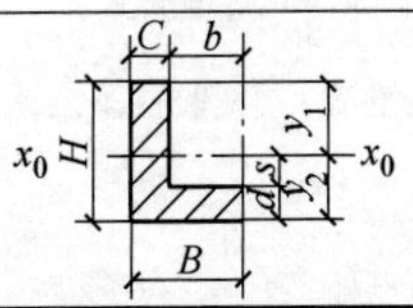	$CH+bd$	$y_1=H-y_2$; $y_2=\frac{1}{2}\times\frac{CH^2+bd^2}{CH+bd}$	$I_{x_0}=\frac{1}{3}(By_2^3-bs^3+Cy_1^3)$

2.4.2　常用截面的抗扭特性用表

常用截面的抗扭特性见表 2-5。

表 2-5　常用截面的抗扭特性

序号	截面	截面二次极矩(抗扭惯性矩)I_P	抗扭截面系数 W_t 及截面上产生最大剪应力的各点位置
1	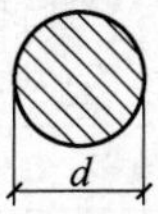	$I_P=\frac{\pi d^4}{32}\approx 0.1d^4$	$W_t=\frac{\pi d^3}{16}\approx 0.2d^3$ τ_{max}在截面边界各点
2	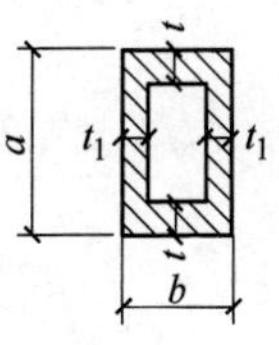	$I_P=\frac{2tt_1(a-t)^2(b-t_1)^2}{at+bt_1-t^2-t_1^2}$	$\tau_1=\frac{T}{2t_1(a-t)(b-t_1)}$(在长边的中间一段) $\tau_2=\frac{T}{2t(a-t)(b-t_1)}$(在短边的中间一段) 当没有足够大的圆角时，在里面各角点上的应力可能更大，其应力集中系数： $a_1=1.74\sqrt[3]{\frac{t_{max}}{r}}$, 式中　r——内凹角内圆角半径 T——扭矩 最大剪应力 $=a_1\tau_{max}$
3	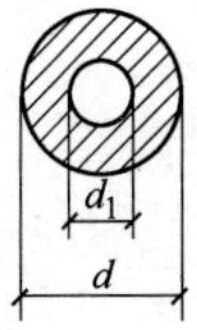 $a=\frac{d_1}{d}$	$I_P=\frac{\pi d^4}{32}(1-a^4)$ $\approx 0.1d^4(1-a^4)$	$W_t=\frac{\pi d^3}{16}(1-a^4)\approx 0.2d^3(1-a^4)$ τ_{max}在截面外边各点 $\tau_1=\tau_{max}\frac{d_1}{d}$，在截面内边各点

续表 2-5

序号	截　　面	截面二次极矩（抗扭惯性矩）I_P	抗扭截面系数 W_t 及截面上产生最大剪应力的各点位置
4	等厚度任意形状薄壁环	$I_P=\frac{4A^2t}{S}$ （左图中虚线表示中线）	$\tau_{平均}=\frac{T}{2tA}$（当 t 很小时，应力几乎是平均分布的） 式中　A——环的中线围成之面积 S——环的中线长度
5	$\frac{a}{b}=\lambda>4$	$I_P=\frac{1}{3}(\lambda-0.63)b^4$	$W_t=\frac{1}{3}(\lambda-0.63)b^3$ τ_{max} 在沿长边的各点，靠近角点上的除外 $\tau_1=0.74\tau_{max}$，在短边的中点处
6		$I_P=\frac{ab^3}{16}\times\left[\frac{16}{3}-3.36\frac{b}{a}\left(1-\frac{b^4}{12a^4}\right)\right]$（近似公式） 或 $I_P=\gamma ab^3$（按照圣维南的准确解法），γ 取自圣维南表，它与 $\frac{a}{b}$ 之比有关	$W_t=\frac{a^2b^2}{3a+1.8b}$（近似公式） 或 $W_t=\alpha ab^2$（较准确），α 取自圣维南表，它与 $\frac{a}{b}$ 之比有关 τ_{max} 在长边的中点处 $\tau_1=\beta\tau_{max}$ 在短边的中点处，β 取自圣维南表，它与 $\frac{a}{b}$ 之比有关 在各个角点上剪应力等于零

序号	截面	圣维南表												
7	$\frac{a}{b}\geqslant 1$	a/b	1.00	1.20	1.50	1.75	2.00	2.50	3.00	4.00	5.00	6.00	8.00	10.00	∞
		α	0.208	0.219	0.231	0.239	0.246	0.258	0.267	0.282	0.291	0.298	0.307	0.312	0.333
		β	1.000	0.930	0.859	0.821	0.795	0.766	0.753	0.745	0.743	0.743	0.742	0.742	—
		γ	0.141	0.166	0.196	0.214	0.229	0.249	0.263	0.281	0.291	0.298	0.307	0.312	0.333

序号	截　　面	截面二次极矩（抗扭惯性矩）I_P	抗扭截面系数 W_t 及截面上产生最大剪应力的各点位置
8	辗钢截面考虑由矩形所组成的截面（槽钢及工字钢的翼缘可取其平均厚度）矩形尺寸是 $b_i\times t_i$，且 $b_i>4t_i$	$I_P\approx\frac{1}{3}\sum_{i=1}^{n}b_it_i^3$	最大剪应力在最大厚度 t_{max} 的矩形中间部分， $\tau_{max}=\frac{T}{\frac{1}{3}\sum_{i=1}^{n}b_it_i^3}t_{max}$ 式中　$i=1、2、\cdots、n$ 在截面内凹角处产生应力集中，理论集中系数： $a_t=1.74\sqrt[3]{\frac{t_{max}}{r}}$ 式中　r——凹角内圆角半径 最大剪应力 $=a_t\tau_{max}$

2.5 型钢规格表

2.5.1 热轧等边角钢

热轧等边角钢见表 2-6。

2.5.2 热轧不等边角钢

热轧不等边角钢见表 2-7。

表 2-6　热轧等边角钢（GB/T 706—2016）

计算简图

符号意义：

b——边宽度　　I——惯性矩

d——边厚度　　i——惯性半径

r——内圆弧半径　　W——截面系数

r_1——边端内圆弧半径　　z_0——重心距离

型号	截面尺寸/mm			截面面积/cm²	理论重量/(kg/m)	外表面积/(m²/m)	惯性矩/cm⁴				惯性半径/cm			截面模数/cm³			重心距离/cm
	b	d	r				I_x	I_{x1}	I_{x0}	I_{y0}	i_x	i_{x0}	i_{y0}	W_x	W_{x0}	W_{y0}	z_0
2	20	3	3.5	1.132	0.89	0.078	0.40	0.81	0.63	0.17	0.59	0.75	0.39	0.29	0.45	0.20	0.60
		4		1.459	1.15	0.077	0.50	1.09	0.78	0.22	0.58	0.73	0.38	0.36	0.55	0.24	0.64
2.5	25	3		1.432	1.12	0.098	0.82	1.57	1.29	0.34	0.76	0.95	0.49	0.46	0.73	0.33	0.73
		4		1.859	1.46	0.097	1.03	2.11	1.62	0.43	0.74	0.93	0.48	0.59	0.92	0.40	0.76
3	30	3	4.5	1.749	1.37	0.117	1.46	2.71	2.31	0.61	0.91	1.15	0.59	0.68	1.09	0.51	0.85
		4		2.276	1.79	0.117	1.84	3.63	2.92	0.77	0.90	1.13	0.58	0.87	1.37	0.62	0.89
3.6	36	3		2.109	1.66	0.141	2.58	4.68	4.09	1.07	1.11	1.39	0.71	0.99	1.61	0.76	1.00
		4		2.756	2.16	0.141	3.29	6.25	5.22	1.37	1.09	1.38	0.70	1.28	2.05	0.93	1.04
		5		3.382	2.65	0.141	3.95	7.84	6.24	1.65	1.08	1.36	0.7	1.56	2.45	1.00	1.07
4	40	3	5	2.359	1.85	0.157	3.59	6.41	5.69	1.49	1.23	1.55	0.79	1.23	2.01	0.96	1.09
		4		3.086	2.42	0.157	4.60	8.56	7.29	1.91	1.22	1.54	0.79	1.60	2.58	1.19	1.13
		5		3.792	2.98	0.156	5.53	10.7	8.76	2.30	1.21	1.52	0.78	1.96	3.10	1.39	1.17
4.5	45	3		2.659	2.09	0.177	5.17	9.12	8.20	2.14	1.40	1.76	0.89	1.58	2.58	1.24	1.22
		4		3.486	2.74	0.177	6.65	12.2	10.6	2.75	1.38	1.74	0.89	2.05	3.32	1.54	1.26
		5		4.292	3.37	0.176	8.04	15.2	12.7	3.33	1.37	1.72	0.88	2.51	4.00	1.81	1.30
		6		5.077	3.99	0.176	9.33	18.4	14.8	3.89	1.36	1.70	0.80	2.95	4.64	2.06	1.33
5	50	3	5.5	2.971	2.33	0.197	7.18	12.5	11.4	2.98	1.55	1.96	1.00	1.96	3.22	1.57	1.34
		4		3.897	3.06	0.197	9.26	16.7	14.7	3.82	1.54	1.94	0.99	2.56	4.16	1.96	1.38
		5		4.803	3.77	0.196	11.2	20.9	17.8	4.64	1.53	1.92	0.98	3.13	5.03	2.31	1.42
		6		5.688	4.46	0.196	13.1	25.1	20.7	5.42	1.52	1.91	0.98	3.68	5.85	2.63	1.46
5.6	56	3	6	3.343	2.62	0.221	10.2	17.6	16.1	4.24	1.75	2.20	1.13	2.48	4.08	2.02	1.48
		4		4.39	3.45	0.220	13.2	23.4	20.9	5.46	1.73	2.18	1.11	3.24	5.28	2.52	1.53
		5		5.415	4.25	0.220	16.0	29.3	25.4	6.61	1.72	2.17	1.10	3.97	6.42	2.98	1.57
		6		6.42	5.04	0.220	18.7	35.3	29.7	7.73	1.71	2.15	1.10	4.68	7.49	3.40	1.61
		7		7.404	5.81	0.219	21.2	41.2	33.6	8.82	1.69	2.13	1.09	5.36	8.49	3.80	1.64
		8		8.367	6.57	0.219	23.6	47.2	37.4	9.89	1.68	2.11	1.09	6.03	9.44	4.16	1.68

续表 2-6

型号	截面尺寸/mm			截面面积/cm²	理论重量/(kg/m)	外表面积/(m²/m)	惯性矩/cm⁴				惯性半径/cm			截面模数/cm³			重心距离/cm
	b	d	r				I_x	I_{x_1}	I_{x_0}	I_{y_0}	i_x	i_{x_0}	i_{y_0}	W_x	W_{x_0}	W_{y_0}	z_0
6	60	5	6.5	5.829	4.58	0.236	19.9	36.1	31.6	8.21	1.85	2.33	1.19	4.59	7.44	3.48	1.67
		6		6.914	5.43	0.235	23.4	43.3	36.9	9.60	1.83	2.31	1.18	5.41	8.70	3.98	1.70
		7		7.977	6.26	0.235	26.4	50.7	41.9	11.0	1.82	2.29	1.17	6.21	9.88	4.45	1.74
		8		9.02	7.08	0.235	29.5	58.0	46.7	12.3	1.81	2.27	1.17	6.98	11.0	4.88	1.78
6.3	63	4	7	4.978	3.91	0.248	19.0	33.4	30.2	7.89	1.96	2.46	1.26	4.13	6.78	3.29	1.70
		5		6.143	4.82	0.248	23.2	41.7	36.8	9.57	1.94	2.45	1.25	5.08	8.25	3.90	1.74
		6		7.288	5.72	0.247	27.1	50.1	43.0	11.2	1.93	2.43	1.24	6.00	9.66	4.46	1.78
		7		8.412	6.60	0.247	30.9	58.6	49.0	12.8	1.92	2.41	1.23	6.88	11.0	4.98	1.82
		8		9.515	7.47	0.247	34.5	67.1	54.6	14.3	1.90	2.40	1.23	7.75	12.3	5.47	1.85
		10		11.66	9.15	0.246	41.1	84.3	64.9	17.3	1.88	2.36	1.22	9.39	14.6	6.36	1.93
7	70	4	8	5.570	4.37	0.275	26.4	45.7	41.8	11.0	2.18	2.74	1.40	5.14	8.44	4.17	1.86
		5		6.876	5.40	0.275	32.2	57.2	51.1	13.3	2.16	2.73	1.39	6.32	10.3	4.95	1.91
		6		8.160	6.41	0.275	37.8	68.7	59.9	15.6	2.15	2.71	1.38	7.48	12.1	5.67	1.95
		7		9.424	7.40	0.275	43.1	80.3	68.4	17.8	2.14	2.69	1.38	8.59	13.8	6.34	1.99
		8		10.67	8.37	0.274	48.2	91.9	76.4	20.0	2.12	2.68	1.37	9.68	15.4	6.98	2.03
7.5	75	5	9	7.412	5.82	0.295	40.0	70.6	63.3	16.6	2.33	2.92	1.50	7.32	11.9	5.77	2.04
		6		8.797	6.91	0.294	47.0	84.6	74.4	19.5	2.31	2.90	1.49	8.64	14.0	6.67	2.07
		7		10.16	7.98	0.294	53.6	98.7	85.0	22.2	2.30	2.89	1.48	9.93	16.0	7.44	2.11
		8		11.50	9.03	0.294	60.0	113	95.1	24.9	2.28	2.88	1.47	11.2	17.9	8.19	2.15
		9		12.83	10.1	0.294	66.1	127	105	27.5	2.27	2.86	1.46	12.4	19.8	8.89	2.18
		10		14.13	11.1	0.293	72.0	142	114	30.1	2.26	2.84	1.46	13.6	21.5	9.56	2.22
8	80	5		7.912	6.21	0.315	48.8	85.4	77.3	20.3	2.48	3.13	1.60	8.34	13.7	6.66	2.15
		6		9.397	7.38	0.314	57.4	103	91.0	23.7	2.47	3.11	1.59	9.87	16.1	7.65	2.19
		7		10.86	8.53	0.314	65.6	120	104	27.1	2.46	3.10	1.58	11.4	18.4	8.58	2.23
		8		12.30	9.66	0.314	73.5	137	117	30.4	2.44	3.08	1.57	12.8	20.6	9.46	2.27
		9		13.73	10.8	0.314	81.1	154	129	33.6	2.43	3.06	1.56	14.3	22.7	10.3	2.31
		10		15.13	11.9	0.313	88.4	172	140	36.8	2.42	3.04	1.56	15.6	24.8	11.1	2.35
9	90	6	10	10.64	8.35	0.354	82.8	146	131	34.3	2.79	3.51	1.80	12.6	20.6	9.95	2.44
		7		12.30	9.66	0.354	94.8	170	150	39.2	2.78	3.50	1.78	14.5	23.6	11.2	2.48
		8		13.94	10.9	0.353	106	195	169	44.0	2.76	3.48	1.78	16.4	26.6	12.4	2.52
		9		15.57	12.2	0.353	118	219	187	48.7	2.75	3.46	1.77	18.3	29.4	13.5	2.56
		10		17.17	13.5	0.353	129	244	204	53.3	2.74	3.45	1.76	20.1	32.0	14.5	2.59
		12		20.31	15.9	0.352	149	294	236	62.2	2.71	3.41	1.75	23.6	37.1	16.5	2.67

续表 2-6

型号	截面尺寸/mm			截面面积/cm²	理论重量/(kg/m)	外表面积/(m²/m)	惯性矩/cm⁴				惯性半径/cm			截面模数/cm³			重心距离/cm
	b	d	r				I_x	I_{x_1}	I_{x_0}	I_{y_0}	i_x	i_{x_0}	i_{y_0}	W_x	W_{x_0}	W_{y_0}	z_0
10	100	6	12	11.93	9.37	0.393	115	200	182	47.9	3.10	3.90	2.00	15.7	25.7	12.7	2.67
		7		13.80	10.8	0.393	132	234	209	54.7	3.09	3.89	1.99	18.1	29.6	14.3	2.71
		8		15.64	12.3	0.393	148	267	235	61.4	3.08	3.88	1.98	20.5	33.2	15.8	2.76
		9		17.46	13.7	0.392	164	300	260	68.0	3.07	3.86	1.97	22.8	36.8	17.2	2.80
		10		19.26	15.1	0.392	180	334	285	74.4	3.05	3.84	1.96	25.1	40.3	18.5	2.84
		12		22.80	17.9	0.391	209	402	331	86.8	3.03	3.81	1.95	29.5	46.8	21.1	2.91
		14		26.26	20.6	0.391	237	471	374	99.0	3.00	3.77	1.94	33.7	52.9	23.4	2.99
		16		29.63	23.3	0.390	263	540	414	111	2.98	3.74	1.94	37.8	58.6	25.6	3.06
11	110	7	12	15.20	11.9	0.433	177	311	281	73.4	3.41	4.30	2.20	22.1	36.1	17.5	2.96
		8		17.24	13.5	0.433	199	355	316	82.4	3.40	4.28	2.19	25.0	40.7	19.4	3.01
		10		21.26	16.7	0.432	242	445	384	100	3.38	4.25	2.17	30.6	49.4	22.9	3.09
		12		25.20	19.8	0.431	283	535	448	117	3.35	4.22	2.15	36.1	57.6	26.2	3.16
		14		29.06	22.8	0.431	321	625	508	133	3.32	4.18	2.14	41.3	65.3	29.1	3.24
12.5	125	8	14	19.75	15.5	0.492	297	521	471	123	3.88	4.88	2.50	32.5	53.3	25.9	3.37
		10		24.37	19.1	0.491	362	652	574	149	3.85	4.85	2.48	40.0	64.9	30.6	3.45
		12		28.91	22.7	0.491	423	783	671	175	3.83	4.82	2.46	41.2	76.0	35.0	3.53
		14		33.37	26.2	0.490	482	916	764	200	3.80	4.78	2.45	54.2	86.4	39.1	3.61
		16		37.74	29.6	0.489	537	1050	851	224	3.77	4.75	2.43	60.9	96.3	43.0	3.68
14	140	10		27.37	21.5	0.551	515	915	817	212	4.34	5.46	2.78	50.6	82.6	39.2	3.82
		12		32.51	25.5	0.551	604	1100	959	249	4.31	5.43	2.76	59.8	96.9	45.0	3.90
		14		37.57	29.5	0.550	689	1280	1090	284	4.28	5.40	2.75	68.8	110	50.5	3.98
		16		42.54	33.4	0.549	770	1470	1220	319	4.26	5.36	2.74	77.5	123	55.6	4.06
15	150	8	16	23.75	18.6	0.592	521	900	827	215	4.69	5.90	3.01	47.4	78.0	38.1	3.99
		10		29.37	23.1	0.591	638	1130	1010	262	4.66	5.87	2.99	58.4	95.5	45.5	4.08
		12		34.91	27.4	0.591	749	1350	1190	308	4.63	5.84	2.97	69.0	112	52.4	4.15
		14		40.37	31.7	0.590	856	1580	1360	352	4.60	5.80	2.95	79.5	128	58.8	4.23
		15		43.06	33.8	0.590	907	1690	1440	374	4.59	5.78	2.95	84.6	136	61.9	4.27
		16		45.74	35.9	0.589	958	1810	1520	395	4.58	5.77	2.94	89.6	143	64.9	4.31
16	160	10		31.50	24.7	0.630	780	1370	1240	322	4.98	6.27	3.20	66.7	109	52.8	4.31
		12		37.44	29.4	0.630	917	1640	1460	377	4.95	6.24	3.18	79.0	129	60.7	4.39
		14		43.30	34.0	0.629	1050	1910	1670	432	4.92	6.20	3.16	91.0	147	68.2	4.47
		16		49.07	38.5	0.629	1180	2190	1870	485	4.89	6.17	3.14	103	165	75.3	4.55

续表 2-6

型号	截面尺寸/mm			截面面积/cm²	理论重量/(kg/m)	外表面积/(m²/m)	惯性矩/cm⁴				惯性半径/cm			截面模数/cm³			重心距离/cm
	b	d	r				I_x	I_{x_1}	I_{x_0}	I_{y_0}	i_x	i_{x_0}	i_{y_0}	W_x	W_{x_0}	W_{y_0}	z_0
18	180	12	16	42.24	33.2	0.710	1320	2330	2100	543	5.59	7.05	3.58	101	165	78.4	4.89
		14		48.90	38.4	0.709	1510	2720	2410	622	5.56	7.02	3.56	116	189	88.4	4.97
		16		55.47	43.5	0.709	1700	3120	2700	699	5.54	6.98	3.55	131	212	97.8	5.05
		18		61.96	48.6	0.708	1880	3500	2990	762	5.50	6.94	3.51	146	235	105	5.13
20	200	14	18	54.64	42.9	0.788	2100	3730	3340	846	6.20	7.82	3.98	145	236	112	5.46
		16		62.01	48.7	0.788	2370	4270	3760	971	6.18	7.79	3.96	164	266	124	5.54
		18		69.30	54.4	0.787	2620	4810	4160	1080	6.15	7.75	3.94	182	294	136	5.62
		20		76.51	60.1	0.787	2870	5350	4550	1180	6.12	7.72	3.93	200	322	147	5.69
		24		90.66	71.2	0.785	3340	6460	5290	1380	6.07	7.64	3.90	236	374	167	5.87
22	220	16	21	68.67	53.9	0.866	3190	5680	5060	1310	6.81	8.59	4.37	200	326	154	6.03
		18		76.75	60.3	0.866	3540	6400	5620	1450	6.79	8.55	4.35	223	361	168	6.11
		20		84.76	66.5	0.865	3870	7110	6150	1590	6.76	8.52	4.34	245	395	182	6.18
		22		92.68	72.8	0.865	4200	7830	6670	1730	6.73	8.48	4.32	267	429	195	6.26
		24		100.5	78.9	0.864	4520	8550	7170	1870	6.71	8.45	4.31	289	461	208	6.33
		26		108.3	85.0	0.864	4830	9280	7690	2000	6.68	8.41	4.30	310	492	221	6.41
25	250	18	24	87.84	69.0	0.985	5270	9380	8370	2170	7.75	9.76	4.97	290	473	224	6.84
		20		97.05	76.2	0.984	5780	10400	9180	2380	7.72	9.73	4.95	320	519	243	6.92
		22		106.2	833	0.983	6280	11500	9970	2580	7.69	9.69	4.93	349	564	261	7.00
		24		115.2	90.4	0.983	6770	12500	10700	2790	7.67	9.66	4.92	378	608	278	7.07
		26		124.2	97.5	0.982	7240	13600	11500	2980	7.64	9.62	4.90	406	650	295	7.15
		28		133.0	104	0.982	7700	14600	12200	3180	7.61	9.58	4.89	433	691	311	7.22
		30		141.8	111	0.981	8160	15700	12900	3380	7.58	9.55	4.88	461	731	327	7.30
		32		150.5	118	0.981	8600	16800	13600	3570	7.56	9.51	4.87	488	770	342	7.37
		35		163.4	128	0.980	9240	18400	14600	3850	7.52	9.46	4.86	527	827	364	7.48

注：截面图中的 $r_1=1/3d$ 及表中 r 的数据用于孔型设计，不做交货条件。

表 2-7　热轧不等边角钢(GB/T 706—2016)

计算简图

符号意义：

B——长边宽度　　b——短边宽度

d——边厚度　　r——内圆弧半径

r_1——边端内圆弧半径　　I——惯性矩

i——惯性半径　　W——截面系数

x_0——重心距离　　y_0——重心距离

型号	截面尺寸/mm				截面面积/cm²	理论重量/(kg/m)	外表面积/(m²/m)	惯性矩/cm⁴					惯性半径/cm			截面模数/cm³			tanα	重心距离/cm	
	B	b	d	r				I_x	I_{x_1}	I_y	I_{y_1}	I_u	i_x	i_y	i_u	W_x	W_y	W_u		x_0	y_0
2.5/1.6	25	16	3	3.5	1.162	0.91	0.080	0.70	1.56	0.22	0.43	0.14	0.78	0.44	0.34	0.43	0.19	0.16	0.392	0.42	0.86
			4		1.499	1.18	0.079	0.88	2.09	0.27	0.59	0.17	0.77	0.43	0.34	0.55	0.24	0.20	0.381	0.46	0.90
3.2/2	32	20	3		1.492	1.17	0.102	1.53	3.27	0.46	0.82	0.28	1.01	0.55	0.43	0.72	0.30	0.25	0.382	0.49	1.08
			4		1.939	1.52	0.101	1.93	4.37	0.57	1.12	0.35	1.00	0.54	0.42	0.93	0.39	0.32	0.374	0.53	1.12
4/2.5	40	25	3	4	1.890	1.48	0.127	3.08	5.39	0.93	1.59	0.56	1.28	0.70	0.54	1.15	0.49	0.40	0.385	0.59	1.32
			4		2.467	1.94	0.127	3.93	8.53	1.18	2.14	0.71	1.36	0.69	0.54	1.49	0.63	0.52	0.381	0.63	1.37
4.5/2.8	45	28	3	5	2.149	1.69	0.143	4.45	9.10	1.34	2.23	0.80	1.44	0.79	0.61	1.47	0.62	0.51	0.383	0.64	1.47
			4		2.806	2.20	0.143	5.69	12.1	1.70	3.00	1.02	1.42	0.78	0.60	1.91	0.80	0.66	0.380	0.68	1.51
5/3.2	50	32	3	5.5	2.431	1.91	0.161	6.24	12.5	2.02	3.31	1.20	1.60	0.91	0.70	1.84	0.82	0.68	0.404	0.73	1.60
			4		3.177	2.49	0.160	8.02	16.7	2.58	4.45	1.53	1.59	0.90	0.69	2.39	1.06	0.87	0.402	0.77	1.65
5.6/3.6	56	36	3	6	2.743	2.15	0.181	8.88	17.5	2.92	4.7	1.73	1.80	1.03	0.79	2.32	1.05	0.87	0.408	0.80	1.78
			4		3.590	2.82	0.180	11.5	23.4	3.76	6.33	2.23	1.79	1.02	0.79	3.03	1.37	1.13	0.408	0.85	1.82
			5		4.415	3.47	0.180	13.9	29.3	4.49	7.94	2.67	1.77	1.01	0.78	3.71	1.65	1.36	0.404	0.88	1.87

续表 2-7

型号	截面尺寸/mm				截面面积/cm²	理论重量/(kg/m)	外表面积/(m²/m)	惯性矩/cm⁴					惯性半径/cm			截面模数/cm³			tanα	重心距离/cm	
	B	b	d	r				I_x	I_{x_1}	I_y	I_{y_1}	I_u	i_x	i_y	i_u	W_x	W_y	W_u		x_0	y_0
6.3/4	63	40	4	7	4.058	3.19	0.202	16.5	33.3	5.23	8.63	3.12	2.02	1.14	0.88	3.87	1.70	1.40	0.398	0.92	2.04
			5		4.993	3.92	0.202	20.0	41.6	6.31	10.9	3.76	2.00	1.12	0.87	4.74	2.07	1.71	0.396	0.95	2.08
			6		5.908	4.64	0.201	23.4	50.0	7.29	13.1	4.34	1.96	1.11	0.86	5.59	2.43	1.99	0.393	0.99	2.12
			7		6.802	5.34	0.201	26.5	58.1	8.24	15.5	4.97	1.98	1.10	0.86	6.40	2.78	2.29	0.389	1.03	2.15
7/4.5	70	45	4	7.5	4.553	3.57	0.226	23.2	45.9	7.55	12.3	4.40	2.26	1.29	0.98	4.86	2.17	1.77	0.410	1.02	2.24
			5		5.609	4.40	0.225	28.0	57.1	9.13	15.4	5.40	2.23	1.28	0.98	5.92	2.65	2.19	0.407	1.06	2.28
			6		6.644	5.22	0.225	32.5	68.4	10.6	18.6	6.35	2.21	1.26	0.98	6.95	3.12	2.59	0.404	1.09	2.32
			7		7.658	6.01	0.225	37.2	80.0	12.0	21.8	7.16	2.20	1.25	0.97	8.03	3.57	2.94	0.402	1.13	2.36
7.5/5	75	50	5	8	6.126	4.81	0.245	34.9	70.0	12.6	21.0	7.41	2.39	1.44	1.10	6.83	3.3	2.74	0.435	1.17	2.40
			6		7.260	5.70	0.245	41.1	84.3	14.7	25.4	8.54	2.38	1.42	1.08	8.12	3.88	3.19	0.435	1.21	2.44
			8		9.467	7.43	0.244	52.4	113	18.5	34.2	10.9	2.35	1.40	1.07	10.5	4.99	4.10	0.429	1.29	2.52
			10		11.59	9.10	0.244	62.7	141	22.0	43.4	13.1	2.33	1.38	1.06	12.8	6.04	4.99	0.423	1.36	2.60
8/5	80	50	5		6.376	8.00	0.255	42.0	80.2	12.8	21.1	7.66	2.56	1.42	1.10	7.78	3.32	2.74	0.388	1.14	2.60
			6		7.560	5.93	0.255	49.5	103	15.0	25.4	8.85	2.56	1.41	1.08	9.25	3.91	3.20	0.387	1.18	2.65
			7		8.724	6.85	0.255	56.2	119	17.0	29.8	10.2	2.54	1.39	1.08	10.6	4.48	3.70	0.384	1.21	2.69
			8		9.867	7.75	0.254	62.8	136	18.9	34.3	11.4	2.52	1.38	1.07	11.9	5.03	4.16	0.381	1.25	2.73
9/5.6	90	56	5	9	7.212	5.66	0.287	60.5	121	18.3	29.5	11.0	2.90	1.59	1.23	9.92	4.21	3.49	0.385	1.25	2.91
			6		8.557	6.72	0.286	71.0	146	21.4	35.6	12.9	2.88	1.58	1.23	11.7	4.96	4.13	0.384	1.29	2.95
			7		9.881	7.76	0.286	81.0	170	24.4	41.7	14.7	2.86	1.57	1.22	13.5	5.70	4.72	0.382	1.33	3.00
			8		11.18	8.78	0.286	91.0	194	27.2	47.9	16.3	2.85	1.56	1.21	15.3	6.41	5.29	0.380	1.36	3.04

续表 2-7

型号	截面尺寸/mm				截面面积/cm²	理论重量/(kg/m)	外表面积/(m²/m)	惯性矩/cm⁴					惯性半径/cm			截面模数/cm³			tanα	重心距离/cm	
	B	b	d	r				I_x	I_{x_1}	I_y	I_{y_1}	I_u	i_x	i_y	i_u	W_x	W_y	W_u		x_0	y_0
10/6.3	100	63	6	10	9.618	7.55	0.320	99.1	200	30.9	50.5	18.4	3.21	1.79	1.38	14.6	6.35	5.25	0.394	1.43	3.24
			7		11.11	8.72	0.320	113	233	35.3	59.1	21.0	3.20	1.78	1.38	16.9	7.29	6.02	0.394	1.47	3.28
			8		12.58	9.88	0.319	127	266	39.4	67.9	23.5	3.18	1.77	1.37	19.1	8.21	6.78	0.391	1.50	3.32
			10		15.47	12.1	0.319	154	333	47.1	85.7	28.3	3.15	1.74	1.35	23.3	9.98	8.24	0.387	1.58	3.40
10/8	100	80	6	10	10.64	8.35	0.354	107	200	61.2	103	31.7	3.17	2.40	1.72	15.2	10.2	8.37	0.627	1.97	2.95
			7		12.30	9.66	0.354	123	233	70.1	120	36.2	3.16	2.39	1.72	17.5	11.7	9.60	0.626	2.01	3.00
			8		13.94	10.9	0.353	138	267	78.6	137	40.6	3.14	2.37	1.71	19.8	13.2	10.8	0.625	2.05	3.04
			10		17.17	13.5	0.353	167	334	94.7	172	49.1	3.12	2.35	1.69	24.2	16.1	13.1	0.622	2.13	3.12
11/7	110	70	6	10	10.64	8.35	0.354	133	266	42.9	69.1	25.4	3.54	2.01	1.54	17.9	7.90	6.53	0.403	1.57	3.53
			7		12.30	9.66	0.354	153	310	49.0	80.8	29.0	3.53	2.00	1.53	20.6	9.09	7.50	0.402	1.61	3.57
			8		13.94	10.9	0.353	172	354	54.9	92.7	32.5	3.51	1.98	1.53	23.3	10.3	8.45	0.401	1.65	3.62
			10		17.17	13.5	0.353	208	443	65.9	117	39.2	3.48	1.96	1.51	28.5	12.5	10.3	0.397	1.72	3.70
12.5/8	125	80	7	11	14.10	11.1	0.403	228	455	74.4	120	43.8	4.02	2.30	1.76	26.9	12.0	9.92	0.408	1.80	4.01
			8		15.99	12.6	0.403	257	520	83.5	138	49.2	4.01	2.28	1.75	30.4	13.6	11.2	0.407	1.84	4.06
			10		19.71	15.5	0.402	312	650	101	173	59.5	3.98	2.26	1.74	37.3	16.6	13.6	0.404	1.92	4.14
			12		23.35	18.3	0.402	364	780	117	210	69.4	3.95	2.24	1.72	44.0	19.4	16.0	0.400	2.00	4.22
14/9	140	90	8	12	18.04	14.2	0.453	366	731	121	196	70.8	4.50	2.59	1.98	38.5	17.3	14.3	0.411	2.04	4.50
			10		22.26	17.5	0.452	446	913	140	246	85.8	4.47	2.56	1.96	47.3	21.2	17.5	0.409	2.12	4.58
			12		26.40	20.7	0.451	522	1100	170	297	100	4.44	2.54	1.95	55.9	25.0	20.5	0.406	2.19	4.66
			14		30.46	23.9	0.451	594	1280	192	349	114	4.42	2.51	1.94	64.2	28.5	23.5	0.403	2.27	4.74

续表 2-7

型号	截面尺寸/mm				截面面积/cm²	理论重量/(kg/m)	外表面积/(m²/m)	惯性矩/cm⁴					惯性半径/cm			截面模数/cm³			tanα	重心距离/cm	
	B	b	d	r				I_x	I_{x_1}	I_y	I_{y_1}	I_u	i_x	i_y	i_u	W_x	W_y	W_u		x_0	y_0
15/9	150	90	8	12	18.84	14.8	0.473	442	898	123	196	74.1	4.84	2.55	1.98	43.9	17.5	14.5	0.364	1.97	4.92
			10		23.26	18.3	0.472	539	1120	149	246	89.9	4.81	2.53	1.97	54.0	21.4	17.7	0.362	2.05	5.01
			12		27.60	21.7	0.471	632	1350	173	297	105	4.79	2.50	1.95	63.8	25.1	20.8	0.359	2.12	5.09
			14		31.86	25.0	0.471	721	1570	196	350	120	4.76	2.48	1.94	73.3	28.8	23.8	0.356	2.20	5.17
			15		33.95	26.7	0.471	764	1680	207	376	127	4.74	2.47	1.93	78.0	30.5	25.3	0.354	2.24	5.21
			16		36.03	28.3	0.470	806	1800	217	403	134	4.73	2.45	1.93	82.6	32.3	26.8	0.352	2.27	5.25
16/10	160	100	10	13	25.32	19.9	0.512	669	1360	205	337	122	5.14	2.85	2.19	62.1	26.6	21.9	0.390	2.28	5.24
			12		30.05	23.6	0.511	785	1640	239	406	142	5.11	2.82	2.17	73.5	31.3	25.8	0.388	2.36	5.32
			14		34.71	27.2	0.510	896	1910	271	476	162	5.08	2.80	2.16	84.6	35.8	29.6	0.385	2.43	5.40
			16		39.28	30.8	0.510	1000	2180	302	548	183	5.05	2.77	2.16	95.3	40.2	33.4	0.382	2.51	5.48
18/11	180	110	10	14	28.37	22.3	0.571	956	1940	278	447	167	5.80	3.13	2.42	79.0	32.5	26.9	0.376	2.44	5.89
			12		33.71	26.5	0.571	1120	2330	325	539	195	5.78	3.10	2.40	93.5	38.3	31.7	0.374	2.52	5.98
			14		38.97	30.6	0.570	1290	2720	370	632	222	5.75	3.08	2.39	108	44.0	36.3	0.372	2.59	6.06
			16		44.14	34.6	0.569	1440	3110	412	726	249	5.72	3.06	2.38	122	49.4	40.9	0.369	2.67	6.14
20/12.5	200	125	12		37.91	29.8	0.641	1570	3190	483	788	286	6.44	3.57	2.74	117	50.0	41.2	0.392	2.83	6.54
			14		43.87	34.4	0.640	1800	3730	551	922	327	6.41	3.54	2.73	135	57.4	47.3	0.390	2.91	6.62
			16		49.74	39.0	0.639	2020	4260	615	1060	366	6.38	3.52	2.71	152	64.9	53.3	0.388	2.99	6.70
			18		55.53	43.6	0.639	2240	4790	677	1200	405	6.35	3.49	2.70	169	71.7	59.2	0.385	3.06	6.78

注：截面图中的 $r_1 = 1/3d$ 及表中 r 的数据用于孔型设计，不做交货条件。

2.5.3　热轧工字钢

热轧工字钢见表 2-8。

表 2-8　热轧工字钢（GB/T 706—2016）

计算简图

符号意义：

h——高度

b——腿宽度

d——腰厚度

t——平均腿厚度

r——内圆弧半径

r_1——腿端圆弧半径

I——惯性矩

W——截面系数

i——惯性半径

S——半截面的静矩

型号	截面尺寸/mm						截面面积/cm^2	理论重量/(kg/m)	外表面积/(m^2/m)	惯性矩/cm^4		惯性半径/cm		截面模数/cm^3	
	h	b	d	t	r	r_1				I_x	I_y	i_x	i_y	W_x	W_y
10	100	68	4.5	7.6	6.5	3.3	14.33	11.3	0.432	245	33.0	4.14	1.52	49.0	9.72
12	120	74	5.0	8.4	7.0	3.5	17.80	14.0	0.493	436	46.9	4.95	1.62	72.7	12.7
12.6	126	74	5.0	8.4	7.0	3.5	18.10	14.2	0.505	488	46.9	5.20	1.61	77.5	12.7
14	140	80	5.5	9.1	7.5	3.8	21.50	16.9	0.553	712	64.4	5.76	1.73	102	16.1
16	160	88	6.0	9.9	8.0	4.0	26.11	20.5	0.621	1130	93.1	6.58	1.89	141	21.2
18	180	94	6.5	10.7	8.5	4.3	30.74	24.1	0.681	1660	122	7.36	2.00	185	26.0
20a	200	100	7.0	11.4	9.0	4.5	35.55	27.9	0.742	2370	158	8.15	2.12	237	31.5
20b		102	9.0				39.55	31.1	0.746	2500	169	7.96	2.06	250	33.1
22a	220	110	7.5	12.3	9.5	4.8	42.10	33.1	0.817	3400	225	8.99	2.31	309	40.9
22b		112	9.5				46.50	36.5	0.821	3570	239	8.78	2.27	325	42.7
24a	240	116	8.0	13.0	10.0	5.0	47.71	37.5	0.878	4570	280	9.77	2.42	381	48.4
24b		118	10.0				52.51	41.2	0.882	4800	297	9.57	2.38	400	50.4
25a	250	116	8.0				48.51	38.1	0.898	5020	280	10.2	2.40	402	48.3
25b		118	10.0				53.51	42.0	0.902	5280	309	9.94	2.40	423	52.4
27a	270	122	8.5	13.7	10.5	5.3	54.52	42.8	0.958	6550	345	10.9	2.51	485	56.6
27b		124	10.5				59.92	47.0	0.962	6870	366	10.7	2.47	509	58.9
28a	280	122	8.5				55.37	43.5	0.978	7110	345	11.3	2.50	508	56.6
28b		124	10.5				60.97	47.9	0.982	7480	379	11.1	2.49	534	61.2
30a	300	126	9.0	14.4	11.0	5.5	61.22	48.1	1.031	8950	400	12.1	2.55	597	63.5
30b		128	11.0				67.22	52.8	1.035	9400	422	11.8	2.50	627	65.9
30c		130	13.0				73.22	57.5	1.039	9850	445	11.6	2.46	657	68.5
32a	320	130	9.5	15.0	11.5	5.8	67.12	52.7	1.084	11100	460	12.8	2.62	692	70.8
32b		132	11.5				73.52	57.7	1.088	11600	502	12.6	2.61	726	76.0
32c		134	13.5				79.92	62.7	1.092	12200	544	12.3	2.61	760	81.2
36a	360	136	10.0	15.8	12.0	6.0	76.44	60.0	1.185	15800	552	14.4	2.69	875	81.2
36b		138	12.0				83.64	65.7	1.189	16500	582	14.1	2.64	919	84.3
36c		140	14.0				90.84	71.3	1.193	17300	612	13.8	2.60	962	87.4

续表 2-8

型号	截面尺寸/mm						截面面积/cm²	理论重量/(kg/m)	外表面积/(m²/m)	惯性矩/cm⁴		惯性半径/cm		截面模数/cm³	
	h	b	d	t	r	r_1				I_x	I_y	i_x	i_y	W_x	W_y
40a		142	10.5				86.07	67.6	1.285	21700	660	15.9	2.77	1090	93.2
40b	400	144	12.5	16.5	12.5	6.3	94.07	73.8	1.289	22800	692	15.6	2.71	1140	96.2
40c		146	14.5				102.1	80.1	1.293	23900	727	15.2	2.65	1190	99.6
45a		150	11.5				102.4	80.4	1.411	32200	855	17.7	2.89	1430	114
45b	450	152	13.5	18.0	13.5	6.8	111.4	87.4	1.415	33800	894	17.4	2.84	1500	118
45c		154	15.5				120.4	94.5	1.419	35300	938	17.1	2.79	1570	122
50a		158	12.0				119.2	93.6	1.539	46500	1120	19.7	3.07	1860	142
50b	500	160	14.0	20.0	14.0	7.0	129.2	101	1.543	48600	1170	19.4	3.01	1940	146
50c		162	16.0				139.2	109	1.547	50600	1220	19.0	2.96	2080	151
55a		166	12.5				134.1	105	1.667	62900	1370	21.6	3.19	2290	164
55b	550	168	14.5				145.1	114	1.671	65600	1420	21.2	3.14	2390	170
55c		170	16.5	21.0	14.5	7.3	156.1	123	1.675	68400	1480	20.9	3.08	2490	175
56a		166	12.5				135.4	106	1.687	65600	1370	22.0	3.18	2340	165
56b	560	168	14.5				146.6	115	1.691	68500	1490	21.6	3.16	2450	174
56c		170	16.5				157.8	124	1.695	71400	1560	21.3	3.16	2550	183
63a		176	13.0				154.6	121	1.862	93900	1700	24.5	3.31	2980	193
63b	630	178	15.0	22.0	15.0	7.5	167.2	131	1.866	98100	1810	24.2	3.29	3160	204
63c		180	17.0				179.8	141	1.870	102000	1920	23.8	3.27	3300	214

注：表中 r、r_1 的数据用于孔型设计，不做交货条件。

2.5.4 热轧槽钢

热轧槽钢见表 2-9。

表 2-9 热轧槽钢（GB/T 706—2016）

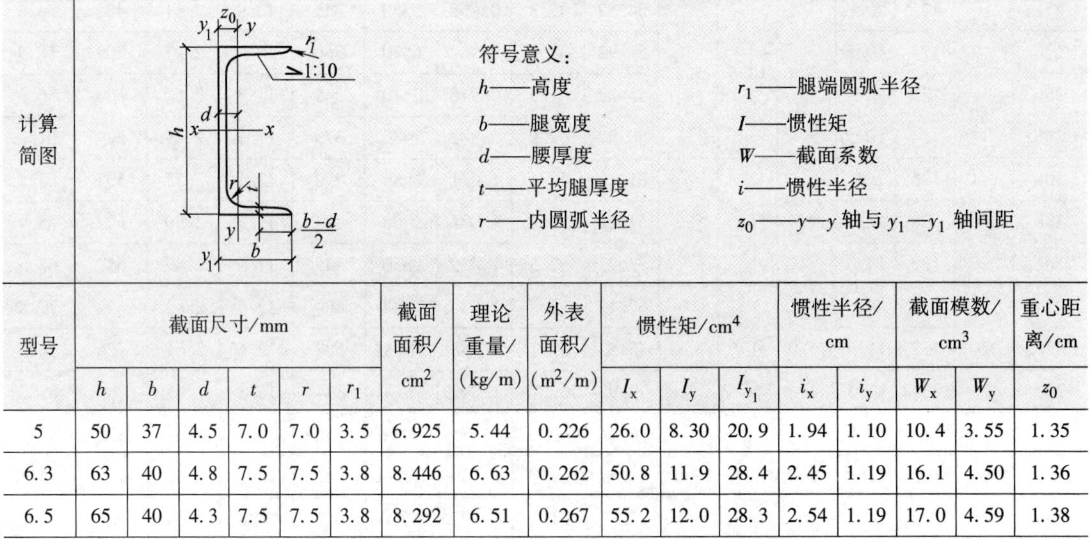

计算简图

符号意义：
h——高度
b——腿宽度
d——腰厚度
t——平均腿厚度
r——内圆弧半径
r_1——腿端圆弧半径
I——惯性矩
W——截面系数
i——惯性半径
z_0——$y—y$ 轴与 $y_1—y_1$ 轴间距

型号	截面尺寸/mm						截面面积/cm²	理论重量/(kg/m)	外表面积/(m²/m)	惯性矩/cm⁴			惯性半径/cm		截面模数/cm³		重心距离/cm
	h	b	d	t	r	r_1				I_x	I_y	I_{y_1}	i_x	i_y	W_x	W_y	z_0
5	50	37	4.5	7.0	7.0	3.5	6.925	5.44	0.226	26.0	8.30	20.9	1.94	1.10	10.4	3.55	1.35
6.3	63	40	4.8	7.5	7.5	3.8	8.446	6.63	0.262	50.8	11.9	28.4	2.45	1.19	16.1	4.50	1.36
6.5	65	40	4.3	7.5	7.5	3.8	8.292	6.51	0.267	55.2	12.0	28.3	2.54	1.19	17.0	4.59	1.38

续表 2-9

型号	截面尺寸/mm						截面面积/cm^2	理论重量/(kg/m)	外表面积/(m^2/m)	惯性矩/cm^4			惯性半径/cm		截面模数/cm^3		重心距离/cm
	h	b	d	t	r	r_1				I_x	I_y	I_{y_1}	i_x	i_y	W_x	W_y	z_0
8	80	43	5.0	8.0	8.0	4.0	10.24	8.04	0.307	101	16.6	37.4	3.15	1.27	25.3	5.79	1.43
10	100	48	5.3	8.5	8.5	4.2	12.74	10.0	0.365	198	25.6	54.9	3.95	1.41	39.7	7.80	1.52
12	120	53	5.5	9.0	9.0	4.5	15.36	12.1	0.423	346	37.4	77.7	4.75	1.56	57.7	10.2	1.62
12.6	126	53	5.5	9.0	9.0	4.5	15.69	12.3	0.435	391	38.0	77.1	4.95	1.57	62.1	10.2	1.59
14a	140	58	6.0	9.5	9.5	4.8	18.51	14.5	0.480	564	53.2	107	5.52	1.70	80.5	13.0	1.71
14b		60	8.0				21.31	16.7	0.484	609	61.1	121	5.35	1.69	87.1	14.1	1.67
16a	160	63	6.5	10.0	10.0	5.0	21.95	17.2	0.538	866	73.3	144	6.28	1.83	108	16.3	1.80
16b		65	8.5				25.15	19.8	0.542	935	83.4	161	6.10	1.82	117	17.6	1.75
18a	180	68	7.0	10.5	10.5	5.2	25.69	20.2	0.596	1270	98.6	190	7.04	1.96	141	20.0	1.88
18b		70	9.0				29.29	23.0	0.600	1370	111	210	6.84	1.95	152	21.5	1.84
20a	200	73	7.0	11.0	11.0	5.5	28.83	22.6	0.654	1780	128	244	7.86	2.11	178	24.2	2.01
20b		75	9.0				32.83	25.8	0.658	1910	144	268	7.64	2.09	191	25.9	1.95
22a	220	77	7.0	11.5	11.5	5.8	31.83	25.0	0.709	2390	158	298	8.67	2.23	218	28.2	2.10
22b		79	9.0				36.23	28.5	0.713	2570	176	326	8.42	2.21	234	30.1	2.03
24a	240	78	7.0	12.0	12.0	6.0	34.21	26.9	0.752	3050	174	325	9.45	2.25	254	30.5	2.10
24b		80	9.0				39.01	30.6	0.756	3280	194	355	9.17	2.23	274	32.5	2.03
24c		82	11.0				43.81	34.4	0.760	3510	213	388	8.96	2.21	293	34.4	2.00
25a	250	78	7.0				34.91	27.4	0.722	3370	176	322	9.82	2.24	270	30.6	2.07
25b		80	9.0				39.91	31.3	0.776	3530	196	353	9.41	2.22	282	32.7	1.98
25c		82	11.0				44.91	35.3	0.780	3690	218	384	9.07	2.21	295	35.9	1.92
27a	270	82	7.5	12.5	12.5	6.2	39.27	30.8	0.826	4360	216	393	10.5	2.34	323	35.5	2.13
27b		84	9.5				44.67	35.1	0.830	4690	239	428	10.3	2.31	347	37.7	2.06
27c		86	11.5				50.07	39.3	0.834	5020	261	467	10.1	2.28	372	39.8	2.03
28a	280	82	7.5				40.02	31.4	0.846	4760	218	388	10.9	2.33	340	35.7	2.10
28b		84	9.5				45.62	35.8	0.850	5130	242	428	10.6	2.30	366	37.9	2.02
28c		86	11.5				51.22	40.2	0.854	5500	268	463	10.4	2.29	393	40.3	1.95
30a	300	85	7.5	13.5	13.5	6.8	43.89	34.5	0.897	6050	260	467	11.7	2.43	403	41.1	2.17
30b		87	9.5				49.89	39.2	0.901	6500	289	515	11.4	2.41	433	44.0	2.13
30c		89	11.5				55.89	43.9	0.905	6950	316	560	11.2	2.38	463	46.4	2.09
32a	320	88	8.0	14.0	14.0	7.0	48.50	38.1	0.947	7600	305	552	12.5	2.50	475	46.5	2.24
32b		90	10.0				54.90	43.1	0.951	8140	336	593	12.2	2.47	509	49.2	2.16
32c		92	12.0				61.30	48.1	0.955	8690	374	643	11.9	2.47	543	52.6	2.09

续表 2-9

型号	截面尺寸/mm						截面面积/cm^2	理论重量/(kg/m)	外表面积/(m^2/m)	惯性矩/cm^4			惯性半径/cm		截面模数/cm^3		重心距离/cm
	h	b	d	t	r	r_1				I_x	I_y	I_{y_1}	i_x	i_y	W_x	W_y	z_0
36a	360	96	9.0	16.0	16.0	8.0	60.89	47.8	1.053	11900	455	818	14.0	2.73	660	63.5	2.44
36b		98	11.0				68.09	53.5	1.057	12700	497	880	13.6	2.70	703	66.9	2.37
36c		100	13.0				75.29	59.1	1.061	13400	536	948	13.4	2.67	746	70.0	2.34
40a	400	100	10.5	18.0	18.0	9.0	75.04	58.9	1.144	17600	592	1070	15.3	2.81	879	78.8	2.49
40b		102	12.5				83.04	65.2	1.148	18600	640	1140	15.0	2.78	932	82.5	2.44
40c		104	14.5				91.04	71.5	1.152	19700	688	1220	14.7	2.75	986	86.2	2.42

注：表中 r、r_1 的数据用于孔型设计，不做交货条件。

第3章　单跨梁与水平曲梁的计算

3.1　单跨梁计算简述

单跨梁计算简述见表3-1。

表3-1　单跨梁计算简述

序　号	项　目	内　容
1	包括内容	1）悬臂梁的计算公式，见表3-2 2）简支梁的计算公式，见表3-3 3）一端简支另一端固定梁的计算公式，见表3-4 4）一端固定一端滑动的支承梁计算公式，见表3-5 5）两端固定梁计算公式，见表3-6
2	计算符号说明	表3-2～表3-6中符号含义及正负号说明： R——支座反力，作用方向向上者为正(图3-1a) V——剪力，使梁截出部分的邻近截面所产生的力矩沿顺时针方向转动者为正(图3-1b) M——弯矩，使梁的下部受拉，上部受压者为正(图3-1c) w——挠度，梁的变位向下者为正(图3-1d) x——计算截面距A端的距离(如图3-1a)，但图示中注明者除外
3	内力及变位的叠加	表3-2～表3-6列出了单跨等截面梁在各种支承条件下及各种荷载作用下，梁的内力、反力及变位的计算公式。如果表中有些荷载形式不满足实际需要时，还可利用叠加原理求得，图3-2中为a)＝b)＋c)叠加的示例

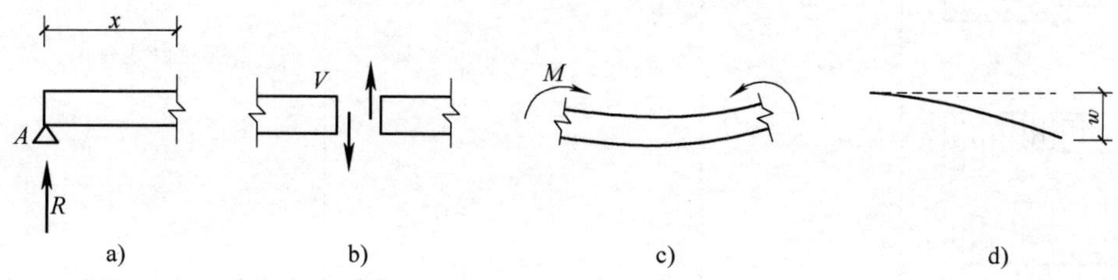

图3-1　符号说明示意图

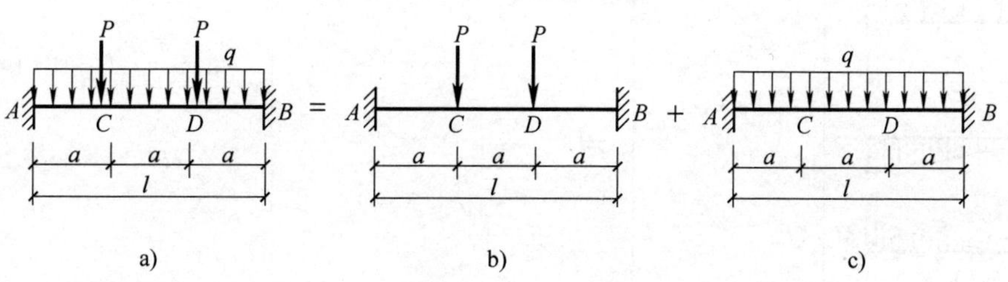

图3-2　叠加原理示意图

3.2 单跨梁的计算公式

3.2.1 悬臂梁的计算公式

悬臂梁的计算公式见表3-2。

表3-2 悬臂梁的计算公式

序号	荷载形式	支座反力	弯矩	挠度(变位)
1	P A B l V M	$R_B=P$	$M_B=-Pl$ $M_x=-Px$	$w_x=\frac{Pl^3}{6EI}\left(2-3\frac{x}{l}+\frac{x^3}{l^3}\right)$ $w_A=\frac{Pl^3}{3EI}$
2	P A a C b B l V M	$R_B=P$	$A\sim C$段：$M_x=0$ $C\sim B$段：$M_x=-P(x-a)$ $M_B=-Pb$	$A\sim C$段：$w_x=\frac{Pb^2}{6EI}(3l-3x-b)$ $C\sim B$段：$w_x=\frac{Pb^3}{6EI}\left[2-3\frac{x-a}{b}+\frac{(x-a)^3}{b^3}\right]$ $w_C=\frac{Pb^3}{3EI}$ $w_A=\frac{Pb^2}{6EI}(3l-b)$
3	nP A c c c c c B l=nc V M	$R_B=nP$	$M_B=-\frac{n+1}{2}Pl$	$w_A=\frac{3n^2+4n+1}{24nEI}Pl^3$
4	q A B l V M	$R_B=ql$	$M_x=-\frac{qx^2}{2}$ $M_B=-\frac{ql^2}{2}$	$w_x=\frac{q}{24EI}(3l^4-4l^3x+x^4)$ $w_A=\frac{ql^4}{8EI}$

续表 3-2

序号	荷载形式	支座反力	弯矩	挠度(变位)
5	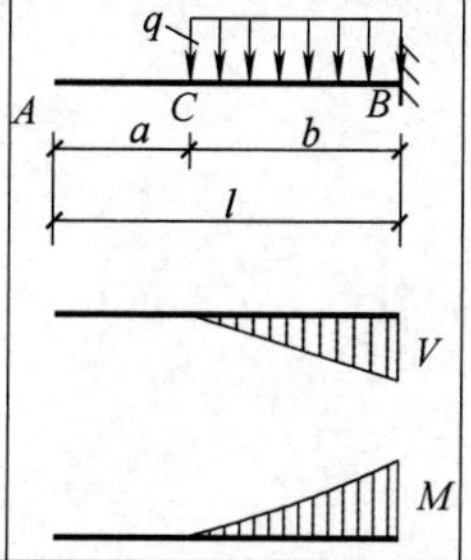	$R_B=qb$	$A\sim C$ 段：$M_x=0$ $C\sim B$ 段：$M_x=-\frac{q}{2}(x-a)^2$ $M_B=-\frac{qb^2}{2}$	$w_A=\frac{qb^3}{24EI}(4l-b)$
6	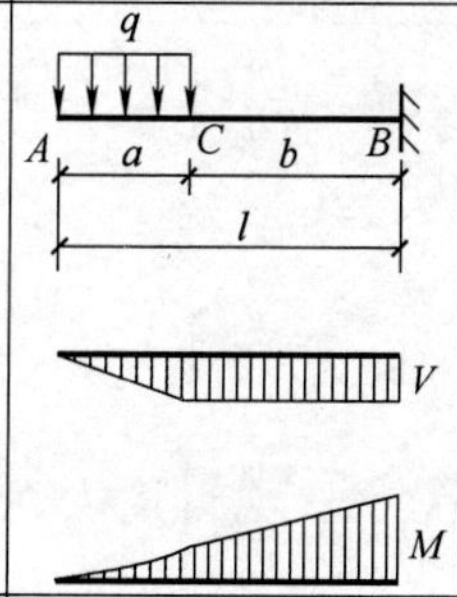	$R_B=qa$	$A\sim C$ 段：$M_x=-\frac{qx^2}{2}$ $C\sim B$ 段：$M_x=-qa\left(x-\frac{a}{2}\right)$ $M_B=-qa\left(l-\frac{a}{2}\right)$	$w_A=\frac{ql^4}{24EI}\left(3-4\frac{b^3}{l^3}+\frac{b^4}{l^4}\right)$
7	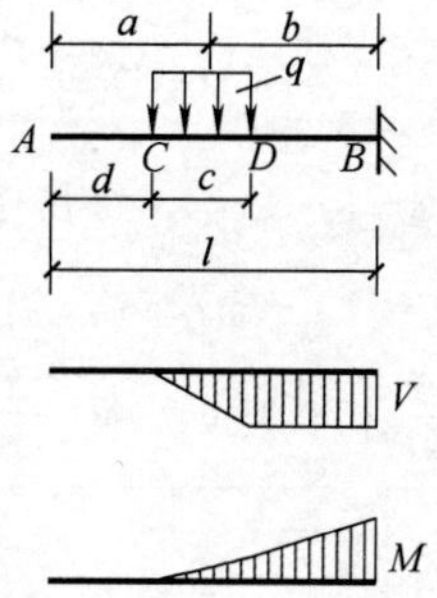	$R_B=qc$	$A\sim C$ 段：$M_x=0$ $C\sim D$ 段：$M_x=-\frac{q}{2}(x-d)^2$ $D\sim B$ 段：$M_x=-qc(x-a)$	$w_A=\frac{qc}{24EI}(12b^2l-4b^3+ac^2)$ $A\sim C$ 段：$w_x=\frac{qc}{24EI}[12b^2l-4b^3+ac^2-(12b^2+c^2)x]$ $C\sim D$ 段：$w_x=\frac{qc}{24EI}\left[12b^2l-4b^3+ac^2-(12b^2+c^2)x+\frac{(x-d)^4}{c}\right]$ $D\sim B$ 段：$w_x=\frac{qc}{6EI}[3b^2l-b^3-3b^2x+(x-a)^3]$
8	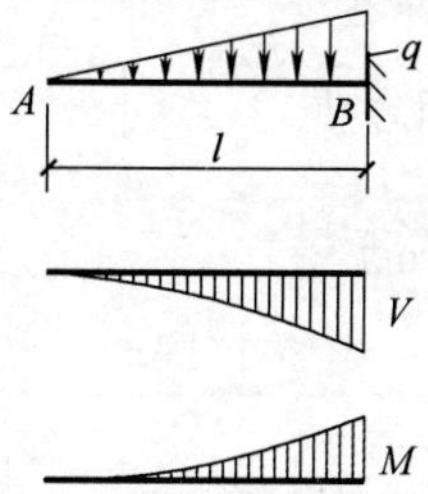	$R_B=\frac{ql}{2}$ $q_x=q\cdot\frac{x}{l}$	$M_x=-\frac{qx^3}{6l}$ $M_B=-\frac{ql^2}{6}$	$w_x=\frac{ql^4}{120EI}\left(4-5\frac{x}{l}+\frac{x^5}{l^5}\right)$ $w_A=\frac{ql^4}{30EI}$
9	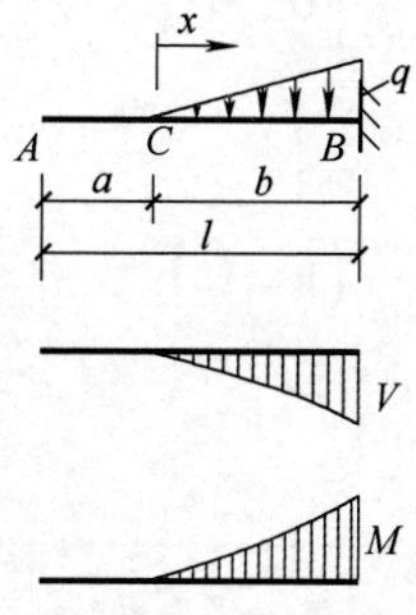	$R_B=\frac{qb}{2}$	$A\sim C$ 段：$M_x=0$ $C\sim B$ 段：$M_x=-\frac{qx^3}{6b}$ $M_B=-\frac{qb^2}{6}$	$w_C=\frac{qb^4}{30EI}$ $w_A=\frac{qb^4}{30EI}\left(1+\frac{5a}{4b}\right)$

续表 3-2

序号	荷载形式	支座反力	弯矩	挠度(变位)
10	A C B a b l q V M	$R_B=\frac{qa}{2}$	A～C 段：$M_x=-\frac{qx^3}{6a}$ C～B 段：$M_x=-\frac{qa}{6}(3x-2a)$ $M_B=-\frac{qa}{6}(3l-2a)$	$w_A=\frac{qal^3}{30EI}\left(5-5\frac{a}{l}+\frac{a^3}{l^3}\right)$
11	d c q C D A B a b l V M	$R_B=\frac{qc}{2}$	C～D 段：$M_x=-\frac{q(x-d)^3}{6c}$ D～B 段：$M_x=-\frac{qc(x-a)}{2}$ $M_B=-\frac{qcb}{2}$	A～C 段：$w_x=\frac{qc}{72EI}\left[18b^2l-6b^3+ac^2-\frac{2c^3}{45}-(18b^2+c^2)x\right]$ C～D 段：$w_x=\frac{qc}{72EI}\left[18b^2l-6b^3+ac^2-\frac{2c^3}{45}-(18b^2+c^2)x+\frac{3(x-d)^5}{5c^2}\right]$ D～B 段：$w_x=\frac{qc}{12EI}[3b^2l-b^3-3b^2x+(x-a)^3]$ $w_A=\frac{qc}{72EI}\left[18b^2l-6b^3+ac^2-\frac{2c^3}{45}\right]$
12	q A B l V M	$R_B=\frac{ql}{2}$ $q_x=q\left(1-\frac{x}{l}\right)$	$M_x=-\frac{qx^2}{2}\left(1-\frac{x}{3l}\right)$ $M_B=-\frac{ql^2}{3}$	$w_x=\frac{ql^4}{120EI}\left[11-15\left(\frac{x}{l}\right)+5\left(\frac{x}{l}\right)^4-\left(\frac{x}{l}\right)^5\right]$ $w_A=\frac{11ql^4}{120EI}$
13	x q A C B a b l V M	$R_B=\frac{ql}{2}$ $q_x=q\left(1-\frac{x}{b}\right)$	A～C 段：$M_x=0$ C～B 段：$M_x=-\frac{qx^2}{2}\left(1-\frac{x}{3b}\right)$ $M_B=-\frac{qb^2}{3}$	$w_x=\frac{qb^4}{120EI}\left[11-15\frac{x}{b}+5\left(\frac{x}{b}\right)^4-\left(\frac{x}{b}\right)^5\right]$ $w_A=\frac{11qb^4}{120EI}\left(1+\frac{15a}{11b}\right)$ $w_C=\frac{11qb^4}{120EI}$

续表 3-2

序号	荷载形式	支座反力	弯　矩	挠度(变位)
14	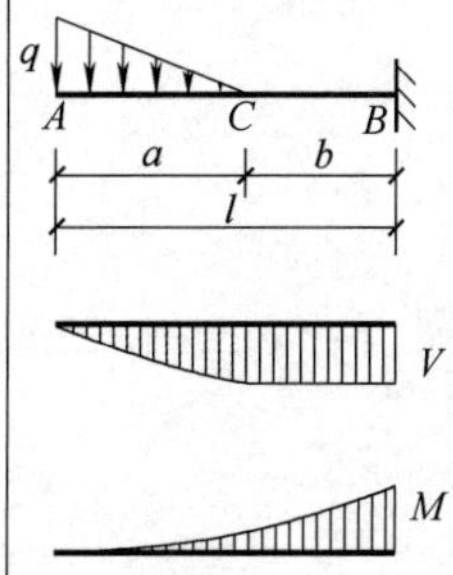	$R_B=\frac{qa}{2}$	$A\sim C$ 段：$M_x=-\frac{qx^2}{6a}(3a-x)$ $C\sim B$ 段：$M_x=-\frac{qa}{6}(3x-a)$ $M_B=-\frac{qa}{6}(2l+b)$	$w_A=\frac{qal^3}{120EI}\left(20-10\frac{a}{l}+\frac{a^3}{l^3}\right)$
15	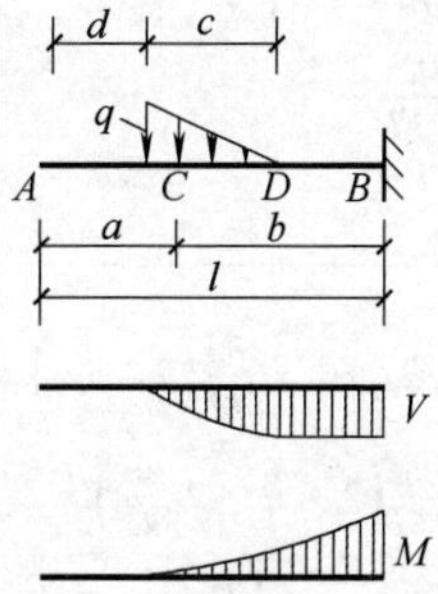	$R_B=\frac{qa}{2}$	$C\sim D$ 段：$M_x=-\frac{qc}{2}\left[\frac{(x-d)^2}{c}-\frac{(x-d)^3}{3c^2}\right]$ $D\sim B$ 段：$M_x=-\frac{qc}{2}(x-a)$ $M_B=-\frac{qcb}{2}$	$A\sim C$ 段：$w_x=\frac{qc}{72EI}\left[18b^2l-6b^3+ac^2+\frac{2c^3}{45}-(18b^2+c^2)x\right]$ $C\sim D$ 段：$w_x=\frac{qc}{72EI}\left[18b^2l-6b^3+ac^2+\frac{2c^3}{45}-(18b^2+c^2)x+3\frac{(x-d)^4}{c}-\frac{3(x-d)^5}{5c^2}\right]$ $D\sim B$ 段：$w_x=\frac{qc}{12EI}[3b^2l-b^3-3b^2x+(x-a)^3]$ $w_A=\frac{qc}{72EI}\left[18b^2l-6b^3+ac^2+\frac{2c^3}{45}\right]$
16	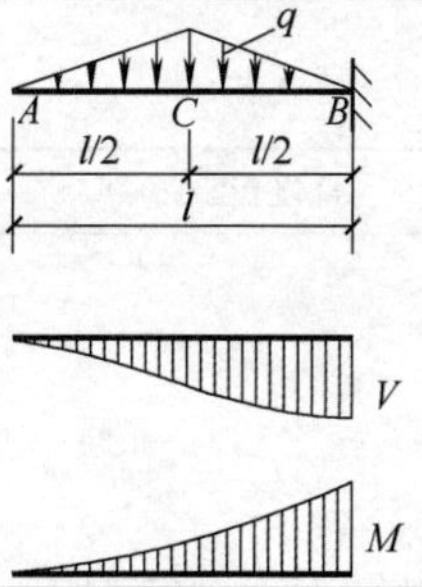	$R_B=\frac{ql}{2}$	$A\sim C$ 段：$M_x=-\frac{qx^3}{3l}$ $C\sim B$ 段：$M_x=-\frac{ql^2}{12}\left(1-6\frac{x}{l}+12\frac{x^2}{l^2}-4\frac{x^3}{l^3}\right)$	$w_A=\frac{11ql^4}{192EI}$
17	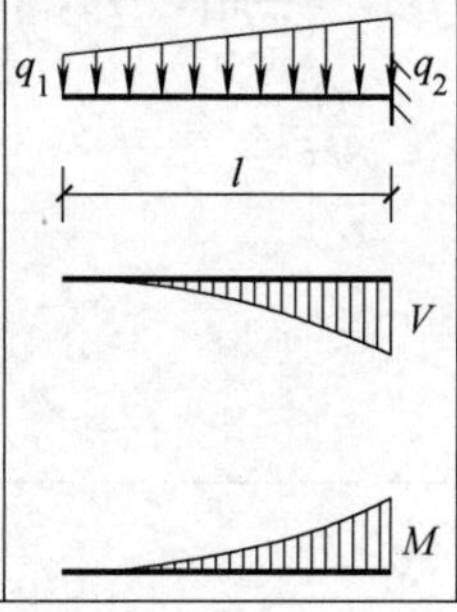	$R_B=\frac{1}{2}(q_1+q_2)l$	$M_x=-\frac{q_1x^2}{2}-\frac{q_0x^3}{6l}$ $(q_0=q_2-q_1)$ $M_B=-\frac{1}{6}(2q_1+q_2)l^2$	$w_x=\frac{l^4}{120EI}\left[5q_1\left(3-4\frac{x}{l}+\frac{x^4}{l^4}\right)+q_0\left(4-5\frac{x}{l}+\frac{x^5}{l^5}\right)\right]$ $w_A=\frac{(11q_1+4q_2)l^4}{120EI}$

续表 3-2

序号	荷载形式	支座反力	弯　矩	挠度(变位)
18	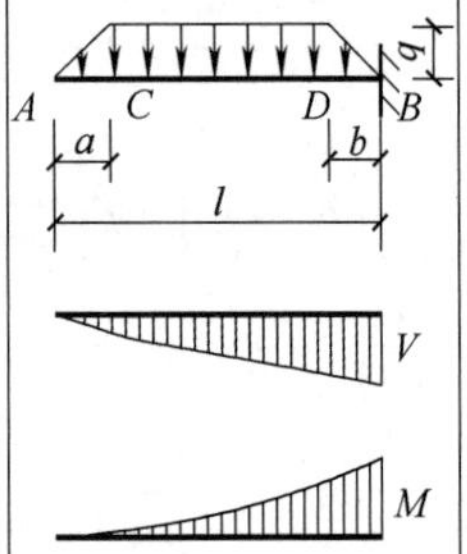	$R_B=ql\left(1-\frac{a}{l}\right)$	$A\sim C$ 段：$M_x=-\frac{qx^3}{6a}$ $C\sim D$ 段：$M_x=-\frac{q}{6}(3x^2-3ax+a^2)$ $D\sim B$ 段：$M_x=-\frac{ql^3}{6a}\left(1-\frac{x}{l}\right)^3+M_B+R_Bl\left(1-\frac{x}{l}\right)$ $M_B=-\frac{ql^2}{2}\left(1-\frac{a}{l}\right)$	$w_A=\frac{ql^4}{24EI}\left(3-4\frac{a}{l}+2\frac{a^2}{l^2}-\frac{a^3}{l^3}\right)$
19	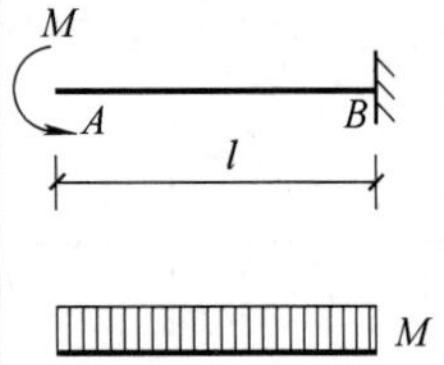	$R_B=0$	$M_B=M_x=-M$	$w_x=\frac{Ml^2}{2EI}\left(1-\frac{x}{l}\right)^2$ $w_A=\frac{Ml^2}{2EI}$
20	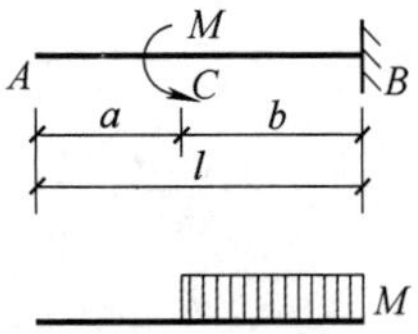	$R_B=0$	$A\sim C$ 段：$M_x=0$ $C\sim B$ 段：$M_x=M_B=-M$	$A\sim C$ 段：$w_A=\frac{Mbl}{2EI}\left(2-\frac{b}{l}\right)$ $w_x=\frac{Mbl}{2EI}\left(2-\frac{b}{l}-2\frac{x}{l}\right)$ $C\sim B$ 段：$w_x=\frac{Ml^2}{2EI}\left(1-\frac{x}{l}\right)^2$

3.2.2　简支梁的计算公式

简支梁的计算公式见表 3-3。

表 3-3　简支梁的计算公式

序号	荷载形式	支座反力	弯　矩	挠度(变位)
1	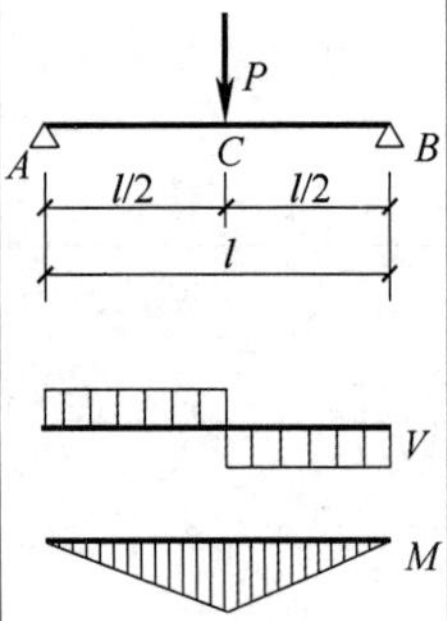	$R_A=R_B=\frac{P}{2}$	$A\sim C$ 段：$M_x=\frac{Px}{2}$ $C\sim B$ 段：$M_x=\frac{Pl}{2}\left(1-\frac{x}{l}\right)$ $M_{max}=M_C=\frac{Pl}{4}$	$A\sim C$ 段：$w_x=\frac{Pl^2x}{48EI}\left(3-4\frac{x^2}{l^2}\right)$ $w_{max}=w_C=\frac{Pl^3}{48EI}$

续表 3-3

序号	荷载形式	支座反力	弯　矩	挠度(变位)
2	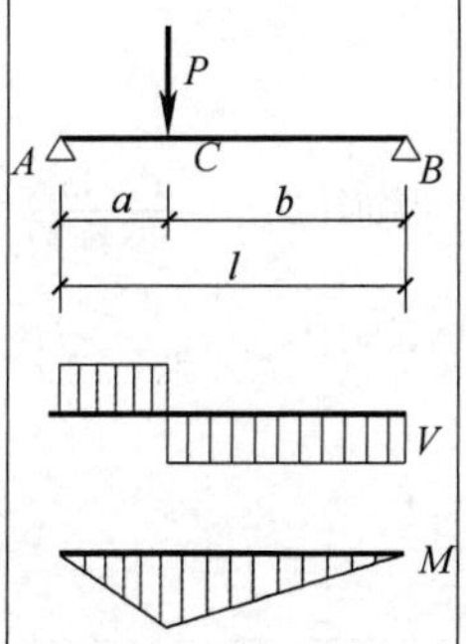	$R_A=\frac{Pb}{l}$ $R_B=\frac{Pa}{l}$	$A\sim C$ 段：$M_x=\frac{Pbx}{l}$ $C\sim B$ 段：$M_x=Pa\left(1-\frac{x}{l}\right)$ $M_{max}=M_C=\frac{Pab}{l}$	$A\sim C$ 段：$w_x=\frac{Pbx}{6EIl}(l^2-b^2-x^2)$ $C\sim B$ 段：$w_x=\frac{Pa(l-x)}{6EIl}(2lx-a^2-x^2)$ $w_C=\frac{Pa^2b^2}{3EIl}$ 若 $a>b$，当 $x=\sqrt{\frac{a}{3}(a+2b)}$ 时，$w_{max}=\frac{Pb}{9EIl}\sqrt{\left(\frac{a^2+2ab}{3}\right)^3}$
3	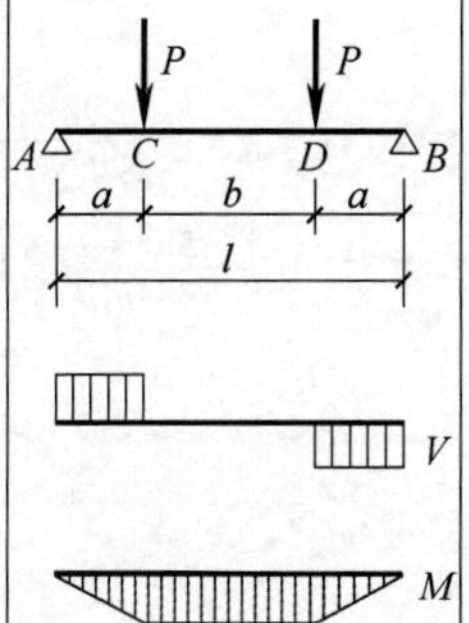	$R_A=R_B=P$	$A\sim C$ 段：$M_x=Px$ $C\sim D$ 段：$M_x=M_{max}=Pa$	$A\sim C$ 段： 若 $x<a$，$w_x=\frac{Px}{6EI}(3la-3a^2-x^2)$ 若 $x=a$，$w_C=\frac{Pa^2}{6EI}(3l-4a)$ $C\sim D$ 段：$a<x<a+b$， $w_x=\frac{Pa}{6EI}(3lx-3x^2-a^2)$ $w_{max}=\frac{Pa}{24EI}(3l^2-4a^2)$
4	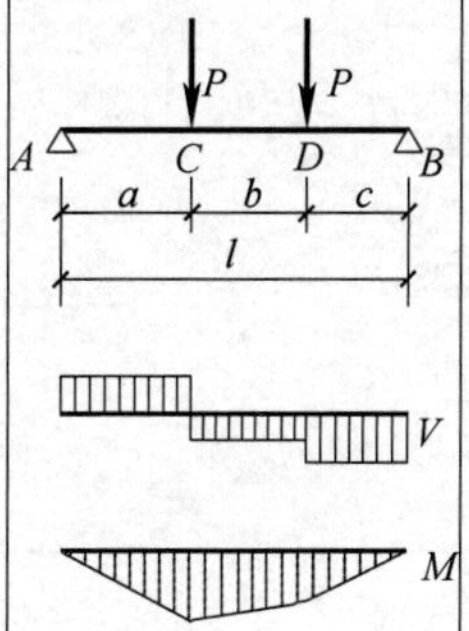	$R_A=\frac{P}{l}(2c+b)$ $R_B=\frac{P}{l}(2a+b)$	$A\sim C$ 段：$M_x=\frac{P}{l}(2c+b)x$ $C\sim D$ 段：$M_x=\frac{P}{l}[(c-a)x+al]$ $D\sim B$ 段：$M_x=\frac{P}{l}(2a+b)(l-x)$ 若 $a>c$，则 $M_C=M_{max}=\frac{Pa}{l}(2c+b)$	$w_C=\frac{Pa}{6EIl}[(2a+c)l^2-4a^2l+2a^3-a^2c-c^3]$ $w_D=\frac{PC}{6EIl}[(2c+a)l^2-4c^2l+2c^3-ac^2-a^3]$
5	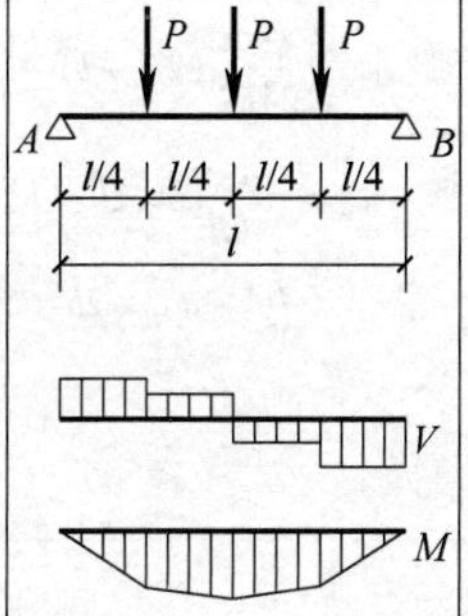	$R_A=R_B=\frac{3P}{2}$	$M_{max}=\frac{Pl}{2}$	$w_{max}=\frac{19Pl^3}{384EI}$

续表 3-3

序号	荷载形式	支座反力	弯矩	挠度(变位)
6	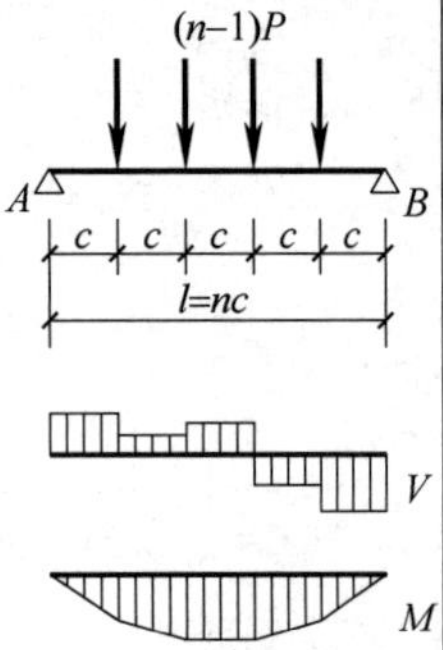 $(n-1)P$；A、B；c c c c c；$l=nc$；V；M	$R_A=R_B=\frac{n-1}{2}P$	当 n 为奇数时：$M_{max}=\frac{n^2-1}{8n}Pl$ 当 n 为偶数时：$M_{max}=\frac{n}{8}Pl$	当 n 为奇数时：$w_{max}=\frac{5n^4-4n^2-1}{384n^3EI}Pl^3$ 当 n 为偶数时：$w_{max}=\frac{5n^2-4}{384nEI}Pl^3$
7	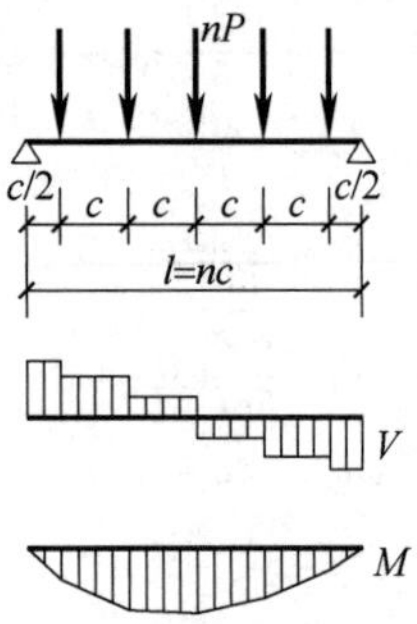 nP；$c/2$ c c c c $c/2$；$l=nc$；V；M	$R_A=R_B=\frac{nP}{2}$	当 n 为奇数时：$M_{max}=\frac{n^2+1}{8n}Pl$ 当 n 为偶数时：$M_{max}=\frac{nPl}{8}$	当 n 为奇数时：$w_{max}=\frac{5n^4+2n^2+1}{384n^3EI}Pl^3$ 当 n 为偶数时：$w_{max}=\frac{5n^2+2}{384nEI}Pl^3$
8	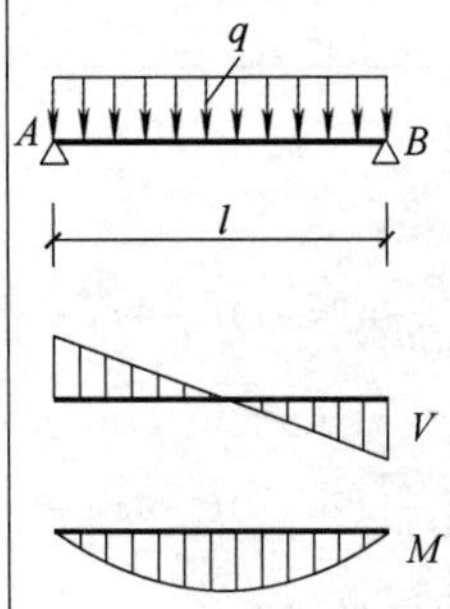 q；A、B；l；V；M	$R_A=R_B=\frac{ql}{2}$	$M_x=\frac{qx}{2}(l-x)$ $M_{max}=\frac{ql^2}{8}$	$w_x=\frac{qx}{24EI}(l^3-2lx^2+x^3)$ $w_{max}=\frac{5ql^4}{384EI}$
9	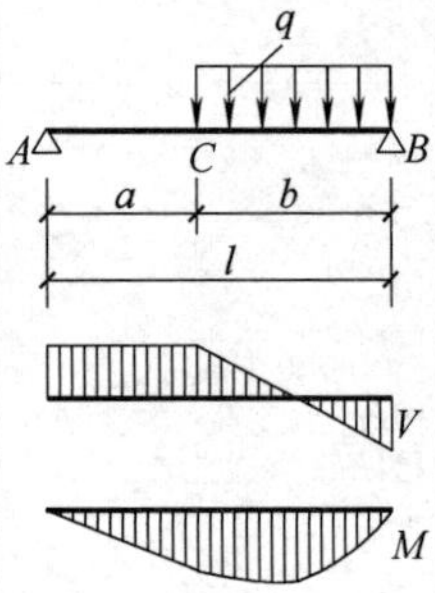 q；A、C、B；a b；l；V；M	$R_A=\frac{qb^2}{2l}$ $R_B=\frac{qb}{2l}(l+a)$	$A\sim C$ 段：$M_x=\frac{qb^2x}{2l}$ $C\sim B$ 段：$M_x=\frac{qb^2}{2l}\left[x-l\left(\frac{x-a}{b}\right)^2\right]$ 当 $x=\frac{b^2}{2l}+a$ 时， $M_{max}=\frac{qb^2}{8}\left(2-\frac{b}{l}\right)^2$	$A\sim C$ 段：$w_x=\frac{qb^2x}{24EIl}(2l^2-b^2-2x^2)$ $C\sim B$ 段：$w_x=\frac{q}{24EIl}[b^2(2l^2-b^2)x+l(x-a)^4-2b^2x^3]$

续表 3-3

序号	荷载形式	支座反力	弯矩	挠度(变位)
10	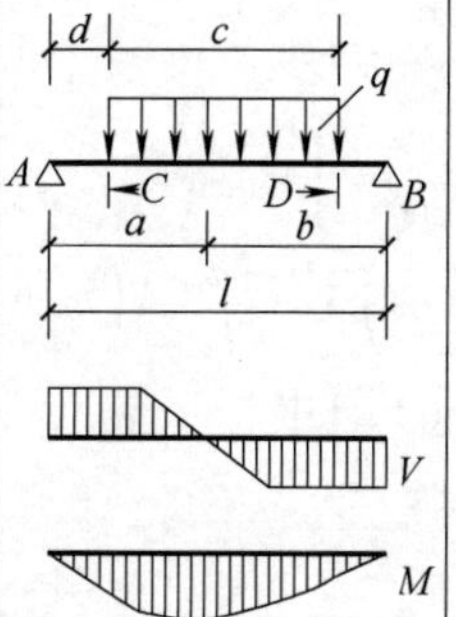	$R_A=\frac{qcb}{l}$ $R_B=\frac{qca}{l}$	$A\sim C$段：$M_x=\frac{qcbx}{l}$ $C\sim D$段：$M_x=qc\left[\frac{bx}{l}-\frac{(x-d)^2}{2c}\right]$ $D\sim B$段：$M_x=qca\left(1-\frac{x}{l}\right)$ 当 $x=d+\frac{cb}{l}$时，$M_{max}=\frac{qcb}{l}\left(d+\frac{cb}{2l}\right)$	$A\sim C$段：$w_x=\frac{qcb}{24EI}\left[\left(4l-4\frac{b^2}{l}-\frac{c^2}{l}\right)x-4\frac{x^3}{l}\right]$ $C\sim D$段：$w_x=\frac{qcb}{24EI}\left[\left(4l-4\frac{b^2}{l}-\frac{c^2}{l}\right)x-4\frac{x^3}{l}+\frac{(x-a)^4}{bc}\right]$ $D\sim B$段：$w_x=\frac{qc}{24EI}\left[4b\left(l-\frac{b^2}{l}\right)x-4\frac{bx^3}{l}+4(x-a)^3-ac^2\left(1-\frac{x}{l}\right)\right]$
11	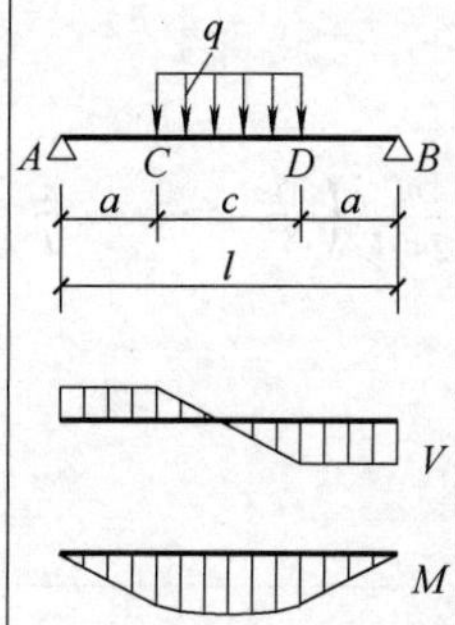	$R_A=R_B=\frac{qc}{2}$	$A\sim C$段：$M_x=\frac{qcx}{2}$ $C\sim D$段：$M_x=\frac{q}{2}[cx-(x-a)^2]$ $M_{max}=\frac{qcl}{8}\left(2-\frac{c}{l}\right)$	$A\sim C$段：$w_x=\frac{qcl^2x}{48EI}\left[3-\left(\frac{c}{l}\right)^2-4\left(\frac{x}{l}\right)^2\right]$ $C\sim D$段：$w_x=\frac{qcl^3}{48EI}\left\{\left[3-\left(\frac{c}{l}\right)^2-4\left(\frac{x}{l}\right)^2\right]\frac{x}{l}+\frac{2(x-a)^4}{cl^3}\right\}$ 当 $x=\frac{l}{2}$时，$w_{max}=\frac{qcl^3}{384EI}\left[8-4\left(\frac{c}{l}\right)^2+\left(\frac{c}{l}\right)^3\right]$
12	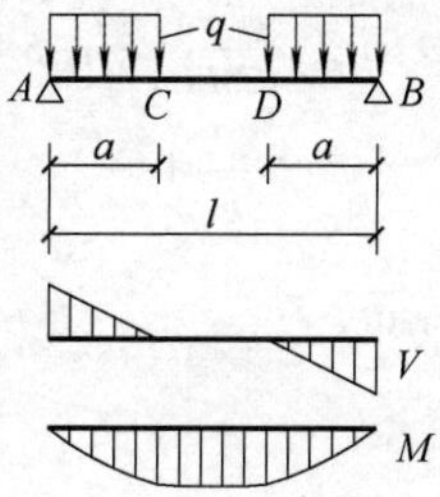	$R_A=R_B=qa$	$A\sim C$段：$M_x=\frac{qx}{2}(2a-x)$ $C\sim D$段：$M_x=M_{max}=\frac{qa^2}{2}$	$w_{max}=\frac{qa^2l^2}{48EI}\left(3-2\frac{a^2}{l^2}\right)$
13	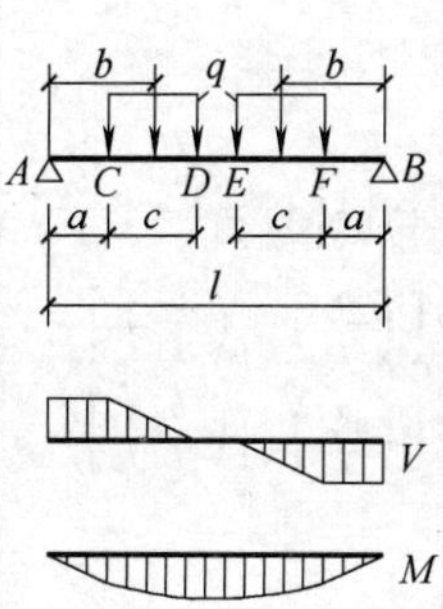	$R_A=R_B=qc$	$A\sim C$段：$M_x=qcx$ $C\sim D$段：$M_x=qc\left[x-\frac{(x-a)^2}{2}\right]$ $D\sim E$段：$M_x=M_{max}=qcb$	$A\sim C$段：$w_x=\frac{qc}{2EI}\left[\left(lb-b^2-\frac{c^2}{12}\right)x-\frac{x^3}{3}\right]$ $C\sim D$段：$w_x=\frac{qc}{2EI}\left[\left(lb-b^2-\frac{c^2}{12}\right)x+\frac{x^3}{3}+\frac{(x-a)^4}{12c}\right]$ $D\sim E$段：$w_x=\frac{qcb}{2EI}\left(lx-x^2-\frac{b^2}{3}-\frac{c^2}{12}\right)$ $w_{max}=\frac{qcb}{2EI}\left(\frac{l^2}{4}-\frac{b^2}{3}-\frac{c^2}{12}\right)$

续表 3-3

序号	荷载形式	支座反力	弯矩	挠度(变位)
14		$R_A=\frac{(2q_1+q_2)l}{6}$ $R_B=\frac{(q_1+2q_2)l}{6}$	$M_x=R_Ax-\frac{q_1x^2}{2}-\frac{q_0x^3}{6l}$ $(q_0=q_2-q_1)$ 当 $x=\frac{v-\mu}{1-\mu}l$ 时，$M_{max}=\frac{q_2l^2}{6}\times\frac{2v^3-\mu(1+\mu)}{(1-\mu)^2}$ 式中 $\mu=\frac{q_1}{q_2}$ $v=\sqrt{\frac{\mu^2+\mu+1}{3}}$ $(q_1\neq q_2)$	$w_x=\frac{l^4}{360EI}\left[15q_1\left(\frac{x}{l}-2\frac{x^3}{l^3}+\frac{x^4}{l^4}\right)+\frac{(q_2-q_1)x}{l}\left(7-10\frac{x^2}{l^2}+3\frac{x^4}{l^4}\right)\right]$
15		$R_A=R_B=\frac{ql}{2}\times\left(1-\frac{a}{l}\right)$	$A\sim C$ 段：$M_x=\frac{qlx}{6}\left(3-3\frac{a}{l}-\frac{x^2}{al}\right)$ $C\sim D$ 段：$M_x=\frac{ql^2}{6}\left(-\frac{a^2}{l^2}+3\frac{x}{l}-3\frac{x^2}{l^2}\right)$ $M_{max}=\frac{ql^2}{24}\left(3-4\frac{a^2}{l^2}\right)$	$w_{max}=\frac{ql^4}{240EI}\left(\frac{25}{8}-5\frac{a^2}{l^2}+2\frac{a^4}{l^4}\right)$
16		$R_A=R_B=\frac{ql}{4}$	$A\sim C$ 段：$M_x=\frac{qlx}{12}\left(3-4\frac{x^2}{l^2}\right)$ $M_{max}=\frac{ql^2}{12}$	$A\sim C$ 段：$w_x=\frac{ql^3x}{120EI}\left(\frac{25}{8}-5\frac{x^2}{l^2}+2\frac{x^4}{l^4}\right)$ $w_{max}=\frac{ql^4}{120EI}$
17		$R_A=\frac{ql}{6}\left(1+\frac{b}{l}\right)$ $R_B=\frac{ql}{6}\left(1+\frac{a}{l}\right)$	若 $a>b$，当 $x=\sqrt{\frac{a(l+b)}{3}}$ 时： $M_{max}=\frac{q}{9}\sqrt{\frac{a(l+b)^3}{3}}$ $A\sim C$ 段：$M_x=\frac{ql^2x}{6a}\left(1-\frac{x^2}{l^2}-\frac{b^2}{l^2}\right)$ $C\sim B$ 段：$M_x=\frac{ql^2(l-x)}{6b}\times\left[1-\frac{(l-x)^2}{l^2}-\frac{a^2}{l^2}\right]$	$w_C=\frac{ql^4}{45EI}\left\{4\left[\left(\frac{a}{l}\right)^5+\left(\frac{b}{l}\right)^5\right]-9\left[\left(\frac{a}{l}\right)^4+\left(\frac{b}{l}\right)^4\right]+5\left[\left(\frac{a}{l}\right)^3+\left(\frac{b}{l}\right)^3\right]\right\}$

续表 3-3

序号	荷载形式	支座反力	弯　矩	挠度(变位)
18	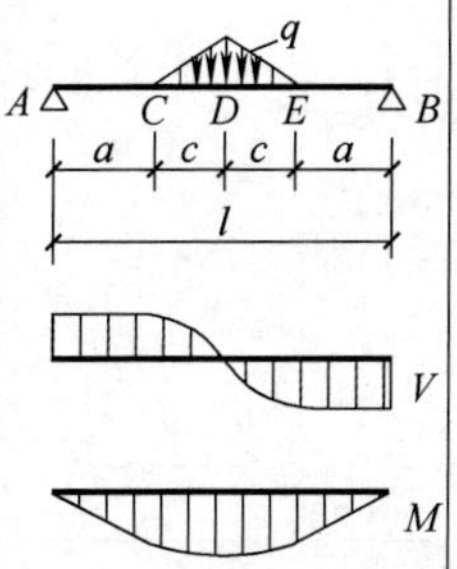 A C D E B; a c c a; l; q; V; M	$R_A=R_B=\frac{qc}{2}$	$A\sim C$ 段：$M_x=\frac{qcx}{2}$ $C\sim D$ 段：$M_x=\frac{qc}{2}\left[x-\frac{(x-a)^3}{3c^2}\right]$ $M_{max}=\frac{qcl}{12}\left(3-2\frac{c}{l}\right)$	$w_{max}=\frac{qcl^3}{240EI}\left(5-5\frac{c^2}{l^2}+2\frac{c^3}{l^3}\right)$
19	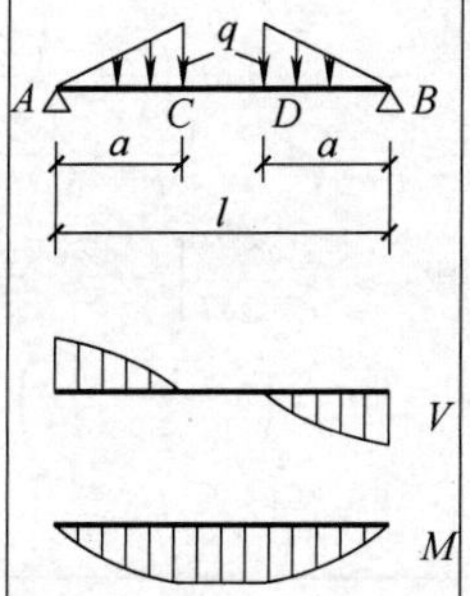 A C D B; a a; l; q; V; M	$R_A=R_B=\frac{qa}{2}$	$A\sim C$ 段：$M_x=\frac{qax}{6}\left(3-\frac{x^2}{a^2}\right)$ $C\sim D$ 段：$M_x=M_{max}=\frac{qa^2}{3}$	$w_{max}=\frac{qa^2l^2}{120EI}\left(5-4\frac{a^2}{l^2}\right)$
20	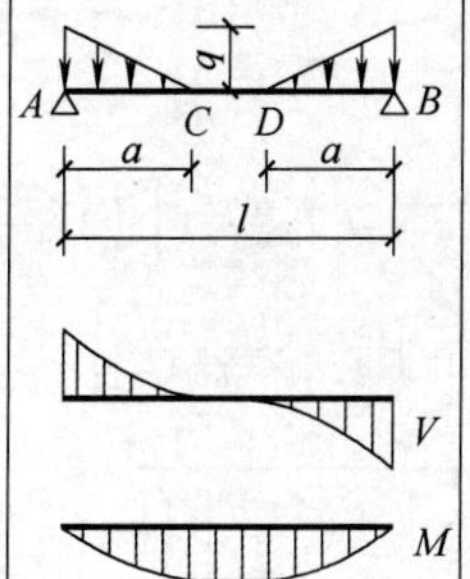 A C D B; a a; l; q; V; M	$R_A=R_B=\frac{qa}{2}$	$A\sim C$ 段：$M_x=\frac{qax}{6}\left(3-3\frac{x}{a}+\frac{x^2}{a^2}\right)$ $C\sim D$ 段：$M_x=M_{max}=\frac{qa^2}{6}$	$w_{max}=\frac{qa^2l^2}{240EI}\left(5-2\frac{a^2}{l^2}\right)$
21	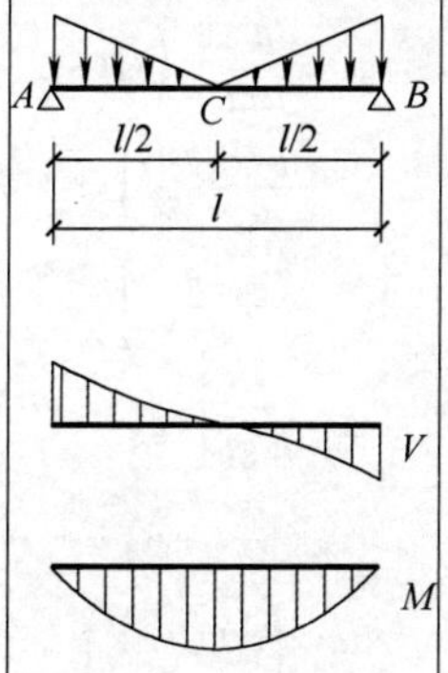 A C B; l/2 l/2; l; V; M	$R_A=R_B=\frac{ql}{4}$	$A\sim C$ 段：$M_x=\frac{qlx}{12}\left(3-6\frac{x}{l}+4\frac{x^2}{l^2}\right)$ $M_{max}=\frac{ql^2}{24}$	$A\sim C$ 段：$w_x=\frac{ql^3x}{120EI}\left(\frac{15}{8}-5\frac{x^2}{l^2}+5\frac{x^3}{l^3}-2\frac{x^4}{l^4}\right)$ $w_{max}=\frac{3ql^4}{640EI}$

续表 3-3

序号	荷载形式	支座反力	弯矩	挠度(变位)
22	A C D E B；q；$l/4$ $l/4$ $l/4$ $l/4$；l；V；M	$R_A = R_B = \frac{ql}{4}$	A ~ C 段：$M_x = \frac{qlx}{12}\left(3 - 6\frac{x}{l} + 8\frac{x^2}{l^2}\right)$ C ~ D 段：$M_x = \frac{ql^2}{6}\left(\frac{1}{8} + 3\frac{x^2}{l^2} - 4\frac{x^3}{l^3}\right)$ $M_{max} = \frac{ql^2}{16}$	$w_{max} = \frac{19ql^4}{3072EI}$
23	A C B；q；a b；l；V；M	$R_A = \frac{qa}{6}\left(3 - 2\frac{a}{l}\right)$ $R_B = \frac{qa^2}{3l}$	A ~ C 段：$M_x = \frac{qax}{6}\left(3 - 2\frac{a}{l} - \frac{x^2}{a^2}\right)$ C ~ B 段：$M_x = \frac{qa^2}{3}\left(1 - \frac{x}{l}\right)$ 当 $x = a\sqrt{1 - \frac{2}{3}\frac{a}{l}}$ 时，$M_{max} = \frac{qa^2}{3}\sqrt{\left(1 - \frac{2}{3}\frac{a}{l}\right)^3}$	A ~ C 段：$w_x = \frac{qal^2x}{72EI}\left[8\frac{a}{l} - 9\frac{a^2}{l^2} + \frac{12}{5}\cdot\frac{a^3}{l^3} - \left(6 - 4\frac{a}{l}\right)\frac{x^2}{l^2} + \frac{3x^4}{5a^2l^2}\right]$ C ~ D 段：$w_x = \frac{qa^2l^2}{72EI}\left[-\frac{12}{5}\cdot\frac{a^2}{l^2} + \left(8 + \frac{12}{5}\cdot\frac{a^2}{l^2}\right)\frac{x}{l} - 12\frac{x^2}{l^2} + 4\frac{x^3}{l^3}\right]$
24	A C B；q；a b；l；V；M	$R_A = \frac{qb^2}{6l}$ $R_B = \frac{qb}{6}\left(3 - \frac{b}{l}\right)$	A ~ C 段：$M_x = \frac{qb^2x}{6l}$ C ~ B 段：$M_x = \frac{qb^2}{6}\left[\frac{x}{l} - \frac{(x-a)^3}{b^3}\right]$ 当 $x = a + b\sqrt{\frac{1}{3}\frac{b}{l}}$ 时，$M_{max} = \frac{qb^2}{6}\left(\frac{a}{l} + \frac{2}{3}\cdot\frac{b}{l}\sqrt{\frac{1}{3}\cdot\frac{b}{l}}\right)$	A ~ C 段：$w_x = \frac{qb^2lx}{72EI}\left(2 - \frac{3}{5}\cdot\frac{b^2}{l^2} - 2\frac{x^2}{l^2}\right)$ C ~ D 段：$w_x = \frac{qb^2l^2}{72EI}\left[\left(2 - \frac{3}{5}\cdot\frac{b^2}{l^2} - 2\frac{x^2}{l^2}\right)\frac{x}{l} + \frac{3(x-a)^5}{5b^3l^2}\right]$
25	d c；q；A C D B；a b；l；$(a=d+\frac{2c}{3})$；V；M	$R_A = \frac{qcb}{2l}$ $R_B = \frac{qca}{2l}$	A ~ C 段：$M_x = \frac{qcbx}{2l}$ C ~ D 段：$M_x = \frac{qc}{2}\left[\frac{bx}{l} - \frac{(x-d)^3}{3c^2}\right]$ D ~ B 段：$M_x = \frac{qca}{2}\left(1 - \frac{x}{l}\right)$ 当 $x = d + c\sqrt{\frac{b}{l}}$ 时，$M_{max} = \frac{qcb}{2l}\left(d + \frac{2c}{3}\sqrt{\frac{b}{l}}\right)$	A ~ C 段：$w_x = \frac{qc}{72EI}\left[\left(6bl - 6\frac{b^3}{l} - \frac{bc^2}{l} - \frac{2c^3}{45l}\right)x - 6\frac{bx^3}{l}\right]$ C ~ D 段：$w_x = \frac{qc}{72EI}\left[\left(6bl - 6\frac{b^3}{l} - \frac{bc^2}{l} - \frac{2c^3}{45l}\right)x - 6\frac{bx^3}{l} + \frac{3(x-d)^5}{5c^2}\right]$ D ~ B 段：$w_x = \frac{qc}{72EI}\left[6b\left(l - \frac{b^2}{l}\right)x - 6\frac{bx^3}{l} + 6(x-a)^3 - \left(ac^2 - \frac{2c^3}{45}\right)\times\left(1 - \frac{x}{l}\right)\right]$

续表 3-3

序号	荷载形式	支座反力	弯　矩	挠度(变位)
26	q; A, B; l; V; M	$R_A=\frac{ql}{6}$ $R_B=\frac{ql}{3}$	$M_x=\frac{qx}{6l}(l^2-x^2)$ 当 $x=\frac{l}{\sqrt{3}}$时，$M_{max}=\frac{ql^2}{9\sqrt{3}}$	$w_x=\frac{ql^3x}{360EI}\left(7-10\frac{x^2}{l^2}+3\frac{x^4}{l^4}\right)$ 当 $x=0.519l$ 时，$w_{max}=0.00652\frac{ql^4}{EI}$
27	q; A, C, D, E, B; l/4, l/4, l/4, l/4; l; V; M	$R_A=R_B=\frac{ql}{4}$	$A\sim C$ 段：$M_x=\frac{qlx}{12}\left(3-8\frac{x^2}{l^2}\right)$ $C\sim D$ 段：$M_x=\frac{ql^2}{6}\left(-\frac{1}{8}+3\frac{x}{l}-6\frac{x^2}{l^2}+4\frac{x^3}{l^3}\right)$ $M_{max}=\frac{ql^2}{16}$	$w_{max}=\frac{7ql^4}{1024EI}$
28	q; A, Ⅰ, Ⅱ, Ⅲ, B; c, c, c, c, c, c; l; V; M	$R_A=R_B=\frac{ql}{4}$	$\frac{l}{6}$处　$M_{Ⅰ}=\frac{ql^2}{27}$ $\frac{l}{3}$处　$M_{Ⅱ}=\frac{ql^2}{18}$ $\frac{l}{2}$处　$M_{Ⅲ}=M_{max}=\frac{7ql^2}{108}$	$w_{max}=\frac{259ql^4}{3880EI}$
29	q; A, B; c, c, c, c, c, c, c, c; l; V; M	$R_A=R_B=\frac{ql}{4}$	$x=\frac{l}{2}$处，$M_{max}=\frac{ql^2}{16}$	$x=\frac{l}{2}$处，$w_{max}=\frac{65ql^2}{1536EI}$
30	P; C, A, B; a, l; V; M	$R_A=P\cdot\frac{l+a}{l}$ $R_B=-P\cdot\frac{a}{l}$	$M_A=-Pa$	$w_C=\frac{Pa^2}{3EI}(l+a)$ $A\sim B$ 跨：当 $x=a+0.423l$ 时，$w_{min}=-0.0642\frac{Pal^2}{EI}$

续表 3-3

序号	荷载形式	支座反力	弯矩	挠度(变位)
31	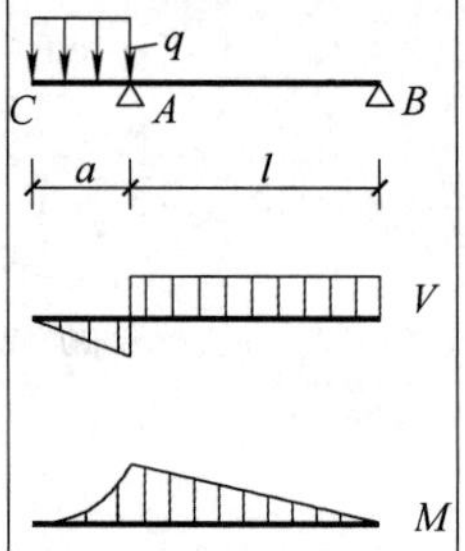 C A B, a l, V, M	$R_A=\frac{qa(2l+a)}{2l}$ $R_B=-\frac{qa^2}{2l}$	$M_A=-\frac{qa^2}{2}$	$w_C=\frac{qa^3}{24EI}(4l+3a)$ $A\sim B$ 跨：当 $x=a+0.423l$ 时，$w_{min}=-0.0321\frac{qa^2l^2}{EI}$
32	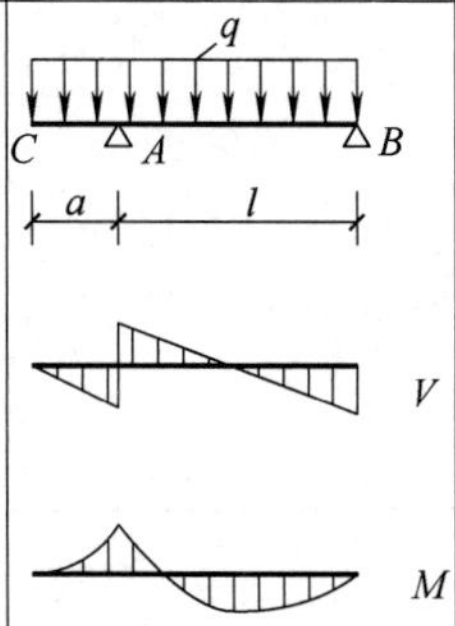 q, C A B, a l, V, M	$R_A=\frac{q}{2l}(l+a)^2$ $R_B=\frac{q}{2l}(l^2-a^2)$	若 $l>a$，当 $x=\frac{l}{2}\left(1+\frac{a}{l}\right)^2$ 时，$M_{max}=\frac{ql^2}{8}\left(1-\frac{a^2}{l^2}\right)^2$ $M_A=-\frac{qa^2}{2}$	$w_C=\frac{qal^3}{24EI}\left(-1+4\frac{a^2}{l^2}+3\frac{a^3}{l^3}\right)$
33	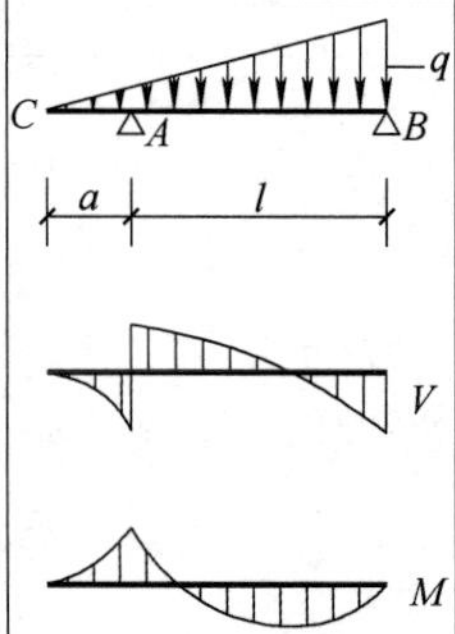 q, C A B, a l, V, M	$R_A=\frac{q(a+l)^2}{6l}$ $R_B=\frac{(a+l)}{2}\times\left(1-\frac{a+l}{3l}\right)q$	$M_A=-\frac{qa^3}{6(a+l)}$	$w_C=\frac{1}{EI}\left[\frac{12qa^5+20qa^4l-5qa^2l^3-10al^4}{360(a+l)}\right]$
34	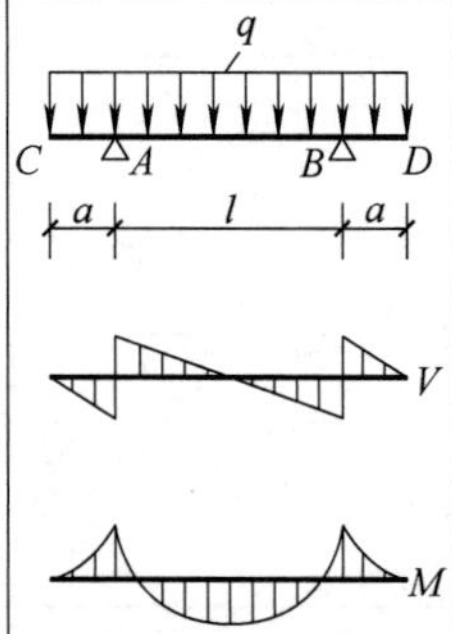 q, C A B D, a l a, V, M	$R_A=R_B=q\left(a+\frac{l}{2}\right)$	$M_A=M_B=-\frac{qa^2}{2}$ $M_{max}=\frac{ql^2}{8}\left(1-4\frac{a^2}{l^2}\right)$	$w_C=w_D=\frac{qal^3}{24EI}\left(-1+6\frac{a^2}{l^2}+3\frac{a^3}{l^3}\right)$ $w_{max}=\frac{ql^4}{384EI}\left(5-24\frac{a^2}{l^2}\right)$
35	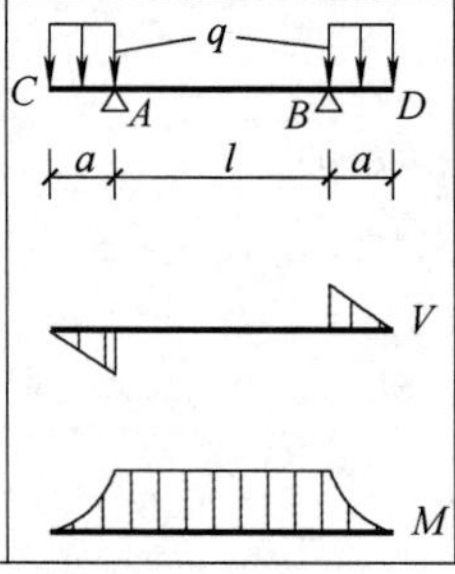 q, C A B D, a l a, V, M	$R_A=R_B=qa$	$M_A=M_B=-\frac{qa^2}{2}$	$w_C=w_D=\frac{qa^3l}{8EI}\left(2+\frac{a}{l}\right)$ 当 $x=a+0.5l$ 时，$w_{max}=-\frac{qa^2l^2}{16EI}$

续表 3-3

序号	荷载形式	支座反力	弯矩	挠度(变位)
36	0.5774l q C A D B E a l a V M	$R_A=\frac{qa(2l+a)}{2l}$ $R_B=-\frac{qa^2}{2l}$	$M_A=-\frac{qa^2}{2}$	$w_C=\frac{qla^3}{24EI}\left(4+3\frac{a}{l}\right)$ $w_D=-\frac{0.032ql^2a^2}{EI}$ $w_E=\frac{qla^2b}{12EI}$
37	P P C A B D a l a V M	$R_A=R_B=P$	$M_A=M_B=-Pa$	$w_C=w_D=\frac{Pa^2l}{6EI}\left(3+2\frac{a}{l}\right)$ $A\sim B$ 跨：当 $x=a+0.5l$ 时，$w_{min}=-\frac{Pal^2}{8EI}$
38	M A B l V M	$R_A=-R_B$ $=-\frac{M}{l}$	$M_x=M\left(1-\frac{x}{l}\right)$ $M_{max}=M$	$w_x=\frac{Mlx}{6EI}\left(2-3\frac{x}{l}+\frac{x^2}{l^2}\right)$ 当 $x=0.423l$ 时，$w_{max}=0.0642\frac{Ml^2}{EI}$
39	M A C B a b l V M	$R_A=-R_B=\frac{M}{l}$	$A\sim C$ 段：$M_x=\frac{Mx}{l}$ $C\sim B$ 段：$M_x=-M\left(1-\frac{x}{l}\right)$ $M_{C左}=M\cdot\frac{a}{l}$ $M_{C右}=-M\frac{b}{l}$	$A\sim C$ 段：$w_x=\frac{Mx}{6EIl}(l^2-3b^2-x^2)$ $C\sim B$ 段：$w_x=\frac{M(l-x)}{6EIl}(x^2+3a^2-2lx)$
40	M_1 M_2 A B l V M	$R_A=-R_B$ $=\frac{M_2-M_1}{l}$	$M_x=M_1+(M_2-M_1)\frac{x}{l}$ 若 $M_1>M_2$，$M_{max}=M_1$	$w_x=\frac{l^2}{6EI}\left[3M_1\cdot\frac{1}{l}\left(x-\frac{x^2}{l}\right)+M_0\cdot\frac{x}{l}\left(1-\frac{x^2}{l^2}\right)\right]$ $(M_0=M_2-M_1)$

3.2.3 一端简支另一端固定梁的计算公式

一端简支另一端固定梁的计算公式见表3-4。

表3-4 一端简支另一端固定梁的计算公式

序号	荷载形式	支座反力	弯矩	挠度(变位)
1	A、B、C、P、a、b、l、V、M	$R_A=\frac{Pb^2}{2l^2}\left(3-\frac{b}{l}\right)$ $R_B=\frac{Pa}{2l}\left(3-\frac{a^2}{l^2}\right)$	A~C段：$M_x=R_Ax$ C~B段：$M_x=R_Ax-P(x-a)$ $M_B=-\frac{Pab}{2l}\left(1+\frac{a}{l}\right)$ $M_C=M_{max}=\frac{Pab^2}{2l^2}\left(3-\frac{b}{l}\right)$	A~C段：$w_x=\frac{1}{6EI}[R_A(3l^2x-x^3)-3Pb^2x]$ C~B段：$w_x=\frac{1}{6EI}[R_A(3l^2x-x^3)-3Pb^2x+P(x-a)^3]$
2	A、B、C、P、l/2、l/2、l、V、M	$R_A=\frac{5P}{16}$ $R_B=\frac{11P}{16}$	A~C段：$M_x=\frac{5Px}{16}$ C~B段：$M_x=\frac{Pl}{16}\left(8-11\frac{x}{l}\right)$ $M_B=-\frac{3Pl}{16}$ $M_C=M_{max}=\frac{5Pl}{32}$	A~C段：$w_x=\frac{Pl^2x}{96EI}\left(3-5\frac{x^2}{l^2}\right)$ C~B段：$w_x=\frac{Pl^3}{96EI}\left(-2+15\frac{x}{l}-24\frac{x^2}{l^2}+11\frac{x^3}{l^3}\right)$ $w_C=\frac{7Pl^3}{768EI}$ 当$x=0.447l$时，$w_{max}=0.00932\frac{Pl^3}{EI}$
3	A、B、C、D、P、P、a、a、l、V、M	$R_A=\frac{P}{2}\left(2-3\frac{a}{l}+3\frac{a^2}{l^2}\right)$ $R_B=\frac{P}{2}\left(2+3\frac{a}{l}-3\frac{a^2}{l^2}\right)$	A~C段：$M_x=R_Ax$ C~D段：$M_x=R_Ax-P(x-a)$ D~B段：$M_x=R_Ax-P(2x-l)$ $M_B=-\frac{3Pa}{2}\left(1-\frac{a}{l}\right)$ $M_C=M_{max}=R_Aa$	A~C段：$w_x=\frac{1}{6EI}[R_A(3l^2x-x^3)-3P(l^2-2al+2a^2)x]$ C~D段：$w_x=\frac{1}{6EI}[R_A(3l^2x-x^3)-3P(l^2-2al+2a^2)x+P(x-a)^3]$ D~B段：$w_x=\frac{1}{6EI}[R_A(3l^2x-x^3-2l^3)+P(l^3-3lx^2+2x^3)]$ $w_C=\frac{Pa^2l}{12EI}\left[3-5\times\frac{a}{l}+3\left(\frac{a^2}{l^2}-\frac{a^3}{l^3}\right)\right]$

续表 3-4

<table>
<tr><th>序号</th><th>荷载形式</th><th>支座反力</th><th>弯　矩</th><th>挠度(变位)</th></tr>
<tr><td>4</td><td> 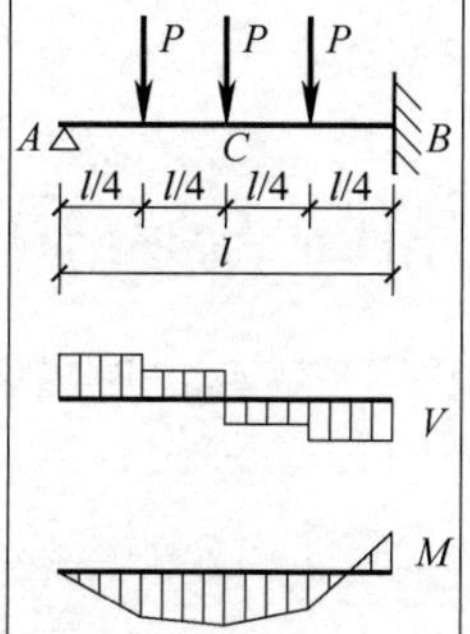P P P
A C B
l/4 l/4 l/4 l/4
l
V
M</td><td>$R_A=\frac{33P}{32}$
$R_B=\frac{63P}{32}$</td><td>$M_B=-\frac{15}{32}Pl$</td><td>$w_C=\frac{41Pl^3}{1536EI}$</td></tr>
<tr><td>5</td><td> 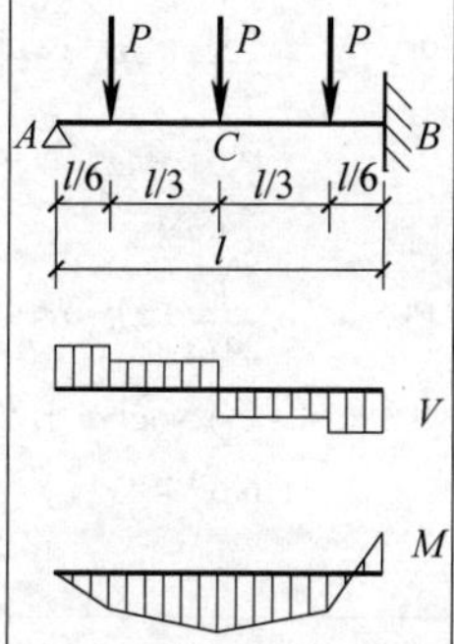P P P
A C B
l/6 l/3 l/3 l/6
l
V
M</td><td>$R_A=\frac{53P}{48}$
$R_B=\frac{91P}{48}$</td><td>$M_B=-\frac{19Pl}{48}$</td><td>$w_C=\frac{157Pl^3}{10368EI}$</td></tr>
<tr><td>6</td><td> 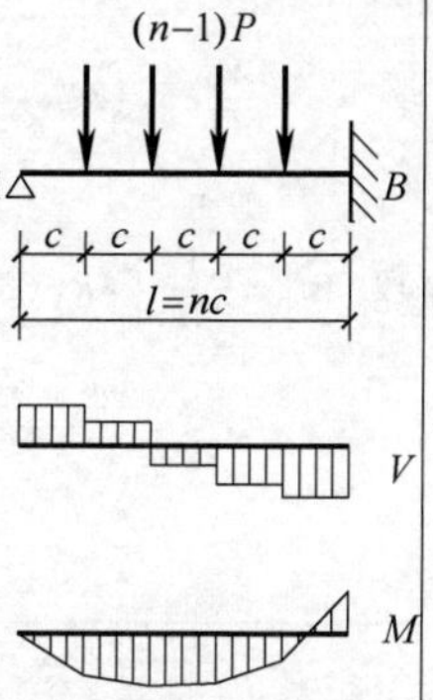(n−1)P
A B
c c c c c
l=nc
V
M</td><td>$R_A=\frac{3n^2-4n+1}{8n}P$
$R_B=\frac{5n^2-4n-1}{8n}P$</td><td>$M_B=-\frac{n^2-1}{8n}Pl$
当 $x=\xi_1 l$ 时，$M_{max}=K_1Pl$
其中，ξ_1，K_1 见右表</td><td>当 $x=\xi_2 l$ 时，$w_{max}=K_2\frac{Pl^3}{EI}$
<table><tr><td>n</td><td>2</td><td>3</td><td>4</td><td>5</td></tr><tr><td>ξ_1</td><td>0.500</td><td>0.333</td><td>0.500</td><td>0.400</td></tr><tr><td>K_1</td><td>0.156</td><td>0.222</td><td>0.266</td><td>0.360</td></tr><tr><td>ξ_2</td><td>0.447</td><td>0.423</td><td>0.426</td><td>0.423</td></tr><tr><td>K_2</td><td>0.00932</td><td>0.0152</td><td>0.0209</td><td>0.0265</td></tr></table></td></tr>
<tr><td>7</td><td> 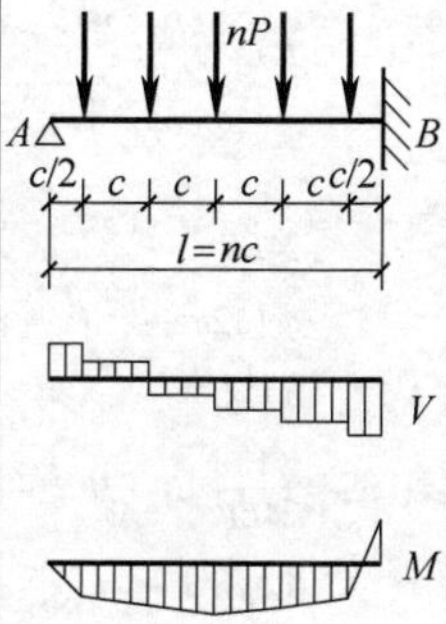nP
A B
c/2 c c c c c/2
l=nc
V
M</td><td>$R_A=\frac{6n^2-1}{16n}P$
$R_B=\frac{10n^2+1}{16n}P$</td><td>$M_B=-\frac{2n^2+1}{16n}Pl$
当 $x=\xi_1 l$ 时，$M_{max}=K_1Pl$
其中，ξ_1，K_1 见右表</td><td>当 $x=\xi_2 l$ 时，$w_{max}=K_2\frac{Pl^3}{EI}$
<table><tr><td>n</td><td>2</td><td>3</td><td>4</td><td>5</td></tr><tr><td>ξ_1</td><td>0.250</td><td>0.500</td><td>0.375</td><td>0.300</td></tr><tr><td>K_1</td><td>0.180</td><td>0.219</td><td>0.307</td><td>0.359</td></tr><tr><td>ξ_2</td><td>0.405</td><td>0.423</td><td>0.418</td><td>0.421</td></tr><tr><td>K_2</td><td>0.0116</td><td>0.0168</td><td>0.0221</td><td>0.0274</td></tr></table></td></tr>
</table>

续表 3-4

序号	荷载形式	支座反力	弯　矩	挠度(变位)
8	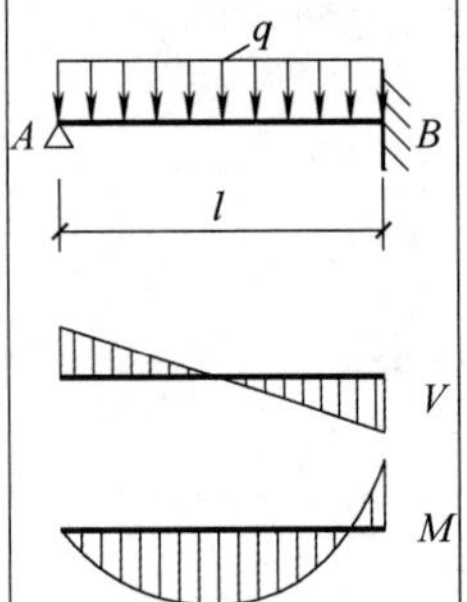	$R_A=\frac{3ql}{8}$ $R_B=\frac{5ql}{8}$	$M_B=-\frac{ql^2}{8}$ $M_x=\frac{qlx}{8}\left(3-4\frac{x}{l}\right)$ 当 $x=\frac{3l}{8}$时，$M_{max}=\frac{9ql^2}{128}$	$w_x=\frac{ql^3x}{48EI}\left(1-3\cdot\frac{x^2}{l^2}+2\cdot\frac{x^3}{l^3}\right)$ 当 $x=0.422l$ 时，$w_{max}=0.00542\frac{ql^4}{EI}$
9	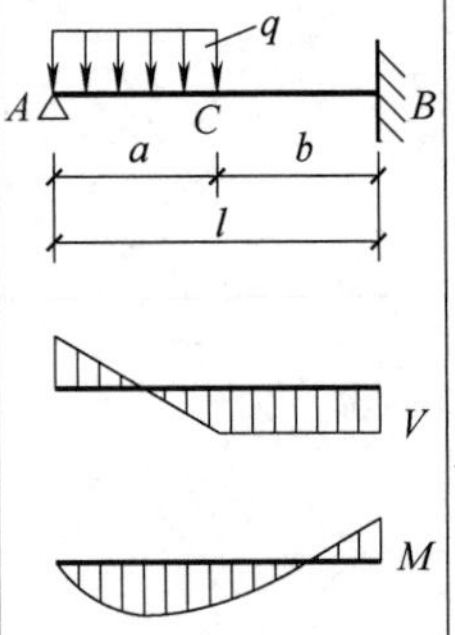	$R_A=\frac{qa}{8}\left(8-6\frac{a}{l}+\frac{a^3}{l^3}\right)$ $R_B=\frac{qa^2}{8l}\left(6-\frac{a^2}{l^2}\right)$	$A\sim C$ 段：$M_x=R_Ax-\frac{qx^2}{2}$ $C\sim B$ 段：$M_x=R_Ax-qa\left(x-\frac{a}{2}\right)$ 当 $x=\frac{R_A}{q}$时，$M_{max}=\frac{R_A^2}{2q}$ $M_B=-\frac{qa^2}{8}\left(2-\frac{a^2}{l^2}\right)$	$A\sim C$ 段：$w_x=\frac{1}{24EI}[4R_A(3l^2x-x^3)-4qa(3bl+a^2)x+qx^4]$ $C\sim B$ 段：$w_x=\frac{1}{24EI}[4R_A(3l^2x-x^3)-qa(a^3+12blx+6ax^2-4x^3)]$
10	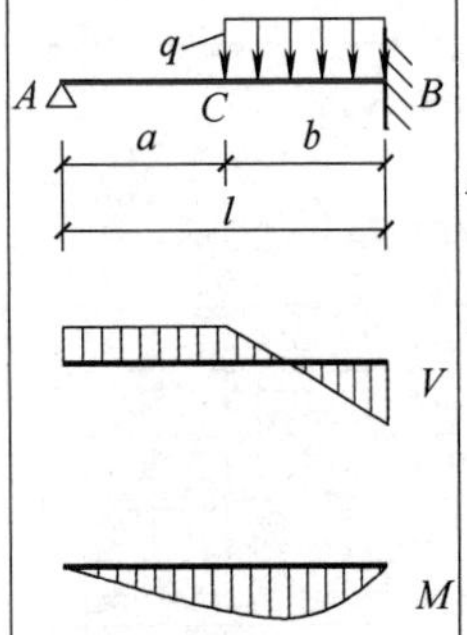	$R_A=\frac{qb^3}{8l^2}\left(4-\frac{b}{l}\right)$ $R_B=\frac{qb}{8}\left(8-4\frac{b^2}{l^2}+\frac{b^3}{l^3}\right)$	$A\sim C$ 段：$M_x=R_Ax$ $C\sim B$ 段：$M_x=R_Ax-\frac{q}{2}(x-a)^2$ 当 $x=a+\frac{R_A}{q}$时，$M_{max}=R_A\left(a+\frac{R_A}{2q}\right)$ $M_B=-\frac{qb^2}{8}\left(2-\frac{b}{l}\right)^2$	$A\sim C$ 段：$w_x=\frac{1}{6EI}[R_A(3l^2x-x^3)-qb^3x]$ $C\sim B$ 段：$w_x=\frac{1}{24EI}[4R_A(3l^2x-x^3)-4qb^3x+q(x-a)^4]$
11	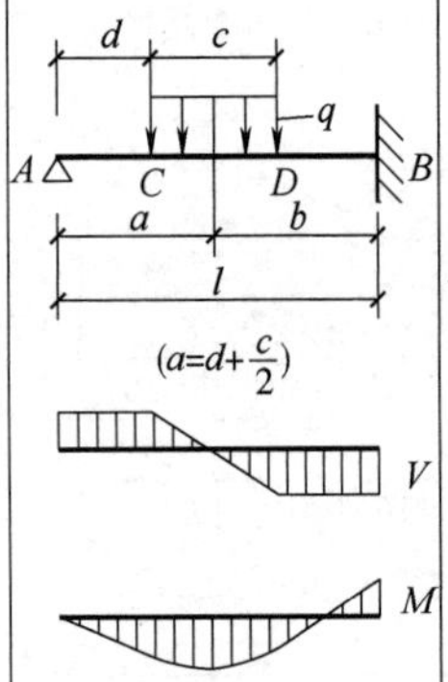 $(a=d+\frac{c}{2})$	$R_A=\frac{qc}{8l^3}(12b^2l-4b^3+ac^2)$ $R_B=qc-R_A$	$A\sim C$ 段：$M_x=R_Ax$ $C\sim D$ 段：$M_x=R_Ax-\frac{q}{2}(x-d)^2$ $D\sim B$ 段：$M_x=R_Ax-qc(x-a)$ $M_B=R_Al-qcb$ 当 $x=d+\frac{R_A}{q}$时，$M_{max}=R_A\left(d+\frac{R_A}{2q}\right)$	$A\sim C$ 段：$w_x=\frac{1}{24EI}[4R_A(3l^2x-x^3)-qc(12b^2+c^2)x]$ $C\sim D$ 段：$w_x=\frac{1}{24EI}[4R_A(3l^2x-x^3)-qc(12b^2+c^2)x+q(x-d)^4]$ $D\sim B$ 段：$w_x=\frac{1}{24EI}[4R_A(3l^2x-x^3)-12qcb^2x+4qc(x-a)^3-qac^3]$

续表 3-4

序号	荷载形式	支座反力	弯　矩	挠度(变位)
12	A B q l V M	$R_A=\frac{ql}{10}$ $R_B=\frac{2ql}{5}=\frac{4ql}{10}$	$M_x=\frac{qlx}{30}\left(3-5\frac{x^2}{l^2}\right)$ 当 $x=0.447l$ 时，$M_{max}=0.0298ql^2$ $M_B=-\frac{ql^2}{15}$	$w_x=\frac{ql^3x}{120EI}\left(1-2\frac{x^2}{l^2}+\frac{x^4}{l^4}\right)$ 当 $x=0.447l$ 时，$w_{max}=0.00239\frac{ql^4}{EI}$
13	A C B q a b l V M	$R_A=\frac{qb^3}{8l^2}\left(1-\frac{1}{5}\frac{b}{l}\right)$ $R_B=\frac{qb}{8}\left(4-\frac{b^2}{l^2}+\frac{1}{5}\times\frac{b^3}{l^3}\right)$	$A\sim C$ 段：$M_x=R_Ax$ $C\sim B$ 段：$M_x=R_Ax-\frac{q(x-a)^3}{6b}$ $M_B=-\frac{qb^2}{24}\left(4-3\frac{b}{l}+\frac{3}{5}\cdot\frac{b^2}{l^2}\right)$ 当 $x=a+b\sqrt{\frac{2R_A}{qb}}$ 时，$M_{max}=R_A\left(a+\frac{2b}{3}\sqrt{\frac{2R_A}{qb}}\right)$	$A\sim C$ 段：$w_x=\frac{1}{24EI}[4R_A(3l^2x-x^3)\ qb^3x]$ $C\sim B$ 段：$w_x=\frac{1}{24EI}\left[4R_A(3l^2x-x^3)-qb^3x+\frac{q(x-a)^5}{5b}\right]$
14	A C B q a b l V M	$R_A=\frac{qa}{2}\left(\frac{b}{l}-\frac{1}{5}\frac{a^3}{l^3}\right)$ $R_B=\frac{qa^2}{2l}\left(1-\frac{1}{5}\frac{a^2}{l^2}\right)$	$A\sim C$ 段：$M_x=R_Ax-\frac{qx^3}{6a}$ $C\sim B$ 段：$M_x=R_Ax-\frac{qa}{2}\left(x-\frac{2a}{3}\right)$ $M_B=-\frac{qa^2}{6}\left(1-\frac{3}{5}\frac{a^2}{l^2}\right)$ 当 $x=a\sqrt{\frac{2R_A}{qa}}$ 时，$M_{max}=\frac{2R_Aa}{3}\sqrt{\frac{2R_A}{qa}}$	$A\sim C$ 段：$w_x=\frac{1}{24EI}[4R_A(3l^2x-x^3)-qa(6l^2-8al+3a^2)x+\frac{qx^5}{5a}]$ $C\sim B$ 段：$w_x=\frac{1}{12EI}\left[2R_A(3l^2x-x^3)-qa\left(\frac{3a^3}{5}+3l^2x-4alx+2ax^2-x^3\right)\right]$
15	d c q A C D B a b l $(a=d+\frac{2c}{3})$ V M	$R_A=\frac{qc}{24l^3}\left(18b^2l-6b^3+ac^2-\frac{2c^3}{45}\right)$ $R_B=\frac{qc}{2}-R_A$	$A\sim C$ 段：$M_x=R_Ax$ $C\sim D$ 段：$M_x=R_Ax-\frac{q(x-d)^3}{6c}$ $D\sim B$ 段：$M_x=R_Ax-\frac{qc(x-a)}{2}$ $M_B=R_Al-\frac{qcb}{2}$ 当 $x=d+c\sqrt{\frac{2R_A}{qc}}$ 时，$M_{max}=R_A\left(d+\frac{2c}{3}\sqrt{\frac{2R_A}{qc}}\right)$	$A\sim C$ 段：$w_x=\frac{1}{72EI}[12R_A(3l^2x-x^3)-qc(18b^2+c^2)x]$ $C\sim D$ 段：$w_x=\frac{1}{72EI}\left[12R_A(3l^2x-x^3)-qc(18b^2+c^2)x+\frac{3q(x-d)^5}{5c}\right]$ $D\sim B$ 段：$w_x=\frac{1}{72EI}\left[12R_A(3l^2x-x^3)-18qcb^2x+6qc(x-a)^3-qc^3\left(a-\frac{2c}{45}\right)\right]$

续表 3-4

序号	荷载形式	支座反力	弯矩	挠度(变位)
16	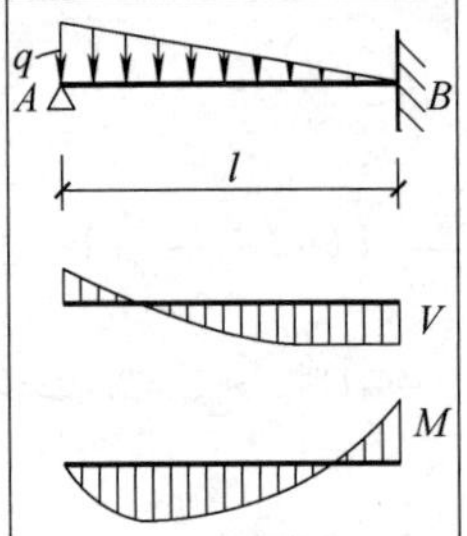	$R_A=\frac{11ql}{40}$ $R_B=\frac{9ql}{40}$	$M_x=\frac{qlx}{6}\left(\frac{33}{20}-3\frac{x}{l}+\frac{x^2}{l^2}\right)$ 当 $x=0.329l$ 时，$M_{max}=0.0423ql^2$ $M_B=-\frac{7ql^2}{120}$	$w_x=\frac{ql^3x}{240EI}\left(3-11\frac{x^2}{l^2}+10\frac{x^3}{l^3}-2\frac{x^4}{l^4}\right)$ 当 $x=0.402l$ 时，$w_{max}=0.00305\frac{ql^4}{EI}$
17	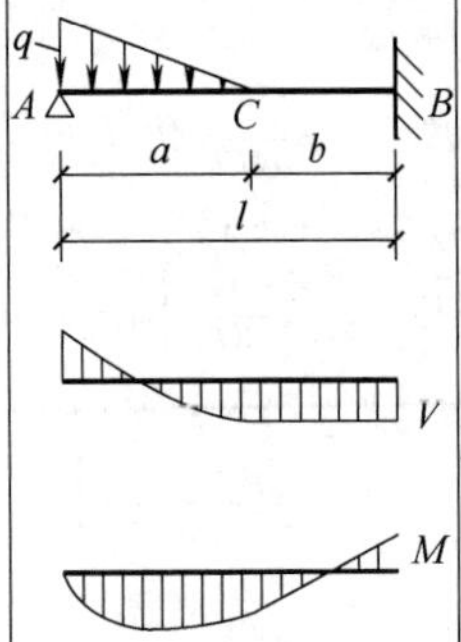	$R_A=\frac{qa}{8}\left(4-2\frac{a}{l}+\frac{1}{5}\frac{a^3}{l^3}\right)$ $R_B=\frac{qa^2}{8l}\left(2-\frac{1}{5}\frac{a^2}{l^2}\right)$	$A\sim C$ 段：$M_x=R_Ax-\frac{qx^2}{6}\left(3-\frac{x}{a}\right)$ $C\sim B$ 段：$M_x=R_Ax-\frac{qa}{2}\left(x-\frac{a}{3}\right)$ $M_B=-\frac{qa^2}{12}\left(1-\frac{3}{10}\frac{a^2}{l^2}\right)$ 当 $x=ad$ 时，$M_{max}=R_Aad-\frac{qa^2}{6}(3-d)d^2$ $\left(d=1-\sqrt{1-\frac{2R_A}{qa}}\right)$	$A\sim C$ 段：$w_x=\frac{1}{24EI}[4R_A(3l^2x-x^3)-qa(6l^2-4al+a^2)x+qx^4-\frac{qx^5}{5a}]$ $C\sim B$ 段：$w_x=\frac{1}{24EI}\left[4R_A(3l^2x-x^3)-qa\left(\frac{a^3}{5}+6l^2x-4alx+2ax^2-2x^3\right)\right]$
18	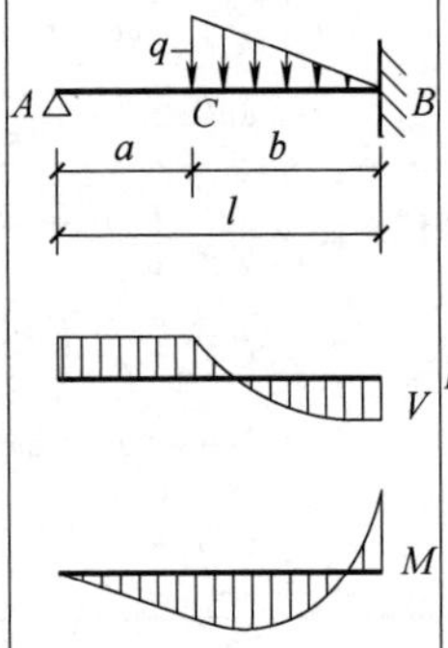	$R_A=\frac{qb^3}{8l^2}\left(3-\frac{4}{5}\cdot\frac{b}{l}\right)$ $R_B=\frac{qb}{8}\left(4-3\frac{b^2}{l^2}+\frac{4}{5}\cdot\frac{b^3}{l^3}\right)$	$A\sim C$ 段：$M_x=R_Ax$ $C\sim B$ 段：$M_x=R_Ax-\frac{q(x-a)^2}{2}+\frac{q(x-a)^3}{6b}$ $M_B=-\frac{qb^2}{24}\left(8-9\frac{b}{l}+\frac{12}{5}\cdot\frac{b^2}{l^2}\right)$ 当 $x=a+bd$ 时，$M_{max}=R_A(a+bd)-\frac{qb^2}{6}(3-d)d^2$ $\left(d=1-\sqrt{1-\frac{2R_A}{qb}}\right)$	$A\sim C$ 段：$w_x=\frac{1}{24EI}[4R_A(3l^2x-x^3)-3qb^3x]$ $C\sim B$ 段：$w_x=\frac{1}{24EI}\left[4R_A(3l^2x-x^3)-3qb^3x+q(x-a)^4-\frac{q(x-a)^5}{5b}\right]$
19	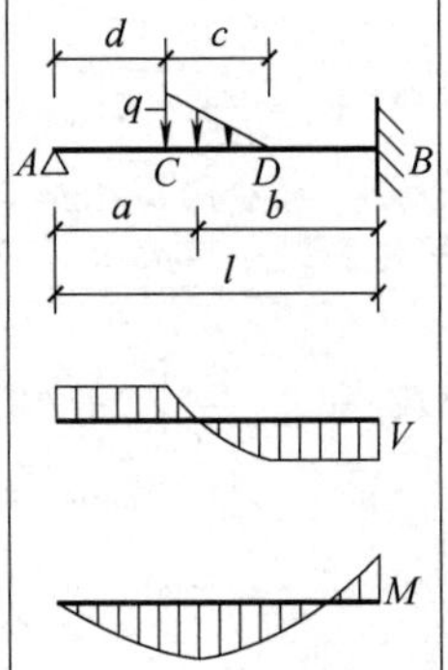	$R_A=\frac{qc}{24l^3}\left(18b^2l-6b^3+ac^2+\frac{2c^3}{45}\right)$ $R_B=\frac{qc}{2}-R_A$	$A\sim C$ 段：$M_x=R_Ax$ $C\sim D$ 段：$M_x=R_Ax-\frac{q(x-d)^2}{2}+\frac{q(x-d)^3}{6c}$ $D\sim B$ 段：$M_x=R_Ax-\frac{qc(x-a)}{2}$ $M_B=R_Al-\frac{qcb}{2}$ 当 $x=d+cf$ 时，$M_{max}=R_A(d+cf)-\frac{qc^2}{6}(3-f)f^2$ $\left(f=1-\sqrt{1-\frac{2R_A}{qc}}\right)$	$A\sim C$ 段：$w_x=\frac{1}{72EI}[12R_A(3l^2x-x^3)-qc(18b^2+c^2)x]$ $C\sim D$ 段：$w_x=\frac{1}{72EI}\left[12R_A(3l^2x-x^3)-qc(18b^2+c^2)x+3q(x-d)^4-\frac{3q(x-d)^5}{5c}\right]$ $D\sim B$ 段：$w_x=\frac{1}{72EI}\left[12R_A(3l^2x-x^3)-18qcb^2x+6qc(x-a)^3-qc^3\left(a+\frac{2c}{45}\right)\right]$

续表 3-4

序号	荷载形式	支座反力	弯　矩	挠度(变位)
20	q_1 q_2 l V M	$R_A=\dfrac{(11q_1+4q_2)l}{40}$ $R_B=\dfrac{(9q_1+16q_2)l}{40}$	$M_x=R_Ax-\dfrac{q_1x^2}{2}-\dfrac{q_0x^3}{6l}$ $(q_0=q_2-q_1)$ $M_B=-\dfrac{(7q_1+8q_2)l^2}{120}$ 当 $x_0=\dfrac{v-\mu}{1-\mu}l$ 时，$M_{max}=R_Ax_0-\dfrac{q_1x_0^2}{2}-\dfrac{q_0x_0^3}{6l}$ $\left(\mu=\dfrac{q_1}{q_2};\ v=\sqrt{\dfrac{9\mu^2+7\mu+4}{20}}\right)$	$w_x=\dfrac{l^3x}{240EI}\left[5q_1\left(1-3\dfrac{x^2}{l^2}+2\dfrac{x^3}{l^3}\right)+2q_0\left(1-2\dfrac{x^2}{l^2}+\dfrac{x^4}{l^4}\right)\right]$
21	q A C D B a a l V M	$R_A=\dfrac{ql}{8}\left(3-4\dfrac{a}{l}+2\dfrac{a^2}{l^2}-\dfrac{a^3}{l^3}\right)$ $R_B=\dfrac{ql}{8}\left(5-4\dfrac{a}{l}-2\dfrac{a^2}{l^2}+\dfrac{a^3}{l^3}\right)$	$M_B=-\dfrac{ql^2}{8}\left(1-2\dfrac{a^2}{l^2}+\dfrac{a^3}{l^3}\right)$	当 $a=0$ 时，$w_{max}=\dfrac{ql^4}{185EI}$ 当 $a=\dfrac{l}{2}$ 时，$w_{max}=\dfrac{ql^4}{280EI}$ 当 $0<a<\dfrac{l}{2}$ 时，w_{max} 可用插入法近似求得
22	q A C B $l/2$ $l/2$ l V M	$R_A=\dfrac{11ql}{64}$ $R_B=\dfrac{21ql}{64}$	$M_B=-\dfrac{5ql^2}{64}$ 当 $x=0.415l$ 时，$M_{max}=0.0475ql^2$	当 $x=0.430l$ 时，$w_{max}=0.00357\dfrac{ql^4}{EI}$

续表 3-4

序号	荷载形式	支座反力	弯矩	挠度(变位)
23	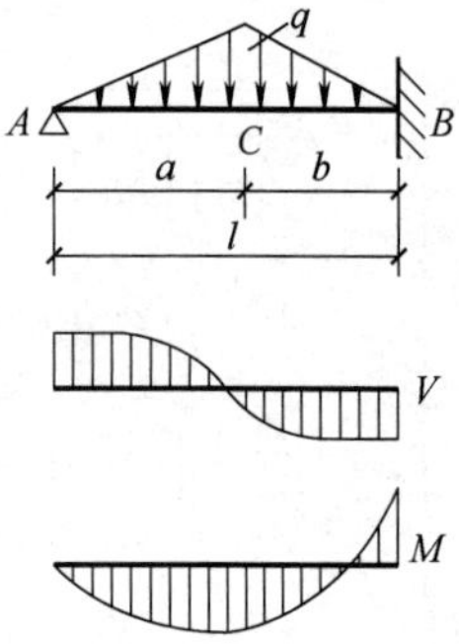	$R_A=R_{A0}+\frac{M_B}{l}$ $R_B=R_{B0}-\frac{M_B}{l}$ (注：1. R_{A0} 和 R_{B0} 为简支的支座反力 2. 式中的 M_B 带其本身的负号代入公式)	$M_B=-\frac{q(l+a)}{120l}(7l^2-3a^2)$	$w_C=\frac{1}{EI}\left(\frac{R_A\overline{R}_Aa^3+R_B\overline{R}_Bb^3}{3}-\frac{q\overline{R}_Aa^5}{30a}-\frac{q\overline{R}_Bb^5}{30b}-\frac{R_B\overline{M}_Bb^2+M_B\overline{R}_Bb^2}{2}+\frac{q\overline{M}_Bb^4}{24b}+M_B\overline{M}_Bb\right)$ $\overline{R}_A=\frac{b^2(2l+a)}{2l^3}$ $\overline{R}_B=\frac{a(3l^2-b^2)}{2l^3}$ $\overline{M}_B=\frac{ab(l+a)}{2l^2}$
24	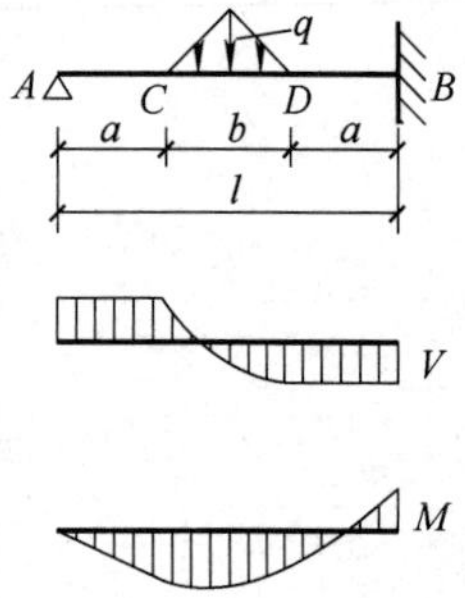	$R_A=\frac{qb}{2}-R_B$ $R_B=\frac{qb}{64l^2}(21l^2+4al-4a^2)$	$M_B=-\frac{qb}{64l}(5l^2+4al-4a^2)$	参见本表序号 11
25	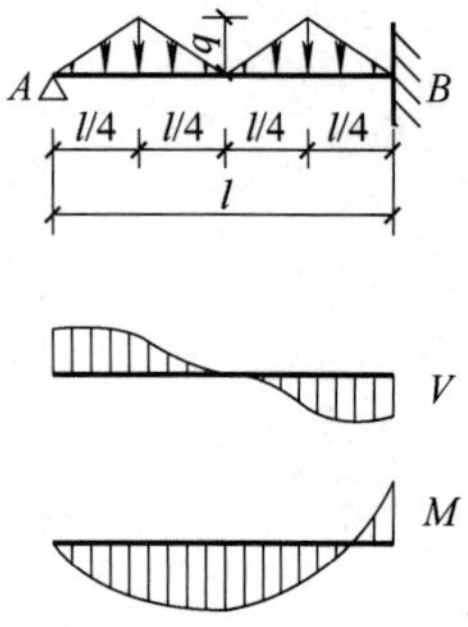	$R_A=\frac{47ql}{256}$ $R_B=\frac{81ql}{256}$	$M_B=-\frac{17ql^2}{256}$	参见本表序号 8
26	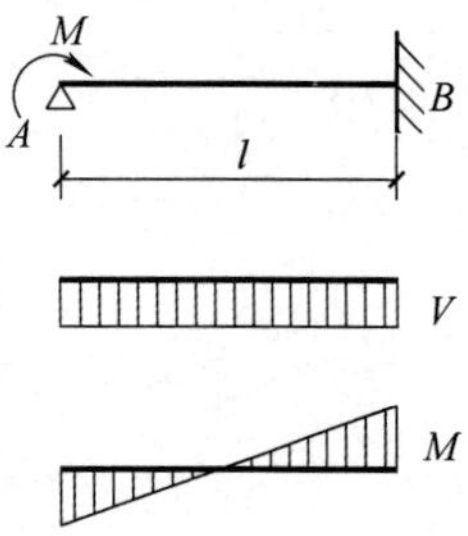	$R_A=-R_B=-\frac{3M}{2l}$	$M_A=M_{max}=M$ $M_x=\frac{M}{2}\left(2-3\frac{x}{l}\right)$ $M_B=-\frac{M}{2}$	$w_x=\frac{Mlx}{4EI}\left(1-2\frac{x}{l}-\frac{x^2}{l^2}\right)$ 当 $x=\frac{l}{3}$ 时，$w_{max}=\frac{Ml^2}{27EI}$

续表 3-4

序号	荷载形式	支座反力	弯　矩	挠度(变位)
27	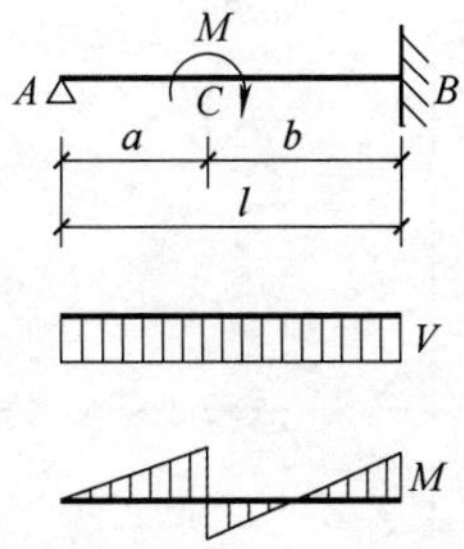	$R_A=-R_B=-\frac{3M}{2l}\left(1-\frac{a^2}{l^2}\right)$	$A\sim C$ 段：$M_x=-\frac{3M}{2}\left(1-\frac{a^2}{l^2}\right)\frac{x}{l}$ $C\sim B$ 段：$M_x=\frac{M}{2}\left[2-3\left(1-\frac{a^2}{l^2}\right)\frac{x}{l}\right]$ $M_{C左}=-\frac{3M}{2}\left(\frac{a}{l}-\frac{a^3}{l^3}\right)$ $M_{C右}=M_{max}=M+M_{C左}$ $M_B=-\frac{M}{2}\left(1-3\frac{a^2}{l^2}\right)$	$A\sim C$ 段：$w_x=\frac{Ml^2}{4EI}\left[\left(1-4\frac{a}{l}+3\frac{a^2}{l^2}\right)\frac{x}{l}+\left(1-\frac{a^2}{l^2}\right)\frac{x^3}{l^3}\right]$ $C\sim B$ 段：$w_x=\frac{Ml^2}{4EI}\left[\left(1-\frac{x}{l}\right)^2\frac{x}{l}-\left(2-3\frac{x}{l}+\frac{x^3}{l^3}\right)\frac{a^2}{l^2}\right]$
28	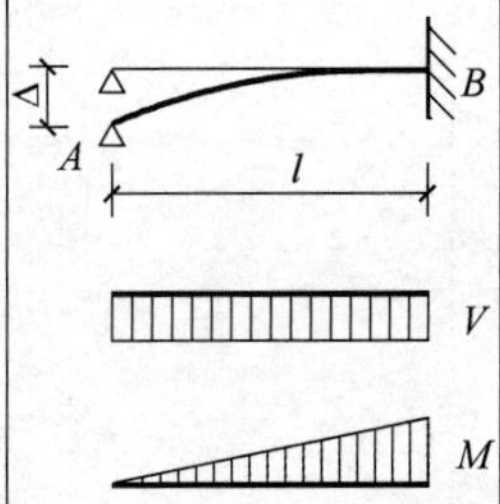	$R_A=-R_B=-\frac{3EI\Delta}{l^3}$	$M_x=-\frac{3EI\Delta x}{l^3}$ $M_B=-\frac{3EI\Delta}{l^2}$	$w_x=\frac{\Delta}{2}\left(2-3\frac{x}{l}+\frac{x^3}{l^3}\right)$ $w_A=w_{max}=\Delta$
29	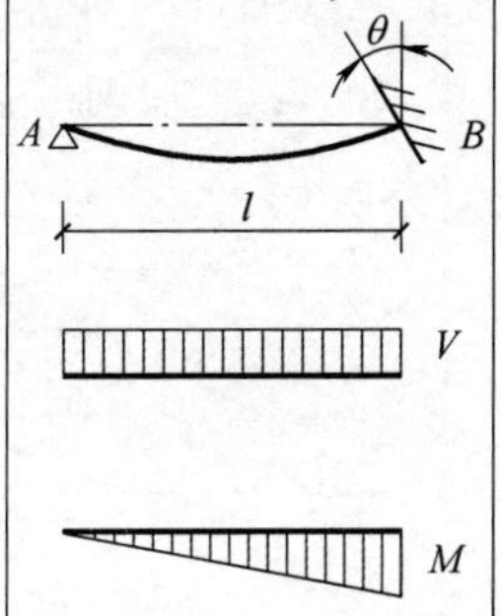	$R_A=-R_B=\frac{3EI\theta}{l^2}$	$M_x=\frac{3EI\theta x}{l^2}$ $M_B=\frac{3EI\theta}{l}$	$w_x=\frac{\theta x}{2}\left(1-\frac{x^2}{l^2}\right)$ 当 $x=0.577l$ 时，$w_{max}=0.193l\theta$
30	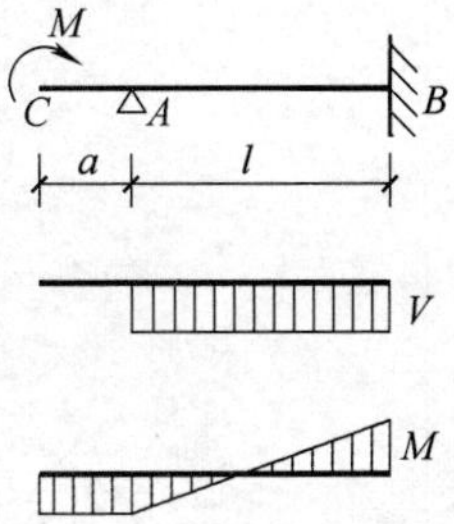	$R_A=-\frac{3M}{2l}$ $R_B=\frac{3M}{2l}$	$M_A=M$ $M_B=-M/2$	$w_C=-\frac{Mal}{4EI}\left(1+2\frac{a}{l}\right)$ $x=a+\frac{l}{3}$时，$w_{max}=\frac{Ml^2}{27EI}$

续表 3-4

序号	荷载形式	支座反力	弯　矩	挠度(变位)
31	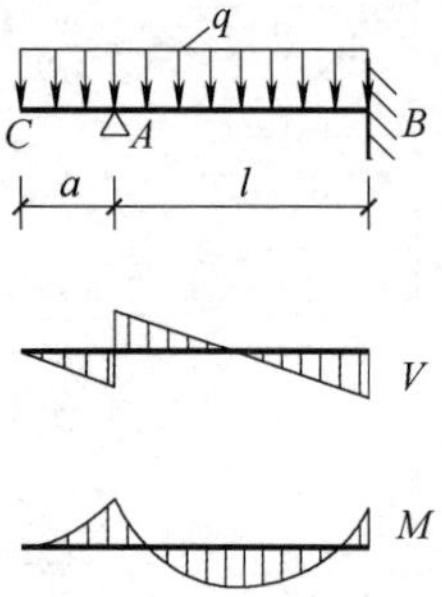	$R_A=\frac{ql}{8}\left(3+8\frac{a}{l}+6\frac{a^2}{l^2}\right)$ $R_B=-\frac{ql}{8}\left(5-6\frac{a^2}{l^2}\right)$	$M_A=-\frac{qa^2}{2}$ $M_B=-\frac{ql^2}{8}\left(1-2\frac{a^2}{l^2}\right)$	$w_C=\frac{qal^3}{48EI}\left(-1+6\frac{a^2}{l^2}+6\frac{a^3}{l^3}\right)$
32	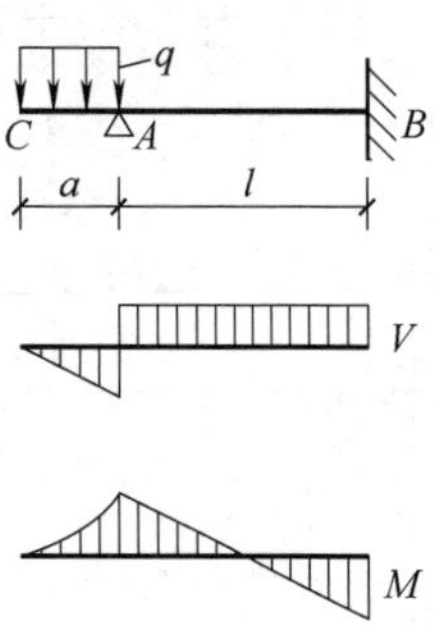	$R_A=\frac{qa}{4}\left(4+3\frac{a}{l}\right)$ $R_B=-\frac{3qa^2}{4l}$	$M_A=-\frac{qa^2}{2}$ $M_B=\frac{qa^2}{4}$	$w_C=\frac{qa^3l}{8EI}\left(1+\frac{a}{l}\right)$
33	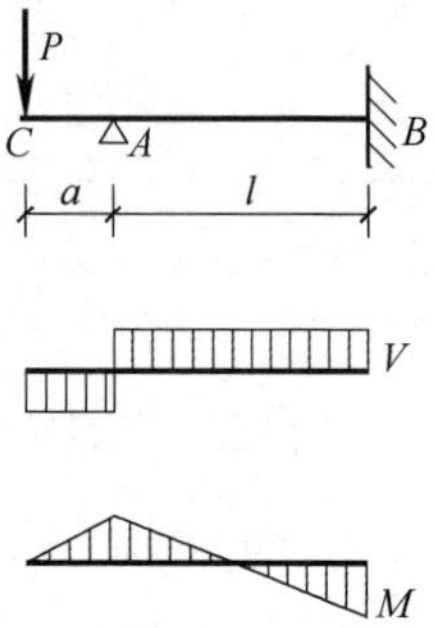	$R_A=\frac{P}{2}\left(2+3\frac{a}{l}\right)$ $R_B=-\frac{3Pa}{2l}$	$M_A=-Pa$ $M_B=\frac{Pa}{2}$	$w_C=\frac{Pa^2l}{12EI}\left(3+4\frac{a}{l}\right)$ 当 $x=a+\frac{l}{3}$ 时，$w_{min}=-\frac{Pal^2}{27EI}$
34	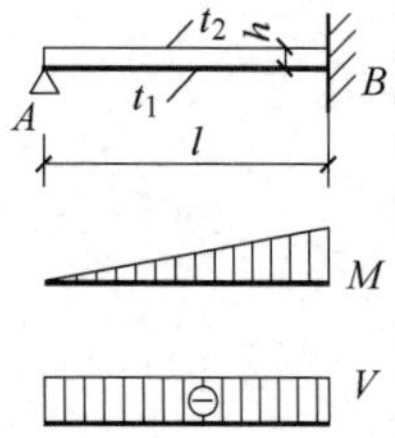	梁顶温度为 t_2，梁底温度为 t_1，沿梁高度 h，温度按直线规律变化 $t_0=t_1-t_2$ α_t——线膨胀系数 $R_A=-R_B=-\frac{3\alpha_t t_0 EI}{2hl}$ $V_x=-\frac{3\alpha_t t_0 EI}{2hl}$	$M_B=-\frac{3\alpha_t t_0 EI}{2h}$ $M_x=-\frac{3\alpha_t t_0 EIx}{2hl}$	

3.2.4　一端固定一端滑动的支承梁计算公式

一端固定一端滑动的支承梁计算公式见表 3-5。

表 3-5　一端固定一端滑动的支承梁计算公式

序号	荷载形式	支座反力	弯　矩
1	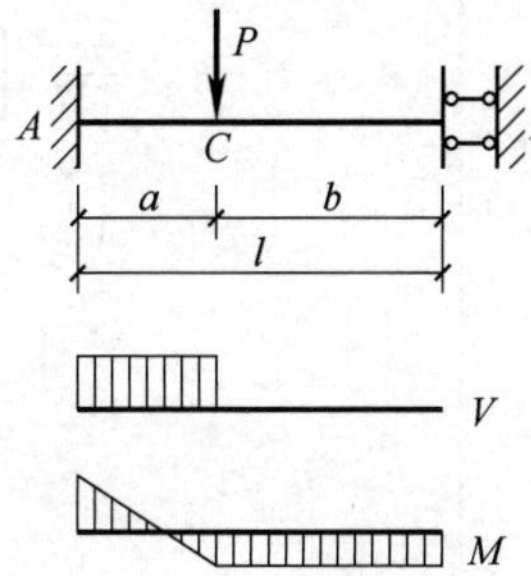 A, P, C, B, a, b, l, V, M	$R_A = P$ $R_B = 0$	$M_A = -\frac{Pa}{2l} \times (2l - a)$ $M_B = +\frac{Pa^2}{2l}$
2	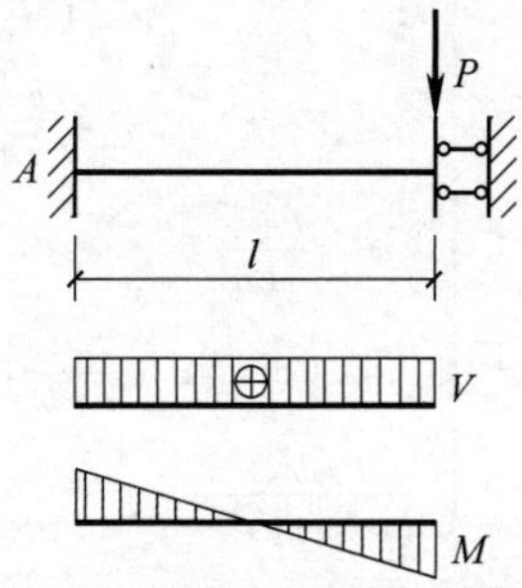 P, A, B, l, V, M	$R_A = P$ $R_B = 0$	$M_A = -\frac{Pl}{2}$ $M_B = +\frac{Pl}{2}$
3	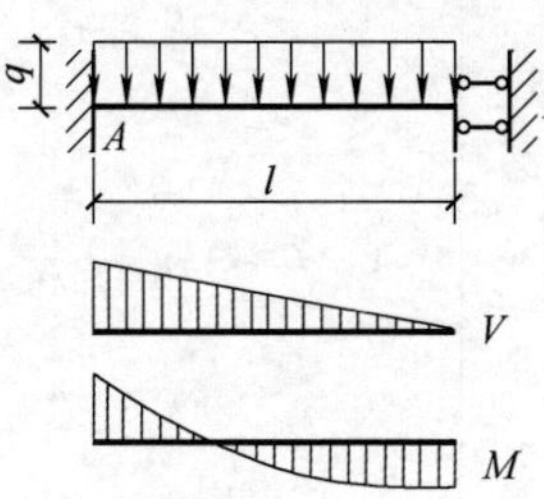 q, A, B, l, V, M	$R_A = ql$ $R_B = 0$	$M_A = -\frac{ql^2}{3}$ $M_B = +\frac{ql^2}{6}$
4	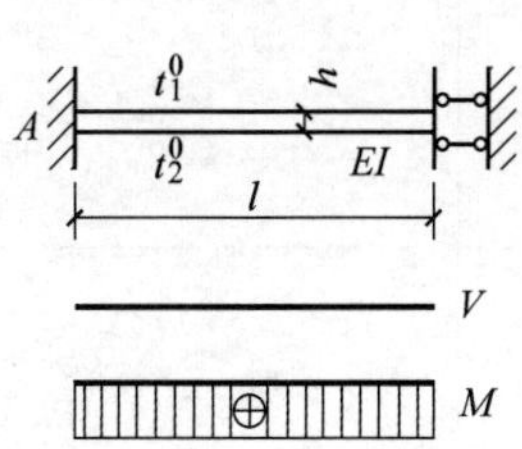 t_1^0, h, A, B, t_2^0, EI, l, V, M	沿梁截面高度 h 温度按直线变化 $\Delta t = t_1^0 - t_2^0 (t_1^0 > t_2^0)$ $R_A = R_B = 0$	$M_A = M_B = \frac{\alpha_t \Delta t EI}{h}$ α_t——线膨胀系数
5	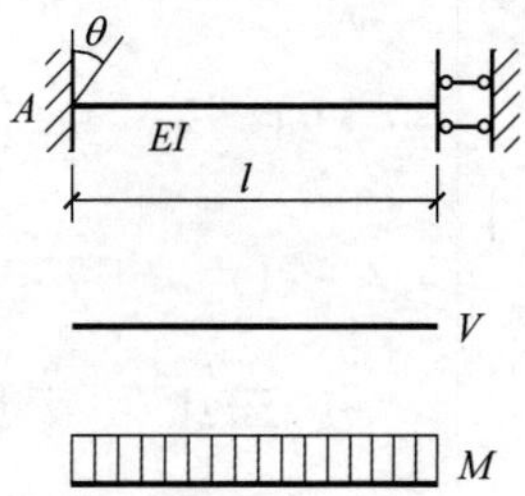 θ, A, B, EI, l, V, M	$R_A = R_B = 0$	$M_A = M_B = \frac{EI\theta}{l}$

3.2.5 两端固定梁计算公式

两端固定梁计算公式见表3-6。

表3-6 两端固定梁计算公式

序号	荷载形式	支座反力	弯矩	挠度(变位)
1	A, B, P, C, a, b, l, V, M	$R_A=\frac{Pb^2}{l^2}\left(1+2\frac{a}{l}\right)$ $R_B=\frac{Pa^2}{l^2}\left(1+2\frac{b}{l}\right)$	A～C段：$M_x=M_A+R_Ax$ C～B段：$M_x=M_A+R_Ax-P(x-a)$ $M_C=M_{max}=\frac{2Pa^2b^2}{l^3}$ $M_A=-\frac{Pab^2}{l^2}$ $M_B=-\frac{Pa^2b}{l^2}$	A～C段：$w_x=\frac{Pb^2x^2}{6EIl}\left[3\frac{a}{l}-\left(1+2\frac{a}{l}\right)\frac{x}{l}\right]$ C～B段：$w_x=-\frac{Pa^2(l-x)^2}{4EIl}\left[\frac{a}{l}-\left(1+2\frac{b}{l}\right)\frac{x}{l}\right]$ $w_C=\frac{Pa^3b^3}{3EIl^3}$ 若$a>b$，当$x=\frac{2al}{3a+b}$时，$w_{max}=\frac{2Pa^3b^2}{3EI(3a+b)^2}$
2	A, B, P, C, l/2, l/2, l, V, M	$R_A=R_B=\frac{P}{2}$	A～C段：$M_x=-\frac{Pl}{8}\left(1-4\frac{x}{l}\right)$ $M_{max}=\frac{Pl}{8}$ 反弯点在$x=\frac{l}{4}$及$x=\frac{3l}{4}$处 $M_A=M_B=-\frac{1}{8}Pl$	A～C段：$w_x=\frac{Plx^2}{48EI}\left(3-4\frac{x}{l}\right)$ $w_{max}=\frac{Pl^3}{192EI}$
3	A, B, P, P, C, D, a, a, l, V, M	$R_A=R_B=P$	$M_A=M_B=-Pa\left(1-\frac{a}{l}\right)$ A～C段：$M_x=Pl\left(\frac{x}{l}-\frac{a}{l}+\frac{a^2}{l^2}\right)$ C～D段：$M_x=M_{max}=\frac{Pa^2}{l}$	A～C段：$w_x=\frac{Plx^2}{6EI}\left(3\frac{a}{l}-3\frac{a^2}{l^2}-\frac{x}{l}\right)$ C～D段：$w_x=\frac{Pa^2l}{6EI}\left(3\frac{x}{l}\cdot\frac{l-x}{l}-\frac{a}{l}\right)$ $w_{max}=\frac{Pa^2l}{24EI}\left(3-4\frac{a}{l}\right)$

续表 3-6

序号	荷载形式	支座反力	弯　矩	挠度(变位)
4	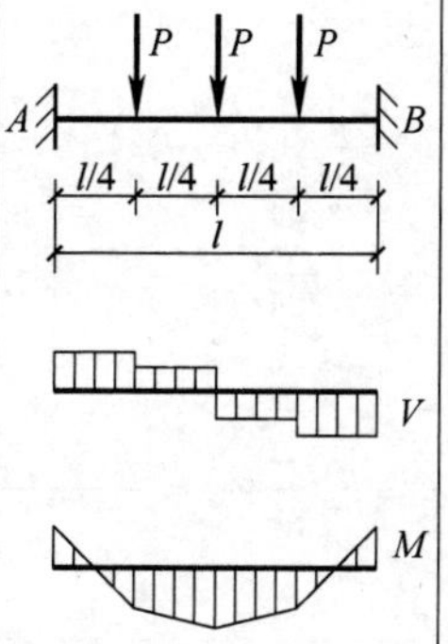 P P P；A B；l/4 l/4 l/4 l/4；l；V；M	$R_A = R_B = \frac{3P}{2}$	$M_A = M_B = -\frac{5}{16}Pl$ $x = \frac{l}{2}$处，$M_{max} = \frac{3}{16}Pl$	$x = \frac{l}{2}$处，$w_{max} = \frac{Pl^3}{96EI}$
5	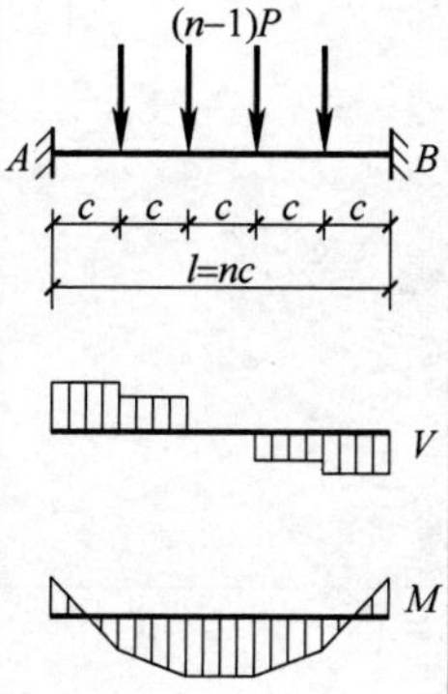 (n–1)P；A B；c c c c c；l=nc；V；M	$R_A = R_B = \frac{n-1}{2}P$	$M_A = M_B = -\frac{n^2-1}{12n}Pl$ 当 n 为奇数时，$M_{max} = \frac{n^2-1}{24n}Pl$ 当 n 为偶数时，$M_{max} = \frac{n^2+2}{24n}Pl$	当 n 为奇数时，$w_{max} = \frac{n^4-1}{384n^3EI}Pl^3$ 当 n 为偶数时，$w_{max} = \frac{nPl^3}{384EI}$
6	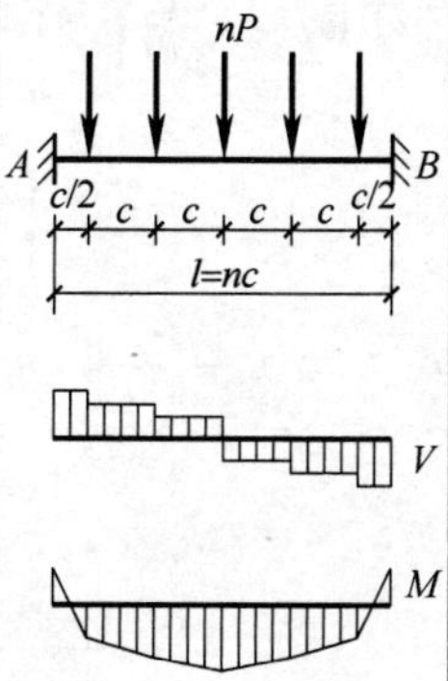 nP；A B；c/2 c c c c c/2；l=nc；V；M	$R_A = R_B = \frac{n}{2}P$	$M_A = M_B = -\frac{2n^2+1}{24n}Pl$ 当 n 为奇数时，$M_{max} = \frac{n^2+2}{24n}Pl$ 当 n 为偶数时，$M_{max} = \frac{n^2-1}{24n}Pl$	当 n 为奇数时，$w_{max} = \frac{n^4+1}{384n^3EI}Pl^3$ 当 n 为偶数时，$w_{max} = \frac{nPl^3}{384EI}$

续表 3-6

序号	荷载形式	支座反力	弯 矩	挠度(变位)
7	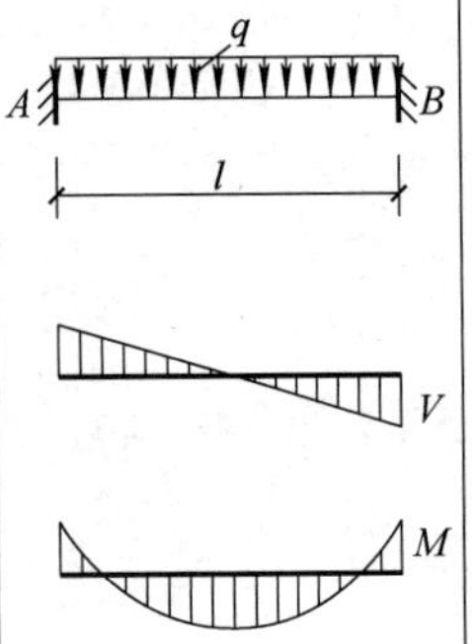 A, q, B, l, V, M	$R_A=R_B=\frac{ql}{2}$	$M_A=M_B=-\frac{ql^2}{12}$ $M_x=-\frac{ql^2}{12}\left(1-\frac{6x}{l}+\frac{6x^2}{l^2}\right)$ 当 $x=\frac{l}{2}$ 时，$M_{max}=\frac{ql^2}{24}$ 反弯点在 $x=0.211l$ 及 $x=0.789l$ 处	$w_x=\frac{ql^2x^2}{24EI}\left(1-\frac{x}{l}\right)^2$ $w_{max}=\frac{ql^4}{384EI}$
8	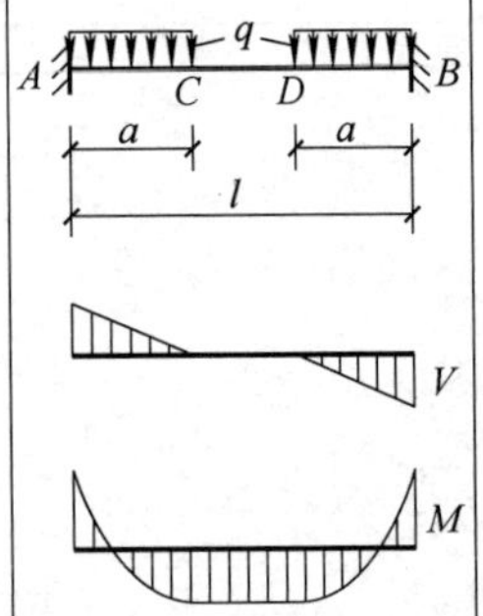 A, q, C, D, B, a, a, l, V, M	$R_A=R_B=qa$	$M_A=M_B$ $=-\frac{qa^2}{6}\left(3-2\frac{a}{l}\right)$ A～C 段：$M_x=\frac{qa^2}{6}\left(-3+2\frac{a}{l}+6\frac{x}{a}-3\frac{x^2}{a^2}\right)$ C～D 段：$M_x=M_{max}=\frac{qa^3}{3l}$	C～D 段：$w_x=\frac{qa^3l}{24EI}\left(4\frac{x}{l}\cdot\frac{l-x}{l}-\frac{a}{l}\right)$ $w_{max}=\frac{qa^3l}{24EI}\left(1-\frac{a}{l}\right)$
9	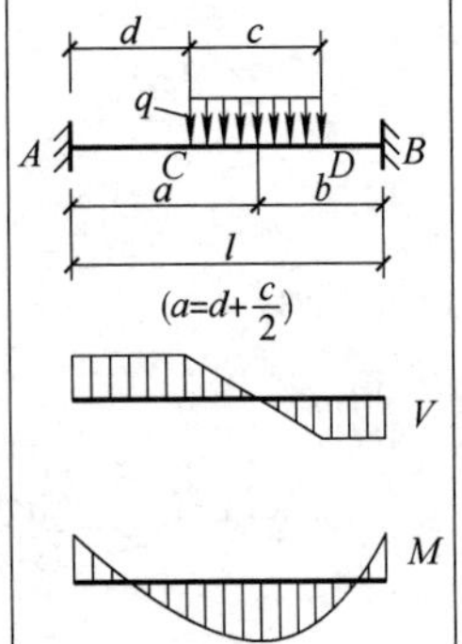 d, c, q, A, C, D, B, a, b, l, $(a=d+\frac{c}{2})$, V, M	$R_A=\frac{qc}{4l^3}(12b^2l-8b^3+c^2l-2bc^2)$ $R_B=qc-R_A$	$M_A=-\frac{qc}{12l^2}(12ab^2-3bc^2+c^2l)$ $M_B=-\frac{qc}{12l^2}(12a^2b+3bc^2-2c^2l)$ A～C 段：$M_x=M_A+R_Ax$ C～D 段：$M_x=M_A+R_Ax-\frac{q(x-d)^2}{2}$ D～B 段：$M_x=M_A+R_Ax-qc(x-a)$ 当 $x=d+\frac{R_A}{q}$ 时，$M_{max}=M_A+R_A\left(d+\frac{R_A}{2q}\right)$	A～C 段：$w_x=\frac{1}{6EI}(-R_Ax^3-3M_Ax^2)$ C～D 段：$w_x=\frac{1}{6EI}\left[-R_Ax^3-3M_Ax^2+\frac{q(x-d)^4}{4}\right]$ D～B 段：$w_x=\frac{1}{6EI}\left[-R_Ax^3-3M_Ax^2+qc(x-a)^3+\frac{qc^3(x-a)}{4}\right]$

续表 3-6

序号	荷载形式	支座反力	弯　矩	挠度(变位)
10	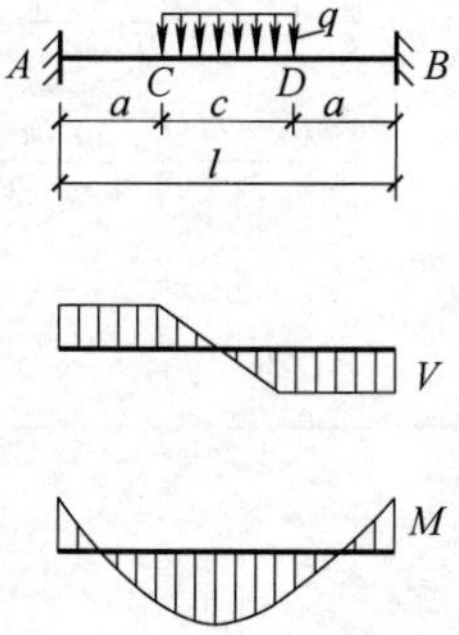	$R_A = R_B = \dfrac{qc}{2}$	$M_A = M_B = -\dfrac{qcl}{24}\left(3 - \dfrac{c^2}{l^2}\right)$ $A \sim C$ 段：$M_x = \dfrac{qcl}{24}\left(-3 + \dfrac{c^2}{l^2} + 12\dfrac{x}{l}\right)$ $C \sim D$ 段：$M_x = \dfrac{qcl}{24}\left[-3 + \dfrac{c^2}{l^2} + 12\dfrac{x}{l} - 12\dfrac{(x-a)^2}{cl}\right]$ $M_{max} = \dfrac{qcl}{24}\left(3 - 3\dfrac{c}{l} + \dfrac{c^2}{l^2}\right)$	$A \sim C$ 段：$w_x = \dfrac{qcl^3}{48EI}\left[\left(3 - \dfrac{c^2}{l^2}\right)\dfrac{x^2}{l^2} - 4\dfrac{x^3}{l^3}\right]$ $C \sim D$ 段：$w_x = \dfrac{qcl^3}{48EI}\left[\left(3 - \dfrac{c^2}{l^2}\right)\dfrac{x^2}{l^2} - 4\dfrac{x^3}{l^3} + 2\dfrac{(x-a)^4}{cl^3}\right]$ $w_{max} = \dfrac{qcl^3}{384EI}\left(2 - 2\dfrac{c^2}{l^2} + \dfrac{c^3}{l^3}\right)$
11	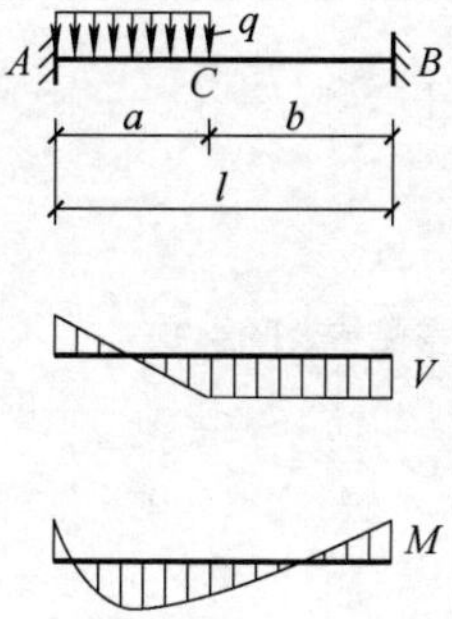	$R_A = \dfrac{qa}{2}\left(2 - 2\dfrac{a^2}{l^2} + \dfrac{a^3}{l^3}\right)$ $R_B = \dfrac{qa^3}{2l^2}\left(2 - \dfrac{a}{l}\right)$	$M_A = -\dfrac{qa^2}{12}\left(6 - 8\dfrac{a}{l} + 3\dfrac{a^2}{l^2}\right)$ $M_B = -\dfrac{qa^3}{12l}\left(4 - 3\dfrac{a}{l}\right)$ $A \sim C$ 段：$M_x = M_A + R_A x - \dfrac{qx^2}{2}$ 当 $x = \dfrac{R_A}{q}$ 时，$M_{max} = M_A + \dfrac{R_A^2}{2q}$ $C \sim B$ 段：$M_x = M_A + R_A x - qa\left(x - \dfrac{a}{2}\right)$	$A \sim C$ 段：$w_x = \dfrac{1}{6EI}\left(-R_A x^3 - 3M_A x^2 + \dfrac{qx^4}{4}\right)$ $C \sim B$ 段：$w_x = \dfrac{1}{6EI}\left[-R_A x^3 - 3M_A x^2 - \dfrac{qa}{4}(a^3 - 4a^2x + 6ax^2 - 4x^3)\right]$
12	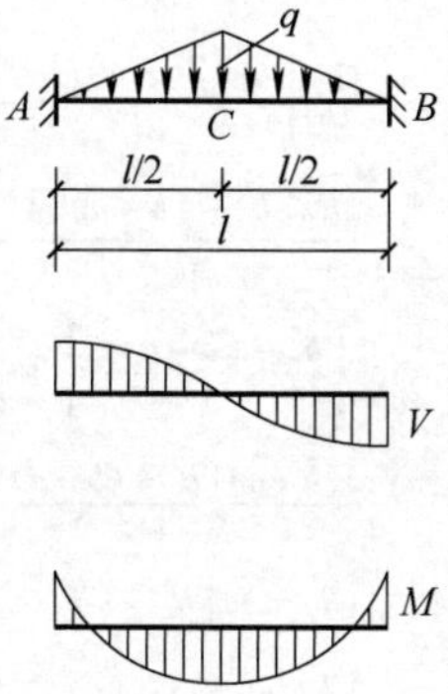	$R_A = R_B = \dfrac{ql}{4}$	$M_A = M_B = -\dfrac{5ql^2}{96}$ $A \sim C$ 段：$M_x = \dfrac{ql^2}{12}\left(-\dfrac{5}{8} + 3\dfrac{x}{l} - 4\dfrac{x^3}{l^3}\right)$ $M_{max} = \dfrac{ql^2}{32}$	$A \sim C$ 段：$w_x = \dfrac{ql^2x^2}{120EI}\left(\dfrac{25}{8} - 5\dfrac{x}{l} + 2\dfrac{x^3}{l^3}\right)$ $w_{max} = \dfrac{7ql^4}{3840EI}$

续表 3-6

序号	荷载形式	支座反力	弯矩	挠度(变位)
13	A B C a b l V M	$R_A=\frac{1}{l}\left[M_B-M_A+\frac{qa}{2}\left(b+\frac{a}{3}\right)+\frac{qb^2}{3}\right]$ $R_B=\frac{ql}{2}-R_A$	$M_A=-\frac{q}{60l}[2l^3+b(2a+b)l+2ab^2]$ $M_B=-\frac{q}{60l}[2l^3+a(2b+a)l+3a^2b]$	$w_C=\frac{1}{EI}\left(\frac{a^2bM_A+ab^2M_B}{2l}+\frac{a^3bR_A+ab^3R_B}{3l}-\frac{a^4bq+ab^4q}{30l}\right)$
14	A B a c c a l V M	$R_A=R_B=\frac{qc}{2}$	$M_A=M_B=\frac{qcl}{24}\left(3-2\frac{c^2}{l^2}\right)$ $M_{max}=\frac{qcl}{24}\left(3-4\frac{c}{l}+2\frac{c^2}{l^2}\right)$	$w_{max}=\frac{qcl^3}{960EI}\left(5-10\frac{c^2}{l^2}+8\frac{c^3}{l^3}\right)$
15	A B a c c b l V M	$R_A=\frac{1}{l}[M_B-M_A+qc(b+c)]$ $R_B=qc-R_A$	$M_A=-\frac{qc}{6l^2}[6ab^2+c^2(a-2b)]$ $M_B=-\frac{qc}{6l^2}[6a^2b+c^2(b-2a)]$	参见本表序号9
16	A B C a b l V M	$R_A=\frac{1}{l}(M_B-M_A+qab)$ $R_B=qa-R_A$	$M_A=-\frac{qa^2}{6l^2}[a^2-2ab+6b^2]$ $M_B=-\frac{qa^3}{6l^2}(7b-2a)$	$w_C=\frac{a^2b(15M_A+10aR_A-a^2q)}{30lEI}+\frac{5a(b-a)^2[3M_B+2(b-a)]}{30lEI}+\frac{1}{EI}\left\{\frac{a^2(2b-a)M_B}{2l}+\frac{aR_B[b^3-(b-a)^3]}{3l}-\frac{q}{6l}\left[\frac{b^5-(b-a)^5}{5}\right]+\frac{q}{6l}\frac{3(b-a)[b^4-(b-a)^4]}{4}+(b-a)^2[b^3-(b-a)^3]-\frac{(b-a)^3}{2}[b^2-(b-a)^2]\right\}$

续表 3-6

序号	荷载形式	支座反力	弯　矩	挠度(变位)
17	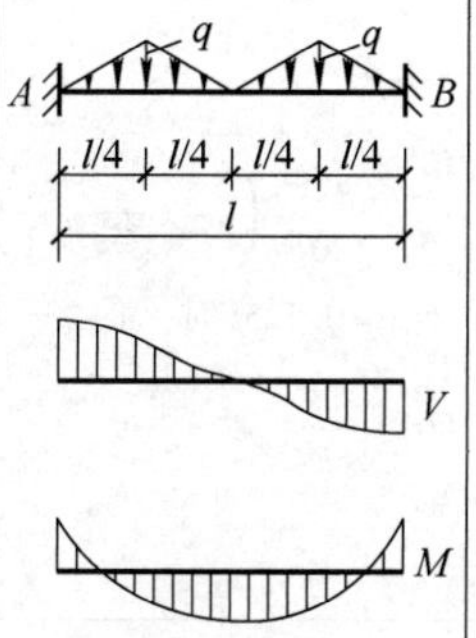 q q A B l/4 l/4 l/4 l/4 l V M	$R_A = R_B = \frac{ql}{4}$	$M_A = M_B = -\frac{17ql^2}{384}$ $M_{max} = \frac{7ql^2}{384}$	$w_{max} = \frac{5ql^4}{3072EI}$
18	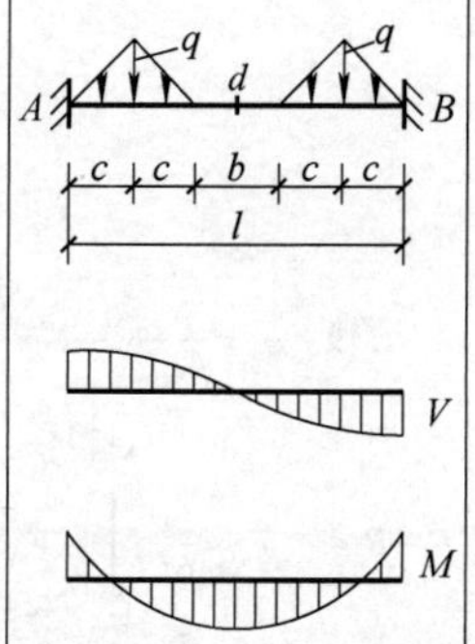 q q d A B c c b c c l V M	$R_A = R_B = qc$	$M_A = M_B$ $= -\frac{qc^2}{6l}(6l - 7c)$	$w_{d中} = \frac{1}{EI}\left[\frac{qc^4}{6} - \frac{qlc^3}{16} - \frac{M_A c^2}{4} + \frac{M_A lc}{8} + \frac{(qc^2 - M_A)(l^2 - 4c^2)}{16} + \frac{(M_A l - qc^2)(0.5l - c)}{8}\right]$
19	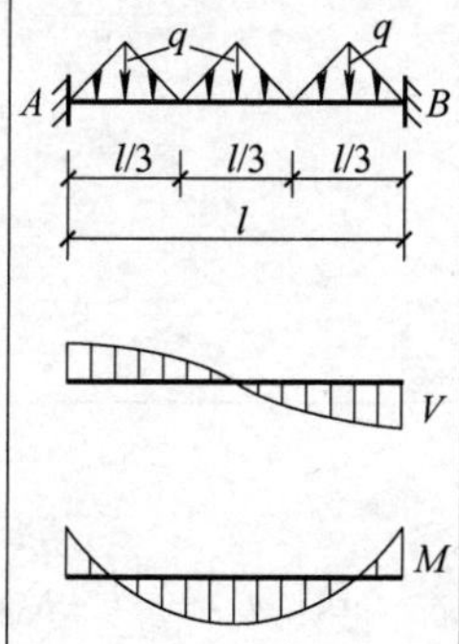 q q q A B l/3 l/3 l/3 l V M	$R_A = R_B = \frac{ql}{4}$	$M_A = M_B = -\frac{37}{864}ql^2$	$w_{max} = \frac{9ql^4}{5984EI}$
20	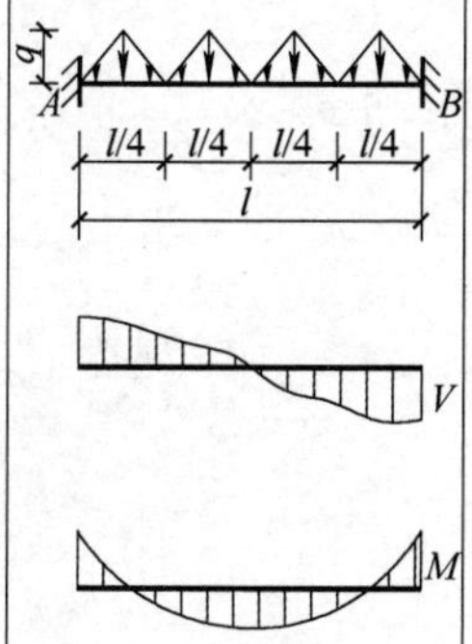 q A B l/4 l/4 l/4 l/4 l V M	$R_A = R_B = \frac{ql}{4}$	$M_A = M_B = -\frac{65ql^2}{1536}$	$w_{max} = \frac{ql^4}{768EI}$

续表 3-6

序号	荷载形式	支座反力	弯矩	挠度(变位)
21	A B q l V M	$R_A=\frac{3}{20}ql$ $R_B=\frac{7}{20}ql$	$M_A=-\frac{ql^2}{30}$ $M_B=-\frac{ql^2}{20}$ $M_x=\frac{ql^2}{60}\left(-2+9\frac{x}{l}-10\frac{x^3}{l^3}\right)$ 当 $x=0.548l$ 时，$M_{max}=0.0214ql^2$	$w_x=\frac{ql^2x^2}{120EI}\left(2-3\frac{x}{l}+\frac{x^3}{l^3}\right)$ 当 $x=0.525l$ 时，$w_{max}=0.00131\frac{ql^4}{EI}$
22	A C B q a b l V M	$R_A=\frac{qb^3}{4l^2}\left(1-\frac{2}{5}\times\frac{b}{l}\right)$ $R_B=\frac{qb}{4}\left(2-\frac{b^2}{l^2}+\frac{2}{5}\frac{b^3}{l^3}\right)$	$M_A=-\frac{qb^3}{12l}\left(1-\frac{3}{5}\frac{b}{l}\right)$ $M_B=-\frac{qb^2}{12}\left(2\frac{a}{l}+\frac{3}{5}\frac{b^2}{l^2}\right)$ $A\sim C$ 段：$M_x=M_A+R_Ax$ $C\sim B$ 段：$M_x=M_A+R_Ax-\frac{q(x-a)^3}{6b}$ 当 $x=a+b\sqrt{\frac{2R_A}{qb}}$ 时，$M_{max}=M_A+R_A\times\left(a+\frac{2b}{3}\sqrt{\frac{2R_A}{qb}}\right)$	$A\sim C$ 段：$w_x=\frac{1}{6EI}(-R_Ax^3-3M_Ax^2)$ $C\sim B$ 段：$w_x=\frac{1}{6EI}\left[-R_Ax^3-3M_Ax^2+\frac{q(x-a)^5}{20b}\right]$
23	A C B q a b l V M	$R_A=\frac{qa}{4}\left(2-3\frac{a^2}{l^2}+\frac{8}{5}\frac{a^3}{l^3}\right)$ $R_B=\frac{qa^3}{4l^2}\left(3-\frac{8}{5}\frac{a}{l}\right)$	$M_A=-\frac{qa^2}{6}\left(2-3\frac{a}{l}+\frac{6}{5}\frac{a^2}{l^2}\right)$ $M_B=-\frac{qa^2}{4l}\left(1-\frac{4}{5}\frac{a}{l}\right)$ $A\sim C$ 段：$M_x=M_A+R_Ax-\frac{qx^3}{6a}$ $C\sim B$ 段：$M_x=M_A+R_Ax-\frac{qa}{6}(3x-2a)$ 当 $x=a\sqrt{\frac{2R_A}{qa}}$ 时，$M_{max}=M_A+\frac{2R_Aa}{3}\sqrt{\frac{2R_A}{qa}}$	$A\sim C$ 段：$w_x=\frac{1}{6EI}\left(-R_Ax^3-3M_Ax^2+\frac{qx^5}{20a}\right)$ $C\sim B$ 段：$w_x=\frac{1}{6EI}\left[-R_Ax^3-3M_Ax^2-\frac{qa}{4}\left(\frac{4a^3}{5}-3a^2x+4ax^2-2x^3\right)\right]$

续表 3-6

序号	荷载形式	支座反力	弯　矩	挠度(变位)
24	d c q A B C D a b l V M	$R_A=\frac{qc}{12l^3}\left(18b^2l-12b^3+c^2l-2bc^2-\frac{4c^3}{45}\right)$ $R_B=\frac{qc}{2}-R_A$	$M_A=-\frac{qc}{36l^2}\left(18ab^2-3bc^2+c^2l-\frac{2c^3}{15}\right)$ $M_B=-\frac{qc}{36l^2}\left(18a^2b+3bc^2-2c^2l+\frac{2c^3}{15}\right)$ A ~ C 段：$M_x=M_A+R_Ax$ C ~ D 段：$M_x=M_A+R_Ax-\frac{q(x-d)^3}{6c}$ D ~ B 段：$M_x=M_A+R_Ax-\frac{qc}{2}(x-a)$ 当 $x=d+c\sqrt{\frac{2R_A}{qc}}$时， $M_{max}=M_A+R_A\left(d+\frac{2c}{3}\sqrt{\frac{2R_A}{qc}}\right)$	A ~ C 段：$w_x=\frac{1}{6EI}(-R_Ax^3-3M_Ax^2)$ C ~ D 段：$w_x=\frac{1}{6EI}\left[-R_Ax^3-3M_Ax^2+\frac{q(x-d)^5}{20c}\right]$ D ~ B 段：$w_x=\frac{1}{6EI}\left[-R_Ax^3-3M_Ax^2+\frac{qc}{2}(x-a)^3+\frac{qc^3}{12}\left(x-a+\frac{2c}{45}\right)\right]$
25	q q A C B l/2 l/2 l V M	$R_A=R_B=\frac{ql}{4}$	$M_A=M_B=-\frac{ql^2}{32}$ $M_{max}=\frac{ql^2}{96}$	$w_{max}=\frac{3ql^4}{3840EI}$
26	q A B a a l V M	$R_A=R_B=\frac{qa}{2}$	$M_A=M_B=-\frac{qa^2}{12}\left(4-3\frac{a}{l}\right)$ $M_{max}=\frac{qa^3}{4l}$	$w_{max}=\frac{qa^3l}{480EI}\left(15-16\frac{a}{l}\right)$
27	q A B a a l V M	$R_A=R_B=\frac{qa}{2}$	$M_A=M_B=-\frac{qa^2}{12}\left(2-\frac{a}{l}\right)$ $M_{max}=\frac{qa^3}{12l}$	$w_{max}=\frac{qa^3l}{480EI}\left(5-4\frac{a}{l}\right)$

续表 3-6

序号	荷载形式	支座反力	弯矩	挠度(变位)
28	q A B q; l/4 l/4 l/4 l/4; l; V; M	$R_A=R_B=\frac{ql}{4}$	$M_A=M_B=-\frac{5ql^2}{128}$ $M_{max}=\frac{3ql^2}{128}$	$w_{max}=\frac{ql^4}{768EI}$
29	q A C D B; a a; l; V; M	$R_A=R_B=\frac{ql}{2}\left(1-\frac{a}{l}\right)$	$M_A=M_B=-\frac{ql^2}{12}\left(1-2\frac{a^2}{l^2}+\frac{a^3}{l^3}\right)$ $M_{max}=\frac{ql^2}{24}\left(1-2\frac{a^3}{l^3}\right)$	$w_x=\frac{ql^4}{480EI}\left(\frac{5}{4}-5\frac{a^3}{l^3}+4\frac{a^4}{l^4}\right)$
30	M A C B; a b; l; V; 1 M; 2 M; 3 M	$R_A=R_B=-\frac{6Mab}{l^3}$	$M_A=\frac{Mb}{l}\left(2-3\frac{b}{l}\right)$ $M_B=-\frac{Ma}{l}\left(2-3\frac{a}{l}\right)$ $A\sim C$段：$M_x=M_A+R_Ax$ $C\sim B$段：$M_x=M_A+R_Ax+M$ $M_{C右}=M_{max}=\frac{Ma}{l}\left(4-9\frac{a}{l}+6\frac{a^2}{l^2}\right)$ $M_{C左}=-M\left(1-4\frac{a}{l}+9\frac{a^2}{l^2}-6\frac{a^3}{l^3}\right)$ 当M在跨中$\frac{l}{3}$长度内，即$\frac{l}{3}<a<\frac{2}{3}l$时，弯矩图为1图 当$a=\frac{l}{3}$时，弯矩图为2图，此时$M_A=0$；$M_B=\frac{1}{3}M$；$M_{C左}=\frac{4}{9}M$；$M_{C右}=-\frac{5}{9}M$ 当$a<\frac{l}{3}$时，弯矩图为3图	$A\sim C$段：$w_x=\frac{1}{6EI}(-3M_Ax^2-R_Ax^3)$ $C\sim B$段：$w_x=\frac{1}{6EI}[(M_A+M)(6lx-3x^2-3l^2)-R_A(2l^3-3l^2x+x^3)]$

续表 3-6

序号	荷载形式	支座反力	弯　矩	挠度(变位)
31	A B l V M	$R_A=-R_B=-\dfrac{12EI\Delta}{l^3}$	$M_A=-M_B=\dfrac{6EI\Delta}{l^2}$ $M_x=\dfrac{6EI\Delta}{l^2}\left(1-2\dfrac{x}{l}\right)$	$w_x=\Delta\left(1-3\dfrac{x^2}{l^2}+2\dfrac{x^3}{l^3}\right)$ 当 $x=0$ 时，$w_{max}=\Delta$
32	θ A B l V M	$R_A=-R_B=-\dfrac{6EI\theta}{l^2}$	$M_A=\dfrac{4EI\theta}{l}$ $M_B=-\dfrac{2EI\theta}{l}$ $M_x=\dfrac{2EI\theta}{l}\left(2-3\dfrac{x}{l}\right)$	$w_x=\theta x\left(1-\dfrac{x}{l}\right)^2$ 当 $x=\dfrac{l}{3}$ 时，$w_{max}=\dfrac{4l\theta}{27}$
33	t_2 h A t_1 B l M	梁顶温度为 t_2，梁底温度为 t_1，沿梁高度 h 温度按直线规律变化 $t_0=t_1-t_2$ α_t——线膨胀系数 $R_A=R_B=0$ $V_x=0$	$M_A=M_B=-\dfrac{\alpha_t t_0 EI}{h}$ $M_x=-\dfrac{\alpha_t t_0 EI}{h}$	

3.2.6　单跨梁计算例题

［例题 3-1］　如图 3-2 所示梁，$P=100\text{kN}$，$q=20\text{kN/m}$，跨度 $l=6\text{m}$，$a=2\text{m}$，求此梁的反力、内力和跨中挠度值，并绘制弯矩及剪力图。

［解］

(1) 求支座反力

查表 3-6 序号 3 和序号 7 分别求出图 3-2b、c 所示两梁的支座反力，相加后即为图 3-2a 所示梁的支座反力为

$$R_A=R_B=P+\frac{ql}{2}=100+\frac{1}{2}\times 20\times 6=160(\text{kN})$$

(2) 绘制剪力图(V 图)

梁的剪力图形有如下特征：

1) 无荷载作用的梁段上，V 图为水平线。

2) 有荷载作用的梁段上，V 图为斜直线。

3) 集中荷载作用点，V 图有突变，且突变值等于该集中荷载值。

根据这些特征，截取梁段的隔离体，画出隔离体受力图，如图 3-3 所示，图中已知力按实际方向画，未知内力(V、M)按正方向假设，用静力平衡条件求出各梁段控制截面上的剪力值后，

可绘出 V 图。

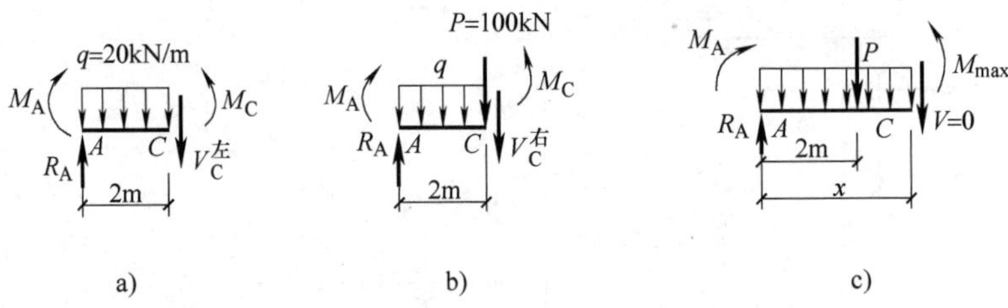

图 3-3 隔离体受力图

A 点剪力：$V_A = R_A = 160\text{kN}$

AC 段：由图 3-3a，$\sum y = 0$，$V_C^{左} = R_A - 2q = 160 - 2 \times 20 = 120(\text{kN})$

由图 3-3b，$\sum y = 0$，$V_C^{右} = R_A - 2q - P = 160 - 2 \times 20 - 100 = 20(\text{kN})$

DB 段和 B 点剪力可用同样方法求得：

$$V_B = -160\text{kN}$$

$$V_D^{左} = -20\text{kN}$$

$$V_D^{右} = -120\text{kN}$$

（3）绘制弯矩图(M 图)

梁的弯矩图有如下特征：

1）无荷载作用的梁段上，M 图为直线。

2）均布荷载作用的梁段上，M 图为抛物线。

3）集中荷载作用点，M 图有一转折点。

4）集中力偶作用点，M 图上有突变，其突变值等于该集中力偶矩。

根据这些特征，求出各控制截面的 M 值后，即可绘出 M 图。控制截面的 M 值，可利用表 3-6 序号 3 和序号 7 直接查得后进行叠加或利用图 3-3 的隔离体受力图根据平衡条件求得。

A、B 点，可按图 3-2b、c 两种受荷类型直接查表 3-6 序号 3 和序号 7 叠加而得

$$M_A = M_B = -\frac{ql^2}{12} - Pa\left(1 - \frac{a}{l}\right) = -\left[\frac{20 \times 6^2}{12} + 100 \times 2 \times \left(1 - \frac{2}{6}\right)\right] = -193.33(\text{kN} \cdot \text{m})$$

C 点，由图 3-3a 或图 3-3b

$$\sum M_C = 0,\ R_A a + M_A - \frac{qa^2}{2} = 160 \times 2 - 193.33 - \frac{20 \times 2^2}{2} = 86.67(\text{kN} \cdot \text{m})$$

梁的跨中最大弯矩 M_{max} 发生在剪力等于零的截面，由图 3-3c，令 $V = 0$，则

$$R_A - P - qx = 0$$

$$160 - 100 - 20x = 0,\ 得\ x = 3\text{m}$$

$$M_{max} = R_A x - P(x - 2) - \frac{qx^2}{2} + M_A$$

$$= 160 \times 3 - 100 \times (3 - 2) - \frac{20 \times 3^2}{2} - 193.33 = 96.67(\text{kN} \cdot \text{m})$$

本例题因结构、荷载对称，M_{max} 和 w_{max} 均发生在跨中截面，也可直接查表求 M_{max}。查表 3-6 序号 3 和序号 7，应用叠加原理，得跨中截面弯矩为

$$M_{max} = \frac{ql^2}{24} + \frac{Pa^2}{l} = \frac{20 \times 6^2}{24} + \frac{100 \times 2^2}{6} = 96.67(\text{kN} \cdot \text{m})$$

(4) 求跨中最大挠度

依据表 3-6 序号 3 和序号 7，跨中挠度为

$$w_{\max}=\frac{Pa^2l}{24EI}\times\left(3-\frac{4a}{l}\right)+\frac{ql^4}{384EI}$$
$$=\frac{1}{EI}\left[\frac{100\times2^2\times6}{24}\times\left(3-\frac{4\times2}{6}\right)+\frac{20\times6^4}{384}\right]$$
$$=\frac{234.17}{EI}$$

(5) 绘制 V 图及 M 图

先定出控制点值，再根据 V 图和 M 图的特征绘出，如图 3-4 所示。

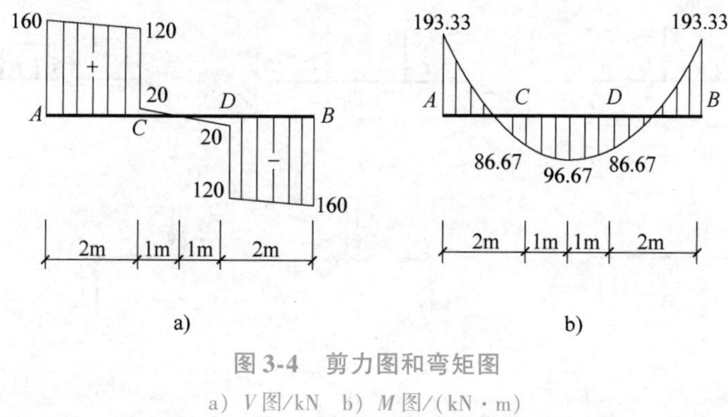

图 3-4　剪力图和弯矩图

a) V 图/kN　b) M 图/(kN·m)

[例题 3-2]　求图 3-5a 所示梁的内力，绘作弯矩图和剪力图。

[解]

(1) 求支座反力

查表 3-4 序号 6 和序号 11 分别求出图 3-5b、c 所示两个梁的支座反力，相加后即为图 3-5a 所示梁的支座反力为

$$R_A=\frac{3n^2-4n+1}{8n}P+\frac{qc}{8l^3}(12b^2l-4b^3+ac^2)$$
$$=\frac{3\times3^2-4\times3+1}{8\times3}\times15+\frac{20\times2}{8\times6^3}(12\times3^2\times6-4\times3^3+3\times2^2)$$
$$=24.4(\text{kN})$$
$$R_B=2\times P+q\times2-R_A=2\times15+20\times2-24.4=45.6(\text{kN})$$
$$M_B=-\frac{n^2-1}{8n}Pl+(12.8\times l-q\cdot cb)$$
$$=-\frac{3^2-1}{8\times3}\times15\times6+(12.8\times6-20\times2\times3)=-73.2(\text{kN}\cdot\text{m})$$

(2) 剪力图

截取梁段的隔离体，用静力平衡条件求出梁段控制截面上的剪力值，即可绘作剪力图。

AC 段：$V=R_A=24.4\text{kN}$，DB 段：$V=-R_B=-45.6\text{kN}$

由图 3-5d 得：$V_{C右}=R_A-P=24.4-15=9.4(\text{kN})$

由图 3-5e 得：$V_{D左}=-R_B+P=-45.6+15=-30.6(\text{kN})$

(3) 弯矩图

根据表 3-4 序号 6 和序号 11 查得的弯矩图形状进行叠加即得梁段控制截面的弯矩值，可截

取梁段隔离体用静力平衡条件求得。

由图3-5d得：$M_C = R_A \times 2 = 24.4 \times 2 = 48.8(\mathrm{kN \cdot m})$

由图3-5e得：$M_D = R_B \times 2 - M_B = 45.6 \times 2 - 73.2 = 18(\mathrm{kN \cdot m})$

梁的跨中最大弯矩M_{max}产生于剪力等于零的截面，令M_{max}所在截面距A端为x，则由图3-5f求得x及M_{max}值。

$$R_A - P - q(x-2) = 0,\ 24.4 - 15 - 20(x-2) = 0 \text{ 得 } x = 2.47(\mathrm{m})$$

$$M_{max} = R_A \cdot x - P(x-2) - \frac{q(x-2)^2}{2}$$

$$= 24.4 \times 2.47 - 15(2.47-2) - \frac{20(2.47-2)^2}{2} = 51(\mathrm{kN \cdot m})$$

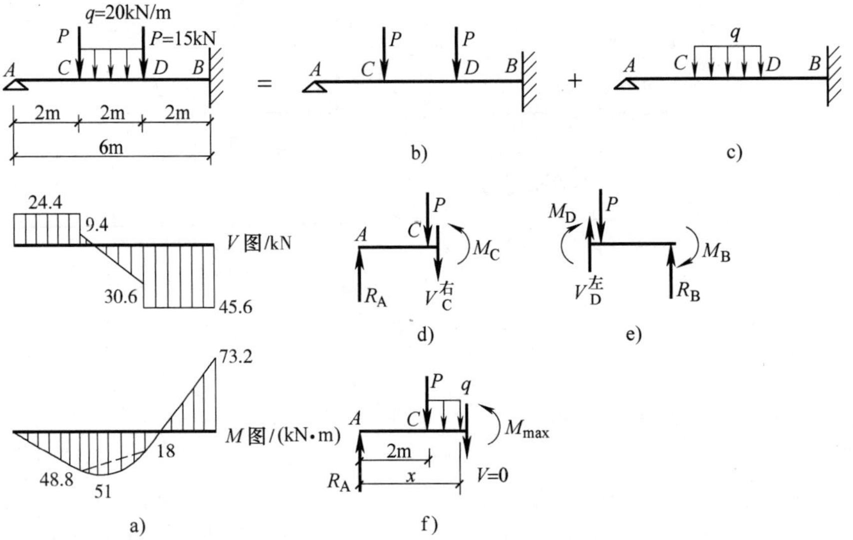

图3-5 [例题3-2]计算简图

3.3 水平曲梁的计算

3.3.1 水平曲梁计算说明

水平曲梁计算说明见表3-7。

表3-7 水平曲梁计算说明

序号	项目	内容
1	水平曲梁	表3-8为圆弧、折线两种水平曲梁，在对称竖向荷载作用下内力计算公式。梁的两端支座为固定，沿轴线截面均相同，承受荷载后表达出弯矩、扭矩和剪力三种内力：最大正弯矩在跨中处；最大负弯矩和最大剪力均在支座处；跨度中的最大扭矩，对圆弧梁发生在梁的反弯点处，对折线梁沿杆长不变 由于结构荷载对称，最大剪力等于梁上荷载值的一半，表中未列出计算公式
2	梁的弯矩符号	弯矩符号为 M_C——跨度中点的正弯矩 M_φ、M_x——梁中任意截面上的弯矩 T_φ、T_x——梁中任意截面上的扭矩 公式中凡单独出现的角θ、α、φ均以弧度表示。$1° = \frac{\pi}{180}$弧度(rad)或1弧度(rad) $= \left(\frac{180}{\pi}\right)^\circ$ 凡使梁上部纤维受压的弯矩为正

续表 3-7

序　号	项　目	内　容
3	其他	1）曲梁为超静定结构，其弯矩和扭矩与梁的材料和截面特性有关，公式中以 λ 表示为 $$\lambda=\frac{截面抗弯刚度}{截面抗扭刚度}=\frac{EI}{GI_{p}} \quad (3\text{-}1)$$ 对矩形截面：$I=\frac{bh^{3}}{12}$；$I_{p}=\gamma hb^{3}$ $$G=\frac{E}{2(1+v)} \quad (3\text{-}2)$$ 式中　v——泊松比，钢筋混凝土 $v=\frac{1}{6}$ I_{p}——矩形截面抗扭惯性矩 γ——取自圣维南表，见表 2-5 序号 7 G——切变模量 由此得 $\lambda=\frac{7}{36}\left(\frac{h}{b}\right)^{2}\frac{1}{\gamma}$ 按上式可编制出钢筋混凝土矩形截面的 λ 值，见表 3-9。对 T 形、L 形等截面也可按 h/b 近似地查用表 3-9 2）固端单跨圆弧梁受均布荷载时，除按表 3-8 中序号 1 计算外，还可用均布荷载下圆弧梁的实用计算法计算，见表 3-10 和表 3-11 所示的公式，方法较前者略简便。表 3-11 列出了若干个特定圆心角的计算系数，反弯点位置以 β 角表示（自梁中心线算起），其大小随 λ 而变化。为制表方便，β 角取定值，因而表中的最大扭矩略有误差，对设计要求无太大影响 3）当水平圆弧梁对应的圆心角 $2\theta=180°$（半圆梁）时，梁中的内力与 λ 无关 4）表 3-8 中的固端单跨圆弧梁计算公式，也可用于具有刚性中间支承的等跨连续圆弧梁，但各跨的荷载必须对称相同，才能把中间支承作为固定端，将其拆成单跨固定端圆弧梁用表 3-8 公式计算

3.3.2　水平圆弧梁和折线梁计算公式

水平圆弧梁和折线梁计算公式可按表 3-8 和表 3-9 采用。

表 3-8　水平圆弧梁和折线梁计算公式

序　号	情　况	内力计算公式
1	q　C　r　θ　θ　r　φ	$M_{C}=K_{1}qr^{2}$ $K_{1}=\frac{4(\lambda+1)\sin\theta-2\theta(\lambda+1)+(\lambda-1)\sin2\theta-4\lambda\theta\cos\theta}{2\theta(\lambda+1)-(\lambda-1)\sin2\theta}$ $M_{\varphi}=M_{C}\cos\varphi-qr^{2}(1-\cos\varphi)$ $T_{\varphi}=M_{C}\sin\varphi-qr^{2}(\varphi-\sin\varphi)$
2	P　C　r　θ　θ　r　φ	$M_{C}=K_{2}Pr$ $K_{2}=\frac{(\lambda-1)(\cos2\theta-1)+4\lambda(1-\cos\theta)}{4\theta(\lambda+1)-2(\lambda-1)\sin2\theta}$ $M_{\varphi}=M_{C}\cos\varphi-\frac{P}{2}r\sin\varphi$ $T_{\varphi}=M_{C}\sin\varphi-\frac{1}{2}Pr(1-\cos\varphi)$

续表 3-8

序号	情况	内力计算公式
3	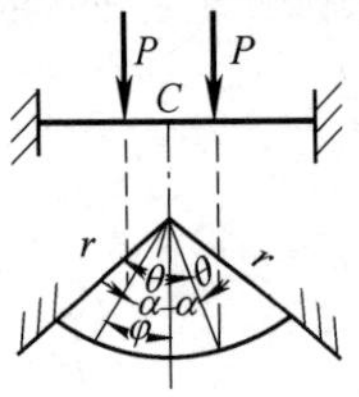	$M_C = K_3 Pr$ $K_3 = \dfrac{(\lambda-1)\cos(2\theta-\alpha)-2(\lambda+1)(\theta-\alpha)\sin\alpha+(3\lambda+1)\cos\alpha-4\lambda\cos\theta}{2\theta(\lambda+1)-(\lambda-1)\sin2\theta}$ 当 $\varphi \leqslant \alpha$ 时：$M_\varphi = M_C\cos\varphi$，$T_\varphi = M_C\sin\varphi$ 当 $\varphi > \alpha$ 时：$M_\varphi = M_C\cos\varphi - Pr\sin(\varphi-\alpha)$，$T_\varphi = M_C\sin\varphi - Pr[1-\cos(\varphi-\alpha)]$
4	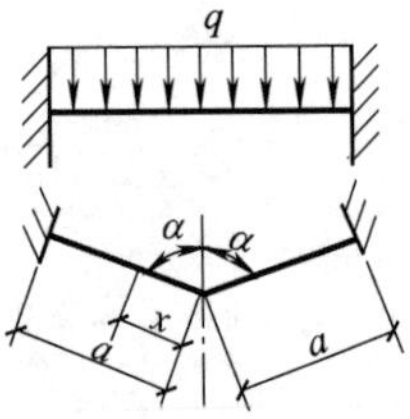	$M_x = \dfrac{qa^2}{6}\cdot\dfrac{\sin^2\alpha}{\sin^2\alpha+\lambda\cos^2\alpha}-\dfrac{1}{2}qx^2$ $T_x = \dfrac{qa^2}{6}\cdot\dfrac{\sin\alpha\cos\alpha}{\sin^2\alpha+\lambda\cos^2\alpha}$
5	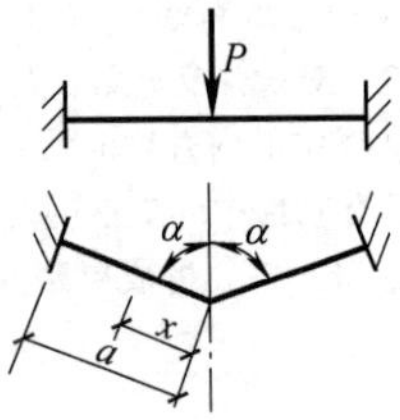	$M_x = \dfrac{Pa}{4}\cdot\dfrac{\sin^2\alpha}{\sin^2\alpha+\lambda\cos^2\alpha}-\dfrac{1}{2}Px$ $T_x = \dfrac{Pa}{4}\cdot\dfrac{\sin\alpha\cos\alpha}{\sin^2\alpha+\lambda\cos^2\alpha}$
6	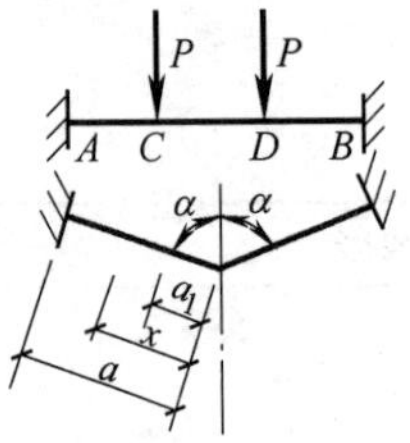	$x \leqslant a_1$ 时，$M_x = \dfrac{P}{2}\cdot\dfrac{(a-a_1)^2}{a}\cdot\dfrac{\sin^2\alpha}{\sin^2\alpha+\lambda\cos^2\alpha}$ $x > a_1$ 时，$M_x = \dfrac{P}{2}\cdot\dfrac{(a-a_1)^2}{a}\cdot\dfrac{\sin^2\alpha}{\sin^2\alpha+\lambda\cos^2\alpha}-P(x-a_1)$ $T_x = \dfrac{P}{2}\cdot\dfrac{(a-a_1)^2}{a}\cdot\dfrac{\sin\alpha\cos\alpha}{\sin^2\alpha+\lambda\cos^2\alpha}$

注：表中 λ 值按表 3-9 采用。

表 3-9 λ 值

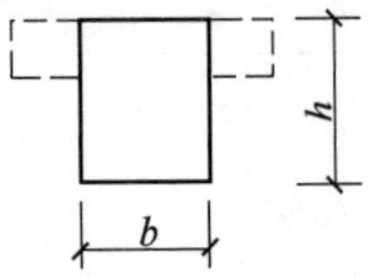	h/b	1.0	1.2	1.4	1.6	1.8	2.0	2.5	3.0
	λ	1.38	1.69	2.04	2.44	2.90	3.39	4.88	6.65

3.3.3 均布荷载作用下固端圆弧梁的实用计算

均布荷载作用下固端圆弧梁的实用计算可按表 3-10 和表 3-11 采用。

表 3-10　均布荷载作用下固端圆弧梁内力计算公式

序　号	截　面	φ 值	弯 矩 M	扭 矩 T	剪 力 V
1	支座	$\varphi=\theta$	$\frac{C_2+C_3\lambda}{C_1+\lambda}qr^2$	$\frac{C_4+C_5\lambda}{C_1+\lambda}qr^2$	θqr
2	反弯点	$\varphi=\beta$	0	$\frac{C_6+C_7\lambda}{C_1+\lambda}qr^2$	βqr
3	跨度中点	$\varphi=0$	$\frac{C_8+C_9\lambda}{C_1+\lambda}qr^2$	0	0
4			C——中点 S——反弯点 圆弧梁的圆心角为 2θ $\lambda=EI/GI_P$ q——均布荷载 矩形梁 λ 仍按表 3-9 采用 $C_1 \sim C_9$——计算系数，按表 3-11 采用		

表 3-11　计算系数表

序号	圆心角 2θ			30°	45°	60°	75°	90°	120°
1	C_1			43.37	19.03	10.56	7.23	4.50	2.41
2	支座截面		C_2	−1.005	−0.995	−1.000	−1.000	−1.000	−1.000
			C_3	−0.034	−0.065	−0.110	−0.158	−0.248	−0.442
3			C_4	−0.003	−0.003	−0.009	−0.017	−0.034	−0.082
			C_5	−0.003	−0.005	−0.010	−0.016	−0.034	−0.082
4	反弯点		β	8.5°	12.5°	16°	19°	22.5°	28.5°
			C_6	0.047	0.052	0.094	0.110	0.127	0.147
			C_7	−0.001	0.001	0.004	0.007	0.014	0.035
5	跨度中点		C_8	0.491	0.490	0.479	0.470	0.451	0.410
			C_9	0	0.014	0.028	0.041	0.063	0.115
6	剪力	最大值	θ	0.262	0.393	0.524	0.628	0.785	1.047
		反弯点	β	0.143	0.218	0.280	0.332	0.393	0.497

3.3.4　连续水平圆弧梁在均布荷载作用下的弯矩、剪力和扭矩计算

连续水平圆弧梁在均布荷载作用下的弯矩、剪力和扭矩计算可按表 3-12 采用。

表 3-12 连续水平圆弧梁计算公式

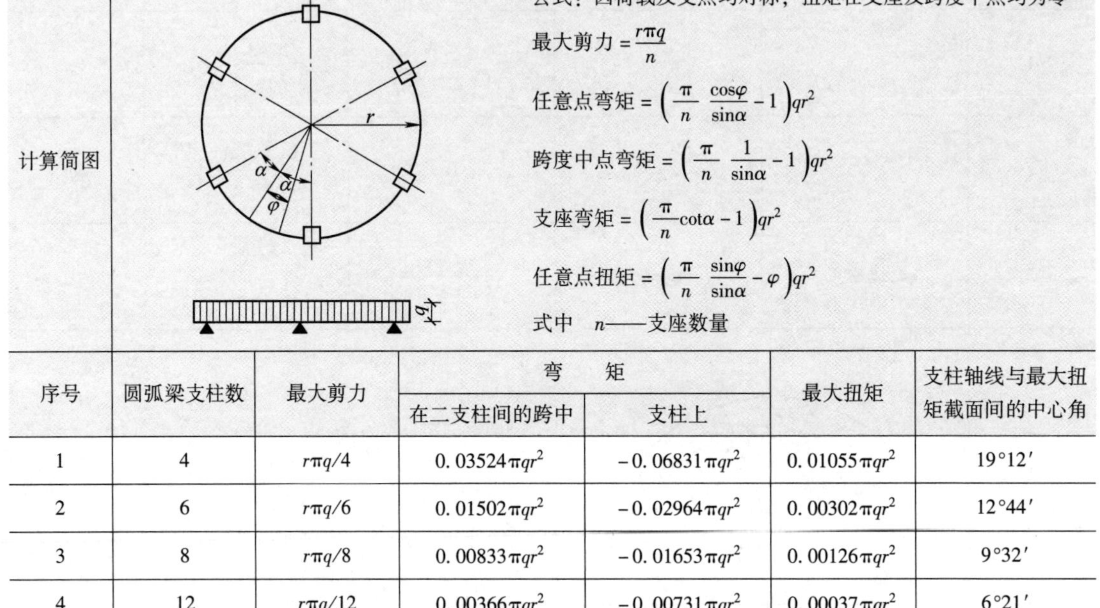

计算简图	公式：因荷载及支点均对称，扭矩在支座及跨度中点均为零 最大剪力 $=\frac{r\pi q}{n}$ 任意点弯矩 $=\left(\frac{\pi}{n}\frac{\cos\varphi}{\sin\alpha}-1\right)qr^2$ 跨度中点弯矩 $=\left(\frac{\pi}{n}\frac{1}{\sin\alpha}-1\right)qr^2$ 支座弯矩 $=\left(\frac{\pi}{n}\cot\alpha-1\right)qr^2$ 任意点扭矩 $=\left(\frac{\pi}{n}\frac{\sin\varphi}{\sin\alpha}-\varphi\right)qr^2$ 式中 n——支座数量					
序号	圆弧梁支柱数	最大剪力	弯矩		最大扭矩	支柱轴线与最大扭矩截面间的中心角
			在二支柱间的跨中	支柱上		
1	4	$r\pi q/4$	$0.03524\pi qr^2$	$-0.06831\pi qr^2$	$0.01055\pi qr^2$	19°12′
2	6	$r\pi q/6$	$0.01502\pi qr^2$	$-0.02964\pi qr^2$	$0.00302\pi qr^2$	12°44′
3	8	$r\pi q/8$	$0.00833\pi qr^2$	$-0.01653\pi qr^2$	$0.00126\pi qr^2$	9°32′
4	12	$r\pi q/12$	$0.00366\pi qr^2$	$-0.00731\pi qr^2$	$0.00037\pi qr^2$	6°21′

3.3.5 水平曲梁计算例题

[例题 3-3] 一单跨钢筋混凝土两端固定圆弧梁，梁截面 $\frac{h}{b}=2$，满跨受均布荷载 $q=6\text{kN/m}$，$r=4\text{m}$，圆心角 $2\theta=90°$，如图 3-6 所示，求内力。

[解]

由 $\frac{h}{b}=2$ 查表 3-9，得 $\lambda=3.39$，$\theta=45°=0.785\text{rad}$，$\sin\theta=\cos\theta=0.707$，$2\theta=90°=1.571\text{rad}$，$\sin2\theta=1$。由表 3-8 序号 1 中公式计算为

图 3-6 [例题 3-3] 计算简图

跨中弯矩：$M_C=K_1qr^2$，$qr^2=6\times4^2=96(\text{kN}\cdot\text{m})$

$$
\begin{aligned}
K_1&=\frac{4(\lambda+1)\sin\theta-2\theta(\lambda+1)+(\lambda-1)\sin2\theta-4\lambda\theta\cos\theta}{2\theta(\lambda+1)-(\lambda-1)\sin2\theta}\\
&=\frac{4\times4.39\times0.707-1.571\times4.39+2.39\times1-4\times3.39\times0.785\times0.707}{1.571\times4.39-2.39\times1}\\
&=\frac{0.382}{4.51}\\
&=0.0847
\end{aligned}
$$

最大跨中弯矩：$M_C=K_1qr^2=0.0847\times96=8.13(\text{kN}\cdot\text{m})$

最大负弯矩：发生在支座截面处：$\varphi=\theta=45°$

$$M_\theta=M_C\cos\theta-qr^2(1-\cos\theta)=8.13\times0.707-96(1-0.707)=-22.38(\text{kN}\cdot\text{m})$$

最大扭矩发生在反弯点处：

$$\text{由 } M_\varphi=M_C\cos\varphi-qr^2(1-\cos\varphi)=0\text{，得 }\cos\varphi=\frac{qr^2}{M_C+qr^2}=\frac{96}{8.13+96}=0.922$$

所以反弯点跨 C 位置：$\varphi=22.78°=22°46'48''$

$$\sin\varphi = \sin 22.78° = 0.3872$$

$$22.78° \times \frac{\pi}{180°}\text{rad} = 0.3976\text{rad}$$

最大扭矩：

$$\begin{aligned} T_{\varphi} &= M_{C}\sin\varphi - qr^2(\varphi - \sin\varphi) \\ &= 8.13 \times 0.3872 - 96(0.3976 - 0.3872) \\ &= 2.15(\text{kN} \cdot \text{m}) \end{aligned}$$

最大剪力：

$$V_{max} = \frac{4 \times 2 \times \pi}{4 \times 2} \times 6 = 18.85(\text{kN})$$

［例题 3-4］　条件同［例题 3-3］，试用实用法计算，即使用表 3-10 中公式进行计算。

［解］

圆心角 $2\theta = 90°$，各计算系数可由表 3-11 查得。

由［例题 3-3］中，得 $h/b = 2$，$\lambda = 3.39$，则

跨度中点弯矩($\varphi = 0$)：$M_{C} = \dfrac{C_8 + C_9\lambda}{C_1 + \lambda}qr^2 = \dfrac{0.451 + 0.063 \times 3.39}{4.5 + 3.39}qr^2$

$= 0.0842qr^2 = 0.0842 \times 96 = 8.08(\text{kN} \cdot \text{m})$

最大支座负弯矩($\varphi = \theta = 45°$处)：$M_{\theta} = \dfrac{C_2 + C_3\lambda}{C_1 + \lambda}qr^2 = \dfrac{-1 + (-0.248) \times 3.39}{4.5 + 3.39} \times 96 = -22.40(\text{kN} \cdot \text{m})$

反弯点距离 C：查表 3-11，得 $\beta = 22.5° = 22°30'$

反弯点处：$\varphi = \beta$

最大扭矩：$T_{\varphi} = \dfrac{C_6 + C_7\lambda}{C_1 + \lambda}qr^2 = \dfrac{0.127 + 0.014 \times 3.39}{4.5 + 3.39} \times 96 = 2.123(\text{kN} \cdot \text{m})$

支座处截面最大剪力：$V_{max} = \theta qr = 0.785 \times 6 \times 4 = 18.84(\text{kN})$

由［例题 3-3］和［例题 3-4］计算对比，可知两者计算结果相差无几。

［例题 3-5］　［例题 3-3］中受均布荷载单跨固端圆弧梁，若圆心角 $2\theta = 180°$，求解内力。

［解］

$$\sin\theta = \sin 90° = 1,\ \sin 2\theta = \sin 180° = 0,\ \cos\theta = \cos 90° = 0$$

由表 3-8 序号 1 中公式计算，$M_{C} = K_1 qr^2$

解 K_1 式得 $K_1 = \dfrac{4 - \pi}{\pi} = 0.273$

跨中 C 点弯矩：$M_{C} = 0.273 \times 96 = 26.208(\text{kN} \cdot \text{m})$

(最大弯矩)

支座截面处最大负弯矩：　$M_{\theta} = M_{C}\cos\theta - qr^2(1 - \cos\theta) = -qr^2 = -96\text{kN} \cdot \text{m}$

$$\varphi = \beta$$

反弯点位置：由 $M_{\varphi} = M_{C}\cos\varphi - qr^2(1 - \cos\varphi) = 0$，得 $\cos\varphi = 0.7853$

反弯点距 C 点：$\varphi = 38.25°$

反弯点处最大扭矩：$\sin\varphi = \sin 38.25° = 0.6191$，$38.25° \times \dfrac{\pi}{180°}\text{rad} = 0.6676\text{rad}$

$$\begin{aligned} T_{\varphi} &= M_{C}\sin\varphi - qr^2(\varphi - \sin\varphi) \\ &= 0.273qr^2 \times 0.6191 - qr^2(0.6676 - 0.6191) \\ &= 0.120qr^2 \\ &= 11.52\text{kN} \cdot \text{m} \end{aligned}$$

最大剪力：

$$V_{max} = \frac{\pi \times 2r}{2} \times \frac{1}{2} \times q = \frac{\pi qr}{2} = 1.57qr = 1.57 \times 6 \times 4 = 37.68(\text{kN})$$

3.4 矩形截面直线加腋梁的形常数及载常数

3.4.1 对称直线加腋梁的形常数及载常数

对称直线加腋梁的形常数及载常数见表3-13。

表3-13 对称直线加腋梁的形常数及载常数

均布荷载作用时：$M_A = -M_B = -Fql^2$

集中荷载作用时：$M_A = -F_A Pl$，$M_B = F_B Pl$

序号	系数				α	γ=0	0.4	0.6	1.0	1.5	2.0
1	形常数	传递系数	$C_{AB} = C_{BA}$		0.1	0.500	0.552	0.567	0.588	0.603	0.613
					0.2	0.500	0.588	0.618	0.659	0.691	0.711
					0.3	0.500	0.608	0.647	0.705	0.753	0.785
					0.4	0.500	0.610	0.653	0.720	0.779	0.820
					0.5	0.500	0.595	0.633	0.692	0.748	0.789
2	形常数	刚度系数	$\frac{S_{AB}}{i_0} = \frac{S_{BA}}{i_0}$		0.1	4.00	4.83	5.12	5.54	5.89	6.11
					0.2	4.00	5.75	6.51	7.81	9.08	10.05
					0.3	4.00	6.65	8.04	10.85	14.27	17.42
					0.4	4.00	7.44	9.50	14.26	21.31	29.36
					0.5	4.00	8.07	10.72	17.34	28.32	42.61
3	载常数(固端弯矩系数)	均布荷载	$F_A = F_B = F$		0.1	0.0833	0.0889	0.0905	0.0925	0.0941	0.0950
					0.2	0.0833	0.0926	0.0954	0.0993	0.1021	0.1039
					0.3	0.0833	0.0945	0.0982	0.1034	0.1074	0.1099
					0.4	0.0833	0.0947	0.0987	0.1046	0.1094	0.1126
					0.5	0.0833	0.0933	0.0969	0.1023	0.1070	0.1103
4	载常数(固端弯矩系数)	集中荷载	$\lambda = 0.1$	F_A	0.1	0.0810	0.0884	0.0906	0.0936	0.0957	0.0969
					0.2	0.0810	0.0885	0.0908	0.0939	0.0962	0.0974
					0.3	0.0810	0.0875	0.0897	0.0924	0.0945	0.0962
					0.4	0.0810	0.0862	0.0880	0.0905	0.0925	0.0939
					0.5	0.0810	0.0852	0.0867	0.0887	0.0903	0.0914
5			$\lambda = 0.1$	F_B	0.1	0.0090	0.0060	0.0050	0.0036	0.0025	0.0018
					0.2	0.0090	0.0065	0.0055	0.0039	0.0025	0.0018
					0.3	0.0090	0.0073	0.0066	0.0052	0.0039	0.0031
					0.4	0.0090	0.0081	0.0076	0.0067	0.0057	0.0049
					0.5	0.0090	0.0085	0.0081	0.0076	0.0071	0.0067
6			$\lambda = 0.3$	F_A	0.1	0.1470	0.1629	0.1679	0.1749	0.1802	0.1836
					0.2	0.1470	0.1732	0.1828	0.1973	0.2097	0.2184
					0.3	0.1470	0.1762	0.1876	0.2063	0.2241	0.2375
					0.4	0.1470	0.1729	0.1829	0.1991	0.2145	0.2264
					0.5	0.1470	0.1682	0.1761	0.1886	0.1999	0.2083
7			$\lambda = 0.3$	F_B	0.1	0.0630	0.0617	0.0609	0.0594	0.0581	0.0572
					0.2	0.0630	0.0618	0.0600	0.0561	0.0515	0.0478
					0.3	0.0630	0.0640	0.0625	0.0577	0.0506	0.0438
					0.4	0.0630	0.0666	0.0667	0.0649	0.0608	0.0559
					0.5	0.0630	0.0672	0.0680	0.0686	0.0679	0.0667
8			$\lambda = 0.5$	$F_A = F_B$	0.1	0.1250	0.1340	0.1366	0.1400	0.1425	0.1441
					0.2	0.1250	0.1412	0.1463	0.1533	0.1587	0.1621
					0.3	0.1250	0.1461	0.1534	0.1640	0.1725	0.1781
					0.4	0.1250	0.1481	0.1567	0.1700	0.1816	0.1897
					0.5	0.1250	0.1458	0.1538	0.1667	0.1786	0.1875

注：$i_0 = \frac{I_0}{l}$（I_0——梁的最小截面惯性矩）。

3.4.2 一端直线加腋梁的形常数及载常数

一端直线加腋梁的形常数及载常数见表 3-14。

表 3-14 一端直线加腋梁的形常数及载常数

均布荷载作用时：

$M_A = -F_A q l^2$

$M_B = F_B q l^2$

集中荷载作用时：

$M_A = -F_A P l$

$M_B = F_B P l$

序号	系数			α	γ=0	0.4	0.6	1.0	1.5	2.0
1	形常数	传递系数	C_{AB}	0.1	0.500	0.556	0.573	0.596	0.613	0.624
				0.2	0.500	0.606	0.642	0.694	0.736	0.764
				0.3	0.500	0.648	0.704	0.791	0.866	0.918
				0.4	0.500	0.679	0.754	0.879	0.996	1.082
				0.5	0.500	0.697	0.788	0.948	1.114	1.245
				1.0	0.500	0.642	0.709	0.834	0.981	1.119
2			C_{BA}	0.1	0.500	0.496	0.495	0.493	0.492	0.491
				0.2	0.500	0.486	0.481	0.475	0.470	0.467
				0.3	0.500	0.470	0.461	0.449	0.439	0.433
				0.4	0.500	0.453	0.438	0.418	0.403	0.392
				0.5	0.500	0.434	0.413	0.385	0.363	0.349
				1.0	0.500	0.388	0.350	0.294	0.247	0.214
3		刚度系数	$\frac{S_{AB}}{i_0}$	0.1	4.00	4.14	4.19	4.25	4.30	4.33
				0.2	4.00	4.26	4.35	4.49	4.61	4.68
				0.3	4.00	4.34	4.48	4.71	4.91	5.06
				0.4	4.00	4.39	4.57	4.87	5.18	5.42
				0.5	4.00	4.43	4.62	4.99	5.39	5.73
				1.0	4.00	5.17	5.74	6.86	8.23	9.57
4			$\frac{S_{BA}}{i_0}$	0.1	4.00	4.64	4.85	5.14	5.36	5.50
				0.2	4.00	5.31	5.81	6.57	7.22	7.66
				0.3	4.00	5.98	6.84	8.29	9.68	10.72
				0.4	4.00	6.59	7.86	10.24	12.82	14.94
				0.5	4.00	7.12	8.81	12.28	16.52	20.42
				1.0	4.00	8.57	11.63	19.46	32.69	50.13
5	载常数(固端弯矩系数)	均布荷载	F_A	0.1	0.833	0.0780	0.0763	0.0741	0.0724	0.0714
				0.2	0.833	0.0747	0.0717	0.0673	0.0638	0.0616
				0.3	0.833	0.0730	0.0690	0.0630	0.0577	0.0542
				0.4	0.833	0.0722	0.0678	0.0607	0.0541	0.0494
				0.5	0.833	0.0718	0.0672	0.0597	0.0524	0.0468
				1.0	0.833	0.0675	0.0618	0.0529	0.0450	0.0392
6			F_B	0.1	0.833	0.0946	0.0981	0.1029	0.1066	0.1088
				0.2	0.833	0.1025	0.1093	0.1192	0.1274	0.1327
				0.3	0.833	0.1069	0.1162	0.1311	0.1442	0.1534
				0.4	0.833	0.1084	0.1192	0.1376	0.1554	0.1688
				0.5	0.833	0.1079	0.1191	0.1390	0.1599	0.1770
				1.0	0.833	0.1011	0.1086	0.1216	0.1352	0.1466

续表 3-14

序号	系数				α	γ					
						0	0.4	0.6	1.0	1.5	2.0
7	载常数(固端弯矩系数)	集中荷载	$\lambda=0.1$	F_A	0.1	0.0810	0.0804	0.0802	0.0799	0.0797	0.0795
					0.2	0.0810	0.0798	0.0794	0.0788	0.0783	0.0780
					0.3	0.0810	0.0795	0.0789	0.0779	0.0770	0.0764
					0.4	0.0810	0.0793	0.0785	0.0772	0.0758	0.0748
					0.5	0.0810	0.0791	0.0783	0.0767	0.0749	0.0735
					1.0	0.0810	0.0766	0.0744	0.0706	0.0664	0.0627
8				F_B	0.1	0.0090	0.0103	0.0108	0.0114	0.0118	0.0121
					0.2	0.0090	0.0116	0.0125	0.0140	0.0152	0.0164
					0.3	0.0090	0.0127	0.0141	0.0166	0.0190	0.0210
					0.4	0.0090	0.0133	0.0153	0.0190	0.0228	0.0258
					0.5	0.0090	0.0137	0.0161	0.0208	0.0263	0.0311
					1.0	0.0090	0.0139	0.0168	0.0224	0.0296	0.0370
9			$\lambda=0.3$	F_A	0.1	0.1470	0.1426	0.1412	0.1393	0.1378	0.1369
					0.2	0.1470	0.1391	0.1363	0.1321	0.1287	0.1264
					0.3	0.1470	0.1368	0.1327	0.1262	0.1203	0.1161
					0.4	0.1470	0.1355	0.1305	0.1219	0.1134	0.1070
					0.5	0.1470	0.1346	0.1291	0.1192	0.1087	0.1001
					1.0	0.1470	0.1243	0.1154	0.1005	0.0860	0.0752
10				F_B	0.1	0.0630	0.0724	0.0754	0.0795	0.0826	0.0846
					0.2	0.0630	0.0806	0.0871	0.0968	0.1049	0.1104
					0.3	0.0630	0.0870	0.0970	0.1134	0.1286	0.1397
					0.4	0.0630	0.0911	0.1041	0.1273	0.1513	0.1702
					0.5	0.0630	0.0930	0.1079	0.1364	0.1688	0.1969
					1.0	0.0630	0.0885	0.1001	0.1221	0.1475	0.1682
11			$\lambda=0.5$	F_A	0.1	0.1250	0.1164	0.1137	0.1100	0.1072	0.1055
					0.2	0.1250	0.1102	0.1049	0.0971	0.0908	0.0866
					0.3	0.1250	0.1064	0.0990	0.0874	0.0771	0.0700
					0.4	0.1250	0.1044	0.0958	0.0815	0.0679	0.0578
					0.5	0.1250	0.1032	0.0941	0.0788	0.0636	0.0519
					1.0	0.1250	0.0953	0.0850	0.0691	0.0555	0.0460
12				F_B	0.1	0.1250	0.1432	0.1490	0.1568	0.1629	0.1667
					0.2	0.1250	0.1581	0.1701	0.1881	0.2030	0.2129
					0.3	0.1250	0.1684	0.1862	0.2150	0.2412	0.2599
					0.4	0.1250	0.1734	0.1950	0.2327	0.2704	0.2993
					0.5	0.1250	0.1733	0.1958	0.2371	0.2812	0.3174
					1.0	0.1250	0.1583	0.1717	0.1951	0.2184	0.2371
13			$\lambda=0.7$	F_A	0.1	0.0630	0.0534	0.0505	0.0464	0.0434	0.0415
					0.2	0.0630	0.0476	0.0423	0.0346	0.0285	0.0246
					0.3	0.0630	0.0453	0.0387	0.0289	0.0208	0.0155
					0.4	0.0630	0.0449	0.0383	0.0283	0.0199	0.0144
					0.5	0.0630	0.0448	0.0384	0.0288	0.0207	0.0153
					1.0	0.0630	0.0434	0.0375	0.0289	0.0221	0.0176
14				F_B	0.1	0.1470	0.1672	0.1735	0.1822	0.1887	0.1928
					0.2	0.1470	0.1809	0.1929	0.2105	0.2247	0.2339
					0.3	0.1470	0.1865	0.2017	0.2252	0.2452	0.2985
					0.4	0.1470	0.1849	0.2001	0.2241	0.2453	0.2597
					0.5	0.1470	0.1812	0.1950	0.2175	0.2382	0.2529
					1.0	0.1470	0.1689	0.1766	0.1893	0.2010	0.2097

续表 3-14

序号	系数				α	γ=0	0.4	0.6	1.0	1.5	2.0
15	载常数(固端弯矩系数)	集中荷载	$\lambda=0.9$	F_A	0.1	0.0090	0.0052	0.0042	0.0028	0.0018	0.0013
					0.2	0.0090	0.0050	0.0038	0.0023	0.0014	0.0009
					0.3	0.0090	0.0051	0.0039	0.0024	0.0015	0.0010
					0.4	0.0090	0.0053	0.0042	0.0028	0.0018	0.0012
					0.5	0.0090	0.0055	0.0044	0.0030	0.0020	0.0014
					1.0	0.0090	0.0055	0.0048	0.0035	0.0026	0.0020
16				F_B	0.1	0.0810	0.0889	0.0911	0.0940	0.0960	0.0972
					0.2	0.0810	0.0893	0.0917	0.0948	0.0969	0.0980
					0.3	0.0810	0.0887	0.0911	0.0943	0.0965	0.0977
					0.4	0.0810	0.0877	0.0900	0.0931	0.0954	0.0968
					0.5	0.0810	0.0869	0.0890	0.0919	0.0943	0.0958
					1.0	0.0810	0.0850	0.0858	0.0877	0.0893	0.0905

注：$i_0=\frac{I_0}{l}$（I_0——梁的最小截面惯性矩）。

第 4 章　连续梁计算

4.1　钢筋混凝土等跨等截面连续次梁、板的塑性计算

4.1.1　计算一般规定

钢筋混凝土等跨等截面连续次梁、板的塑性计算一般规定见表 4-1。

表 4-1　一般规定

序　号	项　目	内　容
1	计算跨度	对于中间跨度或端支座为梁柱的板或次梁的端跨，计算跨度 l_0 取净跨 l_n；对于端支座为砌体墙柱的板的端跨取 $l_0=l_n+\frac{h}{2}$，h 为板厚；对于端支座为砌体墙柱的次梁的端跨取 $l_0=l_n+\frac{a}{2}$，a 为次梁在砌体墙柱上的支承长度
2	计算跨度相差小于或等于 10% 的情况计算	对于计算跨度相差小于或等于 10% 的不等跨连续次梁、板可近似按等跨连续次梁、板计算其弯矩、剪力。计算跨中弯矩可采用本跨的 l_0，计算支座弯矩可采用相邻两跨 l_0 的平均值，计算支座边剪力可采用本跨 l_0
3	钢筋与含钢特征值	按塑性计算的构件宜采用 HPB235(Q235)级、HRB335(20MnSi)级钢筋，且应使截面含钢特征值(即相对受压区高度)$\xi=x/h_0\leqslant 0.35$
4	适用条件	对于直接承受动力荷载作用的结构和要求不出现裂缝的结构，其内力应按弹性体系计算，不应考虑塑性内力重分布

4.1.2　均布荷载作用下连续次梁、板的内力计算

均布荷载作用下连续次梁、板的内力计算见表 4-2。

4.1.3　梯形(三角形)荷载作用下连续次梁的内力计算

梯形(三角形)荷载作用下连续次梁的内力计算见表 4-3。

4.1.4　在各跨相同的任意对称荷载作用下连续次梁的内力计算

在各跨相同的任意对称荷载作用下连续次梁的内力计算见表 4-4。

表 4-2　均布荷载作用下连续次梁、板的内力计算

<table>
<tr><th>序号</th><th colspan="8">单向连续板弯矩计算公式：$M=\alpha(g+q)l_0^2$　式中，α 为弯矩系数；g 为均布恒载；q 为均布活载</th></tr>
<tr><td>1</td><td colspan="2">计 算 简 图</td><td>系数</td><td>1</td><td>B</td><td>2</td><td>C</td><td>3</td></tr>
<tr><td>2</td><td colspan="2">A 1 B 2 C 3 C' 2 B' 1 A'</td><td>α</td><td>$\frac{1}{11}$</td><td>$-\frac{1}{14}$</td><td>$\frac{1}{16}$</td><td>$-\frac{1}{16}$</td><td>$\frac{1}{16}$</td></tr>
<tr><td>3</td><td colspan="8">连续次梁内力计算公式：$M=\alpha(g+q)l_0^2$　$V=\beta(g+q)l_n$　式中，α 为弯矩系数；β 为剪力系数</td></tr>
<tr><td>4</td><td>计 算 简 图</td><td>系数</td><td>A</td><td>1</td><td>B
左　右</td><td>2</td><td>C
左　右</td><td>3</td></tr>
</table>

续表 4-2

序号	单向连续板弯矩计算公式：$M=\alpha(g+q)l_0^2$　式中，α 为弯矩系数；g 为均布恒载；q 为均布活载						
5	A 1 B 2 C 3 C′ 2 B′ 1 A′	α		$\frac{1}{11}$	$-\frac{1}{11}$	$\frac{1}{16}$	$-\frac{1}{16}$	$\frac{1}{16}$
		β	0.4	-0.6	0.5	-0.5	0.5

表 4-3　梯形(三角形)荷载作用下连续次梁的内力计算

序号	连续次梁内力计算公式：$M=\alpha(g+q)l_0^2$ $V=\beta\left(1-\frac{a}{l_0}\right)(g+q)l_n$								
1	计算简图	系数	$\frac{a}{l_0}$	A	1	B 左　右	2	C 左　右	3
2	A 1 B 2 C 3 C′ 2 B′ 1 A′ a　a　$g+q$　l_0	α	0		$\frac{1}{11}$	$-\frac{1}{11}$	$\frac{1}{16}$	$-\frac{1}{16}$	$\frac{1}{16}$
			0.25		$\frac{1}{12}$	$-\frac{1}{12}$	$\frac{1}{17}$	$-\frac{1}{17}$	$\frac{1}{17}$
			0.30		$\frac{1}{13}$	$-\frac{1}{13}$	$\frac{1}{18}$	$-\frac{1}{18}$	$\frac{1}{18}$
			0.35		$\frac{1}{14}$	$-\frac{1}{14}$	$\frac{1}{19}$	$-\frac{1}{19}$	$\frac{1}{19}$
			0.40		$\frac{1}{15}$	$-\frac{1}{15}$	$\frac{1}{20}$	$-\frac{1}{20}$	$\frac{1}{20}$
			0.45		$\frac{1}{16}$	$-\frac{1}{16}$	$\frac{1}{21}$	$-\frac{1}{21}$	$\frac{1}{21}$
			0.50		$\frac{1}{17}$	$-\frac{1}{17}$	$\frac{1}{24}$	$-\frac{1}{24}$	$\frac{1}{24}$
		β		0.4	-0.6	0.5	-0.5	0.5	

表 4-4　在各跨相同的任意对称荷载作用下连续次梁的内力计算

序号	次梁内力计算一般公式：$M=\alpha_1 M_0$　式中，α_1 为弯矩系数 $V=\beta_1 V_0$　β_1 为剪力系数 M_0，V_0 分别为在每跨相同的对称荷载作用下简支梁的跨中弯矩和支座剪力							
1	计算简图	系数	A	1	B 左　右	2	C 左　右	3
2	A B C C′ B′ A′ 1 2 3 2 1	α_1		0.73	-0.73	0.5	-0.5	0.5
		β_1	0.8	-1.2	1.0	-1.0	1.0	

4.2　等跨等截面连续梁的弹性计算

4.2.1　计算简述

等跨等截面连续梁的弹性计算简述见表 4-5。

表 4-5 等跨等截面连续梁的弹性计算简述

序　号	项　目	内　容
1	连续梁最不利内力的荷载布置	如图 4-1 所示，连续梁最不利内力的荷载布置要求如下： 1）恒载应布置在各跨 2）计算某跨跨中最大正弯矩 M_{max}时，应在该跨布置活载，并在两侧每隔一跨布置活载 3）计算某跨跨中最小正弯矩 M_{min}时，应在该跨的左、右相邻跨布置活载，然后隔跨布置活载 4）计算某支座最大负弯矩 M_{max}及支座左右最大剪力 V_{max}时，应在该支座相邻两跨布置活载，然后隔跨布置活载。表 4-6 以五跨梁为例说明活荷载的不利布置 5）当跨数超过五跨时，则两端的相邻两个边跨，按五跨梁第一、二跨计算，中间各跨内力与五跨梁的第三跨内力相同 6）内力的正负号按图 3-1 的规定
2	等跨梁在常用荷载作用下的内力及挠度系数	表 4-7～表 4-10 给出了两等跨等截面连续梁、三等跨等截面连续梁、四等跨等截面连续梁及五等跨等截面连续梁在常用荷载作用下的内力及挠度计算系数用表，供设计中应用

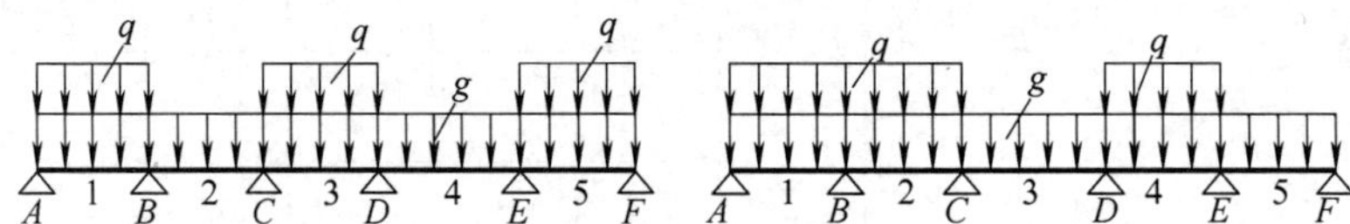

图 4-1 活荷载不利位置图

表 4-6 五跨连续梁活荷载不利布置图

序　号	活荷载布置图	最大值	
		弯　矩	剪　力
1	A B C D E F 1 2 3 4 5	M_1、M_2、M_3	V_A、V_F
2		M_2、M_4	
3		M_B	V_{BA}、V_{BC}
4		M_C	V_{CB}、V_{CD}
5		M_D	V_{DC}、V_{DE}
6		M_E	V_{ED}、V_{EF}

4.2.2 两等跨等截面连续梁在常用荷载作用下内力及挠度计算系数

两等跨等截面连续梁在常用荷载作用下内力及挠度计算系数见表 4-7。

表 4-7　两等跨等截面连续梁在常用荷载作用下内力及挠度计算系数

序　号	荷 载 图	跨内最大弯矩		支座弯矩	剪　力			跨度中点挠度	
		M_1	M_2	M_B	V_A	$V_{B左}$ $V_{B右}$	V_C	w_1	w_2
1		0. 070	0. 070	-0. 125	0. 375	-0. 625 0. 625	-0. 375	0. 521	0. 521
2		0. 096	—	-0. 063	0. 437	-0. 563 0. 063	0. 063	0. 912	-0. 391
3		0. 048	0. 048	-0. 078	0. 172	-0. 328 0. 328	-0. 172	0. 345	0. 345
4		0. 064	—	-0. 039	0. 211	-0. 289 0. 039	0. 039	0. 589	-0. 244
5		0. 156	0. 156	-0. 188	0. 312	-0. 688 0. 688	-0. 312	0. 911	0. 911
6		0. 203	—	-0. 094	0. 406	-0. 594 0. 094	0. 094	1. 497	-0. 586
7		0. 222	0. 222	-0. 333	0. 667	-1. 333 1. 333	-0. 667	1. 466	1. 466
8		0. 278	—	-0. 167	0. 833	-1. 167 0. 167	0. 167	2. 508	-1. 042

注：1. 在均布及三角形荷载作用下（表 4-7 ~ 表 4-10）：

M = 表中系数 × ql^2；

V = 表中系数 × ql；

w = 表中系数 × $\frac{ql^4}{100EI}$。

2. 在集中荷载作用下（表 4-7 ~ 表 4-10）：

M = 表中系数 × Pl；

V = 表中系数 × P；

w = 表中系数 × $\frac{Pl^3}{100EI}$。

4. 2. 3　三等跨等截面连续梁在常用荷载作用下内力及挠度计算系数

三等跨等截面连续梁在常用荷载作用下内力及挠度计算系数见表 4-8。

表 4-8　三等跨等截面连续梁在常用荷载作用下内力及挠度计算系数

序号	荷 载 图	跨内最大弯矩		支座弯矩		剪　力				跨度中点挠度		
		M_1	M_2	M_B	M_C	V_A	$V_{B左}$ $V_{B右}$	$V_{C左}$ $V_{C右}$	V_D	w_1	w_2	w_3
1		0. 080	0. 025	-0. 100	-0. 100	0. 400	-0. 600 0. 500	-0. 500 0. 600	-0. 400	0. 677	0. 052	0. 677

续表 4-8

序号	荷载图	跨内最大弯矩		支座弯矩		剪力				跨度中点挠度		
		M_1	M_2	M_B	M_C	V_A	$V_{B左}$ $V_{B右}$	$V_{C左}$ $V_{C右}$	V_D	w_1	w_2	w_3
2	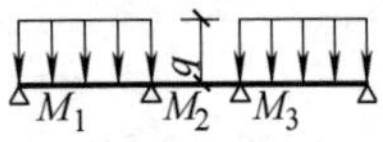	0.101	—	−0.050	−0.050	0.450	−0.550 0	0 0.550	−0.450	0.990	−0.625	0.990
3	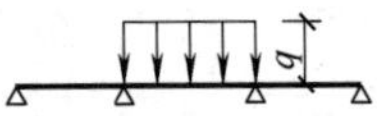	—	0.075	−0.050	−0.050	−0.050	−0.050 0.500	−0.500 0.050	0.050	−0.313	0.677	−0.313
4	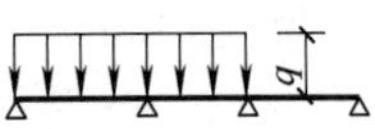	0.073	0.054	−0.117	−0.033	0.383	−0.617 0.583	−0.417 0.033	0.033	0.573	0.365	−0.208
5	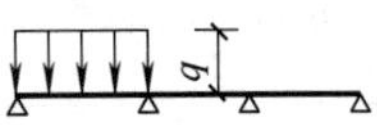	0.094	—	−0.067	0.017	0.433	−0.567 0.083	0.083 −0.017	−0.017	0.885	−0.313	0.104
6	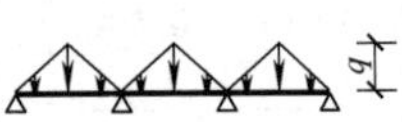	0.054	0.021	−0.063	−0.063	0.188	−0.313 0.250	−0.250 0.313	−0.188	0.443	0.052	0.443
7	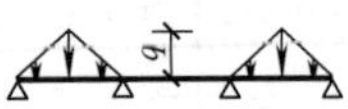	0.068	—	−0.031	−0.031	0.219	−0.281 0	0 0.281	−0.219	0.638	−0.391	0.638
8		—	0.052	−0.031	−0.031	−0.031	−0.031 0.250	−0.250 0.031	0.031	−0.195	0.443	−0.195
9		0.050	0.038	−0.073	−0.021	0.177	−0.323 0.302	−0.198 0.021	0.021	0.378	0.248	−0.130
10		0.063	—	−0.042	0.010	0.208	−0.292 0.052	0.052 −0.010	−0.010	0.573	−0.195	0.065
11	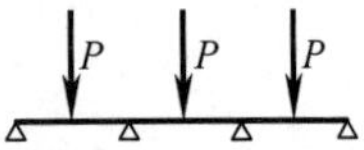	0.175	0.100	−0.150	−0.150	0.350	−0.650 0.500	−0.500 0.650	−0.350	1.146	0.208	1.146
12	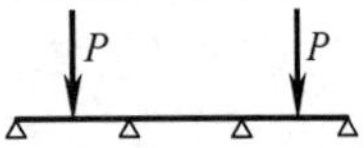	0.213	—	−0.075	−0.075	0.425	−0.575 0	0 0.575	−0.425	1.615	−0.937	1.615
13	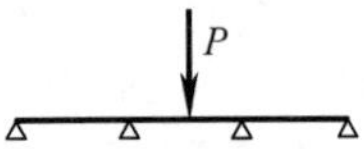	—	0.175	−0.075	−0.075	−0.075	−0.075 0.500	−0.500 0.075	0.075	−0.469	1.146	−0.469
14	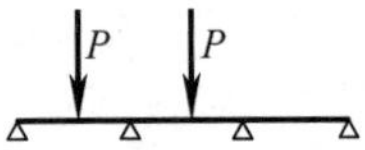	0.162	0.137	−0.175	−0.050	0.325	−0.675 0.625	−0.375 0.050	0.050	0.990	0.677	−0.312
15	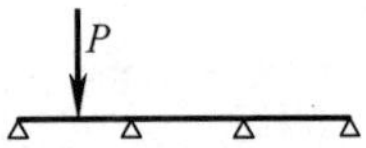	0.200	—	−0.100	0.025	0.400	−0.600 0.125	0.125 −0.025	−0.025	1.458	−0.469	0.156
16	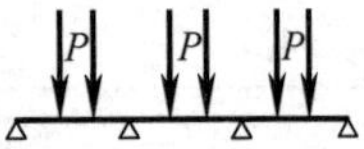	0.244	0.067	−0.267	−0.267	0.733	−1.267 1.000	−1.000 1.267	−0.733	1.883	0.216	1.883
17	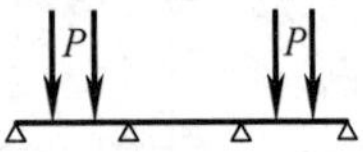	0.289	—	−0.133	−0.133	0.866	−1.134 0	0 1.134	−0.866	2.716	−1.667	2.716
18	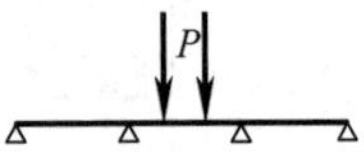	—	0.200	−0.133	−0.133	−0.133	−0.133 1.000	−1.000 0.133	0.133	−0.833	1.883	−0.833

续表 4-8

序号	荷载图	跨内最大弯矩		支座弯矩		剪力				跨度中点挠度		
		M_1	M_2	M_B	M_C	V_A	$V_{B左}$ $V_{B右}$	$V_{C左}$ $V_{C右}$	V_D	w_1	w_2	w_3
19	P P	0.229	0.170	−0.311	−0.089	0.689	−1.311 1.222	−0.778 0.089	0.089	1.605	1.049	−0.556
20	P	0.274	—	−0.178	0.044	0.822	−1.178 0.222	0.222 −0.044	−0.044	2.438	−0.833	0.278

4.2.4　四等跨等截面连续梁在常用荷载作用下内力及挠度计算系数

四等跨等截面连续梁在常用荷载作用下内力及挠度计算系数见表 4-9。

4.2.5　五等跨等截面连续梁在常用荷载作用下内力及挠度计算系数

五等跨等截面连续梁在常用荷载作用下内力及挠度计算系数见表 4-10。

4.2.6　等跨等截面连续梁计算例题

[例题 4-1]　已知二跨等跨连续梁 $l=5\text{m}$，在均布荷载 $q=11.76\text{kN/m}$ 及每跨中间各有一集中荷载 $P=29.4\text{kN}$ 作用下，求中间支座的最大弯矩和剪力。

[解]

应用表 4-7 序号 1 及序号 5 进行计算，得

$$\begin{aligned} M_{B支} &= (-0.125\times11.76\times5^2)+(-0.188\times29.4\times5) \\ &= -36.75+(-27.64) \\ &= -64.39(\text{kN}\cdot\text{m}) \\ V_{B左} &= (-0.625\times11.76\times5)+(-0.688\times29.4) \\ &= -36.75+(-20.23) \\ &= -56.98(\text{kN}\cdot\text{m}) \end{aligned}$$

即为所求。

[例题 4-2]　已知三跨等跨连续梁 $l=6\text{m}$，在均布荷载 $q=11.76\text{kN/m}$ 的作用下，求边跨最大跨中弯矩。

[解]

应用表 4-8 序号 1 进行计算，得

$$M_1=0.080\times11.76\times6^2=33.87(\text{kN}\cdot\text{m})$$

即为所求。

[例题 4-3]　已知四跨等跨连续梁 $l=6\text{m}$，在均布荷载 $q=59\text{kN/m}$（其中静荷载为 24kN/m，活荷载为 35kN/m）作用下，试求 D 支座截面和 DE 跨跨中截面的最大弯矩值。

[解]

(1) 求 M_{Dmax}

根据活荷载的不利布置，求 D 支座的最大支座弯矩，应在该支座相邻两跨布满活荷载，其余每隔一跨布满活荷载。静荷载必须全梁布满。利用表 4-9 序号 1 和序号 3 进行计算，则有

$$\begin{aligned} |M_{Dmax}| &= |M_{Bmax}| \\ &= |(-0.107\times24\times6^2)+(-0.121\times35\times6^2)| \\ &= |-244.91|(\text{kN}\cdot\text{m}) \end{aligned}$$

是负弯矩，则梁上面受拉。

表 4-9 四等跨等截面连续梁在常用荷载作用下内力及挠度计算系数

序号	荷载图	跨内最大弯矩				支座弯矩			剪力					跨度中点挠度			
		M_1	M_2	M_3	M_4	M_B	M_C	M_D	V_A	$V_{B左}$ $V_{B右}$	$V_{C左}$ $V_{C右}$	$V_{D左}$ $V_{D右}$	V_E	w_1	w_2	w_3	w_4
1	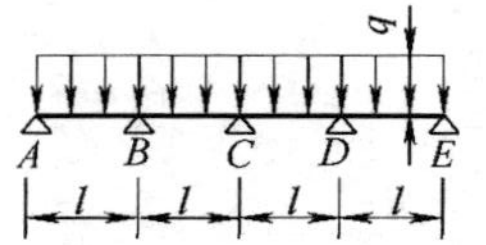	0.077	0.036	0.036	0.077	-0.107	-0.071	-0.107	0.393	-0.607 0.536	-0.464 0.464	-0.536 0.607	-0.393	0.632	0.186	0.186	0.632
2	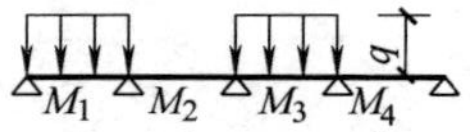	0.100	—	0.081	—	-0.054	-0.036	-0.054	0.446	-0.554 0.018	0.018 0.482	-0.518 0.054	0.054	0.967	-0.558	0.744	-0.335
3	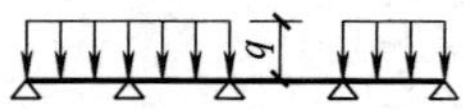	0.072	0.061	—	0.098	-0.121	-0.018	-0.058	0.380	-0.620 0.603	-0.397 -0.040	-0.040 0.558	-0.442	0.549	0.437	-0.474	0.939
4	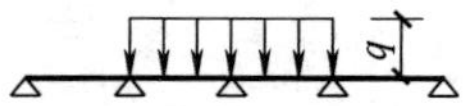	—	0.056	0.056	—	-0.036	-0.107	-0.036	-0.036	-0.036 0.429	-0.571 0.571	-0.429 0.036	0.036	-0.223	0.409	0.409	-0.223
5	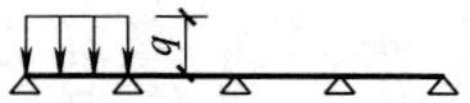	0.094	—	—	—	-0.067	0.018	-0.004	0.433	-0.567 0.085	0.085 -0.022	-0.022 0.004	0.004	0.884	-0.307	0.084	-0.028
6	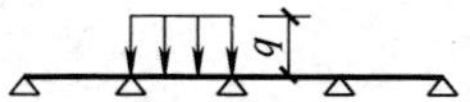	—	0.074	—	—	-0.049	-0.054	0.013	-0.049	-0.049 0.496	-0.504 0.067	0.067 -0.013	-0.013	-0.307	0.660	-0.251	0.084
7		0.052	0.028	0.028	0.052	-0.067	-0.045	-0.067	0.183	-0.317 0.272	-0.228 0.228	-0.272 0.317	-0.183	0.415	0.136	0.136	0.415
8	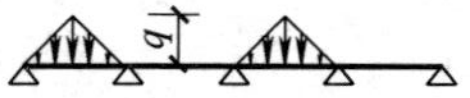	0.067	—	0.055	—	-0.034	-0.022	-0.034	0.217	-0.284 0.011	0.011 0.239	-0.261 0.034	0.034	0.624	-0.349	0.485	-0.209
9	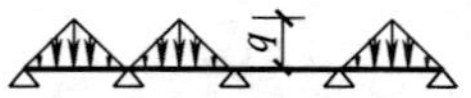	0.049	0.042	—	0.066	-0.075	-0.011	-0.036	0.175	-0.325 0.314	-0.186 -0.025	-0.025 0.286	-0.214	0.363	0.293	-0.296	0.607
10		—	0.040	0.040	—	-0.022	-0.067	-0.022	-0.022	-0.022 0.205	-0.295 0.295	-0.205 0.022	0.022	-0.140	0.275	0.275	-0.140

续表 4-9

序号	荷载图	跨内最大弯矩				支座弯矩			剪力					跨度中点挠度			
		M_1	M_2	M_3	M_4	M_B	M_C	M_D	V_A	$V_{B左}$ $V_{B右}$	$V_{C左}$ $V_{C右}$	$V_{D左}$ $V_{D右}$	V_E	w_1	w_2	w_3	w_4
11	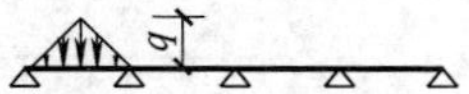	0.063	—	—	—	-0.042	0.011	-0.003	0.208	-0.292 0.053	0.053 -0.014	-0.014 0.003	0.003	0.572	-0.192	0.052	-0.017
12	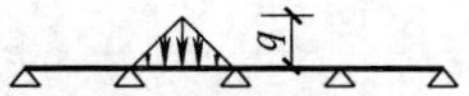	—	0.051	—	—	-0.031	-0.034	0.008	-0.031	-0.031 0.247	-0.253 0.042	0.042 -0.008	-0.008	-0.192	0.432	-0.157	0.052
13	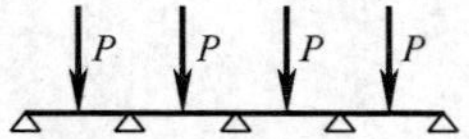	0.169	0.116	0.116	0.169	-0.161	-0.107	-0.161	0.339	-0.661 0.554	-0.446 0.446	-0.554 0.661	-0.339	1.079	0.409	0.409	1.079
14	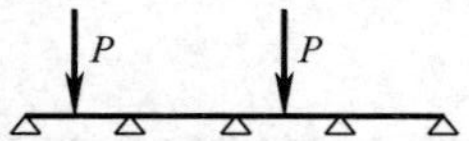	0.210	—	0.183	—	-0.080	-0.054	-0.080	0.420	-0.580 0.027	0.027 0.473	-0.527 0.080	0.080	1.581	-0.837	1.246	-0.502
15	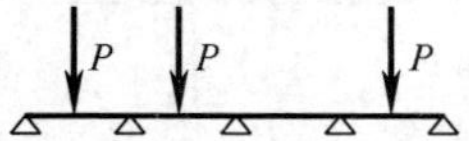	0.159	0.146	—	0.206	-0.181	-0.027	-0.087	0.319	-0.681 0.654	-0.346 -0.060	-0.060 0.587	-0.413	0.953	0.786	-0.711	1.539
16	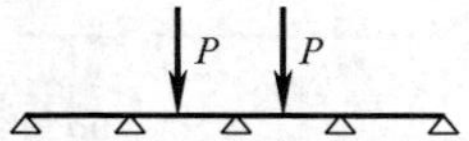	—	0.142	0.142	—	-0.054	-0.161	-0.054	-0.054	-0.054 0.393	-0.607 0.607	-0.393 0.054	0.054	-0.335	0.744	0.744	-0.335
17	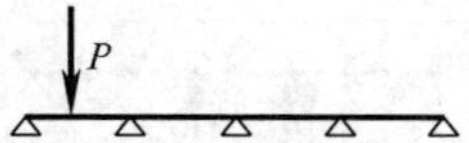	0.200	—	—	—	-0.100	0.027	-0.007	0.400	-0.600 0.127	0.127 -0.033	-0.033 0.007	0.007	1.456	-0.460	0.126	-0.042
18	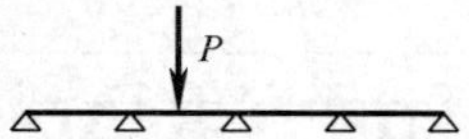	—	0.173	—	—	-0.074	-0.080	0.020	-0.074	-0.074 0.493	-0.507 0.100	0.100 -0.020	-0.020	-0.460	1.121	-0.377	0.126
19	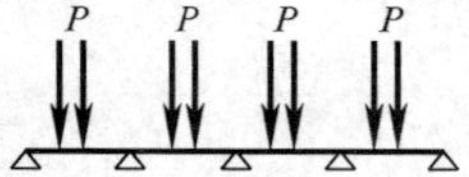	0.238	0.111	0.111	0.238	-0.286	-0.191	-0.286	0.714	-1.286 1.095	-0.905 0.905	-1.095 1.286	-0.714	1.764	0.573	0.573	1.764
20	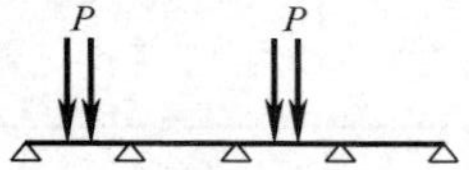	0.286	—	0.222	—	-0.143	-0.095	-0.143	0.857	-1.143 0.048	0.048 0.952	-1.048 0.143	0.143	2.657	-1.488	2.061	-0.892

续表 4-9

序号	荷载图	跨内最大弯矩				支座弯矩			剪力					跨度中点挠度			
		M_1	M_2	M_3	M_4	M_B	M_C	M_D	V_A	$V_{B左}$ $V_{B右}$	$V_{C左}$ $V_{C右}$	$V_{D左}$ $V_{D右}$	V_E	w_1	w_2	w_3	w_4
21	P P P	0.226	0.194	—	0.282	-0.321	-0.048	-0.155	0.679	-1.321 1.274	-0.726 -0.107	-0.107 1.155	-0.845	1.541	1.243	-1.265	2.582
22	P P	—	0.175	0.175	—	-0.095	-0.286	-0.095	-0.095	-0.095 0.810	-1.190 1.190	-0.810 0.095	0.095	-0.595	1.168	1.168	-0.595
23	P	0.274	—	—	—	-0.178	0.048	-0.012	0.822	-1.178 0.226	0.226 -0.060	-0.060 0.012	0.012	2.433	-0.819	0.223	-0.074
24	P	—	0.198	—	—	-0.131	-0.143	0.036	-0.131	-0.131 0.988	-1.012 0.178	0.178 -0.036	-0.036	-0.819	1.838	-0.670	0.223

表 4-10 五等跨等截面连续梁在常用荷载作用下内力及挠度计算系数

序号	荷载图	跨内最大弯矩			支座弯矩				剪力						跨度中点挠度				
		M_1	M_2	M_3	M_B	M_C	M_D	M_E	V_A	$V_{B左}$ $V_{B右}$	$V_{C左}$ $V_{C右}$	$V_{D左}$ $V_{D右}$	$V_{E左}$ $V_{E右}$	V_F	w_1	w_2	w_3	w_4	w_5
1	q; A B C D E F; l l l l l	0.078	0.033	0.046	-0.105	-0.079	-0.079	-0.105	0.394	-0.606 0.526	-0.474 0.500	-0.500 0.474	-0.526 0.606	-0.394	0.644	0.151	0.315	0.151	0.644
2	q; M_1 M_2 M_3 M_4 M_5	0.100	—	0.085	-0.053	-0.040	-0.040	-0.053	0.447	-0.553 0.013	0.013 0.500	-0.500 -0.013	-0.013 0.553	-0.447	0.973	-0.576	0.809	-0.576	0.973

续表 4-10

序号	荷载图	跨内最大弯矩			支座弯矩				剪力						跨度中点挠度				
		M_1	M_2	M_3	M_B	M_C	M_D	M_E	V_A	$V_{B左}$ $V_{B右}$	$V_{C左}$ $V_{C右}$	$V_{D左}$ $V_{D右}$	$V_{E左}$ $V_{E右}$	V_F	w_1	w_2	w_3	w_4	w_5
3		—	0.079	—	−0.053	−0.040	−0.040	−0.053	−0.053	−0.053 0.513	−0.487 0	0 0.487	−0.513 0.053	0.053	−0.329	0.727	−0.493	0.727	−0.329
4		0.073	②0.059 0.078	—	−0.119	−0.022	−0.044	−0.051	0.380	−0.620 0.598	−0.402 −0.023	−0.023 0.493	−0.507 0.052	0.052	0.555	0.420	−0.411	0.704	−0.321
5		① 0.098	0.055	0.064	−0.035	−0.111	−0.020	−0.057	−0.035	−0.035 0.424	−0.576 0.591	−0.409 −0.037	−0.037 0.557	−0.443	−0.217	0.390	0.480	−0.486	0.943
6		0.094	—	—	−0.067	0.018	−0.005	0.001	0.433	−0.567 0.085	0.085 −0.023	−0.023 0.006	0.006 −0.001	−0.001	0.883	−0.307	0.082	−0.022	0.008
7		—	0.074	—	−0.049	−0.054	0.014	−0.004	−0.049	−0.049 0.495	−0.505 0.068	0.068 −0.018	−0.018 0.004	0.004	−0.307	0.659	−0.247	0.067	−0.022
8		—	—	0.072	0.013	−0.053	−0.053	0.013	0.013	0.013 −0.066	−0.066 0.500	−0.500 0.066	0.066 −0.013	−0.013	0.082	−0.247	0.644	−0.247	0.082
9		0.053	0.026	0.034	−0.066	−0.049	−0.049	−0.066	0.184	−0.316 0.266	−0.234 0.250	−0.250 0.234	−0.266 0.316	−0.184	0.422	0.114	0.217	0.114	0.422
10		0.067	—	0.059	−0.033	−0.025	−0.025	−0.033	0.217	−0.283 0.008	0.008 0.250	−0.250 −0.008	−0.008 0.283	−0.217	0.628	−0.360	0.525	−0.360	0.628
11		—	0.055	—	−0.033	−0.025	−0.025	−0.033	−0.033	−0.033 0.258	−0.242 0	0 0.242	−0.258 0.033	0.033	−0.205	0.474	−0.308	0.474	−0.205
12		0.049	②0.041 0.053	—	−0.075	−0.014	−0.028	−0.032	0.175	−0.325 0.311	−0.189 −0.014	−0.014 0.246	−0.255 0.032	0.032	0.366	0.282	−0.257	0.460	−0.201
13		① 0.066	0.039	0.044	−0.022	−0.070	−0.013	−0.036	−0.022	−0.022 0.202	−0.298 0.307	−0.193 −0.023	−0.023 0.286	−0.214	−0.136	0.263	0.319	−0.304	0.609

续表 4-10

序号	荷载图	跨内最大弯矩			支座弯矩				剪力						跨度中点挠度				
		M_1	M_2	M_3	M_B	M_C	M_D	M_E	V_A	$V_{B左}$ $V_{B右}$	$V_{C左}$ $V_{C右}$	$V_{D左}$ $V_{D右}$	$V_{E左}$ $V_{E右}$	V_F	w_1	w_2	w_3	w_4	w_5
14	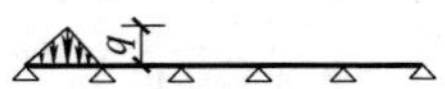	0.063	—	—	-0.042	0.011	-0.003	0.001	0.208	-0.292 0.053	0.053 -0.014	-0.014 0.004	0.004 -0.001	-0.001	0.572	-0.192	0.051	-0.014	0.005
15		—	0.051	—	-0.031	-0.034	0.009	-0.002	-0.031	-0.031 0.247	-0.253 0.043	0.043 -0.011	-0.011 0.002	0.002	-0.192	0.432	-0.154	0.042	-0.014
16		—	—	0.050	0.008	-0.033	-0.033	0.008	0.008	0.008 -0.041	-0.041 0.250	-0.250 0.041	0.041 -0.008	-0.008	0.051	-0.154	0.422	-0.154	0.051
17	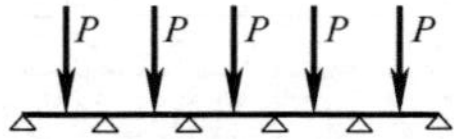	0.171	0.112	0.132	-0.158	-0.118	-0.118	-0.158	0.342	-0.658 0.540	-0.460 0.500	-0.500 0.460	-0.540 0.658	-0.342	1.097	0.356	0.603	0.356	1.097
18	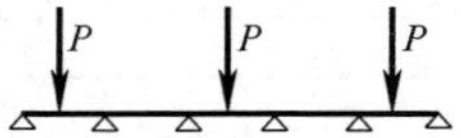	0.211	—	0.191	-0.079	-0.059	-0.059	-0.079	0.421	-0.579 0.020	0.020 0.500	-0.500 -0.020	-0.020 0.579	-0.421	1.590	-0.863	1.343	-0.863	1.590
19	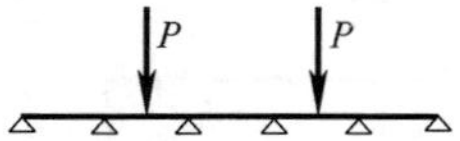	—	0.181	—	-0.079	-0.059	-0.059	-0.079	-0.079	-0.079 0.520	-0.480 0	0 0.480	-0.520 0.079	0.079	-0.493	1.220	-0.740	1.220	-0.493
20	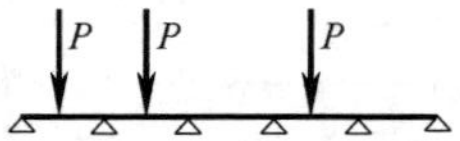	0.160	②0.144 0.178	—	-0.179	-0.032	-0.066	-0.077	0.321	-0.679 0.647	-0.353 -0.034	-0.034 0.489	-0.511 0.077	0.077	0.962	0.760	-0.617	1.186	-0.482
21	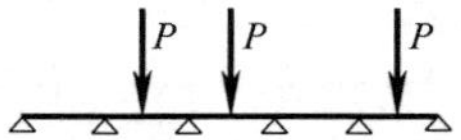	① 0.207	0.140	0.151	-0.052	-0.167	-0.031	-0.086	-0.052	-0.052 0.385	-0.615 0.637	-0.363 -0.056	-0.056 0.586	-0.414	-0.325	0.715	0.850	-0.729	1.545
22	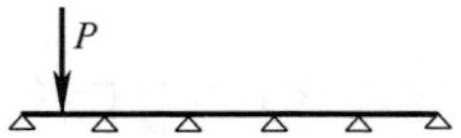	0.200	—	—	-0.100	0.027	-0.007	0.002	0.400	-0.600 0.127	0.127 -0.034	-0.034 0.009	0.009 -0.002	-0.002	1.455	-0.460	0.123	-0.034	0.011
23	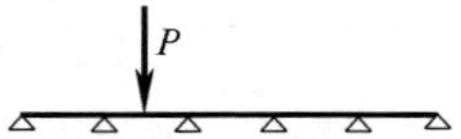	—	0.173	—	-0.073	-0.081	0.022	-0.005	-0.073	-0.073 0.493	-0.507 0.102	0.102 -0.027	-0.027 0.005	0.005	-0.460	1.119	-0.370	0.101	-0.034
24	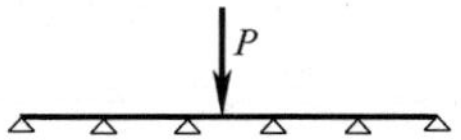	—	—	0.171	0.020	-0.079	-0.079	0.020	0.020	0.020 -0.099	-0.099 0.500	-0.500 0.099	0.099 -0.020	-0.020	0.123	-0.370	1.097	-0.370	0.123

续表 4-10

序号	荷载图	跨内最大弯矩			支座弯矩				剪力						跨度中点挠度				
		M_1	M_2	M_3	M_B	M_C	M_D	M_E	V_A	$V_{B左}$ $V_{B右}$	$V_{C左}$ $V_{C右}$	$V_{D左}$ $V_{D右}$	$V_{E左}$ $V_{E右}$	V_F	w_1	w_2	w_3	w_4	w_5
25	P P P P P	0.240	0.100	0.122	−0.281	−0.211	−0.211	−0.281	0.719	−1.281 1.070	−0.930 1.000	−1.000 0.930	−1.070 1.281	−0.719	1.795	0.479	0.918	0.479	1.795
26	P P P	0.287	—	0.228	−0.140	−0.105	−0.105	−0.140	0.860	−1.140 0.035	0.035 1.000	−1.000 −0.035	−0.035 1.140	−0.860	2.672	−1.535	2.234	−1.535	2.672
27	P P	—	0.216	—	−0.140	−0.105	−0.105	−0.140	−0.140	−0.140 1.035	−0.965 0	0.000 0.965	−1.035 0.140	0.140	−0.877	2.014	−1.316	2.014	−0.877
28	P P P	0.227	②0.189/0.209	—	−0.319	−0.057	−0.118	−0.137	0.681	−1.319 1.262	−0.738 −0.061	−0.061 0.981	−1.019 0.137	0.137	1.556	1.197	−1.096	1.955	−0.857
29	P P P	①/0.282	0.172	0.198	−0.093	−0.297	−0.054	−0.153	−0.093	−0.093 0.796	−1.204 1.243	−0.757 −0.099	−0.099 1.153	−0.847	−0.578	1.117	1.356	−1.296	2.592
30	P	0.274	—	—	−0.179	0.048	−0.013	0.003	0.821	−1.179 0.227	0.227 −0.061	−0.061 0.016	0.016 −0.003	−0.003	2.433	−0.817	0.219	−0.060	0.020
31	P	—	0.198	—	−0.131	−0.144	0.038	−0.010	−0.131	−0.131 0.987	−1.013 0.182	0.182 −0.048	−0.048 0.010	0.010	−0.817	1.835	−0.658	0.179	−0.060
32	P	—	—	0.193	0.035	−0.140	−0.140	0.035	0.035	0.035 −0.175	−0.175 1.000	−1.000 0.175	0.175 −0.035	−0.035	0.219	−0.658	1.795	−0.658	0.219

① 分子及分母分别为 M_1 及 M_5 的弯矩系数。

② 分子及分母分别为 M_2 及 M_4 的弯矩系数。

（2）求 M_{4max}

求某跨跨中附近的最大正弯矩时，应在该跨布满活荷载，其余每隔一跨布满活荷载，静荷载必须全梁布满。同样利用表4-9序号1和序号3进行计算，则有

$$
\begin{aligned}
M_{4max} &= M_{1max} \\
&= 0.077 \times 24 \times 6^2 + 0.098 \times 35 \times 6^2 \\
&= 190.01(\text{kN} \cdot \text{m})
\end{aligned}
$$

注意：在应用表4-9时，B 支座与 D 支座的弯矩，M_1 和 M_4 的不利状况分别是对称的。

4.3 不等跨等截面连续梁在均布荷载作用下的计算

4.3.1 两跨不等跨连续梁最大内力系数

两跨不等跨连续梁最大内力系数见表4-11。

表4-11 两跨不等跨连续梁最大内力系数

荷载	A 1 l_1 B 2 $l_2=\lambda l_1$ C；弯矩 M=表中系数×ql_1^2；剪力 V=表中系数×ql_1；反力 R=表中系数×ql_1；荷载①；荷载②；荷载③											
	荷载①								荷载②		荷载③	
λ	M_{Bmax}	M_1	M_2	V_A	$V_{Bmax左}$	$V_{Bmax右}$	R_B	V_C	M_{1max}	V_{Amax}	M_{2max}	V_{Cmax}
1.0	-0.1250	0.0703	0.0703	0.3750	-0.6250	0.6250	1.2500	-0.3750	0.0957	0.4375	0.0957	-0.4375
1.1	-0.1388	0.0653	0.0898	0.3613	-0.6387	0.6761	1.3149	-0.4239	0.0970	0.4405	0.1142	-0.4780
1.2	-0.1550	0.0595	0.1108	0.3450	-0.6550	0.7292	1.3842	-0.4708	0.0982	0.4432	0.1343	-0.5182
1.3	-0.1738	0.0532	0.1333	0.3263	-0.6737	0.7836	1.4574	-0.5164	0.0993	0.4457	0.1558	-0.5582
1.4	-0.1950	0.0465	0.1572	0.3050	-0.6950	0.8393	1.5343	-0.5607	0.1003	0.4479	0.1788	-0.5979
1.5	-0.2188	0.0396	0.1825	0.2813	-0.7187	0.8958	1.6146	-0.6042	0.1013	0.4500	0.2032	-0.6375
1.6	-0.2450	0.0325	0.2092	0.2550	-0.7450	0.9531	1.6981	-0.6469	0.1021	0.4519	0.2291	-0.6769
1.7	-0.2738	0.0256	0.2374	0.2263	-0.7737	1.0110	1.7848	-0.6890	0.1029	0.4537	0.2564	-0.7162
1.8	-0.3050	0.0190	0.2669	0.1950	-0.8050	1.0694	1.8745	-0.7306	0.1037	0.4554	0.2850	-0.7554
1.9	-0.3388	0.0130	0.2978	0.1613	-0.8387	1.1283	1.9670	-0.7717	0.1044	0.4569	0.3155	-0.7944
2.0	-0.3750	0.0078	0.3301	0.1250	-0.8750	1.1875	2.0625	-0.8125	0.1050	0.4583	0.3472	-0.8333
2.25	-0.4766	0.0027	0.4170	0.0234	-0.9766	1.3368	2.3136	-0.9132	0.1065	0.4615	0.4327	-0.9303
2.5	-0.5938	负值	0.5126	-0.0938	-1.0938	1.4875	2.5813	-1.0125	0.1078	0.4643	0.5272	-1.0268

4.3.2 两边跨相等的三跨连续梁最大内力系数

两边跨相等的三跨连续梁最大内力系数见表4-12。

表 4-12　两边跨相等的三跨连续梁最大内力系数

荷载：A 1 B 2 C 1 D；l_1，$l_2=\lambda l_1$，l_1

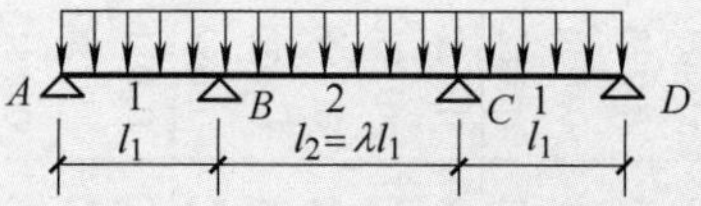

弯矩M=表中系数$\times ql_1^2$

剪力V=表中系数$\times ql_1$

反力R=表中系数$\times ql_1$

荷载①　荷载②　荷载③　荷载④

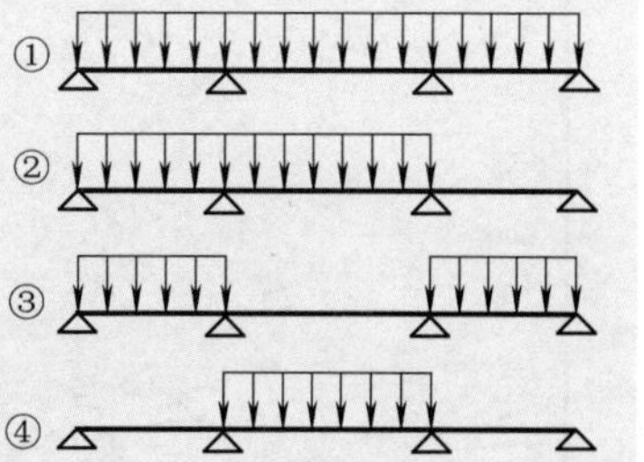

	荷载①						荷载②				荷载③		荷载④
λ	M_B	M_1	M_2	V_A	$V_{B左}$	$V_{B右}$	M_{Bmax}	$V_{Bmax左}$	$V_{Bmax右}$	R_{Bmax}	M_{1max}	V_{Amax}	M_{2max}
0.4	-0.0831	0.0869	-0.0631	0.4169	-0.5831	0.2000	-0.0962	-0.5962	0.4608	1.0570	0.0890	0.4219	0.0150
0.5	-0.0804	0.0880	-0.0491	0.4196	-0.5804	0.2500	-0.0947	-0.5947	0.4502	1.0449	0.0918	0.4286	0.0223
0.6	-0.0800	0.0882	-0.0350	0.4200	-0.5800	0.3000	-0.0952	-0.5952	0.4603	1.0555	0.0943	0.4342	0.0308
0.7	-0.0819	0.0874	-0.0206	0.4181	-0.5819	0.3500	-0.0979	-0.5979	0.4825	1.0804	0.0964	0.4390	0.0403
0.8	-0.0859	0.0857	-0.0059	0.4141	-0.5859	0.4000	-0.1021	-0.6021	0.5116	1.1137	0.0982	0.4432	0.0509
0.9	-0.0918	0.0833	0.0095	0.4082	-0.5918	0.4500	-0.1083	-0.6083	0.5456	1.1539	0.0998	0.4468	0.0625
1.0	-0.1000	0.0800	0.0250	0.4000	-0.6000	0.5000	-0.1167	-0.6167	0.5833	1.2000	0.1013	0.4500	0.0750
1.1	-0.1100	0.0761	0.0413	0.3900	-0.6100	0.5500	-0.1267	-0.6267	0.6233	1.2500	0.1025	0.4528	0.0885
1.2	-0.1218	0.0715	0.0582	0.3782	-0.6218	0.6000	-0.1385	-0.6385	0.6651	1.3036	0.1037	0.4554	0.1029
1.3	-0.1355	0.0664	0.0758	0.3645	-0.6355	0.6500	-0.1522	-0.6522	0.7082	1.3604	0.1047	0.4576	0.1182
1.4	-0.1510	0.0609	0.0940	0.3490	-0.6510	0.7000	-0.1676	-0.6676	0.7525	1.4201	0.1057	0.4597	0.1344
1.5	-0.1683	0.0550	0.1130	0.3317	-0.6683	0.7500	-0.1848	-0.6848	0.7976	1.4824	0.1065	0.4615	0.1514
1.6	-0.1874	0.0489	0.1327	0.3127	-0.6873	0.8000	-0.2037	-0.7037	0.8434	1.5471	0.1073	0.4632	0.1694
1.7	-0.2082	0.0426	0.1531	0.2918	-0.7082	0.8500	-0.2244	-0.7244	0.8897	1.6141	0.1080	0.4648	0.1883
1.8	-0.2308	0.0362	0.1742	0.2692	-0.7308	0.9000	-0.2468	-0.7468	0.9366	1.6834	0.1087	0.4662	0.2080
1.9	-0.2552	0.0300	0.1961	0.2448	-0.7552	0.9500	-0.2710	-0.7710	0.9846	1.7556	0.1093	0.4675	0.2286
2.0	-0.2813	0.0239	0.2188	0.2188	-0.7812	1.0000	-0.2969	-0.7969	1.0312	1.8281	0.1099	0.4688	0.2500
2.25	-0.3540	0.0106	0.2788	0.1462	-0.8538	1.1250	-0.3691	-0.8691	1.1511	2.0202	0.1111	0.4714	0.3074
2.5	-0.4375	0.0019	0.3437	0.0625	-0.9375	1.2500	-0.4521	-0.9521	1.2722	2.2243	0.1131	0.4757	0.3701

4.3.3　三跨不等跨连续梁最大内力系数

三跨不等跨连续梁最大内力系数见表 4-13 ~ 表 4-15。

4.3.4　不等跨等截面连续梁计算例题

［例题 4-4］　求如图 4-2 所示不等跨连续梁在均布荷载作用下最不利组合的内力。其中，$g=4\text{kN/m}$，$q=6\text{kN/m}$。

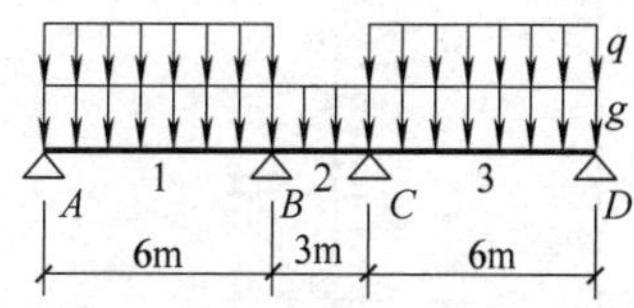

图 4-2　［例题 4-4］计算简图一

［解］

分如下几种情况进行计算：

应用表 4-12 进行计算，$\lambda=0.5$。

（1）如图 4-2 所示，荷载组合情况计算

由对称知：

$$M_{1max}=M_{3max}=(0.0880\times4+0.0918\times6)\times6^2=32.5(\text{kN}\cdot\text{m})$$

$$V_{Amax}=-V_{Dmax}=(0.4196\times4+0.4286\times6)\times6=25.5(\text{kN})$$

表 4-13 三跨不等跨连续梁最大内力系数(1)

荷载

$m=\dfrac{l_1}{l_2}$　$n=\dfrac{l_3}{l_2}$

弯矩：$M_B=K_1ql_2^2$

$M_C=K_2ql_2^2$

$M_1=K_3ql_1^2$

$M_2=K_4ql_2^2$

$M_3=K_5ql_3^2$

剪力：$V_A=\left(0.5+\dfrac{K_1}{m^2}\right)ql_1$

$V_{B左}=-\left(0.5-\dfrac{K_1}{m^2}\right)ql_1$

$V_{B右}=(0.5-K_1+K_2)ql_2$

$V_{C左}=-(0.5+K_1-K_2)ql_2$

$V_{C右}=\left(0.5-\dfrac{K_2}{n^2}\right)ql_3$

$V_D=-\left(0.5+\dfrac{K_2}{n^2}\right)ql_3$

式中　K_1、K_2——支座弯矩系数，分别按表中每格第一行与第二行数字取用

K_3、K_4、K_5——跨内最大弯矩系数，分别按表中每格第三行、第四行、第五行数字取用

m \ n	0.3	0.4	0.5	0.6	0.7	0.8	0.9	1.0	1.1	1.2	1.3	1.4	1.5	1.6	1.7	1.8	1.9	2.0
0.3	-0.071	-0.072	-0.072	-0.071	-0.069	-0.065	-0.061	-0.056	-0.050	-0.043	-0.035	-0.025	-0.016	-0.005	0.007	0.020	0.034	0.049
	-0.071	-0.069	-0.070	-0.073	-0.079	-0.087	-0.098	-0.111	-0.127	-0.145	-0.166	-0.190	-0.216	-0.244	-0.275	-0.309	-0.345	-0.383
	负值	负值	负值	负值	负值	负值	负值	负值	负值	0.000	0.006	0.025	0.052	0.099	0.167	0.261	0.385	0.545
	0.054	0.055	0.054	0.053	0.051	0.049	0.046	0.043	0.039	0.036	0.033	0.031	0.029	0.029	0.031	0.035	0.041	0.051
	负值	0.002	0.024	0.044	0.057	0.066	0.072	0.076	0.078	0.080	0.081	0.081	0.082	0.082	0.082	0.082	0.082	0.082
0.4	-0.069	-0.070	-0.070	-0.069	-0.067	-0.064	-0.060	-0.055	-0.050	-0.043	-0.036	-0.027	-0.018	-0.008	0.003	0.015	0.028	0.041
	-0.072	-0.070	-0.070	-0.074	-0.079	-0.087	-0.098	-0.111	-0.127	-0.145	-0.166	-0.189	-0.215	-0.243	-0.274	-0.308	-0.343	-0.382
	0.002	0.002	0.002	0.002	0.003	0.005	0.008	0.012	0.018	0.027	0.038	0.055	0.075	0.101	0.135	0.176	0.228	0.286
	0.055	0.055	0.055	0.054	0.052	0.050	0.047	0.044	0.039	0.036	0.032	0.030	0.028	0.027	0.028	0.031	0.036	0.044
	负值	0.002	0.024	0.043	0.057	0.066	0.072	0.076	0.078	0.080	0.081	0.081	0.082	0.082	0.082	0.082	0.082	0.082
0.5	-0.070	-0.070	-0.070	-0.069	-0.067	-0.065	-0.061	-0.057	-0.052	-0.046	-0.039	-0.031	-0.022	-0.013	-0.003	0.008	0.020	0.033
	-0.072	-0.070	-0.070	-0.073	-0.079	-0.087	-0.098	-0.111	-0.126	-0.145	-0.166	-0.189	-0.214	-0.243	-0.273	-0.307	-0.342	-0.381
	0.024	0.024	0.024	0.025	0.027	0.029	0.033	0.037	0.043	0.050	0.059	0.071	0.085	0.100	0.119	0.142	0.168	0.200
	0.054	0.055	0.055	0.054	0.052	0.049	0.046	0.042	0.039	0.034	0.031	0.027	0.025	0.023	0.023	0.025	0.030	0.037
	负值	0.002	0.024	0.044	0.057	0.066	0.072	0.076	0.078	0.080	0.081	0.081	0.082	0.082	0.082	0.082	0.082	0.082
0.6	-0.073	-0.074	-0.073	-0.072	-0.071	-0.068	-0.065	-0.061	-0.056	-0.050	-0.044	-0.036	-0.028	-0.020	-0.010	0.000	0.011	0.023
	-0.071	-0.069	-0.069	-0.072	-0.078	-0.086	-0.097	-0.110	-0.125	-0.144	-0.164	-0.187	-0.213	-0.241	-0.272	-0.305	-0.341	-0.379
	0.044	0.043	0.044	0.045	0.046	0.048	0.051	0.055	0.059	0.065	0.071	0.080	0.089	0.099	0.111	0.125	0.141	0.159
	0.053	0.054	0.054	0.053	0.051	0.048	0.045	0.041	0.037	0.032	0.028	0.025	0.022	0.019	0.018	0.019	0.022	0.028
	负值	0.002	0.025	0.045	0.058	0.067	0.072	0.076	0.079	0.080	0.081	0.082	0.082	0.082	0.082	0.082	0.082	0.082

续表 4-13

m \ n	0.3	0.4	0.5	0.6	0.7	0.8	0.9	1.0	1.1	1.2	1.3	1.4	1.5	1.6	1.7	1.8	1.9	2.0
	-0.079	-0.079	-0.079	-0.078	-0.076	-0.074	-0.071	-0.067	-0.062	-0.057	-0.051	-0.044	-0.037	-0.028	-0.019	-0.010	0.001	0.012
	-0.069	-0.067	-0.067	-0.071	-0.076	-0.084	-0.095	-0.108	-0.124	-0.142	-0.163	-0.186	-0.211	-0.240	-0.270	-0.303	-0.339	-0.377
0.7	0.057	0.057	0.057	0.058	0.059	0.061	0.063	0.066	0.070	0.074	0.078	0.084	0.090	0.098	0.106	0.115	0.126	0.138
	0.051	0.052	0.052	0.051	0.049	0.046	0.042	0.038	0.034	0.029	0.024	0.020	0.016	0.013	0.012	0.011	0.014	0.018
	负值	0.003	0.027	0.046	0.059	0.068	0.073	0.077	0.079	0.081	0.081	0.082	0.083	0.083	0.083	0.083	0.082	0.082
	-0.087	-0.087	-0.087	-0.086	-0.084	-0.082	-0.079	-0.076	-0.071	-0.066	-0.060	-0.054	-0.047	-0.039	-0.031	-0.021	-0.011	-0.001
	-0.065	-0.064	-0.065	-0.068	-0.074	-0.082	-0.093	-0.106	-0.122	-0.140	-0.161	-0.184	-0.209	-0.238	-0.268	-0.301	-0.337	-0.375
0.8	0.066	0.066	0.066	0.067	0.068	0.069	0.071	0.073	0.076	0.079	0.083	0.086	0.091	0.096	0.102	0.109	0.117	0.124
	0.049	0.050	0.049	0.048	0.046	0.043	0.039	0.034	0.030	0.025	0.020	0.014	0.010	0.006	0.004	0.003	0.004	0.007
	负值	0.005	0.029	0.048	0.061	0.069	0.074	0.078	0.080	0.081	0.082	0.082	0.083	0.083	0.083	0.083	0.083	0.083
	-0.098	-0.098	-0.098	-0.097	-0.095	-0.093	-0.090	-0.087	-0.082	-0.078	-0.072	-0.066	-0.059	-0.052	-0.044	-0.035	-0.026	-0.016
	-0.061	-0.060	-0.061	-0.065	-0.071	-0.079	-0.090	-0.103	-0.119	-0.137	-0.158	-0.181	-0.207	-0.235	-0.266	-0.299	-0.334	-0.372
0.9	0.072	0.072	0.072	0.072	0.073	0.074	0.076	0.077	0.080	0.081	0.085	0.088	0.091	0.095	0.099	0.104	0.109	0.115
	0.046	0.047	0.046	0.045	0.042	0.039	0.035	0.030	0.025	0.019	0.014	0.008	0.003	-0.002	-0.005	-0.007	-0.008	-0.006
	负值	0.008	0.033	0.051	0.063	0.071	0.076	0.079	0.081	0.082	0.083	0.083	0.083	0.083	0.083	0.083	0.083	0.083
	-0.111	-0.111	-0.111	-0.110	-0.108	-0.106	-0.103	-0.100	-0.096	-0.091	-0.086	-0.080	-0.074	-0.067	-0.059	-0.051	-0.042	-0.033
	-0.056	-0.055	-0.057	-0.061	-0.067	-0.076	-0.087	-0.100	-0.116	-0.134	-0.155	-0.178	-0.204	-0.232	-0.263	-0.296	-0.331	-0.370
1.0	0.076	0.076	0.076	0.076	0.077	0.078	0.079	0.080	0.082	0.084	0.086	0.088	0.091	0.094	0.097	0.101	0.105	0.109
	0.043	0.044	0.042	0.041	0.038	0.034	0.030	0.025	0.019	0.013	0.007	0.001	-0.006	-0.011	-0.015	-0.018	-0.020	-0.020
	负值	0.012	0.037	0.055	0.066	0.073	0.077	0.080	0.082	0.083	0.083	0.084	0.084	0.084	0.084	0.083	0.083	0.083
	-0.127	-0.127	-0.126	-0.125	-0.124	-0.122	-0.119	-0.116	-0.112	-0.108	-0.103	-0.097	-0.091	-0.084	-0.077	-0.069	-0.061	-0.052
	-0.050	-0.050	-0.052	-0.056	-0.062	-0.071	-0.082	-0.096	-0.112	-0.130	-0.151	-0.175	-0.201	-0.229	-0.259	-0.293	-0.328	-0.366
1.1	0.078	0.078	0.078	0.079	0.079	0.080	0.081	0.082	0.083	0.084	0.086	0.088	0.090	0.093	0.095	0.098	0.101	0.104
	0.039	0.039	0.039	0.037	0.034	0.030	0.025	0.019	0.013	0.006	-0.001	-0.008	-0.015	-0.021	-0.026	-0.031	-0.034	-0.035
	负值	0.018	0.043	0.059	0.070	0.076	0.080	0.082	0.083	0.084	0.084	0.084	0.084	0.084	0.084	0.084	0.084	0.083
	-0.145	-0.145	-0.145	-0.144	-0.142	-0.140	-0.137	-0.134	-0.131	-0.126	-0.122	-0.116	-0.110	-0.104	-0.097	-0.089	-0.081	-0.073
	-0.043	-0.043	-0.046	-0.050	-0.057	-0.066	-0.078	-0.091	-0.108	-0.126	-0.147	-0.171	-0.197	-0.225	-0.256	-0.289	-0.325	-0.363
1.2	0.080	0.080	0.080	0.080	0.081	0.081	0.082	0.083	0.084	0.085	0.086	0.088	0.090	0.091	0.094	0.096	0.098	0.101
	0.036	0.036	0.034	0.032	0.029	0.025	0.019	0.013	0.006	-0.001	-0.009	-0.017	-0.025	-0.032	-0.039	-0.044	-0.048	-0.051
	0.000	0.027	0.050	0.065	0.074	0.079	0.081	0.084	0.084	0.085	0.085	0.085	0.085	0.085	0.085	0.084	0.084	0.084

续表 4-13

m \ n	0.3	0.4	0.5	0.6	0.7	0.8	0.9	1.0	1.1	1.2	1.3	1.4	1.5	1.6	1.7	1.8	1.9	2.0
1.3	-0.166	-0.166	-0.165	-0.164	-0.163	-0.161	-0.158	-0.155	-0.151	-0.147	-0.143	-0.138	-0.132	-0.126	-0.119	-0.112	-0.104	-0.096
	-0.035	-0.036	-0.039	-0.044	-0.051	-0.060	-0.072	-0.086	-0.103	-0.122	-0.143	-0.166	-0.192	-0.221	-0.252	-0.285	-0.321	-0.359
	0.081	0.081	0.081	0.081	0.081	0.082	0.083	0.083	0.084	0.085	0.086	0.088	0.089	0.091	0.092	0.094	0.096	0.098
	0.033	0.032	0.031	0.028	0.024	0.020	0.014	0.007	-0.001	-0.009	-0.018	-0.027	-0.035	-0.044	-0.052	-0.059	-0.064	-0.068
	0.006	0.038	0.059	0.071	0.078	0.083	0.085	0.086	0.086	0.086	0.086	0.086	0.086	0.086	0.085	0.085	0.084	0.084
1.4	-0.190	-0.189	-0.189	-0.187	-0.186	-0.184	-0.181	-0.178	-0.175	-0.171	-0.166	-0.161	-0.156	-0.150	-0.144	-0.136	-0.129	-0.121
	-0.025	-0.027	-0.031	-0.036	-0.044	-0.054	-0.066	-0.080	-0.097	-0.116	-0.138	-0.161	-0.188	-0.216	-0.247	-0.281	-0.317	-0.355
	0.081	0.081	0.081	0.082	0.082	0.082	0.083	0.084	0.084	0.085	0.086	0.087	0.088	0.090	0.091	0.093	0.094	0.096
	0.031	0.030	0.027	0.025	0.020	0.014	0.008	0.001	-0.008	-0.017	-0.027	-0.036	-0.046	-0.056	-0.065	-0.073	-0.080	-0.086
	0.025	0.055	0.071	0.080	0.084	0.086	0.088	0.088	0.088	0.088	0.088	0.087	0.087	0.086	0.086	0.085	0.085	0.085
1.5	-0.216	-0.215	-0.214	-0.213	-0.211	-0.209	-0.207	-0.204	-0.201	-0.197	-0.192	-0.188	-0.182	-0.177	-0.170	-0.164	-0.156	-0.149
	-0.016	-0.018	-0.022	-0.028	-0.037	-0.047	-0.059	-0.074	-0.091	-0.110	-0.132	-0.156	-0.182	-0.211	-0.242	-0.276	-0.312	-0.350
	0.082	0.082	0.082	0.082	0.083	0.083	0.083	0.084	0.084	0.085	0.086	0.087	0.088	0.089	0.090	0.091	0.093	0.094
	0.029	0.028	0.025	0.022	0.016	0.010	0.003	-0.006	-0.015	-0.025	-0.035	-0.046	-0.057	-0.068	-0.078	-0.089	-0.097	-0.104
	0.052	0.075	0.085	0.089	0.090	0.091	0.091	0.091	0.090	0.090	0.089	0.088	0.088	0.087	0.087	0.086	0.086	0.085
1.6	-0.244	-0.243	-0.243	-0.241	-0.240	-0.237	-0.235	-0.232	-0.229	-0.225	-0.221	-0.216	-0.211	-0.205	-0.199	-0.193	-0.186	-0.179
	-0.005	-0.008	-0.013	-0.020	-0.028	-0.039	-0.052	-0.067	-0.084	-0.104	-0.126	-0.150	-0.177	-0.205	-0.237	-0.271	-0.307	-0.345
	0.082	0.082	0.082	0.082	0.083	0.083	0.083	0.084	0.084	0.085	0.086	0.086	0.087	0.088	0.089	0.090	0.091	0.092
	0.029	0.027	0.023	0.019	0.013	0.007	-0.002	-0.011	-0.021	-0.032	-0.044	-0.056	-0.068	-0.080	-0.092	-0.104	-0.114	-0.123
	0.099	0.101	0.100	0.099	0.098	0.096	0.095	0.094	0.093	0.091	0.091	0.090	0.089	0.088	0.087	0.087	0.086	0.086
1.7	-0.275	-0.274	-0.273	-0.272	-0.270	-0.268	-0.266	-0.263	-0.260	-0.256	-0.252	-0.247	-0.242	-0.237	-0.231	-0.225	-0.218	-0.211
	0.007	0.003	-0.003	-0.010	-0.019	-0.031	-0.044	-0.059	-0.077	-0.097	-0.119	-0.144	-0.170	-0.199	-0.231	-0.265	-0.301	-0.340
	0.082	0.082	0.082	0.082	0.083	0.083	0.083	0.084	0.084	0.085	0.085	0.086	0.087	0.087	0.088	0.089	0.090	0.091
	0.081	0.028	0.023	0.018	0.012	0.004	-0.005	-0.015	-0.027	-0.039	-0.052	-0.065	-0.078	-0.092	-0.106	-0.119	-0.131	-0.142
	0.167	0.135	0.119	0.111	0.106	0.102	0.099	0.097	0.095	0.094	0.092	0.091	0.090	0.089	0.088	0.087	0.087	0.086
1.8	-0.309	-0.308	-0.307	-0.305	-0.303	-0.301	-0.299	-0.296	-0.293	-0.289	-0.285	-0.281	-0.276	-0.271	-0.265	-0.259	-0.252	-0.245
	0.020	0.015	0.008	0.000	-0.010	-0.021	-0.035	-0.051	-0.069	-0.089	-0.112	-0.137	-0.164	-0.193	-0.225	-0.259	-0.295	-0.334
	0.082	0.082	0.082	0.082	0.083	0.083	0.083	0.083	0.084	0.084	0.085	0.085	0.086	0.087	0.087	0.088	0.089	0.090
	0.035	0.031	0.025	0.019	0.011	0.003	-0.007	-0.018	-0.031	-0.044	-0.059	-0.074	-0.089	-0.104	-0.119	-0.134	-0.148	-0.161
	0.261	0.176	0.142	0.125	0.115	0.109	0.104	0.101	0.098	0.096	0.094	0.092	0.091	0.090	0.089	0.088	0.087	0.087

续表 4-13

m \ n	0.3	0.4	0.5	0.6	0.7	0.8	0.9	1.0	1.1	1.2	1.3	1.4	1.5	1.6	1.7	1.8	1.9	2.0
1.9	-0.345	-0.343	-0.342	-0.341	-0.339	-0.337	-0.334	-0.332	-0.328	-0.325	-0.321	-0.316	-0.312	-0.307	-0.301	-0.295	-0.289	-0.282
	0.034	0.028	0.020	0.011	0.001	-0.011	-0.026	-0.042	-0.061	-0.081	-0.104	-0.129	-0.156	-0.186	-0.218	-0.252	-0.289	-0.328
	0.082	0.082	0.082	0.082	0.082	0.083	0.083	0.083	0.084	0.084	0.084	0.085	0.086	0.086	0.087	0.087	0.088	0.089
	0.041	0.036	0.030	0.022	0.014	0.004	-0.008	-0.020	-0.034	-0.048	-0.064	-0.080	-0.097	-0.114	-0.131	-0.148	-0.164	-0.179
	0.385	0.228	0.168	0.141	0.126	0.117	0.109	0.105	0.101	0.098	0.096	0.094	0.093	0.091	0.090	0.089	0.088	0.087
2.0	-0.383	-0.382	-0.381	-0.379	-0.377	-0.375	-0.372	-0.370	-0.366	-0.363	-0.359	-0.355	-0.350	-0.345	-0.340	-0.334	-0.328	-0.321
	0.049	0.041	0.033	0.023	0.012	-0.001	-0.016	-0.033	-0.052	-0.073	-0.096	-0.121	-0.149	-0.179	-0.211	-0.245	-0.282	-0.321
	0.082	0.082	0.082	0.082	0.082	0.083	0.083	0.083	0.083	0.084	0.084	0.085	0.085	0.086	0.086	0.087	0.087	0.088
	0.051	0.044	0.037	0.028	0.018	0.007	-0.006	-0.020	-0.035	-0.051	-0.068	-0.086	-0.104	-0.123	-0.142	-0.161	-0.179	-0.196
	0.545	0.286	0.200	0.159	0.138	0.124	0.115	0.109	0.104	0.101	0.098	0.096	0.094	0.092	0.091	0.090	0.089	0.088

表 4-14 三跨不等跨连续梁最大内力系数(2)

荷载：

$m=\frac{l_1}{l_2}$，$M_B=-\alpha q l_2^2$ α——每格上行数字

$n=\frac{l_3}{l_2}$，$M_C=-\beta q l_2^2$ β——每格下行数字

A 1 B 2 C 3 D；l_1 l_2 l_3

m \ n	0.3	0.4	0.5	0.6	0.7	0.8	0.9	1.0	1.1	1.2	1.3	1.4	1.5	1.6	1.7	1.8	1.9	2.0
0.3	0.069	0.072	0.074	0.075	0.077	0.078	0.079	0.080	0.081	0.081	0.082	0.083	0.083	0.084	0.084	0.085	0.085	0.086
	0.069	0.064	0.059	0.055	0.051	0.048	0.045	0.043	0.040	0.038	0.036	0.035	0.033	0.032	0.031	0.029	0.028	0.027
0.4	0.064	0.066	0.068	0.069	0.070	0.072	0.073	0.074	0.074	0.075	0.076	0.076	0.077	0.077	0.078	0.078	0.079	0.079
	0.072	0.066	0.061	0.057	0.053	0.050	0.047	0.045	0.042	0.040	0.038	0.036	0.035	0.033	0.032	0.031	0.030	0.028
0.5	0.059	0.061	0.062	0.064	0.065	0.066	0.067	0.068	0.069	0.070	0.070	0.071	0.071	0.072	0.072	0.073	0.073	0.074
	0.074	0.068	0.062	0.058	0.054	0.051	0.048	0.045	0.043	0.041	0.039	0.037	0.036	0.034	0.033	0.032	0.030	0.029
0.6	0.055	0.057	0.058	0.060	0.061	0.062	0.063	0.064	0.064	0.065	0.066	0.066	0.067	0.067	0.068	0.068	0.068	0.069
	0.075	0.069	0.064	0.060	0.056	0.056	0.049	0.047	0.044	0.042	0.040	0.038	0.037	0.035	0.034	0.033	0.031	0.030
0.7	0.051	0.053	0.054	0.056	0.057	0.058	0.059	0.060	0.060	0.061	0.061	0.062	0.063	0.063	0.063	0.064	0.064	0.064
	0.077	0.070	0.065	0.061	0.057	0.053	0.050	0.048	0.045	0.043	0.041	0.039	0.038	0.036	0.035	0.033	0.032	0.031

续表 4-14

m \ n	0.3	0.4	0.5	0.6	0.7	0.8	0.9	1.0	1.1	1.2	1.3	1.4	1.5	1.6	1.7	1.8	1.9	2.0
0.8	0.048	0.050	0.051	0.052	0.053	0.054	0.055	0.056	0.057	0.057	0.058	0.058	0.059	0.059	0.060	0.060	0.060	0.061
	0.078	0.072	0.066	0.062	0.058	0.054	0.051	0.049	0.046	0.044	0.042	0.040	0.038	0.037	0.035	0.034	0.033	0.032
0.9	0.045	0.047	0.048	0.049	0.050	0.051	0.052	0.053	0.053	0.054	0.055	0.055	0.056	0.056	0.056	0.057	0.057	0.057
	0.079	0.073	0.067	0.063	0.059	0.055	0.052	0.049	0.047	0.045	0.042	0.041	0.039	0.037	0.036	0.035	0.034	0.032
1.0	0.043	0.044	0.045	0.047	0.048	0.049	0.049	0.050	0.051	0.051	0.052	0.052	0.053	0.053	0.053	0.054	0.054	0.054
	0.080	0.074	0.068	0.064	0.060	0.056	0.053	0.050	0.047	0.045	0.044	0.042	0.040	0.038	0.037	0.035	0.034	0.033
1.1	0.040	0.042	0.043	0.044	0.045	0.046	0.047	0.047	0.048	0.049	0.049	0.050	0.050	0.050	0.051	0.051	0.051	0.052
	0.081	0.074	0.069	0.064	0.060	0.057	0.053	0.051	0.048	0.046	0.044	0.042	0.040	0.038	0.037	0.035	0.034	0.033
1.2	0.038	0.040	0.041	0.042	0.043	0.044	0.045	0.045	0.046	0.046	0.047	0.047	0.048	0.048	0.048	0.049	0.049	0.049
	0.081	0.075	0.070	0.065	0.061	0.057	0.054	0.051	0.049	0.046	0.044	0.042	0.040	0.039	0.037	0.036	0.035	0.033
1.3	0.037	0.038	0.039	0.040	0.041	0.042	0.042	0.043	0.044	0.044	0.045	0.045	0.045	0.046	0.046	0.046	0.047	0.047
	0.082	0.076	0.070	0.064	0.061	0.058	0.055	0.052	0.049	0.047	0.045	0.043	0.041	0.039	0.038	0.036	0.035	0.034
1.4	0.035	0.036	0.037	0.038	0.039	0.040	0.041	0.041	0.042	0.042	0.043	0.043	0.043	0.044	0.044	0.044	0.045	0.045
	0.083	0.076	0.071	0.066	0.062	0.058	0.055	0.052	0.050	0.047	0.045	0.043	0.041	0.040	0.038	0.037	0.035	0.034
1.5	0.033	0.035	0.036	0.037	0.038	0.038	0.039	0.039	0.040	0.040	0.041	0.041	0.042	0.042	0.042	0.043	0.043	0.043
	0.083	0.077	0.071	0.067	0.063	0.059	0.056	0.053	0.050	0.048	0.045	0.043	0.042	0.040	0.038	0.037	0.036	0.034
1.6	0.032	0.033	0.034	0.035	0.036	0.037	0.037	0.038	0.038	0.039	0.039	0.040	0.040	0.040	0.041	0.041	0.041	0.041
	0.084	0.077	0.072	0.067	0.063	0.059	0.056	0.053	0.050	0.048	0.046	0.044	0.042	0.040	0.039	0.037	0.036	0.035
1.7	0.031	0.032	0.033	0.034	0.035	0.035	0.036	0.036	0.037	0.037	0.038	0.038	0.038	0.039	0.039	0.039	0.040	0.040
	0.084	0.078	0.072	0.068	0.063	0.060	0.056	0.053	0.051	0.048	0.046	0.044	0.042	0.041	0.039	0.038	0.036	0.035
1.8	0.029	0.031	0.032	0.033	0.033	0.034	0.035	0.035	0.036	0.036	0.036	0.037	0.037	0.037	0.038	0.038	0.038	0.038
	0.085	0.078	0.073	0.068	0.064	0.060	0.057	0.054	0.051	0.049	0.046	0.044	0.043	0.041	0.039	0.038	0.037	0.035
1.9	0.028	0.030	0.030	0.031	0.032	0.033	0.033	0.034	0.034	0.035	0.035	0.035	0.036	0.036	0.036	0.037	0.037	0.037
	0.085	0.079	0.073	0.068	0.064	0.060	0.057	0.054	0.051	0.049	0.047	0.045	0.043	0.041	0.040	0.038	0.037	0.036
2.0	0.027	0.028	0.029	0.030	0.031	0.032	0.032	0.033	0.033	0.033	0.034	0.034	0.034	0.034	0.035	0.035	0.035	0.036
	0.086	0.079	0.074	0.069	0.064	0.061	0.057	0.054	0.052	0.049	0.047	0.045	0.043	0.041	0.040	0.038	0.037	0.036

表 4-15 三跨不等跨连续梁最大内力系数(3)

荷载	$M_B = -KM_C$ 表内数值为 β $M_C = +\beta q l_2^2$ 最后一行为 K																	$m = \frac{l_1}{l_2}$ $n = \frac{l_3}{l_2}$
m \ n	0.3	0.4	0.5	0.6	0.7	0.8	0.9	1.0	1.1	1.2	1.3	1.4	1.5	1.6	1.7	1.8	1.9	2.0
0.3	0.001	0.001	0.001	0.001	0.001	0.001	0.001	0.001	0.001	0.001	0.001	0.001	0.001	0.001	0.001	0.000	0.000	0.000
0.4	0.003	0.002	0.002	0.002	0.002	0.002	0.002	0.002	0.001	0.001	0.001	0.001	0.001	0.001	0.001	0.001	0.001	0.001
0.5	0.005	0.004	0.004	0.004	0.003	0.003	0.003	0.003	0.003	0.003	0.002	0.002	0.002	0.002	0.002	0.002	0.002	0.002
0.6	0.007	0.007	0.006	0.006	0.005	0.005	0.005	0.005	0.004	0.004	0.004	0.004	0.004	0.003	0.003	0.003	0.003	0.003
0.7	0.011	0.010	0.009	0.009	0.008	0.008	0.007	0.007	0.006	0.006	0.006	0.006	0.005	0.005	0.005	0.005	0.005	0.004
0.8	0.015	0.014	0.013	0.012	0.011	0.011	0.010	0.010	0.009	0.009	0.008	0.008	0.008	0.007	0.007	0.007	0.006	0.006
0.9	0.021	0.019	0.018	0.016	0.015	0.014	0.014	0.013	0.012	0.012	0.011	0.011	0.010	0.010	0.009	0.009	0.009	0.008
1.0	0.027	0.025	0.023	0.021	0.020	0.019	0.018	0.017	0.016	0.015	0.014	0.014	0.013	0.013	0.012	0.012	0.011	0.011
1.1	0.034	0.031	0.029	0.027	0.025	0.024	0.022	0.021	0.020	0.019	0.018	0.017	0.017	0.016	0.015	0.015	0.014	0.014
1.2	0.041	0.038	0.035	0.033	0.031	0.028	0.027	0.026	0.025	0.024	0.022	0.021	0.021	0.020	0.019	0.018	0.018	0.017
1.3	0.050	0.048	0.046	0.040	0.038	0.035	0.033	0.032	0.030	0.029	0.027	0.026	0.025	0.024	0.023	0.022	0.021	0.021
1.4	0.060	0.055	0.051	0.048	0.045	0.042	0.040	0.038	0.036	0.034	0.033	0.031	0.030	0.029	0.028	0.027	0.026	0.025
1.5	0.070	0.065	0.060	0.056	0.053	0.050	0.047	0.044	0.042	0.040	0.038	0.037	0.035	0.034	0.032	0.031	0.030	0.029
1.6	0.082	0.076	0.070	0.065	0.061	0.058	0.055	0.052	0.049	0.047	0.045	0.043	0.041	0.039	0.038	0.036	0.035	0.034
1.7	0.094	0.087	0.081	0.075	0.071	0.067	0.065	0.060	0.057	0.054	0.052	0.049	0.047	0.045	0.044	0.042	0.041	0.039
1.8	0.107	0.095	0.092	0.086	0.081	0.076	0.072	0.068	0.065	0.062	0.059	0.056	0.054	0.052	0.050	0.048	0.046	0.045
1.9	0.122	0.113	0.105	0.098	0.092	0.086	0.082	0.077	0.073	0.070	0.069	0.064	0.061	0.059	0.057	0.054	0.053	0.051
2.0	0.137	0.127	0.118	0.110	0.103	0.097	0.092	0.087	0.083	0.079	0.075	0.072	0.069	0.066	0.064	0.061	0.059	0.057
K	2.6	2.8	3.0	3.2	3.4	3.6	3.8	4.0	4.2	4.4	4.6	4.8	5.0	5.2	5.4	5.6	5.8	6.0

（2）如图4-3所示，荷载组合情况计算

由对称知：

$$M_{\mathrm{Bmax}}=M_{\mathrm{Cmax}}=[-0.0804\times4+6\times(-0.0947)]\times6^2=-32.03(\mathrm{kN\cdot m})$$

$$V_{\mathrm{Bmax}}^{左}=-V_{\mathrm{Cmax}}^{右}=(-0.5804\times4-6\times0.5947)\times6$$
$$=-35.34(\mathrm{kN})$$

$$V_{\mathrm{Bmax}}^{右}=-V_{\mathrm{Cmax}}^{左}=(0.25\times4+6\times0.4502)\times6$$
$$=22.21(\mathrm{kN})$$

（3）如图4-4所示，荷载组合情况计算

$$M_{2\max}=(-0.0491\times4+0.0223\times6)\times6^2=-2.25(\mathrm{kN\cdot m})$$

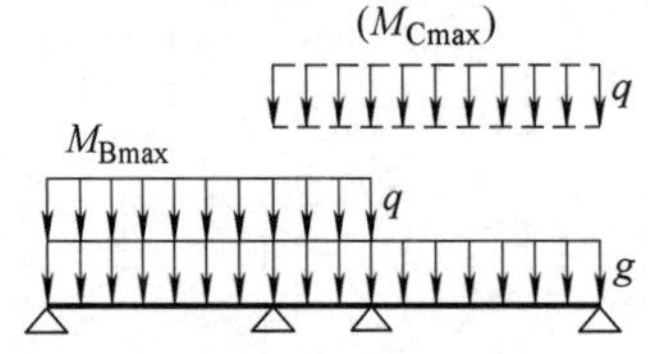

图4-3 ［例题4-4］计算简图二

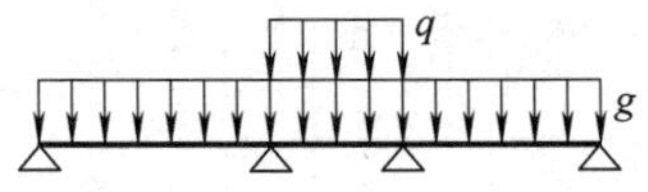

图4-4 ［例题4-4］计算简图三

4.4 钢筋混凝土等跨等截面连续深梁在均布荷载作用下的内力计算系数

4.4.1 两跨连续深梁在均布荷载作用下的内力计算系数

两跨连续深梁在均布荷载作用下的内力计算系数见表4-16。

表4-16 两跨连续深梁在均布荷载作用下的内力计算系数

序号	计算简图	l_0/h	弯矩系数 α 或 α_1			剪力系数 β 或 β_1			
			M_1	M_2	M_B	V_A	$V_{B左}$	$V_{B右}$	V_C
1	g或q；1、2；A、B、C；l_0、l_0	2.5	0.079	0.079	-0.102	0.398	-0.602	0.602	-0.398
		2.0	0.086	0.086	-0.086	0.414	-0.586	0.586	-0.414
		1.5	0.098	0.098	-0.057	0.443	-0.557	0.557	-0.443
		1.0	0.119	0.119	-0.012	0.488	-0.512	0.512	-0.488
2	q	2.5	0.101		-0.051	0.449	-0.551	0.051	0.051
		2.0	0.104		-0.043	0.457	-0.543	0.043	0.043
		1.5	0.111		-0.028	0.472	-0.528	0.029	0.029
		1.0	0.122		-0.006	0.494	-0.506	0.006	0.006

注：1. 表中（表4-16～表4-19）计算公式为

弯矩：$M=\alpha g l_0^2+\alpha_1 q l_0^2$

剪力：$V=\beta g l_0+\beta_1 q l_0$

2. 表中 l_0 为深梁的计算跨度，h 为深梁的截面高度；下同。

4.4.2 三跨连续深梁在均布荷载作用下的内力计算系数

三跨连续深梁在均布荷载作用下的内力计算系数见表4-17。

4.4.3 四跨连续深梁在均布荷载作用下的内力计算系数

四跨连续深梁在均布荷载作用下的内力计算系数见表4-18。

4.4.4 五跨连续深梁在均布荷载作用下的内力计算系数

五跨连续深梁在均布荷载作用下的内力计算系数见表4-19。

表 4-17　三跨连续深梁在均布荷载作用下的内力计算系数

序号	计算简图	l_0/h	弯矩系数 α 或 α_1				剪力系数 β 或 β_1					
			M_1	M_2	M_B	M_C	V_A	$V_{B左}$	$V_{B右}$	$V_{C左}$	$V_{C右}$	V_D
1		2.5	0.084	0.034	-0.091	-0.091	0.409	-0.591	0.500	-0.500	0.591	-0.409
		2.0	0.086	0.040	-0.085	-0.085	0.415	-0.585	0.500	-0.500	0.585	-0.415
		1.5	0.092	0.053	-0.072	-0.072	0.428	-0.572	0.500	-0.500	0.572	-0.428
		1.0	0.107	0.087	-0.038	-0.038	0.462	-0.538	0.500	-0.500	0.538	-0.462
2		2.5	0.102	-0.048	-0.048	-0.048	0.452	-0.548	0	0	0.548	-0.452
		2.0	0.102	-0.049	-0.049	-0.049	0.451	-0.549	0	0	0.549	-0.451
		1.5	0.101	-0.051	-0.051	-0.051	0.449	-0.551	0	0	0.551	-0.449
		1.0	0.094	-0.066	-0.066	-0.066	0.434	-0.566	0	0	0.566	-0.434
3		2.5		0.082	-0.043	-0.043	-0.043	-0.043	0.500	-0.500	0.043	0.043
		2.0		0.088	-0.037	-0.037	-0.037	-0.037	0.500	-0.500	0.037	0.037
		1.5		0.104	-0.021	-0.021	-0.021	-0.021	0.500	-0.500	0.021	0.021
		1.0		0.153	0.028	0.028	0.028	0.028	0.500	-0.500	-0.028	-0.028
4		2.5	0.082	0.058	-0.095	-0.040	0.405	-0.595	0.554	-0.446	0.040	0.404
		2.0	0.088	0.064	-0.080	-0.042	0.420	-0.580	0.537	-0.463	0.042	0.042
		1.5	0.101	0.080	-0.051	-0.041	0.449	-0.551	0.510	-0.490	0.041	0.041
		1.0	0.129	0.120	0.007	-0.017	0.507	-0.493	0.476	-0.524	0.017	0.017
5		2.5	0.101		-0.051	0.003	0.449	-0.551	0.055	0.055	-0.003	-0.003
		2.0	0.104		-0.043	-0.006	0.457	-0.543	0.037	0.037	0.006	0.006
		1.5	0.110		-0.031	-0.020	0.469	-0.531	0.010	-0.010	0.020	0.020
		1.0	0.115		-0.021	-0.045	0.479	-0.521	-0.024	-0.024	0.045	0.045

表 4-18 四跨连续深梁在均布荷载作用下的内力计算系数

序号	计算简图	l_0/h	弯矩系数 α 或 α_1							剪力系数 β 或 β_1								
			M_1	M_2	M_3	M_4	M_B	M_C	M_D	V_A	$V_{B左}$	$V_{B右}$	$V_{C左}$	$V_{C右}$	$V_{D左}$	$V_{D右}$	V_E
1	g或q; 1 2 3 4; A B C D E; l_0 l_0 l_0 l_0	2.5	0.083	0.039	0.039	0.083	-0.092	-0.081	-0.092	0.408	-0.592	0.511	-0.489	0.489	-0.511	0.592	-0.408
		2.0	0.087	0.041	0.041	0.087	-0.084	-0.085	-0.084	0.416	-0.584	0.499	-0.501	0.501	-0.499	0.584	-0.416
		1.5	0.092	0.047	0.047	0.092	-0.070	-0.086	-0.070	0.430	-0.570	0.484	-0.516	0.516	-0.484	0.570	-0.430
		1.0	0.104	0.067	0.067	0.104	-0.045	-0.071	-0.045	0.455	-0.545	0.474	-0.526	0.526	-0.474	0.545	-0.455
2	q q	2.5	0.102		0.082		-0.049	-0.040	-0.044	0.451	-0.549	0.009	0.009	0.498	-0.502	0.044	0.044
		2.0	0.102		0.086		-0.048	-0.042	-0.036	0.452	-0.548	0.006	0.006	0.507	-0.493	0.036	0.036
		1.5	0.101		0.093		-0.050	-0.044	-0.021	0.450	-0.550	0.006	0.006	0.522	-0.478	0.021	0.021
		1.0	0.098		0.114		-0.058	-0.036	0.012	0.442	-0.558	0.022	0.022	0.548	-0.452	-0.012	-0.012
3	q q	2.5	0.082	0.062		0.101	-0.094	-0.036	-0.050	0.406	-0.594	0.558	-0.442	-0.011	-0.011	0.550	-0.450
		2.0	0.089	0.062		0.103	-0.079	-0.049	-0.047	0.421	-0.579	0.530	-0.470	0.001	0.001	0.547	-0.453
		1.5	0.101	0.068		0.101	-0.051	-0.064	-0.056	0.449	-0.551	0.487	-0.513	0.014	0.014	0.550	-0.450
		1.0	0.121	0.080		0.092	-0.009	-0.087	-0.072	0.491	-0.509	0.422	-0.578	0.016	0.016	0.572	-0.428
4	q	2.5		0.062	0.062		-0.041	-0.088	-0.041	-0.041	-0.041	0.453	-0.547	0.547	-0.453	0.041	0.041
		2.0		0.068	0.068		-0.042	-0.073	-0.042	-0.042	-0.042	0.469	-0.531	0.531	-0.469	0.042	0.042
		1.5		0.084	0.084		-0.039	-0.044	-0.039	-0.039	-0.039	0.495	-0.505	0.505	-0.495	0.039	0.039
		1.0		0.138	0.138		-0.009	-0.034	-0.009	-0.009	-0.009	0.543	-0.457	0.457	-0.543	0.009	0.009
5	q	2.5	0.101				-0.051	0.004	0.000	0.449	-0.551	0.055	0.055	-0.003	-0.003	0.000	0.000
		2.0	0.104				-0.043	-0.006	0.001	0.457	-0.543	0.037	0.037	0.007	0.007	-0.001	-0.001
		1.5	0.110				-0.031	-0.020	0.000	0.469	-0.531	0.011	0.011	0.021	0.021	0.000	0.000
		1.0	0.114				-0.022	-0.053	-0.014	0.478	-0.522	-0.031	-0.031	0.038	0.038	0.014	0.014
6	q	2.5		0.082			-0.043	-0.043	0.002	-0.043	-0.043	0.500	-0.500	0.046	0.046	-0.002	-0.002
		2.0		0.088			-0.037	-0.037	-0.005	-0.037	-0.037	0.500	-0.500	0.031	0.031	0.005	0.005
		1.5		0.104			-0.020	-0.022	-0.019	-0.020	-0.020	0.498	-0.502	0.004	0.004	0.019	0.019
		1.0		0.147			0.027	0.017	-0.036	-0.027	-0.027	0.490	-0.510	-0.053	-0.053	0.036	0.036

表 4-19　五跨连续深梁在均布荷载作用下的内力计算系数

序号	计算简图	l_0/h	弯矩系数 α 或 α_1								
			M_1	M_2	M_3	M_4	M_5	M_B	M_C	M_D	M_E
1		2.5	0.083	0.039	0.044	0.039	0.083	-0.092	-0.081	-0.081	-0.092
		2.0	0.087	0.042	0.042	0.042	0.087	-0.084	-0.083	-0.083	-0.084
		1.5	0.092	0.047	0.039	0.047	0.092	-0.070	-0.086	-0.086	-0.070
		1.0	0.104	0.064	0.046	0.064	0.104	-0.045	-0.079	-0.079	-0.045
2		2.5	0.102		0.085		0.102	-0.049	-0.040	-0.040	-0.049
		2.0	0.102		0.085		0.102	-0.048	-0.040	-0.040	-0.048
		1.5	0.102		0.082		0.102	-0.049	-0.043	-0.043	-0.049
		1.0	0.098		0.073		0.098	-0.058	-0.052	-0.052	-0.058
3		2.5		0.083		0.083		-0.043	-0.041	-0.041	-0.043
		2.0		0.086		0.086		-0.036	-0.043	-0.043	-0.036
		1.5		0.093		0.093		-0.021	-0.043	-0.043	-0.021
		1.0		0.119		0.119		-0.013	-0.027	-0.027	0.013
4		2.5	0.082	0.061		0.083		-0.094	-0.037	-0.042	-0.043
		2.0	0.089	0.062		0.088		-0.079	-0.049	-0.040	-0.035
		1.5	0.101	0.069		0.094		-0.051	-0.062	-0.042	-0.020
		1.0	0.121	0.083		0.113		-0.009	-0.080	-0.040	0.013
5		2.5		0.062	0.062		0.102	-0.041	-0.088	-0.037	-0.049
		2.0		0.068	0.065		0.103	-0.042	-0.072	-0.047	-0.047
		1.5		0.083	0.072		0.101	-0.039	-0.045	-0.064	-0.051
		1.0		0.129	0.099		0.092	-0.009	-0.017	-0.079	-0.071
6		2.5	0.101					-0.051	-0.004	0.0	0.0
		2.0	0.104					-0.043	-0.006	0.001	0.0
		1.5	0.110					-0.031	-0.022	-0.001	0.0
		1.0	0.114					-0.022	-0.053	-0.015	-0.001

续表 4-19

序号	计算简图	l_0/h	弯矩系数 α 或 α_1								
			M_1	M_2	M_3	M_4	M_5	M_B	M_C	M_D	M_E
7	q; A B C D E F	2.5		0.082				-0.043	-0.043	0.002	0.0
		2.0		0.088				-0.037	-0.037	-0.006	0.0
		1.5		0.104				-0.020	-0.022	-0.019	0.0
		1.0		0.147				-0.027	-0.016	-0.043	-0.014
8	q; A B C D E F	2.5			0.081			-0.002	-0.044	-0.044	0.002
		2.0			0.089			-0.005	-0.036	-0.036	-0.005
		1.5			0.103			-0.019	-0.022	-0.022	-0.019
		1.0			0.142			-0.035	0.017	0.017	-0.035

序号	计算简图	l_0/h	剪力系数 β 或 β_1									
			V_A	$V_{B左}$	$V_{B右}$	$V_{C左}$	$V_{C右}$	$V_{D左}$	$V_{D右}$	$V_{E左}$	$V_{E右}$	V_F
1	g或q; 1 2 3 4 5; A B C D E F; l_0 l_0 l_0 l_0 l_0	2.5	0.408	-0.592	0.511	-0.489	0.500	-0.500	0.489	-0.511	0.592	-0.408
		2.0	0.416	-0.584	0.501	-0.499	0.500	-0.500	0.499	-0.501	0.584	-0.416
		1.5	0.430	-0.570	0.484	-0.516	0.500	-0.500	0.516	-0.484	0.570	-0.430
		1.0	0.455	-0.545	0.466	-0.534	0.500	-0.500	0.534	-0.466	0.545	-0.455
2	q; A B C D E F	2.5	0.451	-0.549	0.009	0.009	0.500	-0.500	-0.009	-0.009	0.549	-0.451
		2.0	0.452	-0.548	0.008	0.008	0.500	-0.500	-0.008	-0.008	0.548	-0.452
		1.5	0.451	-0.549	0.006	0.006	0.500	-0.500	-0.006	-0.006	0.549	-0.451
		1.0	0.442	-0.558	0.006	0.006	0.500	-0.500	-0.006	-0.006	0.558	-0.442
3	q; A B C D E F	2.5	-0.043	-0.043	0.502	-0.498	0.0	0.0	0.498	-0.502	0.043	0.043
		2.0	-0.036	-0.036	0.493	-0.507	0.0	0.0	0.507	-0.493	0.036	0.036
		1.5	-0.021	-0.021	0.478	-0.522	0.0	0.0	0.522	-0.478	0.021	0.021
		1.0	0.013	0.013	0.460	-0.540	0.0	0.0	0.540	-0.460	-0.013	-0.013

续表 4-19

序号	计算简图	l_0/h	剪力系数 β 或 β_1									
			V_A	$V_{B左}$	$V_{B右}$	$V_{C左}$	$V_{C右}$	$V_{D左}$	$V_{D右}$	$V_{E左}$	$V_{E右}$	V_F
4	q A B C D E F	2.5	0.406	-0.594	0.557	-0.443	-0.002	-0.002	0.499	-0.501	0.043	0.043
		2.0	0.421	-0.579	0.530	-0.470	0.006	0.006	0.505	-0.495	0.035	0.035
		1.5	0.449	-0.551	0.489	-0.511	0.021	0.021	0.522	-0.478	0.020	0.020
		1.0	0.491	-0.509	0.429	-0.571	0.036	0.036	0.553	-0.447	-0.013	-0.013
5	q A B C D E F	2.5	-0.041	-0.041	0.453	-0.547	0.548	-0.452	-0.012	-0.012	0.549	-0.451
		2.0	-0.042	-0.042	0.470	-0.530	0.524	-0.476	0.0	0.0	0.547	-0.453
		1.5	-0.039	-0.039	0.494	-0.506	0.483	-0.517	0.013	0.013	0.551	-0.449
		1.0	-0.009	-0.009	0.526	-0.474	0.404	-0.596	0.008	0.008	0.571	-0.429
6	q A B C D E F	2.5	0.449	-0.551	0.055	0.055	-0.003	-0.003	0.0	0.0	0.0	0.0
		2.0	0.457	-0.543	0.037	0.037	0.007	0.007	-0.001	-0.001	0.0	0.0
		1.5	0.469	-0.531	0.009	0.009	0.020	0.020	0.001	0.001	0.0	0.0
		1.0	0.478	-0.522	-0.031	-0.031	0.037	0.037	0.014	0.014	0.001	0.001
7	q A B C D E F	2.5	-0.043	-0.043	0.500	-0.500	0.046	0.046	-0.002	-0.002	0.0	0.0
		2.0	-0.037	-0.037	0.500	-0.500	0.031	0.031	0.006	0.006	0.0	0.0
		1.5	-0.020	-0.020	0.498	-0.502	0.003	0.003	0.019	0.019	0.0	0.0
		1.0	0.027	0.027	0.489	-0.511	-0.058	-0.058	0.029	0.029	0.014	0.014
8	q A B C D E F	2.5	0.002	0.002	-0.046	-0.046	0.500	-0.500	0.046	0.046	-0.002	-0.002
		2.0	-0.005	-0.005	-0.031	-0.031	0.500	-0.500	0.031	0.031	0.005	0.005
		1.5	-0.019	-0.019	-0.003	-0.003	0.500	-0.500	0.003	0.003	0.019	0.019
		1.0	-0.035	-0.035	0.052	0.052	0.500	-0.500	-0.052	-0.052	0.035	0.035

4.5 钢筋混凝土等跨等截面连续深梁在集中荷载作用下的内力计算系数

4.5.1 两跨连续深梁在集中荷载作用下的内力计算系数

两跨连续深梁在集中荷载作用下的内力计算系数见表4-20。

表4-20 两跨连续深梁在集中荷载作用下的内力计算系数

计算简图	P；A 0.2 0.4 0.6 0.8 B 1.2 1.4 1.6 1.8 C；l_0 l_0							
力所在截面	l_0/h							
	1.0		1.5		2.0		2.5	
	V_A	V_B^l	V_A	V_B^l	V_A	V_B^l	V_A	V_B^l
A	-0.1428	-0.1428	-0.0659	-0.0659	-0.0305	-0.0305	-0.0150	-0.0150
0.2	0.7106	0.2894	0.7405	-0.2595	0.7500	-0.2500	0.7526	-0.2474
0.4	0.5592	-0.4408	0.5455	-0.4545	0.5340	-0.4660	0.5271	-0.4729
0.5	0.4843	-0.5157	0.4517	-0.5483	0.4319	-0.5681	0.4214	-0.5786
0.6	0.4117	-0.5883	0.3627	-0.6373	0.3357	-0.6643	0.3221	-0.6779
0.8	0.2782	-0.7218	0.2048	-0.7952	0.1669	-0.8331	0.1489	-0.8511
B	0.1661	0.1661	0.0836	0.0836	0.0413	0.0413	0.0215	0.0215
1.2	0.0782	0.0782	0.0048	0.0048	-0.0331	-0.0331	-0.0511	-0.0511
1.4	0.0117	0.0117	-0.0373	-0.0373	-0.0643	-0.0643	-0.0778	-0.0778
1.5	-0.0157	-0.0157	-0.0483	-0.0483	-0.0681	-0.0681	-0.0786	-0.0786
1.6	-0.0408	-0.0408	-0.0546	-0.0546	-0.0660	-0.0660	-0.0728	-0.0728
1.8	-0.0894	-0.0894	-0.0595	-0.0595	-0.0500	-0.0500	-0.0473	-0.0473
C	-0.1428	-0.1428	-0.0659	-0.0659	-0.0305	-0.0305	-0.0149	-0.0149

注：表中（表4-20～表4-23）计算公式为

剪力：$V=\beta P$

弯矩：按表列系数求剪力后，根据求得的剪力计算弯矩。

4.5.2 三跨连续深梁在集中荷载作用下的内力计算系数

三跨连续深梁在集中荷载作用下的内力计算系数见表4-21。

4.5.3 四跨连续深梁在集中荷载作用下的内力计算系数

四跨连续深梁在集中荷载作用下的内力计算系数见表4-22。

4.5.4 五跨连续深梁在集中荷载作用下的内力计算系数

五跨连续深梁在集中荷载作用下的内力计算系数见表4-23。

表 4-21　三跨连续深梁在集中荷载作用下的内力计算系数

计算简图	（三跨连续梁 A、B、C、D 支座，跨长均为 l_0，集中荷载 P 作用于截面 0.2～2.8）										
力所在截面	l_0/h										
	1.0			1.5			2.0			2.5	
	V_A	V_B^l	V_B^r	V_A	V_B^l	V_B^r	V_A	V_B^l	V_B^r	V_A	V_B^l	V_B^r
A	-0.1650	-0.1650	0.1160	-0.0674	-0.0674	0.0631	-0.0309	-0.0309	-0.0331	-0.0153	-0.0153	0.0176
0.2	0.6917	-0.3083	0.0617	0.7387	-0.2613	0.0505	0.7496	-0.2504	0.0508	0.7517	-0.2483	0.0536
0.4	0.5428	-0.4572	0.0111	0.5433	-0.4567	0.0393	0.5336	-0.4664	0.0646	0.5259	-0.4741	0.0816
0.5	0.4691	-0.5309	-0.0153	0.4495	-0.5505	0.0301	0.4316	-0.5684	0.0651	0.4201	-0.5799	0.0873
0.6	0.3980	-0.6020	-0.0437	0.3604	-0.6396	0.0164	0.3356	-0.6644	0.0592	0.3210	-0.6790	0.0855
0.8	0.2684	-0.7316	-0.1116	0.2029	-0.7971	-0.0325	0.1675	-0.8325	0.0212	0.1486	-0.8514	0.0520
B	0.1621	0.1621	-0.1994	0.0827	0.0827	-0.1198	0.0433	0.0433	-0.0672	0.0236	0.0236	-0.0377
1.2	0.0829	0.0829	0.6914	0.0056	0.0056	0.7493	-0.0288	-0.0288	0.7863	-0.0451	-0.0451	0.8064
1.4	0.0288	0.0288	0.5658	-0.0339	-0.0339	0.5867	-0.0576	-0.0576	0.5996	-0.0680	-0.0680	0.6065
1.5	0.0095	0.0095	0.5000	-0.0431	-0.0431	0.5000	-0.0605	-0.0605	0.5000	-0.0675	-0.0675	0.5000
1.6	-0.0055	-0.0055	0.4342	-0.0472	-0.0472	0.4133	-0.0580	-0.0580	0.4004	-0.0614	-0.0614	0.3935
1.8	-0.0258	-0.0258	0.3086	-0.0451	-0.0451	0.2507	-0.0425	-0.0425	0.2137	-0.0386	-0.0386	0.1936
C	-0.0373	-0.0373	0.1994	-0.0371	-0.0371	0.1198	-0.0239	-0.0239	0.0672	-0.0142	-0.0142	0.0377
2.2	-0.0432	-0.0432	0.1116	-0.0296	-0.0296	0.0325	-0.0114	-0.0114	-0.0212	0.0007	0.0007	-0.0520
2.4	-0.0457	-0.0457	0.0437	-0.0235	-0.0235	-0.0164	-0.0052	-0.0052	-0.0592	0.0065	0.0065	-0.0855
2.5	-0.0461	-0.0461	0.0153	-0.0205	-0.0205	-0.0301	-0.0033	-0.0033	-0.0651	0.0074	0.0074	-0.0873
2.6	-0.0462	-0.0462	-0.0111	-0.0174	-0.0174	-0.0393	-0.0018	-0.0018	-0.0646	0.0074	0.0074	-0.0816
2.8	-0.0466	-0.0466	-0.0617	-0.0109	-0.0109	-0.0505	0.0003	0.0003	-0.0508	0.0053	0.0053	-0.0536
D	-0.0490	-0.0490	-0.1160	-0.0044	-0.0044	-0.0631	0.0022	0.0022	-0.0331	0.0022	0.0022	-0.0176

表 4-22 四跨连续深梁在集中荷载作用下的内力计算系数

计算简图	P; A 0.2 0.4 0.6 0.8 B 1.2 1.4 1.6 1.8 C 2.2 2.4 2.6 2.8 D 3.2 3.4 3.6 3.8 E; l_0 l_0 l_0 l_0															
力所在截面	l_0/h															
	1.0				1.5				2.0				2.5			
	V_A	V_B^l	V_B^r	V_C^l	V_A	V_B^l	V_B^r	V_C^l	V_A	V_B^l	V_B^r	V_C^l	V_A	V_B^l	V_B^r	V_C^l
A	−0.1659	−0.1659	0.1128	0.1128	−0.0675	−0.0675	0.0631	0.0631	−0.0309	−0.0309	0.0331	0.0331	−0.0153	−0.0153	0.0176	0.0176
0.2	0.6907	−0.3093	0.0574	0.0574	0.7386	−0.2614	0.0504	0.0504	0.7496	−0.2504	0.0507	0.0507	0.7517	−0.2483	0.0536	0.0536
0.4	0.5416	−0.4584	0.0060	0.0060	0.5432	−0.4568	0.0391	0.0391	0.5336	−0.4664	0.0645	0.0645	0.5259	−0.4741	0.0817	0.0817
0.5	0.4680	−0.5320	−0.0213	−0.0213	0.4494	−0.5506	0.0297	0.0297	0.4316	−0.5684	0.0650	0.0650	0.4201	−0.5799	0.0874	0.0874
0.6	0.3968	−0.6032	−0.0504	−0.0504	0.3604	−0.6396	0.0157	0.0157	0.3356	−0.6644	0.0591	0.0591	0.3210	−0.0790	0.0856	0.0856
0.8	0.2670	−0.7330	−0.1197	−0.1197	0.2029	−0.7971	−0.0332	−0.0332	0.1675	−0.8325	0.0209	0.0209	0.1486	−0.8514	0.0519	0.0519
B	0.1607	0.1607	−0.2089	−0.2089	0.0828	0.0828	−0.1216	−0.1210	0.0433	0.0433	−0.0574	−0.0674	0.0236	0.0236	−0.0381	−0.0381
1.2	0.0815	0.0815	0.6807	−0.3193	0.0058	0.0058	0.7475	−0.2525	−0.0288	−0.0288	0.7859	−0.2141	−0.0450	−0.0450	0.8056	−0.1944
1.4	0.0276	0.0276	0.5544	−0.4456	−0.0335	−0.0335	0.5843	−0.4157	−0.0576	−0.0576	0.5992	−0.4008	−0.0679	−0.0679	0.6053	−0.3947
1.5	0.0086	0.0086	0.4886	−0.5114	−0.0426	−0.0426	0.4974	−0.5026	−0.0605	−0.0605	0.4997	−0.5003	−0.0674	−0.0674	0.4987	−0.5013
1.6	−0.0062	−0.0062	0.4231	−0.5769	−0.0465	−0.0465	0.4106	−0.5894	−0.0579	−0.0579	0.4002	−0.5998	−0.0613	−0.0613	0.3923	−0.6077
1.8	−0.0256	−0.0256	0.2997	−0.7003	−0.0442	−0.0442	0.2481	−0.7519	−0.0424	−0.0424	0.2141	−0.7859	−0.0386	−0.0386	0.1933	−0.8067
C	−0.0357	−0.0357	0.1946	0.1946	−0.0359	−0.0359	0.1179	0.1179	−0.0236	−0.0236	0.0690	0.0690	−0.0144	−0.0144	0.0401	0.0401
2.2	−0.0398	−0.0398	0.1137	0.1137	−0.0280	−0.0280	0.0318	0.0318	−0.0111	−0.0111	−0.0171	−0.0171	0.0001	0.0001	−0.0453	−0.0453
2.4	−0.0396	−0.0396	0.0566	0.0566	−0.0216	−0.0216	−0.0144	−0.0144	−0.0047	−0.0047	−0.0530	−0.0530	0.0056	0.0056	−0.0745	−0.0745
2.5	−0.0384	−0.0384	0.0354	0.0354	−0.0187	−0.0187	−0.0264	−0.0264	−0.0028	−0.0028	−0.0580	−0.0580	0.0063	0.0063	−0.0750	−0.0750
2.6	−0.0365	−0.0365	0.0184	0.0184	−0.0158	−0.0158	−0.0333	−0.0333	−0.0014	−0.0014	−0.0569	−0.0569	0.0063	0.0063	−0.0687	−0.0687
2.8	−0.0315	−0.0315	−0.0064	−0.0064	−0.0101	−0.0101	−0.0365	−0.0365	0.0003	0.0003	−0.0431	−0.0431	0.0044	0.0044	−0.0436	−0.0436
D	−0.0259	−0.0259	−0.0222	−0.0222	−0.0054	−0.0054	−0.0328	−0.0328	0.0010	0.0010	−0.0252	−0.0252	0.0019	0.0019	−0.0164	−0.0164

续表 4-22

力所在截面	l_0/h															
	1.0				1.5				2.0				2.5			
	V_A	V_B^l	V_B^r	V_C^l	V_A	V_B^l	V_B^r	V_C^l	V_A	V_B^l	V_B^r	V_C^l	V_A	V_B^l	V_B^r	V_C^l
3.2	-0.0206	-0.0206	-0.0320	-0.0320	-0.0021	-0.0021	-0.0282	-0.0282	0.0014	0.0014	-0.0130	-0.0130	0.0003	0.0003	0.0003	0.0003
3.4	-0.0159	-0.0159	-0.0377	-0.0377	-0.0002	-0.0002	-0.0238	-0.0238	0.0014	0.0014	-0.0068	-0.0068	-0.0003	-0.0003	0.0068	0.0068
3.5	-0.0138	-0.0138	-0.0396	-0.0396	0.0004	0.0004	-0.0213	-0.0213	0.0014	0.0014	-0.0048	-0.0048	-0.0004	-0.0004	0.0079	0.0079
3.6	-0.0117	-0.0117	-0.0410	-0.0410	0.0008	0.0008	-0.0185	-0.0185	0.0012	0.0012	-0.0031	-0.0031	-0.0005	-0.0005	0.0079	0.0079
3.8	-0.0078	-0.0078	-0.0441	-0.0441	0.0014	0.0014	-0.0124	-0.0124	0.0008	0.0008	-0.0005	-0.0005	-0.0004	-0.0004	0.0058	0.0058
E	-0.0047	-0.0047	-0.0490	-0.0490	0.0021	0.0021	-0.0064	-0.0064	0.0004	0.0004	0.0018	0.0018	-0.0002	-0.0002	0.0024	0.0024

表 4-23　五跨连续深梁在集中荷载作用下的内力计算系数

计算简图	P；A 0.2 0.4 0.6 0.8 B 1.2 1.4 1.6 1.8 C 2.2 2.4 2.6 2.8 D 3.2 3.4 3.6 3.8 E 4.2 4.4 4.6 4.8 F；l_0 l_0 l_0 l_0 l_0									
力所在截面	$l_0/h=1.0$					$l_0/h=1.5$				
	V_A	V_B^l	V_B^r	V_C^l	V_C^r	V_A	V_B^l	V_B^r	V_C^l	V_C^r
A	-0.1660	-0.1660	0.1128	0.1128	0.0497	-0.0675	-0.0675	0.0631	0.0631	0.0064
0.2	0.6907	-0.3093	0.0574	0.0574	0.0443	0.7386	-0.2614	0.0504	0.0504	0.0125
0.4	0.5416	-0.4584	0.0054	0.0054	0.0406	0.5432	-0.4568	0.0390	0.0390	0.0185
0.5	0.4679	-0.5321	-0.0216	-0.0216	0.0388	0.4494	-0.5506	0.0279	0.0279	0.0214
0.6	0.3968	-0.6032	-0.0507	-0.0507	0.0368	0.3604	-0.6396	0.0157	0.0157	0.0239
0.8	0.2671	-0.7329	-0.1201	-0.1201	0.0303	0.2029	-0.7971	-0.0033	-0.0033	0.0282
B	0.1608	0.1608	-0.2095	-0.2095	0.0195	0.0828	0.0828	-0.1210	-0.1210	0.0329
1.2	0.0816	0.0816	0.6798	-0.3202	0.0027	0.0059	0.0059	0.7476	-0.2524	0.0365

续表 4-23

力所在截面	$l_0/h=1.0$					$l_0/h=1.5$				
	V_A	V_B^l	V_B^r	V_C^l	V_C^r	V_A	V_B^l	V_B^r	V_C^l	V_C^r
1.4	0.0277	0.0277	0.5533	-0.4467	-0.0233	-0.0335	-0.0335	0.5842	-0.4158	0.0330
1.5	0.0087	0.0087	0.4874	-0.5126	-0.0411	-0.0426	-0.0426	0.4973	-0.5027	0.0261
1.6	-0.0060	-0.0060	0.4218	-0.5782	-0.0629	-0.0465	-0.0465	0.4106	-0.5894	0.0140
1.8	-0.0254	-0.0254	0.2981	-0.7019	-0.1214	-0.0442	-0.0442	0.2481	-0.7519	-0.0325
C	-0.0354	-0.0354	0.1929	0.1929	-0.2037	-0.0359	-0.0359	0.1179	0.1179	-0.1190
2.2	-0.0393	-0.0393	0.1120	0.1120	0.6899	-0.0279	-0.0279	0.0320	0.0320	0.7501
2.4	-0.0390	-0.0390	0.0550	0.0550	0.5655	-0.0215	-0.0215	-0.0140	-0.0140	0.5871
2.5	-0.0377	-0.0377	0.0340	0.0340	0.5000	-0.0186	-0.0186	-0.0261	-0.0261	0.5000
2.6	-0.0358	-0.0358	0.0172	0.0172	0.4345	-0.0157	-0.0157	-0.0329	-0.0329	0.4129
2.8	-0.0307	-0.0307	-0.0067	-0.0067	0.3101	-0.0100	-0.0100	-0.0357	-0.0357	0.2499
D	-0.0251	-0.0251	-0.0211	-0.0211	0.2037	-0.0053	-0.0053	-0.0318	-0.0318	0.1190
3.2	-0.0198	-0.0198	-0.0289	-0.0289	0.1214	-0.0020	-0.0020	-0.0266	-0.0266	0.0325
3.4	-0.0153	-0.0153	-0.0317	-0.0317	0.0629	-0.0002	-0.0002	-0.0218	-0.0218	-0.0140
3.5	-0.0133	-0.0133	-0.0318	-0.0318	0.0411	0.0003	0.0003	-0.0194	-0.0194	-0.0261
3.6	-0.0114	-0.0114	-0.0310	-0.0310	0.0233	0.0007	0.0007	-0.0166	-0.0166	-0.0330
3.8	-0.0081	-0.0081	-0.0279	-0.0279	-0.0027	0.0009	0.0009	-0.0112	-0.0112	-0.0365
E	-0.0053	-0.0053	-0.0238	-0.0238	-0.0195	0.0010	0.0010	-0.0063	-0.0063	-0.0329
4.2	-0.0031	-0.0031	-0.0198	-0.0198	-0.0303	0.0009	0.0009	-0.0030	-0.0030	-0.0282
4.4	-0.0014	-0.0014	-0.0016	-0.0016	-0.0368	0.0008	0.0008	-0.0010	-0.0010	-0.0239
4.5	-0.0006	-0.0006	-0.0142	-0.0142	-0.0388	0.0008	0.0008	-0.0003	-0.0003	-0.0214
4.6	0.0001	0.0001	-0.0124	-0.0124	-0.0406	0.0007	0.0007	-0.0002	0.0002	-0.0185
4.8	0.0014	0.0014	-0.0092	-0.0092	-0.0443	0.0005	0.0005	0.0010	0.0010	-0.0125
F	0.0028	0.0028	-0.0062	-0.0062	-0.0497	0.0003	0.0003	0.0018	0.0018	-0.0064

续表 4-23

力所在截面	$l_0/h=2.0$					$l_0/h=2.5$				
	V_A	V_B^l	V_B^r	V_C^l	V_C^r	V_A	V_B^l	V_B^r	V_C^l	V_C^r
A	-0.0309	-0.0309	0.0331	0.0331	-0.0018	-0.0153	-0.0153	0.0176	0.0176	-0.0024
0.2	0.7496	-0.2504	0.0507	0.0507	0.0006	0.7517	-0.2483	0.0536	0.0536	-0.0058
0.4	0.5336	-0.4664	0.0645	0.0645	0.0031	0.5259	-0.4741	0.0817	0.0817	-0.0079
0.5	0.4316	-0.5684	0.0650	0.0650	0.0048	0.4201	-0.5799	0.0874	0.0874	-0.0079
0.6	0.3356	-0.6644	0.0591	0.0591	0.0068	0.3210	-0.6796	0.0856	0.0856	-0.0068
0.8	0.1675	-0.8325	0.0210	0.0210	0.0131	0.1486	-0.8514	0.0519	0.0519	-0.0003
B	0.0433	0.0433	-0.0674	-0.0674	0.0252	0.0236	0.0236	-0.0361	-0.0381	0.0164
1.2	-0.0288	-0.0288	0.7859	-0.2141	0.0431	-0.0450	-0.0450	0.8056	-0.1944	0.0438
1.4	-0.0576	-0.0576	0.5992	-0.4008	0.0569	-0.0678	-0.0678	0.6054	-0.3946	0.0689
1.5	-0.0605	-0.0605	0.4996	-0.5004	0.0579	-0.0674	-0.0674	0.4987	-0.5013	0.0751
1.6	-0.0579	-0.0579	0.4002	-0.5998	0.0529	-0.0613	-0.0613	0.3923	-0.6077	0.0746
1.8	-0.0424	-0.0424	0.2141	-0.7859	0.0170	-0.0386	-0.0386	0.1933	-0.8067	0.0452
C	-0.0236	-0.0236	0.0690	0.0690	-0.0691	-0.0144	-0.0144	0.0401	0.0401	-0.0405
2.2	-0.0111	-0.0111	-0.0172	-0.0172	0.7855	0.0001	0.0001	-0.0452	-0.0452	0.8059
2.4	-0.0047	-0.0047	-0.0530	-0.0530	0.5994	0.0055	0.0055	-0.0745	-0.0745	0.6064
2.5	-0.0028	-0.0028	-0.0579	-0.0579	0.5000	0.0063	0.0063	-0.0749	-0.0749	0.5000
2.6	-0.0014	-0.0014	-0.0568	-0.0568	0.4006	0.0063	0.0063	-0.0686	-0.0686	0.3936
2.8	0.0002	0.0002	-0.0430	-0.0430	0.2145	0.0044	0.0044	-0.0437	-0.0437	0.1941
D	0.0010	0.0010	-0.0248	-0.0248	0.0691	0.0019	0.0019	-0.0166	-0.0166	0.0405
3.2	0.0013	0.0013	-0.0125	-0.0125	-0.0170	0.0004	0.0004	-0.0003	-0.0003	-0.0452
3.4	0.0013	0.0013	-0.0061	-0.0061	-0.0529	-0.0002	-0.0002	0.0059	0.0059	-0.0746
3.5	0.0012	0.0012	-0.0041	-0.0041	-0.0579	-0.0004	-0.0004	0.0067	0.0067	-0.0751
3.6	0.0011	0.0011	-0.0026	-0.0026	-0.0569	-0.0004	-0.0004	0.0067	0.0067	-0.0689
3.8	0.0007	0.0007	-0.0005	-0.0005	-0.0431	-0.0003	-0.0003	0.0048	0.0048	-0.0438
E	0.0003	0.0003	0.0006	0.0006	-0.0252	-0.0002	-0.0002	0.0020	0.0020	-0.0164
4.2	0.0001	0.0001	0.0013	0.0013	-0.0131	-0.0001	-0.0001	0.0004	0.0004	0.0003
4.4	0.0000	0.0000	0.0015	0.0015	-0.0068	0.0000	0.0000	-0.0003	-0.0003	0.0068
4.5	0.0000	0.0000	0.0014	0.0014	-0.0048	0.0000	0.0000	-0.0004	-0.0004	0.0079
4.6	-0.0001	-0.0001	0.0013	0.0013	-0.0031	0.0000	0.0000	-0.0005	-0.0005	0.0079
4.8	-0.0001	-0.0001	0.0009	0.0009	-0.0006	0.0000	0.0000	-0.0004	-0.0004	0.0058
F	-0.0001	-0.0001	0.0004	0.0004	0.0018	0.0000	0.0000	-0.0002	-0.0002	0.0024

4.6 钢筋混凝土等跨等截面连续深梁支座约束力计算公式

4.6.1 连续深梁在均布荷载作用下支座约束力计算公式

连续深梁在均布荷载作用下支座约束力计算公式见表4-24。

表4-24 连续深梁在均布荷载作用下支座约束力计算公式

序号	计算简图	支座约束力
1	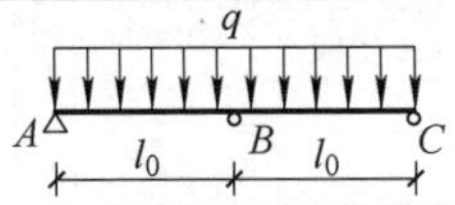 q; A B C; l_0 l_0	$R_B=\left(1.313-0.289\dfrac{h}{l_0}\right)ql_0$
2	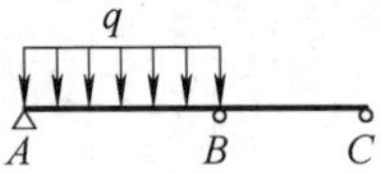 q; A B C	$R_B=\left(0.657-0.146\dfrac{h}{l_0}\right)ql_0$
3	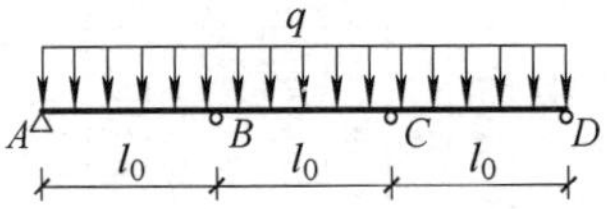 q; A B C D; l_0 l_0 l_0	$R_B=R_C=\left(1.121-0.079\dfrac{h}{l_0}\right)ql_0$
4	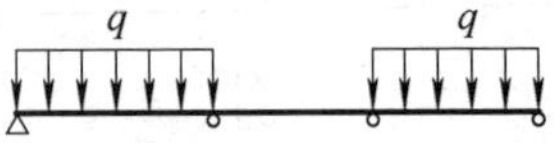 q q	$R_B=R_C=\left(0.540+0.023\dfrac{h}{l_0}\right)ql_0$
5	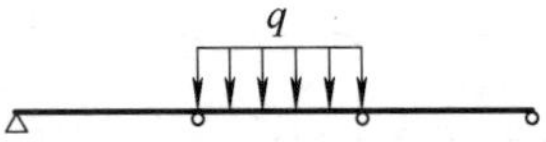 q	$R_B=R_C=\left(0.553-0.028\dfrac{h}{l_0}\right)ql_0$
6	q	$R_B=\left(1.262-0.293\dfrac{h}{l_0}\right)ql_0$
		$R_C=\left(0.440+0.114\dfrac{h}{l_0}\right)ql_0$
7	q	$R_B=\left(0.682-0.193\dfrac{h}{l_0}\right)ql_0$
		$R_C=\left(-0.140+0.214\dfrac{h}{l_0}\right)ql_0$
8	q; A B C D E; l_0 l_0 l_0 l_0	$R_B=R_D=\left(1.168-0.159\dfrac{h}{l_0}\right)ql_0$
		$R_C=\left(0.914+0.153\dfrac{h}{l_0}\right)ql_0$
9	q	$R_B=\left(0.557+0.13\dfrac{h}{l_0}\right)ql_0$
		$R_C=\left(0.457+0.076\dfrac{h}{l_0}\right)ql_0$
		$R_D=\left(0.613-0.168\dfrac{h}{l_0}\right)ql_0$
10	q	$R_C=\left(0.322+0.287\dfrac{h}{l_0}\right)ql_0$
		$R_D=\left(0.576-0.038\dfrac{h}{l_0}\right)ql_0$
		$R_B=\left(1.295-0.370\dfrac{h}{l_0}\right)ql_0$

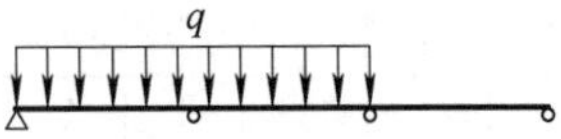

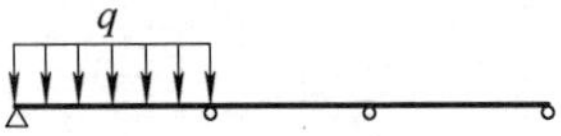

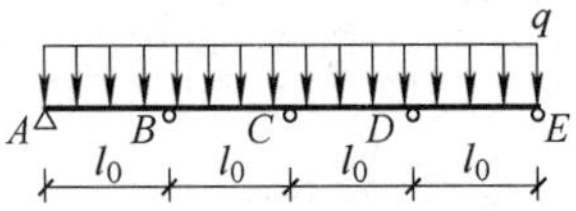

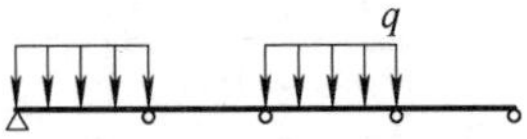

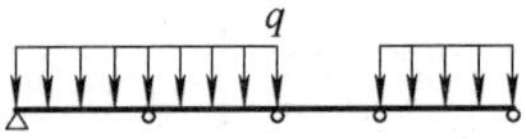

续表 4-24

序　号	计算简图	支座约束力
11	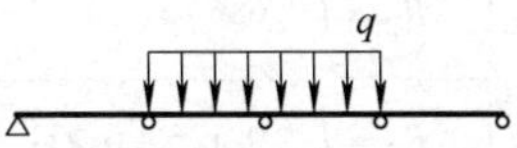	$R_B = R_D = \left(0.451 + 0.109\dfrac{h}{l_0}\right)ql_0$
		$R_C = \left(1.204 - 0.289\dfrac{h}{l_0}\right)ql_0$
12	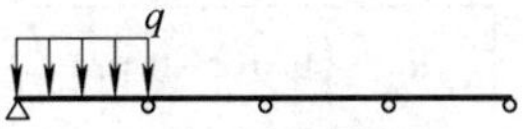	$R_B = \left(0.686 - 0.202\dfrac{h}{l_0}\right)ql_0$
		$R_C = \left(-0.142 + 0.220\dfrac{h}{l_0}\right)ql_0$
		$R_D = \left(0.014 - 0.042\dfrac{h}{l_0}\right)ql_0$
13	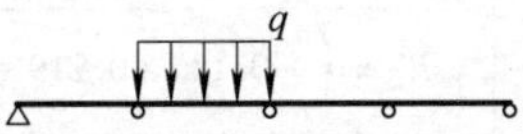	$R_B = \left(0.580 - 0.107\dfrac{h}{l_0}\right)ql_0$
		$R_C = \left(0.602 - 0.144\dfrac{h}{l_0}\right)ql_0$
		$R_D = \left(-0.129 + 0.216\dfrac{h}{l_0}\right)ql_0$
14	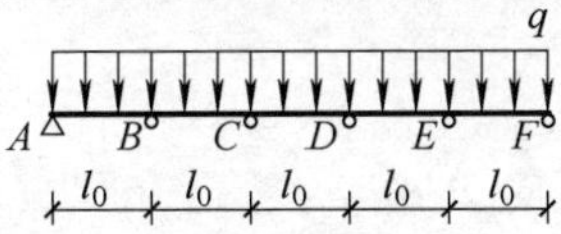	$R_B = R_E = \left(1.162 - 0.154\dfrac{h}{l_0}\right)ql_0$
		$R_C = R_D = \left(0.960 + 0.077\dfrac{h}{l_0}\right)ql_0$
15	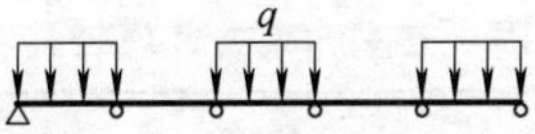	$R_B = R_E = 0.559\,ql_0$
		$R_C = R_D = 0.490\,ql_0$
16	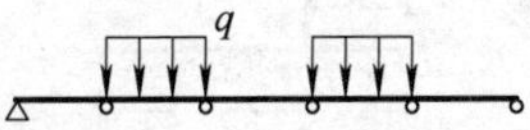	$R_C = R_D = \left(0.473 + 0.068\dfrac{h}{l_0}\right)ql_0$
		$R_B = R_E = \left(0.601 - 0.152\dfrac{h}{l_0}\right)ql_0$
17	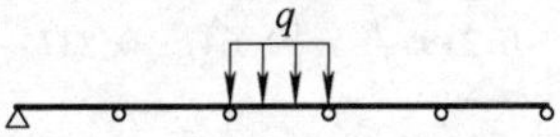	$R_B = R_E = \left(-0.126 + 0.211\dfrac{h}{l_0}\right)ql_0$
		$R_C = R_D = \left(0.602 - 0.151\dfrac{h}{l_0}\right)ql_0$
18	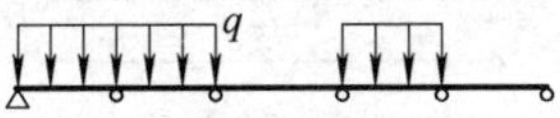	$R_B = \left(1.288 - 0.355\dfrac{h}{l_0}\right)ql_0$
		$R_C = \left(0.328 + 0.287\dfrac{h}{l_0}\right)ql_0$
		$R_D = \left(0.508 + 0.002\dfrac{h}{l_0}\right)ql_0$
		$R_E = \left(0.603 - 0.163\dfrac{h}{l_0}\right)ql_0$
19	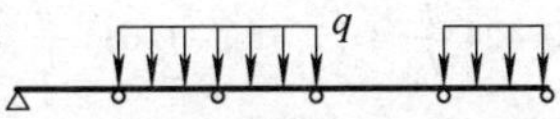	$R_B = \left(0.455 + 0.094\dfrac{h}{l_0}\right)ql_0$
		$R_C = \left(1.238 - 0.364\dfrac{h}{l_0}\right)ql_0$
		$R_D = \left(0.324 + 0.290\dfrac{h}{l_0}\right)ql_0$
		$R_E = \left(0.580 - 0.035\dfrac{h}{l_0}\right)ql_0$

续表 4-24

序号	计算简图	支座约束力
20		$R_B=\left(0.686-0.202\frac{h}{l_0}\right)ql_0$
		$R_C=\left(-0.126+0.211\frac{h}{l_0}\right)ql_0$
		$R_D=\left(0.014-0.040\frac{h}{l_0}\right)ql_0$
		$R_E=\left(0.012-0.023\frac{h}{l_0}\right)ql_0$
21		$R_B=\left(0.580-0.107\frac{h}{l_0}\right)ql_0$
		$R_C=\left(0.605-0.151\frac{h}{l_0}\right)ql_0$
		$R_D=\left(-0.133+0.219\frac{h}{l_0}\right)ql_0$
		$R_E=\left(0.009-0.025\frac{h}{l_0}\right)ql_0$

注：本表仅适用于 $l_0/h\geqslant1$ 的连续深梁。

4.6.2 连续深梁在集中荷载作用下支座约束力计算公式

连续深梁在集中荷载作用下支座约束力计算公式见表 4-25。

表 4-25 连续深梁在集中荷载作用下支座约束力计算公式

序号	项目		计算公式
1	两跨梁	计算简图	$(0\leqslant x\leqslant l_0)$
		支座约束力	$R_A=1.083-0.219\frac{h}{l_0}-\left(1.647-0.837\frac{h}{l_0}\right)\left(\frac{x}{l_0}\right)+\left(0.481-0.374\frac{h}{l_0}\right)\left(\frac{x}{l_0}\right)^2$
2	三跨梁	计算简图	$(0\leqslant x\leqslant 1.5l_0)$
		支座约束力	$R_A=1.098-0.256\frac{h}{l_0}-\left(1.563-0.825\frac{h}{l_0}\right)\left(\frac{x}{l_0}\right)+\left(0.194-0.264\frac{h}{l_0}\right)\left(\frac{x}{l_0}\right)^2+\left(0.206-0.078\frac{h}{l_0}\right)\left(\frac{x}{l_0}\right)^3$
			$R_B=-0.152+0.424\frac{h}{l_0}+\left(2.164-1.684\frac{h}{l_0}\right)\left(\frac{x}{l_0}\right)-\left(0.448-0.546\frac{h}{l_0}\right)\left(\frac{x}{l_0}\right)^2-\left(0.436-0.219\frac{h}{l_0}\right)\left(\frac{x}{l_0}\right)^3$

续表 4-25

<table>
<tr><th>序号</th><th colspan="2">项　目</th><th>计 算 公 式</th></tr>
<tr><td rowspan="4">3</td><td rowspan="4">四跨梁</td><td>计算简图</td><td>x　$P=1$
A　B　C　D　E
l_0　l_0　l_0　l_0
$(0\leqslant x\leqslant 2l_0)$</td></tr>
<tr><td rowspan="3">支座约束力</td><td>$R_A=1.093-0.254\frac{h}{l_0}-\left(1.385-0.718\frac{h}{l_0}\right)\left(\frac{x}{l_0}\right)-\left(0.432-0.119\times\frac{h}{l_0}\right)\left(\frac{x}{l_0}\right)^2+\left(0.894-0.501\frac{h}{l_0}\right)\left(\frac{x}{l_0}\right)^3-\left(0.235-0.144\frac{h}{l_0}\right)\left(\frac{x}{l_0}\right)^4$</td></tr>
<tr><td>$R_B=-0.135+0.412\frac{h}{l_0}+\left(1.701-1.367\frac{h}{l_0}\right)\left(\frac{x}{l_0}\right)+\left(1.207-0.552\times\frac{h}{l_0}\right)\left(\frac{x}{l_0}\right)^2-\left(2.272-1.448\frac{h}{l_0}\right)\left(\frac{x}{l_0}\right)^3-\left(0.627-0.420\frac{h}{l_0}\right)\left(\frac{x}{l_0}\right)^4$</td></tr>
<tr><td>$R_C=-0.003-0.067\frac{h}{l_0}-\left(0.173-0.514\frac{h}{l_0}\right)\left(\frac{x}{l_0}\right)-\left(1.284-0.965\frac{h}{l_0}\right)\left(\frac{x}{l_0}\right)^2+\left(2.017-1.605\frac{h}{l_0}\right)\left(\frac{x}{l_0}\right)^3-\left(0.595-0.468\frac{h}{l_0}\right)\left(\frac{x}{l_0}\right)^4$</td></tr>
<tr><td rowspan="4">4</td><td rowspan="4">五跨梁</td><td>计算简图</td><td>x　$P=1$
A　B　C　D　E　F
l_0　l_0　l_0　l_0　l_0
$(0\leqslant x\leqslant 2.5l_0)$</td></tr>
<tr><td rowspan="3">支座约束力</td><td>$R_A=1.090-0.253\frac{h}{l_0}-\left(1.268-0.641\frac{h}{l_0}\right)\left(\frac{x}{l_0}\right)-\left(0.922-0.440\frac{h}{l_0}\right)\left(\frac{x}{l_0}\right)^2+\left(1.595-0.961\frac{h}{l_0}\right)\left(\frac{x}{l_0}\right)^3-\left(0.639-0.410\frac{h}{l_0}\right)\left(\frac{x}{l_0}\right)^4+\left(0.081-0.053\frac{h}{l_0}\right)\left(\frac{x}{l_0}\right)^5$</td></tr>
<tr><td>$R_B=-0.127+0.405\frac{h}{l_0}+\left(1.322-1.114\frac{h}{l_0}\right)\left(\frac{x}{l_0}\right)+\left(2.749-1.639\frac{h}{l_0}\right)\left(\frac{x}{l_0}\right)^2-\left(4.418-2.946\frac{h}{l_0}\right)\left(\frac{x}{l_0}\right)^3+\left(1.841-1.263\frac{h}{l_0}\right)\left(\frac{x}{l_0}\right)^4-\left(0.240-0.166\frac{h}{l_0}\right)\left(\frac{x}{l_0}\right)^5$</td></tr>
<tr><td>$R_C=-0.011-0.060\frac{h}{l_0}+\left(0.208+0.227\frac{h}{l_0}\right)\left(\frac{x}{l_0}\right)-\left(2.882-2.163\frac{h}{l_0}\right)\left(\frac{x}{l_0}\right)^2+\left(4.272-3.304\frac{h}{l_0}\right)\left(\frac{x}{l_0}\right)^3-\left(1.879-1.440\frac{h}{l_0}\right)\left(\frac{x}{l_0}\right)^4+\left(0.254-0.193\frac{h}{l_0}\right)\left(\frac{x}{l_0}\right)^5$</td></tr>
</table>

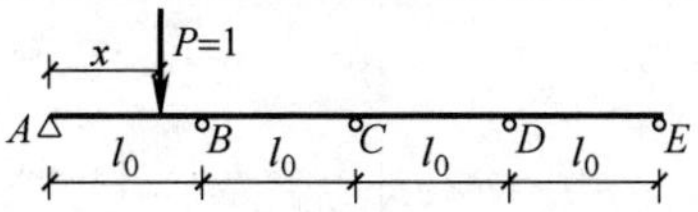

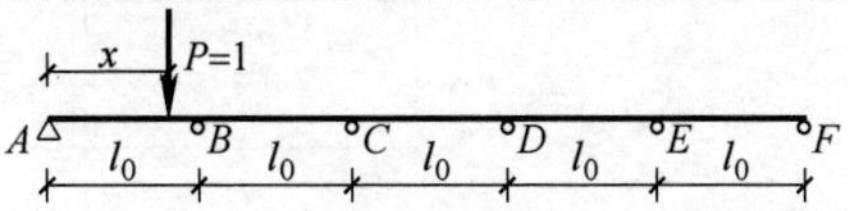

续表 4-25

序号	项	目	计算公式
4	五跨梁	支座约束力	$R_D=0.046-0.086\frac{h}{l_0}-\left(0.354-0.355\frac{h}{l_0}\right)\left(\frac{x}{l_0}\right)+\left(1.369-1.326\frac{h}{l_0}\right)\left(\frac{x}{l_0}\right)^2-\left(1.866-1.822\frac{h}{l_0}\right)\left(\frac{x}{l_0}\right)^3+\left(0.887-0.841\frac{h}{l_0}\right)\left(\frac{x}{l_0}\right)^4-\left(0.129-0.120\frac{h}{l_0}\right)\left(\frac{x}{l_0}\right)^5$

4.7 钢筋混凝土等跨等截面连续深梁在支座沉陷影响下的约束力计算系数

4.7.1 两跨连续深梁在支座沉陷影响下的约束力计算系数

两跨连续深梁在支座沉陷影响下的约束力计算系数见表 4-26。

表 4-26 两跨连续深梁在支座沉陷影响下的约束力计算系数

序号	梁的简图		A B C（l_0 l_0）		
	跨高比	约束力系数	发生沉陷的支座		
			A	B	C
1	$l_0/h=2.5$	a_A	-1.3441	2.6882	-1.3441
		a_B	2.6882	-5.3764	-2.6882
		a_C	-1.3441	2.6882	-1.3441
2	$l_0/h=2.0$	a_A	-1.2082	-2.4165	-1.2082
		a_B	2.4165	-4.8330	2.4165
		a_C	-1.2082	2.4165	-1.2082
3	$l_0/h=1.5$	a_A	-0.9448	1.8897	-0.9448
		a_B	1.8897	-3.7794	1.8897
		a_C	-0.9448	1.8897	-0.9448
4	$l_0/h=1.25$	a_A	-0.7617	1.5235	-0.7617
		a_B	1.5235	-3.0470	1.5235
		a_C	-0.7617	1.5235	-0.7617
5	$l_0/h=1.0$	a_A	-0.4900	0.9800	-0.4900
		a_B	0.9800	-1.9600	0.9800
		a_C	-0.4900	0.9800	-0.4900

注：表中(表 4-26 ~ 表 4-29)应按下式计算：

支座约束力 $R_{ij}=a_i\frac{EI}{l_0^3}\Delta_j$ $\begin{pmatrix}i=A、B、C、D、E\\j=A、B、C、D、E\end{pmatrix}$

式中 R_{ij}——第 i 个支座沉陷 Δ_j 引起第 i 个支座的约束力值，向上为正，向下为负；

a_i——第 i 个支座的约束力系数；

Δ_j——第 j 个支座的沉陷量，向下为正，向上为负；

E——混凝土的弹性模量；

I——深梁截面的惯性矩，对矩形截面，$I=\frac{1}{12}bh^3$；

l_0——计算跨度。

4.7.2　三跨连续深梁在支座沉陷影响下的约束力计算系数

三跨连续深梁在支座沉陷影响下的约束力计算系数见表4-27。

表4-27　三跨连续深梁在支座沉陷影响下的约束力计算系数

序号	梁的简图		△A △B △C △D l_0 l_0 l_0			
	跨高比	约束力系数	发生沉陷的支座			
			A	B	C	D
1	$l_0/h=2.5$	a_A	-1.3864	2.9950	-1.8308	0.2221
		a_B	2.9950	-7.8209	6.6567	-1.8308
		a_C	-1.8308	6.6567	-7.8209	2.9950
		a_D	0.2221	-1.8308	2.9950	-1.3864
2	$l_0/h=2.0$	a_A	-1.2323	2.5804	1.4638	0.1157
		a_B	2.5804	-6.6247	5.5082	-1.4638
		a_C	-1.4638	5.5082	-6.6247	2.5804
		a_D	0.1157	1.4638	2.5804	-1.2323
3	$l_0/h=1.5$	a_A	-0.9712	1.9059	-0.8988	-0.0366
		a_B	1.9059	-4.7098	3.7019	-0.8980
		a_C	-0.8980	3.7019	-4.7098	1.9059
		a_D	-0.0366	-0.8988	1.9059	-0.9712
4	$l_0/h=1.25$	a_A	-0.7866	1.4607	-0.5615	-0.1125
		a_B	1.4607	-3.4831	2.5839	-0.5615
		a_C	-0.5615	2.5839	-3.4831	1.4607
		a_D	-0.1125	-0.5615	1.4607	-0.7866
5	$l_0/h=1.0$	a_A	-0.5657	0.9763	-0.2555	-0.1550
		a_B	0.9763	-2.2082	1.4874	-0.2555
		a_C	-0.2555	1.4874	-2.2082	0.9763
		a_D	-0.1550	-0.5555	0.9763	-0.5657

4.7.3　四跨连续深梁在支座沉陷影响下的约束力计算系数

四跨连续深梁在支座沉陷影响下的约束力计算系数见表4-28。

表 4-28 四跨连续深梁在支座沉陷影响下的约束力计算系数

序号	梁的简图		ΔA ΔB ΔC ΔD ΔE；l_0 l_0 l_0 l_0				
	跨高比	约束力系数	发生沉陷的支座				
			A	*B*	*C*	*D*	*E*
1	$l_0/h=2.5$	a_A	-1.3871	3.0017	-1.8677	0.2787	-0.0256
		a_B	3.0017	-7.8895	7.0524	-2.4434	0.2787
		a_C	-1.8677	7.0524	-10.3693	7.0524	-1.8677
		a_D	0.2787	-2.4434	7.0524	-7.8895	3.0017
		a_E	-0.0256	0.2787	-1.8677	3.0017	-1.3871
2	$l_0/h=2.0$	a_A	-1.2325	2.5813	-1.4576	0.1011	0.0076
		a_B	2.5613	-6.6524	5.6619	-1.6920	0.1011
		a_C	-1.4576	5.6619	-8.4086	5.6619	-1.4576
		a_D	0.1011	-1.6920	5.6619	-6.6524	2.5813
		a_E	0.0076	0.1011	-1.4576	2.5813	-1.2325
3	$l_0/h=1.5$	a_A	-0.9722	1.9079	-0.8698	-0.0952	0.0293
		a_B	1.9079	-4.7418	3.6648	-0.7357	-0.0952
		a_C	-0.8698	3.6648	-5.5899	3.6648	-0.8698
		a_D	-0.09516	-0.7357	3.6648	-4.7418	1.90787
		a_E	0.0293	-0.0952	-0.8698	1.9079	-0.9722
4	$l_0/h=1.25$	a_A	-0.78787	1.4612	-0.5385	0.1551	0.0203
		a_B	1.4612	-3.5321	2.5255	-0.2995	-0.1551
		a_C	-0.5385	2.5255	-3.9740	2.5255	-0.5385
		a_D	-0.1551	-0.2995	2.5255	-3.5321	1.4612
		a_E	0.0203	-0.1551	-0.5385	1.4612	-0.7879
5	$l_0/h=1.0$	a_A	-0.5690	0.9686	-0.2385	-0.1530	-0.0082
		a_B	0.9686	-2.2591	1.4593	-0.0159	0.1530
		a_C	-0.2385	1.4593	-2.4417	1.4593	-0.2385
		a_D	-0.1530	-0.0159	1.4593	-2.2591	0.9686
		a_E	-0.0082	-0.1530	-0.2585	0.9686	-0.5690

4.7.4 五跨连续深梁在支座沉陷影响下的约束力计算系数

五跨连续深梁在支座沉陷影响下的约束力计算系数见表 4-29。

表 4-29　五跨连续深梁在支座沉陷影响下的约束力计算系数

序号	梁的简图		A　B　C　D　E　F；l_0　l_0　l_0　l_0　l_0					
	跨高比	约束力系数	发生沉陷的支座					
			A	*B*	*C*	*D*	*E*	*F*
1	$l_0/h=2.5$	a_A	-1.3871	3.0018	-1.8684	0.2822	-0.0309	0.0024
		a_B	3.0018	-7.8904	7.0606	-2.4881	0.3471	-0.0309
		a_C	-1.8684	7.0606	-10.4397	7.4534	-2.4881	0.2822
		a_D	0.2822	-2.4881	7.4534	-10.4397	7.0606	-1.8684
		a_E	-0.0309	0.3471	-2.4881	7.0606	-7.8904	3.0018
		a_F	0.0024	-0.0309	0.2822	-1.8684	3.0018	-1.3871
2	$l_0/h=2.0$	a_A	-1.2325	2.5814	-1.4573	0.0980	0.0129	-0.0025
		a_B	2.5814	-6.6526	5.5622	-1.6790	0.0751	0.0129
		a_C	-1.4573	5.6622	-8.4356	5.8117	-1.6790	0.0980
		a_D	0.0980	-1.6790	-5.8117	-8.4356	5.6622	-1.4573
		a_E	0.0129	0.075	-1.6790	5.6622	-6.6526	2.5814
		a_F	-0.00249	0.0129	0.0980	-1.4573	2.5814	-1.2325
3	$l_0/h=1.5$	a_A	-0.9722	1.9079	-0.8689	-0.0947	0.0257	0.0023
		a_B	1.9079	-4.7427	3.6650	-0.7077	-0.1481	0.0257
		a_C	-0.8689	3.6650	-5.6204	5.6267	-0.7077	-0.0947
		a_D	-0.0947	-0.7077	3.6267	-5.6204	3.6650	-0.8689
		a_E	0.0257	-0.1481	-0.7077	3.6650	-4.7427	1.9079
		a_F	0.0023	0.0257	-0.0947	-0.8689	1.9078	-9.0722
4	$l_0/h=1.25$	a_A	-0.7880	1.4613	-0.5362	0.1511	0.0055	0.0085
		a_B	1.46131	-3.5335	2.5217	-0.2829	-0.1722	0.0055
		a_C	-0.5362	2.5217	-4.0199	2.4683	-0.2829	-0.1511
		a_D	-0.1511	-0.2829	2.4683	-4.0197	2.5217	-0.5362
		a_E	0.0055	-0.1722	-0.2829	2.5217	-3.5335	1.4613
		a_F	0.0085	0.0055	-0.1511	-0.5362	1.4613	-0.7880
5	$l_0/h=1.0$	a_A	-0.5619	0.9689	-0.2362	-0.1481	-0.0252	0.0097
		a_B	0.9689	-2.2633	1.4476	-0.0059	-0.1221	-0.0252
		a_C	-0.2362	1.4476	-2.4887	1.4313	-0.0059	-0.1481
		a_D	-0.1481	-0.0059	1.4313	-2.4887	1.4476	-0.2362
		a_E	-0.0252	-0.1221	-0.0059	1.4476	-2.2633	0.9689
		a_F	0.0097	-0.0252	-0.1481	-0.2362	0.9689	-0.5619

第5章 板的计算

5.1 平板的弹性计算

5.1.1 双向矩形平板的计算说明

1）表中(表5-1～表5-8)系数是按弹性理论取泊松比 $\nu=0$(不考虑横向应变)得出，当泊松比 $\nu\neq0$ 时，支座边中心点的弯矩仍可用表中系数计算，但跨中弯矩应按下式计算：

$$M_x^{\nu}=M_x+\nu M_y \tag{5-1}$$

$$M_y^{\nu}=M_y+\nu M_x \tag{5-2}$$

式中，M_x、M_y 为 $\nu=0$ 时板的跨中弯矩$\left(\text{钢筋混凝土板 } \nu=\dfrac{1}{6}\right)$。有自由边的板其跨中弯矩不能用上述两式计算。

2）表中(表5-1～表5-8)弯矩系数均为单位板宽的弯矩系数。

3）表中(表5-1～表5-8)支座符号如图5-1所示。

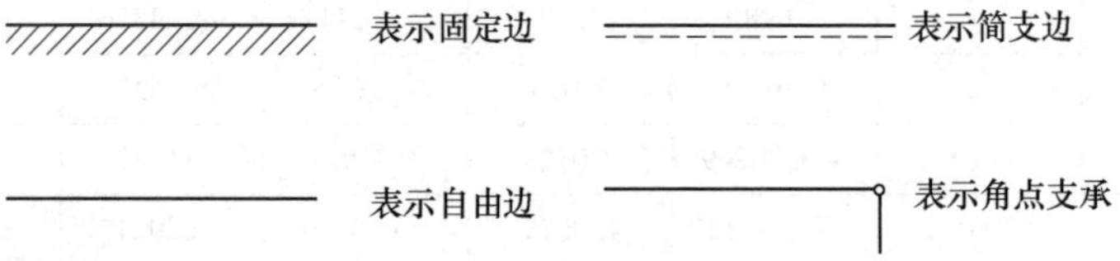

表示固定边　表示简支边

表示自由边　表示角点支承

图5-1　平板支座符号表示

4）表中弯矩符号：

M_x、M_{xmax}——平行 l_x 方向板中心点的弯矩和板跨内最大弯矩；

M_y、M_{ymax}——平行 l_y 方向板中心点的弯矩和板跨内最大弯矩；

M_{0x}、M_{0y}——平行 l_x 或 l_y 方向自由边的中点弯矩；

M_x^0、M_y^0——固定边中点平行 l_x 方向的弯矩和固定边中点平行 l_y 方向的弯矩；

M_{x2}^0——平行 l_x 方向自由边上固定端的支座弯矩；

M_{xy1}、M_{xy2}——三角荷载中，分别为1-1边和2-2边、板角处与边成45°方向，两个互相垂直且数值相等的斜向弯矩。下标“1”或“2”分别表示1-1边和2-2边，2-2边为荷载集度等于“0”处；1-1边为荷载集度等于 q 处。

弯矩的正负号：当荷载垂直向下作用，凡板的下部纤维受拉则为正弯矩。

5）多跨、双向四边支承连续板仍可用表5-1中①～⑥单块矩形板的弯矩系数计算，方法如下：

①外周围边板的支承属简支或是固定，依实际情况而定。中间支承为连续的，承受均布恒载 g 和均布活载 q，总荷载 $q_0=g+q$。

②将活载 q 跳格布置，可求得跨中最不利弯矩，如图5-2所示，以作说明：

将总荷载 $q_0=g+q$ 分为两组布置为：$q_1=g+\dfrac{1}{2}q$ 如图5-2a布置；$q_2=\pm\dfrac{1}{2}q$ 如图5-2b布置。

表 5-1 均布荷载作用下双向矩形板的弯矩系数

序号	$\nu=0$		弯矩 = 表中系数 × ql^2 式中 l 用 l_x 和 l_y 中较小者											
			①		②			③			④			
			M_x	M_y	M_x^0	M_x	M_y	M_x^0	M_x	M_y	M_x^0	M_y^0	M_x	M_y
1	$\frac{l_x}{l_y}$	0.50	0.0965	0.0174	−0.1214	0.0584	0.0060	−0.0845	0.0414	0.0017	−0.1177	−0.0782	0.0560	0.0079
		0.55	0.0892	0.0210	−0.1188	0.0562	0.0083	−0.0843	0.0408	0.0029	−0.1136	−0.0779	0.0529	0.0105
		0.60	0.0820	0.0243	−0.1159	0.0538	0.0105	−0.0837	0.0400	0.0043	−0.1093	−0.0776	0.0496	0.0130
		0.65	0.0750	0.0273	−0.1126	0.0512	0.0127	−0.0828	0.0391	0.0058	−0.1047	−0.0773	0.0462	0.0153
		0.70	0.0683	0.0298	−0.1089	0.0485	0.0149	−0.0816	0.0380	0.0073	−0.0996	−0.0768	0.0426	0.0171
		0.75	0.0619	0.0318	−0.1050	0.0457	0.0168	−0.0801	0.0366	0.0088	−0.0940	−0.0759	0.0390	0.0188
		0.80	0.0560	0.0334	−0.1008	0.0428	0.0187	−0.0784	0.0350	0.0103	−0.0882	−0.0746	0.0355	0.0203
		0.85	0.0506	0.0348	−0.0965	0.0400	0.0205	−0.0765	0.0335	0.0119	−0.0825	−0.0731	0.0322	0.0216
		0.90	0.0456	0.0359	−0.0922	0.0372	0.0221	−0.0744	0.0319	0.0134	−0.0773	−0.0714	0.0291	0.0226
		0.95	0.0410	0.0365	−0.0880	0.0345	0.0234	−0.0722	0.0302	0.0147	−0.0724	−0.0696	0.0262	0.0232
2	$\frac{l_y}{l_x}$	1.00	0.0368	0.0368	−0.0839	0.0318	0.0243	−0.0698	0.0285	0.0158	−0.0677	−0.0677	0.0234	0.0234
		0.95	0.0365	0.0410	−0.0881	0.0327	0.0282	−0.0745	0.0297	0.0189	−0.0696	−0.0724	0.0232	0.0262
		0.90	0.0359	0.0456	−0.0924	0.0330	0.0323	−0.0796	0.0307	0.0225	−0.0714	−0.0773	0.0226	0.0291
		0.85	0.0348	0.0506	−0.0967	0.0328	0.0369	−0.0849	0.0314	0.0267	−0.0731	−0.0825	0.0216	0.0322
		0.80	0.0334	0.0560	−0.1011	0.0324	0.0423	−0.0902	0.0318	0.0316	−0.0746	−0.0882	0.0203	0.0355
		0.75	0.0318	0.0619	−0.1055	0.0319	0.0485	−0.0957	0.0320	0.0374	−0.0759	−0.0940	0.0188	0.0390
		0.70	0.0298	0.0683	−0.1096	0.0309	0.0553	−0.1011	0.0319	0.0442	−0.0768	−0.0996	0.0171	0.0426
		0.65	0.0273	0.0750	−0.1133	0.0292	0.0627	−0.1063	0.0310	0.0519	−0.0773	−0.1047	0.0153	0.0462
		0.60	0.0243	0.0820	−0.1165	0.0269	0.0707	−0.1111	0.0292	0.0604	−0.0776	−0.1093	0.0130	0.0496
		0.55	0.0210	0.0892	−0.1192	0.0240	0.0792	−0.1154	0.0266	0.0697	−0.0779	−0.1136	0.0105	0.0529
		0.50	0.0174	0.0965	−0.1215	0.0204	0.0880	−0.1191	0.0234	0.0790	−0.0782	−0.1177	0.0079	0.0560

续表 5-1

序号		$\nu=0$	式中 l 用 l_x 和 l_y 中较小者　弯矩 = 表中系数 × ql^2								式中 l 用 l_x 和 l_y 中较大者			
			⑤				⑥				⑦			
			M_x^0	M_y^0	M_x	M_y	M_x^0	M_y^0	M_x	M_y	M_x	M_y	M_{0x}	M_{0y}
3	$\frac{l_x}{l_y}$	0.50	-0.0836	-0.0563	0.0409	0.0028	-0.0826	-0.0560	0.0401	0.0038	0.0152	0.1218	0.0655	0.1300
		0.55	-0.0826	-0.0564	0.0398	0.0041	-0.0806	-0.0561	0.0385	0.0055	0.0205	0.1213	0.0731	0.1322
		0.60	-0.0813	-0.0566	0.0385	0.0059	-0.0784	-0.0562	0.0367	0.0076	0.0270	0.1206	0.0811	0.1345
		0.65	-0.0796	-0.0569	0.0370	0.0075	-0.0759	-0.0565	0.0346	0.0096	0.0341	0.1198	0.0894	0.1369
		0.70	-0.0774	-0.0572	0.0352	0.0091	-0.0731	-0.0568	0.0322	0.0114	0.0421	0.1188	0.0979	0.1395
		0.75	-0.0748	-0.0571	0.0333	0.0107	-0.0698	-0.0564	0.0297	0.0129	0.0510	0.1176	0.1070	0.1425
		0.80	-0.0720	-0.0568	0.0313	0.0123	-0.0661	-0.0558	0.0271	0.0143	0.0607	0.1161	0.1166	0.1459
		0.85	-0.0691	-0.0564	0.0292	0.0138	-0.0620	-0.0550	0.0246	0.0156	0.0713	0.1143	0.1267	0.1494
		0.90	-0.0660	-0.0560	0.0270	0.0151	-0.0580	-0.0540	0.0222	0.0167	0.0821	0.1120	0.1374	0.1532
		0.95	-0.0628	-0.0556	0.0249	0.0161	-0.0543	-0.0527	0.0198	0.0173	0.0936	0.1091	0.1485	0.1568
4	$\frac{l_y}{l_x}$	1.00	-0.0596	-0.0551	0.0228	0.0167	-0.0511	-0.0511	0.0176	0.0176	0.1055	0.1055	0.1604	0.1604
		0.95	-0.0626	-0.0599	0.0230	0.0193	-0.0527	-0.0543	0.0173	0.0198	0.1091	0.0936	0.1568	0.1485
		0.90	-0.0655	-0.0652	0.0231	0.0222	-0.0540	-0.0580	0.0167	0.0222	0.1120	0.0821	0.1532	0.1374
		0.85	-0.0682	-0.0710	0.0229	0.0254	-0.0550	-0.0620	0.0156	0.0246	0.1143	0.0713	0.1494	0.1267
		0.80	-0.0706	-0.0773	0.0224	0.0289	-0.0558	-0.0661	0.0143	0.0271	0.1161	0.0607	0.1459	0.1166
		0.75	-0.0727	-0.0839	0.0214	0.0327	-0.0564	-0.0698	0.0129	0.0297	0.1176	0.0510	0.1425	0.1070
		0.70	-0.0743	-0.0907	0.0198	0.0368	-0.0568	-0.0731	0.0114	0.0322	0.1188	0.0421	0.1395	0.0979
		0.65	-0.0755	-0.0978	0.0177	0.0411	-0.0565	-0.0759	0.0096	0.0346	0.1198	0.0341	0.1369	0.0894
		0.60	-0.0765	-0.1046	0.0153	0.0452	-0.0562	-0.0784	0.0076	0.0367	0.1206	0.0270	0.1345	0.0811
		0.55	-0.0774	-0.1101	0.0127	0.0492	-0.0561	-0.0806	0.0055	0.0385	0.1213	0.0205	0.1322	0.0731
		0.50	-0.0782	-0.1140	0.0098	0.0535	-0.0560	-0.0826	0.0038	0.0401	0.1218	0.0152	0.1300	0.0655

续表 5-1

序号		$\nu=0$	式中 l 用 l_x 和 l_y 中较大者　弯矩 = 表中系数 × ql^2								弯矩 = 表中系数 × ql_x^2			
			⑧				⑨				⑩			
			M_x	M_y	M_{0x}	M_{0y}	M_x	M_y	M_{0x}	M_{0y}	l_y/l_x	M_y	M_x	M_{0x}
5	$\frac{l_x}{l_y}$	0. 50	0. 0075	0. 1231	0. 0644	0. 1278	0. 0238	0. 0272	0. 0381	0. 0513	0. 35	0. 0126	0. 0150	0. 0290
		0. 55	0. 0102	0. 1228	0. 0709	0. 1289	0. 0274	0. 0313	0. 0451	0. 0589	0. 40	0. 0151	0. 0194	0. 0363
		0. 60	0. 0131	0. 1224	0. 0773	0. 1300	0. 0310	0. 0352	0. 0523	0. 0661	0. 45	0. 0174	0. 0243	0. 0436
		0. 65	0. 0162	0. 1219	0. 0836	0. 1310	0. 0346	0. 0389	0. 0597	0. 0730	0. 50	0. 0192	0. 0295	0. 0510
		0. 70	0. 0195	0. 1214	0. 0899	0. 1321	0. 0383	0. 0425	0. 0672	0. 0796	0. 55	0. 0206	0. 0346	0. 0583
		0. 75	0. 0231	0. 1208	0. 0962	0. 1333	0. 0421	0. 0458	0. 0749	0. 0859	0. 60	0. 0217	0. 0396	0. 0651
		0. 80	0. 0268	0. 1202	0. 1025	0. 1345	0. 0459	0. 0490	0. 0828	0. 0919	0. 65	0. 0224	0. 0446	0. 0716
		0. 85	0. 0305	0. 1195	0. 1089	0. 1358	0. 0497	0. 0521	0. 0905	0. 0975	0. 70	0. 0228	0. 0493	0. 0774
		0. 90	0. 0343	0. 1188	0. 1152	0. 1370	0. 0535	0. 0551	0. 0981	0. 1028	0. 75	0. 0230	0. 0538	0. 0828
		0. 95	0. 0383	0. 1180	0. 1216	0. 1382	0. 0572	0. 0579	0. 1056	0. 1079	0. 80	0. 0231	0. 0581	0. 0875
6	$\frac{l_y}{l_x}$	1. 00	0. 0425	0. 1172	0. 1280	0. 1394	0. 0607	0. 0607	0. 1128	0. 1128	0. 85	0. 0230	0. 0622	0. 0917
		0. 95	0. 0421	0. 1051	0. 1205	0. 1269	0. 0579	0. 0572	0. 1079	0. 1056	0. 90	0. 0228	0. 0661	0. 0955
		0. 90	0. 0414	0. 0938	0. 1129	0. 1149	0. 0551	0. 0535	0. 1028	0. 0931	0. 95	0. 0223	0. 0698	0. 0992
		0. 85	0. 0405	0. 0832	0. 1052	0. 1034	0. 0521	0. 0497	0. 0975	0. 0905	1. 00	0. 0216	0. 0733	0. 1026
		0. 80	0. 0393	0. 0733	0. 0975	0. 0924	0. 0490	0. 0459	0. 0919	0. 0828	1. 10	0. 0204	0. 0797	0. 1076
		0. 75	0. 0375	0. 0642	0. 0898	0. 0819	0. 0458	0. 0421	0. 0859	0. 0749	1. 20	0. 0189	0. 0853	0. 1119
		0. 70	0. 0354	0. 0557	0. 0822	0. 0721	0. 0425	0. 0383	0. 0796	0. 0672	1. 30	0. 0175	0. 0902	0. 1148
		0. 65	0. 0331	0. 0479	0. 0746	0. 0630	0. 0389	0. 0346	0. 0730	0. 0597	1. 40	0. 0161	0. 0944	0. 1172
		0. 60	0. 0305	0. 0408	0. 0670	0. 0544	0. 0352	0. 0310	0. 0661	0. 0523	1. 50	0. 0148	0. 0979	0. 1191
		0. 55	0. 0277	0. 0344	0. 0593	0. 0462	0. 0313	0. 0274	0. 0589	0. 0451	1. 75	0. 0116	0. 1051	0. 1213
		0. 50	0. 0246	0. 0284	0. 0516	0. 0384	0. 0272	0. 0238	0. 0513	0. 0381	2. 00	0. 0088	0. 1106	0. 1232

续表 5-1

序号	$\nu=0$		弯矩 = 表中系数 × ql_x^2														
			⑪				⑫					⑬					
			M_y	M_x	M_{0x}	M_y^0	M_y	M_x	M_{0x}	M_x^0	M_{xz}^0	M_y	M_x	M_{0x}	M_y^0	M_x^0	M_{xz}^0
7	$\frac{l_y}{l_x}$	0.35	-0.0041	0.0026	0.0088	-0.0468	0.0093	0.0131	0.0240	-0.0405	-0.0785	-0.0023	0.0047	0.0126	-0.0396	-0.0165	-0.0471
		0.40	-0.0029	0.0044	0.0133	-0.0560	0.0102	0.0158	0.0281	-0.0451	-0.0834	-0.0006	0.0067	0.0171	-0.0453	-0.0206	-0.0563
		0.45	-0.0016	0.0072	0.0189	-0.0649	0.0109	0.0185	0.0315	-0.0494	-0.0874	0.0012	0.0087	0.0210	-0.0486	-0.0262	-0.0655
		0.50	0.0000	0.0104	0.0255	-0.0734	0.0114	0.0210	0.0342	-0.0534	-0.0895	0.0029	0.0108	0.0246	-0.0511	-0.0319	-0.0742
		0.55	0.0020	0.0138	0.0325	-0.0811	0.0119	0.0232	0.0364	-0.0571	-0.0900	0.0044	0.0131	0.0279	-0.0526	-0.0369	-0.0783
		0.60	0.0043	0.0174	0.0395	-0.0878	0.0122	0.0253	0.0382	-0.0605	-0.0901	0.0056	0.0154	0.0309	-0.0538	-0.0415	-0.0815
		0.65	0.0066	0.0214	0.0465	-0.0935	0.0120	0.0271	0.0396	-0.0635	-0.0900	0.0066	0.0175	0.0335	-0.0548	-0.0460	-0.0840
		0.70	0.0087	0.0256	0.0535	-0.0992	0.0115	0.0286	0.0406	-0.0662	-0.0897	0.0074	0.0194	0.0356	-0.0556	-0.0496	-0.0858
		0.75	0.0105	0.0300	0.0606	-0.1036	0.0109	0.0300	0.0412	-0.0686	-0.0892	0.0081	0.0212	0.0372	-0.0560	-0.0528	-0.0869
		0.80	0.0121	0.0345	0.0676	-0.1077	0.0103	0.0314	0.0415	-0.0706	-0.0884	0.0087	0.0229	0.0385	-0.0562	-0.0559	-0.0872
		0.85	0.0135	0.0388	0.0736	-0.1111	0.0098	0.0326	0.0416	-0.0724	-0.0872	0.0091	0.0244	0.0395	-0.0563	-0.0589	-0.0873
		0.90	0.0148	0.0429	0.0787	-0.1138	0.0094	0.0336	0.0417	-0.0740	-0.0860	0.0092	0.0258	0.0402	-0.0562	-0.0618	-0.0872
		0.95	0.0159	0.0470	0.0835	-0.1160	0.0090	0.0344	0.0418	-0.0754	-0.0848	0.0091	0.0271	0.0408	-0.0561	-0.0647	-0.0870
		1.00	0.0169	0.0510	0.0881	-0.1177	0.0085	0.0351	0.0419	-0.0767	-0.0843	0.0090	0.0283	0.0413	-0.0560	-0.0675	-0.0866
		1.10	0.0177	0.0584	0.0959	-0.1201	0.0074	0.0359	0.0419	-0.0789	-0.0840	0.0085	0.0303	0.0415	-0.0559	-0.0703	-0.0858
		1.20	0.0183	0.0652	0.1024	-0.1219	0.0061	0.0365	0.0418	-0.0806	-0.0838	0.0077	0.0321	0.0416	-0.0558	-0.0731	-0.0849
		1.30	0.0182	0.0715	0.1074	-0.1229	0.0047	0.0371	0.0418	-0.0817	-0.0836	0.0067	0.0337	0.0417	-0.0557	-0.0759	-0.0842
		1.40	0.0179	0.0774	0.1117	-0.1236	0.0035	0.0377	0.0417	-0.0823	-0.0835	0.0059	0.0351	0.0417	-0.0556	-0.0785	-0.0838
		1.50	0.0172	0.0828	0.1149	-0.1242	0.0025	0.0383	0.0417	-0.0826	-0.0834	0.0052	0.0362	0.0417	-0.0556	-0.0805	-0.0836
		1.75	0.0149	0.0940	0.1192	-0.1248	0.0015	0.0400	0.0417	-0.0830	-0.0833	0.0030	0.0381	0.0417	-0.0556	-0.0823	-0.0834
		2.00	0.0120	0.1018	0.1222	-0.1250	0.0008	0.0417	0.0417	-0.0833	-0.0833	0.0015	0.0395	0.0417	-0.0556	-0.0833	-0.0833

③因此板的各区格：

a. $q_1 = g + \frac{1}{2}q$ 的荷载下(图 5-2a)，两跨间的中间支座，可近似地视为固定边，则内部区格的板可按四边固定的单块板计算。

b. $q_2 = \pm\frac{1}{2}q$ 的荷载下(图 5-2b)，两跨间的中间支座，可近似地视为简支边，则内部区格的板可按四边简支的单块板计算。

将上述两者叠加(图 5-2c)，即得跨内最大弯矩。

c. 各区格全部布满活载和恒载，可近似地求得支座中点最大弯矩。先将内部区格板按四边固定的单块板求出支座中点固端弯矩，再与相邻板支座中点固端弯矩相加平均，即是该支座中点的最大固端弯矩。

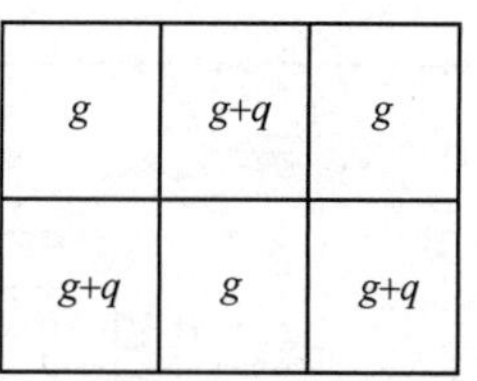

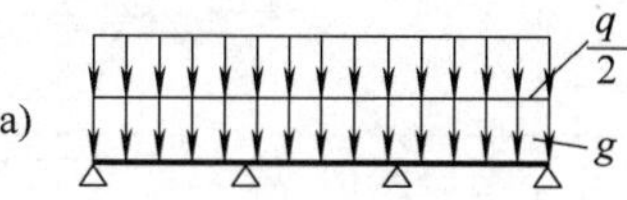

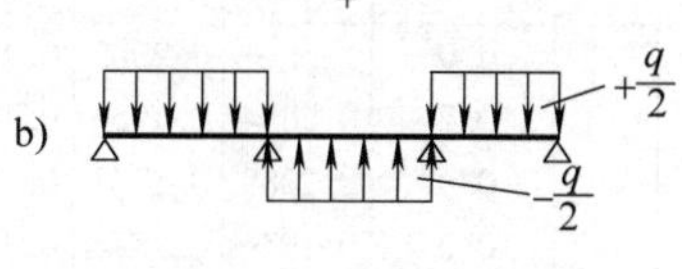

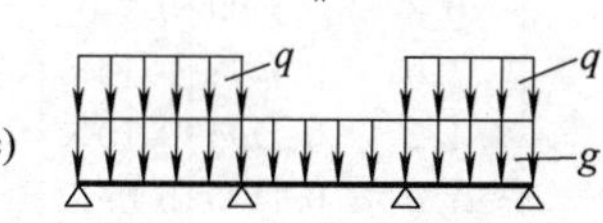

图 5-2　不同荷载组合布置

5.1.2　均布荷载作用下双向矩形板的弯矩系数

均布荷载作用下双向矩形板的弯矩系数可按表 5-1 采用(表中 q 为实际作用的均布外荷载)。

5.1.3　局部荷载作用下双向矩形板的弯矩系数

局部荷载作用下双向矩形板的弯矩系数可按表 5-2(局部均布荷载)和表 5-3(集中荷载)采用。

表 5-2　局部均布荷载作用下的弯矩系数

序号	荷载	$\nu=0$，当 q 为面作用时：弯矩 = 表中系数 × qa_xa_y；当 q 为线作用时：弯矩 = 表中系数 × qa_x 或 qa_y												
	$\frac{l_y}{l_x}$	$\frac{a_y}{l_x}$ \ $\frac{a_x}{l_x}$	M_x						M_y					
			0.0	0.2	0.4	0.6	0.8	1.0	0.0	0.2	0.4	0.6	0.8	1.0
1	1.0	0.0	∞	0.1746	0.1213	0.0920	0.0728	0.0592	∞	0.2528	0.1957	0.1602	0.1329	0.1097
		0.2	0.2528	0.1634	0.1176	0.0900	0.0714	0.0581	0.1746	0.1634	0.1434	0.1236	0.1049	0.0872
		0.4	0.1957	0.1434	0.1083	0.0843	0.0674	0.0549	0.1213	0.1176	0.1083	0.0962	0.0831	0.0693
		0.6	0.1602	0.1236	0.0962	0.0762	0.0613	0.0500	0.0920	0.0900	0.0843	0.0762	0.0664	0.0556
		0.8	0.1329	0.1049	0.0831	0.0664	0.0537	0.0439	0.0728	0.0714	0.0674	0.0613	0.0537	0.0451
		1.0	0.1097	0.0872	0.0693	0.0556	0.0451	0.0368	0.0592	0.0581	0.0549	0.0500	0.0439	0.0368
2	1.2	0.0	∞	0.1936	0.1394	0.1086	0.0874	0.0714	∞	0.2456	0.1889	0.1540	0.1274	0.1051
		0.2	0.2723	0.1826	0.1358	0.1066	0.0861	0.0704	0.1673	0.1563	0.1367	0.1174	0.0995	0.0826
		0.4	0.2156	0.1630	0.1268	0.1013	0.0824	0.0675	0.1143	0.1107	0.1017	0.0903	0.0778	0.0650
		0.6	0.1807	0.1438	0.1154	0.0936	0.0767	0.0629	0.0854	0.0835	0.0782	0.0706	0.0615	0.0515
		0.8	0.1543	0.1259	0.1029	0.0845	0.0696	0.0572	0.0670	0.0657	0.0620	0.0565	0.0495	0.0415
		1.0	0.1322	0.1093	0.0902	0.0745	0.0616	0.0507	0.0544	0.0534	0.0506	0.0463	0.0406	0.0341
		1.2	0.1126	0.0934	0.0773	0.0640	0.0530	0.0436	0.0455	0.0447	0.0424	0.0388	0.0341	0.0286

续表 5-2

荷载：$\nu=0$，当 q 为面作用时：弯矩 = 表中系数 × qa_xa_y；当 q 为线作用时：弯矩 = 表中系数 × qa_x 或 qa_y

序号	$\frac{l_y}{l_x}$	$\frac{a_y}{l_x}$ \ $\frac{a_x}{l_x}$	M_x 0.0	M_x 0.2	M_x 0.4	M_x 0.6	M_x 0.8	M_x 1.0	M_y 0.0	M_y 0.2	M_y 0.4	M_y 0.6	M_y 0.8	M_y 1.0
3	1.4	0.0	∞	0.2063	0.1515	0.1197	0.0972	0.0796	∞	0.2394	0.1829	0.1485	0.1226	0.1010
		0.2	0.2854	0.1954	0.1480	0.1178	0.0960	0.0787	0.1610	0.1500	0.1308	0.1120	0.0947	0.0786
		0.4	0.2289	0.1761	0.1393	0.1128	0.0925	0.0760	0.1080	0.1045	0.0958	0.0849	0.0731	0.0609
		0.6	0.1946	0.1574	0.1283	0.1055	0.0872	0.0718	0.0792	0.0774	0.0724	0.0653	0.0568	0.0476
		0.8	0.1690	0.1403	0.1166	0.0970	0.0806	0.0665	0.0608	0.0597	0.0563	0.0512	0.0449	0.0377
		1.0	0.1478	0.1246	0.1047	0.0878	0.0733	0.0606	0.0485	0.0476	0.0452	0.0413	0.0362	0.0305
		1.2	0.1294	0.1099	0.0929	0.0783	0.0655	0.0542	0.0400	0.0394	0.0374	0.0342	0.0301	0.0253
		1.4	0.1126	0.0959	0.0813	0.0685	0.0574	0.0475	0.0342	0.0336	0.0319	0.0292	0.0257	0.0216
4	1.6	0.0	∞	0.2144	0.1592	0.1267	0.1034	0.0849	∞	0.2348	0.1786	0.1445	0.1191	0.0981
		0.2	0.2937	0.2036	0.1558	0.1250	0.1023	0.0840	0.1563	0.1455	0.1264	0.1080	0.0912	0.0756
		0.4	0.2375	0.1845	0.1473	0.1201	0.0989	0.0814	0.1033	0.0998	0.0914	0.0808	0.0695	0.0579
		0.6	0.2035	0.1662	0.1367	0.1132	0.0939	0.0774	0.0744	0.0726	0.0679	0.0612	0.0532	0.0445
		0.8	0.1784	0.1497	0.1255	0.1052	0.0878	0.0725	0.0560	0.0549	0.0518	0.0470	0.0412	0.0346
		1.0	0.1580	0.1346	0.1143	0.0966	0.0810	0.0670	0.0436	0.0428	0.0405	0.0370	0.0325	0.0273
		1.2	0.1405	0.1208	0.1033	0.0878	0.0739	0.0612	0.0351	0.0345	0.0327	0.0299	0.0264	0.0222
		1.4	0.1248	0.1079	0.0926	0.0790	0.0666	0.0552	0.0292	0.0288	0.0273	0.0250	0.0221	0.0185
		1.6	0.1105	0.0956	0.0822	0.0702	0.0592	0.0491	0.0253	0.0249	0.0237	0.0217	0.0191	0.0161
5	1.8	0.0	∞	0.2194	0.1639	0.1311	0.1073	0.0881	∞	0.2317	0.1756	0.1418	0.1168	0.0961
		0.2	0.2988	0.2086	0.1605	0.1294	0.1061	0.0872	0.1531	0.1423	0.1234	0.1053	0.0888	0.0736
		0.4	0.2427	0.1897	0.1522	0.1246	0.1029	0.0847	0.1000	0.0967	0.0884	0.0781	0.0671	0.0559
		0.6	0.2091	0.1717	0.1419	0.1180	0.0981	0.0810	0.0711	0.0694	0.0648	0.0583	0.0507	0.0424
		0.8	0.1844	0.1555	0.1310	0.1103	0.0923	0.0763	0.0525	0.0515	0.0485	0.0441	0.0386	0.0324
		1.0	0.1645	0.1410	0.1203	0.1021	0.0859	0.0711	0.0400	0.0392	0.0372	0.0339	0.0298	0.0250
		1.2	0.1475	0.1277	0.1099	0.0938	0.0792	0.0657	0.0313	0.0308	0.0292	0.0267	0.0235	0.0198
		1.4	0.1327	0.1156	0.1000	0.0857	0.0725	0.0601	0.0253	0.0249	0.0237	0.0217	0.0191	0.0161
		1.6	0.1193	0.1043	0.0904	0.0777	0.0658	0.0546	0.0213	0.0209	0.0199	0.0183	0.0161	0.0135
		1.8	0.1070	0.0936	0.0812	0.0698	0.0592	0.0491	0.0187	0.0183	0.0174	0.0160	0.0141	0.0119
6	2.0	0.0	∞	0.2224	0.1668	0.1337	0.1096	0.0901	∞	0.2297	0.1738	0.1401	0.1152	0.0948
		0.2	0.3019	0.2116	0.1634	0.1320	0.1085	0.0892	0.1511	0.1403	0.1215	0.1035	0.0873	0.0723
		0.4	0.2459	0.1928	0.1552	0.1274	0.1053	0.0868	0.0980	0.0946	0.0865	0.0763	0.0655	0.0546
		0.6	0.2124	0.1750	0.1450	0.1209	0.1007	0.0831	0.0689	0.0673	0.0628	0.0565	0.0490	0.0410
		0.8	0.1880	0.1590	0.1344	0.1134	0.0950	0.0786	0.0502	0.0492	0.0464	0.0421	0.0369	0.0309
		1.0	0.1684	0.1448	0.1240	0.1055	0.0889	0.0736	0.0375	0.0369	0.0349	0.0319	0.0280	0.0235
		1.2	0.1519	0.1320	0.1140	0.0976	0.0825	0.0685	0.0287	0.0282	0.0268	0.0245	0.0216	0.0181
		1.4	0.1375	0.1204	0.1045	0.0899	0.0762	0.0632	0.0226	0.0222	0.0211	0.0193	0.0170	0.0143
		1.6	0.1248	0.1097	0.0956	0.0824	0.0700	0.0581	0.0183	0.0180	0.0171	0.0157	0.0138	0.0116
		1.8	0.1132	0.0997	0.0871	0.0752	0.0639	0.0531	0.0155	0.0152	0.0145	0.0133	0.0117	0.0098
		2.0	0.1026	0.0904	0.0790	0.0683	0.0580	0.0482	0.0127	0.0135	0.0128	0.0117	0.0104	0.0087

表 5-3　四边简支和四边固定板在集中荷载作用下的弯矩系数

弯矩 = 表中系数 × P

序号	l_y/l_x	四边简支板		四边固定板			
		M_x	M_y	M_x	M_y	M_x^0	M_y^0
1	1.00	0.146	0.146	0.108	0.108	−0.094	−0.094
2	1.10	0.162	0.143	0.118	0.104	−0.113	−0.083
3	1.20	0.179	0.141	0.128	0.100	−0.126	−0.074
4	1.30	0.198	0.140	0.136	0.096	−0.139	−0.063
5	1.40	0.214	0.138	0.143	0.092	−0.149	−0.055
6	1.50	0.230	0.137	0.150	0.088	−0.156	−0.047
7	1.60	0.244	0.135	0.156	0.086	−0.162	−0.040
8	1.70	0.258	0.134	0.160	0.083	−0.167	−0.035
9	1.80	0.270	0.132	0.162	0.080	−0.171	−0.030
10	1.90	0.280	0.131	0.165	0.078	−0.174	−0.026
11	2.00	0.290	0.130	0.168	0.076	−0.176	−0.022

5.1.4　均布荷载作用下两邻边固定两邻边自由的矩形板弯矩系数

均布荷载作用下两邻边固定两邻边自由的矩形板弯矩系数可按表 5-4 采用。

表 5-4　均布荷载作用下两邻边固定两邻边自由的矩形板弯矩系数

荷载：泊松比 $\nu=0$

$\frac{l_x}{l_y}$	M_{xmax}	M_x^0	M_{ymax}	M_y^0	$\frac{l_x}{l_y}$	M_{xmax}	M_x^0	M_{ymax}	M_y^0
0.4	0.0010	−0.454	0.0080	−0.051	1.5	0.0202	−0.139	0.0208	−0.359
0.5	0.0040	−0.421	0.0113	−0.082	1.6	0.0174	−0.125	0.0168	−0.376
0.6	0.0139	−0.387	0.0162	−0.115	1.7	0.0155	−0.113	0.0125	−0.390
0.7	0.0232	−0.346	0.0225	−0.148	1.8	0.0137	−0.102	0.0092	−0.400
0.8	0.0287	−0.306	0.0284	−0.180	1.9	0.0124	−0.091	0.0067	−0.411
0.9	0.0310	−0.267	0.0309	−0.205	2.0	0.0113	−0.082	0.0040	−0.421
1.0	0.0320	−0.235	0.0320	−0.235	2.1	0.0104	−0.075	0.0031	−0.429
1.1	0.0314	−0.208	0.0315	−0.263	2.2	0.0096	−0.069	0.0023	−0.436
1.2	0.0297	−0.188	0.0300	−0.290	2.3	0.0089	−0.063	0.0017	−0.442
1.3	0.0271	−0.169	0.0274	−0.320	2.4	0.0083	−0.056	0.0011	−0.448
1.4	0.0232	−0.154	0.0242	−0.340	2.5	0.0080	−0.051	0.0010	−0.454
表中系数乘	ql_x^2	ql_x^2	ql_y^2	ql_y^2	表中系数乘	ql_x^2	ql_x^2	ql_y^2	ql_y^2

注：1. 第 2、4 栏为板内最大正弯矩系数。

2. 第 3、5 栏为板支承边的最大负弯矩系数(此处固定边的负弯矩沿固定边变化,愈靠近自由边,负弯矩值愈大)。

5.1.5　三角形荷载作用下双向矩形板的弯矩系数

三角形荷载作用下双向矩形板的弯矩系数可按表 5-5 采用。

表5-5 三角形荷载作用下双向矩形板的弯矩系数

序号	$\nu=0$		弯矩=表中系数×ql^2 式中 l 用 l_x 和 l_y 中较小者											
			①				②				③			
			M_y^0	M_{xy2}	M_{xy1}	M_{ymax}	M_{xmax}	M_y^0	M_{xmax}	M_{ymax}	M_{xy1}	M_{xy2}	M_{ymax}	M_{xmax}
1	$\frac{l_y}{l_x}$	0.50	±0.0284	±0.0377	0.0502	0.0117	-0.0560	0.0070	0.0384	±0.0279	±0.0166	0.0273	0.0051	-0.0654
		0.55	±0.0277	±0.0371	0.0468	0.0126	-0.0546	0.0076	0.0370	±0.0278	±0.0165	0.0264	0.0059	-0.0642
		0.60	±0.0269	±0.0364	0.0435	0.0135	-0.0529	0.0082	0.0354	±0.0277	±0.0163	0.0254	0.0067	-0.0630
		0.65	±0.0261	±0.0356	0.0402	0.0142	-0.0509	0.0090	0.0336	±0.0276	±0.0161	0.0242	0.0076	-0.0617
		0.70	±0.0252	±0.0347	0.0369	0.0149	-0.0489	0.0098	0.0317	±0.0274	±0.0159	0.0230	0.0084	-0.0600
		0.75	±0.0242	±0.0337	0.0339	0.0159	-0.0468	0.0106	0.0299	±0.0271	±0.0157	0.0217	0.0089	-0.0582
		0.80	±0.0232	±0.0327	0.0311	0.0167	-0.0446	0.0113	0.0282	±0.0267	±0.0155	0.0205	0.0093	-0.0562
		0.85	±0.0221	±0.0315	0.0285	0.0174	-0.0424	0.0120	0.0265	±0.0262	±0.0152	0.0192	0.0097	-0.0541
		0.90	±0.0209	±0.0303	0.0260	0.0180	-0.0401	0.0126	0.0248	±0.0257	±0.0148	0.0179	0.0102	-0.0521
		0.95	±0.0197	±0.0291	0.0237	0.0183	-0.0377	0.0133	0.0231	±0.0252	±0.0143	0.0167	0.0107	-0.0503
2	$\frac{l_x}{l_y}$	1.00	±0.0185	±0.0279	0.0216	0.0184	-0.0352	0.0138	0.0215	±0.0246	±0.0137	0.0155	0.0111	-0.0487
		0.95	±0.0194	±0.0294	0.0223	0.0205	-0.0364	0.0159	0.0222	±0.0262	±0.0147	0.0160	0.0129	-0.0517
		0.90	±0.0201	±0.0311	0.0228	0.0228	-0.0377	0.0183	0.0228	±0.0279	±0.0156	0.0163	0.0149	-0.0547
		0.85	±0.0206	±0.0329	0.0230	0.0253	-0.0390	0.0211	0.0233	±0.0298	±0.0164	0.0167	0.0172	-0.0578
		0.80	±0.0209	±0.0348	0.0232	0.0280	-0.0399	0.0241	0.0237	±0.0320	±0.0171	0.0171	0.0197	-0.0612
		0.75	±0.0212	±0.0367	0.0233	0.0311	-0.0406	0.0275	0.0238	±0.0346	±0.0177	0.0174	0.0226	-0.0649
		0.70	±0.0213	±0.0386	0.0233	0.0345	-0.0409	0.0313	0.0238	±0.0371	±0.0183	0.0176	0.0259	-0.0687
		0.65	±0.0211	±0.0406	0.0230	0.0384	-0.0408	0.0357	0.0237	±0.0396	±0.0186	0.0175	0.0296	-0.0724
		0.60	±0.0206	±0.0427	0.0225	0.0425	-0.0403	0.0401	0.0231	±0.0419	±0.0187	0.0173	0.0338	-0.0762
		0.55	±0.0199	±0.0449	0.0218	0.0470	-0.0392	0.0449	0.0223	±0.0443	±0.0185	0.0171	0.0380	-0.0800
		0.50	±0.0190	±0.0471	0.0208	0.0514	-0.0377	0.0500	0.0212	±0.0466	±0.0182	0.0169	0.0423	-0.0838

续表 5-5

序号	$\nu=0$		弯矩 = 表中系数 × ql^2　式中 l 用 l_x 和 l_y 中较小者												
			④				⑤				⑥				
			M^0_{y1}	M^0_{y2}	M_{xmax}	M_{ymax}	M_{ymax}	M_{xmax}	M^0_{xmax}	M^0_y	M_{ymax}	M_{xmax}	M_y	M_x	M^0_{xmax}
3	$\frac{l_y}{l_x}$	0.50	-0.0509	-0.0336	0.0037	0.0208	0.0251	0.0058	-0.0362	-0.0621	0.0425	0.0117	0.0399	0.0117	-0.0601
		0.55	-0.0507	-0.0334	0.0042	0.0205	0.0235	0.0062	-0.0360	-0.0603	0.0375	0.0133	0.0349	0.0113	-0.0582
		0.60	-0.0505	-0.0332	0.0048	0.0202	0.0217	0.0068	-0.0356	-0.0578	0.0330	0.0146	0.0302	0.0146	-0.0562
		0.65	-0.0499	-0.0329	0.0054	0.0196	0.0198	0.0079	-0.0352	-0.0548	0.0290	0.0155	0.0260	0.0155	-0.0543
		0.70	-0.0492	-0.0324	0.0060	0.0191	0.0179	0.0089	-0.0346	-0.0516	0.0254	0.0159	0.0221	0.0159	-0.0522
		0.75	-0.0483	-0.0318	0.0065	0.0184	0.0161	0.0096	-0.0338	-0.0482	0.0225	0.0160	0.0187	0.0160	-0.0499
		0.80	-0.0474	-0.0310	0.0069	0.0177	0.0143	0.0101	-0.0329	-0.0450	0.0202	0.0159	0.0158	0.0159	-0.0475
		0.85	-0.0464	-0.0300	0.0072	0.0170	0.0128	0.0105	-0.0319	-0.0422	0.0191	0.0157	0.0133	0.0157	-0.0450
		0.90	-0.0454	-0.0289	0.0075	0.0163	0.0117	0.0107	-0.0307	-0.0395	0.0163	0.0153	0.0112	0.0153	-0.0424
		0.95	-0.0443	-0.0278	0.0077	0.0156	0.0104	0.0106	-0.0296	-0.0370	0.0146	0.0149	0.0095	0.0149	-0.0399
4	$\frac{l_x}{l_y}$	1.00	-0.0431	-0.0267	0.0079	0.0148	0.0095	0.0105	-0.0285	-0.0345	0.0130	0.0142	0.0079	0.0142	-0.0375
		0.95	-0.0465	-0.0282	0.0095	0.0156	0.0096	0.0116	-0.0307	-0.0355	0.0131	0.0152	0.0073	0.0151	-0.0389
		0.90	-0.0501	-0.0296	0.0112	0.0164	0.0096	0.0127	-0.0330	-0.0365	0.0131	0.0163	0.0067	0.0159	-0.0403
		0.85	-0.0538	-0.0309	0.0133	0.0171	0.0095	0.0138	-0.0352	-0.0376	0.0129	0.0174	0.0059	0.0167	-0.0417
		0.80	-0.0580	-0.0321	0.0158	0.0177	0.0094	0.0148	-0.0373	-0.0387	0.0125	0.0185	0.0052	0.0175	-0.0433
		0.75	-0.0624	-0.0331	0.0187	0.0181	0.0094	0.0159	-0.0395	-0.0399	0.0121	0.0198	0.0044	0.0183	-0.0451
		0.70	-0.0671	-0.0341	0.0221	0.0184	0.0093	0.0170	-0.0415	-0.0410	0.0115	0.0210	0.0036	0.0190	-0.0473
		0.65	-0.0714	-0.0350	0.0260	0.0180	0.0093	0.0182	-0.0439	-0.0421	0.0108	0.0220	0.0029	0.0195	-0.0496
		0.60	-0.0751	-0.0359	0.0302	0.0176	0.0092	0.0196	-0.0460	-0.0431	0.0099	0.0231	0.0021	0.0200	-0.0521
		0.55	-0.0786	-0.0367	0.0349	0.0172	0.0092	0.0211	-0.0480	-0.0441	0.0089	0.0239	0.0015	0.0204	-0.0546
		0.50	-0.0818	-0.0374	0.0399	0.0168	0.0092	0.0230	-0.0499	-0.0451	0.0076	0.0247	0.0009	0.0207	-0.0572

续表 5-5

序号	$\nu=0$		弯矩=表中系数×ql^2 式中 l 用 l_x 和 l_y 中较小者												
			⑦						⑧						
			M_y^0	M_{xmax}^0	M_x	M_y	M_{xmax}	M_{ymax}	M_{y1}^0	M_{y2}^0	M_{xmax}^0	M_x	M_y	M_{xmax}	M_{ymax}
5	$\frac{l_y}{l_x}$	0.50	-0.0519	-0.0465	0.0054	0.0284	0.0065	0.0352	-0.0499	-0.0327	-0.0294	0.0019	0.0200	0.0050	0.0200
		0.55	-0.0498	-0.0461	0.0070	0.0259	0.0076	0.0326	-0.0487	-0.0319	-0.0296	0.0028	0.0192	0.0051	0.0192
		0.60	-0.0467	-0.0457	0.0085	0.0235	0.0087	0.0300	-0.0475	-0.0309	-0.0297	0.0038	0.0183	0.0052	0.0183
		0.65	-0.0429	-0.0452	0.0098	0.0212	0.0098	0.0276	-0.0463	-0.0297	-0.0298	0.0048	0.0173	0.0055	0.0173
		0.70	-0.0392	-0.0445	0.0109	0.0190	0.0111	0.0252	-0.0449	-0.0282	-0.0298	0.0058	0.0161	0.0058	0.0161
		0.75	-0.0357	-0.0434	0.0118	0.0169	0.0120	0.0230	-0.0431	-0.0266	-0.0296	0.0066	0.0149	0.0066	0.0152
		0.80	-0.0323	-0.0421	0.0123	0.0148	0.0126	0.0208	-0.0412	-0.0249	-0.0293	0.0072	0.0136	0.0072	0.0142
		0.85	-0.0290	-0.0404	0.0124	0.0128	0.0129	0.0188	-0.0391	-0.0230	-0.0290	0.0078	0.0123	0.0078	0.0132
		0.90	-0.0260	-0.0387	0.0124	0.0110	0.0130	0.0168	-0.0370	-0.0211	-0.0285	0.0083	0.0111	0.0083	0.0122
		0.95	-0.0232	-0.0373	0.0124	0.0095	0.0130	0.0151	-0.0351	-0.0194	-0.0279	0.0086	0.0099	0.0086	0.0112
6	$\frac{l_x}{l_y}$	1.00	-0.0207	-0.0361	0.0123	0.0083	0.0129	0.0136	-0.0333	-0.0178	-0.0270	0.0088	0.0088	0.0088	0.0101
		0.95	-0.0200	-0.0378	0.0132	0.0077	0.0141	0.0137	-0.0348	-0.0178	-0.0291	0.0099	0.0086	0.0099	0.0103
		0.90	-0.0193	-0.0397	0.0142	0.0070	0.0153	0.0137	-0.0362	-0.0177	-0.0313	0.0111	0.0083	0.0111	0.0104
		0.85	-0.0187	-0.0418	0.0153	0.0062	0.0166	0.0135	-0.0375	-0.0175	-0.0336	0.0123	0.0078	0.0123	0.0103
		0.80	-0.0181	-0.0439	0.0165	0.0054	0.0179	0.0130	-0.0387	-0.0171	-0.0360	0.0136	0.0072	0.0136	0.0101
		0.75	-0.0171	-0.0460	0.0175	0.0046	0.0192	0.0126	-0.0399	-0.0166	-0.0387	0.0149	0.0066	0.0150	0.0097
		0.70	-0.0160	-0.0483	0.0183	0.0038	0.0205	0.0122	-0.0410	-0.0158	-0.0414	0.0161	0.0058	0.0164	0.0093
		0.65	-0.0148	-0.0507	0.0190	0.0031	0.0218	0.0116	-0.0419	-0.0147	-0.0438	0.0173	0.0048	0.0180	0.0092
		0.60	-0.0136	-0.0533	0.0196	0.0024	0.0229	0.0110	-0.0427	-0.0135	-0.0461	0.0183	0.0038	0.0196	0.0092
		0.55	-0.0124	-0.0560	0.0201	0.0017	0.0239	0.0104	-0.0434	-0.0123	-0.0482	0.0192	0.0028	0.0210	0.0092
		0.50	-0.0112	-0.0591	0.0206	0.0010	0.0248	0.0098	-0.0449	-0.0111	-0.0500	0.0200	0.0019	0.0223	0.0092

续表 5-5

序号	$\nu=0$	弯矩 = 表中系数 × ql_x^2								
		⑨ 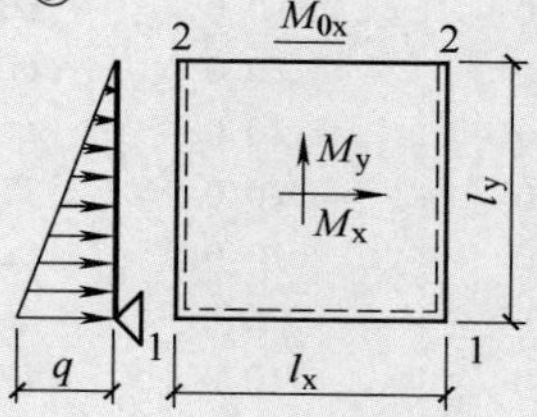			⑩ 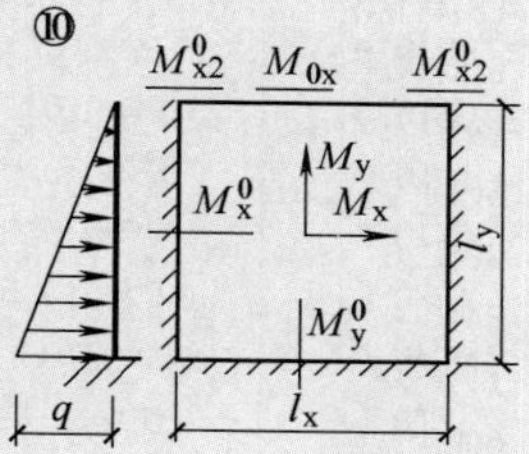					
		M_{0x}	M_{0x}	M_y	M_x	M_x^0	M_y^0	M_{x2}^0	M_x	M_y
7	0.30	0.0073	0.0051	0.0040	−0.0048	−0.0120	−0.0089	0.0006	0.0002	0.0028
	0.35	0.0097	0.0065	0.0058	−0.0066	−0.0148	−0.0112	0.0012	0.0009	0.0035
	0.40	0.0121	0.0079	0.0067	−0.0084	−0.0172	−0.0131	0.0018	0.0016	0.0044
	0.45	0.0146	0.0092	0.0086	−0.0104	−0.0193	−0.0149	0.0026	0.0024	0.0054
	0.50	0.0171	0.0104	0.0105	−0.0124	−0.0212	−0.0164	0.0034	0.0032	0.0064
	0.55	0.0194	0.0114	0.0125	−0.0145	−0.0229	−0.0165	0.0042	0.0041	0.0072
	0.60	0.0215	0.0122	0.0145	−0.0166	−0.0246	−0.0165	0.0050	0.0050	0.0079
	0.65	0.0234	0.0128	0.0165	−0.0186	−0.0262	−0.0164	0.0058	0.0057	0.0085
	0.70	0.0251	0.0133	0.0184	−0.0205	−0.0277	−0.0162	0.0067	0.0062	0.0090
	0.75	0.0266	0.0137	0.0203	−0.0222	−0.0291	−0.0159	0.0076	0.0065	0.0094
	0.80	0.0278	0.0139	0.0222	−0.0238	−0.0304	−0.0153	0.0085	0.0067	0.0096
	0.85	0.0288	0.0140	0.0241	−0.0254	−0.0317	−0.0144	0.0094	0.0069	0.0097
	0.90	0.0297	0.0141	0.0259	−0.0269	−0.0329	−0.0136	0.0102	0.0071	0.0096
	0.95	0.0304	0.0140	0.0276	−0.0283	−0.0340	−0.0128	0.0110	0.0071	0.0095
	1.00	0.0310	0.0139	0.0292	−0.0297	−0.0349	−0.0120	0.0118	0.0070	0.0091
	1.10	0.0315	0.0135	0.0323	−0.0319	−0.0358	−0.0103	0.0126	0.0068	0.0083
	1.20	0.0317	0.0129	0.0352	−0.0338	−0.0375	−0.0088	0.0134	0.0064	0.0076
	1.30	0.0314	0.0123	0.0379	−0.0354	−0.0391	−0.0078	0.0142	0.0057	0.0069
	1.40	0.0310	0.0116	0.0404	−0.0367	−0.0405	−0.0071	0.0150	0.0049	0.0063
	1.50	0.0304	0.0108	0.0427	−0.0378	−0.0418	−0.0054	0.0158	0.0041	0.0057
	1.75	0.0282	0.0090	0.0474	−0.0399	−0.0455	−0.0057	0.0179	0.0027	0.0051
	2.00	0.0256	0.0070	0.0511	−0.0413	−0.0478	−0.0051	0.0203	0.0016	0.0046

续表 5-5

序号	$\nu=0$	弯矩 = 表中系数 $\times ql_x^2$								
		⑪				⑫				
	l_y/l_x	M_y^0	M_x	M_y	M_{0x}	M_{0x}	M_y	M_x	M_{x2}^0	M_x^0
8	0.30	−0.0131	0.0006	0.0003	0.0013	0.0065	0.0045	0.0009	−0.0227	−0.0132
	0.35	−0.0167	0.0008	0.0004	0.0024	0.0080	0.0054	0.0015	−0.0232	−0.0155
	0.40	−0.0204	0.0012	0.0012	0.0037	0.0093	0.0062	0.0024	−0.0238	−0.0178
	0.45	−0.0243	0.0020	0.0021	0.0052	0.0103	0.0069	0.0036	−0.0236	−0.0200
	0.50	−0.0280	0.0030	0.0030	0.0069	0.0110	0.0074	0.0048	−0.0229	−0.0221
	0.55	−0.0315	0.0042	0.0040	0.0089	0.0114	0.0076	0.0059	−0.0219	−0.0241
	0.60	−0.0349	0.0056	0.0051	0.0110	0.0116	0.0077	0.0070	−0.0207	−0.0260
	0.65	−0.0382	0.0070	0.0061	0.0130	0.0117	0.0078	0.0080	−0.0196	−0.0278
	0.70	−0.0415	0.0084	0.0071	0.0149	0.0116	0.0078	0.0090	−0.0185	−0.0295
	0.75	−0.0447	0.0099	0.0080	0.0168	0.0115	0.0077	0.0100	−0.0174	−0.0310
	0.80	−0.0476	0.0115	0.0089	0.0185	0.0112	0.0076	0.0109	−0.0163	−0.0324
	0.85	−0.0502	0.0132	0.0097	0.0200	0.0108	0.0073	0.0118	−0.0152	−0.0337
	0.90	−0.0527	0.0149	0.0105	0.0214	0.0104	0.0070	0.0127	−0.0142	−0.0349
	0.95	−0.0551	0.0166	0.0111	0.0226	0.0100	0.0067	0.0136	−0.0132	−0.0360
	1.00	−0.0573	0.0182	0.0116	0.0236	0.0096	0.0063	0.0145	−0.0122	−0.0368
	1.10	−0.0611	0.0215	0.0122	0.0254	0.0087	0.0056	0.0159	−0.0105	−0.0384
	1.20	−0.0647	0.0248	0.0126	0.0267	0.0079	0.0050	0.0171	−0.0090	−0.0396
	1.30	−0.0679	0.0279	0.0130	0.0272	0.0072	0.0043	0.0179	−0.0080	−0.0405
	1.40	−0.0709	0.0309	0.0132	0.0275	0.0066	0.0037	0.0185	−0.0073	−0.0410
	1.50	−0.0738	0.0337	0.0133	0.0271	0.0059	0.0031	0.0190	−0.0065	−0.0413
	1.75	−0.0790	0.0400	0.0119	0.0262	0.0052	0.0019	0.0200	−0.0058	−0.0416
	2.00	−0.0830	0.0453	0.0088	0.0248	0.0047	0.0009	0.0206	−0.0052	−0.0417

5.1.6　扇形板承受均布荷载 q(kN/m²)弯矩计算公式

扇形板承受均布荷载 q(kN/m²)弯矩计算公式可按表 5-6 采用。

表 5-6　扇形板承受均布荷载 q(kN/m²)弯矩计算公式

① 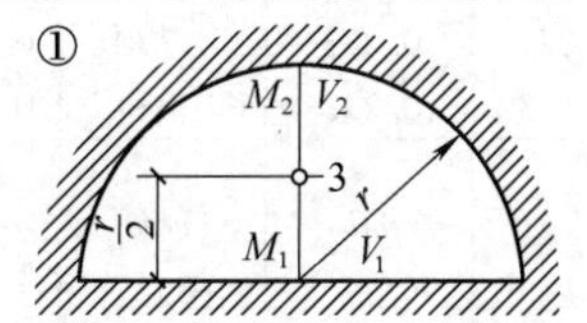 $M_1=-0.0731qr^2$；$V_1=-0.491qr$； $M_2=-0.0584qr^2$；$V_2=-0.4123qr$； $w=0.002021\dfrac{qr^4}{D}$	③ 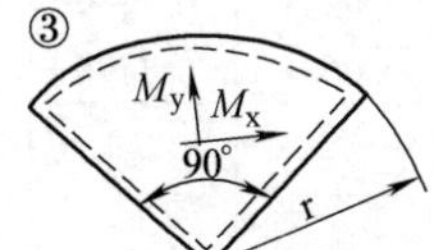 $M_x=0.0353qr^2=0.0450F$； $M_y=0.0381qr^2=0.0486F$； $F=\dfrac{\pi r^2}{4}q$	⑤ 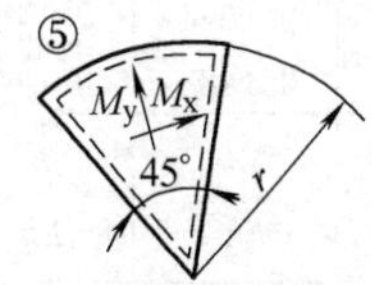 $M_x=0.0183qr^2=0.0466F$； $M_y=0.0161qr^2=0.0411F$； $F=\dfrac{\pi r^2}{8}q$
② 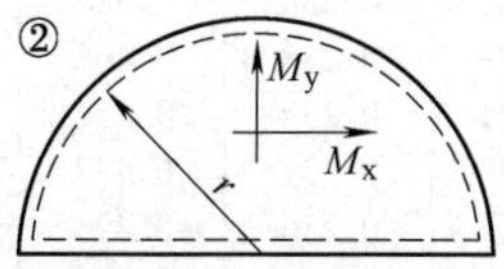 $M_x=0.0515qr^2=0.0328F$； $M_y=0.0868qr^2=0.0552F$； $F=\dfrac{\pi r^2}{2}q$	④ 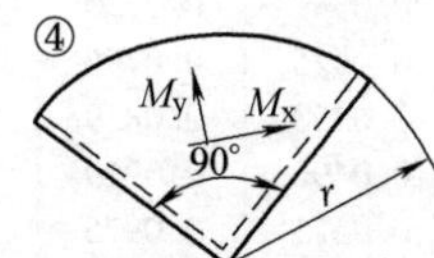 $M_x=0.1430qr^2=0.1824F$； $M_y=-0.1260qr^2=0.1608F$； $F=\dfrac{\pi r^2}{4}q$	⑥ 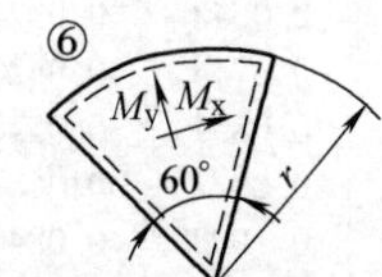 $M_x=0.0255qr^2=0.0487F$； $M_y=0.0243qr^2=0.0464F$； $F=\dfrac{\pi r^2}{6}q$

注：图①式中：$D=\dfrac{Ed^3}{12(1-\nu^2)}$(刚度)，$E$ 为弹性模量；ν 为泊松比；d 为板厚。

5.1.7　具有一个或两个角柱的矩形板的计算系数

具有一个或两个角柱的矩形板的计算系数可按表 5-7 和表 5-8 采用。

表 5-7　具有一个角柱的两邻边简支、两邻边自由矩形板的计算系数

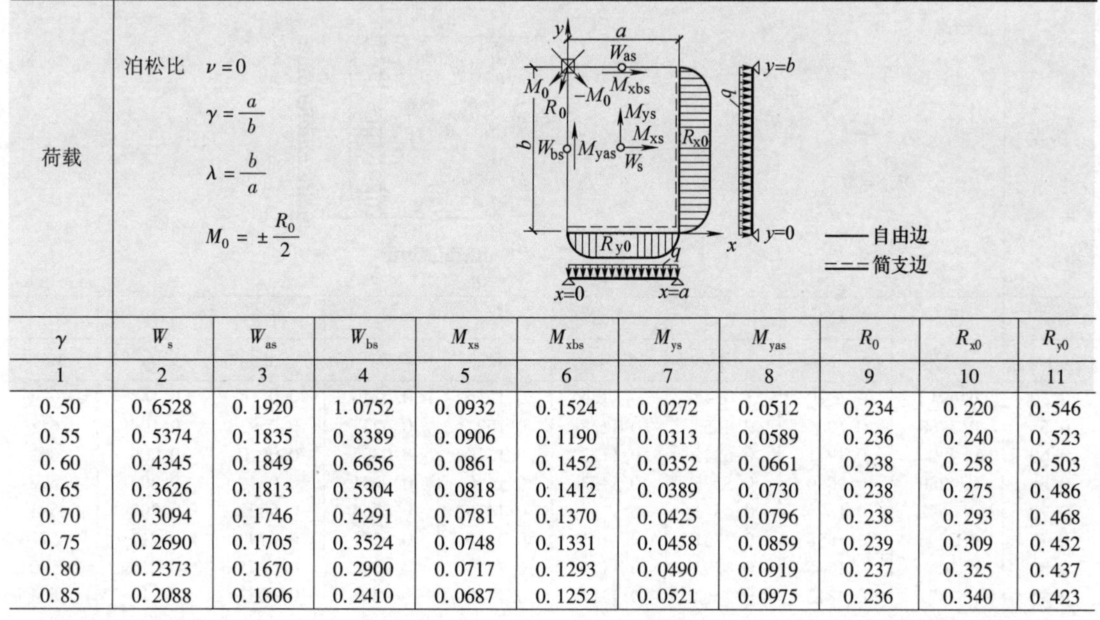

荷载：泊松比 $\nu=0$，$\gamma=\dfrac{a}{b}$，$\lambda=\dfrac{b}{a}$，$M_0=\pm\dfrac{R_0}{2}$

γ	W_s	W_{as}	W_{bs}	M_{xs}	M_{xbs}	M_{ys}	M_{yas}	R_0	R_{x0}	R_{y0}
1	2	3	4	5	6	7	8	9	10	11
0.50	0.6528	0.1920	1.0752	0.0932	0.1524	0.0272	0.0512	0.234	0.220	0.546
0.55	0.5374	0.1835	0.8389	0.0906	0.1190	0.0313	0.0589	0.236	0.240	0.523
0.60	0.4345	0.1849	0.6656	0.0861	0.1452	0.0352	0.0661	0.238	0.258	0.503
0.65	0.3626	0.1813	0.5304	0.0818	0.1412	0.0389	0.0730	0.238	0.275	0.486
0.70	0.3094	0.1746	0.4291	0.0781	0.1370	0.0425	0.0796	0.238	0.293	0.468
0.75	0.2690	0.1705	0.3524	0.0748	0.1331	0.0458	0.0859	0.239	0.309	0.452
0.80	0.2373	0.1670	0.2900	0.0717	0.1293	0.0490	0.0919	0.237	0.325	0.437
0.85	0.2088	0.1606	0.2410	0.0687	0.1252	0.0521	0.0975	0.236	0.340	0.423

续表 5-7

γ	W_s	W_{as}	W_{bs}	M_{xs}	M_{xbs}	M_{ys}	M_{yas}	R_0	R_{x0}	R_{y0}
1	2	3	4	5	6	7	8	9	10	11
0.90	0.1847	0.1554	0.2011	0.0660	0.1210	0.0551	0.1028	0.235	0.355	0.409
0.95	0.1646	0.1499	0.1690	0.0633	0.1169	0.0579	0.1079	0.233	0.370	0.395
1.00	0.1488	0.1440	0.1440	0.0607	0.1128	0.0607	0.1128	0.232	0.334	0.384
表中系数乘	$\frac{qa^4}{Eh^3}$	$\frac{qa^4}{Eh^3}$	$\frac{qa^4}{Eh^3}$	qa^2	qa^2	qb^2	qb^2	qab	qab	qab
λ	W_s	W_{as}	W_{bs}	M_{xs}	M_{xbs}	M_{ys}	M_{yas}	R_0	R_{x0}	R_{y0}
1	2	3	4	5	6	7	8	9	10	11
0.50	0.0403	0.0120	0.0672	0.0272	0.0513	0.0952	0.1524	0.234	0.546	0.220
0.55	0.0492	0.0168	0.0768	0.0313	0.0589	0.0905	0.1490	0.236	0.523	0.240
0.60	0.0564	0.0240	0.0864	0.0352	0.0661	0.0860	0.1452	0.238	0.503	0.258
0.65	0.0648	0.0324	0.0948	0.0389	0.0730	0.0818	0.1412	0.238	0.486	0.275
0.70	0.0744	0.0420	0.1032	0.0425	0.0796	0.0781	0.1370	0.238	0.468	0.293
0.75	0.0852	0.0540	0.1116	0.0458	0.0859	0.0748	0.1331	0.239	0.452	0.309
0.80	0.0972	0.0684	0.1188	0.0490	0.0919	0.0717	0.1293	0.237	0.437	0.325
0.85	0.1092	0.0840	0.1260	0.0521	0.0975	0.0687	0.1252	0.236	0.423	0.340
0.90	0.1212	0.1020	0.1320	0.0551	0.1028	0.0660	0.1210	0.235	0.409	0.355
0.95	0.1344	0.1224	0.1380	0.0579	0.1079	0.0633	0.1169	0.233	0.395	0.370
1.00	0.1488	0.1440	0.1440	0.0607	0.1128	0.0607	0.1128	0.232	0.384	0.384
表中系数乘	$\frac{qa^4}{Eh^3}$	$\frac{qa^4}{Eh^3}$	$\frac{qa^4}{Eh^3}$	qa^2	qa^2	qb^2	qb^2	qab	qab	qab

注：1. 第 2～4 栏分别为板中点和自由边的挠度系数。

2. 第 5～8 栏为板中点和自由边的弯矩系数。

3. 第 9 栏为角点(柱)的集中反力系数。

4. 第 10、11 栏为支承边上的总反力系数。

表 5-8 具有两个角柱的一边简支矩形板的计算系数

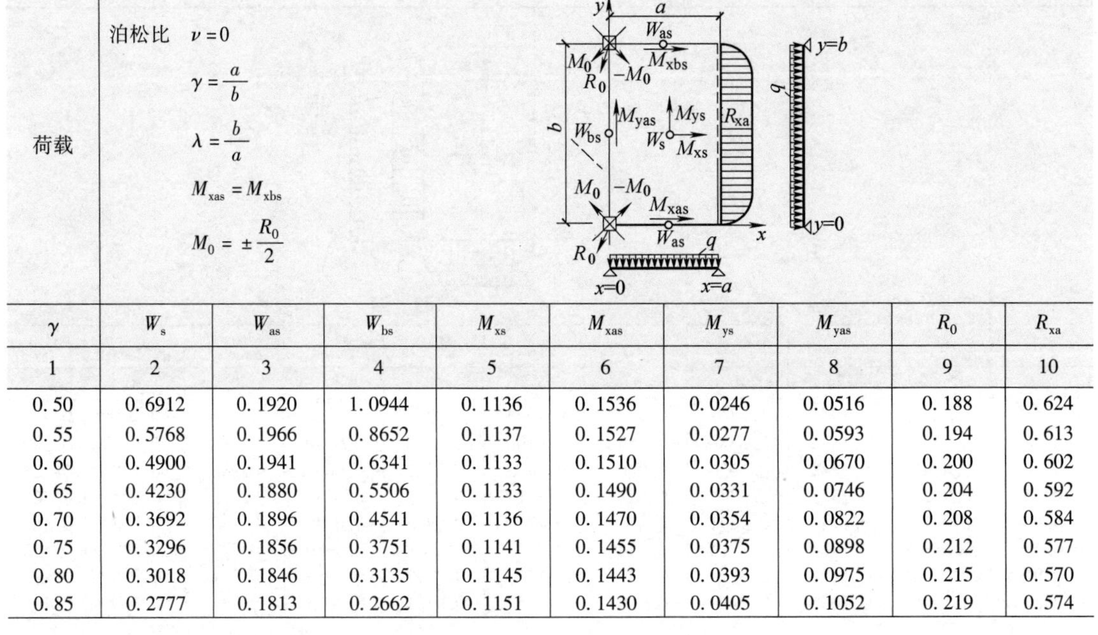

荷载

泊松比 $\nu=0$

$\gamma=\frac{a}{b}$

$\lambda=\frac{b}{a}$

$M_{xas}=M_{xbs}$

$M_0=\pm\frac{R_0}{2}$

γ	W_s	W_{as}	W_{bs}	M_{xs}	M_{xas}	M_{ys}	M_{yas}	R_0	R_{xa}
1	2	3	4	5	6	7	8	9	10
0.50	0.6912	0.1920	1.0944	0.1136	0.1536	0.0246	0.0516	0.188	0.624
0.55	0.5768	0.1966	0.8652	0.1137	0.1527	0.0277	0.0593	0.194	0.613
0.60	0.4900	0.1941	0.6341	0.1133	0.1510	0.0305	0.0670	0.200	0.602
0.65	0.4230	0.1880	0.5506	0.1133	0.1490	0.0331	0.0746	0.204	0.592
0.70	0.3692	0.1896	0.4541	0.1136	0.1470	0.0354	0.0822	0.208	0.584
0.75	0.3296	0.1856	0.3751	0.1141	0.1455	0.0375	0.0898	0.212	0.577
0.80	0.3018	0.1846	0.3135	0.1145	0.1443	0.0393	0.0975	0.215	0.570
0.85	0.2777	0.1813	0.2662	0.1151	0.1430	0.0405	0.1052	0.219	0.574

续表 5-8

γ	W_s	W_{as}	W_{bs}	M_{xs}	M_{xas}	M_{ys}	M_{yas}	R_0	R_{xa}
1	2	3	4	5	6	7	8	9	10
0. 90	0. 2614	0. 1810	0. 2267	0. 1157	0. 1418	0. 0414	0. 1129	0. 222	0. 555
0. 95	0. 2454	0. 1793	0. 1940	0. 1163	0. 1405	0. 0421	0. 1205	0. 225	0. 549
1. 00	0. 2316	0. 1788	0. 1680	0. 1172	0. 1394	0. 0425	0. 1280	0. 228	0. 544
表中系数乘	$\frac{qa^4}{Eh^3}$	$\frac{qa^4}{Eh^3}$	$\frac{qa^4}{Eh^3}$	qa^2	qa^2	qb^2	qb^2	qab	qab

λ	W_s	W_{as}	W_{bs}	M_{xs}	M_{xas}	M_{ys}	M_{yas}	R_0	R_{xa}
1	2	3	4	5	6	7	8	9	10
0. 50	0. 1644	0. 1620	0. 0216	0. 1231	0. 1278	0. 0300	0. 2576	0. 244	0. 510
0. 55	0. 1668	0. 1632	0. 0288	0. 1228	0. 1289	0. 0337	0. 2343	0. 245	0. 509
0. 60	0. 1692	0. 1644	0. 0372	0. 1224	0. 1300	0. 0364	0. 2146	0. 245	0. 511
0. 65	0. 1740	0. 1668	0. 0468	0. 1219	0. 1310	0. 0383	0. 1977	0. 243	0. 514
0. 70	0. 1788	0. 1680	0. 0576	0. 1214	0. 1321	0. 0398	0. 1833	0. 241	0. 517
0. 75	0. 1860	0. 1692	0. 0708	0. 1208	0. 1333	0. 0410	0. 1709	0. 210	0. 521
0. 80	0. 1932	0. 1704	0. 0864	0. 1202	0. 1345	0. 0419	0. 1601	0. 237	0. 526
0. 85	0. 2016	0. 1728	0. 1032	0. 1195	0. 1395	0. 0422	0. 1506	0. 235	0. 530
0. 90	0. 2100	0. 1752	0. 1224	0. 1188	0. 1370	0. 0423	0. 1421	0. 232	0. 535
0. 95	0. 2208	0. 1764	0. 1440	0. 1180	0. 1382	0. 0424	0. 1346	0. 239	0. 540
1. 00	0. 2316	0. 1788	0. 1680	0. 1172	0. 1394	0. 0425	0. 1280	0. 228	0. 544
表中系数乘	$\frac{qa^4}{Eh^3}$	$\frac{qa^4}{Eh^3}$	$\frac{qa^4}{Eh^3}$	qa^2	qa^2	qb^2	qb^2	qab	qab

注：1. 第2~4栏分别为板中点和自由边的挠度系数。

2. 第5~8栏分别为板中点和自由边沿 x、y 方向的弯矩系数。

3. 第9~10栏分别为柱上和简支边的总反力系数。

5.1.8　平板的弹性计算例题

[例题5-1]　一现浇钢筋混凝土板，三边支承在砖墙上，一边与现浇钢筋混凝土梁相接，承受均布荷载(包括自重)10kN/m²，板的平面尺寸为3.5m×5m，如图5-3所示，求板的弯矩。

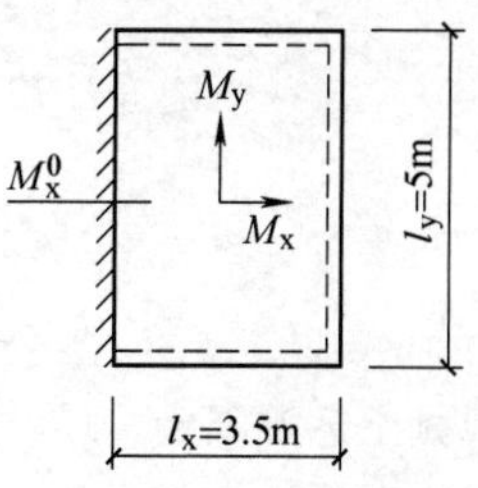

图5-3　[例题5-1]计算简图

[解]

如图5-3所示，按三边简支，一边固定板计算：

查表5-1序号1，板②中系数为

$$l_x/l_y = 3.5/5 = 0.7$$

当 $\nu=0$ 时跨中弯矩为

$$M_x = 0.0485 \times 10 \times 3.5^2 = 5.94(\text{kN} \cdot \text{m/m})$$

$$M_y = 0.0149 \times 10 \times 3.5^2 = 1.83(\text{kN} \cdot \text{m/m})$$

换算成 $\nu = \frac{1}{6}$ 后跨中弯矩根据式(5-1)和式(5-2)计算为

$$M_x^\nu = 5.94 + \frac{1}{6} \times 1.83 = 6.25(\text{kN} \cdot \text{m/m})$$

$$M_y^\nu = 1.83 + \frac{1}{6} \times 5.94 = 2.82(\text{kN} \cdot \text{m/m})$$

支座弯矩为

$$M_x^0 = -0.1089 \times 10 \times 3.5^2 = -13.34(\text{kN} \cdot \text{m/m})$$

[例题 5-2] 如图 5-4 所示，一承受三角形荷载的双向板，三边固定，一边自由，求板的跨中和支座弯矩。

[解]

查表 5-5 序号 7，板⑩中系数为

$$l_y/l_x=3.6/4.5=0.8$$

计算弯矩为

$$M_x^0=-0.0238\times8\times4.5^2=-3.86(\mathrm{kN\cdot m/m})$$

$$M_y^0=-0.0304\times8\times4.5^2=-4.92(\mathrm{kN\cdot m/m})$$

$$M_{x2}^0=-0.0153\times8\times4.5^2=-2.48(\mathrm{kN\cdot m/m})$$

$$M_{0x}=0.0096\times8\times4.5^2=1.56(\mathrm{kN\cdot m/m})$$

$$M_x=0.0085\times8\times4.5^2=1.38(\mathrm{kN\cdot m/m})$$

$$M_y=0.0067\times8\times4.5^2=1.09(\mathrm{kN\cdot m/m})$$

图 5-4 [例题 5-2]计算简图

因有自由边，跨中弯矩不作修正。

[例题 5-3] 如图 5-5 所示，一承受集中荷载双向钢筋混凝土板，$P=20\mathrm{kN}$，四边固定，求跨中及支座弯矩。

[解]

查表 5-3 序号 4，板②中系数为

$$l_y/l_x=3.64/2.8=1.3$$

计算弯矩为

$$M_x=0.136\times20=2.72(\mathrm{kN\cdot m/m})$$

$$M_y=0.096\times20=1.92(\mathrm{kN\cdot m/m})$$

$$M_x^0=-0.139\times20=-2.78(\mathrm{kN\cdot m/m})$$

$$M_y^0=-0.063\times20=-1.26(\mathrm{kN\cdot m/m})$$

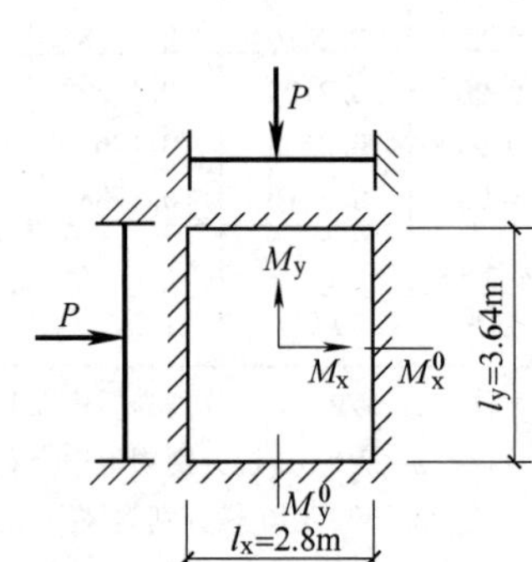

图 5-5 [例题 5-3]计算简图

换算成 $\nu=\frac{1}{6}$ 后的跨中弯矩根据式(5-1)和式(5-2)计算为

$$M_x^{\nu}=2.72+\frac{1}{6}\times1.92=3.04(\mathrm{kN\cdot m/m})$$

$$M_y^{\nu}=1.92+\frac{1}{6}\times2.72=2.37(\mathrm{kN\cdot m/m})$$

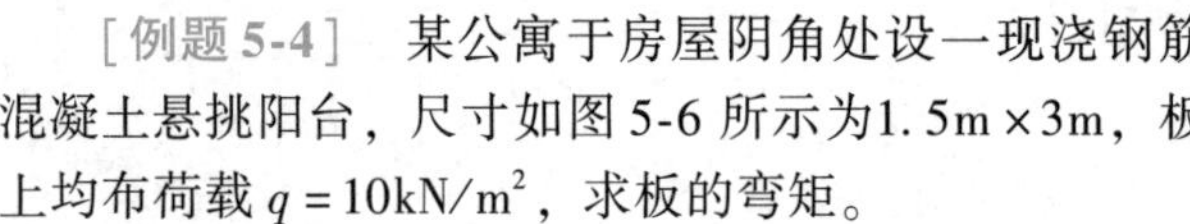

[例题 5-4] 某公寓于房屋阴角处设一现浇钢筋混凝土悬挑阳台，尺寸如图 5-6 所示为 $1.5\mathrm{m}\times3\mathrm{m}$，板上均布荷载 $q=10\mathrm{kN/m^2}$，求板的弯矩。

[解]

查表 5-4 计算 l_x/l_y 比值为

$$l_x/l_y=3/1.5=2$$

支座弯矩根据 $l_x/l_y=2$，查表 5-4 计算为

$$M_x^0=-0.082\times10\times3^2=-7.38(\mathrm{kN\cdot m/m})$$

$$M_y^0=-0.421\times10\times1.5^2=-9.47(\mathrm{kN\cdot m/m})$$

跨中弯矩根据 $l_x/l_y=2$，查表 5-4 计算为

$$M_{xmax}=0.0113\times10\times3^2=1.02(\mathrm{kN\cdot m/m})$$

$$M_{ymax}=0.004\times10\times1.5^2=0.09(\mathrm{kN\cdot m/m})$$

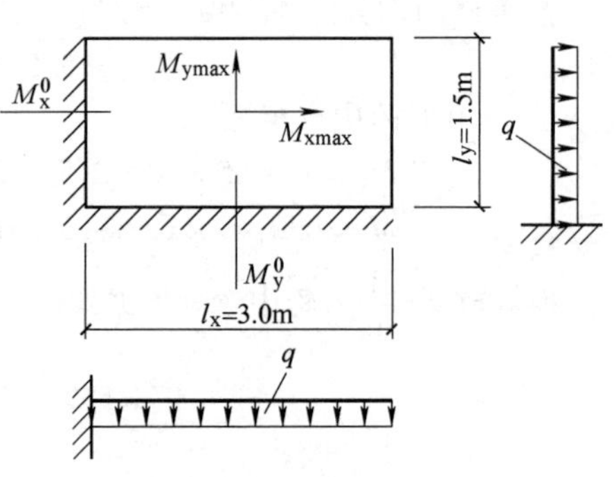

图 5-6 [例题 5-4]计算简图

[例题5-5]　某公寓设有半圆弧形现浇钢筋混凝土阳台，尺寸如图5-7所示，求阳台板和半圆弧形梁的弯矩，板上均布荷载 $q=10\text{kN/m}^2$。

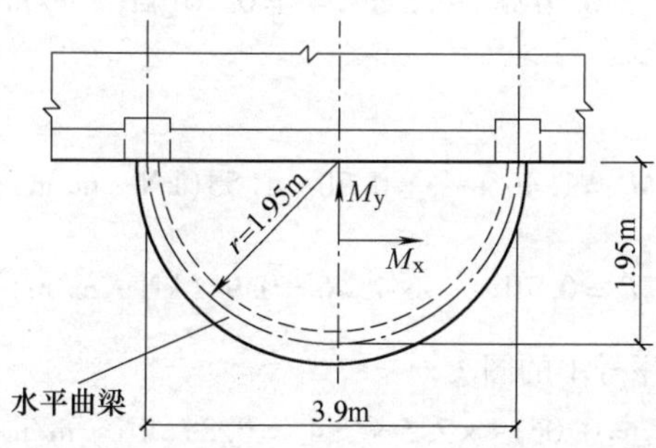

图5-7　[例题5-5]计算简图

[解]

(1) 阳台板计算

板周边与曲梁边梁相接，按简支计算：

查表5-6板②计算弯矩为

$$M_x=0.0515qr^2=0.0515\times10\times1.95^2=1.96(\text{kN}\cdot\text{m/m})$$

$$M_y=0.0868qr^2=0.0868\times10\times1.95^2=3.30(\text{kN}\cdot\text{m/m})$$

(2) 水平曲梁计算

其内力计算方法见第3.3节水平曲梁的计算中的[例题3-5]。

[例题5-6]　图5-8所示一连续钢筋混凝土板，周边简支。均布恒载 $g=4.0\text{kN/m}^2$，均布活载 $q=5\text{kN/m}^2$，求1、2、3区格板内弯矩。

[解]

根据图5-2“不同荷载组合布置”则有

$$q_0=4+5=9(\text{kN/m}^2)$$

$$q_1=4+\frac{5}{2}=6.5(\text{kN/m}^2)$$

$$q_2=\pm\frac{5}{2}=\pm2.5(\text{kN/m}^2)$$

(1) 1区板(图5-9)

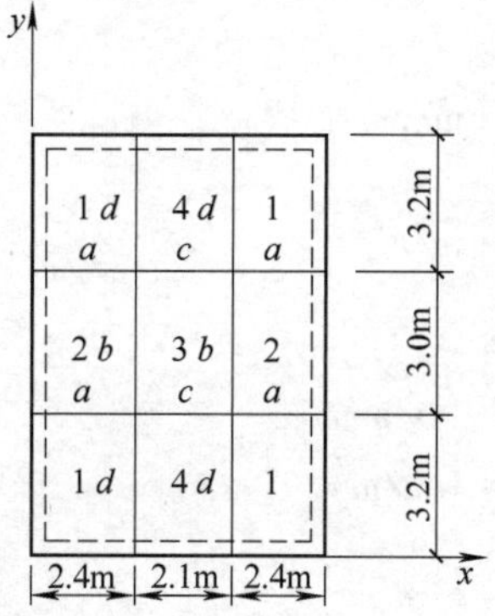

图5-8　[例题5-6]计算简图

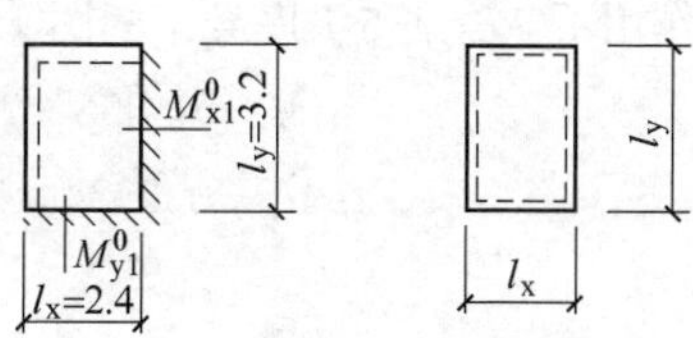

图5-9　[例题5-6]1区板计算简图

在 q_1 作用下：查表5-1序号1的图④，$l_x/l_y=2.4/3.2=0.75$

$$M_x=0.039\times6.5\times2.4^2=1.46(\mathrm{kN\cdot m/m})$$
$$M_y=0.0188\times6.5\times2.4^2=0.70(\mathrm{kN\cdot m/m})$$

换算成 $\nu=\frac{1}{6}$ 为

$$M_x^{\nu}=1.46+\frac{1}{6}\times0.70=1.58(\mathrm{kN\cdot m/m})$$
$$M_y^{\nu}=0.70+\frac{1}{6}\times1.46=0.94(\mathrm{kN\cdot m/m})$$

在 q_2 作用下：查表5-1序号1的图①

$$M_x=0.0619\times2.5\times2.4^2=0.89(\mathrm{kN\cdot m/m})$$
$$M_y=0.0318\times2.5\times2.4^2=0.46(\mathrm{kN\cdot m/m})$$

换算成 $\nu=\frac{1}{6}$ 为

$$M_x^{\nu}=0.89+\frac{1}{6}\times0.46=0.97(\mathrm{kN\cdot m/m})$$
$$M_y^{\nu}=0.46+\frac{1}{6}\times0.89=0.61(\mathrm{kN\cdot m/m})$$

最后叠加得跨中弯矩为

$$M_{x1}=1.58+0.97=2.55(\mathrm{kN\cdot m/m})$$
$$M_{y1}=0.94+0.61=1.55(\mathrm{kN\cdot m/m})$$

支座弯矩：在 q_0 作用下查表5-1序号1的图④

$$M_{x1}^0=-0.094\times9\times2.4^2=-4.87(\mathrm{kN\cdot m/m})$$
$$M_{y1}^0=-0.0759\times9\times2.4^2=-3.93(\mathrm{kN\cdot m/m})$$

(2) 2区板(图5-10)

在 q_1 作用下：查表5-1序号4的图⑤。因2区板中 l_x 相当于图⑤中的 l_y，故查表时应查图⑤中的 $l_y/l_x=2.4/3=0.8$，将算得的跨中、支座弯矩分别再互换为

$$M_x=M_y'=0.0289\times6.5\times2.4^2=1.08(\mathrm{kN\cdot m/m})$$
$$M_y=M_x'=0.0224\times6.5\times2.4^2=0.84(\mathrm{kN\cdot m/m})$$

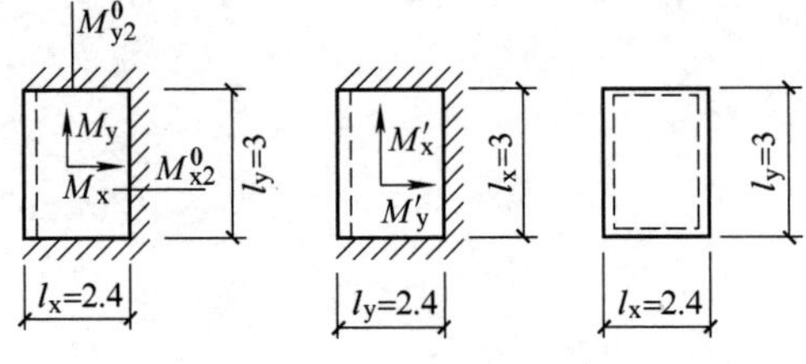

图5-10 [例题5-6]2区板计算简图

换算后为

$$M_x^{\nu}=1.08+\frac{1}{6}\times0.84=1.22(\mathrm{kN\cdot m/m})$$
$$M_y^{\nu}=0.84+\frac{1}{6}\times1.08=1.02(\mathrm{kN\cdot m/m})$$

在 q_2 作用下：查表5-1序号1的图①，$l_x/l_y=2.4/3=0.8$

$$M_x=0.056\times2.5\times2.4^2=0.81(\mathrm{kN\cdot m/m})$$
$$M_y=0.0334\times2.5\times2.4^2=0.48(\mathrm{kN\cdot m/m})$$

换算后为

$$M_x^{\nu}=0.81+\frac{1}{6}\times0.48=0.89(\mathrm{kN\cdot m/m})$$

$$M_y^v = 0.48 + \frac{1}{6} \times 0.81 = 0.62 (kN \cdot m/m)$$

最后叠加得跨中弯矩为

$$M_{x2} = 1.22 + 0.89 = 2.11 (kN \cdot m/m)$$
$$M_{y2} = 1.02 + 0.62 = 1.64 (kN \cdot m/m)$$

支座弯矩：在 q_0 作用下查表 5-1 序号 4 的图⑤中的 $l_y/l_x = 2.4/3 = 0.8$

$$M_{x2}^0 = M_y^{0'} = -0.0773 \times 9 \times 2.4^2 = -4.01 (kN \cdot m/m)$$
$$M_{y2}^0 = M_{x2}^{0'} = -0.0706 \times 9 \times 2.4^2 = -3.66 (kN \cdot m/m)$$

(3) 3 区板(图 5-11)

在 q_1 作用下：查表 5-1 序号 3 的图⑥，$l_x/l_y = 2.1/3 = 0.7$

$$M_x = 0.0322 \times 6.5 \times 2.1^2 = 0.92 (kN \cdot m/m)$$
$$M_y = 0.0114 \times 6.5 \times 2.1^2 = 0.33 (kN \cdot m/m)$$

换算后为

$$M_x^v = 0.92 + \frac{1}{6} \times 0.33 = 0.98 (kN \cdot m/m)$$
$$M_y^v = 0.33 + \frac{1}{6} \times 0.92 = 0.48 (kN \cdot m/m)$$

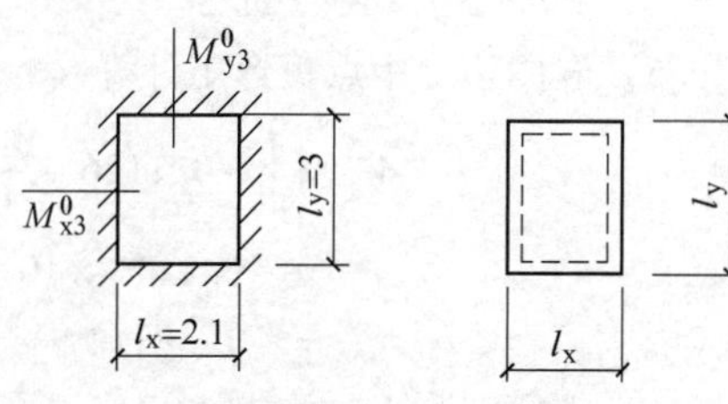

图 5-11　[例题 5-6]3 区板计算简图

在 q_2 作用下：查表 5-1 序号 1 的图①，$l_x/l_y = 2.1/3 = 0.7$

$$M_x = 0.0683 \times 2.5 \times 2.1^2 = 0.75 (kN \cdot m/m)$$
$$M_y = 0.0298 \times 2.5 \times 2.1^2 = 0.33 (kN \cdot m/m)$$

换算后为

$$M_x^v = 0.75 + \frac{1}{6} \times 0.33 = 0.81 (kN \cdot m/m)$$
$$M_y^v = 0.33 + \frac{1}{6} \times 0.75 = 0.46 (kN \cdot m/m)$$

最后叠加得跨中弯矩为

$$M_{x3} = 0.98 + 0.81 = 1.79 (kN \cdot m/m)$$
$$M_{y3} = 0.48 + 0.46 = 0.94 (kN \cdot m/m)$$

支座弯矩：在 q_0 作用下查表 5-1 序号 3 的图⑥，$l_x/l_y = 2.4/3 = 0.8$

$$M_{x3}^0 = -0.0731 \times 9 \times 2.1^2 = -2.90 (kN \cdot m/m)$$
$$M_{y3}^0 = -0.0568 \times 9 \times 2.1^2 = -2.25 (kN \cdot m/m)$$

(4) 求各区格板中间支座弯矩

a 支座：$M_a = \frac{1}{2}(M_{y1}^0 + M_{y2}^0) = (-3.93 - 3.66)\frac{1}{2} = -3.80 (kN \cdot m/m)$

b 支座：$M_b = \frac{1}{2}(M_{x1}^0 + M_{x2}^0) = (-2.90 - 4.01)\frac{1}{2} = -3.46 (kN \cdot m/m)$

[例题 5-7]　某钢筋混凝土矩形板，尺寸为 4m×6m，三边简支在砖墙上，一边嵌固在梁上，如图 5-12 所示，承受均布荷载 $q = 10kN/m^2$(包括板自重)，求板中点的弯矩和固定端支座中点的弯矩。

[解]

(1) 板为三边简支，一边固定，对应于表 5-1 序号 1 中的板②

$l_x = 4m$，$l_y = 6m$，$l_x/l_y = 4/6 = 0.667$，$l = l_x$。由表中查得弯矩系数后乘以 ql_x^2 进行计算。

(2) 因表中 $l_x/l_y=0.667$ 没有，则用插入法进行计算

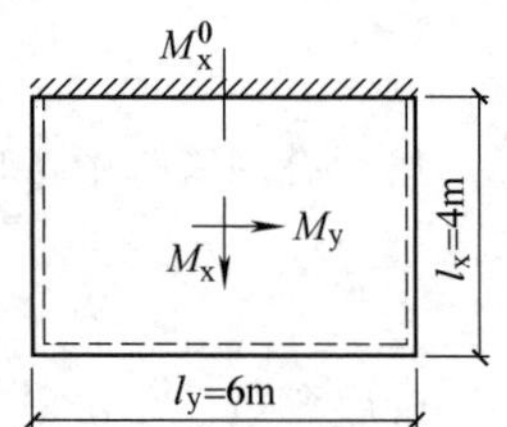

图 5-12 [例题 5-7] 双向板计算简图

(3) 平行于 l_x 方向的板中点弯矩计算

$$\begin{aligned}M_x &= \left[0.0512+\frac{0.667-0.65}{0.7-0.65}\times(0.0485-0.0512)\right]ql_x^2\\&=0.0503\times10\times4^2\\&=8.05(\text{kN}\cdot\text{m/m})\end{aligned}$$

(4) 平行于 l_y 方向的板中点弯矩计算

$$\begin{aligned}M_y &= \left[0.0127+\frac{0.667-0.65}{0.7-0.65}\times(0.0149-0.0127)\right]ql_x^2\\&=0.0134\times10\times4^2\\&=2.14(\text{kN}\cdot\text{m/m})\end{aligned}$$

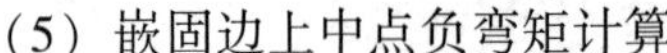

(5) 嵌固边上中点负弯矩计算

$$\begin{aligned}M_x^0 &= \left[-0.1126+\frac{0.667-0.65}{0.7-0.65}\times(-0.1089+0.1126)\right]ql_x^2\\&=-0.1113\times10\times4^2\\&=-17.81(\text{kN}\cdot\text{m/m})\end{aligned}$$

(6) 钢筋混凝土的泊松比 $\nu=1/6$，故板中点的弯矩应根据式(5-1)和式(5-2)修正计算

$$M_x^\nu=8.05+2.14\times1/6=8.41(\text{kN}\cdot\text{m/m})$$

$$M_y^\nu=2.14+8.05\times1/6=3.48(\text{kN}\cdot\text{m/m})$$

(7) 嵌固边上中点负弯矩

$$M_x^0=-17.81(\text{kN}\cdot\text{m/m})$$

[例题 5-8] 图 5-13 所示连续板的四边均为简支边，承受均布恒载 $g=4\text{kN/m}^2$，均布活载 $q=5\text{kN/m}^2$，求区格Ⅳ的跨中弯矩和支座弯矩。

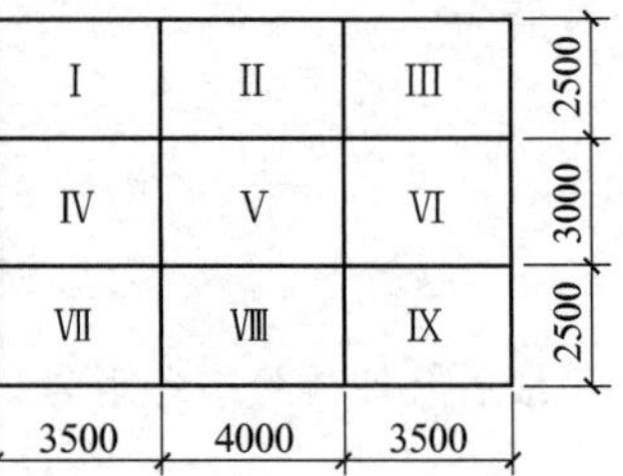

图 5-13 [例题 5-8] 多跨双向板分区示意图

[解]

(1) 跨中弯矩计算

$$g_0=4+5/2=6.5(\text{kN/m}^2)$$

$$q_0=\pm5/2=\pm2.5(\text{kN/m}^2)$$

在 g_0 作用下板Ⅳ为三边固定一边简支，应查表 5-1 序号 3 的图板⑤栏，$l_x=3\text{m}$，$l_y=3.5\text{m}$，$l_x/l_y=3/3.5=0.86$，取 $l=3\text{m}$。在 q_0 作用下板为四边简支，应查表 5-1 序号 1 的图板①栏，$l_x/l_y=0.86$，$l=l_x=3\text{m}$。

因表中 $l_x/l_y=3/3.5=0.86$ 没有，则用插入法进行计算。

跨中最大弯矩计算为

$$\begin{aligned}M_x &= \left[0.0292+\frac{0.86-0.85}{0.90-0.86}\times(0.0270-0.0292)\right]\times6.5\times3^2+\\&\quad\left[0.0506+\frac{0.86-0.85}{0.90-0.86}\times(0.0456-0.0506)\right]\times2.5\times3^2\\&=0.0287\times6.5\times9+0.0494\times2.5\times9\\&=1.68+1.11\\&=2.79(\text{kN}\cdot\text{m/m})\end{aligned}$$

$$M_y = \left[0.0138 + \frac{0.86-0.85}{0.90-0.86}\times(0.0151-0.0138)\right]\times 6.5\times 3^2 + \left[0.0348 + \frac{0.86-0.85}{0.90-0.86}\times(0.0359-0.0348)\right]\times 2.5\times 3^2$$

$$=0.0141\times 6.5\times 9+0.0350\times 2.5\times 9$$

$$=0.82+0.79$$

$$=1.61(\text{kN}\cdot\text{m/m})$$

（2）支座弯矩计算

三边固定一边简支，查表 5-1 序号 3 的图板⑤栏，$l_x=3\text{m}$，$l_y=3.5\text{m}$，$l_x/l_y=3/3.5=0.86$，取 $l=3\text{m}$。

因表中 $l_x/l_y=3/3.5=0.86$ 没有，则用插入法进行计算

$$M_x^0 = \left[-0.0691 + \frac{0.86-0.85}{0.90-0.86}\times(-0.0660+0.0691)\right]\times 9\times 3^2$$

$$=-0.0683\times 9\times 9$$

$$=-5.53(\text{kN}\cdot\text{m/m})$$

$$M_y^0 = \left[-0.0564 + \frac{0.86-0.85}{0.90-0.86}\times(-0.056+0.0564)\right]\times 9\times 3^2$$

$$=-0.0563\times 9\times 9$$

$$=-4.56(\text{kN}\cdot\text{m/m})$$

5.2　钢筋混凝土圆形板和环形板的弹性计算

5.2.1　计算说明

钢筋混凝土圆形板和环形板的弹性计算说明如下：

1）表 5-9 ~ 表 5-12 为泊松比 $\nu=1/6$（可用于钢筋混凝土板）的圆形板的弯矩和挠度系数；表 5-13 ~ 表 5-16 为环形板的弯矩和挠度系数；表 5-17 ~ 表 5-19 为悬挑圆形板的弯矩和挠度系数。

2）表中符号意义：

q——轴对称均布荷载或轴对称环形均布荷载；

M_0——轴对称环形均布弯矩；

M_r、M_t——单位板宽的径向和切向弯矩；

M_r^0、M_t^0——周边固定时支座处单位板宽的径向和切向弯矩；

V_r——剪力；

w、w_{max}——挠度和最大挠度；

B——刚度，$B=Eh^3/12(1-\nu^2)$；

E——弹性模量；

h——板厚；

ν——泊松比；

$\rho=\dfrac{x}{R}$；

$\beta=\dfrac{r}{R}$。

x、r、R——见计算简图。

3）正负号的规定：

①弯矩：使截面上部受压，下部受拉者为正。

②挠度：向下变位者为正。

③剪力：图5-14所示者为正。

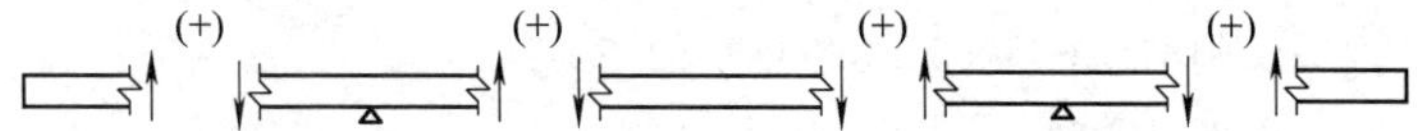

图5-14 剪力正负号的规定

5.2.2 圆形板在各种荷载下的计算

（1）在均布荷载作用下周边固定圆形板计算

在均布荷载作用下周边固定圆形板计算见表5-9。

表5-9 在均布荷载作用下周边固定圆形板计算

计算简图	$\rho=\frac{x}{r}$，$\nu=\frac{1}{6}$；$w=(\text{表中系数})\times\frac{qr^4}{B}$；$M=(\text{表中系数})\times qr^2$				
ρ	0	0.1	0.2	0.3	0.4	0.5
w	0.0156	0.0153	0.0144	0.0129	0.0110	0.0088
M_r	0.0729	0.0709	0.0650	0.0551	0.0412	0.0234
M_t	0.0729	0.0720	0.0692	0.0645	0.0579	0.0495
ρ	0.6	0.7	0.8	0.9	1.0	
w	0.0064	0.0041	0.0020	0.0006	0	
M_r	0.0167	-0.0241	-0.0538	-0.0874	-0.1250	
M_t	0.0392	0.0270	0.0129	-0.0030	-0.0208	

（2）在周边弯矩作用下圆形板计算

在周边弯矩作用下圆形板计算见表5-10。

表5-10 在周边弯矩作用下圆形板计算

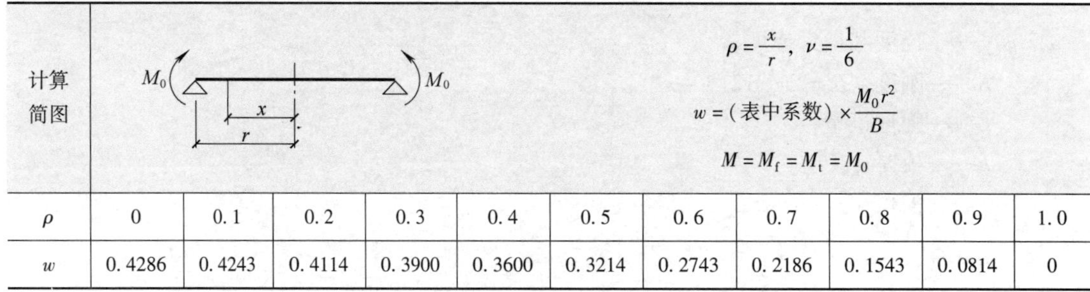

计算简图	$\rho=\frac{x}{r}$，$\nu=\frac{1}{6}$；$w=(\text{表中系数})\times\frac{M_0r^2}{B}$；$M=M_f=M_t=M_0$									
ρ	0	0.1	0.2	0.3	0.4	0.5	0.6	0.7	0.8	0.9	1.0
w	0.4286	0.4243	0.4114	0.3900	0.3600	0.3214	0.2743	0.2186	0.1543	0.0814	0

（3）周边简支板在中心局部均布荷载作用下圆形板计算

周边简支板在中心局部均布荷载作用下圆形板计算见表5-11。

表 5-11　周边简支板在中心局部均布荷载作用下圆形板计算

序号	计算简图	$\rho=\frac{x}{R}$，$\beta=\frac{r}{R}$，$v=\frac{1}{6}$ w =（表中系数）×$\frac{qr^2R^2}{B}$ M =（表中系数）×qr^2											
	M 或 w	ρ	β										
			→0	0.1	0.2	0.3	0.4	0.5	0.6	0.7	0.8	0.9	1.0
1	M_r	0	∞	0.9211	0.7173	0.5965	0.5089	0.4391	0.3802	0.3285	0.2818	0.2385	0.1979
		0.1	0.6716	0.7232	0.6679	0.5745	0.4965	0.4312	0.3747	0.3245	0.2787	0.2361	0.1559
		0.2	0.4694	0.4819	0.5194	0.5086	0.4594	0.4075	0.3582	0.3124	0.2694	0.2288	0.1900
		0.3	0.3512	0.3564	0.3722	0.3986	0.3976	0.3679	0.3308	0.2922	0.2539	0.2166	0.1801
		0.4	0.2673	0.2700	0.2782	0.2919	0.3110	0.3125	0.2923	0.2639	0.2323	0.1994	0.1662
		0.5	0.2022	0.2037	0.2084	0.2162	0.2272	0.2412	0.2428	0.2275	0.2044	0.1775	0.1484
		0.6	0.1490	0.1499	0.1527	0.1573	0.1638	0.1721	0.1823	0.1831	0.1704	0.1506	0.1267
		0.7	0.1040	0.1046	0.1062	0.1089	0.1127	0.1176	0.1235	0.1306	0.1302	0.1188	0.1009
		0.8	0.0651	0.0654	0.0663	0.0677	0.0698	0.0724	0.0756	0.0794	0.0838	0.0822	0.0712
		0.9	0.0307	0.0309	0.0312	0.0318	0.0327	0.0338	0.0351	0.0367	0.0385	0.0406	0.0376
		1.0	0	0	0	0	0	0	0	0	0	0	0
2	M_t	0	∞	0.9211	0.7173	0.5965	0.5089	0.4391	0.3802	0.3285	0.2818	0.2385	0.1979
		0.1	0.8799	0.8273	0.6939	0.5861	0.5031	0.4354	0.3776	0.3266	0.2803	0.2374	0.1970
		0.2	0.6778	0.6642	0.6236	0.5548	0.4855	0.4241	0.3698	0.3209	0.2759	0.2339	0.1942
		0.3	0.5595	0.5532	0.5345	0.5027	0.4562	0.4054	0.3568	0.3113	0.2686	0.2281	0.1895
		0.4	0.4756	0.4718	0.4605	0.4416	0.4152	0.3791	0.3386	0.2979	0.2583	0.2200	0.1829
		0.5	0.4105	0.4079	0.4001	0.3871	0.3688	0.3454	0.3151	0.2807	0.2451	0.2096	0.1745
		0.6	0.3573	0.3554	0.3495	0.3396	0.3258	0.3081	0.2865	0.2596	0.2290	0.1969	0.1642
		0.7	0.3124	0.3108	0.3060	0.2981	0.2870	0.2728	0.2553	0.2348	0.2100	0.1818	0.1520
		0.8	0.2734	0.2721	0.2681	0.2614	0.2521	0.2401	0.2254	0.2080	0.1880	0.1645	0.1379
		0.9	0.2391	0.2379	0.2344	0.2286	0.2204	0.2100	0.1972	0.1820	0.1646	0.1448	0.1220
		1.0	0.2083	0.2073	0.2042	0.1990	0.1917	0.1823	0.1708	0.1573	0.1417	0.1240	0.1042
3	w_{max}	0	0.1696	0.1672	0.1616	0.1538	0.1444	0.1337	0.1220	0.1095	0.0964	0.0829	0.0692
4	M_r^0	1.0	−0.2500	−0.2488	−0.2450	−0.2388	−0.2300	−0.2188	−0.2050	−0.1888	−0.1700	−0.1488	−0.1250
5	M_t^0	1.0	−0.0417	−0.0415	−0.0408	−0.0398	−0.0383	−0.0365	−0.0342	−0.0315	−0.0283	−0.0248	−0.0208

（4）周边简支在环形线均布荷载作用下圆形板计算

周边简支在环形线均布荷载作用下圆形板计算见表 5-12。

表 5-12 周边简支在环形线均布荷载作用下圆形板计算

序号	M或w	ρ	β										
计算简图		$\rho=\frac{x}{R}$，$\beta=\frac{r}{R}$，$\nu=\frac{1}{6}$ $w=$(表中系数)$\times\frac{qr^2R^2}{B}$ q 为环形线均布荷载 $M=$(表中系数)$\times qr$											
			→0	0.1	0.2	0.3	0.4	0.5	0.6	0.7	0.8	0.9	1.0
1	M_r	0	∞	1.5494	0.1388	0.8919	0.7095	0.5606	0.4313	0.3143	0.2052	0.1010	0
		0.1	1.3432	1.5494	1.1388	0.8919	0.7095	0.5606	0.4313	0.3143	0.2052	0.1010	0
		0.2	0.9388	0.9888	1.1388	0.8919	0.7095	0.5606	0.4313	0.3143	0.2052	0.1010	0
		0.3	0.7023	0.7234	0.7866	0.8919	0.7095	0.5606	0.4313	0.3143	0.2052	0.1010	0
		0.4	0.5345	0.5454	0.5783	0.6329	0.7095	0.5606	0.4313	0.3143	0.2052	0.1010	0
		0.5	0.4043	0.4106	0.4293	0.4606	0.5043	0.5606	0.4313	0.3143	0.2052	0.1010	0
		0.6	0.2980	0.3017	0.3128	0.3313	0.3572	0.3906	0.4313	0.3143	0.2052	0.1010	0
		0.7	0.2081	0.2102	0.2167	0.2276	0.2428	0.2623	0.2861	0.3143	0.2052	0.1010	0
		0.8	0.1302	0.1313	0.1349	0.1407	0.1489	0.1595	0.1724	0.1876	0.2052	0.1010	0
		0.9	0.0615	0.0619	0.0634	0.0659	0.0693	0.0737	0.0791	0.0854	0.0927	0.1010	0
		1.0	0	0	0	0	0	0	0	0	0	0	0
2	M_t	0	∞	1.5494	0.1388	0.8918	0.7095	0.5606	0.4313	0.3143	0.2052	0.1010	0
		0.1	1.7598	1.5494	1.1388	0.8919	0.7095	0.5606	0.4313	0.3143	0.2052	0.1010	0
		0.2	1.3555	1.3013	1.1388	0.8919	0.7095	0.5606	0.4313	0.3143	0.2052	0.1010	0
		0.3	1.1190	1.0938	1.0181	0.8919	0.7095	0.5606	0.4313	0.3143	0.2052	0.1010	0
		0.4	0.9512	0.9361	0.8908	0.8152	0.7095	0.5606	0.4313	0.3143	0.2052	0.1010	0
		0.5	0.8210	0.8106	0.7783	0.7273	0.6543	0.5606	0.4313	0.3143	0.2052	0.1010	0
		0.6	0.7146	0.7068	0.6832	0.6438	0.5887	0.5179	0.4313	0.3143	0.2052	0.1010	0
		0.7	0.6247	0.6184	0.5984	0.5677	0.5234	0.4664	0.3967	0.3143	0.2052	0.1010	0
		0.8	0.5468	0.5415	0.5255	0.4988	0.4614	0.4134	0.3546	0.2852	0.2052	0.1010	0
		0.9	0.4781	0.4735	0.4585	0.4362	0.4036	0.3617	0.3105	0.2500	0.1802	0.1010	0
		1.0	0.4167	0.4125	0.4000	0.3792	0.3500	0.3125	0.2667	0.2125	0.1500	0.0792	0
3	w_{max}	0	0.3393	0.3301	0.3096	0.2817	0.2483	0.2111	0.1712	0.1293	0.0864	0.0431	0
4	M_r^0	1.0	-0.5000	-0.4950	-0.4800	-0.4550	-0.4200	-0.3750	-0.3200	-0.2550	-0.1800	-0.0950	0
5	M_t^0	1.0	-0.0833	-0.0825	-0.0800	-0.0700	-0.0625	-0.0533	-0.0425	-0.0300	-0.0158	0	

5.2.3 环形板在各种荷载下的计算

(1) 周边简支在均布荷载作用下环形板计算

周边简支在均布荷载作用下环形板计算见表 5-13。

表 5-13　周边简支在均布荷载作用下环形板计算

序号	计算简图												
	$\rho=\frac{x}{R}$，$\beta=\frac{r}{R}$，$\nu=\frac{1}{6}$；$w=$(表中系数)$\times\frac{qR^4}{B}$；r 是内圆孔半径；$M=$(表中系数)$\times qR^2$												
	M 或 w	ρ	β										
			0	0.1	0.2	0.3	0.4	0.5	0.6	0.7	0.8	0.9	1.0
1	M_r	0	—										
		0.1	0.1959	0									
		0.2	0.1900	0.1394	0								
		0.3	0.1801	0.1573	0.0939	0							
		0.4	0.1662	0.1535	0.1181	0.0651	0						
		0.5	0.1484	0.1407	0.1189	0.0862	0.0455	0					
		0.6	0.1267	0.1218	0.1080	0.0871	0.0610	0.0314	0				
		0.7	0.1009	0.0979	0.0894	0.0763	0:0598	0.0410	0.0207	0			
		0.8	0.0712	0.0695	0.0646	0.0571	0.0476	0.0366	0.0247	0.0124	0		
		0.9	0.0376	0.0368	0.0347	0.0314	0.0272	0.0223	0.0169	0.0113	0.0056	0	
		1.0	0	0	0	0	0	0	0	0	0	0	0
2	M_t	0	—										
		0.1	0.1970	0.3812									
		0.2	0.1942	0.2371	0.3525								
		0.3	0.1895	0.2070	0.2535	0.3170							
		0.4	0.1829	0.1920	0.2156	0.2466	0.2774						
		0.5	0.1745	0.1799	0.1937	0.2110	0.2264	0.2350					
		0.6	0.1642	0.1678	0.1768	0.1875	0.1959	0.1981	0.1907				
		0.7	0.1520	0.1547	0.1612	0.1685	0.1735	0.1731	0.1644	0.1449			
		0.8	0.1379	0.1401	0.1453	0.1509	0.1554	0.1532	0.1448	0.1270	0.0978		
		0.9	0.1220	0.1239	0.1284	0.1333	0.1363	0.1351	0.1277	0.1121	0.0866	0.0494	
		1.0	0.1042	0.1059	0.1101	0.1148	0.1179	0.1173	0.1113	0.0981	0.0761	0.0438	0
3	w_{max}	$\rho=\beta$	0.0692	0.0728	0.0764	0.0760	0.0705	0.0602	0.0463	0.0307	0.0159	0.0045	0
4	M_r^0	1.0	−0.1250	−0.1241	−0.1201	−0.1113	−0.0971	−0.0782	−0.0568	−0.0356	−0.0173	−0.0047	0
5	M_t^0	1.0	−0.0208	−0.0207	−0.0200	−0.0186	−0.0162	−0.0130	−0.0095	−0.0059	−0.0029	−0.0008	0

（2）周边简支在内圆线均布荷载作用下环形板计算

周边简支在内圆线均布荷载作用下环形板计算见表 5-14。

表 5-14 周边简支在内圆线均布荷载作用下环形板计算

序号	计算简图												
	q q x R r	$\rho=\frac{x}{R}$，$\beta=\frac{r}{R}$，$\nu=\frac{1}{6}$ $w=$(表中系数)$\times\frac{qrR^2}{B}$ q 为环形线均布荷载 $M=$(表中系数)$\times qr$ r 为内圆孔半径											
	M或w	ρ	β										
			0	0.1	0.2	0.3	0.4	0.5	0.6	0.7	0.8	0.9	1.0
1	M_r	0	—										
		0.1	1.3432	0									
		0.2	0.9388	0.6132	0								
		0.3	0.7023	0.5651	0.3068	0							
		0.4	0.5345	0.4633	0.3291	0.1698	0						
		0.5	0.4043	0.3636	0.2870	0.1960	0.0989	0					
		0.6	0.2980	0.2739	0.2284	0.1745	0.1170	0.0584	0				
		0.7	0.2081	0.1939	0.1673	0.1358	0.1021	0.0678	0.0336	0			
		0.8	0.1302	0.1225	0.1082	0.0911	0.0729	0.0544	0.0359	0.0177	0		
		0.9	0.0615	0.0583	0.0523	0.0452	0.0376	0.0298	0.0221	0.0146	0.0072	0	
		1.0	0	0	0	0	0	0	0	0	0	0	0
2	M_t	0	∞										
		0.1	1.7598	3.1302									
		0.2	1.3555	1.7083	2.3726								
		0.3	1.1190	1.2833	1.5928	1.9602							
		0.4	0.9512	1.0495	1.2348	1.4548	1.6893						
		0.5	0.8210	0.8888	1.0166	1.1683	1.3301	1.4949					
		0.6	0.7146	0.7659	0.8624	0.9771	1.0993	1.2238	1.3479				
		0.7	0.6247	0.6660	0.7437	0.8359	0.9343	1.0346	1.1344	1.2326			
		0.8	0.5468	0.5816	0.6471	0.7248	0.8077	0.8922	0.9763	1.0591	1.1398		
		0.9	0.4781	0.5084	0.5655	0.6333	0.7056	0.7793	0.8527	0.9248	0.9952	1.0636	
		1.0	0.4167	0.4438	0.4949	0.5556	0.6203	0.6862	0.7519	0.8165	0.8795	0.9407	1.0000
3	w_{max}	$\rho=\beta$	0.3393	0.3734	0.4013	0.4091	0.3969	0.3666	0.3199	0.2586	0.1841	0.0976	0
4	M_r^0	1.0	-0.5000	-0.5200	-0.5399	-0.5388	-0.5108	-0.4575	-0.3839	-0.2964	-0.2004	-0.1005	0
5	M_t^0	1.0	-0.0833	-0.0867	-0.0900	-0.0898	-0.0851	-0.0762	-0.0640	-0.0494	-0.0334	-0.0168	0

(3) 周边简支承受周边环形均布弯矩作用下环形板计算

周边简支承受周边环形均布弯矩作用下环形板计算见表5-15。

表 5-15 周边简支承受周边环形均布弯矩作用下环形板计算

序号	计算简图												
	M_0 M_0 x R r $\rho=\frac{x}{R}$，$\beta=\frac{r}{R}$，$\nu=\frac{1}{6}$ $w=$（表中系数）$\times\frac{M_0R^2}{B}$ M_0 为环形均布力矩 $M=$（表中系数）$\times M_0$ r 为内圆孔半径												
	M 或 w	ρ	β										
			0	0.1	0.2	0.3	0.4	0.5	0.6	0.7	0.8	0.9	1.0
1	M_r	0	—										
		0.1	1.0000	0									
		0.2	1.0000	0.7576	0								
		0.3	1.0000	0.8979	0.5787	0							
		0.4	1.0000	0.9470	0.7812	0.4808	0						
		0.5	1.0000	0.9697	0.8750	0.7033	0.4286	0					
		0.6	1.0000	0.9820	0.9259	0.8242	0.6614	0.4074	0				
		0.7	1.0000	0.9895	0.9566	0.8971	0.8017	0.6531	0.4145	0			
		0.8	1.0000	0.9943	0.9766	0.9444	0.8929	0.8125	0.6836	0.4596	0		
		0.9	1.0000	0.9976	0.9902	0.9768	0.9553	0.9218	0.8681	0.7746	0.5830	0	
		1.0	1.0000	1.0000	1.0000	1.0000	1.0000	1.0000	1.0000	1.0000	1.0000	1.0000	1.0000
2	M_t	0	—										
		0.1	1.0000	2.0202									
		0.2	1.0000	1.2626	2.0833								
		0.3	1.0000	1.1223	1.5046	2.1978							
		0.4	1.0000	1.0732	1.3021	1.7170	2.3810						
		0.5	1.0000	1.0505	1.2083	1.4945	1.9524	2.6667					
		0.6	1.0000	1.0382	1.1574	1.3736	1.7196	2.2593	3.1250				
		0.7	1.0000	1.0307	1.1267	1.3007	1.5792	2.0136	2.7105	3.9216			
		0.8	1.0000	1.0259	1.1068	1.2534	1.4881	1.8542	2.4414	3.4620	5.5556		
		0.9	1.0000	1.0226	1.0931	1.2210	1.4256	1.7449	2.2569	3.1469	4.9726	10.5263	
		1.0	1.0000	1.0202	1.0833	1.1978	1.3810	1.6667	2.1250	2.9216	4.5556	9.5263	∞
3	w_{max}	$\rho=\beta$	0.4286	0.4565	0.5090	0.5715	0.6380	0.7058	0.7734	0.8398	0.9046	0.9676	—

（4）周边简支在内圆环形均布弯矩作用下环形板计算

周边简支在内圆环形均布弯矩作用下环形板计算见表 5-16。

表 5-16 周边简支在内圆环形均布弯矩作用下环形板计算

序号	计算简图												
		$\rho=\frac{x}{R}$，$\beta=\frac{r}{R}$，$\nu=\frac{1}{6}$ $w=(\text{表中系数})\times\frac{M_0R^2}{B}$ M_0 为环形均布力矩 $M=(\text{表中系数})\times M_0$											
	M 或 w	ρ	β										
			0	0.1	0.2	0.3	0.4	0.5	0.6	0.7	0.8	0.9	1.0
1	M_r	0	—										
		0.1	0	1.0000									
		0.2	0	0.2424	1.0000								
		0.3	0	0.1021	0.4213	1.0000							
		0.4	0	0.0530	0.2188	0.5714	1.0000						
		0.5	0	0.0303	0.1250	0.2967	0.5714	1.0000					
		0.6	0	0.0180	0.0741	0.1758	0.3386	0.5926	1.0000				
		0.7	0	0.0105	0.0434	0.1029	0.1983	0.3469	0.5855	1.0000			
		0.8	0	0.0057	0.0234	0.0556	0.1071	0.1875	0.3164	0.5404	1.0000		
		0.9	0	0.0024	0.0098	0.0232	0.0447	0.0782	0.1319	0.2254	0.4170	1.0000	
		1.0	0	0	0	0	0	0	0	0	0	0	—
2	M_t	0	—										
		0.1	0	-1.0202									
		0.2	0	-0.2626	-1.0833								
		0.3	0	-0.1223	-0.5046	-1.1978							
		0.4	0	-0.0732	-0.3021	-0.7170	-1.3810						
		0.5	0	-0.0505	-0.2083	-0.4945	-0.9524	-1.6667					
		0.6	0	-0.0382	-0.1574	-0.3736	-0.7196	-1.2593	-2.1250				
		0.7	0	-0.0307	-0.1267	-0.3007	-0.5792	-1.0136	-1.7105	-2.9216			
		0.8	0	-0.0259	-0.1068	-0.2534	-0.4881	-0.8542	-1.4414	-2.4620	-4.5556		
		0.9	0	-0.0226	-0.0931	-0.2210	-0.4256	-0.7449	-1.2569	-2.1469	-3.9726	-9.5263	
		1.0	0	-0.0202	-0.0833	-0.1978	-0.3810	-0.6667	-1.1250	-1.9216	-3.5566	-8.5263	$-\infty$
3	w_{max}	$\rho=\beta$	0	-0.0322	-0.0976	-0.1815	-0.2780	-0.3844	-0.4991	-0.6212	-0.7503	-0.8816	—
4	M_r^0	1.0	0	0.0237	0.0909	0.1918	0.3137	0.4444	0.5745	0.6975	0.8101	0.9110	1.0000
5	M_t^0	1.0	0	0.0039	0.0152	0.0320	0.0523	0.0741	0.0957	0.1163	0.1350	0.1518	0.1667

5.2.4 悬挑圆形板在各种荷载下的计算

（1）在悬挑部分均布荷载作用下悬挑圆形板计算

在悬挑部分均布荷载作用下悬挑圆形板计算见表 5-17。

表 5-17　在悬挑部分均布荷载作用下悬挑圆形板计算

计算简图	$\rho=\frac{x}{R}$，$\beta=\frac{r}{R}$，$\nu=\frac{1}{6}$；$w=$（表中系数）$\times\frac{qR^4}{B}$；r 为外圆半径；$M=$（表中系数）$\times qR^2$					
β	截面位置					
	1 点～3 点（$\rho<1$）	4 点$\left(\rho=\frac{\beta+1}{2}\right)$		5 点（$\rho=\beta$）		
	$M_r=M_t$	M_r	M_t	M_r	M_t	w
1.0	0	0	0	0	0	0.2589
1.1	−0.0049	−0.0011	−0.0042	0	−0.0038	0.3137
1.2	−0.0194	−0.0039	−0.0161	0	−0.0140	0.3763
1.3	−0.0434	−0.0081	−0.0349	0	−0.0293	0.4494
1.4	−0.0768	−0.0132	−0.0603	0	−0.0490	0.5357
1.5	−0.1200	−0.0192	−0.0919	0	−0.0723	0.6385
1.6	−0.1729	−0.0260	−0.1293	0	−0.0990	0.7609
1.7	−0.2360	−0.0335	−0.1293	0	−0.1288	0.9065
1.8	−0.3095	−0.0417	−0.2213	0	−0.1613	1.0790
1.9	−0.3935	−0.0506	−0.2755	0	−0.1966	1.2824
2.0	−0.4884	−0.0602	−0.3351	0	−0.2344	1.5209
2.1	−0.5944	−0.0705	−0.3999	0	−0.2747	1.7991
2.2	−0.7117	−0.0815	−0.4700	0	−0.3174	2.1216

（2）在支承边内均布荷载作用下悬挑圆形板计算

在支承边内均布荷载作用下悬挑圆形板计算见表 5-18。

表 5-18　在支承边内均布荷载作用下悬挑圆形板计算

计算简图	$\rho=\frac{x}{R}$，$\beta=\frac{r}{R}$，$\nu=\frac{1}{6}$；$w=$（表中系数）$\times\frac{qR^4}{B}$；$M=$（表中系数）$\times qR^2$										
β	截面位置										
	1 点（$\rho=0$）		2 点（$\rho=0.5$）		3 点（$\rho=1$）		4 点$\left(\rho=\frac{\beta+1}{2}\right)$		5 点（$\rho=\beta$）		1 点（$\rho=0$）
	M_r	M_t	M_r	M_t	M_r	M_t	M_r	M_t	M_r	M_t	w
1.0	0.1979	0.1979	0.1484	0.1745	0	0.1042	0	0.1042	0	0.1042	0.0692
1.1	0.1889	0.1889	0.1394	0.1654	−0.0090	0.0951	−0.0042	0.0903	0	0.0861	0.0653
1.2	0.1820	0.1820	0.1325	0.1586	−0.0159	0.0883	−0.0069	0.0792	0	0.0723	0.0624

续表 5-18

β	截面位置										
	1点($\rho=0$)		2点($\rho=0.5$)		3点($\rho=1$)		4点$\left(\rho=\frac{\beta+1}{2}\right)$		5点($\rho=\beta$)		1点($\rho=0$)
	M_r	M_t	M_r	M_t	M_r	M_t	M_r	M_t	M_r	M_t	w
1.3	0.1767	0.1767	0.1272	0.1532	-0.0213	0.0829	-0.0086	0.0702	0	0.0616	0.0601
1.4	0.1724	0.1724	0.1229	0.1490	-0.0255	0.0787	-0.0096	0.0627	0	0.0531	0.0583
1.5	0.1690	0.1690	0.1195	0.1455	-0.0289	0.0752	-0.0102	0.0565	0	0.0463	0.0568
1.6	0.1662	0.1662	0.1167	0.1427	-0.0317	0.0724	-0.0105	0.0512	0	0.0407	0.0556
1.7	0.1639	0.1639	0.1144	0.1404	-0.0341	0.0710	-0.0106	0.0466	0	0.0360	0.0546
1.8	0.1619	0.1619	0.1124	0.1385	-0.0360	0.0682	-0.0105	0.0426	0	0.0322	0.0538
1.9	0.1603	0.1603	0.1108	0.1368	-0.0377	0.0665	-0.0103	0.0392	0	0.0289	0.0531
2.0	0.1589	0.1589	0.1094	0.1354	-0.0391	0.0651	-0.0101	0.0362	0	0.0260	0.0525
2.1	0.1576	0.1576	0.1082	0.1342	-0.0403	0.0639	-0.0099	0.0335	0	0.0236	0.0519
2.2	0.1566	0.1566	0.1071	0.1332	-0.0413	0.0628	-0.0096	0.0311	0	0.0215	0.0515

(3) 在最外边环形线均布荷载作用下悬挑圆形板计算

在最外边环形线均布荷载作用下悬挑圆形板计算见表 5-19。

表 5-19 在最外边环形线均布荷载作用下悬挑圆形板计算

计算简图	$\rho=\frac{x}{R}$，$\beta=\frac{r}{R}$，$\nu=\frac{1}{6}$ $w=(\text{表中系数})\times\frac{qR^3}{B}$ $M=(\text{表中系数})\times qR$ q 为环形均布荷载					
β	截面位置					
	1点~3点($\rho<1$)	4点$\left(\rho=\frac{\beta+1}{2}\right)$		5点($\rho=\beta$)		
	$M_r=M_t$	M_r	M_t	M_r	M_t	w
1.0	0	0	0	0	0	0
1.1	-0.1009	-0.0483	-0.0909	0	-0.0795	0.0089
1.2	-0.2040	-0.0939	-0.1807	0	-0.1528	0.0370
1.3	-0.3095	-0.1375	-0.2696	0	-0.2212	0.0864
1.4	-0.4176	-0.1796	-0.3579	0	-0.2857	0.1592
1.5	-0.5284	-0.2206	-0.4456	0	-0.3472	0.2577
1.6	-0.6418	-0.2608	-0.5330	0	-0.4062	0.3838
1.7	-0.7578	-0.3004	-0.6201	0	-0.4632	0.5398
1.8	-0.8764	-0.3395	-0.7068	0	-0.5185	0.7279
1.9	-0.9976	-0.3782	-0.7933	0	-0.5724	0.9501
2.0	-1.1212	-0.4166	-0.8796	0	-0.6250	1.2086
2.1	-1.2472	-0.4549	-0.9657	0	-0.6766	1.5056
2.2	-1.3755	-0.4930	-1.0516	0	-0.7273	1.8431

5.2.5　圆心有支柱(有柱帽)的圆形板在各种荷载作用下的计算

(1) 周边固定、均布荷载作用下圆心有支柱的圆形板计算

周边固定、均布荷载作用下圆心有支柱的圆形板计算见表 5-20。

表 5-20　周边固定、均布荷载作用下圆心有支柱的圆形板计算

计算简图	$\rho=\frac{x}{R}$，$\beta=\frac{r}{R}$，$\nu=\frac{1}{6}$ 弯矩 = 表中系数 × qR^2									
β / ρ	M_r					M_t				
	0.05	0.10	0.15	0.20	0.25	0.05	0.10	0.15	0.20	0.25
0.05	−0.2098					−0.0350				
0.10	−0.0709	−0.1433				−0.0680	−0.0239			
0.15	−0.0258	−0.0614	−0.1088			−0.0535	−0.0403	−0.0181		
0.20	−0.0012	−0.0029	−0.0514	−0.0862		−0.0383	−0.0348	−0.0268	−0.0144	
0.25	0.0143	−0.0002	−0.0193	−0.0425	−0.0698	−0.0257	−0.0259	−0.0238	−0.0190	−0.0116
0.30	0.0245	0.0143	0.0008	−0.0156	−0.0349	−0.0154	−0.0174	−0.0178	−0.0167	−0.0139
0.40	0.0344	0.0293	0.0224	0.0137	0.0033	−0.0010	−0.0037	−0.0060	−0.0075	−0.0084
0.50	0.0347	0.0326	0.0294	0.0250	0.0196	0.0073	0.0049	0.0026	0.0005	−0.0012
0.60	0.0275	0.0275	0.0268	0.0253	0.0231	0.0109	0.0090	0.0072	0.0054	0.0038
0.70	0.0140	0.0156	0.0167	0.0174	0.0176	0.0105	0.0093	0.0081	0.0069	0.0058
0.80	−0.0052	−0.0023	0.0004	0.0027	0.0047	0.0067	0.0062	0.0057	0.0052	0.0046
0.90	−0.0296	−0.0256	−0.0217	−0.0179	−0.0144	−0.0001	0	0.0002	0.0003	0.0005
1.00	−0.0589	−0.0540	−0.0490	−0.0441	−0.0393	−0.0098	−0.0090	−0.0082	−0.0074	−0.0066

(2) 周边简支、周边弯矩作用下圆心有支柱的圆形板计算

周边简支、周边弯矩作用下圆心有支柱的圆形板计算见表 5-21。

表 5-21　周边简支、周边弯矩作用下圆心有支柱的圆形板计算

计算简图	$\rho=\frac{x}{R}$，$\beta=\frac{r}{R}$，$\nu=\frac{1}{6}$ 弯矩 = 表中系数 × M_0 M_0 为环形均布弯矩									
β / ρ	M_r					M_t				
	0.05	0.10	0.15	0.20	0.25	0.05	0.10	0.15	0.20	0.25
0.05	−2.6777					−0.4463				
0.10	−1.1056	−1.9702				−0.9576	−0.3284			
0.15	−0.6024	−1.0236	−1.6076			−0.8403	−0.6163	−0.2679		
0.20	−0.3148	−0.5739	−0.9286	−1.3770		−0.6877	−0.5986	−0.4467	−0.2295	
0.25	−0.1128	−0.2927	−0.5361	−0.8415	−1.2142	−0.5482	−0.5173	−0.4512	−0.3476	−0.2024

续表 5-21

ρ \ β	M_r 0.05	0.10	0.15	0.20	0.25	M_t 0.05	0.10	0.15	0.20	0.25
0.30	0.0437	-0.0903	-0.2697	-0.4934	-0.7650	-0.4257	-0.4236	-0.4006	-0.3546	-0.2830
0.40	0.2807	0.1974	0.0876	-0.0478	-0.2108	-0.2225	-0.2439	-0.2577	-0.2620	-0.2555
0.50	0.4592	0.4037	0.3312	0.2427	0.1367	-0.0595	-0.0877	-0.1133	-0.1350	-0.1519
0.60	0.6030	0.5653	0.5167	0.4576	0.3873	0.0757	0.0469	0.0182	-0.0088	-0.0338
0.70	0.7235	0.6987	0.6670	0.6286	0.5830	0.1911	0.1639	0.1380	0.1086	0.0821
0.80	0.8273	0.8125	0.7936	0.7708	0.7459	0.2916	0.2670	0.2415	0.2162	0.1912
0.90	0.9186	0.9118	0.9032	0.8929	0.8808	0.3806	0.3591	0.3367	0.3144	0.2925
1.00	1.0000	1.0000	1.0000	1.0000	1.0000	0.4604	0.4420	0.4231	0.4045	0.3863

(3) 周边简支、均布荷载作用下圆心有支柱的圆形板计算

周边简支、均布荷载作用下圆心有支柱的圆形板计算见表 5-22。

表 5-22 周边简支、均布荷载作用下圆心有支柱的圆形板计算

计算简图

$\rho = \frac{x}{R}$，$\beta = \frac{r}{R}$，$\nu = \frac{1}{6}$

弯矩 = 表中系数 × qR^2

ρ \ β	M_r 0.05	0.10	0.15	0.20	0.25	M_t 0.05	0.10	0.15	0.20	0.25
0.05	-0.3674					-0.0612				
0.10	-0.1360	-0.2497				-0.1244	-0.0416			
0.15	-0.0613	-0.1167	-0.1876			-0.1030	-0.0736	-0.0313		
0.20	-0.0198	-0.0539	-0.0970	-0.1470		-0.0786	-0.0671	-0.0487	-0.0245	
0.25	0.0077	-0.0160	-0.0456	-0.0797	-0.1175	-0.0579	-0.0539	-0.0459	-0.0343	-0.0196
0.30	0.0270	0.0094	-0.0124	-0.0373	-0.0649	-0.0405	-0.0402	-0.0375	-0.0323	-0.0251
0.40	0.0510	0.0400	0.0267	0.0116	-0.0050	-0.0141	-0.0160	-0.0186	-0.0191	-0.0184
0.50	0.0617	0.0544	0.0456	0.0357	0.0249	0.0038	0.0001	-0.0030	-0.0054	-0.0072
0.60	0.0630	0.0580	0.0521	0.0455	0.0384	0.0153	0.0115	0.0081	0.0050	0.0025
0.70	0.0566	0.0533	0.0494	0.0452	0.0405	0.0218	0.0182	0.0143	0.0117	0.0090
0.80	0.0435	0.0416	0.0393	0.0367	0.0340	0.0239	0.0206	0.0175	0.0147	0.0122
0.90	0.0245	0.0236	0.0226	0.0214	0.0202	0.0223	0.0194	0.0167	0.0142	0.0120
1.00	0	0	0	0	0	0.0173	0.0149	0.0126	0.0104	0.0086

5.2.6 圆形板和环形板及圆心加柱的圆形板在各种形式荷载作用下的计算公式

圆形板和环形板及圆心加柱的圆形板在各种形式荷载作用下的计算公式见表 5-23。

表 5-23 圆形板和环形板及圆心加柱的圆形板在各种形式荷载作用下的计算公式

序号	计算简图	计算公式
1	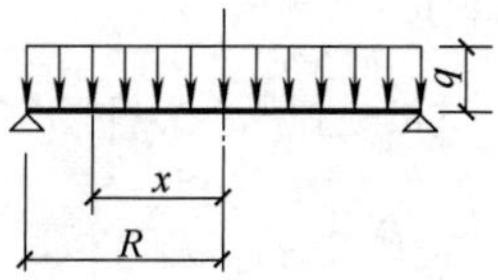	$w=\frac{qR^4}{64B}(1-\rho^2)\left(\frac{5+\nu}{1+\nu}-\rho^2\right)$ $\rho=\frac{x}{R}$，下同 $M_r=\frac{qR^2}{16}(3+\nu)(1-\rho^2)$ $\beta=\frac{r}{R}$，下同 $M_t=\frac{qR^2}{16}[3+\nu-(1+3\nu)\rho^2]$ B——刚度，下同 $V_r=\frac{qR}{2}\rho$
2	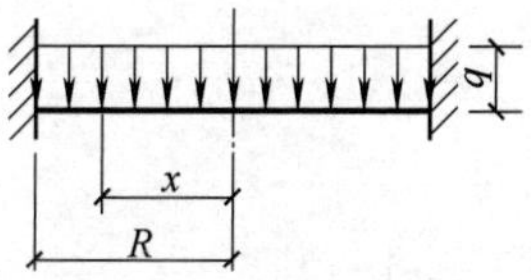	$w=\frac{qR^4}{64B}(\rho^2-1)^2$ $M_r=\frac{qR^2}{16}[1+\nu-(3+\nu)\rho^2]$ $M_t=\frac{qR^2}{16}[1+\nu-(1+3\nu)\rho^2]$ $V_r=\frac{qR}{2}\rho$
3	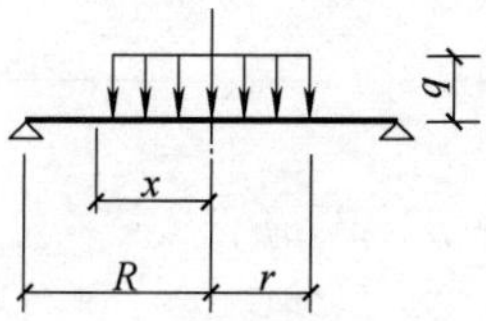	$\rho\leqslant\beta$： $w=\frac{qr^2R^2}{64(1+\nu)B}\left\{4(3+\nu)-(7+3\nu)\beta^2+4(1+\nu)\beta^2\ln\beta-\right.$ $\left.2[4-(1-\nu)\beta^2-4(1+\nu)\ln\beta]\rho^2+\frac{1+\nu}{\beta^2}\rho^4\right\}$ $M_r=\frac{qr^2}{16}\left[4-(1-\nu)\beta^2-4(1+\nu)\ln\beta-\frac{3+\nu}{\beta^2}\rho^2\right]$ $M_t=\frac{qr^2}{16}\left[4-(1-\nu)\beta^2-4(1+\nu)\ln\beta-\frac{1+3\nu}{\beta^2}\rho^2\right]$ $V_r=-\frac{qR}{2}\rho$ $\rho\geqslant\beta$： $w=\frac{qr^2R^2}{32(1+\nu)B}\{[2(3+\nu)-(1-\nu)\beta^2](1-\rho^2)+$ $2(1+\nu)\beta^2\ln\rho+4(1+\nu)\rho^2\ln\rho\}$ $M_r=\frac{qr^2}{16}\left[(1-\nu)\beta^2\left(\frac{1}{\rho^2}-1\right)-4(1+\nu)\ln\rho\right]$ $M_t=\frac{qr^2}{16}\left\{(1-\nu)\left[4-\beta^2\left(\frac{1}{\rho^2}+1\right)\right]-4(1+\nu)\ln\rho\right\}$ $V_r=-\frac{qr}{2}\frac{\beta}{\rho}$
4	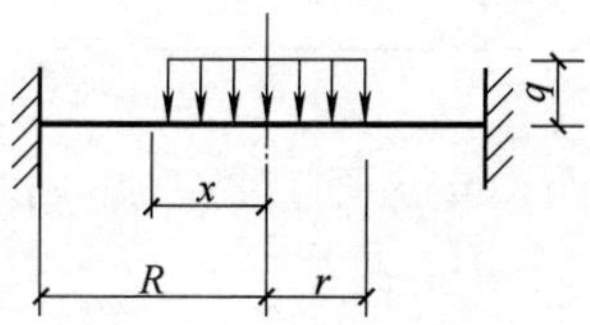	$\rho\leqslant\beta$： $w=\frac{qr^2R^2}{64B}\left[4-3\beta^2-2\beta^2\rho^2+\frac{\rho^4}{\beta^2}+4(\beta^2+2\rho^2)\ln\beta\right]$ $M_r=\frac{qr^2}{16}\left[(1+\nu)\beta^2-(3+\nu)\frac{\rho^2}{\beta^2}-4(1+\nu)\ln\beta\right]$ $M_t=\frac{qr^2}{16}\left[(1+\nu)\beta^2-(1+3\nu)\frac{\rho^2}{\beta^2}-4(1+\nu)\ln\beta\right]$ $V_r=-\frac{qR}{2}\rho$

续表 5-23

序号	计算简图	计算公式
4		$\rho \geqslant \beta$: $w=\frac{qr^2R^2}{32B}[(2+\beta^2)(1-\rho^2)+2(\beta^2+2\rho^2)\ln\rho]$ $M_r=\frac{qr^2}{16}\left[(1+\nu)\beta^2-4+(1-\nu)\frac{\beta^2}{\rho^2}-4(1+\nu)\ln\rho\right]$ $M_t=\frac{qr^2}{16}\left[(1+\nu)\beta^2-4\nu-(1-\nu)\frac{\beta^2}{\rho^2}-4(1+\nu)\ln\rho\right]$ $V_r=-\frac{qr}{2}\frac{\beta}{\rho}$
5		$\rho \leqslant \beta$: $w=\frac{qrR^2}{8(1+\nu)B}\{(1-\beta^2)[(3+\nu)-(1-\nu)\rho^2]+2(1+\nu)(\beta^2+\rho^2)\ln\beta\}$ $M_r=M_t=\frac{qr}{4}[(1-\nu)(1-\beta^2)-2(1+\nu)\ln\beta]$ $V_r=0$ $\rho \geqslant \beta$: $w=\frac{qrR^2}{8(1+\nu)B}\{[(3+\nu)-(1-\nu)\beta^2](1-\rho^2)+2(1+\nu)(\beta^2+\rho^2)\ln\rho\}$ $M_r=\frac{qr}{4}\left[(1-\nu)\beta^2\left(\frac{1}{\rho^2}-1\right)-2(1+\nu)\ln\rho\right]$ $M_t=\frac{qr}{4}\left\{(1-\nu)\left[2-\beta^2\left(\frac{1}{\rho^2}+1\right)\right]-2(1+\nu)\ln\rho\right\}$ $V_t=-q\frac{\beta}{\rho}$
6		$\rho \leqslant \beta$: $w=\frac{qrR^2}{8B}[(1-\beta^2)(1+\rho^2)+2(\beta^2+\rho^2)\ln\beta]$ $M_r=M_t=\frac{qr}{4}(1+\nu)(\beta^2-1-2\ln\beta)$ $V_r=0$ $\rho \geqslant \beta$: $w=\frac{qrR^2}{8B}[(1+\beta^2)(1-\rho^2)+2(\beta^2+\rho^2)\ln\rho]$ $M_r=\frac{qr}{4}\left[(1+\nu)\beta^2+(1-\nu)\frac{\beta^2}{\rho^2}-2(1+\nu)\ln\rho-2\right]$ $M_t=\frac{qr}{4}\left[(1+\nu)\beta^2-(1-\nu)\frac{\beta^2}{\rho^2}-2(1+\nu)\ln\rho-2\nu\right]$ $V_r=-q\frac{\beta}{\rho}$
7		$\rho \leqslant 1$: $w=\frac{qR^4}{64(1+\nu)B}\{(1+\nu)\rho^4-2[(1+3\nu)\beta^2+2(1-\nu)-4(1+\nu)\beta^2\ln\beta]\rho^2+2(1+3\nu)\beta^2-8(1+\nu)\beta^2\ln\beta+(3-5\nu)\}$ $M_r=\frac{qR^2}{16}[(1+3\nu)\beta^2+2(1-\nu)-(3+\nu)\rho^2-4(1+\nu)\beta^2\ln\beta]$

续表 5-23

序号	计算简图	计算公式
7	q; x; r; R	$M_t=\frac{qR^2}{16}[(1+3\nu)(\beta^2-\rho^2)+2(1-\nu)-4(1+\nu)\beta^2\ln\beta]$ $V_r=-\frac{qR}{2}\rho$ $\rho\geqslant1$： $w=\frac{qR^4}{64(1+\nu)B}\{(3-5\nu)-2(3+\nu)\beta^2-8(1+\nu)\beta^2\ln\beta+2[(3+\nu)\beta^2-2(1-\nu)+4(1+\nu)\beta^2\ln\beta]\rho^2+(1+\nu)\rho^4-8(1+\nu)(1+\rho^2)\beta^2\ln\rho\}$ $M_r=\frac{qR^2}{16}[(3+\nu)\beta^2+2(1-\nu)-4(1+\nu)\beta^2\ln\beta-(3+\nu)\rho^2-2(1-\nu)\frac{\beta^2}{\rho^2}+4(1+\nu)\beta^2\ln\rho]$ $M_t=\frac{qR^2}{16}[2(1-\nu)-(1-5\nu)\beta^2-4(1+\nu)\beta^2\ln\beta-(1+3\nu)\rho^2+2(1-\nu)\frac{\beta^2}{\rho^2}+4(1+\nu)\beta^2\ln\rho]$ $V_r=\frac{qR}{2}\left(\frac{\beta^2}{\rho}-\rho\right)$
8	q; x; r; R	$\rho\leqslant1$： $w=-\frac{qR^4}{32(1+\nu)\beta^2B}[(1-\nu)+4\nu\beta^2-(1+3\nu)\beta^4+4(1+\nu)\beta^4\ln\beta](1-\rho^2)$ $M_r=M_t=-\frac{qR^2}{16\beta^2}[(1-\nu)+4\nu\beta^2-(1+3\nu)\beta^4+4(1+\nu)\beta^4\ln\beta]$ $V_r=0$ $\rho\geqslant1$： $w=\frac{qR^4}{64(1+\nu)\beta^2B}\{(1+\nu)\beta^2\rho^4+2[(3+\nu)\beta^4+(1-\nu)(1-2\beta^2)+4(1+\nu)\beta^4\ln\beta]\rho^2-2(3+\nu)\beta^4+(3-5\nu)\beta^2-2(1-\nu)-8(1+\nu)\beta^4\ln\beta-8(1+\nu)\beta^4\rho^2\ln\rho+4(1+\nu)(1-2\beta^2)\beta^2\ln\rho\}$ $M_r=-\frac{qR^2}{16\beta^2}[(1-\nu)(1-2\beta^2)-(3+\nu)\beta^4+4(1+\nu)\beta^4\ln\beta+(3+\nu)\rho^2\beta^2-(1-\nu)(1-2\beta^2)\frac{\beta^2}{\rho^2}-4(1+\nu)\beta^4\ln\rho]$ $M_t=-\frac{qR^2}{16\beta^2}\Big[(1-\nu)(1-2\beta^2)+(1-5\nu)\beta^4+4(1+\nu)\beta^4\ln\beta+(1+3\nu)\rho^2\beta^2+(1-\nu)(1-2\beta^2)\frac{\beta^2}{\rho^2}-4(1+\nu)\beta^4\ln\rho\Big]$ $V_r=\frac{qR}{2}\left(\frac{\beta^2}{\rho}-\rho\right)$
9	q; x; r; R	$\rho\leqslant1$： $w=\frac{qR^4}{64(1+\nu)\beta^2B}\{2(1-\nu)+3(1+\nu)\beta^2-2[(1-\nu)+2(1+\nu)\beta^2]\rho^2+(1+\nu)\beta^2\rho^4\}$ $M_r=\frac{qR^2}{16\beta^2}[(1-\nu)+2(1+\nu)\beta^2-(3+\nu)\beta^2\rho^2]$ $M_t=\frac{qR^2}{16\beta^2}[(1-\nu)+2(1+\nu)\beta^2-(1+3\nu)\beta^2\rho^2]$ $V_r=-\frac{qR}{2}\rho$

续表 5-23

序号	计算简图	计算公式
9	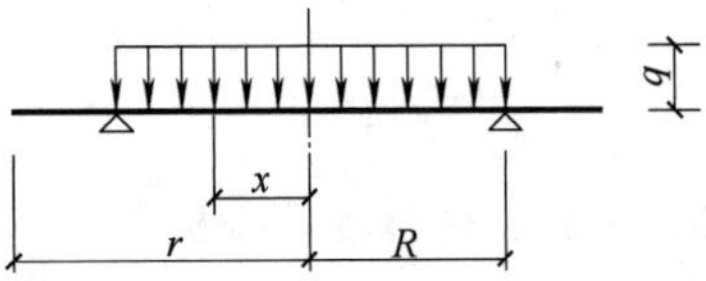	$\rho\geqslant1$: $w=\dfrac{qR^4}{32(1+\nu)\beta^2B}[(1-\nu)(1-\rho^2)-2(1+\nu)\beta^2\ln\rho]$ $M_r=\dfrac{qR^2}{16\beta^2}(1-\nu)\left(1-\dfrac{\beta^2}{\rho^2}\right)$ $M_t=\dfrac{qR^2}{16\beta^2}(1-\nu)\left(1+\dfrac{\beta^2}{\rho^2}\right)$ $V_r=0$
10	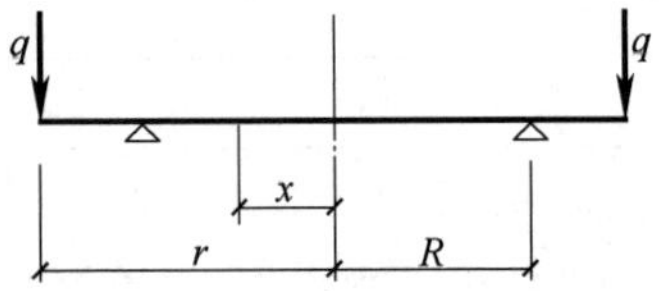	$\rho\leqslant1$: $w=-\dfrac{qR^3}{8(1+\nu)\beta B}[(1-\nu)(\beta^2-1)+2(1+\nu)\beta^2\ln\beta](1-\rho^2)$ $M_r=M_t=-\dfrac{qR}{4\beta}[(1-\nu)(\beta^2-1)+2(1+\nu)\beta\ln\beta]$ $V_r=0$ $\rho\geqslant1$: $w=\dfrac{qR^3}{8(1+\nu)\beta B}\{[(3+\nu)\beta^2-(1-\nu)+2(1+\nu)\beta^2\ln\beta]\times(\rho^2-1)-$ $2(1+\nu)(1+\rho^2)\beta^2\ln\rho\}$ $M_r=\dfrac{qR}{4\beta}[(1-\nu)-2(1+\nu)\beta^2\ln\beta-(1-\nu)\dfrac{\beta^2}{\rho^2}+$ $2(1+\nu)\beta^2\ln\rho]$ $M_t=\dfrac{qR}{4\beta}[(1-\nu)-2(1-\nu)\beta^2-2(1+\nu)\beta^2\ln\beta+$ $(1-\nu)\dfrac{\beta^2}{\rho^2}+2(1+\nu)\beta^2\ln\rho]$ $V_r=q\dfrac{\beta}{\rho}$
11	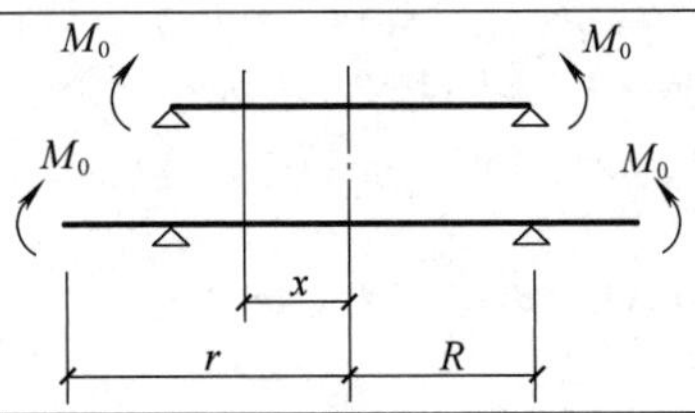	$w=\dfrac{M_0R^2(1-\rho^2)}{2(1+\nu)B}$ $M_r=M_t=M_0$ $V_t=0$
12	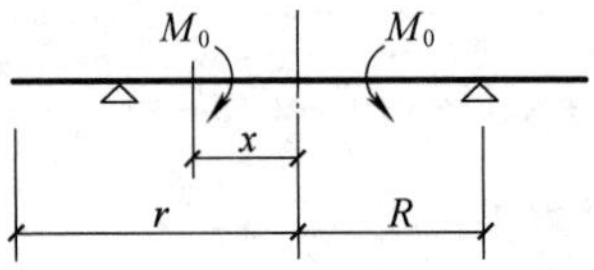	$\rho\leqslant1$: $w=\dfrac{M_0R^2}{4(1+\nu)\beta^2B}[(1+\nu)\beta^2+1-\nu](1-\rho^2)$ $M_r=M_t=\dfrac{M_0}{2}\left(1+\nu+\dfrac{1-\nu}{\beta^2}\right)$ $V_r=0$ $\rho\geqslant1$: $w=\dfrac{M_0R^2}{4(1+\nu)\beta^2B}[(1-\nu)(1-\rho^2)-2(1+\nu)\beta^2\ln\rho]$ $M_r=\dfrac{M_0}{2}(1-\nu)\left(\dfrac{1}{\beta^2}-\dfrac{1}{\rho^2}\right)$ $M_t=\dfrac{M_0}{2}(1-\nu)\left(\dfrac{1}{\beta^2}+\dfrac{1}{\rho^2}\right)$ $V_r=0$

续表 5-23

序号	计算简图	计算公式
13	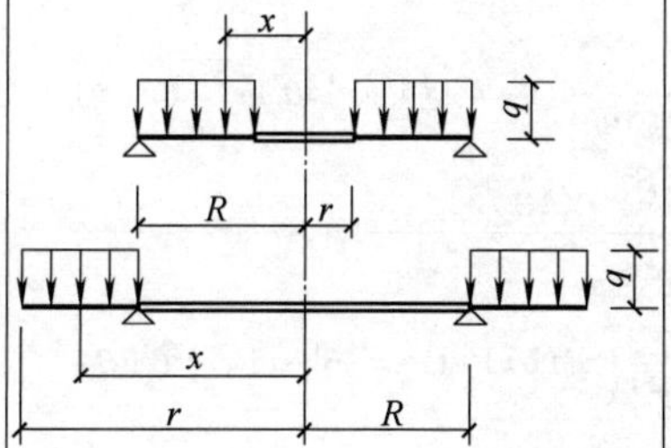	$w=\frac{qR^4}{64B}\left\{\frac{2}{1+\nu}\left[(3+\nu)-\beta^2(3+\nu)+4(1+\nu)\frac{\beta^4}{1-\beta^2}\ln\beta\right]\times(1-\right.$ $\left.\rho^2)-(1-\rho^4)-\frac{4\beta^2}{1-\nu}\left[(3+\nu)+4(1+\nu)\frac{\beta^2}{1-\beta^2}\ln\beta\right]\times\ln\rho-8\beta^2\rho^2\ln\rho\right\}$ $M_r=\frac{qR^2}{16}\left\{(3+\nu)(1-\rho^2)+\beta^2\left[3+\nu+4(1+\nu)\frac{\beta^2}{1-\beta^2}\ln\beta\right]\times\right.$ $\left.\left(1-\frac{1}{\rho^2}\right)+4(1+\nu)\beta^2\ln\rho\right\}$ $M_t=\frac{qR^2}{16}\left\{2(1-\nu)(1-2\beta^2)+(1+3\nu)(1-\rho^2)+\right.$ $\left.\beta^2\left[3+\nu+4(1+\nu)\frac{\beta^2}{1-\beta^2}\ln\beta\right]\left(1+\frac{1}{\rho^2}\right)+4(1+\nu)\beta^2\ln\rho\right\}$ $V_r=-\frac{qR}{2}\left(\rho-\frac{\beta^2}{\rho}\right)$
14	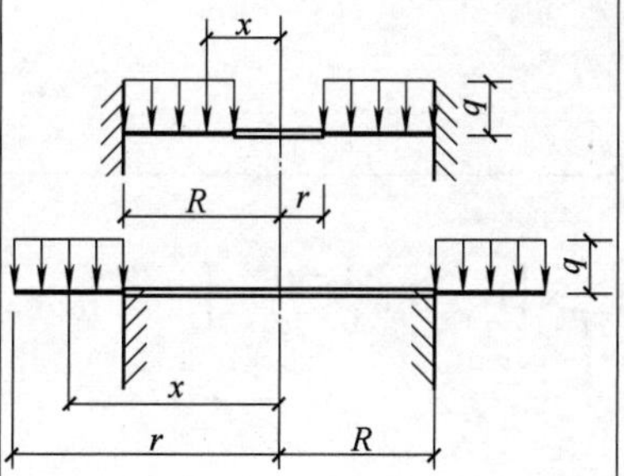	$w=\frac{qR^4}{64B}\left\{-1+2\left[1-2\beta^2-\frac{(1-\nu)\beta^2+(1+\nu)(1+4\beta^2\ln\beta)}{1-\nu+(1+\nu)\beta^2}\beta^2\right]\times\right.$ $(1-\rho^2)+\rho^4-4\frac{(1-\nu)\beta^2+(1+\nu)(1+4\beta^2\ln\beta)}{1-\nu+(1+\nu)\beta^2}\times$ $\left.\beta^2\ln\rho-8\beta^2\rho^2\ln\rho\right\}$ $M_r=\frac{qR^2}{16}\left\{4\beta^2+(1+\nu)\left[1-\frac{(1-\nu)\beta^2+(1+\nu)(1+4\beta^2\ln\beta)}{1-\nu+(1+\nu)\beta^2}\times\beta^2\right]-\right.$ $\left.(3+\nu)\rho^2-\frac{1-\nu}{\rho^2}\cdot\frac{(1-\nu)\beta^2+(1+\nu)(1+4\beta^2\ln\beta)}{1-\nu+(1+\nu)\beta^2}\times\beta^2+4(1+\nu)\beta^2\ln\rho\right\}$ $M_t=\frac{qR^2}{16}\left\{4\nu\beta^2+(1+\nu)\left[1-\frac{(1-\nu)\beta^2+(1+\nu)(1+4\beta^2\ln\beta)}{1-\nu+(1+\nu)\beta^2}\times\beta^2\right]-\right.$ $(1+3\nu)\rho^2-\frac{1-\nu}{\rho^2}\cdot\frac{(1-\nu)\beta^2+(1+\nu)(1+4\beta^2\ln\beta)}{1-\nu+(1+\nu)\beta^2}\times\beta^2+$ $\left.4(1+\nu)\beta^2\ln\rho\right\}$ $V_r=-\frac{qR}{2}\left(\rho-\frac{\beta^2}{\rho}\right)$
15	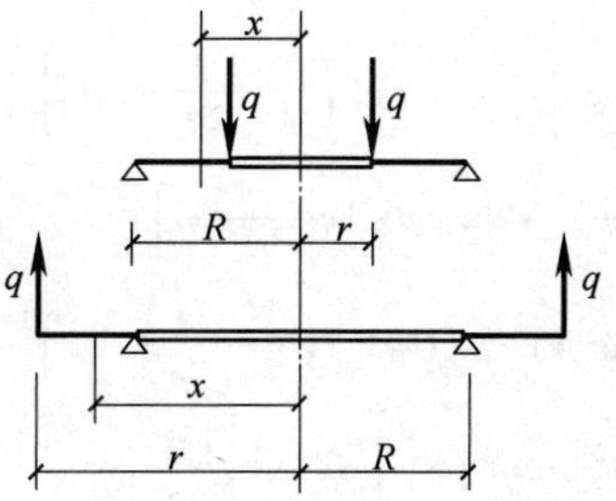	$w=\frac{qrR^2}{8B}\left[\left(\frac{3+\nu}{1+\nu}-\frac{2\beta^2}{1-\beta^2}\ln\beta\right)\times(1-\rho^2)+2\rho^2\ln\rho+\right.$ $\left.\frac{4(1+\nu)\beta^2}{(1-\nu)(1-\beta^2)}\ln\beta\ln\rho\right]$ $M_r=\frac{qr}{2}(1+\nu)\left[\frac{(1-\rho^2)\beta^2}{(1-\beta^2)\rho^2}\ln\beta-\ln\rho\right]$ $M_t=\frac{qr}{2}(1+\nu)\left[\frac{1-\nu}{1+\nu}-\frac{(1+\rho^2)\beta^2}{(1-\beta^2)\rho^2}\ln\beta-\ln\rho\right]$ $V_r=-q\frac{\beta}{\rho}$

续表 5-23

序号	计算简图	计算公式
16	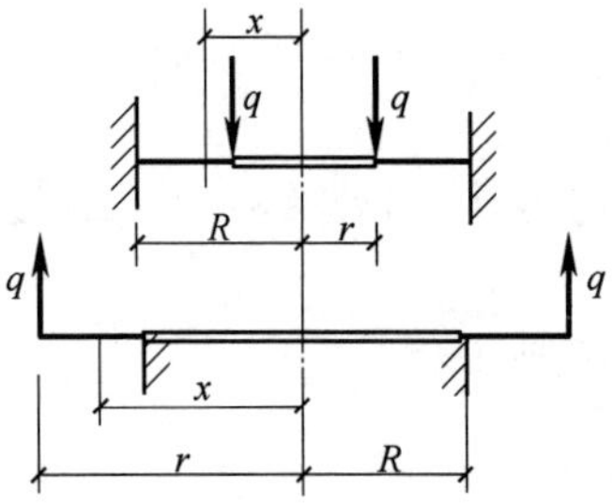	$w=\frac{qR^2}{8[1-\nu+(1+\nu)\beta^2]B}\left\{[1-\nu+(3+\nu)\beta^2+2(1+\nu)\beta^2\ln\beta](1-\rho^2)+4\beta^2[1+(1+\nu)\ln\beta]\ln\rho+2[1-\nu+(1+\nu)\beta^2]\rho^2\ln\rho\right\}$ $M_r=-\frac{qr}{2[1-\nu+(1+\nu)\beta^2]}\{1-\nu-(1+\nu)^2\beta^2\ln\beta-(1-\nu)[1+(1+\nu)\ln\beta]\frac{\beta^2}{\rho^2}+(1+\nu)[1-\nu+(1+\nu)\beta^2]\ln\rho\}$ $M_t=-\frac{qr}{2[1-\nu+(1+\nu)\beta^2]}\left\{\nu(1-\nu)-(1-\nu^2)\beta^2-(1+\nu)^2\beta^2\ln\beta+(1-\nu)[1+(1+\nu)\ln\beta]\frac{\beta^2}{\rho^2}+(1+\nu)\times[1-\nu+(1+\nu)\beta^2]\ln\rho\right\}$ $V_r=-q\frac{\beta}{\rho}$
17	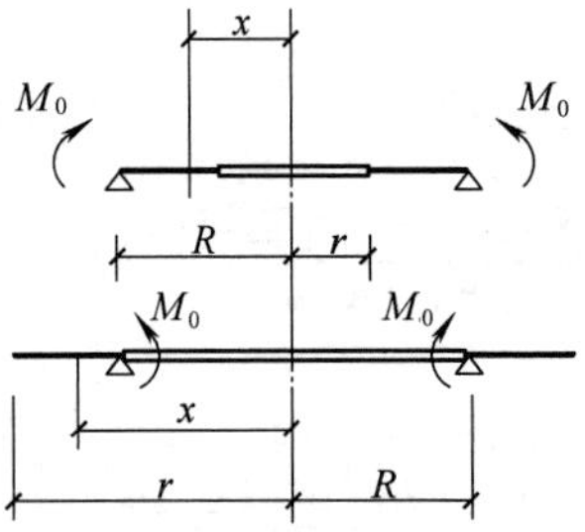	$w=\frac{M_0R^2}{2(1+\nu)(1-\beta^2)B}\left[1-\rho^2-\frac{2(1+\nu)}{1-\nu}\times\beta^2\ln\rho\right]$ $M_r=\frac{M_0}{1-\beta^2}\left(1-\frac{\beta^2}{\rho^2}\right)$ $M_t=\frac{M_0}{1-\beta^2}\left(1+\frac{\beta^2}{\rho^2}\right)$ $V_r=0$
18	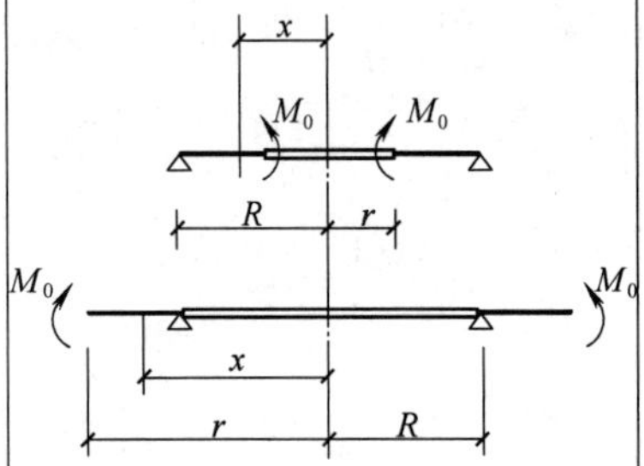	$w=-\frac{M_0R^2\beta^2}{2(1+\nu)(1-\beta^2)B}\times\left[1-\rho^2-\frac{2(1+\nu)}{1-\nu}\ln\rho\right]$ $M_r=\frac{M_0\beta^2}{1-\beta^2}\left(\frac{1}{\rho^2}-1\right)$ $M_t=-\frac{M_0\beta^2}{1-\beta^2}\left(\frac{1}{\rho^2}+1\right)$ $V_r=0$
19	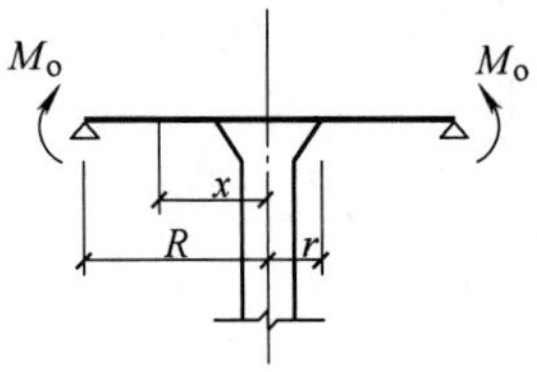	$M_r=\frac{M_0}{\Phi}\left\{(1+\nu)\left[2(\ln\beta)^2-2\ln\rho\ln\beta+\ln\rho-\frac{1}{\beta^2}\ln\rho\right]+(1-\nu)\frac{1}{2\rho^2}[\beta^2-2\ln\beta-1]+(3+\nu)\left(\frac{1}{2}-\frac{1}{2\beta^2}-\ln\beta\right)\right\}$ $M_t=\frac{M_0}{\Phi}\left\{(1+\nu)\left[2(\ln\beta)^2-2\ln\rho\ln\beta+\ln\rho-\frac{1}{\beta^2}\ln\rho\right]+(1-\nu)\frac{1}{2\rho^2}[2\ln\beta-\beta^2+1]+(1+3\nu)\left(\frac{1}{2}-\frac{1}{2\beta^2}-\ln\beta\right)\right\}$ $\Phi=(1+\nu)[1+2(\ln\beta)^2]-4\ln\beta+\frac{1-\nu}{2}\beta^2-\frac{3+\nu}{2}\frac{1}{\beta^2}$

续表 5-23

序　号	计算简图	计算公式
20	x R r q	$M_r=-\frac{qR^2}{16}\left\{(3+\nu)\rho^2-(1+\nu)(1+\beta^2)-(1-\nu)\frac{\beta^2}{\rho^2}\times\frac{(1-\beta^2)^2+(1-\beta^4)\ln\beta}{(1-\beta^2)^2-4\beta^2(\ln\beta)^2}-\frac{1-\beta^4+4\beta^2\ln\beta}{(1-\beta^2)^2-4\beta^2(\ln\beta)^2}[(1-\beta^2)\times(1+\ln\rho+\nu\ln\rho)+(1+\nu)\beta^2\ln\beta]\right\}$ $M_t=-\frac{qR^2}{16}\left\{(1+3\nu)\rho^2-(1+\nu)(1+\beta^2)+(1-\nu)\frac{\beta^2}{\rho^2}\times\frac{(1-\beta^2)^2+(1-\beta^4)\ln\beta}{(1-\beta^2)^2-4\beta^2(\ln\beta)^2}-\frac{1-\beta^4+4\beta^2\ln\beta}{(1-\beta^2)^2-4\beta^2(\ln\beta)^2}\times[(1-\beta^2)\times(\nu+\ln\rho+\nu\ln\rho)+(1+\nu)\beta^2\ln\beta]\right\}$
21	x R r q	$M_r=-\frac{qR^2}{16}\left\{(3+\nu)\rho^2-(1+\nu)(1+\beta^2)-(1-\nu)\frac{\beta^2}{\rho^2}\times\frac{(1-\beta^2)^2+(1-\beta^4)\ln\beta}{(1-\beta^2)^2-4\beta^2(\ln\beta)^2}-\frac{1-\beta^4+4\beta^2\ln\beta}{(1-\beta^2)^2-4\beta^2(\ln\beta)^2}[(1-\beta^2)\times(1+\ln\rho+\nu\ln\rho)+(1+\nu)\beta^2\ln\beta]\right\}-\frac{M_r^0}{\Phi}\left\{(1+\nu)\left[2(\ln\beta)^2-2\ln\rho\ln\beta+\ln\rho-\frac{1}{\beta^2}\ln\rho\right]+(1-\nu)\frac{1}{2\rho^2}[\beta^2-2\ln\beta-1]+(3+\nu)\left(\frac{1}{2}-\frac{1}{2\beta^2}-\ln\beta\right)\right\}$ $M_t=-\frac{qR^2}{16}\left\{(1+3\nu)\rho^2-(1+\nu)(1+\beta^2)+(1-\nu)\frac{\beta^2}{\rho^2}\times\frac{(1-\beta^2)^2+(1-\beta^4)\ln\beta}{(1-\beta^2)^2-4\beta^2(\ln\beta)^2}-\frac{1-\beta^4+4\beta^2\ln\beta}{(1-\beta^2)^2-4\beta^2(\ln\beta)^2}[(1-\beta^2)\times(\nu+\ln\rho+\nu\ln\rho)+(1+\nu)\beta^2\ln\beta]\right\}-\frac{M_r^0}{\Phi}\left\{(1+\nu)\left[2(\ln\beta)^2-2\ln\rho\ln\beta+\ln\rho-\frac{1}{\beta^2}\ln\rho\right]+(1-\nu)\frac{1}{2\rho^2}\times(2\ln\beta-\beta^2+1)+(1+3\nu)\left(\frac{1}{2}-\frac{1}{2\beta^2}-\ln\beta\right)\right\}$ $\Phi=(1+\nu)[1+2(\ln\beta)^2]-4\ln\beta+\frac{1-\nu}{2}\beta^2-\frac{3+\nu}{2}\frac{1}{\beta^2}$ $M_r^0=-\frac{qR^2}{16}\left\{(3+\nu)-(1+\nu)(1+\beta^2)-(1-\nu)\times\beta^2\frac{(1-\beta^2)^2+(1-\beta^4)\ln\beta}{(1-\beta^2)^2-4\beta^2(\ln\beta)^2}-\frac{1-\beta^4+4\beta^2\ln\beta}{(1-\beta^2)^2-4\beta^2(\ln\beta)^2}[1-\beta^2+(1+\nu)\beta^2\ln\beta]\right\}$

5.3　钢筋混凝土圆形板的塑性计算

5.3.1　计算说明

钢筋混凝土圆形板的塑性计算说明如下：

1）表 5-24 为圆形板按极限平衡法计算的弯矩系数，主要适用于周边支承的钢筋混凝土圆形板考虑塑性内力重分布的计算。

2）表中符号意义：

M_{tu}——圆形板中单位宽度的切向弯矩。

M_{ru}——圆形板周边单位宽度的径向弯矩。

$\alpha = r/R$，$\alpha = 0$ 表示集中荷载作用，$\alpha = 1$ 表示均布荷载作用，$0 < \alpha < 1$ 表示局部均布荷载作用。

$\beta = -M_{ru}/M_{tu}$，$\beta = 0$ 表示周边简支；$\beta \neq 0$ 表示周边嵌固，β 可以根据嵌固端与板中配筋情况在 1～2.6 范围内取值。

5.3.2　计算用表

圆形板按极限平衡法计算的弯矩系数见表 5-24。

表 5-24　圆形板按极限平衡法计算的弯矩系数

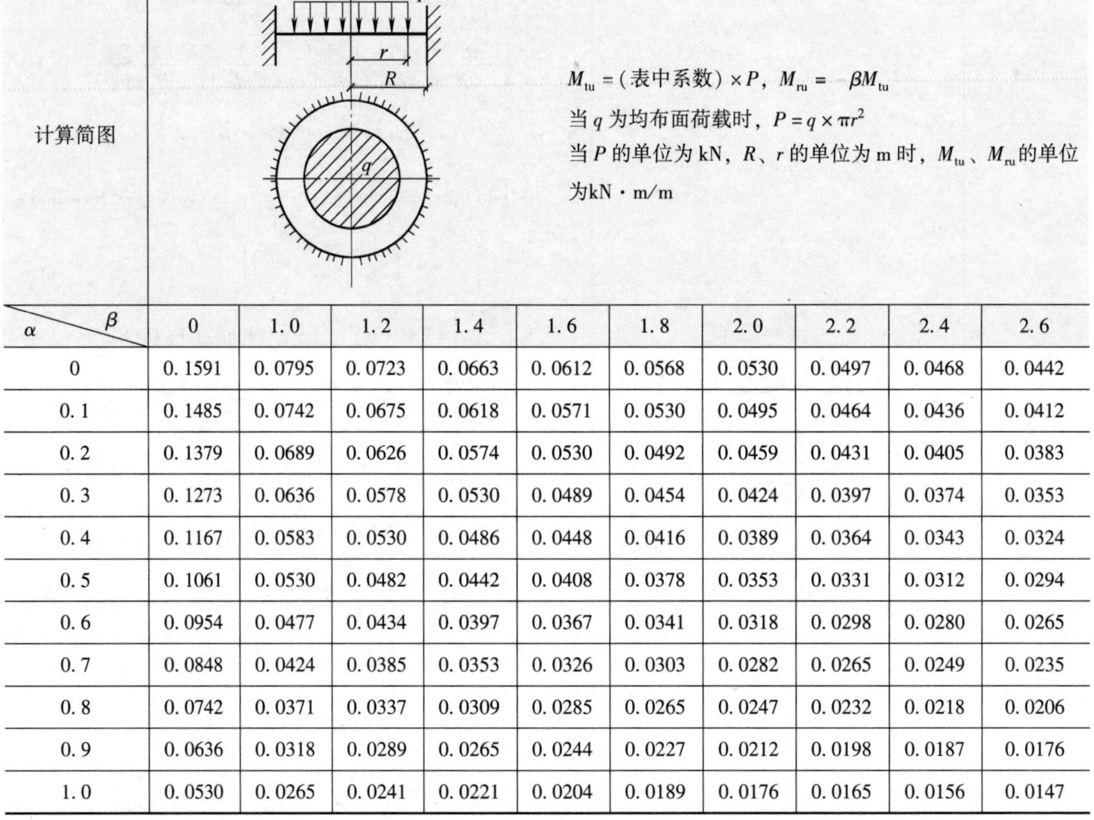

计算简图：M_{tu} =（表中系数）$\times P$，$M_{ru} = -\beta M_{tu}$

当 q 为均布面荷载时，$P = q \times \pi r^2$

当 P 的单位为 kN，R、r 的单位为 m 时，M_{tu}、M_{ru} 的单位为kN · m/m

α \ β	0	1.0	1.2	1.4	1.6	1.8	2.0	2.2	2.4	2.6
0	0.1591	0.0795	0.0723	0.0663	0.0612	0.0568	0.0530	0.0497	0.0468	0.0442
0.1	0.1485	0.0742	0.0675	0.0618	0.0571	0.0530	0.0495	0.0464	0.0436	0.0412
0.2	0.1379	0.0689	0.0626	0.0574	0.0530	0.0492	0.0459	0.0431	0.0405	0.0383
0.3	0.1273	0.0636	0.0578	0.0530	0.0489	0.0454	0.0424	0.0397	0.0374	0.0353
0.4	0.1167	0.0583	0.0530	0.0486	0.0448	0.0416	0.0389	0.0364	0.0343	0.0324
0.5	0.1061	0.0530	0.0482	0.0442	0.0408	0.0378	0.0353	0.0331	0.0312	0.0294
0.6	0.0954	0.0477	0.0434	0.0397	0.0367	0.0341	0.0318	0.0298	0.0280	0.0265
0.7	0.0848	0.0424	0.0385	0.0353	0.0326	0.0303	0.0282	0.0265	0.0249	0.0235
0.8	0.0742	0.0371	0.0337	0.0309	0.0285	0.0265	0.0247	0.0232	0.0218	0.0206
0.9	0.0636	0.0318	0.0289	0.0265	0.0244	0.0227	0.0212	0.0198	0.0187	0.0176
1.0	0.0530	0.0265	0.0241	0.0221	0.0204	0.0189	0.0176	0.0165	0.0156	0.0147

5.3.3　钢筋混凝土圆形板的塑性计算例题

［例题 5-9］　已知如图 5-15 所示简支圆形板，承受均布荷载，求板的极限弯矩。

［解］

简支圆形板承受均布荷载：$r = R = 4\text{m}$，$\alpha = 1$，$\beta = 0$，$P = qR^2\pi = 8 \times \pi \times 4^2 = 402.1(\text{kN})$

查表 5-24：　$M_{tu} = 0.0530 \times 402.1 = 21.31(\text{kN} \cdot \text{m/m})$

$M_{ru} = \beta M_{tu} = 0$

[例题 5-10] 已知如图 5-16 所示周边嵌固圆形板，承受局部荷载，求板的极限弯矩。

[解]

周边嵌固圆形板，β 可根据嵌固端和板中配筋情况在 1 ~ 2.6 间选取，一般取 $\beta = -M_{ru}/\beta M_{tu} = 2.0$，$\alpha = r/R = 2/4 = 0.5$，$P = q\pi r^2 = 6\pi \times 2^2 = 75.40(\text{kN})$。

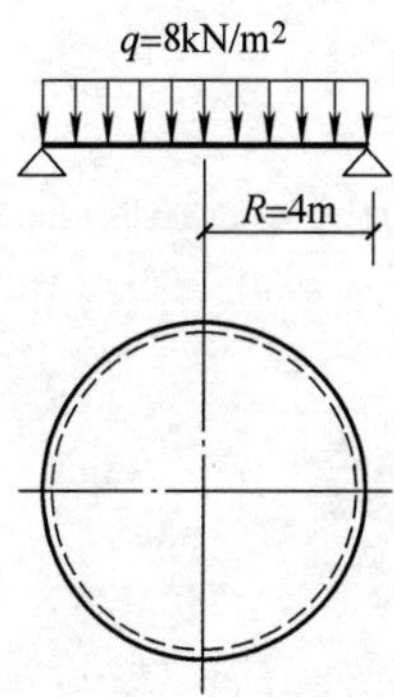

图 5-15 [例题 5-9] 简支圆形板

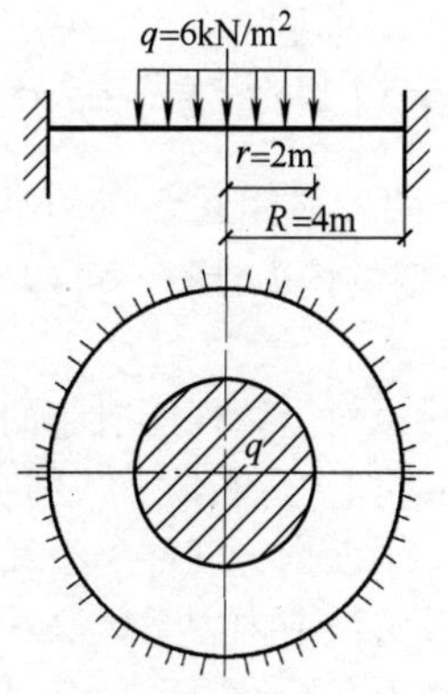

图 5-16 [例题 5-10] 周边嵌固圆形板

查表 5-24：

$$M_{tu} = 0.0353 \times 75.40 = 2.662(\text{kN} \cdot \text{m/m})$$

$$M_{ru} = -\beta M_{tu} = -2 \times 2.662 = -5.324(\text{kN} \cdot \text{m/m})$$

第6章 桁架的计算

6.1 桁架计算简述与等节间三角形桁架参数

6.1.1 桁架计算简述

1）桁架的内力计算，可假定节点为铰接。将荷载集中于各个节点上，按节点荷载求得各杆杆件的轴向力。

节间荷载对上弦杆所引起的弯矩，在选择杆件截面时再行考虑。

2）桁架内力分析时，应将荷载集中在节点上(节间荷载可换算为节点荷载)，并假定所有杆件位于同一平面内，杆件重心线汇交于节点中心，且各节点为理想铰，不考虑次应力的影响，这样就可用数解法或内力系数法计算桁架各杆件的轴心力。但当杆件截面高度与其几何长度(节点中心间的距离)之比大于1/10(弦杆)和1/15(腹杆)时，或当钢管杆件截面高度(或直径)与其节间长度之比大于1/12(主管)和1/24(支管)时，则应考虑节点刚性引起的次弯矩。

当桁架上弦杆有节间荷载时，首先把节间荷载换算为节点荷载，按上弦无节间荷载计算桁架杆件的轴心力。节点荷载换算有两种近似方法：将所有节间的荷载按该段节间为简支的支座反力分配到相邻两个节点上，作为节点荷载；按节点处的负荷面积换算为该节点的集中荷载。两种方法的计算结果差别很小，但后者较为简便。

3）求桁架杆件内力时，恒荷载(包括自重)按全跨分布。活荷载除按全跨分布外，尚应根据各种桁架的受力特点，分别按可能出现的不利分布情况进行组合。

4）屋面活荷载与雪荷载一般不会同时出现，故取二者之较大者与恒荷载进行组合。

5）在一般桁架坡度小于30°的桁架设计中，对封闭房屋只有当设有天窗时，才考虑风荷载的不利影响。

6.1.2 等节间三角形桁架参数

为了便于计算，对于等节间三角形桁架中常用的几种跨高比 n 值及以 n 为参数的 N、G、M、E 列于表6-1。这些系数用于求局部荷载作用下的内力系数。

表6-1 内力系数

序号	计算公式	$N=\sqrt{n^2+4}$　$G=\sqrt{n^2+16}$　$M=\sqrt{n^2+36}$　$E=\sqrt{n^2+64}$			
	n	N	G	M	E
1	$2\sqrt{3}$	4.0000	5.2915	6.9282	8.7178
2	4	4.4721	5.6569	7.2111	8.9443
3	5	5.3852	6.4031	7.8102	9.4340
4	6	6.3246	7.2111	8.4853	10.0000

6.2 豪式桁架

6.2.1 节间等长豪式桁架

节间等长豪式桁架见表6-2。

表 6-2　节间等长豪式桁架

序号	项　　目	内　　容
1	简述	在各种形式的桁架的内力系数表(表 6-3 ~ 表 6-6)中，当仅有一项系数时，该系数可同时适用于上弦屋面荷载 F_i 及下弦吊顶荷载 F_i^b，当有二项系数时，则无括号的系数适用于上弦屋面荷载 F_i，括号内系数适用于下弦吊顶荷载 F_i^b
2	四节间豪式桁架	四节间豪式桁架杆件长度及内力系数见表 6-3
3	六节间豪式桁架	六节间豪式桁架杆件长度及内力系数见表 6-4
4	八节间豪式桁架	八节间豪式桁架杆件长度及内力系数见表 6-5
5	十节间豪式桁架	十节间豪式桁架杆件长度及内力系数见表 6-6

表 6-3　四节间豪式桁架杆件长度及内力系数

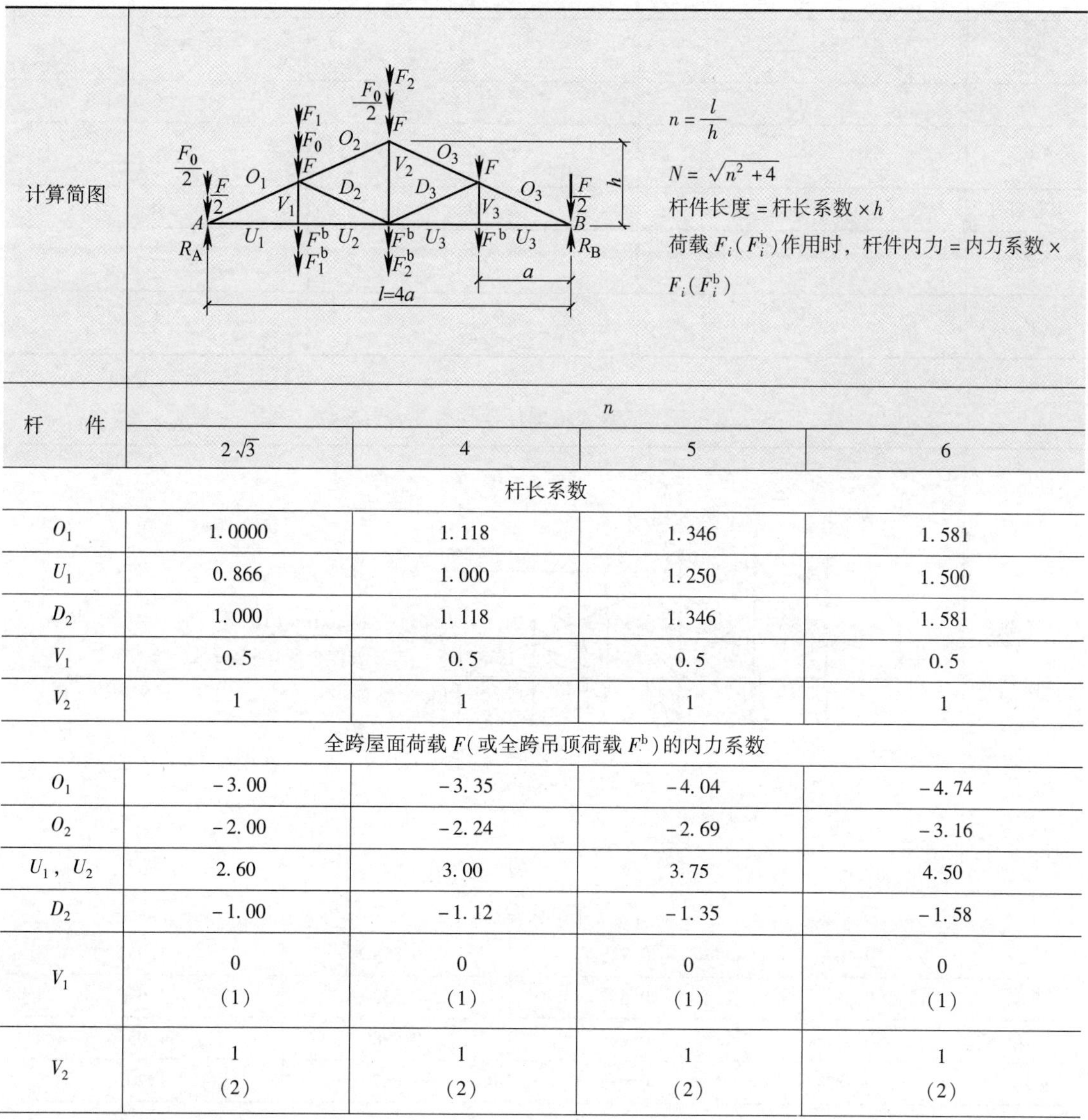

计算简图	$n=\frac{l}{h}$ $N=\sqrt{n^2+4}$ 杆件长度 = 杆长系数 × h 荷载 $F_i(F_i^b)$ 作用时，杆件内力 = 内力系数 × $F_i(F_i^b)$			
杆　　件	n			
	$2\sqrt{3}$	4	5	6
杆长系数				
O_1	1.0000	1.118	1.346	1.581
U_1	0.866	1.000	1.250	1.500
D_2	1.000	1.118	1.346	1.581
V_1	0.5	0.5	0.5	0.5
V_2	1	1	1	1
全跨屋面荷载 F(或全跨吊顶荷载 F^b)的内力系数				
O_1	−3.00	−3.35	−4.04	−4.74
O_2	−2.00	−2.24	−2.69	−3.16
U_1，U_2	2.60	3.00	3.75	4.50
D_2	−1.00	−1.12	−1.35	−1.58
V_1	0 (1)	0 (1)	0 (1)	0 (1)
V_2	1 (2)	1 (2)	1 (2)	1 (2)

续表 6-3

杆件	局部荷载形式		
	半跨屋面 F_0	节点	
		$F_1(F_1^b)$	$F_2(F_2^b)$
	内力系数		
O_1	$-\frac{N}{2}$	$-\frac{3N}{8}$	$-\frac{N}{4}$
O_2	$-\frac{N}{4}$	$-\frac{N}{8}$	$-\frac{N}{4}$
O_3	$-\frac{N}{4}$	$-\frac{N}{8}$	$-\frac{N}{4}$
U_1，U_2	$\frac{n}{2}$	$\frac{3n}{8}$	$\frac{n}{4}$
U_3	$\frac{n}{4}$	$\frac{n}{8}$	$\frac{n}{4}$
D_2	$-\frac{N}{4}$	$-\frac{N}{4}$	0
V_1	0	0(1)	0
V_2	$\frac{1}{2}$	$\frac{1}{2}$	0(1)
其他杆件	0	0	0
R_A	$\frac{3}{2}$	$\frac{3}{4}$	$\frac{1}{2}$
R_B	$\frac{1}{2}$	$\frac{1}{4}$	$\frac{1}{2}$

表 6-4 六节间豪式桁架杆件长度及内力系数

计算简图

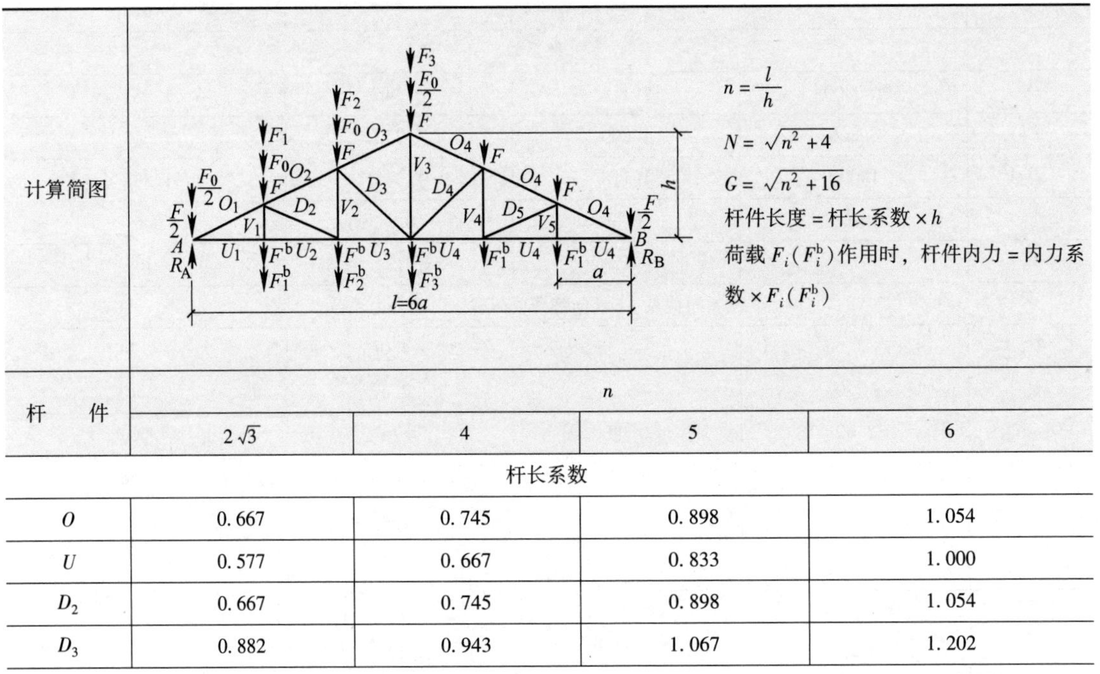

$n=\frac{l}{h}$

$N=\sqrt{n^2+4}$

$G=\sqrt{n^2+16}$

杆件长度 = 杆长系数 × h

荷载 $F_i(F_i^b)$ 作用时，杆件内力 = 内力系数 × $F_i(F_i^b)$

杆件	n			
	$2\sqrt{3}$	4	5	6
	杆长系数			
O	0.667	0.745	0.898	1.054
U	0.577	0.667	0.833	1.000
D_2	0.667	0.745	0.898	1.054
D_3	0.882	0.943	1.067	1.202

续表 6-4

杆　件	n			
	$2\sqrt{3}$	4	5	6
杆长系数				
V_1	0.333	0.333	0.333	0.333
V_2	0.667	0.667	0.667	0.667
V_3	1	1	1	1
全跨屋面荷载 F(或全跨吊顶荷载 F^b)的内力系数				
O_1	-5.00	-5.59	-6.73	-7.91
O_2	-4.00	-4.47	-5.39	-6.32
O_3	-3.00	-3.35	-4.04	-4.74
U_1, U_2	4.33	5.00	6.25	7.50
U_3	3.46	4.00	5.00	6.00
D_2	-1.00	-1.12	-1.35	-1.58
D_3	-1.32	-1.41	-1.60	-1.80
V_1	0(1.00)	0(1.00)	0(1.00)	0(1.00)
V_2	0.50(1.50)	0.50(1.50)	0.50(1.50)	0.50(1.50)
V_3	2.00(3.00)	2.00(3.00)	2.00(3.00)	2.00(3.00)

杆　件	局部荷载形式			
	半跨屋面 F_0	节　点		
		$F_1(F_1^b)$	$F_2(F_2^b)$	$F_3(F_3^b)$
内力系数				
O_1	$-\frac{7N}{8}$	$-\frac{5N}{12}$	$-\frac{N}{3}$	$-\frac{N}{4}$
O_2	$-\frac{5N}{8}$	$-\frac{N}{6}$	$-\frac{N}{3}$	$-\frac{N}{4}$
O_3	$-\frac{3N}{8}$	$-\frac{N}{12}$	$-\frac{N}{6}$	$-\frac{N}{4}$
O_4	$-\frac{3N}{8}$	$-\frac{N}{12}$	$-\frac{N}{6}$	$-\frac{N}{4}$
U_1, U_2	$\frac{7n}{8}$	$\frac{5n}{12}$	$\frac{n}{3}$	$\frac{n}{4}$
U_3	$\frac{5n}{8}$	$\frac{n}{6}$	$\frac{n}{3}$	$\frac{n}{4}$
U_4	$\frac{3n}{8}$	$\frac{n}{12}$	$\frac{n}{6}$	$\frac{n}{4}$
D_2	$-\frac{N}{4}$	$-\frac{N}{4}$	0	0
D_3	$-\frac{G}{4}$	$-\frac{G}{12}$	$-\frac{G}{6}$	0
V_1	0	0(1)	0	0
V_2	$\frac{1}{2}$	$\frac{1}{2}$	0(1)	0
V_3	1	$\frac{1}{3}$	$\frac{2}{3}$	0(1)

续表 6-4

杆件	局部荷载形式			
	半跨屋面 F_0	节点		
		$F_1(F_1^b)$	$F_2(F_2^b)$	$F_3(F_3^b)$
	内力系数			
其他杆件	0	0	0	0
R_A	$\frac{9}{4}$	$\frac{5}{6}$	$\frac{2}{3}$	$\frac{1}{2}$
R_B	$\frac{3}{4}$	$\frac{1}{6}$	$\frac{1}{3}$	$\frac{1}{2}$

表 6-5 八节间豪式桁架杆件长度及内力系数

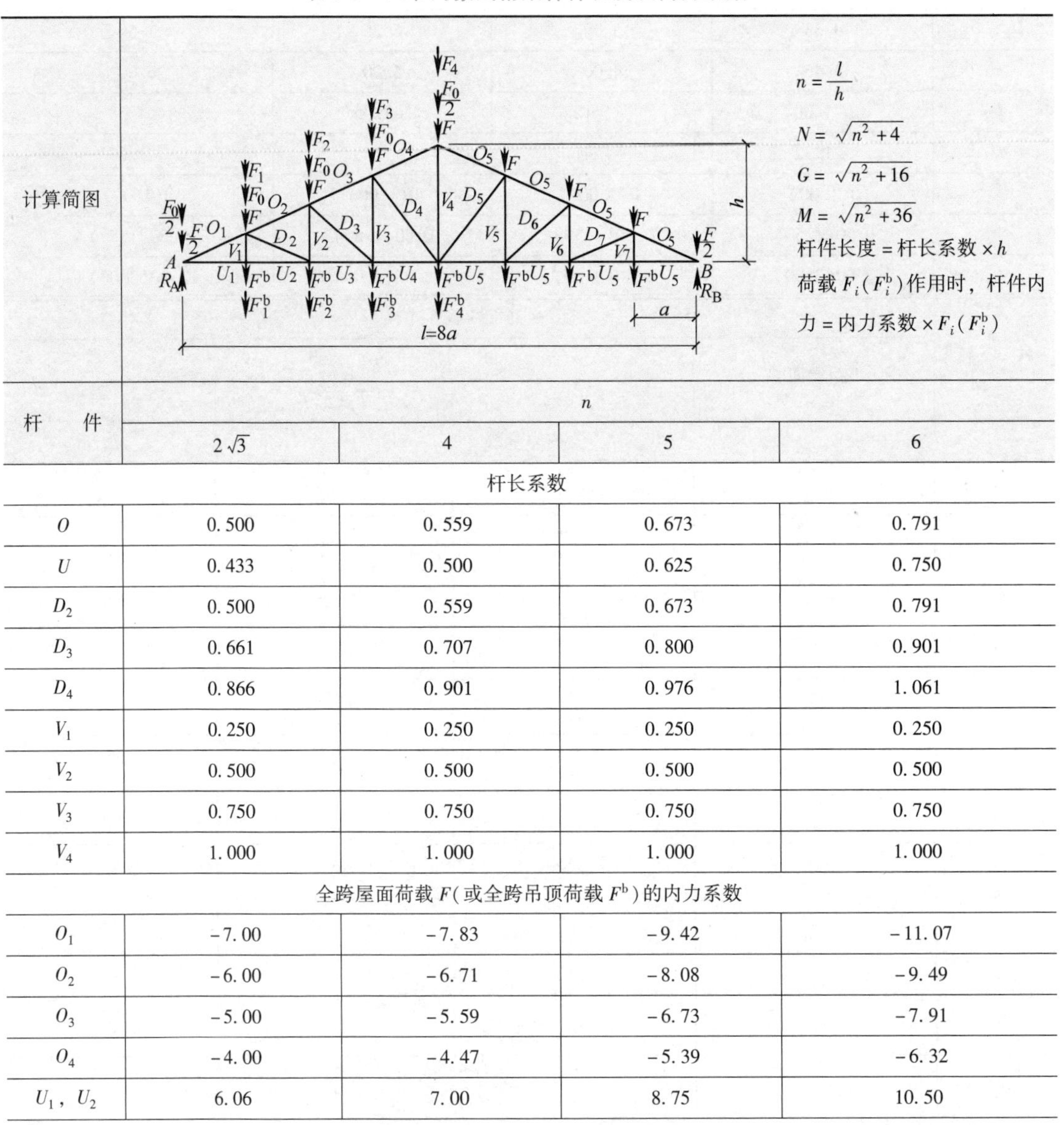

计算简图	$n=\frac{l}{h}$ $N=\sqrt{n^2+4}$ $G=\sqrt{n^2+16}$ $M=\sqrt{n^2+36}$ 杆件长度 = 杆长系数 × h 荷载 $F_i(F_i^b)$ 作用时，杆件内力 = 内力系数 × $F_i(F_i^b)$			
杆件	n			
	$2\sqrt{3}$	4	5	6
	杆长系数			
O	0.500	0.559	0.673	0.791
U	0.433	0.500	0.625	0.750
D_2	0.500	0.559	0.673	0.791
D_3	0.661	0.707	0.800	0.901
D_4	0.866	0.901	0.976	1.061
V_1	0.250	0.250	0.250	0.250
V_2	0.500	0.500	0.500	0.500
V_3	0.750	0.750	0.750	0.750
V_4	1.000	1.000	1.000	1.000
	全跨屋面荷载 F(或全跨吊顶荷载 F^b)的内力系数			
O_1	-7.00	-7.83	-9.42	-11.07
O_2	-6.00	-6.71	-8.08	-9.49
O_3	-5.00	-5.59	-6.73	-7.91
O_4	-4.00	-4.47	-5.39	-6.32
U_1, U_2	6.06	7.00	8.75	10.50

续表 6-5

杆　　件	n			
	$2\sqrt{3}$	4	5	6
全跨屋面荷载 F(或全跨吊顶荷载 F^b)的内力系数				
U_3	5.20	6.00	7.50	9.00
U_4	4.33	5.00	6.25	7.50
D_2	-1.00	-1.12	-1.35	-1.58
D_3	-1.32	-1.41	-1.60	-1.80
D_4	-1.73	-1.80	-1.95	-2.12
V_1	0(1)	0(1)	0(1)	0(1)
V_2	0.5(1.50)	0.5(1.50)	0.5(1.50)	0.5(1.50)
V_3	1.00(2.00)	1.00(2.00)	1.00(2.00)	1.00(2.00)
V_4	3.00(4.00)	3.00(4.00)	3.00(4.00)	3.00(4.00)

杆　　件	局部荷载形式				
	半跨屋面 F_0	节　　点			
		$F_1(F_1^b)$	$F_2(F_2^b)$	$F_3(F_3^b)$	$F_4(F_4^b)$
内力系数					
O_1	$-\frac{5N}{4}$	$-\frac{7N}{16}$	$-\frac{3N}{8}$	$-\frac{5N}{16}$	$-\frac{N}{4}$
O_2	$-N$	$-\frac{3N}{16}$	$-\frac{3N}{8}$	$-\frac{5N}{16}$	$-\frac{N}{4}$
O_3	$-\frac{3N}{4}$	$-\frac{5N}{48}$	$-\frac{5N}{24}$	$-\frac{5N}{16}$	$-\frac{N}{4}$
O_4	$-\frac{N}{2}$	$-\frac{N}{16}$	$-\frac{N}{8}$	$-\frac{3N}{16}$	$-\frac{N}{4}$
O_5	$-\frac{N}{2}$	$-\frac{N}{16}$	$-\frac{N}{8}$	$-\frac{3N}{16}$	$-\frac{N}{4}$
U_1, U_2	$\frac{5n}{4}$	$\frac{7n}{16}$	$\frac{3n}{8}$	$\frac{5n}{16}$	$\frac{n}{4}$
U_3	n	$\frac{3n}{16}$	$\frac{3n}{8}$	$\frac{5n}{16}$	$\frac{n}{4}$
U_4	$\frac{3n}{4}$	$\frac{5n}{48}$	$\frac{5n}{24}$	$\frac{5n}{16}$	$\frac{n}{4}$
U_5	$\frac{n}{2}$	$\frac{n}{16}$	$\frac{n}{8}$	$\frac{3n}{16}$	$\frac{n}{4}$
D_2	$-\frac{N}{4}$	$-\frac{N}{4}$	0	0	0
D_3	$-\frac{G}{4}$	$-\frac{G}{12}$	$-\frac{G}{6}$	0	0
D_4	$-\frac{M}{4}$	$-\frac{M}{24}$	$-\frac{M}{12}$	$-\frac{M}{8}$	0
V_1	0	0(1)	0	0	0
V_2	$\frac{1}{2}$	$\frac{1}{2}$	0(1)	0	0

续表 6-5

杆 件	局部荷载形式				
	半跨屋面 F_0	节 点			
		$F_1(F_1^b)$	$F_2(F_2^b)$	$F_3(F_3^b)$	$F_4(F_4^b)$
	内力系数				
V_3	1	$\frac{1}{3}$	$\frac{2}{3}$	0(1)	0
V_4	$\frac{3}{2}$	$\frac{1}{4}$	$\frac{1}{2}$	$\frac{3}{4}$	0(1)
其他杆件	0	0	0	0	0
R_A	3	$\frac{7}{8}$	$\frac{3}{4}$	$\frac{5}{8}$	$\frac{1}{2}$
R_B	1	$\frac{1}{8}$	$\frac{1}{4}$	$\frac{3}{8}$	$\frac{1}{2}$

表 6-6 十节间豪式桁架杆件长度及内力系数

计算简图

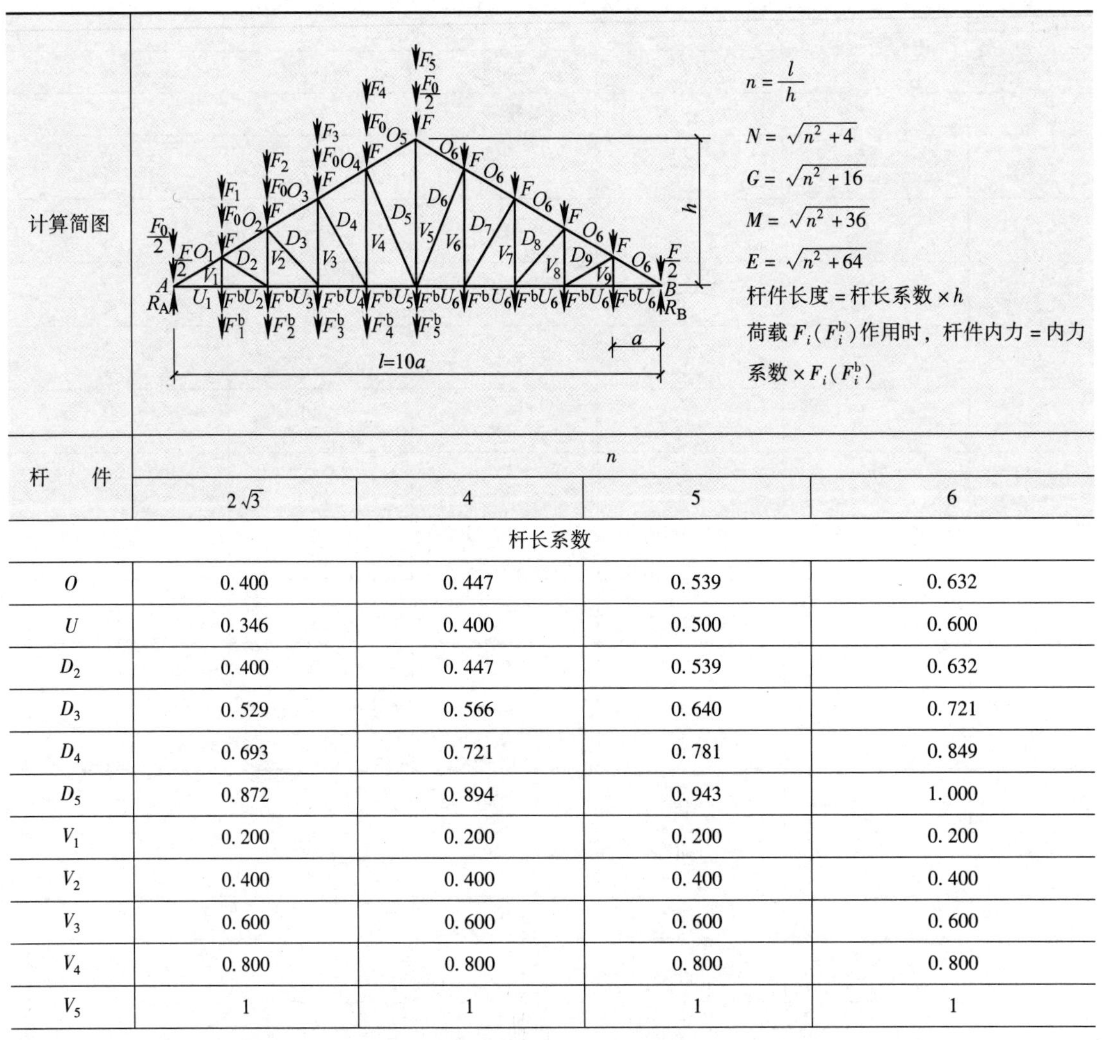

$n=\frac{l}{h}$

$N=\sqrt{n^2+4}$

$G=\sqrt{n^2+16}$

$M=\sqrt{n^2+36}$

$E=\sqrt{n^2+64}$

杆件长度 = 杆长系数 × h

荷载 $F_i(F_i^b)$ 作用时，杆件内力 = 内力系数 × $F_i(F_i^b)$

杆 件	n			
	$2\sqrt{3}$	4	5	6
	杆长系数			
O	0.400	0.447	0.539	0.632
U	0.346	0.400	0.500	0.600
D_2	0.400	0.447	0.539	0.632
D_3	0.529	0.566	0.640	0.721
D_4	0.693	0.721	0.781	0.849
D_5	0.872	0.894	0.943	1.000
V_1	0.200	0.200	0.200	0.200
V_2	0.400	0.400	0.400	0.400
V_3	0.600	0.600	0.600	0.600
V_4	0.800	0.800	0.800	0.800
V_5	1	1	1	1

续表 6-6

杆　件	n			
	$2\sqrt{3}$	4	5	6
全跨屋面荷载 F(或全跨吊顶荷载 F^b)的内力系数				
O_1	-9.00	-10.06	-12.12	-14.23
O_2	-8.00	-8.94	-10.77	-12.65
O_3	-7.00	-7.83	-9.42	-11.07
O_4	-6.00	-6.71	-8.08	-9.49
O_5	-5.00	-5.59	-6.73	-7.91
U_1, U_2	7.79	9.00	11.25	13.50
U_3	6.93	8.00	10.00	12.00
U_4	6.06	7.00	8.75	10.50
U_5	5.20	6.00	7.50	9.00
D_2	-1.00	-1.12	-1.35	-1.58
D_3	-1.32	-1.41	-1.60	-1.80
D_4	-1.73	-1.80	-1.95	-2.12
D_5	-2.18	-2.24	-2.36	-2.50
V_1	0(1)	0(1)	0(1)	0(1)
V_2	0.5(1.5)	0.5(1.5)	0.5(1.5)	0.5(1.5)
V_3	1(2)	1(2)	1(2)	1(2)
V_4	1.5(2.5)	1.5(2.5)	1.5(2.5)	1.5(2.5)
V_5	4(5)	4(5)	4(5)	4(5)

杆　件	局部荷载形式					
	半跨屋面 F_0	节　点				
		$F_1(F_1^b)$	$F_2(F_2^b)$	$F_3(F_3^b)$	$F_4(F_4^b)$	$F_5(F_5^b)$
内力系数						
O_1	$-\frac{13N}{8}$	$-\frac{9N}{20}$	$-\frac{2N}{5}$	$-\frac{7N}{20}$	$-\frac{3N}{10}$	$-\frac{N}{4}$
O_2	$-\frac{11N}{8}$	$-\frac{N}{5}$	$-\frac{2N}{5}$	$-\frac{7N}{20}$	$-\frac{3N}{10}$	$-\frac{N}{4}$
O_3	$-\frac{9N}{8}$	$-\frac{7N}{60}$	$-\frac{7N}{30}$	$-\frac{7N}{20}$	$-\frac{3N}{10}$	$-\frac{N}{4}$
O_4	$-\frac{7N}{8}$	$-\frac{3N}{10}$	$-\frac{3N}{20}$	$-\frac{9N}{40}$	$-\frac{3N}{10}$	$-\frac{N}{4}$
O_5	$-\frac{5N}{8}$	$-\frac{N}{20}$	$-\frac{N}{10}$	$-\frac{3N}{20}$	$-\frac{N}{5}$	$-\frac{N}{4}$
O_6	$-\frac{5N}{8}$	$-\frac{N}{20}$	$-\frac{N}{10}$	$-\frac{3N}{20}$	$-\frac{N}{5}$	$-\frac{N}{4}$
U_1, U_2	$\frac{13n}{8}$	$\frac{9n}{20}$	$\frac{2n}{5}$	$\frac{7n}{20}$	$\frac{3n}{10}$	$\frac{n}{4}$
U_3	$\frac{11n}{8}$	$\frac{n}{5}$	$\frac{2n}{5}$	$\frac{7n}{20}$	$\frac{3n}{10}$	$\frac{n}{4}$

续表 6-6

杆件	局部荷载形式					
	半跨屋面 F_0	节点				
		$F_1(F_1^b)$	$F_2(F_2^b)$	$F_3(F_3^b)$	$F_4(F_4^b)$	$F_5(F_5^b)$
	内力系数					
U_4	$\frac{9n}{8}$	$\frac{7n}{60}$	$\frac{7n}{30}$	$\frac{7n}{20}$	$\frac{3n}{10}$	$\frac{n}{4}$
U_5	$\frac{7n}{8}$	$\frac{3n}{40}$	$\frac{3n}{20}$	$\frac{9n}{40}$	$\frac{3n}{10}$	$\frac{n}{4}$
U_6	$\frac{5n}{8}$	$\frac{n}{20}$	$\frac{n}{10}$	$\frac{3n}{20}$	$\frac{n}{5}$	$\frac{n}{4}$
D_2	$-\frac{N}{4}$	$-\frac{N}{4}$	0	0	0	0
D_3	$-\frac{G}{4}$	$-\frac{G}{12}$	$-\frac{G}{6}$	0	0	0
D_4	$-\frac{M}{4}$	$-\frac{M}{24}$	$-\frac{M}{12}$	$-\frac{M}{8}$	0	0
D_5	$-\frac{E}{4}$	$-\frac{E}{40}$	$-\frac{E}{20}$	$-\frac{3E}{40}$	$-\frac{E}{10}$	0
V_1	0	0(1)	0	0	0	0
V_2	$\frac{1}{2}$	$\frac{1}{2}$	0(1)	0	0	0
V_3	1	$\frac{1}{3}$	$\frac{2}{3}$	0(1)	0	0
V_4	$\frac{2}{3}$	$\frac{1}{4}$	$\frac{1}{2}$	$\frac{3}{4}$	0(1)	0
V_5	2	$\frac{1}{5}$	$\frac{2}{5}$	$\frac{3}{5}$	$\frac{4}{5}$	0(1)
其他杆件	0	0	0	0	0	0
R_A	$\frac{15}{4}$	$\frac{9}{10}$	$\frac{4}{5}$	$\frac{7}{10}$	$\frac{3}{5}$	$\frac{1}{2}$
R_B	$\frac{5}{4}$	$\frac{1}{10}$	$\frac{1}{5}$	$\frac{3}{10}$	$\frac{2}{5}$	$\frac{1}{2}$

6.2.2 不等节间豪式桁架

不等节间豪式桁架见表 6-7。

表 6-7 不等节间豪式桁架

序号	项目	内容
1	简述	不等节间豪式桁架的内力系数分别见表 6-8 ~ 表 6-10。表中的内力系数是将所示均布荷载转化成相应节间荷载按理想桁架求得的
2	六个不等节间豪式桁架	六个不等节间豪式桁架杆件长度及内力系数见表 6-8
3	八个不等节间豪式桁架	八个不等节间豪式桁架杆件长度及内力系数见表 6-9
4	十个不等节间豪式桁架	十个不等节间豪式桁架杆件长度及内力系数见表 6-10

表 6-8　六个不等节间豪式桁架杆件长度及内力系数

计算简图

l——桁架跨度(m)

h——桁架高度(m)

K_0——杆件长度系数

K_1——内力系数

g——上弦水平均布荷载(kN/m)

g^b——下弦均布荷载(kN/m)

杆件长度 $= K_0 l$

杆件内力 $= K_1 gl + K_1 g^b l$

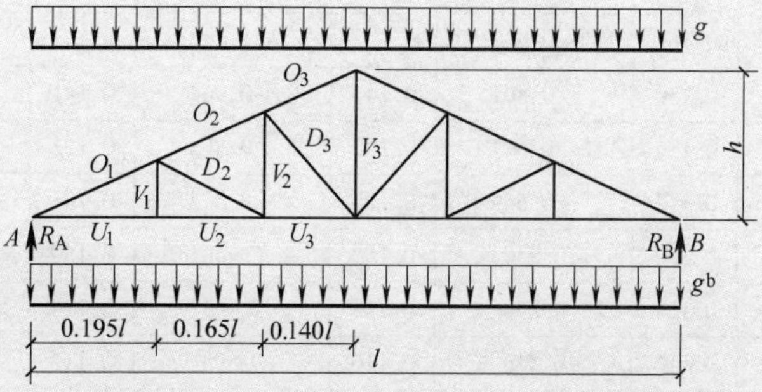

杆　　件	$n = l/h$							
	$2\sqrt{3}$		4		5		6	
	K_0	K_1	K_0	K_1	K_0	K_1	K_0	K_1
O_1	0.225	−0.805	0.218	−0.900	0.210	−0.184	0.206	−1.273
O_2	0.190	−0.640	0.184	−0.716	0.178	−0.862	0.174	−1.012
O_3	0.162	−0.500	0.157	−0.559	0.151	−0.673	0.148	−0.791
U_1	0.195	0.697	0.195	0.805	0.195	1.006	0.195	1.208
U_2	0.165	0.697	0.165	0.805	0.165	1.006	0.165	1.208
U_3	0.140	0.554	0.140	0.640	0.140	0.800	0.140	0.960
D_2	0.200	−0.173	0.192	−0.192	0.183	−0.228	0.177	−0.266
D_3	0.251	−0.217	0.228	−0.228	0.201	−0.251	0.184	−0.277
V_1	0.113	0.000(0.180)	0.097	0.000(0.180)	0.078	0.000(0.180)	0.065	0.000(0.180)
V_2	0.208	0.098(0.250)	0.180	0.098(0.250)	0.144	0.098(0.250)	0.120	0.098(0.250)
V_3	0.289	0.360(0.500)	0.250	0.360(0.500)	0.200	0.360(0.500)	0.167	0.360(0.500)

表 6-9　八个不等节间豪式桁架杆件长度及内力系数

计算简图

l——桁架跨度(m)

h——桁架高度(m)

g——上弦水平均布荷载(kN/m)

g^b——下弦均布荷载(kN/m)

K_0——杆件长度系数

K_1——内力系数

杆件长度 $= K_0 l$

杆件内力 $= K_1 gl + K_1 g^b l$

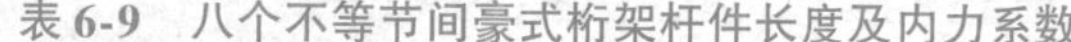

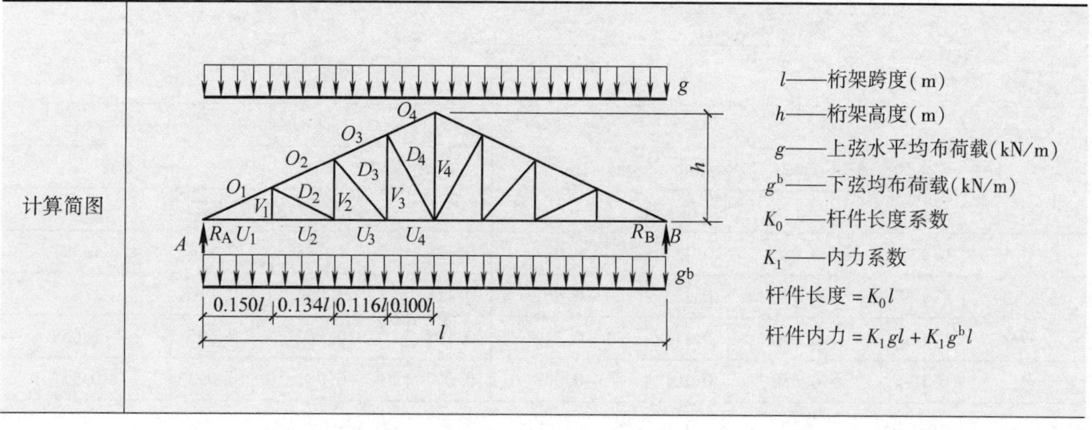

续表 6-9

杆件	$n=l/h$							
	$2\sqrt{3}$		4		5		6	
	K_0	K_1	K_0	K_1	K_0	K_1	K_0	K_1
O_1	0.173	-0.850	0.168	-0.950	0.162	-1.144	0.158	-1.344
O_2	0.155	-0.716	0.150	-0.801	0.144	-0.964	0.141	-0.132
O_3	0.134	-0.600	0.130	-0.671	0.125	-0.808	0.122	-0.949
O_4	0.115	-0.500	0.112	-0.559	0.108	-0.673	0.105	0.791
U_1	0.150	0.736	0.150	0.850	0.150	1.063	0.150	1.275
U_2	0.134	0.736	0.134	0.850	0.134	1.063	0.134	1.275
U_3	0.116	0.620	0.116	0.716	0.116	0.895	0.116	1.074
U_4	0.100	0.519	0.100	0.600	0.100	0.750	0.100	0.900
D_2	0.160	-0.138	0.154	-0.154	0.147	-0.184	0.143	-0.215
D_3	0.201	-0.174	0.183	-0.183	0.162	-0.203	0.150	-0.225
D_4	0.252	-0.218	0.224	-0.224	0.189	-0.236	0.167	-0.250
V_1	0.087	0.000(0.142)	0.075	0.000(0.142)	0.060	0.000(0.142)	0.050	0.000(0.142)
V_2	0.164	0.075(0.200)	0.142	0.075(0.200)	0.114	0.075(0.200)	0.133	0.075(0.200)
V_3	0.231	0.142(0.250)	0.200	0.142(0.250)	0.160	0.142(0.250)	0.133	0.142(0.250)
V_4	0.289	0.400(0.500)	0.250	0.400(0.500)	0.200	0.400(0.500)	0.167	0.400(0.500)

表 6-10 十个不等节间豪式桁架杆件长度及内力系数

计算简图

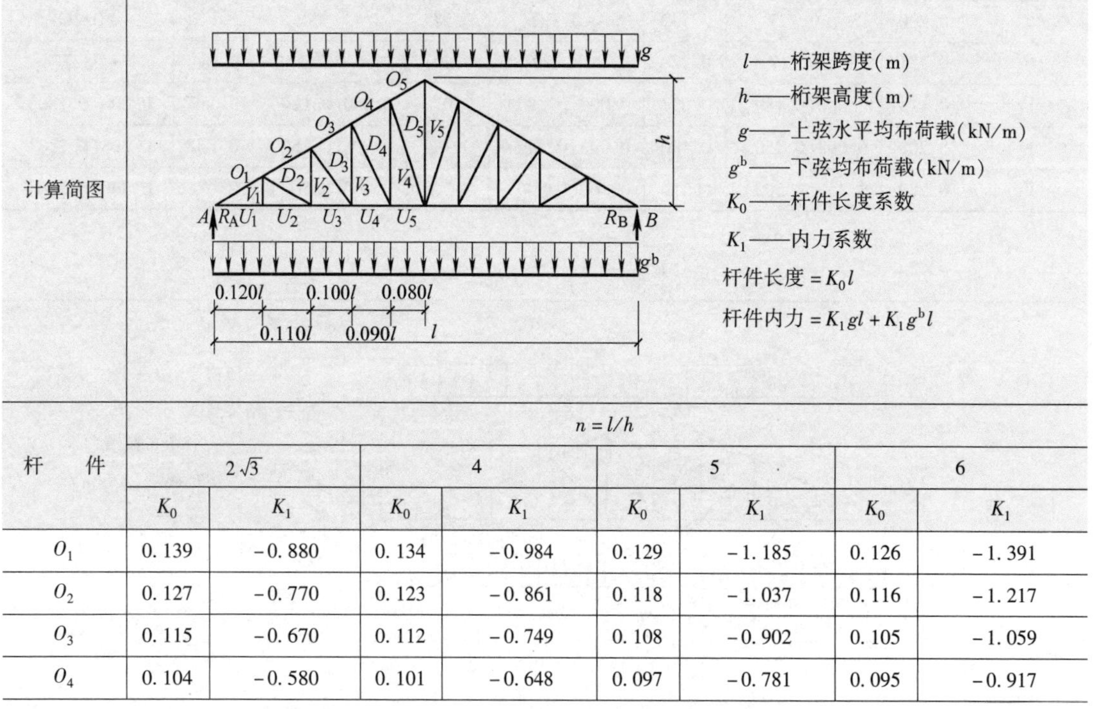

l——桁架跨度(m)

h——桁架高度(m)

g——上弦水平均布荷载(kN/m)

g^b——下弦均布荷载(kN/m)

K_0——杆件长度系数

K_1——内力系数

杆件长度 $=K_0 l$

杆件内力 $=K_1 gl + K_1 g^b l$

杆件	$n=l/h$							
	$2\sqrt{3}$		4		5		6	
	K_0	K_1	K_0	K_1	K_0	K_1	K_0	K_1
O_1	0.139	-0.880	0.134	-0.984	0.129	-1.185	0.126	-1.391
O_2	0.127	-0.770	0.123	-0.861	0.118	-1.037	0.116	-1.217
O_3	0.115	-0.670	0.112	-0.749	0.108	-0.902	0.105	-1.059
O_4	0.104	-0.580	0.101	-0.648	0.097	-0.781	0.095	-0.917

续表 6-10

杆　件	$n=l/h$							
	$2\sqrt{3}$		4		5		6	
	K_0	K_1	K_0	K_1	K_0	K_1	K_0	K_1
O_5	0.092	-0.500	0.089	-0.559	0.086	-0.673	0.084	-0.791
U_1	0.120	0.762	0.120	0.880	0.120	1.100	0.120	1.320
U_2	0.110	0.762	0.110	0.880	0.110	1.100	0.110	1.320
U_3	0.100	0.667	0.100	0.770	0.100	0.963	0.100	1.155
U_4	0.090	0.580	0.090	0.670	0.090	0.838	0.090	1.005
U_5	0.080	0.502	0.080	0.580	0.080	0.725	0.080	0.870
D_2	0.130	-0.113	0.125	-0.125	0.120	-0.150	0.117	-0.176
D_3	0.166	-0.144	0.152	-0.152	0.136	-0.170	0.126	-0.189
D_4	0.211	-0.182	0.188	-0.188	0.160	-0.200	0.142	-0.213
D_5	0.255	-0.221	0.225	-0.225	0.186	-0.233	0.161	-0.242
V_1	0.069	0.000(0.115)	0.060	0.000(0.115)	0.048	0.000(0.115)	0.040	0.000(0.115)
V_2	0.133	0.060(0.165)	0.115	0.060(0.165)	0.092	0.060(0.165)	0.077	0.060(0.165)
V_3	0.191	0.115(0.210)	0.165	0.115(0.210)	0.132	0.115(0.210)	0.110	0.115(0.210)
V_4	0.242	0.165(0.250)	0.210	0.165(0.250)	0.168	0.165(0.250)	0.140	0.165(0.250)
V_5	0.289	0.420(0.500)	0.250	0.420(0.500)	0.200	0.420(0.500)	0.167	0.420(0.500)

6.2.3　豪式单坡桁架

豪式单坡桁架见表 6-11。

表 6-11　豪式单坡桁架

序号	项　　目	内　　容
1	简述	各种节间豪式单坡桁架的杆件长度及内力系数见表 6-12 ~ 表 6-14
2	二节间豪式单坡桁架	二节间豪式单坡桁架杆件长度及内力系数见表 6-12
3	三节间豪式单坡桁架	三节间豪式单坡桁架杆件长度及内力系数见表 6-13
4	四节间豪式单坡桁架	四节间豪式单坡桁架杆件长度及内力系数见表 6-14

表 6-12　二节间豪式单坡桁架杆件长度及内力系数

计算简图	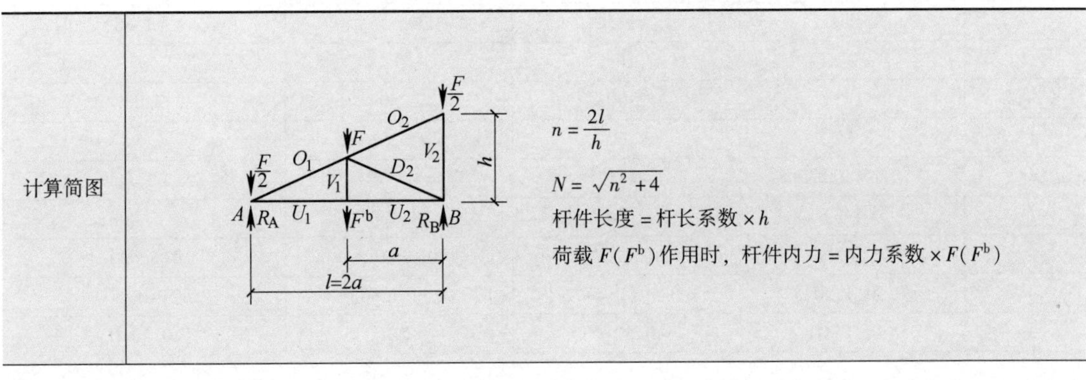

续表 6-12

杆　件	n							
	$2\sqrt{3}$	4	5	6	$2\sqrt{3}$	4	5	6
	杆长系数				全跨屋面荷载 F(或全跨吊顶荷载 F^b)的内力系数			
O_1	1.000	1.118	1.346	1.581	−1.00	−1.12	−1.35	−1.58
O_2	1.000	1.118	1.346	1.581	0	0	0	0
U_1, U_2	0.866	1.000	1.250	1.500	0.87	1.00	1.25	1.50
D_2	1.000	1.118	1.346	1.581	−1.00	−1.12	−1.35	−1.58
V_1	0.500	0.500	0.500	0.500	0(1.00)	0(1.00)	0(1.00)	0(1.00)
V_2	1.000	1.000	1.000	1.000	−0.50(0)	−0.50(0)	−0.50(0)	−0.50(0)

表 6-13　三节间豪式单坡桁架杆件长度及内力系数

计算简图

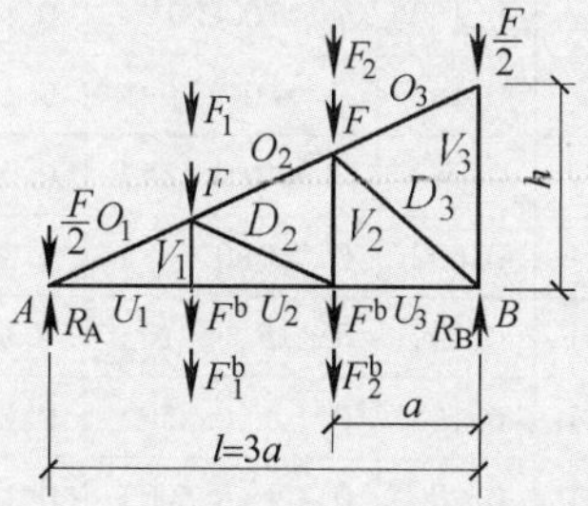

$n = \frac{2l}{h}$

$N = \sqrt{n^2 + 4}$

$G = \sqrt{n^2 + 16}$

杆件长度 = 杆长系数 × h

荷载 $F_i(F_i^b)$ 作用时，杆件内力 = 内力系数 × $F_i(F^b)$

杆　件	n			
	$2\sqrt{3}$	4	5	6
	杆长系数			
O	0.667	0.745	0.897	1.054
U	0.577	0.667	0.833	1.000
D_2	0.667	0.745	0.897	1.054
D_3	0.882	0.943	1.067	1.202
V_1	0.333	0.333	0.333	0.333
V_2	0.667	0.667	0.667	0.667
V_3	1	1	1	1
	全跨屋面荷载 F(或全跨吊顶荷载 F^b)的内力系数			
O_1	−2.00	−2.24	−2.69	−3.16
O_2	−1.00	−1.12	−1.35	−1.58
O_3	0	0	0	0
U_1, U_2	1.73	2.00	2.50	3.00
U_3	0.87	1.00	1.25	1.50
D_2	−1.00	−1.12	−1.35	−1.58
D_3	−1.32	−1.41	−1.60	−1.80
V_1	0(1.00)	0(1.00)	0(1.00)	0(1.00)
V_2	0.50(1.50)	0.50(1.50)	0.50(1.50)	0.50(1.50)
V_3	−0.50(0)	−0.50(0)	−0.50(0)	−0.50(0)

续表 6-13

杆 件	局部节点荷载	
	$F_1(F_1^b)$	$F_2(F_2^b)$
内力系数		
O_1	$-\frac{N}{3}$	$-\frac{N}{6}$
O_2	$-\frac{N}{12}$	$-\frac{N}{6}$
O_3	0	0
U_1，U_2	$\frac{n}{3}$	$\frac{n}{16}$
U_3	$\frac{n}{12}$	$\frac{n}{6}$
D_2	$-\frac{N}{4}$	0
D_3	$-\frac{G}{12}$	$-\frac{G}{6}$
V_1	0(1)	0
V_2	$\frac{1}{2}$	0(1)
V_3	0	0
R_A	$\frac{2}{3}$	$\frac{1}{3}$
R_B	$\frac{1}{3}$	$\frac{2}{3}$

表 6-14 四节间豪式单坡桁架杆件长度及内力系数

计算简图	$n=\frac{2l}{h}$ $N=\sqrt{n^2+4}$ $G=\sqrt{n^2+16}$ $M=\sqrt{n^2+36}$ 杆件长度 = 杆长系数 × h 荷载 $F_i(F_i^b)$ 作用时，杆件内力 = 内力系数 × $F_i(F_i^b)$			
杆 件	n			
	$2\sqrt{3}$	4	5	6
杆长系数				
O	0.500	0.559	0.763	0.791
U	0.433	0.500	0.625	0.750
D_2	0.500	0.559	0.673	0.791
D_3	0.661	0.707	0.800	0.901
D_4	0.866	0.901	0.976	1.061

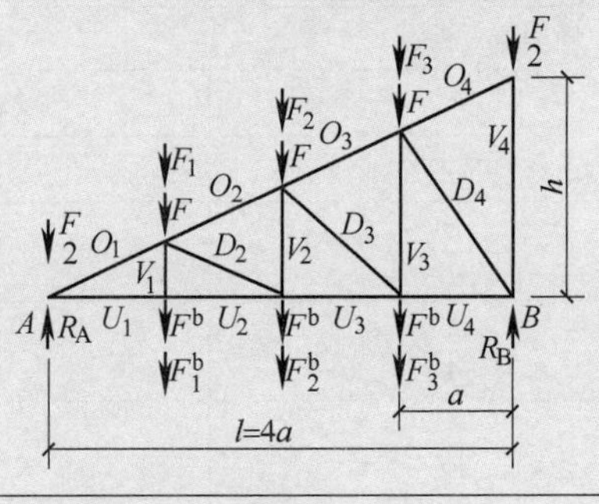

续表 6-14

杆件	n			
	$2\sqrt{3}$	4	5	6
杆长系数				
V_1	0.250	0.250	0.250	0.250
V_2	0.500	0.500	0.500	0.500
V_3	0.750	0.750	0.750	0.750
V_4	1.000	1.000	1.000	1.000
全跨屋面荷载 F(或全跨吊顶荷载 F^b)的内力系数				
O_1	-3.00	-3.35	-4.04	-4.74
O_2	-2.00	-2.24	-2.69	-3.16
O_3	-1.00	-1.12	-1.35	-1.58
O_4	0	0	0	0
U_1，U_2	2.60	3.00	3.75	4.50
U_3	1.73	2.00	2.50	3.00
U_4	0.87	1.00	1.25	1.50
D_2	-1.00	-1.12	-1.35	-1.58
D_3	-1.32	-1.41	-1.60	-1.80
D_4	-1.73	-1.80	-1.95	-2.12
V_1	0(1.00)	0(1.00)	0(1.00)	0(1.00)
V_2	0.50(1.50)	0.50(1.50)	0.50(1.50)	0.50(1.50)
V_3	1.00(2.00)	1.00(2.00)	1.00(2.00)	1.00(2.00)
V_4	0.50	0.50	0.50	0.50

杆件	局部节点荷载		
	$F_1(F_1^b)$	$F_2(F_2^b)$	$F_3(F_3^b)$
内力系数			
O_1	$-\frac{3N}{8}$	$-\frac{N}{4}$	$-\frac{N}{8}$
O_2	$-\frac{N}{8}$	$-\frac{N}{4}$	$-\frac{N}{8}$
O_3	$-\frac{N}{24}$	$-\frac{N}{12}$	$-\frac{N}{8}$
O_4	0	0	0
U_1，U_2	$\frac{3n}{8}$	$\frac{n}{4}$	$\frac{n}{8}$
U_3	$\frac{n}{8}$	$\frac{n}{4}$	$\frac{n}{8}$
U_4	$\frac{n}{24}$	$\frac{n}{12}$	$\frac{n}{8}$
D_2	$-\frac{N}{4}$	0	0
D_3	$-\frac{G}{12}$	$-\frac{G}{6}$	0

续表6-14

杆件	局部节点荷载		
	$F_1(F_1^b)$	$F_2(F_2^b)$	$F_3(F_3^b)$
	内力系数		
D_4	$-\frac{M}{24}$	$-\frac{M}{12}$	$-\frac{M}{8}$
V_1	0(1.00)	0	0
V_2	$\frac{1}{2}$	0(1.00)	0
V_3	$\frac{1}{3}$	$\frac{2}{3}$	0(1.00)
V_4	0	0	0
R_A	$\frac{3}{4}$	$\frac{1}{2}$	$\frac{1}{4}$
R_B	$\frac{1}{4}$	$\frac{1}{2}$	$\frac{3}{4}$

6.3　芬克式桁架与混合式桁架

6.3.1　等节间芬克式桁架

等节间芬克式桁架杆件长度及内力系数见表6-15。

表6-15　等节间芬克式桁架杆件长度及内力系数

计算简图	$n=\frac{l}{h}$ $N=\sqrt{n^2+4}$ $M=\sqrt{n^2+36}$ 杆件长度＝杆长系数×h 荷载$F_i(F_i^b)$作用时，杆件内力＝内力系数×$F_i(F_i^b)$			
杆件	n			
	$2\sqrt{3}$	4	5	6
	杆长系数			
O	0.667	0.745	0.898	1.054
U	1.155	1.333	1.667	2.000
D_1	0.667	0.745	0.898	1.054
D_2	0.667	0.667	0.667	0.667
V	1.155	1.202	1.302	1.414
	全跨屋面荷载F的内力系数			
O_1	−5.00	−5.59	−6.73	−7.91
O_2	−4.00	−4.47	−5.39	−6.32

续表 6-15

杆件	n			
	$2\sqrt{3}$	4	5	6
全跨屋面荷载 F 的内力系数				
O_3	-4.00	-4.47	-5.39	-6.32
U_1	4.33	5.00	6.25	7.50
U_2	2.60	3.00	3.75	4.50
D_1	-1.00	-1.12	-1.35	-1.58
D_2	-1.00	-1.00	-1.00	-1.00
V_1	1.73	1.80	1.95	2.12

杆件	局部荷载形式			
	半跨屋面 F_0	节点		
		F_1	$F_2(F_2^b)$	F_3
内力系数				
O_1	$-\frac{7N}{8}$	$-\frac{5N}{12}$	$-\frac{N}{3}$	$-\frac{N}{4}$
O_2	$-\frac{5N}{8}$	$-\frac{N}{6}$	$-\frac{N}{3}$	$-\frac{N}{4}$
O_3	$-\frac{5N}{8}$	$-\frac{N}{6}$	$-\frac{N}{3}$	$-\frac{N}{4}$
O_4	$-\frac{3N}{8}$	$-\frac{N}{13}$	$-\frac{N}{6}$	$-\frac{N}{4}$
U_1	$\frac{7n}{8}$	$\frac{5n}{12}$	$\frac{n}{3}$	$\frac{n}{4}$
U_2，U_3	$\frac{3n}{8}$	$\frac{n}{12}$	$\frac{n}{6}$	$\frac{n}{4}$
D_1	$-\frac{N}{4}$	$-\frac{N}{4}$	0	0
D_2	-1	0	-1(0)	0
V_1	$\frac{M}{4}$	$\frac{M}{12}$	$\frac{M}{6}$	0
其他杆件	0	0	0	0
R_A	$\frac{9}{4}$	$\frac{5}{6}$	$\frac{2}{3}$	$\frac{1}{2}$
R_B	$\frac{3}{4}$	$\frac{1}{6}$	$\frac{1}{3}$	$\frac{1}{2}$

6.3.2 等节间混合式桁架

等节间混合式桁架杆件长度及内力系数见表6-16。

表 6-16 等节间混合式桁架杆件长度及内力系数

计算简图	$n=\frac{l}{h}$ $N=\sqrt{n^2+4}$ $M=\sqrt{n^2+36}$ 杆件长度 = 杆长系数 × h 荷载 $F_i(F_i^b)$ 作用时，杆件内力 = 内力系数 × $F_i(F_i^b)$			
杆　件	n			
	$2\sqrt{3}$	4	5	6
杆长系数				
O	0.500	0.559	0.673	0.791
U	0.866	1.000	1.250	1.500
D_1	0.500	0.559	0.673	0.791
D_2	0.500	0.500	0.500	0.500
D_3	0.866	0.901	0.976	1.061
V_1	0.866	0.901	0.976	1.061
V_2	1.000	1.000	1.000	1.000
全跨屋面荷载 F 的内力系数				
O_1	−7.00	−7.83	−9.42	−11.07
O_2	−6.00	−6.71	−8.08	−9.49
O_3	−6.00	−6.71	−8.08	−9.49
O_4	−4.00	−4.47	−5.39	−6.32
U_1	6.06	7.00	8.75	10.50
U_2	4.33	5.00	6.25	7.50
D_1	−1.00	−1.12	−1.35	−1.58
D_2	−1.00	−1.00	−1.00	−1.00
D_3	−1.73	−1.80	−1.95	−2.12
V_1	1.73	1.80	1.95	2.12
V_2	3.00	3.00	3.00	3.00

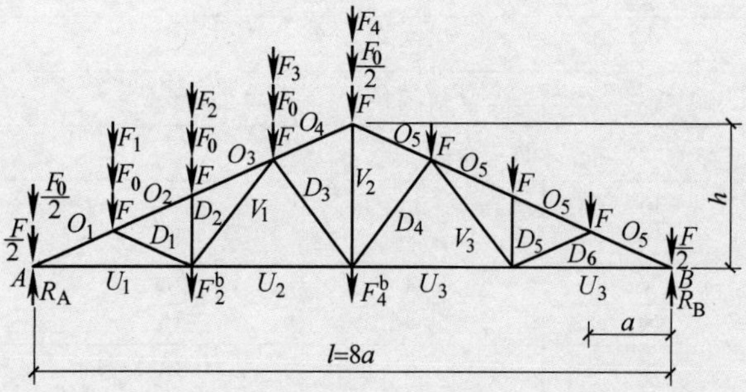

杆　件	局部荷载形式				
	半跨屋面 F_0	节　点			
		F_1	$F_2(F_2^b)$	F_3	$F_4(F_4^b)$
内力系数					
O_1	$-\frac{5N}{4}$	$-\frac{7N}{16}$	$-\frac{3N}{8}$	$-\frac{5N}{16}$	$-\frac{N}{4}$
O_2	$-N$	$-\frac{3N}{16}$	$-\frac{3N}{8}$	$-\frac{5N}{16}$	$-\frac{N}{4}$

续表 6-16

杆件	局部荷载形式				
	半跨屋面 F_0	节点			
		F_1	$F_2(F_2^b)$	F_3	$F_4(F_4^b)$
	内力系数				
O_3	$-N$	$-\frac{3N}{16}$	$-\frac{3N}{8}$	$-\frac{5N}{16}$	$-\frac{N}{4}$
O_4	$-\frac{N}{2}$	$-\frac{N}{16}$	$-\frac{N}{8}$	$-\frac{3N}{16}$	$-\frac{N}{4}$
O_5	$-\frac{N}{2}$	$-\frac{N}{16}$	$-\frac{N}{8}$	$-\frac{3N}{16}$	$-\frac{N}{4}$
U_1	$\frac{5n}{4}$	$\frac{7n}{16}$	$\frac{3n}{8}$	$\frac{5n}{16}$	$\frac{n}{4}$
U_2	$\frac{3n}{4}$	$\frac{5n}{48}$	$\frac{5n}{24}$	$\frac{5n}{16}$	$\frac{n}{4}$
U_3	$\frac{n}{2}$	$\frac{n}{16}$	$\frac{n}{8}$	$\frac{3n}{16}$	$\frac{n}{4}$
D_1	$-\frac{N}{4}$	$-\frac{N}{4}$	0	0	0
D_2	-1	0	$-1(0)$	0	0
D_3	$-\frac{M}{4}$	$-\frac{M}{24}$	$-\frac{M}{12}$	$-\frac{M}{8}$	0
V_1	$\frac{M}{4}$	$\frac{M}{12}$	$\frac{M}{6}$	0	0
V_2	$\frac{3}{2}$	$\frac{1}{4}$	$\frac{1}{2}$	$\frac{3}{4}$	$0(1)$
其他杆件	0	0	0	0	0
R_A	3	$\frac{7}{8}$	$\frac{3}{4}$	$\frac{5}{8}$	$\frac{1}{2}$
R_B	1	$\frac{1}{8}$	$\frac{1}{4}$	$\frac{3}{8}$	$\frac{1}{2}$

6.4 梯形桁架

6.4.1 上弦为四节间梯形桁架

上弦为四节间梯形桁架杆件长度及内力系数见表 6-17。

表 6-17 上弦为四节间梯形桁架杆件长度及内力系数

计算简图

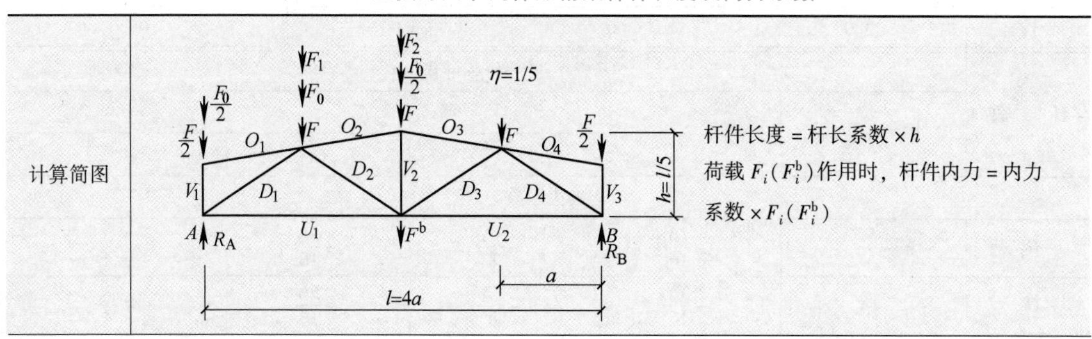

续表 6-17

杆　　件	杆长系数	内力系数			
		全跨屋面荷载	半跨屋面荷载	局部节点荷载	
		F	F_0	F_1	$F_2(F^b)$
O_1，O_4	1.275	0	0	0	0
O_2，O_3	1.275	-2.55	-1.27	-0.64	-1.27
U_1	2.500	2.50	1.67	1.25	0.83
U_2	2.500	2.50	0.83	0.42	0.83
V_1	0.500	-0.50	-0.50	0	0
V_2	1.000	0	0	0.25	-0.50(0.50)
V_3	0.500	-0.50	0	0	0
D_1	1.458	-2.92	-1.94	-1.46	-0.97
D_2	1.458	0	-0.49	-0.73	0.49
D_3	1.458	0	0.49	0.24	0.49
D_4	1.458	-2.92	-0.97	-0.49	-0.97
R_A		2.00	1.50	0.75	0.50
R_B		2.00	0.50	0.25	0.50

6.4.2　上弦为六节间梯形桁架

上弦为六节间梯形桁架杆件长度及内力系数见表 6-18。

表 6-18　上弦为六节间梯形桁架杆件长度及内力系数

计算简图

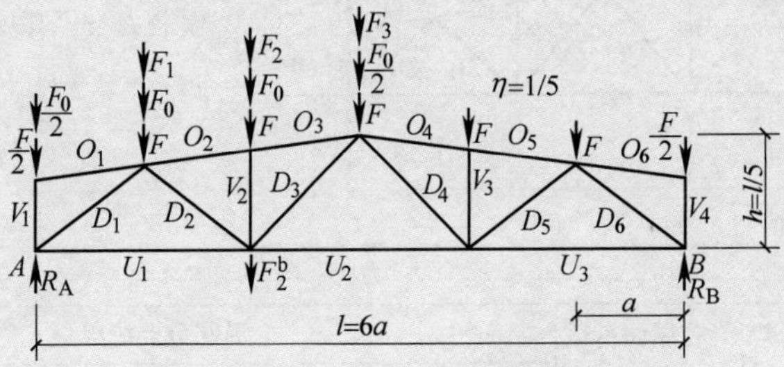

杆件长度 = 杆长系数 × h

荷载 $F_i(F_i^b)$ 作用时，杆件内力 = 内力系数 × $F_i(F_i^b)$

杆　　件	杆长系数	内力系数				
		全跨屋面荷载	半跨屋面荷载	局部节点荷载		
		F	F_0	F_1	$F_2(F_2^b)$	F_3
O_1，O_6	0.850	0	0	0	0	0
O_2，O_3	0.850	-4.08	-2.55	-0.68	-1.36	-1.02
O_4，O_5	0.850	-4.08	-1.53	-0.34	-0.68	-1.02
U_1	1.667	3.13	2.19	1.04	0.83	0.63
U_2	1.667	3.75	1.87	0.42	0.83	1.25
U_3	1.667	3.13	0.94	0.21	0.42	0.63
V_1	0.500	-0.50	-0.50	0	0	0
V_2	0.833	-1.00	-1.00	0	-1.00(0)	0
V_3	0.833	-1.00	0	0	0	0

续表 6-18

杆　件	杆长系数	内力系数				
		全跨屋面荷载	半跨屋面荷载	局部节点荷载		
		F	F_0	F_1	$F_2(F_2^b)$	F_3
V_4	0.500	-0.50	0	0	0	0
D_1	1.067	-4.00	-2.80	-1.33	-1.07	-0.80
D_2	1.067	1.12	0.40	-0.48	0.64	0.48
D_3	1.302	0.39	0.98	0.39	0.78	-0.39
D_4	1.302	0.39	-0.59	-0.13	-0.26	-0.39
D_5	1.067	1.12	0.72	0.16	0.32	0.48
D_6	1.067	-4.00	-1.20	-0.27	-0.53	-0.80
R_A		3.00	2.25	0.83	0.67	0.50
R_B		3.00	0.75	0.17	0.33	0.50

6.4.3 上弦为八节间梯形桁架

上弦为八节间梯形桁架杆件长度及内力系数见表 6-19。

表 6-19 上弦为八节间梯形桁架杆件长度及内力系数

计算简图

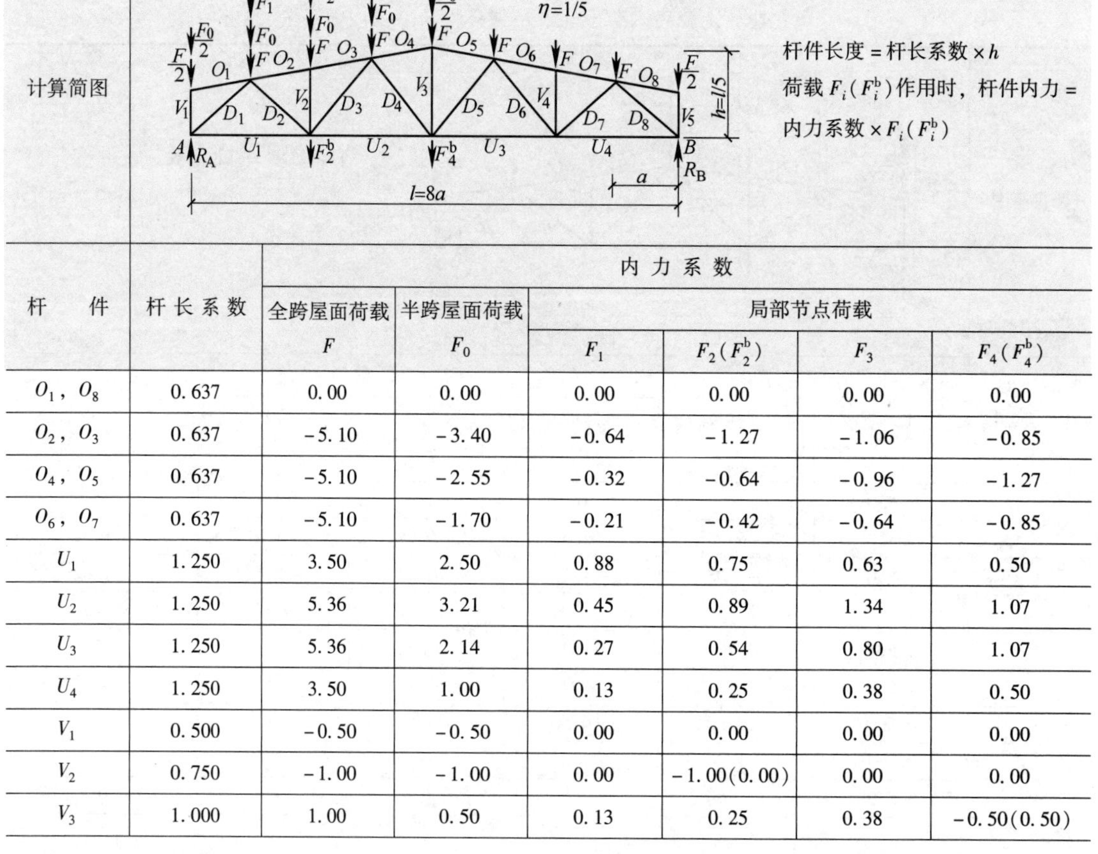

杆件长度 = 杆长系数 × h

荷载 $F_i(F_i^b)$ 作用时，杆件内力 = 内力系数 × $F_i(F_i^b)$

杆　件	杆长系数	内力系数					
		全跨屋面荷载	半跨屋面荷载	局部节点荷载			
		F	F_0	F_1	$F_2(F_2^b)$	F_3	$F_4(F_4^b)$
O_1，O_8	0.637	0.00	0.00	0.00	0.00	0.00	0.00
O_2，O_3	0.637	-5.10	-3.40	-0.64	-1.27	-1.06	-0.85
O_4，O_5	0.637	-5.10	-2.55	-0.32	-0.64	-0.96	-1.27
O_6，O_7	0.637	-5.10	-1.70	-0.21	-0.42	-0.64	-0.85
U_1	1.250	3.50	2.50	0.88	0.75	0.63	0.50
U_2	1.250	5.36	3.21	0.45	0.89	1.34	1.07
U_3	1.250	5.36	2.14	0.27	0.54	0.80	1.07
U_4	1.250	3.50	1.00	0.13	0.25	0.38	0.50
V_1	0.500	-0.50	-0.50	0.00	0.00	0.00	0.00
V_2	0.750	-1.00	-1.00	0.00	-1.00(0.00)	0.00	0.00
V_3	1.000	1.00	0.50	0.13	0.25	0.38	-0.50(0.50)

续表 6-19

杆　件	杆长系数	内力系数					
		全跨屋面荷载	半跨屋面荷载	局部节点荷载			
		F	F_0	F_1	$F_2(F_2^b)$	F_3	$F_4(F_4^b)$
V_4	0.750	-1.00	0.00	0.00	0.00	0.00	0.00
V_5	0.500	-0.50	0.00	0.00	0.00	0.00	0.00
D_1	0.884	-4.95	-3.54	-1.24	-1.06	-0.88	-0.71
D_2	0.884	2.12	1.18	-0.35	0.71	0.59	0.47
D_3	1.075	-0.62	0.20	0.31	0.61	-0.51	-0.41
D_4	1.075	-0.62	-1.23	-0.23	-0.46	-0.69	0.31
D_5	1.075	-0.62	0.61	0.08	0.15	0.23	0.31
D_6	1.075	-0.62	-0.82	-0.10	-0.20	-0.31	-0.41
D_7	0.884	2.12	0.94	0.12	0.24	0.35	0.47
D_8	0.884	-4.95	-1.41	-0.18	-0.35	-0.53	-0.71
R_A		4.00	3.00	0.88	0.75	0.63	0.50
R_B		4.00	1.00	0.12	0.25	0.37	0.50

6.4.4　四节间梯形桁架

四节间梯形桁架杆件长度及内力系数见表 6-20。

表 6-20　四节间梯形桁架杆件长度及内力系数

计算简图	杆件长度 = 杆长系数 × h 荷载 $F_i(F_i^b)$ 作用时，杆件内力 = 内力系数 × $F_i(F_i^b)$				
杆　件	杆长系数	内力系数			
		全跨屋面荷载	半跨屋面荷载	局部节点荷载	
		F	F_0	$F_1(F_1^b)$	$F_2(F_2^b)$
O_1，O_4	1.275	0.00	0.00	0.00	0.00
O_2	1.275	-2.55	-1.70	-1.27	-0.85
O_3	1.275	-2.55	-0.85	-0.42	-0.85
U_1	1.250	2.50	1.67	1.25	0.83
U_2，U_3	1.250	2.50	1.25	0.63	1.25
U_4	1.250	2.50	0.83	0.42	0.83
V_1	0.500	-0.50	-0.50	0.00	0.00
V_2	0.750	0.00	-0.33	-0.50(0.50)	0.33
V_3	1.000	0.00	0.00	0.00	0.00(1.00)

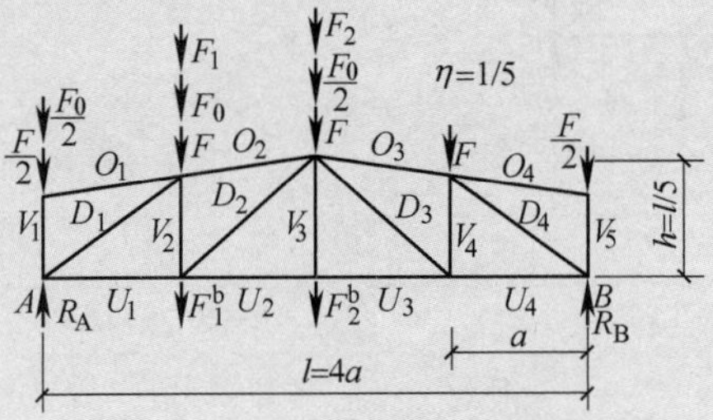

续表 6-20

杆件	杆长系数	内力系数			
		全跨屋面荷载 F	半跨屋面荷载 F_0	局部节点荷载	
				$F_1(F_1^b)$	$F_2(F_2^b)$
V_4	0.750	0.00	0.33	0.17	0.33
V_5	0.500	-0.50	0.00	0.00	0.00
D_1	1.458	-2.92	-1.94	-1.46	-0.97
D_2	1.601	0.00	0.53	0.80	-0.53
D_3	1.601	0.00	-0.53	-0.27	-0.53
D_4	1.458	-2.92	-0.97	-0.49	-0.97
R_A		2.00	1.50	0.75	0.50
R_B		2.00	0.50	0.25	0.50

6.4.5 六节间梯形桁架

六节间梯形桁架杆件长度及内力系数见表6-21。

表 6-21 六节间梯形桁架杆件长度及内力系数

计算简图	杆件长度 = 杆长系数 × h 荷载 $F_i(F_i^b)$ 作用时，杆件内力 = 内力系数 × $F_i(F_i^b)$					
杆件	杆长系数	内力系数				
		全跨屋面荷载 F	半跨屋面荷载 F_0	局部节点荷载		
				$F_1(F_1^b)$	$F_2(F_2^b)$	$F_3(F_3^b)$
O_1，O_6	0.850	0.00	0.00	0.00	0.00	0.00
O_2	0.850	-3.19	-2.23	-1.06	-0.85	-0.64
O_3，O_4	0.850	-3.82	-1.91	-0.42	-0.85	-1.27
O_5	0.850	-3.19	-0.96	-0.21	-0.42	-0.64
U_1	0.833	3.13	2.19	1.04	0.83	0.62
U_2，U_3	0.833	4.00	2.50	0.67	1.33	1.00
U_4，U_5	0.833	4.00	1.50	0.33	0.67	1.00
U_6	0.833	3.13	0.94	0.21	0.42	0.62
V_1	0.500	-0.50	-0.50	0.00	0.00	0.00
V_2	0.667	0.87	0.31	-0.38(0.62)	0.50	0.37
V_3	0.833	0.00	0.00	0.00	0.00(1.00)	0.00
V_4	1.000	0.50	0.25	0.17	0.33	-0.50(0.50)

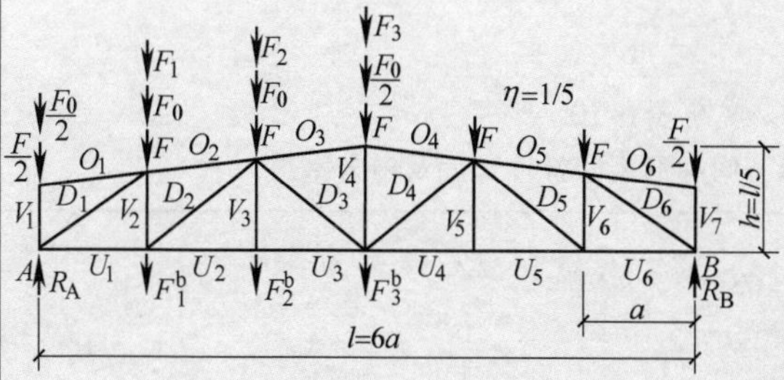

续表 6-21

杆　　件	杆长系数	内力系数				
		全跨屋面荷载	半跨屋面荷载	局部节点荷载		
		F	F_0	$F_1(F_1^b)$	$F_2(F_2^b)$	$F_3(F_3^b)$
V_5	0.833	0.00	0.00	0.00	0.00	0.00
V_6	0.667	0.87	0.56	0.12	0.25	0.37
V_7	0.500	−0.50	0.00	0.00	0.00	0.00
D_1	1.067	−4.00	−2.80	−1.33	−1.07	−0.80
D_2	1.178	−1.24	−0.44	0.53	−0.71	−0.53
D_3	1.178	−0.35	−0.88	−0.35	−0.71	0.35
D_4	1.178	−0.35	−0.53	0.12	0.24	0.35
D_5	1.178	−1.24	−0.80	−0.18	−0.35	−0.53
D_6	1.067	−4.00	−1.20	−0.27	−0.53	−0.80
R_A		3.00	2.25	0.83	0.67	0.50
R_B		3.00	0.75	0.17	0.33	0.50

6.4.6　八节间梯形桁架

八节间梯形桁架杆件长度及内力系数见表 6-22。

表 6-22　八节间梯形桁架杆件长度及内力系数

计算简图	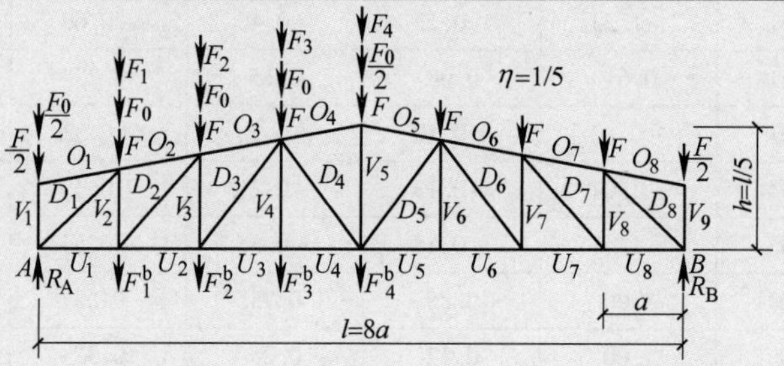						杆件长度 = 杆长系数 × h 荷载 $F_i(F_i^b)$ 作用时，杆件内力 = 内力系数 × $F_i(F_i^b)$
杆　　件	杆长系数	内力系数					
		全跨屋面荷载	半跨屋面荷载	局部节点荷载			
		F	F_0	$F_1(F_1^b)$	$F_2(F_2^b)$	$F_3(F_3^b)$	$F_4(F_4^b)$
O_1，O_8	0.637	0.00	0.00	0.00	0.00	0.00	0.00
O_2	0.637	−3.57	−2.55	−0.89	−0.76	−0.64	−0.51
O_3	0.637	−5.10	−3.40	−0.64	−1.27	−1.06	−0.85
O_4，O_5	0.637	−5.10	−2.55	−0.32	−0.64	−0.96	−1.27
O_6	0.637	−5.10	−1.70	−0.21	−0.42	−0.64	−0.85
O_7	0.637	−3.57	−1.02	−0.13	−0.25	−0.38	−0.51
U_1	0.625	3.50	2.50	0.88	0.75	0.63	0.50
U_2	0.625	5.00	3.33	0.63	1.25	1.04	0.83
U_3，U_4	0.625	5.36	3.21	0.45	0.89	1.34	1.07

续表 6-22

杆件	杆长系数	内力系数					
		全跨屋面荷载	半跨屋面荷载	局部节点荷载			
		F	F_0	$F_1(F_1^b)$	$F_2(F_2^b)$	$F_3(F_3^b)$	$F_4(F_4^b)$
U_5，U_6	0.625	5.36	2.14	0.27	0.54	0.80	1.07
U_7	0.625	5.00	1.67	0.21	0.42	0.63	0.83
U_8	0.625	3.50	1.00	0.13	0.25	0.38	0.50
V_1	0.500	-0.50	-0.50	0.00	0.00	0.00	0.00
V_2	0.625	1.80	1.00	-0.30(0.70)	0.60	0.50	0.40
V_3	0.750	0.50	-0.17	-0.25	-0.50(0.50)	0.42	0.33
V_4	0.875	0.00	0.00	0.00	0.00	0.00(1.00)	0.00
V_5	1.00	1.00	0.50	0.13	0.25	0.38	-0.50(0.50)
V_6	0.875	0.00	0.00	0.00	0.00	0.00	0.00
V_7	0.750	0.50	0.67	0.08	0.17	0.25	0.33
V_8	0.625	1.80	0.80	0.10	0.20	0.30	0.40
V_9	0.500	-0.50	0.00	0.00	0.00	0.00	0.00
D_1	0.884	-4.95	-3.54	-1.24	-1.06	-0.88	-0.71
D_2	0.976	-2.34	-1.30	0.39	-0.78	-0.65	-0.52
D_3	1.075	-0.61	0.20	0.31	0.61	-0.51	-0.41
D_4	1.075	-0.61	-1.23	-0.23	-0.46	-0.69	0.31
D_5	1.075	-0.61	0.61	0.08	0.15	0.23	0.31
D_6	1.075	-0.61	-0.82	-0.10	-0.20	-0.31	-0.41
D_7	0.976	-2.34	-1.04	-0.13	-0.26	-0.39	-0.52
D_8	0.844	-4.95	-1.41	-0.18	-0.35	-0.53	-0.71
R_A		4.00	3.00	0.88	0.75	0.63	0.50
R_B		4.00	1.00	0.12	0.25	0.37	0.50

6.4.7 四节间缓坡梯形桁架

四节间缓坡梯形桁架杆件长度及内力系数见表 6-23。

表 6-23 四节间缓坡梯形桁架杆件长度及内力系数

计算简图

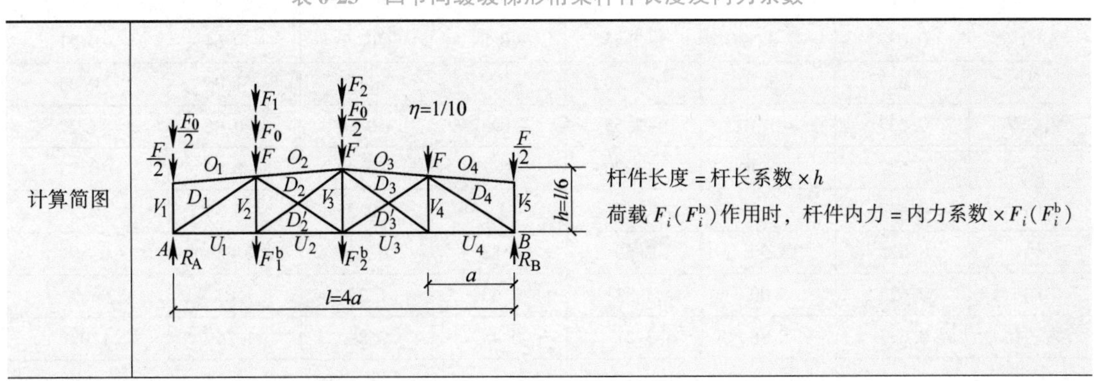

杆件长度 = 杆长系数 × h

荷载 $F_i(F_i^b)$ 作用时，杆件内力 = 内力系数 × $F_i(F_i^b)$

续表 6-23

杆　　件	杆长系数	内力系数			
		全跨屋面荷载 F	半跨屋面荷载 F_0	局部节点荷载 $F_1(F_1^b)$	局部节点荷载 $F_2(F_2^b)$
O_1，O_4	1.507	0.00	0.00	0.00	0.00
O_2	1.507	−2.66	−1.51	−0.75	−0.89
O_3	1.507	−2.66	−0.89	−0.44	−0.89
U_1	1.500	2.65	1.76	1.32	0.88
U_2	1.500	3.00	1.76	1.32	1.50
U_3	1.500	3.00	1.50	0.75	1.50
U_4	1.500	2.65	0.88	0.44	0.88
V_1	0.700	−0.50	−0.50	0.00	0.00
V_2	0.850	0.24	0.00	0.00(1.00)	0.41
V_3	1.000	0.00	0.15	0.33	0.00(1.00)
V_4	0.850	0.24	0.41	0.21	0.41
V_5	0.700	−0.50	0.00	0.00	0.00
D_1	1.724	−3.04	−2.03	−1.52	−1.01
D_2	1.803	−0.42	—	—	−0.74
D_2'	1.724	—	−0.30	−0.66	—
D_3	1.803	−0.42	−0.74	−0.37	−0.74
D_3'	1.724	—	—	—	—
D_4	1.724	−3.04	−1.01	−0.51	−1.01
R_A		2.00	1.50	0.75	0.50
R_B		2.00	0.50	0.25	0.50

6.4.8　六节间缓坡梯形桁架

六节间缓坡梯形桁架杆件长度及内力系数见表 6-24。

表 6-24　六节间缓坡梯形桁架杆件长度及内力系数

计算简图	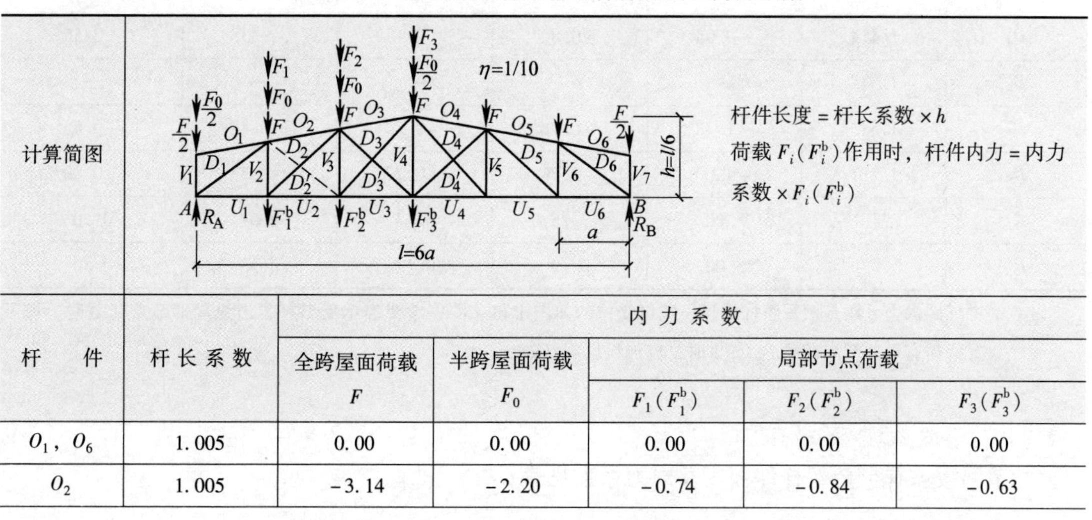 杆件长度 = 杆长系数 × h 荷载 $F_i(F_i^b)$ 作用时，杆件内力 = 内力系数 × $F_i(F_i^b)$					
杆　　件	杆长系数	内力系数				
		全跨屋面荷载 F	半跨屋面荷载 F_0	局部节点荷载 $F_1(F_1^b)$	局部节点荷载 $F_2(F_2^b)$	局部节点荷载 $F_3(F_3^b)$
O_1，O_6	1.005	0.00	0.00	0.00	0.00	0.00
O_2	1.005	−3.14	−2.20	−0.74	−0.84	−0.63

续表 6-24

杆件	杆长系数	内力系数				
		全跨屋面荷载	半跨屋面荷载	局部节点荷载		
		F	F_0	$F_1(F_1^b)$	$F_2(F_2^b)$	$F_3(F_3^b)$
O_3	1.005	-4.47	-2.26	-0.50	-1.00	-1.12
O_4	1.005	-4.47	-1.67	-0.37	-0.74	-1.12
O_5	1.005	-3.14	-0.94	-0.21	-0.42	-0.63
U_1	1.000	3.13	2.19	1.04	0.83	0.63
U_2	1.000	4.44	2.78	1.04	1.48	1.11
U_3	1.000	4.50	2.78	0.74	1.48	1.50
U_4	1.000	4.50	2.25	0.50	1.00	1.50
U_5	1.000	4.44	1.67	0.37	0.74	1.11
U_6	1.000	3.13	0.94	0.21	0.42	0.63
V_1	0.700	-0.50	-0.50	0.00	0.00	0.00
V_2	0.800	1.19	0.53	0.00(1.00)	0.58	0.44
V_3	0.900	0.06	0.00	0.24	0.00(1.00)	0.39
V_4	1.000	0.00	0.48	0.22	0.43	0.00(1.00)
V_5	0.900	0.06	0.58	0.13	0.26	0.39
V_6	0.800	1.19	0.66	0.15	0.29	0.44
V_7	0.700	-0.50	0.00	0.00	0.00	0.00
D_1	1.281	-4.00	-2.80	-1.33	-1.07	-0.80
D_2	1.345	-1.78	-0.79	—	-0.87	-0.65
D_2'	1.280	—	—	-0.39	—	—
D_3	1.414	-0.08	—	—	—	-0.55
D_3'	1.345	—	-0.71	-0.32	-0.65	—
D_4	1.414	-0.08	-0.82	-0.18	-0.37	-0.55
D_4'	1.345	—	—	—	—	—
D_5	1.345	-1.78	-0.98	-0.22	-0.44	-0.65
D_6	1.281	-4.00	-1.20	-0.27	-0.53	-0.80
R_A		3.00	2.25	0.83	0.67	0.50
R_B		3.00	0.15	0.17	0.33	0.50

注：表中杆件内力系数是根据腹杆受压、竖杆受拉的简图求得。图中虚线表示反斜杆，当无局部节点荷载时，可不设置；当有局部节点荷载 $F_1(F_1^b)$ 时，应加设反斜杆 D_2'。

6.4.9 八节间缓坡梯形桁架

八节间缓坡梯形桁架杆件长度及内力系数见表 6-25。

表 6-25　八节间缓坡梯形桁架杆件长度及内力系数

计算简图	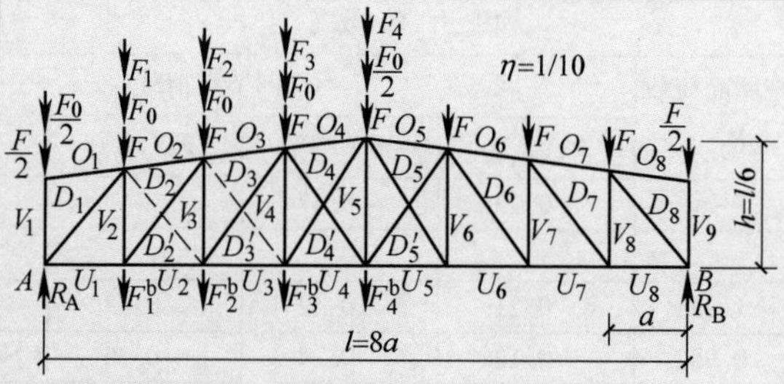 杆件长度 = 杆长系数 × h；荷载 $F_i(F_i^b)$ 作用时，杆件内力 = 内力系数 × $F_i(F_i^b)$						
杆　件	杆长系数	内力系数					
		全跨屋面荷载	半跨屋面荷载	局部节点荷载			
		F	F_0	$F_1(F_1^b)$	$F_2(F_2^b)$	$F_3(F_3^b)$	$F_4(F_4^b)$
O_1，O_8	0.754	0.00	0.00	0.00	0.00	0.00	0.00
O_2	0.754	−3.40	−2.43	−0.67	−0.73	−0.61	−0.49
O_3	0.754	−5.32	−3.55	−0.51	−1.02	−1.11	−0.89
O_4	0.754	−6.03	−3.01	−0.38	−0.75	−1.13	−1.22
O_5	0.754	−6.03	−2.44	−0.31	−0.61	−0.92	−1.22
O_6	0.754	−5.32	−1.77	−0.22	−0.44	−0.67	−0.89
O_7	0.754	−3.40	−0.97	−0.12	−0.24	−0.36	−0.49
U_1	0.750	3.39	2.42	0.85	0.73	0.60	0.48
U_2	0.750	5.29	3.53	0.85	1.32	1.10	0.88
U_3	0.750	6.08	3.65	0.66	1.32	1.52	1.22
U_4	0.750	6.08	3.65	0.51	1.01	1.52	1.50
U_5	0.750	6.08	3.00	0.38	0.75	1.13	1.50
U_6	0.750	6.08	2.43	0.30	0.61	0.91	1.22
U_7	0.750	5.29	1.76	0.22	0.44	0.66	0.88
U_8	0.750	3.39	0.97	0.12	0.24	0.36	0.48
V_1	0.700	−0.50	−0.50	0.00	0.00	0.00	0.00
V_2	0.775	2.16	1.26	0.00(1.00)	0.68	0.56	0.45
V_3	0.850	0.97	0.15	0.19	0.00(1.00)	0.51	0.41
V_4	0.925	0.00	0.00	0.18	0.35	0.00(1.00)	0.38
V_5	1.000	0.20	0.80	0.16	0.33	0.49	0.00(1.00)
V_6	0.925	0.00	0.76	0.09	0.19	0.28	0.38
V_7	0.850	0.97	0.82	0.10	0.21	0.31	0.41
V_8	0.775	2.16	0.90	0.11	0.23	0.34	0.45
V_9	0.700	−0.50	0.00	0.00	0.00	0.00	0.00
D_1	1.078	−4.87	−3.48	−1.22	−1.04	−0.87	−0.70
D_2	1.134	−2.88	−1.68	—	−0.90	−0.75	−0.60
D_2'	1.078	—	—	−0.27	—	—	—
D_3	1.191	−1.25	−0.19	—	—	−0.66	−0.53

续表 6-25

<table>
<tr><th rowspan="3">杆　件</th><th rowspan="3">杆长系数</th><th colspan="6">内力系数</th></tr>
<tr><th>全跨屋面荷载</th><th>半跨屋面荷载</th><th colspan="4">局部节点荷载</th></tr>
<tr><th>F</th><th>F_0</th><th>$F_1(F_1^b)$</th><th>$F_2(F_2^b)$</th><th>$F_3(F_3^b)$</th><th>$F_4(F_4^b)$</th></tr>
<tr><td>D_3'</td><td>1.134</td><td>—</td><td>—</td><td>-0.23</td><td>-0.47</td><td>—</td><td>—</td></tr>
<tr><td>D_4</td><td>1.250</td><td>—</td><td>—</td><td>—</td><td>—</td><td>—</td><td>-0.47</td></tr>
<tr><td>D_4'</td><td>1.191</td><td>-0.13</td><td>-1.03</td><td>-0.21</td><td>-0.42</td><td>-0.63</td><td>—</td></tr>
<tr><td>D_5</td><td>1.250</td><td>—</td><td>-0.95</td><td>-0.12</td><td>-0.24</td><td>-0.35</td><td>-0.47</td></tr>
<tr><td>D_5'</td><td>1.191</td><td>-0.13</td><td>—</td><td>—</td><td>—</td><td>—</td><td>—</td></tr>
<tr><td>D_6</td><td>1.191</td><td>-1.25</td><td>-1.06</td><td>-0.13</td><td>-0.27</td><td>-0.40</td><td>-0.53</td></tr>
<tr><td>D_7</td><td>1.134</td><td>-2.88</td><td>-1.20</td><td>-0.15</td><td>-0.30</td><td>-0.45</td><td>-0.60</td></tr>
<tr><td>D_8</td><td>1.078</td><td>-4.87</td><td>-1.39</td><td>-0.17</td><td>-0.35</td><td>-0.52</td><td>-0.70</td></tr>
<tr><td>R_A</td><td></td><td>4.00</td><td>3.00</td><td>0.88</td><td>0.75</td><td>0.63</td><td>0.50</td></tr>
<tr><td>R_B</td><td></td><td>4.00</td><td>3.00</td><td>0.12</td><td>0.25</td><td>0.37</td><td>0.50</td></tr>
</table>

注：表中杆件内力系数是根据腹杆受压、竖杆受拉的简图求得。图中虚线表示反斜杆，当无局部节点荷载时，可不设置；当有局部节点荷载 $F_1(F_1^b)$ 时，应加设反斜杆 D_2' 和 D_3'；当有局部节点荷载 $F_2(F_2^b)$ 时，应加设 D_3'。

6.5 单坡梯形桁架

6.5.1 上弦为四节间单坡梯形桁架

上弦为四节间单坡梯形桁架杆件长度及内力系数见表 6-26。

表 6-26 上弦为四节间单坡梯形桁架杆件长度及内力系数

计算简图

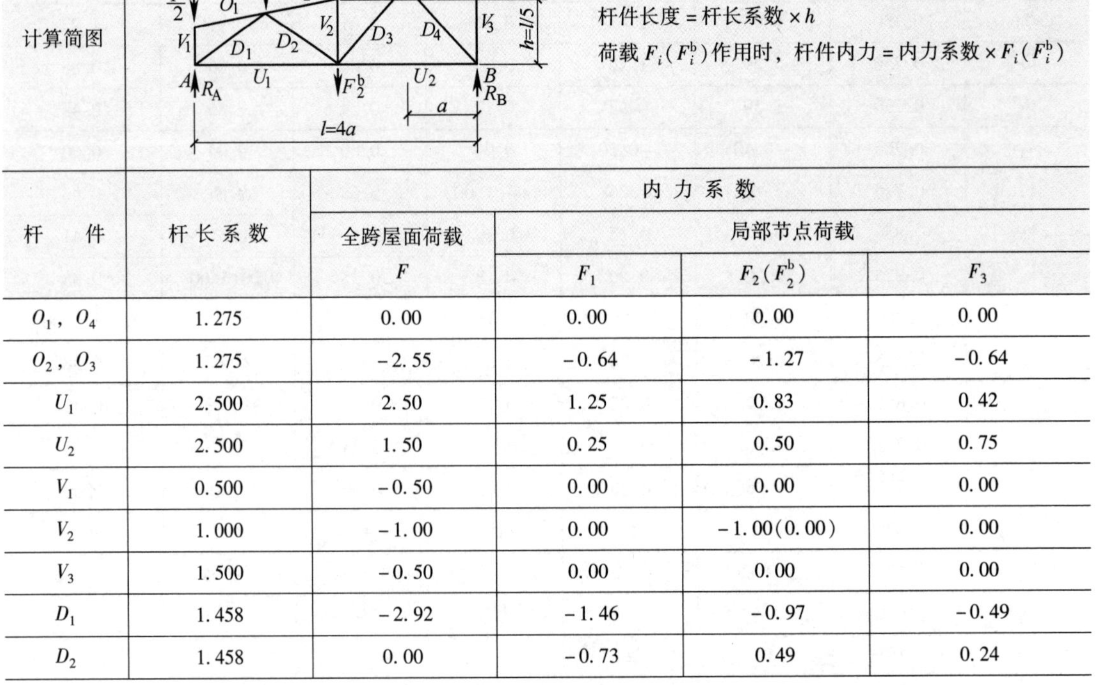

杆件长度 = 杆长系数 × h

荷载 $F_i(F_i^b)$ 作用时，杆件内力 = 内力系数 × $F_i(F_i^b)$

<table>
<tr><th rowspan="3">杆　件</th><th rowspan="3">杆长系数</th><th colspan="4">内力系数</th></tr>
<tr><th rowspan="2">全跨屋面荷载
F</th><th colspan="3">局部节点荷载</th></tr>
<tr><th>F_1</th><th>$F_2(F_2^b)$</th><th>F_3</th></tr>
<tr><td>O_1，O_4</td><td>1.275</td><td>0.00</td><td>0.00</td><td>0.00</td><td>0.00</td></tr>
<tr><td>O_2，O_3</td><td>1.275</td><td>-2.55</td><td>-0.64</td><td>-1.27</td><td>-0.64</td></tr>
<tr><td>U_1</td><td>2.500</td><td>2.50</td><td>1.25</td><td>0.83</td><td>0.42</td></tr>
<tr><td>U_2</td><td>2.500</td><td>1.50</td><td>0.25</td><td>0.50</td><td>0.75</td></tr>
<tr><td>V_1</td><td>0.500</td><td>-0.50</td><td>0.00</td><td>0.00</td><td>0.00</td></tr>
<tr><td>V_2</td><td>1.000</td><td>-1.00</td><td>0.00</td><td>-1.00(0.00)</td><td>0.00</td></tr>
<tr><td>V_3</td><td>1.500</td><td>-0.50</td><td>0.00</td><td>0.00</td><td>0.00</td></tr>
<tr><td>D_1</td><td>1.458</td><td>-2.92</td><td>-1.46</td><td>-0.97</td><td>-0.49</td></tr>
<tr><td>D_2</td><td>1.458</td><td>0.00</td><td>-0.73</td><td>0.49</td><td>0.24</td></tr>
</table>

续表 6-26

杆　　件	杆长系数	内力系数			
		全跨屋面荷载	局部节点荷载		
		F	F_1	$F_2(F_2^b)$	F_3
D_3	1.768	1.41	0.53	1.06	-0.18
D_4	1.768	-2.12	-0.35	-0.71	-1.06
R_A		2.00	0.75	0.50	0.25
R_B		2.00	0.25	0.50	0.75

6.5.2　上弦为六节间单坡梯形桁架

上弦为六节间单坡梯形桁架杆件长度及内力系数见表 6-27。

表 6-27　上弦为六节间单坡梯形桁架杆件长度及内力系数

杆　　件	杆长系数	内力系数					
计算简图	杆件长度 = 杆长系数 × h 荷载 $F_i(F_i^b)$ 作用时，杆件内力 = 内力系数 × $F_i(F_i^b)$						
		全跨屋面荷载	局部节点荷载				
		F	F_1	$F_2(F_2^b)$	F_3	$F_4(F_4^b)$	F_5
O_1，O_6	0.850	0.00	0.00	0.00	0.00	0.00	0.00
O_2，O_3	0.850	-4.08	-0.68	-1.36	-1.02	-0.68	-0.34
O_4，O_5	0.850	-2.91	-0.24	-0.49	-0.73	-0.97	-0.49
U_1	1.667	3.12	1.04	0.83	0.62	0.42	0.21
U_2	1.667	3.75	0.42	0.83	1.25	0.83	0.42
U_3	1.667	1.56	0.10	0.21	0.31	0.42	0.52
V_1	0.500	-0.50	0.00	0.00	0.00	0.00	0.00
V_2	0.833	-1.00	0.00	-1.00(0.00)	0.00	0.00	0.00
V_3	1.167	-1.00	0.00	0.00	0.00	-1.00(0.00)	0.00
V_4	1.500	-0.50	0.00	0.00	0.00	0.00	0.00
D_1	1.067	-4.00	-1.33	-1.07	-0.80	-0.53	-0.27
D_2	1.067	1.12	-0.48	0.64	0.48	0.32	0.16
D_3	1.302	0.39	0.39	0.78	-0.39	-0.26	-0.13
D_4	1.302	-1.39	-0.28	-0.56	-0.84	0.19	0.09
D_5	1.572	2.44	0.25	0.51	0.76	1.01	-0.08
D_6	1.572	-2.95	-0.20	-0.39	-0.59	-0.79	-0.98
R_A		3.00	0.83	0.67	0.50	0.33	0.17
R_B		3.00	0.17	0.33	0.50	0.67	0.83

6.5.3 单坡梯形豪式桁架

单坡梯形豪式桁架杆件长度及内力系数见表6-28。

表6-28 单坡梯形豪式桁架杆件长度及内力系数

杆件	杆长系数	内力系数					
计算简图	杆件长度 = 杆长系数 × h 荷载 $F_i(F_i^b)$ 作用时，杆件内力 = 内力系数 × $F_i(F_i^b)$						
		全跨屋面荷载	局部节点荷载				
		F	$F_1(F_1^b)$	$F_2(F_2^b)$	$F_3(F_3^b)$	$F_4(F_4^b)$	$F_5(F_5^b)$
O_1，O_6	0.850	0.00	0.00	0.00	0.00	0.00	0.00
O_2	0.850	−3.19	−1.06	−0.85	−0.64	−0.42	−0.21
O_3，O_4	0.850	−3.82	−0.42	−0.85	−1.27	−0.85	−0.42
O_5	0.850	−1.59	−0.11	−0.21	−0.32	−0.42	−0.53
U_1	0.833	3.12	1.04	0.83	0.62	0.42	0.21
U_2，U_3	0.833	4.00	0.67	1.33	1.00	0.67	0.33
U_4，U_5	0.833	2.86	0.24	0.48	0.71	0.95	0.48
U_6	0.833	1.56	0.10	0.21	0.31	0.42	0.52
V_1	0.500	−0.50	0.00	0.00	0.00	0.00	0.00
V_2	0.667	0.87	−0.38(0.62)	0.50	0.38	0.25	0.13
V_3	0.833	0.00	0.00	0.00(1.00)	0.00	0.00	0.00
V_4	1.000	−1.00	0.00	0.00	−1.00(0.00)	0.00	0.00
V_5	1.167	0.00	0.00	0.00	0.00	0.00(1.00)	0.00
V_6	1.333	1.81	0.19	0.37	0.56	0.75	−0.06(0.94)
V_7	1.500	−0.50	0.00	0.00	0.00	0.00	0.00
D_1	1.067	−4.00	−1.33	−1.07	−0.80	−0.53	−0.27
D_2	1.178	−1.24	0.53	−0.71	−0.53	−0.35	−0.18
D_3	1.178	−0.35	−0.35	−0.71	0.35	0.24	0.12
D_4	1.434	1.54	0.31	0.61	0.92	−0.20	−0.10
D_5	1.434	−2.23	−0.23	−0.46	−0.69	−0.92	0.08
D_6	1.572	−2.95	−0.20	−0.39	−0.59	−0.79	−0.98
R_A		3.00	0.83	0.67	0.50	0.33	0.17
R_B		3.00	0.17	0.33	0.50	0.67	0.83

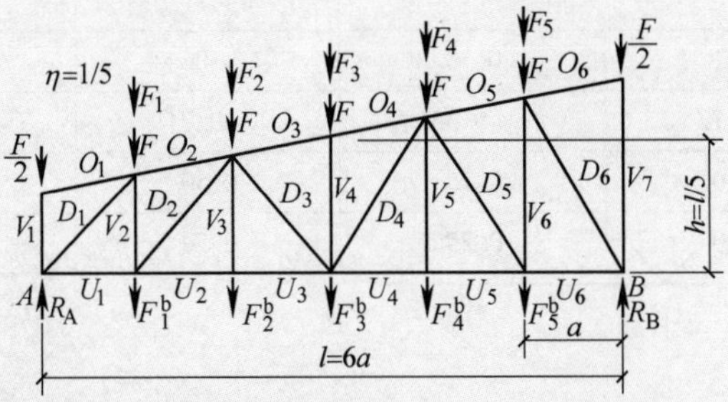

6.6 弧形桁架

6.6.1 下弦为三节间弧形桁架

下弦为三节间弧形桁架杆件长度及内力系数见表 6-29。

表 6-29 下弦为三节间弧形桁架杆件长度及内力系数

计算简图	
	杆件长度 = 杆长系数 × h 荷载 $F_i(F_i^b)$ 作用时，杆件内力 = 内力系数 × $F_i(F_i^b)$

杆件	杆长系数	内力系数			
		全跨屋面荷载	局部节点荷载		
		F	F_1	F_2	F_1^b
O_1	1.602	−3.23	−1.65	−1.08	−1.44
O_2	1.602	−2.93	−1.14	−1.21	−1.61
O_3	1.602	−2.93	−0.57	−1.21	−0.81
O_4	1.602	−3.23	−0.51	−1.08	−0.72
U_1	2.000	2.86	1.46	0.95	1.27
U_2	2.000	2.92	0.71	1.50	1.00
U_3	2.000	2.86	0.45	0.95	0.64
D_1	0.944	0.04	−0.53	0.39	0.52
D_2	1.414	−0.04	0.59	−0.43	0.84
D_3	1.414	−0.04	−0.20	−0.43	−0.29
D_4	0.944	0.04	0.18	0.39	0.26
R_A		2.00	0.76	0.50	0.67
R_B		2.00	0.24	0.50	0.33

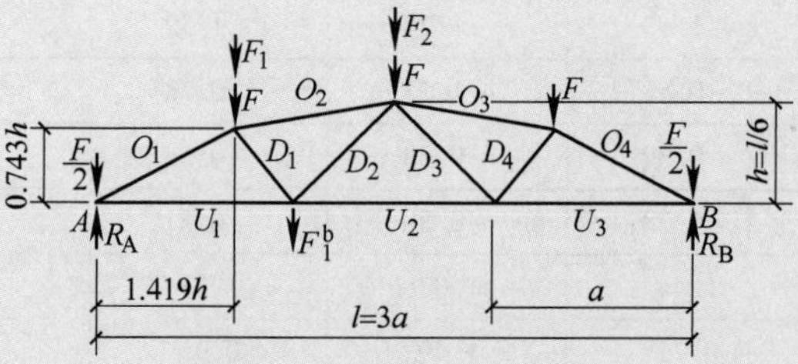

6.6.2 下弦为四节间弧形桁架

下弦为四节间弧形桁架杆件长度及内力系数见表 6-30。

表 6-30 下弦为四节间弧形桁架杆件长度及内力系数

计算简图	
	杆件长度 = 杆长系数 × h 荷载 $F_i(F_i^b)$ 作用时，杆件内力 = 内力系数 × $F_i(F_i^b)$

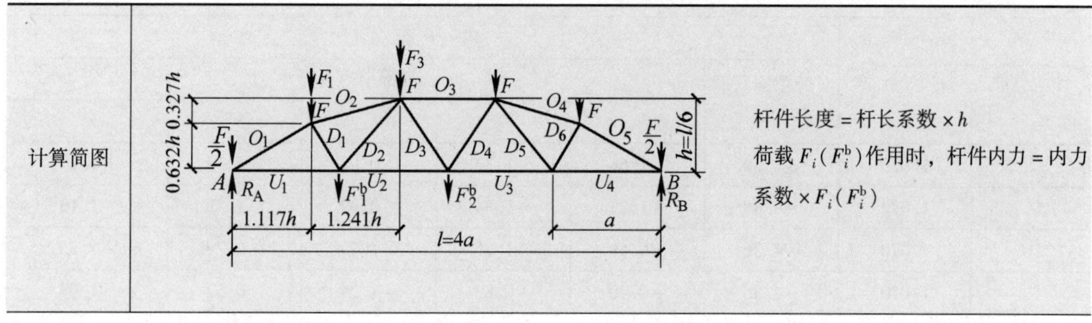

续表 6-30

杆件	杆长系数	内力系数				
		全跨屋面荷载	局部节点荷载			
		F	F_1	F_2	F_1^b	F_2^b
O_1	1.283	-4.06	-1.65	-1.23	-1.52	-1.02
O_2	1.283	-3.69	-1.18	-1.28	-1.59	-1.06
O_3	1.283	-3.63	-0.58	-1.23	-0.78	-1.56
O_4	1.283	-3.69	-0.39	-0.83	-0.53	-1.06
O_5	1.283	-4.06	-0.38	-0.80	-0.51	-1.02
U_1	1.500	3.54	1.44	1.07	1.33	0.88
U_2	1.500	3.63	0.71	1.49	0.95	1.23
U_3	1.500	3.63	0.46	0.97	0.62	1.23
U_4	1.500	3.54	0.33	0.69	0.44	0.88
D_1	0.739	0.07	-0.57	0.33	0.40	0.27
D_2	1.287	-0.08	0.65	-0.38	0.88	-0.31
D_3	1.154	0.00	-0.22	-0.47	-0.30	0.60
D_4	1.154	0.00	0.22	0.47	0.30	0.60
D_5	1.287	-0.08	-0.12	-0.24	-0.15	-0.31
D_6	0.739	0.07	0.10	0.21	0.13	0.27
R_A		2.50	0.81	0.61	0.75	0.50
R_B		2.50	0.19	0.39	0.25	0.50

6.6.3 下弦为五节间弧形桁架

下弦为五节间弧形桁架杆件长度及内力系数见表6-31。

表 6-31 下弦为五节间弧形桁架杆件长度及内力系数

计算简图

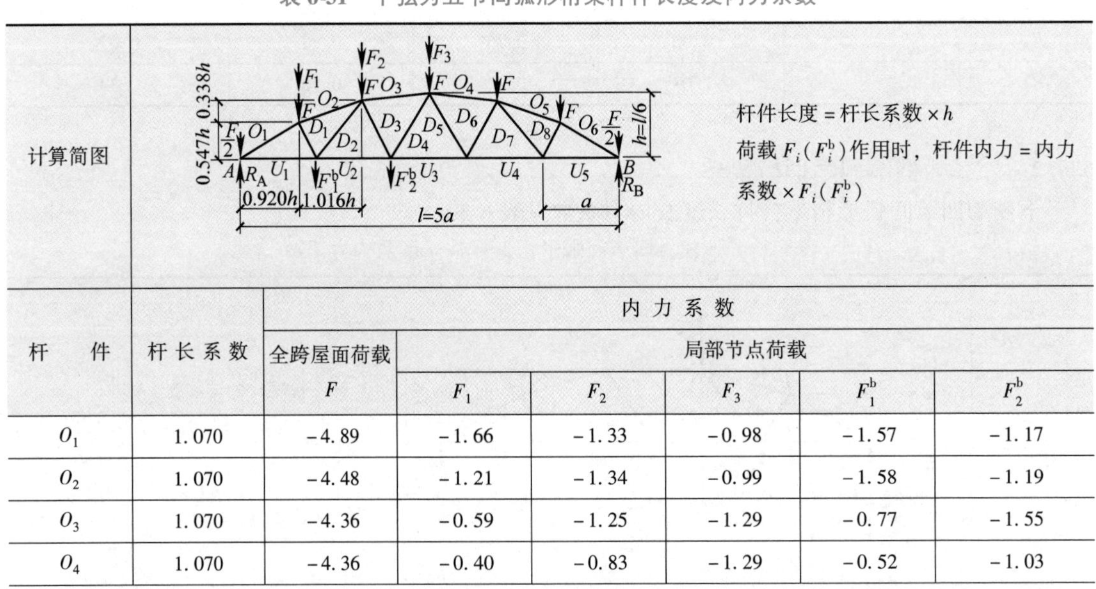

杆件长度 = 杆长系数 × h

荷载 $F_i(F_i^b)$ 作用时，杆件内力 = 内力系数 × $F_i(F_i^b)$

杆件	杆长系数	内力系数					
		全跨屋面荷载	局部节点荷载				
		F	F_1	F_2	F_3	F_1^b	F_2^b
O_1	1.070	-4.89	-1.66	-1.33	-0.98	-1.57	-1.17
O_2	1.070	-4.48	-1.21	-1.34	-0.99	-1.58	-1.19
O_3	1.070	-4.36	-0.59	-1.25	-1.29	-0.77	-1.55
O_4	1.070	-4.36	-0.40	-0.83	-1.29	-0.52	-1.03

续表 6-31

杆　件	杆长系数	内力系数					
		全跨屋面荷载	局部节点荷载				
		F	F_1	F_2	F_3	F_1^b	F_2^b
O_5	1.070	-4.48	-0.30	-0.64	-0.99	-0.40	-0.79
O_6	1.070	-4.89	-0.30	-0.63	-0.98	-0.39	-0.78
U_1	1.200	4.21	1.42	1.14	0.84	1.35	1.01
U_2	1.200	4.32	0.72	1.48	1.09	0.92	1.31
U_3	1.200	4.36	0.46	0.97	1.50	0.60	1.20
U_4	1.200	4.32	0.34	0.71	1.09	0.44	0.87
U_5	1.200	4.21	0.26	0.54	0.84	0.34	0.67
D_1	0.614	0.09	-0.60	0.29	0.21	0.34	0.25
D_2	1.151	-0.11	0.70	-0.33	-0.24	0.91	-0.29
D_3	1.000	0.04	-0.24	-0.52	0.41	-0.32	0.49
D_4	1.166	-0.04	0.25	0.53	-0.42	0.33	0.66
D_5	1.166	-0.04	-0.13	-0.27	-0.42	0.17	-0.34
D_6	1.000	0.04	0.13	0.26	0.41	0.16	0.33
D_7	1.151	-0.11	-0.07	-0.16	-0.24	-0.10	-0.20
D_8	0.614	0.09	0.06	0.14	0.21	0.08	0.17
R_A		3.00	0.85	0.68	0.50	0.80	0.60
R_B		3.00	0.15	0.32	0.50	0.20	0.40

6.6.4　下弦为六节间弧形桁架

下弦为六节间弧形桁架杆件长度及内力系数见表 6-32。

表 6-32　下弦为六节间弧形桁架杆件长度及内力系数

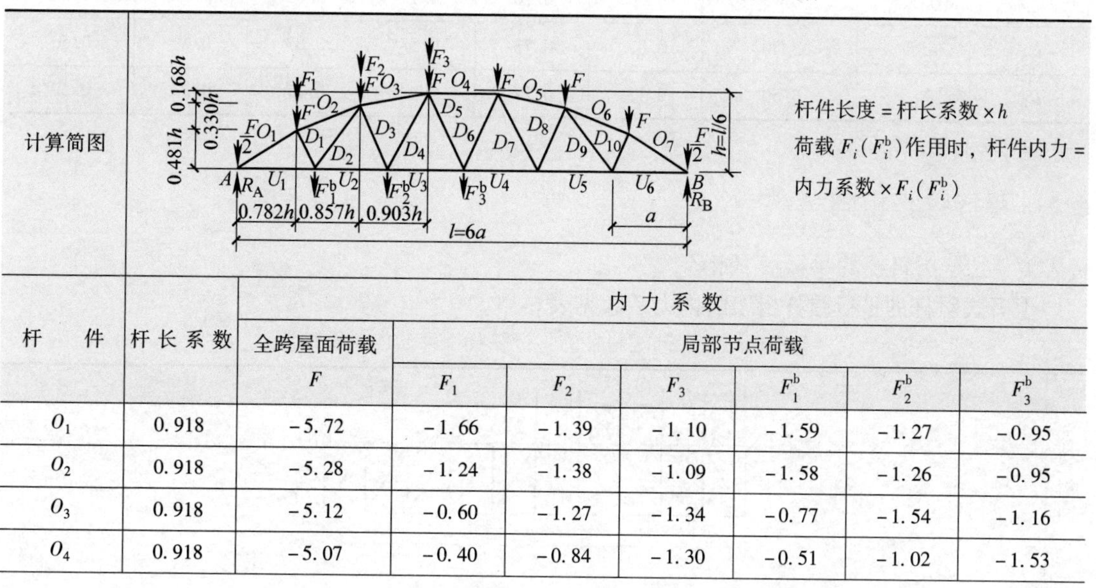

杆　件	杆长系数	内力系数						
		全跨屋面荷载	局部节点荷载					
		F	F_1	F_2	F_3	F_1^b	F_2^b	F_3^b
O_1	0.918	-5.72	-1.66	-1.39	-1.10	-1.59	-1.27	-0.95
O_2	0.918	-5.28	-1.24	-1.38	-1.09	-1.58	-1.26	-0.95
O_3	0.918	-5.12	-0.60	-1.27	-1.34	-0.77	-1.54	-1.16
O_4	0.918	-5.07	-0.40	-0.84	-1.30	-0.51	-1.02	-1.53

续表 6-32

杆件	杆长系数	内力系数						
		全跨屋面荷载	局部节点荷载					
		F	F_1	F_2	F_3	F_1^b	F_2^b	F_3^b
O_5	0.918	-5.12	-0.30	-0.63	-0.98	-0.39	-0.77	-1.16
O_6	0.918	-5.28	-0.25	-0.52	-0.80	-0.32	-0.63	-0.95
O_7	0.918	-5.72	-0.25	-0.52	-0.81	-0.32	-0.64	-0.95
U_1	1.000	4.88	1.41	1.18	0.94	1.35	1.08	0.81
U_2	1.000	5.00	0.70	1.47	1.16	0.90	1.35	1.01
U_3	1.000	5.07	0.46	0.96	1.50	0.59	1.18	1.30
U_4	1.000	5.07	0.34	0.71	1.10	0.43	0.87	1.30
U_5	1.000	5.00	0.26	0.55	0.86	0.34	0.67	1.01
U_6	1.000	4.88	0.21	0.44	0.69	0.27	0.54	0.81
D_1	0.528	0.11	-0.63	0.25	0.20	0.29	0.23	0.17
D_2	1.032	-0.13	0.73	-0.29	-0.23	0.94	-0.27	-0.20
D_3	0.888	0.07	-0.26	-0.55	0.36	-0.34	0.42	0.32
D_4	1.118	-0.07	0.27	0.58	-0.38	0.35	0.70	-0.33
D_5	1.081	0.00	-0.14	-0.30	-0.47	-0.18	-0.37	0.55
D_6	1.081	0.00	0.14	0.30	0.47	0.18	0.37	0.55
D_7	1.118	-0.07	-0.09	-0.18	-0.28	-0.11	-0.22	-0.33
D_8	0.888	0.07	0.08	0.17	0.27	0.11	0.21	0.32
D_9	1.032	-0.13	-0.05	-0.11	-0.17	-0.07	-0.14	-0.20
D_{10}	0.528	0.11	0.05	0.10	0.15	0.06	0.12	0.17
R_A		3.50	0.87	0.73	0.58	0.83	0.67	0.50
R_B		3.50	0.13	0.27	0.42	0.17	0.33	0.50

6.7 平行弦杆桁架

6.7.1 上升式斜杆的平行弦杆桁架

上升式斜杆的平行弦杆桁架的内力系数见表 6-33。

表 6-33 上升式斜杆的平行弦杆桁架的内力系数

计算简图	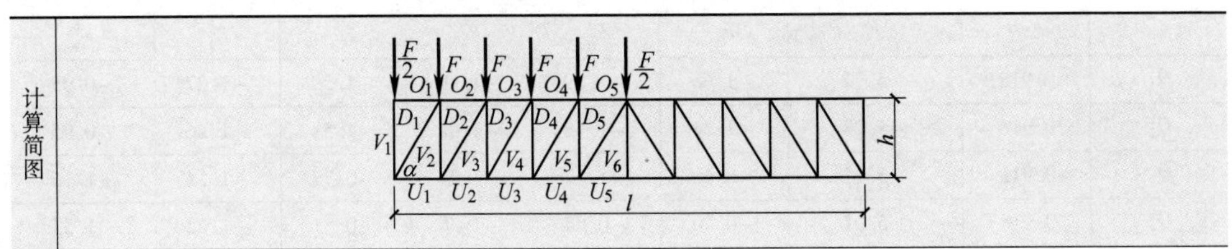

续表 6-33

杆件	四节间			六节间			八节间			十节间			乘数
	左半跨 F	右半跨 F	满载	左半跨 F	右半跨 F	满载	左半跨 F	右半跨 F	满载	左半跨 F	右半跨 F	满载	
O_1	0	0	0	0	0	0	0	0	0	0	0	0	
O_2	-1.0	-0.5	-1.5	-1.75	-0.75	-2.5	-2.5	-1.0	-3.5	-3.25	-1.25	-4.5	
O_3	—	—	—	-2.50	-1.50	-4.0	-4.0	-2.0	-6.0	-5.50	-2.50	-8.0	$F\cot\alpha$
O_4	—	—	—	—	—	—	-4.5	-3.0	-7.5	-6.75	-3.75	-10.5	
O_5	—	—	—	—	—	—	—	—	—	-7.00	-5.00	-12.0	
U_1	1.0	0.5	1.5	1.75	0.75	2.5	2.5	1.0	3.5	3.25	1.25	4.5	
U_2	1.0	1.0	2.0	2.50	1.50	4.0	4.0	2.0	6.0	5.50	2.50	8.0	
U_3	—	—	—	2.25	2.25	4.5	4.5	3.0	7.5	6.75	3.75	10.5	$F\cot\alpha$
U_4	—	—	—	—	—	—	4.0	4.0	8.0	7.00	5.00	12.0	
U_5	—	—	—	—	—	—	—	—	—	6.25	6.25	12.5	
D_1	-1.0	-0.5	-1.5	-1.75	-0.75	-2.5	-2.5	-1.0	-3.5	-3.25	-1.25	-4.5	
D_2	0	-0.5	-0.5	-0.75	-0.75	-1.5	-1.5	-1.0	-2.5	-2.25	-1.25	-3.5	
D_3	—	—	—	0.25	-0.75	-0.5	-0.5	-1.0	-1.5	-1.25	-1.25	-2.5	$\frac{F}{\sin\alpha}$
D_4	—	—	—	—	—	—	0.5	-1.0	-0.5	-0.25	-1.25	-1.5	
D_5	—	—	—	—	—	—	—	—	—	0.75	-1.25	-0.5	
V_1	-0.5	0	-0.5(0)	-0.50	0	-0.5(0)	-0.5	0	-0.5(0)	-0.50	0	-0.5(0)	
V_2	0	0.50	0.5(1.5)	0.75	0.75	1.5(2.5)	1.5	1.0	2.5(3.5)	2.25	1.25	3.5(4.5)	
V_3	0	0	0(1.0)	-0.25	0.75	0.5(1.5)	0.5	1.0	1.5(2.5)	1.25	1.25	2.5(3.5)	
V_4	—	—	—	0	0	0(1.0)	-0.5	1.0	0.5(1.5)	0.25	1.25	1.5(2.5)	F
V_5	—	—	—	—	—	—	0	0	0(1.0)	-0.75	1.25	0.5(1.5)	
V_6	—	—	—	—	—	—	—	—	—	0	0	0(1.0)	

注：括弧内数字为下弦节点满载时的内力系数，其他各杆表示荷载加在上或下节点的内力系数一样。

6.7.2　下降式斜杆的平行弦杆桁架

下降式斜杆的平行弦杆桁架的内力系数见表 6-34。

表 6-34　下降式斜杆的平行弦杆桁架的内力系数

计算简图

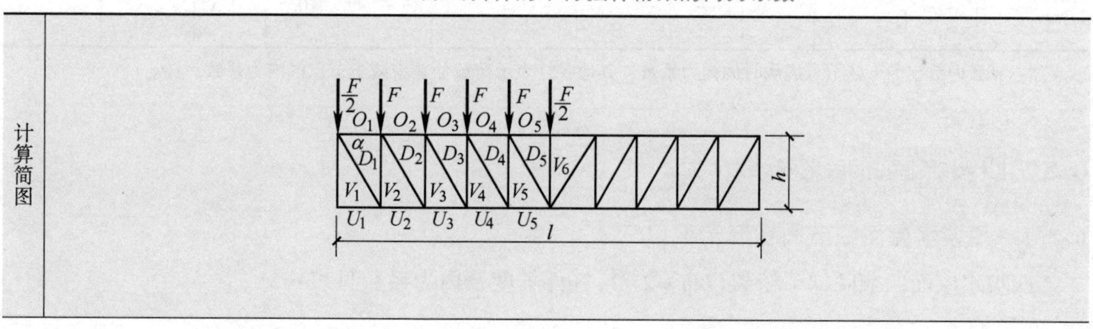

续表 6-34

杆件	四节间			六节间			八节间			十节间			乘数
	左半跨 F	右半跨 F	满载	左半跨 F	右半跨 F	满载	左半跨 F	右半跨 F	满载	左半跨 F	右半跨 F	满载	
O_1	-1.0	-0.5	-1.5	-1.75	-0.75	-2.5	-2.5	-1.0	-3.5	-3.25	-1.25	-4.5	
O_2	-1.0	-1.0	-2.0	-2.50	-1.50	-4.0	-4.0	-2.0	-6.0	-5.50	-2.5	-8.0	
O_3	—	—	—	-2.25	-2.25	-4.5	-4.5	-3.0	-7.5	-6.75	-3.75	-10.5	$F\cot\alpha$
O_4	—	—	—	—	—	—	-4.0	-4.0	-8.0	-7.00	-5.00	-12.0	
O_5	—	—	—	—	—	—	—	—	—	-6.25	-6.26	-12.5	
U_1	0	0	0	0	0	0	0	0	0	0	0	0	
U_2	1.0	0.5	1.5	1.75	0.75	2.5	2.5	1.0	3.5	3.25	1.25	4.5	
U_3	—	—	—	2.50	1.50	4.0	4.0	2.0	6.0	5.50	2.50	8.0	$F\cot\alpha$
U_4	—	—	—	—	—	—	4.5	3.0	7.5	6.75	3.75	10.5	
U_5	—	—	—	—	—	—	—	—	—	7.00	5.00	12.0	
D_1	1.0	0.5	1.5	1.75	0.75	2.5	2.5	1.0	3.5	3.25	1.25	4.5	
D_2	0	0.5	0.5	0.75	0.75	1.5	1.5	1.0	2.5	2.25	1.25	3.5	
D_3	—	—	—	-0.25	0.75	0.5	0.5	1.0	1.5	1.25	1.25	2.5	$\frac{F}{\sin\alpha}$
D_4	—	—	—	—	—	—	-0.5	1.0	0.5	0.25	1.25	1.5	
D_5	—	—	—	—	—	—	—	—	—	-0.75	1.25	0.5	
V_1	-1.5	-0.5	-2.0 (-1.5)	-2.25	-0.75	-0.3 (2.5)	-3.0	-1.0	-4.0 (-3.5)	-3.75	-1.25	-5.0 (-4.5)	
V_2	-1.0	-0.5	-1.5 (-0.5)	-1.75	-0.75	-2.5 (-1.5)	-2.5	-1.0	-3.5 (-2.5)	-3.25	-1.25	-4.5 (-3.5)	
V_3	-0.5	-0.5	-1.0 (0)	-0.75	-0.75	-1.5 (0.5)	-1.5	-1.0	-2.5 (-1.5)	-2.25	-1.25	-3.5 (-3.5)	F
V_4	—	—	—	-0.50	-0.50	-1.0 (0)	-0.5	-1.0	-1.5 (-0.5)	-1.25	-1.25	-2.5 (-1.5)	
V_5	—	—	—	—	—	—	-0.5	-0.5	-1.0 (0)	-0.25	-1.25	-1.5 (-0.5)	
V_6	—	—	—	—	—	—	—	—	—	-0.5	-0.50	-1.0 (0)	

注：括弧内数字为下弦节点满载时的内力系数，其他各杆表示荷载加在上或下节点的内力系数一样。

6.8 四坡水屋面梯形桁架

6.8.1 四坡水屋面四节间梯形桁架($l/h=2\sqrt{3}$)

四坡水屋面四节间梯形桁架($l/h=2\sqrt{3}$)杆件长度及内力系数见表 6-35。

表 6-35 四坡水屋面四节间梯形桁架($l/h=2\sqrt{3}$)杆件长度及内力系数

杆件	杆长系数	节点荷载时杆件内力系数	
计算简图		$n=\frac{l}{h}=2\sqrt{3}$ 杆件长度 = 杆长系数 × $\frac{l}{6}$ 荷载 $F_i(F_i^b)$ 作用时，杆件内力 = 内力系数 × $F_i(F_i^b)$	
		$F_1(F_1^b)$	$F_2(F_2^b)$
O_1	2.000	−1.42	−1.00
O_2，O_3	1.268	−0.87	−1.50
O_4	2.000	−0.58	−1.00
D_2	1.615	−0.47	0.81
D_3	1.615	0.47	0.81
V_1	1.000	0(1.00)	0
V_2	1.000	0	−1.00(0)
V_3	1.000	0	0
U_1	1.732	1.23	0.87
U_2	1.268	1.23	0.87
U_3	1.268	0.50	0.87
U_4	1.732	0.50	0.87
R_A		0.71	0.50
R_B		0.29	0.50

6.8.2 四坡水屋面四节间梯形桁架($l/h=4$)

四坡水屋面四节间梯形桁架($l/h=4$)杆件长度及内力系数见表6-36。

表 6-36 四坡水屋面四节间梯形桁架($l/h=4$)杆件长度及内力系数

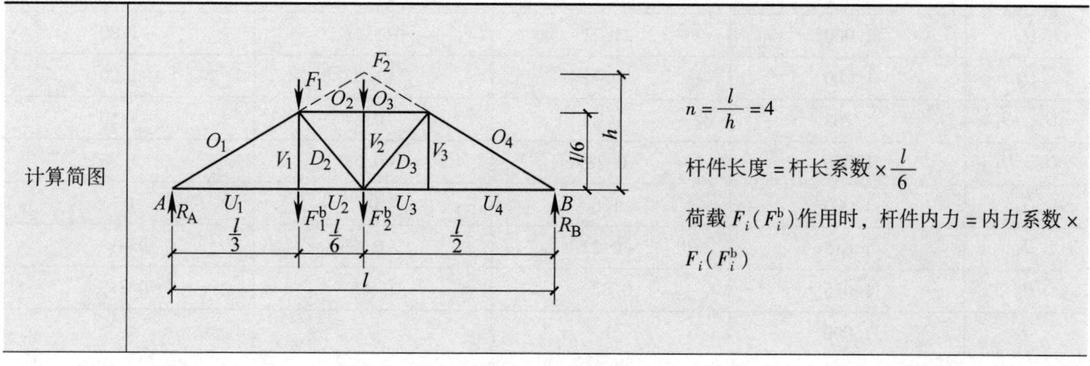

续表 6-36

杆 件	杆长系数	节点荷载时杆件内力系数	
		$F_1(F_1^b)$	$F_2(F_2^b)$
O_1	2.236	-1.49	-1.12
O_2，O_3	1.000	-1.00	-1.50
O_4	2.236	-0.75	-1.12
D_2，D_3	1.414	-0.47	0.71
V_1	1.000	0(1.00)	0
V_2	1.000	0	-1.00(0)
V_3	1.000	0	0
U_1	2.000	1.33	1.00
U_2	1.000	1.33	1.00
U_3	1.000	0.67	1.00
U_4	2.000	0.67	1.00
R_A		0.67	0.50
R_B		0.33	0.50

6.8.3 四坡水屋面六节间梯形桁架($l/h=2\sqrt{3}$)

四坡水屋面六节间梯形桁架($l/h=2\sqrt{3}$)杆件长度及内力系数见表 6-37。

表 6-37 四坡水屋面六节间梯形桁架($l/h=2\sqrt{3}$)杆件长度及内力系数

计算简图

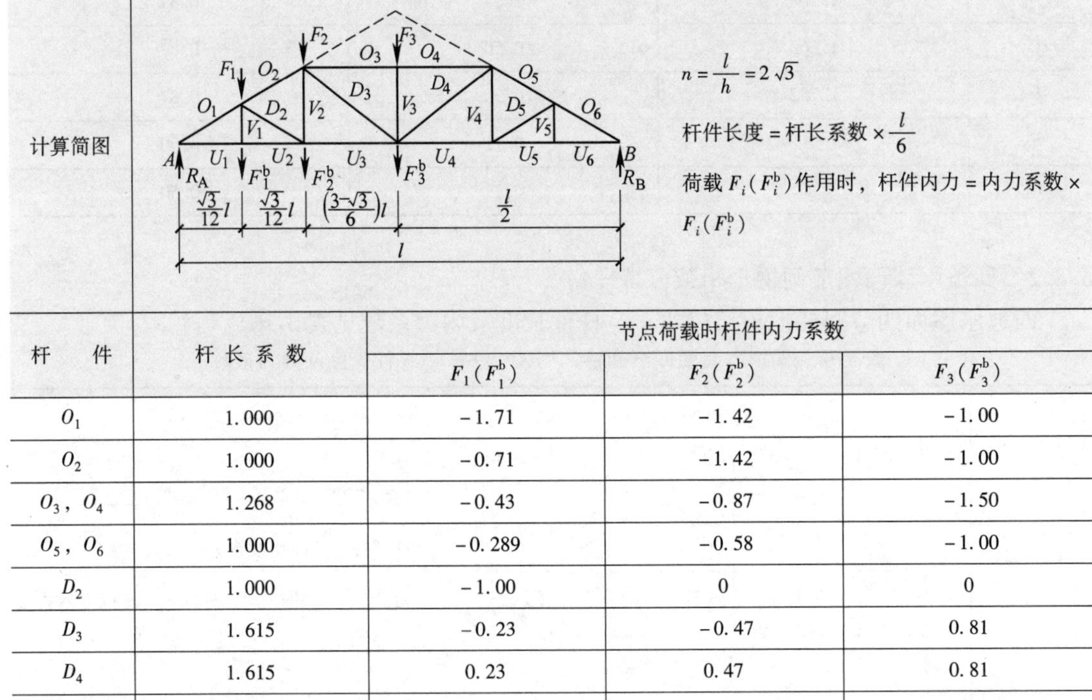

$n=\dfrac{l}{h}=2\sqrt{3}$

杆件长度 = 杆长系数 × $\dfrac{l}{6}$

荷载 $F_i(F_i^b)$ 作用时，杆件内力 = 内力系数 × $F_i(F_i^b)$

杆 件	杆长系数	节点荷载时杆件内力系数		
		$F_1(F_1^b)$	$F_2(F_2^b)$	$F_3(F_3^b)$
O_1	1.000	-1.71	-1.42	-1.00
O_2	1.000	-0.71	-1.42	-1.00
O_3，O_4	1.268	-0.43	-0.87	-1.50
O_5，O_6	1.000	-0.289	-0.58	-1.00
D_2	1.000	-1.00	0	0
D_3	1.615	-0.23	-0.47	0.81
D_4	1.615	0.23	0.47	0.81
D_5	1.000	0	0	0

续表 6-37

杆　件	杆长系数	节点荷载时杆件内力系数		
		$F_1(F_1^b)$	$F_2(F_2^b)$	$F_3(F_3^b)$
V_1	0.500	0(1.00)	0	0
V_2	1.000	0.5	0(1.00)	0
V_3	1.000	0	0	-1.00(0)
V_4	1.000	0	0	0
V_5	0.500	0	0	0
U_1, U_2	0.866	1.48	1.23	0.87
U_3	1.268	0.62	1.23	0.87
U_4, U_5, U_6	1.268	0.25	0.50	0.87
R_A		0.86	0.71	0.50
R_B		0.14	0.29	0.50

6.8.4　四坡水屋面六节间梯形桁架($l/h=4$)

四坡水屋面六节间梯形桁架($l/h=4$)杆件长度及内力系数见表 6-38。

表 6-38　四坡水屋面六节间梯形桁架($l/h=4$)杆件长度及内力系数

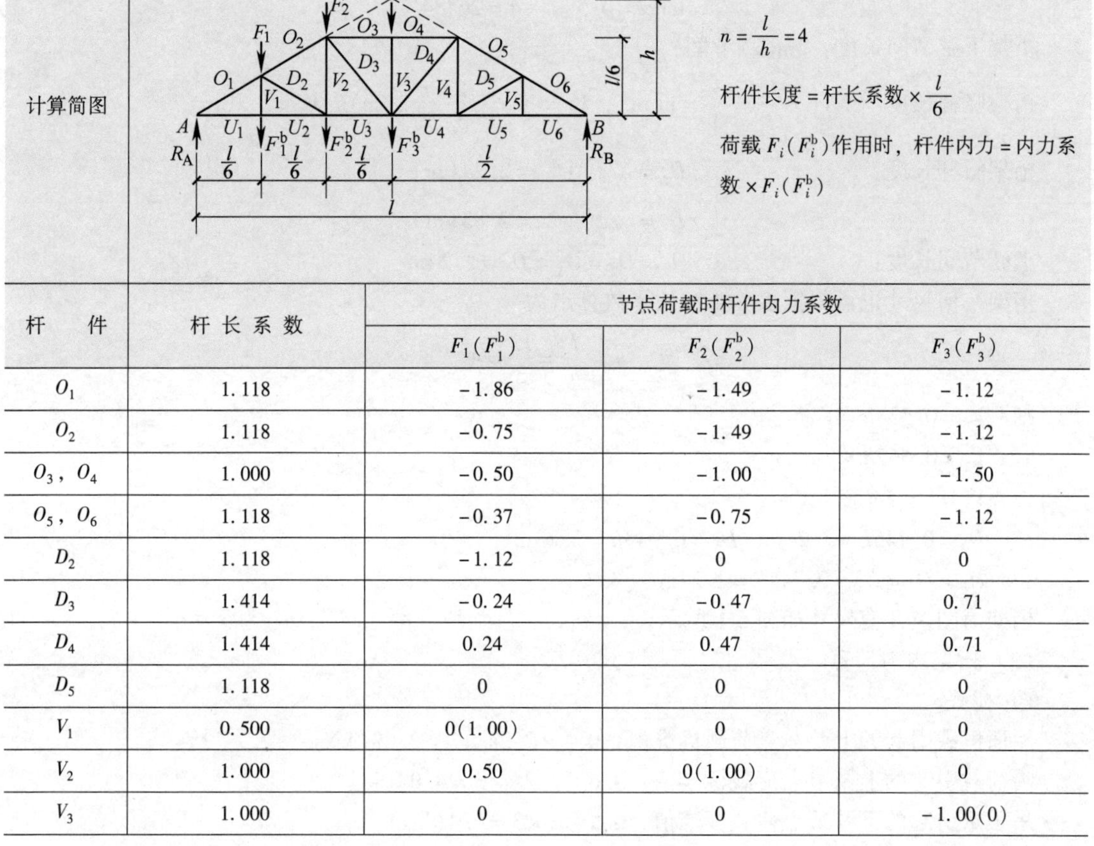

$n=\frac{l}{h}=4$

杆件长度 = 杆长系数 × $\frac{l}{6}$

荷载 $F_i(F_i^b)$ 作用时，杆件内力 = 内力系数 × $F_i(F_i^b)$

杆　件	杆长系数	节点荷载时杆件内力系数		
		$F_1(F_1^b)$	$F_2(F_2^b)$	$F_3(F_3^b)$
O_1	1.118	-1.86	-1.49	-1.12
O_2	1.118	-0.75	-1.49	-1.12
O_3, O_4	1.000	-0.50	-1.00	-1.50
O_5, O_6	1.118	-0.37	-0.75	-1.12
D_2	1.118	-1.12	0	0
D_3	1.414	-0.24	-0.47	0.71
D_4	1.414	0.24	0.47	0.71
D_5	1.118	0	0	0
V_1	0.500	0(1.00)	0	0
V_2	1.000	0.50	0(1.00)	0
V_3	1.000	0	0	-1.00(0)

续表 6-38

杆件	杆长系数	节点荷载时杆件内力系数		
		$F_1(F_1^b)$	$F_2(F_2^b)$	$F_3(F_3^b)$
V_4	1.000	0	0	0
V_5	0.500	0	0	0
U_1，U_2	1.000	1.67	1.33	1.00
U_3	1.000	0.67	1.33	1.00
U_4，U_5，U_6	1.000	0.33	0.67	1.00
R_A		0.83	0.67	0.50
R_B		0.17	0.33	0.50

6.9 桁架计算例题

［例题 6-1］ 某房屋桁架跨度为 12m，桁架间距为 3m，雪荷载标准值为 0.6kN/m²，屋面恒荷载标准值为 0.4kN/m²，设有吊顶，吊顶荷载标准值为 0.9kN/m²，桁架自重标准值为 0.2kN/m²，试进行桁架杆件内力计算。

［解］

（1）桁架简图及几何尺寸

桁架高度：
$$h=\frac{1}{4}l=\frac{1}{4}\times 12=3(\mathrm{m})$$
$$\tan\alpha=0.5 \qquad \alpha=26°34'$$

桁架下弦节间长度：2m(六节间)

桁架竖杆长度： $V_1=\frac{h}{3}=\frac{3}{3}=1(\mathrm{m})$，$V_2=\frac{2h}{3}=\frac{2\times 3}{3}=2(\mathrm{m})$，$V_3=h=3\mathrm{m}$

桁架斜杆长度：
$$D_2=\sqrt{1^2+2^2}=2.24(\mathrm{m})$$
$$D_3=\sqrt{2^2+2^2}=2.83(\mathrm{m})$$

上弦节间长度： $O_1=O_2=O_3=D_2=2.24\mathrm{m}$

桁架几何尺寸也可根据表 6-4 杆长系数算出为
$$n=\frac{l}{h}=\frac{12}{3}=4$$

则 $V_1=0.333h=1\mathrm{m}$

$V_2=0.667h=2\mathrm{m}$

$V_3=h=3\mathrm{m}$

$D_2=0.745h=2.24\mathrm{m}$ $D_3=0.943h=2.83\mathrm{m}$

$O_1=O_2=O_3=0.745h=2.24\mathrm{m}$

桁架简图及几何尺寸如图 6-1 所示。

（2）桁架内力计算

1）荷载。

屋面恒载引起的上弦节点荷载标准值：$0.4\times 2.24\times 3=2.69(\mathrm{kN})$

雪荷载引起的上弦节点荷载标准值：$0.6\times 2.24\times 3=4.03(\mathrm{kN})$

吊顶重引起的下弦节点荷载标准值：$0.9\times 2\times 3=5.4(\mathrm{kN})$

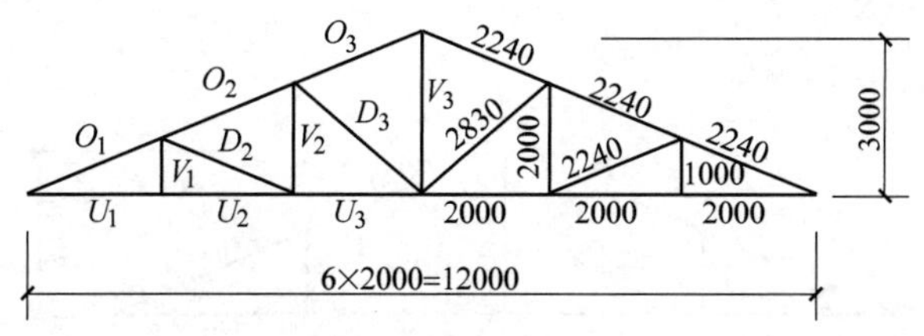

图 6-1　[例题 6-1] 桁架简图及几何尺寸

桁架自重作用的节点荷载标准值：$0.2\times2\times3=1.2(\mathrm{kN})$

桁架自重假定作用在上、下弦节点各一半。

全部荷载作用时节点荷载设计值为

上弦节点：
$$F=2.69\times1.2+\frac{1.2\times1.2}{2}+4.03\times1.4=9.59(\mathrm{kN})$$

下弦节点：
$$F^{\mathrm{b}}=5.4\times1.2+\frac{1.2\times1.2}{2}=7.2(\mathrm{kN})$$

2）桁架杆件内力。

$$上、下弦杆及斜杆内力=内力系数\times(F+F^{\mathrm{b}})$$
$$竖杆内力=内力系数\times F+内力系数\times F^{\mathrm{b}}$$

查表 6-4 算得内力见表 6-39。

表 6-39　[例题 6-1] 桁架杆件内力设计值

序　号	杆 件 名 称		内 力 系 数	内力设计值/kN
1	上弦杆	O_1	-5.59	-93.86
		O_2	-4.47	-75.05
		O_3	-3.35	-56.25
2	下弦杆	U_1	5.00	83.95
		U_2	5.00	83.95
		U_3	4.00	67.16
3	斜杆	D_2	-1.12	-18.80
		D_3	-1.41	-23.67
4	竖杆	V_1	0(1.00)	7.2
		V_2	0.5(1.50)	15.6
		V_3	2.00(3.00)	40.78

[例题 6-2]　某房屋桁架跨度为 15m，桁架间距为 3m，水平投影雪荷载标准值为 $0.5\mathrm{kN/m^2}$，屋面恒荷载标准值为 $0.6\mathrm{kN/m^2}$，试进行桁架杆件内力计算。

[解]

(1) 桁架简图及几何尺寸

屋面坡度 $\alpha=21°48'$（桁架高跨比 $h/l=1/5$）

由表 6-3 算得各杆件长度，桁架简图及几何尺寸如图 6-2 所示。

(2) 桁架内力计算

1）荷载。

雪荷载标准值：$0.5kN/m^2$(↓)

屋面恒荷载标准值：$0.6kN/m^2$(↓/)

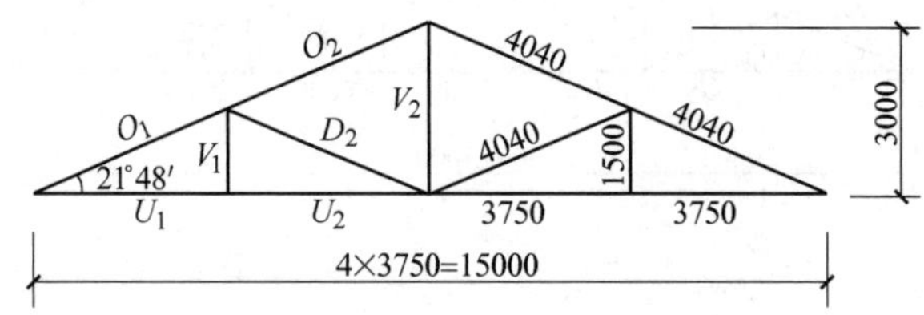

图6-2 [例题6-2]桁架简图及几何尺寸

桁架自重：$0.07+0.007\times l=0.07+0.007\times 15=0.175(kN/m^2)$(↓)

作用于屋面的均布荷载设计值：

$$g+s=1.2\times 0.6+(1.4\times 0.5+1.2\times 0.175)\times \cos 21°48'=1.56(kN/m^2)(\downarrow/)$$

桁架上弦节点荷载设计值：$F=1.56\times 4.04\times 3=18.91(kN)$

2）桁架杆件内力设计值：查表6-3，桁架杆件内力=内力系数×F，见表6-40。

表6-40 [例题6-2]桁架杆件内力设计值

序 号	杆 件 名 称		内 力 系 数	内力设计值/kN
1	上弦杆	O_1	-4.04	-76.4
		O_2	-2.69	-50.87
2	下弦杆	U_1，U_2	3.75	70.91
3	斜杆	D_2	-1.35	-25.53
4	竖杆	V_1	0	0
		V_2	1	18.91

[例题6-3] 如图6-3所示，15m不等节间豪式桁架，桁架间距为4m，基本雪压为$0.4\ kN/m^2$，屋面为黏土瓦。试求该桁架各杆件长度及内力。

[解]

(1) 求桁架各杆件长度

屋面坡度 $\alpha=26°34'$(桁架高跨比 $h/l=1/4$)

由表6-9算得各杆件长度，桁架简图及几何尺寸如图6-3所示。

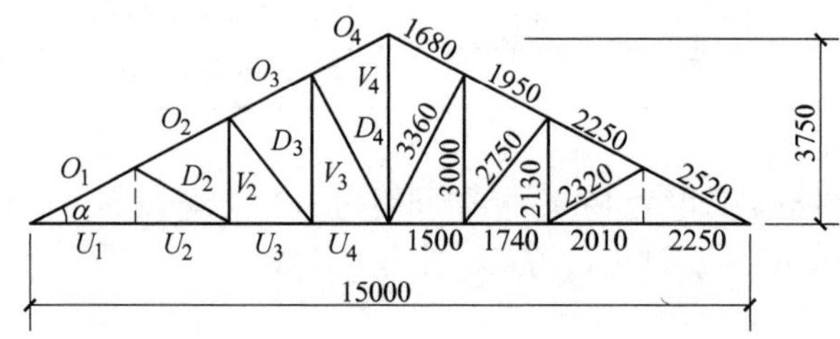

图6-3 [例题6-3]桁架简图及几何尺寸

(2) 荷载计算

桁架荷载设计值为：$g=1.26kN/m^2$(↓)

雪荷载设计值为：$s=0.52kN/m^2$(↓)

恒荷载占全部荷载的百分比

$$\frac{1.26}{1.26+0.52}=0.71<0.8$$

故只需按全部荷载计算内力。

沿上弦水平长度上的均布荷载为

$$g+s=(1.26+0.52)\times 4=7.12(\text{kN/m})(\downarrow)$$

(3) 桁架杆件内力设计值计算

查表 6-9，杆件内力 $=K_1(g+s)l=K_1\times 7.12\times 15=106.8K_1$ (kN)，见表 6-41。

表 6-41 [例题 6-3]桁架杆件内力设计值

序 号	杆 件 名 称		内力系数 K_1	内力设计值/kN
1	上弦杆	O_1	-0.950	-101.46
		O_2	-0.801	-85.55
		O_3	-0.671	-71.66
		O_4	-0.559	-59.70
2	下弦杆	U_1，U_2	0.850	90.78
		U_3	0.716	76.47
		U_4	0.600	64.08
3	斜杆	D_2	-0.154	-16.45
		D_3	-0.183	-19.54
		D_4	-0.224	-23.92
4	竖杆	V_2	0.075	8.01
		V_3	0.142	15.17
		V_4	0.400	42.72

[例题 6-4] 如图 6-4 所示，房屋长度为 51m 的有悬挂起重机的六节间豪式桁架，桁架跨度为 15m，桁架间距 3m。试求该桁架几何尺寸及各杆件内力设计值。

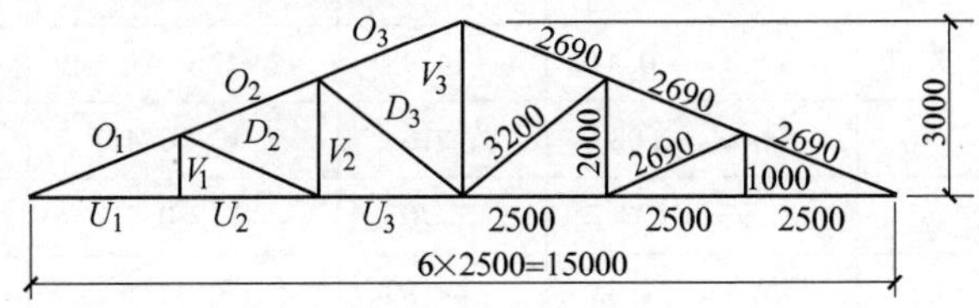

图 6-4 [例题 6-4]桁架简图及几何尺寸

[解]

(1) 求桁架各杆件长度

桁架坡度 $\alpha=21°48'$(桁架高跨比 $h/l=l/5$)

由表 6-4，算得各杆件长度，如图 6-4 所示。桁架简图及几何尺寸如图 6-4 所示。

(2) 桁架内力计算

1) 荷载。

桁架上弦节点(恒荷载和雪荷载全跨)：$F=10.81\text{kN}$(其中雪荷载 4.2kN)

当有悬挂起重机作用时：$F_0=11.64\text{kN}$，$F_d=21.61\text{kN}$

计算简图如图 6-5 所示。

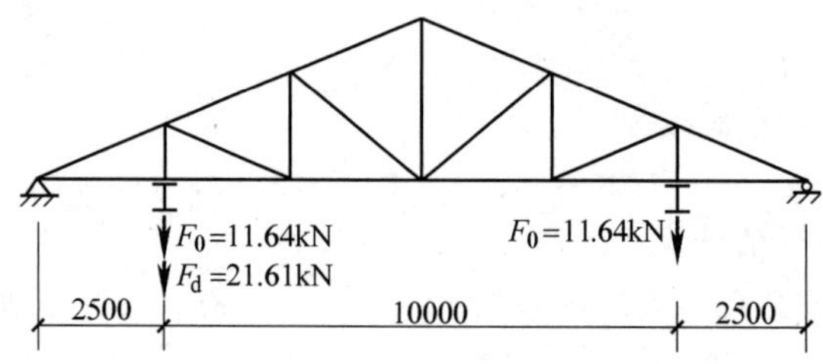

图 6-5 [例题 6-4]悬挂起重机恒载

2）桁架杆件内力。

桁架杆件内力可由表 6-4 算得，计算过程及结果见表 6-42。

下弦中央节点 D_3、D_4 杆件的内力水平分力之差，可直接求下弦 U_3 和 U_4 内力之差：

在半跨雪荷载作用下为

$$U_3-U_4=\left(\frac{5n}{8}-\frac{3n}{8}\right)\times 4.2=\frac{5}{4}\times 4.2=5.25(\text{kN})$$

在恒荷载 F_d 作用下(图 6-5)为

$$U_3-U_4=\left(\frac{n}{6}-\frac{n}{12}\right)F_d=\frac{5}{12}\times 21.61=9.00(\text{kN})$$

U_3 和 U_4 内力之差为 $5.25+9.00=14.25(\text{kN})$。

表 6-42 [例题 6-4]桁架杆件内力设计值 （单位:kN）

序号	杆件	恒荷载和雪荷载全跨		起重机恒荷载作用在下弦左侧第一节点		起重机自重作用在下弦右侧第一节点		计算内力
		$F=1$	$F=10.81$ (1)	$F_1^b=1$	$F_1^b=F_0+F_d=33.25$ (2)	$F_1^b=1$	$F_1^b=F_0=11.64$ (3)	(1)+(2)+(3)
1	O_1	−6.73	−72.75	$-5N/12=-2.24$	−74.48	$-N/12=-0.449$	−5.23	−152.46
2	O_2	−5.39	−58.27	$-N/6=-0.898$	−29.86	$-N/12=-0.449$	−5.23	−93.36
3	O_3	−4.04	−43.67	$-N/12=-0.449$	−14.93	$-N/12=-0.449$	−5.23	−63.83
4	U_1，U_2	6.25	67.56	$5n/12=2.08$	69.16	$n/12=0.417$	4.85	141.57
5	U_3	5	54.05	$n/6=0.833$	27.70	$n/12=0.417$	4.85	86.60
6	D_2	−1.35	−14.59	$-N/4=-1.35$	−44.89	0	0	−59.48
7	D_3	−1.6	−17.30	$-G/12=-0.534$	−17.76	0	0	−35.06
8	V_1	0	0	1	33.25	0	0	33.25
9	V_2	0.5	5.41	0.5	16.63	0	0	22.04
10	V_3	2.0	21.62	0.333	11.07	0.333	3.88	36.57

注：表中 $n=15/3=5$；$N=5.3825$；$G=6.4031$。

[例题 6-5] 某房屋桁架跨度为 21m，桁架间距为 3m，水平投影雪荷载标准值为 0.40kN/m^2，屋面恒荷载标准值为 0.38kN/m^2，吊顶荷载标准值为 1.2kN/m^2。试求该桁架内力设计值。

[解]

(1) 桁架简图及几何尺寸

屋面坡度 $\alpha = 11°19'$，$i = \tan\alpha = 1/5$，桁架高跨比 $h/l = 1/5$。

由表6-22算得各杆件长度，桁架简图及几何尺寸如图6-6所示。

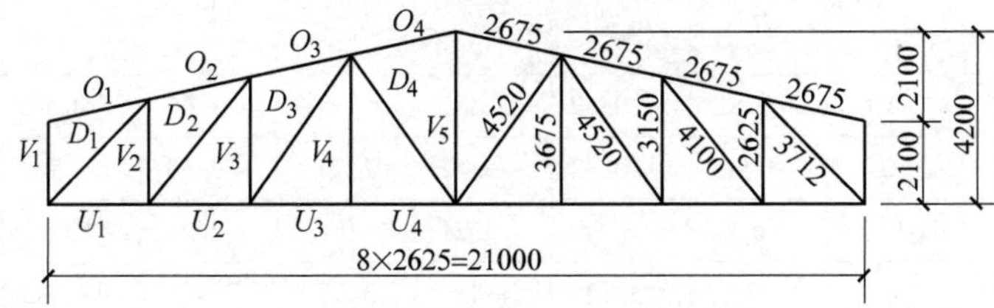

图6-6 [例题6-5]桁架简图及几何尺寸

(2) 桁架内力计算

1) 荷载。

屋面恒荷载标准值：0.38kN/m^2(↓/)

吊顶荷载标准值：1.2kN/m^2(↓)

雪荷载标准值：0.40kN/m^2(↓)

桁架自重：0.07+0.007×21=0.22(kN/m^2)(↓)

上弦恒荷载节点设计荷载(当单独以恒荷载进行验算时,荷载分项系数应取1.35)，计算为

$$G = \left(\frac{0.38}{\cos\alpha} + \frac{0.22}{2}\right) \times 3.0 \times 2.625 \times 1.2 = 4.70(\text{kN})$$

下弦恒荷载节点设计荷载(当单独以恒荷载进行验算时,荷载分项系数应取1.35)，计算为

$$G^{\text{b}} = \left(1.2 + \frac{0.22}{2}\right) \times 3.0 \times 2.625 \times 1.2 = 12.38(\text{kN})$$

雪荷载作用下的节点设计荷载：$S = 0.40 \times 3 \times 2.625 \times 1.4 = 4.41(\text{kN})$

支座反力：$R = 4 \times (4.70 + 12.38 + 4.41) = 85.96(\text{kN})$

2) 桁架杆件内力。

由表6-22查得杆件内力系数，计算过程及结果见表6-43。

表6-43 [例题6-5]桁架杆件内力设计值

序号	杆件	内力系数			全跨恒荷载下杆件内力/kN	雪荷载下杆件内力/kN			计算内力/kN		
		全跨	左半跨	右半跨		左半跨	右半跨	全跨	左半跨	右半跨	全跨
	(1)	(2)	(3)	(4)	(5)	(6)	(7)	(8)	(9)=(5)+(6)	(10)=(5)+(7)	(11)=(5)+(8)
1	O_1	0	0	0	0	0	0	0	0	0	0
2	O_2	-3.57	-2.55	-1.02	-60.98	-11.25	-4.50	-15.74	-72.23	-65.48	-76.72
3	O_3	-5.10	-3.40	-1.70	-87.11	-14.99	-7.50	-22.49	-102.10	-94.61	-109.60
4	O_4	-5.10	-2.55	-2.55	-87.11	-11.25	-11.25	-22.49	-98.36	-98.35	-109.60
5	U_1	3.50	2.50	1.00	59.78	11.03	4.41	15.44	70.81	64.19	75.22
6	U_2	5.00	3.33	1.67	85.40	14.69	7.36	22.05	100.09	92.76	107.45
7	U_3，U_4	5.36	3.21	2.15	91.55	14.16	9.48	23.64	105.71	101.03	115.19
8	D_1	-4.95	-3.54	-1.41	-84.55	-15.61	-6.22	-21.83	-100.16	-90.77	-106.38
9	D_2	-2.34	-1.30	-1.04	-39.97	-5.73	-4.59	-10.32	-45.70	-44.56	-50.29

续表 6-43

序号	杆件	内力系数			全跨恒荷载下杆件内力/kN	雪荷载下杆件内力/kN			计算内力/kN		
		全跨	左半跨	右半跨		左半跨	右半跨	全跨	左半跨	右半跨	全跨
	(1)	(2)	(3)	(4)	(5)	(6)	(7)	(8)	(9) = (5) + (6)	(10) = (5) + (7)	(11) = (5) + (8)
10	D_3	-0.61	0.20	-0.81	-10.42	0.88	-3.57	-2.69	-9.54	-13.99	-13.11
11	D_4	-0.61	1.23	-0.62	-10.42	-5.42	2.73	-2.69	-5	-13.15	-13.11
12	V_1	-0.5	-0.5	0	-8.54	-2.21	0	-2.21	-10.75	-8.54	-10.75
13	V_2	1.8	1	0.80	43.12	4.41	3.53	7.94	47.53	46.65	51.06
14	V_3	0.5	-0.17	0.67	20.92	-0.75	2.95	2.21	20.17	23.87	23.13
15	V_4	0	0	0	12.38	0	0	0	12.38	12.38	12.38
16	V_5	1	0.5	0.5	29.46	2.21	2.21	4.41	31.67	31.67	33.87

注：1. 竖杆 V_2、V_3、V_4、V_5 在全跨恒荷载下杆件内力(5) = $(G+G^b)\times(2)+G^b$。

2. 对于其他杆件的内力等于节点荷载乘以相应的内力系数。

第 7 章　在均布荷载作用下井字梁计算

7.1　简述与计算公式

7.1.1　井字梁简述

井字梁简述见表 7-1。

表 7-1　井字梁简述

序号	项　目	内　容
1	井字梁的形成	钢筋混凝土井式楼盖是从钢筋混凝土双向板的设计理论演变出来的一种结构。当跨度增大时，板的厚度也相应加厚。但是，由于板厚而自重加大，而板下部受拉区域的混凝土往往拉裂不能参加工作，所以为了减轻板的自重，而不考虑混凝土的作用，受拉主要靠下面的受拉钢筋来承担。因此，当双向板跨度较大时，把板下部的混凝土从受拉区挖去一部分，但不能全部挖去，余下的部分混凝土，只要能布置受拉钢筋就可以，让受拉钢筋布置到几条相互垂直线上，这样就形成横纵两个方向相互垂直的井字梁。它和原来的矩形截面板相比，其强度计算值与原来矩形截面板相同，从而可以节省混凝土使用量，减少结构本身的自重。这个相互垂直的井字梁，设计时，一般都取相同的梁高 h 值，也不分主梁和次梁。由于井字梁在横纵两个方向都有较大的刚度，适用于使用上要求有较大空间的建筑，如民用房屋的门厅、餐厅、会议室和展览大厅等
2	井字梁的应用	随着我国建筑业的蓬勃发展，井字梁结构形式在工业与民用建筑中得到了较为广泛的应用，如在礼堂、宾馆及商场等一些大型公共建筑入口大厅中常被采用。结构为交叉梁系，受力合理，能够解决像会议室、活动室等大房间楼盖的设计问题。这种结构形式能给人一种美观而舒适的感觉，同时很容易满足建筑处理和装饰装修要求，因此受到土建设计人员的欢迎
3	井字梁的计算配筋	（1）井字梁的计算。井式楼盖结构是高次超静定结构。根据井字梁间距的大小，可用不同的方法计算 1）当井字梁间距小于等于 1.25m，由于梁的分布较密，可近似地按双向板计算，即将梁的混凝土折算成板的厚度计算 2）当井字梁间距大于 1.25m 时，则应按井字梁计算 （2）井字梁的配筋。井字梁的配筋和一般梁的配筋基本相同，但必须注意，在横梁与纵梁交叉点处，短跨方向梁的受拉纵向主筋，应放在长跨方向梁的受拉纵向主筋的下面。与此同时还要注意，在横梁与纵梁交叉点处，两个方向的梁在其上部还有适量的构造负钢筋，以防荷载不均匀分布时可能产生的负弯矩。这种负钢筋的截面面积一般相当于下部受拉纵向主筋截面面积的 1/4 ~ 1/5。所以要求长跨梁负筋应放在短跨梁负筋的上面。因此，不论长跨梁和短跨梁，其箍筋高度都等于梁高 $h-75\text{mm}$。为解决横纵方向井字梁端部剪力过大的问题，当箍筋不能满足端部剪力的前提下，把端部最大剪力值减去箍筋承担的剪力，余下的剪力，采用增加弯起鸭筋来解决
4	井字梁计算说明	对于井字梁结构的静力计算，本章中计算表的编制采用的是荷载分配法。该方法的原理是首先将竖向荷载简化为梁交叉结点上的集中荷载，然后利用交叉点的竖向位移相等的变形协调条件，建立补充方程，该补充方程与原结构的纵、横梁分别承担的荷载之和等及结点荷载条件一起构成线性方程组，解之后可以求出纵、横梁上各自分担的荷载。然后纵、横梁按各自的分担荷载计算即可。下面以图 7-1 结构计算说明 已知井字梁网格为 4×4，区格长为 $a=2.5\text{m}$，$b=2.0\text{m}$，均布荷载 $q=8\text{kN/m}^2$，试计算 A_1、A_2、B_1、B_2 各梁的荷载。设纵、横各梁 EI 相同

续表 7-1

<table>
<tr><th>序号</th><th>项 目</th><th>内 容</th></tr>
<tr><td>4</td><td>井字梁
计算说明</td><td>设纵梁 A_1 的荷载为 P_{11A}、P_{21A}，纵梁 A_2 的荷载为 P_{12A}、P_{22A}；横梁 B_1 的荷载为 P_{11B}、P_{12B}，横梁 B_2 的荷载为 P_{21B}、P_{22B}。则有
$$\left.\begin{array}{l}P_{11A}+P_{11B}=P_{11}=abq=40\text{kN}\\P_{12A}+P_{12B}=P_{12}=abq=40\text{kN}\\P_{21A}+P_{21B}=P_{21}=abq=40\text{kN}\\P_{22A}+P_{22B}=P_{22}=abq=40\text{kN}\end{array}\right\}\tag{7-1}$$
由图 7-2，根据变形协调条件，则有
$$\left.\begin{array}{l}w_{11A}=w_{11B}\\w_{21A}=w_{21B}\\w_{12A}=w_{12B}\\w_{22A}=w_{22B}\end{array}\right\}\tag{7-2}$$
根据叠加法求荷载作用的变形有
$$\begin{aligned}w_{11A}=&\frac{P_{11A}\times6\times2}{6\times8EI}\times(8^2-2^2-6^2)+\frac{P_{21A}\times2}{12EI}\times\left(\frac{3}{4}\times8^2-2^2\right)+\\&\frac{P_{11A}\times2\times2}{6\times8EI}\times(8^2-2^2-2^2)\\=&\frac{1}{EI}(10.67P_{11A}+7.33P_{21A})\end{aligned}$$
$$\begin{aligned}w_{11B}=&\frac{P_{11B}\times7.5\times2.5}{6\times10EI}\times(10^2-2.5^2-7.5^2)+\frac{P_{12B}\times2.5}{12EI}\times\left(\frac{3}{4}\times10^2-2.5^2\right)+\\&\frac{P_{11B}\times2.5\times2.5}{6\times10EI}\times(10^2-2.5^2-2.5^2)\\=&\frac{1}{EI}(20.83P_{11B}+14.32P_{12B})\end{aligned}$$
$$\begin{aligned}w_{21A}=&\frac{2\times P_{11A}\times6}{6\times8EI}\times\left[(8^2-6^2)\times4-4^3+\frac{8}{6}\times(4-2)^3\right]+\frac{P_{21A}\times8^3}{48EI}\\=&\frac{1}{EI}(14.67P_{11A}+10.67P_{21A})\end{aligned}$$
$$\begin{aligned}w_{21B}=&\frac{P_{21B}\times7.5\times2.5}{6\times10EI}\times(10^2-2.5^2-7.5^2)+\frac{P_{22B}\times2.5}{12EI}\times\left(\frac{3}{4}\times10^2-2.5^2\right)+\\&\frac{P_{21B}\times2.5\times2.5}{6\times10EI}\times(10^2-2.5^2-2.5^2)\\=&\frac{1}{EI}(20.83P_{21B}+14.32P_{22B})\end{aligned}$$
$$\begin{aligned}w_{12A}=&\frac{P_{12A}\times6\times2\times(8^2-2^2-6^2)}{6\times8EI}+\frac{P_{22A}\times2}{12EI}\times\left(\frac{3}{4}\times8^2-2^2\right)+\\&\frac{P_{12A}\times2\times2}{6\times8EI}\times(8^2-2^2-2^2)\\=&\frac{1}{EI}(10.67P_{12A}+7.33P_{22A})\end{aligned}$$
$$\begin{aligned}w_{12B}=&\frac{2\times P_{11B}\times7.5}{6\times10EI}\times\left[(10^2-7.5^2)\times5-5^3+\frac{10}{7.5}\times(5-2.5)^3\right]+\frac{P_{12B}\times10^3}{48EI}\\=&\frac{1}{EI}(28.65P_{11B}+20.83P_{12B})\end{aligned}$$
$$w_{22A}=\frac{2\times P_{22A}\times6}{6\times8EI}\times\left[(8^2-6^2)\times4-4^3+\frac{8}{6}\times(4-2)^3\right]+\frac{P_{12A}\times8^3}{48EI}$$</td></tr>
</table>

续表 7-1

<table>
<tr><th>序号</th><th>项 目</th><th>内 容</th></tr>
<tr><td>4</td><td>井字梁计算说明</td><td>

$$=\frac{1}{EI}(10.67P_{12A}+14.67P_{22A})$$

$$w_{22B}=\frac{2\times P_{21B}\times 7.5}{6\times 10EI}\times\left[(10^2-7.5^2)\times 5-5^3+\frac{10}{7.5}\times(5-2.5)^3\right]+\frac{P_{22B}\times 10^3}{48EI}$$

$$=\frac{1}{EI}(28.65P_{21B}+20.83P_{22B})$$

将以上各算式代入式(7-2)，消去 EI 与式(7-1)联立可得

$$\left.\begin{aligned}&P_{11A}+P_{11B}=40\text{kN}\\&P_{12A}+P_{12B}=40\text{kN}\\&P_{21A}+P_{21B}=40\text{kN}\\&P_{22A}+P_{22B}=40\text{kN}\\&10.67P_{11A}+7.33P_{21A}=20.83P_{11B}+14.32P_{12B}\\&14.67P_{11A}+10.67P_{21A}=20.83P_{21B}+14.32P_{22B}\\&10.67P_{12A}+7.33P_{22A}=28.65P_{11B}+20.83P_{12B}\\&10.67P_{12A}+14.67P_{22A}=28.65P_{21B}+20.83P_{22B}\end{aligned}\right\}\qquad(7\text{-}3)$$

解方程组式(7-3)，计算得

$$\left.\begin{aligned}&P_{11A}=24.80\text{kN},\ P_{11B}=15.20\text{kN}\\&P_{12A}=33.47\text{kN},\ P_{12B}=6.53\text{kN}\\&P_{21A}=19.47\text{kN},\ P_{21B}=20.53\text{kN}\\&P_{22A}=29.94\text{kN},\ P_{22B}=10.06\text{kN}\end{aligned}\right\}\qquad(7\text{-}4)$$

将式(7-4)中各值代入图 7-2 中相适应图形进行计算得出跨中最大弯矩值，再由有关相适应的计算方法进行计算，就可以求得本章表 7-3 及表 7-4 中相适应的“表中系数”

</td></tr>
</table>

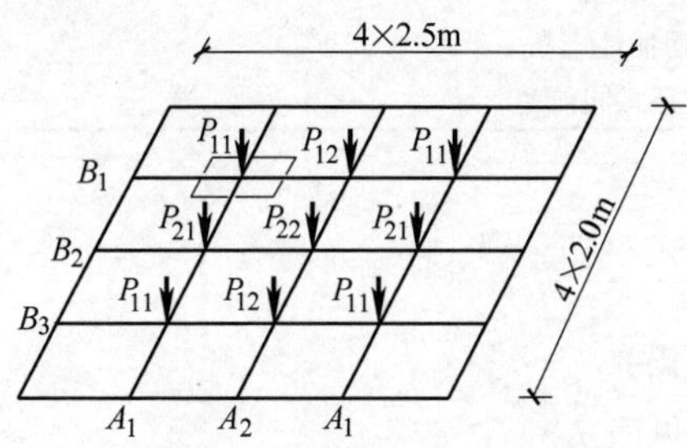

图 7-1 井字梁计算(1)

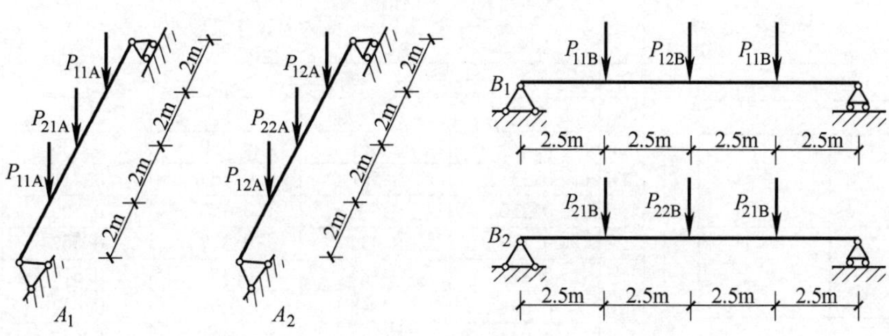

图 7-2 井字梁计算(2)

7.1.2 井字梁计算公式

井字梁计算公式见表7-2。

表7-2 井字梁计算公式

<table>
<tr><th>序号</th><th>项 目</th><th>内 容</th></tr>
<tr><td>1</td><td>内力计算公式</td><td>(1) 支座处弯矩
1) A 方向梁
$$M_{fix}=-表中系数\times ab^2q \quad (7\text{-}5)$$
2) B 方向梁
$$M_{fix}=-表中系数\times a^2bq \quad (7\text{-}6)$$
(2) 跨内最大弯矩
1) A 方向梁
$$M_{max}=表中系数\times ab^2q \quad (7\text{-}7)$$
2) B 方向梁
$$M_{max}=表中系数\times a^2bq \quad (7\text{-}8)$$
(3) 最大剪力
$$V_{max}=表中系数\times abq \quad (7\text{-}9)$$
式中 a、b——井字梁横纵向区格的中心长度
q——单位面积上计算总荷载</td></tr>
<tr><td>2</td><td>最大挠度计算公式</td><td>(1) A 方向梁
$$w_{max}=表中系数\times \frac{ab^4q}{B} \quad (7\text{-}10)$$
(2) B 方向梁
$$w_{max}=表中系数\times \frac{a^4bq}{B} \quad (7\text{-}11)$$
式中 B——井字梁刚度；按弹性理论计算时 $B=EI$
E——弹性模量
I——截面惯性矩
其他式中符号意义同前</td></tr>
</table>

7.2 四边简支井字梁计算

7.2.1 四边简支井字梁计算用表

四边简支井字梁计算用表见表7-3。

表7-3 四边简支井字梁计算用表

序号	计算简图	$\frac{b}{a}$	A_1 梁 M_{max}	A_1 梁 V_{max}	B_1 梁 M_{max}	B_1 梁 V_{max}	B_1 w_{max}
1	2×a; 2×b; B_1; A_1	0.6	0.411	0.661	0.089	0.339	0.030
		0.8	0.331	0.581	0.169	0.419	0.056
		1.0	0.250	0.500	0.250	0.500	0.083
		1.2	0.183	0.433	0.317	0.567	0.106
		1.4	0.131	0.384	0.366	0.616	0.122
		1.6	0.098	0.348	0.402	0.652	0.134
		1.8	0.073	0.323	0.427	0.677	0.142

续表 7-3

序号	计算简图	内力计算系数

2　计算简图：$3\times a$，$2\times b$；B_1；A_1　A_1

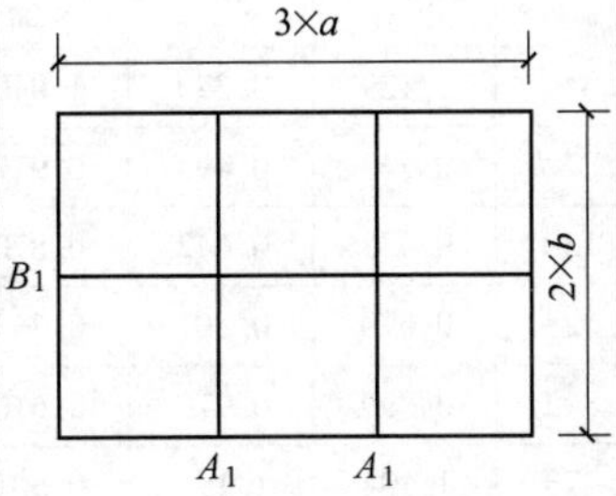

$\frac{b}{a}$	A_1 梁		B_1 梁		B_1
	M_{max}	V_{max}	M_{max}	V_{max}	w_{max}
0.6	0.479	0.729	0.041	0.291	0.040
0.8	0.454	0.704	0.093	0.343	0.089
1.0	0.417	0.667	0.167	0.417	0.160
1.2	0.372	0.622	0.257	0.507	0.246
1.4	0.323	0.573	0.354	0.604	0.340
1.6	0.275	0.525	0.450	0.700	0.432
1.8	0.231	0.481	0.538	0.788	0.516

3　计算简图：$3\times a$，$3\times b$；B_1　B_1；A_1　A_1

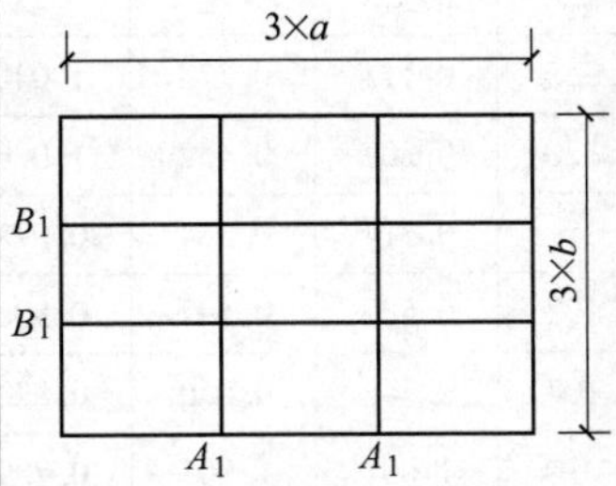

$\frac{b}{a}$	A_1 梁		B_1 梁		B_1
	M_{max}	V_{max}	M_{max}	V_{max}	w_{max}
0.6	0.822	1.072	0.178	0.428	0.170
0.8	0.661	0.911	0.339	0.589	0.325
1.0	0.500	0.750	0.500	0.750	0.479
1.2	0.367	0.617	0.633	0.883	0.607
1.4	0.267	0.517	0.733	0.983	0.702
1.6	0.196	0.446	0.804	1.054	0.770
1.8	0.146	0.396	0.854	1.104	0.818

4　计算简图：$4\times a$，$2\times b$；B_1；A_1　A_2　A_1

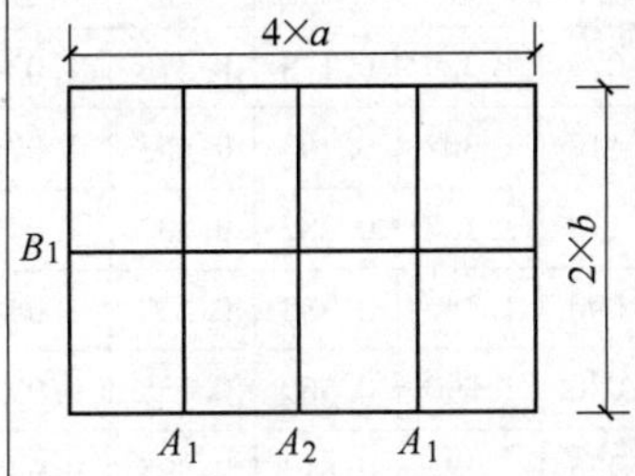

$\frac{b}{a}$	A_1 梁		A_2 梁		B_1 梁		B_1
	M_{max}	V_{max}	M_{max}	V_{max}	M_{max}	V_{max}	w_{max}
0.6	0.458	0.708	0.543	0.793	0.041	0.291	0.039
0.8	0.435	0.685	0.553	0.803	0.076	0.326	0.094
1.0	0.415	0.665	0.549	0.799	0.122	0.372	0.183
1.2	0.393	0.643	0.532	0.782	0.182	0.432	0.307
1.4	0.369	0.619	0.506	0.756	0.256	0.506	0.463
1.6	0.343	0.593	0.474	0.721	0.367	0.591	0.647
1.8	0.314	0.564	0.437	0.687	0.498	0.685	0.849

5　计算简图：$5\times a$，$2\times b$；B_1；A_1　A_2　A_2　A_1

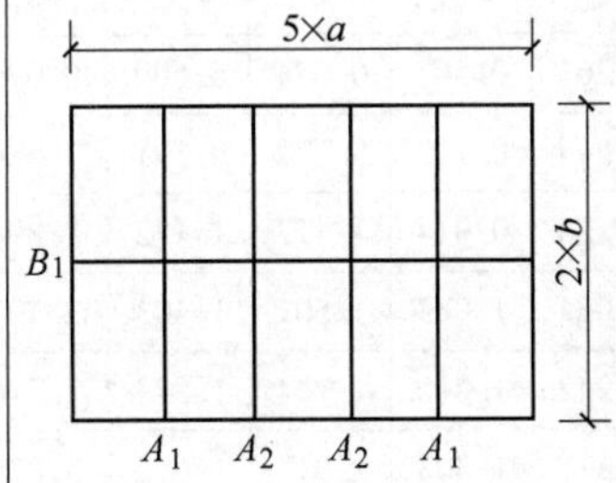

$\frac{b}{a}$	A_1 梁		A_2 梁		B_1 梁		B_1
	M_{max}	V_{max}	M_{max}	V_{max}	M_{max}	V_{max}	w_{max}
0.6	0.456	0.706	0.523	0.773	0.043	0.293	0.038
0.8	0.425	0.675	0.536	0.786	0.079	0.329	0.092
1.0	0.398	0.618	0.542	0.792	0.119	0.369	0.185
1.2	0.377	0.627	0.541	0.791	0.163	0.413	0.322
1.4	0.359	0.609	0.533	0.783	0.216	0.466	0.507
1.6	0.342	0.592	0.520	0.770	0.276	0.526	0.739
1.8	0.325	0.575	0.502	0.752	0.347	0.597	1.018

续表 7-3

序号	计算简图	内力计算系数							
		$\frac{b}{a}$	A_1 梁		A_2 梁		B_1 梁		A_2
			M_{max}	V_{max}	M_{max}	V_{max}	M_{max}	V_{max}	w_{max}
6	4×a；3×b；B_1，B_1；A_1，A_2，A_1	0.6	0.824	1.074	1.094	1.344	0.129	0.379	1.049
		0.8	0.746	0.996	1.022	1.272	0.243	0.493	0.979
		1.0	0.654	0.904	0.908	1.158	0.438	0.642	0.870
		1.2	0.555	0.805	0.775	1.025	0.670	0.807	0.743
		1.4	0.459	0.709	0.642	0.892	0.899	0.970	0.616
		1.6	0.373	0.623	0.523	0.773	1.104	1.115	0.501
		1.8	0.301	0.551	0.422	0.672	1.277	1.238	0.405

序号	计算简图	$\frac{b}{a}$	A_1 梁		A_2 梁		B_1 梁		A_2
			M_{max}	V_{max}	M_{max}	V_{max}	M_{max}	V_{max}	w_{max}
7	5×a；3×b；B_1，B_1；A_1，A_2，A_2，A_1	0.6	0.791	1.041	1.085	1.335	0.124	0.374	1.040
		0.8	0.723	0.973	1.070	1.320	0.207	0.457	1.026
		1.0	0.665	0.915	1.021	1.271	0.314	0.564	0.978
		1.2	0.606	0.856	0.947	1.197	0.500	0.697	0.908
		1.4	0.543	0.793	0.857	1.107	0.742	0.850	0.822
		1.6	0.479	0.729	0.760	1.010	1.001	1.001	0.729
		1.8	0.416	0.666	0.663	0.913	1.257	1.170	0.636

序号	计算简图	$\frac{b}{a}$	A_1 梁		A_2 梁		A_3 梁		B_1 梁		A_3
			M_{max}	V_{max}	M_{max}	V_{max}	M_{max}	V_{max}	M_{max}	V_{max}	w_{max}
8	6×a；3×b；B_1，B_1；A_1，A_2，A_3，A_2，A_1	0.6	0.780	1.030	1.053	1.303	1.079	1.329	0.128	0.378	1.034
		0.8	0.699	0.949	1.039	1.289	1.117	1.367	0.203	0.453	1.071
		1.0	0.642	0.892	1.011	1.261	1.118	1.368	0.287	0.537	1.071
		1.2	0.597	0.847	0.971	1.221	1.090	1.340	0.388	0.638	1.044
		1.4	0.554	0.804	0.918	1.168	1.040	1.290	0.569	0.758	0.997
		1.6	0.511	0.761	0.857	1.107	0.975	1.225	0.813	0.895	0.935
		1.8	0.467	0.717	0.789	1.039	0.901	1.151	1.105	1.044	0.863

序号	计算简图	$\frac{b}{a}$	A_1 梁		A_2 梁		B_1 梁		B_2 梁		B_2
			M_{max}	V_{max}	M_{max}	V_{max}	M_{max}	V_{max}	M_{max}	V_{max}	w_{max}
9	4×a；4×b；B_1，B_2，B_1；A_1，A_2，A_1	0.6	1.406	1.328	1.957	1.722	0.263	0.507	0.374	0.609	0.670
		0.8	1.114	1.119	1.569	1.451	0.544	0.710	0.772	0.891	1.284
		1.0	0.828	0.914	1.172	1.172	0.828	0.914	1.172	1.172	1.898
		1.2	0.593	0.746	0.841	0.940	1.064	1.083	1.501	1.403	2.403
		1.4	0.419	0.620	0.595	0.766	1.242	1.210	1.744	1.573	2.776
		1.6	0.295	0.531	0.420	0.641	1.371	1.303	1.913	1.692	3.036
		1.8	0.217	0.467	0.303	0.553	1.465	1.370	2.029	1.773	3.213

续表 7-3

序号	计算简图	内力计算系数									
10	$5\times a$，$4\times b$；B_1 B_2 B_1；A_1 A_2 A_2 A_1	$\frac{b}{a}$	A_1 梁		A_2 梁		B_1 梁		B_2 梁		B_2
			M_{max}	V_{max}	M_{max}	V_{max}	M_{max}	V_{max}	M_{max}	V_{max}	w_{max}
		0. 6	1. 383	1. 311	2. 110	1. 829	0. 212	0. 462	0. 295	0. 545	0. 750
		0. 8	1. 208	1. 185	1. 912	1. 690	0. 401	0. 619	0. 568	0. 761	1. 624
		1. 0	1. 020	1. 049	1. 637	1. 497	0. 706	0. 814	1. 000	1. 029	2. 737
		1. 2	0. 830	0. 912	1. 342	1. 290	1. 030	1. 018	1. 456	1. 310	3. 911
		1. 4	0. 658	0. 787	1. 066	1. 096	1. 331	1. 208	1. 878	1. 568	4. 996
		1. 6	0. 512	0. 681	0. 832	0. 932	1. 588	1. 369	2. 235	1. 786	5. 912
		1. 8	0. 396	0. 597	0. 644	0. 799	1. 797	1. 500	2. 519	1. 960	6. 644

序号	计算简图	$\frac{b}{a}$	A_1 梁		A_2 梁		A_3 梁		B_1 梁		B_2 梁		B_2
11	$6\times a$，$4\times b$；B_1 B_2 B_1；A_1 A_2 A_3 A_2 A_1		M_{max}	V_{max}	M_{max}	V_{max}	M_{max}	V_{max}	M_{max}	V_{max}	M_{max}	V_{max}	w_{max}
		0. 6	1. 330	1. 274	2. 060	1. 794	2. 251	1. 927	0. 203	0. 453	0. 282	0. 532	0. 767
		0. 8	1. 184	1. 168	1. 950	1. 718	2. 196	1. 888	0. 322	0. 572	0. 445	0. 695	1. 775
		1. 0	1. 057	1. 076	1. 789	1. 604	2. 040	1. 779	0. 549	0. 727	0. 776	0. 907	3. 229
		1. 2	0. 927	0. 981	1. 590	1. 465	1. 826	1. 629	0. 891	0. 911	1. 263	1. 158	5. 011
		1. 4	0. 796	0. 885	1. 375	1. 313	1. 584	1. 460	1. 273	1. 109	1. 805	1. 428	6. 941
		1. 6	0. 671	0. 793	1. 163	1. 162	1. 342	1. 291	1. 652	1. 304	2. 339	1. 692	8. 842
		1. 8	0. 557	0. 709	0. 967	1. 024	1. 118	1. 134	2. 002	1. 483	2. 830	1. 934	10. 587

序号	计算简图	$\frac{b}{a}$	A_1 梁		A_2 梁		A_3 梁		B_1 梁		B_2 梁		B_2
12	$7\times a$，$4\times b$；B_1 B_2 B_1；A_1 A_2 A_3 A_3 A_2 A_1		M_{max}	V_{max}	M_{max}	V_{max}	M_{max}	V_{max}	M_{max}	V_{max}	M_{max}	V_{max}	w_{max}
		0. 6	1. 303	1. 255	2. 002	1. 753	2. 204	1. 894	0. 205	0. 455	0. 285	0. 535	0. 758
		0. 8	1. 144	1. 140	1. 900	1. 682	2. 221	1. 906	0. 309	0. 559	0. 426	0. 676	1. 824
		1. 0	1. 035	1. 060	1. 788	1. 604	2. 153	1. 859	0. 448	0. 682	0. 634	0. 842	3. 471
		1. 2	0. 940	0. 989	1. 657	1. 512	2. 027	1. 770	0. 702	0. 832	0. 991	1. 045	5. 667
		1. 4	0. 846	0. 920	1. 508	1. 406	1. 861	1. 653	1. 058	1. 005	1. 499	1. 281	8. 293
		1. 6	0. 751	0. 850	1. 348	1. 293	1. 672	1. 521	1. 464	1. 193	2. 074	1. 536	11. 172
		1. 8	0. 658	0. 781	1. 186	1. 178	1. 475	1. 384	1. 881	1. 385	2. 663	1. 795	14. 115

序号	计算简图	$\frac{b}{a}$	A_1 梁		A_2 梁		A_3 梁		A_4 梁	
13	$8\times a$，$4\times b$；B_1 B_2 B_1；A_1 A_2 A_3 A_4 A_3 A_2 A_1		M_{max}	V_{max}	M_{max}	V_{max}	M_{max}	V_{max}	M_{max}	V_{max}
		0. 6	1. 296	1. 250	1. 976	1. 735	2. 149	1. 855	2. 160	1. 863
		0. 8	1. 118	1. 122	1. 851	1. 647	2. 171	1. 871	2. 249	1. 926
		1. 0	1. 004	1. 038	1. 743	1. 572	2. 140	1. 849	2. 258	1. 932
		1. 2	0. 920	0. 975	1. 641	1. 501	2. 066	1. 798	2. 202	1. 893
		1. 4	0. 846	0. 920	1. 533	1. 425	1. 960	1. 723	2. 101	1. 821
		1. 6	0. 776	0. 867	1. 418	1. 342	1. 828	1. 631	1. 967	1. 727
		1. 8	0. 705	0. 814	1. 296	1. 255	1. 680	1. 527	1. 812	1. 619

续表 7-3

序号	计算简图	内力计算系数					
13	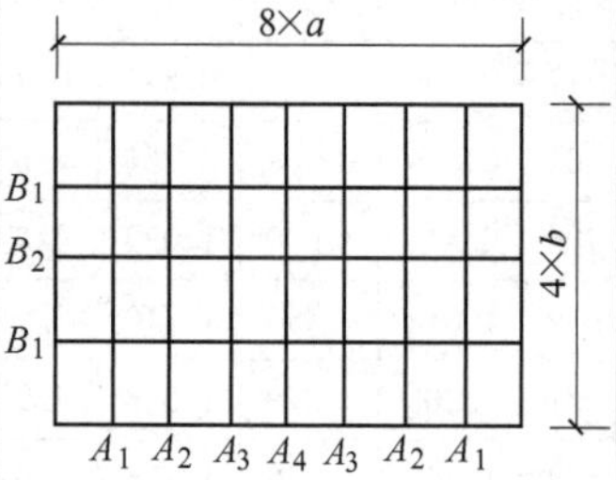 $8\times a$；$4\times b$；B_1 B_2 B_1；A_1 A_2 A_3 A_4 A_3 A_2 A_1	$\frac{b}{a}$	B_1 梁 M_{max}	B_1 梁 V_{max}	B_2 梁 M_{max}	B_2 梁 V_{max}	B_2 w_{max}
		0. 6	0. 209	0. 459	0. 290	0. 540	0. 737
		0. 8	0. 309	0. 559	0. 427	0. 677	1. 818
		1. 0	0. 415	0. 665	0. 570	0. 819	3. 363
		1. 2	0. 607	0. 788	0. 856	0. 984	6. 010
		1. 4	0. 859	0. 932	1. 208	1. 178	9. 116
		1. 6	1. 229	1. 096	1. 742	1. 399	12. 766
		1. 8	1. 671	1. 275	2. 369	1. 639	16. 789

序号	计算简图	$\frac{b}{a}$	A_1 梁 M_{max}	A_1 梁 V_{max}	A_2 梁 M_{max}	A_2 梁 V_{max}	B_1 梁 M_{max}	B_1 梁 V_{max}	B_2 梁 M_{max}	B_2 梁 V_{max}	B_2 w_{max}
14	$5\times a$；$5\times b$；B_1 B_2 B_2 B_1；A_1 A_2 A_2 A_1	0. 6	1. 810	1. 507	2. 855	2. 164	0. 349	0. 572	0. 566	0. 757	7. 505
		0. 8	1. 429	1. 265	2. 292	1. 820	0. 704	0. 802	1. 141	1. 113	6. 059
		1. 0	1. 061	1. 032	1. 718	1. 468	1. 064	1. 032	1. 718	1. 168	4. 582
		1. 2	0. 766	0. 842	1. 241	1. 175	1. 365	1. 224	2. 193	1. 759	3. 355
		1. 4	0. 546	0. 700	0. 885	0. 956	1. 594	1. 370	2. 545	1. 974	2. 439
		1. 6	0. 389	0. 599	0. 632	0. 798	1. 763	1. 478	2. 791	2. 125	1. 786
		1. 8	0. 280	0. 527	0. 455	0. 686	1. 890	1. 558	2. 960	2. 229	1. 327

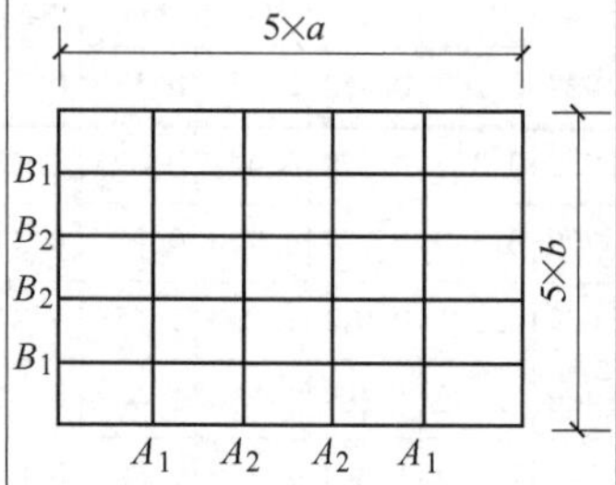

序号	计算简图	$\frac{b}{a}$	A_1 梁 M_{max}	A_1 梁 V_{max}	A_2 梁 M_{max}	A_2 梁 V_{max}	A_3 梁 M_{max}	A_3 梁 V_{max}	B_1 梁 M_{max}	B_1 梁 V_{max}	B_2 梁 M_{max}	B_2 梁 V_{max}	A_3 w_{max}
15	$6\times a$；$5\times b$；B_1 B_2 B_2 B_1；A_1 A_2 A_3 A_2 A_1	0. 6	1. 777	1. 487	2. 919	2. 204	3. 284	2. 425	0. 281	0. 531	0. 440	0. 690	8. 606
		0. 8	1. 521	1. 322	2. 578	1. 996	2. 945	2. 217	0. 566	0. 719	0. 919	0. 980	7. 735
		1. 0	1. 257	1. 151	2. 158	1. 737	2. 480	1. 934	0. 990	0. 944	1. 608	1. 325	6. 541
		1. 2	1. 003	0. 987	1. 732	1. 174	1. 996	1. 639	1. 424	1. 172	2. 308	1. 673	5. 297
		1. 4	0. 781	0. 843	1. 352	1. 239	1. 561	1. 374	1. 812	1. 375	2. 930	1. 981	4. 180
		1. 6	0. 600	0. 726	1. 041	1. 046	1. 203	1. 155	2. 135	1. 543	3. 439	2. 232	3. 261
		1. 8	0. 460	0. 635	0. 798	0. 895	0. 923	0. 984	2. 392	1. 678	3. 834	2. 426	2. 541

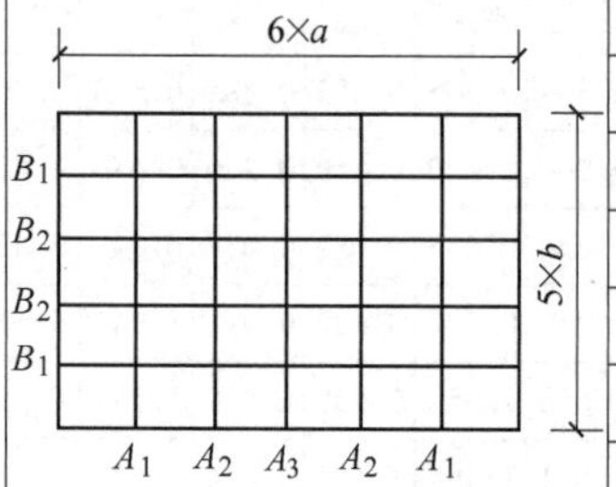

序号	计算简图	$\frac{b}{a}$	A_1 梁 M_{max}	A_1 梁 V_{max}	A_2 梁 M_{max}	A_2 梁 V_{max}	A_3 梁 M_{max}	A_3 梁 V_{max}	B_1 梁 M_{max}	B_1 梁 V_{max}	B_2 梁 M_{max}	B_2 梁 V_{max}	A_3 w_{max}
16	$7\times a$；$5\times b$；B_1 B_2 B_2 B_1；A_1 A_2 A_3 A_3 A_2 A_1	0. 6	1. 718	1. 150	2. 847	2. 160	3. 327	2. 452	0. 269	0. 519	0. 420	0. 670	8. 716
		0. 8	1. 506	1. 312	2. 614	2. 018	3. 165	2. 352	0. 457	0. 669	0. 740	0. 898	8. 298
		1. 0	1. 316	1. 188	2. 331	1. 844	2. 861	2. 168	0. 808	0. 860	1. 311	1. 189	7. 527
		1. 2	1. 126	1. 063	2. 012	1. 646	2. 490	1. 940	1. 268	1. 079	2. 056	1. 522	6. 567
		1. 4	0. 941	0. 942	1. 689	1. 445	2. 099	1. 701	1. 742	1. 301	2. 821	1. 860	5. 562
		1. 6	0. 772	0. 831	1. 390	1. 258	1. 730	1. 477	2. 187	1. 509	3. 535	2. 174	4. 615
		1. 8	0. 626	0. 736	1. 129	1. 095	1. 407	1. 279	2. 579	1. 692	4. 158	2. 448	3. 785

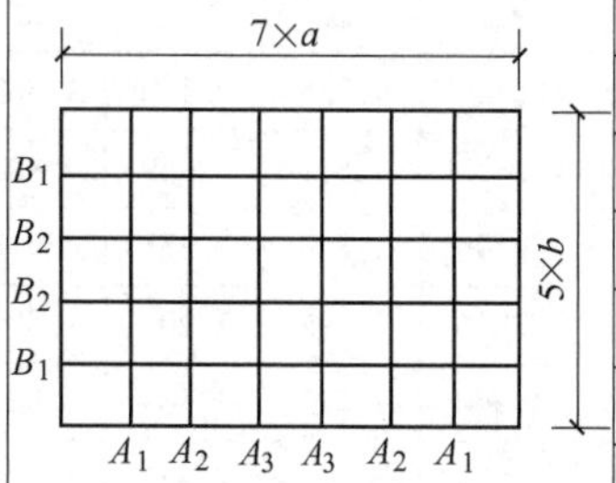

续表 7-3

序号	计算简图	内力计算系数
17	8×a；5×b；B_1 B_2 B_2 B_1；A_1 A_2 A_3 A_4 A_3 A_2 A_1	见下表

序号 17：

$\frac{b}{a}$	A_1 梁		A_2 梁		A_3 梁		A_4 梁	
	M_{max}	V_{max}	M_{max}	V_{max}	M_{max}	V_{max}	M_{max}	V_{max}
0.6	1.679	1.426	2.772	2.114	3.254	2.406	3.373	2.481
0.8	1.464	1.287	2.561	1.985	3.173	2.357	3.361	2.472
1.0	1.308	1.183	2.351	1.857	2.987	2.244	3.196	2.371
1.2	1.165	1.087	2.121	1.714	2.729	2.087	2.934	2.210
1.4	1.022	0.992	1.874	1.560	2.427	1.903	2.617	2.017
1.6	0.882	0.900	1.624	1.403	2.112	1.710	2.281	1.812
1.8	0.751	0.813	1.386	1.253	1.807	1.523	1.954	1.613

$\frac{b}{a}$	B_1 梁		B_2 梁		A_4
	M_{max}	V_{max}	M_{max}	V_{max}	w_{max}
0.6	0.269	0.519	0.420	0.670	8.836
0.8	0.403	0.647	0.652	0.863	8.804
1.0	0.668	0.805	1.075	1.100	8.380
1.2	1.069	0.995	1.735	1.387	7.707
1.4	1.581	1.206	2.566	1.706	6.893
1.6	2.113	1.423	3.428	2.033	6.030
1.8	2.628	1.632	4.259	2.348	5.189

序号	计算简图	内力计算系数
18	9×a；5×b；B_1 B_2 B_2 B_1；A_1 A_2 A_3 A_4 A_4 A_3 A_2 A_1	见下表

序号 18：

$\frac{b}{a}$	A_1 梁		A_2 梁		A_3 梁		A_4 梁	
	M_{max}	V_{max}	M_{max}	V_{max}	M_{max}	V_{max}	M_{max}	V_{max}
0.6	1.662	1.415	2.729	2.087	3.181	2.362	3.304	2.438
0.8	1.427	1.264	2.497	1.946	3.110	2.319	3.367	2.476
1.0	1.278	1.165	2.311	1.832	2.981	2.241	3.297	2.433
1.2	1.159	1.084	2.132	1.721	2.801	2.132	3.133	2.332
1.4	1.048	1.008	1.945	1.604	2.581	1.998	2.906	2.193
1.6	0.938	0.934	1.750	1.480	2.336	1.847	2.640	2.031
1.8	0.829	0.861	1.552	1.355	2.080	1.690	2.356	1.858

$\frac{b}{a}$	B_1 梁		B_2 梁		A_4
	M_{max}	V_{max}	M_{max}	V_{max}	w_{max}
0.6	0.272	0.822	0.426	0.676	8.658
0.8	0.391	0.641	0.620	0.853	8.820
1.0	0.604	0.776	0.970	1.053	8.639
1.2	0.890	0.938	1.442	1.293	8.218
1.4	1.341	1.124	2.176	1.573	7.634
1.6	1.884	1.328	3.056	1.879	6.950
1.8	2.451	1.539	3.975	2.197	6.223

续表 7-3

序号	计算简图	内力计算系数
19	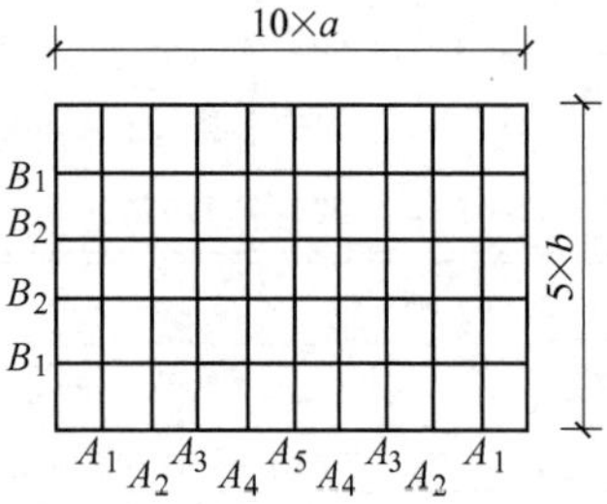 10×a；5×b；B_1 B_2 B_2 B_1；A_1 A_2 A_3 A_4 A_5 A_4 A_3 A_2 A_1	见下表

$\frac{b}{a}$	A_1 梁		A_2 梁		A_3 梁		A_4 梁		A_5 梁	
	M_{max}	V_{max}	M_{max}	V_{max}	M_{max}	V_{max}	M_{max}	V_{max}	M_{max}	V_{max}
0.6	1.658	1.413	2.714	2.078	3.141	2.337	3.233	2.394	3.236	2.396
0.8	0.405	1.250	2.451	1.917	3.045	2.278	3.307	2.439	3.376	2.482
1.0	1.248	1.146	2.259	1.800	2.928	2.208	3.284	2.425	3.393	2.492
1.2	1.137	1.070	2.101	1.702	2.788	2.124	3.185	2.365	3.313	2.443
1.4	1.043	1.006	1.950	1.607	2.624	2.024	3.029	2.269	3.163	2.350
1.6	0.955	0.945	1.797	1.510	2.438	1.910	2.832	2.149	2.964	2.228
1.8	0.867	0.885	1.639	1.409	2.235	1.786	2.607	2.012	2.733	2.087

$\frac{b}{a}$	B_1 梁		B_2 梁		A_5
	M_{max}	V_{max}	M_{max}	V_{max}	w_{max}
0.6	0.275	0.525	0.430	0.680	8.483
0.8	0.393	0.643	0.617	0.856	8.844
1.0	0.574	0.765	0.922	1.035	8.887
1.2	0.812	0.904	1.295	1.239	8.680
1.4	1.146	1.066	1.853	1.478	8.295
1.6	1.626	1.248	2.638	1.750	7.783
1.8	2.211	1.445	3.588	2.045	7.190

序号	计算简图	内力计算系数
20	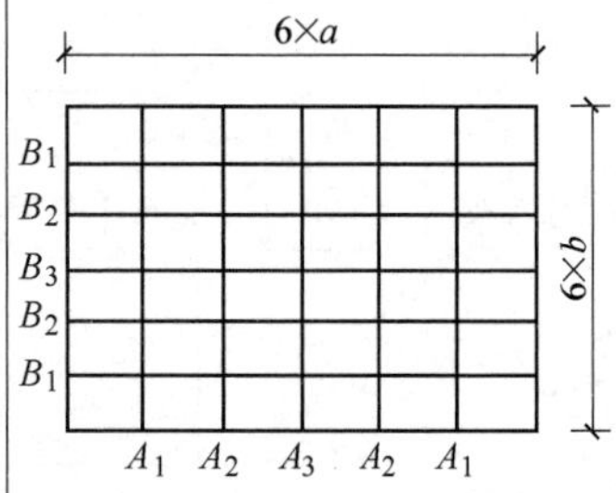 6×a；6×b；B_1 B_2 B_3 B_2 B_1；A_1 A_2 A_3 A_2 A_1	见下表

$\frac{b}{a}$	A_1 梁		A_2 梁		A_3 梁	
	M_{max}	V_{max}	M_{max}	V_{max}	M_{max}	V_{max}
0.6	2.333	1.645	3.961	2.491	4.525	2.764
0.8	1.829	1.377	3.156	2.091	3.635	2.327
1.0	1.355	1.124	2.349	1.688	2.714	1.876
1.2	0.969	0.918	1.683	1.354	1.947	1.499
1.4	0.684	0.765	1.188	1.103	1.374	1.217
1.6	0.481	0.655	0.836	0.924	0.967	1.014
1.8	0.353	0.577	0.612	0.796	0.707	0.869

$\frac{b}{a}$	B_1 梁		B_2 梁		B_3 梁		B_3
	M_{max}	V_{max}	M_{max}	V_{max}	M_{max}	V_{max}	w_{max}
0.6	0.431	0.626	0.747	0.876	0.963	0.960	3.584
0.8	0.889	0.875	1.544	1.283	1.786	1.420	6.880
1.0	1.355	1.124	2.349	1.688	2.714	1.876	10.174
1.2	1.746	1.333	3.016	2.021	3.477	2.249	12.877
1.4	2.046	1.492	3.514	2.269	4.037	2.524	14.863
1.6	2.271	1.612	3.868	2.445	4.426	2.715	16.241
1.8	2.442	1.703	4.117	2.568	4.687	2.844	17.167

续表 7-3

序号	计算简图	内力计算系数

21

计算简图：7×a，6×b；B_1、B_2、B_3、B_2、B_1；A_1 A_2 A_3 A_3 A_2 A_1

$\frac{b}{a}$	A_1 梁		A_2 梁		A_3 梁	
	M_{max}	V_{max}	M_{max}	V_{max}	M_{max}	V_{max}
0.6	2.293	1.625	3.980	2.501	4.810	2.905
0.8	1.930	1.428	3.436	2.231	4.239	2.624
1.0	1.567	1.230	2.816	1.919	3.501	2.261
1.2	1.227	1.046	2.213	1.614	2.761	1.898
1.4	0.937	0.889	1.693	1.349	2.116	1.580
1.6	0.707	0.764	1.278	1.137	1.598	1.325
1.8	0.532	0.669	0.961	0.974	1.201	1.128

$\frac{b}{a}$	B_1 梁		B_2 梁		B_3 梁		B_3
	M_{max}	V_{max}	M_{max}	V_{max}	M_{max}	V_{max}	w_{max}
0.6	0.351	0.589	0.610	0.812	0.704	0.886	3.881
0.8	0.732	0.801	1.271	1.155	1.470	1.272	8.161
1.0	1.243	1.048	2.157	1.555	2.493	1.722	13.275
1.2	1.750	1.290	3.032	1.946	3.501	2.162	18.298
1.4	2.195	1.502	3.791	2.284	4.369	2.540	22.625
1.6	2.558	1.675	4.398	2.553	5.058	2.840	26.057
1.8	2.846	1.812	4.865	2.760	5.578	3.067	28.652

22

计算简图：8×a，6×b；B_1、B_2、B_3、B_2、B_1；A_1 A_2 A_3 A_4 A_3 A_2 A_1

$\frac{b}{a}$	A_1 梁		A_2 梁		A_3 梁		A_4 梁	
	M_{max}	V_{max}	M_{max}	V_{max}	M_{max}	V_{max}	M_{max}	V_{max}
0.6	2.226	1.591	3.887	2.454	4.796	2.898	5.070	3.034
0.8	1.924	1.425	3.481	2.254	4.444	2.726	4.763	2.881
1.0	1.651	1.273	3.028	2.025	3.920	2.469	4.226	2.616
1.2	1.381	1.123	2.547	1.780	3.319	2.172	3.587	2.303
1.4	1.126	0.984	2.083	1.542	2.722	1.878	2.947	1.989
1.6	0.902	0.861	1.670	1.329	2.186	1.612	2.368	1.706
1.8	0.715	0.758	1.324	1.150	1.734	1.388	1.879	1.467

$\frac{b}{a}$	B_1 梁		B_2 梁		B_3 梁		B_3
	M_{max}	V_{max}	M_{max}	V_{max}	M_{max}	V_{max}	w_{max}
0.6	0.325	0.575	0.543	0.786	0.627	0.857	4.002
0.8	0.602	0.751	1.036	1.068	1.192	1.171	8.927
1.0	1.079	0.970	1.875	1.421	2.168	1.567	15.530
1.2	1.655	1.212	2.876	1.809	3.326	2.003	22.922
1.4	2.226	1.449	3.863	2.189	4.464	2.429	30.175
1.6	2.742	1.662	4.749	2.528	5.482	2.809	36.648
1.8	3.183	1.844	5.496	2.813	6.333	3.128	47.069

续表 7-3

序号	计算简图	内力计算系数
23	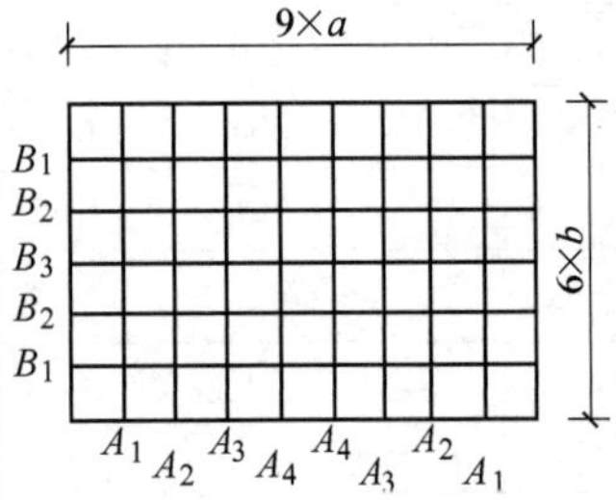 9×a；6×b；B_1 B_2 B_3 B_2 B_1；A_1 A_2 A_3 A_4 A_4 A_3 A_2 A_1	见下表

序号 23：

$\frac{b}{a}$	A_1 梁 M_{max}	A_1 梁 V_{max}	A_2 梁 M_{max}	A_2 梁 V_{max}	A_3 梁 M_{max}	A_3 梁 V_{max}	A_4 梁 M_{max}	A_4 梁 V_{max}
0.6	2.173	1.565	3.790	2.406	4.693	2.847	5.055	3.027
0.8	1.882	1.404	3.427	2.227	4.446	2.727	4.930	2.961
1.0	1.661	1.278	3.079	2.051	4.077	2.548	4.581	2.792
1.2	1.450	1.158	2.710	1.862	3.624	2.324	4.098	2.554
1.4	1.242	1.042	2.330	1.666	3.132	2.080	3.554	2.287
1.6	1.045	0.932	1.964	1.475	2.647	1.839	3.010	2.020
1.8	0.867	0.833	1.631	1.302	2.201	1.616	2.506	1.773

$\frac{b}{a}$	B_1 梁 M_{max}	B_1 梁 V_{max}	B_2 梁 M_{max}	B_2 梁 V_{max}	B_3 梁 M_{max}	B_3 梁 V_{max}	B_3 w_{max}
0.6	0.322	0.572	0.532	0.782	0.603	0.852	4.023
0.8	0.542	0.724	0.932	1.021	1.072	1.117	9.340
1.0	0.897	0.912	1.556	1.320	1.797	1.450	17.014
1.2	1.452	1.133	2.521	1.672	2.915	1.845	26.419
1.4	2.069	1.368	3.592	2.049	4.153	2.267	36.603
1.6	2.682	1.600	4.651	2.418	5.374	2.682	46.629
1.8	3.250	1.813	5.626	2.757	6.494	3.062	55.823

序号	计算简图	内力计算系数
24	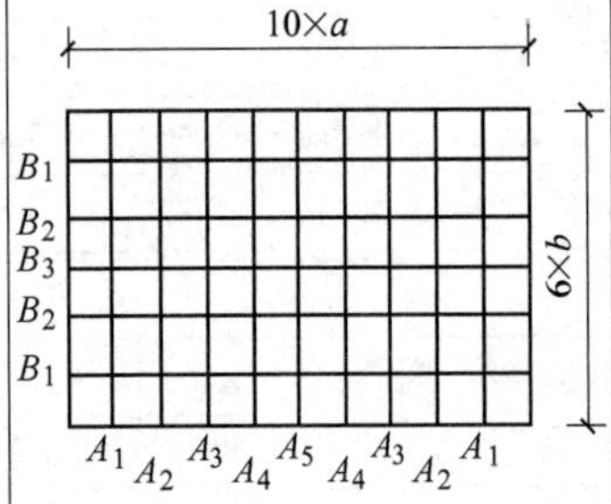 10×a；6×b；B_1 B_2 B_3 B_2 B_1；A_1 A_2 A_3 A_4 A_5 A_4 A_3 A_2 A_1	见下表

序号 24：

$\frac{b}{a}$	A_1 梁 M_{max}	A_1 梁 V_{max}	A_2 梁 M_{max}	A_2 梁 V_{max}	A_3 梁 M_{max}	A_3 梁 V_{max}	A_4 梁 M_{max}	A_4 梁 V_{max}
0.6	2.142	1.550	3.726	2.374	4.595	2.798	4.957	2.978
0.8	1.836	1.381	3.349	2.188	4.370	2.689	4.919	2.959
1.0	1.636	1.265	3.050	2.037	4.088	2.553	4.700	2.851
1.2	1.464	1.165	2.759	1.887	3.747	2.386	4.354	2.681
1.4	1.297	1.070	2.457	1.730	3.352	2.195	3.929	2.472
1.6	1.133	0.976	2.153	1.570	2.957	1.993	3.468	2.245
1.8	0.977	0.888	1.858	1.415	2.558	1.792	3.005	2.018

$\frac{b}{a}$	A_5 梁 M_{max}	A_5 梁 V_{max}	B_1 梁 M_{max}	B_1 梁 V_{max}	B_2 梁 M_{max}	B_2 梁 V_{max}	B_3 梁 M_{max}	B_3 梁 V_{max}	B_3 w_{max}
0.6	5.047	3.023	0.325	0.575	0.536	0.786	0.606	0.856	3.985
0.8	5.089	3.044	0.513	0.712	0.882	1.001	1.014	1.094	9.522
1.0	4.899	2.949	0.780	0.875	1.346	1.256	1.555	1.376	17.921
1.2	4.558	2.779	1.236	1.069	2.145	1.563	2.480	1.718	28.867
1.4	4.122	2.564	1.860	1.288	3.232	1.910	3.738	2.107	41.598
1.6	3.642	2.329	2.533	1.517	4.400	2.276	5.088	2.517	55.131
1.8	3.159	2.093	3.202	1.744	5.560	2.636	6.428	2.921	68.524

续表 7-3

序号	计算简图	内力计算系数
25	$7\times a$；$7\times b$；B_1 B_2 B_3 B_3 B_2 B_1；A_1 A_2 A_3 A_3 A_2 A_1	见下表

$\frac{b}{a}$	A_1 梁		A_2 梁		A_3 梁	
	M_{max}	V_{max}	M_{max}	V_{max}	M_{max}	V_{max}
0.6	2.736	1.757	4.834	2.747	5.929	3.222
0.8	2.141	1.468	3.839	2.303	4.765	2.713
1.0	1.587	1.200	2.860	1.862	3.565	2.188
1.2	1.138	0.982	2.055	1.497	2.566	1.751
1.4	0.807	0.820	1.457	1.224	1.820	1.424
1.6	0.572	0.703	1.033	1.027	1.290	1.188
1.8	0.422	0.621	0.760	0.887	0.946	1.020

$\frac{b}{a}$	B_1 梁		B_2 梁		B_3 梁		B_3
	M_{max}	V_{max}	M_{max}	V_{max}	M_{max}	V_{max}	w_{max}
0.6	0.510	0.673	0.922	0.975	1.151	1.126	6.551
0.8	1.045	0.936	1.887	1.420	2.356	1.659	12.583
1.0	1.587	1.200	2.860	1.862	3.565	2.188	18.613
1.2	2.043	1.421	3.669	2.227	4.558	2.622	23.567
1.4	2.396	1.592	4.277	2.499	5.290	2.942	27.214
1.6	2.661	1.721	4.717	2.695	5.799	3.165	29.755
1.8	2.867	1.821	5.034	2.835	6.143	3.316	31.473

序号	计算简图	内力计算系数
26	$8\times a$；$7\times b$；B_1 B_2 B_3 B_3 B_2 B_1；A_1 A_2 A_3 A_4 A_3 A_2 A_1	见下表

$\frac{b}{a}$	A_1 梁		A_2 梁		A_3 梁		A_4 梁	
	M_{max}	V_{max}	M_{max}	V_{max}	M_{max}	V_{max}	M_{max}	V_{max}
0.6	2.694	1.739	4.825	2.743	6.104	3.300	6.520	3.480
0.8	2.243	1.514	4.102	2.421	5.299	2.948	5.707	3.122
1.0	1.801	1.295	3.319	2.065	4.320	2.519	4.668	2.669
1.2	1.396	1.095	2.579	1.727	3.369	2.101	3.646	2.225
1.4	1.058	0.929	1.957	1.440	2.560	1.744	2.772	1.844
1.6	0.793	0.799	1.469	1.214	1.923	1.462	2.083	1.543
1.8	0.594	0.699	1.100	1.042	1.441	1.246	1.561	1.314

$\frac{b}{a}$	B_1 梁		B_2 梁		B_3 梁		A_4
	M_{max}	V_{max}	M_{max}	V_{max}	M_{max}	V_{max}	w_{max}
0.6	0.436	0.639	0.784	0.914	0.975	1.050	33.348
0.8	0.900	0.870	1.625	1.301	2.031	1.510	29.289
1.0	1.516	1.133	2.739	1.741	3.423	2.037	24.113
1.2	2.116	1.386	3.818	2.163	4.765	2.541	19.021
1.4	2.633	1.604	4.738	2.520	5.898	2.965	14.668
1.6	3.051	1.781	5.468	2.802	6.783	3.296	11.229
1.8	3.381	1.920	6.027	3.016	7.442	3.544	8.619

续表 7-3

序号	计算简图	内力计算系数
27	9×a；7×b；B_1 B_2 B_3 B_3 B_2 B_1；A_1 A_2 A_3 A_4 A_4 A_3 A_2 A_1	见下表

b/a	A_1 梁 M_{max}	A_1 梁 V_{max}	A_2 梁 M_{max}	A_2 梁 V_{max}	A_3 梁 M_{max}	A_3 梁 V_{max}	A_4 梁 M_{max}	A_4 梁 V_{max}
0.6	2.625	1.708	4.722	2.698	6.051	3.276	6.662	3.544
0.8	2.249	1.517	4.157	2.445	5.488	3.033	6.157	3.321
1.0	1.903	1.341	3.554	2.170	4.749	2.709	5.369	2.976
1.2	1.566	1.171	2.937	1.886	3.946	2.354	4.477	2.586
1.4	1.257	1.017	2.362	1.619	3.182	2.015	3.617	2.212
1.6	0.992	0.886	1.867	1.388	2.518	1.720	2.866	1.884
1.8	0.777	0.778	1.463	1.198	1.974	1.476	2.247	1.614

b/a	B_1 梁 M_{max}	B_1 梁 V_{max}	B_2 梁 M_{max}	B_2 梁 V_{max}	B_3 梁 M_{max}	B_3 梁 V_{max}	A_4 w_{max}
0.6	0.276	0.623	0.497	0.886	0.620	1.015	34.063
0.8	0.734	0.821	1.324	1.213	1.654	1.401	31.540
1.0	1.341	1.062	2.423	1.614	3.027	1.879	27.607
1.2	2.006	1.320	3.622	2.043	4.523	2.390	23.162
1.4	2.644	1.566	4.766	2.448	5.944	2.874	18.876
1.6	3.205	1.781	5.765	2.800	7.174	3.292	15.130
1.8	3.676	1.962	6.589	3.089	8.177	3.633	12.046

序号	计算简图	内力计算系数
28	10×a；7×b；B_1 B_2 B_3 B_3 B_2 B_1；A_1 A_2 A_3 A_4 A_5 A_4 A_3 A_2 A_1	见下表

b/a	A_1 梁 M_{max}	A_1 梁 V_{max}	A_2 梁 M_{max}	A_2 梁 V_{max}	A_3 梁 M_{max}	A_3 梁 V_{max}	A_4 梁 M_{max}	A_4 梁 V_{max}	A_5 梁 M_{max}	A_5 梁 V_{max}
0.6	2.566	1.682	4.614	2.650	5.929	3.223	6.603	3.518	6.803	3.607
0.8	2.212	1.500	4.111	2.425	5.491	3.034	6.299	3.384	6.561	3.498
1.0	1.930	1.353	3.634	2.206	4.934	2.791	5.733	3.137	6.001	3.251
1.2	1.657	1.212	3.139	1.976	4.294	2.509	5.021	2.825	5.268	2.930
1.4	1.393	1.078	2.646	1.745	3.634	2.215	4.263	2.494	4.479	2.587
1.6	1.150	0.956	2.188	1.529	3.011	1.936	3.539	2.177	3.720	2.257
1.8	0.938	0.849	1.785	1.339	2.460	1.687	2.894	1.894	3.043	1.962

b/a	B_1 梁 M_{max}	B_1 梁 V_{max}	B_2 梁 M_{max}	B_2 梁 V_{max}	B_3 梁 M_{max}	B_3 梁 V_{max}	A_5 w_{max}
0.6	0.177	0.619	0.318	0.878	0.396	1.004	34.769
0.8	0.572	0.791	1.032	1.159	1.287	1.333	33.556
1.0	1.148	1.005	2.074	1.510	2.591	1.749	30.757
1.2	1.838	1.248	3.321	1.912	4.150	2.228	27.101
1.4	2.562	1.499	4.628	2.328	5.782	2.723	23.168
1.6	3.254	1.738	5.872	2.720	7.329	3.191	19.390
1.8	3.875	1.951	6.980	3.068	8.698	3.605	16.018

续表 7-3

序号	计算简图	内力计算系数
29	8×a；8×b；B_1 B_2 B_3 B_4 B_3 B_2 B_1；A_1 A_2 A_3 A_4 A_3 A_2 A_1	见下表

$\frac{b}{a}$	A_1 梁		A_2 梁		A_3 梁		A_4 梁	
	M_{max}	V_{max}	M_{max}	V_{max}	M_{max}	V_{max}	M_{max}	V_{max}
0.6	3.225	1.852	5.874	2.958	7.552	3.588	8.119	3.796
0.8	2.516	1.546	4.628	2.477	6.040	3.020	6.528	3.199
1.0	1.861	1.264	3.442	2.006	4.502	2.439	4.875	2.582
1.2	1.330	1.036	2.464	1.617	3.227	1.956	3.496	2.068
1.4	0.939	0.867	1.738	1.326	2.277	1.594	2.467	1.682
1.6	0.661	0.745	1.224	1.116	1.602	1.333	1.735	1.404
1.8	0.467	0.658	0.864	0.966	1.130	1.147	1.224	1.207

$\frac{b}{a}$	B_1 梁		B_2 梁		B_3 梁		B_4 梁		B_4
	M_{max}	V_{max}	M_{max}	V_{max}	M_{max}	V_{max}	M_{max}	V_{max}	w_{max}
0.6	0.588	0.713	1.089	1.061	1.425	1.264	1.544	1.331	11.541
0.8	1.220	0.989	2.260	1.535	2.960	1.855	3.207	1.959	22.170
1.0	1.861	1.264	3.442	2.006	4.502	2.439	4.875	2.582	32.785
1.2	2.401	1.496	4.429	2.395	5.775	2.920	6.244	3.093	41.492
1.4	2.819	1.676	5.178	2.688	6.718	3.275	7.248	3.469	47.882
1.6	3.136	1.814	5.726	2.901	7.381	3.524	7.942	3.729	52.304
1.8	3.383	1.921	6.129	3.056	7.838	3.695	8.406	3.905	55.263

序号	计算简图	内力计算系数
30	9×a；8×b；B_1 B_2 B_3 B_4 B_3 B_2 B_1；A_1 A_2 A_3 A_4 A_4 A_3 A_2 A_1	见下表

$\frac{b}{a}$	A_1 梁		A_2 梁		A_3 梁		A_4 梁	
	M_{max}	V_{max}	M_{max}	V_{max}	M_{max}	V_{max}	M_{max}	V_{max}
0.6	3.181	1.836	5.846	2.947	7.662	3.631	8.554	3.961
0.8	2.626	1.588	4.904	2.579	6.552	3.215	7.406	3.529
1.0	2.086	1.351	3.918	2.188	5.272	2.730	5.987	2.998
1.2	1.599	1.138	3.009	1.823	4.060	2.268	4.620	2.482
1.4	1.199	0.964	2.258	1.519	3.049	1.880	3.472	2.057
1.6	0.890	0.829	1.676	1.282	2.264	1.577	2.579	1.721
1.8	0.660	0.728	1.242	1.103	1.676	1.348	1.909	1.468

$\frac{b}{a}$	B_1 梁		B_2 梁		B_3 梁		B_4 梁		B_4
	M_{max}	V_{max}	M_{max}	V_{max}	M_{max}	V_{max}	M_{max}	V_{max}	w_{max}
0.6	0.461	0.682	0.853	1.003	1.115	1.190	1.208	1.250	12.292
0.8	1.061	0.929	1.965	1.424	2.573	1.710	2.788	1.803	25.382
1.0	1.761	1.205	3.259	1.896	4.265	2.296	4.620	2.426	40.441
1.2	2.431	1.467	4.492	2.340	5.868	2.846	6.351	3.013	54.646
1.4	3.000	1.690	5.531	2.712	7.205	3.304	7.787	3.499	66.426
1.6	3.458	1.870	6.350	3.003	8.238	3.657	8.889	3.873	75.465
1.8	3.819	2.012	6.979	3.225	9.007	3.919	9.606	4.148	82.101

续表 7-3

序号 31

计算简图：9×a；9×b；B_1 B_2 B_3 B_4 B_4 B_3 B_2 B_1；A_1 A_2 A_3 A_4 A_4 A_3 A_2 A_1

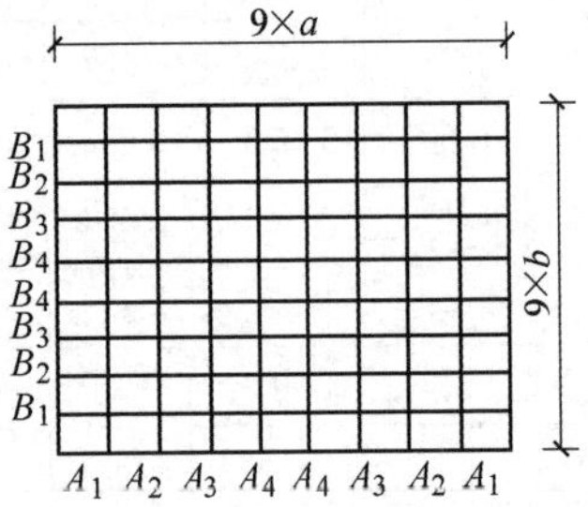

内力计算系数

$\frac{b}{a}$	A_1 梁 M_{max}	A_1 梁 V_{max}	A_2 梁 M_{max}	A_2 梁 V_{max}	A_3 梁 M_{max}	A_3 梁 V_{max}	A_4 梁 M_{max}	A_4 梁 V_{max}
0.6	3.628	1.935	6.731	3.137	8.922	3.893	10.034	4.264
0.8	2.829	1.612	5.301	2.625	7.115	3.274	8.067	3.595
1.0	2.093	1.320	3.935	2.128	5.304	2.648	6.031	2.904
1.2	1.499	1.084	2.821	1.720	3.808	2.128	4.335	2.328
1.4	1.060	0.908	1.996	1.414	2.695	1.738	3.069	1.896
1.6	0.750	0.782	1.411	1.193	1.904	1.458	2.168	1.586
1.8	0.532	0.692	1.001	1.036	1.351	1.257	1.538	1.365

$\frac{b}{a}$	B_1 梁 M_{max}	B_1 梁 V_{max}	B_2 梁 M_{max}	B_2 梁 V_{max}	B_3 梁 M_{max}	B_3 梁 V_{max}	B_4 梁 M_{max}	B_4 梁 V_{max}	B_4 w_{max}
0.6	0.668	0.748	1.258	1.135	1.698	1.384	1.933	1.504	18.304
0.8	1.375	1.035	2.589	1.634	3.495	2.019	3.979	2.207	35.170
1.0	2.093	1.320	3.935	2.128	5.304	2.648	6.031	2.904	52.022
1.2	2.699	1.561	5.062	2.538	6.801	3.166	7.717	3.476	65.854
1.4	3.169	1.749	5.921	2.848	7.918	3.550	8.956	3.896	76.020
1.6	3.528	1.894	6.557	3.076	8.714	3.822	9.815	4.189	83.075
1.8	3.809	2.009	7.033	3.244	9.273	4.012	10.392	4.387	87.817

序号 32

计算简图：9×a；4×b；B_1 B_2 B_1；A_1 A_2 A_3 A_4 A_4 A_3 A_2 A_1

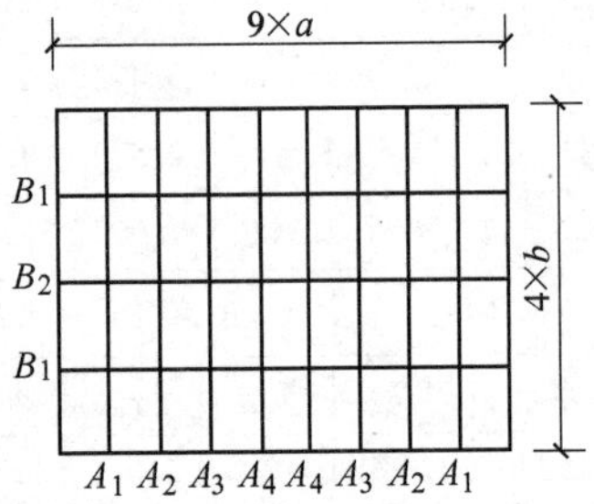

内力计算系数

$\frac{b}{a}$	A_1 梁 M_{max}	A_1 梁 V_{max}	A_2 梁 M_{max}	A_2 梁 V_{max}	A_3 梁 M_{max}	A_3 梁 V_{max}	A_4 梁 M_{max}	A_4 梁 V_{max}
0.6	1.298	1.251	1.972	1.731	2.124	1.837	2.104	1.824
0.8	1.107	1.114	1.823	1.627	2.123	1.837	2.202	1.892
1.0	0.981	1.022	1.701	1.542	2.092	1.815	2.245	1.923
1.2	0.895	0.958	1.602	1.473	2.039	1.778	2.234	1.916
1.4	0.829	0.908	1.512	1.410	1.965	1.727	2.182	1.878
1.6	0.771	0.864	1.423	1.346	1.873	1.663	2.097	1.819
1.8	0.716	0.821	1.331	1.280	1.767	1.589	1.988	1.742

$\frac{b}{a}$	B_1 梁 M_{max}	B_1 梁 V_{max}	B_2 梁 M_{max}	B_2 梁 V_{max}	B_2 w_{max}
0.6	0.210	0.400	0.293	0.543	0.725
0.8	0.313	0.563	0.432	0.682	1.786
1.0	0.414	0.664	0.567	0.817	3.570
1.2	0.562	0.770	0.792	0.959	6.158
1.4	0.770	0.892	1.082	1.120	9.569
1.6	1.023	1.030	1.448	1.305	13.759
1.8	1.394	1.186	1.976	1.513	18.611

续表 7-3

序号	计算简图	内力计算系数
33	10×a；9×b；B_1 B_2 B_3 B_4 B_4 B_3 B_2 B_1；A_1 A_2 A_3 A_4 A_5 A_4 A_3 A_2 A_1	见下表

$\frac{b}{a}$	A_1 梁 M_{max}	A_1 梁 V_{max}	A_2 梁 M_{max}	A_2 梁 V_{max}	A_3 梁 M_{max}	A_3 梁 V_{max}	A_4 梁 M_{max}	A_4 梁 V_{max}	A_5 梁 M_{max}	A_5 梁 V_{max}
0.6	3.585	1.920	6.691	3.124	8.982	3.914	10.343	4.372	10.789	4.522
0.8	2.940	1.652	5.562	2.716	7.596	3.441	8.867	3.869	9.298	4.011
1.0	2.320	1.399	4.409	2.292	6.059	2.908	7.110	3.271	7.471	3.391
1.2	1.767	1.176	3.364	1.906	4.634	2.409	5.451	2.705	5.732	2.803
1.4	1.319	0.996	2.512	1.588	3.463	1.987	4.077	2.236	4.289	2.315
1.6	0.976	0.857	1.859	1.342	2.564	1.677	3.019	1.872	3.176	1.936
1.8	0.722	0.753	1.375	1.157	1.896	1.437	2.232	1.600	2.348	1.653

$\frac{b}{a}$	B_1 梁 M_{max}	B_1 梁 V_{max}	B_2 梁 M_{max}	B_2 梁 V_{max}	B_3 梁 M_{max}	B_3 梁 V_{max}	B_4 梁 M_{max}	B_4 梁 V_{max}	A_5 w_{max}
0.6	0.533	0.720	1.002	1.081	1.352	1.311	1.538	1.422	91.079
0.8	1.228	0.980	2.312	1.531	3.122	1.881	3.555	2.050	78.819
1.0	2.026	1.267	3.815	2.029	5.151	2.514	5.865	2.750	63.828
1.2	2.781	1.536	5.230	2.491	7.051	3.100	8.019	3.400	49.570
1.4	3.417	1.763	6.413	2.874	8.620	3.582	9.785	3.932	37.727
1.6	3.924	1.946	7.342	3.173	9.829	3.952	11.126	4.337	28.584
1.8	4.325	2.092	8.057	3.401	10.731	4.226	12.103	4.632	21.765

序号	计算简图	内力计算系数
34	10×a；10×b；B_1 B_2 B_3 B_4 B_5 B_4 B_3 B_2 B_1；A_1 A_2 A_3 A_4 A_5 A_4 A_3 A_2 A_1	见下表

$\frac{b}{a}$	A_1 梁 M_{max}	A_1 梁 V_{max}	A_2 梁 M_{max}	A_2 梁 V_{max}	A_3 梁 M_{max}	A_3 梁 V_{max}	A_4 梁 M_{max}	A_4 梁 V_{max}	A_5 梁 M_{max}	A_5 梁 V_{max}
0.6	4.100	2.008	7.720	3.294	10.481	4.153	12.173	4.657	12.739	4.824
0.8	3.191	1.672	6.060	2.753	8.320	3.490	9.756	3.925	10.247	4.070
1.0	2.358	1.369	4.489	2.235	6.185	2.827	7.276	3.175	7.652	3.290
1.2	1.685	1.126	3.211	1.810	4.429	2.277	5.217	2.549	5.488	2.639
1.4	1.189	0.945	2.265	1.492	3.125	1.864	3.680	2.080	3.872	2.151
1.6	0.837	0.815	1.595	1.262	2.199	1.567	2.589	1.743	2.724	1.800
1.8	0.591	0.722	1.126	1.097	1.551	1.354	1.826	1.502	1.920	1.551

$\frac{b}{a}$	B_1 梁 M_{max}	B_1 梁 V_{max}	B_2 梁 M_{max}	B_2 梁 V_{max}	B_3 梁 M_{max}	B_3 梁 V_{max}	B_4 梁 M_{max}	B_4 梁 V_{max}	B_5 梁 M_{max}	B_5 梁 V_{max}	B_5 w_{max}
0.6	0.745	0.781	1.420	1.201	1.957	1.488	2.303	1.654	2.423	1.708	28.418
0.8	1.546	1.075	2.945	1.721	4.062	2.161	4.784	2.418	5.034	2.502	54.607
1.0	2.358	1.369	4.489	2.235	6.185	2.827	7.276	3.175	7.652	3.290	80.760
1.2	3.044	1.618	5.785	2.662	7.949	3.375	9.328	3.796	9.801	3.935	102.203
1.4	3.577	1.813	6.777	2.987	9.273	3.784	10.843	4.254	11.376	4.410	117.930
1.6	3.985	1.965	7.517	3.228	10.228	4.076	11.901	4.574	12.463	4.740	128.803
1.8	4.306	2.086	8.078	3.408	10.911	4.283	12.622	4.792	13.188	4.961	136.001

续表 7-3

序号	计算简图	$\frac{b}{a}$	A_1 梁 M_{max}	A_1 梁 V_{max}	A_2 梁 M_{max}	A_2 梁 V_{max}	A_3 梁 M_{max}	A_3 梁 V_{max}	A_4 梁 M_{max}	A_4 梁 V_{max}	A_5 梁 M_{max}	A_5 梁 V_{max}
35	$11\times a$；$11\times b$；B_1 B_2 B_3 B_4 B_5 B_5 B_4 B_3 B_2 B_1；A_1 A_2 A_3 A_4 A_5 A_5 A_4 A_3 A_2 A_1	0.6	4.505	2.073	8.567	3.432	11.821	4.379	14.048	4.994	15.166	5.289
		0.8	3.504	1.725	6.714	2.866	9.359	3.678	11.232	4.208	12.198	4.471
		1.0	2.591	1.413	4.974	2.329	6.957	2.983	8.377	3.407	9.117	3.617
		1.2	1.854	1.164	3.562	1.890	4.987	2.407	6.012	2.741	6.548	2.905
		1.4	1.310	0.979	2.517	1.561	3.525	1.976	4.250	2.241	4.630	2.370
		1.6	0.925	0.845	1.777	1.324	2.488	1.664	2.999	1.881	3.267	1.987
		1.8	0.656	0.749	1.259	1.153	1.762	1.441	2.124	1.624	2.312	1.713

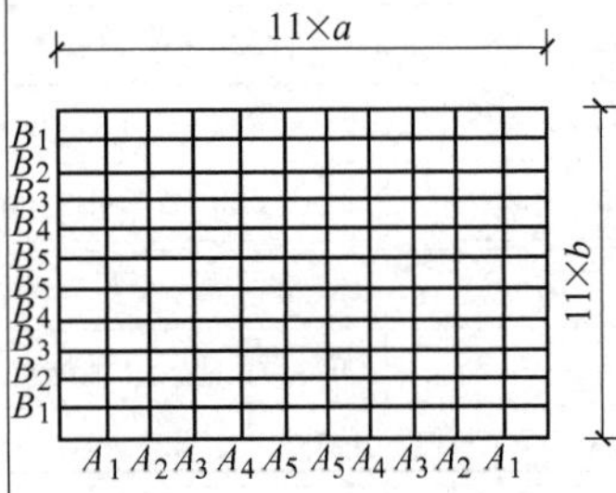

$\frac{b}{a}$	B_1 梁 M_{max}	B_1 梁 V_{max}	B_2 梁 M_{max}	B_2 梁 V_{max}	B_3 梁 M_{max}	B_3 梁 V_{max}	B_4 梁 M_{max}	B_4 梁 V_{max}	B_5 梁 M_{max}	B_5 梁 V_{max}	B_5 w_{max}
0.6	0.824	0.810	1.584	1.261	2.170	1.582	2.672	1.785	2.910	1.885	41.303
0.8	1.701	1.112	3.268	1.798	4.576	2.286	5.517	2.601	6.009	2.755	79.378
1.0	2.591	1.413	4.974	2.329	6.957	2.883	8.377	3.407	9.117	3.617	117.411
1.2	3.343	1.669	6.408	2.772	8.941	3.558	10.738	4.070	11.668	4.324	148.613
1.4	3.929	1.871	7.510	3.110	10.439	3.988	12.401	4.560	13.540	4.845	171.521
1.6	4.378	2.028	8.338	3.363	11.529	4.297	13.727	4.905	14.836	5.206	187.388
1.8	4.733	2.155	8.971	3.554	12.322	4.519	14.581	5.142	15.703	5.450	198.020

7.2.2 四边简支井字梁计算例题

[例题 7-1] 已知四边简支井字梁网格为 4×3，如图 7-3 所示。区格长度 $a=2.5\text{m}$，$b=2.0\text{m}$，格梁刚度 $B=4.29\times10^8\text{kN}\cdot\text{m}^2$，计算均布荷载 $q=10\text{kN/m}^2$。

求各梁内力及最大挠度值。

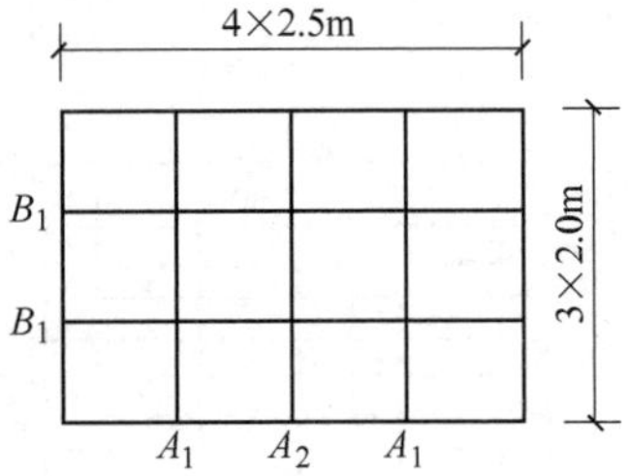

4×2.5m；3×2.0m；B_1 B_1；A_1 A_2 A_1

图 7-3 [例题 7-1]计算简图

[解]

(1) 计算各梁内力

查表 7-3 序号 6 进行计算。

由于 $b/a=2.0/2.5=0.8$，查出各梁内力系数，代入式(7-7)～式(7-9)，算得

A_1 梁

$$M_{max}=0.746\times ab^2q=0.746\times2.5\times2.0^2\times10=74.60(\text{kN}\cdot\text{m})$$

$$V_{max}=0.996\times abq=0.996\times2.5\times2.0\times10=49.80(\text{kN})$$

A_2 梁

$$M_{max}=1.022\times ab^2q=1.022\times2.5\times2.0^2\times10=102.20(\text{kN}\cdot\text{m})$$

$$V_{max}=1.272\times abq=1.272\times2.5\times2.0\times10=63.60(\text{kN})$$

B_1 梁

$$M_{max}=0.243\times a^2bq=0.243\times2.5^2\times2.0\times10=30.38(\text{kN}\cdot\text{m})$$

$$V_{max}=0.493\times abq=0.493\times 2.5\times 2.0\times 10=24.65(\text{kN})$$

(2) 计算最大挠度值

井字梁的最大挠度点在 A_2 梁上，其值可按式(7-10)进行计算，得

$$w_{max}=0.979\times\frac{ab^4q}{B}=0.979\times\frac{250\times 200^4\times 10}{4.29\times 10^8\times 10^4}=0.91(\text{cm})$$

7.3 四边固定井字梁计算

7.3.1 四边固定井字梁计算用表

四边固定井字梁计算用表见表7-4。

表7-4 四边固定井字梁计算用表

序号	计算简图	内力计算系数							
		$\frac{b}{a}$	A_1 梁			B_1 梁			B_1
			M_{fix}	M_{max}	V_{max}	M_{fix}	M_{max}	V_{max}	w_{max}
1	2×a；2×b；B_1；A_1	0.6	0.206	0.206	0.661	0.044	0.044	0.339	0.007
		0.8	0.165	0.165	0.581	0.085	0.085	0.419	0.014
		1.0	0.125	0.125	0.500	0.125	0.125	0.500	0.021
		1.2	0.092	0.092	0.433	0.158	0.158	0.567	0.026
		1.4	0.067	0.067	0.384	0.183	0.183	0.616	0.031
		1.6	0.049	0.049	0.348	0.201	0.201	0.652	0.033
		1.8	0.037	0.037	0.323	0.213	0.213	0.677	0.036
		$\frac{b}{a}$	A_1 梁			B_1 梁			B_1
			M_{fix}	M_{max}	V_{max}	M_{fix}	M_{max}	V_{max}	w_{max}
2	3×a；2×b；B_1；A_1 A_1	0.6	0.237	0.237	0.724	0.034	0.017	0.301	0.011
		0.8	0.222	0.222	0.693	0.076	0.038	0.363	0.024
		1.0	0.200	0.200	0.650	0.133	0.067	0.450	0.042
		1.2	0.175	0.175	0.599	0.201	0.101	0.552	0.063
		1.4	0.148	0.148	0.547	0.271	0.136	0.657	0.085
		1.6	0.124	0.124	0.497	0.337	0.169	0.756	0.105
		1.8	0.102	0.102	0.453	0.395	0.198	0.843	0.124
		$\frac{b}{a}$	A_1 梁			B_1 梁			B_1
			M_{fix}	M_{max}	V_{max}	M_{fix}	M_{max}	V_{max}	w_{max}
3	3×a；3×b；B_1 B_1；A_1 A_1	0.6	0.548	0.274	1.072	0.118	0.059	0.428	0.037
		0.8	0.441	0.220	0.911	0.226	0.113	0.589	0.071
		1.0	0.333	0.167	0.750	0.333	0.167	0.750	0.104
		1.2	0.244	0.122	0.617	0.422	0.211	0.883	0.132
		1.4	0.178	0.089	0.517	0.489	0.244	0.983	0.153
		1.6	0.131	0.065	0.446	0.536	0.268	1.054	0.167
		1.8	0.098	0.049	0.396	0.569	0.285	1.104	0.178

续表 7-4

序号	计算简图	内力计算系数										
	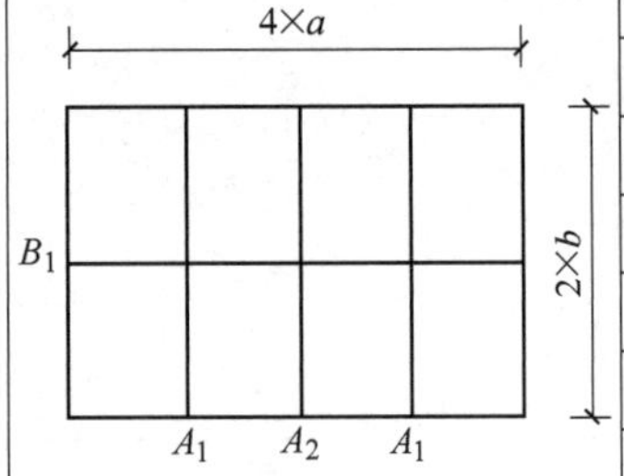	$\frac{b}{a}$	A_1 梁			A_2 梁			B_1 梁			B_1
			M_{fix}	M_{max}	V_{max}	M_{fix}	M_{max}	V_{max}	M_{fix}	M_{max}	V_{max}	w_{max}
4	$4\times a$；$2\times b$；B_1；A_1 A_2 A_1	0.6	0.229	0.229	0.708	0.264	0.264	0.778	0.035	0.021	0.306	0.010
		0.8	0.211	0.211	0.673	0.271	0.271	0.793	0.073	0.039	0.362	0.023
		1.0	0.193	0.193	0.636	0.273	0.273	0.795	0.125	0.057	0.432	0.045
		1.2	0.176	0.176	0.602	0.266	0.266	0.783	0.189	0.074	0.513	0.077
		1.4	0.160	0.160	0.569	0.253	0.253	0.757	0.246	0.090	0.605	0.116
		1.6	0.144	0.144	0.537	0.236	0.236	0.721	0.348	0.135	0.704	0.161
		1.8	0.128	0.128	0.507	0.215	0.215	0.680	0.435	0.192	0.807	0.209
	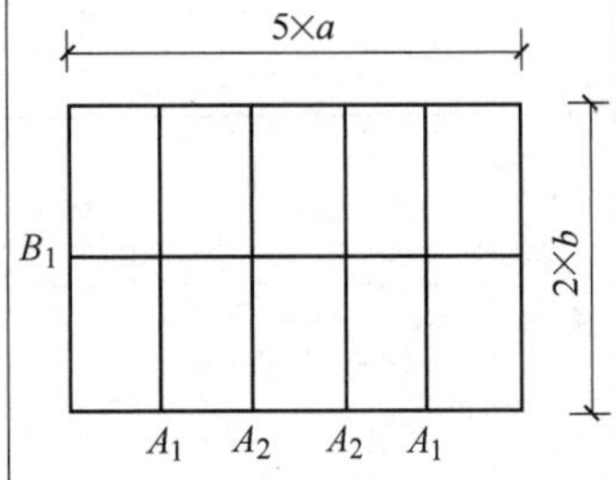	$\frac{b}{a}$	A_1 梁			A_2 梁			B_1 梁			B_1
			M_{fix}	M_{max}	V_{max}	M_{fix}	M_{max}	V_{max}	M_{fix}	M_{max}	V_{max}	w_{max}
5	$5\times a$；$2\times b$；B_1；A_1 A_2 A_2 A_1	0.6	0.230	0.230	0.710	0.256	0.256	0.762	0.035	0.021	0.306	0.010
		0.8	0.211	0.211	0.672	0.261	0.261	0.771	0.074	0.040	0.364	0.022
		1.0	0.190	0.190	0.630	0.264	0.264	0.778	0.125	0.059	0.434	0.044
		1.2	0.171	0.171	0.591	0.264	0.264	0.779	0.185	0.075	0.510	0.078
		1.4	0.154	0.154	0.558	0.261	0.261	0.772	0.254	0.086	0.590	0.125
		1.6	0.140	0.140	0.530	0.254	0.254	0.758	0.332	0.091	0.674	0.183
		1.8	0.128	0.128	0.506	0.244	0.244	0.738	0.419	0.117	0.762	0.252
	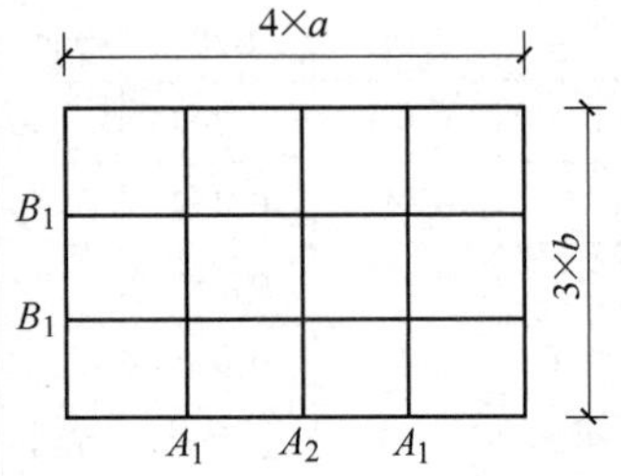	$\frac{b}{a}$	A_1 梁			A_2 梁			B_1 梁			A_2
			M_{fix}	M_{max}	V_{max}	M_{fix}	M_{max}	V_{max}	M_{fix}	M_{max}	V_{max}	w_{max}
6	$4\times a$；$3\times b$；B_1 B_1；A_1 A_2 A_1	0.6	0.526	0.263	1.040	0.728	0.364	1.342	0.112	0.053	0.414	0.228
		0.8	0.454	0.227	0.931	0.700	0.350	1.300	0.214	0.080	0.544	0.219
		1.0	0.386	0.193	0.829	0.632	0.316	0.197	0.342	0.132	0.697	0.197
		1.2	0.321	0.161	0.732	0.543	0.271	1.064	0.481	0.222	0.861	0.170
		1.4	0.263	0.131	0.644	0.451	0.226	0.927	0.616	0.313	1.018	0.141
		1.6	0.212	0.106	0.568	0.368	0.184	0.802	0.736	0.395	1.156	0.115
		1.8	0.170	0.085	0.505	0.297	0.149	0.696	0.836	0.463	1.272	0.093
	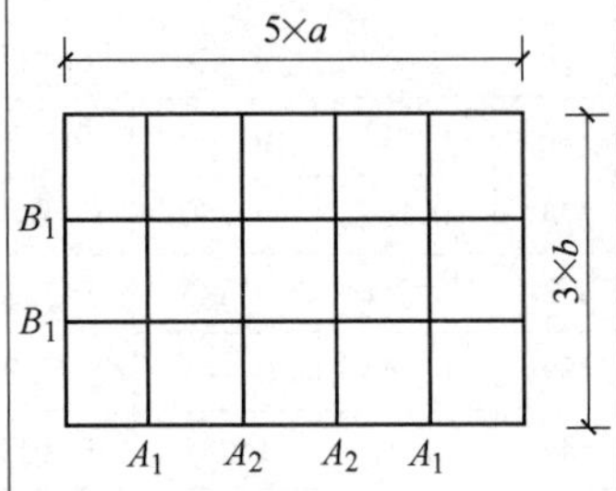	$\frac{b}{a}$	A_1 梁			A_2 梁			B_1 梁			A_2
			M_{fix}	M_{max}	V_{max}	M_{fix}	M_{max}	V_{max}	M_{fix}	M_{max}	V_{max}	w_{max}
7	$5\times a$；$3\times b$；B_1 B_1；A_1 A_2 A_2 A_1	0.6	0.520	0.260	1.029	0.703	0.351	1.304	0.112	0.055	0.417	0.220
		0.8	0.439	0.219	0.908	0.703	0.352	1.305	0.208	0.079	0.537	0.220
		1.0	0.376	0.188	0.814	0.679	0.339	1.268	0.327	0.091	0.668	0.212
		1.2	0.325	0.163	0.738	0.634	0.317	1.201	0.468	0.141	0.811	0.198
		1.4	0.282	0.141	0.673	0.576	0.288	1.114	0.625	0.224	0.963	0.180
		1.6	0.243	0.122	0.615	0.511	0.256	1.017	0.788	0.313	1.118	0.160
		1.8	0.208	0.104	0.562	0.446	0.223	1.919	0.947	0.402	1.268	0.139

续表 7-4

序号	计算简图	内力计算系数
8	6×a；3×b；B_1，B_1；A_1 A_2 A_3 A_2 A_1	见下表
9	4×a；4×b；B_1，B_2，B_1；A_1 A_2 A_1	见下表

序号 8

$\frac{b}{a}$	A_1 梁			A_2 梁		
	M_{fix}	M_{max}	V_{max}	M_{fix}	M_{max}	V_{max}
0.6	0.521	0.260	1.031	0.696	0.348	1.294
0.8	0.436	0.218	0.903	0.685	0.343	1.278
1.0	0.367	0.184	0.801	0.661	0.331	1.242
1.2	0.316	0.158	0.724	0.629	0.314	1.193
1.4	0.278	0.138	0.665	0.591	0.296	1.137
1.6	0.244	0.122	0.616	0.548	0.274	1.072
1.8	0.216	0.108	0.574	0.503	0.251	1.004

$\frac{b}{a}$	A_3 梁			B_1 梁			A_3
	M_{fix}	M_{max}	V_{max}	M_{fix}	M_{max}	V_{max}	w_{max}
0.6	0.677	0.339	1.266	0.112	0.055	0.417	0.218
0.8	0.706	0.353	1.308	0.208	0.082	0.540	0.220
1.0	0.723	0.362	1.335	0.322	0.093	0.665	0.226
1.2	0.720	0.360	1.330	0.454	0.105	0.793	0.225
1.4	0.698	0.349	1.296	0.604	0.162	0.926	0.218
1.6	0.660	0.330	1.241	0.772	0.231	1.066	0.206
1.8	0.613	0.307	1.170	0.951	0.337	1.212	0.198

序号 9

$\frac{b}{a}$	A_1 梁			A_2 梁		
	M_{fix}	M_{max}	V_{max}	M_{fix}	M_{max}	V_{max}
0.6	0.821	0.457	1.253	1.274	0.761	1.780
0.8	0.646	0.341	1.048	1.062	0.609	1.538
1.0	0.490	0.240	0.865	0.827	0.442	1.269
1.2	0.366	0.161	0.719	0.626	0.302	1.038
1.4	0.275	0.104	0.610	0.473	0.198	0.861
1.6	0.209	0.072	0.531	0.362	0.126	0.730
1.8	0.162	0.061	0.473	0.282	0.102	0.634

$\frac{b}{a}$	B_1 梁			B_2 梁			B_2
	M_{fix}	M_{max}	V_{max}	M_{fix}	M_{max}	V_{max}	w_{max}
0.6	0.192	0.068	0.510	0.332	0.113	0.695	0.147
0.8	0.341	0.145	0.688	0.583	0.272	0.989	0.285
1.0	0.490	0.240	0.865	0.827	0.442	1.269	0.423
1.2	0.618	0.323	1.016	1.022	0.581	1.493	0.534
1.4	0.719	0.390	1.134	1.161	0.680	1.651	0.614
1.6	0.799	0.442	1.227	1.252	0.746	1.755	0.666
1.8	0.862	0.484	1.300	1.308	0.786	1.818	0.698

续表 7-4

序号	计算简图	内力计算系数
10	$5\times a$；$4\times b$；B_1 B_2 B_1；A_1 A_2 A_2 A_1	见下表

序号 10：

$\frac{b}{a}$	A_1 梁 M_{fix}	A_1 梁 M_{max}	A_1 梁 V_{max}	A_2 梁 M_{fix}	A_2 梁 M_{max}	A_2 梁 V_{max}
0.6	0.795	0.438	1.223	1.305	0.786	1.814
0.8	0.648	0.343	1.051	1.210	0.718	1.706
1.0	0.532	0.270	0.913	1.059	0.610	1.533
1.2	0.432	0.209	0.793	0.890	0.490	1.339
1.4	0.347	0.158	0.691	0.729	0.378	1.155
1.6	0.278	0.117	0.608	0.591	0.283	0.996
1.8	0.223	0.084	0.542	0.479	0.207	0.865

$\frac{b}{a}$	B_1 梁 M_{fix}	B_1 梁 M_{max}	B_1 梁 V_{max}	B_2 梁 M_{fix}	B_2 梁 M_{max}	B_2 梁 V_{max}	B_2 w_{max}
0.6	0.185	0.065	0.499	0.320	0.107	0.677	0.157
0.8	0.330	0.091	0.655	0.564	0.169	0.927	0.350
1.0	0.504	0.177	0.829	0.851	0.327	1.200	0.597
1.2	0.685	0.272	1.006	1.146	0.496	1.473	0.857
1.4	0.855	0.362	1.169	1.413	0.651	1.718	1.094
1.6	1.002	0.442	1.311	1.633	0.780	1.920	1.291
1.8	1.125	0.509	1.429	1.805	0.880	2.077	1.445

序号	计算简图	内力计算系数
11	$6\times a$；$4\times b$；B_1 B_2 B_1；A_1 A_2 A_3 A_2 A_1	见下表

序号 11：

$\frac{b}{a}$	A_1 梁 M_{fix}	A_1 梁 M_{max}	A_1 梁 V_{max}	A_2 梁 M_{fix}	A_2 梁 M_{max}	A_2 梁 V_{max}	A_3 梁 M_{fix}	A_3 梁 M_{max}	A_3 梁 V_{max}
0.6	0.785	0.431	1.212	1.270	0.762	1.775	1.335	0.810	1.847
0.8	0.631	0.330	1.031	1.196	0.707	1.690	1.349	0.820	1.863
1.0	0.525	0.265	0.905	1.097	0.637	1.576	1.289	0.777	1.795
1.2	0.443	0.217	0.806	0.981	0.556	1.443	1.180	0.697	1.671
1.4	0.374	0.177	0.722	0.858	0.472	1.302	1.048	0.601	1.518
1.6	0.314	0.143	0.650	0.738	0.389	1.163	0.907	0.501	1.360
1.8	0.263	0.114	0.588	0.628	0.315	1.035	0.776	0.407	1.210

$\frac{b}{a}$	B_1 梁 M_{fix}	B_1 梁 M_{max}	B_1 梁 V_{max}	B_2 梁 M_{fix}	B_2 梁 M_{max}	B_2 梁 V_{max}	B_2 w_{max}
0.6	0.184	0.067	0.501	0.318	0.111	0.679	0.154
0.8	0.321	0.073	0.644	0.547	0.128	0.907	0.370
1.0	0.489	0.128	0.799	0.825	0.235	1.145	0.689
1.2	0.684	0.218	0.966	1.143	0.406	1.399	1.081
1.4	0.890	0.334	1.138	1.477	0.619	1.659	1.506
1.6	1.092	0.452	1.304	1.801	0.831	1.907	1.921
1.8	1.281	0.564	1.457	2.094	1.024	2.131	2.299

续表 7-4

序号	计算简图	内力计算系数
12	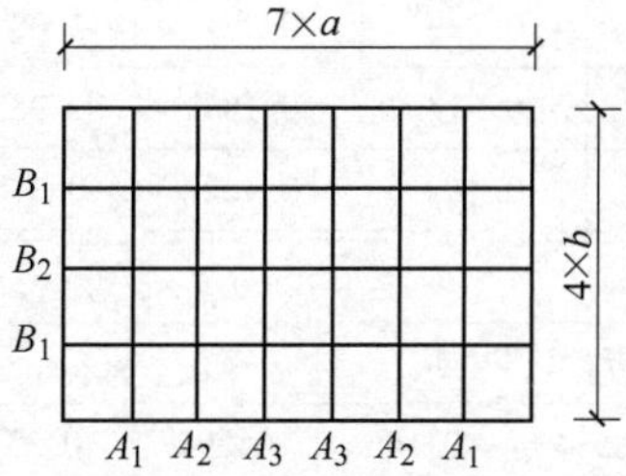 7×a；4×b；B1 B2 B1；A1 A2 A3 A3 A2 A1	见下表
13	8×a；4×b；B1 B2 B1；A1 A2 A3 A4 A3 A2 A1	见下表

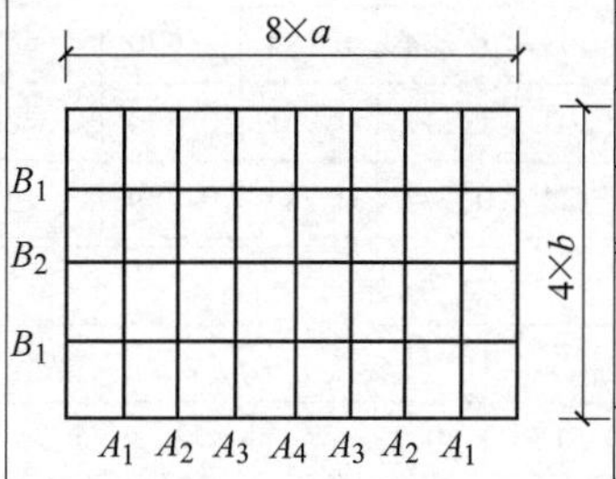

序号 12：

$\frac{b}{a}$	A_1 梁			A_2 梁			A_3 梁		
	M_{fix}	M_{max}	V_{max}	M_{fix}	M_{max}	V_{max}	M_{fix}	M_{max}	V_{max}
0.6	0.785	0.431	1.212	1.261	0.755	1.763	1.300	0.785	1.807
0.8	0.623	0.325	1.023	1.170	0.689	1.660	1.332	0.808	1.844
1.0	0.513	0.257	0.891	1.075	0.622	1.552	1.320	0.799	1.830
1.2	0.435	0.211	0.797	0.983	0.557	1.446	1.265	0.759	1.768
1.4	0.374	0.177	0.723	0.890	0.494	1.338	1.180	0.697	1.671
1.6	0.324	0.150	0.661	0.797	0.432	1.230	1.076	0.623	1.553
1.8	0.280	0.126	0.607	0.706	0.371	1.124	0.966	0.544	1.427

$\frac{b}{a}$	B_1 梁			B_2 梁			B_2
	M_{fix}	M_{max}	V_{max}	M_{fix}	M_{max}	V_{max}	w_{max}
0.6	0.184	0.067	0.502	0.319	0.112	0.681	0.151
0.8	0.319	0.075	0.644	0.543	0.124	0.907	0.369
1.0	0.479	0.111	0.788	0.805	0.204	1.126	0.722
1.2	0.666	0.161	0.940	1.111	0.289	1.351	1.200
1.4	0.878	0.251	1.100	1.455	0.466	1.588	1.775
1.6	1.104	0.367	1.265	1.821	0.678	1.833	2.405
1.8	1.333	0.489	1.429	2.190	0.896	2.077	3.047

序号 13：

$\frac{b}{a}$	A_1 梁			A_2 梁			A_3 梁		
	M_{fix}	M_{max}	V_{max}	M_{fix}	M_{max}	V_{max}	M_{fix}	M_{max}	V_{max}
0.6	0.786	0.432	1.213	1.262	0.756	1.765	1.290	0.779	1.796
0.8	0.623	0.325	1.022	1.161	0.683	1.650	1.306	0.790	1.814
1.0	0.507	0.253	0.885	1.056	0.609	1.530	1.295	0.781	1.802
1.2	0.426	0.205	0.787	0.963	0.544	1.423	1.260	0.756	1.763
1.4	0.367	0.172	0.715	0.881	0.487	1.327	1.205	0.715	1.699
1.6	0.321	0.148	0.658	0.804	0.436	1.237	1.133	0.664	1.618
1.8	0.283	0.128	0.610	0.730	0.388	1.151	1.051	0.606	1.254

$\frac{b}{a}$	A_4 梁			B_1 梁			B_2 梁			B_2
	M_{fix}	M_{max}	V_{max}	M_{fix}	M_{max}	V_{max}	M_{fix}	M_{max}	V_{max}	w_{max}
0.6	1.265	0.760	1.767	0.184	0.067	0.502	0.319	0.112	0.681	0.150
0.8	1.316	0.796	1.825	0.319	0.077	0.646	0.544	0.129	0.910	0.360
1.0	1.349	0.820	1.864	0.475	0.110	0.788	0.799	0.203	1.125	0.723
1.2	1.346	0.818	1.860	0.654	0.149	0.930	1.089	0.267	1.333	1.246
1.4	1.309	0.791	1.817	0.858	0.189	1.077	1.419	0.350	1.546	1.920
1.6	1.245	0.745	1.745	1.085	0.284	1.230	1.786	0.527	1.770	2.716
1.8	1.163	0.686	1.652	1.328	0.412	1.388	2.180	0.765	2.002	3.594

续表 7-4

序号	计算简图	内力计算系数
14	$5\times a$, $5\times b$; B_1, B_2, B_2, B_1; A_1, A_2, A_2, A_1	见下表

$\frac{b}{a}$	A_1 梁 M_{fix}	A_1 梁 M_{max}	A_1 梁 V_{max}	A_2 梁 M_{fix}	A_2 梁 M_{max}	A_2 梁 V_{max}
0.6	1.052	0.469	1.359	1.931	0.956	2.190
0.8	0.812	0.343	1.125	1.604	0.766	1.891
1.0	0.615	0.244	0.929	1.256	0.564	1.571
1.2	0.463	0.168	0.777	0.962	0.396	1.298
1.4	0.351	0.113	0.664	0.739	0.271	1.089
1.6	0.272	0.076	0.582	0.577	0.183	0.933
1.8	0.215	0.057	0.522	0.460	0.122	0.818

$\frac{b}{a}$	B_1 梁 M_{fix}	B_1 梁 M_{max}	B_1 梁 V_{max}	B_2 梁 M_{fix}	B_2 梁 M_{max}	B_2 梁 V_{max}	B_2 w_{max}
0.6	0.251	0.066	0.560	0.534	0.160	0.891	0.331
0.8	0.432	0.152	0.745	0.900	0.360	1.240	0.645
1.0	0.615	0.244	0.929	1.256	0.564	1.571	0.959
1.2	0.776	0.325	1.089	1.545	0.731	1.836	1.216
1.4	0.909	0.394	1.220	1.754	0.853	2.028	1.402
1.6	1.019	0.451	1.327	1.895	0.936	2.158	1.528
1.8	1.113	0.502	1.418	1.988	0.990	2.242	1.611

序号	计算简图	内力计算系数
15	$6\times a$, $5\times b$; B_1, B_2, B_2, B_1; A_1, A_2, A_3, A_2, A_1	见下表

$\frac{b}{a}$	A_1 梁 M_{fix}	A_1 梁 M_{max}	A_1 梁 V_{max}	A_2 梁 M_{fix}	A_2 梁 M_{max}	A_2 梁 V_{max}	A_3 梁 M_{fix}	A_3 梁 M_{max}	A_3 梁 V_{max}
0.6	1.025	0.453	1.334	1.911	0.945	2.173	2.152	1.089	2.390
0.8	0.811	0.343	1.124	1.697	0.819	1.976	2.003	1.001	2.253
1.0	0.652	0.264	0.963	1.444	0.675	1.742	1.741	0.847	2.015
1.2	0.251	0.201	0.830	1.191	0.531	1.505	1.451	0.676	1.751
1.4	0.414	0.151	0.720	0.966	0.405	1.294	1.184	0.520	1.507
1.6	0.330	0.112	0.634	0.781	0.303	1.119	0.961	0.390	1.302
1.8	0.266	0.082	0.567	0.635	0.224	0.978	0.784	0.289	1.137

$\frac{b}{a}$	B_1 梁 M_{fix}	B_1 梁 M_{max}	B_1 梁 V_{max}	B_2 梁 M_{fix}	B_2 梁 M_{max}	B_2 梁 V_{max}	A_3 w_{max}
0.6	0.244	0.058	0.552	0.518	0.120	0.872	1.761
0.8	0.423	0.110	0.719	0.879	0.260	1.179	1.627
1.0	0.632	0.215	0.904	1.295	0.514	1.509	1.392
1.2	0.845	0.329	1.087	1.706	0.779	1.828	1.132
1.4	1.040	0.435	1.253	2.066	1.014	2.104	0.893
1.6	1.211	0.530	1.395	2.355	1.205	2.327	0.694
1.8	1.356	0.612	1.516	2.577	1.351	2.496	0.539

续表 7-4

序号 16

计算简图：$7\times a$；$5\times b$；B_1、B_2、B_2、B_1；A_1 A_2 A_3 A_3 A_2 A_1

内力计算系数

$\frac{b}{a}$	A_1 梁 M_{fix}	A_1 梁 M_{max}	A_1 梁 V_{max}	A_2 梁 M_{fix}	A_2 梁 M_{max}	A_2 梁 V_{max}	A_3 梁 M_{fix}	A_3 梁 M_{max}	A_3 梁 V_{max}
0. 6	1. 013	0. 446	1. 328	1. 871	0. 921	2. 135	2. 129	1. 074	2. 368
0. 8	0. 794	0. 333	1. 108	1. 675	0. 806	1. 956	2. 083	1. 048	2. 327
1. 0	0. 848	0. 262	0. 960	1. 481	0. 695	1. 776	1. 930	0. 958	2. 188
1. 2	0. 537	0. 211	0. 845	1. 286	0. 586	1. 593	1. 718	0. 833	1. 994
1. 4	0. 445	0. 169	0. 749	1. 097	0. 482	1. 413	1. 487	0. 698	1. 782
1. 6	0. 368	0. 134	0. 666	0. 924	0. 388	1. 249	1. 265	0. 568	1. 579
1. 8	0. 304	0. 105	0. 601	0. 775	0. 308	1. 105	1. 067	0. 454	1. 397

$\frac{b}{a}$	B_1 梁 M_{fix}	B_1 梁 M_{max}	B_1 梁 V_{max}	B_2 梁 M_{fix}	B_2 梁 M_{max}	B_2 梁 V_{max}	A_3 w_{max}
0. 6	0. 242	0. 060	0. 552	0. 514	0. 117	0. 872	1. 739
0. 8	0. 412	0. 092	0. 708	0. 855	0. 217	1. 152	1. 698
1. 0	0. 621	0. 158	0. 878	1. 269	0. 377	1. 448	1. 562
1. 2	0. 855	0. 269	1. 059	1. 728	0. 637	1. 760	1. 371
1. 4	1. 094	0. 386	1. 238	2. 191	0. 908	2. 068	1. 164
1. 6	1. 321	0. 500	1. 406	2. 616	1. 161	2. 349	0. 966
1. 8	1. 527	0. 605	1. 556	2. 984	1. 381	2. 590	0. 791

序号 17

计算简图：$8\times a$；$5\times b$；B_1、B_2、B_2、B_1；A_1 A_2 A_3 A_4 A_3 A_2 A_1

内力计算系数

$\frac{b}{a}$	A_1 梁 M_{fix}	A_1 梁 M_{max}	A_1 梁 V_{max}	A_2 梁 M_{fix}	A_2 梁 M_{max}	A_2 梁 V_{max}	A_3 梁 M_{fix}	A_3 梁 M_{max}	A_3 梁 V_{max}
0. 6	1. 011	0. 446	1. 322	1. 857	0. 913	2. 122	2. 087	1. 051	2. 330
0. 8	0. 783	0. 326	1. 098	1. 642	0. 788	1. 926	2. 054	1. 031	2. 300
1. 0	0. 636	0. 255	0. 949	1. 461	0. 684	1. 758	1. 956	0. 973	2. 211
1. 2	0. 533	0. 208	0. 841	1. 298	0. 593	1. 604	1. 810	0. 887	2. 078
1. 4	0. 452	0. 172	0. 755	1. 145	0. 509	1. 458	1. 635	0. 785	1. 918
1. 6	0. 384	0. 143	0. 683	0. 999	0. 432	1. 317	1. 450	0. 677	1. 748
1. 8	0. 327	0. 118	0. 622	0. 866	0. 361	1. 187	1. 269	0. 573	1. 581

$\frac{b}{a}$	A_4 梁 M_{fix}	A_4 梁 M_{max}	A_4 梁 V_{max}	B_1 梁 M_{fix}	B_1 梁 M_{max}	B_1 梁 V_{max}	B_2 梁 M_{fix}	B_2 梁 M_{max}	B_2 梁 V_{max}	A_4 w_{max}
0. 6	2. 105	1. 060	2. 347	0. 242	0. 060	0. 553	0. 514	0. 121	0. 875	1. 718
0. 8	2. 160	1. 092	2. 398	0. 408	0. 089	0. 705	0. 845	0. 211	1. 147	1. 767
1. 0	2. 112	1. 065	2. 353	0. 608	0. 127	0. 864	1. 239	0. 287	1. 416	1. 724
1. 2	1. 983	0. 990	2. 235	0. 841	0. 209	1. 033	1. 697	0. 498	1. 701	1. 609
1. 4	1. 807	0. 886	2. 074	1. 097	0. 335	1. 209	2. 198	0. 798	1. 998	1. 451
1. 6	1. 610	0. 770	1. 895	1. 360	0. 469	1. 384	2. 707	1. 113	2. 295	1. 274
1. 8	1. 414	0. 654	1. 716	1. 615	0. 602	1. 551	3. 192	1. 419	2. 576	1. 098

续表 7-4

序号	计算简图	内力计算系数
18	$9\times a$；$5\times b$；B_1 B_2 B_2 B_1；A_1 A_2 A_3 A_4 A_4 A_3 A_2 A_1	见下表

$\frac{b}{a}$	A_1 梁			A_2 梁			A_3 梁		
	M_{fix}	M_{max}	V_{max}	M_{fix}	M_{max}	V_{max}	M_{fix}	M_{max}	V_{max}
0.6	1.013	0.446	1.323	1.857	0.913	2.122	2.073	1.043	2.317
0.8	0.779	0.324	1.095	1.626	0.779	1.911	2.019	1.011	2.268
1.0	0.628	0.250	0.941	1.436	0.669	1.734	1.928	0.956	2.185
1.2	0.524	0.203	0.833	1.281	0.583	1.588	1.812	0.888	2.081
1.4	0.448	0.170	0.751	1.146	0.510	1.459	1.679	0.810	1.958
1.6	0.387	0.144	0.686	1.023	0.445	1.339	1.533	0.725	1.824
1.8	0.335	0.123	0.630	0.909	0.386	1.227	1.383	0.639	1.684

$\frac{b}{a}$	A_4 梁			B_1 梁			B_2 梁			A_4
	M_{fix}	M_{max}	V_{max}	M_{fix}	M_{max}	V_{max}	M_{fix}	M_{max}	V_{max}	w_{max}
0.6	2.064	1.037	2.309	0.243	0.061	0.553	0.515	0.123	0.876	1.690
0.8	2.131	1.075	2.371	0.407	0.091	0.706	0.843	0.215	1.149	1.741
1.0	2.134	1.077	2.373	0.601	0.124	0.860	1.221	0.278	1.406	1.743
1.2	2.068	1.039	2.313	0.826	0.170	1.019	1.661	0.402	1.666	1.685
1.4	1.952	0.971	2.207	1.081	0.263	1.184	2.161	0.624	1.940	1.581
1.6	1.803	0.884	2.071	1.357	0.392	1.354	2.700	0.931	2.226	1.448
1.8	1.639	0.787	1.921	1.642	0.530	1.525	3.252	1.255	2.513	1.300

序号	计算简图	内力计算系数
19	$10\times a$；$5\times b$；B_1 B_2 B_2 B_1；A_1 A_2 A_3 A_4 A_5 A_4 A_3 A_2 A_1	见下表

$\frac{b}{a}$	A_1 梁			A_2 梁			A_3 梁			A_4 梁		
	M_{fix}	M_{max}	V_{max}	M_{fix}	M_{max}	V_{max}	M_{fix}	M_{max}	V_{max}	M_{fix}	M_{max}	V_{max}
0.6	1.013	0.447	1.323	1.858	0.914	2.124	2.073	1.043	2.317	2.050	1.029	2.296
0.8	0.779	0.325	1.095	1.623	0.777	1.908	2.003	1.002	2.253	2.096	1.055	2.339
1.0	0.624	0.248	0.937	1.421	0.661	1.720	1.898	0.939	2.158	2.104	1.060	2.346
1.2	0.518	0.199	0.827	1.261	0.571	1.570	1.786	0.873	2.057	2.066	1.038	2.311
1.4	0.441	0.166	0.745	1.131	0.501	1.441	1.671	0.805	1.951	1.989	0.992	2.241
1.6	0.383	0.142	0.682	1.020	0.443	1.336	1.551	0.736	1.841	1.882	0.929	2.143
1.8	0.336	0.123	0.630	0.919	0.392	1.237	1.428	0.666	1.727	1.755	0.855	2.027

$\frac{b}{a}$	A_5 梁			B_1 梁			B_2 梁			A_5
	M_{fix}	M_{max}	V_{max}	M_{fix}	M_{max}	V_{max}	M_{fix}	M_{max}	V_{max}	w_{max}
0.6	2.022	1.013	2.271	0.243	0.061	0.553	0.515	0.123	0.876	1.691
0.8	2.101	1.058	2.344	0.407	0.093	0.707	0.843	0.219	1.152	1.715
1.0	2.155	1.089	2.393	0.598	0.125	0.860	1.215	0.283	1.407	1.762
1.2	2.150	1.087	2.389	0.816	0.153	1.013	1.638	0.363	1.653	1.758
1.4	2.092	1.053	2.335	1.064	0.218	1.169	2.120	0.507	1.905	1.707
1.6	1.992	0.995	2.243	1.389	0.317	1.331	2.657	0.752	2.169	1.618
1.8	1.866	0.921	2.128	1.633	0.458	1.496	3.232	1.090	2.444	1.504

续表 7-4

序号	计算简图	内力计算系数

20

计算简图：$6\times a$；$6\times b$；B 向梁：B_1、B_2、B_3、B_2、B_1；A 向梁：A_1、A_2、A_3、A_2、A_1

$\frac{b}{a}$	A_1 梁			A_2 梁			A_3 梁		
	M_{fix}	M_{max}	V_{max}	M_{fix}	M_{max}	V_{max}	M_{fix}	M_{max}	V_{max}
0. 6	1. 251	0. 551	1. 430	2. 541	1. 326	2. 469	2. 974	1. 620	2. 793
0. 8	0. 952	0. 393	1. 174	2. 082	1. 028	2. 115	2. 502	1. 305	2. 435
1. 0	0. 720	0. 275	0. 971	1. 628	0. 740	1. 761	1. 977	0. 952	2. 037
1. 2	0. 543	0. 186	0. 814	1. 252	0. 506	1. 464	1. 528	0. 655	1. 695
1. 4	0. 415	0. 123	0. 699	0. 968	0. 336	1. 236	1. 187	0. 434	1. 432
1. 6	0. 324	0. 080	0. 615	0. 763	0. 219	1. 068	0. 938	0. 281	1. 236
1. 8	0. 258	0. 059	0. 553	0. 614	0. 162	0. 941	0. 757	0. 209	1. 089

$\frac{b}{a}$	B_1 梁			B_2 梁			B_3 梁			B_3
	M_{fix}	M_{max}	V_{max}	M_{fix}	M_{max}	V_{max}	M_{fix}	M_{max}	V_{max}	w_{max}
0. 6	0. 299	0. 072	0. 592	0. 708	0. 197	1. 022	0. 871	0. 254	1. 183	0. 745
0. 8	0. 507	0. 168	0. 782	1. 172	0. 458	1. 400	1. 433	0. 592	1. 622	1. 453
1. 0	0. 720	0. 275	0. 971	1. 628	0. 740	1. 761	1. 977	0. 952	2. 037	2. 155
1. 2	0. 910	0. 371	1. 137	2. 003	0. 978	2. 054	2. 413	1. 245	2. 368	2. 722
1. 4	1. 070	0. 454	1. 276	2. 284	1. 159	2. 271	2. 723	1. 453	2. 603	3. 124
1. 6	1. 208	0. 528	1. 394	2. 487	1. 291	2. 427	2. 925	1. 588	2. 757	3. 386
1. 8	1. 332	0. 596	1. 497	2. 632	1. 387	2. 539	3. 048	1. 670	2. 850	3. 544

21

计算简图：$7\times a$；$6\times b$；B 向梁：B_1、B_2、B_3、B_2、B_1；A 向梁：A_1、A_2、A_3、A_3、A_2、A_1

$\frac{b}{a}$	A_1 梁			A_2 梁			A_3 梁			B_1 梁		
	M_{fix}	M_{max}	V_{max}	M_{fix}	M_{max}	V_{max}	M_{fix}	M_{max}	V_{max}	M_{fix}	M_{max}	V_{max}
0. 6	1. 224	0. 534	1. 409	2. 498	1. 298	2. 436	3. 060	1. 677	2. 861	0. 293	0. 062	0. 585
0. 8	0. 950	0. 391	1. 173	2. 144	1. 068	2. 163	2. 789	1. 491	2. 654	0. 500	0. 125	0. 762
1. 0	0. 752	0. 295	0. 996	1. 788	0. 845	1. 883	2. 387	1. 228	2. 348	0. 738	0. 232	0. 953
1. 2	0. 595	0. 220	0. 854	1. 455	0. 643	1. 618	1. 968	0. 949	2. 029	0. 976	0. 343	1. 138
1. 4	0. 471	0. 162	0. 741	1. 171	0. 474	1. 389	1. 596	0. 704	1. 745	1. 194	0. 446	1. 305
1. 6	0. 375	0. 116	0. 653	0. 945	0. 342	1. 203	1. 294	0. 508	1. 511	1. 385	0. 538	1. 449
1. 8	0. 302	0. 083	0. 585	0. 796	0. 242	1. 057	1. 058	0. 360	1. 327	1. 552	0. 620	1. 573

$\frac{b}{a}$	B_2 梁			B_3 梁			B_3
	M_{fix}	M_{max}	V_{max}	M_{fix}	M_{max}	V_{max}	w_{max}
0. 6	0. 691	0. 169	1. 004	0. 849	0. 218	1. 160	0. 787
0. 8	1. 153	0. 340	1. 347	1. 407	0. 439	1. 554	1. 697
1. 0	1. 675	0. 627	1. 710	2. 037	0. 808	1. 971	2. 788
1. 2	2. 182	0. 916	2. 054	2. 643	1. 174	2. 366	3. 854
1. 4	2. 619	1. 169	2. 347	3. 155	1. 486	2. 699	4. 759
1. 6	2. 970	1. 374	2. 580	3. 552	1. 727	2. 957	5. 460
1. 8	3. 241	1. 535	2. 760	3. 841	1. 903	3. 146	5. 970

续表 7-4

序号	计算简图	内力计算系数
22	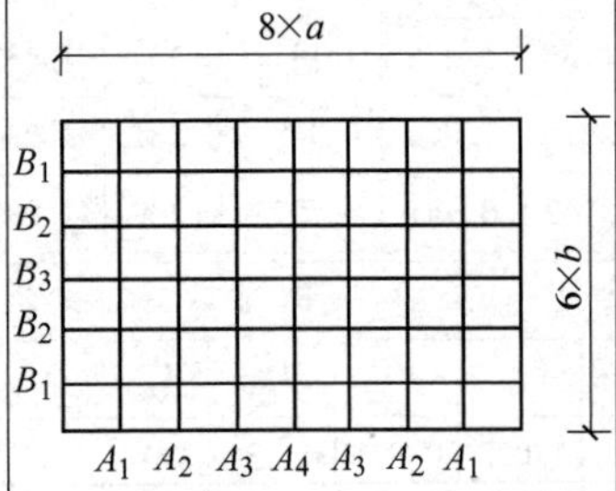 $8\times a$；$6\times b$；B_1 B_2 B_3 B_2 B_1；A_1 A_2 A_3 A_4 A_3 A_2 A_1	见下表
23	$9\times a$；$6\times b$；B_1 B_2 B_3 B_2 B_1；A_1 A_2 A_3 A_4 A_4 A_3 A_2 A_1	见下表

序号 22：

$\frac{b}{a}$	A_1 梁			A_2 梁			A_3 梁			A_4 梁		
	M_{fix}	M_{max}	V_{max}	M_{fix}	M_{max}	V_{max}	M_{fix}	M_{max}	V_{max}	M_{fix}	M_{max}	V_{max}
0.6	1.211	0.525	1.399	2.454	1.269	2.402	3.010	1.644	2.822	3.144	1.732	2.925
0.8	0.934	0.381	1.160	2.119	1.051	2.144	2.835	1.526	2.689	3.064	1.680	2.863
1.0	0.753	0.295	0.999	1.825	0.870	1.912	2.553	1.337	2.475	2.803	1.507	2.663
1.2	0.614	0.233	0.869	1.551	0.706	1.692	2.220	1.117	2.220	2.455	1.274	2.399
1.4	0.502	0.182	0.765	1.300	0.560	1.487	1.885	0.899	1.964	2.094	1.031	2.125
1.6	0.411	0.141	0.680	1.082	0.435	1.307	1.582	0.703	1.729	1.762	0.809	1.873
1.8	0.388	0.108	0.612	0.900	0.333	1.155	1.324	0.539	1.528	1.477	0.621	1.656

$\frac{b}{a}$	B_1 梁			B_2 梁			B_3 梁			B_3
	M_{fix}	M_{max}	V_{max}	M_{fix}	M_{max}	V_{max}	M_{fix}	M_{max}	V_{max}	w_{max}
0.6	0.290	0.061	0.585	0.684	0.166	1.002	0.841	0.214	1.157	0.792
0.8	0.490	0.098	0.751	1.126	0.255	1.317	1.373	0.330	1.515	1.825
1.0	0.731	0.189	0.932	1.656	0.513	1.654	2.013	0.688	1.899	3.227
1.2	0.995	0.313	1.119	2.230	0.849	2.001	2.705	1.097	2.298	4.799
1.4	1.258	0.440	1.300	2.788	1.186	2.332	3.371	1.527	2.679	6.332
1.6	1.502	0.560	1.466	3.285	1.491	2.625	3.958	1.908	3.013	7.687
1.8	1.723	0.670	1.614	3.705	1.752	2.869	4.441	2.223	3.288	8.802

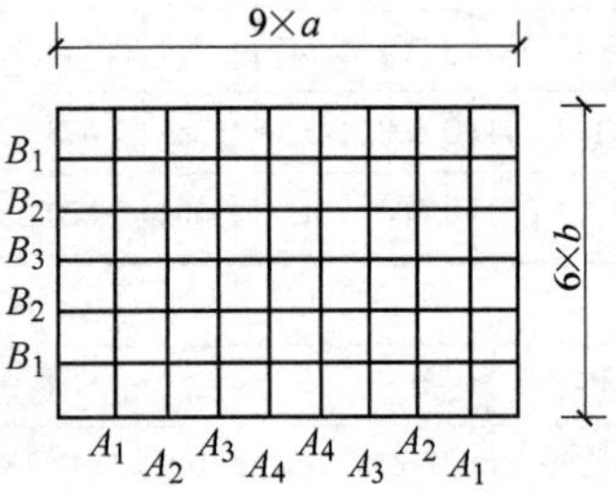

序号 23：

$\frac{b}{a}$	A_1 梁			A_2 梁			A_3 梁			A_4 梁		
	M_{fix}	M_{max}	V_{max}	M_{fix}	M_{max}	V_{max}	M_{fix}	M_{max}	V_{max}	M_{fix}	M_{max}	V_{max}
0.6	1.208	0.523	1.396	2.435	1.257	2.387	2.963	1.614	2.786	3.093	1.698	2.886
0.8	0.921	0.372	1.150	2.082	1.028	2.115	2.797	1.501	2.660	3.104	1.706	2.894
1.0	0.742	0.288	0.988	1.809	0.859	1.900	2.577	1.353	2.494	2.959	1.610	2.783
1.2	0.615	0.233	0.869	1.574	0.720	1.710	2.320	1.183	2.298	2.712	1.446	2.594
1.4	0.514	0.190	0.774	1.360	0.599	1.533	2.046	1.005	2.086	2.415	1.247	2.369
1.6	0.431	0.154	0.696	1.166	0.491	1.371	1.777	0.834	1.877	2.109	1.042	2.136
1.8	0.362	0.124	0.630	0.995	0.396	1.227	1.529	0.678	1.683	1.822	0.851	1.918

$\frac{b}{a}$	B_1 梁			B_2 梁			B_3 梁			B_3
	M_{fix}	M_{max}	V_{max}	M_{fix}	M_{max}	V_{max}	M_{fix}	M_{max}	V_{max}	w_{max}
0.6	0.290	0.062	0.586	0.684	0.170	1.004	0.840	0.219	1.160	0.780
0.8	0.484	0.094	0.747	1.109	0.244	1.307	1.352	0.307	1.502	1.874
1.0	0.718	0.148	0.918	1.623	0.399	1.616	1.970	0.513	1.851	3.490
1.2	0.988	0.257	1.097	2.212	0.695	1.944	2.681	0.897	2.225	5.484
1.4	1.257	0.386	1.280	2.833	1.043	2.278	3.430	1.345	2.609	7.643
1.6	1.561	0.519	1.457	3.440	1.392	2.598	4.157	1.789	2.978	9.758
1.8	1.832	0.646	1.622	3.997	1.716	2.889	4.816	2.194	3.311	11.682

续表 7-4

序号	计算简图	内力计算系数
24	$10\times a$；$6\times b$；B_1 B_2 B_3 B_2 B_1；A_1 A_2 A_3 A_4 A_5 A_4 A_3 A_2 A_1	见下表

$\frac{b}{a}$	A_1 梁			A_2 梁		
	M_{fix}	M_{max}	V_{max}	M_{fix}	M_{max}	V_{max}
0.6	1.208	0.524	1.397	2.432	1.255	2.385
0.8	0.915	0.368	1.145	2.059	1.013	2.098
1.0	0.732	0.282	0.980	1.782	0.841	1.879
1.2	0.608	0.228	0.864	1.563	0.713	1.701
1.4	0.514	0.190	0.774	1.374	0.608	1.544
1.6	0.439	0.159	0.702	1.205	0.515	1.401
1.8	0.376	0.132	0.641	1.051	0.433	1.270

$\frac{b}{a}$	A_3 梁			A_4 梁			A_5 梁		
	M_{fix}	M_{max}	V_{max}	M_{fix}	M_{max}	V_{max}	M_{fix}	M_{max}	V_{max}
0.6	2.944	1.601	2.771	3.046	1.668	2.850	3.043	1.665	2.847
0.8	2.754	1.473	2.627	3.063	1.679	2.863	3.142	1.730	2.924
1.0	2.548	1.334	2.472	2.976	1.621	2.796	3.110	1.710	2.898
1.2	2.333	1.191	2.308	2.805	1.506	2.666	2.961	1.613	2.784
1.4	2.109	1.046	2.135	2.578	1.355	2.494	2.738	1.464	2.614
1.6	1.882	0.903	1.858	2.324	1.186	2.300	2.477	1.289	2.416
1.8	1.662	0.766	1.785	2.067	1.016	2.103	2.207	1.107	2.211

$\frac{b}{a}$	B_1 梁			B_2 梁			B_3 梁			B_3
	M_{fix}	M_{max}	V_{max}	M_{fix}	M_{max}	V_{max}	M_{fix}	M_{max}	V_{max}	w_{max}
0.6	0.291	0.063	0.586	0.684	0.173	1.006	0.841	0.233	1.163	0.765
0.8	0.481	0.095	0.747	1.103	0.247	1.307	1.344	0.311	1.502	1.876
1.0	0.709	0.131	0.911	1.597	0.353	1.599	1.937	0.454	1.828	3.623
1.2	0.974	0.205	1.082	2.173	0.553	1.902	2.632	0.714	2.171	5.931
1.4	1.268	0.332	1.258	2.814	0.900	2.220	3.405	1.163	2.534	8.627
1.6	1.576	0.476	1.436	3.481	1.288	2.542	4.209	1.663	2.905	11.490
1.8	1.885	0.622	1.609	4.137	1.678	2.854	4.996	2.162	3.265	14.312

序号	计算简图	内力计算系数
25	$7\times a$；$7\times b$；B_1 B_2 B_3 B_3 B_2 B_1；A_1 A_2 A_3 A_3 A_2 A_1	见下表

$\frac{b}{a}$	A_1 梁			A_2 梁			A_3 梁		
	M_{fix}	M_{max}	V_{max}	M_{fix}	M_{max}	V_{max}	M_{fix}	M_{max}	V_{max}
0.6	1.426	0.556	1.481	3.102	1.452	2.669	3.971	1.981	3.232
0.8	1.074	0.393	1.209	2.507	1.108	2.270	3.330	1.592	2.813
1.0	0.810	0.276	1.000	1.955	0.798	1.892	2.633	1.170	2.359
1.2	0.613	0.189	0.841	1.505	0.551	1.579	2.041	0.816	1.971
1.4	0.470	0.127	0.724	1.169	0.372	1.340	1.592	0.552	1.672
1.6	0.368	0.085	0.638	0.925	0.247	1.162	1.265	0.367	1.451
1.8	0.295	0.062	0.575	0.749	0.182	1.029	1.028	0.266	1.285

续表 7-4

序号	计算简图	内力计算系数

25

计算简图：$7\times a$，$7\times b$；B_1、B_2、B_3、B_3、B_2、B_1；A_1 A_2 A_3 A_3 A_2 A_1

$\frac{b}{a}$	B_1 梁 M_{fix}	B_1 梁 M_{max}	B_1 梁 V_{max}	B_2 梁 M_{fix}	B_2 梁 M_{max}	B_2 梁 V_{max}	B_3 梁 M_{fix}	B_3 梁 M_{max}	B_3 梁 V_{max}	B_3 w_{max}
0.6	0.341	0.074	0.615	0.860	0.215	1.113	1.178	0.320	1.390	1.325
0.8	0.572	0.171	0.808	1.411	0.501	1.512	1.916	0.741	1.888	2.585
1.0	0.810	0.276	1.000	1.955	0.798	1.892	2.633	1.170	2.359	3.840
1.2	1.025	0.371	1.170	2.410	1.053	2.204	3.211	1.520	2.736	4.858
1.4	1.211	0.455	1.316	2.762	1.254	2.441	3.626	1.772	3.007	5.589
1.6	1.375	0.531	1.442	3.028	1.408	2.619	3.903	1.940	3.187	6.076
1.8	1.524	0.603	1.555	3.234	1.530	2.755	4.077	2.045	3.301	6.383

26

计算简图：$8\times a$，$7\times b$；B_1、B_2、B_3、B_3、B_2、B_1；A_1 A_2 A_3 A_4 A_3 A_2 A_1

$\frac{b}{a}$	A_1 梁 M_{fix}	A_1 梁 M_{max}	A_1 梁 V_{max}	A_2 梁 M_{fix}	A_2 梁 M_{max}	A_2 梁 V_{max}	A_3 梁 M_{fix}	A_3 梁 M_{max}	A_3 梁 V_{max}	A_4 梁 M_{fix}	A_4 梁 M_{max}	A_4 梁 V_{max}
0.6	1.400	0.541	1.464	3.050	1.421	2.634	3.983	1.987	3.240	4.268	2.160	3.426
0.8	1.072	0.392	1.207	2.551	1.133	2.299	3.542	1.719	2.953	3.882	1.929	3.173
1.0	0.839	0.293	1.019	2.094	0.881	1.984	2.987	1.385	2.589	3.303	1.576	2.795
1.2	0.659	0.217	0.872	1.688	0.663	1.698	2.439	1.059	2.229	2.707	1.214	2.408
1.4	0.520	0.158	0.756	1.352	0.486	1.458	1.968	0.783	1.916	2.189	0.900	2.070
1.6	0.414	0.114	0.667	1.089	0.351	1.266	1.593	0.566	1.664	1.774	0.652	1.798
1.8	0.334	0.081	0.599	0.888	0.250	1.117	1.305	0.404	1.467	1.454	0.466	1.585

$\frac{b}{a}$	B_1 梁 M_{fix}	B_1 梁 M_{max}	B_1 梁 V_{max}	B_2 梁 M_{fix}	B_2 梁 M_{max}	B_2 梁 V_{max}	B_3 梁 M_{fix}	B_3 梁 M_{max}	B_3 梁 V_{max}	A_4 w_{max}
0.6	0.335	0.066	0.610	0.842	0.191	1.097	1.152	0.276	1.367	6.717
0.8	0.566	0.138	0.792	1.393	0.404	1.497	1.889	0.600	1.820	6.043
1.0	0.828	0.255	0.986	2.007	0.747	1.851	2.709	1.108	2.298	5.020
1.2	1.089	0.374	1.173	2.595	1.088	2.209	3.483	1.603	2.741	3.969
1.4	1.326	0.483	1.340	3.099	1.386	2.511	4.126	2.019	3.109	3.055
1.6	1.537	0.581	1.486	3.507	1.632	2.753	4.618	2.338	3.389	2.329
1.8	1.724	0.670	1.615	3.830	1.831	2.943	4.973	2.568	3.593	1.777

27

计算简图：$8\times a$，$8\times b$；B_1、B_2、B_3、B_4、B_3、B_2、B_1；A_1 A_2 A_3 A_4 A_3 A_2 A_1

$\frac{b}{a}$	A_1 梁 M_{fix}	A_1 梁 M_{max}	A_1 梁 V_{max}	A_2 梁 M_{fix}	A_2 梁 M_{max}	A_2 梁 V_{max}	A_3 梁 M_{fix}	A_3 梁 M_{max}	A_3 梁 V_{max}
0.6	1.581	0.599	1.519	3.620	1.700	2.820	4.920	2.531	3.563
0.8	1.181	0.421	1.235	2.889	1.268	2.383	4.091	1.996	3.089
1.0	0.889	0.294	1.021	2.245	0.902	1.987	3.229	1.449	2.593
1.2	0.673	0.200	0.861	1.730	0.617	1.664	2.506	0.997	2.173
1.4	0.518	0.133	0.743	1.347	0.411	1.417	1.959	0.664	1.850
1.6	0.407	0.087	0.656	1.069	0.268	1.233	1.561	0.433	1.611
1.8	0.328	0.056	0.592	0.869	0.171	1.094	1.273	0.275	1.431

续表 7-4

序号	计算简图	内力计算系数
27	$8\times a$, $8\times b$; B_1 B_2 B_3 B_4 B_3 B_2 B_1; A_1 A_2 A_3 A_4 A_3 A_2 A_1	见下表

$\frac{b}{a}$	A_4 梁			B_1 梁			B_2 梁		
	M_{fix}	M_{max}	V_{max}	M_{fix}	M_{max}	V_{max}	M_{fix}	M_{max}	V_{max}
0.6	5.354	2.816	3.010	0.378	0.075	0.633	0.995	0.232	1.183
0.8	4.514	2.272	3.330	0.629	0.181	0.828	1.623	0.559	1.595
1.0	3.581	1.664	2.798	0.889	0.294	1.021	2.245	0.902	1.978
1.2	2.784	1.148	2.343	1.126	0.397	1.195	2.775	1.202	2.313
1.4	2.178	0.765	1.995	1.335	0.488	1.346	3.194	1.446	2.567
1.6	1.738	0.498	1.737	1.522	0.572	1.478	3.525	1.643	2.764
1.8	1.419	0.317	1.544	1.696	0.653	1.598	3.792	1.806	2.921

$\frac{b}{a}$	B_3 梁			B_4 梁			B_4
	M_{fix}	M_{max}	V_{max}	M_{fix}	M_{max}	V_{max}	w_{max}
0.6	1.455	0.373	1.545	1.620	0.429	1.666	2.355
0.8	2.353	0.903	2.083	2.615	1.040	2.247	4.594
1.0	3.229	1.449	2.593	3.581	1.664	2.798	6.817
1.2	3.943	1.902	3.004	4.356	2.169	3.240	8.608
1.4	4.465	2.237	3.304	4.907	2.528	3.554	9.878
1.6	4.827	2.471	3.511	5.267	2.761	3.760	10.706
1.8	5.072	2.630	3.650	5.485	2.901	3.886	11.204

序号	计算简图	内力计算系数
28	$9\times a$, $8\times b$; B_1 B_2 B_3 B_4 B_3 B_2 B_1; A_1 A_2 A_3 A_4 A_4 A_3 A_2 A_1	见下表

$\frac{b}{a}$	A_1 梁			A_2 梁			A_3 梁		
	M_{fix}	M_{max}	V_{max}	M_{fix}	M_{max}	V_{max}	M_{fix}	M_{max}	V_{max}
0.6	1.558	0.584	1.505	3.562	1.664	2.786	4.890	2.511	3.547
0.8	1.179	0.410	1.233	2.921	1.287	2.401	4.253	2.099	3.183
1.0	0.916	0.310	1.037	2.369	0.981	2.059	3.540	1.650	2.771
1.2	0.716	0.227	0.885	1.896	0.725	1.759	2.869	1.235	2.379
1.4	0.563	0.163	0.768	1.514	0.523	1.511	2.307	0.894	2.046
1.6	0.448	0.115	0.679	1.218	0.370	1.316	1.865	0.633	1.781
1.8	0.363	0.081	0.611	0.995	0.258	1.164	1.528	0.441	1.575

$\frac{b}{a}$	A_4 梁			B_1 梁			B_2 梁		
	M_{fix}	M_{max}	V_{max}	M_{fix}	M_{max}	V_{max}	M_{fix}	M_{max}	V_{max}
0.6	5.507	2.914	3.899	0.372	0.052	0.628	0.978	0.160	1.168
0.8	4.950	2.555	3.579	0.624	0.147	0.815	1.606	0.453	1.556
1.0	4.174	2.050	3.136	0.907	0.263	1.011	2.300	0.809	1.954
1.2	3.400	1.549	2.695	1.187	0.380	1.198	2.959	1.160	2.320
1.4	2.740	1.125	2.317	1.442	0.487	1.366	3.525	1.467	2.629
1.6	2.219	0.797	2.015	1.671	0.584	1.514	3.988	1.724	2.879
1.8	1.821	0.554	1.782	1.879	0.673	1.647	4.365	1.937	3.079

续表 7-4

序号	计算简图	内力计算系数							
		b/a	B_3 梁			B_4 梁			B_4
			M_{fix}	M_{max}	V_{max}	M_{fix}	M_{max}	V_{max}	w_{max}
28	$9\times a$；$8\times b$；B_1 B_2 B_3 B_4 B_3 B_2 B_1；A_1 A_2 A_3 A_4 A_4 A_3 A_2 A_1	0.6	1.427	0.257	1.522	1.588	0.296	1.640	2.468
		0.8	2.327	0.731	2.021	2.585	0.841	2.175	5.212
		1.0	3.317	1.303	2.540	3.681	1.498	2.736	8.373
		1.2	4.238	1.852	3.014	4.696	2.121	3.250	11.331
		1.4	4.994	2.310	3.404	5.521	2.630	3.668	13.744
		1.6	5.581	2.663	3.701	6.138	3.009	3.981	15.543
		1.8	6.009	2.925	3.918	6.570	3.274	4.201	16.803

7.3.2 四边固定井字梁计算例题

[例题 7-2] 已知四边固定井字梁网格为 4×3，如图 7-4 所示。区格长度 $a=2.5\text{m}$，$b=2.0\text{m}$，格梁刚度 $B=4.29\times10^8\text{kN}\cdot\text{m}^2$，计算均布荷载 $q=10\text{kN/m}^2$。

求：各梁内力及最大挠度值。

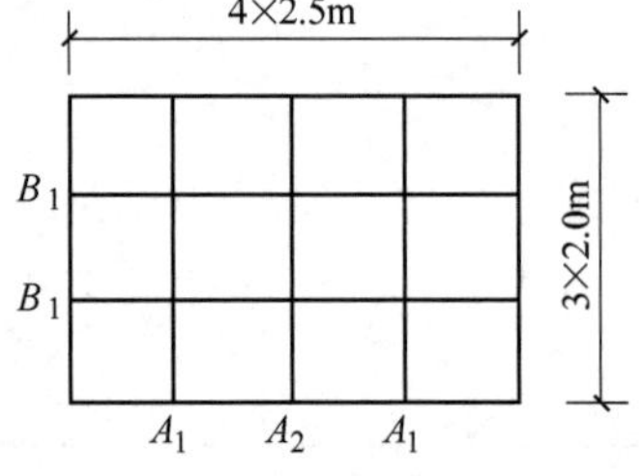

图 7-4 [例题 7-2]计算简图

[解]

(1) 计算各梁内力

查表 7-4 序号 6 进行计算。

由于 $b/a=2.0/2.5=0.8$，查出各梁内力系数，代入式(7-5)~式(7-9)，算得

A_1 梁

$$M_{fix}=-0.454\times ab^2q=-0.454\times2.5\times2.0^2\times10=-45.40(\text{kN}\cdot\text{m})$$
$$M_{max}=0.227\times ab^2q=0.227\times2.5\times2.0^2\times10=22.70(\text{kN}\cdot\text{m})$$
$$V_{max}=0.931\times abq=0.931\times2.5\times2.0\times10=46.55(\text{kN})$$

A_2 梁

$$M_{fix}=-0.700\times ab^2q=-0.700\times2.5\times2.0^2\times10=-70.00(\text{kN}\cdot\text{m})$$
$$M_{max}=0.350\times ab^2q=0.350\times2.5\times2.0^2\times10=35.00(\text{kN}\cdot\text{m})$$
$$V_{max}=1.300\times abq=1.300\times2.5\times2.0\times10=65.00(\text{kN})$$

B_1 梁

$$M_{fix}=-0.214\times a^2bq=-0.214\times2.5^2\times2.0\times10=-26.75(\text{kN}\cdot\text{m})$$
$$M_{max}=0.080\times a^2bq=0.080\times2.5^2\times2.0\times10=10.00(\text{kN}\cdot\text{m})$$
$$V_{max}=0.544\times abq=0.544\times2.5\times2.0\times10=27.20(\text{kN})$$

(2) 计算最大挠度值

井字梁的最大挠度点在 A_2 梁上，其值可按式(7-10)进行计算，得

$$w_{max}=0.219\times\frac{ab^4q}{B}=0.219\times\frac{250\times200^4\times10}{4.29\times10^8\times10^4}=0.20(\text{cm})$$

第8章　拱的计算

8.1　圆拱及抛物线拱的几何数据

8.1.1　圆拱的几何数据

圆拱的几何数据见表8-1和表8-2。

表8-1　圆拱几何数据(一)

序号	计算简图	$r=\frac{l^2+4f^2}{8f}$　$e=r-f$　$s=2r\alpha_0$　$x=\frac{l}{2}-r\sin\alpha$　$y=r\cos\alpha-e$									
1	$\frac{f}{l}$	项目	$\frac{x}{l}$								
			0.05	0.10	0.15	0.20	0.25	0.30	0.35	0.40	0.45	0.50
2	0.1	y/f	0.196	0.369	0.520	0.649	0.757	0.845	0.913	0.961	0.990	1.000
		$\sin\alpha$	0.346	0.308	0.269	0.231	0.192	0.154	0.115	0.077	0.038	0
		$\cos\alpha$	0.938	0.951	0.963	0.973	0.981	0.988	0.993	0.997	0.999	1.000
3	0.2	y/f	0.217	0.398	0.550	0.675	0.778	0.859	0.922	0.965	0.992	1.000
		$\sin\alpha$	0.621	0.552	0.483	0.414	0.345	0.276	0.207	0.138	0.069	0
		$\cos\alpha$	0.784	0.834	0.876	0.910	0.939	0.961	0.978	0.990	0.998	1.000
4	0.3	y/f	0.259	0.449	0.597	0.714	0.806	0.878	0.933	0.970	0.993	1.000
		$\sin\alpha$	0.794	0.706	0.618	0.529	0.441	0.353	0.265	0.176	0.088	0
		$\cos\alpha$	0.608	0.708	0.786	0.848	0.897	0.936	0.964	0.984	0.996	1.000
5	0.4	y/f	0.332	0.520	0.655	0.758	0.837	0.899	0.944	0.975	0.994	1.000
		$\sin\alpha$	0.878	0.780	0.683	0.585	0.488	0.390	0.293	0.195	0.098	0
		$\cos\alpha$	0.479	0.625	0.730	0.811	0.873	0.921	0.956	0.981	0.995	1.000
6	0.5	y/f	0.436	0.600	0.714	0.800	0.866	0.916	0.954	0.980	0.995	1.000
		$\sin\alpha$	0.900	0.800	0.700	0.600	0.500	0.400	0.300	0.200	0.100	0
		$\cos\alpha$	0.436	0.600	0.714	0.800	0.866	0.916	0.954	0.980	0.995	1.000

表8-2　圆拱几何数据(二)

序　号	f/l	0.1	0.2	0.3	0.4	0.5
1	$\sin\alpha_0$	5/13	20/29	15/17	40/41	1.0
2	$\cos\alpha_0$	12/13	21/29	8/17	9/41	0
3	$2\alpha_0$	45°14′24″	87°12′20″	123°50′32″	154°38′22″	180°00′00″

续表 8-2

序　号	f/l	0.1	0.2	0.3	0.4	0.5
4	s/l	1.026	1.103	1.225	1.383	1.571
5	r/l	1.300	0.725	0.567	0.513	0.500
6	e/l	1.200	0.525	0.267	0.113	0

8.1.2 抛物线拱的几何数据

抛物线拱的几何数据见表 8-3。

表 8-3　抛物线拱的几何数据

序　号	计算简图	拱轴方程式 $y=\dfrac{4fx(l-x)}{l^2}$　斜率 $\tan\alpha=\dfrac{dy}{dx}=\dfrac{4f(l-2x)}{l^2}$											
1	截面位置	0	1	2	3	4	5	6	7	8	9	10	乘数
2	x	0	0.05	0.10	0.15	0.20	0.25	0.30	0.35	0.40	0.45	0.50	l
3	y	0	0.19	0.36	0.51	0.64	0.75	0.84	0.91	0.96	0.99	1.00	f
4	$\tan\alpha$	4.00	3.60	3.20	2.80	2.40	2.00	1.60	1.20	0.80	0.40	0	f/l

8.2 三铰拱的计算

8.2.1 三铰拱的计算简述

三铰拱的计算简述见表 8-4。

表 8-4　三铰拱的计算简述

序　号	项　目	内　容
1	竖向恒载的计算	三铰拱是一个静定结构，其支座反力及截面上的内力，可按静定结构的平衡条件求得 （1）支座反力： $$\left.\begin{aligned}R_A&=R_A^0=\frac{M_B^{(p)}}{l}\\R_B&=R_B^0=\frac{M_A^{(p)}}{l}\end{aligned}\right\}\tag{8-1}$$ 式中　R_A 及 R_B——拱支座 A 及 B 的支座反力（图 8-1a） R_A^0 及 R_B^0——与拱有同一跨长且在同样荷载作用下的简支梁支座反力（图 8-1b） $M_A^{(p)}$ 及 $M_B^{(p)}$——荷载对支座 A 及 B 的力矩 （2）支座推力： $$H=\frac{M_C^0}{f}\tag{8-2}$$ 式中　H——拱支座 A 及 B 的支座推力（图 8-1a） M_C^0——与拱有同一跨长且在同样荷载作用下的简支梁的跨中弯矩（图 8-1b） f——拱的矢高 （3）任意截面的弯矩：

续表 8-4

序　号	项　目	内　容
1	竖向恒载的计算	$$M_x = M_X^0 - Hy \qquad (8\text{-}3)$$ 式中　M_x——离左支座水平距离为 x，在拱轴上所求截面 D 的弯矩(图 8-1a) M_X^0——与拱有同一跨长且在同样荷载作用下的简支梁的相应截面上的弯矩 y——以支座 A 为原点，拱轴上 D 点的纵坐标
2	水平荷载的计算	(1) 支座反力 R_A 与 R_B。由节点 B 与节点 A 的弯矩平衡条件可以计算支座反力 R_A 与 R_B (2) 支座推力 H_A 与 H_B。沿拱顶 C 处切开，分成左、右两个自由体 在算得 R_A 后，取左边的自由体，由节点 C 处的弯矩平衡条件可以计算支座推力 H_A 在算得 R_B 后，取右边的自由体，由节点 C 处的弯矩平衡条件可以计算支座推力 H_B (3) 任意截面的弯矩。在已算得支座反力与支座推力后，沿任意截面切开取自由体，由该点的弯矩平衡条件可以计算其弯矩
3	任意荷载作用下截面轴向力 N 与剪力 V 的计算	(1) 说明 1) 在已算得支座反力与支座推力后，沿需计算的截面处切开取自由体 2) 取该截面处力的水平分量为 X，竖向分量为 Y 3) X 与 Y 正负号的规定：对邻近截面所产生的力矩沿顺时针方向者为正 4) 由自由体上水平力的平衡条件计算 X，竖向力的平衡条件计算 Y (2) 任意截面的轴向力 AC 段：$N_x = Y\sin\theta - X\cos\theta$ CB 段：$N_x = Y\sin\theta + X\cos\theta$　　(8-4) 式中　N_x——离左支座水平距离为 x，在拱轴上所求截面 D 的轴向力(即截面一边各作用力在该截面拱轴切线上投影的总和)，使拱受压的轴向力为正 θ——在所求截面 D 处拱轴切线的倾斜角，左半拱为正，右半拱为负 (3) 任意截面的剪力 AC 段：$V_x = Y\cos\theta + X\sin\theta$ CB 段：$V_x = Y\cos\theta - X\sin\theta$　　(8-5) 式中　V_x——离左支座水平距离为 x，在拱轴上所求截面 D 的剪力(剪力的方向与拱轴切线相垂直)，对邻近截面所产生的力矩沿顺时针方向者为正

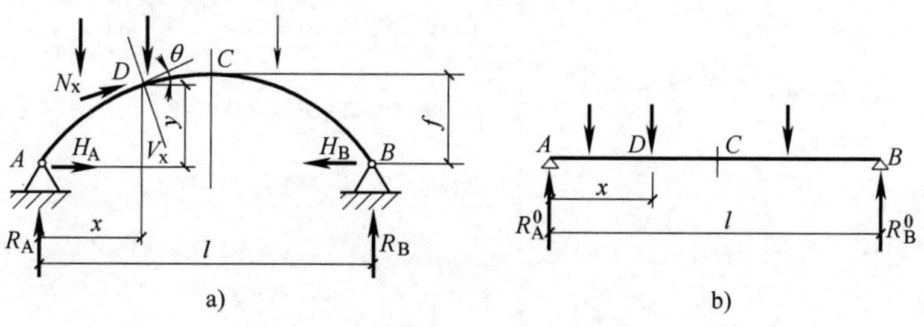

图 8-1　三铰拱受力示意图

8.2.2 各种荷载作用下三铰拱计算公式

各种荷载作用下三铰拱计算公式见表8-5。

表8-5 各种荷载作用下三铰拱计算公式

序号	计算简图	计算公式
1	D θ C H_A H_B y f A B x l R_A R_B	$\xi=\frac{x}{l}$；$\eta=\frac{y}{f}$
2	q C A B	$R_{A,B}=\frac{ql}{2}$；$H_{A,B}=\frac{ql^2}{8f}$ AC段：$M_x=\frac{ql^2}{8}(4\xi-4\xi^2-\eta)$
3	a P b D C A B	$\alpha=\frac{a}{l}$ $\beta=\frac{b}{l}$ $R_A=P\beta$；$R_B=P\alpha$；$H_{A,B}=\frac{P\alpha}{2f}$ AD段：$M_x=\frac{Pa}{2}\left(\frac{2b\xi}{a}-\eta\right)$ CB段：$M_x=\frac{Pa}{2}(2-2\xi-\eta)$ 当$a=\frac{l}{2}$：$R_{A,B}=\frac{P}{2}$；$H_{A,B}=\frac{Pl}{4f}$ AC段：$M_x=\frac{Pl}{4}(2\xi-\eta)$
4	$\frac{l}{2}$ q C A B	$R_A=\frac{3ql}{8}$；$R_B=\frac{ql}{8}$；$H_{A,B}=\frac{ql^2}{16f}$ AC段：$M_x=\frac{ql^2}{16}(6\xi-8\xi^2-\eta)$ CB段：$M_x=\frac{ql^2}{16}(2-2\xi-\eta)$
5	C P f_2 f_1 D A B	$\alpha=\frac{f_1}{f}$；$R_A=-R_B=-\frac{Pf_1}{l}$ $\beta=\frac{f_2}{f}$；$H_A=-\frac{P}{2}(1+\beta)$；$H_B=\frac{P\alpha}{2}$ AD段：$M_x=-\frac{Pf_1}{2}\left[2\xi-\frac{\eta(f+f_2)}{f_1}\right]$ DC段：$M_x=-\frac{Pf_1}{2}(2\xi+\eta-2)$ CB段：$M_x=\frac{Pf_1}{2}(2-2\xi-\eta)$ 当$f_1=f$：$R_A=-R_B=-\frac{Pf}{l}$；$H_A=-H_B=-\frac{P}{2}$ AC段：$M_x=-\frac{Pf}{2}(2\xi-\eta)$

续表 8-5

序号	计算简图	计算公式
6	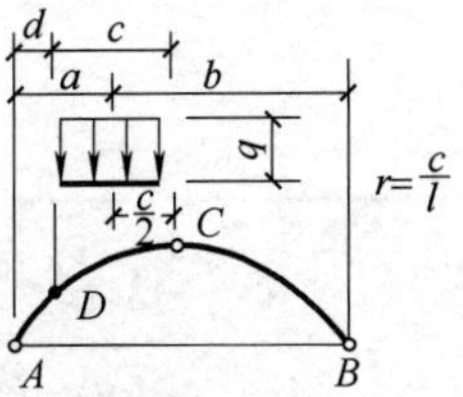	$R_A = qb\gamma$；$R_B = qa\gamma$；$H_{A,B} = \frac{qca}{2f}$ AD 段：$M_x = \frac{qca}{2}\left(\frac{2b\xi}{a} - \eta\right)$ DC 段：$M_x = \frac{qca}{2}\left[\frac{2b\xi}{a} - \frac{(x-d)^2}{ac} - \eta\right]$ CB 段：$M_x = \frac{qca}{2}(2-2\xi-\eta)$
7	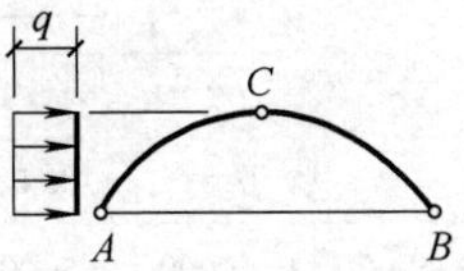	$R_A = -R_B = -\frac{qf^2}{2l}$ $H_A = -\frac{3qf}{4}$；$H_B = \frac{qf}{4}$ AC 段：$M_x = -\frac{qf^2}{4}(2\xi + 2\eta^2 - 3\eta)$ CB 段：$M_x = \frac{qf^2}{4}(2-2\xi-\eta)$
8	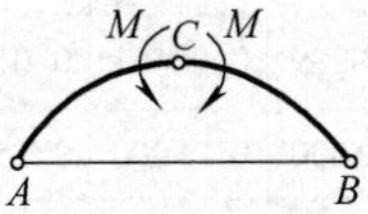	$R_{A,B} = 0$；$H_{A,B} = -\frac{M}{f}$ AC 段：$M_x = M\eta$
9	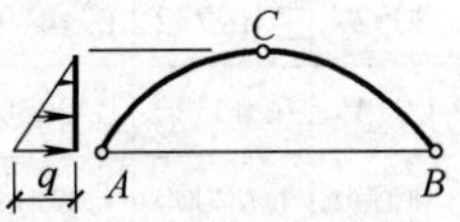	$R_A = -R_B = -\frac{qf^2}{6l}$；$H_A = -\frac{5qf}{12}$；$H_B = \frac{qf}{12}$ AC 段：$M_x = \frac{qf^2}{12}(5\eta - 6\eta^2 + 2\eta^3 - 2\xi)$ CB 段：$M_x = \frac{qf^2}{12}(2-2\xi-\eta)$
10	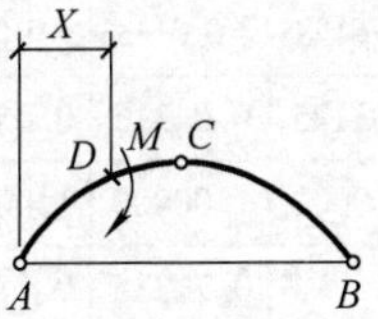	$R_A = -R_B = -\frac{M}{l}$；$H_{A,B} = \frac{M}{2f}$ AD 段：$M_x = -\frac{M}{2}(2\xi + \eta)$ DC 段与 CB 段：$M_x = \frac{M}{2}(2-2\xi-\eta)$
11	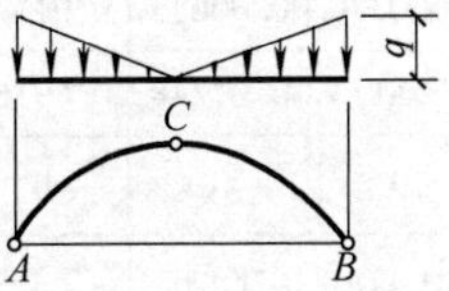	$R_{A,B} = \frac{ql}{4}$；$H_{A,B} = \frac{ql^2}{24f}$ AC 段：$M_x = \frac{ql^2}{24}(6\xi - 12\xi^2 + 8\xi^3 - \eta)$
12	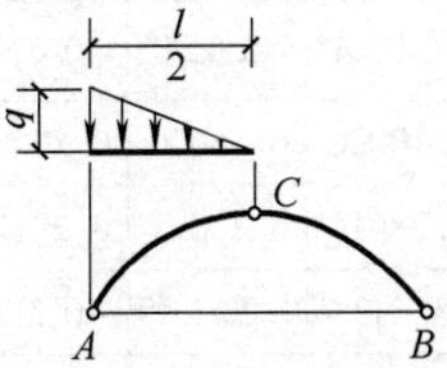	$R_A = \frac{5ql}{24}$；$R_B = \frac{ql}{24}$；$H_{A,B} = \frac{ql^2}{48f}$ AC 段：$M_x = \frac{ql^2}{48}(10\xi - 24\xi^2 + 16\xi^3 - \eta)$ CB 段：$M_x = \frac{ql^2}{48}(2-2\xi-\eta)$
13	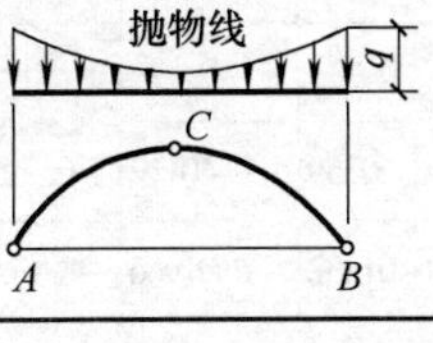	$R_{A,B} = \frac{ql}{6}$；$H_{A,B} = \frac{ql^2}{48f}$ AC 段：$M_x = \frac{ql^2}{48}(\xi - 3\xi^2 + 4\xi^3 - 2\xi^4)$

8.3 双铰拱的计算

8.3.1 双铰等截面圆拱的计算

双铰等截面圆拱的计算见表8-6。

表8-6 双铰等截面圆拱的计算

设右图所示力的方向为正。除右图所示者外，其他的符号为(拱的截面宽度为单位长)：

V_C、H_C、M_C——拱顶C点的剪力、轴向力及弯矩

G——半跨拱的自重 g——拱体材料的自重

d——拱的截面高度 g_1——拱背填充材料的自重

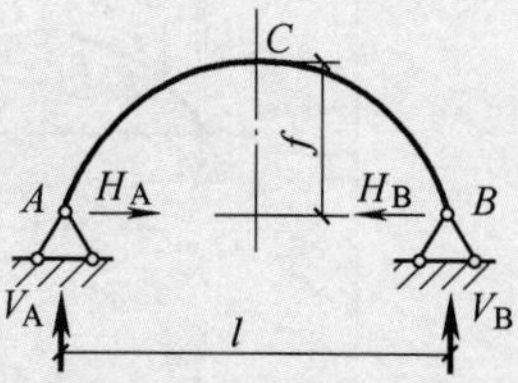

序号	简图	项目	f/l 0.1	0.2	0.3	0.4	0.5	乘数
1	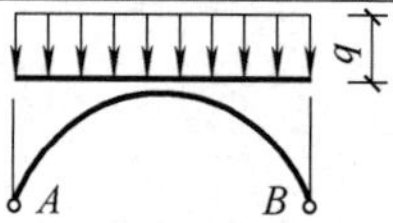 q, A, B; $V_A = V_B$；$V_C = 0$；$H_A = H_B = H_C$	V_A	0.50000	0.50000	0.50000	0.50000	0.50000	ql
		H_A	1.24298	0.61053	0.39464	0.28269	0.21221	ql
		M_C	0.00070	0.00289	0.00661	0.01192	0.01890	ql^2
2	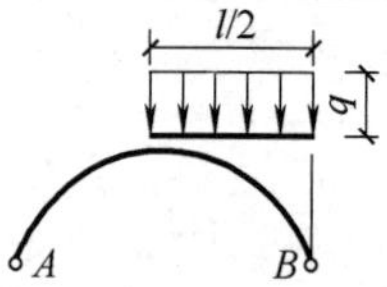 l/2, q, A, B; $V_A = V_C$；$H_A = H_B = H_C$	V_A	0.25000	0.25000	0.25000	0.25000	0.25000	$ql/2$
		V_B	0.75000	0.75000	0.75000	0.75000	0.75000	$ql/2$
		H_A	0.62149	0.30527	0.19732	0.14135	0.10611	ql
		M_C	0.00035	0.00145	0.00330	0.00596	0.00945	ql^2
3	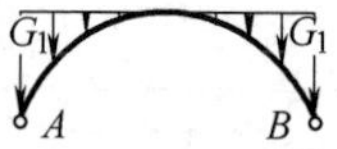 G_1, G_1, A, B; $V_A = V_B$；$V_C = 0$；$H_A = H_B = H_C$	V_A	1.00000	1.00000	1.00000	1.00000	1.00000	G
		H_A	1.40393	0.68587	0.43601	0.30750	0.23026	G
		M_C	−0.01637	−0.01588	−0.01335	−0.00940	−0.00344	Gl
		G	0.01640	0.03125	0.04313	0.05090	0.05365	$g_1 l^2$
4	自重,  A, B; $V_A = V_B$；$V_C = 0$；$H_A = H_B = H_C$	V_A	1.00000	1.00000	1.00000	1.00000	1.00000	G
		H_A	2.45835	1.16714	0.71335	0.17213	0.31831	G
		M_C	0.00087	0.00376	0.00843	0.01174	0.02404	Gl
		G_1	0.51323	0.55173	0.61248	0.69161	0.78540	gdl
5	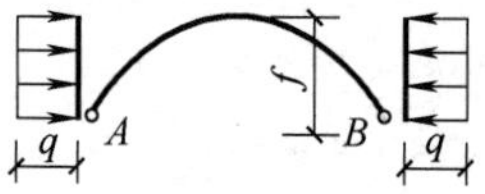 f, A, B, q, q; $V_A = V_B$；$H_A = H_B$；$H_C = H_A + qf$	V_A	0	0	0	0	0	qf
		H_A	−0.42978	−0.42767	−0.42659	−0.42549	−0.42441	qf
		M_C	−0.00702	−0.01447	−0.02202	−0.02981	−0.03779	qfl
6	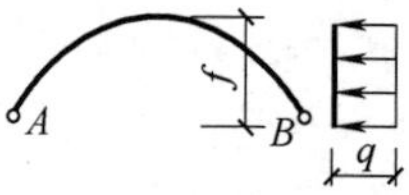 f, A, B, q; $V_B = -V_A$；$V_C = V_A$；$H_C = H_A$	V_A	0.05000	0.10000	0.15000	0.20000	−0.25000	qf
		H_A	0.28510	0.28616	0.28671	0.28726	0.28779	qf
		H_B	−0.71490	−0.71384	−0.71329	−0.71274	−0.71221	qf
		M_C	−0.00351	−0.00723	−0.01101	−0.01490	−0.01890	qfl
7	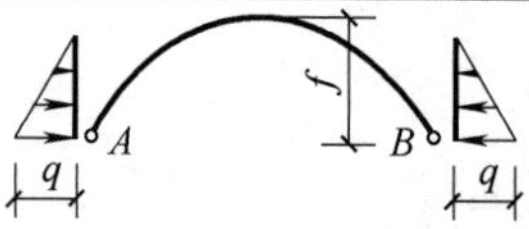 f, A, B, q, q; $V_A = V_B$；$H_A = H_B$；$H_C = H_A + qf/2$	V_A	0	0	0	0	0	$qf/2$
		H_A	−0.62597	−0.60259	−0.60112	−0.59996	−0.59883	$qf/2$
		M_C	−0.00407	−0.01282	−0.01966	−0.02668	−0.03392	$qfl/2$

续表 8-6

序号	简图	项目	f/l 0.1	0.2	0.3	0.4	0.5	乘数
8	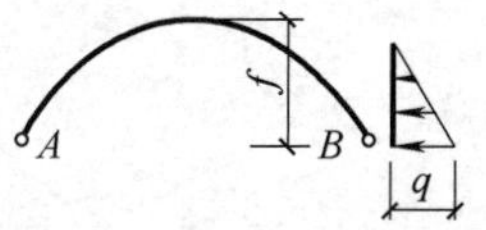 $V_B=-V_A$；$V_C=V_A$；$H_C=H_A$	V_A	0.03333	0.06667	0.10000	0.13333	0.16667	$qf/2$
		H_A	0.18789	0.19871	0.19944	0.20002	0.20059	$qf/2$
		H_B	−0.81211	−0.80129	−0.80056	−0.79998	−0.79941	$qf/2$
		M_C	−0.00212	−0.00641	−0.00983	−0.01334	−0.01696	$qfl/2$
9	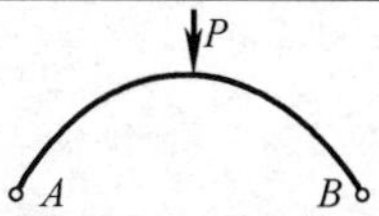 $V_A=V_B=V_C$；$H_A=H_B=H_C$	V_A	0.50000	0.50000	0.50000	0.50000	0.50000	P
		H_A	1.93700	0.94439	0.60412	0.42796	0.31831	P
		M_C	0.05630	0.06112	0.06876	0.07882	0.09085	Pl

8.3.2　双铰抛物线拱的计算

双铰抛物线拱的计算见表 8-7。

表 8-7　双铰抛物线拱的计算

序号	荷载形式	反力和弯矩
	设拱截面惯性矩按下式变化：$I_x=\dfrac{I}{\cos\alpha}$ I_x——任意截面 x 处的截面惯性矩 I——拱顶的截面惯性矩 α——截面 x 处拱轴切线的倾角 拱为等截面时，表中结果可近似采用 表中结果除特别注明者外，对有拉杆和无拉杆都适用	拉杆
1	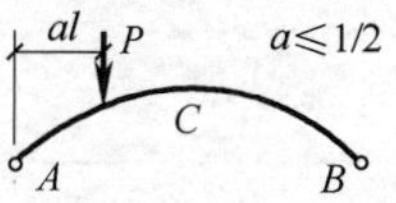 al P $a\leqslant 1/2$	$H_A=H_B=0.625\dfrac{Pl}{f}K(a-2a^3+a^4)$ $V_A=P(l-a)$　$V_B=Pa$ $M_C=\dfrac{Pl}{8}[4a-5K(a-2a^3+a^4)]$
2	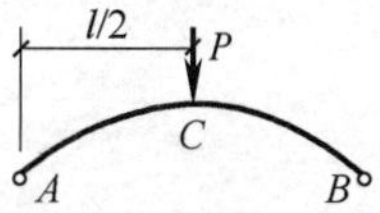 $l/2$ P	$H_A=H_B=\dfrac{25}{128}\dfrac{Pl}{f}K$ $V_A=V_B=\dfrac{1}{2}P$ $M_C=\left(0.25-\dfrac{25}{128}K\right)Pl$
3	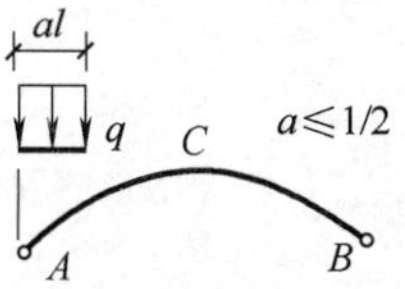 al q $a\leqslant 1/2$	$H_A=H_B=\dfrac{ql^2}{16f}K(5a^2-5a^4+2a^5)$ $V_A=qal\left(1-\dfrac{a}{2}\right)$　$V_B=\dfrac{ql}{2}a^2$ $M_C=\dfrac{ql^2}{4}\left[a^2-\dfrac{K}{4}(5a^2-5a^4+2a^5)\right]$
4	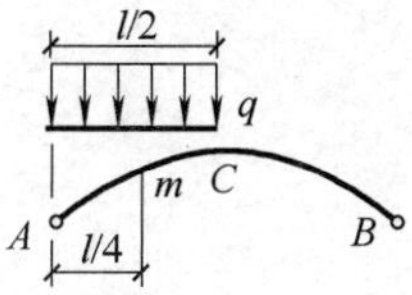 $l/2$ q $l/4$	$H_A=H_B=\dfrac{ql^2}{16f}K$ $V_A=\dfrac{3}{8}ql$　$V_B=\dfrac{1}{8}ql$ $M_C=\dfrac{ql^2}{16}(1-K)$ 当 $K=1$ 时，$M_C=0$，$M_m=\left(\dfrac{1}{16}-\dfrac{3}{64}K\right)ql^2$

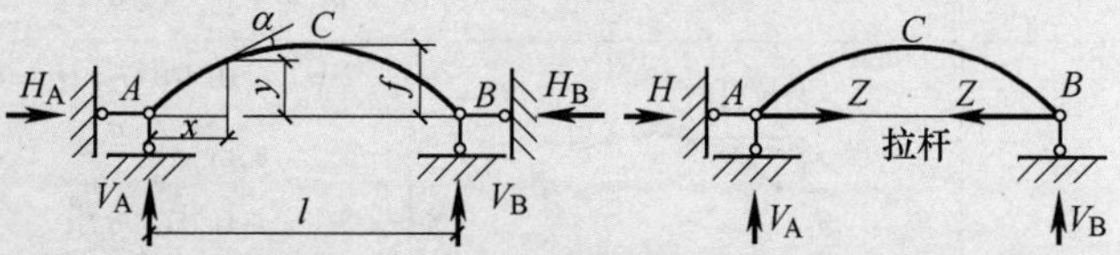

续表 8-7

序号	荷载形式	反力和弯矩
5		$H_A=H_B=\frac{ql^2}{8f}K$ $V_A=V_B=\frac{ql}{2}$ $M_C=\frac{ql^2}{8}(1-K)$ 当 $K=1$ 时，$M_C=0$
6		$H_A=H_B=0.0228\frac{ql^2}{f}K$ $V_A=\frac{5}{24}ql$ $V_B=\frac{1}{24}ql$ $M_C=\frac{ql^2}{48}-0.0228ql^2K$
7	二次抛物线	$H_A=H_B=0.024\frac{ql^2}{f}K$ $V_A=V_B=\frac{ql}{6}$
8	(无拉杆)	$H_A=-0.714qf$ $H_B=0.286qf$ $V_A=-V_B=-\frac{qf^2}{2l}$ $M_C=-0.0357qf^2$
9	(无拉杆)	$H_A=-0.401qf$ $H_B=0.099qf$ $V_A=-V_B=-\frac{qf^2}{6l}$ $M_C=-0.0159qf^2$
10	(有拉杆)	$V_A=-V_B=-\frac{qf^2}{2l}$ $H=-qf$ $Z=\frac{16qf^3}{7(8f^2+15\beta)}$ $M_C=\frac{qf^2}{4}-Zf$
11	(有拉杆)	$V_A=-V_B=-\frac{qf^2}{6l}$ $H=-\frac{1}{2}qf$ $Z=\frac{0.792qf^3}{8f^2+15\beta}$ $M_C=\frac{1}{12}qf^2-Zf$
12	(有拉杆)	$V_A=-V_B=\frac{qf^2}{2l}$ $H=qf$ $Z=\frac{40qf^3}{7(8f^2+15\beta)}$ $M_C=-\frac{3}{4}qf^2-Zf$
13	(有拉杆)	$V_A=-V_B=\frac{qf^2}{6l}$ $H=\frac{1}{2}qf$ $Z=\frac{3.208qf^3}{8f^2+15\beta}$ $M_C=-\frac{5}{12}qf^2-Zf$

续表 8-7

序　号	荷载形式	反力和弯矩
14	(有拉杆) C A Z Z B W	$V_A = V_B = 0$ $H = W$ $Z = \dfrac{8Wf^2}{8f^2 + 15\beta}$ $M_C = -(W + Z)f$
15	al M C A B	$H_A = H_B = \dfrac{5M}{8f}K(1 - 6a^2 + 4a^3)$ $V_A = -V_B = -\dfrac{M}{l}$
16	C A B M	$H_A = H_B = 0.625\dfrac{M}{f}K$ $V_A = -V_B = \dfrac{M}{l}$ $M_C = (0.5 - 0.625K)M$
17	均匀加热$t°$ C A B	$H_A = \dfrac{15}{8}\dfrac{EI\alpha_t t}{f^2}K = H_B$ $V_A = V_B = 0$ $M_C = -Hf$ α——线膨胀系数
18	支座相对水平位移 A B Δl	$H_A = H_B = \dfrac{15}{8}\dfrac{EI\Delta l}{f^2 l}K$ $V_A = V_B = 0$ $M_C = -Hf$

表 8-7 中的 K 按表 8-8 采用，根据是否需要考虑拱身内的轴力对变位的影响及在拱脚处是否具有拉杆，分别采用不同的 K 值。系数 K 只在计算单位变位(即赘余力公式的分母)时考虑轴力影响。K 式中的 n 是与 f/l 有关的系数，见表 8-9。

表 8-8　K 值

序　号	轴力影响	无　拉　杆	有　拉　杆
1	考虑轴力影响	$K = \dfrac{1}{1 + \dfrac{15nI}{8Af^2}}$	$K = \dfrac{1}{1 + \dfrac{15}{8f^2}\left(\dfrac{nI}{A} + \beta\right)}$
2	不考虑轴力影响	$K = 1$	$K = \dfrac{1}{1 + 15\beta/8f^2}$

表 8-9　n 值

f/l	1/4	1/5	1/6	1/7	1/8	1/9	1/10	1/15	1/20
n	0.7852	0.8434	0.8812	0.9110	0.9306	0.9424	0.9521	0.9706	0.9888

表 8-8 中其他符号的意义为：

$$\beta = EA/E_1A_1 \tag{8-6}$$

式中　E、E_1——拱体和拉杆的弹性模量；

A、A_1——拱顶处拱体的截面面积和拉杆的截面面积。

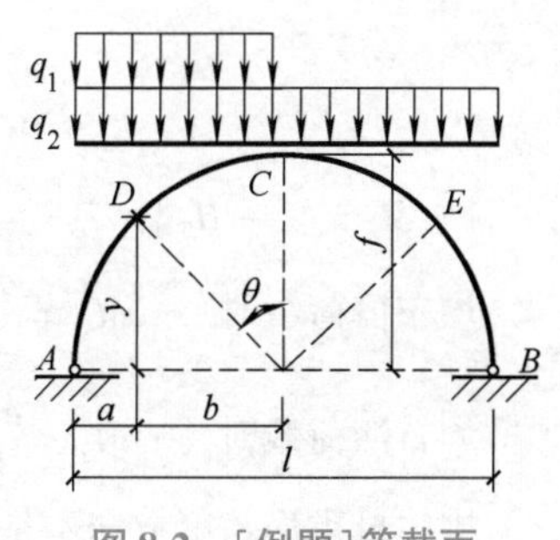

图 8-2　[例题]等截面双铰半圆拱

8.3.3　双铰拱计算例题

[例题]　图 8-2 所示等截面双铰半圆拱，跨度 $l = 1.35\text{m}$，矢高 $f = 0.675\text{m}$，拱身截面高度 $d = 15\text{cm}$，沿拱长取 1m 宽度进行计算。拱身材料为混凝土，重度 $g = 24\text{kN/m}^3$，承受均布恒荷载

$q_2=20\text{kN/m}^2$（不包括拱身自重），左半跨均布活荷载$q_1=10\text{kN/m}^2$。求拱脚 A、B，拱顶 C 及 1/4 弧长 D 处的反力和内力。

［解］

（1）拱脚 A、B 处的支座反力及拱顶 C 截面的内力

$$f/l=0.675/1.35=0.5$$

由表 8-6 序号 4、序号 1 和序号 2 查得：

自重
$$G=0.7854gdl=0.7854\times24\times0.15\times1.35=3.82(\text{kN})(\text{半跨})$$

支座反力：

$$V_A=0.50q_2l+0.75\left(\frac{q_1l}{2}\right)+1.0G$$
$$=0.5\times20\times1.35+0.75\times\frac{10}{2}\times1.35+1\times3.82$$
$$=22.37(\text{kN})$$

$$V_B=0.50q_2l+0.25\left(\frac{q_1l}{2}\right)+1.0G$$
$$=0.5\times20\times1.35+0.25\times\frac{10}{2}\times1.35+1\times3.82$$
$$=19.01(\text{kN})$$

$$H_A=H_B=H=0.212q_2l+0.106q_1l+0.318G$$
$$=0.212\times20\times1.35+0.106\times10\times1.35+0.318\times3.82$$
$$=8.37(\text{kN})$$

拱顶 C 截面内力：

$$M_C=0.019q_2l^2+0.0095q_1l^2+0.024Gl$$
$$=0.019\times20\times1.35^2+0.0095\times10\times1.35^2+0.024\times3.82\times1.35$$
$$=1.00(\text{kN}\cdot\text{m})$$

$$V_C=0.25\left(\frac{q_1l}{2}\right)=0.25\times\frac{10}{2}\times1.35=1.69(\text{kN})$$

$$N_C=H=8.37\text{kN}$$

（2）1/4 弧长截面 D 处的内力

双铰拱为一次超静定结构，但当支座处水平推力 H 求出后，其余内力都可由静力平衡条件求得，拱轴上任一截面的内力即可由表 8-4 中的三铰拱内力公式来计算。

1/4 弧长截面 D 处的坐标及拱轴切线的倾角为

$$\theta=45^\circ \qquad \cos\theta=\sin\theta=0.707$$

$$y=b=\frac{l}{2}\cos\theta=0.675\cos45^\circ=0.477(\text{m})$$

$$x=a=\frac{l}{2}-b=0.675-0.477=0.198(\text{m})$$

1）$M_x=M_x^0-H_y$

均布恒荷载时 $M_{x2}^0=\frac{q_2}{2}la-\frac{q_2}{2}a^2=\frac{20}{2}\times1.35\times0.198-\frac{20}{2}\times0.198^2=2.28(\text{kN}\cdot\text{m})$

均布活荷载时 $M_{x1}^0=\frac{3q_1}{8}la-\frac{q_1}{2}a^2=\frac{30}{8}\times1.35\times0.198-\frac{10}{2}\times0.198^2=0.81(\text{kN}\cdot\text{m})$

拱体自重沿跨度方向不是均布荷载，为简化计算，折算成两个集中力分别作用在 D 和 E 处，由于自重的影响不大，可略去其误差。

拱体自重下

$$M_{x3}^0 = Ga = 3.82 \times 0.198 = 0.76(\text{kN} \cdot \text{m})$$

$$M_x^0 = 2.28 + 0.81 + 0.76 = 3.85(\text{kN} \cdot \text{m})$$

$$M_D = M_x = 3.85 - 8.37 \times 0.477 = -0.14(\text{kN} \cdot \text{m})$$

2）$V_x = N_x^0 \cos\theta - H\sin\theta$

$$V_x^0 = \left(\frac{q_1 l}{2} - q_2 a\right) + \left(\frac{3}{8} q_1 l - q_1 a\right)$$

$$= \frac{20}{2} \times 1.35 - 20 \times 0.198 + \frac{3}{8} \times 10 \times 1.35 - 10 \times 0.198$$

$$= 12.62(\text{kN})$$

$$V_D = V_x = 12.62 \times 0.707 - 8.37 \times 0.707 = 3.0(\text{kN})$$

3）$N_x = V_x^0 \sin\theta + H\cos\theta = (12.62 + 8.37) \times 0.707 = 14.84(\text{kN})$

其他截面的内力，也可按此步骤分别求出，从而绘制拱体的 M、V 和 N 内力图。

8.4　无铰拱的计算

8.4.1　等截面无铰圆拱的计算

等截面无铰圆拱的计算见表 8-10。

表 8-10　等截面无铰圆拱的计算

序号	设右图所示力的方向为正。除右图所示者外，其他的符号为（拱的截面宽度为单位长）：V_C、H_C、M_C——C 点的剪力、轴向力及弯矩；G——半跨拱的自重；d——等截面拱的高度；g——拱体材料的自重；g_1——拱背充填材料的自重							
	简图	项目	f/l					乘数
			0.1	0.2	0.3	0.4	0.5	
1	$V_A = V_B$；$V_C = 0$；$H_A = H_B = H_C$；$M_A = M_B$	V_A	0.50000	0.50000	0.50000	0.50000	0.50000	ql
		H_A	1.26093	0.63782	0.43421	0.33558	0.27583	ql
		M_A	0.00131	0.00414	0.00925	0.01649	0.02467	ql^2
		M_C	0.00022	0.00158	0.00399	0.00726	0.01175	ql^2
2	$V_A = V_C$；$H_A = H_B = H_C$	V_A	0.18853	0.19162	0.19680	0.20355	0.21101	$ql/2$
		V_B	0.81147	0.80838	0.80320	0.79645	0.78899	$ql/2$
		H_A	1.26093	0.63782	0.43421	0.33558	0.27583	$ql/2$
		M_A	0.03204	0.03333	0.03585	0.03971	0.04416	$ql^2/2$
		M_B	-0.02943	-0.02505	-0.01735	-0.00674	0.00517	$ql^2/2$
		M_C	0.00021	0.00158	0.00399	0.00726	0.01175	$ql^2/2$
3	$V_A = V_B$；$V_C = 0$；$H_A = H_B = H_C$；$M_A = M_B$	V_A	1.00000	1.00000	1.00000	1.00000	1.00000	G_1
		H_A	1.09958	0.55637	0.38117	0.29819	0.25308	G_1
		M_A	-0.02641	-0.02206	-0.01419	-0.00397	0.00852	$G_1 l$
		M_C	-0.01070	-0.01030	-0.00972	-0.00833	-0.00599	$G_1 l$
		G_1	0.01640	0.03124	0.04313	0.05090	0.05365	$g_1 l^2$

续表 8-10

序号	简图	项目	f/l					乘数
			0.1	0.2	0.3	0.4	0.5	
4	自重 $V_A=V_B$；$V_C=0$； $H_A=H_B=H_C$；$M_A=M_B$	V_A	1.00000	1.00000	1.00000	1.00000	1.00000	G
		H_A	2.48476	1.20645	0.77364	0.54391	0.40147	G
		M_A	0.00186	0.00582	0.01378	0.02200	0.03100	Gl
		M_C	−0.00005	0.00198	0.00435	0.00836	0.01330	Gl
		G	0.51323	0.55173	0.61248	0.69161	0.78540	gdl
5	$V_A=V_B$；$H_A=H_B$； $H_C=H_A+qf$；$M_A=M_B$	V_A	0	0	0	0	0	qf
		H_A	−0.57184	−0.56746	−0.56888	−0.56350	−0.55300	qf
		M_A	−0.01151	−0.02237	−0.03383	−0.04364	−0.05044	qfl
		M_C	−0.00433	−0.00888	−0.01317	−0.01824	−0.02394	qfl
6	$V_B=-V_A$；$V_C=V_A$；$H_C=H_A$	V_A	0.02486	0.04855	0.07063	0.08992	0.10532	qf
		H_A	0.21408	0.21455	0.21556	0.21825	0.22350	qf
		H_B	−0.78592	−0.78545	−0.78444	−0.78175	−0.77650	qf
		M_A	0.00682	0.01454	0.02277	0.03322	0.04630	qfl
		M_B	−0.01832	−0.03691	−0.05660	−0.07686	−0.09838	qfl
		M_C	−0.00216	−0.00410	−0.00658	−0.00912	−0.01279	qfl
7	$V_A=V_B$；$H_A=H_B$； $H_C=H_A+\frac{qf}{2}$；$M_A=M_B$	V_A	0	0	0	0	0	$qf/2$
		H_A	−0.75989	−0.75679	−0.75857	−0.75246	−0.73600	$qf/2$
		M_A	−0.01273	−0.02502	−0.03795	−0.04919	−0.05660	$qfl/2$
		M_C	−0.00372	−0.00699	−0.01038	−0.01488	−0.02193	$qfl/2$
8	$V_B=-V_A$；$V_C=V_A$；$H_C=H_A$	V_A	0.01311	0.02561	0.03736	0.04795	0.05821	$qf/2$
		H_A	0.12006	0.12020	0.12072	0.12377	0.13200	$qf/2$
		H_B	−0.87994	−0.87980	−0.87928	−0.87623	−0.86800	$qf/2$
		M_A	0.00375	0.00802	0.01234	0.01810	0.02593	$qfl/2$
		M_B	−0.01647	−0.03304	−0.05030	−0.06728	−0.08253	$qfl/2$
		M_C	−0.00170	−0.00322	−0.00520	−0.00743	−0.01097	$qfl/2$
9	$V_A=V_B=V_C$；$H_A=H_B=H_C$； $M_A=M_B$	V_A	0.50000	0.50000	0.50000	0.50000	0.50000	P
		H_A	2.34606	1.16774	0.77402	0.57689	0.45512	P
		M_A	0.03249	0.03526	0.04014	0.04663	0.05326	Pl
		M_C	0.04789	0.05171	0.05793	0.06587	0.07570	Pl
10	$V_B=-V_A$；$H_B=-H_A$；$M_B=-M_A$	V_A	0.07444	0.14570	0.21105	0.26919	0.31975	W
		H_A	0.50000	0.50000	0.50000	0.50000	0.50000	W
		M_A	0.01278	0.02715	0.04452	0.06540	0.09013	Wl

8.4.2 无铰抛物线拱的计算

无铰抛物线拱的计算见表 8-11。

表 8-11　无铰抛物线拱的计算

<table>
<tr><th rowspan="2">序　号</th><th colspan="3">拱轴为二次抛物线，截面为等截面或沿跨度变化很小时适用。不考虑轴力对变位的影响时，$K=1.0$；考虑轴力影响时，$K=\frac{1}{1+v}$，$v=\frac{45}{4}\frac{I}{Af^2}$</th></tr>
<tr><th>荷载形式</th><th>竖向反力和推力</th><th>弯　矩</th></tr>
<tr><td>1</td><td> 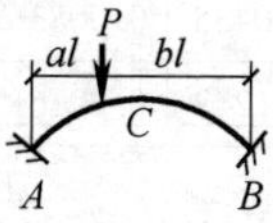</td><td>$R_A=b^2(1+2a)P$
$R_B=a^2(1+2b)P$
$H=\frac{15}{4}\frac{Pl}{f}a^2b^2K$</td><td>$M_A=Plab^2\left(\frac{5a}{2}K-1\right)$
$M_B=Pla^2b\left(\frac{5b}{2}K-1\right)$
当 $0\leqslant a\leqslant\frac{l}{2}$ 时，$M_C=\frac{Pl}{2}a^2\left(1-\frac{5b^2}{2}K\right)$</td></tr>
<tr><td>2</td><td> 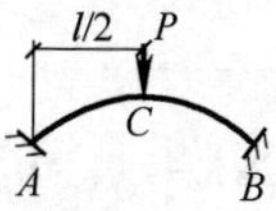</td><td>$R_A=R_B=\frac{P}{2}$
$H=\frac{15}{64}\frac{Pl}{f}K$</td><td>$M_A=M_B=\frac{Pl}{8}\left(\frac{5}{4}K-1\right)$
$M_C=\frac{Pl}{8}\left(1-\frac{5}{8}K\right)$
当 $K=1$ 时，$M_A=M_B=\frac{Pl}{32}$，$M_C=\frac{3}{64}Pl$</td></tr>
<tr><td>3</td><td> 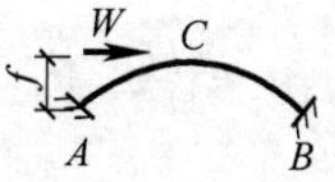</td><td>$R_A=-R_B=-\frac{3}{4}\frac{Wf}{l}$
$H_A=-\frac{W}{2}$　$H_B=\frac{W}{2}$</td><td>$M_A=-\frac{Wf}{8}$
$M_B=-M_A$
$M_C=0$</td></tr>
<tr><td>4</td><td> 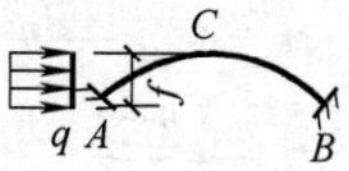</td><td>$R_A=-R_B=-\frac{qf^2}{4l}$
$H_A=-\frac{11}{14}qf$　$H_B=\frac{3}{14}qf$</td><td>$M_A=-\frac{51}{280}qf^2$
$M_B=\frac{19}{280}qf^2$
$M_C=-\frac{3}{140}qf^2$</td></tr>
<tr><td>5</td><td> 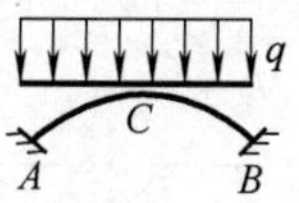</td><td>$R_A=R_B=\frac{1}{2}ql$
$H=\frac{ql^2}{8f}K$
当 $K=1$ 时，$H=\frac{ql^2}{8f}$</td><td>$M_A=M_B=-\frac{ql^2}{12}(1-K)$
$M_C=\frac{ql^2}{24}(1-K)$
当 $K=1$ 时，$M_A=M_B=M_C=0$</td></tr>
<tr><td>6</td><td> 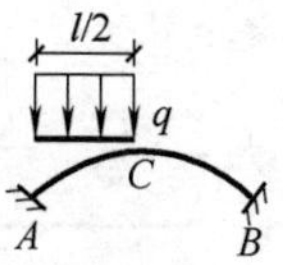</td><td>$R_A=\frac{13}{32}ql$　$R_B=\frac{3}{32}ql$
$H=\frac{ql^2}{16f}K$
当 $K=1$ 时，$H=\frac{ql^2}{16f}$</td><td>$M_A=-\frac{ql^2}{192}(3+11v)K$
$M_B=\frac{ql^2}{192}(3-5v)K$
$M_C=\frac{ql^2}{48}vK$
当 $K=1$ 时，$M_A=-M_B=-\frac{ql^2}{64}$，$M_C=0$</td></tr>
</table>

续表 8-11

序号	荷载形式	竖向反力和推力	弯矩
7	al bl q C A B	$R_A=\frac{ql}{2}a[1+b(1+ab)]$ $R_B=\frac{ql}{2}a^2(1-b^2)$ $H=\frac{ql^2}{8f}a^3[1+3b(1+2b)]K$	$M_A=-\frac{ql^2}{12}a^2[6b^3+v(1+2b+3b)]K$ $M_B=\frac{ql^2}{12}a^3[6b^2-v(1-3b)]K$ 当 $a\leqslant 0.5l$ 及 $K=1$ 时，$M_C=-\frac{ql^2}{8}a^3(2-5a+2a^2)$
8	C q A B	$R_A=R_B=\frac{ql}{6}$ $H=\frac{ql^2}{56f}K$ 当 $K=1$ 时，$H=\frac{ql^2}{56f}$	$M_A=M_B=-\frac{ql^2}{420}(7v+2)K$ $M_C=-\frac{ql^2}{1680}(3-7v)K$ 当 $K=1$ 时，$(x=0.233l)M_{max}=\frac{ql^2}{509}$
9	q C A B	$R_A=R_B=\frac{ql}{4}$ 当 $K=1$ 时，$H=\frac{5}{128}\cdot\frac{ql^2}{f}$	当 $K=1$ 时，$M_A=M_B=-\frac{ql^2}{192}$ $M_C=-\frac{ql^2}{384}$
10	θ C A B	$R_A=-\frac{6EI}{l^2}\theta\quad R_B=\frac{6EI}{l^2}\theta$ $H=\frac{15}{2}\cdot\frac{EI}{fl}\theta$	$M_A=\frac{9EI}{l}\theta\quad M_B=\frac{3EI}{l}\theta$ $M_C=-\frac{3}{2}\cdot\frac{EI}{l}\theta$
11	θ C θ A B	$R_A=R_B=0$ $H=\frac{15EI}{fl}\theta$	$M_A=M_B=\frac{12EI}{l}\theta$ $M_C=-\frac{3EI}{l}\theta$
12	θ C θ A B	$R_A=-\frac{12EI}{l^2}\theta\quad R_B=\frac{12EI}{l^2}\theta$ $H=0$	$M_A=\frac{6EI}{l}\theta\quad M_B=-\frac{6EI}{l}\theta$ $M_C=0$
13	C Δl A B	$R_A=R_B=0$ $H=\frac{45}{4}\cdot\frac{EI}{f^2l}\Delta l$	$M_A=M_B=\frac{15}{2}\cdot\frac{EI}{fl}\Delta l$ $M_C=-\frac{15}{4}\cdot\frac{EI}{fl}\Delta l$
14	均匀加热$t°$ C A B α——线膨胀系数	$R_A=R_B=0$ $H=\frac{45}{4}\cdot\frac{EI\alpha t}{f^2}K$	$M_A=M_B=\frac{15}{2}\cdot\frac{EI\alpha t}{f}K$ $M_C=-\frac{15}{4}\cdot\frac{EI\alpha t}{f}K$

第9章 排架计算

9.1 排架计算说明

排架计算说明见表9-1。

表9-1 排架计算说明

序号	项目	内容
1	排架的计算简图	排架柱脚固接于基础顶面，柱子与屋面梁(桁架)铰接；横梁看作一链杆，并不考虑其轴向变形
2	排架计算简图尺寸	横梁跨度取横向轴线间距，柱高取柱基顶面至柱顶的距离，下柱高取柱基顶面至起重机梁底(现浇起重机梁至起重机梁顶面)的距离，上柱高取柱顶至起重机梁底(现浇起重机梁取至起重机梁顶面)的距离
3	排架简化计算说明	1）对等高多跨，或高差不超过2m的多跨，或高差虽大于2m但至少有相邻二跨横梁在同一标高的多跨厂房，当柱距小于或等于6m，车间内起重机起重量小于或等于50t，屋面为整体屋面时，可把柱上端作为不动铰支来计算起重机荷载。以图9-1所示排架为例，排架图9-1a简化成图9-1b和图9-1c计算 2）多跨排架中，当各跨荷载轻重悬殊时，如图9-2所示排架，若左边低跨不设起重机或设置较右边二跨为轻的起重机，则计算简图中可将重跨作为轻跨的支承，如图9-2b所示，而轻跨不帮助重跨受力，如图9-2c所示
4	排架横梁内力公式推导方法	本章各计算表列出了中小型单层工业厂房中几种常用的排架内力计算公式，在设计中如遇到的排架不在上列范围内，可按照[例题9-2]的计算方法自行推导所需的内力计算公式

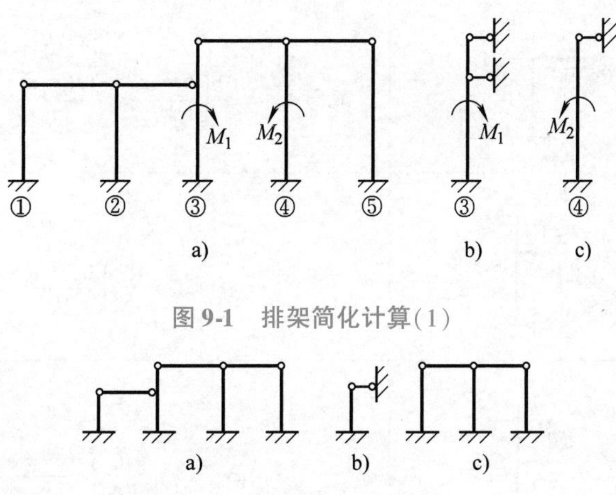

图9-1 排架简化计算(1)

图9-2 排架简化计算(2)

9.2 二阶柱的变位计算公式

二阶柱的变位计算公式见表9-2。

表9-2 二阶柱的变位计算公式

序号	计算简图	计算公式
1	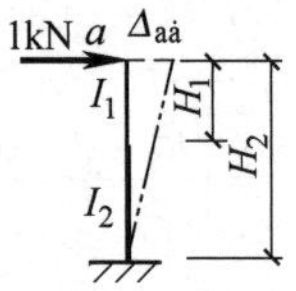	$\Delta_{aa}=\frac{10^6}{E}\left(\frac{H_1^3}{3I_1}+\frac{H_2^3-H_1^3}{3I_2}\right)$
2	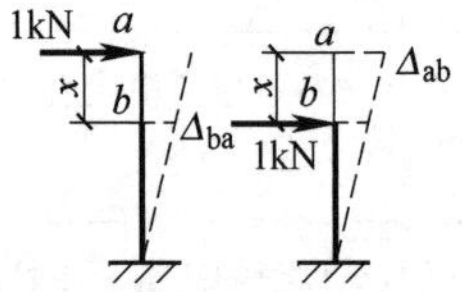	$x<H_1$ $\Delta_{ab}=\Delta_{ba}=\frac{10^6}{E}\left[\frac{H_1^3-x^3}{3I_1}-\frac{x(H_1^2-x^2)}{2I_1}+\frac{H_2^3-H_1^3}{3I_2}-\frac{x(H_2^2-H_1^2)}{2I_2}\right]$
3	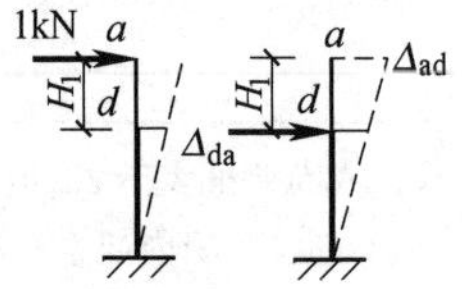	$x=H_1$ $\Delta_{ad}=\Delta_{da}=\frac{10^6}{E}\left[\frac{H_2^3-H_1^3}{3I_2}-\frac{H_1(H_2^2-H_1^2)}{2I_2}\right]$
4	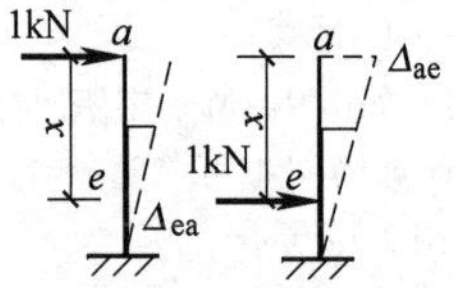	$x>H_1$ $\Delta_{ae}=\Delta_{ea}=\frac{10^6}{E}\left[\frac{H_2^3-x^3}{3I_2}-\frac{x(H_2^2-x^2)}{2I_2}\right]$
5	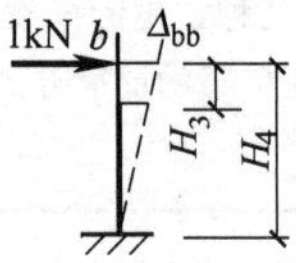	$\Delta_{bb}=\frac{10^6}{E}\left(\frac{H_3^3}{3I_1}+\frac{H_4^3-H_3^3}{3I_2}\right)$
6	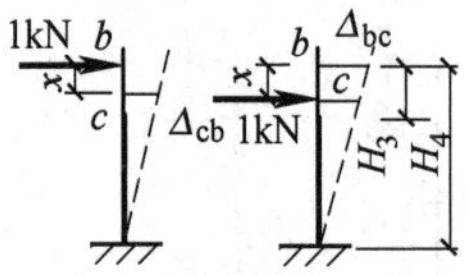	$x<H_3$ $\Delta_{bc}=\Delta_{cb}=\frac{10^6}{E}\left[\frac{H_1^3-x^3}{3I_1}-\frac{x(H_3^2-x^2)}{2I_1}+\frac{H_4^3-H_3^3}{3I_2}-\frac{x(H_4^2-H_3^2)}{2I_2}\right]$
7	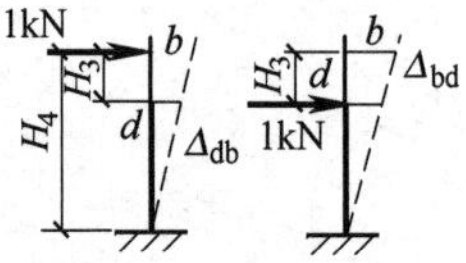	$x=H_3$ $\Delta_{bd}=\Delta_{db}=\frac{10^6}{E}\left[\frac{H_4^3-H_3^3}{3I_2}-\frac{H_3(H_4^2-H_3^2)}{2I_2}\right]$
8	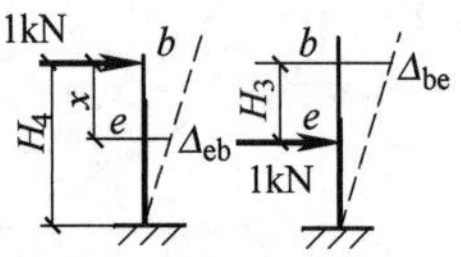	$x>H_3$ $\Delta_{be}=\Delta_{eb}=\frac{10^6}{E}\left[\frac{H_4^3-x^3}{3I_2}-\frac{x(H_4^2-x^2)}{2I_2}\right]$

续表 9-2

序　号	计算简图	计算公式
9	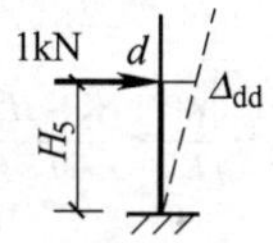 1kN d Δdd H5	$\Delta_{dd}=\frac{10^6}{E}\times\frac{H_5^3}{3I_2}$
10	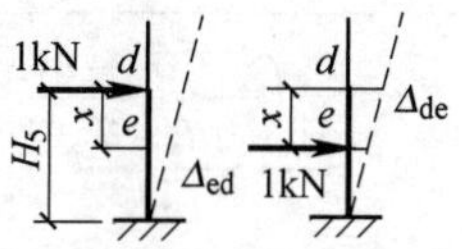 1kN d x e H5 Δed d x e 1kN Δde	$\Delta_{ed}=\Delta_{de}=\frac{10^6}{E}\left[\frac{H_5^3-x^3}{3I_2}-\frac{x(H_5^2-x^2)}{2I_2}\right]$
11	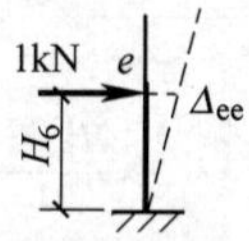 1kN e Δee H6	$\Delta_{ee}=\frac{10^6}{E}\times\frac{H_6^3}{3I_2}$
12	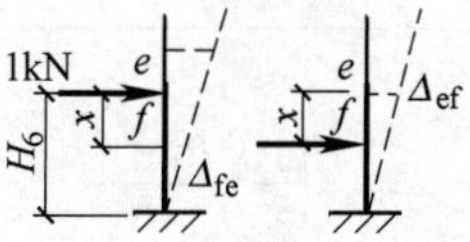 1kN e x f H6 Δfe e x f Δef	$\Delta_{fe}=\Delta_{ef}=\frac{10^6}{E}\left[\frac{H_6^3-x^3}{3I_2}-\frac{x(H_6^2-x^2)}{2I_2}\right]$
13	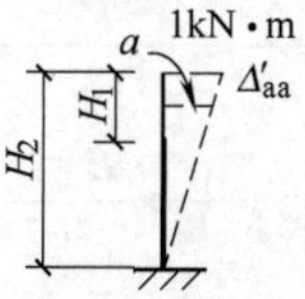 a 1kN·m Δ′aa H1 H2	$\Delta'_{aa}=\frac{10^6}{E}\left(\frac{H_1^2}{2I_1}+\frac{H_2^2-H_1^2}{2I_2}\right)$
14	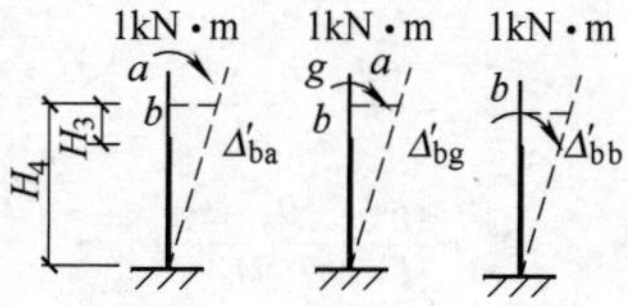 1kN·m a b H3 H4 Δ′ba 1kN·m g a b Δ′bg 1kN·m b Δ′bb	$\Delta'_{ba}=\frac{10^6}{E}\left(\frac{H_3^2}{2I_1}+\frac{H_4^2-H_3^2}{2I_2}\right)$ $\Delta'_{bg}=\Delta'_{ba}=\Delta'_{bb}$
15	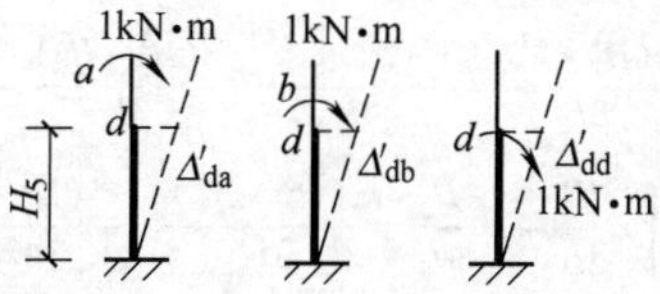 1kN·m a d H5 Δ′da 1kN·m b d Δ′db d Δ′dd 1kN·m	$\Delta'_{da}=\frac{10^6}{E}\times\frac{H_5^2}{2I_2}$ $\Delta'_{db}=\Delta'_{da}=\Delta'_{dd}$
16	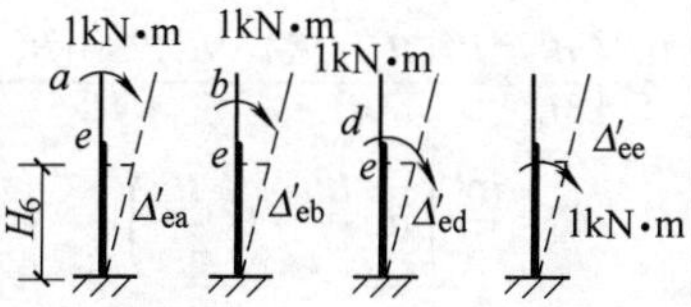 1kN·m a e H6 Δ′ea 1kN·m b e Δ′eb 1kN·m d e Δ′ed Δ′ee 1kN·m	$\Delta'_{ea}=\frac{10^6}{E}\times\frac{H_6^2}{2I_2}$ $\Delta'_{eb}=\Delta'_{ea}=\Delta'_{ed}=\Delta'_{ee}$
17	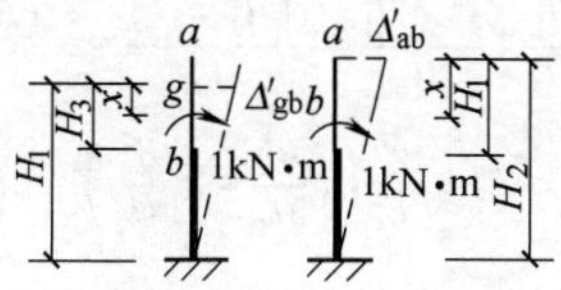 a g x H3 H1 b Δ′gb 1kN·m a Δ′ab b 1kN·m x H1 H2	$\Delta'_{ab}=\frac{10^6}{E}\left(\frac{H_1^2-x^2}{2I_1}+\frac{H_2^2-H_1^2}{2I_2}\right)$ $\Delta'_{gb}=\frac{10^6}{E}\left(\frac{H_3^2-x^2}{2I_1}+\frac{H_4^2-H_3^2}{2I_2}\right)$

续表 9-2

序　号	计算简图	计算公式
18	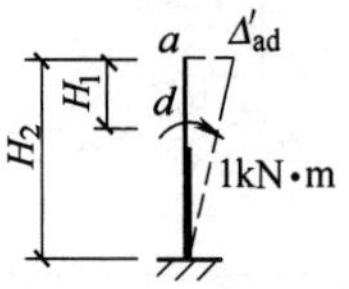	$\Delta'_{ad}=\frac{10^6}{E}\times\frac{H_2^2-H_1^2}{2I_2}$
19	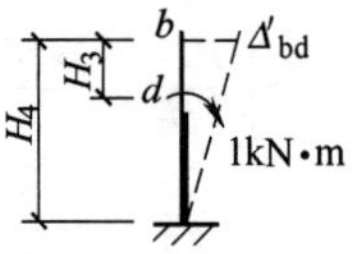	$\Delta'_{bd}=\frac{10^6}{E}\times\frac{H_4^2-H_3^2}{2I_2}$
20	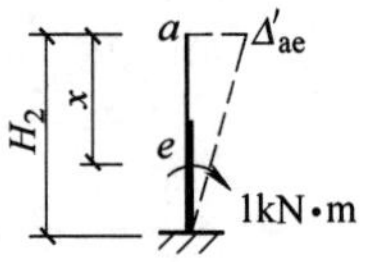	$\Delta'_{ae}=\frac{10^6}{E}\times\frac{H_2^2-x^2}{2I_2}$
21	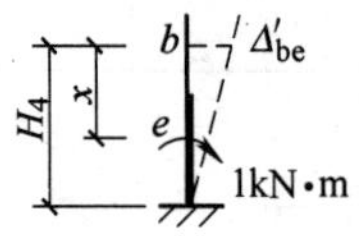	$\Delta'_{be}=\frac{10^6}{E}\times\frac{H_4^2-x^2}{2I_2}$
22	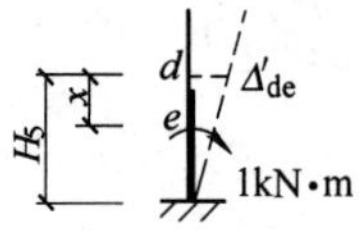	$\Delta'_{de}=\frac{10^6}{E}\times\frac{H_5^2-x^2}{2I_2}$
23	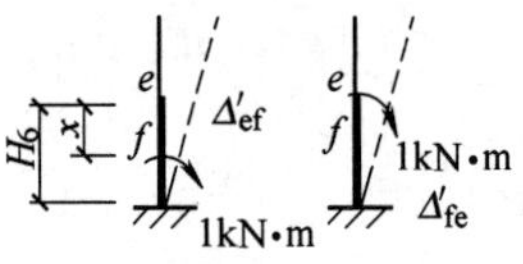	$\Delta'_{ef}=\frac{10^6}{E}\times\frac{H_6^2-x^2}{2I_2}$ $\Delta'_{fe}=\frac{10^6}{E}\times\frac{(H_6-x)^2}{2I_2}$
24	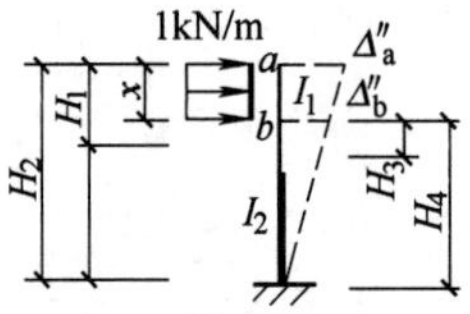	$\Delta''_a=\frac{10^6}{E}\left[\frac{x^4}{8I_1}+\frac{x(H_1^3-x^3)}{3I_1}-\frac{x^2(H_1^2-x^2)}{4I_1}+\frac{x(H_2^3-H_1^3)}{3I_2}-\frac{x^2(H_2^2-H_1^2)}{4I_2}\right]$ $\Delta''_b=\frac{10^6}{E}\left[x\frac{H_3^3}{3I_1}+x^2\frac{H_3^2}{4I_1}+\frac{x(H_4^3-H_3^3)}{3I_2}+\frac{x^2(H_4^2-H_3^2)}{4I_2}\right]$
25	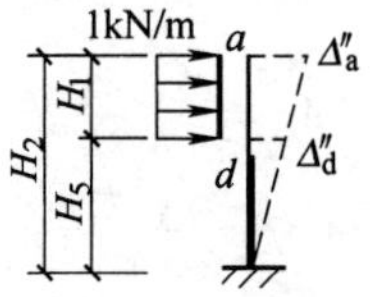	$\Delta''_a=\frac{10^6}{E}\left[\frac{H_1^4}{8I_1}+\frac{H_1(H_2^3-H_1^3)}{3I_2}-\frac{H_1^2(H_2^2-H_1^2)}{4I_2}\right]$ $\Delta''_d=\frac{10^6}{E}\left[H_1\frac{H_5^3}{3I_2}+H_1^2\frac{H_5^2}{4I_2}\right]$
26	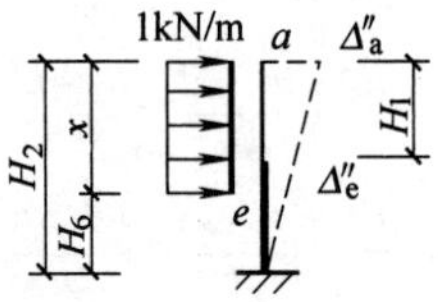	$\Delta''_a=\frac{10^6}{E}\left[\frac{H_1^4}{8I_1}+\frac{x^4-H_1^4}{8I_2}+\frac{x(H_2^3-x^3)}{3I_2}-\frac{x^2(H_2^2-x^2)}{4I_2}\right]$ $\Delta''_e=\frac{10^6}{E}\left(x\frac{H_6^3}{3I_2}+x^2\frac{H_6^2}{4I_2}\right)$

续表 9-2

序　号	计 算 简 图	计 算 公 式
27	1kN/m　a　Δ''_a　H_1　H_2	$\Delta''_a=\frac{10^6}{E}\left(\frac{H_1^4}{8I_1}+\frac{H_2^4-H_1^4}{8I_2}\right)$

注：H_1、H_2——上柱高和全柱高(m)；

x——均布荷载的长度或单位力(力偶矩)作用点到所求位移点的距离(m)；

H_3、H_4——单位力(力偶矩)作用点到上柱底和全柱底的距离(m)；

I_1——上部柱的惯性矩(cm^4)；

I_2——下部柱的惯性矩(cm^4)；

Δ_{ba}、Δ'_{ba}、Δ''_b——由单位集中力或单位力矩，或一段均布荷载所产生的柱顶位移(cm)。第一个脚码为发生水平位移点的位置；第二个脚码为引起该位移的单位力(力偶矩)作用点的位置。

9.3　按不动铰计算排架柱顶反力的公式

按不动铰计算排架柱顶反力的公式见表 9-3。

表 9-3　按不动铰计算排架柱顶反力的公式

序　号	计 算 简 图	计 算 公 式
1	M　a　x_1　b　x_2　M　a　x_1　b　x_2	$x_1=\frac{(\Delta'_{aa}\Delta_{bb}-\Delta'_{ba}\Delta_{ab})M}{\Delta_{aa}\Delta_{bb}-\Delta_{ab}^2}$ $x_2=\frac{(\Delta'_{ba}\Delta_{aa}-\Delta'_{aa}\Delta_{ab})M}{\Delta_{aa}\Delta_{bb}-\Delta_{ab}^2}$
2	a　x_1　g　M　b　x_2　x_1　x_2　M　g	$x_1=\frac{(\Delta'_{ag}\Delta_{bb}-\Delta'_{bg}\Delta_{ab})M}{\Delta_{aa}\Delta_{bb}-\Delta_{ab}^2}$ $x_2=\frac{(\Delta'_{bg}\Delta_{aa}-\Delta'_{ag}\Delta_{ab})M}{\Delta_{aa}\Delta_{bb}-\Delta_{ab}^2}$
3	a　x_1　M　b　x_2　a　x_1　M　b　x_2	$x_1=\frac{(\Delta'_{ab}\Delta_{bb}-\Delta'_{bb}\Delta_{ab})M}{\Delta_{aa}\Delta_{bb}-\Delta_{ab}^2}$ $x_2=\frac{(\Delta'_{bb}\Delta_{aa}-\Delta'_{ab}\Delta_{ab})M}{\Delta_{aa}\Delta_{bb}-\Delta_{ab}^2}$
4	a　x_1　g　P　x_2　b　a　x_1　b　x_2　g　P	$x_1=\frac{(\Delta_{ag}\Delta_{bb}-\Delta_{bg}\Delta_{ab})P}{\Delta_{aa}\Delta_{bb}-\Delta_{ab}^2}$ $x_2=\frac{(\Delta_{bg}\Delta_{aa}-\Delta_{ag}\Delta_{ab})P}{\Delta_{aa}\Delta_{bb}-\Delta_{ab}^2}$

注：公式中位移 Δ 值按表 9-2 中相应公式计算。

9.4 单跨排架内力计算公式

单跨排架内力计算公式见表9-4。

表9-4 单跨排架内力计算公式

序号	计算简图	计算公式
1	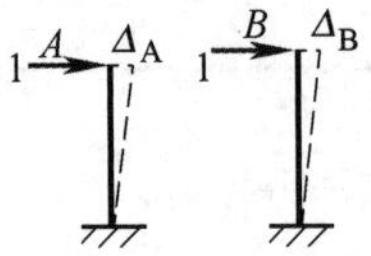	$K_1=\dfrac{\Delta_A}{\Delta_A+\Delta_B}$ $K_2=\dfrac{\Delta_B}{\Delta_A+\Delta_B}$
2	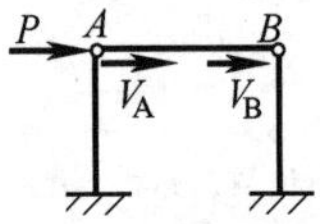	$V_A=PK_2$ $V_B=PK_1$
3	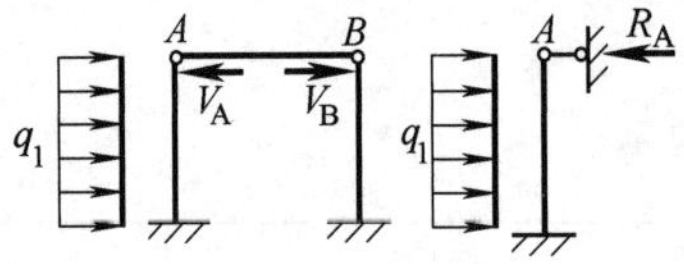	$V_A=V_B=R_AK_1$
4	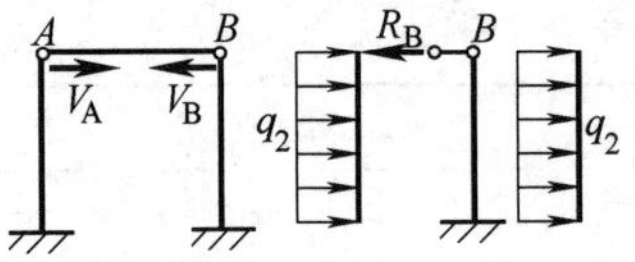	$V_A=V_B=R_BK_2$
5	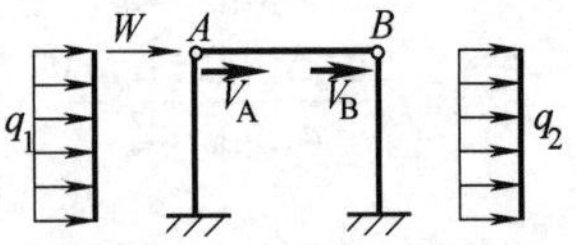	$\left.\begin{array}{l}V_A=(W+R_B)K_2-R_AK_1\\V_B=(W+R_A)K_1-R_BK_2\end{array}\right\}$
6	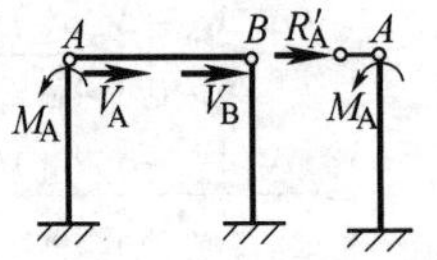	$V_A=V_B=R'_AK_1$
7	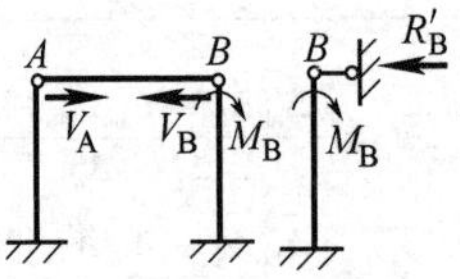	$V_A=V_B=R'_BK_2$
8	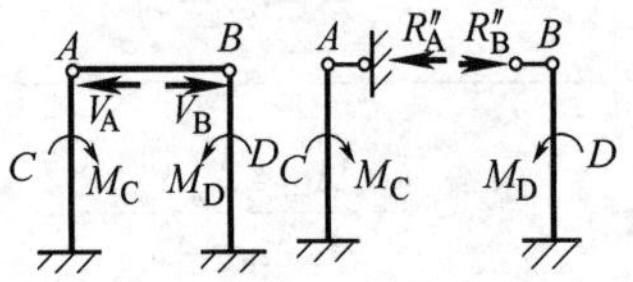	$V_A=V_B=R''_AK_1+R''_BK_2$
9	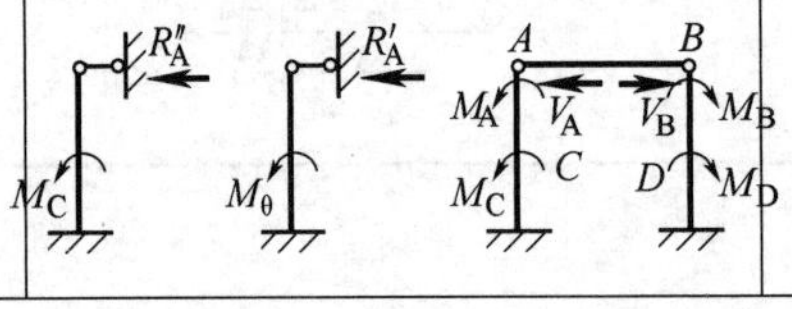	$V_A=V_B=(R'_A+R''_A)K_1+(R'_B+R''_B)K_2$

续表 9-4

序 号	计算简图	计算公式
10	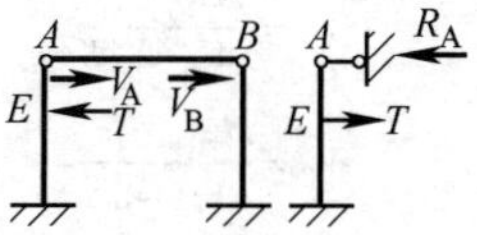 A B A R_A E V_A T V_B E T	$V_A = V_B = R_A K_1$

9.5 二跨等高排架内力计算公式

二跨等高排架内力计算公式见表 9-5。

表 9-5 二跨等高排架内力计算公式

序 号	计算简图	计算公式
1	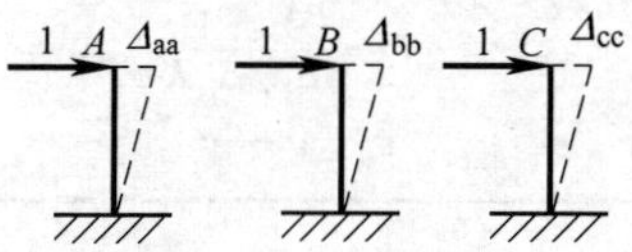 1 A Δ_{aa} 1 B Δ_{bb} 1 C Δ_{cc}	$K = \frac{1}{\Delta_{aa}} + \frac{1}{\Delta_{bb}} + \frac{1}{\Delta_{cc}}$
2	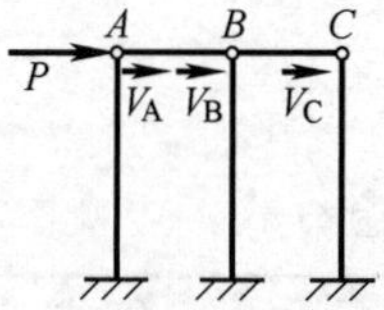 P A B C V_A V_B V_C	$V_A = \frac{P}{\Delta_{aa} K}$ $V_B = \frac{P}{\Delta_{bb} K}$ $V_C = \frac{P}{\Delta_{cc} K}$
3	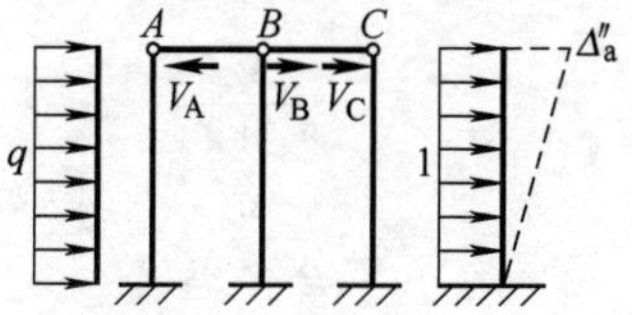 q A B C V_A V_B V_C 1 Δ''_a	$V_B = \frac{q\Delta''_a}{\Delta_{aa}} \frac{1}{\Delta_{bb} K}$ $V_C = \frac{q\Delta''_a}{\Delta_{aa}} \frac{1}{\Delta_{cc} K}$ $V_A = V_B + V_C$
4	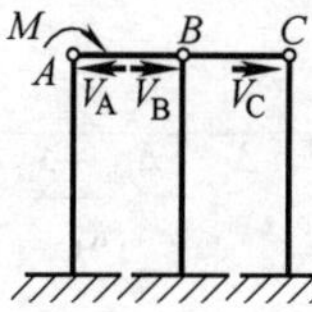 M A B C V_A V_B V_C	$V_B = \frac{M\Delta'_{aa}}{\Delta_{aa}} \frac{1}{\Delta_{bb} K}$ $V_C = \frac{M\Delta'_{aa}}{\Delta_{aa}} \frac{1}{\Delta_{cc} K}$ $V_A = V_B + V_C$
5	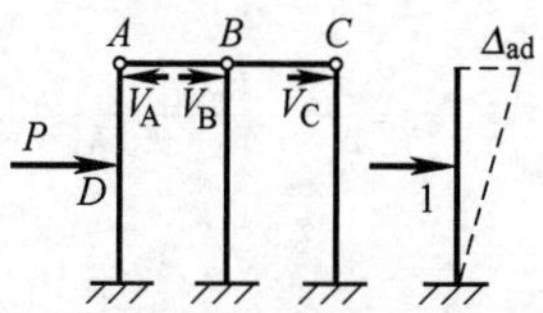 A B C V_A V_B V_C P D 1 Δ_{ad}	$V_B = \frac{P\Delta_{ad}}{\Delta_{aa}} \frac{1}{\Delta_{bb} K}$ $V_C = \frac{P\Delta_{ad}}{\Delta_{aa}} \frac{1}{\Delta_{cc} K}$ $V_A = V_B + V_C$
6	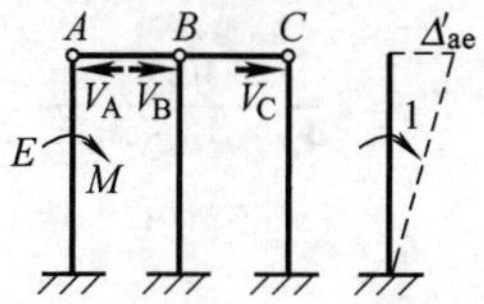 A B C V_A V_B V_C E M 1 Δ'_{ae}	$V_B = \frac{M\Delta'_{ae}}{\Delta_{aa}} \frac{1}{\Delta_{bb} K}$ $V_C = \frac{M\Delta'_{ae}}{\Delta_{aa}} \frac{1}{\Delta_{cc} K}$ $V_A = V_B + V_C$

续表 9-5

序　号	计算简图	计算公式
7	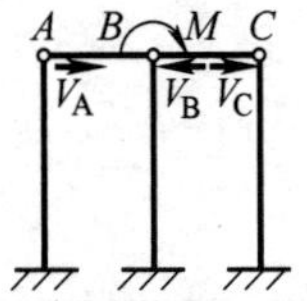	$V_A=\frac{M\Delta'_{bb}}{\Delta_{bb}}\frac{1}{\Delta_{aa}K}$ $V_C=\frac{M\Delta'_{bb}}{\Delta_{bb}}\frac{1}{\Delta_{cc}K}$ $V_B=V_A+V_C$
8	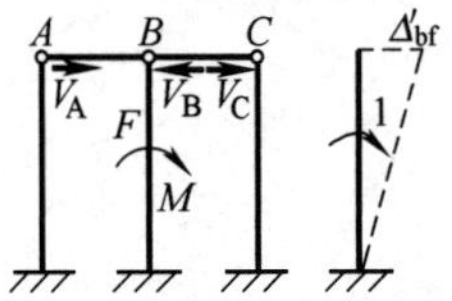	$V_A=\frac{M\Delta'_{bf}}{\Delta_{bb}}\frac{1}{\Delta_{aa}K}$ $V_C=\frac{M\Delta'_{bf}}{\Delta_{bb}}\frac{1}{\Delta_{cc}K}$ $V_B=V_A+V_C$
9	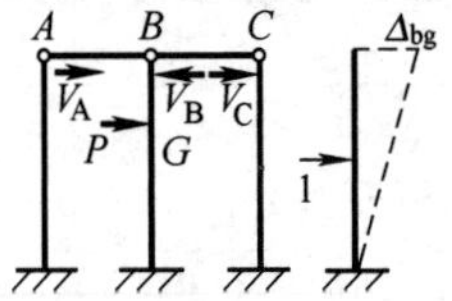	$V_A=\frac{P\Delta_{bg}}{\Delta_{bb}}\frac{1}{\Delta_{aa}K}$ $V_C=\frac{P\Delta_{bg}}{\Delta_{bb}}\frac{1}{\Delta_{cc}K}$ $V_B=V_A+V_C$

9.6 一高一低二跨排架内力计算公式

一高一低二跨排架内力计算公式见表 9-6。

表 9-6 一高一低二跨排架内力计算公式

序　号	计算简图	计算公式
1	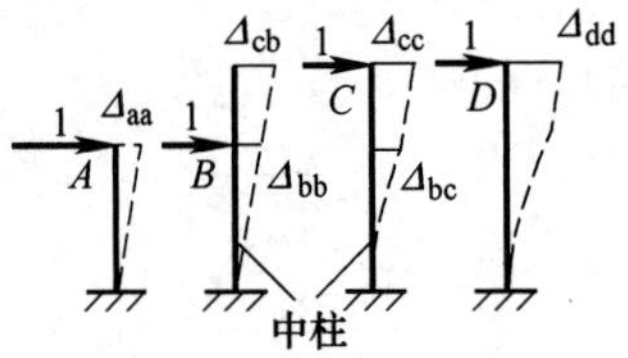 中柱	$K_1=\frac{\Delta_{bc}}{\Delta_{cc}+\Delta_{dd}}$ $K_2=\frac{\Delta_{bc}}{\Delta_{aa}+\Delta_{bb}}$
2	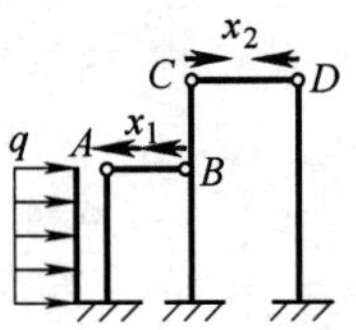	$x_1=\frac{q\Delta''_a}{\Delta_{aa}+\Delta_{bb}-\Delta_{bc}K_1}$ $x_2=x_1K_1$
3	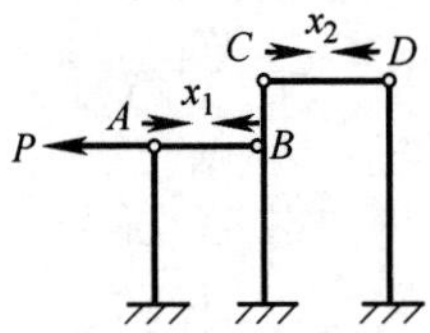	$x_1=\frac{P\Delta_{aa}}{\Delta_{aa}+\Delta_{bb}-\Delta_{bc}K_1}$ $x_2=x_1K_1$
4	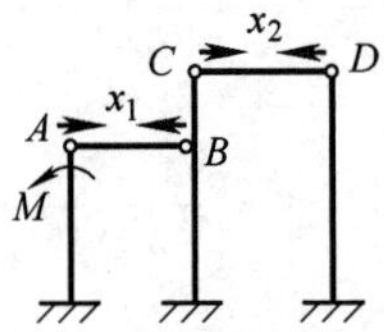	$x_1=\frac{M\Delta'_{aa}}{\Delta_{aa}+\Delta_{bb}-\Delta_{bc}K_1}$ $x_2=x_1K_1$

续表 9-6

序　　号	计算简图	计算公式
5	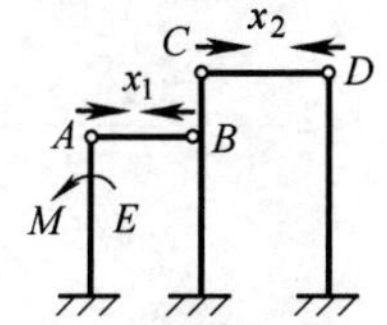	$x_1=\dfrac{M\Delta'_{ae}}{\Delta_{aa}+\Delta_{bb}-\Delta_{bc}K_1}$ $x_2=x_1K_1$
6	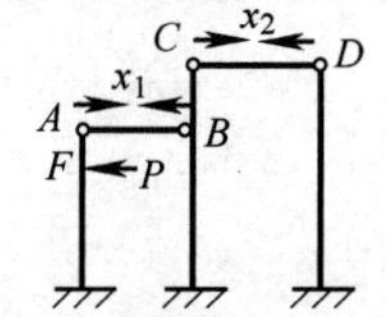	$x_1=\dfrac{P\Delta_{af}}{\Delta_{aa}+\Delta_{bb}-\Delta_{bc}K_1}$ $x_2=x_1K_1$
7	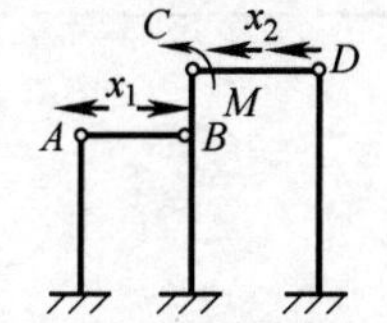	$x_1=\dfrac{M(\Delta'_{bc}-\Delta'_{cc}K_1)}{\Delta_{aa}+\Delta_{bb}-\Delta_{bc}K_1}$ $x_2=\dfrac{M\Delta'_{cc}-x_1\Delta_{bc}}{\Delta_{cc}+\Delta_{dd}}$
8	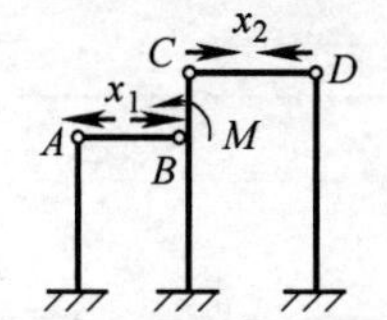	$x_1=\dfrac{M(\Delta'_{bb}-\Delta'_{cb}K_1)}{\Delta_{aa}+\Delta_{bb}-\Delta_{bc}K_1}$ $x_2=\dfrac{M\Delta'_{cb}-x_1\Delta_{bc}}{\Delta_{cc}+\Delta_{dd}}$
9	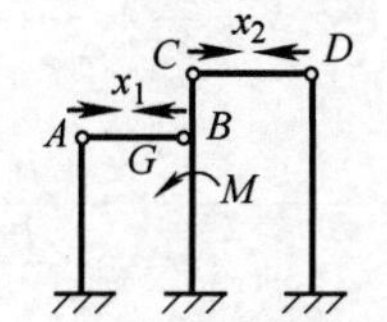	$x_1=\dfrac{M(\Delta'_{bg}-\Delta'_{cg}K_1)}{\Delta_{aa}+\Delta_{bb}-\Delta_{bc}K_1}$ $x_2=\dfrac{M\Delta'_{cg}-x_1\Delta_{bc}}{\Delta_{cc}+\Delta_{dd}}$ 注：M 可在 B 点以上或以下
10	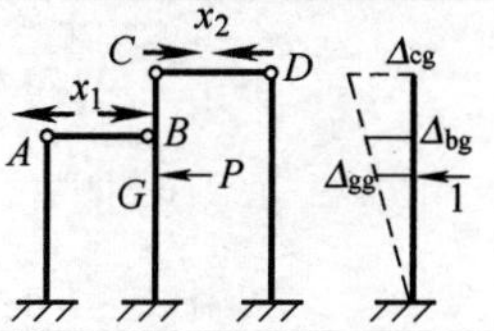	$x_1=\dfrac{P(\Delta_{bg}-\Delta_{cg}K_1)}{\Delta_{aa}+\Delta_{bb}-\Delta_{bc}K_1}$ $x_2=\dfrac{P\Delta_{cg}-x_1\Delta_{bc}}{\Delta_{cc}+\Delta_{dd}}$ 注：P 可在 B 点以上或以下
11	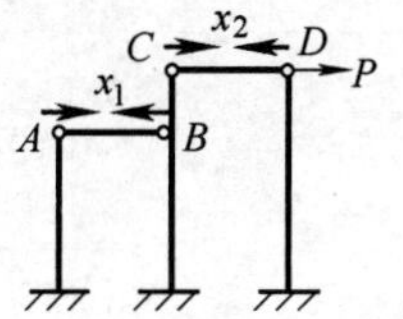	$x_2=\dfrac{P\Delta_{dd}}{\Delta_{cc}+\Delta_{dd}-\Delta_{bc}K_2}$ $x_1=x_2K_2$
12	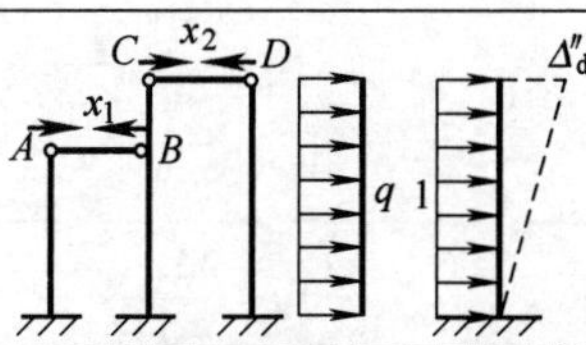	$x_2=\dfrac{q\Delta''_{d}}{\Delta_{cc}+\Delta_{dd}-\Delta_{bc}K_2}$ $x_1=x_2K_2$
13	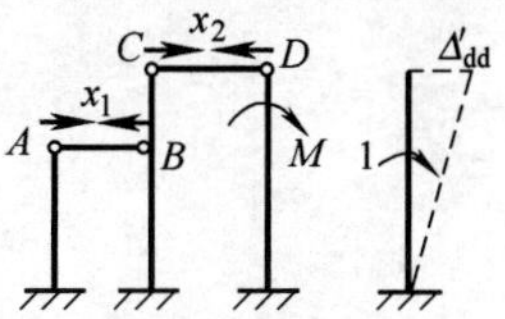	$x_2=\dfrac{M\Delta'_{dd}}{\Delta_{cc}+\Delta_{dd}-\Delta_{bc}K_2}$ $x_1=x_2K_2$

续表 9-6

序 号	计算简图	计算公式
14	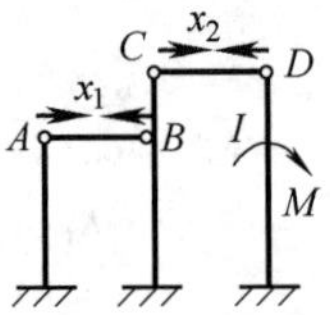	$x_2=\dfrac{M\Delta'_{di}}{\Delta_{cc}+\Delta_{dd}-\Delta_{bc}K_2}$ $x_1=x_2K_2$
15	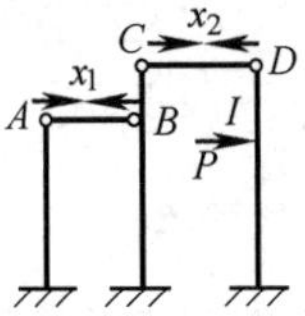	$x_2=\dfrac{P\Delta'_{di}}{\Delta_{cc}+\Delta_{dd}-\Delta_{bc}K_2}$ $x_1=x_2K_2$

9.7 三跨等高排架内力计算公式

三跨等高排架内力计算公式见表9-7。

表 9-7 三跨等高排架内力计算公式

序 号	计算简图	计算公式
1	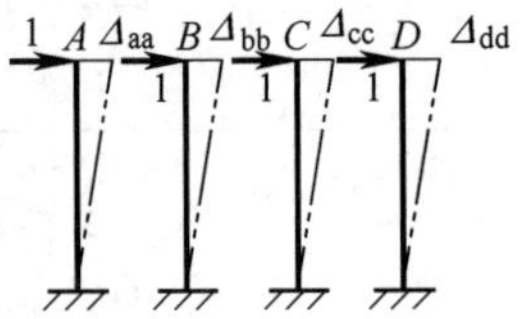	$K_3=\dfrac{1}{\Delta_{aa}}+\dfrac{1}{\Delta_{bb}}+\dfrac{1}{\Delta_{cc}}+\dfrac{1}{\Delta_{dd}}$
2	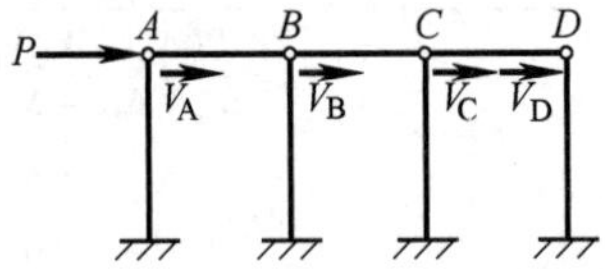	$V_A=\dfrac{P}{\Delta_{aa}K_3}$ $V_B=\dfrac{P}{\Delta_{bb}K_3}$ $V_C=\dfrac{P}{\Delta_{cc}K_3}$ $V_D=\dfrac{P}{\Delta_{dd}K_3}$
3	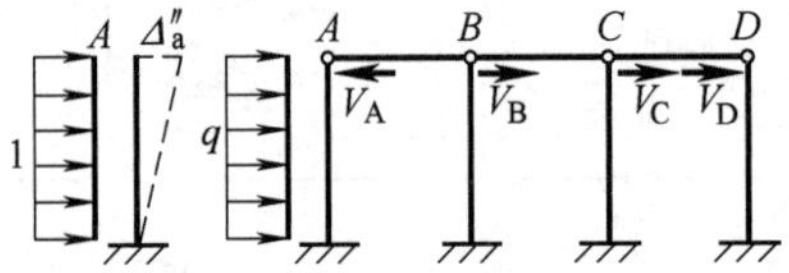	$V_B=\dfrac{q\Delta_a''}{\Delta_{aa}}\dfrac{1}{\Delta_{bb}K_3}$ $V_C=\dfrac{q\Delta_a''}{\Delta_{aa}}\dfrac{1}{\Delta_{cc}K_3}$ $V_D=\dfrac{q\Delta_a''}{\Delta_{aa}}\dfrac{1}{\Delta_{dd}K_3}$ $V_A=V_B+V_C+V_D$
4	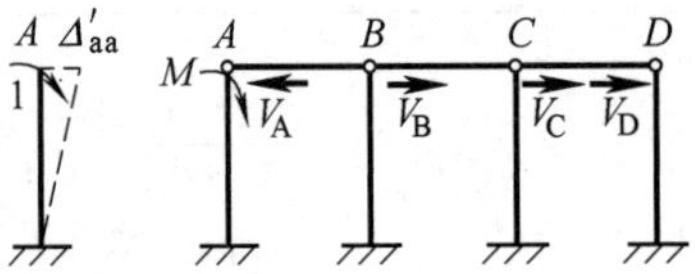	$V_B=\dfrac{M\Delta'_{aa}}{\Delta_{aa}}\dfrac{1}{\Delta_{bb}K_3}$ $V_C=\dfrac{M\Delta'_{aa}}{\Delta_{aa}}\dfrac{1}{\Delta_{cc}K_3}$ $V_D=\dfrac{M\Delta'_{aa}}{\Delta_{aa}}\dfrac{1}{\Delta_{dd}K_3}$ $V_A=V_B+V_C+V_D$

续表 9-7

序号	计算简图	计算公式
5	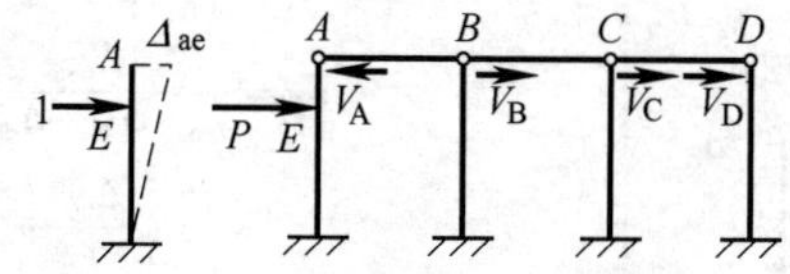	$V_B = \frac{P\Delta_{ae}}{\Delta_{aa}} \frac{1}{\Delta_{bb}K_3}$ $V_C = \frac{P\Delta_{ae}}{\Delta_{aa}} \frac{1}{\Delta_{cc}K_3}$ $V_D = \frac{P\Delta_{ae}}{\Delta_{aa}} \frac{1}{\Delta_{dd}K_3}$ $V_A = V_B + V_C + V_D$
6	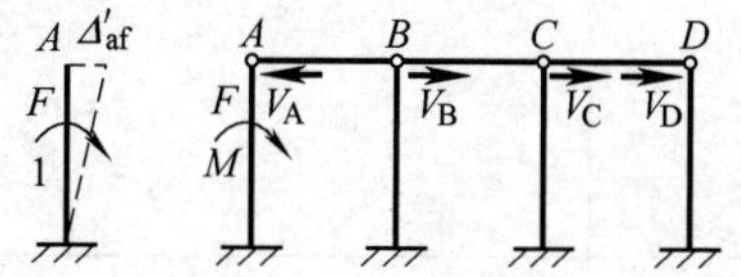	$V_B = \frac{M\Delta'_{af}}{\Delta_{aa}} \frac{1}{\Delta_{bb}K_3}$ $V_C = \frac{M\Delta'_{af}}{\Delta_{aa}} \frac{1}{\Delta_{cc}K_3}$ $V_D = \frac{M\Delta'_{af}}{\Delta_{aa}} \frac{1}{\Delta_{dd}K_3}$ $V_A = V_B + V_C + V_D$
7	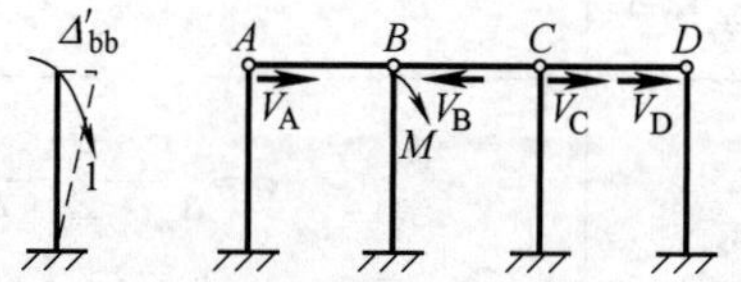	$V_A = \frac{M\Delta'_{bb}}{\Delta_{bb}} \frac{1}{\Delta_{aa}K_3}$ $V_C = \frac{M\Delta'_{bb}}{\Delta_{bb}} \frac{1}{\Delta_{cc}K_3}$ $V_D = \frac{M\Delta'_{bb}}{\Delta_{bb}} \frac{1}{\Delta_{dd}K_3}$ $V_B = V_A + V_C + V_D$
8	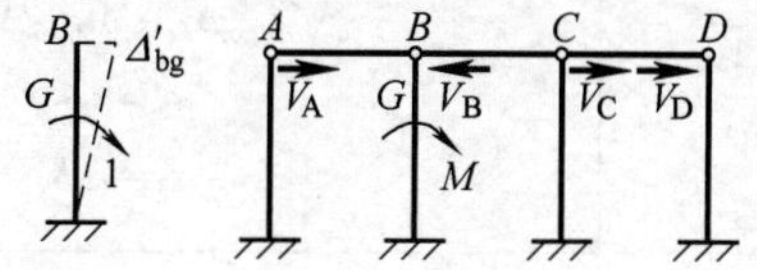	$V_A = \frac{M\Delta'_{bg}}{\Delta_{bb}} \frac{1}{\Delta_{aa}K_3}$ $V_C = \frac{M\Delta'_{bg}}{\Delta_{bb}} \frac{1}{\Delta_{cc}K_3}$ $V_D = \frac{M\Delta'_{bg}}{\Delta_{bb}} \frac{1}{\Delta_{dd}K_3}$ $V_B = V_A + V_C + V_D$
9	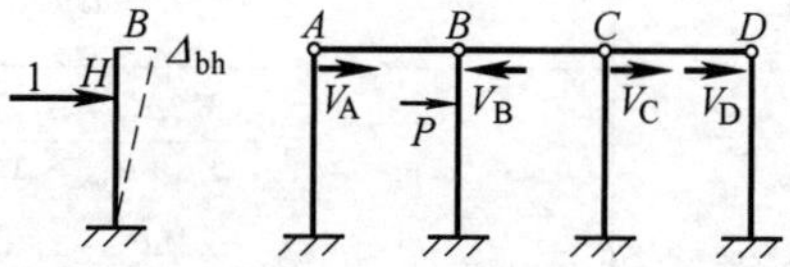	$V_A = \frac{P\Delta_{bh}}{\Delta_{bb}} \frac{1}{\Delta_{aa}K_3}$ $V_C = \frac{P\Delta_{bh}}{\Delta_{bb}} \frac{1}{\Delta_{cc}K_3}$ $V_D = \frac{P\Delta_{bh}}{\Delta_{bb}} \frac{1}{\Delta_{dd}K_3}$ $V_B = V_A + V_C + V_D$

9.8 不等高排架内力计算公式

不等高排架内力计算公式见表 9-8。

表 9-8 不等高排架内力计算公式

序 号	计 算 简 图	计 算 公 式
1	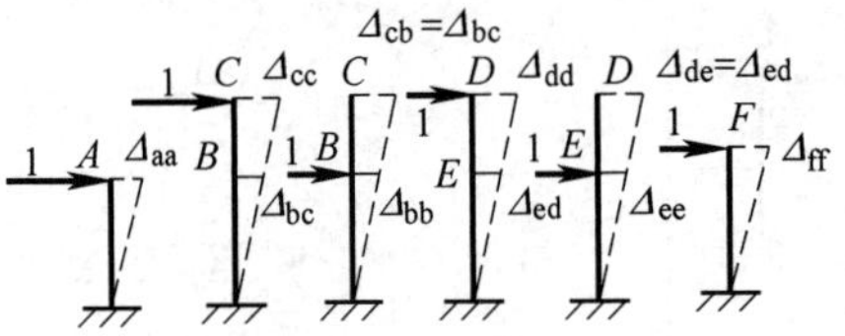	$K_4=\dfrac{\Delta_{de}}{\Delta_{ee}+\Delta_{ff}}$ $K_5=\dfrac{\Delta_{bc}}{\Delta_{cc}+\Delta_{dd}-\Delta_{de}K_4}$ $K_6=\dfrac{\Delta_{bc}}{\Delta_{aa}+\Delta_{bb}}$ $K_7=\dfrac{\Delta_{de}}{\Delta_{cc}+\Delta_{dd}-\Delta_{bc}K_6}$
2	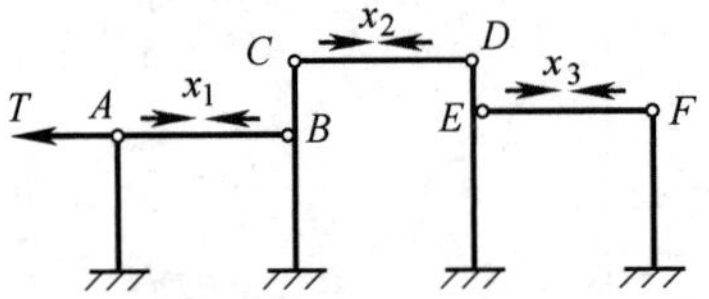	$x_1=\dfrac{T\Delta_{aa}}{\Delta_{aa}+\Delta_{bb}-\Delta_{bc}K_5}$ $x_2=x_1K_5$ $x_3=x_2K_4$
3	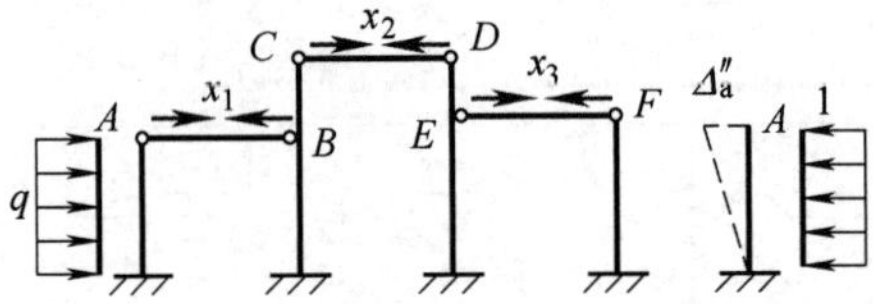	$x_1=\dfrac{q\Delta''_{aa}}{\Delta_{aa}+\Delta_{bb}-\Delta_{bc}K_5}$ $x_2=x_1K_5$ $x_3=x_2K_4$
4	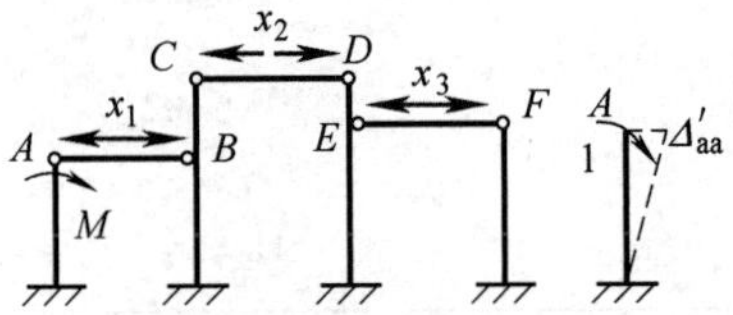	$x_1=\dfrac{M\Delta'_{aa}}{\Delta_{aa}+\Delta_{bb}-\Delta_{bc}K_5}$ $x_2=x_1K_5$ $x_3=x_2K_4$
5	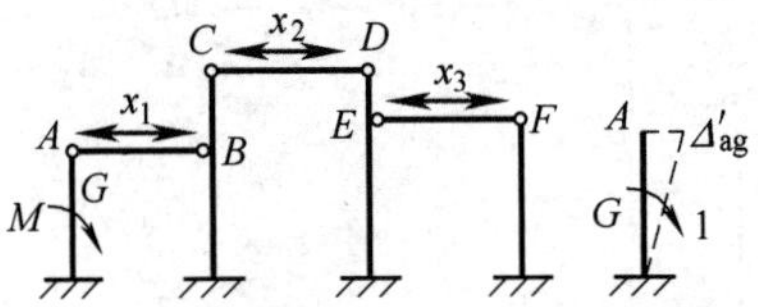	$x_1=\dfrac{M\Delta'_{ag}}{\Delta_{aa}+\Delta_{bb}-\Delta_{bc}K_5}$ $x_2=x_1K_5$ $x_3=x_2K_4$
6	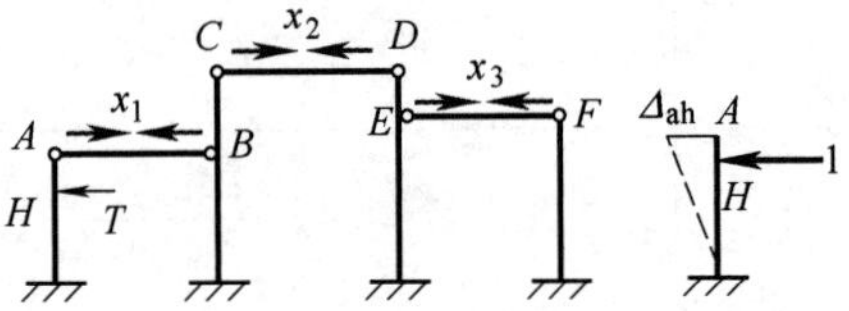	$x_1=\dfrac{T\Delta_{ah}}{\Delta_{aa}+\Delta_{bb}-\Delta_{bc}K_5}$ $x_2=x_1K_5$ $x_3=x_2K_4$
7	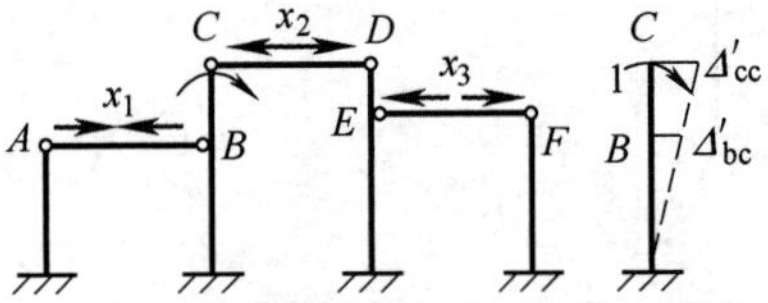	$x_1=\dfrac{M(\Delta'_{bc}-\Delta'_{cc}K_5)}{\Delta_{aa}+\Delta_{bb}-\Delta_{bc}K_5}$ $x_2=\dfrac{M\Delta'_{cc}-x_1\Delta_{bc}}{\Delta_{cc}+\Delta_{dd}-\Delta_{de}K_4}$ $x_3=x_2K_4$
8	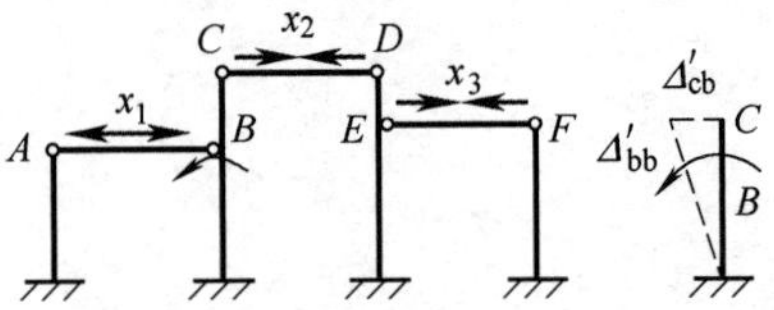	$x_1=\dfrac{M(\Delta'_{bb}-\Delta'_{cb}K_5)}{\Delta_{aa}+\Delta_{bb}-\Delta_{bc}K_5}$ $x_2=\dfrac{M\Delta'_{cb}-x_1\Delta_{bc}}{\Delta_{cc}+\Delta_{dd}-\Delta_{de}K_4}$ $x_3=x_2K_4$

续表 9-8

序　号	计 算 简 图	计 算 公 式
9	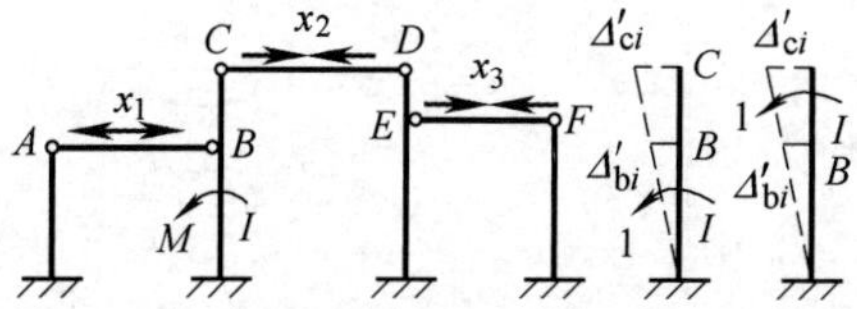	$x_1=\dfrac{M(\Delta'_{bi}-\Delta'_{ci}K_5)}{\Delta_{aa}+\Delta_{bb}-\Delta_{bc}K_5}$ $x_2=\dfrac{M\Delta'_{ci}-x_1\Delta_{bc}}{\Delta_{cc}+\Delta_{dd}-\Delta_{de}K_4}$ $x_3=x_2K_4$
10	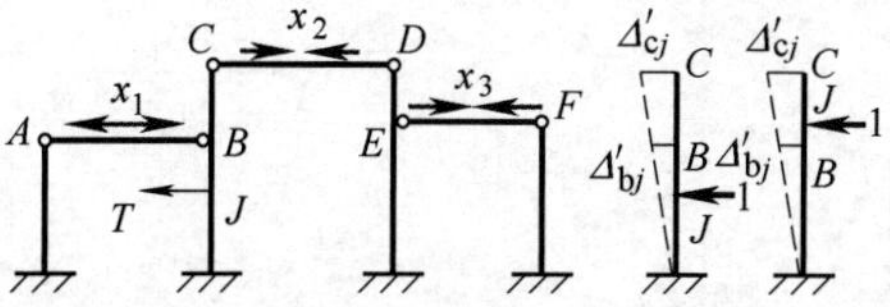	$x_1=\dfrac{T(\Delta'_{bj}-\Delta'_{cj}K_5)}{\Delta_{aa}+\Delta_{bb}-\Delta_{bc}K_5}$ $x_2=\dfrac{T\Delta'_{cj}-x_1\Delta_{bc}}{\Delta_{cc}+\Delta_{dd}-\Delta_{de}K_4}$ $x_3=x_2K_4$
11	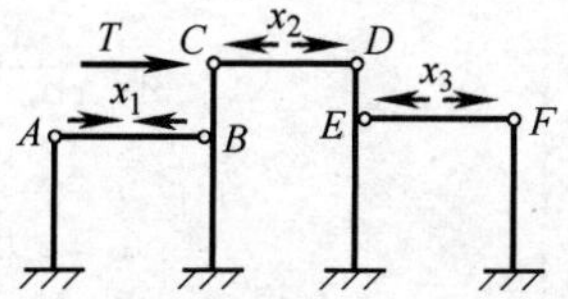	$x_1=\dfrac{T(\Delta_{bc}-\Delta_{cc}K_5)}{\Delta_{aa}+\Delta_{bb}-\Delta_{bc}K_5}$ $x_2=\dfrac{M\Delta_{cc}-x_1\Delta_{bc}}{\Delta_{cc}+\Delta_{dd}-\Delta_{de}K_4}$ $x_3=x_2K_4$
12	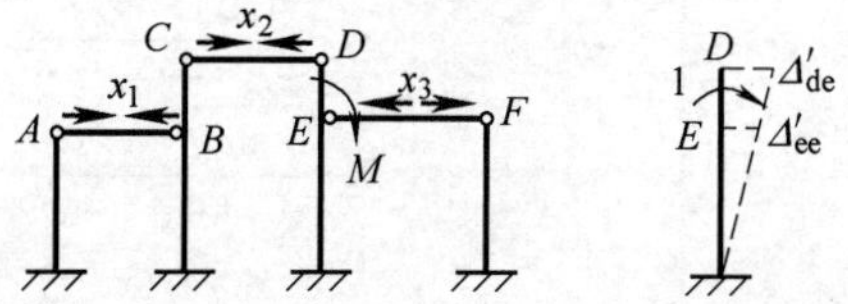	$x_3=\dfrac{M(\Delta'_{ee}-\Delta'_{de}K_7)}{\Delta_{ee}+\Delta_{ff}-\Delta_{de}K_7}$ $x_2=\dfrac{M\Delta'_{de}-x_3\Delta_{de}}{\Delta_{cc}+\Delta_{dd}-\Delta_{bc}K_6}$ $x_1=x_2K_6$
13	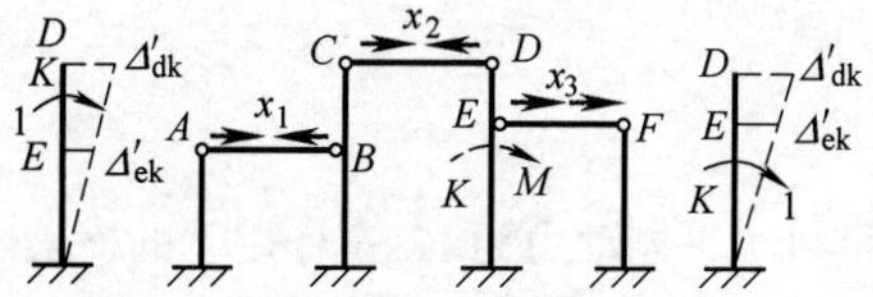	$x_3=\dfrac{M(\Delta'_{ek}-\Delta'_{dk}K_7)}{\Delta_{ee}+\Delta_{ff}-\Delta_{de}K_7}$ $x_2=\dfrac{M\Delta'_{dk}-x_3\Delta_{de}}{\Delta_{cc}+\Delta_{dd}-\Delta_{bc}K_6}$ $x_1=x_2K_6$
14	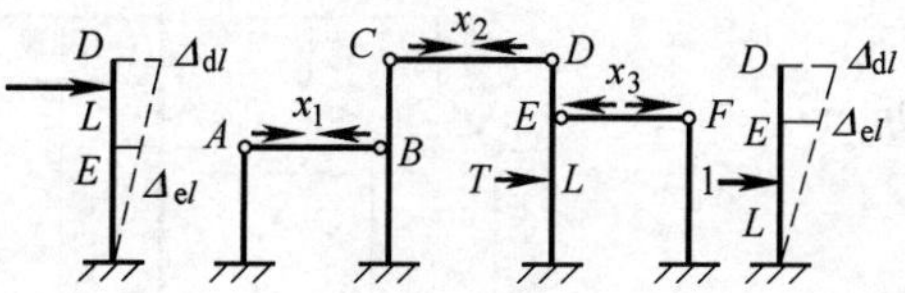	$x_3=\dfrac{T(\Delta_{el}-\Delta_{dl}K_7)}{\Delta_{ee}+\Delta_{ff}-\Delta_{de}K_7}$ $x_2=\dfrac{T\Delta_{dl}-x_3\Delta_{de}}{\Delta_{cc}+\Delta_{dd}-\Delta_{bc}K_6}$ $x_1=x_2K_6$
15	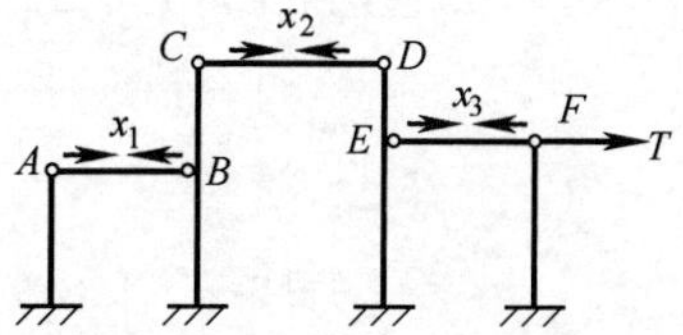	$x_3=\dfrac{T\Delta_{ff}}{\Delta_{ee}+\Delta_{ff}-\Delta_{de}K_7}$ $x_2=x_3K_7$ $x_1=x_2K_6$
16	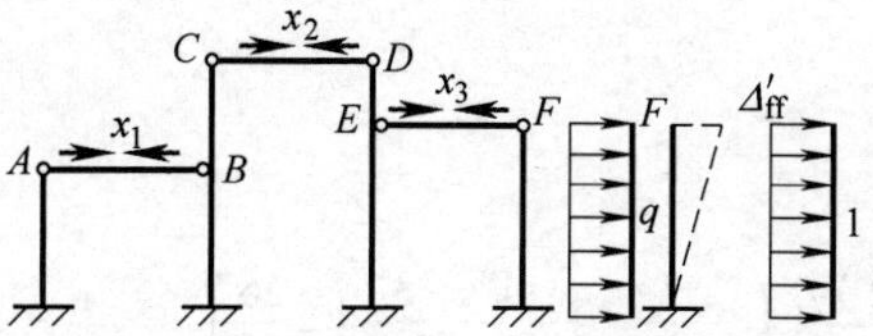	$x_3=\dfrac{q\Delta'_{f}}{\Delta_{ee}+\Delta_{ff}-\Delta_{de}K_7}$ $x_2=x_3K_7$ $x_1=x_2K_6$

续表 9-8

序　　号	计 算 简 图	计 算 公 式
17	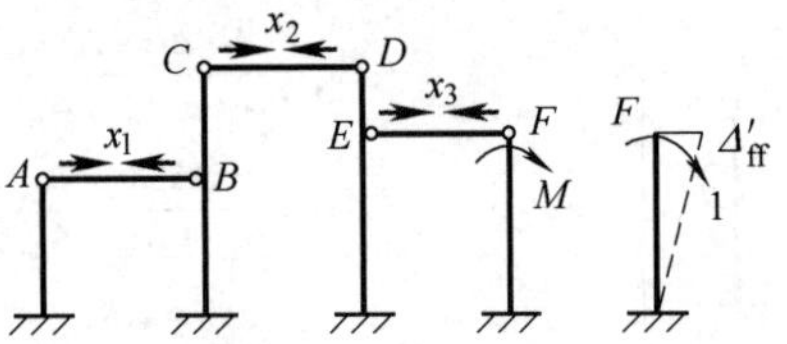	$x_3=\dfrac{M\Delta'_{ff}}{\Delta_{ee}+\Delta_{ff}-\Delta_{de}K_7}$ $x_2=x_3K_7$ $x_1=x_2K_6$
18	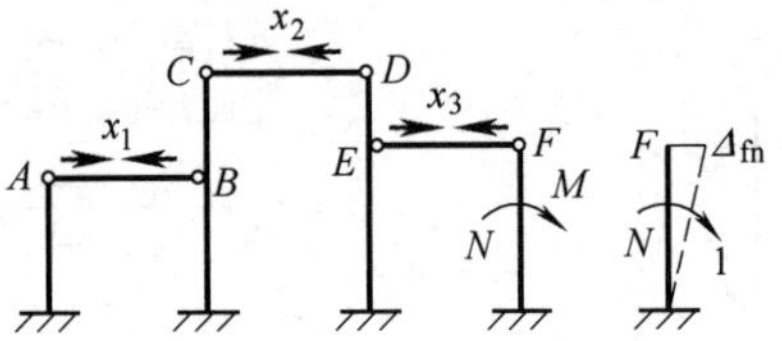	$x_3=\dfrac{M\Delta_{fn}}{\Delta_{ee}+\Delta_{ff}-\Delta_{de}K_7}$ $x_2=x_3K_7$ $x_1=x_2K_6$
19	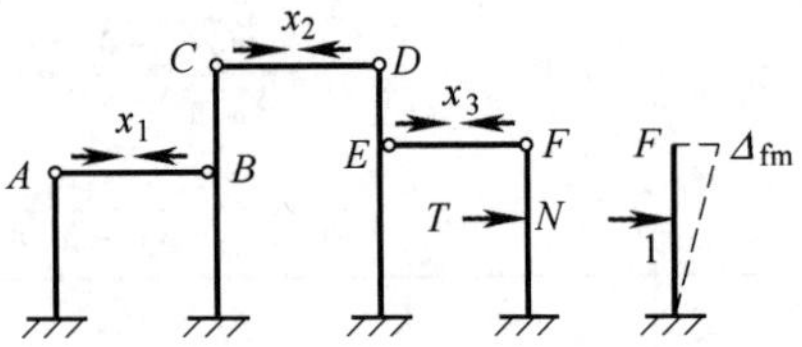	$x_3=\dfrac{T\Delta_{fm}}{\Delta_{ee}+\Delta_{ff}-\Delta_{de}K_7}$ $x_2=x_3K_7$ $x_1=x_2K_6$
20	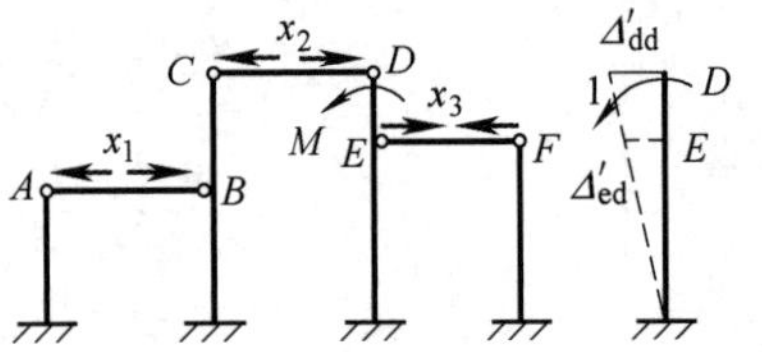	$x_3=\dfrac{M(\Delta'_{ed}-\Delta'_{dd}K_7)}{\Delta_{ee}+\Delta_{ff}-\Delta_{de}K_7}$ $x_2=\dfrac{M\Delta'_{dd}-x_3\Delta_{de}}{\Delta_{cc}+\Delta_{dd}-\Delta_{bc}K_6}$ $x_1=x_2K_6$

9.9 排架计算例题

［例题 9-1］ 计算如图 9-3 所示排架在起重机水平制动力为 12kN 作用下的横梁内力 x_1 和 x_2。

［解］

(1) 排架几何特性计算

柱①及柱②、③上柱截面为 400mm×400mm

$$I_1=\frac{40\times40^3}{12}=2.13\times10^5(\text{cm}^4)$$

柱②、③下柱截面为 400mm×600mm

$$I_2=\frac{40\times60^3}{12}=7.20\times10^5(\text{cm}^4)$$

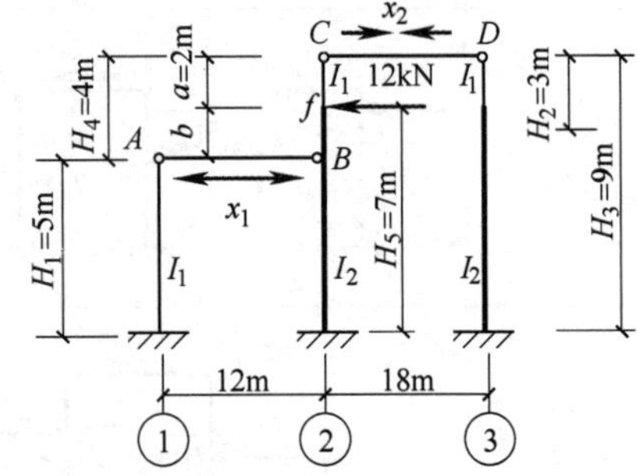

图 9-3 ［例题 9-1］排架计算

(2) 柱在单位荷载作用下各项位移计算

应用表 9-2 有关公式进行计算，得

$$\Delta_{aa}=\frac{10^6}{E}\times\frac{H_1^3}{3I_1}=\frac{10}{E}\times\frac{5^3}{3\times2.13}=\frac{195.6}{E}$$

$$\Delta_{bb}=\frac{10^6}{E}\times\frac{H_1^3}{3I_2}=\frac{10}{E}\times\frac{5^3}{3\times7.2}=\frac{57.9}{E}$$

$$\Delta_{cc}=\Delta_{dd}=\frac{10^6}{E}\times\left(\frac{H_2^3}{3I_1}+\frac{H_3^3-H_2^3}{3I_2}\right)=\frac{10}{E}\times\left(\frac{3^3}{3\times2.13}+\frac{9^3-3^3}{3\times7.2}\right)=\frac{367}{E}$$

$$\Delta_{bc}=\Delta_{cb}=\frac{10^6}{E}\times\left[\frac{H_3^3-H_4^3}{3I_2}-\frac{H_4(H_3^2-H_4^2)}{2I_2}\right]=\frac{10}{E}\left[\frac{9^3-4^3}{3\times7.2}+\frac{4(9^2-4^2)}{2\times7.2}\right]=\frac{127}{E}$$

$$\Delta_{cf}=\frac{10^6}{E}\times\left[\frac{H_2^3-a^3}{3I_1}-\frac{a(H_2^2-a^2)}{2I_1}+\frac{H_3^3-H_2^3}{3I_2}-\frac{a(H_3^2-H_2^2)}{2I_2}\right]$$

$$=\frac{10}{E}\left[\frac{3^3-2^3}{3\times2.13}-\frac{2(3^2-2^2)}{2\times2.13}+\frac{9^3-3^3}{3\times7.2}-\frac{2(9^2-3^2)}{2\times7.2}\right]=\frac{231}{E}$$

$$\Delta_{bf}=\frac{10^6}{E}\times\left[\frac{H_5^3-b^3}{3I_2}-\frac{b(H_5^2-H_2^2)}{2I_2}\right]=\frac{10}{E}\times\left[\frac{7^3-2^3}{3\times7.2}-\frac{2(7^2-2^2)}{2\times7.2}\right]=\frac{92.2}{E}$$

应用表 9-6 有关公式进行计算，得

$$K_1=\frac{\Delta_{bc}}{\Delta_{cc}+\Delta_{dd}}=\frac{\dfrac{127}{E}}{\dfrac{367}{E}+\dfrac{367}{E}}=0.1745$$

$$x_1=\frac{P(\Delta_{bf}-\Delta_{cf}K_1)}{\Delta_{aa}+\Delta_{bb}-\Delta_{bc}K_1}=12\left(\frac{92.2}{E}-\frac{231}{E}\times0.1745\right)\Big/\left(\frac{195.6}{E}+\frac{57.9}{E}-\frac{127}{E}\times0.1745\right)=2.7(\text{kN})$$

$$x_2=\frac{P\Delta_{cf}-x_1\Delta_{bc}}{\Delta_{cc}+\Delta_{dd}}=\frac{12\times\dfrac{231}{E}-2.7\times\dfrac{127}{E}}{\dfrac{367}{E}+\dfrac{367}{E}}=3.31(\text{kN})$$

[例题 9-2]　求如图 9-4 所示排架的内力计算公式。

[解]

按变位条件建立方程式为

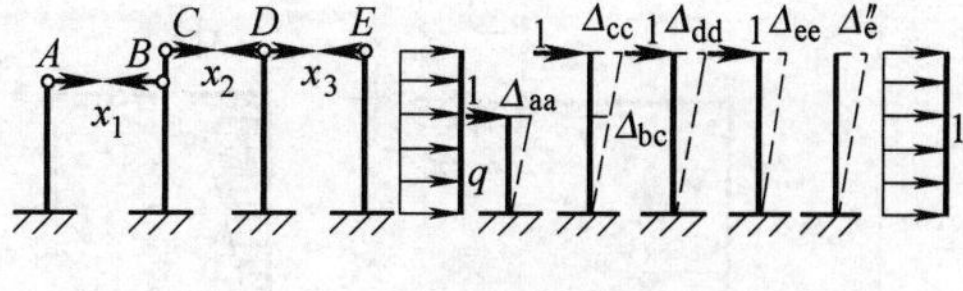

图 9-4　[例题 9-2] 排架

$\Delta_A=x_1\Delta_{aa}$，　　$\Delta_B=-x_1\Delta_{bb}+x_2\Delta_{bc}$

$\Delta_C=-x_1\Delta_{cb}+x_2\Delta_{cc}$，　　$\Delta_D=-x_2\Delta_{dd}+x_3\Delta_{dd}$

$\Delta_E=-x_3\Delta_{ee}+\Delta''_e$

设不考虑横梁轴向变形，则有

$$\Delta_A=\Delta_B,\qquad \Delta_C=\Delta_D=\Delta_E$$

得

$$\left.\begin{aligned}x_1\Delta_{aa}&=-x_1\Delta_{bb}+x_2\Delta_{bc}\\-x_1\Delta_{cb}+x_2\Delta_{cc}&=-x_2\Delta_{dd}+x_3\Delta_{dd}\\-x_2\Delta_{dd}+x_3\Delta_{dd}&=-x_3\Delta_{ee}+q\Delta''_e\end{aligned}\right\}$$

移项

$$\left.\begin{aligned}(\Delta_{aa}+\Delta_{bb})x_1-\Delta_{bc}x_2&=0\\\Delta_{cb}x_1-(\Delta_{cc}+\Delta_{dd})x_2+\Delta_{dd}x_3&=0\\-\Delta_{dd}x_2+(\Delta_{dd}+\Delta_{ee})x_3&=q\Delta''_e\end{aligned}\right\}$$

解得

$$x_3=\frac{q\Delta''_e}{\Delta_{ee}+\Delta_{dd}(1-K_9)}$$

$$x_2=x_3K_9\qquad x_1=x_2K_8$$

$$K_8=\frac{\Delta_{bc}}{\Delta_{aa}+\Delta_{bb}}\qquad K_9=\frac{\Delta_{dd}}{\Delta_{cc}+\Delta_{bb}-\Delta_{bc}K_8}$$

第10章 刚架计算

10.1 两端为固定铰支座的"⌐"与"⌐"形刚架内力计算公式

10.1.1 两端为固定铰支座的"⌐"形刚架内力计算公式

两端为固定铰支座的"⌐"形刚架内力计算公式见表10-1。

表10-1 两端为固定铰支座的"⌐"形刚架内力计算公式

序号	计算简图	计算公式
1	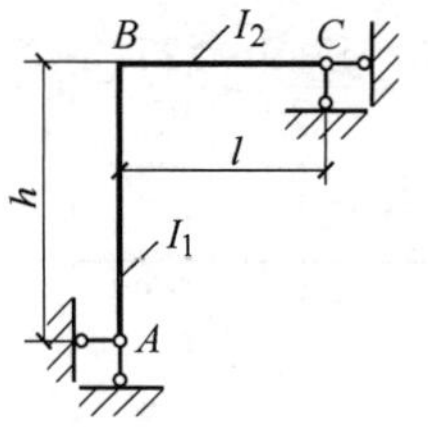 B I_2 C l h I_1 A	$\beta=\frac{h}{l}$ $\lambda=\frac{a}{h}$ $\mu=\frac{I_2 h}{I_1 l}$ $K=\frac{1}{1+\mu}$
2	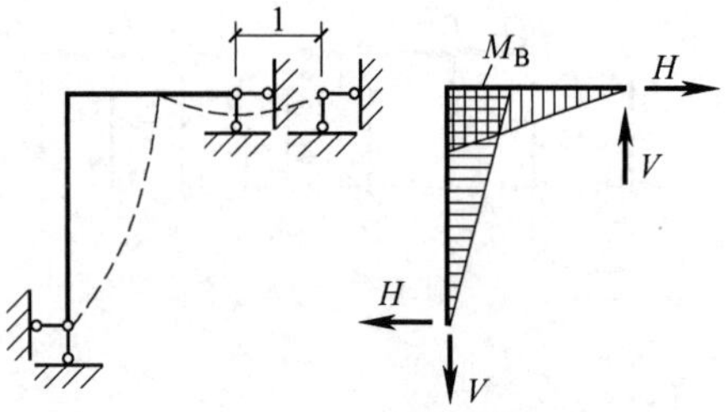 1 M_B H V H V	$M_B=\mu K\frac{3EI_1}{h^2}$ $H=\mu K\frac{3EI_1}{h^3}$ $V=\mu K\frac{3EI_1}{h^2 l}$
3	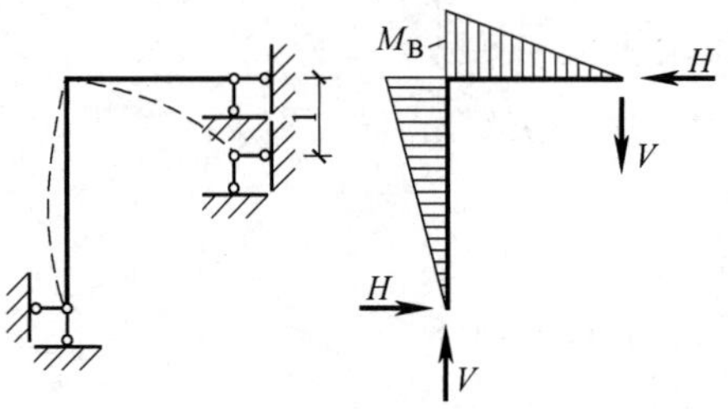 1 M_B H V H V	$M_B=\mu K\frac{3EI_1}{hl}$ $H=\mu K\frac{3EI_1}{h^2 l}$ $V=\mu K\frac{3EI_1}{hl^2}$
4	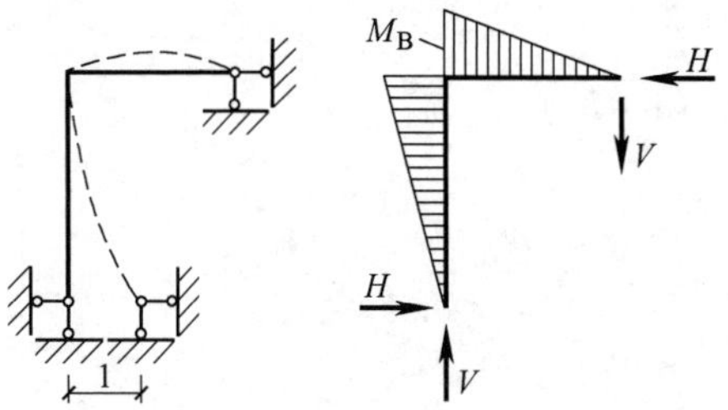 1 M_B H V H V	$M_B=\mu K\frac{3EI_1}{h^2}$ $H=\mu K\frac{3EI_1}{h^3}$ $V=\mu K\frac{3EI_1}{h^2 l}$

续表 10-1

序号	计算简图	计算公式
5	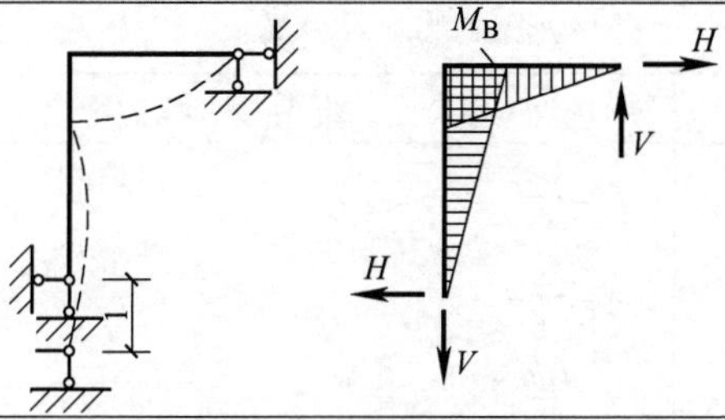	$M_B=\mu K\frac{3EI_1}{hl}$ $H=\mu K\frac{3EI_1}{h^2l}$ $V=\mu K\frac{3EI_1}{hl^2}$
6	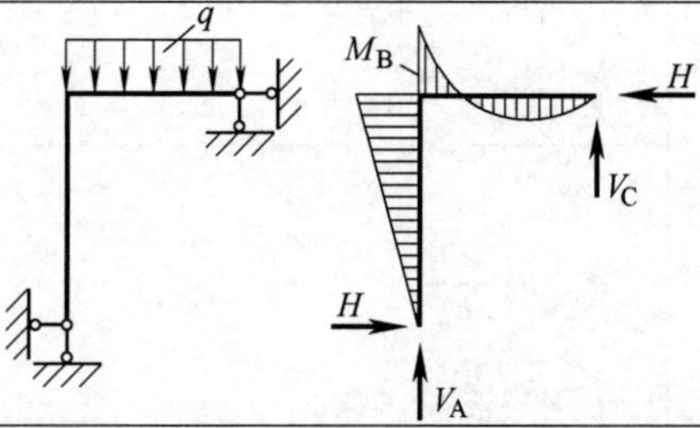	$M_B=K\frac{ql^2}{8}$ $H=K\frac{ql^2}{8h}$ $V_A=(5+4\mu)K\frac{ql}{8}$ $V_C=(3+4\mu)K\frac{ql}{8}$
7	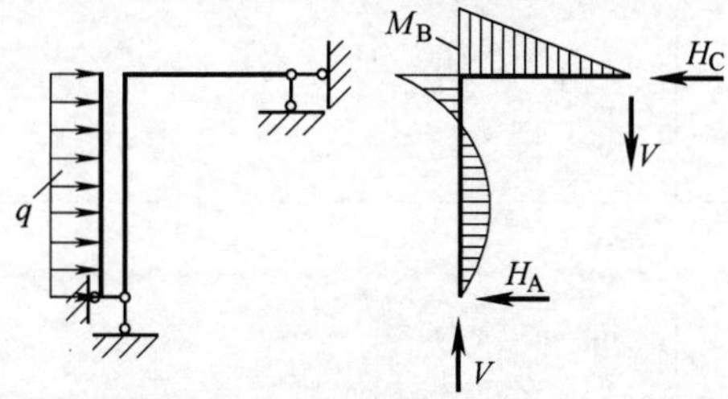	$M_B=\mu K\frac{qh^2}{8}$ $H_A=(4+3\mu)K\frac{qh}{8}$ $H_C=(4+5\mu)K\frac{qh}{8}$ $V=\mu K\frac{qh^2}{8l}$
8	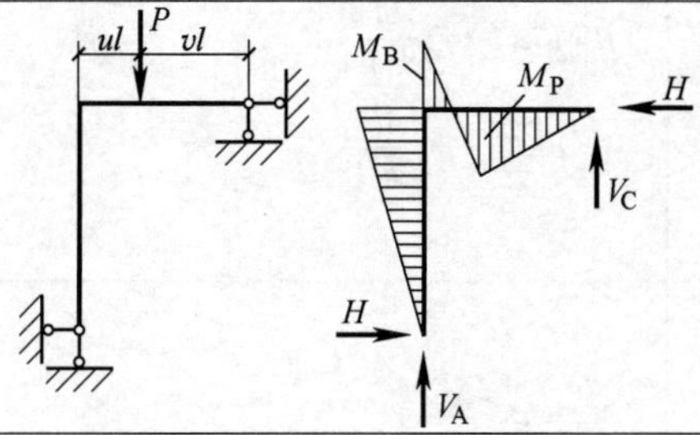	$M_B=v(1-v^2)K\frac{Pl}{2}$ $M_P=v(Pul-M_B)$ $H=v(1-v^2)K\frac{Pl}{2h}$ $V_A=v[2(1+\mu)+(1-v^2)]K\frac{P}{2}$ $V_C=(1-v)[2(1+\mu)-v(1+v)]K\frac{P}{2}$
9	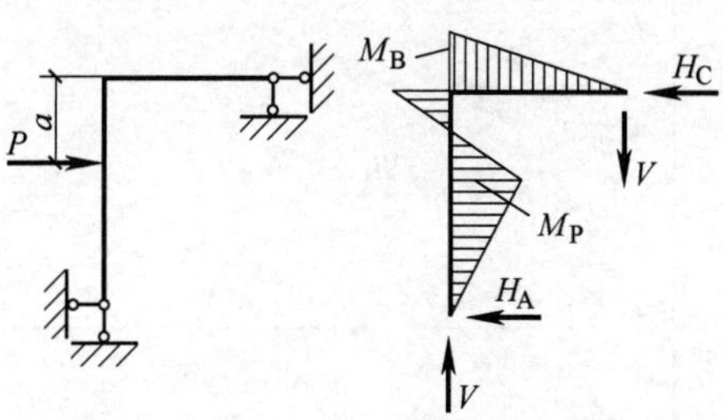	$M_B=\lambda(1-\lambda)(2-\lambda)\mu K\frac{Ph}{2}$ $M_P=(1-\lambda)(P\lambda h-M_B)$ $H_A=\lambda[2+\lambda\mu(3-\lambda)]K\frac{P}{2}$ $H_C=[2(1+\mu)-\lambda(2+3\mu\lambda-\mu\lambda^2)]K\frac{P}{2}$ $V=\mu\lambda[2-\lambda(3-\lambda)]K\frac{Ph}{2l}$
10	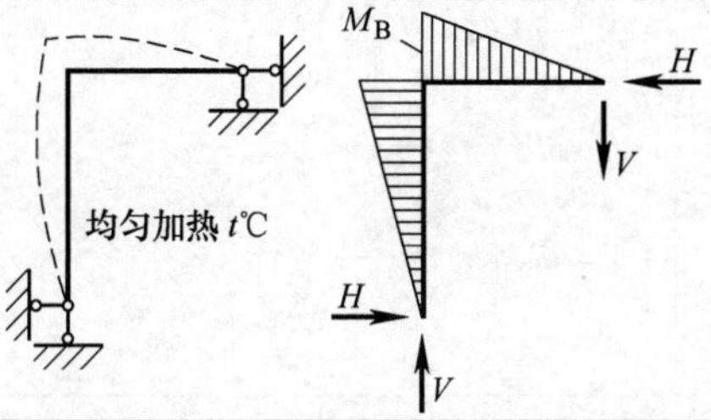 均匀加热 t℃	$M_B=\mu K(1+\beta^2)\frac{3EI_1}{h^2}\alpha tl$ $H=\mu K(1+\beta^2)\frac{3EI_1}{h^3}\alpha tl$ $V=\mu K(1+\beta^2)\frac{3EI_1}{h^2l}\alpha tl$ α—线膨胀系数

10.1.2 两端为固定铰支座的“⌐”形刚架内力计算公式

两端为固定铰支座的“⌐”形刚架内力计算公式见表10-2。

表10-2 两端为固定铰支座的“⌐”形刚架内力计算公式

序号	计算简图	计算公式
1	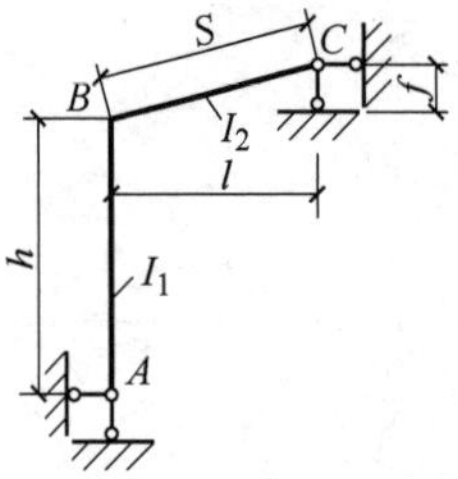	$\beta=\dfrac{h}{s}$ $\lambda=\dfrac{a}{h}$ $\mu=\dfrac{I_2h}{I_1s}$ $K=\dfrac{1}{1+\mu}$
2	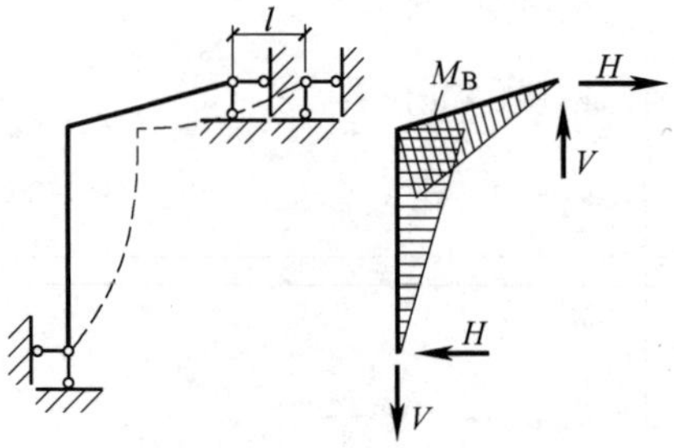	$M_B=\mu K\dfrac{3EI_1}{h^2}$ $H=\mu K\dfrac{3EI_1}{h^3}$ $V=\mu(h+f)K\dfrac{3EI_1}{h^3l}$
3	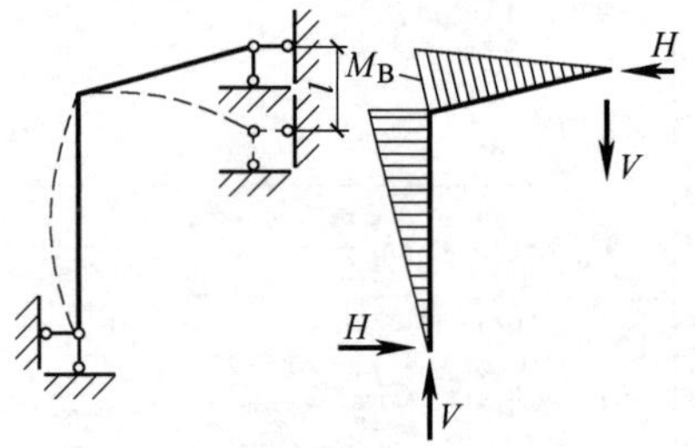	$M_B=\mu K(h+f)\dfrac{3EI_1}{h^2l}$ $H=\mu K(h+f)\dfrac{3EI_1}{h^3l}$ $V=\mu K(h+f)^2\dfrac{3EI_1}{h^3l^2}$
4	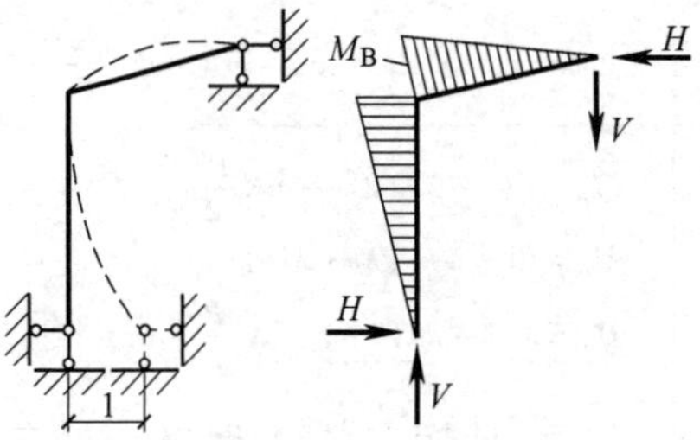	$M_B=\mu K\dfrac{3EI_1}{h^2}$ $H=\mu K\dfrac{3EI_1}{h^3}$ $V=\mu(h+f)K\dfrac{3EI_1}{h^3l}$
5	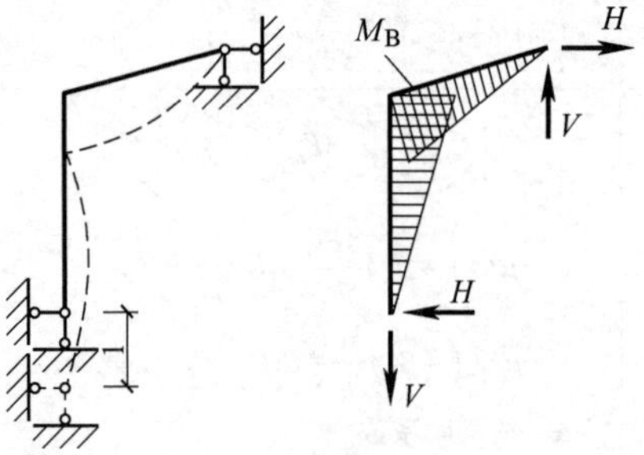	$M_B=\mu K(h+f)\dfrac{3EI_1}{h^2l}$ $H=\mu K(h+f)\dfrac{3EI_1}{h^3l}$ $V=\mu K(h+f)^2\dfrac{3EI_1}{h^3l^2}$

续表 10-2

序号	计算简图	计算公式
6	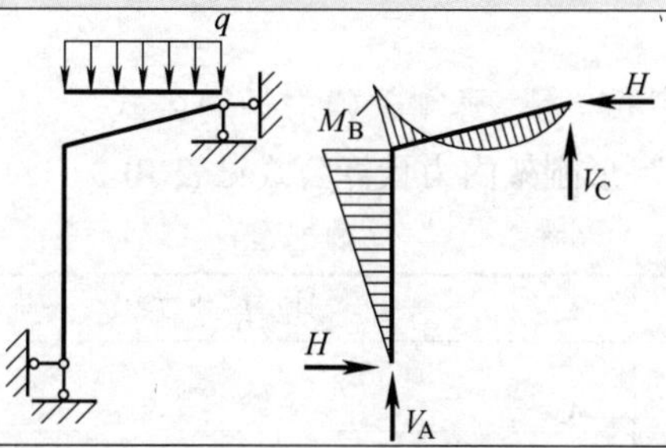	$M_B = K\frac{ql^2}{8}$ $H = K\frac{ql^2}{8h}$ $V_A = \left(5+4\mu+\frac{f}{h}\right)K\frac{ql}{8}$ $V_C = \left(3+4\mu-\frac{f}{h}\right)K\frac{ql}{8}$
7	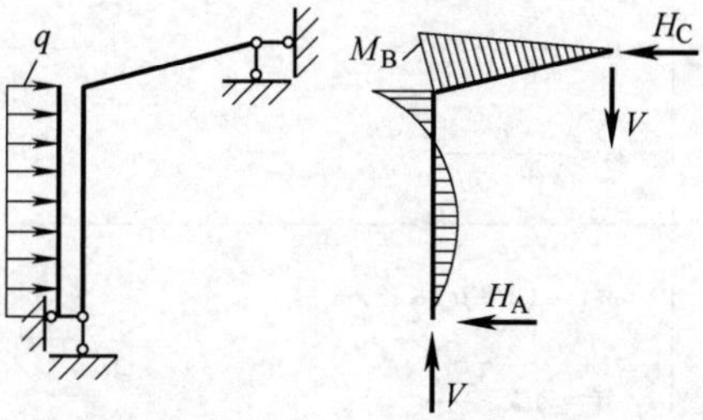	$M_B = \mu K\frac{qh^2}{8}$ $H_A = (4+3\mu)K\frac{qh}{8}$ $H_C = (4+5\mu)K\frac{qh}{8}$ $V = \left[\mu\left(1+5\frac{f}{h}\right)+4\frac{f}{h}\right]K\frac{qh^2}{8l}$
8	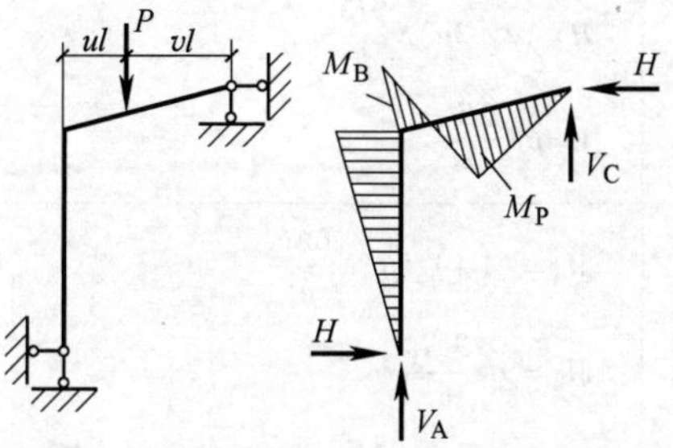	$M_B = v(1-v^2)K\frac{Pl}{2}$ $M_p = v(Pul - M_B)$ $H = v(1-v^2)K\frac{Pl}{2h}$ $V_A = v\left[2(1+\mu)+(1-v^2)\left(1+\frac{f}{h}\right)\right]\times K\frac{P}{2}$ $V_C = (1-v)\left[2(1+\mu)-v(1+v)\left(1+\frac{f}{h}\right)\right]K\frac{P}{2}$
9	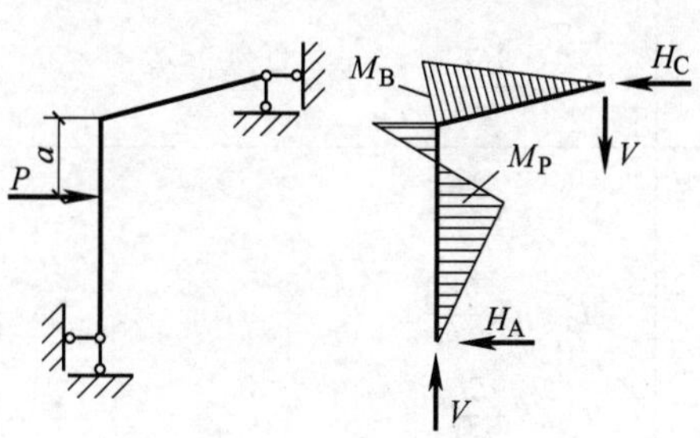	$M_B = \lambda(1-\lambda)(2-\lambda)\mu K\frac{Ph}{2}$ $M_p = (1-\lambda)(P\lambda h - M_B)$ $H_A = \lambda[2+\lambda\mu(3-\lambda)]K\frac{P}{2}$ $H_C = [2(1+\mu)-\lambda(2+3\mu\lambda-\mu\lambda^2)]K\frac{P}{2}$ $V = [2(1+\mu)(\lambda h+f)-\lambda(2+3\lambda\mu-\lambda^2\mu)(h+f)]$ $K\frac{P}{2l}$
10	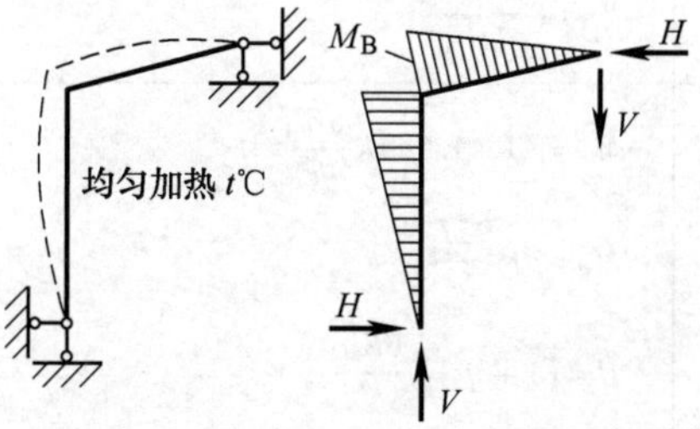 均匀加热 t℃	$M_B = \mu(1+\beta^2)K\frac{3EI_1}{h^2}\alpha tl$ $H = \mu(1+\beta^2)K\frac{3EI_1}{h^3}\alpha tl$ $V = \mu(1+\beta^2)(h+f)K\frac{3EI_1}{h^3 l}\alpha tl$ α—线膨胀系数

10.2 柱端为固定支座、横梁端为固定铰支座的“┌”与“⌌”形刚架内力计算公式

10.2.1 柱端为固定支座、横梁端为固定铰支座的“┌”形刚架内力计算公式

柱端为固定支座、横梁端为固定铰支座的“┌”形刚架内力计算公式见表10-3。

表10-3 柱端为固定支座、横梁端为固定铰支座的“┌”形刚架内力计算公式

序号	计算简图	计算公式
1	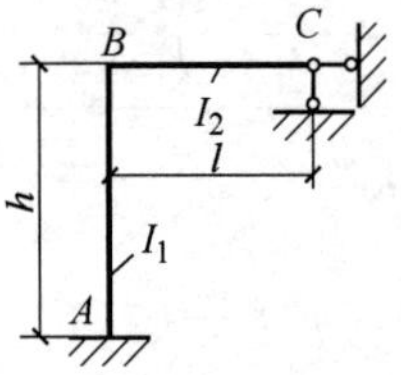	$\lambda=\frac{a}{h}$ $\mu=\frac{I_2h}{I_1l}$ $K=\frac{1}{2+1.5\mu}$
2	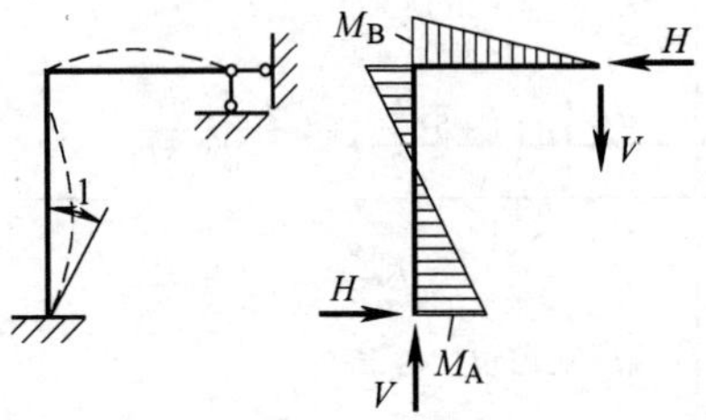	$M_A=(1+\mu)K\frac{6EI_1}{h}$ $M_B=\mu K\frac{3EI_1}{h}$ $H=(2+3\mu)K\frac{3EI_1}{h^2}$ $V=\mu K\frac{3EI_1}{hl}$
3	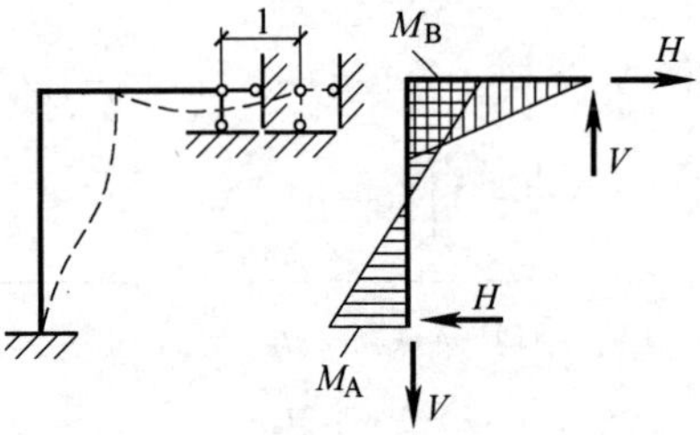	$M_A=(1+1.5\mu)K\frac{6EI_1}{h^2}$ $M_B=\mu K\frac{9EI_1}{h^2}$ $H=(1+3\mu)K\frac{6EI_1}{h^3}$ $V=\mu K\frac{9EI_1}{h^2l}$
4	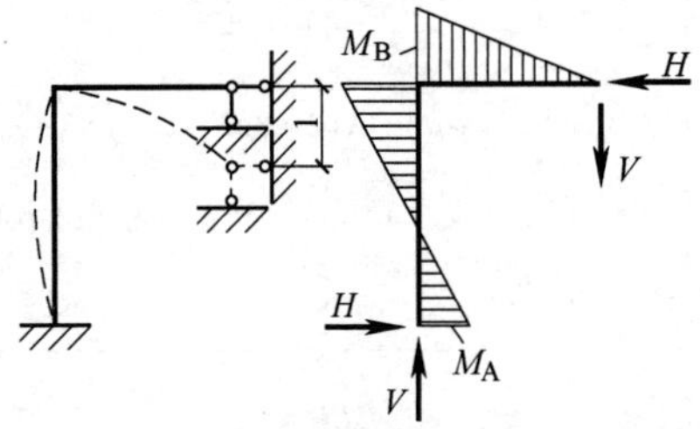	$M_A=\mu K\frac{3EI_1}{hl}$ $M_B=\mu K\frac{6EI_1}{hl}$ $H=\mu K\frac{9EI_1}{h^2l}$ $V=\mu K\frac{6EI_1}{hl^2}$
5	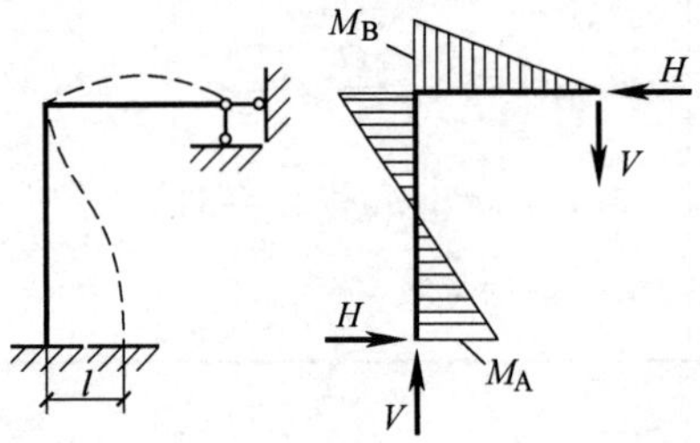	$M_A=(1+1.5\mu)K\frac{6EI_1}{h^2}$ $M_B=\mu K\frac{9EI_1}{h^2}$ $H=(1+3\mu)K\frac{6EI_1}{h^3}$ $V=\mu K\frac{9EI_1}{h^2l}$

续表 10-3

序号	计算简图	计算公式
6	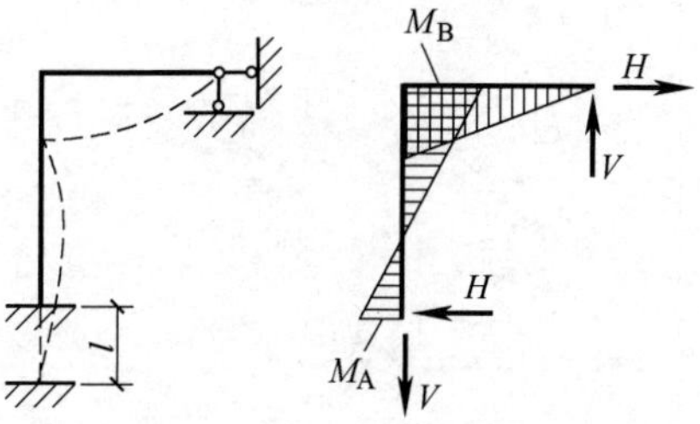	$M_A=\mu K\frac{3EI_1}{hl}$ $M_B=\mu K\frac{6EI_1}{hl}$ $H=\mu K\frac{9EI_1}{h^2l}$ $V=\mu K\frac{6EI_1}{hl^2}$
7	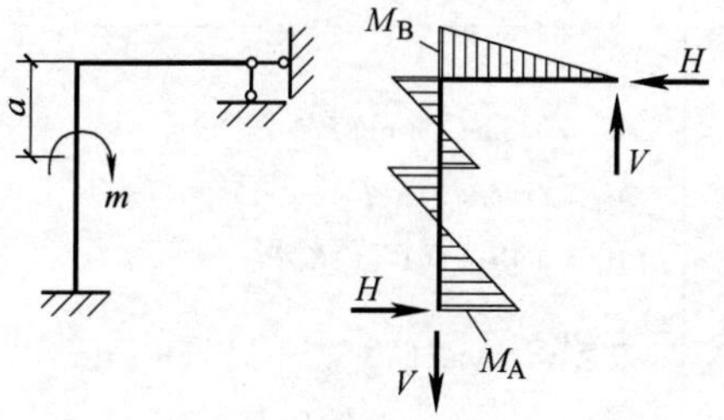	$M_A=[3\mu\lambda(1-1.5\lambda)+(1-3\lambda^2)]Km$ $M_B=1.5\mu K(1-\lambda)(3\lambda-1)m$ $H=3(1-\lambda)(1+\lambda+3\mu\lambda)K\frac{m}{h}$ $V=1.5\mu K(1-\lambda)(3\lambda-1)\frac{m}{l}$
8	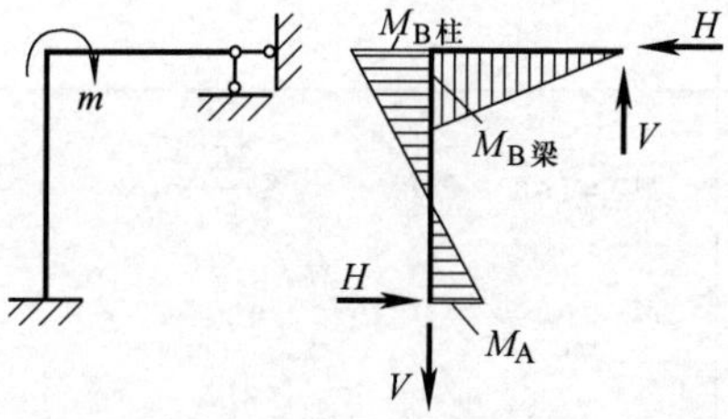	$M_A=Km$ $M_{B柱}=2Km$ $M_{B梁}=1.5\mu Km$ $H=3K\frac{m}{h}$ $V=1.5\mu K\frac{m}{l}$
9	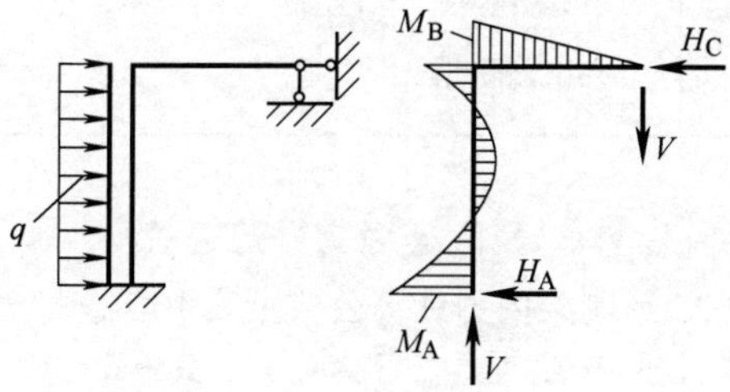	$M_A=(2+\mu)K\frac{qh^2}{8}$ $M_B=\mu K\frac{qh^2}{8}$ $H_A=0.5(5+3\mu)K\frac{qh}{2}$ $H_C=1.5(1+\mu)K\frac{qh}{2}$ $V=\mu K\frac{qh^2}{8l}$
10	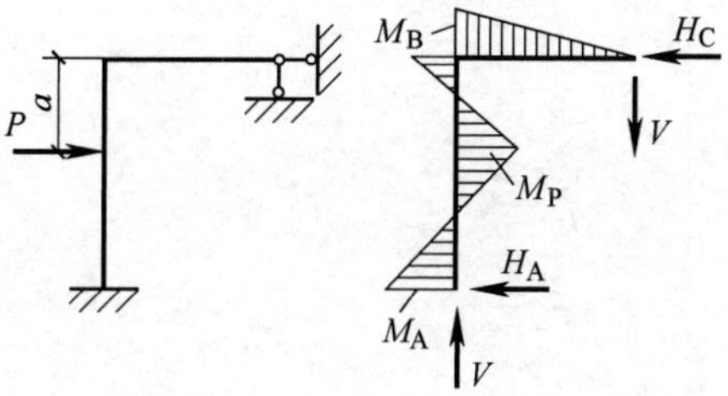	$M_A=\lambda(1-\lambda)(1+\lambda+1.5\mu\lambda)KPh$ $M_B=1.5\mu\lambda(1-\lambda)^2KPh$ $M_P=\lambda(1-\lambda)^2(\lambda+2+3\mu\lambda)KPh$ $H_A=\lambda[3-\lambda^2+1.5\mu\lambda(3-2\lambda)]KP$ $H_C=(1-\lambda)^2[\lambda+2+1.5\mu(1+2\lambda)]KP$ $V=1.5\mu\lambda(1-\lambda)^2K\frac{Ph}{l}$

续表 10-3

序号	计 算 简 图	计 算 公 式
11	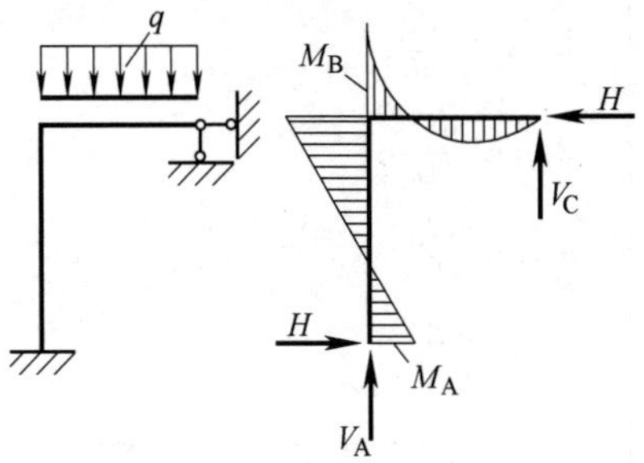	$M_A=K\frac{ql^2}{8}$ $M_B=2K\frac{ql^2}{8}$ $H=3K\frac{ql^2}{8h}$ $V_A=(10+6\mu)K\frac{ql}{8}$ $V_C=(6+6\mu)K\frac{ql}{8}$
12	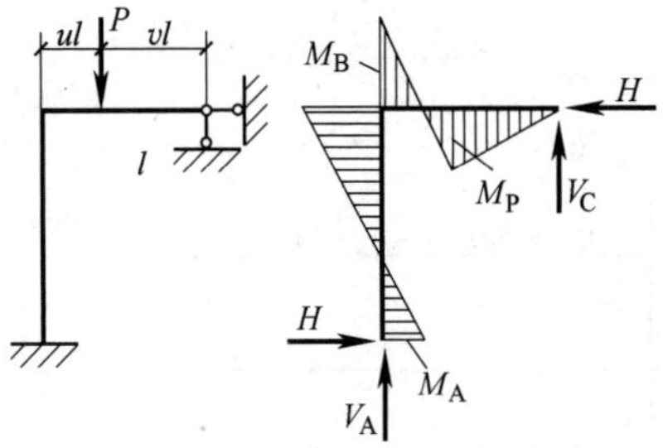	$M_A=0.5uv(1+v)KPl$ $M_B=uv(1+v)KPl$ $M_P=uv[1-v(1+v)K]Pl$ $H=1.5uv(1+v)K\frac{Pl}{h}$ $V_A=[1+u(1+v)K]Pv$ $V_C=[1-v(1+v)K]Pu$
13	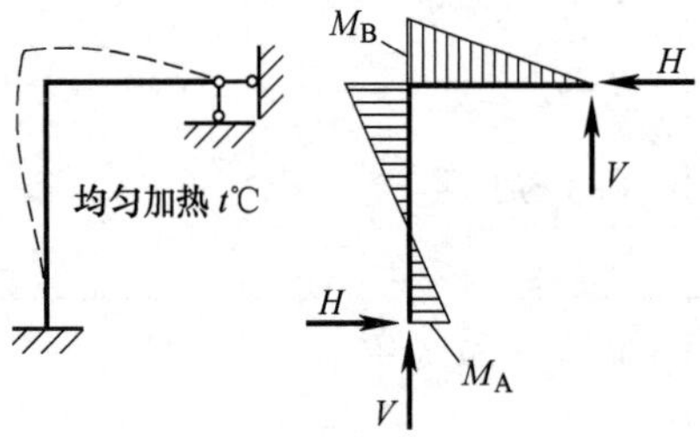 均匀加热 t℃	$M_A=(\mu h^2+3\mu l^2+2l^2)K\frac{3EI_1}{h^2l}\alpha t$ $M_B=\mu(2h^2+3l^2)K\frac{3EI_1}{h^2l}\alpha t$ $H=(3\mu h^2+6\mu l^2+2l^2)K\frac{3EI_1}{h^3l}\alpha t$ $V=\mu(2h^2+3l^2)K\frac{3EI_1}{h^2l^2}\alpha t$ α—线膨胀系数

10.2.2 柱端为固定支座、横梁端为固定铰支座的“┌”形刚架内力计算公式

柱端为固定支座、横梁端为固定铰支座的“┌”形刚架内力计算公式见表 10-4。

表 10-4 柱端为固定支座、横梁端为固定铰支座的“┌”形刚架内力计算公式

序号	计 算 简 图	计 算 公 式
1	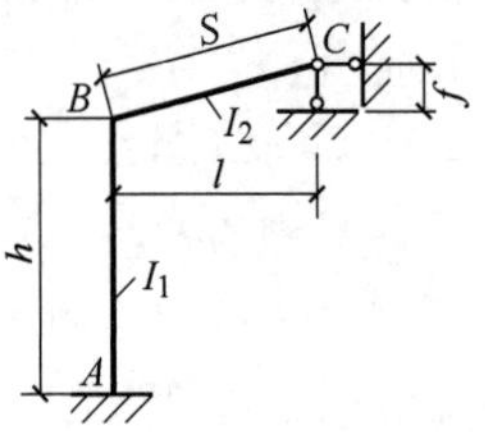	$\lambda=\frac{a}{h}$ $\mu=\frac{I_2h}{I_1s}$ $K=\frac{1}{2+1.5\mu}$

续表 10-4

序号	计算简图	计算公式
2	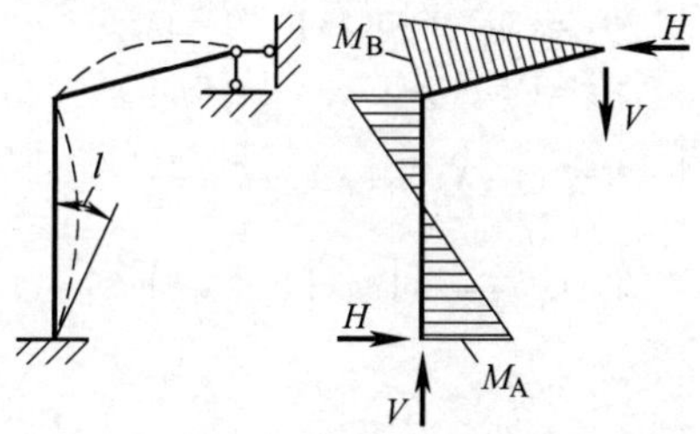	$M_A=(1+\mu)K\dfrac{6EI_1}{h}$ $M_B=\mu K\dfrac{3EI_1}{h}$ $H=(2+3\mu)K\dfrac{3EI_1}{h^2}$ $V=\left[\mu\left(1+3\dfrac{f}{h}\right)+2\dfrac{f}{h}\right]K\dfrac{3EI_1}{hl}$
3	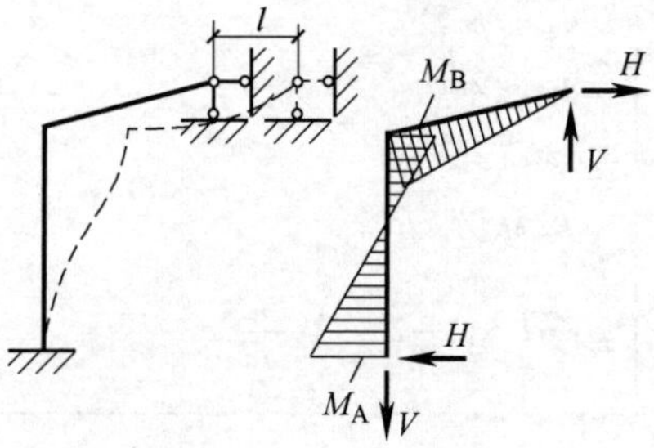	$M_A=(1+1.5\mu)K\dfrac{6EI_1}{h^2}$ $M_B=\mu K\dfrac{9EI_1}{h^2}$ $H=(1+3\mu)K\dfrac{6EI_1}{h^3}$ $V=\left[3\mu\left(1+2\dfrac{f}{h}\right)+2\dfrac{f}{h}\right]K\dfrac{3EI_1}{h^2l}$
4	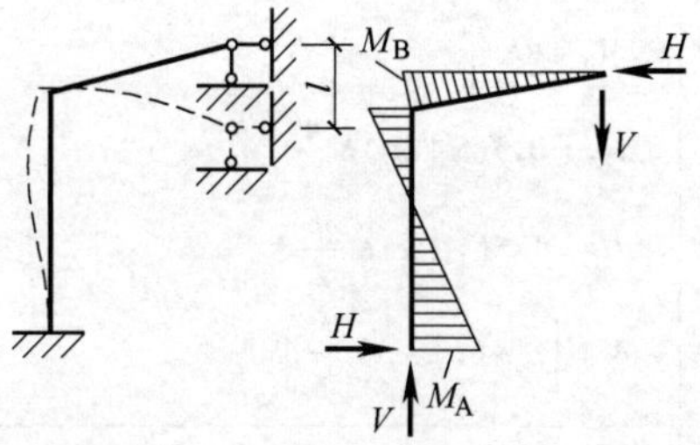	$M_A=[\mu(h+3f)+2f]K\dfrac{3EI_1}{h^2l}$ $M_B=\mu(h+1.5f)K\dfrac{6EI_1}{h^2l}$ $H=[3\mu(h+2f)+2f]K\dfrac{3EI_1}{h^3l}$ $V=\left[2\mu(h+3f)+\dfrac{2f^2}{h}(3\mu+1)\right]K\times\dfrac{3EI_1}{h^2l^2}$
5	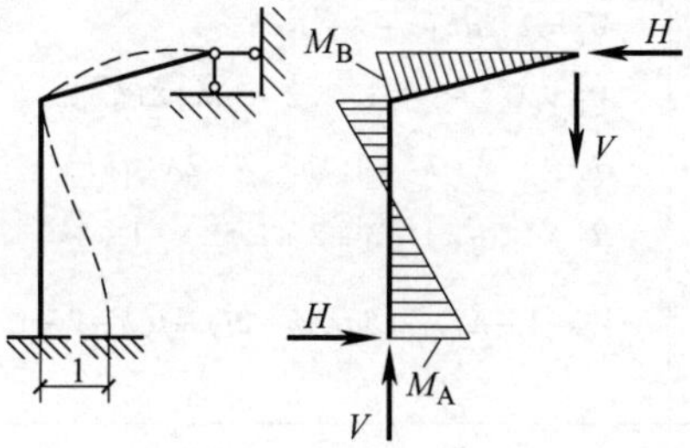	$M_A=(1+1.5\mu)K\dfrac{6EI_1}{h^2}$ $M_B=\mu K\dfrac{9EI_1}{h^2}$ $H=(1+3\mu)K\dfrac{6EI_1}{h^3}$ $V=\left[3\mu\left(1+2\dfrac{f}{h}\right)+2\dfrac{f}{h}\right]K\dfrac{3EI_1}{h^2l}$
6	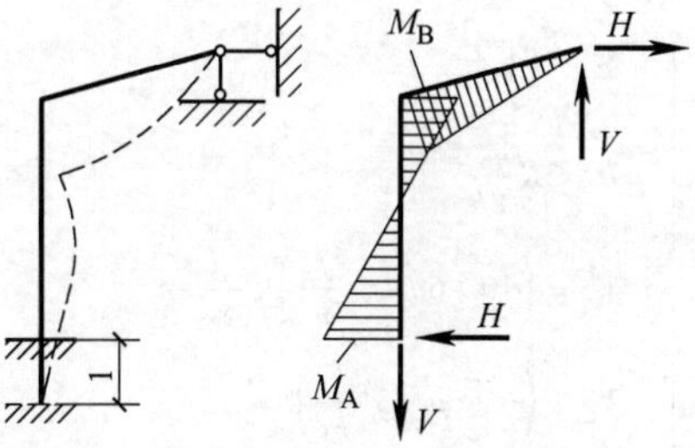	$M_A=[\mu(h+3f)+2f]K\dfrac{3EI_1}{h^2l}$ $M_B=\mu(h+1.5f)K\dfrac{6EI_1}{h^2l}$ $H=[3\mu(h+2f)+2f]K\dfrac{3EI_1}{h^3l}$ $V=\left[2\mu(h+3f)+\dfrac{2f^2}{h}\times(1+3\mu)\right]K\dfrac{3EI_1}{h^2l^2}$

续表 10-4

序号	计算简图	计算公式
7	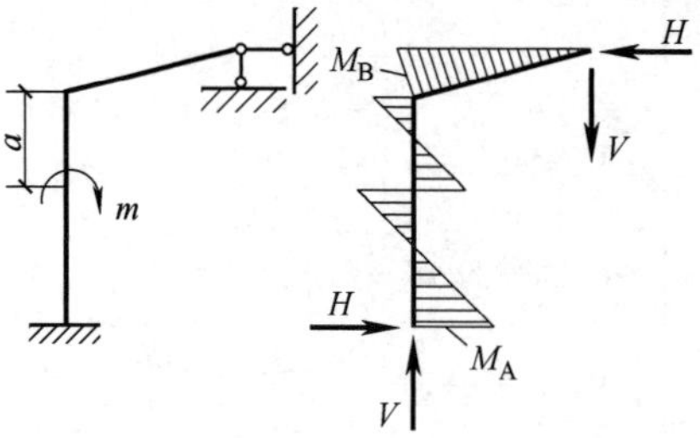	$M_A=[3\mu\lambda(1-1.5\lambda)+(1-3\lambda^2)]Km$ $M_B=1.5\mu(1-\lambda)(3\lambda-1)Km$ $H=3(1-\lambda)(1+\lambda+3\mu\lambda)K\frac{m}{h}$ $V=1.5(1-\lambda)\left[3\mu\lambda\left(1+2\frac{f}{h}\right)+2\frac{f}{h}(1+\lambda)-\mu\right]K\frac{m}{l}$
8	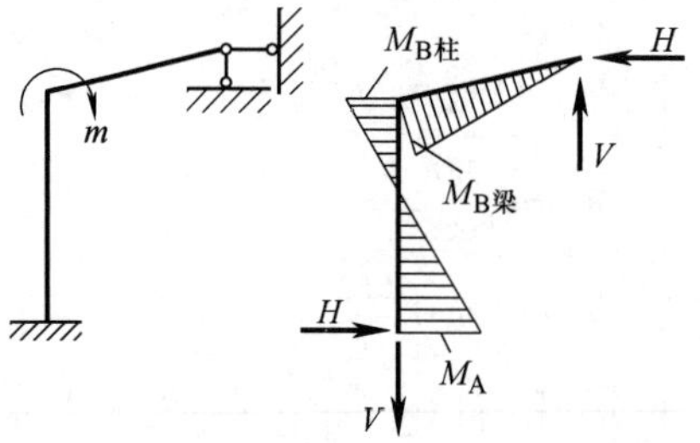	$M_A=Km$ $M_{B柱}=2Km$ $M_{B梁}=1.5\mu Km$ $H=3K\frac{m}{h}$ $V=1.5\left(\mu-2\frac{f}{h}\right)K\frac{m}{l}$
9	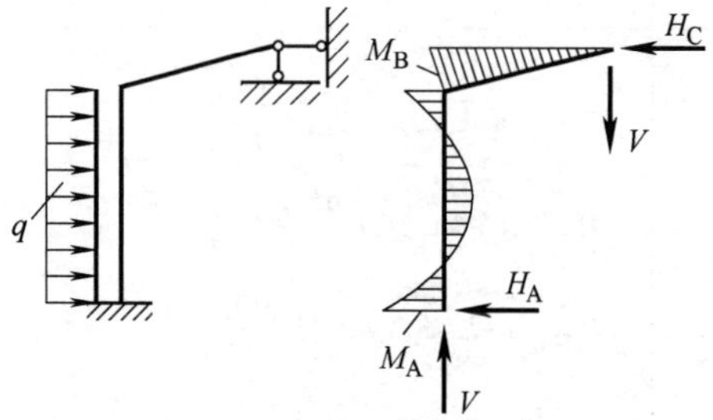	$M_A=(2+\mu)K\frac{qh^2}{8}$ $M_B=\mu K\frac{qh^2}{8}$ $H_A=0.5(5+3\mu)K\frac{qh}{2}$ $H_C=1.5(1+\mu)K\frac{qh}{2}$ $V=\left[\mu+6(1+\mu)\frac{f}{h}\right]K\frac{qh^2}{8l}$
10	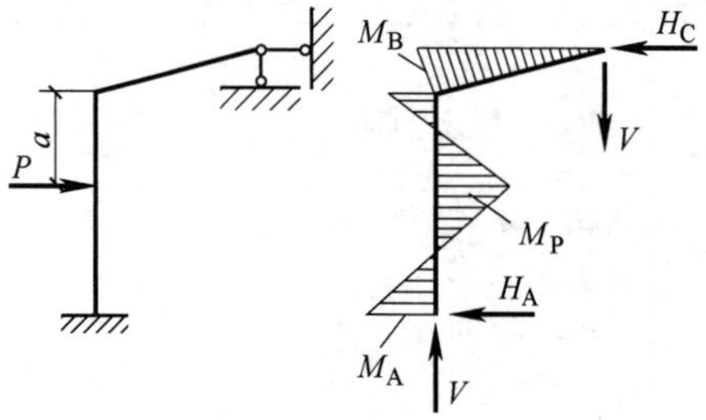	$M_A=\lambda(1-\lambda)(1+\lambda+1.5\mu\lambda)KPh$ $M_B=1.5\mu\lambda(1-\lambda)^2KPh$ $M_P=\lambda(1-\lambda)^2(\lambda+2+3\mu\lambda)KPh$ $H_A=\lambda[3-\lambda^2+1.5\mu\lambda(3-2\lambda)]KP$ $H_C=(1-\lambda)^2[\lambda+2+1.5\mu\times(1+2\lambda)]KP$ $V=(1-\lambda^2)[1.5\mu\lambda(h+2f)+f(\lambda+2+1.5\mu)]K\frac{P}{l}$
11	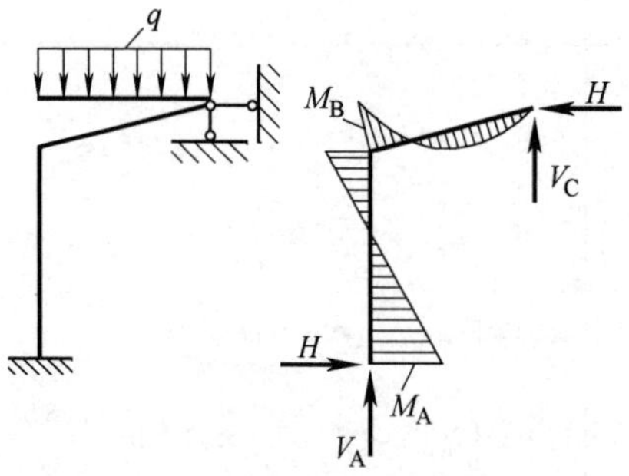	$M_A=K\frac{ql^2}{8}$ $M_B=2K\frac{ql^2}{8}$ $H=3K\frac{ql^2}{8h}$ $V_A=\left(10+6\mu+3\frac{f}{h}\right)K\frac{ql}{8}$ $V_C=\left(6+6\mu-3\frac{f}{h}\right)K\frac{ql}{8}$

续表 10-4

序号	计算简图	计算公式
12	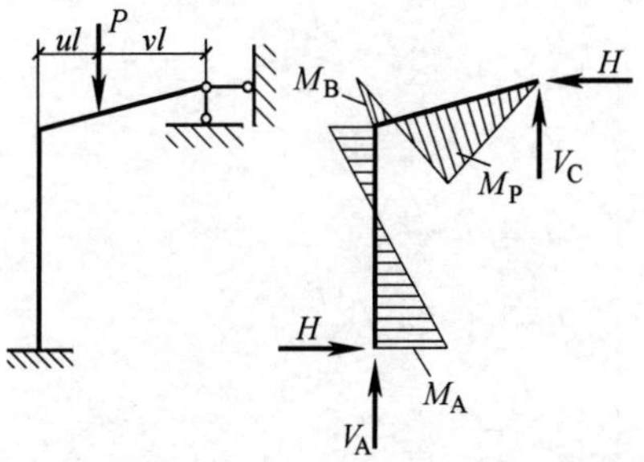 ul P vl M_B H V_C M_P H V_A M_A	$M_A=0.5uv(1+v)KPl$ $M_B=uv(1+v)KPl$ $M_P=uv[1-v(1+v)K]Pl$ $H=1.5uv(1+v)K\frac{Pl}{h}$ $V_A=\left[1+u(1+v)K+1.5u(1+v)\frac{f}{h}K\right]Pv$ $V_C=\left[1-v(1+v)K-1.5v(1+v)\frac{f}{h}K\right]Pu$
13	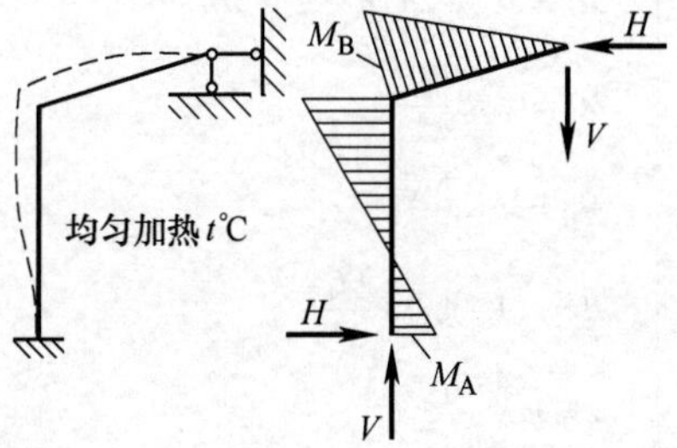 均匀加热 t℃ M_B H V H M_A V	$M_A=(\mu h^2+3\mu s^2+2s^2)K\frac{3EI_1}{h^2l}\alpha t$ $M_B=\mu(2h^2+3s^2)K\frac{3EI_1}{h^2l}\alpha t$ $H=(3\mu h^2+6\mu s^2+2s^2)K\frac{3EI_1}{h^3l}\alpha t$ $V=[\mu h^2(2h+3f)+3\mu s^2(h+2f)+2s^2f]K\frac{3EI_1}{h^3l^3}\alpha t$ α—线膨胀系数

10.3 两端为固定支座的"⌐"与"⌐"形刚架内力计算公式

10.3.1 两端为固定支座的"⌐"形刚架内力计算公式

两端为固定支座的"⌐"形刚架内力计算公式见表10-5。

表 10-5 两端为固定支座的"⌐"形刚架内力计算公式

序号	计算简图	计算公式
1	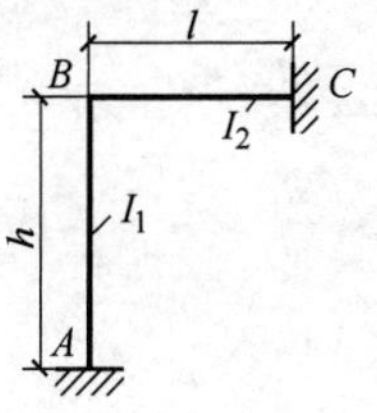 l B C I_2 h I_1 A	$\lambda=\frac{a}{h}$ $\mu=\frac{I_2h}{I_1l}$ $K=\frac{1}{1+\mu}$
2	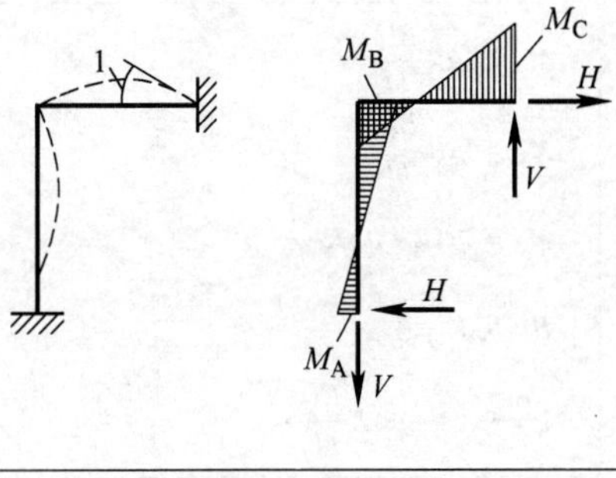 1 M_C M_B H V H M_A V	$M_A=\mu K\frac{EI_1}{h}$ $M_B=2\mu K\frac{EI_1}{h}$ $M_C=2\mu(2+1.5\mu)K\frac{EI_1}{h}$ $H=3\mu K\frac{EI_1}{h^2}$ $V=3\mu(2+\mu)K\frac{EI_1}{hl}$

续表 10-5

序号	计算简图	计算公式
3	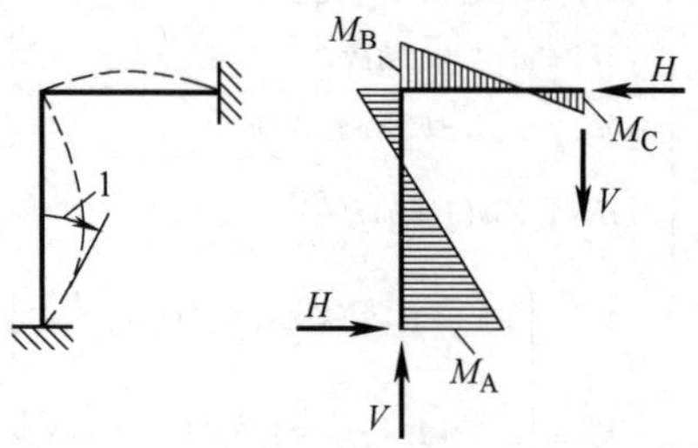	$M_A=(3+4\mu)K\frac{EI_1}{h}$ $M_B=2\mu K\frac{EI_1}{h}$ $M_C=\mu K\frac{EI_1}{h}$ $H=3(1+2\mu)K\frac{EI_1}{h^2}$ $V=3\mu K\frac{EI_1}{hl}$
4	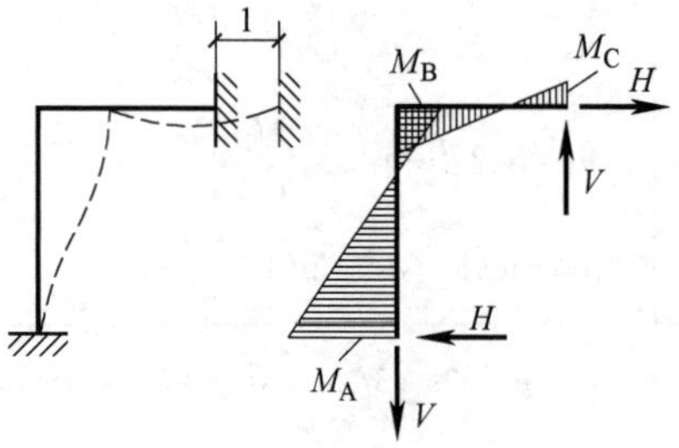	$M_A=3(1+2\mu)K\frac{EI_1}{h^2}$ $M_B=6\mu K\frac{EI_1}{h^2}$ $M_C=3\mu K\frac{EI_1}{h^2}$ $H=3(1+4\mu)K\frac{EI_1}{h^3}$ $V=9\mu K\frac{EI_1}{h^2 l}$
5	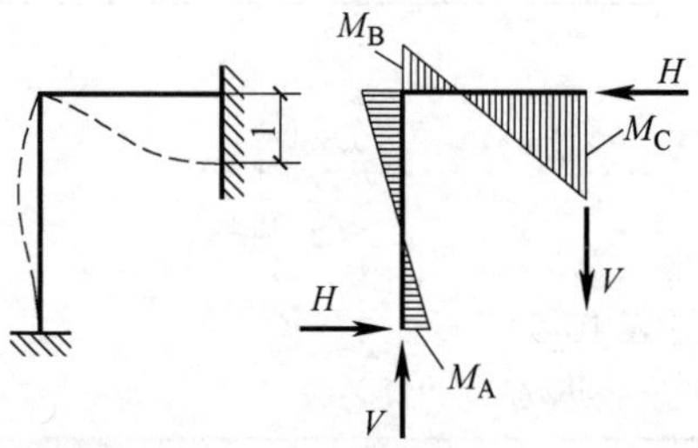	$M_A=3\mu K\frac{EI_1}{hl}$ $M_B=6\mu K\frac{EI_1}{hl}$ $M_C=3\mu(2+\mu)K\frac{EI_1}{hl}$ $H=9\mu K\frac{EI_1}{h^2 l}$ $V=3\mu(4+\mu)K\frac{EI_1}{hl^2}$
6	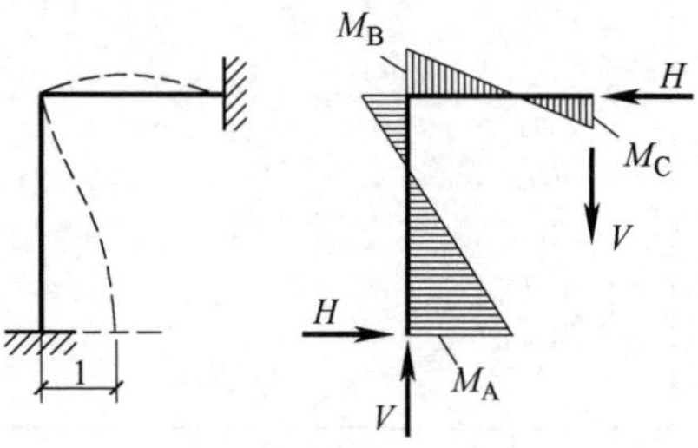	$M_A=3(1+2\mu)K\frac{EI_1}{h^2}$ $M_B=6\mu K\frac{EI_1}{h^2}$ $M_C=3\mu K\frac{EI_1}{h^2}$ $H=3(1+4\mu)K\frac{EI_1}{h^3}$ $V=9\mu K\frac{EI_1}{h^2 l}$
7	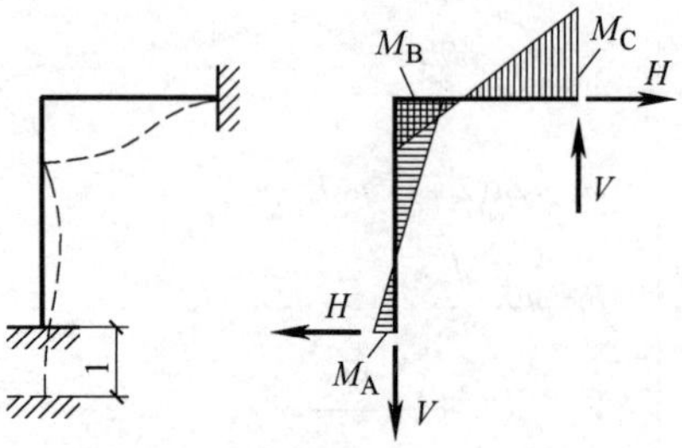	$M_A=3\mu K\frac{EI_1}{hl}$ $M_B=6\mu K\frac{EI_1}{hl}$ $M_C=3\mu(2+\mu)K\frac{EI_1}{hl}$ $H=9\mu K\frac{EI_1}{h^2 l}$ $V=3\mu(4+\mu)K\frac{EI_1}{hl^2}$

续表 10-5

序号	计 算 简 图	计 算 公 式
8	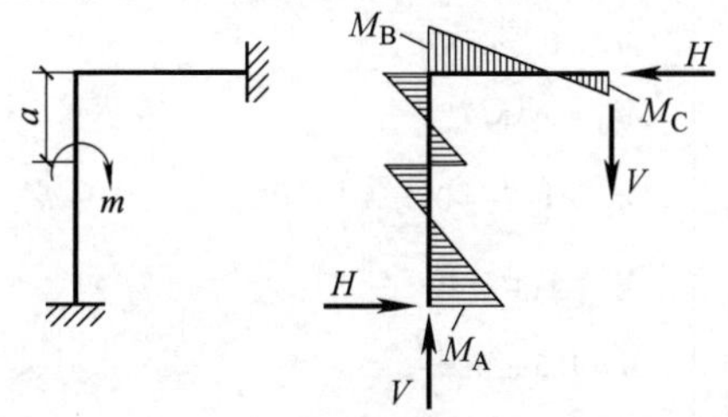	$M_A=[0.5(1-3\lambda^2)+\mu\lambda(2-3\lambda)]Km$ $M_B=\mu(1-\lambda)(3\lambda-1)Km$ $M_C=0.5\mu(1-\lambda)(3\lambda-1)Km$ $H=1.5(1-\lambda)(1+\lambda+4\mu\lambda)K\dfrac{m}{h}$ $V=1.5\mu(1-\lambda)(3\lambda-1)K\dfrac{m}{l}$
9	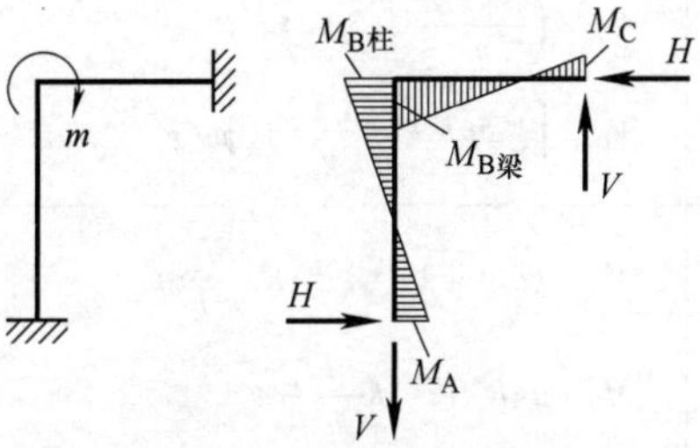	$M_A=0.5Km$ $M_{B柱}=Km$ $M_{B梁}=\mu Km$ $M_C=0.5\mu Km$ $H=1.5K\dfrac{m}{h}$ $V=1.5\mu K\dfrac{m}{l}$
10	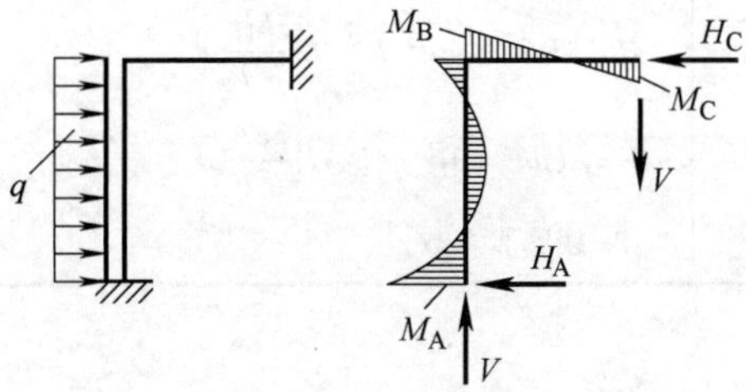	$M_A=(1.5+\mu)K\dfrac{qh^2}{12}$ $M_B=\mu K\dfrac{qh^2}{12}$ $M_C=0.5\mu K\dfrac{qh^2}{12}$ $H_A=(5+4\mu)K\dfrac{qh}{8}$ $H_C=(3+4\mu)K\dfrac{qh}{8}$ $V=1.5\mu R\dfrac{qh^2}{12l}$
11	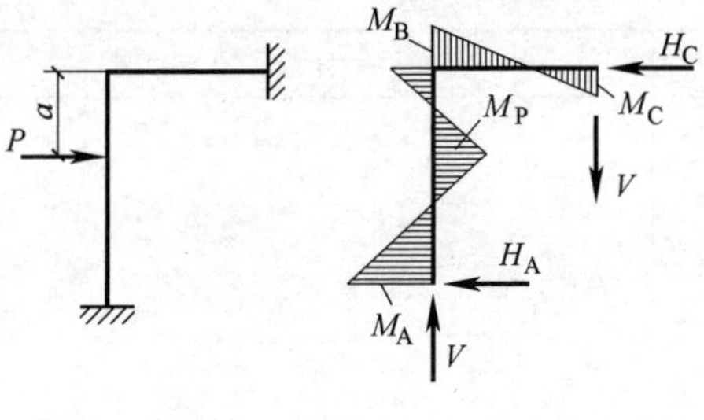	$M_A=M_B-H_Ch+P(1-\lambda)h$ $M_B=\mu\lambda(1-\lambda)^2KPh$ $M_C=0.5\mu\lambda(1-\lambda)^2KPh$ $M_P=H_C\lambda h-M_B$ $H_A=P-H_C$ $H_C=(1-\lambda)^2[1+0.5\lambda+\mu(1+2\lambda)]KP$ $V=1.5\mu\lambda(1-\lambda)^2K\dfrac{Ph}{l}$
12	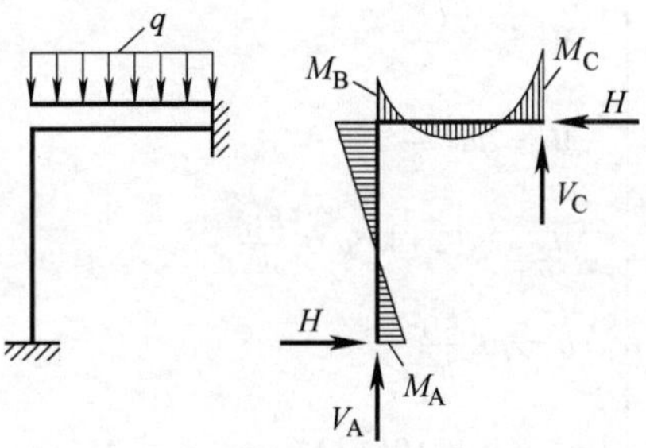	$M_A=0.5K\dfrac{ql^2}{12}$ $M_B=K\dfrac{ql^2}{12}$ $M_C=(1+1.5\mu)K\dfrac{ql^2}{12}$ $H=1.5K\dfrac{ql^2}{12h}$ $V_A=1.5(4+3\mu)K\dfrac{ql}{12}$ $V_C=1.5(4+5\mu)K\dfrac{ql}{12}$

续表 10-5

序号	计算简图	计算公式
13	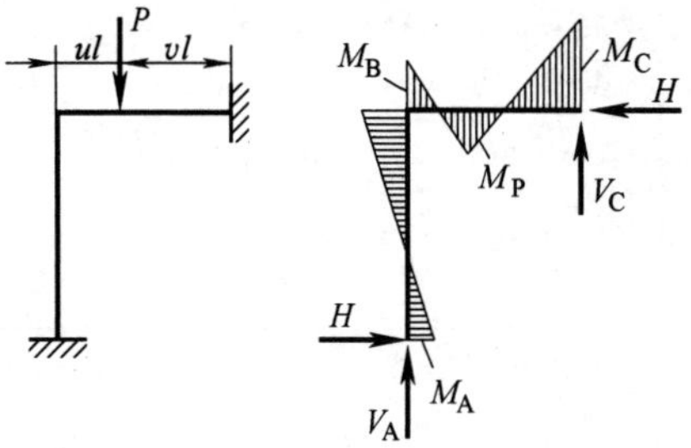	$M_A=0.5uv^2KPl$ $M_B=uv^2KPl$ $M_C=\left(\frac{u}{v}+0.5\mu K\right)uv^2Pl$ $M_P=V_Cvl-M_C$ $H=1.5uv^2K\frac{Pl}{h}$ $V_A=\left(\frac{1+2u}{u}-1.5\mu K\right)uv^2P$ $V_C=\left[1.5\mu K+\frac{u(1+2v)}{v^2}\right]uv^2P$
14	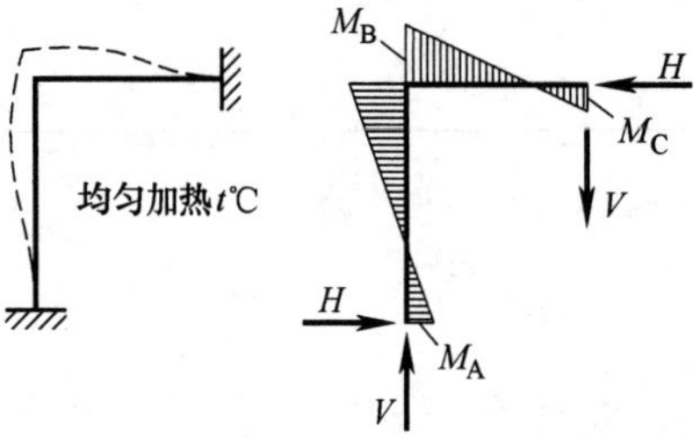 均匀加热t℃	$M_A=(\mu h^2+2\mu l^2+l^2)K\frac{3EI_1}{h^2l}\alpha t$ $M_B=\mu(h^2+l^2)K\frac{6EI_1}{h^2l}\alpha t$ $M_C=\mu(\mu h^2+2h^2+l^2)K\frac{3EI_1}{h^2l}\alpha t$ $H=(3\mu h^2+4\mu l^2+l^2)K\frac{3EI_1}{h^3l}\alpha t$ $V=\mu(\mu h^2+3l^2+4h^2)K\frac{3EI_1}{h^2l^2}\alpha t$ α—线膨胀系数

10.3.2 两端为固定支座的“⌌”形刚架内力计算公式

两端为固定支座的“⌌”形刚架内力计算公式见表10-6。

表 10-6 两端为固定支座的“⌌”形刚架内力计算公式

序号	计算简图	计算公式
1	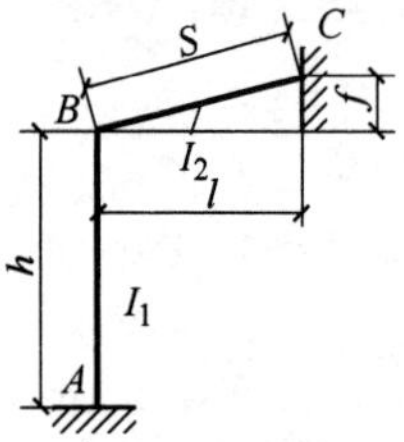	$\lambda=\frac{a}{h}$ $\mu=\frac{I_2h}{I_1s}$ $K=\frac{1}{1+\mu}$
2	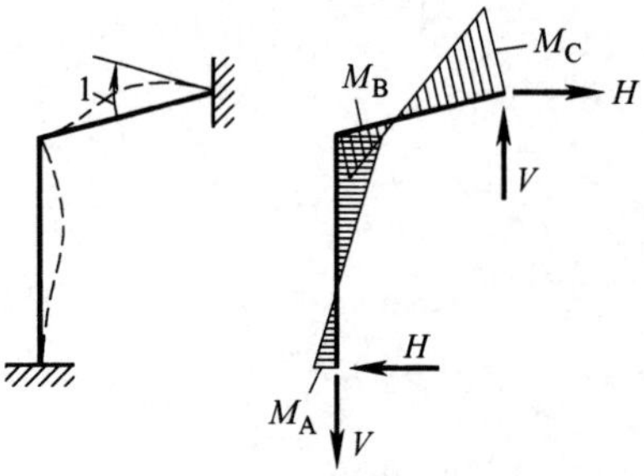	$M_A=\mu K\frac{EI_1}{h}$ $M_B=2\mu K\frac{EI_1}{h}$ $M_C=2\mu(2+1.5\mu)K\frac{EI_1}{h}$ $H=3\mu K\frac{EI_1}{h^2}$ $V=3\mu(\mu h+2h+f)K\frac{EI_1}{h^2l}$

续表 10-6

序号	计 算 简 图	计 算 公 式
3	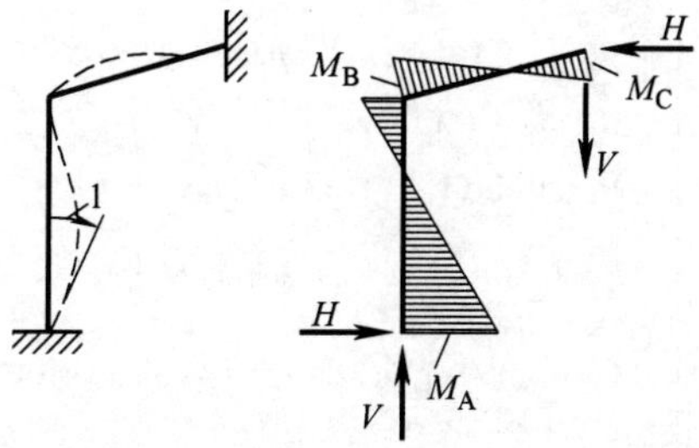	$M_A=(3+4\mu)K\dfrac{EI_1}{h}$ $M_B=2\mu K\dfrac{EI_1}{h}$ $M_C=\mu K\dfrac{EI_1}{h}$ $H=3(1+2\mu)K\dfrac{EI_1}{h^2}$ $V=3(\mu h+2\mu f+f)K\dfrac{EI_1}{h^2 l}$
4	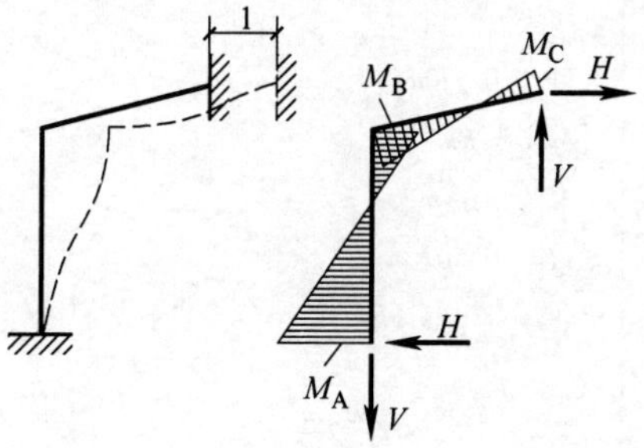	$M_A=3(1+2\mu)K\dfrac{EI_1}{h^2}$ $M_B=6\mu K\dfrac{EI_1}{h^2}$ $M_C=3\mu K\dfrac{EI_1}{h^2}$ $H=3(1+4\mu)K\dfrac{EI_1}{h^3}$ $V=3(3\mu h+4\mu f+f)K\dfrac{EI_1}{h^3 l}$
5	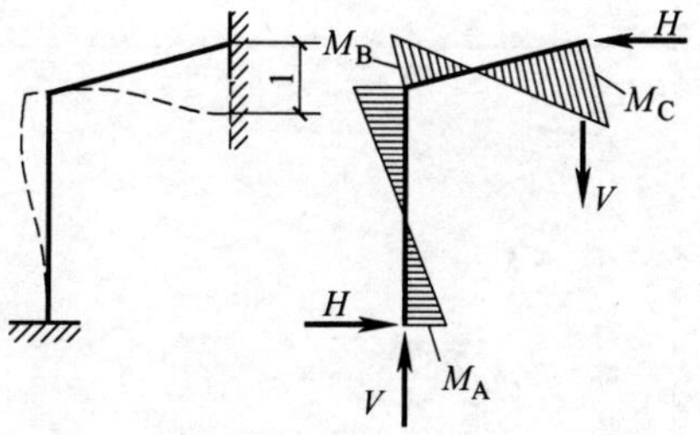	$M_A=3(\mu h+2\mu f+f)K\dfrac{EI_1}{h^2 l}$ $M_B=6\mu(h+f)K\dfrac{EI_1}{h^2 l}$ $M_C=3\mu(\mu h+2h+f)K\dfrac{EI_1}{h^2 l}$ $H=3(3\mu h+4\mu f+f)K\dfrac{EI_1}{h^3 l}$ $V=3(4\mu h^2+\mu^2 h^2+6\mu hf+4\mu f^2+f^2)K\dfrac{EI_1}{h^3 l^2}$
6	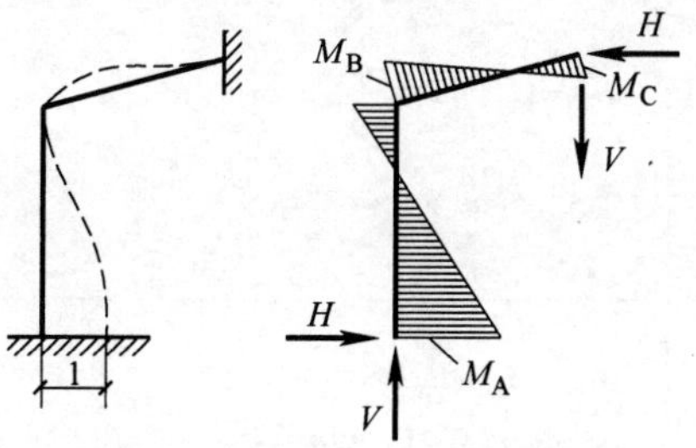	$M_A=3(1+2\mu)K\dfrac{EI_1}{h^2}$ $M_B=6\mu K\dfrac{EI_1}{h^2}$ $M_C=3\mu K\dfrac{EI_1}{h^2}$ $H=3(1+4\mu)K\dfrac{EI_1}{h^3}$ $V=3(3\mu h+4\mu f+f)K\dfrac{EI_1}{h^3 l}$
7	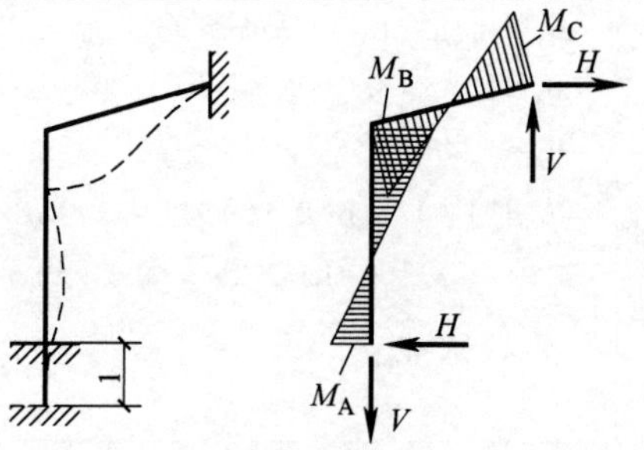	$M_A=3(\mu h+2\mu f+f)K\dfrac{EI_1}{h^2 l}$ $M_B=6\mu(h+f)K\dfrac{EI_1}{h^2 l}$ $M_C=3\mu(\mu h+2h+f)K\dfrac{EI_1}{h^2 l}$ $H=3(3\mu h+4\mu f+f)K\dfrac{EI_1}{h^3 l}$ $V=3(4\mu h^2+\mu^2 h^2+6\mu hf+4\mu f^2+f^2)K\dfrac{EI_1}{h^3 l^2}$

续表 10-6

序号	计算简图	计算公式
8	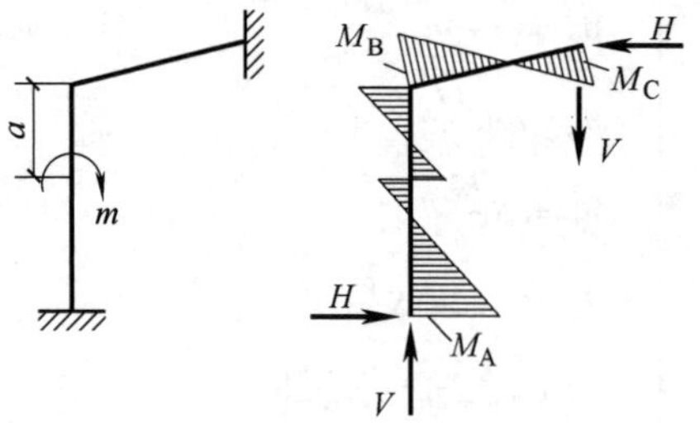	$M_A=[0.5(1-3\lambda^2)+\mu\lambda(2-3\lambda)]Km$ $M_B=\mu(1-\lambda)(3\lambda-1)Km$ $M_C=0.5\mu(1-\lambda)(3\lambda-1)Km$ $H=1.5(1-\lambda)(1+\lambda+4\mu\lambda)K\dfrac{m}{h}$ $V=1.5(1-\lambda)[\mu(3\lambda-1)h+4\mu\lambda f+(1+\lambda)f]K\dfrac{m}{hl}$
9	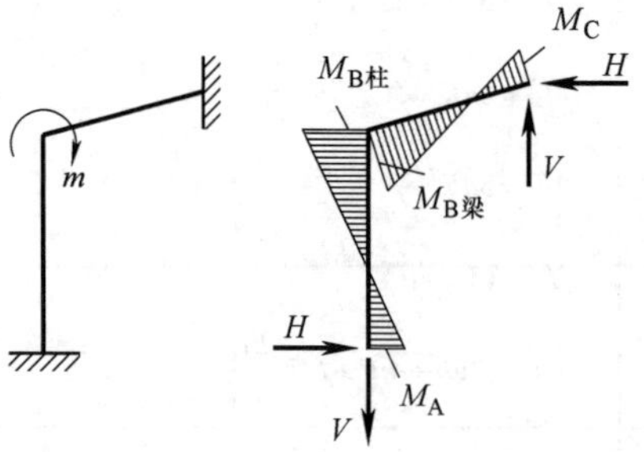	$M_A=0.5Km$ $M_{B柱}=Km$ $M_{B梁}=\mu Km$ $M_C=0.5\mu Km$ $H=1.5K\dfrac{m}{h}$ $V=1.5(\mu h-f)K\dfrac{m}{hl}$
10	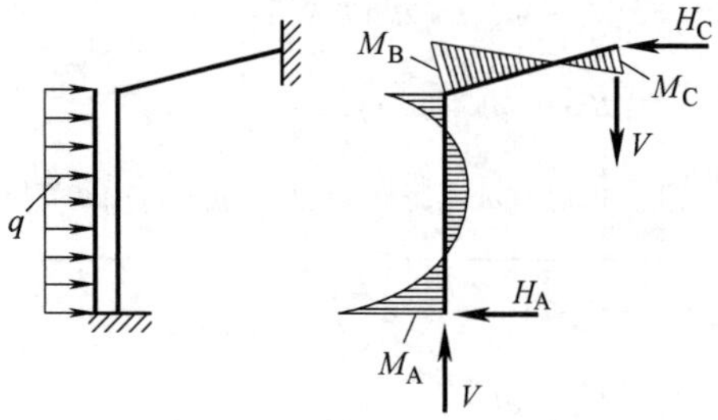	$M_A=(1.5+\mu)K\dfrac{qh^2}{12}$ $M_B=\mu K\dfrac{qh^2}{12}$ $M_C=0.5\mu K\dfrac{qh^2}{12}$ $H_A=(5+4\mu)K\dfrac{qh}{8}$ $H_C=(3+4\mu)K\dfrac{qh}{8}$ $V=1.5(\mu h+4\mu f+3f)K\dfrac{qh}{12l}$
11	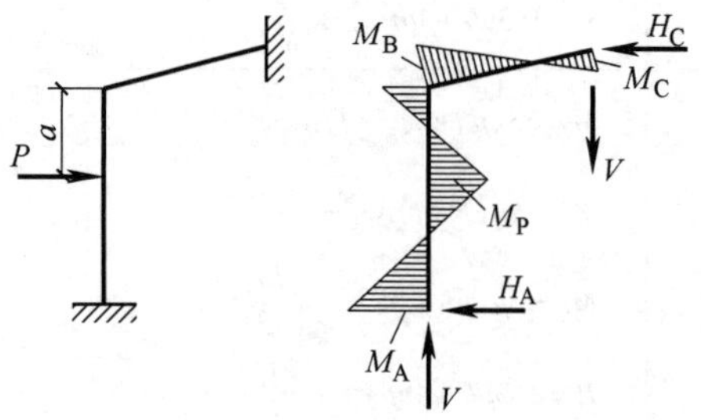	$M_A=M_B-H_Ch+P(1-\lambda)h$ $M_B=\mu\lambda(1-\lambda)^2KPh$ $M_C=0.5\mu\lambda(1-\lambda)^2KPh$ $M_P=H_C\lambda h-M_B$ $H_A=P-H_C$ $H_C=(1-\lambda)^2[1+0.5\lambda+\mu(1+2\lambda)]KP$ $V=(1-\lambda)^2[1.5\mu\lambda h+2\mu f\times(0.5+\lambda)+0.5f(2+\lambda)]K\dfrac{P}{l}$

续表 10-6

序号	计算简图	计算公式
12		$M_A = 0.5K\frac{ql^2}{12}$ $M_B = K\frac{ql^2}{12}$ $M_C = (1+1.5\mu)K\frac{ql^2}{12}$ $H = 1.5K\frac{ql^2}{12h}$ $V_A = 1.5\left(4+3\mu+\frac{f}{h}\right)K\frac{ql}{12}$ $V_C = 1.5\left(4+5\mu-\frac{f}{h}\right)K\frac{ql}{12}$
13		$M_A = 0.5uv^2KPl$ $M_B = uv^2KPl$ $M_C = \left[0.5\mu+\frac{u}{v}(1+\mu)\right]uv^2KPl$ $M_P = (V_Cl+Hf)v - M_C$ $H = 1.5uv^2K\frac{Pl}{h}$ $V_A = \left[1.5f-1.5\mu h+\frac{1+2u}{u}h\times(1+\mu)\right]uv^2K\frac{P}{h}$ $V_C = \left[1.5\mu h-1.5f+\frac{u(1+2v)}{v^2}\times h(1+\mu)\right]uv^2K\frac{P}{h}$
14	均匀加热t℃	$M_A = (\mu h^2+2\mu s^2+s^2)K\frac{3EI_1}{h^2l}\alpha t$ $M_B = \mu(h^2+s^2)K\frac{6EI_1}{h^2l}\alpha t$ $M_C = \mu(\mu h^2+2h^2+s^2)K\frac{3EI_1}{h^2l}\alpha t$ $H = (3\mu h^2+4\mu s^2+s^2)K\frac{3EI_1}{h^3l}\alpha t$ $V = [\mu h^2(\mu h+3f+4h)+\mu s^2(3h+4f)+s^2f]\times$ $K\frac{3EI_1}{h^3l^2}\alpha t$ α—线膨胀系数

10.4　两柱端为固定铰支座与固定支座的门形刚架内力计算公式

10.4.1　两柱端为固定铰支座的门形刚架内力计算公式

两柱端为固定铰支座的门形刚架内力计算公式见表 10-7。

表 10-7 两柱端为固定铰支座的门形刚架内力计算公式

序号	计算简图	计算公式
1	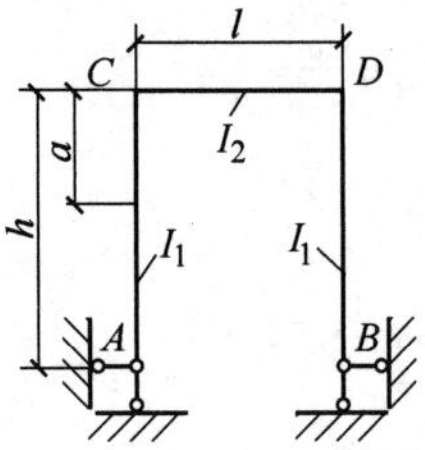 C, D, l, I_2, a, h, I_1, I_1, A, B	$\lambda = \frac{a}{h}$ $\mu = \frac{I_2 h}{I_1 l}$ $K = \frac{1}{3 + 2\mu}$
2	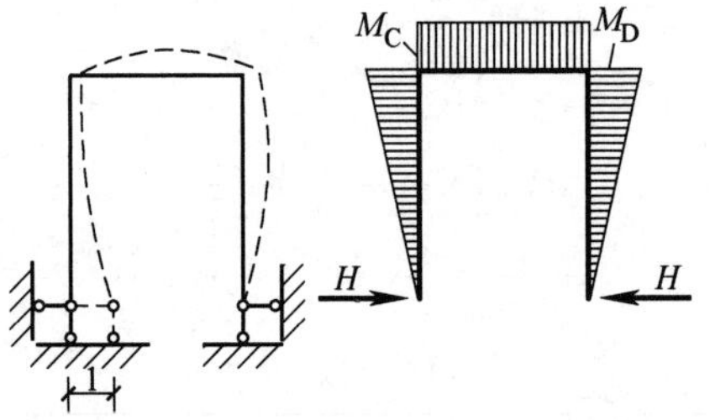 M_C, M_D, H, H, 1	$M_C = M_D = \mu K \frac{3EI_1}{h^2}$ $H = \mu K \frac{3EI_1}{h^3}$
3	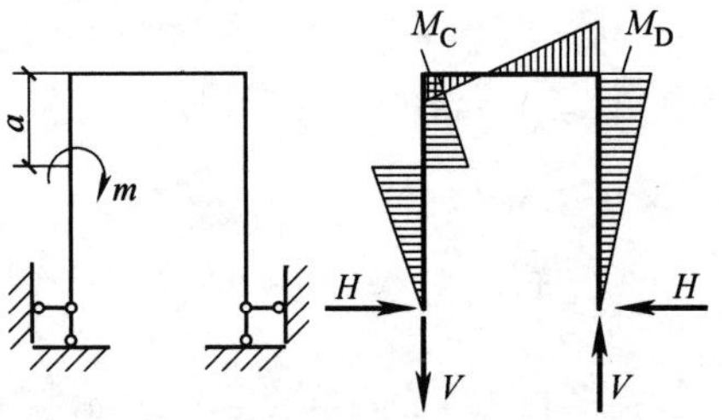 a, m, M_C, M_D, H, H, V, V	$M_C = [2(1+\mu) - 1.5\mu\lambda(2-\lambda)]Km$ $M_D = 1.5[1+\mu\lambda(2-\lambda)]Km$ $H = 1.5[1+\mu\lambda(2-\lambda)]K\frac{m}{h}$ $V = \frac{m}{l}$
4	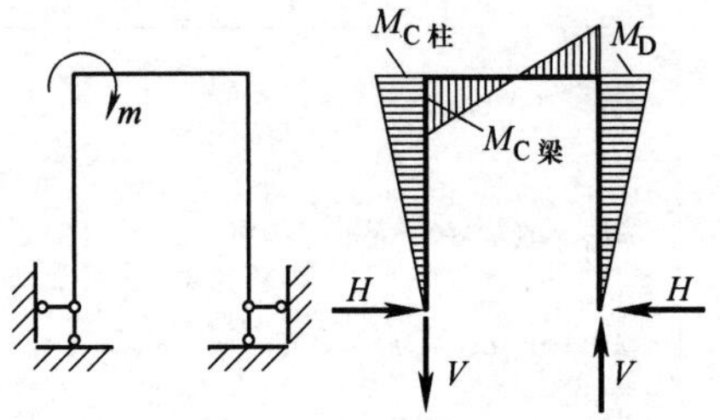 m, $M_{C柱}$, M_D, $M_{C梁}$, H, H, V, V	$M_{C柱} = 1.5Km$ $M_{C梁} = (1.5 + 2\mu)Km$ $M_D = 1.5Km$ $H = 1.5K\frac{m}{h}$ $V = \frac{m}{l}$
5	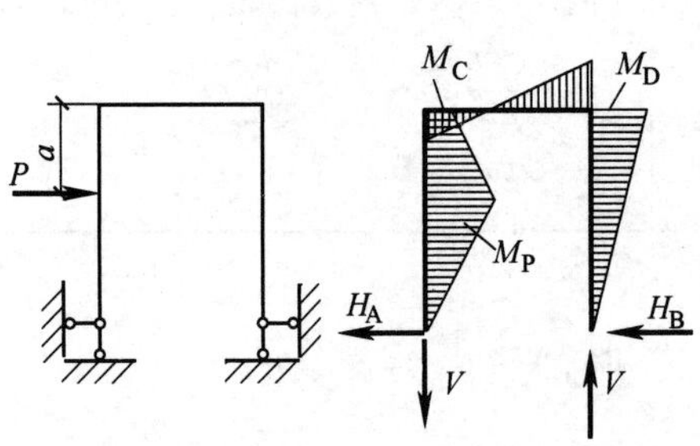 a, P, M_C, M_D, M_P, H_A, H_B, V, V	$M_C = (1-\lambda)[3+2\mu-\lambda\mu(2-\lambda)]K\frac{Ph}{2}$ $M_D = (1-\lambda)[3+2\mu+\lambda\mu(2-\lambda)]K\frac{Ph}{2}$ $M_P = (1-\lambda)[3+2\mu+3\lambda+\lambda^2\mu(3-\lambda)]K\frac{Ph}{2}$ $H_A = [3+2\mu+3\lambda+\lambda^2\mu(3-\lambda)]K\frac{P}{2}$ $H_B = (1-\lambda)[3+2\mu+\lambda\mu(2-\lambda)]K\frac{P}{2}$ $V = (1-\lambda)\frac{Ph}{l}$

续表 10-7

序号	计 算 简 图	计 算 公 式
6	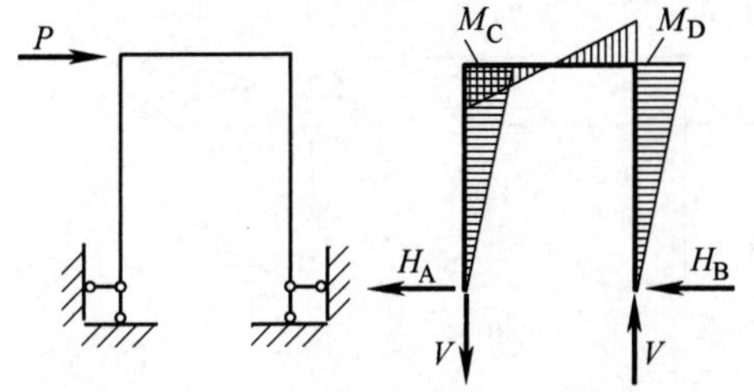	$M_C = M_D = \frac{Ph}{2}$ $H_A = H_B = \frac{P}{2}$ $V = \frac{Ph}{l}$
7	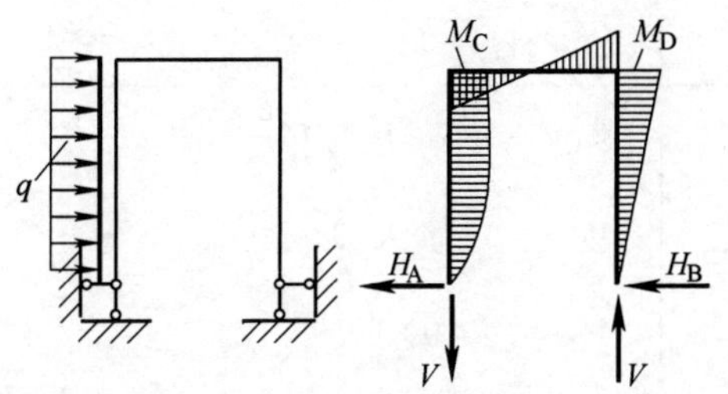	$M_C = (6+3\mu)K\frac{qh^2}{8}$ $M_D = (6+5\mu)K\frac{qh^2}{8}$ $H_A = (18+11\mu)K\frac{qh}{8}$ $H_B = (6+5\mu)K\frac{qh}{8}$ $V = \frac{qh^2}{2l}$
8	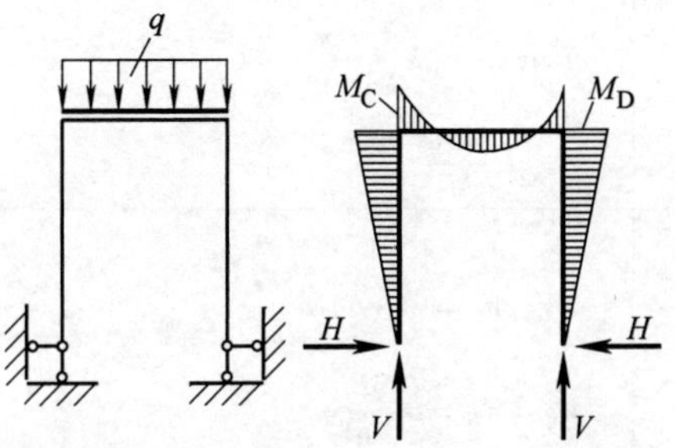	$M_C = M_D = K\frac{ql^2}{4}$ $H = K\frac{ql^2}{4h}$ $V = \frac{ql}{2}$
9	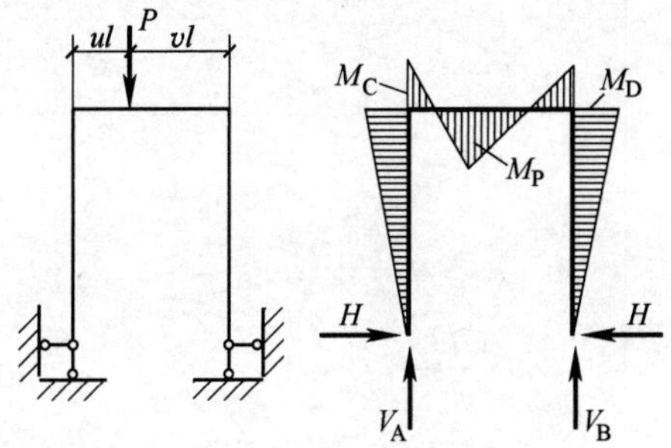	$M_C = M_D = 1.5KPuvl$ $M_P = (1.5+2\mu)KPuvl$ $H = 1.5KPuv\frac{l}{h}$ $V_A = vP$ $V_B = uP$
10	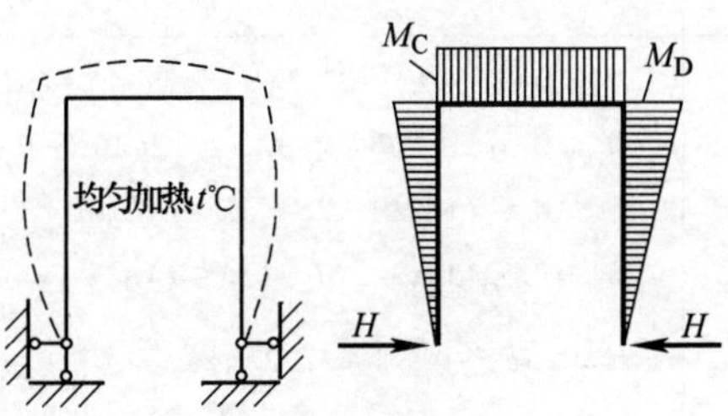 均匀加热 t℃	$M_C = M_D = \mu K\frac{3EI_1}{h^2}\alpha tl$ $H = \mu K\frac{3EI_1}{h^3}\alpha tl$ α—线膨胀系数

10.4.2 两柱端为固定支座的门形刚架内力计算公式

两柱端为固定支座的门形刚架内力计算公式见表10-8。

表10-8 两柱端为固定支座的门形刚架内力计算公式

序号	计算简图	计算公式
1	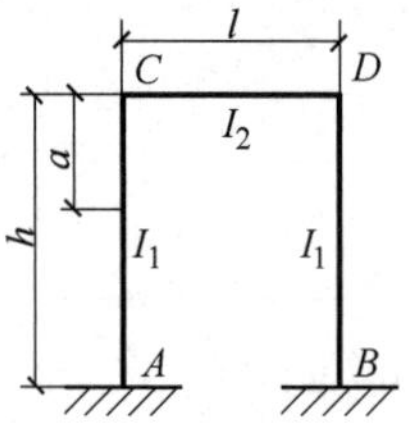	$\lambda=\frac{a}{h}$ $\mu=\frac{I_2h}{I_1l}$ $K=\frac{1}{2+\mu}$ $L=\frac{1}{1+6\mu}$
2	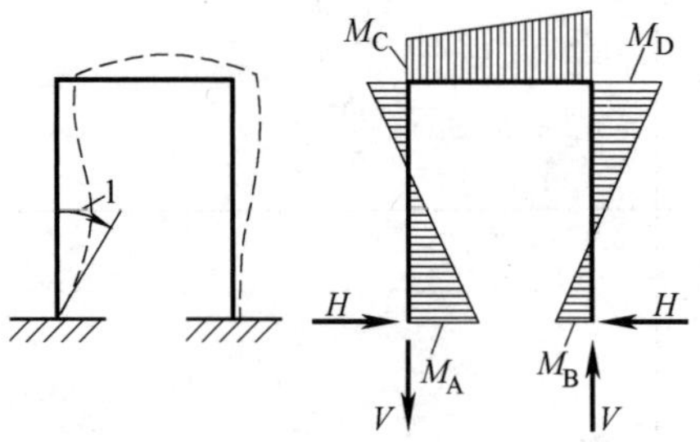	$M_A=[(3+2\mu)K+3\mu L]\frac{EI_1}{h}$ $M_B=[(3+2\mu)K-3\mu L]\frac{EI_1}{h}$ $M_C=\mu(K-3L)\frac{EI_1}{h}$ $M_D=\mu(K+3L)\frac{EI_1}{h}$ $H=(1+\mu)K\frac{3EI_1}{h^2}$ $V=\mu L\frac{6EI_1}{hl}$
3	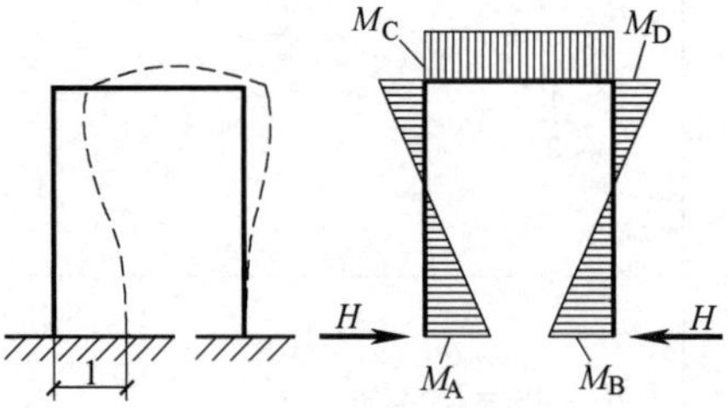	$M_A=M_B=(1+\mu)K\frac{3EI_1}{h^2}$ $M_C=M_D=\mu K\frac{3EI_1}{h^2}$ $H=(1+2\mu)K\frac{3EI_1}{h^3}$
4	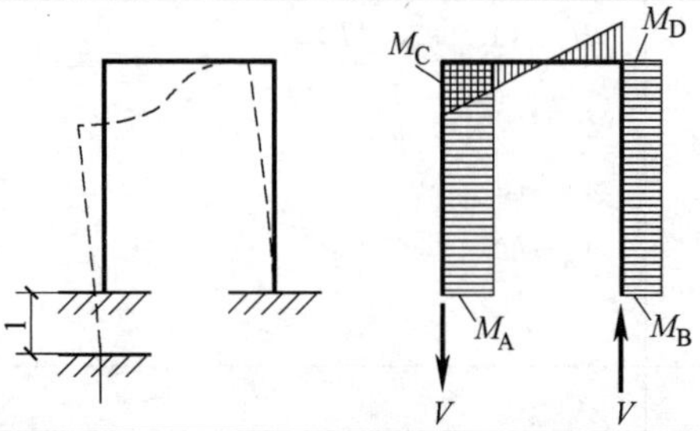	$M_A=M_B=M_C=M_D=\mu L\frac{6EI_1}{hl}$ $V=\mu L\frac{12EI_1}{hl^2}$
5	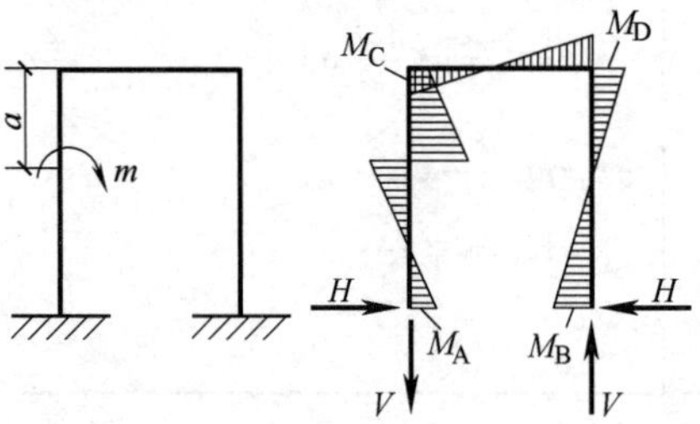	$M_A=0.5(1-\lambda)[(3+3\lambda+\mu+3\mu\lambda)K+6\mu L]m-m$ $M_B=0.5(1-\lambda)[(3+3\lambda+\mu+3\mu\lambda)K-6\mu L]m$ $M_C=0.5\mu(1-\lambda)[6L-(3\lambda-1)K]m$ $M_D=0.5\mu(1-\lambda)[6L+(3\lambda-1)K]m$ $H=1.5(1-\lambda)(1+\lambda+2\lambda\mu)K\frac{m}{h}$ $V=6\mu(1-\lambda)L\frac{m}{l}$

续表 10-8

序号	计算简图	计算公式
6	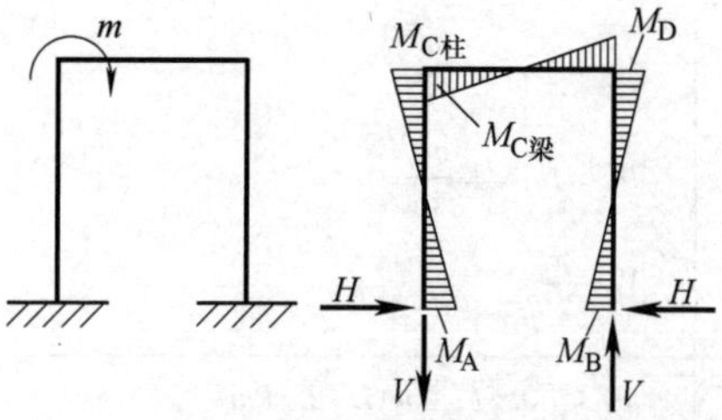 m；$M_{C柱}$，M_D，$M_{C梁}$，H，M_A，M_B，V	$M_{C柱}=(2K+L)\frac{m}{2}$ $M_{C梁}=\mu(K+6L)\frac{m}{2}$ $M_D=(2K-L)\frac{m}{2}$ $M_A=(K-L)\frac{m}{2}$ $M_B=(K+L)\frac{m}{2}$ $H=3K\frac{m}{2h}$ $V=6\mu K\frac{m}{l}$
7	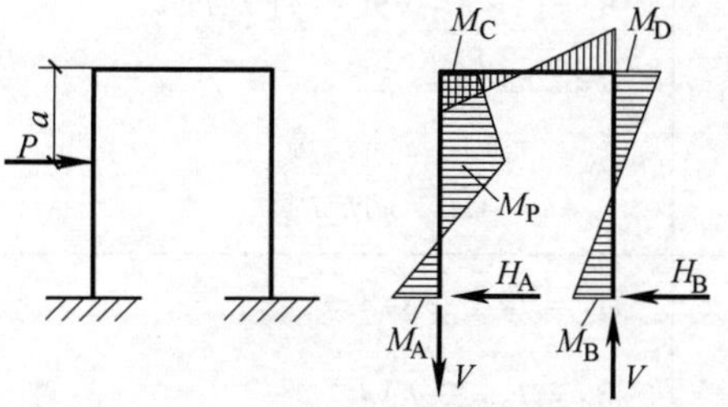 P，a；M_C，M_D，M_P，H_A，H_B，M_A，M_B，V	$M_C=\mu(1-\lambda)^2(3L-\lambda K)\frac{Ph}{2}$ $M_D=\mu(1-\lambda)^2(3L+\lambda K)\frac{Ph}{2}$ $M_A=Ph(1-\lambda)-(1-\lambda)^2[(2+\mu+\lambda+\lambda\mu)K+3\mu L]\frac{Ph}{2}$ $M_B=(1-\lambda)^2[(2+\mu+\lambda+\lambda\mu)K-3\mu L]\frac{Ph}{2}$ $M_P=H_B\lambda h-M_C$ $H_A=P-H_B$ $H_B=(1-\lambda)^2(2+\mu+\lambda+2\lambda\mu)K\frac{P}{2}$ $V=3\mu(1-\lambda)^2L\frac{Ph}{l}$
8	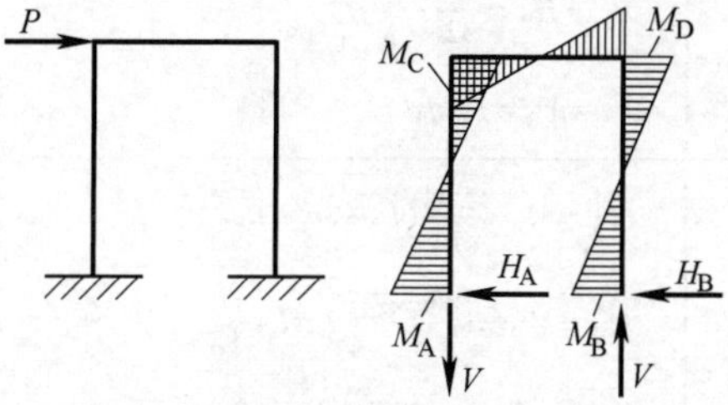 P；M_C，M_D，H_A，H_B，M_A，M_B，V	$M_C=M_D=3\mu L\frac{Ph}{2}$ $M_A=M_B=(1-3\mu L)\frac{Ph}{2}$ $H_A=H_B=\frac{P}{2}$ $V=3\mu L\frac{Ph}{l}$
9	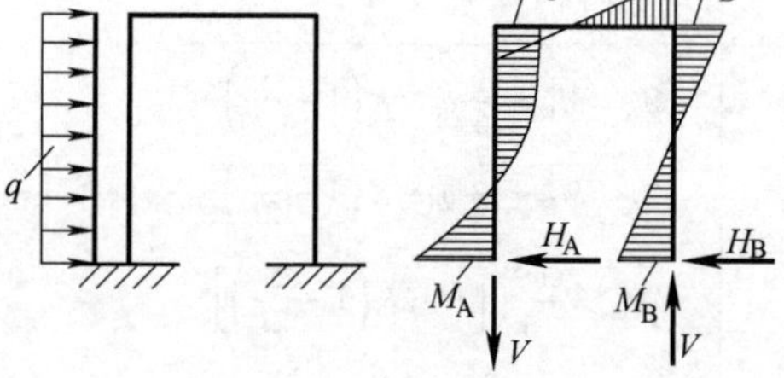 q；M_C，M_D，H_A，H_B，M_A，M_B，V	$M_C=\mu(12L-K)\frac{qh^2}{24}$ $M_D=\mu(12L+K)\frac{qh^2}{24}$ $M_A=[(39+19\mu)K-12\mu L-12]\frac{qh^2}{24}$ $M_B=[(9+5\mu)K-12\mu L]\frac{qh^2}{24}$ $H_A=(39+18\mu)K\frac{qh}{24}$ $H_B=(9+6\mu)K\frac{qh}{24}$ $V=\mu L\frac{qh^2}{l}$

续表 10-8

序号	计算简图	计算公式
10	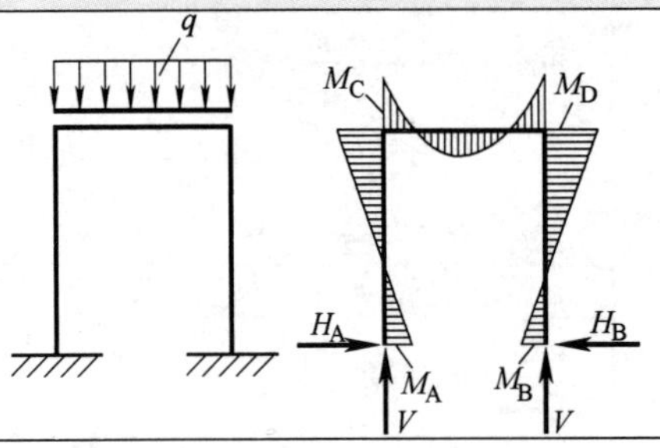	$M_C=M_D=K\dfrac{ql^2}{6}$ $M_A=M_B=K\dfrac{ql^2}{12}$ $H_A=H_B=K\dfrac{ql^2}{4h}$ $V=\dfrac{ql}{2}$
11	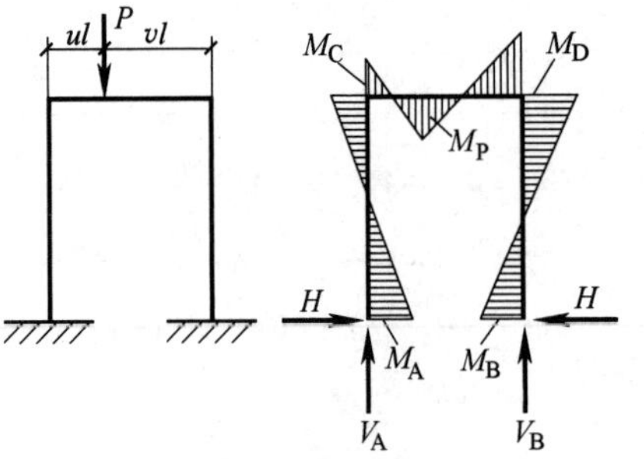	$M_C=[0.5(v-u)L+K]Puvl$ $M_D=[K-0.5(v-u)L]Puvl$ $M_A=[K-(v-u)L]\dfrac{Puvl}{2}$ $M_B=[K+(v-u)L]\dfrac{Puvl}{2}$ $M_P=[1-K-0.5(v-u)^2L]Puvl$ $H=1.5K\dfrac{Puvl}{h}$ $V_A=[1+u(v-u)L]Pv$ $V_B=[1-u(v-u)L]Pu$
12	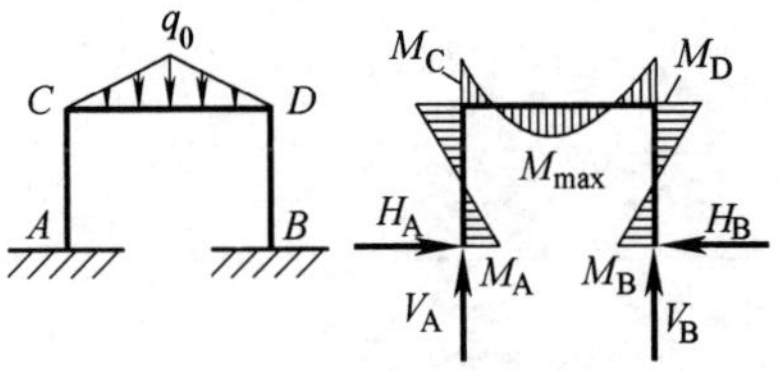	$M_A=M_B=\dfrac{5}{96}Kq_0l^2$ $M_C=M_D=\dfrac{5}{48}Kq_0l^2$ $M_{max}=\dfrac{q_0l^2}{48}(4-5K)$ $H_A=H_B=\dfrac{5}{32}\dfrac{Kq_0l^2}{h}$ $V_A=V_B=\dfrac{1}{4}q_0l$
13	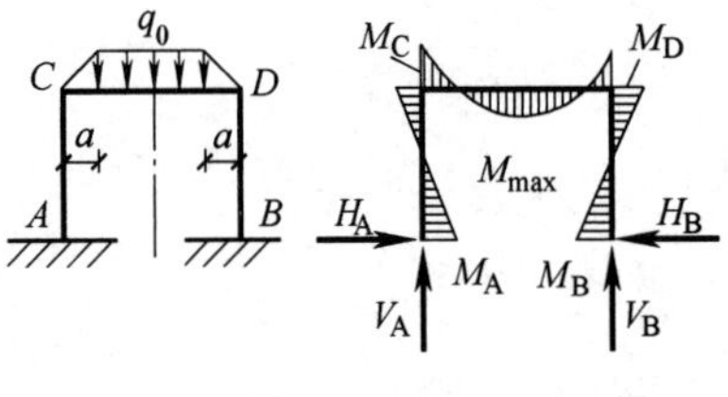	$M_A=M_B=\dfrac{Kq_0}{12}(l^3-2a^2l+a^3)$ $M_C=M_D=\dfrac{Kq_0}{6}(l^3-2a^2l+a^3)$ $M_{max}=\dfrac{q_0}{2}\left(\dfrac{l^2}{4}-\dfrac{a^2}{3}\right)-\dfrac{q_0K}{6}(l^3-2a^2l+a^3)$ $H_A=H_B=\dfrac{1}{4h}Kq_0(l^3-2a^2l+a^3)$ $V_A=V_B=\dfrac{1}{2}q_0(l-a)$
14	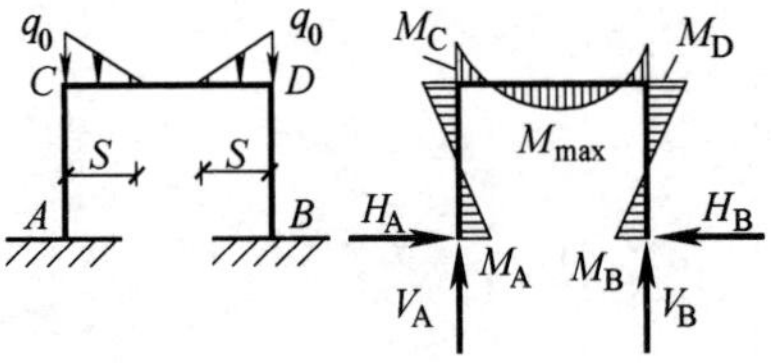	$M_A=M_B=\dfrac{1}{6}q_0S^2K\left(1-\dfrac{S}{2l}\right)$ $M_C=M_D=\dfrac{1}{3}q_0S^2K\left(1-\dfrac{S}{2l}\right)$ $M_{max}=\dfrac{q_0S^2}{6}\left[1-2K\left(1-\dfrac{S}{2l}\right)\right]$ $H_A=H_B=\dfrac{K}{2h}q_0S^2\left(1-\dfrac{S}{2l}\right)$ $V_A=V_B=\dfrac{1}{2}q_0S$

续表 10-8

序号	计 算 简 图	计 算 公 式
15	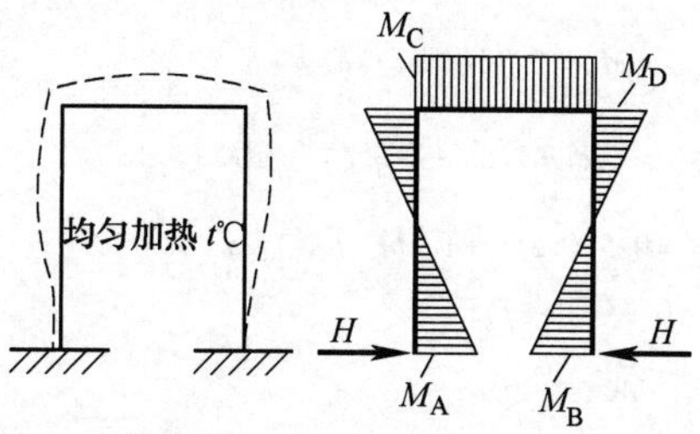均匀加热 t℃ M_C M_D H H M_A M_B	$M_C=M_D=\mu K\frac{3EI_1}{h^2}\alpha tl$ $M_A=M_B=(1+\mu)K\frac{3EI_1}{h^2}\alpha tl$ $H=(1+2\mu)K\frac{3EI_1}{h^3}\alpha tl$ α—线膨胀系数

10.5　两柱端为固定铰支座与固定支座的“∩”形刚架内力计算公式

10.5.1　两柱端为固定铰支座的“∩”形刚架内力计算公式

两柱端为固定铰支座的“∩”形刚架内力计算公式见表 10-9。

表 10-9　两柱端为固定铰支座的“∩”形刚架内力计算公式

序号	计 算 简 图	计 算 公 式
1	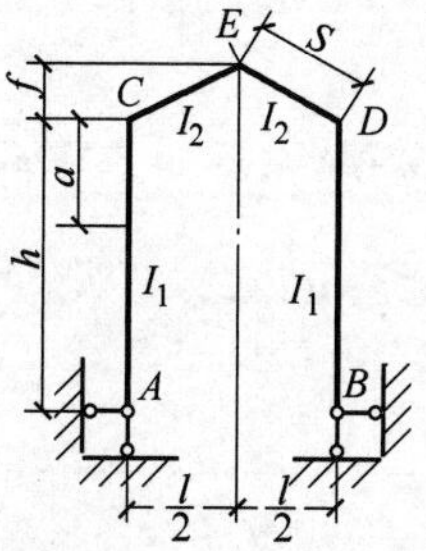E S f C D I_2 I_2 a h I_1 I_1 A B $\frac{l}{2}$ $\frac{l}{2}$	$\lambda=\frac{a}{h}$ $\mu=\frac{I_2h}{I_1s}$ $K=\frac{1}{\mu h^2+3h^2+3hf+f^2}$
2	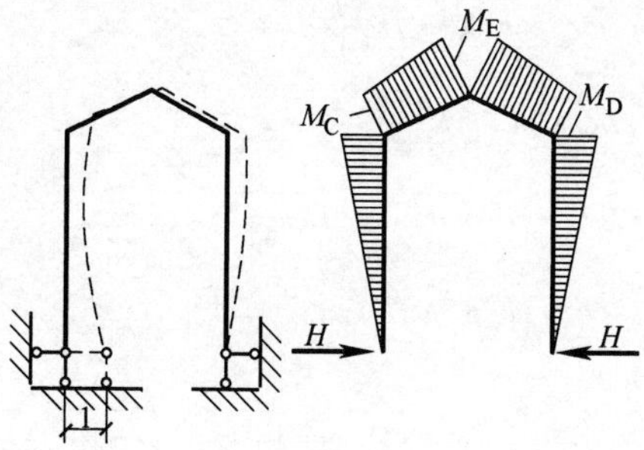M_E M_C M_D H H 1	$M_C=M_D=1.5\mu KEI_1$ $M_E=1.5\mu(h+f)K\frac{EI_1}{h}$ $H=1.5\mu K\frac{EI_1}{h}$
3	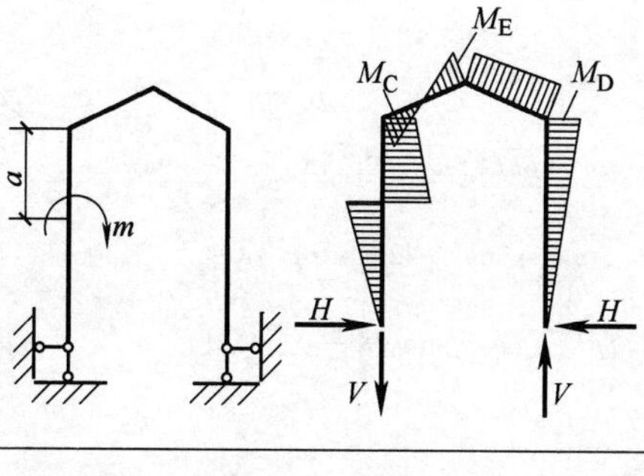a m M_E M_C M_D H H V V	$M_C=[\mu h^2(1-1.5\lambda+0.75\lambda^2)+1.5h^2+2.25hf+f^2]Km$ $M_D=[0.75\mu h^2\lambda(2-\lambda)+1.5h^2+0.75hf]Km$ $M_E=[0.25\mu h^2(6\lambda-3\lambda^2-2)+0.75\mu hf\lambda(2-\lambda)+0.75hf+$ $0.25f^2]Km$ $H=[0.75\mu h\lambda(2-\lambda)+1.5h+0.75f]Km$ $V=\frac{m}{l}$

续表 10-9

序号	计算简图	计算公式
4	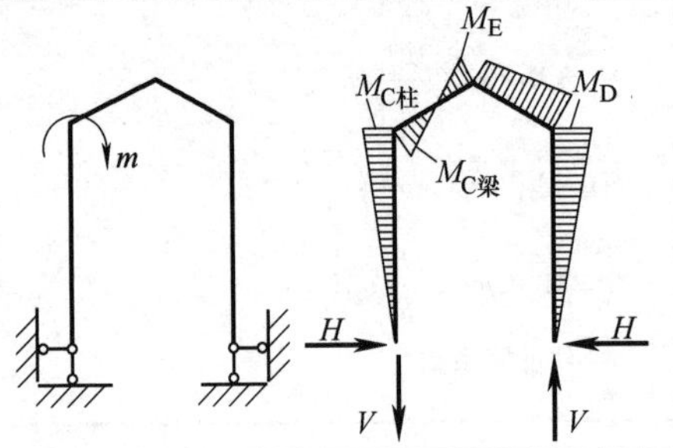	$M_{C柱}=M_D=0.75(2h+f)Kmh$ $M_{C梁}=\left(\mu h+1.5h+2.25f+\frac{f^2}{h}\right)Kmh$ $M_E=0.5(0.5f^2+1.5hf-\mu h^2)Km$ $H=0.75(2h+f)Km$ $V=\frac{m}{l}$
5	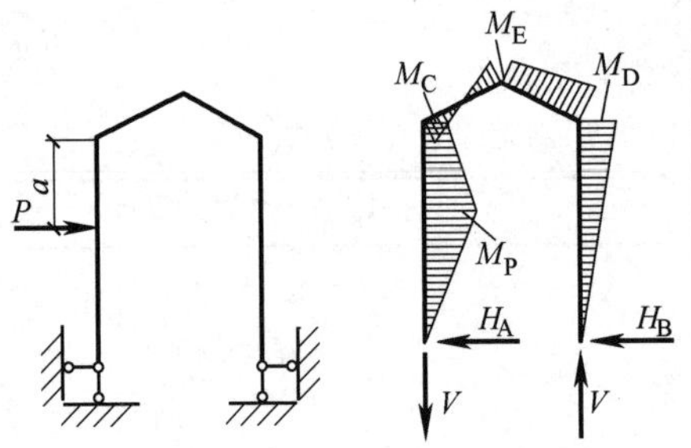	$M_C=(1-\lambda)\left[2\mu h+6h+9f-\mu\lambda h(2-\lambda)+\frac{4f^2}{h}\right]K\frac{Ph^2}{4}$ $M_D=(1-\lambda)[6h+3f+\mu(2+2\lambda-\lambda^2)h]K\frac{Ph^2}{4}$ $M_E=(1-\lambda)\left[3f+\mu h\lambda(2-\lambda)+\mu f(2+2\lambda-\lambda^2)+\frac{f^2}{h}\right]K\frac{Ph^2}{4}$ $M_P=(1-\lambda)\left[2\mu h+6h+9f+\mu\lambda^2h(3-\lambda)+3\lambda(2h+f)+\frac{4f^2}{h}\right]K\frac{Ph^2}{4}$ $H_A=\left[2\mu h+6h+9f+\mu\lambda^2h(3-\lambda)+3\lambda(2h+f)+\frac{4f^2}{h}\right]K\frac{Ph}{4}$ $H_B=(1-\lambda)[6h+3f+\mu(2+2\lambda-\lambda^2)h]K\frac{Ph}{4}$ $V=(1-\lambda)\frac{Ph}{l}$
6	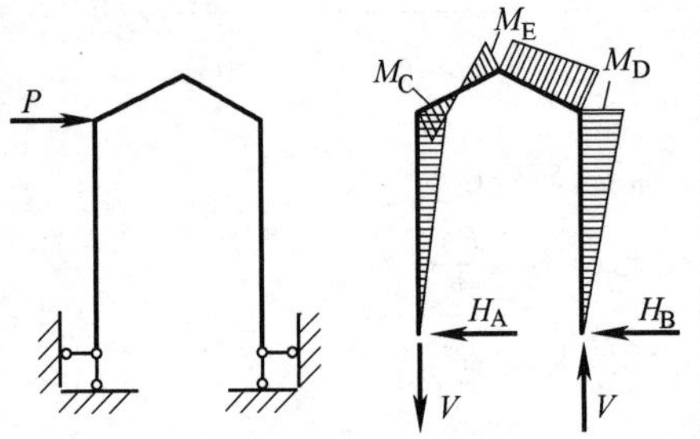	$M_C=(2\mu h^2+6h^2+9hf+4f^2)K\frac{Ph}{4}$ $M_D=(2\mu h^2+6h^2+3hf)K\frac{Ph}{4}$ $M_E=(2\mu h+3h+f)K\frac{Phf}{4}$ $H_A=(2\mu h^2+6h^2+9hf+4f^2)K\frac{P}{4}$ $H_B=(2\mu h^2+6h^2+3hf)K\frac{P}{4}$ $V=\frac{Ph}{l}$
7	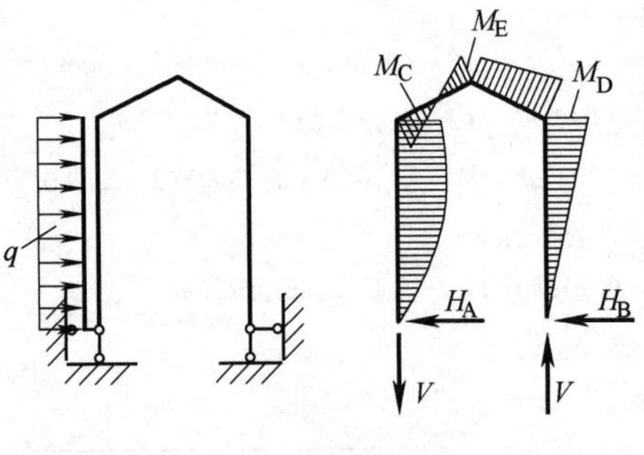	$M_C=(3\mu h^2+12h^2+18hf+8f^2)K\frac{qh^2}{16}$ $M_D=(5\mu h^2+12h^2+6hf)K\frac{qh^2}{16}$ $M_E=(\mu h^2+6hf+5\mu hf+2f^2)K\frac{qh^2}{16}$ $H_A=(11\mu h^2+36h^2+42hf+16f^2)K\frac{qh}{16}$ $H_B=(5\mu h^2+12h^2+6hf)K\frac{qh}{16}$ $V=\frac{qh^2}{2l}$

续表 10-9

序号	计算简图	计算公式
8	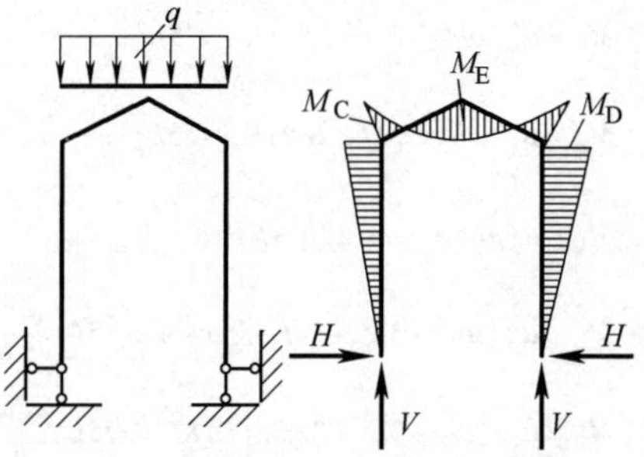 q　M_C　M_E　M_D　H　H　V　V	$M_C=M_D=(8h^2+5hf)K\frac{ql^2}{32}$ $M_E=(4\mu h^2+4h^2-hf-f^2)K\frac{ql^2}{32}$ $H=(8h+5f)K\frac{ql^2}{32}$ $V=\frac{ql}{2}$
9	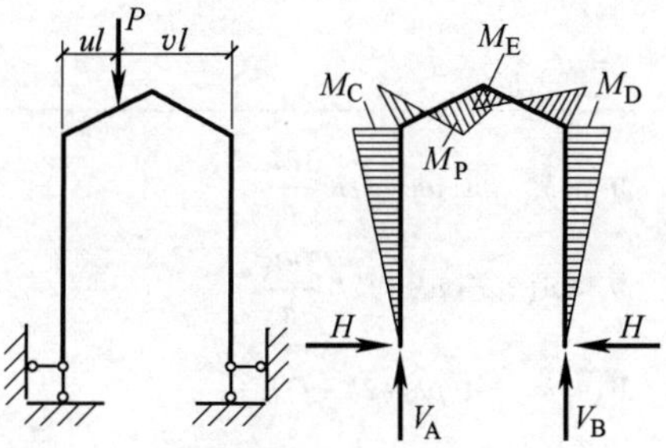 ul　P　vl　M_C　M_E　M_D　M_P　H　H　V_A　V_B	$M_C=M_D=(6vh+3f-4u^2f)K\frac{Pulh}{4}$ $M_E=[2h^2(\mu+3u)+hf(3-6v+4u^2)-f^2(1-4u^2)]K\frac{Pul}{4}$ $M_P=[2vh^2(3+2\mu)+hf(12v^2+4u^2-3)+2f^2(2v-3u+$ $4u^3)]K\frac{Pul}{4}$ $H=(6vh+3f-4u^2f)K\frac{Pul}{4}$ $V_A=vP$ $V_B=uP$
10	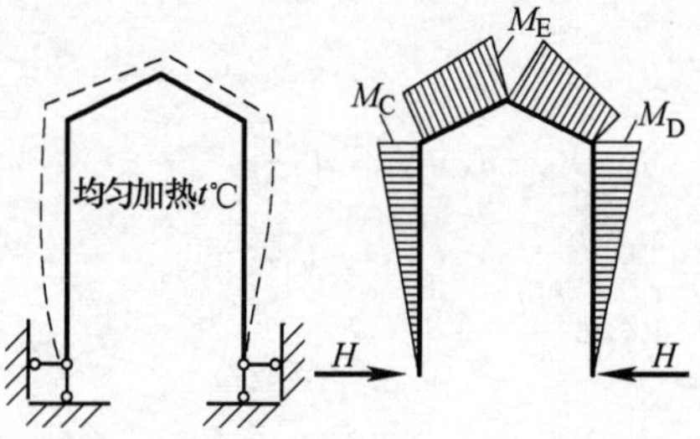 均匀加热t℃　M_C　M_E　M_D　H　H	$M_C=M_D=1.5\mu KEI_1\alpha tl$ $M_E=1.5\mu\left(1+\frac{f}{h}\right)KEI_1\alpha tl$ $H=1.5\mu K\frac{EI_1}{h}\alpha tl$ α—线膨胀系数

10.5.2　两柱端为固定支座的“∩”形刚架内力计算公式

两柱端为固定支座的“∩”形刚架内力计算公式见表 10-10。

表 10-10　两柱端为固定支座的“∩”形刚架内力计算公式

序号	计算简图	计算公式
1	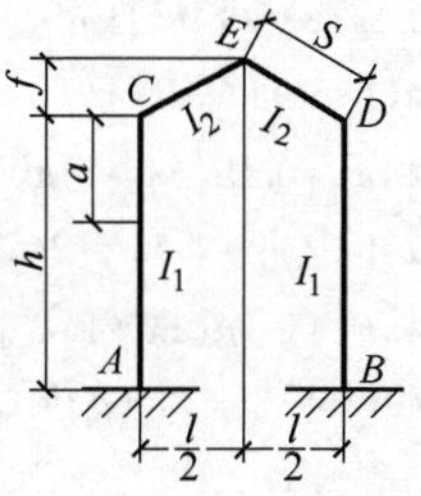 E　S　f　C　D　I_2　I_2　a　h　I_1　I_1　A　B　$\frac{l}{2}$　$\frac{l}{2}$	$\lambda=\frac{a}{h}$ $\mu=\frac{I_2h}{I_1s}$ $K=\frac{1}{4\mu(h+f)^2+(\mu h-f)^2}$ $L=\frac{1}{1+3\mu}$

续表 10-10

序号	计算简图	计算公式
2	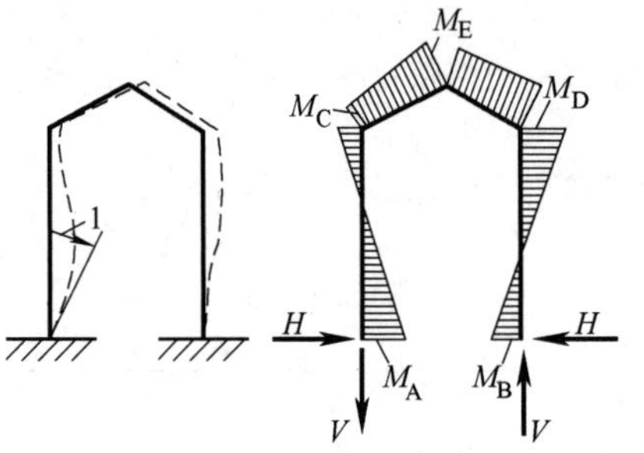	$M_C=\mu[(\mu h^2-3hf-2f^2)K-1.5L]\frac{EI_1}{h}$ $M_D=\mu[(\mu h^2-3hf-2f^2)K+1.5L]\frac{EI_1}{h}$ $M_E=\mu(\mu h^2+3\mu hf+3hf+f^2)K\frac{EI_1}{h}$ $M_A=\mu[(\mu h^2+3h^2+3hf+f^2)K+0.75L]\frac{2EI_1}{h}$ $M_B=\mu[(\mu h^2+3h^2+3hf+f^2)K-0.75L]\frac{2EI_1}{h}$ $H=\mu(\mu h+2h+f)K\frac{3EI_1}{h}$ $V=\mu L\frac{3EI_1}{hl}$
3	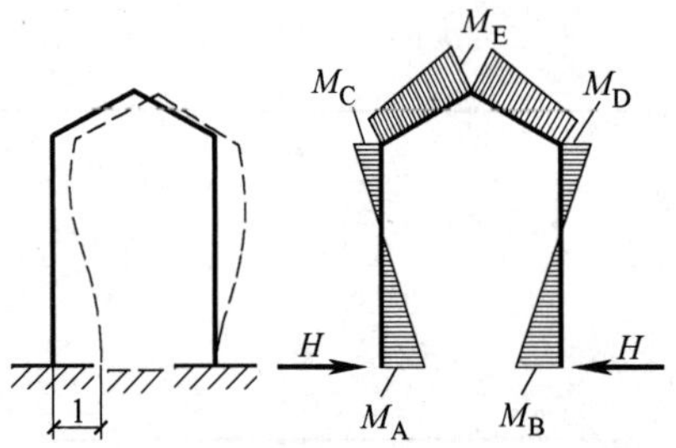	$M_C=M_D=\mu(\mu h-f)K\frac{3EI_1}{h}$ $M_E=\mu(2\mu f+\mu h+f)K\frac{3EI_1}{h}$ $M_A=M_B=\mu(\mu h+2h+f)K\frac{3EI_1}{h}$ $H=\mu(1+\mu)K\frac{6EI_1}{h}$
4	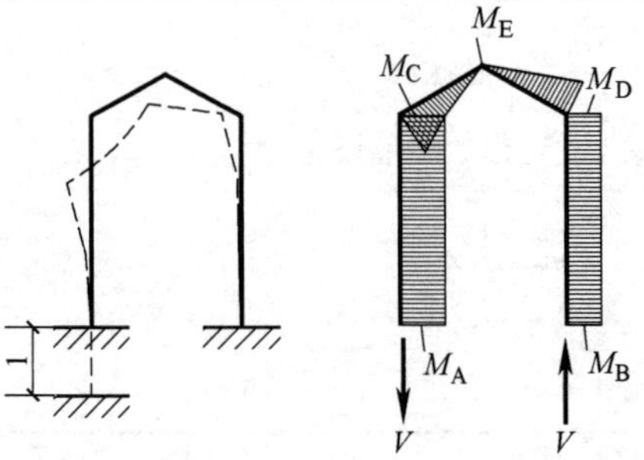	$M_C=M_D=M_A=M_B=\mu L\frac{3EI_1}{hl}$ $M_E=0$ $V=\mu L\frac{6EI_1}{hl^2}$
5	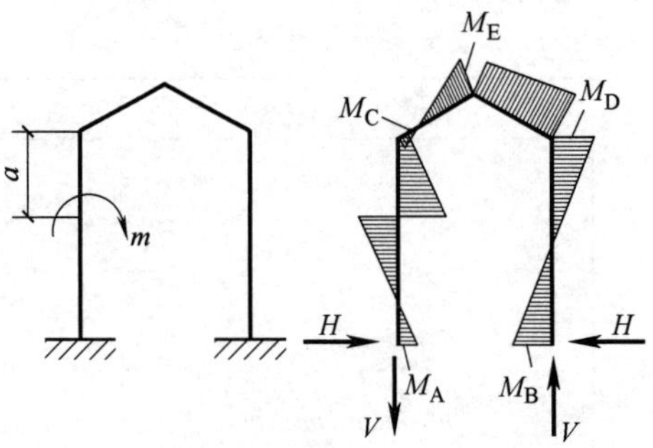	$M_C=\mu(1-\lambda)\{1.5L+[2f^2+1.5(1+\lambda)hf-0.5\mu(3\lambda-1)h^2]K\}m$ $M_D=\mu(1-\lambda)\{1.5L-[2f^2+1.5(1+\lambda)hf-0.5\mu(3\lambda-1)h^2]K\}m$ $M_E=\mu(1-\lambda)[f^2+1.5(1+\lambda)hf+3\mu\lambda hf+0.5\mu(3\lambda-1)h^2]Km$ $M_A=\mu(1-\lambda)\{1.5L+[2f^2+(4.5+\lambda)hf+3(1+\lambda)h^2+0.5\mu(3\lambda+1)h^2]K\}m-m$ $M_B=\mu(1-\lambda)\{-1.5L+[2f^2+(4.5+\lambda)hf+3(1+\lambda)h^2+0.5\mu(3\lambda+1)h^2]K\}m$ $H=3\mu(1-\lambda)[f+(1+\lambda)h+\mu\lambda h]Km$ $V=3\mu(1-\lambda)L\frac{m}{l}$

续表 10-10

序号	计算简图	计算公式
6	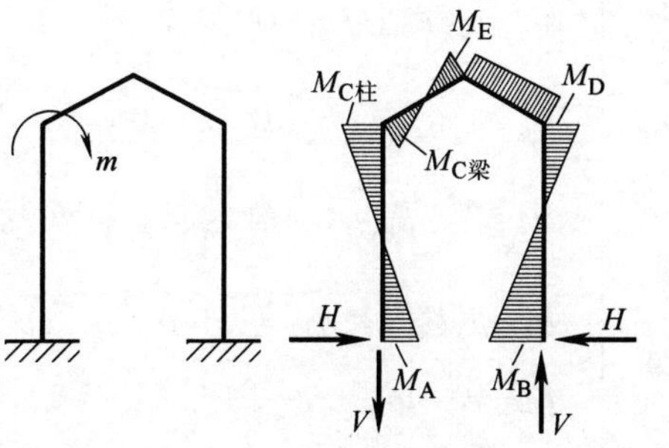	$M_{C柱}=[(4\mu h^2+3\mu hf+f^2)K+L]\frac{m}{2}$ $M_{C梁}=\mu[(\mu h^2+3fh+4f^2)K+3L]\frac{m}{2}$ $M_D=[(4\mu h^2+3\mu hf+f^2)K-L]\frac{m}{2}$ $M_E=\mu(2f^2+3fh-\mu h^2)K\frac{m}{2}$ $M_A=[(2\mu h^2+3\mu h-f^2)K-L]\frac{m}{2}$ $M_B=[(2\mu h^2+3\mu h-f^2)K+L]\frac{m}{2}$ $H=3\mu(h+f)Km$ $V=3\mu L\frac{m}{l}$
7	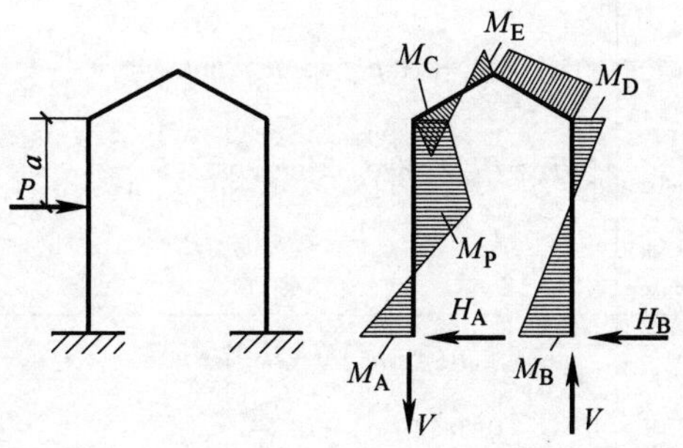	$M_C=\mu(1-\lambda)^2\{1.5L+[2f^2+(2+\lambda)hf-\mu\lambda h^2]K\}\frac{Ph}{2}$ $M_D=\mu(1-\lambda)^2\{1.5L-[2f^2+(2+\lambda)hf-\mu\lambda h^2]K\}\frac{Ph}{2}$ $M_E=\mu(1-\lambda)^2[f^2+(2+\lambda)hf+\mu(1+2\lambda)hf+\mu\lambda h^2]K\frac{Ph}{2}$ $M_A=P(1-\lambda)h-\mu(1-\lambda)^2\{[2f^2+(5+\lambda)hf+2(2+\lambda)h^2+\mu(1+\lambda)h^2]K+1.5L\}\frac{Ph}{2}$ $M_B=\mu(1-\lambda)^2\{[2f^2+(5+\lambda)hf+2(2+\lambda)h^2+\mu(1+\lambda)\times h^2]K-1.5L\}\frac{Ph}{2}$ $M_p=H_B\lambda h-M_C$ $H_A=P-H_B$ $H_B=\mu(1-\lambda)^2[3f+2(2+\lambda)h+\mu(1+2\lambda)h]K\frac{Ph}{2}$ $V=1.5\mu(1-\lambda)^2L\frac{Ph}{l}$
8	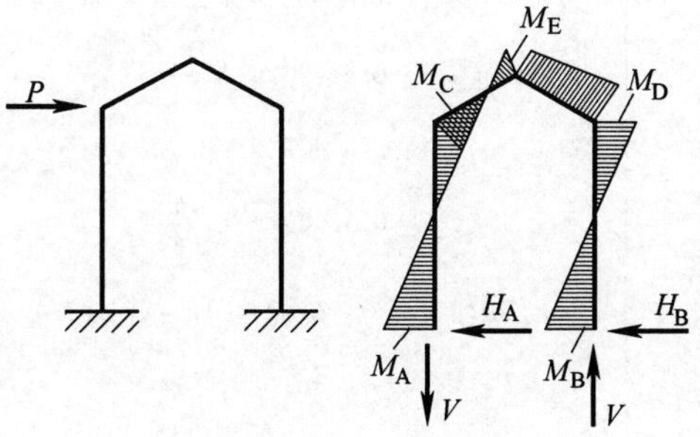	$M_C=\mu[1.5L+2f(h+f)K]\frac{Ph}{2}$ $M_D=\mu[1.5L-2f(h+f)K]\frac{Ph}{2}$ $M_E=\mu[f+h(2+\mu)]K\frac{Phf}{2}$ $M_A=[(1.5\mu+1)L+(\mu hf+2\mu f^2+f^2)K]\frac{Ph}{2}$ $M_B=[(1.5\mu+1)L-(\mu hf+2\mu f^2+f^2)K]\frac{Ph}{2}$ $H_A=P-H_B$ $H_B=\mu(3f+4h+\mu h)K\frac{Ph}{2}$ $V=1.5\mu L\frac{Ph}{l}$

续表 10-10

序号	计算简图	计算公式
9	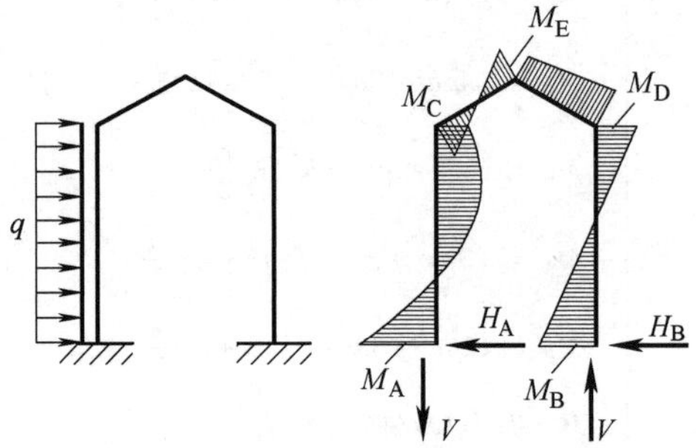	$M_C=\mu[6L+(8f^2+9hf-\mu h^2)K]\dfrac{qh^2}{24}$ $M_D=\mu[6L-(8f^2+9hf-\mu h^2)K]\dfrac{qh^2}{24}$ $M_E=\mu(4f^2+9hf+6\mu hf+\mu h^2)K\dfrac{qh^2}{24}$ $M_A=\dfrac{qh^2}{2}-\mu[(8f^2+21hf+5\mu h^2+18h^2)K+6L]\dfrac{qh^2}{24}$ $M_B=\mu[(8f^2+21fh+5\mu h^2+18h^2)K-6L]\dfrac{qh^2}{24}$ $H_A=qh-H_B$ $H_B=3\mu(4f+6h+2\mu h)K\dfrac{qh^2}{24}$ $V=\mu L\dfrac{qh^2}{2l}$
10	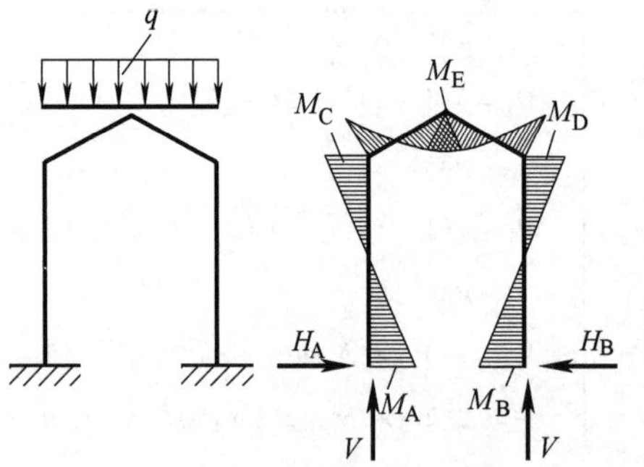	$M_C=M_D=(15\mu hf+16\mu h^2+f^2)\times K\dfrac{ql^2}{48}$ $M_E=(8\mu h^2-6\mu f^2-3\mu hf+6\mu^2h^2-f^2)K\dfrac{ql^2}{48}$ $M_A=M_B=(15\mu hf+8\mu h^2+6hf-f^2)K\dfrac{ql^2}{48}$ $H_A=H_B=(30\mu f+24\mu h+6f)\times K\dfrac{ql^2}{48}$ $V=\dfrac{ql}{2}$
11	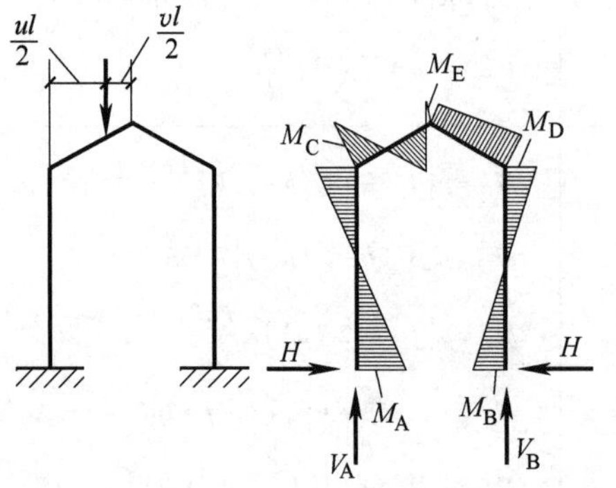	$M_C=\{[\mu(3-u^2)hf+2\mu(2-u)h^2+v^2f^2]K+$ $0.5v(2-u)\times L\}\dfrac{Pul}{4}$ $M_D=\{[\mu(3-u^2)hf+2\mu\times(2-u)h^2+v^2f^2]K-$ $0.5v(2-u)L\}\dfrac{Pul}{4}$ $M_E=[2\mu(1-u^2)f^2+\mu(3v-u^2)\times hf-2\mu uh^2-$ $\mu^2h^2+uvf^2]K\dfrac{Pul}{4}$ $M_A=\{[\mu(2-u)h^2+u(1+2v)hf+\mu(3-u^2)hf-$ $v^2f^2]K-0.5v(2-u)L\}\dfrac{Pul}{4}$ $M_B=\{[\mu(2-u)h^2+u(1+2v)hf+\mu(3-u^2)hf-$ $v^2f^2]K+0.5v(2-u)L\}\dfrac{Pul}{4}$ $H=[2\mu(3-u^2)f+3\mu(2-u)h+u(1+2v)f]K\dfrac{Pul}{4}$ $V_A=P-V_B$ $V_B=[6\mu+u(3-u)]L\dfrac{Pu}{4}$

续表 10-10

序号	计算简图	计算公式
12	均匀加热 t℃ M_E M_C M_D H H M_A M_B	$M_C=M_D=\mu(\mu h-f)K\frac{3EI_1}{h}\alpha tl$ $M_E=\mu(\mu h+2\mu f+f)K\frac{3EI_1}{h}\alpha tl$ $M_A=M_B=\mu(\mu h+2h+f)K\frac{3EI_1}{h}\alpha tl$ $H=\mu(1+\mu)K\frac{6EI_1}{h}\alpha tl$ α—线膨胀系数

10.6 两柱端为固定铰支座与固定支座的"∩"形刚架(横梁为抛物线形)内力计算公式

10.6.1 两柱端为固定铰支座的"∩"形刚架内力计算公式

两柱端为固定铰支座的"∩"形刚架内力计算公式见表10-11。

表 10-11 两柱端为固定铰支座的"∩"形刚架内力计算公式

序号	计算简图	计算公式
1	E f C I_2 D a h I_1 I_1 A B l	$\lambda=\frac{a}{h}$ $ds=dx$ $\mu=\frac{I_2h}{I_1l}$ $K=\frac{1}{10\mu h^2+15h^2+20hf+8f^2}$
2	M_E M_C M_D H H 1	$M_C=M_D=15\mu KEI_1$ $M_E=15\mu(h+f)K\frac{EI_1}{h}$ $H=15\mu K\frac{EI_1}{h}$
3	a m M_E M_C M_D H H V V	$M_C=\left[10\mu h(2-3\lambda+1.5\lambda^2)+15h+30f+16\frac{f^2}{h}\right]K\frac{mh}{2}$ $M_D=5[3\lambda(2-\lambda)\mu h+3h+2f]K\frac{mh}{2}$ $M_E=\left[(30\lambda-15\lambda^2-10)\mu h+5f+15\lambda(2-\lambda)\mu f+\frac{2f^2}{h}\right]K\frac{mh}{2}$ $H=5[3\lambda(2-\lambda)\mu h+3h+2f]\times K\frac{m}{2}$ $V=\frac{m}{l}$

续表 10-11

序号	计算简图	计算公式
4	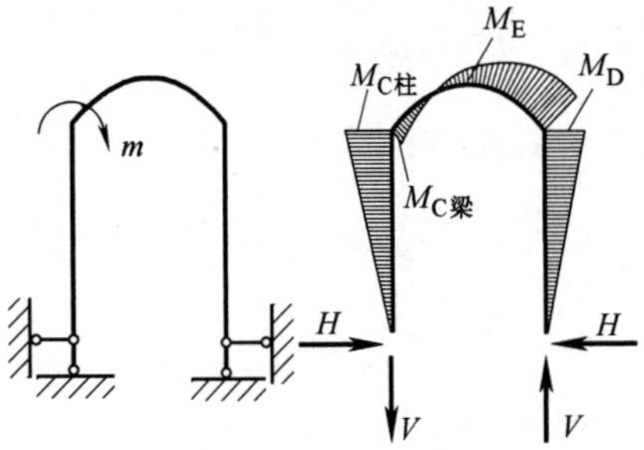	$M_{C柱}=M_D=5(3h+2f)K\frac{mh}{2}$ $M_{C梁}=\left(20\mu h+15h+30f+16\times\frac{f^2}{h}\right)K\frac{mh}{2}$ $M_E=\left(5f-10\mu h+\frac{2f^2}{h}\right)K\frac{mh}{2}$ $H=5(3h+2f)K\frac{m}{2}$ $V=\frac{m}{l}$
5	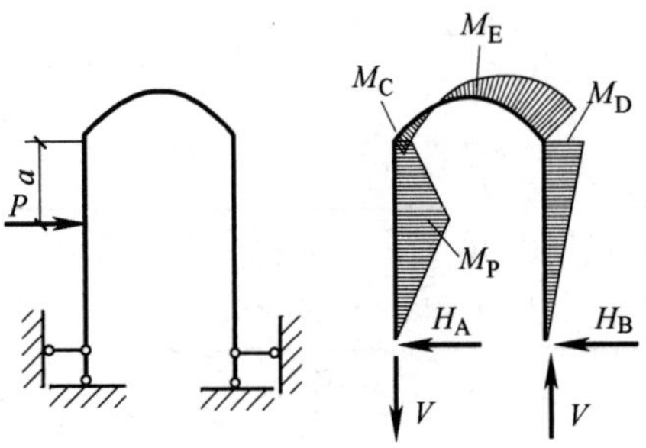	$M_C=(1-\lambda)[30hf+16f^2+15h^2-5\mu(2\lambda-\lambda^2-2)h^2]K\frac{Ph}{2}$ $M_D=5(1-\lambda)[3h^2+2hf+\mu\times(2\lambda-\lambda^2+2)h^2]K\frac{Ph}{2}$ $M_E=(1-\lambda)[5hf+2f^2+5\mu\lambda\times(2-\lambda)h^2+5\mu(2\lambda-\lambda^2+2)hf]K\frac{Ph}{2}$ $M_P=H_A(1-\lambda)h$ $H_A=P-H_B$ $H_B=5(1-\lambda)[3h+2f+\mu\times(2\lambda-\lambda^2+2)h]K\frac{Ph}{2}$ $V=P(1-\lambda)\frac{h}{l}$
6	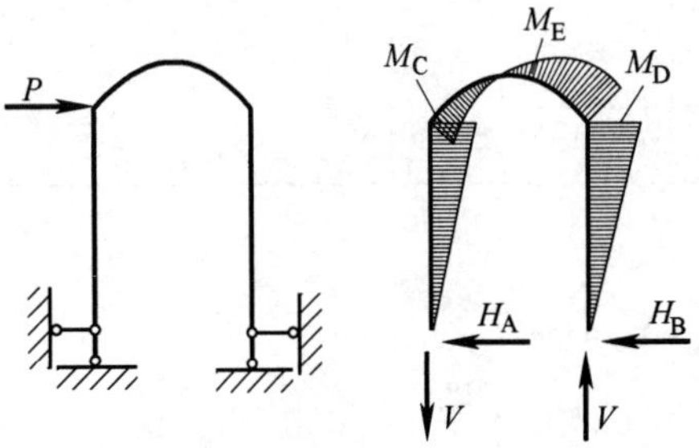	$M_C=(10\mu h^2+15h^2+30hf+16f^2)K\frac{Ph}{2}$ $M_D=5(3h^2+2hf+2\mu h^2)K\frac{Ph}{2}$ $M_E=(5hf+2f^2+10\mu hf)K\frac{Ph}{2}$ $H_A=P-H_B$ $H_B=5(3h+2f+2\mu h)K\frac{Ph}{2}$ $V=\frac{Ph}{l}$
7	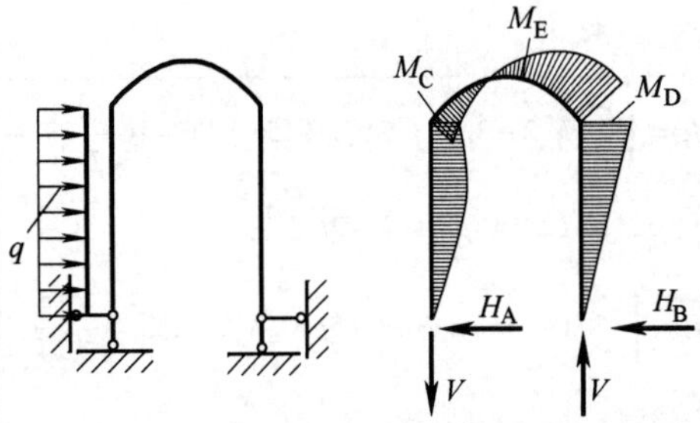	$M_C=(15\mu h^2+30h^2+60hf+32f^2)K\frac{qh^2}{8}$ $M_D=5(5\mu h^2+6h^2+4hf)K\frac{qh^2}{8}$ $M_E=(5\mu h^2+25\mu hf+10hf+4f^2)K\frac{qh^2}{8}$ $H_A=qh-H_B$ $H_B=5(5\mu h+6h+4f)K\frac{qh^2}{8}$ $V=\frac{qh^2}{2l}$

续表 10-11

序号	计算简图	计算公式
8	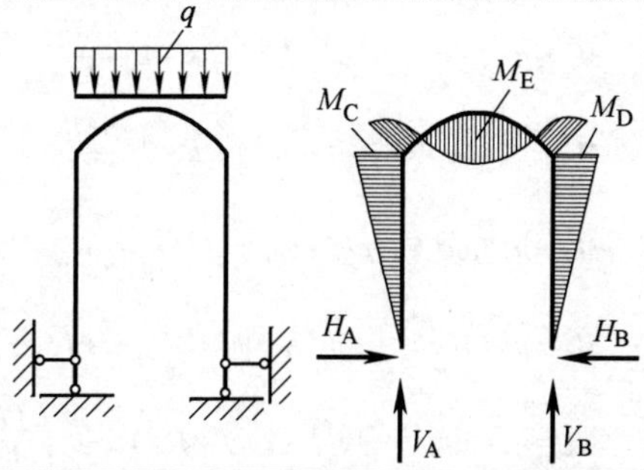 q　M_C　M_E　M_D　H_A　H_B　V_A　V_B	$M_C = M_D = (5h^2 + 4hf) K \frac{ql^2}{4}$ $M_E = (10\mu h^2 + 10h^2 + 11hf + 4f^2) K \frac{ql^2}{4}$ $H_A = H_B = (5h + 4f) K \frac{ql^2}{4}$ $V_A = V_B = \frac{ql}{2}$
9	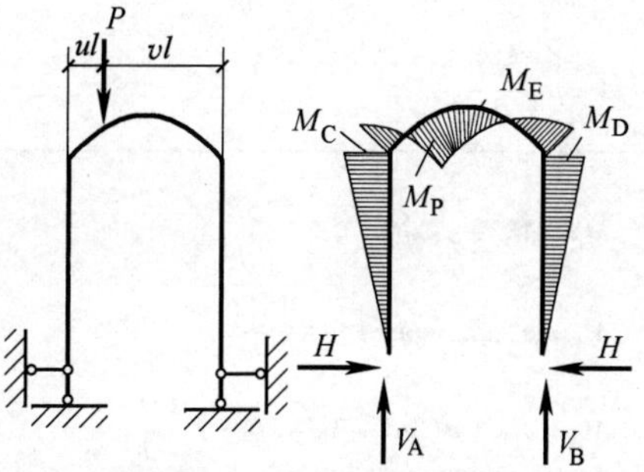 P　ul　vl　M_C　M_E　M_D　M_P　H　H　V_A　V_B	$M_C = M_D = 5[3h^2 + 2hf \times (1 + uv)] K \frac{Puvl}{2}$ $M_E = [5h^2(3u + 2\mu) + 5hf \times (4 - 5v - 2uv^2) + 2f^2(4 - 5v - 5uv^2)] K \frac{Pul}{2}$ $M_P = [5h^2(3 + 4\mu) + 10hf \times (3 - 7uv) + 8f^2(2 - 5uv - 5u^2v^2)] K \frac{Puvl}{2}$ $H = 5[3h + 2f(1 + uv)] K \frac{Puvl}{2}$ $V_A = Pv$ $V_B = Pu$
10	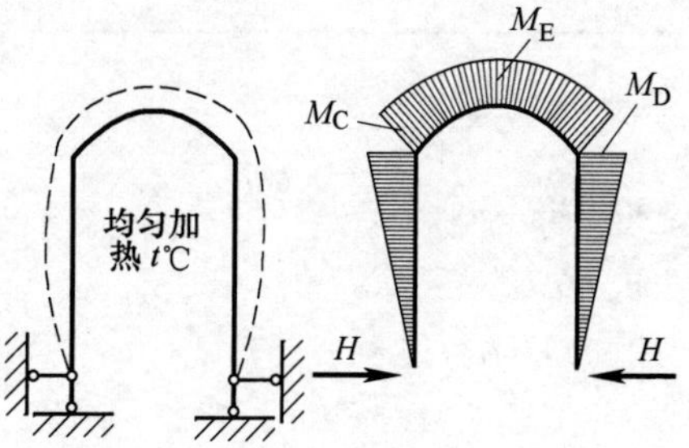 均匀加热 t℃　M_C　M_E　M_D　H　H	$M_C = M_D = 15\mu KEI_1 \alpha tl$ $M_E = 15\mu K\left(1 + \frac{f}{h}\right) EI_1 \alpha tl$ $H = 15\mu K \frac{EI_1}{h} \alpha tl$ α—线膨胀系数

10.6.2　两柱端为固定支座的“∩”形刚架内力计算公式

两柱端为固定支座的“∩”形刚架内力计算公式见表 10-12。

表 10-12　两柱端为固定支座的“∩”形刚架内力计算公式

序号	计算简图	计算公式
1	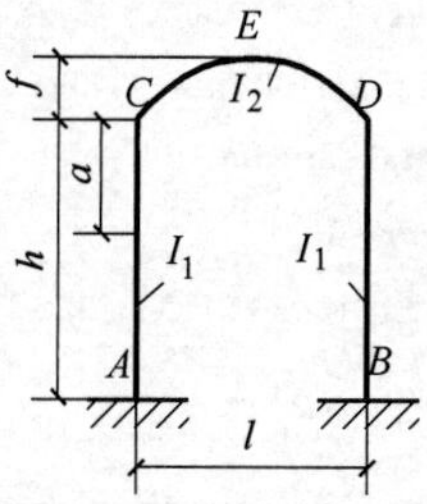 E　f　C　I_2　D　a　h　I_1　I_1　A　B　l	$\lambda = \frac{a}{h}$ $ds = dx$ $\mu = \frac{I_2 h}{I_1 l}$ $K = \frac{1}{15\mu h^2(2 + \mu) + 12\mu f(5h + 4f) + 4f^2}$ $L = \frac{1}{1 + 6\mu}$

续表 10-12

序号	计算简图	计算公式
2	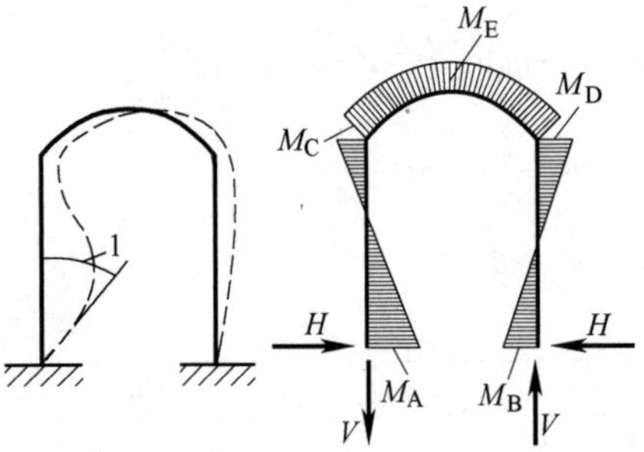	$M_C=\mu[(5\mu h^2-10hf-8f^2)\times K-L]\frac{3EI_1}{h}$ $M_D=\mu[(5\mu h^2-10hf-8f^2)\times K+L]\frac{3EI_1}{h}$ $M_E=\mu(5\mu h^2+15\mu hf+5hf+2f^2)K\frac{3EI_1}{h}$ $M_A=\mu[(10\mu h^2+15h^2+20hf+8f^2)K+L]\frac{3EI_1}{h}$ $M_B=\mu[(10\mu h^2+15h^2+20hf+8f^2)K-L]\frac{3EI_1}{h}$ $H=\mu[3h(1+\mu)+2f]K\frac{15EI_1}{h}$ $V=\mu L\frac{6EI_1}{hl}$
3	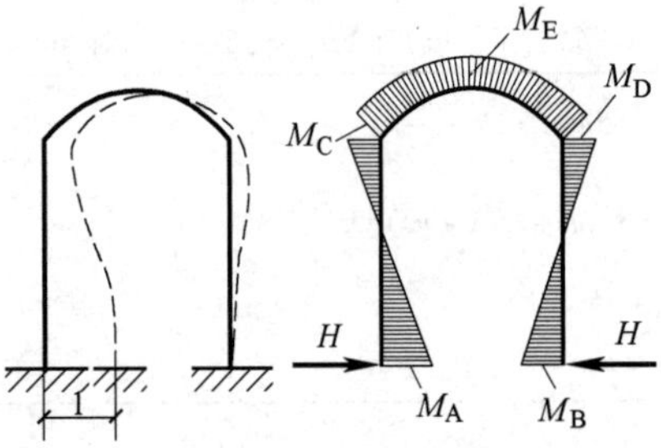	$M_C=M_D=\mu(3\mu h-2f)K\frac{15EI_1}{h}$ $M_E=\mu(3\mu h+6\mu f+f)K\frac{15EI_1}{h}$ $M_A=M_B=\mu(3\mu h+3h+2f)\times K\frac{15EI_1}{h}$ $H=\mu(6\mu+3)K\frac{15EI_1}{h}$
4	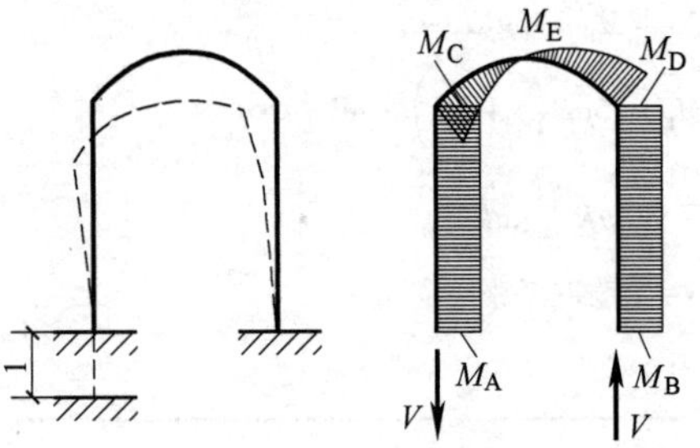	$M_C=M_D=M_A=M_B=\mu E\frac{6EI_1}{hl}$ $M_E=0$ $V=\mu L\frac{12EI_1}{hl^2}$
5	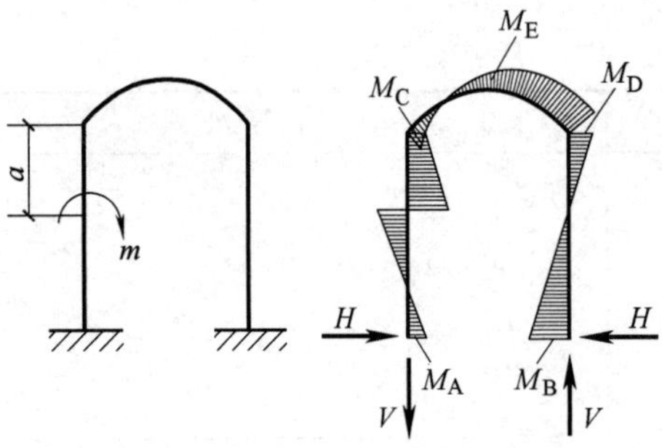	$M_C=3\mu(1-\lambda)[L+(2.5\mu h^2+8f^2+5hf+5\lambda hf-7.5\mu\lambda h^2)K]m$ $M_D=3\mu(1-\lambda)[L-(2.5\mu h^2+8f^2+5hf+5\lambda hf-7.5\mu\lambda h^2)K]m$ $M_E=3\mu(1-\lambda)(2f^2+2.5hf-2.5\mu h^2+15\mu\lambda hf+2.5\lambda hf+7.5\mu\lambda h^2)Km$ $M_A=M_C-m+Hh$ $M_B=Hh-M_D$ $H=1.5\mu(1-\lambda)(1.5h+2f+1.5\lambda h+3\mu\lambda h)Km$ $V=6\mu(1-\lambda)L\frac{m}{l}$

续表 10-12

序号	计算简图	计算公式
6	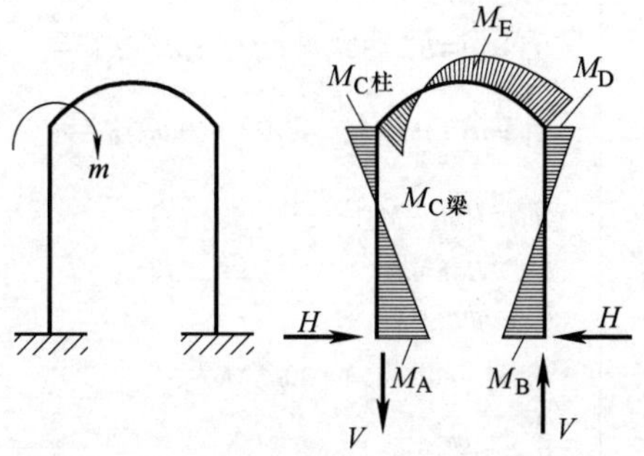 $M_{C柱}$ M_E M_D m $M_{C梁}$ H H M_A M_B V V	$M_{C柱}=m-M_{C梁}$ $M_{C梁}=3\mu[L+(2.5\mu h^2+5hf+8f^2)K]m$ $M_D=3\mu[L-(2.5\mu h^2+5hf+8f^2)K]m$ $M_E=3\mu(2f^2+2.5hf-2.5\mu h^2)Km$ $M_A=Hh-M_{C柱}$ $M_B=Hh-M_D$ $H=15\mu(1.5h+2f)Km$ $V=6\mu L\dfrac{m}{l}$
7	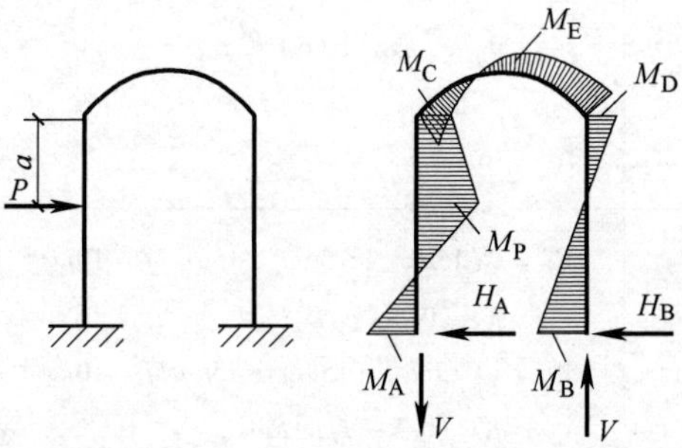 a P M_C M_E M_D M_P H_A H_B M_A M_B V V	$M_C=\mu(1-\lambda)^2[3L+(10\lambda hf-15\mu\lambda h^2+20hf+24f^2)K]\dfrac{Ph}{2}$ $M_D=\mu(1-\lambda)^2[3L-(10\lambda hf-15\mu\lambda h^2+20hf+24f^2)K]\dfrac{Ph}{2}$ $M_A=H_Ah-M_C-P\lambda h$ $M_B=H_Bh-M_D$ $M_P=H_B\lambda h+M_C$ $H_A=P-H_B$ $H_B=\mu(1-\lambda)^2(15\mu h+30\mu\lambda h+30f+15\lambda h+30h)K\dfrac{Ph}{2}$ $V=3\mu(1-\lambda)^2L\dfrac{Ph}{l}$
8	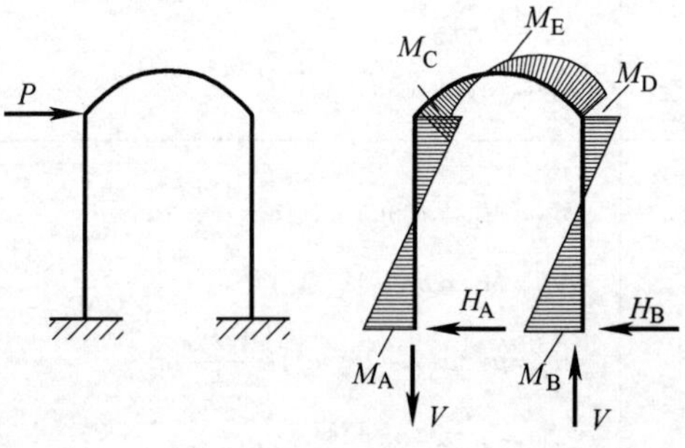 P M_C M_E M_D H_A H_B M_A M_B V V	$M_C=\mu[3L+4f(5h+6f)K]\dfrac{Ph}{2}$ $M_D=\mu[3L-4f(5h+6f)K]\dfrac{Ph}{2}$ $M_E=\mu f(15\mu h+10h+6f)K\dfrac{Ph}{2}$ $M_A=H_Ah-M_C$ $M_B=H_Bh-M_D$ $H_A=P-H_B$ $H_B=15\mu(\mu h+2f+2h)K\dfrac{Ph}{2}$ $V=3\mu L\dfrac{Ph}{l}$

续表 10-12

序号	计算简图	计算公式
9	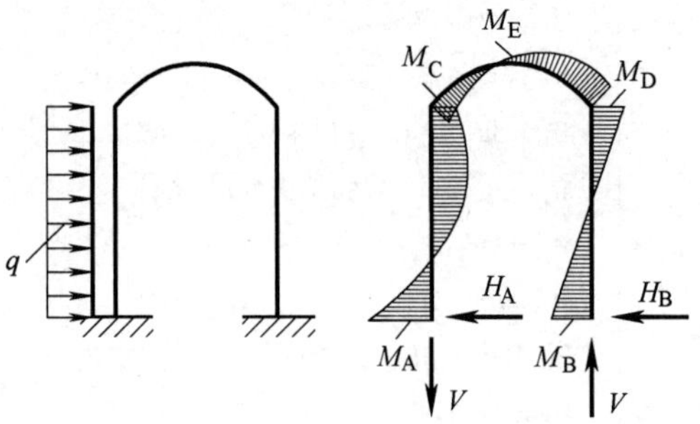	$M_C=\mu[4L+(30hf+32f^2-5\mu h^2)K]\dfrac{qh^2}{8}$ $M_D=\mu[4L-(30hf+32f^2-5\mu h^2)K]\dfrac{qh^2}{8}$ $M_E=\mu(15hf+8f^2+5\mu h^2+30\mu hf)K\dfrac{qh^2}{8}$ $M_A=H_Ah-M_C-\dfrac{qh^2}{2}$ $M_B=H_Bh-M_D$ $H_A=qh-H_B$ $H_B=\mu(40f+45h+30\mu h)K\dfrac{qh^2}{8}$ $V=\mu L\dfrac{qh^2}{l}$
10	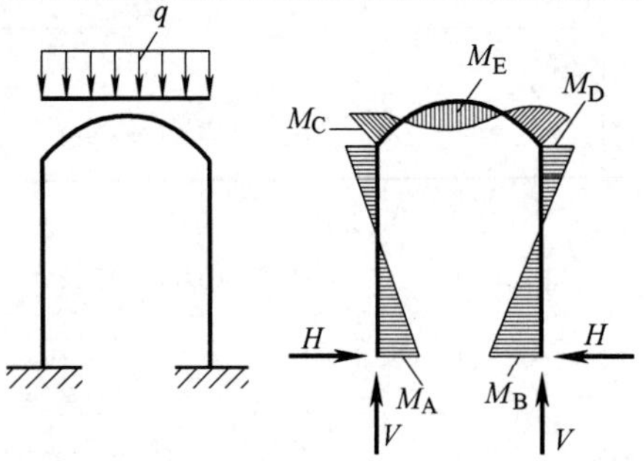	$M_C=M_D=\mu(20h^2+24hf)K\dfrac{ql^2}{8}$ $M_E=\mu(15\mu h^2+10h^2+6hf)K\dfrac{ql^2}{8}$ $M_A=M_B=Hh-M_C$ $H=(30\mu h+48\mu f+4f)K\dfrac{ql^2}{8}$ $V=\dfrac{ql}{2}$
11	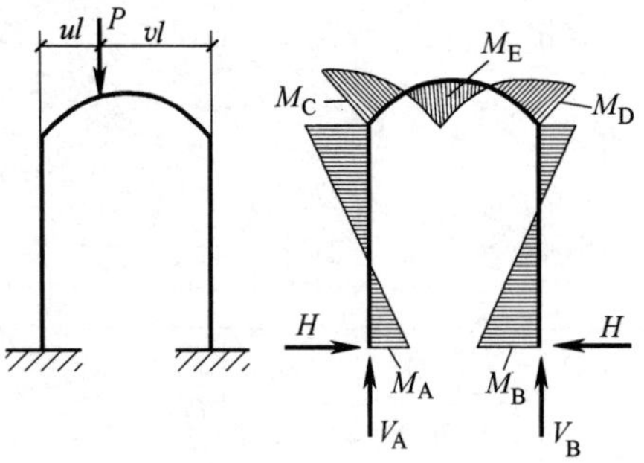	$M_C=[(15\mu h^2+15\mu hf+15\mu uvhf-10uvf^2+2f^2)$ $K+(0.5-u)L]Puvl$ $M_D=[(15uh^2+15\mu hf+15\mu uvhf-10uvf^2+2f^2)$ $K-(0.5-u)L]Puvl$ $M_A=[(7.5\mu h^2+15\mu hf+15\mu uvhf+15uvhf+10uvf^2-$ $2f^2)\times K-(0.5-u)L]Puvl$ $M_B=[(7.5\mu h^2+15\mu hf+15\mu uvhf+15uvhf+10uvf^2-$ $2f^2)K+(0.5-u)L]Puvl$ $M_E=M_B+V_B\dfrac{l}{2}-H(h+f)$ $H=3(7.5\mu h+10\mu f+10\mu uvf+5uvf)KPuvl$ $V_A=P-V_B$ $V_B=Pu(6\mu+3u-2u^2)L$
12	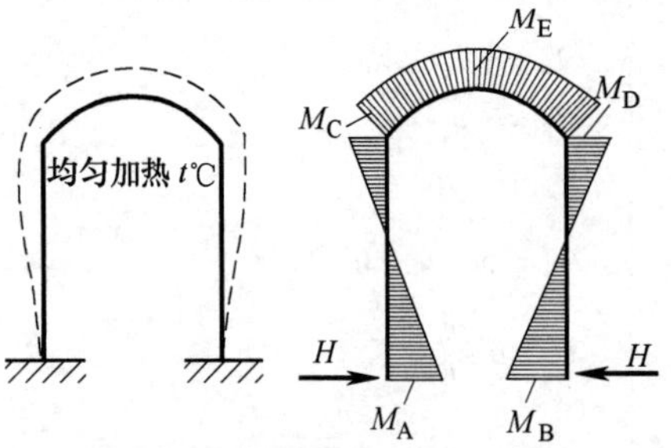	$M_C=M_D=\mu(3\mu h-2f)K\times\dfrac{15EI_1}{h}\alpha tl$ $M_A=M_B=Hh-M_C$ $M_E=\mu[3\mu(h+2f)+f]K\dfrac{15EI_1}{h}\alpha tl$ $H=\mu(1+2\mu)K\dfrac{45EI_1}{h}\alpha tl$ α—线膨胀系数

第 11 章　结构实用计算法

11.1　力矩分配法

11.1.1　力矩分配法计算

力矩分配法计算见表 11-1。

表 11-1　力矩分配法计算

序号	项　目	内　容
1	简述	1）力矩分配法主要适用于连续梁和无侧移刚架的内力计算 2）当连续梁的荷载或跨数及支座情况不能按表 4-7 ~ 表 4-10 或表 4-11 ~ 表 4-15 进行计算时，则可用力矩分配法来计算内力 3）力矩分配法是工程中常用的计算方法。它以杆件的杆端弯矩为计算对象，采用“固定—放松—传递”的物理理念，并用逐次逼近的方法，求得杆端弯矩的精确解，计算过程中无须解方程 4）力矩分配法以位移法为理论基础，将结构的受荷状态分解为约束状态(固定结点)和放松状态(放松结点)，分别求约束状态与放松状态下的杆端弯矩，两者的和即为结构受荷状态下的杆端弯矩 5）约束状态是设想在结点上附加上转动约束，即锁住，各杆端无转动，体系成为若干根超静定的单杆。可利用表 1-32 或表 1-33 分别求得各杆杆端在相应荷载作用下的固端弯矩 6）力矩分配法的理论基础是位移法，故力矩分配法中对杆端转角、杆端弯矩、固端弯矩的正负号规定与位移法相同，即都假设对杆端顺时针旋转为正号。作用于结点的外力偶荷载、作用于附加刚臂的约束反力矩，也假定为对结点或附加刚臂顺时针旋转为正号。表 1-32 或表 1-33 也遵循此符号规定 7）由于各杆固端弯矩是分别计算的，同一结点上各杆端固端弯矩往往是不平衡的，它们的代数和即为结点在附加转动约束中产生的约束力矩，或称结点不平衡力矩 8）放松状态就是解除约束，相当于在结点上加一个反号的约束力矩，使各杆端产生其原应有的转动，并设法求得放松状态下各杆端的弯矩即转动端(近端)的分配力矩和远端的传递力矩 9）力矩分配法是以逐次渐近的方法求得杆端弯矩，其结果的精度随着轮次的增加而提高，最后收敛于精确解。其基本思路是：先把原连续梁各跨当作单跨超静定梁来计算，然后逐步修正使之最后满足与原结构相同的变形条件和平衡条件 10）最后，将每个杆端所有固端弯矩、分配弯矩和传递弯矩相加，所得的代数和即为所求的杆端弯矩
2	力矩分配法的基本思路	(1) 说明。图 11-1a 所示为一连续梁的实际变形和受力情况，其中各杆杆端弯矩 $M_{总}$(M_{AB}、M_{BA}、M_{BC}、M_{CB})是力矩分配法的主攻目标，要求不经过解算基本方程而直接求得杆端最后弯矩。但如何求出这些杆端弯矩呢 1）利用梁变形的连续条件。即弹性曲线在支座 B 处左边与右边的转角相等，均为 θ_B(图 11-1a) 2）利用叠加原理。与位移法思路相同，即可将图 11-1a(梁的实际变形和内力)分解为图 11-1b(锁住 B,荷载作用)和图 11-1c(放松 B,转动 θ_B)两个图形，先分别计算，然后进行叠加(图11-1d)，即可求出各杆杆端弯矩

续表 11-1

序号	项　　目	内　　容
2	力矩分配法的基本思路	（2）现结合图 11-1a 所示连续梁，具体说明如下： 1）“锁住”结点 B，求固端弯矩。如图 11-1b 所示，先在刚结点 B 加上附加刚臂，把连续梁分解为具有固定端的单跨梁，利用表 1-33 序号 1，绘出荷载作用下的弯矩图 M_P 图。这时，附加刚臂内将产生约束反力矩（亦即位移法中的 R_{1P}），力矩分配法中则称为结点不平衡力矩，用 M_B 表示（下标 B 为该结点号），其大小等于汇交于该结点的各杆端固端弯矩的代数和，即 $M_B=\sum M_{Bj}^F$（第二个下标为杆远端结点号）。因此，有 $$M_B=M_{BA}^F+M_{BC}^F=10\text{kN}\cdot\text{m}+0=10\text{kN}\cdot\text{m}$$ 2）“放松”结点 B，求分配弯矩和传递弯矩。如图 11-1c 所示，放松结点 B，使之转动 θ_B。这时，相当于在结点 B 施加了一个与不平衡力矩 M_B 反向的、大小相等的外力偶荷载 $M_B'=-M_B=-10\text{kN}\cdot\text{m}$，称为结点待分配力矩。相应的弯矩图 M_{θ_B} 图，如图 11-1c 所示（这里，可用位移法表 1-32求得） ① 在图 11-1c 中，当结点 B 由于待分配力矩 M_B' 的作用而转动 θ_B 时，汇交于该结点的 AB、BC 两杆的 B 端也沿相同方向转动了 θ_B，并同时产生了相应的杆端弯矩，均为 $-5\text{kN}\cdot\text{m}$。在力矩分配法中，可以将由于结点转动而引起的各杆转动端弯矩看成是将结点上的待分配力矩 M_B' 按照一定的比例分配于杆端的，这种杆端弯矩称为分配弯矩，用 M_{Bj}^{μ} 表示，而分配的比例系数则称为杆端弯矩分配系数，用 μ_{Bj} 表示。显然，该分配系数与杆件的线刚度以及两端的支承情况有关，将在下面本表序号 3 介绍 ② 在图 11-1c 中，两端固定梁段 AB，当其近端 B 发生转角 θ_B 时，它的远端 A 也将产生杆端弯矩 $-2.5\text{kN}\cdot\text{m}$，而且是与近端 B 的分配弯矩同向的，并存在一定的比例关系。我们可以理解为，这些远端的杆端弯矩，是由近端的分配弯矩按照某种比例传到远端的。由此产生的远端的杆端弯矩，称为传递弯矩，用 M_{jB}^C 表示，而由近端的分配弯矩向远端传递的比例系数，则称为弯矩传递系数，用 C_{Bj} 表示。显然，该传递系数与远端的支承情况有关，亦将在下面本表序号 3 介绍 3）利用叠加原理，汇总杆端弯矩。经过结点“锁住”“放松”，弯矩分配、传递，图 11-1a 所示连续梁已完全恢复了原有的真实状态。在上述过程中，结点 B 处各杆端，即近端各杆端均有固端弯矩和分配弯矩，故近端各杆端的实际杆端弯矩等于该杆端的固端弯矩与分配弯矩的代数和；远端各杆端则有固端弯矩和传递弯矩，故远端各杆端的实际杆端弯矩等于该杆端的固端弯矩与传递弯矩的代数和 这就是用力矩分配法计算仅有一个单结点的两跨连续梁的运算过程 由上述可知，用力矩分配法计算连续梁和无侧移刚架时，需要先解决三个问题： ① 计算单跨超静定梁的固端弯矩 ② 计算结点处各杆端的弯矩分配系数 ③ 计算各杆件由近端向远端传递的弯矩传递系数 这也就是常称的力矩分配法的三要素，详见本表序号 3 的讲述
3	力矩分配法的三要素	（1）固端弯矩。常用的三种基本的单跨超静定梁，在支座移动和几种常见的荷载作用下的杆端弯矩，可由表1-32和表 1-33 查得 （2）弯矩分配系数和分配弯矩 1）转动刚度。待分配力矩在结点处分配于各杆的近端，是依杆件杆端抵抗转动的能力而进行分配的 杆件杆端抵抗转动的能力，称为杆件的转动刚度。AB 杆 A 端的转动刚度用 S_{AB} 表示，它在数值上等于使 AB 杆 A 端产生单位转角时所需施加的力矩。在 S_{AB} 中，A 端是施加力矩而发生转动的杆端，简称近端；B 端是杆件的另一端，简称远端

续表 11-1

序号	项　目	内　容
3	力矩分配法的三要素	求转动刚度 S_{AB} 时，通常取近端为固定端（或铰支端），然后使其发生单位支座转动，用力法求出 S_{AB} 值（图 11-2）。对于等截面直杆，转动刚度的数值实际上就是位移法中杆端转动单位角时的弯矩形常数 从表 1-32 中，可查得转动刚度（即弯矩形常数）如下： 远端固定，$S_{AB}=4i$；远端铰支，$S_{AB}=3i$ 远端滑动，$S_{AB}=i$；远端自由，$S_{AB}=0$ 可见，杆端转动刚度不仅与杆件的线刚度 $i=EI/l$ 有关，而且与远端的支承情况有关，而与近端支承情况无关 图 11-2 的含义如下： ① 当远端 B 为固定支座（图 11-2a）时，AB 杆 A 点的转动刚度为 $S_{AB}=4i$　　(11-1) ② 当远端 B 为铰支座（图 11-2b）时，AB 杆 A 点的转动刚度为 $S_{AB}=3i$　　(11-2) ③ 当远端 B 为滑动支座（图 11-2c）时，AB 杆 A 点的转动刚度为 $S_{AB}=i$　　(11-3) ④ 当远端 B 为自由端（图 11-2d）时，AB 杆 A 点的转动刚度为 $S_{AB}=0$　　(11-4) 2）弯矩分配系数和分配弯矩。图 11-3a 所示刚架，其各杆均为等截面直杆，在结点 A 作用有待分配力矩 M'_A，使结点 A 产生转角 Z_1。可用位移法求出结点 A 的各杆端弯矩 由转角位移方程和转动刚度的定义，得近端弯矩为 $\left.\begin{aligned} M_{AB}&=4i_{AB}Z_1=S_{AB}Z_1 \\ M_{AC}&=3i_{AC}Z_1=S_{AC}Z_1 \\ M_{AD}&=i_{AD}Z_1=S_{AD}Z_1 \end{aligned}\right\}$　　(11-5) 利用结点 A 的力矩平衡条件 $\sum M_A=0$（图 11-3b），有 $M_{AB}+M_{AC}+M_{AD}=M'_A$　　(11-6) 将式（11-5）代入式（11-6），解得 $Z_1=\dfrac{M'_A}{S_{AB}+S_{AC}+S_{AD}}=\dfrac{M'_A}{\sum\limits_{(A)}S}$　　(11-7) 式中，$\sum\limits_{(A)}S$ 为汇交于结点 A 的各杆 A 端的转动刚度之和 将式（11-7）代入式（11-5），得 $M_{AB}=\dfrac{S_{AB}}{\sum\limits_{(A)}S}M'_A,\ M_{AC}=\dfrac{S_{AC}}{\sum\limits_{(A)}S}M'_A,\ M_{AD}=\dfrac{S_{AD}}{\sum\limits_{(A)}S}M'_A$　　(11-8) 式（11-8）表明，作用于结点 A 的待分配力矩 M'_A 将按汇交于结点 A 各杆的转动刚度的比例分配给各杆的 A 端，转动刚度愈大，则所承担的弯矩也愈大。因此，引入弯矩分配系数为 $\mu_{Aj}=\dfrac{S_{Aj}}{\sum\limits_{(A)}S}\quad (j=B、C、D)$　　(11-9) 式（11-8）则可统一表示为 $M_{Aj}=\mu_{Aj}M'_A\quad (j=B、C、D)$　　(11-10) 由于待分配力矩 M'_A 与不平衡力矩 M_A 等值反号，即 $M'_A=-M_A$，故式（11-10）也可表示为

续表 11-1

<table>
<tr><th>序号</th><th>项　目</th><th>内　容</th></tr>
<tr><td>3</td><td>力矩分配法的三要素</td><td>$$M_{Aj}=-\mu_{Aj}M_{A}(j=B、C、D) \qquad (11\text{-}11)$$
即当计算中直接采用结点的不平衡力矩 M_A 时，应将 M_A 反号后再进行分配。M_{Aj} 称为分配弯矩
显然，同一结点各杆端的分配系数之和应等于1，即
$$\sum_{(A)}\mu_{Aj}=\mu_{AB}+\mu_{AC}+\mu_{AD}=1 \quad (j=B、C、D) \qquad (11\text{-}12)$$
分配弯矩等于分配系数与结点约束力矩(结点处各固端弯矩的代数和)负值的积
(3) 弯矩传递系数和传递弯矩。在图11-3a中，各杆 B、C、D 端的弯矩(或称远端弯矩)为
$$M_{BA}=2i_{AB}Z_1,\ M_{CA}=0,\ M_{DA}=-i_{AD}Z_1 \qquad (11\text{-}13)$$
由近端弯矩式(11-5)和远端弯矩式(11-7)，可得
$$\frac{M_{BA}}{M_{AB}}=C_{AB}=\frac{1}{2},\ \frac{M_{CA}}{M_{AC}}=C_{AC}=0,\ \frac{M_{DA}}{M_{AD}}=C_{AC}=-1$$
$$C_{Aj}=\frac{M_{jA}}{M_{Aj}} \qquad (11\text{-}14)$$
式中，$C_{Aj}(j=B、C、D)$ 称为弯矩传递系数，即远端弯矩与近端弯矩的比值
由式(11-14)可以看出，在等截面杆件中，弯矩传递系数 C 随远端的支承情况而不同。三种基本等截面直杆的传递系数如下；
远端为固端支座：
$$C_{Aj}=\frac{1}{2} \qquad (11\text{-}15)$$
远端为铰支座：
$$C_{Aj}=0 \qquad (11\text{-}16)$$
远端为滑动：
$$C_{Aj}=-1 \qquad (11\text{-}17)$$
利用传递系数的概念，图11-3a中各杆的远端弯矩可按下式计算为
$$M_{jA}=C_{Aj}M_{Aj}(j=B、C、D) \qquad (11\text{-}18)$$
式中，M_{jA} 称为传递弯矩
传递弯矩等于传递系数与分配弯矩的积
如果出现杆件远端为铰支时，则传递系数为零</td></tr>
<tr><td>4</td><td>单刚结点结构的力矩分配法计算</td><td>(1) 综前所述，力矩分配法计算步骤可归纳如下：
1) 求分配系数
2) 求固端弯矩及约束力矩
3) 求分配弯矩与传递弯矩
4) 求最终杆端弯矩
5) 画内力图
对于单结点的连续梁和无侧移刚架来说，用力矩分配法计算十分简便，只要将转动的刚性结点固定、放松各一次，便可得到最终杆端弯矩的精确解
为了便于计算及检查复核，一般都采用列表计算的方式
(2) 力矩分配法的做法如下：
1) 锁住。在结点处加附加转动约束，使之不能转动，各跨梁可视为单跨超静定梁，按表3-4和表3-6求得每跨梁在荷载作用下的固端弯矩(注意：在力矩分配法计算中规定杆端弯矩以顺时针方向为正，应用表3-4和表3-6时，应按此规定对弯矩正负号加以确定)。计算同一结点各杆端固端弯矩的代数和称为结点的不平衡力矩，也就是附加转动约束中的约束力矩</td></tr>
</table>

续表 11-1

序号	项　目	内　容
4	单刚结点结构的力矩分配法计算	2）放松。放松结点，相当于在该结点上加一个与不平衡力矩反号的结点转动力矩以消除不平衡力矩，并使结点产生转动 3）分配。结点转动力矩按分配系数求出各杆近端分配力矩 4）传递。由分配力矩按传递系数求出远端传递力矩 5）叠加。最后，将各杆端记下的全部分配力矩、传递力矩和原来的固端力矩进行叠加得各杆端最后弯矩 要特别注意不平衡力矩的正负号规定，在求分配弯矩时要将不平衡力矩变号进行分配
5	多刚结点结构的力矩分配计算	(1) 计算步骤同本表序号 4 中(1) (2) 多结点力矩分配的基本方法是多次应用单结点运算，逐步渐近。具体步骤如下： 1）锁住。利用附加转动约束锁住全部刚结点(在图上不一定画出)，使结构变成若干根超静定单跨梁，分别求出各杆固端弯矩及各结点处的不平衡力矩 2）逐次放松。逐次放松每个结点(每次只有一个结点被放松,其余刚结点仍被锁住)，将不平衡力矩反号，再根据分配系数进行分配，得各杆近端的分配力矩 根据传递系数求各杆远端的传递力矩。经过多次循环后(一般 3 ~4 个循环,即可达到精度要求)，使所有结点趋于平衡 3）叠加。实际杆端弯矩 = 固端弯矩 + 分配弯矩 + 传递弯矩

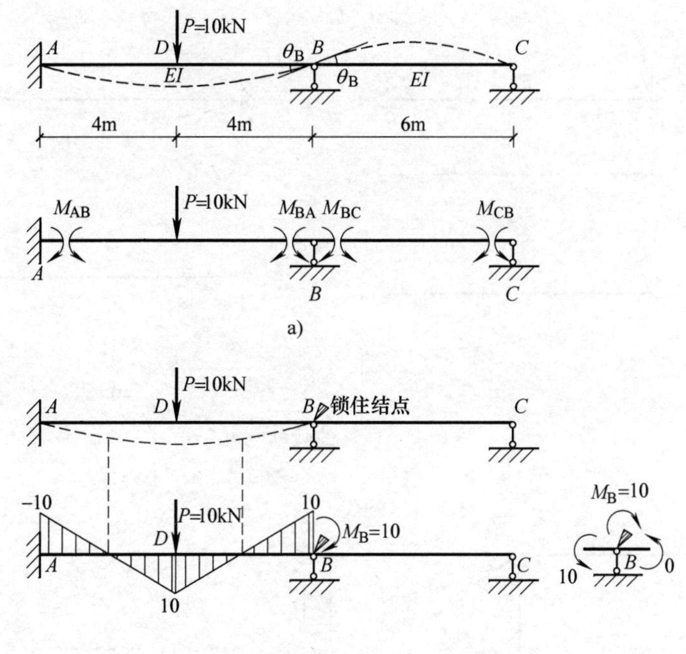

图 11-1　力矩分配法的基本思路

a）实际受力和变形情况　b）*B* 点加阻止转动的附加刚臂(锁住状态)

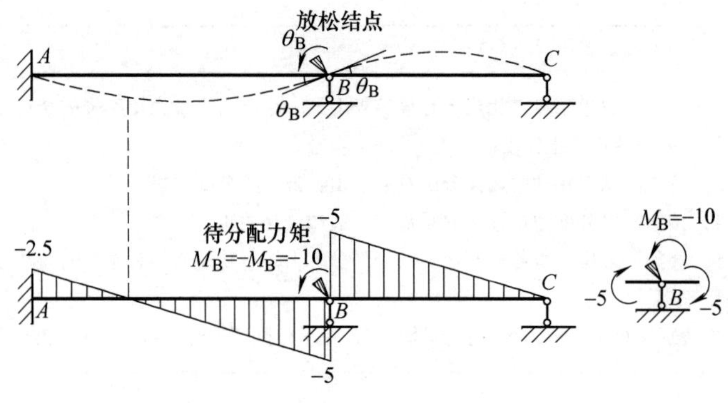

c) M_{θ_B} 图(kN·m)

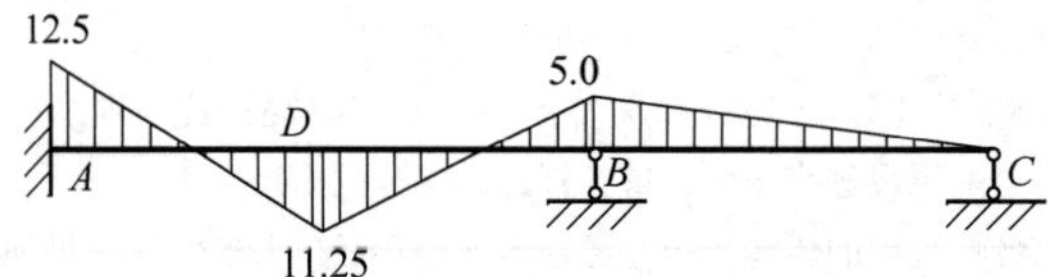

d) M 图(kN·m)

图 11-1　力矩分配法的基本思路(续)

c）放松 B 点附加刚臂，使转动 θ_B(放松状态)　d）结算各杆杆端弯矩

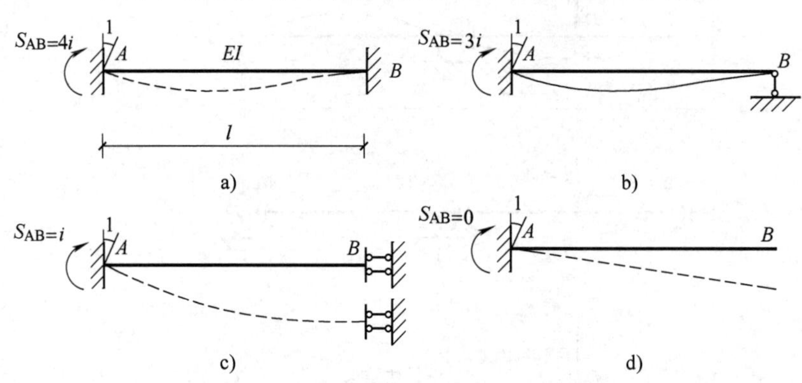

图 11-2　杆件的转动刚度

a）远端固定　b）远端铰支　c）远端滑动　d）远端自由

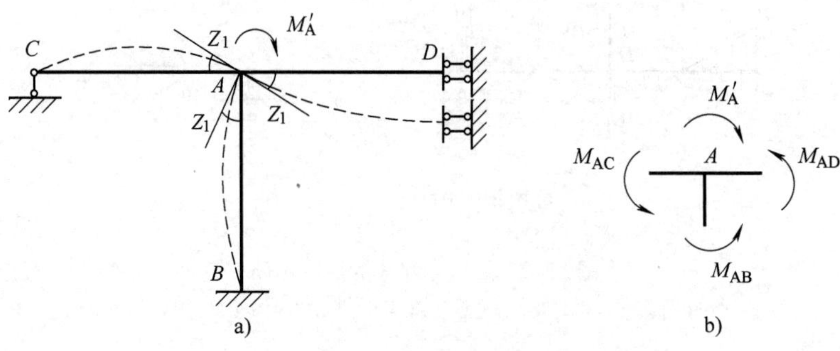

图 11-3　分配力矩

11.1.2　力矩分配法计算例题

［例题 11-1］ 试计算如图 11-4a 所示连续梁，*AB* 段的抗弯刚度为 2*EI*、*BC* 段为 *EI*，荷载及各跨度如图 11-4a 所示。试用力矩分配法作此梁的弯矩图、剪力图，并求出各支座反力。

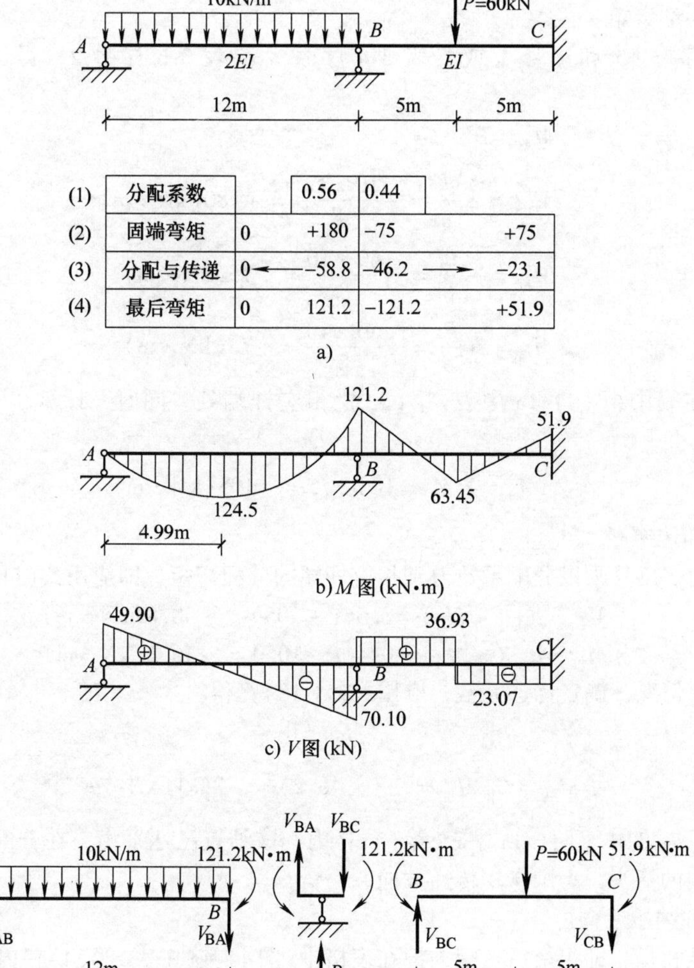

		A	BA	BC	C
(1)	分配系数		0.56	0.44	
(2)	固端弯矩	0	+180	−75	+75
(3)	分配与传递	0 ←	−58.8	−46.2 →	−23.1
(4)	最后弯矩	0	121.2	−121.2	+51.9

图 11-4　［例题 11-1］计算简图

［解］

对连续梁进行力矩分配法计算时，其运算过程通常在梁的下方列表进行；具体说明如下：

（1）计算 *B* 结点各杆的分配系数

1）求 *BA* 杆与 *BC* 杆的线刚度为

$$i_{BA}=\frac{2EI}{12}=\frac{EI}{6},\quad i_{BC}=\frac{EI}{10}$$

2）应用式(11-2)与式(11-1)计算 *BA* 杆与 *BC* 杆的转动刚度为

$$S_{BA}=3i_{BA}=\frac{EI}{2},\quad S_{BC}=4i_{BC}=\frac{2EI}{5}$$

3）应用式(11-9)计算 BA 杆与 BC 杆的分配系数为

$$\mu_{BA}=\frac{S_{BA}}{S_{BA}+S_{BC}}=0.56,\ \mu_{BC}=\frac{S_{BC}}{S_{BA}+S_{BC}}=0.44$$

满足 $\mu_{BA}+\mu_{BC}=1$。分配系数填入 B 处对应方框内(图 11-4a)的表第(1)栏。

(2) 计算固端弯矩

查表 1-33 序号 15 和序号 1 或查表 3-4 序号 8 和表 3-6 序号 2，得出各杆端固端弯矩(图 11-4a)为

$$M_{AB}^{F}=0$$

$$M_{BA}^{F}=+\frac{ql^2}{8}=+\frac{10\times12^2}{8}=+180(\mathrm{kN\cdot m})$$

$$M_{BC}^{F}=-\frac{Pl}{8}=-\frac{60\times10}{8}=-75(\mathrm{kN\cdot m})$$

$$M_{CB}^{F}=+\frac{Pl}{8}=+\frac{60\times10}{8}=+75(\mathrm{kN\cdot m})$$

把固端弯矩写在表中(图 11-4a 中表)第(2)栏相应杆端处。同时，计算出 B 结点上的不平衡力矩为

$$M_B=\sum_{B}M^{F}=180-75=+105(\mathrm{kN\cdot m})$$

(3) 分配和传递

将不平衡力矩反号乘以分配系数得到相应杆端的分配弯矩，即应用式(11-11)计算得

$$M_{BA}=\mu_{BA}(-M_B)=0.56(-105)=-58.8(\mathrm{kN\cdot m})$$

$$M_{BC}=\mu_{BC}(-M_B)=0.44(-105)=-46.2(\mathrm{kN\cdot m})$$

再根据远端约束情况，确定传递系数，应用式(11-18)算得

$$M_{AB}^{C}=0$$

$$M_{CB}=C_{BC}M_{BC}=\frac{1}{2}(-46.2)=-23.1(\mathrm{kN\cdot m})$$

把它们记在表格中(图 11-4a 中表)第(3)栏内，该结点已达平衡。在分配弯矩与传递弯矩之间划一水平方向的箭头，表示弯矩传递方向。

(4) 计算杆端最后弯矩

将以上结果相加，即得最后弯矩，记在表格中(图 11-4a 中表)第(4)栏内。

由 $\sum M_B=(+121.2)+(-121.2)=0$ 可知满足结点 B 的力矩平衡条件。

(5) 作连续梁弯矩图

根据各杆杆端的最后弯矩即可利用叠加的方法作出连续梁的弯矩图(图 11-4b)。

(6) 计算各杆的杆端剪力和梁的支座反力

由图 11-4d 所示隔离体的平衡条件，即可算得各杆的杆端剪力和梁的支座反力如下：

$$V_{AB}=49.90\mathrm{kN},\ V_{BA}=-70.10\mathrm{kN}$$

$$V_{BC}=36.93\mathrm{kN},\ V_{CB}=-23.07\mathrm{kN}$$

$$R_A=49.90\mathrm{kN}(\uparrow),\ R_B=107.03\mathrm{kN}(\uparrow)$$

$$R_C=23.07\mathrm{kN}(\uparrow)$$

在 AB 跨根据剪力等于零的截面位置求跨中最大弯矩。

设 $V=0$ 位置距 A 点为 x

$$x=\frac{49.90}{10}=4.99(\mathrm{m})$$

$$M_{max}=49.90\times4.99-\frac{1}{2}\times10\times4.99^2=124.50(\text{kN}\cdot\text{m})$$

剪力图如图 11-4c 所示。

应该注意的是，在整个计算过程中杆端弯矩总是遵循顺时针为正，反之为负的符号规定。但在作 M 图时则是强调弯矩的竖距画在受拉一侧，两者不要相混，剪力图则需注明正负号。

[例题 11-2]　试用力矩分配法计算图 11-5a 所示刚架，并且画出刚架的弯矩图、剪力图、轴力图。刚架各杆旁数值为各杆的相对线刚度值。

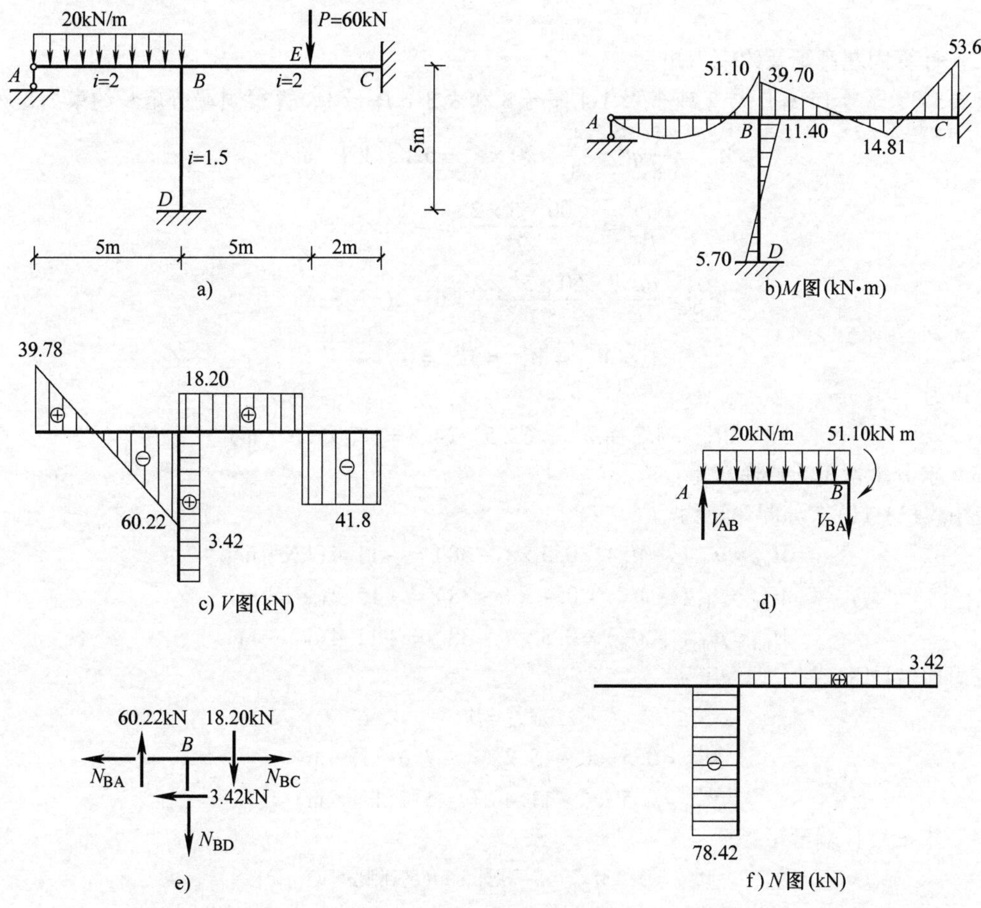

图 11-5　[例题 11-2]计算简图

[解]

此刚架仍属于单结点问题，用力矩分配法计算时，仍要求列表(表 11-2)。与连续梁相比，此表仅多了一项杆端名称而已。为了计算方便起见，注意在表中三个近端紧靠一起，并将有传递弯矩的远端紧靠相应的近端。具体计算如下：

(1) 求分配系数

1) 应用式(11-1)与式(11-2)计算 B 结点各杆近端的转动刚度为

$$S_{BA}=3i_{BA}=3\times2=6$$

$$S_{BC}=4i_{BC}=4\times2=8$$

$$S_{BD}=4i_{BD}=4\times1.5=6$$

2）应用式(11-9)计算B结点各杆近端的分配系数为

$$\mu_{BA}=\frac{S_{BA}}{\sum_B S}=\frac{6}{6+8+6}=0.3$$

$$\mu_{BC}=\frac{S_{BC}}{\sum_B S}=\frac{8}{20}=0.4$$

$$\mu_{BD}=\frac{S_{BD}}{\sum_B S}=\frac{6}{20}=0.3$$

（2）计算固端弯矩及约束力矩

查表1-33序号15和序号2或查表3-4序号8和表3-6序号1，算得固端弯矩及约束力矩为

$$M_{BA}^{F}=\frac{1}{8}ql^2=\frac{1}{8}\times 20\times 5^2=62.5(\text{kN}\cdot\text{m})$$

$$M_{BC}^{F}=-\frac{Pab^2}{l^2}=-\frac{60\times 5\times 2^2}{7^2}=-24.5(\text{kN}\cdot\text{m})$$

$$M_{CB}^{F}=\frac{Pa^2b}{l^2}=\frac{60\times 5^2\times 2}{7^2}=61.2(\text{kN}\cdot\text{m})$$

$$M_{AB}^{F}=M_{BD}^{F}=M_{DB}^{F}=0$$

约束力矩为

$$M_B=M_{BA}^{F}+M_{BC}^{F}+M_{BD}^{F}=62.5-24.5=38.0(\text{kN}\cdot\text{m})$$

（3）求分配弯矩与传递弯矩

应用式(11-11)求分配弯矩为

$$M_{BA}^{\mu}=\mu_{BA}(-M_B)=0.3\times(-38)=-11.4(\text{kN}\cdot\text{m})$$

$$M_{BC}^{\mu}=\mu_{BC}(-M_B)=0.4\times(-38)=-15.2(\text{kN}\cdot\text{m})$$

$$M_{BD}^{\mu}=\mu_{BD}(-M_B)=0.3\times(-38)=-11.4(\text{kN}\cdot\text{m})$$

应用式(11-18)求传递弯矩为

$$M_{AB}^{C}=0$$

$$M_{CB}^{C}=0.5\times(-15.2)=-7.6(\text{kN}\cdot\text{m})$$

$$M_{DB}^{C}=0.5\times(-11.4)=-5.7(\text{kN}\cdot\text{m})$$

（4）求最终杆端弯矩

$$M_{AB}=0\quad M_{DB}=5.7\text{kN}\cdot\text{m}(\text{左侧受拉})$$

$$M_{BD}=-11.4\text{kN}\cdot\text{m}(\text{右侧受拉})\qquad M_{BA}=51.1\text{kN}\cdot\text{m}(\text{上侧受拉})$$

$$M_{BC}=-39.9\text{kN}\cdot\text{m}(\text{上侧受拉})\qquad M_{CB}=53.6\text{kN}\cdot\text{m}(\text{上侧受拉})$$

将以上各步数值填入表11-2表内。

表11-2　杆端弯矩的计算　（单位：kN·m）

序　号	杆端名称	AB	DB	BD	BA	BC	CB
1	分配系数	铰支	固端	0.3	0.3	0.4	固端
2	固端弯矩	0	0	0	+62.5	−24.5	+61.2
3	分配与传递弯矩	0	−5.7	−11.4	−11.4	−15.2	−7.6
4	最终杆端弯矩	0	−5.7	−11.4	+51.1	−39.9	+53.6

注：如图11-5a所示。

(5) 画弯矩图(M 图)

根据各杆的最终杆端弯矩，可画出刚架弯矩图，如图 11-5b 所示，其中集中荷载截面处弯矩为

$$M_{E}=14.81\text{kN}\cdot\text{m}(\text{下侧受拉})$$

(6) 画剪力图(V 图)

根据弯矩图可求出各杆端剪力。为了求杆端剪力 V_{AB}、V_{BA}，可截取 AB 杆，其受力图如图 11-5d 所示。

由 $\sum M_{B}=0$　可得

$$V_{AB}=\frac{1}{5}\left(20\times5\times\frac{5}{2}-51.1\right)=39.78(\text{kN})$$

由 $\sum F_{y}=0$　可得

$$V_{BA}=-60.22\text{kN}$$

其余杆端剪力可直接求出为

$$V_{BD}=V_{DB}=\frac{5.7+11.4}{5}=3.42(\text{kN})$$

$$V_{BE}=V_{EB}=\frac{39.1+51.1}{5}=18.20(\text{kN})$$

$$V_{EC}=V_{CE}=18.2-60=-41.8(\text{kN})$$

据此可画出剪力图，如图 11-5c 所示。

(7) 画轴力图(N 图)

根据剪力图可求出各杆轴力。

显然　$$N_{BA}=N_{AB}=0$$

截取 B 结点，画出受力图，如图 11-5e 所示。其中杆端剪力值取自剪力图，未知杆端轴力假设为拉力，杆端弯矩不必画出。

由 $\sum F_{x}=0$　可得

$$N_{BC}=3.42\text{kN}=N_{CB}$$

由 $\sum F_{y}=0$　可得

$$N_{BD}=-60.22-18.20=-78.42(\text{kN})=N_{DB}$$

据此，可画出轴力图，如图 11-5f 所示。

[例题 11-3]　试用力矩分配法计算图 11-6a 所示等截面连续梁的各杆端弯矩，并作弯矩图和剪力图，各杆 EI 相同，EI = 常数。

[解]

1) 此连续梁的悬臂 EF 为一静定部分，根据静力平衡条件可得 $M_{EF}=-40\text{kN}\cdot\text{m}$，$V_{EF}=20\text{kN}$。若将该悬臂部分去掉，而将 M_{EF}、V_{EF} 作为外力作用于结点 E 的右侧，如图 11-6b 所示，则可将结点 E 化为铰支端。

2) 应用式(11-9)计算结点 D、C、B 各杆近端的分配系数为

$$\mu_{DC}=\frac{4\times\frac{EI}{6}}{4\times\frac{EI}{6}+3\times\frac{EI}{5}}=0.526$$

$$\mu_{DE}=\frac{3\times\frac{EI}{5}}{4\times\frac{EI}{6}+3\times\frac{EI}{5}}=0.474$$

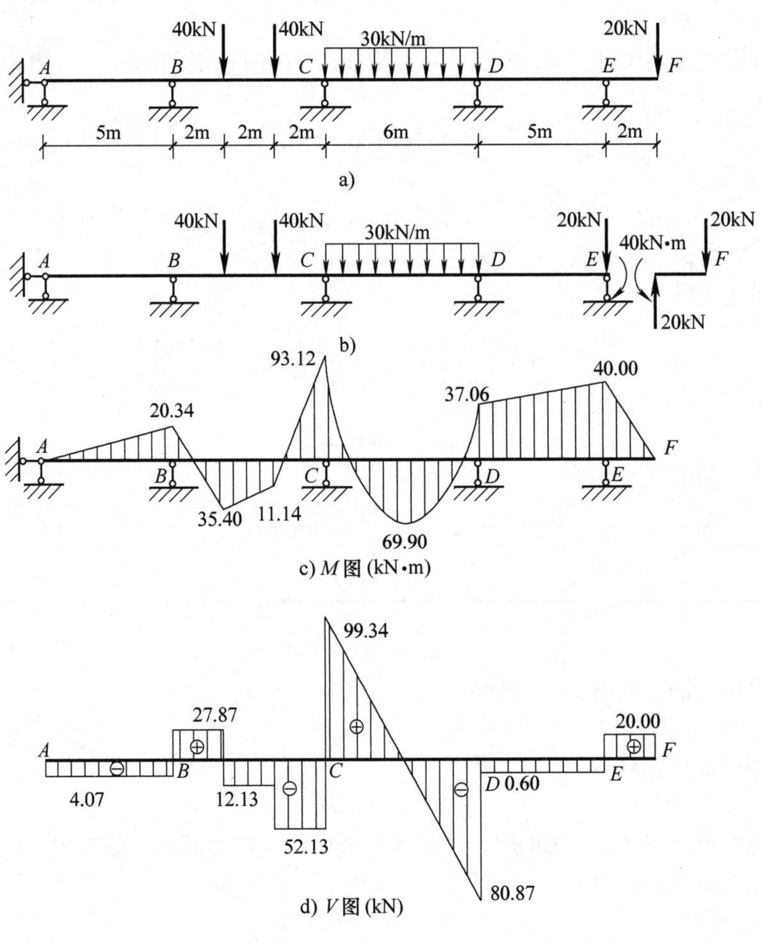

图11-6 [例题11-3]计算简图

$$\mu_{CD}=\mu_{CB}=\frac{\frac{4}{6}}{\frac{4}{6}+\frac{4}{6}}=0.5$$

$$\mu_{BC}=\frac{\frac{4}{6}}{\frac{4}{6}+\frac{3}{5}}=0.526$$

$$\mu_{BA}=\frac{\frac{3}{5}}{\frac{4}{6}+\frac{3}{5}}=0.474$$

3）计算固端弯矩时，对于 *DE* 杆，相当于 *D* 端固定、*E* 端铰支的单跨梁，其中作用在 *E* 端的集中力由支座直接承受，在梁内不引起内力，在铰支端 *E* 处的力矩作用下，*DE* 杆的固端弯矩为

$$M_{ED}^{F}=40\text{kN}\cdot\text{m}$$

$$M_{DE}^{F}=\frac{1}{2}\times40=20(\text{kN}\cdot\text{m})$$

4）应用表 1-33 序号 4 和序号 8 计算 CD 杆和 BC 杆的固端弯矩为

$$M_{CD}^{F}=-\frac{ql^2}{12}=-\frac{30\times6^2}{12}=-90(\text{kN}\cdot\text{m})$$

$$M_{DC}^{F}=\frac{ql^2}{12}=\frac{30\times6^2}{12}=90(\text{kN}\cdot\text{m})$$

$$M_{BC}^{F}=-Pa\left(1-\frac{a}{l}\right)=-40\times2\left(1-\frac{2}{6}\right)=-53.3(\text{kN}\cdot\text{m})$$

$$M_{CB}^{F}=Pa\left(1-\frac{a}{l}\right)=40\times2\left(1-\frac{2}{6}\right)=53.3(\text{kN}\cdot\text{m})$$

$$M_{BA}^{F}=M_{AB}^{F}=0$$

5）计算过程与结果见表 11-3，最后 M 图和 V 图如图 11-6c、d 所示。

表 11-3　杆端弯矩计算表　（单位:kN · m）

序　号	结　点	*A*	*B*		*C*		*D*		*E*	
1	杆端	*AB*	*BA*	*BC*	*CB*	*CD*	*DC*	*DE*	*ED*	*EF*
2	分配系数		0.474	0.526	0.500	0.500	0.526	0.474		
3	固端弯矩	0	0	-53.3	53.3	-90	90	20	40	-40
4	*B*、*D* 第一次分配传递		25.26	28.04	14.02	-28.93	-57.86	-52.14		
5	*C* 第一次分配传递			9.18	25.81	25.81	9.18			
6	*B*、*D* 第二次分配传递		-4.35	-4.83	-2.41	-2.41	-4.83	-4.35		
7	*C* 第二次分配传递			1.21	2.41	2.41	1.21			
8	*B*、*D* 第三次分配传递		-0.57	-0.64	-0.32	-0.32	-0.64	-0.57		
9	*C* 第三次分配传递			0.16	0.32	0.32	0.16			
10	最后弯矩	0	20.34	-20.18	93.12	-93.12	37.22	-37.06	40	-40

［例题 11-4］　试用力矩分配法计算图 11-7a 所示刚架各杆的杆端弯矩，并作弯矩图，各杆 EI 为常数。

［解］

1）此刚架只有两个结点角位移，无结点线位移。其计算步骤与计算连续梁完全相同。

2）各杆的线刚度 $i=\frac{EI}{5}$。应用式（11-9）计算结点 B、C 各杆近端的分配系数为

$$\mu_{BA}=\frac{4i}{4i+4i}=0.5\qquad \mu_{BC}=\frac{4i}{4i+4i}=0.5$$

$$\mu_{CB}=\frac{4i}{4i+3i+i}=0.5\qquad \mu_{CD}=\frac{3i}{4i+3i+i}=0.375$$

$$\mu_{CE}=\frac{i}{4i+3i+i}=0.125$$

3）应用表 1-33 序号 1 和序号 27 计算固端弯矩为

$$M_{BC}^{F}=-\frac{1}{8}\times200\times5=-125(\text{kN}\cdot\text{m})$$

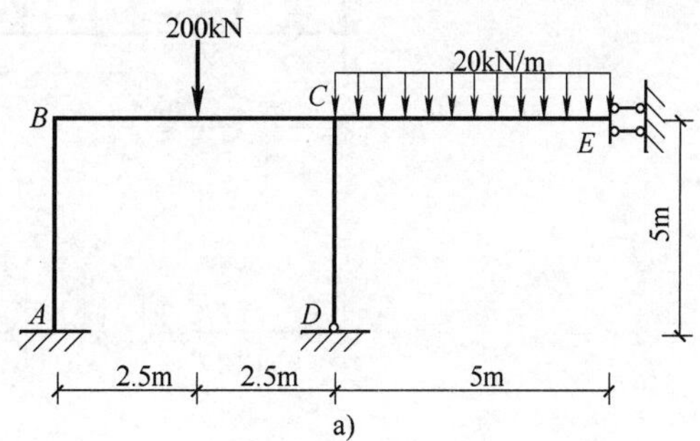

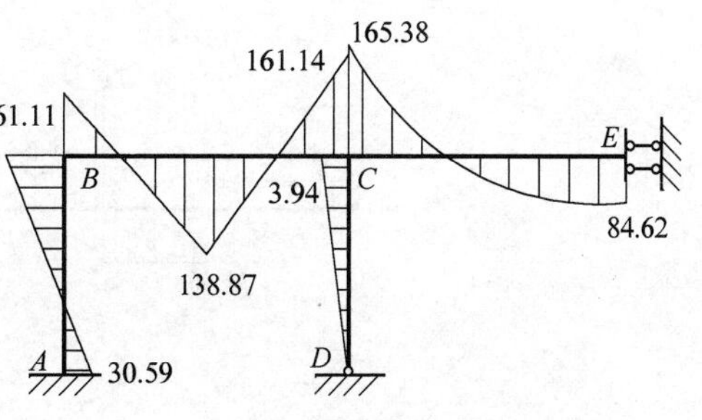

图 11-7　［例题 11-4］计算简图

$$M_{CB}^{F}=\frac{1}{8}\times200\times5=125(\text{kN}\cdot\text{m})$$

$$M_{CE}^{F}=-\frac{1}{3}\times20\times5^{2}=-166.7(\text{kN}\cdot\text{m})$$

$$M_{EC}^{F}=-\frac{1}{6}\times20\times5^{2}=-83.3(\text{kN}\cdot\text{m})$$

4）计算过程与结果见表11-4。

表11-4 杆端弯矩计算 （单位:kN·m）

序号	结点	A	B		C			D	E
1	杆端	AB	BA	BC	CB	CE	CD	DC	EC
2	分配系数		0.5	0.5	0.5	0.125	0.375		
3	固端弯矩			-125.00	125.00	-166.70			-83.30
4	B第一次分配传递	31.25	62.50	62.50	31.25				
5	C第一次分配传递			2.62	5.23	1.31	3.92		-1.31
6	B第二次分配传递	-0.66	-1.31	-1.31	-0.66				
7	C第二次分配传递			0.16	0.32	0.01	0.02		-0.01
8	B第三分配传递		-0.08	-0.08					
9	最后杆端弯矩	30.59	61.11	-61.11	161.14	-165.38	3.94	0	-84.62

5）根据最后杆端弯矩，作出弯矩图如图11-7b所示。

［例题11-5］ 试用力矩分配法计算图11-8a所示连续梁，各杆的刚度如图所示。计算并画出弯矩图和剪力图，并求出支座约束力。

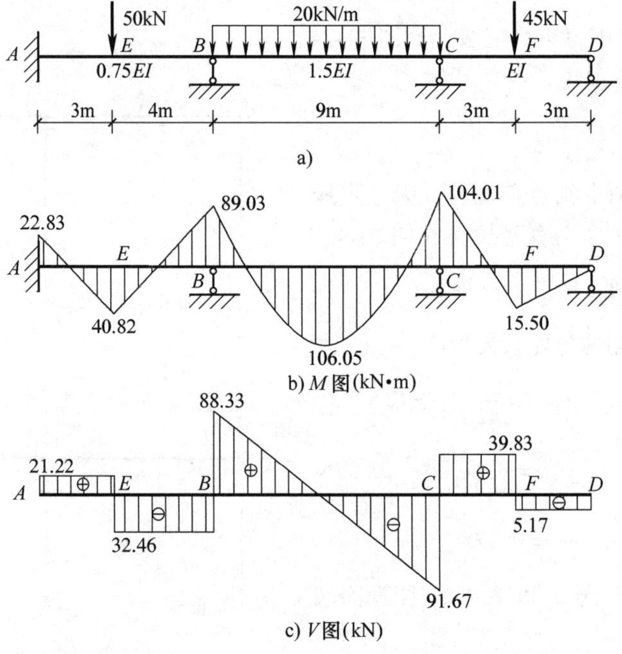

图11-8 ［例题11-5］计算简图

[解]

(1) 求分配系数

1) 应用式(11-2)与式(11-1)计算 B、C 结点各杆近端的转动刚度为

$$S_{BA}=4i_{BA}=4\times\frac{0.75EI}{7}=0.428EI$$

$$S_{BC}=4i_{BC}=4\times\frac{1.5EI}{9}=0.667EI$$

$$S_{CB}=S_{BC}=0.667EI$$

$$S_{CD}=3i_{CD}=3\times\frac{EI}{6}=0.5EI$$

2) 应用式(11-9)计算结点 B、C 各杆近端的分配系数为

$$\mu_{BA}=\frac{S_{BA}}{S_{BA}+S_{BC}}=\frac{0.428EI}{0.428EI+0.667EI}=0.391$$

$$\mu_{BC}=\frac{S_{BC}}{S_{BA}+S_{BC}}=\frac{0.667EI}{0.428EI+0.667EI}=0.609$$

$$\mu_{CB}=\frac{S_{CB}}{S_{CB}+S_{CD}}=\frac{0.667EI}{0.667EI+0.5EI}=0.572$$

$$\mu_{CD}=\frac{S_{CD}}{S_{CB}+S_{CD}}=\frac{0.5EI}{0.667EI+0.5EI}=0.428$$

(2) 求固端弯矩

将 B、C 两转动结点同时用刚臂固定，再施加原荷载，查表 1-33 序号 2、序号 4 与序号 12 进行计算，可得各固端弯矩如下：

$$M_{AB}^{F}=-\frac{Pab^2}{l^2}=-\frac{50\times3\times4^2}{7^2}=-48.98(\mathrm{kN\cdot m})$$

$$M_{BA}^{F}=\frac{Pa^2b}{l^2}=-\frac{50\times3^2\times4}{7^2}=36.73(\mathrm{kN\cdot m})$$

$$M_{BC}^{F}=-\frac{ql^2}{12}=-\frac{20\times9^2}{12}=-135(\mathrm{kN\cdot m})$$

$$M_{CB}^{F}=+\frac{ql^2}{12}=135(\mathrm{kN\cdot m})$$

$$M_{CD}^{F}=-\frac{3Pl}{16}=-\frac{3}{16}\times45\times6=-50.63(\mathrm{kN\cdot m})$$

(3) 分配与传递

1) B 结点约束力矩为

$$M_B=M_{BA}^{F}+M_{BC}^{F}=36.73-135=-98.27(\mathrm{kN\cdot m})$$

2) C 结点约束力矩为

$$M_C=M_{CB}^{F}+M_{CD}^{F}=135-50.63=84.37(\mathrm{kN\cdot m})$$

3) 因为 B 结点约束力矩绝对值较大，宜先放松 B 结点，求得分配弯矩和传递弯矩后，再固定好 B 结点，放松 C 结点。此时，C 结点的约束力矩为原约束力矩与传递弯矩代数和，求得分配弯矩和传递弯矩后，再进行第二轮计算，如此计算三轮半，分配弯矩已经为 0.1kN·m，保证了各杆端弯矩取到三位有效数字。最后只分配不传递，以保证各结点力矩平衡。每次在分配弯矩下面画一横线，表示该结点力矩暂时平衡，并用刚臂再次锁住该结点的放松状态。

(4) 求最后杆端弯矩

以上各步计算结果均填入表 11-5 中。

表 11-5 杆端弯矩的计算 (单位:kN·m)

序　号	杆端名称	*AB*		*BA*	*BC*		*CB*	*CD*	*DC*
1	分配系数			0.391	0.609		0.572	0.428	
2	固端弯矩	-48.98		+36.73	-135.0		+135.0	-50.36	0
3	分配与传递弯矩	19.21	←	38.42	59.85	→	29.92		
					-32.66	←	-65.53	-49.03	
		6.39	←	12.77	19.90	→	9.94		
					-2.85	←	-5.69	-4.25	
		0.55	←	1.11	1.74	→	0.87		
					-0.25	←	-0.5	-0.37	
				0.125	0.125				
4	最后杆端弯矩	-22.83		+89.03	-89.03		104.01	-104.01	0

(5) 画弯矩图(M图)

根据最后杆端弯矩值可画出弯矩图，如图 11-8b 所示。其中 AB 跨集中荷载作用截面弯矩为

$$M_E=\frac{Pab}{l}-\left[22.83+\frac{1}{3}(89.03-22.83)\right]=\frac{50\times3\times4}{7}-22.83-22.06=40.82(\text{kN}\cdot\text{m})$$

CD 跨集中荷载作用截面弯矩为

$$M_F=\frac{Pl}{4}-\frac{1}{2}\times104.01=\frac{45\times6}{4}-52.0=15.50(\text{kN}\cdot\text{m})$$

BC 跨弯矩极大值需等剪力图画出后，根据剪力等于零的截面位置确定后才能求得。

(6) 画剪力图(V图)

根据弯矩图可画出剪力图，如图 11-8c 所示。此图中，按相似三角形比例关系，可确定剪力为零的截面位置为 $x=4.42\text{m}$，进而可求得弯矩极大值为

$$M_{max}=88.33\times4.42-\frac{1}{2}\times20\times4.42^2-89.03=106.05(\text{kN}\cdot\text{m})$$

(7) 求支座约束力

根据弯矩图和剪力图，直接得到各约束力如下：

$$M_A=22.83\text{kN}\cdot\text{m}(\nearrow)$$

$$R_A=21.22\text{kN}(\uparrow)$$

$$R_B=88.33+32.46=120.79(\text{kN})(\uparrow)$$

$$R_C=91.67+39.83=131.50(\text{kN})(\uparrow)$$

$$R_D=5.17\text{kN}(\uparrow)$$

[例题 11-6] 某楼面的均布活荷载为 6kN/m^2，该楼面结构中有一根钢筋混凝土连续梁，如图 11-9 所示。结构安全等级为二级。混凝土强度等级为 C30，纵向钢筋为 HRB400 级钢筋，箍筋为 HPB235 级钢筋。梁截面尺寸 $b\times h=250\text{mm}\times500\text{mm}$。均布荷载标准值：静荷载(含自重)$g_k=25\text{kN/m}$，活荷载 $q_k=30\text{kN/m}$，连续梁考虑活荷载不利布置时的内力计算。试求：①D 支座截面的最大弯矩设计值 M_D；②DE 跨中截面的最大弯矩设计值 M_4。

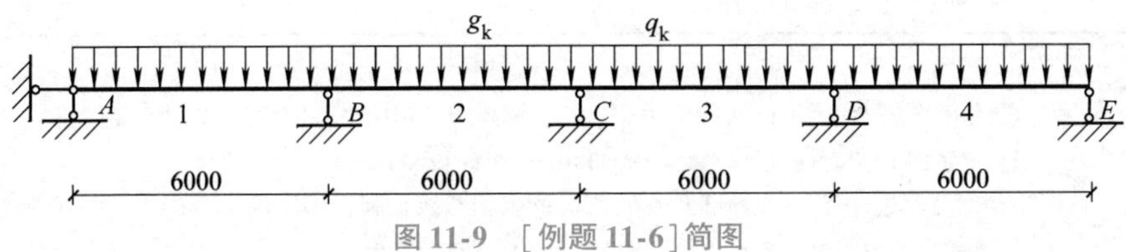

图 11-9　[例题 11-6] 简图

[解]

(1) 先将荷载标准值变为设计值

静荷载：$g=1.2g_k=1.2\times25=30(\text{kN/m})$

活荷载：$q=1.4q_k=1.4\times30=42(\text{kN/m})$

(2) 求 M_{Dmax}

根据活荷载的不利布置，求 D 支座的最大支座弯矩，应在该支座相邻两跨布满活荷载，其余每隔一跨布满活荷载。静荷载必须全梁布满。利用表 4-9 序号 1 和序号 3 进行计算。

$$|M_{Dmax}|=|M_{Bmax}|=|-0.107\times30\times6^2+(-0.121\times42\times6^2)|=|-298.51|(\text{kN}\cdot\text{m})$$

是负弯矩，则上面受拉。M_{Dmax} 与 M_{Bmax} 的不利情况分别是对称的。

(3) 求 M_{4max}

求某跨跨中附近的最大正弯矩时，应在该跨布满活荷载，其余每隔一跨布满活荷载，静荷载必须全梁布满，则有

$$M_{4max}=M_{1max}=0.077\times30\times6^2+0.098\times42\times6^2=231.34(\text{kN}\cdot\text{m})$$

在用表 4-9 序号 1 和序号 3 时，B 支座与 D 支座的弯矩，M_1 与 M_4 的不利状况是对称的。

11.2　无剪力分配法

11.2.1　无剪力分配法计算

无剪力分配法计算见表 11-6。

表 11-6　无剪力分配法计算

序号	项　目	内　容
1	简述	力矩分配法是分析超静定结构的一个有效的渐近方法。但在问世之初，也曾被夸大为是万能的解法。事实上，力矩分配法通常只适用于计算无侧移结构，例如，计算连续梁和无侧移刚架 对于有侧移的一般刚架，力矩分配法并不能单独解算，而必须与位移法联合求解。由于这样作并不简便，因此已很少采用 但是，对于工程中常见的符合某些特定条件的有侧移刚架，我国学者已于 20 世纪 50 年代，根据力矩分配法的基本原理，提出了一个非常实用的手算方法，即这里将介绍的无剪力分配法，它可以看作是力矩分配法的一种特殊情况。该方法可极为简便地应用于计算在水平荷载作用下的单跨多层对称刚架 单跨对称刚架在工程中被广泛采用，例如，化工厂房的骨架、渡槽支架、管道支架、刚架式桥墩和隧洞的进水塔等都是单跨对称刚架的实例。对于某些规整的多跨多层刚架，在水平荷载作用下，也可简化为单跨多层刚架从而进行简化计算
2	无剪力分配法的应用条件	图 11-10b 所示的刚架，是利用对称条件，从图 11-10a 所示的单跨对称刚架中分解出来的一个在反对称荷载作用下的等效半刚架(另一个在对称荷载作用下的等效半刚架这里略去，它可直接运用力矩分配法计算)。图 11-10b 所示半刚架其变形和受力有如下特点： 1) 各梁两端无垂直杆轴的相对线位移，称为无侧移杆 2) 各柱柱端均有侧移，但各柱的剪力是静定的(切断柱截面，由 $\sum P_x=0$ 的平衡条件可求出)，是特殊的剪力静定杆 因此，可将图 11-10b 表示成图 11-10c 所示等代半刚架 对于立柱，将柱下端仍与结点刚结；柱上端改为滑动支座(有水平方向的位移)，将与剪力相应

续表 11-6

序号	项目	内容
2	无剪力分配法的应用条件	的约束去掉，代之以已知的剪力。这样，图 11-10c 中的立柱都是下端刚结(固定)、上端滑动的杆。为了清楚起见，取出重绘于图 11-10d 中(杆$\overline{12}$和$\overline{23}$) 对于横梁，因其水平移动并不使两端产生相对线位移，不影响本身内力，故仍视为一端固定、一端铰支的单跨梁，取出重绘于图 11-10e 中(杆$\overline{14}$和$\overline{25}$) 对于这样的刚架，用无剪力分配法计算时，只需取结点角位移为基本未知量，采取只控制转动而任其侧移的特殊措施。因此，使得计算与普通力矩分配法一样简便 由以上讨论可知，无剪力分配法的应用条件是：刚架中只包含无侧移杆(横梁)和剪力静定杆(单柱)这两类杆件
3	无剪力分配法的计算过程	无剪力分配法的计算过程与力矩分配法完全相同。这里主要说明两点： (1) 剪力静定杆的固端弯矩。当锁住结点 1 和结点 2 时，图 11-10d 中剪力静定杆的固端弯矩可查载常数表 1-33。但应注意，这时除了直接作用在柱上的荷载外还有上端滑动支承处的已知剪力的作用，如图 11-10d 所示。即上柱$\overline{12}$柱顶端的实际水平荷载为 P_1，而下柱$\overline{23}$顶端为 P_1+P_2 (2) 零剪力杆件的转动刚度和弯矩传递系数。当放松结点 1 和结点 2 时，由形常数表 1-32 可知，图 11-10d 中的剪力静定杆，无论哪端转动单位转角，两端的转动刚度都相等，且均为 i，即 $$S_{12}=S_{21}=i_{12} \quad (11\text{-}19)$$ 弯矩传递系数也相等，其值为 -1，即 $$C_{12}=C_{21}=-1 \quad (11\text{-}20)$$ 值得注意的是，当上端(或下端)发生转动时，剪力静定杆两端将发生水平相对线位移。不过，这种水平移动将依赖于结点转角的大小，不是独立未知量。同时还可看出，无论下端或上端发生转动，都不会在立柱中引起新的剪力(因为放松结点时，弯矩传递系数为 -1，弯矩沿立柱$\overline{12}$和$\overline{21}$全长均为常数，故剪力为零)，因此，将放松结点时的立柱称为零剪力杆，将这种情况下使用的力矩分配法称为无剪力分配法

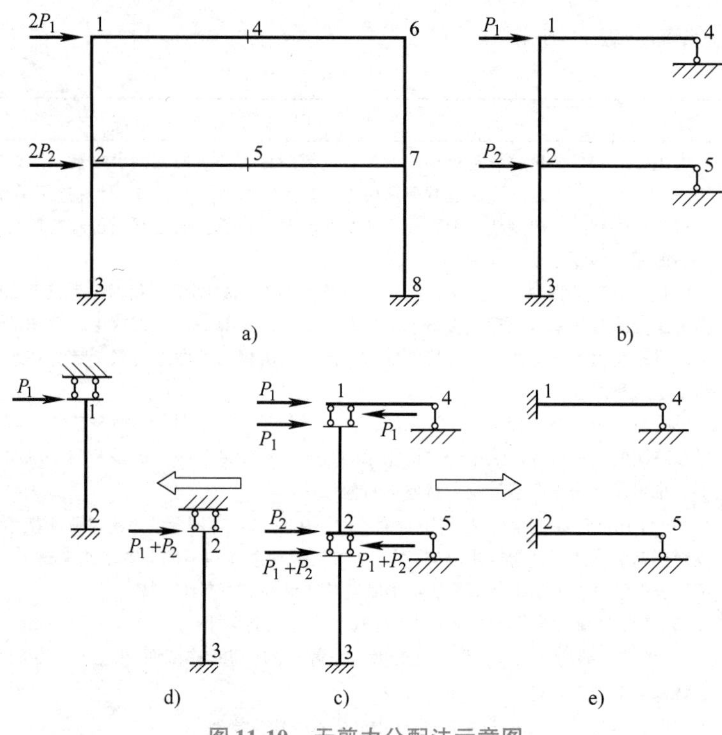

图 11-10 无剪力分配法示意图

a) 原对称刚架 b) 等效半刚架(反对称荷载) c) 等代半刚架 d) 剪力静定杆(单柱) e) 无侧移杆(横梁)

11.2.2　无剪力分配法计算例题

［例题 11-7］　用无剪力分配法计算如图 11-11a 所示两层单跨框架在水平力作用下的弯矩图。圆圈内数字为线刚度。

［解］

(1) 由于结构对称，可将荷载分解为对称与反对称两部分

在对称荷载作用下当不考虑杆件轴向变形时，不产生弯矩，所以只需计算在图 11-11b 所示反对称荷载作用，进而又可取图11-11c所示半边刚架进行计算。注意由于横梁长度减半，故其线刚度增大一倍。

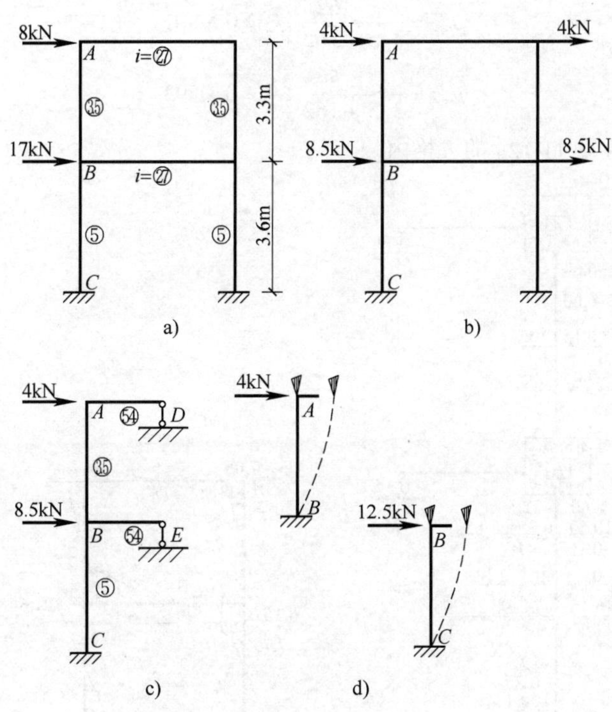

图 11-11　［例题 11-7］计算简图(1)

(2) 求固端弯矩

1) 立柱 AB 和 BC 为剪力静定杆，由平衡方程求得剪力为

$$V_{AB}=4\text{kN},\qquad V_{BC}=4+8.5=12.5(\text{kN})$$

2) 将杆端剪力看作杆端荷载，按图 11-11d 所示杆件可求得固端弯矩(查表 1-33 序号 23)如下

$$M_{AB}^{F}=M_{BA}^{F}=-\frac{1}{2}\times4\times3.3=-6.6(\text{kN}\cdot\text{m})$$

$$M_{BC}^{F}=M_{CB}^{F}=-\frac{1}{2}\times12.5\times3.6=-22.5(\text{kN}\cdot\text{m})$$

(3) 求分配系数

1) 应用式(11-2)与式(11-3)计算 A、B 结点各杆近端的转动刚度为

$$S_{AD}=3\times i_{AD}=3\times54=162$$

$$S_{AB}=i_{AB}=3.5$$

$$S_{BA}=i_{BA}=3.5$$

$$S_{BE}=3i_{BE}=3\times54=162$$

$$S_{BC}=i_{BC}=5$$

2）应用式(11-9)计算 A、B 结点各杆近端的分配系数为

$$\mu_{AD}=\frac{162}{162+3.5}=0.9789$$

$$\mu_{AB}=\frac{3.5}{162+3.5}=0.0211$$

$$\mu_{BA}=\frac{3.5}{3.5+162+5}=0.0206$$

$$\mu_{BE}=\frac{162}{3.5+162+5}=0.9501$$

$$\mu_{BC}=\frac{5}{3.5+162+5}=0.0293$$

把各分配系数写在图 11-12a 的方格内。

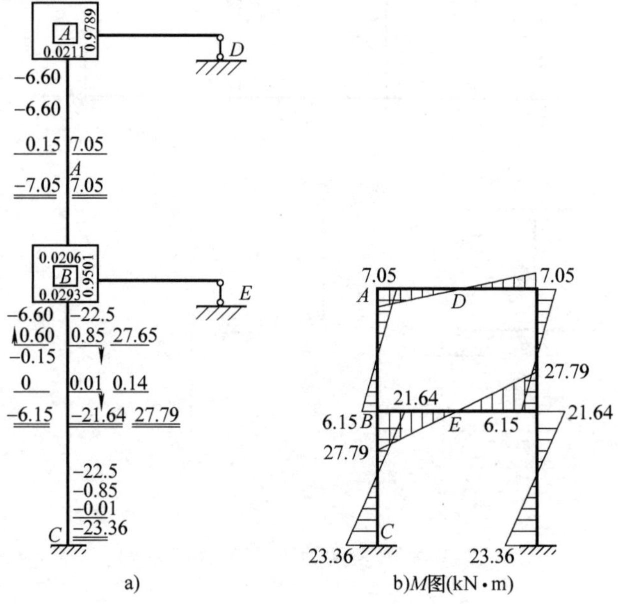

图 11-12 [例题 11-7]计算简图(2)

(4) 力矩分配和传递

计算过程如图 11-12a 所示。结点分配次序为 B、A、B、A。注意，立柱的传递系数为 -1。最后作 M 图，如图 11-12b 所示。

[例题 11-8] 试用无剪力分配法计算图 11-13a 所示刚架，并绘制弯矩图。

[解]

(1) 该结构的 DE 段为一静定部分，其内力可由平衡条件求得，弯矩图可直接绘出

为了计算简便可对该结构的 DE 部分作等效代换，即可用图 11-13b 所示结构来代替原结构进行计算。且杆 DB 的弯矩和剪力均为零，所以 D 处相当于铰支座。

(2) 计算力矩分配系数

$$\mu_{CA}=\frac{i}{i+3i}=\frac{1}{4}$$

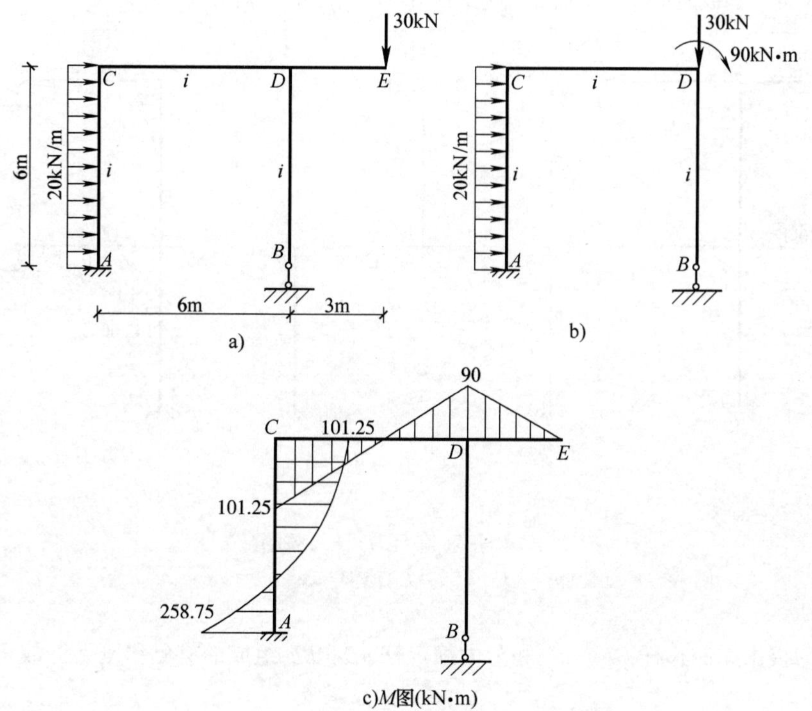

图 11-13　[例题 11-8]计算简图

$$\mu_{CD}=\frac{3i}{i+3i}=\frac{3}{4}$$

(3) 应用表 1-33 序号 27 和序号 19 计算固端弯矩

$$M_{AC}^{F}=-\frac{ql^2}{3}=-\frac{20\times6^2}{3}=-240(\text{kN}\cdot\text{m})$$

$$M_{CA}^{F}=-\frac{ql^2}{6}=-\frac{20\times6^2}{6}=-120(\text{kN}\cdot\text{m})$$

$$M_{DC}^{F}=M=90(\text{kN}\cdot\text{m})$$

$$M_{CD}^{F}=\frac{M}{2}=45(\text{kN}\cdot\text{m})$$

(4) 力矩分配和传递

全部计算过程与结果见表 11-7。

表 11-7　杆端弯矩的计算　（单位:kN · m)

序　号	结　点	*A*	*C*		*D*
1	杆端	*AC*	*CA*	*CD*	*DC*
2	力矩分配系数		1/4	3/4	
3	固端弯矩	-240	-120	45	90
4	力矩分配与传递	-18.75	18.75	56.25	0
5	最后弯矩	-258.75	-101.25	101.25	90

(5) 绘制弯矩图

绘出 *M* 图如图 11-13c 所示。

[例题 11-9] 试作图 11-14a 所示刚架的弯矩图。各杆的 EI 为常数。

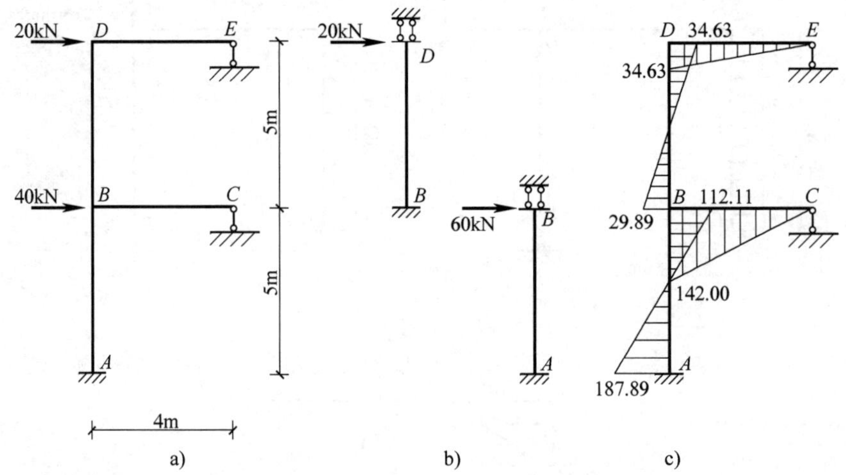

图 11-14 [例题 11-9]计算简图(1)

a) 单跨侧移刚架 b) 剪力静定杆 c) M 图(kN·m)

[解]

此刚架为仅由无侧移杆 DE、BC 和剪力静定杆 AB、BD 组成的有侧移刚架，故可用无剪力分配法计算。

(1) 计算结点 D、B 的弯矩分配系数

1) 应用式(11-2)和式(11-3)计算结点 D、B 近端的转动刚度为

$$S_{DE}=3\times\frac{EI}{4}=0.75EI$$

$$S_{DB}=1\times\frac{EI}{5}=0.20EI$$

$$S_{BD}=1\times\frac{EI}{5}=0.20EI$$

$$S_{BA}=1\times\frac{EI}{5}=0.20EI$$

$$S_{BC}=3\times\frac{EI}{4}=0.75EI$$

2) 应用式(11-9)计算结点 D、E 近端的分配系数为

$$\mu_{DE}=\frac{S_{DE}}{\sum\limits_{D}S}=\frac{0.75}{0.75+0.20}=0.789$$

$$\mu_{DB}=\frac{S_{DB}}{\sum\limits_{D}S}=\frac{0.20}{0.75+0.20}=0.210$$

$$\mu_{BD}=\frac{S_{BD}}{\sum\limits_{B}S}=\frac{0.20}{0.20+0.20+0.75}=0.174$$

$$\mu_{BC}=\frac{S_{BC}}{\sum\limits_{B}S}=\frac{0.75}{1.15}=0.652$$

$$\mu_{BA}=\frac{S_{BA}}{\sum\limits_{B}S}=\frac{0.20}{1.15}=0.174$$

（2）锁住结点 B、D，查表 1-33 序号 23 求各杆固端弯矩

1）上柱：
$$M_{BD}^{F}=M_{DB}^{F}=-\frac{1}{2}\times20\times5=-50(\text{kN}\cdot\text{m})$$

2）下柱：
$$M_{AB}^{F}=M_{BA}^{F}=-\frac{1}{2}\times60\times5=-150(\text{kN}\cdot\text{m})$$

（3）进行力矩分配和传递

轮流放松 B、D 结点，进行力矩分配和传递（注意：立柱的传递系数为 −1）（图 11-15）

（4）计算各杆端弯矩

计算各杆端弯矩（图 11-15），并作弯矩图（图 11-14c）。

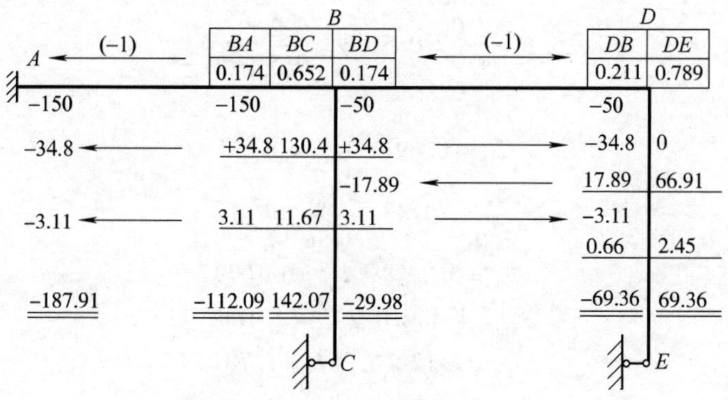

图 11-15　[例题 11-9] 计算简图（2）

[例题 11-10]　已知一变截面连续梁如图 11-16a 所示。求算其内力，并画内力图。

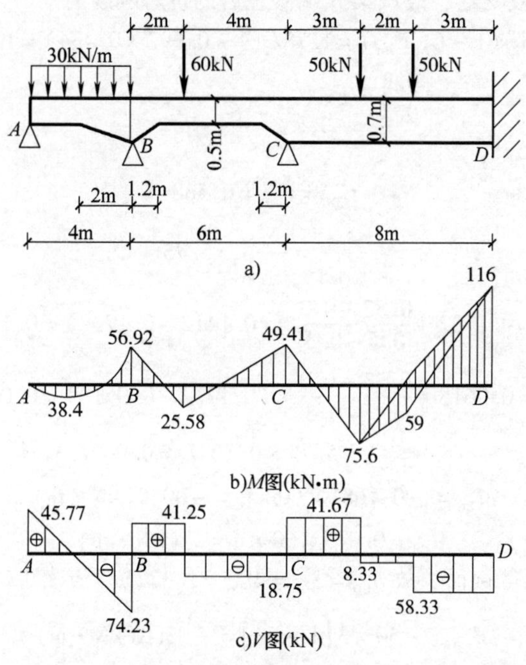

图 11-16　[例题 11-10] 变截面连续梁计算简图

[解]

（1）计算形常数及固端弯矩

1）计算 I_0、I、i_0

$$I_{0(AB)}=I_{0(BC)}=I_0$$

$$I_{(CD)}=\left(\frac{0.7}{0.5}\right)^3 I_0=2.744I_0$$

$$i_{0(AB)}=\frac{I_{0(AB)}}{l_{AB}}=\frac{I_0}{4}=0.25I_0$$

$$i_{0(BC)}=\frac{I_0}{6}=0.167I_0$$

$$i_{0(CD)}=\frac{2.744I_0}{8}=0.343I_0$$

2）AB 跨：
$$\alpha=\frac{2.0}{4.0}=0.5,\ \gamma=\frac{0.2}{0.5}=0.4$$

由表3-14查得：

$$C_{AB}=0.697,\ C_{BA}=0.434$$

$$\frac{S_{AB}}{i_{0(AB)}}=4.43,\ \frac{S_{BA}}{i_{0(AB)}}=7.12$$

$$F_A=0.0718,\ F_B=0.1079$$

所以
$$S_{AB}=4.43\times0.25I_0=1.108I_0$$

$$S_{BA}=7.12\times0.25I_0=1.78I_0$$

$$\overline{M}_{AB}=-0.0718\times30\times4^2=-34.5(\text{kN}\cdot\text{m})$$

$$\overline{M}_{BA}=0.1079\times30\times4^2=51.8(\text{kN}\cdot\text{m})$$

由于梁 AB 的 A 端是铰支的，故该梁 B 端修正后的抗弯刚度为

$$S_{BA}=S_{BA}(1-C_{AB}C_{BA})=1.78I_0(1-0.697\times0.434)=1.242I_0$$

3）BC 跨：$\alpha=\frac{1.2}{6}=0.2$，$\gamma=\frac{0.2}{0.5}=0.4$，$\lambda=\frac{2}{6}=0.33$

由表3-13查得：

$$C_{BC}=C_{CB}=0.588$$

$$\frac{S_{BC}}{i_{0(BC)}}=\frac{S_{CB}}{i_{0(CB)}}=5.75$$

$$F_B=0.1732+\frac{0.33-0.3}{0.5-0.3}\times(0.1412-0.1732)=0.1681$$

$$F_C=0.0618+\frac{0.33-0.3}{0.5-0.3}\times(0.1412-0.0618)=0.0750$$

所以
$$S_{BC}=S_{CB}=5.75\times0.167I_0=0.960I_0$$

$$\overline{M}_{BC}=-0.1681\times60\times6=-60.5(\text{kN}\cdot\text{m})$$

$$\overline{M}_{CB}=0.075\times60\times6=27(\text{kN}\cdot\text{m})$$

4）CD 跨：因本跨是等截面，故 $S_{CD}=S_{DC}=4i_{CD}=1.372I_0$。查表1-33序号8计算，得

$$\overline{M}_{CD}=-50\times3\left(1-\frac{3}{8}\right)=-93.8(\text{kN}\cdot\text{m})$$

$$\overline{M}_{DC}=93.8\text{kN}\cdot\text{m}$$

（2）计算分配系数

$$\mu_{BA}=\frac{S_{BA}}{\sum S}=\frac{1.242I_0}{(1.242+0.960)I_0}=0.564$$

$$\mu_{BC}=\frac{S_{BC}}{\sum S}=\frac{0.960I_0}{(1.242+0.960)I_0}=0.436$$

$$\mu_{CB}=\frac{S_{CB}}{\sum S}=\frac{0.960I_0}{(0.960+1.372)I_0}=0.411$$

$$\mu_{CD}=\frac{S_{CD}}{\sum S}=\frac{1.372I_0}{(0.960+1.372)I_0}=0.589$$

（3）具体计算过程与结果(图 11-17)

双线下的数值，即为所求的支座弯矩(单位为kN · m)。图 11-16b 为弯矩图，图 11-16c 为剪力图。

（4）计算支座反力

$$R_A=48\text{kN},\qquad R_B=110.8\text{kN},\qquad R_C=63.8\text{kN},\qquad R_D=64.8\text{kN}$$

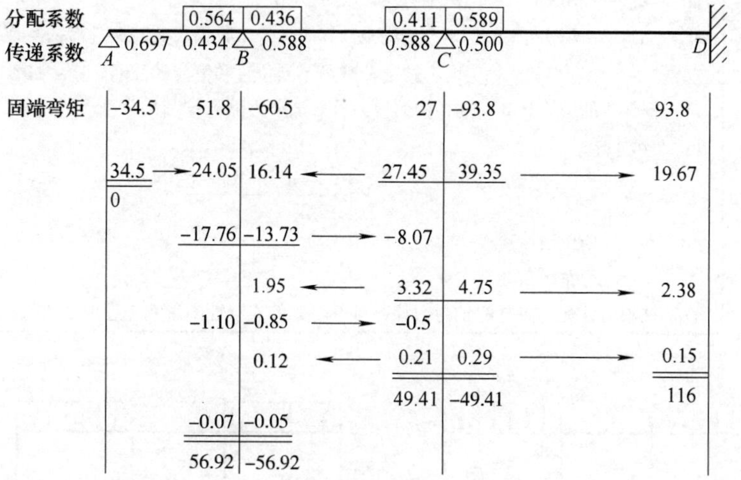

	A	B（左）	B（右）	C（左）	C（右）	D
分配系数		0.564	0.436	0.411	0.589	
传递系数	0.697	0.434	0.588	0.588	0.500	
固端弯矩	−34.5	51.8	−60.5	27	−93.8	93.8
	34.5 →	24.05	16.14	← 27.45	39.35 →	19.67
	0					
		−17.76	−13.73 →	−8.07		
			1.95	← 3.32	4.75 →	2.38
		−1.10	−0.85 →	−0.5		
			0.12	← 0.21	0.29 →	0.15
				49.41	−49.41	116
		−0.07	−0.05			
		56.92	−56.92			

图 11-17　[例题 11-10]计算过程与结果

11.3　分层法

11.3.1　分层法计算

分层法计算见表 11-8。

表 11-8　分层法计算

序号	项　目	内　容
1	简述	（1）分层法计算适用于多层多跨刚架承受竖向荷载作用时的情况 （2）分层法计算的两个基本假定 1）在竖向荷载作用下，多跨多层刚架的侧移常可忽略不计。一般说，凡是刚架跨数较多或接近对称，这时在竖向荷载作用下，常可忽略其影响。有了这个假定，可以用力矩分配法计算 2）每层梁上的荷载只对本层的梁、柱产生弯矩，忽略对其他层的影响。有了这个假定，可将多层刚架分解为一层一层单独进行计算
2	分层法计算步骤	现以图 11-18a 所示刚架为例，加以说明 1）将该刚架分成若干个无侧移刚架，如图 11-18b 所示，均可用力矩分配法计算 2）各柱的线刚度(i)及弯矩传递系数(C)的取值。在各个分层刚架中，柱的远端都假设为固定端。但实际上除底层柱外，其余各层柱的远端并不是固定端，而是弹性约束端(有转角产生)。为了减小因此引起的误差，在各个分层刚架中，可将上层各柱的线刚度乘以折减系数 0.9，并将弯矩传递系数由 1/2 改为 1/3(图 11-18b)

续表 11-8

序号	项　目	内　容
2	分层法计算步骤	3）用力矩分配法分别计算各开口框架的内力，此时，除底层柱的弯矩传递系数为1/2外，上层各柱为1/3 4）把各开口框架算得的各杆端弯矩叠加得整个框架的弯矩图，此时，梁端弯矩即为分层法算出的梁端弯矩，柱端弯矩需由本层柱端弯矩叠加上(下)层相应柱端的传递弯矩 叠加后的框架弯矩图，结点处弯矩一般是不平衡的，对不平衡弯矩较大的结点，可把不平衡弯矩在本结点再分一次，但不再传递 5）计算梁跨中弯矩：跨中弯矩近似按下式计算： $$M = M_0 - \frac{M_A + M_B}{2} \quad (11\text{-}21)$$ 式中　M_0——相应简支梁的跨中弯矩 M_A、M_B——两端支座的弯矩，按满载计算时，采用叠加后并经调整后的支座弯矩；按活荷载不利布置求内力时，按活荷载最不利位置和恒荷载分别计算，如图11-19所示 6）框架梁的剪力计算：框架梁的剪力可取该梁为隔离体利用平衡条件进行计算，均布荷载时，可按下式计算： $$V = \frac{(g+q)l}{2} \pm \frac{M_B - M_A}{l} \quad (11\text{-}22)$$ 式中　g——均布恒荷载 q——均布活荷载 7）柱轴力计算：各柱的轴向力计算可忽略梁的连续性的影响，近似地按荷载面积计算

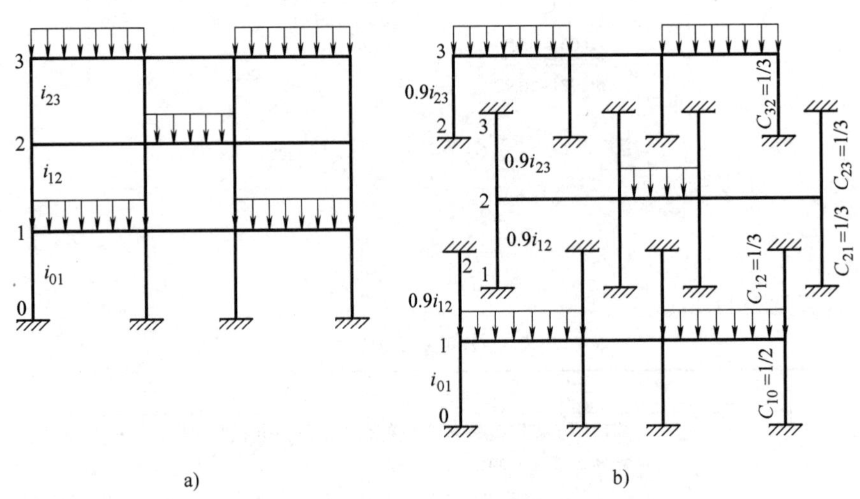

图 11-18　分层法计算示意图

a）原结构　b）分层刚架

11.3.2　分层法计算例题

［例题 11-11］　图 11-20a 所示为一两跨两层框架，用分层法计算，作框架的弯矩图。各杆边的数字表示每杆的线刚度$i=\frac{EI}{l}$，各上柱括号内数字为乘以折减系数 0.9 后的线刚度。

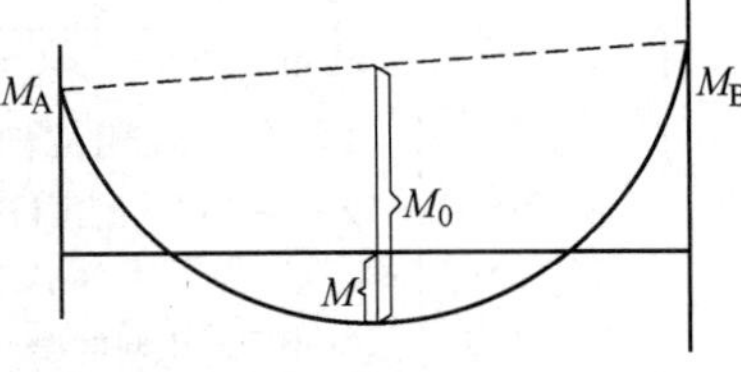

图 11-19　两端支座弯矩的计算

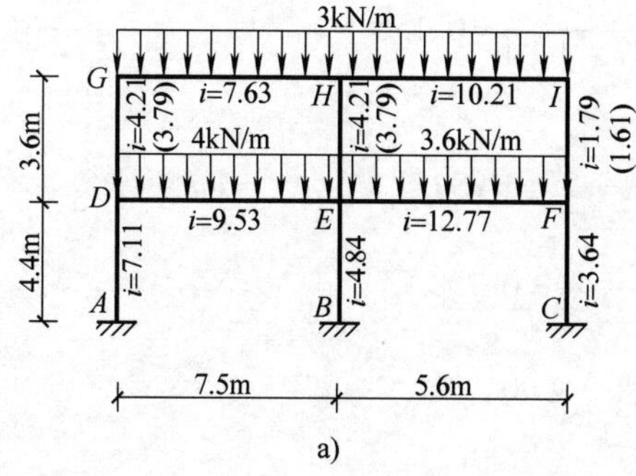

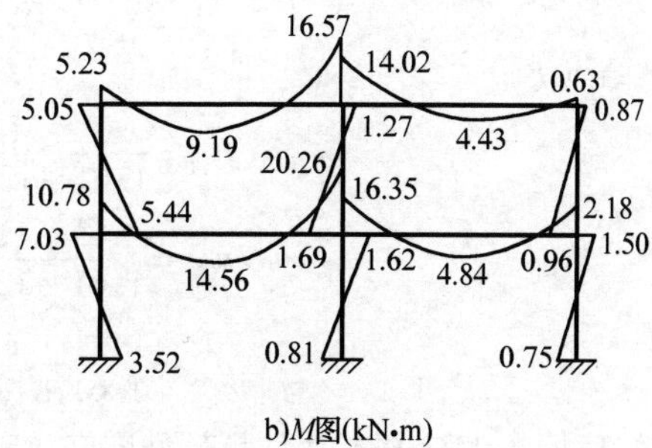

图 11-20　[例题 11-11]计算简图

[解]

(1) 计算结点弯矩分配系数

1）结点 G

$$\mu_{GH}=\frac{7.63}{7.63+3.79}=0.667$$

$$\mu_{GD}=\frac{3.79}{7.63+3.79}=0.333$$

2）结点 H

$$\mu_{HG}=\frac{7.63}{7.63+3.79+10.21}=0.353$$

$$\mu_{HE}=\frac{3.79}{7.63+3.79+10.21}=0.175$$

$$\mu_{HI}=\frac{10.21}{7.63+3.79+10.21}=0.472$$

3）结点 I

$$\mu_{IH}=\frac{10.21}{10.21+1.61}=0.864$$

$$\mu_{IF}=\frac{1.61}{10.21+1.61}=0.136$$

4）结点 D

$$\mu_{DG}=\frac{3.79}{3.79+9.53+7.11}=0.186$$

$$\mu_{DE}=\frac{9.53}{3.79+9.53+7.11}=0.466$$

$$\mu_{DA}=\frac{7.11}{3.79+9.53+7.11}=0.348$$

5）结点 E

$$\mu_{ED}=\frac{9.53}{9.53+3.79+12.77+4.84}=0.308$$

$$\mu_{EH}=\frac{3.79}{9.53+3.79+12.77+4.84}=0.123$$

$$\mu_{EF}=\frac{12.77}{9.53+3.79+12.77+4.84}=0.413$$

$$\mu_{EB}=\frac{4.84}{9.53+3.79+12.77+4.84}=0.156$$

6）结点 F

$$\mu_{FI}=\frac{1.61}{1.61+12.77+3.64}=0.089$$

$$\mu_{FE}=\frac{12.77}{1.61+12.77+3.64}=0.709$$

$$\mu_{FC}=\frac{3.64}{1.61+12.77+3.64}=0.202$$

（2）应用表1-33序号4计算杆件固端弯矩

$$M_{GH}^{F}=-\frac{3\times7.5^2}{12}=-14.06(\text{kN}\cdot\text{m})$$

$$M_{HG}^{F}=\frac{3\times7.5^2}{12}=14.06(\text{kN}\cdot\text{m})$$

$$M_{HI}^{F}=-\frac{3\times5.6^2}{12}=-7.84(\text{kN}\cdot\text{m})$$

$$M_{IH}^{F}=\frac{3\times5.6^2}{12}=7.84(\text{kN}\cdot\text{m})$$

$$M_{DE}^{F}=-\frac{4\times7.5^2}{12}=-18.75(\text{kN}\cdot\text{m})$$

$$M_{ED}^{F}=\frac{4\times7.5^2}{12}=18.75(\text{kN}\cdot\text{m})$$

$$M_{EF}^{F}=-\frac{3.6\times5.6^2}{12}=-9.41(\text{kN}\cdot\text{m})$$

$$M_{FE}^{F}=\frac{3.6\times5.6^2}{12}=9.41(\text{kN}\cdot\text{m})$$

（3）把计算的弯矩分配系数与杆件固端弯矩计算列入表11-9与表11-10中

（4）计算是用弯矩分配法进行的

上层的计算见表11-9，下层的计算见表11-10。上层各柱的线刚度都先乘以折减系数0.9，然后再计算各点的分配系数。各杆的分配系数都写在表11-9、表11-10的序号2内。各结点都只分配两次。上层各柱的传递系数用$\frac{1}{3}$，下层各柱用$\frac{1}{2}$。

（5）把表11-9和表11-10的结果相加，便得到了框架各杆最后的杆端弯矩

框架的 M 图如图11-20b所示，可以看出，结点有不平衡的情形。

表11-9 刚架上层计算（单位：kN·m）

序 号	结 点	*D*	*G*		*H*			*E*	*I*		*F*
1	杆端	*DG*	*GD*	*GH*	*HG*	*HE*	*HI*	*EH*	*IH*	*IF*	*FI*
2	分配系数		0.333	0.667	0.353	0.175	0.472		0.864	0.136	
3	固端弯矩			-14.06	14.06		-7.84		7.84		
4	*G*、*I*第一次分配传递	1.56	4.68	9.38	4.69		-3.39		-6.77	-1.07	-0.36
5	*H*第一次分配传递			-1.10	-2.20	-1.09	-2.96	-0.36	-1.48		
6	*G*、*I*第二次分配传递	0.12	0.37	0.73	0.37		0.64		1.28	0.20	0.07
7	*H*第二次分配传递			-0.18	-0.35	-0.18	-0.47	-0.06	-0.24		
8	最后杆端弯矩/kN·m	1.68	5.05	-5.23	16.57	-1.27	-14.02	-0.42	0.63	-0.87	-0.29

表 11-10　刚架下层计算　　(单位:kN·m)

序号	结　点	A	D			E				B	F			C
1	杆端	AD	DG	DA	DE	ED	EH	EB	EF	BE	FE	FC	FI	CF
2	分配系数		0.186	0.348	0.466	0.308	0.123	0.156	0.413		0.709	0.202	0.089	
3	固端弯矩				-18.75	18.75			-9.41		9.41			
4	D、F第一次分配传递	3.27	3.49	6.53	8.74	4.37			-3.34		-6.67	-1.90	-0.84	-0.95
5	E第一次分配传递				-1.44	-2.88	-1.14	-1.46	-3.86	-0.73	-1.93			
6	D、F第二次分配传递	0.25	0.27	0.50	0.67	0.34			0.69		1.37	0.40	0.17	0.20
7	E第二次分配传递					-0.32	-0.13	-0.16	-0.43	-0.08				
8	最后杆端弯矩/kN·m	3.52	3.76	7.03	-10.78	20.26	-1.27	-1.62	-16.35	-0.81	2.18	-1.50	-0.67	-0.75

11.4　反弯点法

11.4.1　反弯点法计算

反弯点法计算见表11-11。

表 11-11　反弯点法计算

序号	项　目	内　容
1	简述	1）反弯点法是一种在水平荷载作用下刚架内力分析的近似法，用于层数不多、梁的线刚度比柱的线刚度大得多(梁柱线刚度比值≥3)，而且比较规整的多层多跨框架在水平结点荷载作用下的计算 2）适用范围：用于多层多跨框架。层数不多的框架，刚架柱的线刚度比框架梁的线刚度小得多，柱中部容易形成想象中的铰，用此法计算框架内力，比较接近实际情况，误差较小 3）作用在多层框架上的水平作用主要是风及地震，通常都是采用转化成结点水平力的形式按静力计算 4）对于多层厂房，这类活荷载较大而又层数不多的框架，柱子所承受的轴力较小，横梁承受的弯矩较大，这就导致梁的线刚度比柱的线刚度大得多 5）当两端的约束条件相同时，反弯点位置也在柱中央 6）当两端的约束条件不相同时，反弯点位置将随约束条件浮动
2	基本假定	1）风荷载与地震作用化为框架结点上的水平集中力 2）各层总剪力按同层各柱的侧移刚度比例分配，分配时柱两端不发生角位移，即认为横梁刚度无限大 3）横梁的刚度为无限大，柱上下结点转角相等 4）各杆的弯矩图均为直线，每杆均有一零弯矩点(即反弯点) 5）各层柱的反弯点位置除底层外均在柱高的中央，而底层柱的反弯点位置则在离柱底2h/3处，h为底层高度
3	计算步骤和方法	(1) 将沿高度分布的水平荷载，化作结点水平力 (2) 计算剪力分配系数为 $$\mu_i = \frac{d_i}{\sum d_i} \quad (11\text{-}23)$$ 式中　d_i——j层第i根柱的抗剪(侧移)刚度，$d_i = \frac{12i}{h^2}$ $\sum d_i$——j层所有柱子的抗剪(侧移)刚度的总和 i——柱的线刚度，$i = \frac{EI}{h}$，h为层高

续表 11-11

<table>
<tr><th>序号</th><th>项 目</th><th>内 容</th></tr>
<tr><td>3</td><td>计算步骤和方法</td><td>(3) 按剪力分配系数把层间剪力分配给各柱：
$$V_{ji}=\mu_i V_j \quad (11\text{-}24)$$
式中 V_j——j层的总剪力，为j层以上所有水平力的总和，如图 11-21 所示
(4) 计算柱端弯矩，并按结点平衡计算梁端弯矩
(5) 柱端弯矩 M 按柱的剪力和反弯点的位置求得：
1) 除底层柱以外的其他柱为
$$M=V_i\times\frac{h_i}{2} \quad (11\text{-}25)$$
2) 底层柱为
① 柱顶弯矩
$$M=V_i\times\frac{h_1}{3} \quad (11\text{-}26)$$
② 柱底弯矩
$$M=V_i\times\frac{2}{3}h_1 \quad (11\text{-}27)$$
h_1 为底层柱柱高
(6) 梁端弯矩按结点平衡求得：
1) 边结点的梁端弯矩
$$M=-(M_{zu}+M_{zl}) \quad (11\text{-}28)$$
2) 中间结点梁端弯矩按刚度分配
$$M=-(M_{zu}+M_{zl})\frac{i_b}{\sum i_b} \quad (11\text{-}29)$$
式中 i_b——梁的线刚度
$\sum i_b$——结点两侧梁线刚度和
M_{zu}，M_{zl}——下柱的柱顶弯矩和上柱的柱底弯矩
(7) 梁的剪力可由梁左端弯矩与右端弯矩的代数和除以梁跨求得，计算时应注意梁端弯矩的方向对剪力正负号的影响
(8) 柱的轴力可从上到下逐层叠加左右梁的剪力求得。叠加时应注意梁端剪力转化为柱的轴力时的方向，即要分清传到柱的力是压力还是拉力
对于不太高的房屋，如多层房屋，为了简化计算，工程中往往忽略水平荷载在柱中产生的轴力。但对高度大、层数多的房屋，则不能忽略</td></tr>
</table>

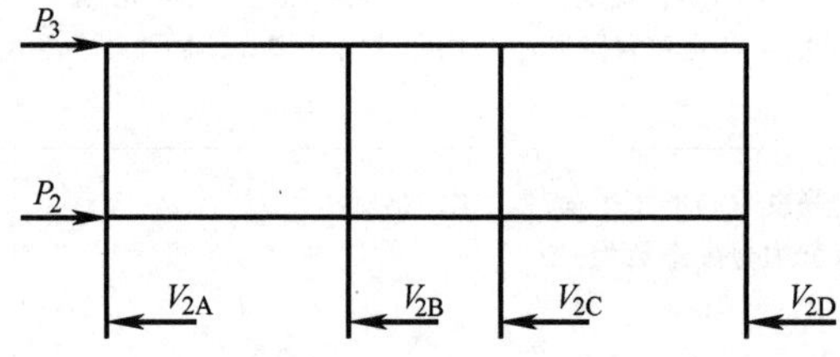

图 11-21 反弯点法计算

11.4.2 反弯点法计算例题

[例题 11-12] 框架如图 11-22a 所示，圆圈内数字为相对线刚度。试用反弯点法计算并作框架的弯矩图。

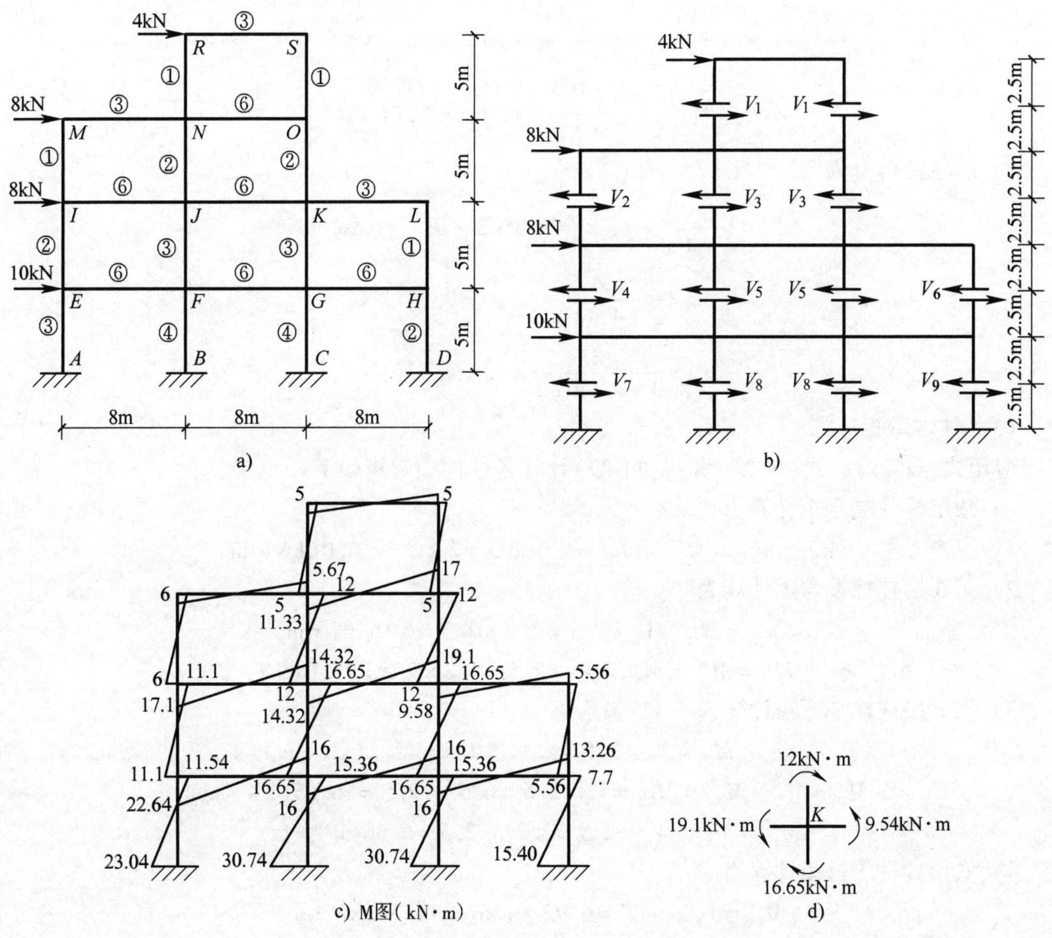

图 11-22 [例题 11-12]计算简图

[解]

(1) 设底层柱的反弯点在离底 2/3 柱高度处，其他各层柱的反弯点在柱高中点

在反弯点处将柱切开，隔离体如图 11-22b 所示。为了绘图方便，本图将各层分别切开求剪力并合成了一个图。

(2) 柱的剪力计算

应用式(11-23)和式(11-24)计算各层柱的剪力如下：

1) 顶层柱剪力为

$$V_1 = \frac{1}{1+1} \times 4 = 2(\text{kN})$$

2) 第 3 层柱剪力为

$$V_2 = \frac{1}{1+2+2} \times (4+8) = 2.4(\text{kN})$$

$$V_3 = \frac{2}{1+2+2} \times (4+8) = 4.8(\text{kN})$$

3) 第 2 层柱剪力为

$$V_4 = \frac{2}{2+3+3+1} \times (4+8+8) = 4.44(\text{kN})$$

$$V_5=\frac{3}{2+3+3+1}\times 20=6.66(\mathrm{kN})$$

$$V_6=\frac{1}{2+3+3+1}\times 20=2.22(\mathrm{kN})$$

4）底层柱剪力为

$$V_7=\frac{3}{3+4+4+2}\times(4+8+8+10)=6.92(\mathrm{kN})$$

$$V_8=\frac{4}{3+4+4+2}\times 30=9.22(\mathrm{kN})$$

$$V_9=\frac{2}{3+4+4+2}\times 30=4.62(\mathrm{kN})$$

（3）柱端弯矩计算

应用式(11-25)、式(11-26)和式(11-27)计算各柱柱端弯矩如下：

1）顶层柱柱端弯矩计算为

$$M_{RN}=M_{NR}=M_{SO}=M_{OS}=V_1\times 2.5=2\times 2.5=5.0(\mathrm{kN\cdot m})$$

2）第3层柱柱端弯矩计算为

$$M_{MI}=M_{IM}=V_2\times 2.5=2.4\times 2.5=6.0(\mathrm{kN\cdot m})$$

$$M_{NJ}=M_{JN}=M_{OK}=M_{KO}=V_3\times 2.5=4.8\times 2.5=12.0(\mathrm{kN\cdot m})$$

3）第2层柱柱端弯矩计算为

$$M_{IE}=M_{EI}=V_4\times 2.5=4.44\times 2.5=11.1(\mathrm{kN\cdot m})$$

$$M_{JF}=M_{FJ}=M_{KG}=M_{GK}=V_5\times 2.5=6.66\times 2.5=16.65(\mathrm{kN\cdot m})$$

$$M_{LH}=M_{HL}=V_6\times 2.5=2.22\times 2.5=5.56(\mathrm{kN\cdot m})$$

4）底层柱柱端弯矩计算为

$$M_{EA}=V_7\times 1.67=6.92\times 1.67=11.54(\mathrm{kN\cdot m})$$

$$M_{AE}=V_7\times 3.33=6.92\times 3.33=23.04(\mathrm{kN\cdot m})$$

$$M_{FB}=M_{GC}=V_8\times 1.67=9.22\times 1.67=15.36(\mathrm{kN\cdot m})$$

$$M_{BF}=M_{CG}=V_8\times 3.33=9.22\times 3.33=30.74(\mathrm{kN\cdot m})$$

$$M_{HD}=V_9\times 1.67=4.62\times 1.67=7.70(\mathrm{kN\cdot m})$$

$$M_{DH}=V_9\times 3.33=4.62\times 3.33=15.40(\mathrm{kN\cdot m})$$

（4）梁端弯矩计算

应用式(11-28)和式(11-29)计算各梁梁端弯矩如下：

$$M_{RS}=M_{RN}=5.0(\mathrm{kN\cdot m})$$

$$R_{SR}=M_{SO}=5.0(\mathrm{kN\cdot m})$$

$$M_{MN}=M_{MI}=6.0(\mathrm{kN\cdot m})$$

$$M_{NM}=\frac{3}{3+6}\times(M_{NR}+M_{NJ})=\frac{3}{9}\times(5+12)=5.67(\mathrm{kN\cdot m})$$

$$M_{NO}=\frac{6}{3+6}\times(M_{NR}+M_{NJ})=\frac{6}{9}\times(5+12)=11.33(\mathrm{kN\cdot m})$$

$$M_{ON}=M_{OS}+M_{OK}=5+12=17.0(\mathrm{kN\cdot m})$$

$$M_{IJ}=M_{IM}+M_{IE}=6+11.1=17.1(\mathrm{kN\cdot m})$$

$$M_{JI}=\frac{6}{6+6}\times(M_{JN}+M_{JF})=\frac{6}{12}\times(12+16.65)=14.32(\mathrm{kN\cdot m})$$

$$M_{JK}=\frac{6}{6+6}\times(M_{JN}+M_{JF})=\frac{6}{12}\times(12+16.65)=14.32(kN\cdot m)$$

$$M_{KJ}=\frac{6}{6+3}\times(M_{KO}+M_{KG})=\frac{6}{9}\times(12+16.65)=19.10(kN\cdot m)$$

$$M_{KL}=\frac{3}{6+3}\times(M_{KO}+M_{KG})=\frac{3}{9}\times(12+16.65)=9.58(kN\cdot m)$$

$$M_{LK}=M_{LH}=5.56kN\cdot m$$

$$M_{EF}=M_{EI}+M_{EA}=11.1+11.54=22.64(kN\cdot m)$$

$$M_{FE}=\frac{6}{6+6}\times(M_{FJ}+M_{FB})=\frac{6}{12}\times(16.65+15.36)=16.0(kN\cdot m)$$

$$M_{FG}=\frac{6}{6+6}\times(M_{FJ}+M_{FB})=\frac{6}{12}\times(16.65+15.36)=16.0(kN\cdot m)$$

$$M_{GF}=\frac{6}{6+6}\times(M_{GK}+M_{GC})=\frac{6}{12}\times(16.65+15.36)=16.0(kN\cdot m)$$

$$M_{GH}=\frac{6}{6+6}\times(M_{GK}+M_{GC})=\frac{6}{12}\times(16.65+15.36)=16.0(kN\cdot m)$$

$$M_{HG}=M_{HL}+M_{HD}=5.56+7.70=13.26(kN\cdot m)$$

(5) 由算得的柱端弯矩、梁端弯矩绘得框架 M 图(图 11-22c)

图 11-22d 为结点 K 说明柱端弯矩和梁端弯矩的计算。

11.5 D 值法

11.5.1 D 值法计算

D 值法计算见表 11-12。

表 11-12 D 值法计算

序号	项 目	内 容
1	简述	(1) 反弯点法在考虑柱的侧移刚度 d 时，假定横梁线刚度无限大，认为结点转角为零，即按柱两端固定考虑，框架各柱中的剪力仅与各柱间的线刚度比有关。对于层数较多的框架，由于柱轴力增大，柱截面往往较大，梁柱相对线刚度比较接近，框架结构在荷载作用下各结点均有转角，柱的侧移刚度有所降低。另外，反弯点法在计算反弯点高度时，假定柱上下结点转角为零，各柱的反弯点高度是一个定值。实际上，当梁柱线刚度比、上下梁线刚度比和上下层层高发生变化时，将影响柱两端转角的大小，而各层柱的反弯点位置直接与该柱上下端转角的大小有关，即反弯点向转角大的一方移动。因此按反弯点法假定来计算这种框架结构在水平荷载作用下的内力，误差就比较大了 (2) D 值法在反弯点法的基础上做了下述两点改进，即考虑到框架柱的线刚度大，梁对柱相对约束不是很大，结点会产生转角，以及上、下层层高不等，上、下层框架梁的线刚度不同等因素，对柱的侧移刚度及反弯点位置做了修正。修正的要点是在推导反弯点高度比和侧移刚度时考虑结点转角的影响，所以这种方法又称改进反弯点法。修正后的柱的侧移刚度以 D 表示，故称 D 值法 (3) 多层建筑的特点是楼层活荷载小、跨度小、层数多。这就导致横梁的截面较小，柱子的截面较大，因而横梁的线刚度与柱子的线刚度接近，柱段上的反弯点随上下左右各杆的刚度变动，如仍假定反弯点的位置在柱段的中央，将产生较大误差。如采用 D 值法计算则比较接近实际情况 (4) D 值法适用于层数较多，柱的线刚度大，且层高及梁与柱线刚度比值不等的多层多跨框架 (5) 计算基本假定

续表 11-12

<table>
<tr><th>序号</th><th>项　　目</th><th>内　　容</th></tr>
<tr><td>1</td><td>简述</td><td>1）将风荷载和地震作用，化为框架结点上的水平集中力
2）同层各结点转角相等，横梁在水平荷载作用下时反弯点在跨中而无竖向位移，各柱顶水平位移均相等
3）各层剪力按该层所有柱的刚度大小成比例分配</td></tr>
<tr><td>2</td><td>柱侧移刚度的修正</td><td>（1）反弯点法假定框架上下两端都不发生角位移，取柱的侧移刚度 $d=\frac{12i_c}{h^2}$。D 值法认为框架的结点均有转角，故柱的侧移刚度应有所降低，降低后的侧移刚度表示为
$$D=\alpha_c\frac{12i_c}{h^2}\qquad(11\text{-}30)$$
α_c 称为柱侧移刚度修正系数，它反映了由于结点转动降低了柱的抗侧移能力（$\alpha_c<1$）。现通过图 11-23a 所示规则框架的受力分析来导出 α_c 的求法
（2）所谓规则框架是指层高、跨度、柱的线刚度和梁的线刚度分别相等的框架。从框架一般层取某柱 AB 以及与之相连梁柱为隔离体进行分析（图 11-23b），框架在水平荷载作用下发生侧移，柱 AB 到达新的位置 $A'B'$。柱 AB 的上下端均产生转角 θ，柱 AB 的相对侧移为 Δ，旋转角为 $\varphi=\Delta/h$
（3）为简化计算，做如下假定（由于做了这些假定故此法仍属近似法）：
1）柱 AB 以及与之相邻的各杆件杆端转角相等均为 θ
2）柱 AB 以及与之相邻的上下层柱的旋转角相等均为 φ
3）柱 AB 以及与之相邻的上下层柱的线刚度相等均为 i_c
（4）由上述假定和转角位移方程，可求出与结点 A 和结点 B 相邻杆件的杆端弯矩为
$$M_{AB}=M_{BA}=M_{AC}=M_{BD}=4i_c\theta+2i_c\theta-6i_c\frac{\Delta}{h}=6i_c(\theta-\varphi)$$
$$M_{AE}=4i_3\theta+2i_3\theta=6i_3\theta,\ M_{AG}=6i_4\theta$$
$$M_{BF}=6i_1\theta,\ M_{BH}=6i_2\theta$$
由结点 A 和结点 B 的力矩平衡条件，分别可得
$$6(i_3+i_4+2i_c)\theta-12i_c\varphi=0$$
$$6(i_1+i_2+2i_c)\theta-12i_c\varphi=0$$
将上两式相加，简化后可得
$$\theta=\frac{2}{2+\frac{\sum i}{2i_c}}\varphi=\frac{2}{2+\overline{K}}\varphi\qquad(11\text{-}31)$$
式中，$\sum i=i_1+i_2+i_3+i_4$，$\overline{K}=\frac{\sum i}{2i_c}$，$\overline{K}$ 称为梁柱线刚度比
柱 AB 所受到的剪力为
$$V_{AB}=-\frac{M_{AB}+M_{BA}}{h}=\frac{-2\times6i_c(\theta-\varphi)}{h}=\frac{12i_c}{h}(\varphi-\theta)$$
将式(11-31)代入上式可得
$$V_{AB}=\frac{\overline{K}}{2+\overline{K}}\frac{12i_c}{h}\varphi=\frac{\overline{K}}{2+\overline{K}}\cdot\frac{12i_c}{h^2}\cdot\Delta$$
由此可得柱的侧移刚度 D 为
$$D=\frac{V_{AB}}{\Delta}=\frac{\overline{K}}{2+\overline{K}}\cdot\frac{12i_c}{h^2}=\alpha_c\frac{12i_c}{h^2}$$
对比式(11-30)，有
$$\alpha_c=\frac{\overline{K}}{2+\overline{K}}\qquad(11\text{-}32)$$</td></tr>
</table>

续表 11-12

<table>
<tr><th>序号</th><th>项　　目</th><th>内　　容</th></tr>
<tr><td>2</td><td>柱侧移刚度的修正</td><td>由 α_c 表达式可知，结点转动的大小取决于梁对结点的转动约束程度，梁刚度越大，对柱转动的约束能力越大，结点转角越小，α_c 就越接近于 1
实际工程中底层柱的下端多为固定支座，有时也可能为铰接，因而底层柱的 D 值与一般层不同，可用同样方法导出不同的公式，计算时应注意
（5）各种情况下的柱侧移刚度修正系数 α_c 的计算列于表 11-13，求出 α_c 后柱侧移刚度按式(11-30)计算</td></tr>
<tr><td>3</td><td>柱的反弯点位置</td><td>（1）说明。各层柱反弯点的位置与该柱上下端转角大小有关，影响柱两端转角的主要因素有：梁柱线刚度比、该柱所在楼层位置、上下梁相对线刚度比、上下层层高的变化。下面分别对这些因素的影响加以分析
（2）标准反弯点高度比 y_0。规则框架在结点水平力的作用下，可假定同层各结点转角相等，各层横梁的反弯点位于跨中且该点无竖向位移。因此，图 11-24a 所示框架就可简化为图 11-24b 所示，并可叠合成图 11-24c 所示的合成框架。合成框架中，柱的线刚度等于原框架同层各柱线刚度之和，梁的线刚度等于原框架同层各梁线刚度之和再乘以 4。这是因为半梁的线刚度等于原梁线刚度的 2 倍，线刚度应乘以 2；梁的数量增加 1 倍，线刚度又应乘以 2
用力法求解图 11-24c 合成框架内力，以各柱下端截面弯矩 M_n 作为基本未知量，取基本体系如图 11-24d 所示。因各层剪力 V_n 可通过平衡条件求出，用力法解出 M_n 就可确定各层柱的标准反弯点高度比 y_0
$$y_0 = \frac{M_n}{V_n h} \tag{11-33}$$
分析表明，框架柱的反弯点高度比 y_0 主要与梁柱线刚度比 $\overline{K}$、结构总层数 m 以及该柱所在层 n 有关。为了便于应用，对于均布水平力作用下以及倒三角形分布水平力作用下的 y_0 已制成表格(表 11-14、表 11-15)，计算时可直接查用
（3）上下层梁线刚度变化时反弯点高度比修正值 y_1。若某层柱上下梁线刚度不同，则该层柱的反弯点位置就大于标准反弯点位置，必须加以修正，修正值为 y_1。y_1 的分析方法与 y_0 类似，计算时也可直接查表(表 11-16)确定
查表时，对于图 11-25 所示隔离体，当 $i_1 + i_2 < i_3 + i_4$ 时，取 $\alpha_1 = \frac{i_1 + i_2}{i_3 + i_4}$，$y_1$ 取正值，反弯点向上移动 $y_1 h$；当 $i_1 + i_2 > i_3 + i_4$ 时，取倒数，即 $\alpha_1 = \frac{i_3 + i_4}{i_1 + i_2}$，$y_1$ 取负值，反弯点向下移动 $y_1 h$。对于框架底层柱不考虑 y_1 的修正
（4）上下层层高变化时反弯点高度比修正。若某柱的上下层层高改变时，反弯点位置也有变化，仍要加以修正，修正值为 y_2、y_3。y_2、y_3 的分析方法同上，计算时可查表(表 11-17)确定
查表时，对于图 11-26 所示隔离体，当该层的上层较高时，取 $\alpha_2 = h_u/h$，若 $\alpha_2 > 1.0$，y_2 为正值，反弯点向上移动 $y_2 h$；若 $\alpha_2 < 1.0$，y_2 为负值，反弯点向下移动 $y_2 h$。当该层的下层较高时，取 $\alpha_3 = h_l/h$，若 $\alpha_3 > 1.0$，y_3 为负值，反弯点向下移动 $y_3 h$；若 $\alpha_3 < 1.0$，y_3 为正值，反弯点向上移动 $y_3 h$。对于顶层柱不考虑 y_2 的修正，对于底层柱不考虑 y_3 的修正
根据上述分析可以看出，反弯点总是向刚度弱(也即柱端约束弱)的一端移动，框架各层柱的反弯点高度 yh 可由下式求出：
$$yh = (y_0 + y_1 + y_2 + y_3)h \tag{11-34}$$
式中　y——各层柱的反弯点高度比
y_0——标准反弯点高度比</td></tr>
</table>

续表 11-12

序号	项目	内容
3	柱的反弯点位置	y_1——上下层梁线刚度变化时反弯点高度比的修正值 y_2、y_3——上下层层高变化时反弯点高度比的修正值 当各层框架柱的侧移刚度 D 和各层柱反弯点的位置 yh 确定，与反弯点法一样，就可确定各柱在反弯点处的剪力值和柱端弯矩，再由结点平衡条件，进而求出梁柱内力
4	用 D 值法作框架结构侧移的近似计算	（1）说明 1）多层及高层框架结构在水平力的作用下会产生侧移，侧移过大将导致填充墙开裂，外墙饰面脱落，影响到建筑物的使用。因此，需要对结构的侧移加以控制。控制侧移包括两部分的内容，一是控制顶层最大侧移，二是控制层间相对位移 2）框架结构在水平力作用下的变形由总体剪切变形和总体弯曲变形两部分组成，如图 11-27 和图 11-28 所示。总体剪切变形是由梁、柱弯曲变形引起的框架变形，它的侧移曲线和悬臂梁剪切变形曲线相似，故称其为总体剪切变形；总体弯曲变形是由框架两侧柱的轴向变形导致的框架变形，它的侧移曲线类似悬臂梁的弯曲变形形状，故称其为总体弯曲变形 3）对于层数不多的框架，柱轴向变形引起的侧移很小，可以忽略不计，通常只考虑梁、柱弯曲变形引起的侧移。对于较高的框架（总高度 $H>50\text{m}$）或较柔的框架（高宽比 $H/B>4$），由于柱子轴力较大，柱轴向变形引起的侧移不能忽略。实际工程中，这两种侧移均可采用近似算法进行计算 （2）由梁柱弯曲变形引起的侧移 1）梁柱弯曲变形所引起的侧移可用 D 值法计算，抗侧刚度 D 值的物理意义是层间产生单位侧移时所需施加的层间剪力，当已知框架结构第 i 层所有柱的抗侧刚度之和 D_{ik} 及层间剪力 V_i 后，由下式可近似计算框架层间侧移 Δ_i $$\Delta_i = \frac{V_i}{\sum D_{ik}} \quad (11\text{-}35)$$ 式中 Δ_i——第 i 层层间侧移 V_i——第 i 层层间剪力 $\sum D_{ik}$——第 i 层所有柱抗侧刚度之和 2）框架由层间剪力引起的顶点侧移 Δ_v 为各层层间侧移之和 $$\Delta_v = \sum_{i=1}^{m} \Delta_i \quad (11\text{-}36)$$ （3）由柱轴向变形引起的侧移 1）在水平荷载作用下，框架各杆件除产生弯矩和剪力外，还在柱中引起轴力。轴力使得框架一侧柱受拉伸长，另一侧柱受压缩短，从而引起侧移。一般来说，边柱轴力大，中柱轴力小，为简化计算可假定中柱轴力为零，只考虑边柱轴向变形产生的侧移，边柱轴力可近似地由下式求出 $$N = \pm\frac{M(z)}{B} \quad (11\text{-}37)$$ 式中 $M(z)$——上部水平荷载在 z 高程处所引起的弯矩 B——外柱轴线间距离 2）当房屋层数较多时，可把框架连续化，把水平荷载、边柱轴力变形及水平位移看成连续函数。由结构力学知识，框架顶点的最大水平位移 Δ_N 为 $$\Delta_N = \int_0^H \frac{\overline{N}N}{EA}\mathrm{d}z \quad (11\text{-}38)$$ 式中 $\overline{N}$——单位水平力作用于框架顶端时在边柱引起的轴力 N——外荷载作用时在边柱引起的轴力，是 z 的函数

续表 11-12

序号	项　目	内　容
4	用 D 值法作框架结构侧移的近似计算	A——边柱截面面积，是 z 的函数 3）由图 11-28 所示，在 z 高程处，可得 $\overline{N}=\pm\frac{(H-z)}{B}$　　(11-39) $N=\pm\frac{M(z)}{B}=\pm\frac{1}{B}\int_{z}^{H}q(\tau)(\tau-z)\mathrm{d}\tau$　　(11-40) 4）设边柱截面面积沿高度为线性变化，有 $A(z)=A_1\left(1-\frac{1-n}{H}z\right)$　　(11-41) 式中　n——顶层与底层边柱截面面积之比，$n=A_m/A_1$ A_m、A_1——顶层与底层边柱截面面积 5）将式(11-39)、式(11-40)和式(11-41)代入式(11-38)，即可求出框架由轴向力引起的顶点侧移 Δ_N 表达式为 $\Delta_N=\frac{1}{EA_1B^2}\int_0^H\frac{H-z}{\left(1-\frac{1-n}{H}z\right)}\int_z^H q(\tau)(\tau-z)\mathrm{d}\tau\mathrm{d}z$ 6）在不同形式的水平荷载作用下，上式经运算可写成如下形式为 $\Delta_N=\frac{V_0H^3}{EA_1B^2}F(n)$　　(11-42) 式中，V_0 为框架底部总剪力，$F(n)$ 为与 n 有关的函数 ① 当框架承受水平均布荷载时，$q(\tau)=q$，$V_0=qH$，$F(n)$ 按下式确定为 $F(n)=\frac{2-9n+18h^2-11n^3+6n^3\ln n}{6(1-n)^4}$　　(11-43) ② 当框架承受倒三角形分布的水平荷载时，$q(\tau)=q\cdot\frac{z}{H}$，$V_0=\frac{1}{2}qH$；$F(n)$ 按下式确定为 $F(n)=\frac{2}{3}\left[\frac{2\ln n}{n-1}+\frac{5(1-n+\ln n)}{(n-1)^4}+\frac{9/2-6n+3/2n^2+3\ln n}{(n-1)^3}+\frac{\left(-\frac{11}{6}+3n-\frac{3}{2}n^2+\frac{1}{3}n^3-\ln n\right)}{(n-1)^4}+\frac{\left(-\frac{25}{12}+4n-3n^2+\frac{4}{3}n^3-\frac{n^4}{4}-\ln n\right)}{(n-1)^5}\right]$　　(11-44) ③ 当框架承受顶点水平集中力 F 时，$V_0=F$；$F(n)$ 按下式确定为 $F(n)=\frac{1-4n+3n^2-2n^2\ln n}{(n-1)^3}$　　(11-45) 式(11-43)、式(11-44)和式(11-45)已制成图表(图 11-29)，计算时可直接查得 从式(11-42)可看出当房屋越高(H 大)，宽度越小(B 小)时，柱轴向变形引起的侧移越大，根据计算，对于房屋高度 H 大于 50m 或高宽比 H/B 大于 4 的框架结构，由柱轴向变形引起的侧移 Δ_N 约为由框架梁柱弯曲变形引起的侧移 Δ_M 的 5%~11%
5	柱端弯矩与梁端弯矩	1）柱端弯矩(图 11-30)为 $M_{j下}=yhV_{ij}$　　(11-46) $M_{i上}=(1-y)hV_{ij}$　　(11-47) 2）梁端弯矩为 根据结点平衡条件，将上下柱弯矩之和按梁的线刚度成比例分配

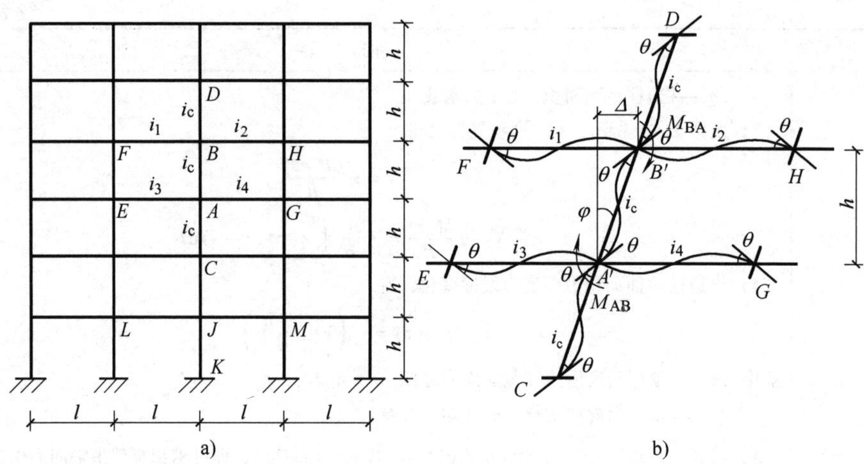

图 11-23 框架抗侧移刚度计算图示

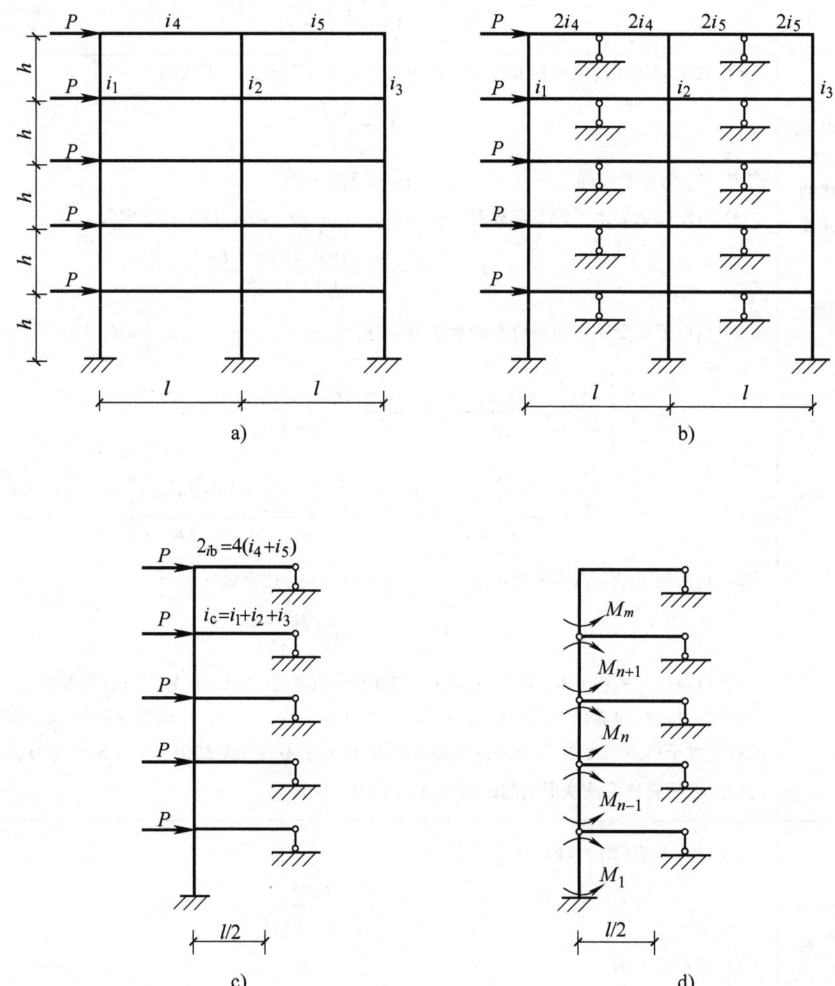

图 11-24 标准反弯点位置确定

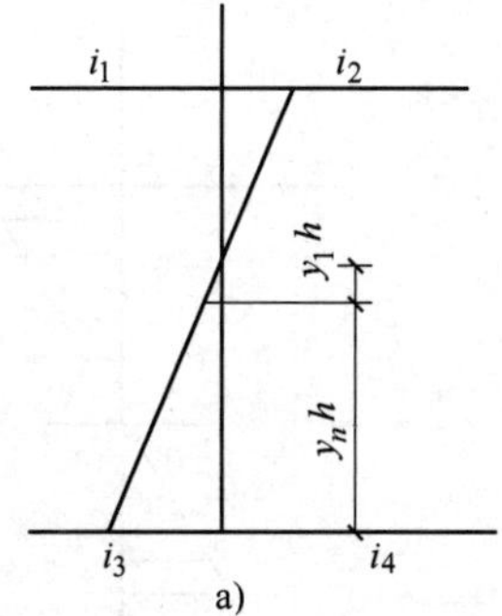

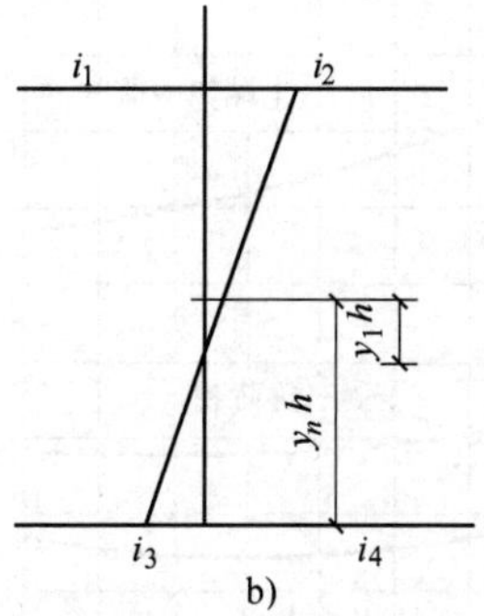

图 11-25 梁刚度变化时反弯点影响

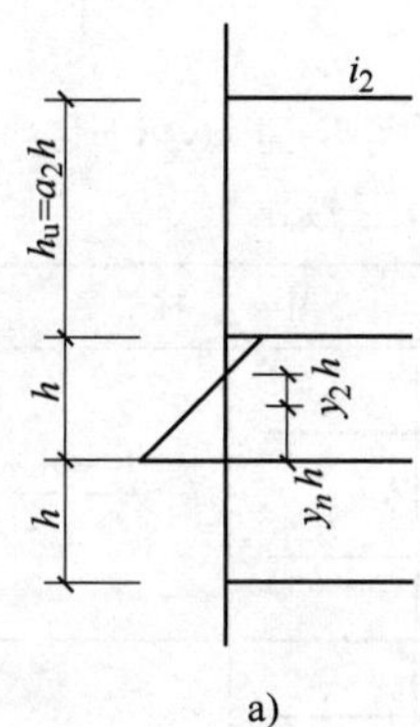

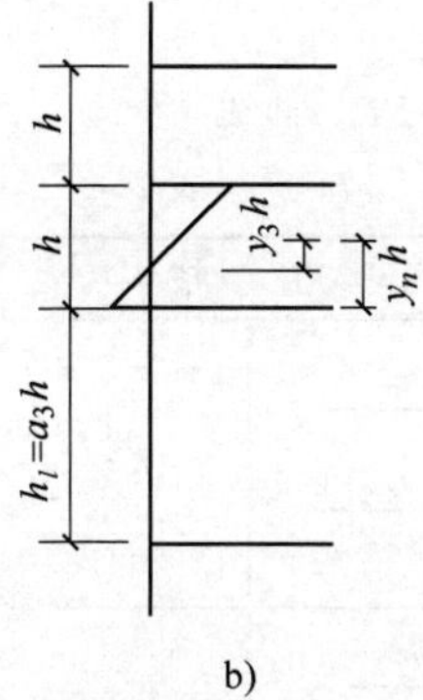

图 11-26 层高变化对反弯点影响

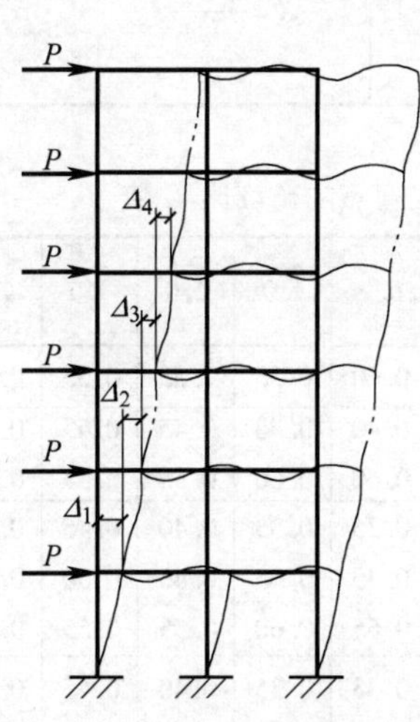

图 11-27 梁柱弯曲变形引起的侧移

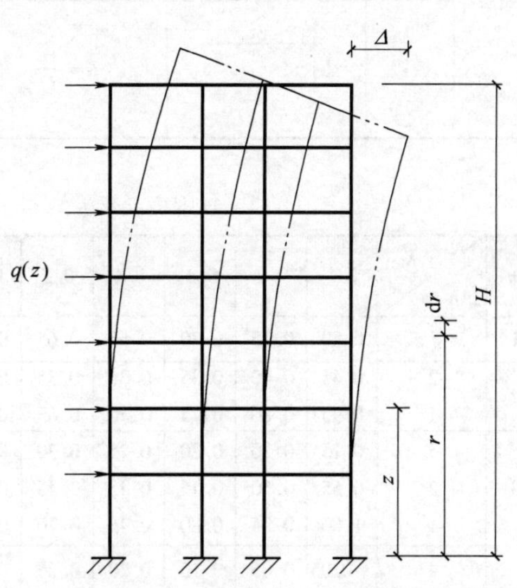

图 11-28 柱轴向变形引起的侧移

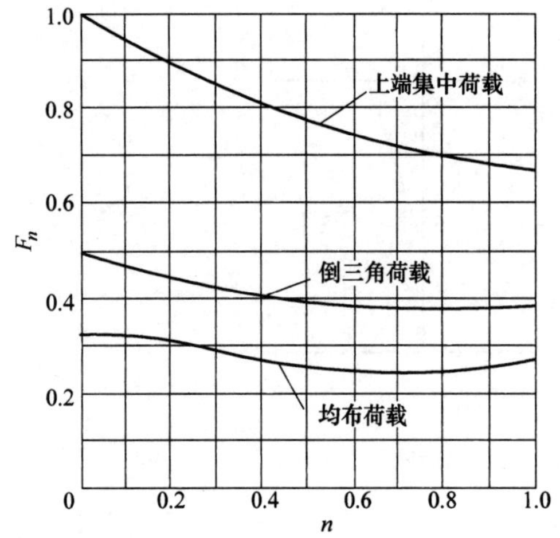

图 11-29 $F(n)$ 曲线

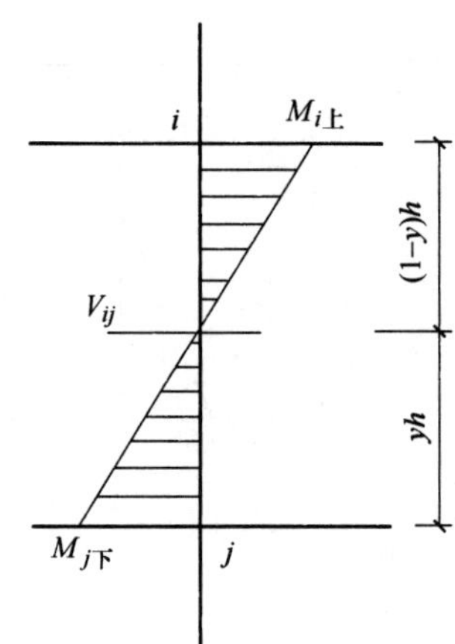

图 11-30 柱端弯矩示意图

表 11-13 柱侧移刚度修正系数 α_c

位置		边柱		中柱		α_c
一般层		i_c, i_2, i_4	$\overline{K}=\dfrac{i_2+i_4}{2i_c}$	i_1, i_2, i_c, i_3, i_4	$\overline{K}=\dfrac{i_1+i_2+i_3+i_4}{2i_c}$	$\alpha_c=\dfrac{\overline{K}}{2+\overline{K}}$
底层	固接	i_c, i_2	$\overline{K}=\dfrac{i_2}{i_c}$	i_1, i_2, i_c	$\overline{K}=\dfrac{i_1+i_2}{i_c}$	$\alpha_c=\dfrac{0.5+\overline{K}}{2+\overline{K}}$
	铰接	i_c, i_2	$\overline{K}=\dfrac{i_2}{i_c}$	i_1, i_2, i_c	$\overline{K}=\dfrac{i_1+i_2}{i_c}$	$\alpha_c=\dfrac{0.5\overline{K}}{2+\overline{K}}$

表 11-14 规则框架承受均布水平力作用时标准反弯点的高度比 y_0 值

m	n \ $\overline{K}$	0.1	0.2	0.3	0.4	0.5	0.6	0.7	0.8	0.9	1.0	2.0	3.0	4.0	5.0
1	1	0.80	0.75	0.70	0.65	0.65	0.60	0.60	0.60	0.60	0.55	0.55	0.55	0.55	0.55
2	2	0.45	0.40	0.35	0.35	0.35	0.35	0.40	0.40	0.40	0.40	0.45	0.45	0.45	0.45
	1	0.95	0.80	0.75	0.70	0.65	0.65	0.65	0.60	0.60	0.60	0.55	0.55	0.55	0.50
3	3	0.15	0.20	0.20	0.25	0.30	0.30	0.30	0.35	0.35	0.35	0.40	0.45	0.45	0.45
	2	0.55	0.50	0.45	0.45	0.45	0.45	0.45	0.45	0.45	0.45	0.45	0.50	0.50	0.50
	1	1.00	0.85	0.80	0.75	0.70	0.70	0.65	0.65	0.65	0.60	0.55	0.55	0.55	0.55
4	4	−0.05	0.05	0.15	0.20	0.25	0.30	0.30	0.35	0.35	0.35	0.40	0.45	0.45	0.45
	3	0.25	0.30	0.30	0.35	0.35	0.40	0.40	0.40	0.40	0.45	0.45	0.50	0.50	0.50
	2	0.65	0.55	0.50	0.50	0.45	0.45	0.45	0.45	0.45	0.45	0.45	0.50	0.50	0.50
	1	1.10	0.90	0.80	0.75	0.70	0.70	0.65	0.65	0.65	0.55	0.55	0.55	0.55	0.55

续表 11-14

m	n \ $\overline{K}$	0.1	0.2	0.3	0.4	0.5	0.6	0.7	0.8	0.9	1.0	2.0	3.0	4.0	5.0
5	5	−0.20	0.00	0.15	0.20	0.25	0.30	0.30	0.30	0.35	0.35	0.40	0.45	0.45	0.45
	4	0.10	0.20	0.25	0.30	0.35	0.35	0.40	0.40	0.40	0.40	0.45	0.45	0.50	0.50
	3	0.40	0.40	0.40	0.40	0.40	0.45	0.45	0.45	0.45	0.45	0.50	0.50	0.50	0.50
	2	0.65	0.55	0.50	0.50	0.50	0.50	0.50	0.50	0.50	0.50	0.50	0.50	0.50	0.50
	1	1.20	0.95	0.80	0.75	0.75	0.70	0.70	0.65	0.65	0.65	0.55	0.55	0.55	0.55
6	6	−0.30	0.00	0.10	0.20	0.25	0.25	0.30	0.30	0.35	0.35	0.40	0.45	0.45	0.45
	5	0.00	0.20	0.25	0.30	0.35	0.35	0.40	0.40	0.40	0.40	0.45	0.45	0.50	0.50
	4	0.20	0.30	0.35	0.35	0.40	0.40	0.40	0.45	0.45	0.45	0.45	0.50	0.50	0.50
	3	0.40	0.40	0.40	0.45	0.45	0.45	0.45	0.45	0.45	0.45	0.50	0.50	0.50	0.50
	2	0.70	0.60	0.55	0.50	0.50	0.50	0.50	0.55	0.50	0.50	0.50	0.50	0.50	0.50
	1	1.20	0.95	0.85	0.80	0.75	0.70	0.70	0.65	0.65	0.65	0.55	0.55	0.55	0.55
7	7	−0.35	−0.05	0.10	0.20	0.20	0.25	0.30	0.30	0.35	0.35	0.40	0.45	0.45	0.45
	6	−0.10	0.15	0.25	0.30	0.35	0.35	0.35	0.40	0.40	0.40	0.45	0.45	0.50	0.50
	5	0.10	0.25	0.30	0.35	0.40	0.40	0.40	0.45	0.45	0.45	0.45	0.50	0.50	0.50
	4	0.30	0.35	0.40	0.40	0.40	0.45	0.45	0.45	0.45	0.45	0.50	0.50	0.50	0.50
	3	0.50	0.45	0.45	0.45	0.45	0.45	0.45	0.45	0.45	0.45	0.50	0.50	0.50	0.50
	2	0.75	0.60	0.55	0.50	0.50	0.50	0.50	0.50	0.50	0.50	0.50	0.50	0.50	0.50
	1	1.20	0.95	0.85	0.80	0.75	0.70	0.70	0.65	0.65	0.65	0.55	0.55	0.55	0.55
8	8	−0.35	−0.15	0.10	0.15	0.25	0.25	0.30	0.30	0.35	0.35	0.40	0.45	0.45	0.45
	7	−0.10	0.15	0.25	0.30	0.35	0.35	0.40	0.40	0.40	0.40	0.45	0.50	0.50	0.50
	6	0.05	0.25	0.30	0.35	0.40	0.40	0.40	0.45	0.45	0.45	0.45	0.50	0.50	0.50
	5	0.20	0.30	0.35	0.40	0.40	0.45	0.45	0.45	0.45	0.45	0.50	0.50	0.50	0.50
	4	0.35	0.40	0.40	0.45	0.45	0.45	0.45	0.45	0.45	0.45	0.50	0.50	0.50	0.50
	3	0.50	0.45	0.45	0.45	0.45	0.45	0.45	0.45	0.50	0.50	0.50	0.50	0.50	0.50
	2	0.75	0.60	0.55	0.55	0.50	0.50	0.50	0.50	0.50	0.50	0.50	0.50	0.50	0.50
	1	1.20	1.00	0.85	0.80	0.75	0.70	0.70	0.65	0.65	0.65	0.55	0.55	0.55	0.55
9	9	−0.40	−0.05	0.10	0.20	0.25	0.25	0.30	0.30	0.35	0.35	0.45	0.45	0.45	0.45
	8	−0.15	0.15	0.20	0.30	0.35	0.35	0.35	0.40	0.40	0.40	0.45	0.45	0.50	0.50
	7	0.05	0.25	0.30	0.35	0.40	0.40	0.40	0.45	0.45	0.45	0.45	0.50	0.50	0.50
	6	0.15	0.30	0.35	0.40	0.40	0.45	0.45	0.45	0.45	0.45	0.50	0.50	0.50	0.50
	5	0.25	0.35	0.40	0.40	0.45	0.45	0.45	0.45	0.45	0.45	0.50	0.50	0.50	0.50
	4	0.40	0.40	0.40	0.45	0.45	0.45	0.45	0.45	0.45	0.45	0.50	0.50	0.50	0.50
	3	0.50	0.45	0.45	0.45	0.45	0.45	0.45	0.45	0.50	0.50	0.50	0.50	0.50	0.50
	2	0.80	0.65	0.55	0.55	0.50	0.50	0.50	0.50	0.50	0.50	0.50	0.50	0.50	0.50
	1	1.20	1.00	0.85	0.80	0.75	0.70	0.70	0.65	0.65	0.65	0.55	0.55	0.55	0.55
10	10	−0.40	−0.05	0.10	0.20	0.25	0.30	0.30	0.30	0.35	0.35	0.40	0.45	0.45	0.45
	9	−0.15	0.15	0.25	0.30	0.35	0.35	0.40	0.40	0.40	0.40	0.45	0.45	0.50	0.50
	8	0.00	0.25	0.30	0.35	0.40	0.40	0.40	0.45	0.45	0.45	0.45	0.50	0.50	0.50
	7	0.10	0.30	0.35	0.40	0.40	0.45	0.45	0.45	0.45	0.45	0.50	0.50	0.50	0.50
	6	0.20	0.35	0.40	0.40	0.45	0.45	0.45	0.45	0.45	0.45	0.50	0.50	0.50	0.50
	5	0.30	0.40	0.40	0.45	0.45	0.45	0.45	0.45	0.45	0.50	0.50	0.50	0.50	0.50
	4	0.40	0.40	0.45	0.45	0.45	0.45	0.45	0.45	0.45	0.50	0.50	0.50	0.50	0.50
	3	0.55	0.50	0.45	0.45	0.45	0.50	0.50	0.50	0.50	0.50	0.50	0.50	0.50	0.50
	2	0.80	0.65	0.60	0.55	0.55	0.50	0.50	0.50	0.50	0.50	0.50	0.50	0.50	0.50
	1	1.30	1.00	0.85	0.80	0.75	0.70	0.70	0.65	0.65	0.65	0.60	0.55	0.55	0.55

续表 11-14

m	$\overline{K}$ / n	0.1	0.2	0.3	0.4	0.5	0.6	0.7	0.8	0.9	1.0	2.0	3.0	4.0	5.0
11	11	-0.40	0.05	0.10	0.20	0.25	0.30	0.30	0.30	0.35	0.35	0.40	0.45	0.45	0.45
	10	-0.15	0.15	0.25	0.30	0.35	0.35	0.40	0.40	0.40	0.40	0.45	0.45	0.50	0.50
	9	0.00	0.25	0.30	0.35	0.40	0.40	0.40	0.45	0.45	0.45	0.45	0.50	0.50	0.50
	8	0.10	0.30	0.35	0.40	0.40	0.45	0.45	0.45	0.45	0.45	0.45	0.50	0.50	0.50
	7	0.20	0.35	0.40	0.45	0.45	0.45	0.45	0.45	0.45	0.45	0.50	0.50	0.50	0.50
	6	0.25	0.35	0.40	0.45	0.45	0.45	0.45	0.45	0.45	0.45	0.50	0.50	0.50	0.50
	5	0.35	0.40	0.40	0.45	0.45	0.45	0.45	0.45	0.45	0.50	0.50	0.50	0.50	0.50
	4	0.40	0.45	0.45	0.45	0.45	0.45	0.45	0.50	0.50	0.50	0.50	0.50	0.50	0.50
	3	0.55	0.50	0.50	0.50	0.50	0.50	0.50	0.50	0.50	0.50	0.50	0.50	0.50	0.50
	2	0.80	0.65	0.60	0.55	0.55	0.50	0.50	0.50	0.50	0.50	0.50	0.50	0.50	0.50
	1	1.30	1.00	0.85	0.80	0.75	0.70	0.70	0.65	0.65	0.65	0.60	0.55	0.55	0.55
12以上	自上↓1	-0.40	-0.00	0.10	0.20	0.25	0.30	0.30	0.30	0.35	0.35	0.40	0.45	0.45	0.45
	2	-0.15	0.15	0.25	0.30	0.35	0.35	0.40	0.40	0.40	0.40	0.45	0.45	0.50	0.50
	3	0.00	0.25	0.30	0.35	0.40	0.40	0.40	0.45	0.45	0.45	0.50	0.50	0.50	0.50
	4	0.10	0.30	0.35	0.40	0.40	0.45	0.45	0.45	0.45	0.45	0.50	0.50	0.50	0.50
	5	0.20	0.35	0.40	0.40	0.45	0.45	0.45	0.45	0.45	0.45	0.50	0.50	0.50	0.50
	6	0.25	0.35	0.40	0.45	0.45	0.45	0.45	0.45	0.45	0.45	0.50	0.50	0.50	0.50
	7	0.30	0.40	0.40	0.45	0.45	0.45	0.45	0.45	0.50	0.50	0.50	0.50	0.50	0.50
	8	0.35	0.40	0.45	0.45	0.45	0.45	0.45	0.50	0.50	0.50	0.50	0.50	0.50	0.50
	中间	0.40	0.40	0.45	0.45	0.45	0.45	0.50	0.50	0.50	0.50	0.50	0.50	0.50	0.50
	4	0.45	0.45	0.45	0.45	0.50	0.50	0.50	0.50	0.50	0.50	0.50	0.50	0.50	0.50
	3	0.60	0.50	0.50	0.50	0.50	0.50	0.50	0.50	0.50	0.50	0.50	0.50	0.50	0.50
	2	0.80	0.65	0.60	0.55	0.55	0.50	0.50	0.50	0.50	0.50	0.50	0.50	0.50	0.50
	自下↑1	1.30	1.00	0.85	0.80	0.76	0.70	0.70	0.65	0.65	0.65	0.55	0.55	0.55	0.55

注：

i_1	i_2
	i
i_3	i_4

$$\overline{K}=\frac{i_1+i_2+i_3+i_4}{2i}$$

表 11-15 规则框架承受倒三角形分布水平力作用时标准反弯点的高度比 y_0 值

m	$\overline{K}$ / n	0.1	0.2	0.3	0.4	0.5	0.6	0.7	0.8	0.9	1.0	2.0	3.0	4.0	5.0
1	1	0.80	0.75	0.70	0.65	0.65	0.60	0.60	0.60	0.60	0.55	0.55	0.55	0.55	0.55
2	2	0.50	0.45	0.40	0.40	0.40	0.40	0.40	0.40	0.40	0.45	0.45	0.45	0.45	0.50
	1	1.00	0.85	0.75	0.70	0.70	0.65	0.65	0.65	0.60	0.60	0.55	0.55	0.55	0.55
3	3	0.25	0.25	0.25	0.30	0.30	0.35	0.35	0.35	0.40	0.40	0.45	0.45	0.45	0.50
	2	0.60	0.50	0.50	0.50	0.50	0.45	0.45	0.45	0.45	0.45	0.50	0.50	0.50	0.50
	1	1.15	0.90	0.80	0.75	0.75	0.70	0.70	0.65	0.65	0.65	0.60	0.55	0.55	0.55
4	4	0.10	0.15	0.20	0.25	0.30	0.30	0.35	0.35	0.35	0.40	0.45	0.45	0.45	0.45
	3	0.35	0.35	0.35	0.40	0.40	0.40	0.40	0.45	0.45	0.45	0.45	0.50	0.50	0.50
	2	0.70	0.60	0.55	0.50	0.50	0.50	0.50	0.50	0.50	0.50	0.50	0.50	0.50	0.50
	1	1.20	0.95	0.85	0.80	0.75	0.70	0.70	0.70	0.65	0.65	0.55	0.55	0.55	0.55

续表 11-15

m	n \ $\overline{K}$	0.1	0.2	0.3	0.4	0.5	0.6	0.7	0.8	0.9	1.0	2.0	3.0	4.0	5.0
5	5	−0.05	0.10	0.20	0.25	0.30	0.30	0.35	0.35	0.35	0.35	0.40	0.45	0.45	0.45
	4	0.20	0.25	0.35	0.35	0.40	0.40	0.40	0.40	0.40	0.45	0.45	0.50	0.50	0.50
	3	0.45	0.40	0.45	0.45	0.45	0.45	0.45	0.45	0.45	0.45	0.50	0.50	0.50	0.50
	2	0.75	0.60	0.55	0.55	0.50	0.50	0.50	0.50	0.50	0.50	0.50	0.50	0.50	0.50
	1	1.30	1.00	0.85	0.80	0.75	0.70	0.70	0.65	0.65	0.65	0.65	0.55	0.55	0.55
6	6	−0.15	0.05	0.15	0.20	0.25	0.30	0.30	0.35	0.35	0.35	0.40	0.45	0.45	0.45
	5	0.10	0.25	0.30	0.35	0.35	0.45	0.40	0.40	0.45	0.45	0.45	0.50	0.50	0.50
	4	0.30	0.35	0.40	0.40	0.45	0.45	0.45	0.45	0.45	0.45	0.50	0.50	0.50	0.50
	3	0.50	0.45	0.45	0.45	0.45	0.45	0.45	0.45	0.45	0.50	0.50	0.50	0.50	0.50
	2	0.80	0.65	0.55	0.55	0.55	0.55	0.50	0.50	0.50	0.50	0.50	0.50	0.50	0.50
	1	1.30	1.00	0.85	0.80	0.75	0.70	0.70	0.65	0.65	0.65	0.60	0.55	0.55	0.55
7	7	−0.20	0.05	0.15	0.20	0.25	0.30	0.30	0.35	0.35	0.35	0.45	0.45	0.45	0.45
	6	0.05	0.20	0.30	0.35	0.35	0.40	0.40	0.40	0.40	0.45	0.45	0.50	0.50	0.50
	5	0.20	0.30	0.35	0.40	0.40	0.45	0.45	0.45	0.45	0.45	0.50	0.50	0.50	0.50
	4	0.35	0.40	0.40	0.45	0.45	0.45	0.45	0.45	0.45	0.45	0.50	0.50	0.50	0.50
	3	0.55	0.50	0.50	0.50	0.50	0.50	0.50	0.50	0.50	0.50	0.50	0.50	0.50	0.50
	2	0.80	0.65	0.60	0.55	0.55	0.55	0.50	0.50	0.50	0.50	0.50	0.50	0.50	0.50
	1	1.30	1.00	0.90	0.80	0.75	0.70	0.70	0.70	0.65	0.65	0.60	0.55	0.55	0.55
8	8	−0.20	0.05	0.15	0.20	0.25	0.30	0.30	0.30	0.35	0.35	0.45	0.45	0.45	0.45
	7	0.00	0.20	0.30	0.35	0.35	0.40	0.40	0.40	0.40	0.45	0.45	0.50	0.50	0.50
	6	0.15	0.30	0.35	0.40	0.40	0.45	0.45	0.45	0.45	0.45	0.50	0.50	0.50	0.50
	5	0.30	0.40	0.40	0.45	0.45	0.45	0.45	0.45	0.45	0.45	0.50	0.50	0.50	0.50
	4	0.40	0.45	0.45	0.45	0.45	0.45	0.45	0.45	0.50	0.50	0.50	0.50	0.50	0.50
	3	0.60	0.50	0.50	0.50	0.50	0.50	0.50	0.50	0.50	0.50	0.50	0.50	0.50	0.50
	2	0.85	0.65	0.60	0.55	0.55	0.50	0.50	0.50	0.50	0.50	0.50	0.50	0.50	0.50
	1	1.30	1.00	0.90	0.80	0.75	0.70	0.70	0.70	0.70	0.65	0.60	0.55	0.55	0.55
9	9	−0.25	0.00	0.15	0.20	0.25	0.30	0.30	0.35	0.35	0.40	0.45	0.45	0.45	0.45
	8	−0.00	0.20	0.30	0.35	0.35	0.40	0.40	0.40	0.40	0.45	0.45	0.50	0.50	0.50
	7	0.15	0.30	0.35	0.40	0.40	0.45	0.45	0.45	0.45	0.45	0.50	0.50	0.50	0.50
	6	0.25	0.35	0.40	0.40	0.45	0.45	0.45	0.45	0.45	0.50	0.50	0.50	0.50	0.50
	5	0.35	0.40	0.45	0.45	0.45	0.45	0.45	0.45	0.50	0.50	0.50	0.50	0.50	0.50
	4	0.45	0.45	0.45	0.45	0.45	0.50	0.50	0.50	0.50	0.50	0.50	0.50	0.50	0.50
	3	0.60	0.50	0.50	0.50	0.50	0.50	0.50	0.50	0.50	0.50	0.50	0.50	0.50	0.50
	2	0.85	0.65	0.60	0.55	0.55	0.55	0.55	0.50	0.50	0.50	0.50	0.50	0.50	0.50
	1	1.35	1.00	0.90	0.80	0.75	0.75	0.70	0.70	0.65	0.65	0.60	0.55	0.55	0.55
10	10	−0.25	0.00	0.15	0.20	0.25	0.30	0.30	0.35	0.35	0.40	0.45	0.45	0.45	0.45
	9	−0.10	0.20	0.30	0.35	0.35	0.40	0.40	0.40	0.40	0.45	0.45	0.50	0.50	0.50
	8	0.10	0.30	0.35	0.40	0.40	0.40	0.45	0.45	0.45	0.45	0.50	0.50	0.50	0.50
	7	0.20	0.35	0.40	0.40	0.45	0.45	0.45	0.45	0.45	0.50	0.50	0.50	0.50	0.50
	6	0.30	0.40	0.40	0.45	0.45	0.45	0.45	0.45	0.45	0.50	0.50	0.50	0.50	0.50
	5	0.40	0.45	0.45	0.45	0.45	0.45	0.45	0.50	0.50	0.50	0.50	0.50	0.50	0.50
	4	0.50	0.45	0.45	0.45	0.50	0.50	0.50	0.50	0.50	0.50	0.50	0.50	0.50	0.50
	3	0.60	0.55	0.50	0.50	0.50	0.50	0.50	0.50	0.50	0.50	0.50	0.50	0.50	0.50
	2	0.85	0.65	0.60	0.55	0.55	0.55	0.55	0.50	0.50	0.50	0.50	0.50	0.50	0.50
	1	1.35	1.00	0.90	0.80	0.75	0.75	0.70	0.70	0.65	0.65	0.60	0.55	0.55	0.55

续表 11-15

m	n \ $\overline{K}$	0.1	0.2	0.3	0.4	0.5	0.6	0.7	0.8	0.9	1.0	2.0	3.0	4.0	5.0
11	11	−0.25	0.00	0.15	0.20	0.25	0.30	0.30	0.30	0.35	0.35	0.45	0.45	0.45	0.45
	10	−0.05	0.20	0.25	0.30	0.35	0.40	0.40	0.40	0.40	0.45	0.45	0.50	0.50	0.50
	9	0.10	0.30	0.35	0.40	0.40	0.40	0.45	0.45	0.45	0.45	0.50	0.50	0.50	0.50
	8	0.20	0.35	0.40	0.40	0.45	0.45	0.45	0.45	0.45	0.50	0.50	0.50	0.50	0.50
	7	0.25	0.40	0.40	0.45	0.45	0.45	0.45	0.45	0.45	0.50	0.50	0.50	0.50	0.50
	6	0.35	0.40	0.40	0.45	0.45	0.45	0.45	0.50	0.50	0.50	0.50	0.50	0.50	0.50
	5	0.40	0.45	0.45	0.45	0.45	0.50	0.50	0.50	0.50	0.50	0.50	0.50	0.50	0.50
	4	0.50	0.50	0.50	0.50	0.50	0.50	0.50	0.50	0.50	0.50	0.50	0.50	0.50	0.50
	3	0.65	0.55	0.60	0.50	0.50	0.50	0.50	0.50	0.50	0.50	0.50	0.50	0.50	0.50
	2	0.85	0.65	0.60	0.55	0.55	0.55	0.55	0.50	0.50	0.50	0.50	0.50	0.50	0.50
	1	1.35	1.05	0.90	0.80	0.75	0.75	0.70	0.70	0.65	0.65	0.60	0.55	0.55	0.55
12以上	自上↓1	−0.30	0.00	0.15	0.20	0.25	0.30	0.30	0.30	0.35	0.35	0.40	0.45	0.45	0.45
	2	−0.10	0.20	0.25	0.30	0.35	0.40	0.40	0.40	0.40	0.40	0.45	0.45	0.45	0.50
	3	0.05	0.25	0.35	0.40	0.40	0.40	0.45	0.45	0.45	0.45	0.45	0.50	0.50	0.50
	4	0.15	0.30	0.40	0.40	0.45	0.45	0.45	0.45	0.45	0.45	0.45	0.50	0.50	0.50
	5	0.25	0.35	0.50	0.45	0.45	0.45	0.45	0.45	0.45	0.45	0.50	0.50	0.50	0.50
	6	0.30	0.40	0.50	0.45	0.45	0.45	0.45	0.50	0.45	0.50	0.50	0.50	0.50	0.50
	7	0.35	0.40	0.55	0.45	0.45	0.45	0.50	0.50	0.50	0.50	0.50	0.50	0.50	0.50
	8	0.35	0.45	0.55	0.45	0.50	0.50	0.50	0.50	0.50	0.50	0.50	0.50	0.50	0.50
	中间	0.45	0.45	0.55	0.45	0.50	0.50	0.50	0.50	0.50	0.50	0.50	0.50	0.50	0.50
	4	0.55	0.50	0.50	0.50	0.50	0.50	0.50	0.50	0.50	0.50	0.50	0.50	0.50	0.50
	3	0.65	0.55	0.50	0.50	0.50	0.50	0.50	0.50	0.50	0.50	0.50	0.50	0.50	0.50
	2	0.70	0.70	0.60	0.55	0.55	0.55	0.55	0.50	0.50	0.50	0.50	0.50	0.50	0.50
	自下↑1	1.35	1.05	0.90	0.80	0.75	0.70	0.70	0.70	0.65	0.65	0.60	0.55	0.55	0.55

表 11-16 上下层梁线刚度比对 y_0 的修正值 y_1

α_1 \ $\overline{K}$	0.1	0.2	0.3	0.4	0.5	0.6	0.7	0.8	0.9	1.0	2.0	3.0	4.0	5.0
0.4	0.55	0.40	0.30	0.25	0.20	0.20	0.20	0.15	0.15	0.15	0.05	0.05	0.05	0.05
0.5	0.45	0.30	0.20	0.20	0.15	0.15	0.15	0.10	0.10	0.10	0.05	0.05	0.05	0.05
0.6	0.30	0.20	0.15	0.15	0.10	0.10	0.10	0.10	0.05	0.05	0.05	0.05	0	0
0.7	0.20	0.15	0.10	0.10	0.10	0.10	0.05	0.05	0.05	0.05	0.05	0	0	0
0.8	0.15	0.10	0.05	0.05	0.05	0.05	0.05	0.05	0.05	0	0	0	0	0
0.9	0.05	0.05	0.05	0.05	0	0	0	0	0	0	0	0	0	0

注：

i_1	i_2
	i_c
i_3	i_4

$\alpha_1=\dfrac{i_1+i_2}{i_3+i_4}$，当 $i_1+i_2>i_3+i_4$ 时，则 α_1 取倒数，即 $\alpha_1=\dfrac{i_3+i_4}{i_1+i_2}$，并且 y_1 值取负号“－”。

$\overline{K}=\dfrac{i_1+i_2+i_3+i_4}{2i_c}$

表 11-17 上下层层高变化对 y_0 的修正值 y_2 和 y_3

α_2	α_3 \ $\overline{K}$	0.1	0.2	0.3	0.4	0.5	0.6	0.7	0.8	0.9	1.0	2.0	3.0	4.0	5.0
2.0		0.25	0.15	0.15	0.10	0.10	0.10	0.10	0.10	0.05	0.05	0.05	0.05	0	0
1.8		0.20	0.15	0.10	0.10	0.10	0.05	0.05	0.05	0.05	0.05	0.05	0	0	0
1.6	0.4	0.15	0.10	0.10	0.05	0.05	0.05	0.05	0.05	0.05	0.05	0	0	0	0

续表 11-17

α_2	α_3 \ $\overline{K}$	0.1	0.2	0.3	0.4	0.5	0.6	0.7	0.8	0.9	1.0	2.0	3.0	4.0	5.0
1.4	0.6	0.10	0.05	0.05	0.05	0.05	0.05	0.05	0.05	0.05	0	0	0	0	0
1.2	0.8	0.05	0.05	0.05	0	0	0	0	0	0.5	0	0	0	0	0
1.0	1.0	0	0	0	0	0	0	0	0	0	0	0	0	0	0
0.8	1.2	−0.05	−0.05	−0.05	0	0	0	0	0	0	0	0	0	0	0
0.6	1.4	−0.10	−0.05	−0.05	−0.05	−0.05	−0.05	−0.05	−0.05	0	0	0	0	0	0
0.4	1.6	−0.15	−0.10	−0.10	−0.05	−0.05	−0.05	−0.05	−0.05	−0.05	−0.05	0	0	0	0
	1.8	−0.20	−0.15	−0.10	−0.10	−0.10	−0.05	−0.05	−0.05	−0.05	−0.05	−0.05	0	0	0
	2.0	−0.25	−0.15	−0.15	−0.10	−0.10	−0.10	−0.10	−0.10	−0.05	−0.05	−0.05	−0.05	0	0

注：$\alpha_2 h$、h、$\alpha_3 h$

y_2——按照 $\overline{K}$ 及 α_2 求得，上层较高时为正值。

y_3——按照 $\overline{K}$ 及 α_3 求得。

11.5.2　D 值法计算例题

［例题 11-13］　某四层刚架结构(图 11-31)，梁柱现浇，楼板预制，柱截面尺寸为 400mm × 400mm，顶层梁截面尺寸为 240mm × 600mm，楼层梁截面尺寸为 240mm × 650mm，走道梁截面尺寸均为 240mm × 400mm，混凝土强度等级 C20。试用 D 值法求刚架结构在图 11-31 所示水平荷载作用下的内力。

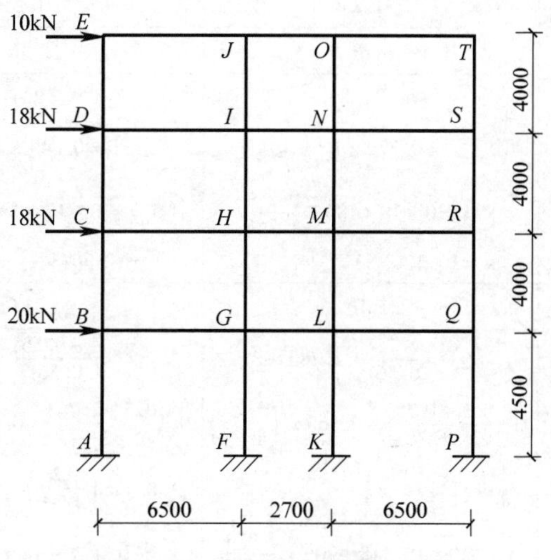

图 11-31　［例题 11-13］计算简图

［解］

(1) 计算梁柱线刚度

梁柱线刚度计算见表 11-18。

(2) 计算各柱的剪力值

应用表 11-13 等计算各柱的剪力值见表 11-19。

表 11-18　梁柱线刚度计算

序　号	部　位	截面惯性矩 I/mm^4	线刚度 $i=\dfrac{EI}{l}$/N · mm	相对线刚度 i
1	顶层梁	$\dfrac{240\times600^3}{12}=4.32\times10^9$	$\dfrac{4.32\times10^9}{6500}E=6.65\times10^5E$	0.787
2	1 ~ 3 层梁	$\dfrac{240\times650^3}{12}=5.49\times10^9$	$\dfrac{5.49\times10^9}{6500}E=8.45\times10^5E$	1.000
3	走道梁	$\dfrac{240\times400^3}{12}=1.28\times10^9$	$\dfrac{1.28\times10^9}{2700}E=4.74\times10^5E$	0.561
4	2 ~ 4 层柱	$\dfrac{400\times400^3}{12}=2.13\times10^9$	$\dfrac{2.13\times10^9}{4000}E=5.33\times10^5E$	0.631
5	底层柱		$\dfrac{2.13\times10^9}{4500}E=4.74\times10^5E$	0.561

表 11-19 各柱的剪力值计算

	柱 DE	柱 IJ	柱 NO	柱 ST	
第四层	$\overline{K}=\frac{1+0.787}{2\times0.631}=1.416$ $D=\frac{1.416}{2+1.416}\times0.631\times\left(\frac{12}{4^2}\right)$ $=0.262\left(\frac{12}{4^2}\right)$ $V=10\times\frac{0.262}{1.2}=2.18(\text{kN})$	$\overline{K}=\frac{2\times0.561+1+0.787}{2\times0.631}$ $=2.305$ $D=\frac{2.305}{2+2.305}\times0.631\times\left(\frac{12}{4^2}\right)$ $=0.338\left(\frac{12}{4^2}\right)$ $V=10\times\frac{0.338}{1.2}=2.81(\text{kN})$	同柱 IJ $V=2.81\text{kN}$	同柱 DE $V=2.18\text{kN}$	$\Sigma D=1.200\left(\frac{12}{4^2}\right)$
	柱 CD	柱 HI	柱 MN	柱 RS	
第三层	$\overline{K}=\frac{1+1}{2\times0.631}=1.585$ $D=\frac{1.585}{2+1.585}\times0.631\times\left(\frac{12}{4^2}\right)$ $=0.279\left(\frac{12}{4^2}\right)$ $V=(10+18)\times\frac{0.279}{1.256}=6.22(\text{kN})$	$\overline{K}=\frac{2\times(1+0.561)}{2\times0.631}=2.474$ $D=\frac{2.474}{2+2.474}\times0.631\times\left(\frac{12}{4^2}\right)$ $=0.349\left(\frac{12}{4^2}\right)$ $V=(10+18)\times\frac{0.349}{1.256}=7.78(\text{kN})$	同柱 HJ $V=7.78\text{kN}$	同柱 CD $V=6.22\text{kN}$	$\Sigma D=1.256\left(\frac{12}{4^2}\right)$
	柱 BC	柱 GH	柱 LM	柱 QR	
第二层	$\overline{K}=1.585$ $D=0.279\times\left(\frac{12}{4^2}\right)$ $V=(10+18+18)\times\frac{0.279}{1.256}$ $=10.21(\text{kN})$	$\overline{K}=2.474$ $D=0.349\times\left(\frac{12}{4^2}\right)$ $V=(10+18+18)\times\frac{0.349}{1.256}$ $=12.79(\text{kN})$	同柱 GH $V=12.79\text{kN}$	同柱 BC $V=10.21\text{kN}$	$\Sigma D=1.256\left(\frac{12}{4^2}\right)$
	柱 AB	柱 FG	柱 KL	柱 PQ	
第一层	$\overline{K}=\frac{1}{0.561}=1.783$ $D=\frac{0.5+1.783}{2+1.783}\times0.560\times\left(\frac{12}{4.5^2}\right)$ $=0.338\left(\frac{12}{4.5^2}\right)$ $V=(10+18+18+20)\times\frac{0.338}{1.446}$ $=15.44(\text{kN})$	$\overline{K}=\frac{1+0.561}{0.561}=2.783$ $D=\frac{0.5+2.783}{2+2.783}\times0.561\times\left(\frac{12}{4.5^2}\right)$ $=0.385\left(\frac{12}{4.5^2}\right)$ $V=(10+18+18+20)\times\frac{0.385}{1.446}$ $=17.56(\text{kN})$	同柱 FG $V=17.56\text{kN}$	同柱 AB $V=15.44\text{kN}$	$\Sigma D=1.446\times\left(\frac{12}{4.5^2}\right)$

（3）计算各柱反弯点高度 yh

根据总层数 m，该柱所在层 n，梁柱线刚度比 $\overline{K}$，查表 11-14 得到标准反弯点系数 y_0；根据上下梁线刚度比值 α_1 查表 11-16 得修正值 y_1；根据上下层层高变化查表 11-17 得修正值 y_2、y_3；各层反弯点高度 $yh=(y_0+y_1+y_2+y_3)h$。计算过程与结果见表 11-20。

表 11-20 各柱反弯点高度计算（单位：m）

	柱 DE		柱 IJ		柱 NO	柱 ST
第四层	$\overline{K}=1.416$ $\alpha_1=\frac{0.787}{1}=0.787$ $\alpha_3=1$ $y=0.37+0+0=0.37$	$y_0=0.37$ $y_1=0$ $y_3=0$	$\overline{K}=2.305$ $\alpha_1=\frac{0.787+0.561}{1+0.561}=0.864$ $\alpha_3=1$ $y=0.42+0+0=0.42$	$y_0=0.42$ $y_1=0$ $y_3=0$	$y=0.42$	$y=0.37$

续表 11-20

	柱 CD	柱 HI	柱 MN	柱 RS
第三层	$\overline{K}=1.585$　$y_0=0.45$ $\alpha_1=1$　$y_1=0$ $\alpha_2=1$　$y_2=0$ $\alpha_3=1$　$y_3=0$ $y=0.45+0+0+0=0.45$	$\overline{K}=2.474$　$y_0=0.47$ $\alpha_1=1$　$y_1=0$ $\alpha_2=1$　$y_2=0$ $\alpha_3=1$　$y_3=0$ $y=0.47+0+0+0=0.47$	$y=0.47$	$y=0.45$
	柱 BC	柱 GH	柱 LM	柱 QR
第二层	$\overline{K}=1.585$　$y_0=0.45$ $\alpha_1=1$　$y_1=0$ $\alpha_2=1$　$y_2=0$ $\alpha_3=1.13$　$y_3=0$ $y=0.45+0+0+0=0.45$	$\overline{K}=2.474$　$y_0=0.47$ $\alpha_1=1$　$y_1=0$ $\alpha_2=1$　$y_2=0$ $\alpha_3=1.13$　$y_3=0$ $y=0.47+0+0+0=0.47$	$y=0.47$	$y=0.45$
	柱 AB	柱 FG	柱 KL	柱 PQ
第一层	$\overline{K}=1.783$　$y_0=0.55$ $\alpha_2=0.889$　$y_2=0$ $y=0.55+0=0.55$	$\overline{K}=2.783$　$y_0=0.55$ $\alpha_2=0.889$　$y_2=0$ $y=0.55+0=0.55$	$y=0.55$	$y=0.55$

（4）计算各柱上、下两端弯矩

应用式(11-47)与式(11-46)及表 11-19 与表 11-20 有关数据计算各柱上、下两端弯矩如下：

$$M_{ED}=M_{TS}=(1-0.37)\times4\times2.18=5.49(\text{kN}\cdot\text{m})$$
$$M_{DE}=M_{ST}=0.37\times4\times2.18=3.23(\text{kN}\cdot\text{m})$$
$$M_{JI}=M_{ON}=(1-0.42)\times4\times2.81=6.52(\text{kN}\cdot\text{m})$$
$$M_{IJ}=M_{NO}=0.42\times4\times2.81=4.72(\text{kN}\cdot\text{m})$$
$$M_{DC}=M_{SR}=(1-0.45)\times4\times6.22=13.65(\text{kN}\cdot\text{m})$$
$$M_{CD}=M_{RS}=0.45\times4\times6.22=11.20(\text{kN}\cdot\text{m})$$
$$M_{IH}=M_{NM}=(1-0.47)\times4\times7.78=16.49(\text{kN}\cdot\text{m})$$
$$M_{HI}=M_{MN}=0.47\times4\times7.78=14.63(\text{kN}\cdot\text{m})$$
$$M_{CB}=M_{RQ}=(1-0.45)\times4\times10.21=22.47(\text{kN}\cdot\text{m})$$
$$M_{BC}=M_{QR}=0.45\times4\times10.21=18.37(\text{kN}\cdot\text{m})$$
$$M_{HG}=M_{ML}=(1-0.47)\times4\times12.79=27.11(\text{kN}\cdot\text{m})$$
$$M_{GH}=M_{LM}=0.47\times4\times12.79=24.05(\text{kN}\cdot\text{m})$$
$$M_{BA}=M_{QP}=(1-0.55)\times4.5\times15.44=31.27(\text{kN}\cdot\text{m})$$
$$M_{AB}=M_{PQ}=0.55\times4.5\times15.44=38.22(\text{kN}\cdot\text{m})$$
$$M_{GF}=M_{LK}=(1-0.55)\times4.5\times17.56=35.56(\text{kN}\cdot\text{m})$$
$$M_{FG}=M_{KL}=0.55\times4.5\times17.56=43.46(\text{kN}\cdot\text{m})$$

（5）计算各梁两端弯矩

由结点平衡条件和梁的线刚度比计算各梁两端弯矩如下：

$$M_{EJ}=M_{TO}=M_{ED}=M_{TS}=5.49\text{kN}\cdot\text{m}$$
$$M_{JE}=M_{OT}=M_{JI}\times\frac{0.787}{0.787+0.561}=6.52\times\frac{0.787}{0.787+0.561}=3.81(\text{kN}\cdot\text{m})$$

$$M_{JO}=M_{OJ}=M_{JI}\times\frac{0.561}{0.787+0.561}=6.52\times\frac{0.561}{0.787+0.561}=2.71(kN\cdot m)$$

$$M_{DI}=M_{SN}=M_{DE}+M_{DC}=3.23+13.65=16.88(kN\cdot m)$$

$$M_{ID}=M_{NS}=(M_{IJ}+M_{IH})\times\frac{1}{1+0.561}=(4.72+16.49)\times\frac{1}{1+0.561}=13.59(kN\cdot m)$$

$$M_{IN}=M_{NI}=(M_{IJ}+M_{IH})\times\frac{0.561}{1+0.561}=(4.72+16.49)\times\frac{0.561}{1+0.561}=7.62(kN\cdot m)$$

$$M_{CH}=M_{RM}=M_{CD}+M_{CB}=11.20+22.47=33.67(kN\cdot m)$$

$$M_{HC}=M_{MR}=(M_{HI}+M_{HG})\times\frac{1}{1+0.561}=(14.63+27.11)\times\frac{1}{1+0.561}=26.74(kN\cdot m)$$

$$M_{HM}=M_{MH}=(M_{HI}+M_{HG})\times\frac{0.561}{1+0.561}=(14.63+27.11)\times\frac{0.561}{1+0.561}=15.00(kN\cdot m)$$

$$M_{BG}=M_{QL}=M_{BC}+M_{BA}=18.37+31.27=49.64(kN\cdot m)$$

$$M_{GB}=M_{LQ}=(M_{GH}+M_{GF})\times\frac{1}{1+0.561}=(24.05+35.56)\times\frac{1}{1+0.561}=38.19(kN\cdot m)$$

$$M_{GL}=M_{LG}=(M_{GH}+M_{GF})\times\frac{0.561}{1+0.561}=(24.05+35.56)\times\frac{0.561}{1+0.561}=21.42(kN\cdot m)$$

（6）绘制框架弯矩图

根据算得的各柱上、下两端的弯矩和各梁两端的弯矩绘制的框架弯矩图如图11-32所示。

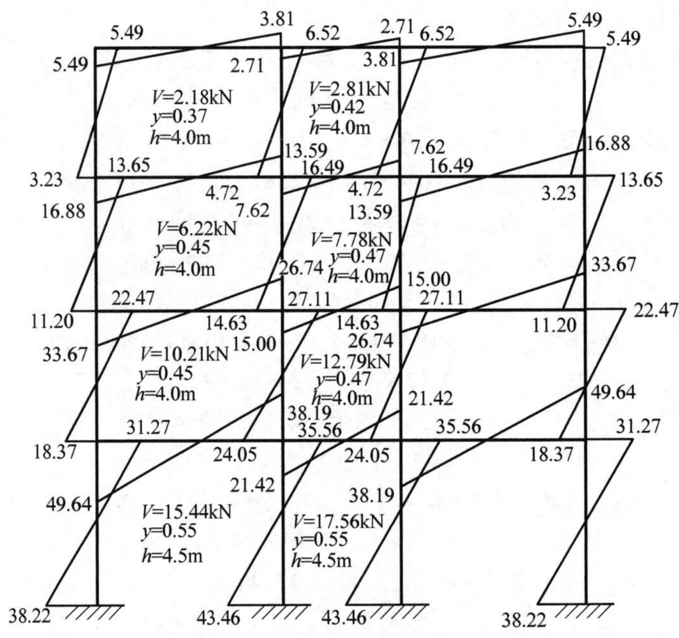

图11-32 ［例题11-13］框架弯矩图(kN · m)

［例题11-14］ 如图11-33所示复式刚架，i为线刚度。试用D值法计算图11-33所示复式刚架，作M图。

［解］

（1）应用式(11-30)与表11-13进行D值计算及剪力分配

1）D值计算

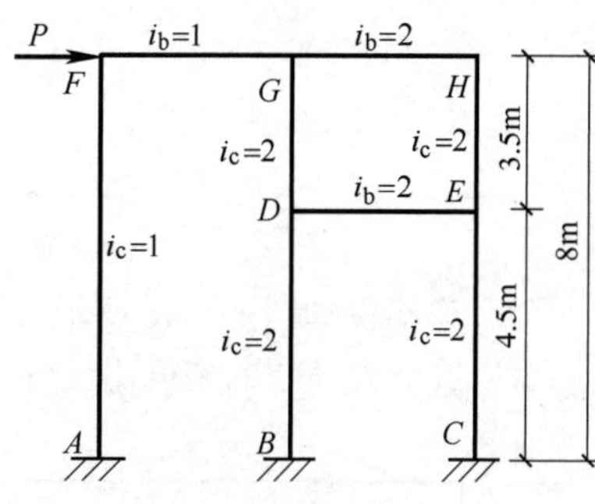

图 11-33 ［例题 11-14］计算简图

① 柱 AF（底层）

$$\overline{K}=\frac{i_b}{i_c}=\frac{1}{1}=1,\quad \alpha=\frac{0.5+\overline{K}}{2+\overline{K}}=0.5$$

$$D_{AF}=\alpha\cdot\frac{12i_c}{h^2}=0.5\times\frac{12\times1}{8^2}=0.094$$

② 柱 BD（底层）

$$\overline{K}=\frac{2}{2}=1,\quad \alpha=0.5,\quad D_{BD}=0.5\times\frac{12\times2}{4.5^2}=0.593$$

③ 柱 CE（底层）

$$\overline{K}=\frac{2}{2}=1,\quad \alpha=0.5,\quad D_{CE}=0.5\times\frac{12\times2}{4.5^2}=0.593$$

④ 柱 DG（一般层）

$$\overline{K}=\frac{\sum i_b}{2i_c}=\frac{1+2+2}{2\times2}=1.25,\quad \alpha=\frac{\overline{K}}{2+\overline{K}}=\frac{1.25}{2+1.25}=0.385,\quad D_{DG}=0.385\times\frac{12\times2}{3.5^2}=0.754$$

⑤ 柱 EH（一般层）

$$\overline{K}=\frac{2+2}{2\times2}=1,\quad \alpha=\frac{1}{2+1}=0.33,\quad D_{EH}=0.33\times\frac{12\times2}{3.5^2}=0.646$$

⑥ 将柱 DG、EH 并联得

$$D_{D'G'}=D_{DG}+D_{EH}=0.754+0.646=1.4$$

⑦ 将柱 BD、CE 并联得

$$D_{B'D'}=D_{BD}+D_{CE}=0.593+0.593=1.186$$

⑧ 将 $D'G'$、$B'D'$ 串联得

$$D_{B'G'}=\frac{1}{\dfrac{1}{D_{D'G'}}+\dfrac{1}{D_{B'D'}}}=\frac{1}{\dfrac{1}{1.4}+\dfrac{1}{1.186}}=0.642$$

2）剪力分配

① 剪力 V_{AF} 为

$$V_{AF}=\frac{0.094}{0.642+0.094}P=0.13P$$

② 刚架 $BGHC$ 分配到的剪力是 $0.87P$，于是有

$$V_{DG}=\frac{0.754}{0.754+0.646}\times0.87P=0.47P$$

$$V_{EH}=\frac{0.646}{0.754+0.646}\times0.87P=0.40P$$

$$V_{BD}=V_{CE}=\frac{1}{2}\times0.87P=0.44P$$

（2）反弯点高度比计算（图 11-34a）

其中 y_0 查表 11-14，y_1、y_2、y_3 分别查表 11-16、表 11-17。

（3）计算柱子弯矩 $M_上$ 及 $M_下$（图 11-34b）

（4）梁的两端弯矩

$$M_{FG}=0.47P$$

$$M_{GF}=1.05P\times\frac{1}{1+2}=0.35P$$

$$M_{GH}=1.05P\times\frac{2}{1+2}=0.7P$$

$$M_{HG}=0.83P$$

$$M_{DE}=(0.59+0.79)P=1.38P$$

$$M_{ED}=(0.574+0.79)P=1.364P$$

(5) 弯矩图如图 11-34c 所示（括号内数值为精确值）

可以看出 D 值法的精度比反弯点法要高些，但仍属近似法。

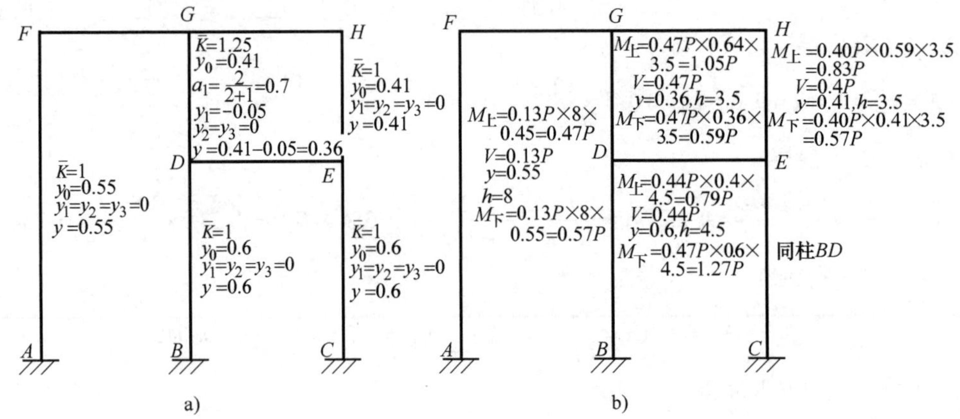

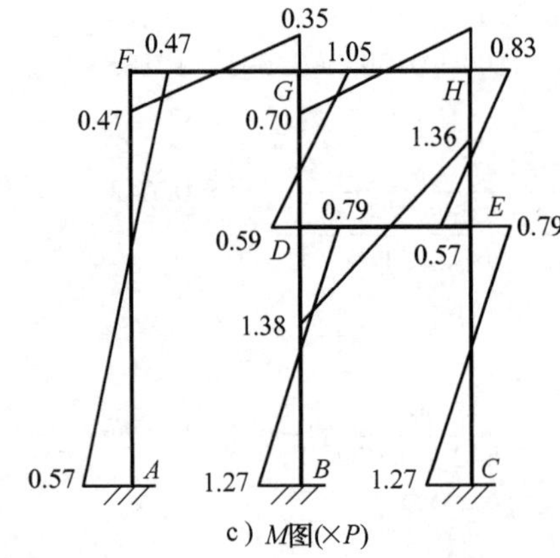

图 11-34 ［例题 11-14］复式刚架弯矩图

［例题 11-15］ 试计算［例题 11-13］刚架各层层间侧移 Δ_i 及顶点侧移 Δ。

［解］

1) 已知混凝土强度等级为 C20，则弹性模量 $E=25.5\times10^3\text{N/mm}^2$。

该框架总高 $H=16.5\text{m}<50\text{m}$，宽 $B=15.7\text{m}$。

$H/B=16.5/15.7=1.051<4$，可以不考虑柱轴向变形引起的侧移 Δ_N，只需计算由梁、柱弯曲变形引起的侧移 Δ_V，具体计算如下：

根据式(11-35)，即

$$\Delta_i=\frac{V_i}{\sum D_i}$$

进行计算。

2）计算各层间侧移刚度$\sum D_i$：此处应是侧移刚度的绝对值。

据［例题 11-13］　$i = 8.45 \times 10^5 E = 8.45 \times 10^5 \times 25.5 \times 10^3 = 215.48 \times 10^8 (\mathrm{N \cdot mm})$

各层的层间侧移刚度绝对值为：

顶层：$\sum D_4 = 1.2i\left(\frac{12}{h_4^2}\right) = 1.2 \times 215.48 \times 10^8 \times \left(\frac{12}{4000^2}\right) = 1.94 \times 10^4 (\mathrm{N/mm})$

三层：$\sum D_3 = 1.256i\left(\frac{12}{h_3^2}\right) = 1.256 \times 215.48 \times 10^8 \times \left(\frac{12}{4000^2}\right) = 2.03 \times 10^4 (\mathrm{N/mm})$

二层：$\sum D_2 = 1.256i\left(\frac{12}{h_2^2}\right) = 2.03 \times 10^4 \mathrm{N/mm}$　　$(\because h_2 = h_3 = 4000\mathrm{mm})$

一层：$\sum D_1 = 1.446i\left(\frac{12}{h_1^2}\right) = 1.446 \times 215.48 \times 10^8 \times \left(\frac{12}{4500^2}\right) = 1.85 \times 10^4 (\mathrm{N/mm})$

3）计算各层层间侧移。

各层剪力 $V_4 = 10\mathrm{kN}$；层间侧移 Δ_i：$\Delta_4 = \frac{10 \times 10^3}{1.94 \times 10^4} = 0.515(\mathrm{mm})$

$$V_3 = 10 + 18 = 28(\mathrm{kN});\ \Delta_3 = \frac{28 \times 10^3}{2.03 \times 10^4} = 1.379(\mathrm{mm})$$

$$V_2 = 10 + 18 + 18 = 46(\mathrm{kN});\ \Delta_2 = \frac{46 \times 10^3}{2.03 \times 10^4} = 2.266(\mathrm{mm})$$

$$V_1 = 10 + 18 + 18 + 20 = 66(\mathrm{kN});\ \Delta_1 = \frac{66 \times 10^3}{1.85 \times 10^4} = 3.568(\mathrm{mm})$$

4）应用式(11-36)计算顶部侧移为

$$\Delta_v = \sum_{i=1}^{4} \Delta_i = 0.515 + 1.379 + 2.266 + 3.568 = 7.728(\mathrm{mm})$$

即为所求。

第 12 章 结构静力计算常用数学基本知识

12.1 初等代数

12.1.1 代数运算

代数运算见表 12-1。

表 12-1 代数运算

<table>
<tr><th>序号</th><th>项目</th><th>内容</th></tr>
<tr><td>1</td><td>说明</td><td>分别用 $\boldsymbol{N}$、$\boldsymbol{Z}$、$\boldsymbol{Q}$、$\boldsymbol{R}$ 与 $\boldsymbol{C}$ 依次表示全体自然数(正整数)的集合、全体整数的集合、全体有理数的集合、全体实数的集合与全体复数的集合</td></tr>
<tr><td>2</td><td>数的基本运算规律</td><td>1) 交换律 $a+b=b+a$,$ab=ba$
2) 结合律 $(a+b)+c=a+(b+c)$,$(ab)c=a(bc)$
3) 分配律 $(a+b)c=ac+bc$</td></tr>
<tr><td>3</td><td>指数</td><td>设 m、n 均为正整数,a 为实数,则 a 的乘方(或乘幂)及各指数幂分别定义如下:
$$a^n=aa\cdots a(n\text{ 个 }a),\ a^{-n}=\frac{1}{a^n}(a\neq0),\ a^0=1(a\neq0)$$
$$a^{\frac{m}{n}}=(\sqrt[n]{a})^m(a\geqslant0),\ a^{-\frac{m}{n}}=\frac{1}{(\sqrt[n]{a})^m}(a>0)$$
设 $a>0$,$b>0$,x_1,x_2,x 为任意实数,则指数幂满足下列规律:
$$a^{x_1}\cdot a^{x_2}=a^{x_1+x_2},\ \frac{a^{x_1}}{a^{x_2}}=a^{x_1-x_2},\ (a^{x_1})^{x_2}=a^{x_1x_2}$$
$$(ab)^x=a^xb^x,\ \left(\frac{a}{b}\right)^x=\frac{a^x}{b^x}$$
指数 e^x 也用符号 $\exp\{x\}$ 表示,其中 $e=\lim\limits_{x\to\infty}\left(1+\frac{1}{x}\right)^x$ 是无理数,取它的小数到 5 位的值为 $e=2.71828$</td></tr>
<tr><td>4</td><td>对数</td><td>若 $a^x=b(a>0,a\neq1)$,则称 x 是 b 的以 a 为底的对数,记作 $x=\log_a b$,其中 $b>0$ 称为真数
当 $a=10$ 时,$\log_a b$ 记作 $\lg b$,称为常用对数
当 $a=e$ 时,$\log_a b$ 记作 $\ln b$,称为自然对数
由定义可得:$a^{\log_a b}=b$,$\log_a a^x=x$,$\log_a 1=0$,$\log_a a=1$
设 $a>0$,$a\neq1$,$b>0$,$b_i>0(i=1,2,\cdots,n)$,则对数满足下列运算法则:
$$\log_a(b_1b_2\cdots b_n)=\log_a b_1+\log_a b_2+\cdots+\log_a b_n$$
$$\log_a\left(\frac{b_1}{b_2}\right)=\log_a b_1-\log_a b_2,\ \log_a b^x=x\log_a b(x\text{ 为实数})$$
设 a,b,$c>0$;a,b,$c\neq1$,则对数有如下的换底公式:
$$\log_a b=\frac{\log_c b}{\log_c a},\ \text{特别也有 }\ln b=\frac{\ln b}{\ln e},\ \log_a b\cdot\log_b a=1$$</td></tr>
</table>

续表 12-1

序　号	项　目	内　容
5	复数	（1）复数的概念。形如 $x+\mathrm{i}y$（其中 x、y 是实数，i 满足 $\mathrm{i}^2=-1$）的数，称为复数，记作 $z=x+\mathrm{i}y$，x、y 分别称为复数 z 的实部与虚部，记作 $x=\mathrm{Re}z$，$y=\mathrm{Im}z$，i 称为虚数单位，实部等于零的非零复数，称为纯虚数 两个复数相等当且仅当它们的实部与虚部分别相等 给定复数 $z=x+\mathrm{i}y$，则复数 $x-\mathrm{i}y$ 称为 z 的共轭复数，记作 $\bar{z}$，即 $\bar{z}=x-\mathrm{i}y$，因此 $$x=\mathrm{Re}z=\frac{1}{2}(z+\bar{z}),\ y=\mathrm{Im}z=\frac{1}{2\mathrm{i}}(z-\bar{z})$$ （2）复数的表示法。令复数 $z=x+\mathrm{i}y$ 对应于平面上的点 (x,y)（图 12-1），则在一切复数构成的集合与平面之间建立了一一对应的关系，这时的平面称为复平面或 z 平面，横轴（x 轴）称为实轴，纵轴（y 轴）称为虚轴，实数对应于实轴上的点，纯虚数对应于虚轴上的点（除去坐标原点），对应于复数 $z=x+\mathrm{i}y$ 的点也简称为点 z，点 z 到原点的距离 r，称为复数 z 的模或绝对值，记作 $\|z\|$，当 $\|z\|\neq 0$ 时，原点到点 z 的向量 $\overrightarrow{OZ}$ 与正实轴所成的角 θ 称为 z 的辐角，记作 Arg$z$（图 12-1）。辐角是多值的，同一复数的不同辐角相差 2π 的整数倍。取值于区间 $(-\pi,\pi]$ 内的辐角，称为辐角的主值，记作 arg$z$。于是 $-\pi<\arg z\leqslant\pi$，$\mathrm{Arg}z=\arg z+2n\pi$，其中 n 为整数。当 $\|z\|=0$ 时，辐角不确定。上述各量之间有下列关系： $$\lvert z\rvert=\sqrt{x^2+y^2}=\sqrt{z\bar{z}}$$ $$\tan(\arg z)=\frac{y}{x}(x\neq 0)$$ $$x=r\cos\theta,\ y=r\sin\theta$$ 由此，$z=x+\mathrm{i}y$，也可写为 $z=r(\cos\theta+\mathrm{i}\sin\theta)$，称为 z 的极表示或三角表示。还有欧拉公式 $\mathrm{e}^{\mathrm{i}\theta}=\cos\theta+\mathrm{i}\sin\theta$，$z$ 的三角表示又可写为 $z=r\mathrm{e}^{\mathrm{i}\theta}$，称为 z 的指数表示 （3）虚数单位的乘方 $$\mathrm{i}=\sqrt{-1},\ \mathrm{i}^2=-1,\ \mathrm{i}^3=-\mathrm{i},\ \mathrm{i}^4=1$$ $$\mathrm{i}^{4n-1}=\mathrm{i},\ \mathrm{i}^{4n+2}=-1,\ \mathrm{i}^{4n+3}=-\mathrm{i},\ \mathrm{i}^{4n}=1(n\in Z)$$ （4）复数的运算。复数 $z_1=x_1+\mathrm{i}y_1$，$z_2=x_2+\mathrm{i}y_2$ 的和、差、积、商分别定义为 $$z_1\pm z_2=(x_1\pm x_2)+\mathrm{i}(y_1\pm y_2)$$ $$z_1\cdot z_2=(x_1x_2-y_1y_2)+\mathrm{i}(x_1y_2+x_2y_1)$$ $$\frac{z_1}{z_2}=\frac{x_1x_2+y_1y_2}{x_2^2+y_2^2}+\mathrm{i}\frac{x_2y_1-x_1y_2}{x_2^2+y_2^2}(z_2\neq 0)$$ 如果用三角表示 $z_k=r_k(\cos\theta_k+\mathrm{i}\sin\theta_k)$ 或指数表示 $z_k=r_k\mathrm{e}_k^{\mathrm{i}\theta}(k=1,2)$，则 $$z_1\cdot z_2=r_1r_2[\cos(\theta_1+\theta_2)+\mathrm{i}\sin(\theta_1+\theta_2)]=r_1r_2\mathrm{e}^{\mathrm{i}(\theta_1+\theta_2)}$$ $$\frac{z_1}{z_2}=\frac{r_1}{r_2}[\cos(\theta_1-\theta_2)+\mathrm{i}\sin(\theta_1-\theta_2)]=\frac{r_1}{r_2}\mathrm{e}^{i(\theta_1-\theta_2)}(r_2\neq 0)$$ 即两复数之积（商）的模等于其模之积（商），两复数之积（商）的辐角等于其辐角之和（差） 复数和、差与模之间有下列不等式： $$\lvert x\rvert\leqslant\lvert z\rvert\leqslant\lvert x\rvert+\lvert y\rvert,\ \lvert y\rvert\leqslant\lvert z\rvert\leqslant\lvert x\rvert+\lvert y\rvert$$ $$\big\lvert\lvert z_1\rvert-\lvert z_2\rvert\big\rvert\leqslant\lvert z_1\pm z_2\rvert\leqslant\lvert z_1\rvert+\lvert z_2\rvert$$

续表 12-1

序　号	项　目	内　容
5	复数	做复数乘法时，可用通常的逐项相乘的方法进行，只需记住虚数单位的乘方结果，做复数除法时，通常由$\frac{z_1}{z_2}=\frac{z_1\bar{z}_2}{z_2\bar{z}_2}=\frac{z_1\bar{z}_2}{x_2^2+y_2^2}(z_2\neq 0)$转化为乘法 （5）复数的乘方与开方。棣莫弗公式： z的n次方(或n次幂)定义为：$z^n=zz\cdots z$(n个z)。对于$z=r(\cos\theta+i\sin\theta)=re^{i\theta}$，有$z^n=r^n(\cos n\theta+i\sin n\theta)=r^ne^{in\theta}$($n$为正整数)。特别，当$\lvert z\rvert=r=1$时，得下述棣莫弗公式 $$(\cos\theta+i\sin\theta)^n=\cos n\theta+i\sin n\theta$$ 定义$z^0=1$，$z^{-n}=\frac{1}{z^n}$($z\neq 0,n$为正整数) 对于正整数n，满足$\zeta^n=z$的复数ζ，称为复数z的n次根，记作$\zeta=\sqrt[n]{z}$或$\zeta=z^{\frac{1}{n}}$，对于$z=r(\cos\theta+i\sin\theta)=re^{i\theta}$有 $$\sqrt[n]{z}=\sqrt[n]{r}\left(\cos\frac{\theta+2k\pi}{n}+i\sin\frac{\theta+2k\pi}{n}\right)=\sqrt[n]{r}e^{i\frac{\theta+2k\pi}{n}}$$ ($k=0,1,2,\cdots,n-1$)。其中$\sqrt[n]{r}$取正根。一复数z的n次根$\sqrt[n]{z}$有n个不同的值，这n个值可用一个内接于以原点为中心，以$\sqrt[n]{r}$为半径的圆周的正多边形的顶点来表示 设m、n均为正整数，定义$z^{\frac{m}{n}}=(\sqrt[n]{z})^m$
6	乘法与因式分解公式	1）$(x+a)(x+b)=x^2+(a+b)x+ab$ 2）$(a\pm b)^2=a^2\pm 2ab+b^2$ 3）$(a\pm b)^3=a^3\pm 3a^2b+3ab^2\pm b^3$ 4）$a^2-b^2=(a+b)(a-b)$ 5）$a^3\pm b^3=(a\pm b)(a^2\mp ab+b^2)$ 6）$a^n-b^n=(a-b)(a^{n-1}+a^{n-2}b+a^{n-3}b^2+\cdots+ab^{n-2}+b^{n-1})$($n$为正整数) 7）$a^n-b^n=(a+b)(a^{n-1}-a^{n-2}b+a^{n-3}b^2-\cdots+ab^{n-2}-b^{n-1})$($n$为偶数) 8）$a^n+b^n=(a+b)(a^{n-1}-a^{n-2}b+a^{n-3}b^2-\cdots-ab^{n-2}+b^{n-1})$($n$为奇数) 9）$(a+b+c)^2=a^2+b^2+c^2+2ab+2ac+2bc$ 10）$(a+b+c)^3=a^3+b^3+c^3+3a^2b+3ab^2+3b^2c+3bc^2+3a^2c+3ac^2+6abc$ 11）$a^3+b^3+c^3-3abc=(a+b+c)(a^2+b^2+c^2-ab-ac-bc)$ 12）$(a^4+a^2b^2+b^4)=(a^2+ab+b^2)(a^2-ab+b^2)$
7	分式	（1）基本性质与运算 1）基本性质　$\frac{a}{b}=\frac{ma}{mb}(m\neq 0,b\neq 0)$ 2）加减法　$\frac{a}{b}\pm\frac{c}{b}=\frac{a\pm c}{b}$，$\frac{a}{b}\pm\frac{c}{d}=\frac{ad\pm bc}{bd}(bd\neq 0)$ 3）乘除法　$\frac{a}{b}\times\frac{c}{d}=\frac{ac}{bd}$，$\frac{a}{b}\div\frac{c}{d}=\frac{ad}{bc}(bcd\neq 0)$ 4）乘方开方　$\left(\frac{a}{b}\right)^n=\frac{a^n}{b^n}$，$\sqrt[n]{\frac{a}{b}}=\frac{\sqrt[n]{a}}{\sqrt[n]{b}}(a\geqslant 0,b>0)$ （2）部分分式。设$P_n(x)=a_nx^n+a_{n-1}x^{n-1}+\cdots+a_1x+a_0$ ($a_n\neq 0$)与$Q_m(x)=b_mx^m+b_{m-1}x^{m-1}+\cdots+b_1x+b_0$ ($b_m\neq 0$)均为x的实系数多项式，且$P_n(x)$与$Q_m(x)$没有

续表 12-1

<table>
<tr><th>序　号</th><th>项　目</th><th>内　容</th></tr>
<tr><td>7</td><td>分式</td><td>公因式，即$\frac{p_n(x)}{Q_m(x)}$为既约分式，则$\frac{p_n(x)}{Q_m(x)}$称为有理分式，当 $n \geqslant m$ 时，称为有理假分式，否则，称为有理真分式。有理假分式，总可以通过多项式的带余除法将其化为有理整式(即多项式)与有理真分式之和的形式，即当 $n \geqslant m$ 时，有
$$\frac{p_n(x)}{Q_m(x)} = W(x) + \frac{p_l(x)}{Q_m(x)}(l < m)$$
式中，$W(x)$为 x 的多项式
若 $n < m$，且 $Q_m(x)$的标准分解式为
$$Q_m(x) = a(x-a_1)^{\lambda_1} a(x-a_2)^{\lambda_2} \cdots a(x-a_j)^{\lambda_j} (x^2+p_1x+q_1)^{\mu_1}(x^2+p_2x+q_2)^{\mu_2} \cdots (x^2+p_kx+q_k)^{\mu_k}$$
式中，$a_1, a_2, \cdots, a_j$ 是不同的实数；p_i，q_i 是不同的实数对，且 $p_i^2 - 4q_i < 0(i=1,2,\cdots,k)$；$\lambda_1, \lambda_2, \cdots, \lambda_j$ 以及 $\mu_1, \mu_2, \cdots, \mu_k$ 都是正整数，且 $\lambda_1 + \lambda_2 + \cdots + \lambda_j + 2(\mu_1 + \mu_2 + \cdots + \mu_k) = m$，于是既约真分式(分子与分母没有公因子，分子次数低于分母次数)$\frac{p_n(x)}{Q_m(x)}$可唯一地分解为部分分式之和的形式：
$$\begin{aligned}\frac{p_n(x)}{Q_m(x)} = &\frac{A_{11}}{x-a_1} + \frac{A_{12}}{(x-a_1)^2} + \cdots + \frac{A_{1\lambda_1}}{(x-a_1)^{\lambda_1}} + \cdots + \\ &\frac{A_{j1}}{x-a_j} + \frac{A_{j2}}{(x-a_j)^2} + \cdots + \frac{A_{j\lambda_j}}{(x-a_j)^{\lambda_j}} + \\ &\frac{M_{11}x+N_{11}}{x^2+p_1x+q_1} + \frac{M_{12}x+N_{12}}{(x^2+p_1x+q_1)^2} + \cdots + \\ &\frac{M_{1\mu_1}x+N_{1\mu_1}}{(x^2+p_1x+q_1)^{\mu_1}} + \cdots + \frac{M_{k_1}x+N_{k_1}}{x^2+p_kx+q_k} + \\ &\frac{M_{k_2}x+N_{k_2}}{(x^2+p_kx+q_k)^2} + \cdots + \frac{M_{k\mu_k}x+N_{k\mu_k}}{(x^2+p_kx+q_k)^{\mu_k}}\end{aligned} \tag{12-1}$$
式中，$A_{il}(i=1,2,\cdots,j;l=1,2,\cdots,\lambda_i)$；$M_{st}$，$N_{st}(s=1,2,\cdots,k;t=1,2,\cdots,\mu_s)$都是待定系数。确定这些系数的方法是：先在等式(12-1)的两端同乘以 $Q_m(x)$，将其化为恒等式，然后或将各项按 x 的同次幂合并，令左右两端同次幂的系数相等，列出未知系数的方程组，解之即得；或把 x 用一些简单的数值(如 $x=-1,0,1$ 或 $Q_m(x)=0$ 的实根)代入，同样列出未知系数的方程组，解之即得</td></tr>
<tr><td>8</td><td>比例</td><td>(1) 设 $abcd \neq 0$，且 $a:b=c:d$ 或$\frac{a}{b}=\frac{c}{d}$，则
1) $ad=bc$(外项积等于内项积)
2) $b:a=d:c$(反比定理)
3) $a:c=b:d$，$d:b=c:a$(更比定理)
4) $\frac{a+b}{b}=\frac{c+d}{d}$(合比定理)
5) $\frac{a-b}{b}=\frac{c-d}{d}$(分比定理)
6) $\frac{a+b}{a-b}=\frac{c+d}{c-d}$(合分比定理)$(a \neq b, c \neq d)$
(2) 设 $b_i(i=1,2,\cdots,n)$都不等于零，若$\frac{a_1}{b_1}=\frac{a_2}{b_2}=\cdots=\frac{a_n}{b_n}$，则</td></tr>
</table>

续表 12-1

序　号	项　目	内　容
8	比例	$\frac{a_k}{b_k}=\frac{a_1+a_2+\cdots+a_n}{b_1+b_2+\cdots+b_n}=\frac{\lambda_1 a_1+\lambda_2 a_2+\cdots+\lambda_n a_n}{\lambda_1 b_1+\lambda_2 b_2+\cdots+\lambda_n b_n}=\frac{\sqrt{a_1^2+a_2^2+\cdots+a_n^2}}{\sqrt{b_1^2+b_2^2+\cdots+b_n^2}}$ 式中，k 为 $1,2,\cdots,n$ 中任一数，$\lambda_i(i=1,2,\cdots,n)$ 为一组任意的非零常数 （3）若 $y=kx\left(y=\frac{k}{x},\ x\neq0\right)$，则称 y 与 x 成正比（反比），记作 $y\propto x$ $\left(y\propto\frac{1}{x}\right)$，$k\neq0$ 为比例常数
9	根式	（1）算术根。设 $a>0$，n 是大于1的正整数，则正 n 次方根 $\sqrt[n]{a}$ 称为 a 的算术根，规定 $\sqrt[n]{0}=0$。$(\sqrt[n]{a})^n=\sqrt[n]{a^n}=a$ （2）变形规则。设 $a\geqslant0$，$b\geqslant0$，则 $\sqrt[n]{ab}=\sqrt[n]{a}\times\sqrt[n]{b}$；$\sqrt[n]{\frac{a}{b}}=\frac{\sqrt[n]{a}}{\sqrt[n]{b}}(b>0)$，$(\sqrt[n]{a})^m=\sqrt[n]{a^m}$，$\sqrt{a\pm\sqrt{b}}=\sqrt{\frac{a+\sqrt{a^2-b}}{2}}\pm\sqrt{\frac{a-\sqrt{a^2-b}}{2}}$
10	不等式	（1）基本不等式 1）若 $a>b$，则 $a\pm c>b\pm c$，$c-a<c-b$ $ac>bc$，$\frac{a}{c}>\frac{b}{c}(c>0)$ $ac<bc$，$\frac{a}{c}<\frac{b}{c}(c<0)$ $a^m>b^m(m>0)$，$a^m<b^m(m<0)$ $\sqrt[n]{a}>\sqrt[n]{b}(a>b>0,n\in N)$ 2）若 $\frac{a}{b}<\frac{c}{d}$，且 $bd>0$，则 $\frac{a}{b}<\frac{a+c}{b+d}<\frac{c}{d}$ （2）绝对值不等式。实数 a 的绝对值定义为：$\lvert a\rvert=\begin{cases}a，当 a\geqslant0 时\\-a，当 a<0 时\end{cases}$ 设 a，b 均为实数，则 $\lvert a\pm b\rvert\leqslant\lvert a\rvert+\lvert b\rvert$，$\lvert a\rvert-\lvert b\rvert\leqslant\lvert a-b\rvert\leqslant\lvert a\rvert+\lvert b\rvert$ 若 $\lvert a\rvert\leqslant b(b>0)$，则 $-b\leqslant a\leqslant b$，特别 $-\lvert a\rvert\leqslant a\leqslant\lvert a\rvert$ 若 $\lvert a\rvert\geqslant b(b>0)$，则 $a\geqslant b$，$a\leqslant-b$ （3）某些重要的不等式 1）n 个数的算术平均值的绝对值不超过它们的均方根，即 $\left\lvert\frac{a_1+a_2+\cdots+a_n}{n}\right\rvert\leqslant\sqrt{\frac{a_1^2+a_2^2+\cdots+a_n^2}{n}}$ 等号仅当 $a_1=a_2=\cdots=a_n$ 时才成立 以下设 $a_1,a_2,\cdots,a_n$ 均为正数，n 为正整数 2）算术-几何平均不等式（算几不等式）：n 个正数的几何平均值不超过它们的算术平均值，即 $\sqrt[n]{a_1a_2\cdots a_n}\leqslant\frac{a_1+a_2+\cdots+a_n}{n}$ 等号仅当 $a_1=a_2=\cdots=a_n$ 时才成立，$n=2$、3 时有明显的几何意义，即周长相等的矩形中正方形面积最大；三边长的总和相等的长方体中正方体的体积最大，此不等式证法很多，具有基本重要性

续表 12-1

序　号	项　目	内　容
10	不等式	3）设 $p_i(i=1,2,\cdots,n)$ 为正数。对 n 个正数的加权平均值 $\dfrac{\sum\limits_{i=1}^{n} p_i a_i}{\sum\limits_{i=1}^{n} p_i}$，则有 $$a_1^{p_1} a_2^{p_2} \cdots a_n^{p_n} \leqslant \left(\dfrac{\sum\limits_{i=1}^{n} p_i a_i}{\sum\limits_{i=1}^{n} p_i} \right)^{\sum\limits_{i=1}^{n} p_i}$$ 等号仅当 $a_1 = a_2 = \cdots = a_n$ 时才成立 4）$\left(\dfrac{1}{n} \sum\limits_{i=1}^{n} a_i^{\alpha} \right)^{\frac{1}{\alpha}} \leqslant (a_1 a_2 \cdots a_n)^{\frac{1}{n}} \leqslant \left(\dfrac{1}{n} \sum\limits_{i=1}^{n} a_i^{\beta} \right)^{\frac{1}{\beta}} \quad (\alpha < 0 < \beta)$ 以下设 $a_1, a_2, \cdots, a_n$ 以及 $b_1, b_2, \cdots, b_n$ 为实数或复数 5）施瓦茨不等式 $$\sum_{i=1}^{n} \lvert a_i b_i \rvert \leqslant \left(\sum_{i=1}^{n} \lvert a_i \rvert^2 \right)^{\frac{1}{2}} \left(\sum_{i=1}^{n} \lvert b_i \rvert^2 \right)^{\frac{1}{2}}$$ 6）赫尔德不等式 $$\sum_{i=1}^{n} \lvert a_i b_i \rvert \leqslant \left(\sum_{i=1}^{n} \lvert a_i \rvert^p \right)^{\frac{1}{p}} \left(\sum_{i=1}^{n} \lvert b_i \rvert^q \right)^{\frac{1}{q}}$$ 其中 $p > 1$，$q > 1$，且 $\dfrac{1}{p} + \dfrac{1}{q} = 1$ 7）闵可夫斯基不等式 $$\left(\sum_{i=1}^{n} \lvert a_i + b_i \rvert^p \right)^{\frac{1}{p}} \leqslant \left(\sum_{i=1}^{n} \lvert a_i \rvert^p \right)^{\frac{1}{p}} + \left(\sum_{i=1}^{n} \lvert b_i \rvert^p \right)^{\frac{1}{p}}$$ 其中 $p \geqslant 1$
11	常用的求和公式	1）$1+2+3+\cdots+n = \sum\limits_{k=1}^{n} k = \dfrac{1}{2} n(n+1)$ 2）$1+3+5+\cdots+(2n-1) = \sum\limits_{k=1}^{n} (2k-1) = n^2$ 3）$2+4+6+\cdots+(2n) = \sum\limits_{k=1}^{n} (2k) = n(n+1)$ 4）$1^2+2^2+3^2+\cdots+n^2 = \sum\limits_{k=1}^{n} k^2 = \dfrac{1}{6} n(n+1)(2n+1)$ 5）$1^2+3^2+5^2+\cdots+(2n-1)^2 = \sum\limits_{k=1}^{n} (2k-1)^2 = \dfrac{1}{3} n(4n^2-1)$ 6）$1^3+3^3+5^3+\cdots+n^3 = \sum\limits_{k=1}^{n} k^3 = \left[\dfrac{1}{2} n(n+1) \right]^2$ 7）$1^3+3^3+5^3+\cdots+(2n-1)^3 = \sum\limits_{k=1}^{n} (2k-1)^3 = n^2(2n^2-1)$ 8）$1^4+3^4+5^4+\cdots+n^4 = \sum\limits_{k=1}^{n} k^4 = \dfrac{1}{30} n(n+1)(2n+1)(3n^2+3n-1)$ 9）$1^5+3^5+5^5+\cdots+n^5 = \sum\limits_{k=1}^{n} k^5 = \dfrac{1}{12} n^2(n+1)^2(2n^2+2n-1)$ 10）$1\times2+2\times3+3\times4+\cdots+n\times(n+1) = \dfrac{1}{3} n(n+1)(n+2)$

续表 12-1

序号	项目	内容
11	常用的求和公式	11）$1\times2\times3+2\times3\times4+3\times4\times5+\cdots+n\times(n+1)\times(n+2)=\frac{1}{4}n(n+1)(n+2)(n+3)$ 12）$1\times2\times3\times4+2\times3\times4\times5+3\times4\times5\times6+\cdots+n\times(n+1)\times(n+2)\times(n+3)=\frac{1}{5}n(n+1)(n+2)(n+3)(n+4)$
12	阶乘	1）阶乘。设 n 为自然数，则 $$n!=1\times2\times3\cdots\times n$$ 称为 n 的阶乘，并且规定 $0!=1$。又定义 $$(2n+1)!!=\frac{(2n+1)!}{2^n n!}=1\times3\times5\times\cdots\times(2n+1),\ (-1)!!=0$$ $$(2n)!!=2^n n!=2\times4\times6\times\cdots\times(2n),\ 0!!=0$$ 2）阶乘有限和公式如下： $$\sum_{j=1}^{n}j!\ j=(n+1)!-1$$ $$\sum_{j=1}^{n}\frac{j}{(j+1)!}=1-\frac{1}{(n+1)!}$$ $$\sum_{j=1}^{n}\frac{j^2+j-1}{(j+2)!}=\frac{1}{2}-\frac{n+1}{(n+2)!}$$ $$\sum_{j=1}^{n}\frac{j^{2j}}{(j+2)!}=1-\frac{2^{n+1}}{(n+2)!}$$ $$\sum_{j=0}^{n}\frac{1}{j!(n-j)!}=\frac{2^n}{n!}$$ $$\sum_{j=0}^{n}(-1)^j\frac{n(n+j-1)!}{(j!)^2(n-j)!}=0$$ $$\sum_{j=1}^{n}\frac{j}{(2j+1)!!}=\frac{1}{2}\left[1-\frac{1}{(2n+1)!!}\right]$$ $$\sum_{j=1}^{n}\frac{(2j-1)!!}{(2j+2)!!}=\frac{1}{2}-\frac{(2n+1)!!}{(2n+2)!!}$$
13	排列与组合	（1）排列。从 m 个不同的元素中，每次取出 $n(n\leqslant m)$ 个不同的元素，按一定的顺序排成一列，称为 n 排列。当 $n<m$ 时，又称为选排列，记作 P_n^m 或 A_n^m 或 $[m]_n$，当 $n=m$ 时，又称为全排列，简称排列，记作 P_n^n 或 A_n^n 或 $[n]_n$， 排列总数如下： $$P_n^m=m(m-1)(m-2)\cdots(m-n+1)(1\leqslant n\leqslant m),\ 规定\ P_0^m=1$$ $$P_n^n=n\times(n-1)\times(n-2)\cdots3\times2\times1$$ P_n^n 记作 $n!$，读作“n 的阶乘”，规定 $0!=1$ （2）组合。从 m 个不同的元素中，每次取出 $n(n\leqslant m)$ 个不同的元素，不管其顺序合并成一组，称为 n 组合，简称组合，记作 $\binom{m}{n}$ 或 C_n^m（某些书上也记作 C_m^n） 有关组合数的公式如下： $$\binom{m}{n}=\frac{p_n^m}{n!}=\frac{m!}{(m-n)!n!}$$

续表 12-1

序　号	项　目	内　容
13	排列与组合	$\binom{m}{n}=\binom{m}{m-n}(0\leqslant n\leqslant m)$ $\binom{m}{n}=\binom{m-1}{n}+\binom{m-1}{n-1}(2\leqslant n\leqslant m)$ $\sum\limits_{n=0}^{m}\binom{m}{n}=2^m,\ \sum\limits_{n=0}^{m}(-1)^n\binom{m}{n}=0(m\geqslant 0)$ $\sum\limits_{n\geqslant 0}\binom{m}{2n}=\sum\limits_{n\geqslant 0}\binom{m}{2n+1}=2^{m-1}(m>0)$
14	双曲函数	函数 $\mathrm{sh}x=\dfrac{e^x-e^{-x}}{2}$，$\mathrm{ch}x=\dfrac{e^x+e^{-x}}{2}$，$\mathrm{th}x=\dfrac{\mathrm{sh}x}{\mathrm{ch}x}=\dfrac{e^x-e^{-x}}{e^x+e^{-x}}$，$\mathrm{cth}x=\dfrac{\mathrm{ch}x}{\mathrm{sh}x}=\dfrac{e^x+e^{-x}}{e^x-e^{-x}}$，$\mathrm{sech}x=\dfrac{1}{\mathrm{ch}x}=\dfrac{2}{e^x+e^{-x}}$，$\mathrm{csch}x=\dfrac{1}{\mathrm{sh}x}=\dfrac{2}{e^x-e^{-x}}$分别称为双曲正弦函数、双曲余弦函数、双曲正切函数、双曲余切函数、双曲正割函数、双曲余割函数，统称为双曲函数。它们对于 x 的一切值都有意义($\mathrm{cth}x$ 和 $\mathrm{csch}x$ 在 $x=0$ 时无意义,须除外)，详见表 12-2

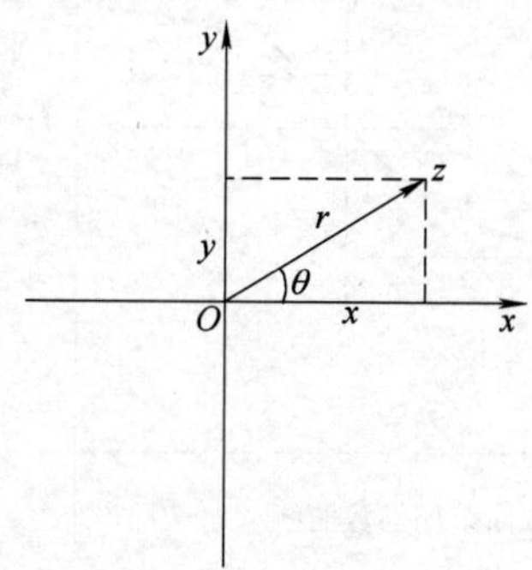

图 12-1　复数对应于平面上的点

表 12-2　双曲函数

序　号	双曲函数名称	函 数 图 形	图 形 特 征
1	双曲正弦函数，即 $\mathrm{sh}x=\dfrac{e^x-e^{-x}}{2}$	双曲正弦函数曲线 $y=\mathrm{sh}x$	曲线关于原点对称 拐点(同曲线对称中心)$O(0,0)$，该点切线斜率为 1

续表 12-2

序　号	双曲函数名称	函 数 图 形	图 形 特 征
2	双曲余弦函数，即 $\text{ch}x=\dfrac{e^{x}+e^{-x}}{2}$	双曲余弦函数曲线 $y=\text{ch}x$ 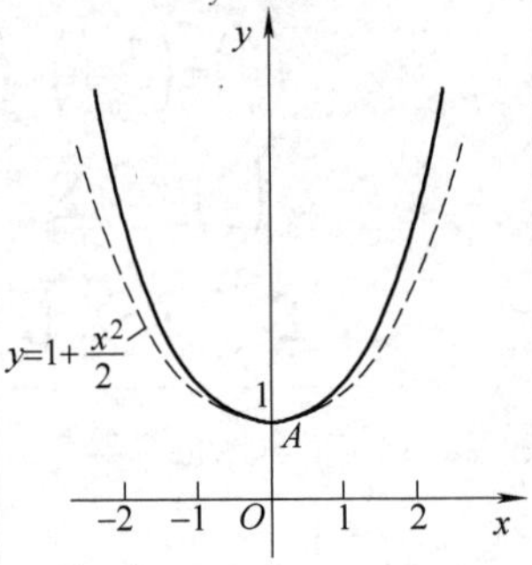 $y=1+\dfrac{x^2}{2}$	曲线关于 y 轴对称 顶点(同极小值点)：$A(0,1)$
3	双曲正切函数，即 $\text{th}x=\dfrac{\text{sh}x}{\text{ch}x}=\dfrac{e^{x}-e^{-x}}{e^{x}+e^{-x}}$	双曲正切函数曲线 $y=\text{th}x$ 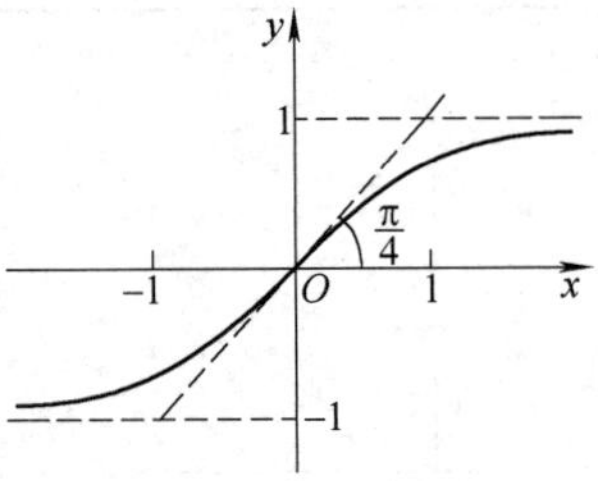	曲线关于原点对称 拐点(同曲线对称中心)$O(0,0)$，该点切线斜率为1 渐近线：$y=\pm1$
4	双曲余切函数，即 $\text{cth}x=\dfrac{\text{ch}x}{\text{sh}x}=\dfrac{e^{x}+e^{-x}}{e^{x}-e^{-x}}$	双曲余切函数曲线 $y=\text{cth}x$ 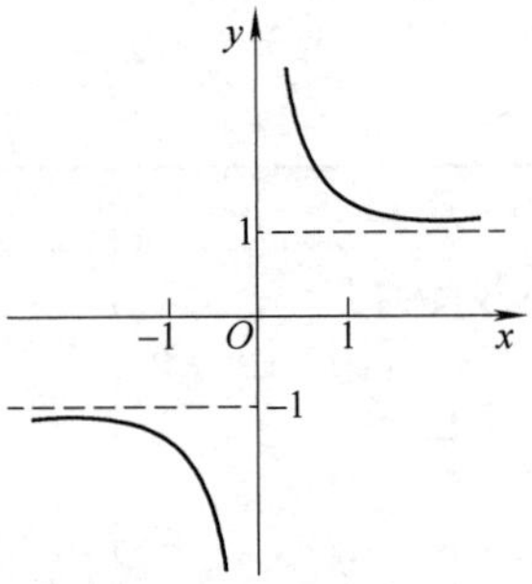	曲线关于原点对称 不连续点：$x=0$ 渐近线：$x=0$，$y=\pm1$
5	双曲正割函数，即 $\text{sech}x=\dfrac{1}{\text{ch}x}=\dfrac{2}{e^{x}+e^{-x}}$	双曲正割函数曲线 $y=\text{sech}x$ 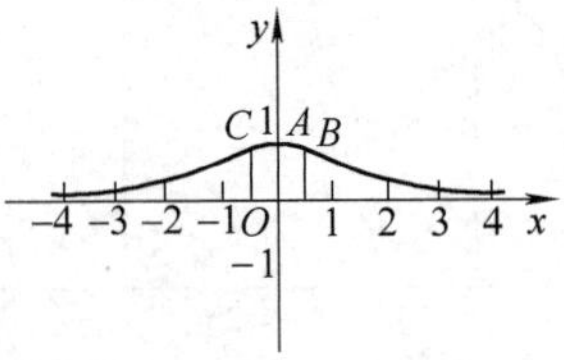	曲线关于 y 轴对称 顶点(同极大点)：$A(0,1)$ 拐点：$B\left(\text{Arth}\dfrac{\sqrt{2}}{2},\dfrac{\sqrt{2}}{2}\right)$ $C\left(-\text{Arth}\dfrac{\sqrt{2}}{2},\dfrac{\sqrt{2}}{2}\right)$ 渐近线：$y=0$

续表 12-2

序　号	双曲函数名称	函数图形	图形特征
6	双曲余割函数，即 $\operatorname{csch}x=\dfrac{1}{\operatorname{sh}x}=\dfrac{2}{e^{x}-e^{-x}}$	双曲余割函数曲线 $y=\operatorname{csch}x$	曲线关于原点对称 不连续点：$x=0$ 渐近线：$x=0$，$y=0$

注：1. 和差的双曲函数基本公式如下：

$$\operatorname{sh}(x\pm y)=\operatorname{sh}x\operatorname{ch}y\pm\operatorname{ch}x\operatorname{sh}y \qquad \operatorname{ch}(x\pm y)=\operatorname{ch}x\operatorname{ch}y\pm\operatorname{sh}x\operatorname{sh}y$$

$$\operatorname{th}(x\pm y)=\frac{\operatorname{th}x\pm\operatorname{th}y}{1\pm\operatorname{th}x\operatorname{th}y} \qquad \operatorname{cth}(x\pm y)=\frac{1\pm\operatorname{cth}x\operatorname{cth}y}{\operatorname{cth}x\pm\operatorname{cth}y}$$

2. 双曲函数的和差基本公式如下：

$$\operatorname{sh}x\pm\operatorname{sh}y=2\operatorname{sh}\frac{x\pm y}{2}\operatorname{ch}\frac{x\mp y}{2}$$

$$\operatorname{ch}x+\operatorname{ch}y=2\operatorname{ch}\frac{x+y}{2}\operatorname{ch}\frac{x-y}{2}$$

$$\operatorname{ch}x-\operatorname{ch}y=2\operatorname{sh}\frac{x+y}{2}\operatorname{sh}\frac{x-y}{2}$$

$$\operatorname{th}x\pm\operatorname{th}y=\frac{\operatorname{sh}(x\pm y)}{\operatorname{ch}x\operatorname{ch}y} \qquad \operatorname{cth}x\pm\operatorname{cth}y=\pm\frac{\operatorname{sh}(x\pm y)}{\operatorname{sh}x\operatorname{sh}y}$$

3. 双曲函数倍元公式如下：

$$\operatorname{sh}2x=2\operatorname{sh}x\operatorname{ch}x$$

$$\operatorname{sh}3x=3\operatorname{sh}x+4\operatorname{sh}^3x$$

$$\operatorname{ch}2x=\operatorname{sh}^2x+\operatorname{ch}^2x$$

$$\operatorname{ch}3x=4\operatorname{ch}^3x-3\operatorname{ch}x$$

$$\operatorname{th}2x=\frac{2\operatorname{th}x}{1+\operatorname{th}^2x}$$

$$\operatorname{cth}2x=\frac{1+\operatorname{cth}^2x}{2\operatorname{cth}x}$$

12.1.2　代数方程

代数方程见表 12-3。

表 12-3　代数方程

序　号	项　目	内　容
1	一元二次方程	给定一元二次方程 $ax^2+bx+c=0(a\neq0)$，则有： 1）根为 $x_1=\dfrac{-b+\sqrt{b^2-4ac}}{2a}$，$x_2=\dfrac{-b-\sqrt{b^2-4ac}}{2a}$ 2）根与系数的关系为 $x_1+x_2=-\dfrac{b}{a}$，$x_1x_2=\dfrac{c}{a}$ 3）判别式为

续表 12-3

序　　号	项　　目	内　　容
1	一元二次方程	$\Delta=b^2-4ac\begin{cases}>0，有两个不相等的实根\\=0，有两个相等的实根\\<0，有一对共轭复根\end{cases}$
2	一元三次方程	（1）给定方程 $x^3-1=0$，则其三个根为 $$x_1=1，x_2=\omega=\frac{-1+\sqrt{3}\mathrm{i}}{2}，x_3=\omega^2=\frac{-1-\sqrt{3}\mathrm{i}}{2}$$ 且 $x_1+x_2+x_3=1+\omega+\omega^2=0，x_1x_2x_3=1\omega\omega^2=\omega^3=1$ （2）给定方程 $x^3+ax^2+bx+c=0$，令 $x=y-\frac{a}{3}$，代入得 $y_3+py+q=0$。设其根为 y_1，y_2，y_3，则有： 1）根为 $$y_1=\sqrt[3]{-\frac{q}{2}+\sqrt{\left(\frac{q}{2}\right)^2+\left(\frac{p}{3}\right)^3}}+\sqrt[3]{-\frac{q}{2}-\sqrt{\left(\frac{q}{2}\right)^2+\left(\frac{p}{3}\right)^3}}$$ $$y_2=\sqrt[3]{-\frac{q}{2}+\sqrt{\left(\frac{q}{2}\right)^2+\left(\frac{p}{3}\right)^3}}\omega+\sqrt[3]{-\frac{q}{2}-\sqrt{\left(\frac{q}{2}\right)^2+\left(\frac{p}{3}\right)^3}}\omega^2$$ $$y_3=\sqrt[3]{-\frac{q}{2}+\sqrt{\left(\frac{q}{2}\right)^2+\left(\frac{p}{3}\right)^3}}\omega^2+\sqrt[3]{-\frac{q}{2}-\sqrt{\left(\frac{q}{2}\right)^2+\left(\frac{p}{3}\right)^3}}\omega$$ 式中，$\omega=\frac{-1+\sqrt{3}\mathrm{i}}{2}$，再将 $y_k(k=1,2,3)$ 代入 $x=y-\frac{a}{3}$ 即得原方程的三个根 2）根与系数的关系 $$y_1+y_2+y_3=0，\frac{1}{y_1}+\frac{1}{y_2}+\frac{1}{y_3}=-\frac{p}{q}，y_1y_2y_3=-q$$ 3）判别式：$\Delta=\left(\frac{q}{2}\right)^2+\left(\frac{p}{3}\right)^3$ $$\Delta=\begin{cases}>0，有一个实根与一对共轭复根\\=0，有三个实根，其中有两个相等\\<0，有三个不相等的实根\end{cases}$$
3	一元四次方程	给定方程 $x^4+bx^3+cx^2+dx+e=0$。先求出方程 $y^3-cy^2+(bd-4e)y-b^2e+4ce-d^2=0$ 的任一实根 y_0，当 $by_0-2c>0$ 时，再解下列两个方程为 $$x^2+\frac{1}{2}(b\pm\sqrt{b^2-4c+4y_0})x+\frac{1}{2}(y_0\pm\sqrt{y_0^2-4e})=0$$ 当 $by_0-2c<0$ 时，再解下列两个方程为 $$x^2+\frac{1}{2}(b\pm\sqrt{b^2-4c+4y_0})x+\frac{1}{2}(y_0\mp\sqrt{y_0^2-4e})=0$$ 由于四次以上的文字系数的代数方程，没有一般的由方程的系数经有限次四则运算和开方运算求根的方法
4	根与系数的关系	设给定一个一元 n 次方程为 $$a_nx^n+a_{n-1}x^{n-1}+\cdots+a_1x+a_0=0\quad(a_n\neq0)$$ 设它的 n 个根为 $x_1,x_2,\cdots,x_n$，则可表达为 $$x_1+x_2+\cdots+x_n=-\frac{a_{n-1}}{a_n},$$ $$x_1x_2+x_1x_3+\cdots+x_{n-1}x_n=\frac{a_{n-2}}{a_n},$$ $$\vdots$$ $$x_1x_2\cdots x_n=(-1)^n\frac{a_0}{a_n}$$

12.1.3　初等代数计算例题

[例题 12-1]　将既约分式$\frac{2x^2+2x+13}{(x-2)(x^2+1)^2}$(原式)分解为部分分式之和的形式。

[解]　应用式(12-1)将原式分解为部分分式之和的形式为

$$\frac{2x^2+2x+13}{(x-2)(x^2+1)^2}=\frac{A}{x-2}+\frac{M_1x+N_1}{x^2+1}+\frac{M_2x+N_2}{(x^2+1)^2} \tag{1}$$

式(1)中，A、M_1、N_1、M_2、N_2 为待定系数。

将式(1)等号两边同乘以$(x-2)(x^2+1)^2$，得恒等式为

$$\begin{aligned}2x^2+2x+13&=A(x^2+1)^2+(M_1x+N_1)(x-2)(x^2+1)+(M_2x+N_2)(x-2)\\&=(Ax^4+2Ax^2+A)+(M_1x^4+N_1x^3-2M_1x^3-2N_1x^2+M_1x^2+N_1x-2M_1x-2N_1)+\\&\quad(M_2x^2+N_2x-2M_2x-2N_2)\end{aligned} \tag{2}$$

比较式(2)等号两边同次项系数，得

$$\left.\begin{array}{ll}x^4, & A+M_1=0\\ x^3, & N_1-2M_1=0\\ x^2, & 2A-2N_1+M_1+M_2=2\\ x, & N_1-2M_1+N_2-2M_2=2\\ x^0, & A-2N_1-2N_2=13\end{array}\right\} \tag{3}$$

解上式(3)，得 $A=1$，$M_1=-1$，$N_1=-2$，$M_2=-3$，$N_2=-4$，所以式(1)得

$$\frac{2x^2+2x+13}{(x-2)(x^2+1)^2}=\frac{1}{x-2}-\frac{x+2}{x^2+1}-\frac{3x+4}{(x^2+1)^2} \tag{4}$$

则式(4)即为所求。

[例题 12-2]　将分式$\frac{x^4}{x^3+1}$(原式)分解为部分分式。

[解]　原式$\frac{x^4}{x^3+1}$是一假分式，首先将其化为多项式与真分式之和的形式为

$$\frac{x^4}{x^3+1}=x-\frac{x}{x^3+1}$$

应用式(12-1)，将真分式$\frac{x}{x^3+1}$分解为如下的形式为

$$\frac{x}{x^3+1}=\frac{x}{(x+1)(x^2-x+1)}=\frac{A}{x+1}+\frac{Mx+N}{x^2-x+1} \tag{1}$$

式(1)中，A、M、N 为待定系数。

将式(1)等号两边同乘以$(x+1)(x^2-x+1)$，得恒等式为

$$x=A(x^2-x+1)+(Mx+N)(x+1)=(Ax^2-Ax+A)+(Mx^2+Nx+Mx+N) \tag{2}$$

比较式(2)等号两边同次项系数，得

$$\left.\begin{array}{ll}x^2, & A+M=0\\ x, & -A+N+M=1\\ x^0, & A+N=0\end{array}\right\} \tag{3}$$

解上式(3)，得　$A=-\frac{1}{3}$，$M=\frac{1}{3}$，$N=\frac{1}{3}$，所以原式得

$$\frac{x^4}{x^3+1}=x-\frac{1}{3(x+1)}+\frac{x+1}{3(x^2-x+1)} \tag{4}$$

则式(4)即为所求。

［例题 12-3］ 将分式$\dfrac{x^2+1}{x^3(x^2-3x+6)}$(原式)分解为部分分式之和的形式。

［解］ 应用式(12-1)将原式分解为部分分式之和的形式为

$$\frac{x^2+1}{x^3(x^2-3x+6)}=\frac{A_0}{x^3}+\frac{A_1}{x^2}+\frac{A_2}{x}+\frac{A_3x+A_4}{x^2-3x+6} \tag{1}$$

式(1)中，A_0、A_1、A_2、A_3、A_4 为待定系数。

将式(1)等号两边同乘以 $x^3(x^2-3x+6)$，得恒等式为

$$\begin{aligned}x^2+1&=A_0(x^2-3x+6)+A_1x(x^2-3x+6)+A_2x^2(x^2-3x+6)+x^3(A_3x+A_4)\\&=(A_0x^2-3A_0x+6A_0)+(A_1x^3-3A_1x^2+6A_1x)+(A_2x^4-3A_2x^3+6A_2x^2)+(A_3x^4+A_4x^3)\end{aligned} \tag{2}$$

比较式(2)等号两边同次项系数，得

$$\left.\begin{array}{ll}x^4, & A_2+A_3=0\\x^3, & A_1-3A_2+A_4=0\\x^2, & A_0-3A_1+6A_2=1\\x, & -3A_0+6A_1=0\\x^0, & 6A_0=1\end{array}\right\} \tag{3}$$

解上式(3)，得 $A_0=\dfrac{1}{6}$，$A_1=\dfrac{1}{12}$，$A_2=\dfrac{13}{72}$，$A_3=\dfrac{-13}{72}$，$A_4=\dfrac{33}{72}$

所以式(1)，得

$$\frac{x^2+1}{x^3(x^2-3x+6)}=\frac{1}{6x^3}+\frac{1}{12x^2}+\frac{13}{72x}+\frac{-13x+33}{72(x^2-3x+6)} \tag{4}$$

则式(4)即为所求。

［例题 12-4］ 将分式$\dfrac{x^2+3}{x(x-2)(x^2+2x+4)}$(原式)分解为部分分式之和的形式。

［解］ 应用式(12-1)将原式分解为部分分式之和的形式为

$$\frac{x^2+3}{x(x-2)(x^2+2x+4)}=\frac{A}{x}+\frac{B}{x-2}+\frac{Cx+D}{x^2+2x+4} \tag{1}$$

式(1)中，A、B、C、D 为待定系数。

将式(1)等号两边同乘以 $x(x-2)(x^2+2x+4)$，得恒等式为

$$\begin{aligned}x^2+3&=A(x-2)(x^2+2x+4)+Bx(x^2+2x+4)+(Cx+D)(x-2)x\\&=(Ax^3-8A)+(Bx^3+2Bx^2+4Bx)+(Cx^3+Dx^2-2Cx^2-2Dx)\end{aligned} \tag{2}$$

比较式(2)等号两边同次项系数，得

$$\left.\begin{array}{ll}x^3, & A+B+C=0\\x^2, & 2B+D-2C=1\\x, & 4B-2D=0\\x^0, & -8A=3\end{array}\right\} \tag{3}$$

解上式(3)，得 $A=-\dfrac{3}{8}$，$B=\dfrac{7}{24}$，$C=\dfrac{1}{12}$，$D=\dfrac{7}{12}$

所以式(1)，得

$$\frac{x^2+3}{x(x-2)(x^2+2x+4)}=\frac{-3}{8x}+\frac{7}{24(x-2)}+\frac{x+7}{12(x^2+2x+4)} \tag{4}$$

则式(4)即为所求。

12.2　平面三角

12.2.1　角的两种度量制与三角函数的定义和基本关系

角的两种度量制与三角函数的定义和基本关系见表 12-4。

表 12-4　角的两种度量制与三角函数的定义和基本关系

序　号	项　目	内　容
1	角的两种度量制	1）角度制：圆周的$\frac{1}{360}$的弧所对的圆心角称为 1 度的角，记作 1°。1 度等于 60 分，1 分等于 60 秒，记作 1° = 60′，1′ = 60″。角度制就是用度作为度量角的单位的制度 2）弧度制：弧长等于半径的弧所对的圆心角称为 1 弧度的角。弧度也称为弪。弧度制就是用弧度(rad)作为度量角的单位的制度 半径为 r，圆心角为 θ(弧度为单位)所对的圆弧长 $l=r\theta$ 度与弧度的关系为 $$\frac{\theta}{\pi}=\frac{D}{180}$$ 式中，D 与 θ 表示同一角的度数与弧度数 $180°=\pi\text{rad}$ $1°\approx0.01745\text{rad}$ $1\text{rad}\approx57°17'44.8''$ 在高等数学中，角度一般用弧度来度量，并略去“弧度”两字。例如把$\theta=45°$写成 $\theta=\frac{\pi}{4}$
2	三角函数的定义和基本关系	（1）说明。为定义任意角的三角函数，把角置于笛卡儿直角坐标系中，使角的始边与 x 轴正向重合，角的顶点位于坐标原点，角的终边可落在四个象限的某一象限之中，或坐标轴上，规定由 x 轴正向按逆时针方向旋转到角的终边所成的角度为正角，按顺时针方向旋转所成的角度为负角。任意角 θ 的取值范围是 $-\infty<\theta<+\infty$ （2）定义 正弦 $\sin\theta=\frac{y}{r}$，余弦 $\cos\theta=\frac{x}{r}$， 正切 $\tan\theta=\frac{y}{x}$，余切 $\cot\theta=\frac{x}{y}$， 正割 $\sec\theta=\frac{r}{x}$，余割 $\csc\theta=\frac{r}{y}$ 其中，x、y 为 θ 角终边上任一点 P 的坐标，如图 12-2 所示。正切也记作 tgθ 如果作单位圆，则锐角三角函数均可由线段来表示(图 12-3)为 $\sin\theta=AB$，　$\cos\theta=OA$， $\tan\theta=CT$，　$\cot\theta=DE$， $\sec\theta=OT$，　$\csc\theta=OE$ （3）基本关系

续表 12-4

序　号	项　目	内　容
2	三角函数的定义和基本关系	1）$\sin\theta\csc\theta=1$，　2）$\cos\theta\sec\theta=1$， 3）$\tan\theta\cot\theta=1$，　4）$\sin^2\theta+\cos^2\theta=1$ 5）$\sec^2\theta-\tan^2\theta=1$，　6）$\csc^2\theta-\cot^2\theta=1$， 7）$\tan\theta=\dfrac{\sin\theta}{\cos\theta}$，　8）$\cot\theta=\dfrac{\cos\theta}{\sin\theta}$ （4）特殊角的三角函数值见表 12-5

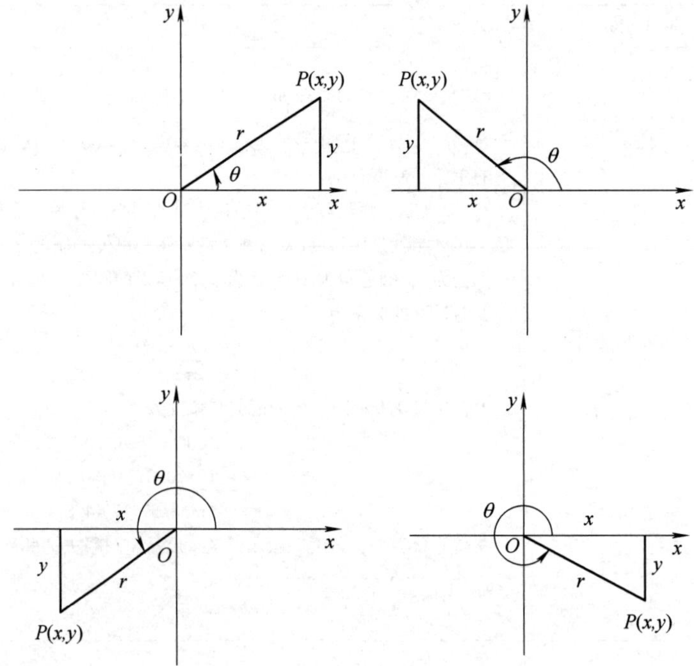

图 12-2　三角函数定义

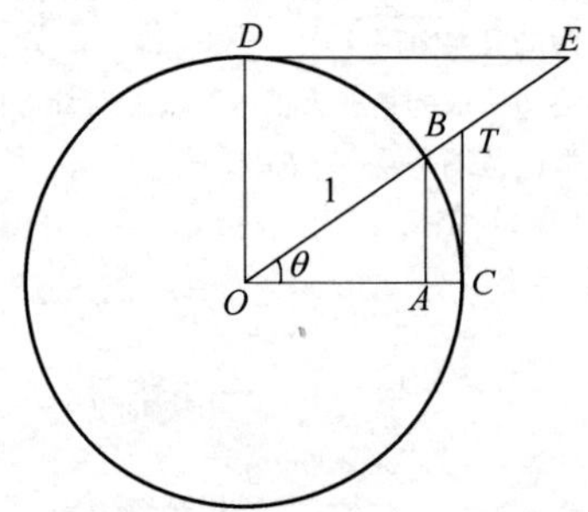

图 12-3　单位圆中三角函数线

表 12-5　特殊角的三角函数值

序　号	θ	$\sin\theta$	$\cos\theta$	$\tan\theta$	$\cot\theta$	$\sec\theta$	$\csc\theta$
1	0	0	1	0	不存在	1	不存在
2	$\dfrac{\pi}{6}$	$\dfrac{1}{2}$	$\dfrac{\sqrt{3}}{2}$	$\dfrac{\sqrt{3}}{3}$	$\sqrt{3}$	$\dfrac{2\sqrt{3}}{3}$	2

续表 12-5

序　号	θ	$\sin\theta$	$\cos\theta$	$\tan\theta$	$\cot\theta$	$\sec\theta$	$\csc\theta$
3	$\frac{\pi}{4}$	$\frac{\sqrt{2}}{2}$	$\frac{\sqrt{2}}{2}$	1	1	$\sqrt{2}$	$\sqrt{2}$
4	$\frac{\pi}{3}$	$\frac{\sqrt{3}}{2}$	$\frac{1}{2}$	$\sqrt{3}$	$\frac{\sqrt{3}}{3}$	2	$\frac{2\sqrt{3}}{3}$
5	$\frac{\pi}{2}$	1	0	不存在	0	不存在	1
6	$\frac{2\pi}{3}$	$\frac{\sqrt{3}}{2}$	$-\frac{1}{2}$	$-\sqrt{3}$	$-\frac{\sqrt{3}}{3}$	-2	$\frac{2\sqrt{3}}{3}$
7	$\frac{3\pi}{4}$	$\frac{\sqrt{2}}{2}$	$-\frac{\sqrt{2}}{2}$	-1	-1	$-\sqrt{2}$	$\sqrt{2}$
8	$\frac{5\pi}{6}$	$\frac{1}{2}$	$-\frac{\sqrt{3}}{2}$	$-\frac{\sqrt{3}}{3}$	$-\sqrt{3}$	$-\frac{2\sqrt{3}}{3}$	2
9	π	0	-1	0	不存在	-1	不存在

12.2.2　三角函数的诱导公式及三角函数的图形与特性

三角函数的诱导公式及三角函数的图形与特性见表 12-6。

表 12-6　三角函数的诱导公式及三角函数的图形与特性

序　号	项　目	内　容
1	任意角三角函数的诱导公式	任意角三角函数的诱导公式见表 12-7
2	三角函数的图形与特性	(1) 正弦函数 $y=\sin x(x\in\boldsymbol{R}, x$ 表示弧度数)。正弦函数的图形称为正弦曲线(图 12-4)。由于 $\lvert\sin x\rvert\leqslant 1$，故正弦曲线介于 $y=\pm 1$ 两条直线之间。$y=\sin x$ 是以 2π 为周期的周期函数，即 $\sin(x+2\pi)=\sin x$ 由 $\sin(-x)=-\sin x$，可知正弦函数 $y=\sin x(x\in\boldsymbol{R})$ 是奇函数。正弦函数在每一个闭区间 $\left[-\frac{\pi}{2}+2n\pi,\frac{\pi}{2}+2n\pi\right](n\in\boldsymbol{Z})$ 上是增函数，在每一个闭区间 $\left[\frac{\pi}{2}+2n\pi,\frac{3\pi}{2}+2n\pi\right](n\in\boldsymbol{Z})$ 上是减函数 (2) 余弦函数 $y=\cos x(x\in\boldsymbol{R})$。余弦函数的图形称为余弦曲线(图 12-5)。由于 $\lvert\cos x\rvert\leqslant 1$，与正弦曲线类同，余弦曲线介于直线 $y=\pm 1$ 之间。由 $\cos(x+2\pi)=\cos x$，可知其周期 $T=2\pi$。由 $\cos(-x)=\cos x$，可知余弦函数 $y=\cos x(x\in\boldsymbol{R})$ 是偶函数。余弦函数在每一个闭区间 $[(2n-1)\pi,2n\pi]$ $(n\in\boldsymbol{Z})$ 上是增函数，在每一个闭区间 $[2n\pi,(2n+1)\pi](n\in\boldsymbol{Z})$ 上是减函数 (3) 正切函数 $y=\tan x\left(x\in\boldsymbol{R}\text{ 且 }x\neq n\pi+\frac{\pi}{2},n\in\boldsymbol{Z}\right)$。正切函数的图形称为正切曲线(图 12-6)。由 $\tan(x+\pi)=\tan x$，可知其周期 $T=\pi$。正切函数 $y=\tan x$ 是奇函数，它在每一个开区间 $\left(-\frac{\pi}{2}+n\pi,\frac{\pi}{2}+n\pi\right)(n\in\boldsymbol{Z})$ 内都是增函数。$x=\left(n+\frac{1}{2}\right)\pi(n\in\boldsymbol{Z})$ 为正切曲线的渐近线 (4) 余切函数 $y=\cot x(x\in\boldsymbol{R}$ 且 $x\neq n\pi,n\in\boldsymbol{Z})$。余切函数的图形称为余切曲线(图 12-7)。由 $\cot(x+\pi)=\cot x$，可知其周期 $T=\pi$。余切函数 $y=\cot x$ 为奇函数，它在每一个开区间 $[n\pi,(n+1)\pi](n\in\boldsymbol{Z})$ 内都是减函数。$x=n\pi(n\in\boldsymbol{Z})$ 为余切曲线的渐近线

续表 12-6

序号	项目	内容
2	三角函数的图形与特性	(5) 正割函数 $y=\sec x\left(x\in\boldsymbol{R}\text{ 且 }x\neq n\pi+\dfrac{\pi}{2},n\in\boldsymbol{Z}\right)$。正割函数的图形称为正割曲线(图 12-8)。由 $\sec(x+2\pi)=\sec x$，可知其周期 $T=2\pi$。$\lvert\sec x\rvert\geqslant1$，$x=n\pi+\dfrac{\pi}{2}(\boldsymbol{n}\in\boldsymbol{Z})$为正割曲线 $y=\sec x$ 的渐近线 (6) 余割函数 $y=\csc x(x\in\boldsymbol{R}\text{ 且 }x\neq n\pi,n\in\boldsymbol{Z})$。余割函数的图形称为余割曲线(图 12-9)。由 $\csc(x+2\pi)=\csc x$，可知其周期 $T=2\pi$。$\lvert\sec x\rvert\geqslant1$，$x=n\pi(n\in\boldsymbol{Z})$为余割曲线 $y=\csc x$ 的渐近线 (7) 正弦型函数 $y=A\sin(\omega x+\varphi)$的图形，其中 A、ω、φ 为常数，且 $A>0$，$\omega>0$。这类函数在物理和工程技术问题中经常会遇到。例如，物体做简谐运动时位移 y 与时间 x 的关系，交流电流的电流强度 y 与时间 x 的关系等，都可由这类函数来表示。$y=A\sin(\omega x+\varphi)$是以$\dfrac{2\pi}{\omega}$为周期的周期函数，$A$、$\omega$ 分别称为此函数的振幅与频率，φ 称为初相。$y=A\sin(\omega x+\varphi)$的图形可由 $y=\sin x$ 的图形经过适当变换而得到，一般步骤如下： 1) 作出 $y=A\sin x$ 的图形，即把 $y=\sin x$ 的图形上各点的纵坐标伸长($A>1$)或缩短($0<A<1$)A 倍(横坐标不变)而得到。这时函数的振幅由 1 变换为 A 2) 作出 $y=A\sin\omega x$ 的图形，即把 $y=A\sin x$ 的图形上所有点的横坐标缩短($\omega>1$)或伸长($0<\omega<1$)$\dfrac{1}{\omega}$倍(纵坐标不变换)而得到。这时函数的周期由 2π 变换为$\dfrac{2\pi}{\omega}$ 3) 作出 $y=A\sin\omega\left(x+\dfrac{\varphi}{\omega}\right)$的图形，即把 $y=A\sin\omega x$ 的图形向左($\varphi>0$)或向右($\varphi<0$)平移$\dfrac{\lvert\varphi\rvert}{\omega}$而得到。此即为函数 $y=A\sin(\omega x+\varphi)$的图形

表 12-7 任意角三角函数的诱导公式

序号	角	三角函数		
1	$-\theta$	$-\sin\theta$	$\cos\theta$	$-\tan\theta$
2	$\dfrac{\pi}{2}\pm\theta$	$\cos\theta$	$\mp\sin\theta$	$\mp\cot\theta$
3	$\pi\pm\theta$	$\mp\sin\theta$	$-\cos\theta$	$\pm\tan\theta$
4	$\dfrac{3\pi}{2}\pm\theta$	$-\cos\theta$	$\pm\sin\theta$	$\mp\cot\theta$
5	$2\pi\pm\theta$	$\pm\sin\theta$	$\cos\theta$	$\pm\tan\theta$
6	$n\pi\pm\theta$	$\pm(-1)^n\sin\theta$	$(-1)^n\cos\theta$	$\pm\tan\theta$
7	$-\theta$	$-\cot\theta$	$\sec\theta$	$-\csc\theta$
8	$\dfrac{\pi}{2}\pm\theta$	$\mp\tan\theta$	$\mp\csc\theta$	$\sec\theta$

续表 12-7

序　号	角	三角函数		
9	$\pi \pm \theta$	$\pm\cot\theta$	$-\sec\theta$	$\mp\csc\theta$
10	$\frac{3\pi}{2} \pm \theta$	$\mp\tan\theta$	$\pm\csc\theta$	$-\sec\theta$
11	$2\pi \pm \theta$	$\pm\cot\theta$	$\sec\theta$	$\pm\csc\theta$
12	$n\pi \pm \theta$	$\pm\cot\theta$	$(-1)^n\sec\theta$	$\pm(-1)^n\csc\theta$

注：表中的 $n \in \mathbf{Z}$。

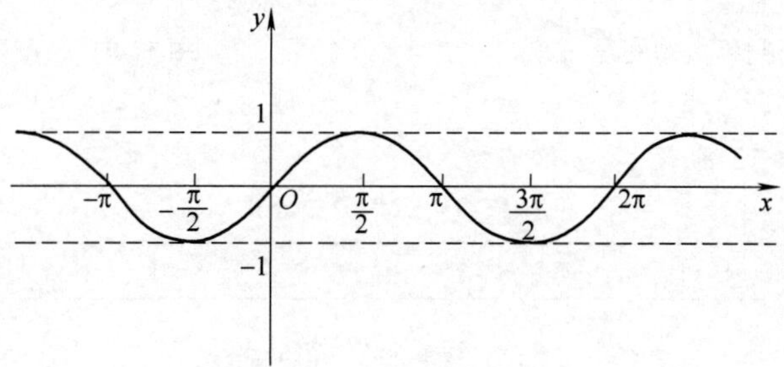

图 12-4　正弦函数的图形

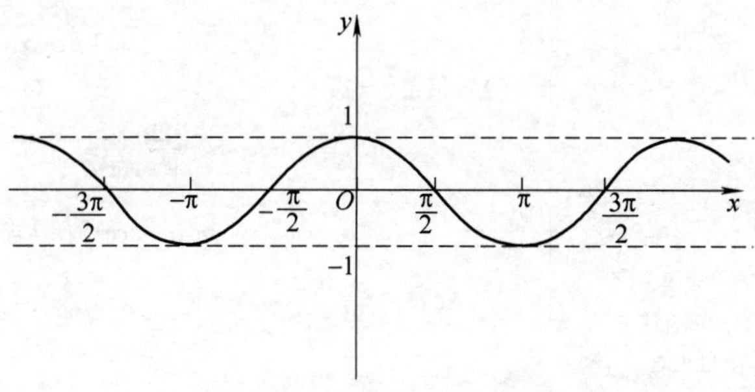

图 12-5　余弦函数的图形

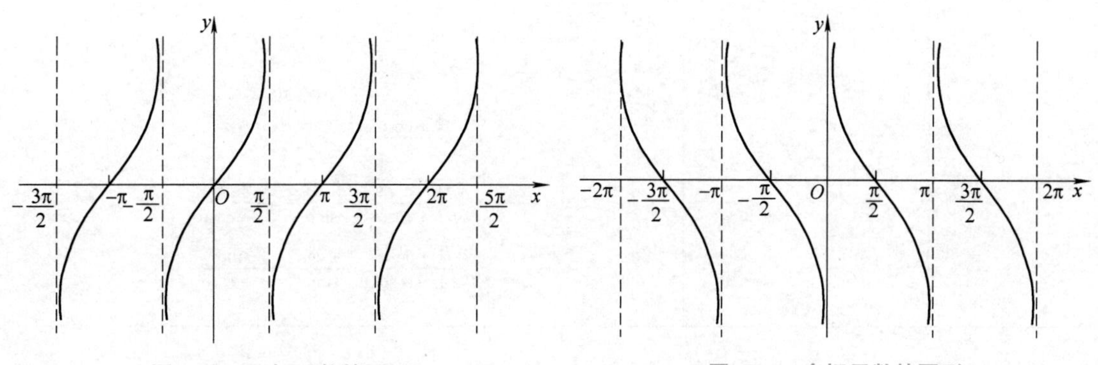

图 12-6　正切函数的图形

图 12-7　余切函数的图形

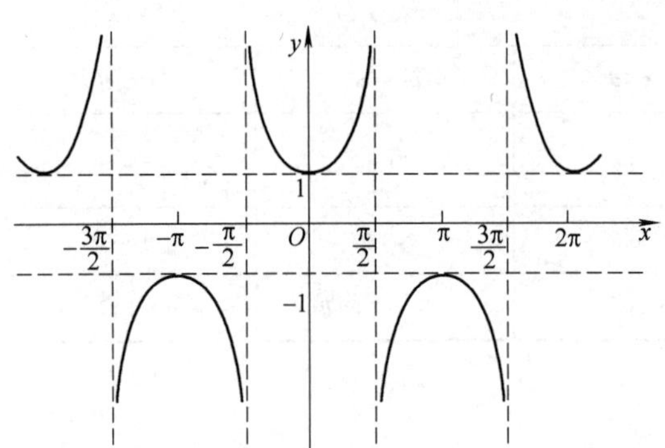

图 12-8 正割函数的图形

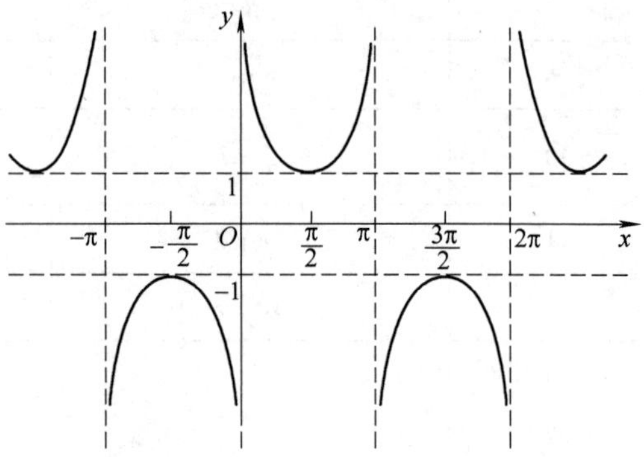

图 12-9 余割函数的图形

12.2.3 三角函数公式

三角函数公式见表 12-8。

表 12-8 三角函数公式

序 号	项 目	内 容
1	两角和的三角函数公式、倍角公式与半角公式	(1) 两角和的三角函数公式 $\sin(\alpha\pm\beta)=\sin\alpha\cos\beta\pm\cos\alpha\sin\beta$ $\cos(\alpha\pm\beta)=\cos\alpha\cos\beta\mp\sin\alpha\sin\beta$ $\tan(\alpha\pm\beta)=\frac{\tan\alpha\pm\tan\beta}{1\mp\tan\alpha\tan\beta}$ $\cot(\alpha\pm\beta)=\frac{\cot\alpha\cot\beta\mp1}{\cot\beta\pm\cot\alpha}$ (2) 倍角公式 $\sin2\alpha=2\sin\alpha\cos\alpha=\frac{2\tan\alpha}{1+\tan^2\alpha}$ $\cos2\alpha=\cos^2\alpha-\sin^2\alpha=2\cos^2\alpha-1=1-2\sin^2\alpha=\frac{1-\tan^2\alpha}{1+\tan^2\alpha}$ $\tan2\alpha=\frac{2\tan\alpha}{1-\tan^2\alpha}$ $\cot2\alpha=\frac{\cot^2\alpha-1}{2\cot\alpha}$ $\sin3\alpha=3\sin\alpha-4\sin^3\alpha$ $\cos3\alpha=4\cos^3\alpha-3\cos\alpha$ (3) 半角公式 $\sin\frac{\alpha}{2}=\pm\sqrt{\frac{1-\cos\alpha}{2}}$ $\cos\frac{\alpha}{2}=\pm\sqrt{\frac{1+\cos\alpha}{2}}$ $\tan\frac{\alpha}{2}=\pm\sqrt{\frac{1-\cos\alpha}{1+\cos\alpha}}=\frac{1-\cos\alpha}{\sin\alpha}=\frac{\sin\alpha}{1+\cos\alpha}$ $\cot\frac{\alpha}{2}=\pm\sqrt{\frac{1+\cos\alpha}{1-\cos\alpha}}=\frac{1+\cos\alpha}{\sin\alpha}=\frac{\sin\alpha}{1-\cos\alpha}$

续表 12-8

序　号	项　目	内　容
2	三角函数的和差与积的关系式	(1) 三角函数的和差关系式 $\sin\alpha+\sin\beta=2\sin\frac{\alpha+\beta}{2}\cos\frac{\alpha-\beta}{2}$ $\sin\alpha-\sin\beta=2\cos\frac{\alpha+\beta}{2}\sin\frac{\alpha-\beta}{2}$ $\cos\alpha+\cos\beta=2\cos\frac{\alpha+\beta}{2}\cos\frac{\alpha-\beta}{2}$ $\cos\alpha-\cos\beta=-2\sin\frac{\alpha+\beta}{2}\sin\frac{\alpha-\beta}{2}$ $\tan\alpha\pm\tan\beta=\frac{\sin(\alpha\pm\beta)}{\cos\alpha\cos\beta}$ $\cot\alpha\pm\cot\beta=\pm\frac{\sin(\alpha\pm\beta)}{\sin\alpha\sin\beta}$ $\tan\alpha\pm\cos\beta=\frac{\cos(\alpha\mp\beta)}{\cos\alpha\sin\beta}$ (2) 三角函数积的关系式 $\sin\alpha\sin\beta=-\frac{1}{2}[\cos(\alpha+\beta)-\cos(\alpha-\beta)]$ $\cos\alpha\cos\beta=\frac{1}{2}[\cos(\alpha+\beta)+\cos(\alpha-\beta)]$ $\sin\alpha\cos\beta=\frac{1}{2}[\sin(\alpha+\beta)+\sin(\alpha-\beta)]$

12.2.4　三角形基本定理与斜三角形解法和三角形面积公式

三角形基本定理与斜三角形解法和三角形面积公式见表 12-9。

表 12-9　三角形基本定理与斜三角形解法和三角形面积公式

序　号	项　目	内　容
1	三角形基本定理	(1) 正弦定理 $\frac{a}{\sin A}=\frac{b}{\sin B}=\frac{c}{\sin C}=2R$ 式中，R 为外接圆的半径；a、b、c 分别为角 A、B、C 的对边(图 12-10) (2) 余弦定理 $a^2=b^2+c^2-2bc\cos A$ 利用循环置换 $A\to B\to C\to A$，$a\to b\to c\to a$ 得出 $b^2=c^2+a^2-2ca\cos B$ $c^2=a^2+b^2-2ab\cos C$ 注：以后遇类似情况，仅列出其中一个有关公式 (3) 正切定理 $\tan\frac{A-B}{2}=\frac{a-b}{a+b}\cot\frac{C}{2}$或$\frac{a-b}{a+b}=\frac{\tan\frac{1}{2}(A-b)}{\tan\frac{1}{2}(A+B)}$ (4) 半角定理——半角与边长的关系式 下式中的 $p=\frac{1}{2}(a+b+c)$，r 为△ABC 的内切圆半径，且 $r=\sqrt{\frac{(p-a)(p-b)(p-c)}{p}}$

续表 12-9

序号	项目	内容
1	三角形基本定理	$\sin\frac{A}{2}=\sqrt{\frac{(p-b)(p-c)}{bc}}$ $\cos\frac{A}{2}=\sqrt{\frac{p(p-a)}{bc}}$ $\tan\frac{A}{2}=\sqrt{\frac{(p-b)(p-c)}{p(p-a)}}=\frac{r}{p-a}$
2	斜三角形解法	1）若三角形的三个角都是锐角或者有一个是钝角，则这样的三角形称为斜三角形。斜三角形计算见表 12-10 2）在对于表 12-10 中已知两边及其中一边的对角的情形，根据已知条件，其解的情况，可归纳为表 12-11
3	三角形面积公式	设三角形面积为 S(图 12-11)，则有 $S=\frac{1}{2}ah_a=\frac{1}{2}ab\sin C$ $S=\sqrt{p(p-a)(p-b)(p-c)}\quad p=\frac{1}{2}(a+b+c)$ $S=\frac{abc}{4R}$(R 为外接圆的半径) $S=rp\left(r\text{ 为内接圆的半径},r=4R\sin\frac{A}{2}\sin\frac{B}{2}\sin\frac{C}{2}\right)$ $S=2R^2\sin A\sin B\sin C$ $S=r^2\cot\frac{A}{2}\cot\frac{B}{2}\cot\frac{C}{2}$

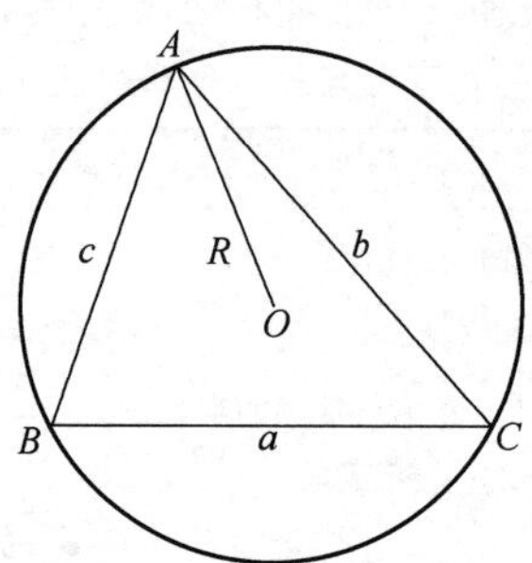

图 12-10 三角形基本定理简图

表 12-10 斜三角形计算

序号	已知元素	所求元素	求解公式
1	一边 a 及两角 B、C	角 A 及边 b、c	$A=\pi-(B+C)$，$b=\frac{a\sin B}{\sin A}$，$c=\frac{a\sin C}{\sin A}$
2	两边 a、b 及夹角 C	边 c 及角 A、B	$c=\sqrt{a^2+b^2-2ab\cos C}$，$\sin A=\frac{a\sin C}{c}$，$\sin B=\frac{b\sin C}{c}$
3	三边 a、b、c	角 A、B、C	$\cos A=\frac{b^2+c^2-a^2}{2bc}$，$\cos B=\frac{c^2+a^2-b^2}{2ca}$，$\cos C=\frac{a^2+b^2-c^2}{2ab}$
4	边 a、b 及其中一边的对角 A	角 B、C 及边 c	$\sin B=\frac{b\sin A}{a}$，$C=\pi-(A+B)$，$c=\frac{a\sin C}{\sin A}$

表 12-11　斜三角形的解

序　号	三角形的边	$A \geqslant 90°$	$A < 90°$	
1	$a > b$	一解	一解	
2	$a = b$	无解	一解	
3	$a < b$	无解	$a > b\sin A$	两解
4			$A = b\sin A$	一解
5			$a < b\sin A$	无解

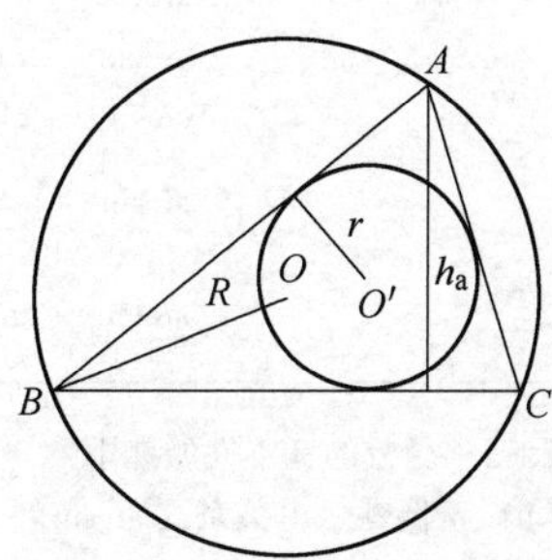

图 12-11　三角形面积计算简图

12.2.5　反三角函数

反三角函数见表 12-12。

表 12-12　反三角函数

序　号	项　目	内　容
1	定义	1）正弦函数 $y=\sin x\left(x\in\left[-\frac{\pi}{2},\frac{\pi}{2}\right]\right)$的反函数称为反正弦函数，记作$y=\arcsin x$ 2）余弦函数 $y=\cos x(x\in[0,\pi])$的反函数称为反余弦函数，记作$y=\arccos x$ 3）正切函数 $y=\tan x\left(x\in\left[-\frac{\pi}{2},\frac{\pi}{2}\right]\right)$的反函数称为反正切函数，记作$y=\arctan x$ 4）余切函数 $y=\cot x(x\in[0,\pi])$的反函数称为反余切函数，记作$y=\text{arccot}\,x$ 5）反正弦函数、反余弦函数、反正切函数、反余切函数统称为反三角函数(反三角函数还包括反正割函数和反余割函数,但实际中用处不大)
2	反三角函数的图形与定义域和值域	1）反正弦函数图形如图 12-12 所示 2）反余弦函数图形如图 12-13 所示 3）反正切函数图形如图 12-14 所示 4）反余切函数图形如图 12-15 所示 5）反三角函数的定义域和值域见表 12-13
3	反三角函数的恒等式	反三角函数的恒等式如下： $\sin(\arcsin x)=x \quad \lvert x\rvert\leqslant 1$ $\cos(\arccos x)=x \quad \lvert x\rvert\leqslant 1$ $\tan(\arctan x)=x \quad \lvert x\rvert< +\infty$

续表 12-12

序号	项目	内容
3	反三角函数的恒等式	$\cot(\text{arccot}x)=x \quad \lvert x\rvert<+\infty$ $\arcsin(\sin x)=x \quad \lvert x\rvert\leqslant\frac{\pi}{2}$ $\arccos(\cos x)=x \quad 0\leqslant x\leqslant\pi$ $\arctan(\tan x)=x \quad \lvert x\rvert<\frac{\pi}{2}$ $\text{arccot}(\cot x)=x \quad 0<x<\pi$ $\arcsin(-x)=-\arcsin x$ $\arccos(-x)=\pi-\arccos x$ $\arctan(-x)=-\arctan x$ $\text{arccot}(-x)=\pi-\text{arccot}x$ $\arcsin x+\arccos x=\frac{\pi}{2}$ $\arctan x+\text{arccot}x=\frac{\pi}{2}$
4	反三角函数的基本性质	反三角函数的基本性质如下： （1）奇偶性。由关系式 $\arcsin(-x)=-\arcsin x$，$\arctan(-x)=-\arctan x$ 得知反正弦函数 $y=\arcsin x$ 和反正切函数 $y=\arctan x$ 均为奇函数，它们的图形对称于坐标原点 （2）增减性。反正弦函数 $y=\arcsin x$ 在区间 $[-1,1]$ 上是增函数，反余弦函数 $y=\arccos x$ 在区间 $[-1,1]$ 上是减函数，反正切函数 $y=\arctan x$ 在 $(-\infty,+\infty)$ 上是增函数，反余切函数 $y=\text{arccot}x$ 在 $(-\infty,+\infty)$ 上是减函数

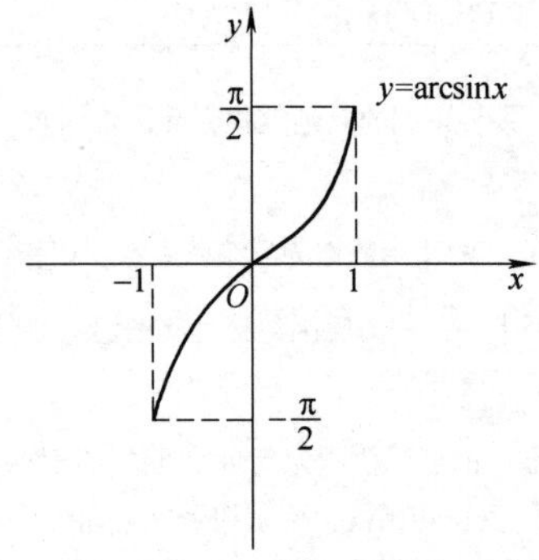

图 12-12 反正弦函数图形

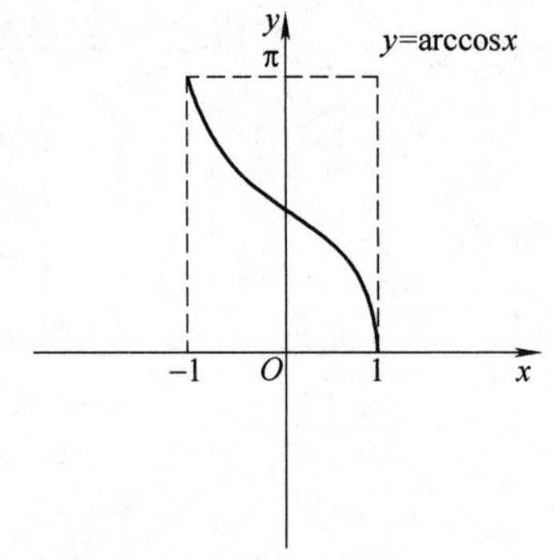

图 12-13 反余弦函数图形

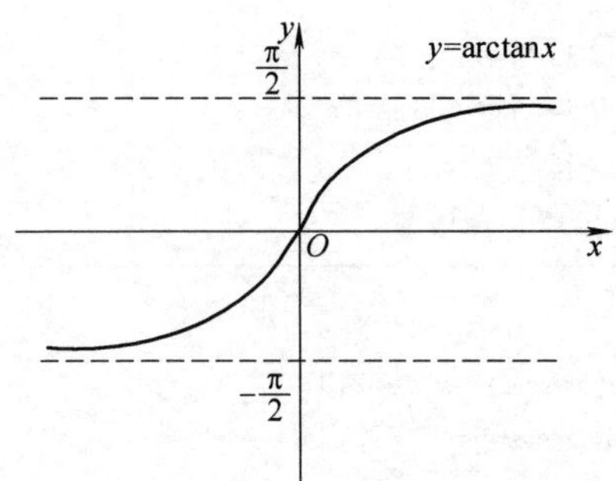

图 12-14 反正切函数图形

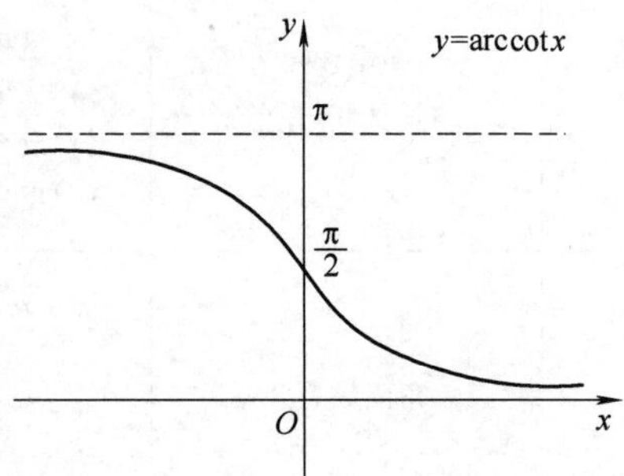

图 12-15 反余切函数图形

表 12-13　反三角函数的定义域和值域

序　号	函　数	定 义 域	值　域
1	反正弦 $y=\arcsin x$	$-1\leqslant x\leqslant 1$	$-\frac{\pi}{2}\leqslant y\leqslant \frac{\pi}{2}$
2	反余弦 $y=\arccos x$	$-1\leqslant x\leqslant 1$	$0\leqslant y\leqslant \pi$
3	反正切 $y=\arctan x$	$-\infty<x<+\infty$	$-\frac{\pi}{2}<y<\frac{\pi}{2}$
4	反余切 $y=\mathrm{arccot} x$	$-\infty<x<+\infty$	$0<y<\pi$

12.2.6　三角方程

三角方程见表 12-14。

表 12-14　三角方程

序　号	项　目	内　容
1	定义及其解集	含未知数的三角函数的方程称为三角方程，例如$\sqrt{2}\cos x-1=0$，$2\sin^2 x-5\sin x-3=0$，$x-\tan x=0$ 等 满足三角方程的未知数的一切值称为三角方程的解(也称为解集)，求出三角方程的解集的过程称为解三角方程
2	最简单三角方程的解集	$\sin x=a$、$\cos x=a$、$\tan x=a$、$\cot x=a$(a 为常数)称为最简单三角方程，这里给出最简单三角方程的解集的公式表(表 12-15)
3	其他	三角方程的形式是多种多样的，只有一些特殊类型的三角方程才能用初等方法，即通过代数运算或三角公式把原方程化为一个或若干个最简单三角方程来求解，许多三角方程只能用近似方法求解近似值，例如 $x-\tan x=0$，$x^2-\sin x=0$，$x-3-\frac{1}{2}\sin x=0$ 等

表 12-15　最简单三角方程的解集

序　号	方　程		方程的解集
1	$\sin x=a$	$a=1$	$\left\{x:x=2n\pi+\frac{\pi}{2},n\in\mathbf{Z}\right\}$
2		$a=0$	$\{x:x=n\pi,n\in\mathbf{Z}\}$
3		$a=-1$	$\left\{x:x=2n\pi-\frac{\pi}{2},n\in\mathbf{Z}\right\}$
4		$\lvert a\rvert<1$	$\{x:x=n\pi+(-1)^n\arcsin a,n\in\mathbf{Z}\}$
5		$\lvert a\rvert>1$	(空集)

续表 12-15

序号	方程		方程的解集
6	$\cos x = a$	$a=1$	$\{x:x=2n\pi, n\in \mathbf{Z}\}$
7		$a=0$	$\left\{x:x=n\pi+\frac{\pi}{2}, n\in \mathbf{Z}\right\}$
8		$a=-1$	$\{x:x=(2n+1)\pi, n\in \mathbf{Z}\}$
9		$\|a\|<1$	$\{x:x=2n\pi\pm \arccos a, n\in \mathbf{Z}\}$
10		$\|a\|>1$	(空集)
11	$\tan x = a$	$a\in \boldsymbol{R}$	$\{x:x=n\pi+\arctan a, n\in \mathbf{Z}\}$
12	$\cot x = a$	$a\in \boldsymbol{R}$	$\{x:x=n\pi+\operatorname{arccot} a, n\in \mathbf{Z}\}$

12.2.7 三角方程计算例题

[例题 12-5] 解三角方程$\sqrt{2}\cos x-1=0$ (1)

[解] 将式(1)化为

$$\cos x=\frac{1}{\sqrt{2}}$$

由表 12-15 序号 8 得方程的解集为

$$\left\{x:x=2n\pi\pm\frac{\pi}{4}, n\in Z\right\} \tag{2}$$

即为所求。

[例题 12-6] 解三角方程

$$2\sin^2 x-5\sin x-3=0 \tag{1}$$

[解] 这个方程只含同角同名三角函数，可分解因式，化为两个最简单方程为

$$2\sin x+1=0,\ \sin x-3=0$$

由 $\sin x=-\frac{1}{2}$，查表 12-15 序号 4 解得 $x=n\pi+(-1)^n\left(-\frac{\pi}{6}\right)$，$n\in Z$；由 $\sin x=3$，查表 12-15 序号 5 知无解。所以方程(1)的解集为

$$\left\{x:x=n\pi+(-1)^n\left(-\frac{\pi}{6}\right), n\in Z\right\} \tag{2}$$

即为所求。

[例题 12-7] 解三角方程

$$3\cos\frac{x}{2}+\cos x=1 \tag{1}$$

[解] 因方程(1)含同名不同角的三角函数，由三角公式可化为只含同角同名的三角函数的三角方程。

已知 $\cos x=2\cos^2\frac{x}{2}-1$，代入方程(1)得

$$2\cos^2\frac{x}{2}+3\cos\frac{x}{2}-2=0$$

或
$$\left(2\cos\frac{x}{2}-1\right)\left(\cos\frac{x}{2}+2\right)=0$$

由 $\cos\frac{x}{2}=\frac{1}{2}$，查表 12-15 序号 9 解得 $x=4n\pi\pm\frac{2\pi}{3}$，$n\in Z$。由 $\cos\frac{x}{2}=-2$，查表 12-15 序号 10 知无解，所以方程的解集为

$$\left\{x:x=4n\pi\pm\frac{2\pi}{3},n\in Z\right\} \tag{2}$$

即为所求。

［例题 12-8］　解三角方程

$$2\sin^2x-7\sin x\cos x-4\cos^2x=0 \tag{1}$$

［解］　这是关于 $\sin x$ 和 $\cos x$ 的齐次方程，可将方程(1)化为关于 $\tan x$ 的代数方程为

$$(2\sin x+\cos x)(\sin x-4\cos x)=0 \tag{2}$$

由式(2)中 $2\sin x+\cos x=0$，得 $\tan x=-\frac{1}{2}$，由表 12-15 序号 11 解得 $x=n\pi+\arctan\left(-\frac{1}{2}\right)$，$n\in \mathbf{Z}$。

由式(2)中 $\sin x-4\cos x=0$，得 $\tan x=4$，由表 12-15 序号 11 解得 $x=n\pi+\arctan4$，$n\in \mathbf{Z}$。所以方程(1)的解集为

$$\left\{x:x=n\pi+\arctan\left(-\frac{1}{2}\right),n\in \mathbf{Z}\right\}\cup\{x:x=n\pi+\arctan4,n\in \mathbf{Z}\} \tag{3}$$

即为所求。

［例题 12-9］　解三角方程

$$a\sin x+b\cos x=c \tag{1}$$

其中 a、b、c 为常数，且 a、b 不全为零。

［解］　方程(1)可采用引进辅助角的方法求解，用 $\sqrt{a^2+b^2}$ 同除方程(1)两边，得

$$\frac{a}{\sqrt{a^2+b^2}}\sin x+\frac{b}{\sqrt{a^2+b^2}}\cos x=\frac{c}{\sqrt{a^2+b^2}} \tag{2}$$

引进辅助角 $\varphi=\arctan\frac{b}{a}$，于是有

$$\frac{a}{\sqrt{a^2+b^2}}=\cos\varphi,\quad \frac{b}{\sqrt{a^2+b^2}}=\sin\varphi$$

方程(2)变形为

$$\sin(x+\varphi)=\frac{c}{\sqrt{a^2+b^2}} \tag{3}$$

当 $\left|\frac{c}{\sqrt{a^2+b^2}}\right|\leqslant1$ 时，由表 12-15 序号 4 得方程(3)的解集为

$$\left\{x:x=n\pi+(-1)^n\arcsin\frac{c}{\sqrt{a^2+b^2}}-\varphi,n\in Z\right\} \tag{4}$$

当 $\left|\frac{c}{\sqrt{a^2+b^2}}\right|>1$ 时，由表 12-15 序号 5 知方程(3)无解

12.3 微积分

12.3.1 函数极限

函数极限见表12-16。

表12-16 函数极限

序号	项目	内容
1	函数极限定义	1）说明：为书写简洁，用全称符号“∀”表示“对于每个”，存在符号“∃”表示“存在”，“→”表示“趋近于” 2）设 a 是 $X(X\subset R)$ 的聚点，A 是定数，若 $\forall\varepsilon>0$，$\exists\delta>0$（δ 与 ε 有关），当 $x\in X$ 且 $0<\|x-a\|<\delta$ 时，恒有 $\|f(x)-A\|<\varepsilon$，则称函数 $f(x)$ 当 $x\to a$ 时以 A 为极限，记为 $\lim\limits_{x\to a}f(x)=A$ 3）设 a 是 $X(X\subset R)$ 的聚点，若 $\forall M>0$，$\exists\delta>0$（δ 与 M 有关），当 $x\in X$ 且 $0<\|x-a\|<\delta$ 时，恒有 $\|f(x)\|>M$，则称函数 $f(x)$ 当 $x\to a$ 时是无穷大量，记为 $\lim\limits_{x\to a}f(x)=\infty$ 4）设 a 是 $X(X\subset R)$ 的右（左）聚点，$A_1(A_2)$ 是定数，若 $\forall\varepsilon>0$，$\exists\delta>0$（δ 与 ε 有关），当 $x\in X$ 且 $a-\delta<x<a(a<x<a+\delta)$ 时，恒有 $\|f(x)-A_1\|<\varepsilon$（$\|f(x)-A_2\|<\varepsilon$），则称函数 $f(x)$ 当 $x\to a-0(x\to a+0)$ 时以 $A_1(A_2)$ 为左极限（右极限），记为 $\lim\limits_{x\to a-0}f(x)=A_1=f(a-0)$ [$\lim\limits_{x\to a+0}f(x)=A_2=f(a+0)$] 5）其他极限或无穷大量可类似地定义，见表12-17
2	函数极限的四则运算法则	若 $\lim\limits_{x\to a}f(x)$，$\lim\limits_{x\to a}g(x)$ 均存在，则 （1）$\lim\limits_{x\to a}[f(x)\pm g(x)]=\lim\limits_{x\to a}f(x)\pm\lim\limits_{x\to a}g(x)$ （2）$\lim\limits_{x\to a}[f(x)\cdot g(x)]=\lim\limits_{x\to a}f(x)\cdot\lim\limits_{x\to a}g(x)$ （3）$\lim\limits_{x\to a}g(x)\neq0$ 时，有 $\lim\limits_{x\to a}\dfrac{f(x)}{g(x)}=\dfrac{\lim\limits_{x\to a}f(x)}{\lim\limits_{x\to a}g(x)}$
3	函数极限存在的判别法	1）$\lim\limits_{x\to a}f(x)$ 存在的必要充分条件是：$\forall\varepsilon>0$，$\exists\delta>0$（δ 与 ε 有关），当 x_1、$x_2\in X$ 且 $0<\|x_1-a\|<\delta$，$0<\|x_2-a\|<\delta$ 时，恒有 $\|f(x_1)-f(x_2)\|<\varepsilon$ 2）设 $f(x)$ 是单调有界函数，a 是 X 的右（左）聚点，则 $\lim\limits_{x\to a-0}f(x)$ [$\lim\limits_{x\to a+0}f(x)$] 存在 3）$\lim\limits_{x\to a}f(x)=A$ 的必要充分条件是：$\lim\limits_{x\to a-0}f(x)=\lim\limits_{x\to a+0}f(x)=A$ 4）$\lim\limits_{x\to a}f(x)=A$ 的必要充分条件是：对 X 中任意的 $x_n\to a(x_n\neq a,n\in N)$，都有 $\lim\limits_{n\to\infty}f(x_n)=A$ 5）设 $\forall x\in X$，有 $f(x)\leqslant g(x)\leqslant h(x)$，且 $\lim\limits_{x\to a}f(x)=\lim\limits_{x\to a}h(x)=A$，则 $\lim\limits_{x\to a}g(x)=A$
4	两个重要极限	（1）$\lim\limits_{x\to0}\dfrac{\sin x}{x}=1$ （2）$\lim\limits_{x\to\infty}\left(1+\dfrac{1}{x}\right)^x=\mathrm{e}$，特别 $\lim\limits_{n\to\infty}\left(1+\dfrac{1}{n}\right)^n=\mathrm{e}$

表 12-17　其他极限或无穷大量定义

序号	表示式	名称	∀	∃	当……时	有
1	$\lim_{x\to+\infty} f(x)=A$	$f(x)$当$x\to+\infty$时以A为极限	$\varepsilon>0$	$N>0$	$x>N$	$\|f(x)-A\|<\varepsilon$
2	$\lim_{x\to-\infty} f(x)=A$	$f(x)$当$x\to-\infty$时以A为极限	$\varepsilon>0$	$N>0$	$x<-N$	$\|f(x)-A\|<\varepsilon$
3	$\lim_{x\to\infty} f(x)=A$	$f(x)$当$x\to\infty$时以A为极限	$\varepsilon>0$	$N>0$	$\|x\|>N$	$\|f(x)-A\|<\varepsilon$
4	$\lim_{x\to a+0} f(x)=+\infty$	$f(x)$当$x\to a+0$时是正无穷大	$M>0$	$\delta>0$	$a<x<a+\delta$	$f(x)>M$
5	$\lim_{x\to a-0} f(x)=+\infty$	$f(x)$当$x\to a-0$时是正无穷大	$M>0$	$\delta>0$	$a-\delta<x<a$	$f(x)>M$
6	$\lim_{x\to a} f(x)=+\infty$	$f(x)$当$x\to a$时是正无穷大	$M>0$	$\delta>0$	$0<\|x-a\|<\delta$	$f(x)>M$
7	$\lim_{x\to+\infty} f(x)=+\infty$	$f(x)$当$x\to+\infty$时是正无穷大	$M>0$	$N>0$	$x>N$	$f(x)>M$
8	$\lim_{x\to-\infty} f(x)=+\infty$	$f(x)$当$x\to-\infty$时是正无穷大	$M>0$	$N>0$	$x<-N$	$f(x)>M$
9	$\lim_{x\to\infty} f(x)=+\infty$	$f(x)$当$x\to\infty$时是正无穷大	$M>0$	$N>0$	$\|x\|>N$	$f(x)>M$
10	$\lim_{x\to a+0} f(x)=-\infty$	$f(x)$当$x\to a+0$时是负无穷大	$M>0$	$\delta>0$	$a<x<a+\delta$	$f(x)<-M$
11	$\lim_{x\to a-0} f(x)=-\infty$	$f(x)$当$x\to a-0$时是负无穷大	$M>0$	$\delta>0$	$a-\delta<x<a$	$f(x)<-M$
12	$\lim_{x\to a} f(x)=-\infty$	$f(x)$当$x\to a$时是负无穷大	$M>0$	$\delta>0$	$0<\|x-a\|<\delta$	$f(x)<-M$
13	$\lim_{x\to+\infty} f(x)=-\infty$	$f(x)$当$x\to+\infty$时是负无穷大	$M>0$	$N>0$	$x>N$	$f(x)<-M$
14	$\lim_{x\to-\infty} f(x)=-\infty$	$f(x)$当$x\to-\infty$时是负无穷大	$M>0$	$N>0$	$x<-N$	$f(x)<-M$
15	$\lim_{x\to\infty} f(x)=-\infty$	$f(x)$当$x\to\infty$时是负无穷大	$M>0$	$N>0$	$\|x\|>N$	$f(x)<-M$
16	$\lim_{x\to a+0} f(x)=\infty$	$f(x)$当$x\to a+0$时是无穷大	$M>0$	$\delta>0$	$a<x<a+\delta$	$\|f(x)\|>M$
17	$\lim_{x\to a-0} f(x)=\infty$	$f(x)$当$x\to a-0$时是无穷大	$M>0$	$\delta>0$	$a-\delta<x<a$	$\|f(x)\|>M$
18	$\lim_{x\to+\infty} f(x)=\infty$	$f(x)$当$x\to+\infty$时是无穷大	$M>0$	$N>0$	$x>N$	$\|f(x)\|>M$
19	$\lim_{x\to-\infty} f(x)=\infty$	$f(x)$当$x\to-\infty$时是无穷大	$M>0$	$N>0$	$x<-N$	$\|f(x)\|>M$
20	$\lim_{x\to\infty} f(x)=\infty$	$f(x)$当$x\to\infty$时是无穷大	$M>0$	$N>0$	$\|x\|>N$	$\|f(x)\|>M$

12.3.2　函数的导数与微分

函数的导数与微分见表 12-18。

表 12-18　函数的导数与微分

序号	项　目	内　容
1	导数的定义及其几何意义	1）设函数 $y=f(x)$ 在区间 $I(I\subset R)$ 内有定义(图 12-16)，$x_0\in I$。当自变量在点 x_0 有一个改变量 Δx 时，相应函数也有一个改变量 $\Delta y=f(x_0+\Delta x)-f(x_0)$。如果当 $\Delta x\to 0$ 时，比值$\frac{\Delta y}{\Delta x}$的极限存在(有限数)，则称函数 $f(x)$ 在点

续表 12-18

序号	项　目	内　容
1	导数的定义及其几何意义	x_0 可导，这个极限称为函数 $f(x)$ 在点 x_0 的导数或微商，记为 $f'(x_0)$，$y'\Big\|_{x=x_0}$ 或 $\dfrac{\mathrm{d}y}{\mathrm{d}x}\Big\|_{x=x_0}$，即 $$y'\Big\|_{x=x_0}=f'(x_0)=\frac{\mathrm{d}y}{\mathrm{d}x}\Big\|_{x=x_0}=\lim_{\Delta x\to 0}\frac{\Delta y}{\Delta x}=\lim_{\Delta x\to 0}\frac{f(x_0+\Delta x)-f(x_0)}{\Delta x} \quad (12\text{-}2)$$ 函数的导数有如下的几何意义：在图 12-16 中，点 $M_0[x_0,f(x_0)]$ 和点 $M[x_0+\Delta x,f(x_0+\Delta x)]$，$\dfrac{\Delta y}{\Delta x}=\dfrac{f(x_0+\Delta x)-f(x_0)}{\Delta x}$ 表示曲线 $y=f(x)$ 的割线 M_0M 的斜率。当 M 沿着曲线 $y=f(x)$ 趋于 M_0 时，割线 M_0M 的极限位置 M_0T 为曲线 $y=f(x)$ 在点 M_0 的切线。于是 $f'(x_0)=\lim\limits_{\Delta x\to 0}\dfrac{f(x_0+\Delta x)-f(x_0)}{\Delta x}=\tan\alpha$ 表示切线 M_0T 的斜率，式中 α 是切线 M_0T 与 x 轴正向的夹角 曲线 $y=f(x)$ 过点 $M_0[x_0,f(x_0)]$ 的曲线方程为 $$y-f(x_0)=f'(x_0)(x-x_0) \quad (12\text{-}3)$$ 若 $f'(x_0)\neq 0$，则曲线 $y=f(x)$ 过点 $M_0[x_0,f(x_0)]$ 的法线方程为 $$y-f(x_0)=\frac{-1}{f'(x_0)}(x-x_0) \quad (12\text{-}4)$$ 2）若 $\lim\limits_{\Delta x\to 0^-}\dfrac{f(x_0+\Delta x)-f(x_0)}{\Delta x}$ 存在(有限数)，则称此极限为函数 $y=f(x)$ 在点 x_0 的左导数，记为 $f'_-(x_0)$。它表示曲线 $y=f(x)$ 在点 M_0 的左切线的斜率 类似地，若 $\lim\limits_{\Delta x\to 0^+}\dfrac{f(x_0+\Delta x)-f(x_0)}{\Delta x}$ 存在(有限数)，则称此极限为函数 $y=f(x)$ 在点 x_0 的右导数，记为 $f'_+(x_0)$。它表示曲线 $y=f(x)$ 在点 M_0 的右切线的斜率 导数 $f'(x_0)=K$ 存在的必要充分条件是 $f'_-(x_0)=f'_+(x_0)=K$，式中 $K\in\boldsymbol{R}$ 3）若 $f'(x_0)$ 存在，则 $f(x)$ 在点 x_0 必连续，反之未必 例如 $f(x)=\|x\|$，它在点 $x=0$ 连续，但 $-1=f'(x_0)\neq f'_+(x_0)=1$，故 $f'(0)$ 不存在
2	微分的定义及其几何意义	1）设函数 $y=f(x)$ 在区间 I 内有定义，$x_0\in\boldsymbol{I}$。当自变量在点 x_0 有一个改变量 Δx 时，若函数的改变量可以表示为 $\Delta y=A(x_0)\Delta x+o(\|\Delta x\|)$，则称函数 $y=f(x)$ 在点 x_0 可微，称 Δy 的线性主部 $A(x_0)\Delta x$ 为函数 $f(x)$ 在点 x_0 的微分，记为 $$\mathrm{d}y=A(x_0)\Delta x$$ 对于自变量 x，规定 $\mathrm{d}x=\Delta x$，故 $\mathrm{d}y=A(x_0)\mathrm{d}x$ 2）函数 $y=f(x)$ 在点 x_0 可微的必要充分条件是它在这点的导数 $f'(x_0)$ 存在。在这个条件成立时，$A(x_0)=f'(x_0)$，故 $$\mathrm{d}y=f'(x_0)\mathrm{d}x \quad (12\text{-}5)$$ 函数的微分有如下几何意义：在图 12-16 中，$NK=\tan\alpha\cdot M_0N=f'(x_0)\mathrm{d}x=\mathrm{d}y$。可见，函数 $y=f(x)$ 在点 x_0 的微分 $\mathrm{d}y$，就是曲线 $y=f(x)$ 在点 $M_0[x_0,f(x_0)]$ 的切线上的点的纵坐标(对应于改变量 Δx)的改变量，用 $\mathrm{d}y$ 近似表达

续表 12-18

序号	项　　目	内　　容
2	微分的定义及其几何意义	Δy，就相当于在点 M_0 附近把曲线 $y=f(x)$ 近似地看作是曲线在点 M_0 的切线 3）如果函数 $y=f(x)$ 在 $\boldsymbol{I}$ 内每一点 x 存在导数，则称 $f'(x)$ 为 $f(x)$ 的导函数（若 I 为闭区间 $[a,b]$，在 a 点处，若 $f(x)$ 的右导数存在，则称 $f(x)$ 在左端点 a 处可导。同理，在 b 点处，若 $f(x)$ 的左导数存在，则称 $f(x)$ 在右端点 b 处可导）。如果 $f'(x)$ 在 I 内连续，则称 $f(x)$ 在 I 内连续可微
3	导数与微分的基本公式	导数与微分的基本公式见表 12-19
4	微分法则	1）四则运算法则。若 $u(x)$ 和 $v(x)$ 都是可微的，则 $$[u(x)\pm v(x)]'=u'(x)\pm v'(x)$$ $$[u(x)\cdot v(x)]'=u'(x)\cdot v(x)+u(x)\cdot v'(x)$$ $$\left[\frac{u(x)}{v(x)}\right]'=\frac{u'(x)\cdot v(x)-u(x)\cdot v'(x)}{[v(x)]^2} \quad (12\text{-}6)$$ 相应地 $$\mathrm{d}(u\pm v)=\mathrm{d}u\pm \mathrm{d}v$$ $$\mathrm{d}(u\cdot v)=v\mathrm{d}u+u\mathrm{d}v$$ $$\mathrm{d}\left(\frac{u}{v}\right)=\frac{v\cdot \mathrm{d}u-u\cdot \mathrm{d}v}{v^2}\quad [当\ v(x)\neq 0] \quad (12\text{-}7)$$ 2）链式法则或复合求导法则。若 $x=g(t)$ 在点 t_0 可导，$y=f(x)$ 在点 x_0 可导，$x_0=g(t_0)$，则复合函数 $y=f[g(t)]$ 在点 t_0 可导，且 $$\left.\frac{\mathrm{d}y}{\mathrm{d}t}\right\|_{t=t_0}=f'(x_0)g'(t_0) \quad (12\text{-}8)$$ 根据链式法则，可得一阶微分形式不变性，即式(12-5)不论 x 是自变量还是中间变量都成立 3）若函数 $y=f(x)$ 在 (a,b) 内连续且严格单调，又在点 $x_0\in(a,b)$ 处 $f'(x_0)\neq 0$，则反函数 $x=\varphi(y)$ 在点 $y_0[y_0=f(x_0)]$ 可导，且 $$\varphi'(y_0)=\frac{1}{f'(x_0)} \quad (12\text{-}9)$$ 4）对于参数方程 $$\begin{cases}x=\varphi(t)\\ y=\psi(t)\end{cases}\quad (t_1\leqslant t\leqslant t_2)$$ 若 $\varphi'(t)$、$\psi'(t)$ 都存在，$x=\varphi(x)$ 在 (t_1,t_2) 内连续且严格单调，则当 $\varphi'(t)\neq 0$ 时，有 $$\frac{\mathrm{d}y}{\mathrm{d}x}=\frac{\psi'(t)}{\varphi'(t)} \quad (12\text{-}10)$$
5	高阶导数及高阶微分	（1）高阶导数及高阶微分的定义 1）高阶导数 $$y^{(n)}=[y^{(n-1)}]'\quad (n=2,3,\cdots) \quad (12\text{-}11)$$ 2）高阶微分 $$\mathrm{d}^n y=\mathrm{d}(\mathrm{d}^{n-1}y)\quad (n=2,3,\cdots) \quad (12\text{-}12)$$ 3）并且有 $$y^{(n)}=\frac{\mathrm{d}^n y}{\mathrm{d}x^n} \quad (12\text{-}13)$$ 常以 $C[a,b]$，$C^n[a,b]$，$C^\infty[a,b]$ 分别表示 $[a,b]$ 上连续函数的全体，$[a,b]$ 上具有连续 n 阶导数的函数的全体，$[a,b]$ 上具有任何阶导数的函数的全体，即

续表 12-18

<table>
<tr><th>序号</th><th>项　目</th><th>内　容</th></tr>
<tr><td>5</td><td>高阶导数及高阶微分</td><td>$C[a,b]=\{f:f\text{在}[a,b]\text{上连续}\}$
$C^n[a,b]=\{f:f^{(n)}\in C[a,b],\ (n\in N)\}$
$C^\infty[a,b]=\{f:f^{(n)}\in C[a,b],n\in N\}$
$C[a,b]$有时也写成$C^0[a,b]$
（2）设u、$v\in C^n[a,b],(n\in N)$，则$u\times v\in C^n[a,b]$，且
$$(u\cdot v)^{(n)}=\sum_{i=0}^{n}\binom{n}{i}u^{(i)}v^{(n-i)} \quad (12\text{-}14)$$
式中，$u^{(0)}=u$，$v^{(0)}=v$
称式(12-14)为莱布尼茨公式</td></tr>
<tr><td>6</td><td>常用函数的高阶导数</td><td>常用函数的高阶导数见表 12-20</td></tr>
</table>

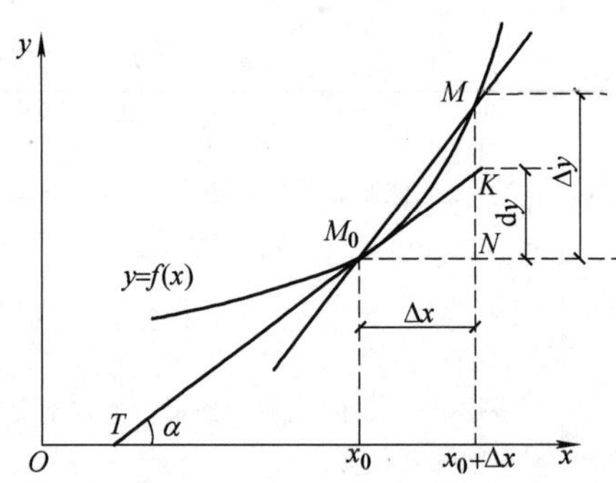

图 12-16　函数的导数与微分

表 12-19　导数与微分的基本公式

序　号	$f(x)$	$f'(x)$	$df(x)$
1	c	0	0
2	x	1	dx
3	x^μ	$\mu x^{\mu-1}$	$\mu x^{\mu-1}dx$
4	a^x	$a^x\cdot\ln a$	$a^x\cdot\ln a dx$
5	e^x	e^x	$e^x dx$
6	$\log_a x$	$\frac{\log_a e}{x}$	$\frac{\log_a e}{x}dx$
7	$\ln x$	$\frac{1}{x}$	$\frac{dx}{x}$
8	$\sin x$	$\cos x$	$\cos x dx$
9	$\cos x$	$-\sin x$	$-\sin x dx$
10	$\tan x$	$\sec^2 x$	$\sec^2 x dx$
11	$\cot x$	$-\csc^2 x$	$-\csc^2 x dx$
12	$\arcsin x$	$\frac{1}{\sqrt{1-x^2}}$	$\frac{1}{\sqrt{1-x^2}}dx$

续表 12-19

序　号	$f(x)$	$f'(x)$	$df(x)$
13	$\arccos x$	$-\frac{1}{\sqrt{1-x^2}}$	$-\frac{1}{\sqrt{1-x^2}}dx$
14	$\arctan x$	$\frac{1}{1+x^2}$	$\frac{1}{1+x^2}dx$
15	$\text{arccot}x$	$-\frac{1}{1+x^2}$	$-\frac{1}{1+x^2}dx$

表 12-20　常用函数的高阶导数

序　号	$f(x)$	$f^{(n)}(x)$
1	x^μ	$\mu(\mu-1)\cdots(\mu-n+1)x^{\mu-n}$(当$\mu$为负整数且$n>\mu$时,$n$阶导数等于零)
2	$\ln x$	$(-1)^{n-1}\cdot(n-1)!\cdot\frac{1}{x^n}$
3	$\log_a x$	$(-1)^{n-1}\cdot\frac{(n-1)!}{\ln a}\cdot\frac{1}{x^n}$
4	e^{kx}	$k^n\cdot e^{kx}$
5	a^x	$(\ln a)^n\cdot a^x$
6	a^{kx}	$(k\ln a)^n\cdot a^{kx}$
7	$\sin x$	$\sin\left(x+\frac{n\pi}{2}\right)$
8	$\cos x$	$\cos\left(x+\frac{n\pi}{2}\right)$
9	$\sin kx$	$k^n\sin\left(kx+\frac{n\pi}{2}\right)$
10	$\cos kx$	$k^n\cos\left(kx+\frac{n\pi}{2}\right)$

12.3.3　多元函数的偏导数与全微分

多元函数的偏导数与全微分见表 12-21。

表 12-21　多元函数的偏导数与全微分

序　号	项　目	内　容
1	偏导数的定义及其几何意义	1）设 $u=f(x,y)$ 在点 (x_0,y_0) 的一个邻域内有定义，如果极限 $\lim\limits_{\Delta x\to 0}\frac{f(x_0+\Delta x,y_0)-f(x_0,y_0)}{\Delta x}$ 存在，则称它为函数 $f(x,y)$ 在点 (x_0,y_0) 对 x 的偏导数，记为 $\left.\frac{\partial f}{\partial x}\right\|_{(x_0,y_0)}$ 或 $f_x'(x_0,y_0)$。同样，可定义 $f(x,y)$ 在点 (x_0,y_0) 对 y 的偏导数为 $$\left.\frac{\partial f}{\partial y}\right\|_{(x_0,y_0)}=f_y'(x_0,y_0)=\lim_{\Delta y\to 0}\frac{f(x_0,y_0+\Delta y)-f(x_0,y_0)}{\Delta y}$$ 二元函数 $u=f(x,y)$ 的偏导数的几何意义如图 12-17 所示。$\left.\frac{\partial f}{\partial x}\right\|_{(x_0,y_0)}$ 表示平面曲线 C_1

续表 12-21

<table>
<tr><th>序　号</th><th>项　目</th><th>内　容</th></tr>
<tr><td>1</td><td>偏导数的定义
及其几何意义</td><td>$$\begin{cases}u=f(x,y)\\y=y_0\end{cases}$$
在点 $M_0[x_0,y_0,f(x_0,y_0)]$ 的切线 M_0T_1 的斜率，即 $\left.\frac{\partial f}{\partial x}\right\|_{(x_0,y_0)}=\tan\alpha$。式中 α 是切线 M_0T_1 与 x 轴正向的夹角。$\left.\frac{\partial f}{\partial y}\right\|_{(x_0,y_0)}$ 表示平面曲线 C_2
$$\begin{cases}u=f(x,y)\\x=x_0\end{cases}$$
在点 M_0 的切线 M_0T_2 的斜率，即 $\left.\frac{\partial f}{\partial y}\right\|_{(x_0,y_0)}=\tan\beta$。式中 β 是切线 M_0T_2 与 y 轴正向的夹角
一般地，n 元函数的偏导数，可类似地定义
2）二元函数 $u=f(x,y)$ 在点 (x_0,y_0) 两个偏导数存在不能保证 $f(x,y)$ 在点 (x_0,y_0) 连续
例如
$$f(x,y)=\begin{cases}0，当\ xy=0\\1，当\ xy\neq0\end{cases}$$
$f'_x(0,0)=f'_y(0,0)=0$，但 $f(x,y)$ 在点 $(0,0)$ 不连续
$f(x,y)$ 在点连续也不能保证 $f(x,y)$ 在点 (x_0,y_0) 两个偏导数存在
例如，$f(x,y)=\|x\|+\|y\|$，$f(x,y)$ 在点 $(0,0)$ 连续，但 $f(x,y)$ 在点 $(0,0)$ 的两个偏导数都不存在</td></tr>
<tr><td>2</td><td>全微分</td><td>1）若二元函数 $u=f(x,y)$ 的改变量可以表示为
$$\Delta u=A(x,y)\Delta x+B(x,y)\Delta y+o(\rho)$$
式中，$\rho=[(\Delta x)^2+(\Delta y)^2]^{1/2}$，则称 $f(x,y)$ 在点 (x,y) 可全微分，简称可微。而称 Δu 的线性主部 $A(x,y)\Delta x+B(x,y)\Delta y$ 为函数 $f(x,y)$ 在点 (x,y) 的全微分，记为 $\mathrm{d}u=A(x,y)\Delta x+B(x,y)\Delta y$
对于自变量 x、y，规定 $\mathrm{d}x=\Delta x$，$\mathrm{d}y=\Delta y$，故 $\mathrm{d}u=A(x,y)\mathrm{d}x+B(x,y)\mathrm{d}y$
2）若二元函数 $u=f(x,y)$ 在点 (x,y) 可全微分，则 $f(x,y)$ 在点 (x,y) 处 $\frac{\partial f}{\partial x}$、$\frac{\partial f}{\partial y}$ 都存在，且
$$\mathrm{d}u=\frac{\partial f}{\partial x}\mathrm{d}x+\frac{\partial f}{\partial y}\mathrm{d}y \tag{12-15}$$
3）若 $f(x,y)$ 在点 (x,y) 可全微分，则 $f(x,y)$ 在点 (x,y) 连续，反之未必
例如，$f(x,y)=\|x\|+\|y\|$，虽然 $f(x,y)$ 在点 $(0,0)$ 连续，但 $f(x,y)$ 在点 $(0,0)$ 处的两个偏导数都不存在，故 $f(x,y)$ 在点 $(0,0)$ 不可全微分
$f(x,y)$ 在点 (x,y) 处 $\frac{\partial f}{\partial x}$、$\frac{\partial f}{\partial y}$ 都存在不能保证 $f(x,y)$ 在点 (x,y) 可全微分
例如
$$f(x,y)=\begin{cases}0，当\ xy=0\\1，当\ xy\neq0\end{cases}$$
虽然在点 $(0,0)$ 处 $\frac{\partial f}{\partial x}=\frac{\partial f}{\partial y}=0$，但 $f(x,y)$ 在点 $(0,0)$ 不连续，故 $f(x,y)$ 在点 $(0,0)$ 处不可全微分</td></tr>
</table>

续表 12-21

序　号	项　目	内　容
2	全微分	4）若$\frac{\partial f}{\partial x}$、$\frac{\partial f}{\partial y}$在点$(x,y)$连续，则$f(x,y)$在点$(x,y)$可全微分，反之未必 例如，$f(x,y)=(xy)^{2/3}$在点$(0,0)$可全微分，但在点$(0,0)$处$\frac{\partial f}{\partial x}$、$\frac{\partial f}{\partial y}$都不连续 5）若二元函数$f(x,y)$的两个偏导数$\frac{\partial f}{\partial x}$、$\frac{\partial f}{\partial y}$在区域$D(D\subset \boldsymbol{R}^2)$内连续，则称$f(x,y)$在$D$内连续可微 上述结果，均可推广到$n\geqslant 2$的一般情况
3	链式法则	1）若$u=f(x,y,z)$有连续的偏导数$x=x(t)$、$y=y(t)$、$z=z(t)$对t的导数都存在，则 $$\frac{\mathrm{d}u}{\mathrm{d}t}=\frac{\partial u}{\partial x}\cdot\frac{\mathrm{d}x}{\mathrm{d}t}+\frac{\partial u}{\partial y}\cdot\frac{\mathrm{d}y}{\mathrm{d}t}+\frac{\partial u}{\partial z}\cdot\frac{\mathrm{d}z}{\mathrm{d}t} \quad (12\text{-}16)$$ 一般地，若$u=f(x_1,x_2,\cdots,x_n)$，$x_i=x_i(t)(i=1,2,\cdots,n)$，则 $$\frac{\mathrm{d}u}{\mathrm{d}t}=\frac{\partial u}{\partial x_1}\cdot\frac{\mathrm{d}x_1}{\mathrm{d}t}+\frac{\partial u}{\partial x_2}\cdot\frac{\mathrm{d}x_2}{\mathrm{d}t}+\cdots+\frac{\partial u}{\partial x_n}\cdot\frac{\mathrm{d}x_n}{\mathrm{d}t} \quad (12\text{-}17)$$ 2）若$u=f(x,y,z)$有连续的偏导数$x=x(s,t)$、$y=y(s,t)$、$z=z(s,t)$对t的导数都存在，则 $$\frac{\partial u}{\partial s}=\frac{\partial u}{\partial x}\cdot\frac{\partial x}{\partial s}+\frac{\partial u}{\partial y}\cdot\frac{\partial y}{\partial s}+\frac{\partial u}{\partial z}\cdot\frac{\partial z}{\partial s}$$ $$\frac{\partial u}{\partial t}=\frac{\partial u}{\partial x}\cdot\frac{\partial x}{\partial t}+\frac{\partial u}{\partial y}\cdot\frac{\partial y}{\partial t}+\frac{\partial u}{\partial z}\cdot\frac{\partial z}{\partial t}$$ 写成矩阵形式为 $$\left(\frac{\partial u}{\partial s},\frac{\partial u}{\partial t}\right)=\left(\frac{\partial u}{\partial x},\frac{\partial u}{\partial y},\frac{\partial u}{\partial z}\right)\times\begin{bmatrix}\frac{\partial x}{\partial s} & \frac{\partial x}{\partial t}\\ \frac{\partial y}{\partial s} & \frac{\partial y}{\partial t}\\ \frac{\partial z}{\partial s} & \frac{\partial z}{\partial t}\end{bmatrix} \quad (12\text{-}18)$$ 一般地，若$u=f(x_1,x_2,\cdots,x_n)$，$x_i=x_i(t_1,t_2,\cdots,t_m)(i=1,2,\cdots,n)$，则 $$\frac{\mathrm{d}u}{\mathrm{d}t_j}=\frac{\partial u}{\partial x_1}\cdot\frac{\mathrm{d}x_1}{\mathrm{d}t_j}+\frac{\partial u}{\partial x_2}\cdot\frac{\mathrm{d}x_2}{\mathrm{d}t_j}+\cdots+\frac{\partial u}{\partial x_n}\cdot\frac{\mathrm{d}x_n}{\mathrm{d}t_j}$$ $(j=1,2,\cdots,n)$ 写成矩阵形式为 $$\left(\frac{\partial u}{\partial t_1},\frac{\partial u}{\partial t_2},\cdots,\frac{\partial u}{\partial t_m}\right)=\left(\frac{\partial u}{\partial x_1},\frac{\partial u}{\partial x_2},\cdots,\frac{\partial u}{\partial x_n}\right)\cdot\begin{bmatrix}\frac{\partial x_1}{\partial t_1} & \frac{\partial x_1}{\partial t_2} & \cdots & \frac{\partial x_1}{\partial t_m}\\ \frac{\partial x_2}{\partial t_1} & \frac{\partial x_2}{\partial t_2} & \cdots & \frac{\partial x_2}{\partial t_m}\\ \vdots & \vdots & \vdots & \vdots\\ \frac{\partial x_n}{\partial t_1} & \frac{\partial x_n}{\partial t_2} & \cdots & \frac{\partial x_n}{\partial t_m}\end{bmatrix} \quad (12\text{-}19)$$ 3）若$u=f(x,y,z)$在点(x,y,z)有连续偏导数$x=x(s,t)$、$y=y(s,t)$、$z=z(s,t)$都在点(s,t)有连续偏导数，则不论x、y、z是自变量还是中间变量，

续表 12-21

序 号	项 目	内 容
3	链式法则	都有 $\mathrm{d}u=\frac{\partial u}{\partial x}\mathrm{d}x+\frac{\partial u}{\partial y}\mathrm{d}y+\frac{\partial u}{\partial z}\mathrm{d}z$ 这就是多元函数的一阶微分形式不变性
4	齐次函数与欧拉公式	1）给定 n 元函数 $f(x_1,x_2,\cdots,x_n)$，如果它能恒等地(即对于任何 $x_1,x_2,\cdots,x_n$)满足关系式 $$f(tx_1,tx_2,\cdots,tx_n)=t^m f(x_1,x_2,\cdots,x_n) \quad (12\text{-}20)$$ 则称 $f(x_1,x_2,\cdots,x_n)$ 是一个 m 次齐次函数 2）设 $f(x_1,x_2,\cdots,x_n)$ 在区域 D 内有关于所有变元的连续偏导数，则 $f(x_1,x_2,\cdots,x_n)$ 为 m 次齐次函数的必要充分条件是：对于任一点 $(x_1,x_2,\cdots,x_n)\in$ $\boldsymbol{D}$，成立等式 $$\sum_{i=1}^{n}f'_{x_i}(x_1,x_2,\cdots,x_n)x_i=mf(x_1,x_2,\cdots,x_n) \quad (12\text{-}21)$$ 等式(12-21)称为欧拉公式
5	方向导数	设 $u=f(x,y,z)$ 在点 $P_0(x_0,y_0,z_0)$ 的某邻域内有定义，$r=[(\Delta x)^2+(\Delta y)^2+(\Delta z)^2]^{1/2}$，$P(x_0+r\cos\alpha,y_0+r\cos\beta,z_0+r\cos\gamma)$ 是过点 P_0 沿方向 $\boldsymbol{l}=(\cos\alpha,\cos\beta,\cos\gamma)$ 的射线上的点 如果极限 $\lim\limits_{r\to 0}\frac{f(P)-f(P_0)}{r}$ 存在，则称这个极限为函数 $u=f(x,y,z)$ 在点沿方向 $\boldsymbol{l}$ 的方向导数，记为 $\left.\frac{\partial f}{\partial l}\right\|_{P_0}$。方向导数在直角坐标系下的表达式为 $$\left.\frac{\partial f}{\partial l}\right\|_{P_0}=\left.\frac{\partial f}{\partial x}\right\|_{P_0}\cdot\cos\alpha+\left.\frac{\partial f}{\partial y}\right\|_{P_0}\cdot\cos\beta+\left.\frac{\partial f}{\partial z}\right\|_{P_0}\cdot\cos\gamma \quad (12\text{-}22)$$
6	高阶偏导数及高阶全微分	1）对于二元函数 $u=f(x,y)$，注意 $\frac{\partial u}{\partial x}$ 和 $\frac{\partial u}{\partial y}$ 仍然是二元函数，因此可以考虑二阶偏导数 $$\frac{\partial}{\partial x}\left(\frac{\partial u}{\partial x}\right),\ \frac{\partial}{\partial y}\left(\frac{\partial u}{\partial x}\right),\ \frac{\partial}{\partial x}\left(\frac{\partial u}{\partial y}\right),\ \frac{\partial}{\partial y}\left(\frac{\partial u}{\partial y}\right)$$ 引进下列符号来表示它们，即 以 $\frac{\partial^2 u}{\partial x^2}$ 或 $f''_{xx}(x,y)$ 来表示 $\frac{\partial}{\partial x}\left(\frac{\partial u}{\partial x}\right)$ 以 $\frac{\partial^2 u}{\partial x\partial y}$ 或 $f''_{xy}(x,y)$ 来表示 $\frac{\partial}{\partial y}\left(\frac{\partial u}{\partial x}\right)$ 以 $\frac{\partial^2 u}{\partial y\partial x}$ 或 $f''_{yx}(x,y)$ 来表示 $\frac{\partial}{\partial x}\left(\frac{\partial u}{\partial y}\right)$ 以 $\frac{\partial^2 u}{\partial y^2}$ 或 $f''_{yy}(x,y)$ 来表示 $\frac{\partial}{\partial y}\left(\frac{\partial u}{\partial y}\right)$ 同样，$\frac{\partial^2 u}{\partial x\partial y}$ 也是二元函数，因此可以考虑三阶偏导数 $\frac{\partial}{\partial x}\left(\frac{\partial^2 u}{\partial x\partial y}\right)$，而以 $\frac{\partial^3 u}{\partial x\partial y\partial x}$ 或者 $f'''_{xyx}(x,y)$ 来表示它，对于更高阶的偏导数的意义可依此类推 类似地，可定义 n 元函数 $u=f(x_1,x_2,\cdots,x_n)$ 的二阶以至 k 阶偏导数 2）设在点 $P_0(x_0,y_0)$ 的一个邻域内，函数 $u=f(x,y)$ 存在两个二阶混合偏导数 f''_{xy} 和 f''_{yx} 且这两个混合偏导数在点 $P_0(x_0,y_0)$ 连续，则

续表 12-21

序　号	项　目	内　容
6	高阶偏导数及高阶全微分	$$f''_{xy}\Big\vert_{P_0}=f''_{yx}\Big\vert_{P_0}$$ 注：$f''_{xy}\Big\vert_{P_0}\neq f''_{yx}\Big\vert_{P_0}$ 的情况是存在的。例如，$$f(x,y)=\begin{cases}xy\dfrac{x^2-y^2}{x^2+y^2}，当 x^2+y^2\neq 0\\0，当 x^2+y^2=0\end{cases}$$ 则 $f''_{xy}(0,0)=-1\neq 1=f''_{yx}(0,0)$ 类似地，若 $u=f(x_1,x_2,\cdots,x_n)$ 在区域 $D(D\subset \boldsymbol{R}^n)$ 内一切 k 阶混合偏导数连续，则它的 k 阶混合偏导数与求偏导的次序无关 3）二元函数 $u=f(x,y)$ 的二阶全微分为 $$\begin{aligned}\mathrm{d}^2u=\mathrm{d}(\mathrm{d}u)&=\frac{\partial^2 u}{\partial x^2}\mathrm{d}x^2+2\frac{\partial^2 u}{\partial x\partial y}\mathrm{d}x\mathrm{d}y+\frac{\partial^2 u}{\partial y^2}\mathrm{d}y^2\\&=\left(\mathrm{d}x\frac{\partial}{\partial x}+\mathrm{d}y\frac{\partial}{\partial y}\right)^2u\end{aligned}$$ 类似地，n 元函数 $u=f(x_1,x_2,\cdots,x_n)$ 的 k 阶全微分为 $$\begin{aligned}\mathrm{d}^ku&=\left(\mathrm{d}x_1\frac{\partial}{\partial x_1}+\mathrm{d}x_2\frac{\partial}{\partial x_2}+\cdots+\mathrm{d}x_n\frac{\partial}{\partial x_n}\right)^k u\\&=\sum_{j_1+\cdots+j_n=k}\frac{k!}{j_1!\cdots j_n!}\cdot\frac{\partial^k u}{\partial x_1^{j_1}\cdots\partial x_n^{j_n}}\mathrm{d}x_1^{j_1}\cdots\mathrm{d}x_n^{j_n}\end{aligned}\quad(12\text{-}23)$$

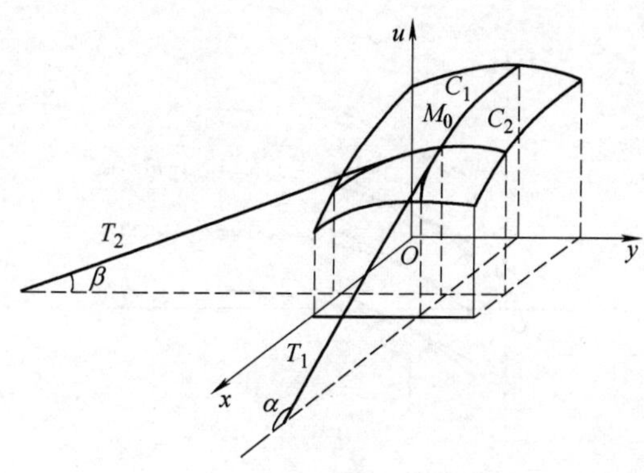

图 12-17　偏导数定义及几何意义

12.3.4　不定积分

不定积分见表 12-22。

表 12-22　不定积分

序号	项　目	内　容
1	基本概念与性质	（1）对于定义在某一区间 I 上的函数 $f(x)$，如果有这样的函数 $F(x)$，使得 $\forall x\in I$，都有 $F'(x)=f(x)$ 或 $\mathrm{d}F(x)=f(x)\mathrm{d}x$，则称 $F(x)$ 为 $f(x)$ 在 I 上的一个原函数 （2）如果 $f(x)$ 在某一区间 I 上连续，则在 I 上 $f(x)$ 的原函数一定存在

续表 12-22

序号	项　目	内　容
1	基本概念与性质	(3) 设 $F(x)$ 是 $f(x)$ 在区间 I 上的一个原函数，则 $F(x)+C$（C 是任意常数）是 $f(x)$ 在 I 上的原函数全体 (4) 函数 $f(x)$ 在某一区间 I 上的原函数全体称为 $f(x)$ 在 I 上的不定积分，记为 $\int f(x)\mathrm{d}x$，其中 $f(x)$ 称为被积函数，$f(x)\mathrm{d}x$ 称为被积表达式，x 称为积分变量。如果 $F(x)$ 是 $f(x)$ 在 I 上的一个原函数，则 $\int f(x)\mathrm{d}x=F(x)+C$（$C$ 是任意常数） (5) 不定积分具有下列性质： 1) $\left(\int f(x)\mathrm{d}x\right)'=f(x)$　或　$\mathrm{d}\left(\int f(x)\mathrm{d}x\right)=f(x)\mathrm{d}x$ $\int F'(x)\mathrm{d}x=F(x)+C$　或　$\int \mathrm{d}F(x)=F(x)+C$ 2) $\int[C_1f_1(x)+C_2f_2(x)]\mathrm{d}x=C_1\int f_1(x)\mathrm{d}x+C_2\int f_2(x)\mathrm{d}x, C_1, C_2\in R$ $f(x)$ 的一个原函数 $F(x)$ 的图形称为 $f(x)$ 的一条积分曲线，它的方程是 $y=F(x)$，因 $F'(x)=f(x)$，故积分曲线在点 $[x, F(x)]$ 的切线斜率等于 $f(x)$ 在点 x 的值。把这条积分曲线沿 y 轴的方向平行移动一段长度 C 时，就得到另一条积分曲线 $y=F(x)+C$。函数 $f(x)$ 的每一条积分曲线都可由此法获得，所以不定积分的图形就是由此获得的全部积分曲线所组成的曲线族。又因不论常数 C 取什么值，都有 $[F(x)+C]'=f(x)$，故如果在每一条积分曲线上横坐标相同的点作切线，则这些切线是彼此平行的(图 12-18)
2	不定积分表	不定积分表见表 12-23

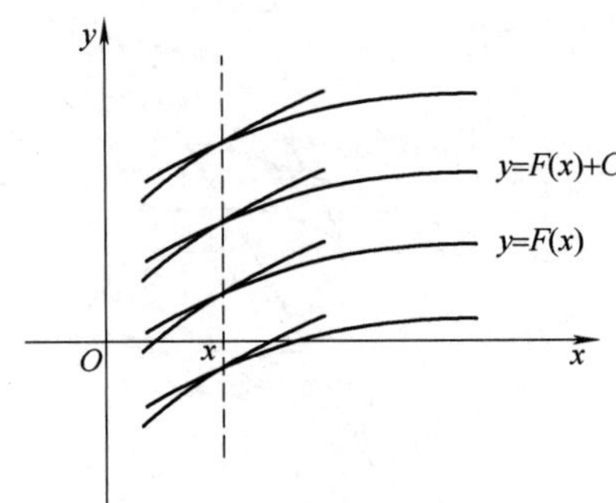

图 12-18　不定积分

表 12-23　不定积分表

序　号	项　目	内　容
1	基本积分表	(1) $\int x^{\mu}\mathrm{d}x=\dfrac{x^{\mu+1}}{\mu+1}+C \quad (\mu\neq-1)$ (2) $\int\dfrac{\mathrm{d}x}{x}=\ln\lvert x\rvert+C \quad (x\neq0)$ (3) $\int \mathrm{e}^{x}\mathrm{d}x=\mathrm{e}^{x}+C$ (4) $\int a^{x}\mathrm{d}x=\dfrac{a^{x}}{\ln a}+C \quad (a\neq1)$

续表 12-23

序　号	项　目	内　容
1	基本积分表	(5) $\int \sin x \mathrm{d}x = -\cos x + C$ (6) $\int \cos \mathrm{d}x = \sin x + C$ (7) $\int \frac{\mathrm{d}x}{\cos^2 x} = \tan x + C \quad \left(x \neq \frac{2n+1}{2}\pi, n \in Z, Z\text{ 是整数集}\right)$ (8) $\int \frac{\mathrm{d}x}{\sin^2 x} = -\cot x + C \quad (x \neq n\pi, n \in Z)$ (9) $\int \frac{\mathrm{d}x}{\sqrt{1-x^2}} = \arcsin x + C \quad (\lvert x \rvert < 1)$ (10) $\int \frac{\mathrm{d}x}{1+x^2} = \arctan x + C$ (11) $\int \mathrm{sh}x \mathrm{d}x = \mathrm{ch}x + C$ (12) $\int \mathrm{ch}x \mathrm{d}x = \mathrm{sh}x + C$ (13) $\int \frac{\mathrm{d}x}{\mathrm{ch}^2 x} = \mathrm{th}x + C$ (14) $\int \frac{\mathrm{d}x}{\mathrm{sh}^2 x} = -\mathrm{cth}x + C \quad (x \neq 0)$ (15) $\int \frac{\mathrm{d}x}{\sqrt{x^2+1}} = \ln(x + \sqrt{x^2+1}) + C$ (16) $\int \frac{\mathrm{d}x}{\sqrt{x^2-1}} = \ln\left\lvert x + \sqrt{x^2-1} \right\rvert + C \quad (\lvert x \rvert > 1)$ (17) $\int \frac{\mathrm{d}x}{x^2-1} = \frac{1}{2}\ln\left\lvert \frac{x-1}{x+1} \right\rvert + C \quad (\lvert x \rvert \neq 1)$
2	有理函数积分表	(1) $\int (ax+b)^n \mathrm{d}x = \frac{(ax+b)^{n+1}}{a(n+1)} + C \quad (n \neq -1)$ (2) $\int \frac{\mathrm{d}x}{ax+b} = \frac{1}{a}\ln\lvert ax+b \rvert + C$ (3) $\int x(ax+b)^n \mathrm{d}x = \frac{(ax+b)^{n+2}}{a^2(n+2)} - \frac{b(ax+b)^{n+1}}{a^2(n+1)} + C \quad (n \neq -1, -2)$ (4) $\int \frac{x\mathrm{d}x}{ax+b} = \frac{x}{a} - \frac{b}{a^2}\ln\lvert ax+b \rvert + C$ (5) $\int \frac{x\mathrm{d}x}{(ax+b)^2} = \frac{b}{a^2(ax+b)} + \frac{b}{a^2}\ln\lvert ax+b \rvert + C$ (6) $\int \frac{x\mathrm{d}x}{(ax+b)^n} = \frac{1}{a^2}\left[\frac{b}{(n-1)(ax+b)^{n-1}} - \frac{1}{(n-2)(ax+b)^{n-2}}\right] + C \quad (n \neq 1, 2)$ (7) $\int \frac{x^2\mathrm{d}x}{ax+b} = \frac{1}{a^3}\left[\frac{1}{2}(ax+b)^2 - 2b(ax+b) + b^2\ln\lvert ax+b \rvert\right] + C$ (8) $\int \frac{x^2\mathrm{d}x}{(ax+b)^2} = \frac{1}{a^3}\left(ax+b-2b\ln\lvert ax+b \rvert - \frac{b^2}{ax+b}\right) + C$ (9) $\int \frac{x^2\mathrm{d}x}{(ax+b)^3} = \frac{1}{a^3}\left[\ln\lvert ax+b \rvert + \frac{2b}{ax+b} - \frac{b^2}{2(ax+b)^2}\right] + C$ (10) $\int \frac{x^2\mathrm{d}x}{(ax+b)^n} = \frac{1}{a^3}\left[\frac{1}{(n-3)(ax+b)^{n-3}} + \frac{2b}{(n-2)(ax+b)^{n-2}} - \frac{b^2}{(n-1)(ax+b)^{n-1}}\right] + C \quad (n \neq 1, 2, 3)$

续表 12-23

序　号	项　目	内　容
2	有理函数积分表	(11) $\int\frac{dx}{x(ax+b)}=-\frac{1}{b}\ln\left\|\frac{ax+b}{x}\right\|+C$ (12) $\int\frac{dx}{x^2(ax+b)}=-\frac{1}{bx}+\frac{a}{b^2}\ln\left\|\frac{ax+b}{x}\right\|+C$ (13) $\int\frac{dx}{x^2(ax+b)^2}=-a\left[\frac{1}{b^2(ax+b)}+\frac{1}{ab^2x}-\frac{2}{b^2}\ln\left\|\frac{ax+b}{x}\right\|\right]+C$ (14) $\int\frac{dx}{x^2+a^2}=\frac{1}{a}\arctan\frac{x}{a}+C$ (15) $\int\frac{dx}{x^2-a^2}=\frac{1}{2a}\ln\left\|\frac{x-a}{x+a}\right\|+C \quad (\|x\|\neq a)$ (16) $\int\frac{dx}{ax^2+bx+c}$ $=\begin{cases}\frac{2}{\sqrt{4ac-b^2}}\arctan\frac{2ax+b}{\sqrt{4ac-b^2}}+C & (4ac-b^2>0)\\ \frac{1}{\sqrt{b^2-4ac}}\ln\left\|\frac{2ax+b-\sqrt{b^2-4ac}}{2ax+b+\sqrt{b^2-4ac}}\right\|+C & (4ac-b^2<0)\end{cases}$ (17) $\int\frac{xdx}{ax^2+bx+c}=\frac{1}{2a}\ln\|ax^2+bx+c\|-\frac{b}{2a}\int\frac{dx}{ax^2+bc+c}$ (18) $\int\frac{mx+n}{ax^2+bx+c}dx$ $=\begin{cases}\frac{m}{2a}\ln\|ax^2+bx+c\|+\frac{2an-bm}{a\sqrt{4ac-b^2}}\arctan\frac{2ax+b}{a\sqrt{4ac-b^2}}+C & (4ac-b^2<0)\\ \frac{m}{2a}\ln\|ax^2+bx+c\|+\frac{2an-bm}{2a\sqrt{b^2-4ac}}\ln\left\|\frac{2ax+b-\sqrt{b^2-4ac}}{2ax+b+\sqrt{b^2-4ac}}\right\|+C & (4ac-b^2>0)\end{cases}$ (19) $\int\frac{dx}{(ax^2+bx+c)^n}=\frac{2ax+b}{(n-1)(4ac-b^2)(ax^2+bx+c)^{n-1}}+\frac{(2n-3)2a}{(n-1)(4ac-b^2)}\int\frac{dx}{(ax^2+bx+c)^{n-1}} \quad (n\neq1)$ (20) $\int\frac{xdx}{(ax^2+bx+c)^n}=-\frac{bx+2c}{(n-1)(4ac-b^2)(ax^2+bx+c)^{n-1}}+\frac{(2n-3)b}{(n-1)(4ac-b^2)}\int\frac{dx}{(ax^2+bx+c)^{n-1}} \quad (n\neq1)$ (21) $\int\frac{dx}{x(ax^2+bx+c)}=\frac{1}{2c}\ln\left\|\frac{x^2}{ax^2+bx+c}\right\|-\frac{b}{2c}\int\frac{dx}{ax^2+bx+c}$
3	无理函数积分表	(1) $\int\sqrt{a^2-x^2}dx=\frac{1}{2}\left(x\sqrt{a^2-x^2}+a^2\arcsin\frac{x}{a}\right)+C \quad (\|x\|\leqslant a)$ (2) $\int x\sqrt{a^2-x^2}dx=-\frac{1}{3}(a^2-x^2)^{3/2}+C \quad (\|x\|\leqslant a)$ (3) $\int\frac{\sqrt{a^2-x^2}}{x}dx=\sqrt{a^2-x^2}-a\ln\left\|\frac{a+\sqrt{a^2-x^2}}{x}\right\|+C \quad (\|x\|\leqslant a)$ (4) $\int\frac{dx}{\sqrt{a^2-x^2}}=\arcsin\frac{x}{a}+C \quad (\|x\|<a)$ (5) $\int\frac{x^2dx}{\sqrt{a^2-x^2}}=-\frac{x}{2}\sqrt{a^2-x^2}+\frac{a^2}{2}\arcsin\frac{x}{a}+C \quad (\|x\|<a)$

续表 12-23

序　号	项　目	内　容
3	无理函数积分表	(6) $\int\sqrt{x^2+a^2}\mathrm{d}x=-\frac{1}{2}[x\sqrt{x^2+a^2}+a^2\ln(x+\sqrt{x^2+a^2})]+C$ (7) $\int x\sqrt{x^2+a^2}\mathrm{d}x=\frac{1}{3}(x^2+a^2)^{3/2}+C$ (8) $\int\frac{\sqrt{x^2+a^2}}{x}\mathrm{d}x=\sqrt{x^2+a^2}-a\ln\left\|\frac{a+\sqrt{x^2+a^2}}{x}\right\|+C$ (9) $\int\frac{\mathrm{d}x}{\sqrt{x^2+a^2}}=\ln\left\|x+\sqrt{x^2+a^2}\right\|+C$ (10) $\int\frac{x\mathrm{d}x}{\sqrt{x^2+a^2}}=\sqrt{x^2+a^2}+C$ (11) $\int\frac{x^2\mathrm{d}x}{\sqrt{x^2+a^2}}=\frac{x}{2}\sqrt{x^2+a^2}-\frac{a^2}{2}\ln(x+\sqrt{x^2+a^2})+C$ (12) $\int\frac{\mathrm{d}x}{x\sqrt{x^2+a^2}}=-\frac{1}{a}\ln\left\|\frac{a+\sqrt{x^2+a^2}}{x}\right\|+C$ (13) $\int\frac{\mathrm{d}x}{x^2\sqrt{x^2+a^2}}=-\frac{\sqrt{x^2+a^2}}{a^2x}+C$ (14) $\int\sqrt{x^2-a^2}\mathrm{d}x=\frac{1}{2}(x\sqrt{x^2-a^2}-a^2\ln\|x+\sqrt{x^2-a^2}\|)+C\quad(\|x\|\geqslant a)$ (15) $\int x\sqrt{x^2-a^2}\mathrm{d}x=\frac{1}{3}(x^2-a^2)^{3/2}+C\quad(\|x\|\geqslant a)$ (16) $\int\frac{\sqrt{x^2-a^2}}{x}\mathrm{d}x=\sqrt{x^2-a^2}-a\cdot\arccos\frac{a}{x}+C\quad(\|x\|\geqslant a)$ (17) $\int\frac{\mathrm{d}x}{\sqrt{x^2-a^2}}=\ln\left\|x+\sqrt{x^2-a^2}\right\|+C\quad(\|x\|>a)$ (18) $\int\frac{x\mathrm{d}x}{\sqrt{x^2-a^2}}=\sqrt{x^2-a^2}+C\quad(\|x\|>a)$ (19) $\int\frac{x^2\mathrm{d}x}{\sqrt{x^2-a^2}}=\frac{1}{2}(x\sqrt{x^2-a^2}+a^2\ln\|x+\sqrt{x^2-a^2}\|)+C\quad(\|x\|>a)$ (20) $\int\frac{\mathrm{d}x}{\sqrt{Ax^2+Bx+C}}$ $=\begin{cases}\frac{1}{\sqrt{A}}\ln\|2\sqrt{A(Ax^2+Bx+C)}+2Ax+B\|+C_1 & (A>0,4AC-B^2>0)\\ \frac{1}{\sqrt{A}}\ln\|2Ax+B\|+C_1 & (A>0,4AC-B^2=0)\\ -\frac{1}{\sqrt{-A}}\arcsin\frac{2Ax+B}{\sqrt{B^2+4AC}}+C_1 & (A<0,4AC-B^2<0)\end{cases}$ (21) $\int\frac{x\mathrm{d}x}{\sqrt{Ax^2+Bx+C}}=\frac{\sqrt{Ax^2+Bx+C}}{A}-\frac{B}{2A}\int\frac{\mathrm{d}x}{\sqrt{Ax^2+Bx+C}}$
4	三角函数积分表	(1) $\int\sin\alpha x\mathrm{d}x=-\frac{1}{\alpha}\cos\alpha x+C$ (2) $\int\sin^n\alpha x\mathrm{d}x=-\frac{\sin^{n-1}\alpha x\cdot\cos\alpha x}{n\alpha}+\frac{n-1}{n}\cos\alpha x\int\sin^{n-2}\alpha x\mathrm{d}x\quad(n>0)$ (3) $\int x\sin\alpha x\mathrm{d}x=\frac{\sin\alpha x}{\alpha^2}-\frac{x\cos\alpha x}{\alpha}+C$ (4) $\int x^n\sin\alpha x\mathrm{d}x=-\frac{x^n}{\alpha}\cos\alpha x+\frac{n}{\alpha}\int x^{n-1}\cos\alpha x\mathrm{d}x\quad(n>0)$

续表 12-23

序号	项目	内容
4	三角函数积分表	(5) $\int \frac{\mathrm{d}x}{\sin\alpha x} = \frac{1}{\alpha}\ln\left\|\tan\frac{\alpha x}{2}\right\| + C$ (6) $\int \frac{\mathrm{d}x}{\sin^{n}\alpha x} = -\frac{1}{\alpha(n-1)}\cdot\frac{\cos\alpha x}{\sin^{n-1}\alpha x} + \frac{n-2}{n-1}\int\frac{\mathrm{d}x}{\sin^{n-2}\alpha x}$ $(n>1)$ (7) $\int \frac{\mathrm{d}x}{1+\sin\alpha x} = \frac{1}{\alpha}\tan\left(\frac{\alpha x}{2}-\frac{\pi}{4}\right) + C$ (8) $\int \frac{\mathrm{d}x}{1-\sin\alpha x} = \frac{1}{\alpha}\tan\left(\frac{\alpha x}{2}+\frac{\pi}{4}\right) + C$ (9) $\int \frac{x\mathrm{d}x}{1+\sin\alpha x} = \frac{x}{\alpha}\tan\left(\frac{\alpha x}{2}-\frac{\pi}{4}\right) + \frac{2}{\alpha^2}\ln\left\|\cos\left(\frac{\alpha x}{2}-\frac{\pi}{4}\right)\right\| + C$ (10) $\int \frac{x\mathrm{d}x}{1-\sin\alpha x} = \frac{x}{\alpha}\cot\left(\frac{\pi}{4}-\frac{\alpha x}{2}\right) + \frac{2}{\alpha^2}\ln\left\|\sin\left(\frac{\pi}{4}-\frac{\alpha x}{2}\right)\right\| + C$ (11) $\int \frac{\sin\alpha x}{1\pm\sin\alpha x}\mathrm{d}x = \pm x + \frac{1}{\alpha}\tan\left(\frac{\pi}{4}\mp\frac{\alpha x}{2}\right) + C$ (12) $\int \cos\alpha x\mathrm{d}x = \frac{1}{\alpha}\sin\alpha x + C$ (13) $\int \cos^{n}\alpha x\mathrm{d}x = \frac{\cos^{n-1}\alpha x\cdot\sin\alpha x}{n\alpha} + \frac{n-1}{n}\int\cos^{n-2}\alpha x\mathrm{d}x$ $(n>0)$ (14) $\int x\cos\alpha x\mathrm{d}x = \frac{\cos\alpha x}{\alpha^2} + \frac{x\sin\alpha x}{\alpha} + C$ (15) $\int x^2\cos\alpha x\mathrm{d}x = \frac{x^{n}\sin\alpha x}{\alpha} + \frac{n}{\alpha}\int x^{n-1}\sin\alpha x\mathrm{d}x$ $(n>0)$ (16) $\int \frac{\mathrm{d}x}{\cos\alpha x} = \frac{1}{\alpha}\ln\left\|\tan\left(\frac{\alpha x}{2}+\frac{\pi}{4}\right)\right\| + C$ (17) $\int \frac{\mathrm{d}x}{\cos^{n}\alpha x} = \frac{1}{\alpha(n-1)}\cdot\frac{\sin\alpha x}{\cos^{n-1}\alpha x} + \frac{n-2}{n-1}\int\frac{\mathrm{d}x}{\cos^{n-2}\alpha x}$ $(n>1)$ (18) $\int \frac{\mathrm{d}x}{1+\cos\alpha x} = \frac{1}{\alpha}\tan\frac{\alpha x}{2} + C$ (19) $\int \frac{\mathrm{d}x}{1-\cos\alpha x} = -\frac{1}{\alpha}\cot\frac{\alpha x}{2} + C$ (20) $\int \frac{x\mathrm{d}x}{1+\cos\alpha x} = \frac{x}{\alpha}\tan\frac{\alpha x}{2} + \frac{2}{\alpha^2}\ln\left\|\cos\frac{\alpha x}{2}\right\| + C$ (21) $\int \frac{x\mathrm{d}x}{1-\cos\alpha x} = -\frac{x}{\alpha}\cot\frac{\alpha x}{2} + \frac{2}{\alpha^2}\ln\left\|\sin\frac{\alpha x}{2}\right\| + C$ (22) $\int \frac{\cos\alpha x}{1+\cos\alpha x}\mathrm{d}x = x - \frac{1}{\alpha}\tan\frac{\alpha x}{2} + C$ (23) $\int \frac{\cos\alpha x}{1-\cos\alpha x}\mathrm{d}x = -x - \frac{1}{\alpha}\cot\frac{\alpha x}{2} + C$ (24) $\int \frac{\mathrm{d}x}{\cos\alpha x+\sin\alpha x} = \frac{1}{\alpha\sqrt{2}}\ln\left\|\tan\left(\frac{\alpha x}{2}+\frac{\pi}{8}\right)\right\| + C$ (25) $\int \frac{\mathrm{d}x}{\cos\alpha x-\sin\alpha x} = \frac{1}{\alpha\sqrt{2}}\ln\left\|\tan\left(\frac{\alpha x}{2}-\frac{\pi}{8}\right)\right\| + C$ (26) $\int \frac{\mathrm{d}x}{(\cos\alpha x+\sin\alpha x)^2} = \frac{1}{2\alpha}\tan\left(\alpha x-\frac{\pi}{4}\right) + C$ (27) $\int \frac{\mathrm{d}x}{(\cos\alpha x-\sin\alpha x)^2} = \frac{1}{2\alpha}\tan\left(\alpha x+\frac{\pi}{4}\right) + C$ (28) $\int \frac{\cos\alpha x\mathrm{d}x}{\cos\alpha x+\sin\alpha x} = \frac{1}{2\alpha}\left[\alpha x + \ln\left\|\sin\left(\alpha x+\frac{\pi}{4}\right)\right\|\right] + C$

续表 12-23

序　号	项　目	内　容
4	三角函数积分表	(29) $\int \frac{\cos\alpha x \mathrm{d}x}{\cos\alpha x - \sin\alpha x} = \frac{1}{2\alpha}\left[\alpha x - \ln\left\|\cos\left(\alpha x + \frac{\pi}{4}\right)\right\|\right] + C$ (30) $\int \frac{\sin\alpha x \mathrm{d}x}{\cos\alpha x + \sin\alpha x} = \frac{1}{2\alpha}\left[\alpha x - \ln\left\|\sin\left(\alpha x + \frac{\pi}{4}\right)\right\|\right] + C$ (31) $\int \frac{\sin\alpha x \mathrm{d}x}{\cos\alpha x - \sin\alpha x} = -\frac{1}{2\alpha}\left[\alpha x + \ln\left\|\cos\left(\alpha x + \frac{\pi}{4}\right)\right\|\right] + C$ (32) $\int \frac{\cos\alpha x \mathrm{d}x}{\sin\alpha x(1 + \cos\alpha x)} = -\frac{1}{4\alpha}\tan^2\frac{\alpha x}{2} + \frac{1}{2\alpha}\ln\left\|\tan\frac{\alpha x}{2}\right\| + C$ (33) $\int \frac{\cos\alpha x \mathrm{d}x}{\sin\alpha x(1 - \cos\alpha x)} = -\frac{1}{4\alpha}\cot^2\frac{\alpha x}{2} - \frac{1}{2\alpha}\ln\left\|\tan\frac{\alpha x}{2}\right\| + C$ (34) $\int \frac{\sin\alpha x \mathrm{d}x}{\cos\alpha x(1 + \sin\alpha x)} = \frac{1}{4\alpha}\cot^2\left(\frac{\alpha x}{2} + \frac{\pi}{4}\right) + \frac{1}{2\alpha}\ln\left\|\tan\left(\frac{\alpha x}{2} + \frac{\pi}{4}\right)\right\| + C$ (35) $\int \frac{\sin\alpha x \mathrm{d}x}{\cos\alpha x(1 - \sin\alpha x)} = \frac{1}{4\alpha}\tan^2\left(\frac{\alpha x}{2} + \frac{\pi}{4}\right) - \frac{1}{2\alpha}\ln\left\|\tan\left(\frac{\alpha x}{2} + \frac{\pi}{4}\right)\right\| + C$ (36) $\int \sin\alpha x\cos\alpha x \mathrm{d}x = \frac{1}{2\alpha}\sin^2\alpha x + C$ (37) $\int \sin^n\alpha x \cdot \cos\alpha x \mathrm{d}x = \frac{1}{\alpha(n+1)}\sin^{n+1}\alpha x + C \quad (n \neq -1)$ (38) $\int \sin\alpha x \cdot \cos^n\alpha x \mathrm{d}x = -\frac{1}{\alpha(n+1)}\cos^{n+1}\alpha x + C \quad (n \neq -1)$ (39) $\int \sin^n\alpha x \cdot \cos^m\alpha x \mathrm{d}x = -\frac{\sin^{n-1}\alpha x \cdot \cos^{m+1}\alpha x}{\alpha(n+m)} + \frac{n-1}{n+m}\int \sin^{n-2}\alpha x \cdot \cos^m\alpha x \mathrm{d}x$ $= \frac{\sin^{n+1}\alpha x \cdot \cos^{m-1}\alpha x}{\alpha(n+m)} + \frac{m-1}{n+m}\int \sin^n\alpha x \cdot$ $\cos^{m-2}\alpha x \mathrm{d}x \quad (n, m > 0)$ (40) $\int \frac{\mathrm{d}x}{\sin\alpha x \cdot \cos\alpha x} = \frac{1}{\alpha}\ln\|\tan\alpha x\| + C$ (41) $\int \frac{\mathrm{d}x}{\sin\alpha x \cdot \cos^n\alpha x} = \frac{1}{\alpha(n-1)\cos^{n-1}\alpha x} + \int \frac{\mathrm{d}x}{\sin\alpha x \cdot \cos^{n-2}\alpha x} \quad (n \neq 1)$ (42) $\int \frac{\mathrm{d}x}{\sin^n\alpha x \cdot \cos^n\alpha x} = -\frac{1}{\alpha(n-1)\sin^{n-1}\alpha x} + \int \frac{\mathrm{d}x}{\sin^{n-2}\alpha x \cdot \cos\alpha x} \quad (n \neq 1)$ (43) $\int \frac{\sin\alpha x}{\cos^n\alpha x}\mathrm{d}x = \frac{1}{\alpha(n-1)\cos^{n-1}\alpha x} + C \quad (n \neq 1)$ (44) $\int \frac{\sin^2\alpha x}{\cos\alpha x}\mathrm{d}x = -\frac{1}{\alpha}\sin\alpha x + \frac{1}{\alpha}\ln\left\|\tan\left(\frac{\pi}{4} + \frac{\alpha x}{2}\right)\right\| + C$ (45) $\int \frac{\sin^2\alpha x}{\cos^n\alpha x}\mathrm{d}x = \frac{\sin\alpha x}{\alpha(n-1)\cos^{n-1}\alpha x} - \frac{1}{n-1}\int \frac{\mathrm{d}x}{\cos^{n-2}\alpha x} \quad (n \neq 1)$ (46) $\int \frac{\sin^n\alpha x}{\cos\alpha x}\mathrm{d}x = -\frac{\sin^{n-1}\alpha x}{\alpha(n-1)} + \int \frac{\sin^{n-2}\alpha x}{\cos\alpha x}\mathrm{d}x \quad (n \neq 1)$ (47) $\int \frac{\sin^n\alpha x}{\cos^m\alpha x}\mathrm{d}x = \frac{\sin^{n+1}\alpha x}{\alpha(m-1)\cos^{m-1}\alpha x} + \frac{n-m+2}{m-1}\int \frac{\sin^n\alpha x}{\cos^{m-2}\alpha x}\mathrm{d}x \quad (m \neq 1)$ $= -\frac{\sin^{n-1}\alpha x}{\alpha(n-m)\cos^{m-1}\alpha x} + \frac{n-1}{n-m}\int \frac{\sin^{n-2}\alpha x}{\cos^m\alpha x}\mathrm{d}x \quad (m \neq n)$ $= \frac{\sin^{n-1}\alpha x}{\alpha(m-1)\cos^{m-1}\alpha x} + \frac{n-1}{m-1}\int \frac{\sin^{n-2}\alpha x}{\cos^{m-2}\alpha x}\mathrm{d}x \quad (m \neq 1)$ (48) $\int \frac{\cos\alpha x}{\sin^n\alpha x}\mathrm{d}x = -\frac{1}{\alpha(n-1)\sin^{n-1}\alpha x} + C \quad (n \neq 1)$ (49) $\int \frac{\cos^2\alpha x}{\sin\alpha x}\mathrm{d}x = \frac{1}{\alpha}\left(\cos\alpha x + \ln\left\|\tan\frac{\alpha x}{2}\right\|\right) + C$

续表 12-23

序号	项目	内容
4	三角函数积分表	(50) $\int \frac{\cos^2\alpha x}{\sin^n\alpha x}dx = -\frac{1}{n-1}\frac{\cos\alpha x}{\alpha\sin^{n-1}\alpha x} + \int\frac{dx}{\sin^{n-2}\alpha x} \quad (n \neq 1)$ (51) $\int \frac{\cos^n\alpha x}{\sin\alpha x}dx = \frac{\cos^{n-1}\alpha x}{\alpha(n-1)} + \int\frac{\cos^{n-2}\alpha x}{\sin\alpha x}dx \quad (n \neq 1)$ (52) $\int \frac{\cos^n\alpha x}{\sin^m\alpha x}dx = -\frac{\cos^{n+1}\alpha x}{\alpha(m-1)\sin^{m-1}\alpha x} - \frac{n-m+2}{m-1}\int\frac{\cos^n\alpha x}{\sin^{m-2}\alpha x}dx \quad (m \neq 1)$ $= -\frac{\cos^{n-1}\alpha x}{\alpha(n-m)\sin^{m-1}\alpha x} + \frac{n-1}{n-m}\int\frac{\cos^{n-2}\alpha x}{\sin^m\alpha x}dx \quad (m \neq n)$ $= \frac{\cos^{n-1}\alpha x}{\alpha(m-1)\sin^{m-1}\alpha x} + \frac{n-1}{m-1}\int\frac{\cos^{n-2}\alpha x}{\sin^{m-2}\alpha x}dx \quad (m \neq 1)$ (53) $\int \tan\alpha x dx = -\frac{1}{\alpha}\ln\|\cos\alpha x\| + C$ (54) $\int \tan^n\alpha x dx = -\frac{1}{\alpha(n-1)}\tan^{n-1}\alpha x - \int\tan^{n-2}\alpha x dx \quad (n \neq 1)$ (55) $\int \frac{\tan^n\alpha x}{\cos^2\alpha x}dx = \frac{1}{\alpha(n+1)}\tan^{n+1}\alpha x + C \quad (n \neq -1)$ (56) $\int \frac{dx}{\tan\alpha x + 1} = \frac{x}{2} + \frac{1}{2\alpha}\ln\|\sin\alpha x + \cos\alpha x\| + C$ (57) $\int \frac{dx}{\tan\alpha x - 1} = -\frac{x}{2} - \frac{1}{2\alpha}\ln\|\sin\alpha x - \cos\alpha x\| + C$ (58) $\int \frac{\tan\alpha x dx}{\tan\alpha x + 1} = \frac{x}{2} - \frac{1}{2\alpha}\ln\|\sin\alpha x + \cos\alpha x\| + C$ (59) $\int \frac{\tan\alpha x dx}{\tan\alpha x - 1} = \frac{x}{2} + \frac{1}{2\alpha}\ln\|\sin\alpha x - \cos\alpha x\| + C$ (60) $\int \cot\alpha x dx = \frac{1}{\alpha}\ln\|\sin\alpha x\| + C$ (61) $\int \cot^n\alpha x dx = -\frac{1}{\alpha(n-1)}\cot^{n-1}\alpha x - \int\cot^{n-2}\alpha x dx \quad (n \neq 1)$ (62) $\int \frac{\cot^n\alpha x}{\sin^2\alpha x}dx = -\frac{1}{\alpha(n+1)}\cot^{n+1}\alpha x + C \quad (n \neq -1)$
5	双曲函数积分表	(1) $\int \mathrm{sh}\alpha x dx = \frac{1}{\alpha}\mathrm{ch}\alpha x + C$ (2) $\int \mathrm{ch}\alpha x dx = \frac{1}{\alpha}\mathrm{ch}\alpha x + C$ (3) $\int \mathrm{sh}^2\alpha x dx = \frac{1}{4\alpha}\mathrm{sh}2\alpha x - \frac{x}{2} + C$ (4) $\int \mathrm{ch}^2\alpha x dx = \frac{1}{4\alpha}\mathrm{sh}2\alpha x + \frac{x}{2} + C$ (5) $\int \mathrm{sh}^n\alpha x dx = \frac{1}{\alpha n}\mathrm{sh}^{n-1}\alpha x \cdot \mathrm{ch}\alpha x - \frac{n-1}{n}\int\mathrm{sh}^{n-2}\alpha x dx \quad (n = 2,3,\cdots)$ (6) $\int \mathrm{ch}^n\alpha x dx = \frac{1}{\alpha n}\mathrm{sh}\alpha x \cdot \mathrm{ch}^{n-1}\alpha x + \frac{n-1}{n}\int\mathrm{ch}^{n-2}\alpha x dx \quad (n = 2,3,\cdots)$ (7) $\int \frac{dx}{\mathrm{sh}\alpha x} = \frac{1}{\alpha}\ln\left\|\mathrm{th}\frac{\alpha x}{2}\right\| + C$ (8) $\int \frac{dx}{\mathrm{ch}\alpha x} = \frac{2}{\alpha}\arctan e^{\alpha x} + C$ (9) $\int \frac{dx}{\mathrm{sh}^n\alpha x} = -\frac{1}{\alpha(n-1)} \cdot \frac{\mathrm{ch}\alpha x}{\mathrm{sh}^{n-1}\alpha x} - \frac{n-2}{n-1}\int\frac{dx}{\mathrm{sh}^{n-2}\alpha x} \quad (n \neq 1)$

续表 12-23

序　号	项　目	内　容
5	双曲函数积分表	(10) $\int \frac{\mathrm{d}x}{\mathrm{ch}^n \alpha x} = \frac{1}{\alpha(n-1)} \cdot \frac{\mathrm{sh}\alpha x}{\mathrm{ch}^{n-1}\alpha x} + \frac{n-2}{n-1}\int \frac{\mathrm{d}x}{\mathrm{ch}^{n-2}\alpha x} \quad (n \neq 1)$ (11) $\int \frac{\mathrm{ch}^n \alpha x}{\mathrm{sh}^m \alpha x}\mathrm{d}x = \frac{1}{\alpha(n-m)} \cdot \frac{\mathrm{ch}^{n-1}\alpha x}{\mathrm{sh}^{m-1}\alpha x} + \frac{n-1}{n-m}\int \frac{\mathrm{ch}^{n-2}\alpha x}{\mathrm{sh}^m \alpha x}\mathrm{d}x \quad (m \neq n)$ $= -\frac{1}{\alpha(m-1)} \cdot \frac{\mathrm{ch}^{n+1}\alpha x}{\mathrm{sh}^{m-1}\alpha x} + \frac{n-m+2}{m-1}\int \frac{\mathrm{ch}^n \alpha x}{\mathrm{sh}^{m-2}\alpha x}\mathrm{d}x \quad (m \neq 1)$ $= -\frac{1}{\alpha(m-1)} \cdot \frac{\mathrm{ch}^{n-1}\alpha x}{\mathrm{sh}^{m+1}\alpha x} + \frac{n-1}{m-1}\int \frac{\mathrm{ch}^{n-2}\alpha x}{\mathrm{sh}^{m-2}\alpha x}\mathrm{d}x \quad (m \neq 1)$ (12) $\int \frac{\mathrm{ch}^m \alpha x}{\mathrm{sh}^n \alpha x}\mathrm{d}x = \frac{1}{\alpha(m-n)} \cdot \frac{\mathrm{sh}^{m-1}\alpha x}{\mathrm{ch}^{n-1}\alpha x} - \frac{m-1}{m-n}\int \frac{\mathrm{sh}^{m-2}\alpha x}{\mathrm{ch}^n \alpha x}\mathrm{d}x \quad (m \neq n)$ $= -\frac{1}{\alpha(n-1)} \cdot \frac{\mathrm{sh}^{m+1}\alpha x}{\mathrm{ch}^{n-1}\alpha x} + \frac{m-n+2}{n-1}\int \frac{\mathrm{sh}^m \alpha x}{\mathrm{ch}^{n-2}\alpha x}\mathrm{d}x \quad (n \neq 1)$ $= -\frac{1}{\alpha(n-1)} \cdot \frac{\mathrm{sh}^{m-1}\alpha x}{\mathrm{ch}^{n-1}\alpha x} + \frac{m-1}{n-1}\int \frac{\mathrm{sh}^{m-2}\alpha x}{\mathrm{ch}^{n-2}\alpha x}\mathrm{d}x \quad (n \neq 1)$ (13) $\int x\mathrm{sh}\alpha x\mathrm{d}x = \frac{x}{\alpha}\mathrm{ch}\alpha x - \frac{1}{\alpha^2}\mathrm{sh}\alpha x + C$ (14) $\int x\mathrm{ch}\alpha x\mathrm{d}x = \frac{x}{\alpha}\mathrm{sh}\alpha x - \frac{1}{\alpha^2}\mathrm{ch}\alpha x + C$ (15) $\int \mathrm{th}\alpha x\mathrm{d}x = \frac{1}{\alpha}\ln\|\mathrm{ch}\alpha x\| + C$ (16) $\int \mathrm{cth}\alpha x\mathrm{d}x = \frac{1}{\alpha}\ln\|\mathrm{sh}\alpha x\| + C$ (17) $\int \mathrm{th}^n \alpha x\mathrm{d}x = -\frac{1}{\alpha(n-1)}\mathrm{th}^{n-1}\alpha x + \int \mathrm{th}^{n-2}\alpha x\mathrm{d}x \quad (n \neq 1)$ (18) $\int \mathrm{cth}^n \alpha x\mathrm{d}x = -\frac{1}{\alpha(n-1)}\mathrm{cth}^{n-1}\alpha x + \int \mathrm{cth}^{n-2}\alpha x\mathrm{d}x \quad (n \neq 1)$ (19) $\int \mathrm{sh}\alpha x \cdot \mathrm{sh}\beta x\mathrm{d}x = \frac{1}{\alpha^2-\beta^2}(\alpha\mathrm{sh}\beta x \cdot \mathrm{ch}\alpha x - \beta\mathrm{ch}\beta x \cdot \mathrm{sh}\alpha x) + C \quad (\alpha^2 \neq \beta^2)$ (20) $\int \mathrm{ch}\alpha x \cdot \mathrm{ch}\beta x\mathrm{d}x = \frac{1}{\alpha^2-\beta^2}(\alpha\mathrm{sh}\alpha x \cdot \mathrm{ch}\beta x - \beta\mathrm{sh}\beta x \cdot \mathrm{ch}\alpha x) + C \quad (\alpha^2 \neq \beta^2)$ (21) $\int \mathrm{ch}\alpha x \cdot \mathrm{sh}\beta x\mathrm{d}x = \frac{1}{\alpha^2-\beta^2}(\alpha\mathrm{sh}\alpha x \cdot \mathrm{sh}\beta x - \beta\mathrm{ch}\alpha x \cdot \mathrm{ch}\beta x) + C \quad (\alpha^2 \neq \beta^2)$ (22) $\int \mathrm{sh}(ax+b) \cdot \sin(cx+d)\mathrm{d}x = \frac{a}{a^2+c^2}\mathrm{ch}(ax+b) \cdot \sin(cx+d) -$ $\frac{c}{a^2+c^2}\mathrm{sh}(ax+b) \cdot \cos(cx+d) + C_1$ (23) $\int \mathrm{sh}(ax+b) \cdot \cos(cx+d)\mathrm{d}x = \frac{a}{a^2+c^2}\mathrm{ch}(ax+b) \cdot \cos(cx+d) +$ $\frac{c}{a^2+c^2}\mathrm{sh}(ax+b) \cdot \sin(cx+d) + C_1$ (24) $\int \mathrm{ch}(ax+b) \cdot \sin(cx+d)\mathrm{d}x = \frac{a}{a^2+c^2}\mathrm{sh}(ax+b) \cdot \sin(cx+d) -$ $\frac{c}{a^2+c^2}\mathrm{ch}(ax+b) \cdot \cos(cx+d) + C_1$ (25) $\int \mathrm{ch}(ax+b) \cdot \cos(cx+d)\mathrm{d}x = \frac{a}{a^2+c^2}\mathrm{sh}(ax+b) \cdot \cos(cx+d) +$ $\frac{c}{a^2+c^2}\mathrm{ch}(ax+b) \cdot \sin(cx+d) + C_1$

续表 12-23

序号	项目	内容
6	指数函数积分表	(1) $\int e^{\alpha x}dx=\frac{1}{\alpha}e^{\alpha x}+C$ (2) $\int x\cdot e^{\alpha x}dx=\frac{\alpha x-1}{\alpha^2}e^{\alpha x}+C$ (3) $\int x^2\cdot e^{\alpha x}dx=\left(\frac{x^2}{\alpha}-\frac{2x}{\alpha^2}+\frac{2}{\alpha^3}\right)e^{\alpha x}+C$ (4) $\int x^n\cdot e^{\alpha x}dx=\frac{1}{\alpha}x^n e^{\alpha x}-\frac{n}{\alpha}\int x^{n-1}e^{\alpha x}dx$ (5) $\int e^{\alpha x}\cdot\sin bx dx=\frac{e^{\alpha x}}{\alpha^2+b^2}(\alpha\sin bx-b\cos bx)+C$ (6) $\int e^{\alpha x}\cdot\cos bx dx=\frac{e^{\alpha x}}{\alpha^2+b^2}(\alpha\cos bx+b\sin bx)+C$ (7) $\int e^{\alpha x}\cdot\sin^n x dx=\frac{e^{\alpha x}\sin^{n-1}x}{\alpha^2+n^2}(\alpha\sin x-n\cos x)+\frac{n(n-1)}{\alpha^2+n^2}\int e^{\alpha x}\cdot\sin^{n-2}x dx$ (8) $\int e^{\alpha x}\cdot\cos^n x dx=\frac{e^{\alpha x}\cos^{n-1}x}{\alpha^2+n^2}(\alpha\cos x+n\sin x)+\frac{n(n-1)}{\alpha^2+n^2}\int e^{\alpha x}\cdot\cos^{n-2}x dx$
7	对数函数积分表（表列各式中 $x>0$）	(1) $\int\ln x dx=x\ln x-x+C$ (2) $\int(\ln x)^2dx=x(\ln x)^2-2x\ln x+2x+C$ (3) $\int(\ln x)^n dx=x(\ln x)^n-n\int(\ln x)^{n-1}dx\quad(n\in N)$ (4) $\int x^m\ln x dx=x^{m+1}\left[\frac{\ln x}{m+1}-\frac{1}{(m+1)^2}\right]+C\quad(m\neq-1)$ (5) $\int x^m(\ln x)^n dx=\frac{x^{m+1}(\ln x)^n}{m+1}-\frac{n}{(m+1)^2}\int x^m(\ln x)^{n-1}dx\quad(m\neq-1,n\in N)$ (6) $\int\frac{(\ln x)^n}{x}dx=\frac{(\ln x)^{n+1}}{n+1}+C\quad(n\neq-1)$ (7) $\int\frac{\ln x}{x^m}dx=-\frac{\ln x}{(m-1)x^{m-1}}-\frac{1}{(m-1)^2x^{m-1}}+C\quad(m\neq1)$ (8) $\int\frac{(\ln x)^n}{x^m}dx=-\frac{(\ln x)^n}{(m+1)x^{m-1}}+\frac{n}{m-1}\int\frac{(\ln x)^{n-1}}{x^m}dx\quad(n\neq-1,n\in N)$ (9) $\int\frac{dx}{x\ln x}=\ln\lvert\ln x\rvert+C\quad(x\neq1)$ (10) $\int\frac{dx}{x(\ln x)^n}=-\frac{1}{(n-1)(\ln x)^{n-1}}+C\quad(n\neq1,x\neq1)$ (11) $\int\sin(\ln x)dx=\frac{x}{2}[\sin(\ln x)-\cos(\ln x)]+C$ (12) $\int\cos(\ln x)dx=\frac{x}{2}[\sin(\ln x)+\cos(\ln x)]+C$
8	反三角函数积分表	(1) $\int\arcsin\frac{x}{\alpha}dx=x\arcsin\frac{x}{\alpha}+\sqrt{\alpha^2-x^2}+C$ (2) $\int x\cdot\arcsin\frac{x}{\alpha}dx=\left(\frac{x^2}{2}-\frac{\alpha^2}{4}\right)\arcsin\frac{x}{\alpha}+\frac{x}{4}\sqrt{\alpha^2-x^2}+C$ (3) $\int x^2\cdot\arcsin\frac{x}{\alpha}dx=\frac{x^3}{3}\arcsin\frac{x}{\alpha}+\frac{x^2+2\alpha^2}{9}\sqrt{\alpha^2-x^2}+C$ (4) $\int\arccos\frac{x}{\alpha}dx=x\arccos\frac{x}{\alpha}-\sqrt{\alpha^2-x^2}+C$ (5) $\int x\cdot\arccos\frac{x}{\alpha}dx=\left(\frac{x^2}{2}-\frac{\alpha^2}{4}\right)\arccos\frac{x}{\alpha}-\frac{x}{4}\sqrt{\alpha^2-x^2}+C$

续表 12-23

序　号	项　目	内　容
8	反三角函数积分表	(6) $\int x^2 \cdot \arccos\frac{x}{\alpha}dx=\frac{x^3}{3}\arccos\frac{x}{\alpha}-\frac{x^2+2\alpha^2}{9}\sqrt{\alpha^2-x^2}+C$ (7) $\int \arctan\frac{x}{\alpha}dx=x\arctan\frac{x}{\alpha}-\frac{\alpha}{2}\ln(\alpha^2+x^2)+C$ (8) $\int x\cdot\arctan\frac{x}{\alpha}dx=\frac{1}{2}(\alpha^2+x^2)\arctan\frac{x}{\alpha}-\frac{\alpha x}{2}+C$ (9) $\int x^2\arctan\frac{x}{\alpha}dx=\frac{x^3}{3}\arctan\frac{x}{\alpha}-\frac{\alpha x^2}{6}+\frac{\alpha^3}{6}\ln(\alpha^2+x^2)+C$ (10) $\int x^n\cdot\arctan\frac{x}{\alpha}dx=\frac{x^{n+1}}{n+1}\arctan\frac{x}{\alpha}-\frac{\alpha}{n+1}\int\frac{x^{n+1}}{a^2+x^2}dx\quad(n\neq1)$ (11) $\int \operatorname{arccot}\frac{x}{\alpha}dx=x\cdot\operatorname{arccot}\frac{x}{\alpha}+\frac{\alpha}{2}\ln(\alpha^2+x^2)+C$ (12) $\int x\cdot\operatorname{arccot}\frac{x}{\alpha}dx=\frac{1}{2}(\alpha^2+x^2)\operatorname{arccot}\frac{x}{\alpha}+\frac{\alpha x}{2}+C$ (13) $\int x^2\cdot\operatorname{arccot}\frac{x}{\alpha}dx=\frac{x^3}{3}\operatorname{arccot}\frac{x}{\alpha}+\frac{\alpha x^2}{6}-\frac{\alpha^3}{6}\ln(\alpha^2+x^2)+C$ (14) $\int x^n\cdot\operatorname{arccot}\frac{x}{\alpha}dx=\frac{x^{n+1}}{n+1}\operatorname{arccot}\frac{x}{\alpha}+\frac{\alpha}{n+1}\int\frac{x^{n+1}}{a^2+x^2}dx\quad(n\neq-1)$

12.3.5　定积分

定积分见表 12-24。

表 12-24　定积分

序　号	项　目	内　容
1	定积分的定义	(1) 设 f 是闭区间 $[a,b]$ 上的有界函数，在 $[a,b]$ 上给定一组分点 $a=x_0<x_1<\cdots<x_i<\cdots<x_n=b$，记为 $P=\{x_0,x_1,\cdots,x_n\}$，称它是 $[a,b]$ 的一个划分。又记 $\Delta x_i=x_i-x_{i-1}(i=1,2,\cdots,n)$，$\lambda=\max\limits_{1\leq i\leq n}\{\Delta x_i\}$。取 $\xi_i\in[x_{i-1},x_i](i=1,2,\cdots,n)$，记 $\xi=(\xi_1,\xi_2,\cdots,\xi_n)$。称 $\sigma=\sum\limits_{i=1}^{n}f(\xi_i)\Delta x_i$ 为 f 在 $[a,b]$ 上关于划分 P 与点组 ξ 的黎曼和。如果存在一个实数 I，$\forall\varepsilon>0$，$\exists\delta>0$，对 $[a,b]$ 的任何划分 $P=\{x_0,x_1,\cdots,x_n\}$ 以及 ξ_i 在 $[x_{i-1},x_i](i=1,2,\cdots,n)$ 上的任意选取，只要 $\lambda<\delta$，就有 $\lvert\sigma-I\rvert=\left\lvert\sum\limits_{i=1}^{n}f(\xi_i)\Delta x_i-I\right\rvert<\varepsilon$，则称 f 在 $[a,b]$ 上黎曼可积，简称可积。称 I 为 f 在 $[a,b]$ 上的定积分（也称黎曼积分），记为 $I=\int_a^b f(x)dx$。约定 $\int_b^a f(x)dx=-\int_a^b f(x)dx$，$\int_a^a f(x)dx=0$ (2) 设 f 是闭区间 $[a,b]$ 上的有界函数，在 $[a,b]$ 上给定一个划分 $P=\{x_0,x_1,\cdots,x_n\}$，分别称 $\overline{\sigma}(f,P)=\sum\limits_{i=1}^{n}M_i\Delta x_i$ 与 $\underline{\sigma}(f,P)=\sum\limits_{i=1}^{n}m_i\Delta x_i$ 为 f 在 $[a,b]$ 上关于划分 P 的达布上和与达布下和。其中 $M_i=\sup\{f(x):x\in[x_{i-1},x_i]\}$ $m_i=\inf\{f(x):x\in[x_i-1,x_i]\}(i=1,2,\cdots,n)$ (3) 达布上和与达布下和有下列性质： 1）对任意划分 P，有 $\underline{\sigma}(f,P)\leqslant\overline{\sigma}(f,P)$ 2）设划分 Q 是划分 P 的加细，即 P 的所有分点都在 Q 中，则 $\overline{\sigma}(f,P)\geqslant\overline{\sigma}(f,Q)$，$\underline{\sigma}(f,P)\leqslant\underline{\sigma}(f,Q)$

续表 12-24

序　号	项　目	内　容
1	定积分的定义	3）设 P 和 Q 是 $[a,b]$ 上的任意两个划分，则 $\underline{\sigma}(f,P)\leqslant\overline{\sigma}(f,Q)$ 4）对任何划分 P，有 $\overline{\sigma}(f,P)\geqslant m(b-a)$，$\underline{\sigma}(f,P)\leqslant M(b-a)$。其中 $M=\sup\{f(x):x\in[a,b]\}$，$m=\inf\{f(x):x\in[a,b]\}$。这表明，达布上和有下界，从而有下确界。达布下和有上界，从而有上确界 （4）分别称 $\int_a^{-b}f(x)\mathrm{d}x=\inf\{\overline{\sigma}(f,P):P$ 是 $[a,b]$ 上的划分$\}$ 与 $\int_{-a}^{b}f(x)\mathrm{d}x=\sup\{\underline{\sigma}(f,P):P$ 是 $[a,b]$ 上的划分$\}$ 为 f 在 $[a,b]$ 上的上积分与下积分 易见，$\int_{-a}^{b}f(x)\mathrm{d}x\leqslant\int_a^{-b}f(x)\mathrm{d}x$ （5）设 f 是闭区间 $[a,b]$ 上的有界函数，则下列陈述两两等价： 1）f 在 $[a,b]$ 上黎曼可积 2）$\int_{-a}^{b}f(x)\mathrm{d}x=\int_a^{-b}f(x)\mathrm{d}x$ 3）$\lim\limits_{\lambda\to0}\sum\limits_{i=1}^{n}\omega_i\Delta x_i=0$，其中 $\omega_i=\sup\{\lvert f(x)-f(y)\rvert:x,y\in[x_{i-1},x_i]\}(i=1,2,\cdots,n)$
2	可积函数类	1）闭区间上的连续函数是可积的 2）设 f 是闭区间 $[a,b]$ 上的有界函数，且在 $[a,b]$ 上除去有限个点外是连续的，则 f 在 $[a,b]$ 上可积 3）闭区间上的单调函数是可积的
3	定积分的性质	（1）定积分具有如下基本性质： 1）若 f 和 g 都在 $[a,b]$ 上可积，则 $f\cdot g$ 及 $\alpha f+\beta g(\alpha,\beta\in\boldsymbol{R})$ 在 $[a,b]$ 上也可积，此时 $$\int_a^b[\alpha f(x)+\beta g(x)]\mathrm{d}x=\alpha\int_a^b f(x)\mathrm{d}x+\beta\int_a^b g(x)\mathrm{d}x$$ 2）设 $a<c<b$，则 f 在 $[a,b]$ 上可积的必要充分条件是 f 在 $[a,c]$ 和 $[c,b]$ 上都可积，且 $$\int_a^b f(x)\mathrm{d}x=\int_a^c f(x)\mathrm{d}x+\int_c^b f(x)\mathrm{d}x$$ （2）若 f 和 g 都在 $[a,b](a<b)$ 上可积，且 $\forall x\in[a,b]$，有 $f(x)\leqslant g(x)$，则 $$\int_a^b f(x)\mathrm{d}x\leqslant\int_a^b g(x)\mathrm{d}x$$ （3）若 f 在 $[a,b]$ 上可积，则 f^+ 和 f^- 在 $[a,b]$ 上也可积，式中 $$f^+(x)=\begin{cases}f(x), & 当f(x)\geqslant0\\0, & 当f(x)<0\end{cases}\quad f^-(x)=\begin{cases}0, & 当f(x)>0\\-f(x), & 当f(x)\leqslant0\end{cases}$$ （4）若 f 在 $[a,b](a<b)$ 上可积，则 $\lvert f\rvert$ 在 $[a,b]$ 上也可积，且 $$\left\lvert\int_a^b f(x)\mathrm{d}x\right\rvert\leqslant\int_a^b\lvert f(x)\rvert\mathrm{d}x$$ $\lvert f\rvert$ 在 $[a,b]$ 上可积不能保证 f 在 $[a,b]$ 上可积。例如， $$f(x)=\begin{cases}-1, & x是[0,1]上的有理数\\1, & x是[0,1]上的无理数\end{cases}$$ $\lvert f(x)\rvert\equiv1$，$\lvert f\rvert$ 在 $[a,b]$ 上可积，但 f 在 $[0,1]$ 上不可积 （5）若 f 在 $[a,b]$ 上可积，记 $F(x)=\int_a^x f(t)\mathrm{d}t(a\leqslant x\leqslant b)$，则 $F(x)$ 是 $[a,b]$ 上的连续函数

续表 12-24

序　号	项　目	内　容
4	定积分的中值定理	1）若 f 是 $[a,b]$ 上的连续函数，则存在 $\xi\in[a,b]$，使 $$\int_a^b f(x)\,\mathrm{d}x=f(\xi)\cdot(b-a) \quad (12\text{-}24)$$ 2）若①f 在 $[a,b]$ 上连续；②g 在 $[a,b]$ 上可积；③$g(x)$ 在 $[a,b]$ 上不变号，则存在 $\xi\in[a,b]$，使 $$\int_a^b f(x)\cdot g(x)\,\mathrm{d}x=f(\xi)\int_a^b g(x)\,\mathrm{d}x$$ 3）若①f 在 $[a,b]$ 上非负递减；②g 在 $[a,b]$ 上可积，则存在 $\xi\in(a,b)$，使 $$\int_a^b f(x)\cdot g(x)\,\mathrm{d}x=f(a+0)\int_a^{\xi} g(x)\,\mathrm{d}x$$ 4）若①f 在 $[a,b]$ 上非负递增；②g 在 $[a,b]$ 上可积，则存在 $\xi\in(a,b)$，使 $$\int_a^b f(x)\cdot g(x)\,\mathrm{d}x=f(b-0)\int_{\xi}^b g(x)\,\mathrm{d}x$$ 5）若①f 在 $[a,b]$ 上单调；②g 在 $[a,b]$ 上可积，则存在一点 $\xi\in(a,b)$，使 $$\int_a^b f(x)\cdot g(x)\,\mathrm{d}x=f(a+0)\int_a^{\xi} g(x)\,\mathrm{d}x+f(b-0)\int_{\xi}^b g(x)\,\mathrm{d}x \quad (12\text{-}25)$$
5	微积分基本定理	1）若 f 在 $[a,b]$ 上连续，则 $F(x)=\int_a^x f(t)\,\mathrm{d}t$ 在 $[a,b]$ 上可微，且 $F'(x)=f(x)$。即 $F(x)$ 是 $f(x)$ 的一个原函数 2）若 f 在 $[a,b]$ 上连续，则 $$\int_a^b f(x)\,\mathrm{d}x=F(x)\Big\|_a^b=F(b)-F(a) \quad (12\text{-}26)$$ 式中，$F(x)$ 是 $f(x)$ 的任一原函数 式(12-26)称为牛顿-莱布尼茨公式，也称为微积分基本定理 式(12-26)可推广为：若 f 在 $[a,b]$ 上可积，且有原函数 $\Phi(x)$，则 $$\int_a^b f(x)\,\mathrm{d}x=\Phi(x)\Big\|_a^b=\Phi(b)-\Phi(a)$$
6	定积分的计算	（1）换元法。①设 $\varphi(t)$ 是 $[\alpha,\beta]$ 上的连续可微函数，其值域含有 $[a,b]$，并且 $\varphi(\alpha)=a$，$\varphi(\beta)=b$；②$f(x)$ 是定义在 $\varphi(t)$ 值域上的连续函数，则 $$\int_a^b f(x)\,\mathrm{d}x=\int_{\alpha}^{\beta} f[\varphi(t)]\cdot\varphi'(t)\,\mathrm{d}t \quad (12\text{-}27)$$ （2）分部积分法。设 $u(x)$、$v(x)$ 都是 $[a,b]$ 上的连续可微函数，则 $$\int_a^b u(x)\cdot v'(x)\,\mathrm{d}x=u(x)\cdot v(x)\Big\|_a^b-\int_a^b v(x)\cdot u'(x)\,\mathrm{d}x \quad (12\text{-}28)$$ 或 $$\int_a^b u\,\mathrm{d}v=uv\Big\|_a^b-\int_a^b v\,\mathrm{d}u$$ 1）记 $I_n=\int_0^{\pi/2}\sin^n x\,\mathrm{d}x=\int_0^{\pi/2}\cos^n x\,\mathrm{d}x$，则有递推公式：$I_n=\frac{n-1}{n}I_{n-2}$，于是 $$I_n=\begin{cases}\frac{n-1}{n}\cdot\frac{n-3}{n-2}\cdot\cdots\cdot\frac{3}{4}\cdot\frac{1}{2}\cdot\frac{\pi}{2}, & n\text{为偶数}\\ \frac{n-1}{n}\cdot\frac{n-3}{n-2}\cdot\cdots\cdot\frac{4}{5}\cdot\frac{2}{3}, & n\text{为奇数}\end{cases} \quad (12\text{-}29)$$

续表 12-24

序号	项目	内容
6	定积分的计算	2）设 $f(x)$ 在 $[-a,a]$ 上连续，则 $$\int_{-a}^{a} f(x)\mathrm{d}x=\begin{cases}2\int_{0}^{a} f(x)\mathrm{d}x, & \text{当 } f \text{ 是偶函数时}\\ 0, & \text{当 } f \text{ 是奇函数时}\end{cases} \quad (12\text{-}30)$$ 3）设 $f(x)$ 是周期为 T 的连续函数，则对任意实数 a，有 $$\int_{a}^{a+T} f(x)\mathrm{d}x=\int_{0}^{T} f(x)\mathrm{d}x \quad (12\text{-}31)$$
7	定积分表	一些常用定积分表见表 12-25

表 12-25 定积分表

序号	项目	内容
1	常用的广义积分公式表	(1) $\int_{-\infty}^{+\infty}\frac{\mathrm{d}x}{(1+x^2)^{n+1}}=\frac{\pi(2n)!}{2^{2n}(n!)^2}=\pi\frac{(2n-1)!!}{(2n)!!}$ (2) $\int_{-\infty}^{+\infty}\frac{x^{2m}}{1+x^{2n}}\mathrm{d}x=\frac{\pi}{n\sin[(2m+1)\pi/2n]}$ $(2m+1<2n)$ (3) $\int_{0}^{+\infty}\frac{x\mathrm{d}x}{\mathrm{e}^x+1}=\int_{0}^{1}\frac{\ln(1/x)}{1+x}\mathrm{d}x=\frac{\pi^2}{12}$ (4) $\int_{0}^{+\infty}\frac{x\mathrm{d}x}{\mathrm{e}^x-1}=\int_{0}^{1}\frac{\ln(1/x)}{1-x}\mathrm{d}x=\frac{\pi^2}{6}$ (5) $\int_{0}^{+\infty}\ln\left(\frac{\mathrm{e}^x+1}{\mathrm{e}^x-1}\right)\mathrm{d}x=\int_{0}^{1}\ln\left(\frac{1+x}{1-x}\right)\cdot\frac{1}{x}\mathrm{d}x=\frac{\pi^2}{4}$ (6) $\int_{0}^{1}\frac{\ln x}{\sqrt{1-x^2}}\mathrm{d}x=\int_{0}^{\pi/2}\ln\sin x\mathrm{d}x=-\frac{\pi}{4}\ln 2$ (7) $\int_{0}^{1}\frac{\ln x}{1+x^2}\mathrm{d}x=-\int_{0}^{+\infty}\frac{\ln x}{1+x^2}\mathrm{d}x=\sum_{n=0}^{\infty}\frac{(-1)^{n-1}}{(2n+1)^2}=-0.91596\cdots$ (8) $\int_{0}^{+\infty}\frac{(\ln x)^2}{1+x+x^2}\mathrm{d}x=\frac{16\pi^2}{81\sqrt{3}}$ (9) $\int_{0}^{1}\ln\vert\ln x\vert\mathrm{d}x=-\int_{0}^{+\infty}\mathrm{e}^{-t}\ln t\mathrm{d}t=-c$，$c$ 为欧拉常数 (10) $\int_{-\infty}^{+\infty}\sin(x^2)\mathrm{d}x=\int_{-\infty}^{+\infty}\cos(x^2)\mathrm{d}x=\int_{0}^{+\infty}\frac{\sin x}{\sqrt{x}}\mathrm{d}x=\int_{0}^{+\infty}\frac{\cos x}{\sqrt{x}}\mathrm{d}x=\sqrt{\frac{\pi}{2}}$ (11) $\int_{0}^{+\infty}\frac{\sin^{2n+1}x}{x}\mathrm{d}x=\frac{\pi}{2}\cdot\frac{(2n-1)!!}{(2n)!!}$ (12) $\int_{0}^{+\infty}\frac{\sin^2 x}{x^2}\mathrm{d}x=\frac{\pi}{2}$ (13) $\int_{0}^{+\infty}\frac{\sin(x^2)}{x}\mathrm{d}x=\frac{\pi}{4}$
2	常用的含参变量积分公式表	(1) $\int_{0}^{+\infty}\mathrm{e}^{-a^2x^2}\mathrm{d}x=\frac{\sqrt{\pi}}{2\vert a\vert}$ (2) $\int_{0}^{+\infty}(\mathrm{e}^{-a^2/x^2}-\mathrm{e}^{-b^2/x^2})\mathrm{d}x=(b-a)\sqrt{\pi}$ $(a,b\geqslant 0)$ (3) $\int_{0}^{+\infty}\mathrm{e}^{-x^2-(a^2/x^2)}\mathrm{d}x=\frac{\mathrm{e}^{-2a}\sqrt{\pi}}{2}$ $(a\geqslant 0)$ (4) $\int_{0}^{+\infty}\frac{\mathrm{d}x}{\mathrm{e}^{ax}+\mathrm{e}^{-ax}}=\frac{\pi}{4a}$

续表 12-25

序　号	项　目	内　容
2	常用的含参变量积分公式表	(5) $\int_0^{+\infty}\frac{x}{e^{ax}-e^{-ax}}dx=\frac{\pi^2}{8a^2}\quad(a>0)$ (6) $\int_0^{+\infty}\frac{x^{a-1}}{1+x}dx=\frac{\pi}{\sin a\pi}\quad(0<a<1)$ (7) $\int_0^1\frac{x^p-x^q}{\ln x}dx=\ln\frac{p+1}{q+1}\quad(p,q>-1)$ (8) $\int_0^{+\infty}\frac{\sin ax}{x}dx=\frac{\pi}{2}\quad(a>0)$ (9) $\int_0^{+\infty}\frac{\cos px}{1+x^2}dx=\frac{\pi}{2}e^{-\|p\|}$ (10) $\int_0^{+\infty}\frac{\cos^2 ax}{1+x^2}dx=\frac{\pi}{4}(1+e^{-2a})\quad(a>0)$ (11) $\int_0^{+\infty}\frac{\sin ax}{x(1+x^2)}dx=\frac{\pi}{2}(1-e^{-a})\quad(a>0)$ (12) $\int_0^{+\infty}\frac{x\sin ax}{1+x^2}dx=\frac{\pi}{2}e^{-a}\quad(a>0)$ (13) $\int_0^{+\infty}\frac{\sin ax\cdot\cos bx}{x}dx=\begin{cases}\pi/2 & (a>b>0)\\ \pi/4 & (a=b>0)\\ 0 & (b>a>0)\end{cases}$ (14) $\int_0^{+\infty}e^{-\lambda x^2}\cos\mu x dx=\frac{1}{2}\sqrt{\frac{\pi}{\lambda}}e^{\frac{\mu^2}{4\lambda}}\quad(\lambda>0)$
3	其他积分公式表	(1) $\int_0^{+\infty}\frac{dx}{a^2+x^2}=\frac{\pi}{2a}\quad(a>0)$ (2) $\int_0^1\frac{1+x^2}{1+x^4}dx=\frac{\pi}{4}\sqrt{2}$ (3) $\int_0^{+\infty}\frac{x^{a-1}}{1+x}dx=\frac{\pi}{\sin ax}\quad(0<a<1)$ (4) $\int_0^{\pi}\sin^2 ax dx=\int_0^{\pi}\cos^2 ax dx=\frac{\pi}{2}$ (5) $\int_0^{\frac{\pi}{2}}\sin^n x dx=\int_0^{\pi}\cos^n x dx=\begin{cases}\frac{(n-1)!!}{n!!}\frac{\pi}{2} & (n\text{ 为正偶数})\\ \frac{(n-1)!!}{n!!} & (n\text{ 为正奇数})\end{cases}$ (6) $\int_0^{+\infty}\sin(x^2)dx=\int_0^{+\infty}\cos(x^2)dx=\frac{1}{2}\sqrt{\frac{\pi}{2}}$ (7) $\int_0^{+\infty}\frac{\sin ax}{x}dx=\begin{cases}\frac{\pi}{2} & (a>0)\\ -\frac{\pi}{2} & (a<0)\end{cases}$ (8) $\int_0^{+\infty}\frac{\mathrm{tg}x}{x}dx=\frac{\pi}{2}$ (9) $\int_0^1\frac{\arcsin x}{x}dx=\frac{\pi}{2}\ln 2$ (10) $\int_0^{+\infty}\frac{\sin^2 ax}{x^2}dx=\frac{\pi}{2}a$ (11) $\int_0^{+\infty}\frac{\sin x}{\sqrt{x}}dx=\int_0^{+\infty}\frac{\cos x}{\sqrt{x}}dx=\sqrt{\frac{\pi}{2}}$ (12) $\int_0^{\pi}\sin ax\cos ax dx=\int_0^{\frac{\pi}{a}}\sin ax\cos ax dx=0$

续表 12-25

序 号	项 目	内 容
3	其他积分公式表	(13) $\int_0^{\pi} \sin ax \sin bx \mathrm{d}x = \int_0^{\pi} \cos ax \cos bx \mathrm{d}x = 0 \quad (a \neq b)$ (14) $\int_0^{\pi} \sin ax \cos bx \mathrm{d}x = \begin{cases} \dfrac{2a}{a^2 - b^2} & (a-b\text{ 为奇数}) \\ 0 & (a-b\text{ 为偶数}) \end{cases}$ (15) $\int_0^{+\infty} \dfrac{\sin ax \cos bx}{x} \mathrm{d}x = \begin{cases} \dfrac{\pi}{2} & (a>b) \\ \dfrac{\pi}{4} & (a=b) \\ 0 & (a<b) \end{cases}$ (16) $\int_0^{+\infty} \dfrac{\sin ax \cos bx}{x^2} \mathrm{d}x = \dfrac{a\pi}{2} \quad (a<b)$ (17) $\int_0^{+\infty} \dfrac{\cos ax - \cos bx}{x} \mathrm{d}x = \ln \dfrac{b}{a}$ (18) $\int_0^{+\infty} \left(\dfrac{\mathrm{arctg} ax}{x} - \dfrac{\mathrm{arctg} bx}{x} \right) \mathrm{d}x = \dfrac{\pi}{2} \ln \dfrac{a}{b}$ (19) $\int_0^{+\infty} \dfrac{\mathrm{e}^{-ax} - \mathrm{e}^{-bx}}{x} \mathrm{d}x = \ln \dfrac{b}{a}$ (20) $\int_0^{+\infty} \dfrac{\mathrm{d}x}{a + b\cos x} = \dfrac{\pi}{\sqrt{a^2 - b^2}} \quad (a>b>0)$ (21) $\int_0^{\frac{\pi}{2}} \dfrac{\mathrm{d}x}{a + b\cos x} = \dfrac{\arccos \dfrac{a}{b}}{\sqrt{a^2 - b^2}} \quad (a>b>0)$ (22) $\int_0^{+\infty} \dfrac{\cos ax}{1+x^2} \mathrm{d}x = \begin{cases} \dfrac{\pi}{2} \mathrm{e}^{-a} & (a>0) \\ \dfrac{\pi}{2} \mathrm{e}^{a} & (a<0) \end{cases}$ (23) $\int_0^{+\infty} \mathrm{e}^{-ax} \mathrm{d}x = \dfrac{1}{a} \quad (a>0)$ (24) $\int_0^{+\infty} x^n \mathrm{e}^{-ax} \mathrm{d}x = \dfrac{n!}{a^{n+1}} \quad (n\text{ 为正整数},a>0)$ (25) $\int_0^{+\infty} \sqrt{x} \mathrm{e}^{-ax} \mathrm{d}x = \dfrac{1}{2a} \sqrt{\dfrac{\pi}{a}} \quad (a>0)$ (26) $\int_0^{+\infty} \dfrac{\mathrm{e}^{-ax}}{\sqrt{x}} \mathrm{d}x = \sqrt{\dfrac{\pi}{a}} \quad (a>0)$ (27) $\int_0^{+\infty} \mathrm{e}^{-ax} \cos bx \mathrm{d}x = \dfrac{a}{a^2 + b^2} \quad (a>0)$ (28) $\int_0^{+\infty} \mathrm{e}^{-ax} \sin bx \mathrm{d}x = \dfrac{b}{a^2 + b^2} \quad (a>0)$ (29) $\int_0^{+\infty} \mathrm{e}^{-ax} \mathrm{ch} bx \mathrm{d}x = \dfrac{a}{a^2 - b^2} \quad (\lvert b \rvert < a)$ (30) $\int_0^{+\infty} \mathrm{e}^{-ax} \mathrm{sh} bx \mathrm{d}x = \dfrac{b}{a^2 - b^2} \quad (\lvert b \rvert < a)$ (31) $\int_0^{+\infty} \dfrac{\mathrm{e}^{-ax} \sin x}{x} \mathrm{d}x = \mathrm{arcctg} a \quad (a>0)$ (32) $\int_0^{+\infty} \mathrm{e}^{-a^2x^2} \mathrm{d}x = \dfrac{\sqrt{\pi}}{2a} \quad (a>0)$ (33) $\int_0^{+\infty} x^{2n} \mathrm{e}^{-ax^2} \mathrm{d}x = \dfrac{(2n-1)!!}{2^{n+1} a^n} \sqrt{\dfrac{\pi}{a}} \quad (a>0)$

续表 12-25

序　号	项　目	内　容
3	其他积分公式表	(34) $\int_0^{+\infty} e^{-a^2x^2}\cos bx\mathrm{d}x=\frac{\sqrt{\pi}}{2a}e^{-\frac{b^2}{4a^2}}$　$(a>0)$ (35) $\int_0^{+\infty} e^{-x^2-\frac{a^2}{x^2}}\mathrm{d}x=\frac{\sqrt{\pi}}{2}e^{-2a}$　$(a>0)$ (36) $\int_0^1 (\ln x)^n\mathrm{d}x=(-1)^n n!$　(n 为正整数) (37) $\int_0^1 \frac{\ln x}{1-x}\mathrm{d}x=-\frac{\pi^2}{6}$ (38) $\int_0^1 \frac{\ln x}{1+x}\mathrm{d}x=-\frac{\pi^2}{12}$ (39) $\int_0^1 \frac{\ln(1+x)}{x}\mathrm{d}x=-\frac{\pi^2}{12}$ (40) $\int_0^1 \frac{\ln x}{1-x^2}\mathrm{d}x=-\frac{\pi^2}{8}$ (41) $\int_0^1 \frac{\ln x}{\sqrt{1-x^2}}\mathrm{d}x=-\frac{\pi^2}{2}\ln 2$ (42) $\int_0^1 \frac{1}{x}\ln\frac{1+x}{1-x}\mathrm{d}x=\frac{\pi^2}{4}$ (43) $\int_0^{+\infty} \ln\frac{e^x+1}{e^x-1}\mathrm{d}x=\frac{\pi^2}{4}$ (44) $\int_0^1 \sqrt{\ln\frac{1}{x}}\mathrm{d}x=\frac{\sqrt{\pi}}{2}$ (45) $\int_0^1 \frac{1}{\sqrt{\ln\frac{1}{x}}}\mathrm{d}x=\sqrt{\pi}$ (46) $\int_0^1 \ln(1+\sqrt{x})\mathrm{d}x=-\frac{3}{2}$ (47) $\int_0^1 \frac{x^b-x^a}{\ln x}\mathrm{d}x=\ln\frac{1+b}{1+a}$ (48) $\int_0^{\frac{\pi}{2}} \ln\sin x\mathrm{d}x=\int_0^{\frac{\pi}{2}} \ln\cos x\mathrm{d}x=-\frac{\pi}{2}\ln 2$ (49) $\int_0^{\pi} x\ln\sin x\mathrm{d}x=-\frac{\pi^2}{2}\ln 2$ (50) $\int_0^{\pi} \ln(a\pm b\cos x)\mathrm{d}x=\pi\ln\frac{a+\sqrt{a^2-b^2}}{2}$　$(a\geqslant b)$ (51) $\int_0^{\pi} \frac{\ln(1+a\cos x)}{\cos x}\mathrm{d}x=\pi\arcsin a$ (52) $\int_0^1 \ln\ln x\mathrm{d}x=-\gamma$，式中 $\gamma=0.5772156649015328\cdots$ 为欧拉常数，下同 (53) $\int_0^{+\infty} e^{-x}\ln x\mathrm{d}x=-\gamma$ (54) $\int_0^{+\infty} \left(\frac{e^{-x}}{1-e^{-x}}-\frac{e^{-x}}{x}\right)\mathrm{d}x=\gamma$ (55) $\int_0^{+\infty} \frac{1}{x}\left(\frac{1}{1+x}-e^{-x}\right)\mathrm{d}x=-\gamma$ (56) $\int_0^1 \frac{1-e^{-x}-e^{-\frac{1}{x}}}{x}\mathrm{d}x=\gamma$ (57) $\int_0^{+\infty} xe^{-ax}\sin bx\mathrm{d}x=\frac{2ab}{(a^2+b^2)^2}$　$(a>0)$

续表 12-25

序 号	项 目	内 容
3	其他积分公式表	(58) $\int_0^{+\infty} x\mathrm{e}^{-ax}\cos bx\mathrm{d}x = \dfrac{a^2-b^2}{(a^2+b^2)^2} \quad (a>0)$ (59) $\int_0^{+\infty} x^2\mathrm{e}^{-ax}\sin bx\mathrm{d}x = \dfrac{2b(3a^2-b^2)}{(a^2+b^2)^3} \quad (a>0)$ (60) $\int_0^{+\infty} x^2\mathrm{e}^{-ax}\cos bx\mathrm{d}x = \dfrac{2b(a^2-3b^2)}{(a^2+b^2)^3} \quad (a>0)$ (61) $\int_0^{+\infty} x^3\mathrm{e}^{-ax}\sin bx\mathrm{d}x = \dfrac{24ab(a^2-b^2)}{(a^2+b^2)^4} \quad (a>0)$ (62) $\int_0^{+\infty} x^3\mathrm{e}^{-ax}\cos bx\mathrm{d}x = \dfrac{6(a^4-6a^2b^2+b^4)}{(a^2+b^2)^4} \quad (a>0)$ (63) $\int_0^{+\infty} x^n\mathrm{e}^{-ax}\sin bx\mathrm{d}x = \dfrac{in![(a-ib)^{n+1}-(a+ib)^{n+1}]}{2(a^2+b^2)^{n+1}} \quad (i=\sqrt{-1},a>0)$ (64) $\int_0^{+\infty} x^n\mathrm{e}^{-ax}\cos bx\mathrm{d}x = \dfrac{n![(a-bi)^{n+1}+(a+bi)^{n+1}]}{2(a^2+b^2)^{n+1}} \quad (i=\sqrt{-1},a>0)$ (65) $\int_0^{\frac{\pi}{2}} \dfrac{\mathrm{d}x}{a^2\cos^2x+b^2\sin^2x} = \dfrac{\pi}{2ab}$ (66) $\int_0^{\pi} \dfrac{a-b\cos x}{a^2-2ab\cos x+b^2}\mathrm{d}x = \begin{cases} \dfrac{\pi}{a} & (\|a\|>\|b\|) \\ \dfrac{\pi}{2a} & (a=b) \\ 0 & (\|a\|<\|b\|) \end{cases}$

12.4 行列式

12.4.1 二阶行列式

二阶行列式见表 12-26。

表 12-26 二阶行列式

序号	项 目	内 容
1	定义	设 a_{11}，a_{12}，a_{21}，a_{22} 是四个数，用式子 $\begin{vmatrix} a_{11} & a_{12} \\ a_{21} & a_{22} \end{vmatrix}$ 来表示代数式 $a_{11}a_{22}-a_{12}a_{21}$，记为 $\|D\| = \begin{vmatrix} a_{11} & a_{12} \\ a_{21} & a_{22} \end{vmatrix} = a_{11}a_{22}-a_{12}a_{21}$ (12-32)
2	其他说明	1）把式子 $\begin{vmatrix} a_{11} & a_{12} \\ a_{21} & a_{22} \end{vmatrix}$ 称为二阶行列式，把 $a_{11}a_{22}-a_{12}a_{21}$ 称为二阶行列式的值 2）二阶行列式含有两行和两列，一般把横排称为行(下同)，竖排称为列(下同) 3）式(12-32)中把 a_{11}，a_{12}，a_{21}，a_{22} 这四个数称为这个行列式(下同)的元素 4）每一元素的两个下标中左边一个表示该元素所在的行(下同)，右边一个表示该元素所在的列(下同) 5）代数式 $a_{11}a_{22}-a_{12}a_{21}$ 称为这个行列式的展开式 6）式(12-32)中，把从 a_{11} 到 a_{22} 的连线称为主对角线(从左上方至右下方的连线)，把从 a_{12} 到 a_{21} 的连线称为副对角线(从右上方至左下方的连线)，于是二阶行列式便是主对角线上的两元素之积减去副对角线上两元素之积所得的差，称对角线法

12.4.2　三阶行列式

三阶行列式见表 12-27。

表 12-27　三阶行列式

序号	项　目	内　容
1	定义	把表达式 $\lvert D\rvert=\begin{vmatrix}a_{11}&a_{12}&a_{13}\\a_{21}&a_{22}&a_{23}\\a_{31}&a_{32}&a_{33}\end{vmatrix}=a_{11}a_{22}a_{33}+a_{12}a_{23}a_{31}+a_{13}a_{21}a_{32}-a_{11}a_{23}a_{32}-a_{12}a_{21}a_{33}-a_{13}a_{22}a_{31}$　(12-33) 称为三阶行列式 1）三阶行列式含有三行和三列，横排称为行(下同)，竖排称为列(下同) 2）a_{11}，a_{12}，a_{13}，a_{21}，a_{22}，a_{23}，a_{31}，a_{32}，a_{33} 九个数称为这个三阶行列式的元素。每一元素的两个下标中左边一个表示该元素所在的行(下同)；右边一个表示该元素所在的列(下同) 3）式(12-33)等号右边计算式称为这个三阶行列式的值 4）式(12-33)中，把 $a_{11}a_{22}a_{33}$，$a_{12}a_{23}a_{31}$，$a_{13}a_{21}a_{32}$ 连线称为主对角线(从左上方至右下方的连线)，把 $a_{11}a_{23}a_{32}$，$a_{12}a_{21}a_{33}$，$a_{13}a_{22}a_{31}$ 的连线称为副对角线(从右上方至左下方的连线)，于是三阶行列式便是主对角线上的三元素之积减去副对角线上三元素之积所得的差，称对角线法 5）二阶行列式及三阶行列式的计算方法对四阶以上行列式不适用
2	对三阶行列式的分析	(1) 三阶行列式记为 $\begin{vmatrix}a_{11}&a_{12}&a_{13}\\a_{21}&a_{22}&a_{23}\\a_{31}&a_{32}&a_{33}\end{vmatrix}=a_{11}\begin{vmatrix}a_{22}&a_{23}\\a_{32}&a_{33}\end{vmatrix}-a_{21}\begin{vmatrix}a_{12}&a_{13}\\a_{32}&a_{33}\end{vmatrix}+a_{31}\begin{vmatrix}a_{12}&a_{13}\\a_{22}&a_{23}\end{vmatrix}$ 上式等号右边的式子称为等号左边这个三阶行列的降阶展开式。分析一下就会看出，这三个二阶行列式同左边的三阶行列式有密切的联系。例如，a_{11} 项中的二阶行列式 $\begin{vmatrix}a_{22}&a_{23}\\a_{32}&a_{33}\end{vmatrix}$ 是去掉三阶行列式中 a_{11} 所在的同行和同列各元素所得的。a_{21} 项中的二阶行列式 $\begin{vmatrix}a_{12}&a_{13}\\a_{32}&a_{33}\end{vmatrix}$ 是去掉三阶行列式中 a_{21} 所在的同行和同列各元素所得的。a_{31} 项中的二阶行列式 $\begin{vmatrix}a_{12}&a_{13}\\a_{22}&a_{23}\end{vmatrix}$ 是去掉三阶行列式中 a_{31} 所在的同行和同列各元素所得的。即 $\begin{vmatrix}a_{11}&a_{12}&a_{13}\\a_{21}&a_{22}&a_{23}\\a_{31}&a_{32}&a_{33}\end{vmatrix}\Downarrow\begin{vmatrix}a_{22}&a_{23}\\a_{32}&a_{33}\end{vmatrix}$　　$\begin{vmatrix}a_{11}&a_{12}&a_{13}\\a_{21}&a_{22}&a_{23}\\a_{31}&a_{32}&a_{33}\end{vmatrix}\Downarrow\begin{vmatrix}a_{12}&a_{13}\\a_{32}&a_{33}\end{vmatrix}$　　$\begin{vmatrix}a_{11}&a_{12}&a_{13}\\a_{21}&a_{22}&a_{23}\\a_{31}&a_{32}&a_{33}\end{vmatrix}\Downarrow\begin{vmatrix}a_{12}&a_{13}\\a_{22}&a_{23}\end{vmatrix}$ 各项的正负号也有规律可循，可由该项二阶行列式前面的元素在三阶行列式的位置来确定，即看它所属的行数和列数之和是偶数还是奇数，若是偶数，则取正号，若是奇数，则取负号 (2) 元素的余子式(简称余子式) 定义：一般地，把行列式中某元素所在的行和列划去，剩下的元素组成的行列式，称为这个元素的余子式，例如，在行列式 $\lvert D\rvert=\begin{vmatrix}a_{11}&a_{12}&a_{13}\\a_{21}&a_{22}&a_{23}\\a_{31}&a_{32}&a_{33}\end{vmatrix}$

续表 12-27

<table>
<tr><th>序号</th><th>项　目</th><th>内　容</th></tr>
<tr><td>2</td><td>对三阶行列式的分析</td><td>中，元素 a_{11}、a_{21}、a_{31} 的余子式分别是 $\begin{vmatrix} a_{22} & a_{23} \\ a_{32} & a_{33} \end{vmatrix}$、$\begin{vmatrix} a_{12} & a_{13} \\ a_{32} & a_{33} \end{vmatrix}$、$\begin{vmatrix} a_{12} & a_{13} \\ a_{22} & a_{23} \end{vmatrix}$，而元素 a_{12}、a_{22}、a_{32} 的余子式分别是 $\begin{vmatrix} a_{21} & a_{23} \\ a_{31} & a_{33} \end{vmatrix}$、$\begin{vmatrix} a_{11} & a_{13} \\ a_{31} & a_{33} \end{vmatrix}$、$\begin{vmatrix} a_{11} & a_{13} \\ a_{21} & a_{23} \end{vmatrix}$
(3) 元素的代数余子式(简称代数余子式)
定义：若用 i 表示一个元素所在的行数，j 表示列数，则这个元素的余子式乘以 $(-1)^{i+j}$ 所得的式子就称为这个元素的代数余子式。一个元素的代数余子式，通常用这个元素的大写字母表示，但下标与元素的下标相同。例如上面三阶行列式中的元素 a_{11}、a_{21}、a_{31} 的代数余子式就分别是 A_{11}、A_{21}、A_{31}：
$$A_{11}=(-1)^{1+1}\begin{vmatrix} a_{22} & a_{23} \\ a_{32} & a_{33} \end{vmatrix}=\begin{vmatrix} a_{22} & a_{23} \\ a_{32} & a_{33} \end{vmatrix},\ A_{21}=(-1)^{2+1}\begin{vmatrix} a_{12} & a_{13} \\ a_{32} & a_{33} \end{vmatrix}=-\begin{vmatrix} a_{12} & a_{13} \\ a_{32} & a_{33} \end{vmatrix}$$
$$A_{31}=(-1)^{3+1}\begin{vmatrix} a_{12} & a_{13} \\ a_{22} & a_{23} \end{vmatrix}=\begin{vmatrix} a_{12} & a_{13} \\ a_{22} & a_{23} \end{vmatrix}$$
利用代数余子式的概念，可以把行列式的降阶展开式表示得更简单明了：
$$|D|=\begin{vmatrix} a_{11} & a_{12} & a_{13} \\ a_{21} & a_{22} & a_{23} \\ a_{31} & a_{32} & a_{33} \end{vmatrix}=a_{11}\begin{vmatrix} a_{22} & a_{23} \\ a_{32} & a_{33} \end{vmatrix}-a_{21}\begin{vmatrix} a_{12} & a_{13} \\ a_{32} & a_{33} \end{vmatrix}+a_{31}\begin{vmatrix} a_{12} & a_{13} \\ a_{22} & a_{23} \end{vmatrix}$$
$$=a_{11}A_{11}+a_{21}A_{21}+a_{31}A_{31}$$
三阶行列式可按任一行或任一列展开，例如，三阶行列式
$$|D|=\begin{vmatrix} a_{11} & a_{12} & a_{13} \\ a_{21} & a_{22} & a_{23} \\ a_{31} & a_{32} & a_{33} \end{vmatrix}$$
可按任一行或任一列展开：
$|D|=a_{11}A_{11}+a_{21}A_{21}+a_{31}A_{31}$　(按第一列展开)
$|D|=a_{12}A_{12}+a_{22}A_{22}+a_{32}A_{32}$　(按第二列展开)
$|D|=a_{13}A_{13}+a_{23}A_{23}+a_{33}A_{33}$　(按第三列展开)
$|D|=a_{11}A_{11}+a_{12}A_{12}+a_{13}A_{13}$　(按第一行展开)
$|D|=a_{21}A_{21}+a_{22}A_{22}+a_{23}A_{23}$　(按第二行展开)
$|D|=a_{31}A_{31}+a_{32}A_{32}+a_{33}A_{33}$　(按第三行展开)
就是说，三阶行列式的值等于任一行(或任一列)中各元素与它们各自的代数余子式的乘积之和，不管按哪行哪列展开，行列式的值始终不变</td></tr>
</table>

12.4.3 四阶行列式

四阶行列式见表 12-28。

表 12-28 四阶行列式

序号	项　目	内　容
1	说明	四阶行列式、五阶行列式及更高阶的行列式不能用计算二阶行列式及三阶行列式的对角线法计算，而应用表 12-27 序号 2 中之(3)的代数余子式(对行列式降阶)法进行计算

续表 12-28

序号	项　目	内　容
2	四阶行列式	1）四阶行列式记为 $$\lvert D\rvert=\begin{vmatrix}a_{11}&a_{12}&a_{13}&a_{14}\\a_{21}&a_{22}&a_{23}&a_{24}\\a_{31}&a_{32}&a_{33}&a_{34}\\a_{41}&a_{42}&a_{43}&a_{44}\end{vmatrix}$$ $$=(-1)^{1+1}a_{11}\begin{vmatrix}a_{22}&a_{23}&a_{24}\\a_{32}&a_{33}&a_{34}\\a_{42}&a_{43}&a_{44}\end{vmatrix}(-1)^{1+2}a_{12}\begin{vmatrix}a_{21}&a_{23}&a_{24}\\a_{31}&a_{33}&a_{34}\\a_{41}&a_{43}&a_{44}\end{vmatrix}(-1)^{1+3}a_{13}\begin{vmatrix}a_{21}&a_{22}&a_{24}\\a_{31}&a_{32}&a_{34}\\a_{41}&a_{42}&a_{44}\end{vmatrix}$$ $$(-1)^{1+4}a_{14}\begin{vmatrix}a_{21}&a_{22}&a_{23}\\a_{31}&a_{32}&a_{33}\\a_{41}&a_{42}&a_{43}\end{vmatrix}$$ $$=a_{11}(a_{22}a_{33}a_{44}+a_{32}a_{43}a_{24}+a_{42}a_{23}a_{34}-a_{24}a_{33}a_{42}-a_{34}a_{43}a_{22}-a_{44}a_{23}a_{32})-a_{12}(a_{21}a_{33}a_{44}+a_{31}a_{43}a_{24}+a_{41}a_{23}a_{34}-a_{24}a_{33}a_{41}-a_{34}a_{43}a_{21}-a_{44}a_{23}a_{31})+a_{13}(a_{21}a_{32}a_{44}+a_{31}a_{42}a_{24}+a_{41}a_{22}a_{34}-a_{24}a_{32}a_{41}-a_{34}a_{42}a_{21}-a_{44}a_{22}a_{31})-a_{14}(a_{21}a_{32}a_{43}+a_{31}a_{42}a_{23}+a_{41}a_{22}a_{33}-a_{23}a_{32}a_{41}-a_{33}a_{42}a_{21}-a_{43}a_{22}a_{31})\quad(12\text{-}34)$$ 2）四阶行列式(12-34)含有四行和四列，横排称为行(下同)，竖排称为列(下同)。把 a_{11}、a_{12}、a_{13}、a_{14}，a_{21}、a_{22}、a_{23}、a_{24}，a_{31}、a_{32}、a_{33}、a_{34}，a_{41}、a_{42}、a_{43}、a_{44} 称为这个四阶行列式的元素。每一个元素的两个下角标中左边一个表示该元素所在的行(下同)，右边的一个表示该元素所在的列(下同) 3）式(12-34)中等式右边算式是根据代数余子式法按第一行展开的行列式计算值

12.4.4　高阶行列式及行列式的性质

高阶行列式及行列式的性质见表 12-29。

表 12-29　高阶行列式及行列式的性质

序号	项　目	内　容
1	高阶行列式	高阶行列式，也称 n 阶行列式 这里要将行列式的概念扩充到 n 阶，即 n 阶行列式 n 阶行列式：n 阶行列式是由 n^2 个元素排列成的一个有 n 行、n 列的式子，记为 $\lvert D\rvert$ $$\lvert D\rvert=\begin{vmatrix}a_{11}&a_{12}&\cdots&a_{1n}\\a_{21}&a_{22}&\cdots&a_{2n}\\\cdots&\cdots&\cdots&\cdots\\a_{n1}&a_{n2}&\cdots&a_{nn}\end{vmatrix}=\sum a_{ij}A_{ij}\quad(12\text{-}35)$$ $=a_{11}A_{11}+a_{12}A_{12}+\cdots+a_{1n}A_{1n}$　（按第一行展开） $=a_{21}A_{21}+a_{22}A_{22}+\cdots+a_{2n}A_{2n}$　（按第二行展开） $\cdots$ $=a_{n1}A_{n1}+a_{n2}A_{n2}+\cdots+a_{nn}A_{nn}$　（按第 n 行展开） $=a_{11}A_{11}+a_{21}A_{21}+\cdots+a_{n1}A_{n1}$　（按第一列展开） $=a_{12}A_{12}+a_{22}A_{22}+\cdots+a_{n2}A_{n2}$　（按第二列展开） $\cdots$ $=a_{1n}A_{1n}+a_{2n}A_{2n}+\cdots+a_{nn}A_{nn}$　（按第 n 列展开） 其中 A_{ij} 为元素 a_{ij} 的代数余子式。也就是说，n 阶行列式的值等于任一行(或任一列)中各元素与它们各自的代数余子式的乘积之和。因为 A_{ij} 是 a_{ij} 元素的代数余子式，所以 A_{ij} 为 $n-1$ 阶的行列式。这样展开的结果就把 n 阶行列式的计算归结为计算 n 个 $n-1$ 阶行列式，即其中每一个 $n-1$ 阶行列式还可以展开成 $n-2$ 阶行列式，循此下去，最后都展开成二阶行列式，这样就可以计算 n 阶行列式的值了

续表 12-29

<table>
<tr><th>序号</th><th>项　目</th><th>内　　容</th></tr>
<tr><td>2</td><td>行列式的性质</td><td>
目的：将高阶行列式化为低阶行列式
方法：以三阶行列式为例进行研究，但所得性质适合于任意阶行列式
性质1：把行列式的行和列互换，行列式的值不变
如：
$$\begin{vmatrix}1&4&5\\2&6&9\\3&7&8\end{vmatrix}=\begin{vmatrix}1&2&3\\4&6&7\\5&9&8\end{vmatrix}=9$$
性质2：把行列式中任意两行(或两列)互换，行列式的值只改变符号
如：
$$\begin{vmatrix}1&4&5\\2&6&9\\3&7&8\end{vmatrix}=-\begin{vmatrix}4&1&5\\6&2&9\\7&3&8\end{vmatrix}$$
性质3：若行列式的两行(或两列)相应的元素相同或成比例，或者有一行(或一列)的元素都是零，则该行列式的值为零
如：
$$\begin{vmatrix}3&3&0\\1&1&2\\2&2&1\end{vmatrix}=0,\ \begin{vmatrix}3&6&9\\1&2&3\\2&0&1\end{vmatrix}=0,\ \begin{vmatrix}1&9&-1\\-3&7&-2\\0&0&0\end{vmatrix}=0$$
性质4：把行列式中某行(或某列)的元素乘上同一数后加到另一行(或列)上去，则行列式的值不变
如：
$$\begin{vmatrix}2&0&-4\\3&-1&-5\\1&2&3\end{vmatrix}=\begin{vmatrix}2&0&2\times2-4\\3&-1&3\times2-5\\1&2&1\times2+3\end{vmatrix}=\begin{vmatrix}2&0&0\\3&-1&1\\1&2&5\end{vmatrix}=-14$$
性质5：把行列式的某行(或某列)中各元素都写成两数和的形式，则该行列式可以写成两个行列式的和
如：
$$\begin{vmatrix}1&2+3&-1\\0&1+2&2\\2&3-1&0\end{vmatrix}=\begin{vmatrix}1&2&-1\\0&1&2\\2&3&0\end{vmatrix}+\begin{vmatrix}1&3&-1\\0&2&2\\2&-1&0\end{vmatrix}$$
性质6：若行列式中某行(或某列)中各元素有公因子，则可以将其提取出来
如：
$$\begin{vmatrix}1&3&7\\2&4&6\\-1&0&2\end{vmatrix}=2\begin{vmatrix}1&3&7\\1&2&3\\-1&0&2\end{vmatrix}=6$$
性质7：行列式的值等于任意一行(或一列)的各元素乘以它们各自的代数余子式的积的和
如：
$$|D|=\begin{vmatrix}a_{11}&a_{12}&a_{13}\\a_{21}&a_{22}&a_{23}\\a_{31}&a_{32}&a_{33}\end{vmatrix}$$
$=a_{11}A_{11}+a_{12}A_{12}+a_{13}A_{13}$　(按第一行展开)
$=a_{21}A_{21}+a_{22}A_{22}+a_{23}A_{23}$　(按第二行展开)
$=a_{31}A_{31}+a_{32}A_{32}+a_{33}A_{33}$　(按第三行展开)
$=a_{11}A_{11}+a_{21}A_{21}+a_{31}A_{31}$　(按第一列展开)
$=a_{12}A_{12}+a_{22}A_{22}+a_{32}A_{32}$　(按第二列展开)
$=a_{13}A_{13}+a_{23}A_{23}+a_{33}A_{33}$　(按第三列展开)
</td></tr>
</table>

续表 12-29

<table>
<tr><th>序号</th><th>项　目</th><th>内　　容</th></tr>
<tr><td>2</td><td>行列式的性质</td><td>性质 8：行列式某一行(或某一列)的各元素和另一行(或另一列)对应元素代数余子式的积的和恒等于零
如：
$$|D| = \begin{vmatrix} a_{11} & a_{12} & a_{13} \\ a_{21} & a_{22} & a_{23} \\ a_{31} & a_{32} & a_{33} \end{vmatrix}$$
有 $$a_{11}A_{21} + a_{12}A_{22} + a_{13}A_{23} = 0$$ $$a_{11}A_{31} + a_{12}A_{32} + a_{13}A_{33} = 0$$ $$a_{11}A_{13} + a_{21}A_{23} + a_{31}A_{33} = 0$$ $$a_{11}A_{12} + a_{21}A_{22} + a_{31}A_{32} = 0$$
即 $$\begin{aligned} & a_{11}A_{21} + a_{12}A_{22} + a_{13}A_{23} \\ &= a_{11}(-1)^{2+1}\begin{vmatrix} a_{12} & a_{13} \\ a_{32} & a_{33} \end{vmatrix} + a_{12}(-1)^{2+2}\begin{vmatrix} a_{11} & a_{13} \\ a_{31} & a_{33} \end{vmatrix} + a_{13}(-1)^{2+3}\begin{vmatrix} a_{11} & a_{12} \\ a_{31} & a_{32} \end{vmatrix} \\ &= -a_{11}(a_{12}a_{33} - a_{13}a_{32}) + a_{12}(a_{11}a_{33} - a_{13}a_{31}) - a_{13}(a_{11}a_{32} - a_{12}a_{31}) \\ &= -a_{11}a_{12}a_{33} + a_{11}a_{13}a_{32} + a_{11}a_{12}a_{33} - a_{12}a_{13}a_{31} - a_{11}a_{13}a_{32} + a_{12}a_{13}a_{31} \\ &= 0 \end{aligned}$$</td></tr>
</table>

12.4.5　行列式计算例题

［例题 12-10］　计算二阶行列式

$$|D| = \begin{vmatrix} 3 & -1 \\ 2 & -2 \end{vmatrix}$$

的值。

［解］　根据式(12-32)计算为

$$|D| = \begin{vmatrix} 3 & -1 \\ 2 & -2 \end{vmatrix} = 3 \times (-2) - (-1) \times 2 = -6 + 2 = -4$$

［例题 12-11］　计算二阶行列式

$$|D| = \begin{vmatrix} \cos\alpha & -\sin\alpha \\ \sin\alpha & \cos\alpha \end{vmatrix}$$

的值。

［解］　根据式(12-32)计算为

$$|D| = \begin{vmatrix} \cos\alpha & -\sin\alpha \\ \sin\alpha & \cos\alpha \end{vmatrix} = \cos^2\alpha - (-\sin\alpha)\sin\alpha = \cos^2\alpha + \sin^2\alpha = 1$$

［例题 12-12］　计算三阶行列式

$$|D| = \begin{vmatrix} 1 & -1 & 2 \\ 2 & 4 & 3 \\ 3 & -2 & -1 \end{vmatrix}$$

的值。

［解］　根据式(12-33)用对角线法计算三阶行列式的值为

$$\begin{aligned} |D| &= 1 \times 4 \times (-1) + 2 \times (-2) \times 2 + 3 \times (-1) \times 3 - 2 \times 4 \times 3 - (-1) \times 2 \times (-1) - 1 \times 3 \times (-2) \\ &= -4 - 8 - 9 - 24 - 2 + 6 = -41 \end{aligned}$$

［例题 12-13］ 计算四阶行列式

$$|D|=\begin{vmatrix}1&2&-1&0\\3&1&2&2\\1&3&3&1\\3&1&1&3\end{vmatrix}$$

的值。

［解］ 根据式(12-34)用降阶法按第一行展开计算如下：

$$|D|=1\times(-1)^{1+1}\begin{vmatrix}1&2&2\\3&3&1\\1&1&3\end{vmatrix}+2\times(-1)^{1+2}\begin{vmatrix}3&2&2\\1&3&1\\3&1&3\end{vmatrix}-1\times(-1)^{1+3}\begin{vmatrix}3&1&2\\1&3&1\\3&1&3\end{vmatrix}+0\times(-1)^{1+4}\begin{vmatrix}3&1&2\\1&3&3\\3&1&1\end{vmatrix}$$

$$=\begin{vmatrix}1&2&2\\3&3&1\\1&1&3\end{vmatrix}-2\begin{vmatrix}3&2&2\\1&3&1\\3&1&3\end{vmatrix}-\begin{vmatrix}3&1&2\\1&3&1\\3&1&3\end{vmatrix}+0$$

$$=1\times(-1)^{1+1}\begin{vmatrix}3&1\\1&3\end{vmatrix}+2\times(-1)^{1+2}\begin{vmatrix}3&1\\1&3\end{vmatrix}+2\times(-1)^{1+3}\begin{vmatrix}3&3\\1&1\end{vmatrix}-2\times3\times(-1)^{1+1}\begin{vmatrix}3&1\\1&3\end{vmatrix}-$$

$$2\times2\times(-1)^{1+2}\begin{vmatrix}1&1\\3&3\end{vmatrix}-2\times2\times(-1)^{1+3}\begin{vmatrix}1&3\\3&1\end{vmatrix}-3\times(-1)^{1+1}\begin{vmatrix}3&1\\1&3\end{vmatrix}-1\times(-1)^{1+2}\begin{vmatrix}1&1\\3&3\end{vmatrix}-$$

$$2\times(-1)^{1+3}\begin{vmatrix}1&3\\3&1\end{vmatrix}$$

$$=(9-1)-2(9-1)+2(3-3)-6(9-1)-4(3-3)-4(1-9)-3(9-1)+(3-3)-2(1-9)$$

$$=8-16+0-48-0+32-24+0+16$$

$$=-32$$

12.5 矩阵

12.5.1 矩阵的一般概念

矩阵的一般概念见表 12-30。

表 12-30 矩阵的一般概念

序号	项 目	内 容
1	矩阵定义	(1) 设 $m\times n$ 个数排成如下 m 行 n 列的一个表格，记为 $$[A]=\begin{bmatrix}a_{11}&a_{12}&a_{13}&\cdots&a_{1n}\\a_{21}&a_{22}&a_{23}&\cdots&a_{2n}\\a_{31}&a_{32}&a_{33}&&a_{3n}\\\vdots&\vdots&\vdots&\vdots&\vdots\\a_{m1}&a_{m2}&a_{m3}&\cdots&a_{mn}\end{bmatrix} \quad (12\text{-}36)$$ 这样的数组就称为 m 行 n 列的矩阵，或称为 $m\times n$ 阶矩阵，记作$[A]$。数组中任一数 a_{ij} 称为该矩阵[A]的元素，前一脚标(左边)表示元素所在的行，后一脚标(右边)表示元素所在的列 (2) 两个矩阵$[A]=[a_{ij}]_{m\times n}$，$[B]=[b_{ij}]_{s\times t}$，如果 $m=s$，$n=t$，则成$[A]$与$[B]$是同型矩阵 (3) 两个同型矩阵$[A]=[a_{ij}]_{m\times n}$，$[B]=[b_{ij}]_{m\times n}$，如果对应的元素都相等，即 $a_{ij}=b_{ij}(i=1,2,\cdots,m;j=1,2,\cdots,n)$，则称矩阵$[A]$与$[B]$相等，记作$[A]=[B]$ (4) 一个行数和列数(即 $m=n$)相同的矩阵称为方阵。方阵的最大行(列)数称为方阵的阶。记为

续表 12-30

序号	项　目	内　容
1	矩阵定义	$[A]=\begin{bmatrix}a_{11} & a_{12} & \cdots & a_{1n}\\ a_{21} & a_{22} & \cdots & a_{2n}\\ \vdots & \vdots & \vdots & \vdots\\ a_{n1} & a_{n2} & \cdots & a_{nn}\end{bmatrix}$　(12-37) 是 n 阶方阵。从 a_{11} 到 a_{nn} 连成的直线称为该方阵的对角线。方阵 $[A]$ 相应的行列式的值记为 $\|A\|$ (5) 矩阵只有一行时，称为行矩阵。矩阵只有一列时，称为列矩阵 (6) 当矩阵的行数和列数相等时(即 $m=n$)，称为方阵。方阵中左上角至右下角的连线称为主对角线。如果一个方阵除主对角线外的所有元素均为零，则称为对角线矩阵 (7)若在一方阵中，对称于主对角线的元素两两相等，则该方阵称为对称矩阵。方阵 $[A]$ 成为对称矩阵的条件是 $a_{ij}=a_{ji}$ (8) 当方阵的主对角线元素均为 1，其余元素均为零时，称该方阵为单位矩阵，记作 $[I]$。下面举例列出一个四阶单位矩阵 $[I]=\begin{bmatrix}1 & 0 & 0 & 0\\ 0 & 1 & 0 & 0\\ 0 & 0 & 1 & 0\\ 0 & 0 & 0 & 1\end{bmatrix}$ (9) 当矩阵中所有元素均为零时，称为零矩阵，记作 $[0]$ (10) 转置矩阵与逆矩阵 1) 转置矩阵。用一个矩阵的第一行组成另一个矩阵的第一列(保持行与列的元素顺序不变，下同)，第二行组成另一个矩阵的第二列，依次类推，则这两个矩阵互为转置矩阵。矩阵 $[A]$ 的转置矩阵记作 $[A]^{\mathrm{T}}$。例如 $\begin{bmatrix}a_{11} & a_{12} & a_{13} & a_{14}\\ a_{21} & a_{22} & a_{23} & a_{24}\end{bmatrix}^{\mathrm{T}}=\begin{bmatrix}a_{11} & a_{21}\\ a_{12} & a_{22}\\ a_{13} & a_{23}\\ a_{14} & a_{24}\end{bmatrix}$ 显然，对称矩阵的转置矩阵就是其本身 两向量的数量积，可写成矩阵运算形式。若已知 $[A]=\begin{bmatrix}a_1\\ a_2\\ \vdots\\ a_n\end{bmatrix},\qquad [B]=\begin{bmatrix}b_1\\ b_2\\ \vdots\\ b_n\end{bmatrix}$ 则数量积 $[C]=[A]^{\mathrm{T}}[B]=[B]^{\mathrm{T}}[A]=\sum_{i=1}^{n}a_ib_i$ 显然，行矩阵与同阶的列矩阵相乘，乘积是一个数 转置矩阵运算的性质 $(k[A])^{\mathrm{T}}=k[A]^{\mathrm{T}}$ $([A]+[B])^{\mathrm{T}}=[A]^{\mathrm{T}}+[B]^{\mathrm{T}}$ $([A][B][C]\cdots[Y][Z])^{\mathrm{T}}=[Z]^{\mathrm{T}}[Y]^{\mathrm{T}}\cdots[C]^{\mathrm{T}}[B]^{\mathrm{T}}[A]^{\mathrm{T}}$ 2) 逆矩阵。对于一个 n 阶方阵 $[A]$，如果能够找到另一个 n 阶方阵 $[B]$，使得 $[A][B]=[I]$ 则称 $[B]$ 为 $[A]$ 的逆矩阵，简称逆阵，记为 $[A]^{-1}$。若方阵 $[A]$ 不存在相应的逆矩阵，则称 $[A]$ 为奇异矩阵 当所讨论矩阵均为同阶方阵时，逆矩阵具有下列性质 $[A][A]^{-1}=[A]^{-1}[A]=[I]$ $([A]^{-1})^{-1}=[A]$ $([A]^{-1})^{\mathrm{T}}=([A]^{\mathrm{T}})^{-1}$

续表 12-30

<table>
<tr><th>序号</th><th>项　目</th><th>内　容</th></tr>
<tr><td>1</td><td>矩阵定义</td><td>(11) 对称矩阵与三角矩阵
1) 对称矩阵。当矩阵[A]为方阵且对于任意脚标 i 与 j 恒有 $a_{ij}=a_{ji}$时，称矩阵[A]为对称矩阵
2) 上三角矩阵。当矩阵[B]为方阵且主对角线左下方所有的元素均为零时，称矩阵[B]为上三角矩阵。下面举例列出一个四阶上三角矩阵：
$$[B]=\begin{bmatrix} b_{11} & b_{12} & b_{13} & b_{14} \\ 0 & b_{22} & b_{23} & b_{24} \\ 0 & 0 & b_{33} & b_{34} \\ 0 & 0 & 0 & b_{44} \end{bmatrix}$$
3) 下三角矩阵。当矩阵[B]为方阵且主对角线右上方所有的元素均为零时，称矩阵[B]为下三角矩阵。下面举例列出一个四阶下三角矩阵：
$$[B]=\begin{bmatrix} b_{11} & 0 & 0 & 0 \\ b_{21} & b_{22} & 0 & 0 \\ b_{31} & b_{32} & b_{33} & 0 \\ b_{41} & b_{42} & b_{43} & b_{44} \end{bmatrix}$$
4) 三角矩阵的转置。上三角矩阵[B]的转置矩阵$[B]^{T}$是下三角矩阵。反之，下三角矩阵[B]的转置矩阵$[B]^{T}$是上三角矩阵
5) 对称矩阵的一些性质
①若方阵$[A]=[A]^{T}$，则[A]为对称矩阵
② 若[B]为上(下)三角矩阵且$[A]=[B]^{T}[B]$，则[A]为对称矩阵
③若[B]为上(下)三角矩阵，且$[C]=[B]^{T}[A][B]$，则[C]为对称矩阵</td></tr>
<tr><td>2</td><td>矩阵的初等运算</td><td>要进行矩阵的运算，需要知道矩阵相等的概念：当两个矩阵的行数相同，列数相同，并且对应行和列中的所有元素两两相等时，称为两矩阵相等。例如，由
$$\begin{bmatrix} x_{11} & x_{12} & x_{13} \\ x_{21} & x_{22} & x_{23} \end{bmatrix}=\begin{bmatrix} 7 & -4 & -1 \\ 0 & 2 & -5 \end{bmatrix}$$
可知：$x_{11}=7$，$x_{12}=-4$，$x_{13}=-1$，$x_{21}=0$，$x_{22}=2$，$x_{23}=-5$
注意：两个行数或列数不同的矩阵谈不上相等
1) 矩阵的加法和减法。两个矩阵只有在行数和列数相同时，才能相加或相减，所得的矩阵仍为一个具有相同行数和列数的矩阵
矩阵的相加或相减，就是矩阵中对应元素的相加或相减。例如：
$$\begin{bmatrix} a_{11} & a_{12} \\ a_{21} & a_{22} \\ a_{31} & a_{32} \end{bmatrix}+\begin{bmatrix} b_{11} & b_{12} \\ b_{21} & b_{22} \\ b_{31} & b_{32} \end{bmatrix}=\begin{bmatrix} a_{11}+b_{11} & a_{12}+b_{12} \\ a_{21}+b_{21} & a_{22}+b_{22} \\ a_{31}+b_{31} & a_{32}+b_{32} \end{bmatrix}$$
$$\begin{bmatrix} 2 & -7 \\ 0 & -3 \end{bmatrix}-\begin{bmatrix} -5 & 1 \\ 3 & -6 \end{bmatrix}=\begin{bmatrix} 2-(-5) & -7-1 \\ 0-3 & -3-(-6) \end{bmatrix}=\begin{bmatrix} 7 & -8 \\ -3 & 3 \end{bmatrix}$$
2) 数与矩阵的乘法。一个数与矩阵的乘积，就是将矩阵的所有元素都与该数相乘所得的矩阵。例如
$$k\begin{bmatrix} x_{11} & x_{12} & x_{13} \\ x_{21} & x_{22} & x_{23} \end{bmatrix}=\begin{bmatrix} kx_{11} & kx_{12} & kx_{13} \\ kx_{21} & kx_{22} & kx_{23} \end{bmatrix}$$</td></tr>
<tr><td>3</td><td>矩阵的运算性质</td><td>只要矩阵的阶数满足前面所说的相加、相减或相乘的条件，则矩阵的运算就有下列性质：
(1) $[A]+([B]+[C])=([A]+[B])+[C]$
(2) $[A]+[B]=[B]+[A]$
(3) $[A]+[0]=[A]$
(4) $[A]+[-B]=[A]-[B]$，$[A]+[-A]=[0]$
(5) $k([A][B])=(k[A])[B]=[A](k[B])$</td></tr>
</table>

续表 12-30

序号	项　目	内　容
3	矩阵的运算性质	(6) $([A][B])[C]=[A]([B][C])$ (7) $([A]+[B])[C]=[A][C]+[B][C]$，$[A]([B]+[C])=[A][B]+[A][C]$ (8) $[A][I]=[A]$，$[I][B]=[B]$
4	行列式与矩阵的区别	(1) 行列式是一个代数式，有确定的值，而矩阵是一个数表 (2) 行列式的行数与列数必相等，而矩阵的行数和列数一般是不相等的 (3) 行列式可以展开，而矩阵不能展开，但可以按有关规定进行加、减、乘、除等各种运算 (4) 两个行列式的相等，只要它们的值相等，而两个矩阵相等必须同时满足： 1) 两个都是 $m\times n$ 阶矩阵 2) 两个矩阵的对应元素都相等

12.5.2　矩阵与矩阵相乘

矩阵与矩阵相乘见表 12-31。

表 12-31　矩阵与矩阵相乘

序号	项　目	内　容
1	基本计算公式	两个矩阵只有在前一个矩阵的列数和后一个矩阵的行数相同时，才能相乘 第一个矩阵第 i 行中各元素，分别乘以第二个矩阵中第 j 列相应的各元素，将各乘积的和作为新矩阵的第 i 行第 j 列相交处的元素。这个新矩阵就是第一个矩阵与第二个矩阵的乘积 设 $m\times r$ 阶矩阵 $[A]$ 与 $r\times n$ 阶矩阵 $[B]$ 相乘，得一矩阵 $[C]$。$[C]$ 必为 $m\times n$ 阶矩阵，且 $[C]$ 中的元素与 $[A]$ 及 $[B]$ 中相应元素的关系由下式决定 $$c_{ij}=a_{i1}b_{1j}+a_{i2}b_{2j}+\cdots+a_{ir}b_{rj}=\sum_{s=1}^{r}a_{is}b_{sj}(1\leqslant i\leqslant m,1\leqslant j\leqslant n) \quad (12\text{-}38)$$ 并把此乘积记作 $$[C]=[A][B]$$ 按此定义，一个 $1\times s$ 行矩阵与一个 $s\times 1$ 列矩阵的乘积是一个 1 阶方阵，也就是一个数 $$(a_{i1},a_{i2},\cdots a_{is})\begin{pmatrix}b_{1j}\\ b_{2j}\\ \vdots\\ b_{sj}\end{pmatrix}=a_{i1}b_{1j}+a_{i2}b_{2j}+\cdots+a_{is}a_{sj}=\sum_{k=1}^{s}a_{ik}b_{kj}=c_{ij} \quad (12\text{-}39)$$ 由此表明乘积矩阵 $[A][B]=[C]$ 的元素 c_{ij} 就是 $[A]$ 的第 i 行与 $[B]$ 的第 j 列的乘积 一般地，设矩阵 $[A]$ 是 $m\times p$ 阶矩阵，矩阵 $[B]$ 是 $p\times n$ 阶矩阵，即矩阵 $[A]$ 的列数 (p) 和矩阵 $[B]$ 的行数 (p) 相等，都等于 p，则矩阵 $[A]$ 与矩阵 $[B]$ 可以相乘，其积 $[A][B]$ 是一个 $m\times n$ 阶矩阵 $[C]_{m\times n}$，它的第 i 行、第 j 列上的元素是 $[A]$ 的第 i 行上各元素分别与 $[B]$ 的第 j 列上各对应元素的乘积的和，一般地 $[A][B]\neq[B][A]$ 根据公式(12-38)及有关规定，在本表序号 2 中给出一些矩阵与矩阵相乘的计算公式，供实际应用时参考
2	一些矩阵与矩阵相乘的计算公式	1) 已知矩阵 $$[A]=\begin{bmatrix}a_{11} & a_{12}\\ a_{21} & a_{22}\end{bmatrix}, B=\begin{bmatrix}b_{11}\\ b_{21}\end{bmatrix}$$ 求 $[C]=[A][B]$ 则 $$[C]=\begin{bmatrix}a_{11}b_{11}+a_{12}b_{21}\\ a_{21}b_{11}+a_{22}b_{21}\end{bmatrix} \quad (12\text{-}40)$$ 这里 $[A]$ 是 2×2 矩阵，$[B]$ 是 2×1 矩阵，所以 $[C]$ 必是 2×1 矩阵

续表 12-31

序号	项　　目	内　　容
2	一些矩阵与矩阵相乘的计算公式	2）已知矩阵 $[A]=\begin{bmatrix}a_{11} & a_{12} & a_{13}\\ a_{21} & a_{22} & a_{23}\\ a_{31} & a_{32} & a_{33}\end{bmatrix},\ [B]=\begin{bmatrix}b_{11}\\ b_{21}\\ b_{31}\end{bmatrix}$ 求$[C]=[A][B]$ 则 $[C]=\begin{bmatrix}a_{11} & a_{12} & a_{13}\\ a_{21} & a_{22} & a_{23}\\ a_{31} & a_{32} & a_{33}\end{bmatrix}\begin{bmatrix}b_{11}\\ b_{21}\\ b_{31}\end{bmatrix}=\begin{bmatrix}a_{11}b_{11}+a_{12}b_{21}+a_{13}b_{31}\\ a_{21}b_{11}+a_{22}b_{21}+a_{23}b_{31}\\ a_{31}b_{11}+a_{32}b_{21}+a_{33}b_{31}\end{bmatrix}$　（12-41） 这里$[A]$是3×3矩阵，$[B]$是3×1矩阵，所以$[C]$必是3×1矩阵 3）已知矩阵 $[A]=\begin{bmatrix}a_{11} & a_{12} & a_{13} & a_{14}\\ a_{21} & a_{22} & a_{23} & a_{24}\\ a_{31} & a_{32} & a_{33} & a_{34}\\ a_{41} & a_{42} & a_{43} & a_{44}\end{bmatrix},\ [B]=\begin{bmatrix}b_{11}\\ b_{21}\\ b_{31}\\ b_{41}\end{bmatrix}$ 求$[C]=[A][B]$ 则 $[C]=\begin{bmatrix}a_{11} & a_{12} & a_{13} & a_{14}\\ a_{21} & a_{22} & a_{23} & a_{24}\\ a_{31} & a_{32} & a_{33} & a_{34}\\ a_{41} & a_{42} & a_{43} & a_{44}\end{bmatrix}\begin{bmatrix}b_{11}\\ b_{21}\\ b_{31}\\ b_{41}\end{bmatrix}=\begin{bmatrix}a_{11}b_{11}+a_{12}b_{21}+a_{13}b_{31}+a_{14}b_{41}\\ a_{21}b_{11}+a_{22}b_{21}+a_{23}b_{31}+a_{24}b_{41}\\ a_{31}b_{11}+a_{32}b_{21}+a_{33}b_{31}+a_{34}b_{41}\\ a_{41}b_{11}+a_{42}b_{21}+a_{43}b_{31}+a_{44}b_{41}\end{bmatrix}$　（12-42） 这里$[A]$是4×4矩阵，$[B]$是4×1矩阵，所以$[C]$必是4×1矩阵 4）已知矩阵 $[A]=\begin{bmatrix}a_{11} & a_{12} & a_{13} & a_{14} & a_{15} & a_{16}\\ a_{21} & a_{22} & a_{23} & a_{24} & a_{25} & a_{26}\\ a_{31} & a_{32} & a_{33} & a_{34} & a_{35} & a_{36}\\ a_{41} & a_{42} & a_{43} & a_{44} & a_{45} & a_{46}\\ a_{51} & a_{52} & a_{53} & a_{54} & a_{55} & a_{56}\\ a_{61} & a_{62} & a_{63} & a_{64} & a_{65} & a_{66}\end{bmatrix},\ [B]=\begin{bmatrix}b_{11}\\ b_{21}\\ b_{31}\\ b_{41}\\ b_{51}\\ b_{61}\end{bmatrix}$ 求$[C]=[A][B]$ 则 $[C]=\begin{bmatrix}a_{11}b_{11}+a_{12}b_{21}+a_{13}b_{31}+a_{14}b_{41}+a_{15}b_{51}+a_{16}b_{61}\\ a_{21}b_{11}+a_{22}b_{21}+a_{23}b_{31}+a_{24}b_{41}+a_{25}b_{51}+a_{26}b_{61}\\ a_{31}b_{11}+a_{32}b_{21}+a_{33}b_{31}+a_{34}b_{41}+a_{35}b_{51}+a_{36}b_{61}\\ a_{41}b_{11}+a_{42}b_{21}+a_{43}b_{31}+a_{44}b_{41}+a_{45}b_{51}+a_{46}b_{61}\\ a_{51}b_{11}+a_{52}b_{21}+a_{53}b_{31}+a_{54}b_{41}+a_{55}b_{51}+a_{56}b_{61}\\ a_{61}b_{11}+a_{62}b_{21}+a_{63}b_{31}+a_{64}b_{41}+a_{65}b_{51}+a_{66}b_{61}\end{bmatrix}$　（12-43） 这里$[A]$是6×6矩阵，$[B]$是6×1矩阵，所以$[C]$必是6×1矩阵 5）已知矩阵 $[A]=[a_{11}\quad a_{12}\quad a_{13}],\ [B]=\begin{bmatrix}b_{11}\\ b_{21}\\ b_{31}\end{bmatrix}$

续表 12-31

序号	项　　目	内　　容
2	一些矩阵与矩阵相乘的计算公式	求$[C]=[A][B]$ 则 $$[C]=[a_{11}b_{11}+a_{12}b_{21}+a_{13}b_{31}] \quad (12\text{-}44)$$ 这里$[A]$是 1×3 矩阵，$[B]$是 3×1 矩阵，所以$[C]$必是 1×1 矩阵 6）已知矩阵 $$[A]=\begin{bmatrix}a_{11}\\a_{12}\\a_{13}\end{bmatrix},\ [B]=[b_{11}\quad b_{12}]$$ 求$[C]=[A][B]$ 则 $$[C]=\begin{bmatrix}a_{11}b_{11} & a_{11}b_{12}\\a_{12}b_{11} & a_{12}b_{12}\\a_{13}b_{11} & a_{13}b_{12}\end{bmatrix} \quad (12\text{-}45)$$ 这里$[A]$是 3×1 矩阵，$[B]$是 1×2 矩阵，所以$[C]$必是 3×2 矩阵 7）已知矩阵 $$[A]=\begin{bmatrix}a_{11} & a_{12}\\a_{21} & a_{22}\end{bmatrix},\ [B]=\begin{bmatrix}b_{11} & b_{12}\\b_{21} & b_{22}\end{bmatrix}$$ 求$[C]=[A][B]$ 则 $$[C]=\begin{bmatrix}a_{11}b_{11}+a_{12}b_{21} & a_{11}b_{12}+a_{12}b_{22}\\a_{21}b_{11}+a_{22}b_{21} & a_{21}b_{12}+a_{22}b_{22}\end{bmatrix} \quad (12\text{-}46)$$ 这里$[A]$是 2×2 矩阵，$[B]$是 2×2 矩阵，所以$[C]$必是 2×2 矩阵 8）已知矩阵 $$[A]=\begin{bmatrix}a_{11} & a_{12} & a_{13}\\a_{21} & a_{22} & a_{23}\\a_{31} & a_{32} & a_{33}\end{bmatrix},\ [B]=\begin{bmatrix}b_{11} & b_{12} & b_{13}\\b_{21} & b_{22} & b_{23}\\b_{31} & b_{32} & b_{33}\end{bmatrix}$$ 求$[C]=[A][B]$ 则 $$[C]=\begin{bmatrix}a_{11}b_{11}+a_{12}b_{21}+a_{13}b_{31} & a_{11}b_{12}+a_{12}b_{22}+a_{13}b_{32} & a_{11}b_{13}+a_{12}b_{23}+a_{13}b_{33}\\a_{21}b_{11}+a_{22}b_{21}+a_{23}b_{31} & a_{21}b_{12}+a_{22}b_{22}+a_{23}b_{32} & a_{21}b_{13}+a_{22}b_{23}+a_{23}b_{33}\\a_{31}b_{11}+a_{32}b_{21}+a_{33}b_{31} & a_{31}b_{12}+a_{32}b_{22}+a_{33}b_{32} & a_{31}b_{13}+a_{32}b_{23}+a_{33}b_{33}\end{bmatrix} \quad (12\text{-}47)$$ 这里$[A]$是 3×3 矩阵，$[B]$是 3×3 矩阵，所以$[C]$必是 3×3 矩阵 9）已知矩阵 $$[A]=\begin{bmatrix}a_{11} & a_{12}\\a_{21} & a_{22}\\a_{31} & a_{32}\end{bmatrix},\ [B]=\begin{bmatrix}b_{11} & b_{12} & b_{13}\\b_{21} & b_{22} & b_{23}\end{bmatrix}$$ 求$[C]=[A][B]$ 则 $$[C]=\begin{bmatrix}a_{11}b_{11}+a_{12}b_{21} & a_{11}b_{12}+a_{12}b_{22} & a_{11}b_{13}+a_{12}b_{23}\\a_{21}b_{11}+a_{22}b_{21} & a_{21}b_{12}+a_{22}b_{22} & a_{21}b_{13}+a_{22}b_{23}\\a_{31}b_{11}+a_{32}b_{21} & a_{31}b_{12}+a_{32}b_{22} & a_{31}b_{13}+a_{32}b_{23}\end{bmatrix} \quad (12\text{-}48)$$ 这里$[A]$是 3×2 矩阵，$[B]$是 2×3 矩阵，所以$[C]$必是 3×3 矩阵

续表 12-31

<table>
<tr><th>序号</th><th>项　目</th><th>内　　容</th></tr>
<tr><td>2</td><td>一些矩阵与矩阵相乘的计算公式</td><td>
10）已知矩阵

$$[A]=\begin{bmatrix}a_{11}&a_{12}&a_{13}\\a_{21}&a_{22}&a_{23}\end{bmatrix},\ [B]=\begin{bmatrix}b_{11}&b_{12}\\b_{21}&b_{22}\\b_{31}&b_{32}\end{bmatrix}$$

求[C]=[A][B]
则

$$[C]=\begin{bmatrix}a_{11}b_{11}+a_{12}b_{21}+a_{13}b_{31}&a_{11}b_{12}+a_{12}b_{22}+a_{13}b_{32}\\a_{21}b_{11}+a_{22}b_{21}+a_{23}b_{31}&a_{21}b_{12}+a_{22}b_{22}+a_{23}b_{32}\end{bmatrix}\tag{12-49}$$

这里[A]是2×3矩阵，[B]是3×2矩阵，所以[C]必是2×2矩阵

11）已知矩阵

$$[A]=\begin{bmatrix}a_{11}&a_{12}&a_{13}&a_{14}\\a_{21}&a_{22}&a_{23}&a_{24}\end{bmatrix},\ [B]=\begin{bmatrix}b_{11}&b_{12}&b_{13}\\b_{21}&b_{22}&b_{23}\\b_{31}&b_{32}&b_{33}\\b_{41}&b_{42}&b_{43}\end{bmatrix}$$

求[C]=[A][B]
则

$$[C]=\begin{bmatrix}a_{11}b_{11}+a_{12}b_{21}+a_{13}b_{31}+a_{14}b_{41}&a_{11}b_{12}+a_{12}b_{22}+a_{13}b_{32}+a_{14}b_{42}&a_{11}b_{13}+a_{12}b_{23}+a_{13}b_{33}+a_{14}b_{43}\\a_{21}b_{11}+a_{22}b_{21}+a_{23}b_{31}+a_{24}b_{41}&a_{21}b_{12}+a_{22}b_{22}+a_{23}b_{32}+a_{24}b_{42}&a_{21}b_{13}+a_{22}b_{23}+a_{23}b_{33}+a_{24}b_{43}\end{bmatrix}\tag{12-50}$$

这里[A]是2×4矩阵，[B]是4×3矩阵，所以[C]必是2×3矩阵

12）已知矩阵

$$[A]=\begin{bmatrix}a_{11}&a_{12}&a_{13}\\a_{21}&a_{22}&a_{23}\\a_{31}&a_{32}&a_{33}\\a_{41}&a_{42}&a_{43}\end{bmatrix},\ [B]=\begin{bmatrix}b_{11}&b_{12}\\b_{21}&b_{22}\\b_{31}&b_{32}\end{bmatrix}$$

求[C]=[A][B]
则

$$[C]=\begin{bmatrix}a_{11}b_{11}+a_{12}b_{21}+a_{13}b_{31}&a_{11}b_{12}+a_{12}b_{22}+a_{13}b_{32}\\a_{21}b_{11}+a_{22}b_{21}+a_{23}b_{31}&a_{21}b_{12}+a_{22}b_{22}+a_{23}b_{32}\\a_{31}b_{11}+a_{32}b_{21}+a_{33}b_{31}&a_{31}b_{12}+a_{32}b_{22}+a_{33}b_{32}\\a_{41}b_{11}+a_{42}b_{21}+a_{43}b_{31}&a_{41}b_{12}+a_{42}b_{22}+a_{43}b_{32}\end{bmatrix}\tag{12-51}$$

这里[A]是4×3矩阵，[B]是3×2矩阵，所以[C]必然是4×2矩阵

13）已知矩阵

$$[A]=\begin{bmatrix}a_{11}&a_{12}&a_{13}&a_{14}\\a_{21}&a_{22}&a_{23}&a_{24}\\a_{31}&a_{32}&a_{33}&a_{34}\end{bmatrix},\ [B]=\begin{bmatrix}b_{11}&b_{12}\\b_{21}&b_{22}\\b_{31}&b_{32}\\b_{41}&b_{42}\end{bmatrix}$$

求[C]=[A][B]
则

$$[C]=\begin{bmatrix}a_{11}b_{11}+a_{12}b_{21}+a_{13}b_{31}+a_{14}b_{41}&a_{11}b_{12}+a_{12}b_{22}+a_{13}b_{32}+a_{14}b_{42}\\a_{21}b_{11}+a_{22}b_{21}+a_{23}b_{31}+a_{24}b_{41}&a_{21}b_{12}+a_{22}b_{22}+a_{23}b_{32}+a_{24}b_{42}\\a_{31}b_{11}+a_{32}b_{21}+a_{33}b_{31}+a_{34}b_{41}&a_{31}b_{12}+a_{32}b_{22}+a_{33}b_{32}+a_{34}b_{42}\end{bmatrix}\tag{12-52}$$
</td></tr>
</table>

续表 12-31

序号	项　目	内　容
2	一些矩阵与矩阵相乘的计算公式	这里[A]是3×4矩阵，[B]是4×2矩阵，所以[C]必然是3×2矩阵 14）已知矩阵 $$[A]=\begin{bmatrix}a_{11}\\a_{21}\\a_{31}\end{bmatrix},[B]=[b_{11}\quad b_{12}]$$ 求[C]=[A][B] 则 $$[C]=\begin{bmatrix}a_{11}b_{11}&a_{11}b_{12}\\a_{21}b_{11}&a_{21}b_{12}\\a_{31}b_{11}&a_{31}b_{12}\end{bmatrix} \quad (12\text{-}53)$$ 这里[A]是3×1矩阵，[B]是1×2矩阵，所以[C]必然是3×2矩阵 15）已知矩阵 $$[A]=\begin{bmatrix}a_{11}&a_{12}&a_{13}\\a_{21}&a_{22}&a_{23}\end{bmatrix},[B]=\begin{bmatrix}b_{11}&b_{12}\\b_{21}&b_{22}\\b_{31}&b_{32}\end{bmatrix}$$ 求[C]=[A][B] 则 $$[C]=\begin{bmatrix}a_{11}b_{11}+a_{12}b_{21}+a_{13}b_{31}&a_{11}b_{12}+a_{12}b_{22}+a_{13}b_{32}\\a_{21}b_{11}+a_{22}b_{21}+a_{23}b_{31}&a_{21}b_{12}+a_{22}b_{22}+a_{23}b_{32}\end{bmatrix} \quad (12\text{-}54)$$ 这里[A]是2×3矩阵，[B]是3×2矩阵，所以[C]必然是2×2矩阵

12.5.3　矩阵计算例题

[例题 12-14]　已知矩阵

$$[A]=\begin{bmatrix}4&3&1\\1&-2&3\\5&7&0\end{bmatrix},[B]=\begin{bmatrix}7\\2\\1\end{bmatrix}$$

求[C]=[A][B]。

[解]　因为[A]是3×3矩阵，[B]是3×1矩阵，[A]的列数等于[B]的行数，所以矩阵[A]与[B]是可以相乘的，其乘积[A][B]=[C]是一个3×1矩阵，按矩阵式(12-41)可计算为

$$[C]=[A][B]=\begin{bmatrix}4&3&1\\1&-2&3\\5&7&0\end{bmatrix}\begin{bmatrix}7\\2\\1\end{bmatrix}=\begin{bmatrix}4\times7+3\times2+1\times1\\1\times7+(-2)\times2+3\times1\\5\times7+7\times2+0\times1\end{bmatrix}=\begin{bmatrix}35\\6\\49\end{bmatrix}$$

[例题 12-15]　已知矩阵

$$[A]=[1\quad 2\quad 3],[B]=\begin{bmatrix}3\\2\\1\end{bmatrix}$$

求[C]=[A][B]。

[解]　因为[A]是1×3矩阵，[B]是3×1矩阵，所以乘积是一阶方阵，是一个数，即可按式(12-44)计算为

$$[C]=[A][B]=[1\quad 2\quad 3]\begin{bmatrix}3\\2\\1\end{bmatrix}=[1\times3+2\times2+3\times1]=[10]$$

[例题 12-16] 已知矩阵

$$[A]=\begin{bmatrix}2\\1\\3\end{bmatrix},\ [B]=[-1\quad 2]$$

求$[C]=[A][B]$。

[解] 因为$[A]$是3×1矩阵，$[B]$是1×2矩阵，所以乘积是3×2矩阵，即可按式(12-45)计算为

$$[C]=[A][B]=\begin{bmatrix}2\\1\\3\end{bmatrix}[-1\quad 2]=\begin{bmatrix}2\times(-1) & 2\times2\\1\times(-1) & 1\times2\\3\times(-1) & 3\times2\end{bmatrix}=\begin{bmatrix}-2 & 4\\-1 & 2\\-3 & 6\end{bmatrix}$$

[例题 12-17] 已知矩阵

$$[A]=\begin{bmatrix}1 & 0\\1 & 3\\0 & 1\end{bmatrix},\ [B]=\begin{bmatrix}1 & 0 & 3\\2 & 1 & 0\end{bmatrix}$$

求$[C]=[A][B]$。

[解] 因为$[A]$是3×2矩阵，$[B]$是2×3矩阵，则$[A]$的列数等于$[B]$的行数，所以矩阵$[A]$与$[B]$是可以相乘的，其乘积$[A][B]=[C]$是一个3×3矩阵，根据式(12-48)计算为

$$[C]=[A][B]=\begin{bmatrix}1 & 0\\1 & 3\\0 & 1\end{bmatrix}\begin{bmatrix}1 & 0 & 3\\2 & 1 & 0\end{bmatrix}=\begin{bmatrix}1\times1+0\times2 & 1\times0+0\times1 & 1\times3+0\times0\\1\times1+3\times2 & 1\times0+3\times1 & 1\times3+3\times0\\0\times1+1\times2 & 0\times0+1\times1 & 0\times3+1\times0\end{bmatrix}=\begin{bmatrix}1 & 0 & 3\\7 & 3 & 3\\2 & 1 & 0\end{bmatrix}$$

[例题 12-18] 已知矩阵

$$[A]=\begin{bmatrix}-2 & 4\\1 & -2\end{bmatrix},\ [B]=\begin{bmatrix}2 & 4\\-3 & -6\end{bmatrix}$$

求$[C]=[A][B]$及$[D]=[B][A]$。

[解] 可按式(12-46)计算如下：

$$[C]=[A][B]=\begin{bmatrix}(-2)\times2+4\times(-3) & (-2)\times4+4\times(-6)\\1\times2+(-2)\times(-3) & 1\times4+(-2)\times(-6)\end{bmatrix}=\begin{bmatrix}-16 & -32\\8 & 16\end{bmatrix}$$

$$[D]=[B][A]=\begin{bmatrix}2\times(-2)+4\times1 & 2\times4+4\times(-2)\\(-3)\times(-2)+(-6)\times1 & (-3)\times4+(-6)\times(-2)\end{bmatrix}=\begin{bmatrix}0 & 0\\0 & 0\end{bmatrix}$$

从上述计算可知，在矩阵的乘法中必须注意矩阵相乘的顺序。$[A][B]$是$[A]$左乘$[B]$（$[B]$被$[A]$左乘）的乘积，$[B][A]$是$[A]$右乘$[B]$的乘积，$[A][B]$有意义时，$[B][A]$可能没有意义。又若$[A]$是$m\times n$矩阵，$[B]$是$n\times m$矩阵，则$[A][B]$与$[B][A]$都有意义，但$[A][B]$是m阶方阵，$[B][A]$是n阶方阵，当$m\neq n$时，$[A][B]\neq[B][A]$，即使$m=n$，$[A]$与$[B]$是同阶方阵，但不一定相同。

[例题 12-19] 已知矩阵

$$[A]=\begin{bmatrix}1 & 0 & 3\\2 & 1 & 0\end{bmatrix},\ [B]=\begin{bmatrix}1 & 0\\1 & 3\\0 & 1\end{bmatrix}$$

求$[C]=[A][B]$。

［解］　因为$[A]$是2×3矩阵，$[B]$是3×2矩阵，$[A]$的列数等于$[B]$的行数，所以矩阵$[A]$与$[B]$是可以相乘的，其乘积$[C]$是一个2×2矩阵，根据式(12-49)计算为

$$[C]=\begin{bmatrix}1\times1+0\times1+3\times0 & 1\times0+0\times3+3\times1\\2\times1+1\times1+0\times0 & 2\times0+1\times3+0\times1\end{bmatrix}=\begin{bmatrix}1 & 3\\3 & 3\end{bmatrix}$$

［例题 12-20］　已知矩阵

$$[A]=\begin{bmatrix}2 & 1 & 4 & 0\\1 & -1 & 3 & 4\end{bmatrix},[B]=\begin{bmatrix}1 & 3 & 1\\0 & -1 & 2\\1 & -3 & 1\\4 & 0 & -2\end{bmatrix}$$

求$[C]=[A][B]$。

［解］　因为$[A]$是2×4矩阵，$[B]$是4×3矩阵，$[A]$的列数等于$[B]$的行数，所以矩阵$[A]$与$[B]$是可以相乘的，其$[C]$是一个2×3矩阵，根据式(12-50)计算为

$$[C]=\begin{bmatrix}2\times1+1\times0+4\times1+0\times4 & 2\times3+1\times(-1)+4\times(-3)+0\times0 & 2\times1+1\times2+4\times1+0\times(-2)\\1\times1+(-1)\times0+3\times1+4\times4 & 1\times3+(-1)\times(-1)+3\times(-3)+4\times0 & 1\times1+(-1)\times2+3\times1+4\times(-2)\end{bmatrix}$$

$$=\begin{bmatrix}6 & -7 & 8\\20 & -5 & -6\end{bmatrix}$$

［例题 12-21］　已知矩阵

$$[A]=\begin{bmatrix}4 & -1 & 2 & 1\\1 & 1 & 0 & 3\\0 & 3 & 1 & 4\end{bmatrix},[B]=\begin{bmatrix}1 & 2\\0 & 1\\3 & 0\\-1 & 2\end{bmatrix}$$

求$[C]=[A][B]$。

［解］　因为$[A]$是3×4矩阵，$[B]$是4×2矩阵，$[A]$的列数等于$[B]$的行数，所以矩阵$[A]$与$[B]$是可以相乘的，其$[C]$是一个3×2矩阵，根据式(12-52)计算为

$$[C]=\begin{bmatrix}4\times1+(-1)\times0+2\times3+1\times(-1) & 4\times2+(-1)\times1+2\times0+1\times2\\1\times1+1\times0+0\times3+3\times(-1) & 1\times2+1\times1+0\times0+3\times2\\0\times1+3\times0+1\times3+4\times(-1) & 0\times2+3\times1+1\times0+4\times2\end{bmatrix}=\begin{bmatrix}9 & 9\\-2 & 9\\-1 & 11\end{bmatrix}$$

12.6　逆矩阵的计算

12.6.1　逆矩阵基本计算公式

逆矩阵基本计算公式见表 12-32。

表 12-32　逆矩阵基本计算公式

序号	项　目	内　容
1	逆矩阵计算公式	对于方阵式(12-37)中对应元素行列式$\|A\|$的各个元素的代数余子式A_{ij}所构成的如下矩阵为 $$[A]^*=\begin{bmatrix}A_{11} & A_{21} & \cdots & A_{n1}\\A_{12} & A_{21} & \cdots & A_{n2}\\\vdots & \vdots & & \vdots\\A_{1n} & A_{2n} & \cdots & A_{nn}\end{bmatrix}\quad(12\text{-}55)$$ 称为矩阵$[A]$的伴随矩阵，简称伴随阵，则式(12-37)的逆矩阵$[A]^{-1}$可表达为

续表 12-32

<table>
<tr><th>序号</th><th>项　目</th><th>内　　容</th></tr>
<tr><td>1</td><td>逆矩阵计算公式</td><td>

$$[A]^{-1}=\frac{1}{|A|}\begin{bmatrix}A_{11} & A_{21} & \cdots & A_{n1}\\ A_{12} & A_{21} & \cdots & A_{n2}\\ \vdots & \vdots & & \vdots\\ A_{1n} & A_{2n} & \cdots & A_{nn}\end{bmatrix} \tag{12-56}$$

根据式(12-56)，在本表序号2中给出二阶、三阶、四阶矩阵的逆矩阵$[A]^{-1}$的计算公式，供实际应用时参考

</td></tr>
<tr><td>2</td><td>二阶、三阶、四阶逆矩阵解的计算公式</td><td>

1）根据式(12-37)，二阶矩阵可表达为

$$[A]=\begin{bmatrix}a_{11} & a_{12}\\ a_{21} & a_{22}\end{bmatrix} \tag{12-57}$$

则逆矩阵表达式为

$$[A]^{-1}=\frac{1}{|A|}\begin{bmatrix}A_{11} & A_{21}\\ A_{12} & A_{22}\end{bmatrix} \tag{12-58}$$

式(12-58)中($|A|\neq0$，下同)

$$|A|=\begin{vmatrix}a_{11} & a_{12}\\ a_{21} & a_{22}\end{vmatrix}=a_{11}a_{22}-a_{12}a_{21} \tag{12-59}$$

$$A_{11}=(-1)^{1+1}a_{22}=a_{22}$$
$$A_{12}=(-1)^{1+2}a_{21}=-a_{21}$$
$$A_{21}=(-1)^{2+1}a_{12}=-a_{12}$$
$$A_{22}=(-1)^{2+2}a_{11}=a_{11}$$

式(12-58)中A_{11}、A_{21}，A_{12}、A_{22}元素是$|A|$中元素a_{11}、a_{12}，a_{21}、a_{22}中对应元素的代数余子式的转置(下同)

2）根据式(12-37)，三阶矩阵可表达为

$$[A]=\begin{bmatrix}a_{11} & a_{12} & a_{13}\\ a_{21} & a_{22} & a_{23}\\ a_{31} & a_{32} & a_{33}\end{bmatrix} \tag{12-60}$$

则逆矩阵表达式为

$$[A]^{-1}=\frac{1}{|A|}\begin{bmatrix}A_{11} & A_{21} & A_{31}\\ A_{12} & A_{22} & A_{32}\\ A_{13} & A_{23} & A_{33}\end{bmatrix} \tag{12-61}$$

式(12-60)及式(12-61)中

$$\begin{aligned}|A|&=\begin{vmatrix}a_{11} & a_{12} & a_{13}\\ a_{21} & a_{22} & a_{23}\\ a_{31} & a_{32} & a_{33}\end{vmatrix}\\ &=a_{11}a_{22}a_{33}+a_{21}a_{32}a_{13}+a_{31}a_{12}a_{23}-a_{13}a_{22}a_{31}-a_{12}a_{21}a_{33}-a_{11}a_{23}a_{32}\end{aligned} \tag{12-62}$$

$$A_{11}=\begin{vmatrix}a_{22} & a_{23}\\ a_{32} & a_{33}\end{vmatrix}=a_{22}a_{33}-a_{23}a_{32}$$

$$A_{12}=-\begin{vmatrix}a_{21} & a_{23}\\ a_{31} & a_{33}\end{vmatrix}=a_{23}a_{31}-a_{21}a_{33}$$

$$A_{13}=\begin{vmatrix}a_{21} & a_{22}\\ a_{31} & a_{32}\end{vmatrix}=a_{21}a_{32}-a_{22}a_{31}$$

$$A_{21}=-\begin{vmatrix}a_{12} & a_{13}\\ a_{32} & a_{33}\end{vmatrix}=a_{13}a_{32}-a_{12}a_{33}$$

$$A_{22}=\begin{vmatrix}a_{11} & a_{13}\\ a_{31} & a_{33}\end{vmatrix}=a_{11}a_{33}-a_{13}a_{31}$$

</td></tr>
</table>

续表 12-32

<table>
<tr><th>序号</th><th>项　目</th><th>内　容</th></tr>
<tr><td>2</td><td>二阶、三阶、四阶逆矩阵解的计算公式</td><td>

$$A_{23} = -\begin{vmatrix} a_{11} & a_{12} \\ a_{31} & a_{32} \end{vmatrix} = a_{12}a_{31} - a_{11}a_{32}$$

$$A_{31} = \begin{vmatrix} a_{12} & a_{13} \\ a_{22} & a_{23} \end{vmatrix} = a_{12}a_{23} - a_{13}a_{22}$$

$$A_{32} = -\begin{vmatrix} a_{11} & a_{13} \\ a_{21} & a_{23} \end{vmatrix} = a_{13}a_{21} - a_{11}a_{23}$$

$$A_{33} = \begin{vmatrix} a_{11} & a_{12} \\ a_{21} & a_{22} \end{vmatrix} = a_{11}a_{22} - a_{12}a_{21}$$

3）根据式(12-37)，四阶矩阵可表达为

$$[A] = \begin{bmatrix} a_{11} & a_{12} & a_{13} & a_{14} \\ a_{21} & a_{22} & a_{23} & a_{24} \\ a_{31} & a_{32} & a_{33} & a_{34} \\ a_{41} & a_{42} & a_{43} & a_{44} \end{bmatrix} \tag{12-63}$$

则逆矩阵表达式为

$$[A]^{-1} = \frac{1}{|A|}\begin{bmatrix} A_{11} & A_{21} & A_{31} & A_{41} \\ A_{12} & A_{22} & A_{32} & A_{42} \\ A_{13} & A_{23} & A_{33} & A_{43} \\ A_{14} & A_{24} & A_{34} & A_{44} \end{bmatrix} \tag{12-64}$$

式(12-63)及式(12-64)中

$$|A| = \begin{vmatrix} a_{11} & a_{12} & a_{13} & a_{14} \\ a_{21} & a_{22} & a_{23} & a_{24} \\ a_{31} & a_{32} & a_{33} & a_{34} \\ a_{41} & a_{42} & a_{43} & a_{44} \end{vmatrix}$$

$$= (-1)^{1+1}a_{11}\begin{vmatrix} a_{22} & a_{23} & a_{24} \\ a_{32} & a_{33} & a_{34} \\ a_{42} & a_{43} & a_{44} \end{vmatrix}(-1)^{1+2}a_{12}\begin{vmatrix} a_{21} & a_{23} & a_{24} \\ a_{31} & a_{33} & a_{34} \\ a_{41} & a_{43} & a_{44} \end{vmatrix} + (-1)^{1+3}a_{13}\begin{vmatrix} a_{21} & a_{22} & a_{24} \\ a_{31} & a_{32} & a_{34} \\ a_{41} & a_{42} & a_{44} \end{vmatrix}$$

$$(-1)^{1+4}a_{14}\begin{vmatrix} a_{21} & a_{22} & a_{23} \\ a_{31} & a_{32} & a_{33} \\ a_{41} & a_{42} & a_{43} \end{vmatrix}$$

$$= a_{11}(a_{22}a_{33}a_{44} + a_{32}a_{43}a_{24} + a_{42}a_{23}a_{34} - a_{24}a_{33}a_{42} - a_{23}a_{32}a_{44} - a_{22}a_{34}a_{43}) - a_{12}(a_{21}a_{33}a_{44} + a_{31}a_{43}a_{24} + a_{41}a_{23}a_{34} - a_{24}a_{33}a_{41} - a_{23}a_{31}a_{44} - a_{21}a_{34}a_{43}) + a_{13}(a_{21}a_{32}a_{44} + a_{31}a_{42}a_{24} + a_{41}a_{22}a_{34} - a_{24}a_{32}a_{41} - a_{22}a_{31}a_{44} - a_{21}a_{34}a_{42}) - a_{14}(a_{21}a_{32}a_{43} + a_{31}a_{42}a_{23} + a_{41}a_{22}a_{33} - a_{23}a_{32}a_{41} - a_{22}a_{31}a_{43} - a_{21}a_{33}a_{42}) \tag{12-65}$$

$$A_{11} = \begin{vmatrix} a_{22} & a_{23} & a_{24} \\ a_{32} & a_{33} & a_{34} \\ a_{42} & a_{43} & a_{44} \end{vmatrix}$$

$$= a_{22}a_{33}a_{44} + a_{32}a_{43}a_{24} + a_{42}a_{23}a_{34} - a_{24}a_{33}a_{42} - a_{23}a_{32}a_{44} - a_{22}a_{34}a_{43}$$

$$A_{12} = -\begin{vmatrix} a_{21} & a_{23} & a_{24} \\ a_{31} & a_{33} & a_{34} \\ a_{41} & a_{43} & a_{44} \end{vmatrix}$$

$$= a_{24}a_{33}a_{41} + a_{23}a_{31}a_{44} + a_{21}a_{34}a_{43} - a_{21}a_{33}a_{44} - a_{31}a_{43}a_{24} - a_{41}a_{23}a_{34}$$

</td></tr>
</table>

续表 12-32

序号	项　目	内　容
2	二阶、三阶、四阶逆矩阵解的计算公式	$A_{13}=\begin{vmatrix} a_{21} & a_{22} & a_{24} \\ a_{31} & a_{32} & a_{34} \\ a_{41} & a_{42} & a_{44} \end{vmatrix}$ $=a_{21}a_{32}a_{44}+a_{31}a_{42}a_{24}+a_{41}a_{22}a_{34}-a_{24}a_{32}a_{41}-a_{22}a_{31}a_{44}-a_{21}a_{34}a_{42}$ $A_{14}=-\begin{vmatrix} a_{21} & a_{22} & a_{23} \\ a_{31} & a_{32} & a_{33} \\ a_{41} & a_{42} & a_{43} \end{vmatrix}$ $=a_{23}a_{32}a_{41}+a_{22}a_{31}a_{43}+a_{21}a_{33}a_{42}-a_{21}a_{32}a_{43}-a_{31}a_{42}a_{23}-a_{41}a_{22}a_{33}$ $A_{21}=-\begin{vmatrix} a_{12} & a_{13} & a_{14} \\ a_{32} & a_{33} & a_{34} \\ a_{42} & a_{43} & a_{44} \end{vmatrix}$ $=a_{14}a_{33}a_{42}+a_{13}a_{32}a_{44}+a_{12}a_{34}a_{43}-a_{12}a_{33}a_{44}-a_{32}a_{43}a_{14}-a_{42}a_{13}a_{34}$ $A_{22}=\begin{vmatrix} a_{11} & a_{13} & a_{14} \\ a_{31} & a_{33} & a_{34} \\ a_{41} & a_{43} & a_{44} \end{vmatrix}$ $=a_{11}a_{33}a_{44}+a_{31}a_{43}a_{14}+a_{41}a_{13}a_{34}-a_{14}a_{33}a_{41}-a_{13}a_{31}a_{44}-a_{11}a_{34}a_{43}$ $A_{23}=-\begin{vmatrix} a_{11} & a_{12} & a_{14} \\ a_{31} & a_{32} & a_{34} \\ a_{41} & a_{42} & a_{44} \end{vmatrix}$ $=a_{14}a_{32}a_{41}+a_{12}a_{31}a_{44}+a_{11}a_{34}a_{42}-a_{11}a_{32}a_{44}-a_{31}a_{42}a_{14}-a_{41}a_{12}a_{34}$ $A_{24}=\begin{vmatrix} a_{11} & a_{12} & a_{13} \\ a_{31} & a_{32} & a_{33} \\ a_{41} & a_{42} & a_{43} \end{vmatrix}$ $=a_{11}a_{32}a_{43}+a_{31}a_{42}a_{13}+a_{41}a_{12}a_{33}-a_{13}a_{32}a_{41}-a_{12}a_{31}a_{43}-a_{11}a_{33}a_{42}$ $A_{31}=\begin{vmatrix} a_{12} & a_{13} & a_{14} \\ a_{22} & a_{23} & a_{24} \\ a_{42} & a_{43} & a_{44} \end{vmatrix}$ $=a_{12}a_{23}a_{44}+a_{22}a_{43}a_{14}+a_{42}a_{13}a_{24}-a_{14}a_{23}a_{42}-a_{13}a_{22}a_{44}-a_{12}a_{24}a_{43}$ $A_{32}=-\begin{vmatrix} a_{11} & a_{13} & a_{14} \\ a_{21} & a_{23} & a_{24} \\ a_{41} & a_{43} & a_{44} \end{vmatrix}$ $=a_{14}a_{23}a_{41}+a_{13}a_{21}a_{44}+a_{11}a_{24}a_{43}-a_{11}a_{23}a_{44}-a_{21}a_{43}a_{14}-a_{41}a_{13}a_{24}$ $A_{33}=\begin{vmatrix} a_{11} & a_{12} & a_{14} \\ a_{21} & a_{22} & a_{24} \\ a_{41} & a_{42} & a_{44} \end{vmatrix}$ $=a_{11}a_{22}a_{44}+a_{21}a_{42}a_{14}+a_{41}a_{12}a_{24}-a_{14}a_{22}a_{41}-a_{12}a_{21}a_{44}-a_{11}a_{24}a_{42}$ $A_{34}=-\begin{vmatrix} a_{11} & a_{12} & a_{13} \\ a_{21} & a_{22} & a_{23} \\ a_{41} & a_{42} & a_{43} \end{vmatrix}$ $=a_{13}a_{22}a_{41}+a_{12}a_{21}a_{43}+a_{11}a_{23}a_{42}-a_{11}a_{22}a_{43}-a_{21}a_{42}a_{13}-a_{41}a_{12}a_{23}$

续表 12-32

序号	项　目	内　容
2	二阶、三阶、四阶逆矩阵解的计算公式	$A_{41} = -\begin{vmatrix} a_{12} & a_{13} & a_{14} \\ a_{22} & a_{23} & a_{24} \\ a_{32} & a_{33} & a_{34} \end{vmatrix}$ $= a_{14}a_{23}a_{32} + a_{13}a_{22}a_{34} + a_{12}a_{24}a_{33} - a_{12}a_{23}a_{34} - a_{22}a_{33}a_{14} - a_{32}a_{13}a_{24}$ $A_{42} = \begin{vmatrix} a_{11} & a_{13} & a_{14} \\ a_{21} & a_{23} & a_{24} \\ a_{31} & a_{33} & a_{34} \end{vmatrix}$ $= a_{11}a_{23}a_{34} + a_{21}a_{33}a_{14} + a_{31}a_{13}a_{24} - a_{14}a_{23}a_{31} - a_{13}a_{21}a_{34} - a_{11}a_{24}a_{33}$ $A_{43} = -\begin{vmatrix} a_{11} & a_{12} & a_{14} \\ a_{21} & a_{22} & a_{24} \\ a_{31} & a_{32} & a_{34} \end{vmatrix}$ $= a_{14}a_{22}a_{31} + a_{12}a_{21}a_{34} + a_{11}a_{24}a_{32} - a_{11}a_{22}a_{34} - a_{21}a_{32}a_{14} - a_{31}a_{12}a_{24}$ $A_{44} = \begin{vmatrix} a_{11} & a_{12} & a_{13} \\ a_{21} & a_{22} & a_{23} \\ a_{31} & a_{32} & a_{33} \end{vmatrix}$ $= a_{11}a_{22}a_{33} + a_{21}a_{32}a_{13} + a_{31}a_{12}a_{23} - a_{13}a_{22}a_{31} - a_{12}a_{21}a_{33} - a_{11}a_{23}a_{32}$

12.6.2　逆矩阵计算例题

[例题 12-22]　计算矩阵

$$[A] = \begin{bmatrix} 1 & 2 \\ 3 & 4 \end{bmatrix}$$

的逆矩阵。

[解]　根据式(12-58)，$[A]$的逆矩阵可表达为

$$[A]^{-1} = \frac{1}{|A|}\begin{bmatrix} A_{11} & A_{21} \\ A_{12} & A_{22} \end{bmatrix} \tag{1}$$

计算式(1)中

$$|A| = \begin{vmatrix} 1 & 2 \\ 3 & 4 \end{vmatrix} = 1 \times 4 - 2 \times 3 = -2 \neq 0$$

$$A_{11} = 4,\ A_{12} = -3,\ A_{21} = -2,\ A_{22} = 1$$

把数据代入式(1)，得

$$[A]^{-1} = \frac{1}{-2}\begin{bmatrix} 4 & -2 \\ -3 & 1 \end{bmatrix} = \begin{bmatrix} -2 & 1 \\ \frac{3}{2} & -\frac{1}{2} \end{bmatrix}$$

即为所求。

[例题 12-23]　计算矩阵

$$[A] = \begin{bmatrix} 1 & 2 & 3 \\ 2 & 3 & 1 \\ 3 & 1 & 2 \end{bmatrix}$$

的逆矩阵。

［解］ 根据式(12-61)，[A]的逆矩阵可表达为

$$[A]^{-1} = \frac{1}{|A|}\begin{bmatrix} A_{11} & A_{21} & A_{31} \\ A_{12} & A_{22} & A_{32} \\ A_{13} & A_{23} & A_{33} \end{bmatrix} \tag{1}$$

计算式(1)中

$$|A| = \begin{vmatrix} 1 & 2 & 3 \\ 2 & 3 & 1 \\ 3 & 1 & 2 \end{vmatrix} = 1\times3\times2+2\times1\times3+3\times2\times1-3\times3\times3-2\times2\times2-1\times1\times1 = -18$$

再计算其逆矩阵中各元素，得

$A_{11}=5$，$A_{12}=-1$，$A_{13}=-7$，$A_{21}=-1$，$A_{22}=-7$，$A_{23}=5$，$A_{31}=-7$，$A_{32}=5$，$A_{33}=-1$

将上述计算数值代入式(1)得

$$[A] = \frac{1}{-18}\begin{bmatrix} 5 & -1 & -7 \\ -1 & -7 & 5 \\ -7 & 5 & -1 \end{bmatrix} = \begin{bmatrix} -\frac{5}{18} & \frac{1}{18} & \frac{7}{18} \\ \frac{1}{18} & \frac{7}{18} & -\frac{5}{18} \\ \frac{7}{18} & -\frac{5}{18} & \frac{1}{18} \end{bmatrix}$$

即为所求。

［例题 12-24］ 计算矩阵

$$[A] = \begin{bmatrix} 1 & -2 & 0 & 1 \\ 2 & 3 & -1 & 0 \\ 0 & 1 & 1 & 4 \\ -1 & 0 & -4 & 2 \end{bmatrix}$$

的逆矩阵。

［解］ 根据式(12-64)，[A]的逆矩阵可表达为

$$[A]^{-1} = \frac{1}{|A|}\begin{bmatrix} A_{11} & A_{21} & A_{31} & A_{41} \\ A_{12} & A_{22} & A_{32} & A_{42} \\ A_{13} & A_{23} & A_{33} & A_{43} \\ A_{14} & A_{24} & A_{34} & A_{44} \end{bmatrix} \tag{1}$$

计算式(1)中

$$|A| = \begin{vmatrix} 1 & -2 & 0 & 1 \\ 2 & 3 & -1 & 0 \\ 0 & 1 & 1 & 4 \\ -1 & 0 & -4 & 2 \end{vmatrix} = 148$$

再计算其逆矩阵中各元素，得

$$A_{11} = 56,\ A_{12} = -40,\ A_{13} = -8,\ A_{14} = 12$$
$$A_{21} = 40,\ A_{22} = 19,\ A_{23} = -11,\ A_{24} = -2$$
$$A_{31} = -8,\ A_{32} = 11,\ A_{33} = 17,\ A_{34} = 30$$
$$A_{41} = -12, A_{42} = -2, A_{43} = -30, A_{44} = 8$$

将上述计算数值代入式(1)，得

$$[A]^{-1} = \frac{1}{148}\begin{bmatrix} 56 & 40 & -8 & -12 \\ -40 & 19 & 11 & -2 \\ -8 & -11 & 17 & -30 \\ 12 & -2 & 30 & 8 \end{bmatrix}$$

即为所求。

12.7　用行列式法解线性方程组

12.7.1　基本计算公式

用行列式法解线性方程组的基本计算公式见表 12-33。

表 12-33　用行列式法解线性方程组的基本计算公式

<table>
<tr><th>序号</th><th>项　目</th><th>内　容</th></tr>
<tr><td>1</td><td>说明</td><td>未知数的次数是一次的方程组称为线性方程组。任何一次方程都称为线性方程，而一次方程组称为线性方程组</td></tr>
<tr><td>2</td><td>线性方程组的计算公式</td><td>例如，在工程上常碰到下列线性方程组为
$$\left.\begin{aligned} a_{11}x_1 + a_{12}x_2 + a_{13}x_3 \cdots + a_{1n}x_n &= b_1 \\ a_{21}x_1 + a_{22}x_2 + a_{23}x_3 \cdots + a_{2n}x_n &= b_2 \\ a_{31}x_1 + a_{32}x_2 + a_{33}x_3 \cdots + a_{3n}x_n &= b_3 \\ \cdots \\ a_{m1}x_1 + a_{m2}x_2 + a_{m3}x_3 \cdots + a_{mn}x_n &= b_m \end{aligned}\right\} \quad (12\text{-}66)$$
其中 $x_j(j=1,2,\cdots,n)$ 是未知数，$a_{ij}(i=1,2,3,\cdots,m,\ j=1,2,\cdots,n)$ 为其系数，b_i 为自由项或称常数项
如果将式(12-66)中的 $m\times n$ 个系数 $a_{ij}(1\leqslant i\leqslant m,\ 1\leqslant j\leqslant n)$ 按原次序排列在一起，这样就形成一个有 m 个横行(下同)和 n 个竖列(下同)的行列式，记为
$$|D| = \begin{vmatrix} a_{11} & a_{12} & a_{13} & \cdots & a_{1n} \\ a_{21} & a_{22} & a_{23} & \cdots & a_{2n} \\ a_{31} & a_{32} & a_{33} & \cdots & a_{3n} \\ \vdots & \vdots & \vdots & \vdots & \vdots \\ a_{m1} & a_{m2} & a_{m3} & \cdots & a_{mn} \end{vmatrix} \quad (12\text{-}67)$$
在 $|D|\neq 0$(下同)时，方程组(12-66)有唯一解为
$$x_1 = \frac{|D_1|}{|D|}, x_2 = \frac{|D_2|}{|D|}, \cdots, x_n = \frac{|D_n|}{|D|} \quad (12\text{-}68)$$
在式(12-68)中，$|D_n|$是把 $|D|$式 x_j 的系数换成常数项 b_i 所得行列式
在本表序号 3 中给出二元、三元、四元线性方程组解的计算公式，供实际应用时参考</td></tr>
<tr><td>3</td><td>二元、三元、四元线性方程组解的计算公式</td><td>(1) 二元线性方程组
二元线性方程组的一般形式为
$$\left.\begin{aligned} a_{11}x_1 + a_{12}x_2 &= b_1 \\ a_{21}x_1 + a_{22}x_2 &= b_2 \end{aligned}\right\} \quad (12\text{-}69)$$
根据式(12-67)及式(12-68)可把式(12-69)的解写成如下形式
$$|D| = \begin{vmatrix} a_{11} & a_{12} \\ a_{21} & a_{22} \end{vmatrix} = a_{11}a_{22} - a_{12}a_{21}$$</td></tr>
</table>

续表 12-33

序号	项　目	内　容
3	二元、三元、四元线性方程组解的计算公式	$$\lvert D_1\rvert=\begin{vmatrix} b_1 & a_{12} \\ b_2 & a_{22}\end{vmatrix}=b_1a_{22}-a_{12}b_2$$ $$\lvert D_2\rvert=\begin{vmatrix} a_{11} & b_1 \\ a_{21} & b_2\end{vmatrix}=a_{11}b_2-b_1a_{21}$$ $$x_1=\frac{\lvert D_1\rvert}{\lvert D\rvert},\ x_2=\frac{\lvert D_2\rvert}{\lvert D\rvert}$$ (2) 三元线性方程组 三元线性方程组的一般形式为 $$\left.\begin{aligned} a_{11}x_1+a_{12}x_2+a_{13}x_3&=b_1\\ a_{21}x_1+a_{22}x_2+a_{23}x_3&=b_2\\ a_{31}x_1+a_{32}x_2+a_{33}x_3&=b_3\end{aligned}\right\}\qquad(12\text{-}70)$$ 根据式(12-67)及式(12-68)可把式(12-70)的解写成如下形式 $$\lvert D\rvert=\begin{vmatrix} a_{11} & a_{12} & a_{13}\\ a_{21} & a_{22} & a_{23}\\ a_{31} & a_{32} & a_{33}\end{vmatrix}$$ $$=a_{11}a_{22}a_{33}+a_{21}a_{32}a_{13}+a_{31}a_{12}a_{23}-a_{13}a_{22}a_{31}-a_{23}a_{32}a_{11}-a_{33}a_{12}a_{21}$$ $$\lvert D_1\rvert=\begin{vmatrix} b_1 & a_{12} & a_{13}\\ b_2 & a_{22} & a_{23}\\ b_3 & a_{32} & a_{33}\end{vmatrix}$$ $$=b_1a_{22}a_{33}+b_2a_{32}a_{13}+b_3a_{12}a_{23}-a_{13}a_{22}b_3-a_{23}a_{32}b_1-a_{33}a_{12}b_2$$ $$\lvert D_2\rvert=\begin{vmatrix} a_{11} & b_1 & a_{13}\\ a_{21} & b_2 & a_{23}\\ a_{31} & b_3 & a_{33}\end{vmatrix}$$ $$=a_{11}b_2a_{33}+a_{21}b_3a_{13}+a_{31}b_1a_{23}-a_{13}b_2a_{31}-a_{23}b_3a_{11}-a_{33}b_1a_{21}$$ $$\lvert D_3\rvert=\begin{vmatrix} a_{11} & a_{12} & b_1\\ a_{21} & a_{22} & b_2\\ a_{31} & a_{32} & b_3\end{vmatrix}$$ $$=a_{11}a_{22}b_3+a_{21}a_{32}b_1+a_{31}a_{12}b_2-b_1a_{22}a_{31}-b_2a_{32}a_{11}-b_3a_{12}a_{21}$$ $$x_1=\frac{\lvert D_1\rvert}{\lvert D\rvert},\ x_2=\frac{\lvert D_2\rvert}{\lvert D\rvert},\ x_3=\frac{\lvert D_3\rvert}{\lvert D\rvert}$$ (3) 四元线性方程组 四元线性方程组的一般形式为 $$\left.\begin{aligned} a_{11}x_1+a_{12}x_2+a_{13}x_3+a_{14}x_4&=b_1\\ a_{21}x_1+a_{22}x_2+a_{23}x_3+a_{24}x_4&=b_2\\ a_{31}x_1+a_{32}x_2+a_{33}x_3+a_{34}x_4&=b_3\\ a_{41}x_1+a_{42}x_2+a_{43}x_3+a_{44}x_4&=b_4\end{aligned}\right\}\qquad(12\text{-}71)$$ 根据式(12-67)及式(12-68)可把式(12-71)的解写成如下形式

续表 12-33

序号	项　目	内　容
3	二元、三元、四元线性方程组解的计算公式	$\vert D\vert = \begin{vmatrix} a_{11} & a_{12} & a_{13} & a_{14} \\ a_{21} & a_{22} & a_{23} & a_{24} \\ a_{31} & a_{32} & a_{33} & a_{34} \\ a_{41} & a_{42} & a_{43} & a_{44} \end{vmatrix}$ $= a_{11}\begin{vmatrix} a_{22} & a_{23} & a_{24} \\ a_{32} & a_{33} & a_{34} \\ a_{42} & a_{43} & a_{44} \end{vmatrix} - a_{12}\begin{vmatrix} a_{21} & a_{23} & a_{24} \\ a_{31} & a_{33} & a_{34} \\ a_{41} & a_{43} & a_{44} \end{vmatrix} + a_{13}\begin{vmatrix} a_{21} & a_{22} & a_{24} \\ a_{31} & a_{32} & a_{34} \\ a_{41} & a_{42} & a_{44} \end{vmatrix} - a_{14}\begin{vmatrix} a_{21} & a_{22} & a_{23} \\ a_{31} & a_{32} & a_{33} \\ a_{41} & a_{42} & a_{43} \end{vmatrix}$ $= a_{11}(a_{22}a_{33}a_{44} + a_{32}a_{43}a_{24} + a_{42}a_{23}a_{34} - a_{24}a_{33}a_{42} - a_{34}a_{43}a_{22} - a_{44}a_{23}a_{32}) - a_{12}(a_{21}a_{33}a_{44} + a_{31}a_{43}a_{24} + a_{41}a_{23}a_{34} - a_{24}a_{33}a_{41} - a_{34}a_{43}a_{21} - a_{44}a_{23}a_{31}) + a_{13}(a_{21}a_{32}a_{44} + a_{31}a_{42}a_{24} + a_{41}a_{22}a_{34} - a_{24}a_{32}a_{41} - a_{34}a_{42}a_{21} - a_{44}a_{22}a_{31}) - a_{14}(a_{21}a_{32}a_{43} + a_{31}a_{42}a_{23} + a_{41}a_{22}a_{33} - a_{23}a_{32}a_{41} - a_{33}a_{42}a_{21} - a_{43}a_{22}a_{31})$ $\vert D_1\vert = \begin{vmatrix} b_1 & a_{12} & a_{13} & a_{14} \\ b_2 & a_{22} & a_{23} & a_{24} \\ b_3 & a_{32} & a_{33} & a_{34} \\ b_4 & a_{42} & a_{43} & a_{44} \end{vmatrix}$ $= b_1\begin{vmatrix} a_{22} & a_{23} & a_{24} \\ a_{32} & a_{33} & a_{34} \\ a_{42} & a_{43} & a_{44} \end{vmatrix} - a_{12}\begin{vmatrix} b_2 & a_{23} & a_{24} \\ b_3 & a_{33} & a_{34} \\ b_4 & a_{43} & a_{44} \end{vmatrix} + a_{13}\begin{vmatrix} b_2 & a_{22} & a_{24} \\ b_3 & a_{32} & a_{34} \\ b_4 & a_{42} & a_{44} \end{vmatrix} - a_{14}\begin{vmatrix} b_2 & a_{22} & a_{23} \\ b_3 & a_{32} & a_{33} \\ b_4 & a_{42} & a_{43} \end{vmatrix}$ $= b_1(a_{22}a_{33}a_{44} + a_{32}a_{43}a_{24} + a_{42}a_{23}a_{34} - a_{24}a_{33}a_{42} - a_{34}a_{43}a_{22} - a_{44}a_{23}a_{32}) - a_{12}(b_2a_{33}a_{44} + b_3a_{43}a_{24} + b_4a_{23}a_{34} - a_{24}a_{33}b_4 - a_{34}a_{43}b_2 - a_{44}a_{23}b_3) + a_{13}(b_2a_{32}a_{44} + b_3a_{42}a_{24} + b_4a_{22}a_{34} - a_{24}a_{32}b_4 - a_{34}a_{42}b_2 - a_{44}a_{22}b_3) - a_{14}(b_2a_{32}a_{43} + b_3a_{42}a_{23} + b_4a_{22}a_{33} - a_{23}a_{32}b_4 - a_{33}a_{42}b_2 - a_{43}a_{22}b_3)$ $\vert D_2\vert = \begin{vmatrix} a_{11} & b_1 & a_{13} & a_{14} \\ a_{21} & b_2 & a_{23} & a_{24} \\ a_{31} & b_3 & a_{33} & a_{34} \\ a_{41} & b_4 & a_{43} & a_{44} \end{vmatrix}$ $= a_{11}\begin{vmatrix} b_2 & a_{23} & a_{24} \\ b_3 & a_{33} & a_{34} \\ b_4 & a_{43} & a_{44} \end{vmatrix} - b_1\begin{vmatrix} a_{21} & a_{23} & a_{24} \\ a_{31} & a_{33} & a_{34} \\ a_{41} & a_{43} & a_{44} \end{vmatrix} + a_{13}\begin{vmatrix} a_{21} & b_2 & a_{24} \\ a_{31} & b_3 & a_{34} \\ a_{41} & b_4 & a_{44} \end{vmatrix} - a_{14}\begin{vmatrix} a_{21} & b_2 & a_{23} \\ a_{31} & b_3 & a_{33} \\ a_{41} & b_4 & a_{43} \end{vmatrix}$ $= a_{11}(b_2a_{33}a_{44} + b_3a_{43}a_{24} + b_4a_{23}a_{34} - a_{24}a_{33}b_4 - a_{23}b_3a_{44} - b_2a_{34}a_{43}) - b_1(a_{21}a_{33}a_{44} + a_{31}a_{43}a_{24} + a_{41}a_{23}a_{34} - a_{24}a_{33}a_{41} - a_{23}a_{31}a_{44} - a_{21}a_{34}a_{43}) + a_{13}(a_{21}b_3a_{44} + a_{31}b_4a_{24} + a_{41}b_2a_{34} - a_{24}b_3a_{41} - b_2a_{31}a_{44} - a_{21}a_{34}b_4) - a_{14}(a_{21}b_3a_{43} + a_{31}b_4a_{23} + a_{41}b_2a_{33} - a_{23}b_3a_{41} - b_2a_{31}a_{43} - a_{21}a_{33}b_4)$ $\vert D_3\vert = \begin{vmatrix} a_{11} & a_{12} & b_1 & a_{14} \\ a_{21} & a_{22} & b_2 & a_{24} \\ a_{31} & a_{32} & b_3 & a_{34} \\ a_{41} & a_{42} & b_4 & a_{44} \end{vmatrix}$ $= a_{11}\begin{vmatrix} a_{22} & b_2 & a_{24} \\ a_{32} & b_3 & a_{34} \\ a_{42} & b_4 & a_{44} \end{vmatrix} - a_{12}\begin{vmatrix} a_{21} & b_2 & a_{24} \\ a_{31} & b_3 & a_{34} \\ a_{41} & b_4 & a_{44} \end{vmatrix} + b_1\begin{vmatrix} a_{21} & a_{22} & a_{24} \\ a_{31} & a_{32} & a_{34} \\ a_{41} & a_{42} & a_{44} \end{vmatrix} - a_{14}\begin{vmatrix} a_{21} & a_{22} & b_2 \\ a_{31} & a_{32} & b_3 \\ a_{41} & a_{42} & b_4 \end{vmatrix}$ $= a_{11}(a_{22}b_3a_{44} + a_{32}b_4a_{24} + a_{42}b_2a_{34} - a_{24}b_3a_{42} - b_2a_{32}a_{44} - a_{22}a_{34}b_4) - a_{12}(a_{21}b_3a_{44} + a_{31}b_4a_{24} + a_{41}b_2a_{34} - a_{24}b_3a_{41} - b_2a_{31}a_{44} - a_{21}a_{34}b_4) + b_1(a_{21}a_{32}a_{44} + a_{31}a_{42}a_{24} + a_{41}a_{22}a_{34} - a_{24}a_{32}a_{41} - a_{22}a_{31}a_{44} - a_{21}a_{34}a_{42}) - a_{14}(a_{21}a_{32}b_4 + a_{31}a_{42}b_2 + a_{41}a_{22}b_3 - b_2a_{32}a_{41} - a_{22}a_{31}b_4 - a_{21}b_3a_{42})$

续表 12-33

序号	项　目	内　容
3	二元、三元、四元线性方程组解的计算公式	$\|D_4\|=\begin{vmatrix} a_{11} & a_{12} & a_{13} & b_1 \\ a_{21} & a_{22} & a_{23} & b_2 \\ a_{31} & a_{32} & a_{33} & b_3 \\ a_{41} & a_{42} & a_{43} & b_4 \end{vmatrix}$ $=a_{11}\begin{vmatrix} a_{22} & a_{23} & b_2 \\ a_{32} & a_{33} & b_3 \\ a_{42} & a_{43} & b_4 \end{vmatrix}-a_{12}\begin{vmatrix} a_{21} & a_{23} & b_2 \\ a_{31} & a_{33} & b_3 \\ a_{41} & a_{43} & b_4 \end{vmatrix}+a_{13}\begin{vmatrix} a_{21} & a_{22} & b_2 \\ a_{31} & a_{32} & b_3 \\ a_{41} & a_{42} & b_4 \end{vmatrix}-b_1\begin{vmatrix} a_{21} & a_{22} & a_{23} \\ a_{31} & a_{32} & a_{33} \\ a_{41} & a_{42} & a_{43} \end{vmatrix}$ $=a_{11}(a_{22}a_{33}b_4+a_{32}a_{43}b_2+a_{42}a_{23}b_3-b_2a_{33}a_{42}-a_{23}a_{32}b_4-a_{22}b_3a_{43})-a_{12}(a_{21}a_{33}b_4+a_{31}a_{43}b_2+a_{41}a_{23}b_3-b_2a_{33}a_{41}-a_{23}a_{31}b_4-a_{21}b_3a_{43})+a_{13}(a_{21}a_{32}b_4+a_{31}a_{42}b_2+a_{41}a_{22}b_3-b_2a_{32}a_{41}-a_{22}a_{31}b_4-a_{21}b_3a_{42})-b_1(a_{21}a_{32}a_{43}+a_{31}a_{42}a_{23}+a_{41}a_{22}a_{33}-a_{23}a_{32}a_{41}-a_{22}a_{31}a_{43}-a_{21}a_{33}a_{42})$ $x_1=\frac{\|D_1\|}{\|D\|},\ x_2=\frac{\|D_2\|}{\|D\|},\ x_3=\frac{\|D_3\|}{\|D\|},\ x_4=\frac{\|D_4\|}{\|D\|}$

12.7.2 用行列式法解线性方程组计算例题

[例题 12-25] 解二元线性方程组

$$\left.\begin{aligned}3x_1+2x_2&=5\\2x_1-x_2&=8\end{aligned}\right\}\tag{1}$$

[解] 本方程组(1)与式(12-69)同型，因此 $a_{11}=3$，$a_{21}=2$，$a_{12}=2$，$a_{22}=-1$，$b_1=5$，$b_2=8$。解方程组(1)的所需数据计算结果如下：

$$|D|=a_{11}a_{22}-a_{12}a_{21}=3\times(-1)-2\times2=-7$$

$$|D_1|=b_1a_{22}-a_{12}b_2=5\times(-1)-2\times8=-21$$

$$|D_2|=a_{11}b_2-b_1a_{21}=3\times8-5\times2=14$$

因此，得方程组(1)的解为

$$x_1=\frac{-21}{-7}=3,\ x_2=\frac{14}{-7}=-2$$

即

$$x_1=3,\ x_2=-2$$

即为所求。

[例题 12-26] 解三元线性方程组

$$\left.\begin{aligned}3x_1+2x_2+x_3&=14\\x_1+x_2+x_3&=10\\2x_1+3x_2-x_3&=1\end{aligned}\right\}\tag{1}$$

[解] 本方程组(1)与式(12-70)同型，因此 $a_{11}=3$，$a_{21}=1$，$a_{31}=2$，$a_{12}=2$，$a_{22}=1$，$a_{32}=3$，$a_{13}=1$，$a_{23}=1$，$a_{33}=-1$，$b_1=14$，$b_2=10$，$b_3=1$

解方程组(1)的所需数据计算结果如下：

$$|D|=-5,\ |D_1|=-5,\ |D_2|=-10,\ |D_3|=-35$$

因此，得方程组(1)的解为

$$x_1=\frac{-5}{-5}=1,\ x_2=\frac{-10}{-5}=2,\ x_3=\frac{-35}{-5}=7$$

即为所求。

［例题 12-27］ 解四元线性方程组

$$\left.\begin{aligned} x_1+2x_2+3x_3+4x_4&=-3\\ x_1+x_3+2x_4&=-1\\ 3x_1-x_2-x_3&=1\\ x_1+2x_2-5x_4&=1 \end{aligned}\right\} \tag{1}$$

［解］ 本方程组(1)与式(12-71)同型，因此 $a_{11}=1$，$a_{12}=2$，$a_{13}=3$，$a_{14}=4$，$a_{21}=1$，$a_{22}=0$，$a_{23}=1$，$a_{24}=2$，$a_{31}=3$，$a_{32}=-1$，$a_{33}=-1$，$a_{34}=0$，$a_{41}=1$，$a_{42}=2$，$a_{43}=0$，$a_{44}=-5$，$b_1=-3$，$b_2=-1$，$b_3=1$，$b_4=1$

解方程组(1)的所需数据计算如下：

$$|D|=-24,\ |D_1|=-2,\ |D_2|=4,\ |D_3|=14,\ |D_4|=6$$

因此，得方程组(1)的解为

$$x_1=\frac{|D_1|}{|D|}=\frac{-2}{-24}=\frac{1}{12}$$

$$x_2=\frac{|D_2|}{|D|}=\frac{4}{-24}=-\frac{1}{6}$$

$$x_3=\frac{|D_3|}{|D|}=\frac{14}{-24}=-\frac{7}{12}$$

$$x_4=\frac{|D_4|}{|D|}=\frac{6}{-24}=-\frac{1}{4}$$

即为所求。

12.8 用逆矩阵法解线性方程组

12.8.1 基本计算公式

用逆矩阵法解线性方程组的基本计算公式见表 12-34。

表 12-34 用逆矩阵法解线性方程组的基本计算公式

序号	项目	内容
1	基本计算公式	一般地，一个 n 阶线性方程组可表达为 $$\left.\begin{aligned} a_{11}x_1+a_{12}x_2+a_{13}x_3+\cdots+a_{1n}x_n&=b_1\\ a_{21}x_1+a_{22}x_2+a_{23}x_3+\cdots+a_{2n}x_n&=b_2\\ a_{31}x_1+a_{32}x_2+a_{33}x_3+\cdots+a_{3n}x_n&=b_3\\ \cdots\\ a_{n1}x_1+a_{n2}x_2+a_{n3}x_3+\cdots+a_{nn}x_n&=b_n \end{aligned}\right\} \tag{12-72}$$ 上式(12-72)可写成如下矩阵形式 $$\begin{bmatrix} a_{11} & a_{12} & a_{13} & \cdots & a_{1n}\\ a_{21} & a_{22} & a_{23} & \cdots & a_{2n}\\ a_{31} & a_{32} & a_{33} & \cdots & a_{3n}\\ \vdots & \vdots & \vdots & \vdots & \vdots\\ a_{n1} & a_{n2} & a_{n3} & \cdots & a_{nn} \end{bmatrix}\begin{bmatrix} x_1\\ x_2\\ x_3\\ \vdots\\ x_n \end{bmatrix}=\begin{bmatrix} b_1\\ b_2\\ b_3\\ \vdots\\ b_n \end{bmatrix}$$

续表 12-34

<table>
<tr><th>序号</th><th>项　目</th><th>内　容</th></tr>
<tr><td>1</td><td>基本计算公式</td><td>
若令

$$[A]=\begin{bmatrix}a_{11}&a_{12}&a_{13}&\cdots&a_{1n}\\a_{21}&a_{22}&a_{23}&\cdots&a_{2n}\\a_{31}&a_{32}&a_{33}&\cdots&a_{3n}\\\vdots&\vdots&\vdots&\vdots&\vdots\\a_{n1}&a_{n2}&a_{n3}&\cdots&a_{nn}\end{bmatrix},\ [X]=\begin{bmatrix}x_1\\x_2\\x_3\\\vdots\\x_n\end{bmatrix},\ [B]=\begin{bmatrix}b_1\\b_2\\b_3\\\vdots\\b_n\end{bmatrix}$$

则 n 阶线性方程组可表示成更为简洁的形式

$$[A][X]=[B] \tag{12-73}$$

其中$[A]$称为方程组(12-72)的系数矩阵，它是一个 n 行 n 列的方阵；$[X]$称为未知列矩阵；$[B]$称为常数列矩阵

在等式(12-73)中，求矩阵$[X]$，就是求方程组(12-72)的解，则只要求出矩阵$[A]$的逆矩阵$[A]^{-1}$(这个逆矩阵是存在的，因为是 n 阶方阵)就可以了，即用逆矩阵$[A]^{-1}$左乘等式(12-73)就可以了。如果用方阵$[A]$的行列式$|A|$求解，$|A|\neq 0$(下同)，即

$$[X]=[A]^{-1}[B] \tag{12-74}$$

根据式(12-56)、式(12-64)，可把式(12-72) n 阶线性方程组的解表达为

$$\begin{bmatrix}x_1\\x_2\\x_3\\\vdots\\x_n\end{bmatrix}=\frac{1}{|A|}\begin{bmatrix}A_{11}&A_{21}&A_{31}&\cdots&A_{n1}\\A_{12}&A_{22}&A_{32}&\cdots&A_{n2}\\A_{13}&A_{23}&A_{33}&\cdots&A_{n3}\\\vdots&\vdots&\vdots&\vdots&\vdots\\A_{1n}&A_{2n}&A_{3n}&\cdots&A_{nn}\end{bmatrix}\begin{bmatrix}b_1\\b_2\\b_3\\\vdots\\b_n\end{bmatrix} \tag{12-75}$$

即为所求

在本表序号 2 中给出二元、三元、四元线性方程组用逆矩阵法解的计算公式，供实际应用时参考
</td></tr>
<tr><td>2</td><td>二元、三元、四元线性方程组解的计算公式</td><td>
(1) 二元线性方程组

二元线性方程组的一般形式为

$$\left.\begin{aligned}a_{11}x_1+a_{12}x_2&=b_1\\a_{21}x_1+a_{22}x_2&=b_2\end{aligned}\right\} \tag{12-76}$$

根据式(12-75)可把二元线性方程组(12-76)解的表达式写为

$$\begin{bmatrix}x_1\\x_2\end{bmatrix}=\frac{1}{|A|}\begin{bmatrix}A_{11}&A_{21}\\A_{12}&A_{22}\end{bmatrix}\begin{bmatrix}b_1\\b_2\end{bmatrix} \tag{12-77}$$

式中

$$|A|=\begin{vmatrix}a_{11}&a_{12}\\a_{21}&a_{22}\end{vmatrix}=a_{11}a_{22}-a_{12}a_{21}$$

$$A_{11}=a_{22},\ A_{12}=-a_{21},\ A_{21}=-a_{12},\ A_{22}=a_{11}$$

将上述计算数值带入式(12-77)就可以求得式(12-76)的解 x_1 和 x_2 的值

(2) 三元线性方程组

三元线性方程组的一般形式为

$$\left.\begin{aligned}a_{11}x_1+a_{12}x_2+a_{13}x_3&=b_1\\a_{21}x_1+a_{22}x_2+a_{23}x_3&=b_2\\a_{31}x_1+a_{32}x_2+a_{33}x_3&=b_3\end{aligned}\right\} \tag{12-78}$$

根据式(12-75)可把三元线性方程组(12-78)解的表达式写为
</td></tr>
</table>

续表 12-34

<table>
<tr><th>序号</th><th>项　目</th><th>内　容</th></tr>
<tr><td>2</td><td>二元、三元、四元线性方程组解的计算公式</td><td>

$$\begin{bmatrix} x_1 \\ x_2 \\ x_3 \end{bmatrix} = \frac{1}{|A|}\begin{bmatrix} A_{11} & A_{21} & A_{31} \\ A_{12} & A_{22} & A_{32} \\ A_{13} & A_{23} & A_{33} \end{bmatrix}\begin{bmatrix} b_1 \\ b_2 \\ b_3 \end{bmatrix} \qquad (12\text{-}79)$$

式(12-78)及式(12-79)中

$$|\mathrm{A}| = \begin{vmatrix} a_{11} & a_{12} & a_{13} \\ a_{21} & a_{22} & a_{23} \\ a_{31} & a_{32} & a_{33} \end{vmatrix}$$

$$= a_{11}a_{22}a_{33} + a_{21}a_{32}a_{13} + a_{31}a_{12}a_{23} - a_{13}a_{22}a_{31} - a_{12}a_{21}a_{33} - a_{11}a_{23}a_{32} \qquad (12\text{-}80)$$

$$A_{11} = \begin{vmatrix} a_{22} & a_{23} \\ a_{32} & a_{33} \end{vmatrix} = a_{22}a_{33} - a_{23}a_{32}$$

$$A_{12} = -\begin{vmatrix} a_{21} & a_{23} \\ a_{31} & a_{33} \end{vmatrix} = a_{23}a_{31} - a_{21}a_{33}$$

$$A_{13} = \begin{vmatrix} a_{21} & a_{22} \\ a_{31} & a_{32} \end{vmatrix} = a_{21}a_{32} - a_{22}a_{31}$$

$$A_{21} = -\begin{vmatrix} a_{12} & a_{13} \\ a_{32} & a_{33} \end{vmatrix} = a_{13}a_{32} - a_{12}a_{33}$$

$$A_{22} = \begin{vmatrix} a_{11} & a_{13} \\ a_{31} & a_{33} \end{vmatrix} = a_{11}a_{33} - a_{13}a_{31}$$

$$A_{23} = -\begin{vmatrix} a_{11} & a_{12} \\ a_{31} & a_{32} \end{vmatrix} = a_{12}a_{31} - a_{11}a_{32}$$

$$A_{31} = \begin{vmatrix} a_{12} & a_{13} \\ a_{22} & a_{23} \end{vmatrix} = a_{12}a_{23} - a_{13}a_{22}$$

$$A_{32} = -\begin{vmatrix} a_{11} & a_{13} \\ a_{21} & a_{23} \end{vmatrix} = a_{13}a_{21} - a_{11}a_{23}$$

$$A_{33} = \begin{vmatrix} a_{11} & a_{12} \\ a_{21} & a_{22} \end{vmatrix} = a_{11}a_{22} - a_{12}a_{21}$$

将上述计算数值代入式(12-79)就可以求得式(12-78)的解 x_1，x_2，x_3 的值

(3) 四元线性方程组

四元线性方程组的一般形式为

$$\left.\begin{aligned} a_{11}x_1 + a_{12}x_2 + a_{13}x_3 + a_{14}x_4 &= b_1 \\ a_{21}x_1 + a_{22}x_2 + a_{23}x_3 + a_{24}x_4 &= b_2 \\ a_{31}x_1 + a_{32}x_2 + a_{33}x_3 + a_{34}x_4 &= b_3 \\ a_{41}x_1 + a_{42}x_2 + a_{43}x_3 + a_{44}x_4 &= b_4 \end{aligned}\right\} \qquad (12\text{-}81)$$

根据式(12-75)，可把四元线性方程组(12-81)解的表达式写为

$$\begin{bmatrix} x_1 \\ x_2 \\ x_3 \\ x_4 \end{bmatrix} = \frac{1}{|A|}\begin{bmatrix} A_{11} & A_{21} & A_{31} & A_{41} \\ A_{12} & A_{22} & A_{32} & A_{42} \\ A_{13} & A_{23} & A_{33} & A_{43} \\ A_{14} & A_{24} & A_{34} & A_{44} \end{bmatrix}\begin{bmatrix} b_1 \\ b_2 \\ b_3 \\ b_4 \end{bmatrix} \qquad (12\text{-}82)$$

式(12-81)及式(12-82)中

</td></tr>
</table>

续表 12-34

序号	项　目	内　容
2	二元、三元、四元线性方程组解的计算公式	$\lvert A\rvert=\begin{vmatrix}a_{11}&a_{12}&a_{13}&a_{14}\\a_{21}&a_{22}&a_{23}&a_{24}\\a_{31}&a_{32}&a_{33}&a_{34}\\a_{41}&a_{42}&a_{43}&a_{44}\end{vmatrix}$ $=a_{11}\begin{vmatrix}a_{22}&a_{23}&a_{24}\\a_{32}&a_{33}&a_{34}\\a_{42}&a_{43}&a_{44}\end{vmatrix}-a_{12}\begin{vmatrix}a_{21}&a_{23}&a_{24}\\a_{31}&a_{33}&a_{34}\\a_{41}&a_{43}&a_{44}\end{vmatrix}+a_{13}\begin{vmatrix}a_{21}&a_{22}&a_{24}\\a_{31}&a_{32}&a_{34}\\a_{41}&a_{42}&a_{44}\end{vmatrix}-a_{14}\begin{vmatrix}a_{21}&a_{22}&a_{23}\\a_{31}&a_{32}&a_{33}\\a_{41}&a_{42}&a_{43}\end{vmatrix}$ $=a_{11}(a_{22}a_{33}a_{44}+a_{32}a_{43}a_{24}+a_{42}a_{23}a_{34}-a_{24}a_{33}a_{42}-a_{23}a_{32}a_{44}-a_{22}a_{34}a_{43})-a_{12}(a_{21}a_{33}a_{44}+a_{31}a_{43}a_{24}+a_{41}a_{23}a_{34}-a_{24}a_{33}a_{41}-a_{23}a_{31}a_{44}-a_{21}a_{34}a_{43})+a_{13}(a_{21}a_{32}a_{44}+a_{31}a_{42}a_{24}+a_{41}a_{22}a_{34}-a_{24}a_{32}a_{41}-a_{22}a_{31}a_{44}-a_{21}a_{34}a_{42})-a_{14}(a_{21}a_{32}a_{43}+a_{31}a_{42}a_{23}+a_{41}a_{22}a_{33}-a_{23}a_{32}a_{41}-a_{22}a_{31}a_{43}-a_{21}a_{33}a_{42})$ (12-83) $A_{11}=\begin{vmatrix}a_{22}&a_{23}&a_{24}\\a_{32}&a_{33}&a_{34}\\a_{42}&a_{43}&a_{44}\end{vmatrix}$ $=a_{22}a_{33}a_{44}+a_{32}a_{43}a_{24}+a_{42}a_{23}a_{34}-a_{24}a_{33}a_{42}-a_{23}a_{32}a_{44}-a_{22}a_{34}a_{43}$ $A_{12}=-\begin{vmatrix}a_{21}&a_{23}&a_{24}\\a_{31}&a_{33}&a_{34}\\a_{41}&a_{43}&a_{44}\end{vmatrix}$ $=a_{24}a_{33}a_{41}+a_{23}a_{31}a_{44}+a_{21}a_{34}a_{43}-a_{21}a_{33}a_{44}-a_{31}a_{43}a_{24}-a_{41}a_{23}a_{34}$ $A_{13}=\begin{vmatrix}a_{21}&a_{22}&a_{24}\\a_{31}&a_{32}&a_{34}\\a_{41}&a_{42}&a_{44}\end{vmatrix}$ $=a_{21}a_{32}a_{44}+a_{31}a_{42}a_{24}+a_{41}a_{22}a_{34}-a_{24}a_{32}a_{41}-a_{22}a_{31}a_{44}-a_{21}a_{34}a_{42}$ $A_{14}=-\begin{vmatrix}a_{21}&a_{22}&a_{23}\\a_{31}&a_{32}&a_{33}\\a_{41}&a_{42}&a_{43}\end{vmatrix}$ $=a_{23}a_{32}a_{41}+a_{22}a_{31}a_{43}+a_{21}a_{33}a_{42}-a_{21}a_{32}a_{43}-a_{31}a_{42}a_{23}-a_{41}a_{22}a_{33}$ $A_{21}=-\begin{vmatrix}a_{12}&a_{13}&a_{14}\\a_{32}&a_{33}&a_{34}\\a_{42}&a_{43}&a_{44}\end{vmatrix}$ $=a_{14}a_{33}a_{42}+a_{13}a_{32}a_{44}+a_{12}a_{34}a_{43}-a_{12}a_{33}a_{44}-a_{32}a_{43}a_{14}-a_{42}a_{13}a_{34}$ $A_{22}=\begin{vmatrix}a_{11}&a_{13}&a_{14}\\a_{31}&a_{33}&a_{34}\\a_{41}&a_{43}&a_{44}\end{vmatrix}$ $=a_{11}a_{33}a_{44}+a_{31}a_{43}a_{14}+a_{41}a_{13}a_{34}-a_{14}a_{33}a_{41}-a_{13}a_{31}a_{44}-a_{11}a_{34}a_{43}$ $A_{23}=-\begin{vmatrix}a_{11}&a_{12}&a_{14}\\a_{31}&a_{32}&a_{34}\\a_{41}&a_{42}&a_{44}\end{vmatrix}$ $=a_{14}a_{32}a_{41}+a_{12}a_{31}a_{44}+a_{11}a_{34}a_{42}-a_{11}a_{32}a_{44}-a_{31}a_{42}a_{14}-a_{41}a_{12}a_{34}$

续表 12-34

序号	项　目	内　容
2	二元、三元、四元线性方程组解的计算公式	$A_{24} = \begin{vmatrix} a_{11} & a_{12} & a_{13} \\ a_{31} & a_{32} & a_{33} \\ a_{41} & a_{42} & a_{43} \end{vmatrix}$ $= a_{11}a_{32}a_{43} + a_{31}a_{42}a_{13} + a_{41}a_{12}a_{33} - a_{13}a_{32}a_{41} - a_{12}a_{31}a_{43} - a_{11}a_{33}a_{42}$ $A_{31} = \begin{vmatrix} a_{12} & a_{13} & a_{14} \\ a_{22} & a_{23} & a_{24} \\ a_{42} & a_{43} & a_{44} \end{vmatrix}$ $= a_{12}a_{23}a_{44} + a_{22}a_{43}a_{14} + a_{42}a_{13}a_{24} - a_{14}a_{23}a_{42} - a_{13}a_{22}a_{44} - a_{12}a_{24}a_{43}$ $A_{32} = -\begin{vmatrix} a_{11} & a_{13} & a_{14} \\ a_{21} & a_{23} & a_{24} \\ a_{41} & a_{43} & a_{44} \end{vmatrix}$ $= a_{14}a_{23}a_{41} + a_{13}a_{21}a_{44} + a_{11}a_{24}a_{43} - a_{11}a_{23}a_{44} - a_{21}a_{43}a_{14} - a_{41}a_{13}a_{24}$ $A_{33} = \begin{vmatrix} a_{11} & a_{12} & a_{14} \\ a_{21} & a_{22} & a_{24} \\ a_{41} & a_{42} & a_{44} \end{vmatrix}$ $= a_{11}a_{22}a_{44} + a_{21}a_{42}a_{14} + a_{41}a_{12}a_{24} - a_{14}a_{22}a_{41} - a_{12}a_{21}a_{44} - a_{11}a_{24}a_{42}$ $A_{34} = -\begin{vmatrix} a_{11} & a_{12} & a_{13} \\ a_{21} & a_{22} & a_{23} \\ a_{41} & a_{42} & a_{43} \end{vmatrix}$ $= a_{13}a_{22}a_{41} + a_{12}a_{21}a_{43} + a_{11}a_{23}a_{42} - a_{11}a_{22}a_{43} - a_{21}a_{42}a_{13} - a_{41}a_{12}a_{23}$ $A_{41} = -\begin{vmatrix} a_{12} & a_{13} & a_{14} \\ a_{22} & a_{23} & a_{24} \\ a_{32} & a_{33} & a_{34} \end{vmatrix}$ $= a_{14}a_{23}a_{32} + a_{13}a_{22}a_{34} + a_{12}a_{24}a_{33} - a_{12}a_{23}a_{34} - a_{22}a_{33}a_{14} - a_{32}a_{13}a_{24}$ $A_{42} = \begin{vmatrix} a_{11} & a_{13} & a_{14} \\ a_{21} & a_{23} & a_{24} \\ a_{31} & a_{33} & a_{34} \end{vmatrix}$ $= a_{11}a_{23}a_{34} + a_{21}a_{33}a_{14} + a_{31}a_{13}a_{24} - a_{14}a_{23}a_{31} - a_{13}a_{21}a_{34} - a_{11}a_{24}a_{33}$ $A_{43} = -\begin{vmatrix} a_{11} & a_{12} & a_{14} \\ a_{21} & a_{22} & a_{24} \\ a_{31} & a_{32} & a_{34} \end{vmatrix}$ $= a_{14}a_{22}a_{31} + a_{12}a_{21}a_{34} + a_{11}a_{24}a_{32} - a_{11}a_{22}a_{34} - a_{21}a_{32}a_{14} - a_{31}a_{12}a_{24}$ $A_{44} = \begin{vmatrix} a_{11} & a_{12} & a_{13} \\ a_{21} & a_{22} & a_{23} \\ a_{31} & a_{32} & a_{33} \end{vmatrix}$ $= a_{11}a_{22}a_{33} + a_{21}a_{32}a_{13} + a_{31}a_{12}a_{23} - a_{13}a_{22}a_{31} - a_{12}a_{21}a_{33} - a_{11}a_{23}a_{32}$

12.8.2　用逆矩阵法解线性方程组计算例题

[例题 12-28]　解二元线性方程组

$$\left.\begin{aligned} 3x_1 + 2x_2 &= 5 \\ 2x_1 - x_2 &= 8 \end{aligned}\right\} \tag{1}$$

［解］ 本线性方程组(1)与式(12-76)同型，这里 $a_{11}=3$，$a_{12}=2$，$a_{21}=2$，$a_{22}=-1$，$b_1=5$，$b_2=8$。解的表达式可按式(12-77)写为

$$\begin{bmatrix} x_1 \\ x_2 \end{bmatrix}=\frac{1}{|A|}\begin{bmatrix} A_{11} & A_{21} \\ A_{12} & A_{22} \end{bmatrix}\begin{bmatrix} b_1 \\ b_2 \end{bmatrix} \tag{2}$$

这里在式(2)中：

$$|A|=\begin{vmatrix} a_{11} & a_{12} \\ a_{21} & a_{22} \end{vmatrix}=3\times(-1)-2\times2=-7$$

$$A_{11}=-1,\ A_{21}=-2,\ A_{12}=-2,\ A_{22}=3,\ b_1=5,\ b_2=8$$

将其数值代回式(2)中进行计算，得

$$\begin{bmatrix} x_1 \\ x_2 \end{bmatrix}=\frac{1}{-7}\begin{bmatrix} -1 & -2 \\ -2 & 3 \end{bmatrix}\begin{bmatrix} 5 \\ 8 \end{bmatrix}=\frac{1}{-7}\begin{bmatrix} (-1)\times5+(-2)\times8 \\ (-2)\times5+3\times8 \end{bmatrix}=\begin{bmatrix} 3 \\ -2 \end{bmatrix}$$

其中

$$\begin{bmatrix} -1 & -2 \\ -2 & 3 \end{bmatrix}\begin{bmatrix} 5 \\ 8 \end{bmatrix}$$

是矩阵与矩阵相乘，与式(12-40)同型。

则线性方程组(1)的解为

$$x_1=3,\ x_2=-2$$

即为所求。

［例题12-29］ 解三元线性方程组

$$\left.\begin{aligned} x_1+2x_2+3x_3&=6 \\ 2x_1+3x_2+x_3&=-1 \\ 3x_1+x_2+2x_3&=7 \end{aligned}\right\} \tag{1}$$

［解］ 本线性方程组(1)与式(12-78)同型，这里 $a_{11}=1$，$a_{12}=2$，$a_{13}=3$，$a_{21}=2$，$a_{22}=3$，$a_{23}=1$，$a_{31}=3$，$a_{32}=1$，$a_{33}=2$；$b_1=6$，$b_2=-1$，$b_3=7$。其解的表达式可按式(12-79)写为

$$\begin{bmatrix} x_1 \\ x_2 \\ x_3 \end{bmatrix}=\frac{1}{|A|}\begin{bmatrix} A_{11} & A_{21} & A_{31} \\ A_{12} & A_{22} & A_{32} \\ A_{13} & A_{23} & A_{33} \end{bmatrix}\begin{bmatrix} b_1 \\ b_2 \\ b_3 \end{bmatrix} \tag{2}$$

在这里式(2)中的有关数据，均可计算得

$$|A|=-18$$

$$A_{11}=5,\ A_{21}=-1,\ A_{31}=-7,\ b_1=6$$

$$A_{12}=-1,\ A_{22}=-7,\ A_{32}=5,\ b_2=-1$$

$$A_{13}=-7,\ A_{23}=5,\ A_{33}=-1,\ b_3=7$$

把上述数据代入式(2)中计算，得

$$\begin{bmatrix} x_1 \\ x_2 \\ x_3 \end{bmatrix}=\frac{1}{-18}\begin{bmatrix} 5 & -1 & -7 \\ -1 & -7 & 5 \\ -7 & 5 & -1 \end{bmatrix}\begin{bmatrix} 6 \\ -1 \\ 7 \end{bmatrix}=\frac{1}{-18}\begin{bmatrix} 5\times6+(-1)\times(-1)+(-7)\times7 \\ (-1)\times6+(-7)\times(-1)+5\times7 \\ (-7)\times6+5\times(-1)+(-1)\times7 \end{bmatrix}=\begin{bmatrix} 1 \\ -2 \\ 3 \end{bmatrix}$$

其中

$$\begin{bmatrix} 5 & -1 & -7 \\ -1 & -7 & 5 \\ -7 & 5 & -1 \end{bmatrix}\begin{bmatrix} 6 \\ -1 \\ 7 \end{bmatrix}$$

是矩阵与矩阵相乘，与式(12-41)同型。

则三元线性方程组(1)的解为

$$x_1 = 1, x_2 = -2, x_3 = 3$$

即为所求。

［例题 12-30］　解四元线性方程组

$$\left.\begin{aligned} 2x_1 + 2x_2 + 4x_3 - 2x_4 &= 10 \\ x_1 + 3x_2 + 2x_3 + x_4 &= 17 \\ 3x_1 + x_2 + 3x_3 + x_4 &= 18 \\ x_1 + 3x_2 + 4x_3 + 2x_4 &= 27 \end{aligned}\right\} \tag{1}$$

［解］　本线性方程组(1)与式(12-81)同型，这里

$$\begin{aligned} &a_{11} = 2, a_{12} = 2, a_{13} = 4, a_{14} = -2 \\ &a_{21} = 1, a_{22} = 3, a_{23} = 2, a_{24} = 1 \\ &a_{31} = 3, a_{32} = 1, a_{33} = 3, a_{34} = 1 \\ &a_{41} = 1, a_{42} = 3, a_{43} = 4, a_{44} = 2 \\ &b_1 = 10, b_2 = 17, b_3 = 18, b_4 = 27 \end{aligned}$$

式(1)解的表达式可按式(12-82)写为

$$\begin{bmatrix} x_1 \\ x_2 \\ x_3 \\ x_4 \end{bmatrix} = \frac{1}{|A|}\begin{bmatrix} A_{11} & A_{21} & A_{31} & A_{41} \\ A_{12} & A_{22} & A_{32} & A_{42} \\ A_{13} & A_{23} & A_{33} & A_{43} \\ A_{14} & A_{24} & A_{34} & A_{44} \end{bmatrix}\begin{bmatrix} b_1 \\ b_2 \\ b_3 \\ b_4 \end{bmatrix} \tag{2}$$

在这里式(2)中的数据，均可计算得

$$\begin{aligned} &|A| = -60 \\ &A_{11} = 3, A_{21} = -18, A_{31} = -24, A_{41} = 24 \\ &A_{12} = -1, A_{22} = -34, A_{32} = 8, A_{42} = 12 \\ &A_{13} = -8, A_{23} = 28, A_{33} = 4, A_{43} = -24 \\ &A_{14} = 16, A_{24} = 4, A_{34} = -8, A_{44} = -12 \end{aligned}$$

把上面数据代入式(2)中计算，得

$$\begin{bmatrix} x_1 \\ x_2 \\ x_3 \\ x_4 \end{bmatrix} = \frac{1}{-60}\begin{bmatrix} 3 & -18 & -24 & 24 \\ -1 & -34 & 8 & 12 \\ -8 & 28 & 4 & -24 \\ 16 & 4 & -8 & -12 \end{bmatrix}\begin{bmatrix} 10 \\ 17 \\ 18 \\ 27 \end{bmatrix}$$

$$= \frac{1}{-60}\begin{bmatrix} 3 \times 10 + (-18) \times 17 + (-24) \times 18 + 24 \times 27 \\ (-1) \times 10 + (-34) \times 17 + 8 \times 18 + 12 \times 27 \\ (-8) \times 10 + 28 \times 17 + 4 \times 18 + (-24) \times 27 \\ 16 \times 10 + 4 \times 17 + (-8) \times 18 + (-12) \times 27 \end{bmatrix} = \frac{1}{-60}\begin{bmatrix} -60 \\ -120 \\ -180 \\ -240 \end{bmatrix} = \begin{bmatrix} 1 \\ 2 \\ 3 \\ 4 \end{bmatrix}$$

其中

$$\begin{bmatrix} 3 & -18 & -24 & 24 \\ -1 & -34 & 8 & 12 \\ -8 & 28 & 4 & -24 \\ 16 & 4 & -8 & -12 \end{bmatrix}\begin{bmatrix} 10 \\ 17 \\ 18 \\ 27 \end{bmatrix}$$

是矩阵与矩阵相乘，与式(12-42)同型。

则四元线性方程组(1)的解为

$$x_1=1,\ x_2=2,\ x_3=3,\ x_4=4$$

即为所求。

附录　线上资源使用说明

线上资源所在平台地址为：https：//shop. cmpkgs. com，进入平台后再搜索“实用建筑结构静力计算手册”，即可使用本书配套的所有线上资源。同时，读者可通过扫描封底二维码直接使用本书所有线上资源。

本书线上资源分为四大部分，具体包括：①24 个授课视频，主题围绕力法、位移法、力矩分配法和矩阵位移法内容，见表一；②474 条知识条目，本书纸质版内容中的所有概念、图表和例题，以及结构静力计算常用的基本数学知识，均转化为这 474 条知识条目，读者在平台直接输入关键词进行搜索，就可获得想要查找的内容，见表二；③190 余个计算公式，这些计算公式为结构静力计算的常用公式，读者在线上平台搜索之后，可通过输入公式的各项基本参数，直接获得计算结果，不再需要进行人工手算，免去复杂的计算过程，见表三；④38 个数字表格，这些表格也是结构静力计算的常用表格，读者可通过在平台中搜索表格名称关键词，再输入查询的条件，就可直接获得查询结果，见表四。

表一　课程视频

序号	视频所属内容	视频具体名称
1	力法	知识点 1 超静定次数的确定
2		知识点 2 力法的基本概念
3		知识点 3 力法计算超静定结构的内力（上）
4		知识点 3 力法计算超静定结构的内力（下）
5		知识点 4 力法计算对称结构（上）
6		知识点 4 力法计算对称结构（下）
7	位移法	知识点 1 位移法的基本未知量和基本体系（上）
8		知识点 1 位移法的基本未知量和基本体系（下）
9		知识点 2 位移法典型方程
10		知识点 3 位移法计算无侧移刚架
11		知识点 4 位移法计算有侧移刚架（上）
12		知识点 4 位移法计算有侧移刚架（下）
13		知识点 5 直接平衡法
14	力矩分配法	知识点 1 力矩分配法的基本概念
15		知识点 2 单结点的力矩分配法（上）
16		知识点 2 单结点的力矩分配法（下）
17		知识点 3 多结点的力矩分配法（上）
18		知识点 3 多结点的力矩分配法（下）
19	矩阵位移法	知识点 1 矩阵位移法的概述
20		知识点 2 单元分析（局部坐标系）
21		知识点 3 单元分析（整体坐标系）
22		知识点 4 连续梁的整体分析
23		知识点 5 刚架整体分析
24		知识点 6 等效结点荷载

表二 知识条目

序号	知识条目所属章名	知识条目所属节名	知识条目具体名称
1	第1章 建筑结构静力计算基本知识	1.1 常用基本概念	表1-1 结构与结构的分类及杆件结构的计算简图
2			图1-1 平面杆件结构
3			图1-2 平面杆件结构的结点
4			图1-3 平面杆件结构活动铰支座
5			图1-4 平面杆件结构固定铰支座
6			图1-5 平面杆件结构固定支座
7			图1-6 平面杆件结构定向滑动支座
8			表1-2 平面体系的几何组成构造分析
9			图1-7 支架结构
10			图1-8 一个点与一个物体（刚片）的自由度
11			图1-9 联系或约束
12			图1-10 链杆固定一点
13			图1-11 两个物体互相连接的方式
14			图1-12 三个物体互相连接的方式
15			图1-13 简支梁及连续梁
16			表1-3 静定结构与超静定结构
17			常用基本概念计算例题
18		1.2 静定结构受力计算分析	表1-4 静定结构受力计算基础
19			图1-22 截面上轴力、剪力和弯矩及弯矩正、负号规定
20			表1-5 静定结构计算包括的内容
21			图1-23 截面上剪力正、负号规定
22			图1-24 截面上轴力正、负号规定
23			图1-25 单跨静定梁
24			图1-26 主从相间多跨静定梁
25			图1-27 依次搭接多跨静定梁
26			图1-28 混合组成多跨静定梁
27			图1-29 静定平面刚架
28			图1-30 平面桁架组成
29			图1-31 平面桁架的分类
30			图1-32 拱与曲梁
31			图1-33 拱结构的基本形式
32			图1-34 静定组合结构
33		1.3 单跨静定梁	表1-6 单跨静定简支梁计算
34			图1-35 隔离体平衡法（截面法）求指定截面内力
35			图1-36 梁的受力分析
36			图1-37 自梁中取出荷载连续分布的一段 *AB*

（续）

序号	知识条目所属章名	知识条目所属节名	知识条目具体名称
37	第1章 建筑结构静力计算基本知识	1.3 单跨静定梁	图1-38 叠加法作弯矩图
38			图1-39 任意直杆段叠加法作弯矩图
39			表1-7 简支斜梁计算
40			图1-40 简支斜梁的内力图
41			图1-41 荷载与内力之间的微分关系
42			图1-42 斜杆弯矩图的叠加
43			单跨静定梁计算例题
44		1.4 多跨静定梁	表1-8 多跨静定梁计算
45			多跨静定梁计算例题
46		1.5 静定平面刚架	表1-9 静定平面刚架计算
47			静定平面刚架计算例题
48		1.6 静定平面桁架	表1-10 静定平面桁架计算
49			图1-64 判定零杆
50			静定平面桁架计算例题
51		1.7 三铰拱	表1-11 三铰拱的计算
52			图1-68 三铰拱
53			图1-69 三铰拱的支座反力和内力计算
54			表1-12 三铰拱的压力线及合理轴线
55			图1-70 三铰拱压力线的图解法
56			图1-71 截面 D 上外力的合力 R_D 及其在截面形心处的分解
57			三铰拱计算例题
58		1.8 静定组合结构	表1-14 静定组合结构的计算
59			图1-79 区分桁杆和梁式杆
60			静定组合结构计算例题
61		1.9 悬索结构计算	表1-15 悬索结构计算
62			图1-85 悬索结构的组成
63			图1-86 悬索结构受力简图
64			悬索结构计算例题
65		1.10 结构的位移计算	表1-16 结构的位移计算简述
66			表1-17 功和功能原理
67			图1-88 作功形式一
68			图1-89 作功形式二
69			图1-90 作功形式三
70			图1-91 静力荷载所作实功
71			图1-92 常力 P_1 在位移 Δ_2 上作虚功
72			图1-93 力 P 在温度位移 Δ 上所作的虚功

（续）

序号	知识条目所属章名	知识条目所属节名	知识条目具体名称
73	第1章 建筑结构静力计算基本知识	1.10 结构的位移计算	图1-94 外力实功与内力实功
74			图1-95 外力虚功与内力虚功
75			图1-96 刚体外力虚功
76			图1-97 简单桁架受力示图
77			表1-18 结构位移计算的一般公式（单位荷载法）
78			图1-98 单位荷载法计算简图
79			表1-19 静定结构在荷载作用下的位移计算
80			用积分法求结构位移计算例题
81			表1-20 图形相乘法
82			图1-107 图形相乘法计算示意
83			图1-108 几种常见简单图形的面积 A 与形心 C 位置
84			图1-109 折线图形，非直线图形计算
85			图1-110 杆件为阶形杆的分段计算
86			图1-111 关于梯形图形的分解
87			图1-112 直线图形具有正号及负号部分的计算
88			图1-113 关于抛物线非标准图形的分解
89			用图形相乘法求结构位移计算例题
90			表1-21 静定结构由于支座移动及温度变化引起的位移计算
91			图1-123 温度变化引起的位移计算
92			静定结构由于支座移动及温度变化引起的位移计算例题
93			表1-22 线性弹性体系的互等定理
94			图1-131 功的互等定理
95			图1-132 位移的互等定理
96			图1-133 位移的互等定理的应用
97			图1-134 反力的互等定理
98			图1-135 反力与位移的互等定理
99		1.11 力法	表1-23 超静定结构的组成及超静定次数
100			图1-136 静定结构及超静定结构
101			图1-137 结构超静定次数分析
102			表1-24 力法的基本原理及典型方程的建立
103			图1-138 力法的基本未知量和基本体系
104			图1-139 力法的基本方程
105			图1-140 图乘法求位移
106			图1-141 内力图
107			图1-142 二次超静定结构力法方程的建立
108			图1-143 三次超静定结构力法方程的建立

（续）

序号	知识条目所属章名	知识条目所属节名	知识条目具体名称
109	第 1 章 建筑结构静力计算基本知识	1.11 力法	表 1-25 用力法计算超静定结构在荷载作用下的内力
110			图 1-144 单层厂房排架
111			图 1-145 无拉杆两铰拱计算
112			图 1-146 有拉杆两铰拱计算
113			力法计算例题
114			表 1-26 用力法计算超静定结构在支座移动和温度变化时的内力
115			图 1-157 简支梁和连续梁支座沉降分析
116			图 1-158 三次超静定刚架支座沉降计算
117			图 1-159 二次超静定刚架受温度计算
118			用力法计算超静定结构在支座移动和温度变化时的计算例题
119			表 1-27 对称结构的简化计算
120			图 1-162 对称结构及非对称荷载
121			图 1-163 对称力，反对称力及单位弯矩图
122			图 1-164 对称荷载作用
123			图 1-165 反对称荷载作用
124			对称结构计算例题
125			表 1-28 用弹性中心法计算对称无铰拱
126			图 1-171 弹性中心法计算对称无铰拱
127			图 1-172 单位未知力内力图
128			图 1-173 单位未知力内力图
129			图 1-174 单位未知力内力图
130			图 1-175 荷载作用下无铰拱弹性中心法计算
131			图 1-176 无铰拱压力曲线的作法
132			图 1-177 无铰拱温度作用计算
133			图 1-178 无铰拱支座移动计算
134			对称无铰拱计算例题
135			表 1-29 超静定结构的位移计算和计算校核
136			图 1-183 单跨超静定梁
137			图 1-184 结构内力校核
138		1.12 位移法	表 1-30 位移法的基本概念
139			图 1-185 将刚架按杆件拆开来分析
140			表 1-31 等截面直杆的转角位移方程
141			图 1-186 杆端内力正负号规定
142			图 1-187 位移法的三种基本计算单元
143			图 1-188 两端固定梁受荷载作用转动情况
144			图 1-189 一端固定另一端铰支梁受荷载作用转动情况

（续）

序号	知识条目所属章名	知识条目所属节名	知识条目具体名称
145	第1章 建筑结构静力计算基本知识	1.12 位移法	图1-190 一端固定另一端定向支承梁受荷载作用转动情况
146			表1-32 单跨超静定梁的形常数
147			表1-33 单跨超静定梁的载常数
148			表1-34 位移法基本体系的确定
149			图1-191 刚架加附加刚臂
150			图1-192 刚架加附加刚臂及附加支杆
151			图1-193 刚架变为铰结体系加附加刚臂及附加支杆
152			图1-194 复杂刚架变为铰结体系加附加刚臂及附加支杆
153			图1-195 排架加附加支杆
154			表1-35 位移法方程的建立
155			图1-196 具有一个基本未知量的位移法方程的建立
156			图1-197 具有三个基本未知量的位移法方程的建立
157			图1-198 求方程中的系数和自由项
158			位移法计算例题
159			表1-36 用典型方程法计算超静定结构在支座移动和温度变化时的内力
160			超静定结构在支座移动和温度变化时的计算例题
161			表1-37 对称性的利用
162			图1-210 利用对称性计算
163			图1-211 两端固定梁对称转动情况
164			对称性计算例题
165			表1-38 直接利用平衡条件建立位移法方程
166			图1-214 利用平衡条件计算无侧移刚架
167			图1-215 利用平衡条件计算连续梁
168			图1-216 利用平衡条件计算有侧移刚架
169			利用平衡条件计算例题
170		1.13 矩阵位移法	表1-39 矩阵位移法概述
171			图1-220 刚架单元与结构的划分和编号
172			图1-221 拱与变截面梁结点的划分和编号
173			图1-222 结构坐标系和单元坐标系
174			表1-40 局部坐标系中的单元刚度方程
175			图1-223 杆端力和杆端位移局部坐标系表示法
176			图1-224 杆端力和杆端位移整体坐标系表示法
177			图1-225 一般单元在局部坐标系中的受力与位移
178			图1-226 两端固定梁的六种位移情况
179			图1-227 轴力单元

（续）

序号	知识条目所属章名	知识条目所属节名	知识条目具体名称
180	第1章 建筑结构静力计算基本知识	1.13 矩阵位移法	表1-41 整体坐标系中的单元刚度方程
181			图1-228 一般单元坐标转换
182			图1-229 轴力单元
183			图1-230 简支梁式单元
184			图1-231 梁式单元
185			表1-42 单元、结点及结点位移分量编号、结点位移分量和结点力分量
186			图1-232 桁架和单元相互连接全为刚结的刚架结点的编号
187			图1-233 刚架的混合结点编号
188			图1-234 结构变形情况刚架结点位移编号
189			图1-235 结点、结点位移编号
190			图1-236 桁架结点力向量和结点位移向量
191			图1-237 刚架结点力向量和结点位移向量
192			表1-43 矩阵位移法的后处理法
193			图1-238 结构离散化
194			图1-239 对号入座示意
195			图1-240 带状矩阵示意
196			表1-44 非结点荷载的处理
197			图1-241 荷载等效转换示意
198			表1-45 矩阵位移法的先处理法
199			矩阵位移法计算例题
200			平面刚架计算程序
201	第2章 常用截面图形的几何及力学特性	2.1 简述及重心与形心	表2-1 简述及重心与形心
202			图2-1 构件平放与竖放两支点上
203			图2-2 重心与形心
204			图2-3 常见对称截面形状的形心
205			图2-4 T形截面的形心
206		2.2 面积静矩	表2-2 面积静矩的定义与计算
207			面积静矩计算例题
208		2.3 惯性矩	表2-3 惯性矩的定义与计算
209			图2-11 截面对坐标轴惯性矩的定义
210			图2-12 截面对坐标轴二次极矩的定义
211			图2-13 截面惯性矩的平行移轴
212			图2-14 截面对坐标轴的惯性积
213			图2-15 截面有对称坐标轴的惯性积
214			图2-16 圆形截面与环行截面计算

（续）

序号	知识条目所属章名	知识条目所属节名	知识条目具体名称
215	第2章 常用截面图形的几何及力学特性	2.3 惯性矩	图2-17 截面系数计算
216			惯性矩计算例题
217		2.4 常用截面的特性用表	表2-4 常用截面的力学特性
218			表2-5 常用截面的抗扭特性
219		2.5 型钢规格表	表2-6 热轧等边角钢
220			表2-7 热轧不等边角钢
221			表2-8 热轧工字钢
222			表2-9 热轧槽钢
223	第3章 单跨梁与水平曲梁的计算	3.1 单跨梁计算简述	表3-1 单跨梁计算简述
224			图3-1 符号说明示意图
225			图3-2 叠加原理示意图
226		3.2 单跨梁的计算公式	表3-2 悬臂梁的计算公式
227			表3-3 简支梁的计算公式
228			表3-4 一端简支另一端固定梁的计算公式
229			表3-5 一端固定一端滑动的支承梁计算公式
230			表3-6 两端固定梁计算公式
231			单跨梁计算例题
232		3.3 水平曲梁的计算	表3-7 水平曲梁计算说明
233			表3-8 水平圆弧梁和折线梁计算公式
234			表3-9 λ值
235			表3-10 均布荷载作用下固端圆弧梁内力计算公式
236			表3-11 计算系数表
237			表3-12 连续水平圆弧梁计算公式
238			水平曲梁计算例题
239		3.4 矩形截面直线加腋梁的形常数及载常数	表3-13 对称直线加腋梁的形常数及载常数
240			表3-14 一端直线加腋梁的形常数及载常数
241	第4章 连续梁计算	4.1 钢筋混凝土等跨等截面连续次梁、板的塑性计算	表4-1 一般规定
242			表4-2 均布荷载作用下连续次梁、板的内力计算
243			表4-3 梯形（三角形）荷载作用下连续次梁的内力计算
244			表4-4 在各跨相同的任意对称荷载作用下连续次梁的内力计算
245		4.2 等跨等截面连续梁的弹性计算	表4-5 等跨等截面连续梁的弹性计算简述
246			图4-1 活荷载不利位置图
247			表4-6 五跨连续梁活荷载不利布置图
248			表4-7 两等跨等截面连续梁在常用荷载作用下内力及挠度计算系数
249			表4-8 三等跨等截面连续梁在常用荷载作用下内力及挠度计算系数
250			表4-9 四等跨等截面连续梁在常用荷载作用下内力及挠度计算系数

（续）

序号	知识条目所属章名	知识条目所属节名	知识条目具体名称
251	第4章 连续梁计算	4.2 等跨等截面连续梁的弹性计算	表4-10 五等跨等截面连续梁在常用荷载作用下内力及挠度计算系数
252			等跨等截面连续梁计算例题
253		4.3 不等跨等截面连续梁在均布荷载作用下的计算	表4-11 两跨不等跨连续梁最大内力系数
254			表4-12 两边跨相等的三跨连续梁最大内力系数
255			表4-13 三跨不等跨连续梁最大内力系数（1）
256			表4-14 三跨不等跨连续梁最大内力系数（2）
257			表4-15 三跨不等跨连续梁最大内力系数（3）
258			不等跨等截面连续梁计算例题
259		4.4 钢筋混凝土等跨等截面连续深梁在均布荷载作用下的内力计算系数	表4-16 两跨连续深梁在均布荷载作用下的内力计算系数
260			表4-17 三跨连续深梁在均布荷载作用下的内力计算系数
261			表4-18 四跨连续深梁在均布荷载作用下的内力计算系数
262			表4-19 五跨连续深梁在均布荷载作用下的内力计算系数
263		4.5 钢筋混凝土等跨等截面连续深梁在集中荷载作用下的内力计算系数	表4-20 两跨连续深梁在集中荷载作用下的内力计算系数
264			表4-21 三跨连续深梁在集中荷载作用下的内力计算系数
265			表4-22 四跨连续深梁在集中荷载作用下的内力计算系数
266			表4-23 五跨连续深梁在集中荷载作用下的内力计算系数
267		4.6 钢筋混凝土等跨等截面连续深梁支座约束力计算公式	表4-24 连续深梁在均布荷载作用下支座约束力计算公式
268			表4-25 连续深梁在集中荷载作用下支座约束力计算公式
269		4.7 钢筋混凝土等跨等截面连续深梁在支座沉陷影响下的约束力计算系数	表4-26 两跨连续深梁在支座沉陷影响下的约束力计算系数
270			表4-27 三跨连续深梁在支座沉陷影响下的约束力计算系数
271			表4-28 四跨连续深梁在支座沉陷影响下的约束力计算系数
272			表4-29 五跨连续深梁在支座沉陷影响下的约束力计算系数
273	第5章 板的计算	5.1 平板的弹性计算	双向矩形平板的计算说明
274			表5-1 均布荷载作用下双向矩形板的弯矩系数
275			表5-2 局部均布荷载作用下的弯矩系数
276			表5-3 四边简支和四边固定板在集中荷载作用下的弯矩系数
277			表5-4 均布荷载作用下两邻边固定两邻边自由的矩形板弯矩系数
278			表5-5 三角形荷载作用下双向矩形板的弯矩系数
279			表5-6 扇形板承受均布荷载 q（kN/m^2）弯矩计算公式
280			表5-7 具有一个角柱的两邻边简支、两邻边自由矩形板的计算系数
281			表5-8 具有两个角柱的一边简支矩形板的计算系数
282			平板的弹性计算例题
283		5.2 钢筋混凝土圆形板和环形板的弹性计算	计算说明
284			表5-9 在均布荷载作用下周边固定圆形板计算
285			表5-10 在周边弯矩作用下圆形板计算
286			表5-11 周边简支板在中心局部均布荷载作用下圆形板计算

（续）

序号	知识条目所属章名	知识条目所属节名	知识条目具体名称
287	第5章 板的计算	5.2 钢筋混凝土圆形板和环形板的弹性计算	表5-12 周边简支在环形线均布荷载作用下圆形板计算
288			表5-13 周边简支在均布荷载作用下环形板计算
289			表5-14 周边简支在内圆线均布荷载作用下环形板计算
290			表5-15 周边简支承受周边环形均布弯矩作用下环形板计算
291			表5-16 周边简支在内圆环形均布弯矩作用下环形板计算
292			表5-17 在悬挑部分均布荷载作用下悬挑圆形板计算
293			表5-18 在支承边内均布荷载作用下悬挑圆形板计算
294			表5-19 在最外边环形线均布荷载作用下悬挑圆形板计算
295			表5-20 周边固定、均布荷载作用下圆心有支柱的圆形板计算
296			表5-21 周边简支、周边弯矩作用下圆心有支柱的圆形板计算
297			表5-22 周边简支、均布荷载作用下圆心有支柱的圆形板计算
298			表5-23 圆形板和环形板及圆心加柱的圆形板在各种形式荷载作用下的计算公式
299		5.3 钢筋混凝土圆形板的塑性计算	计算说明
300			表5-24 圆形板按极限平衡法计算的弯矩系数
301			钢筋混凝土圆形板的塑性计算例题
302	第6章 桁架的计算	6.1 桁架计算简述与等节间三角形桁架参数	桁架计算简述
303			表6-1 内力系数
304		6.2 豪式桁架	表6-2 节间等长豪式桁架
305			表6-3 四节间豪式桁架杆件长度及内力系数
306			表6-4 六节间豪式桁架杆件长度及内力系数
307			表6-5 八节间豪式桁架杆件长度及内力系数
308			表6-6 十节间豪式桁架杆件长度及内力系数
309			表6-7 不等节间豪式桁架
310			表6-8 六个不等节间豪式桁架杆件长度及内力系数
311			表6-9 八个不等节间豪式桁架杆件长度及内力系数
312			表6-10 十个不等节间豪式桁架杆件长度及内力系数
313			表6-11 豪式单坡桁架
314			表6-12 二节间豪式单坡桁架杆件长度及内力系数
315			表6-13 三节间豪式单坡桁架杆件长度及内力系数
316			表6-14 四节间豪式单坡桁架杆件长度及内力系数
317		6.3 芬克式桁架与混合式桁架	表6-15 等节间芬克式桁架杆件长度及内力系数
318			表6-16 等节间混合式桁架杆件长度及内力系数
319		6.4 梯形桁架	表6-17 上弦为四节间梯形桁架杆件长度及内力系数
320			表6-18 上弦为六节间梯形桁架杆件长度及内力系数

（续）

序号	知识条目所属章名	知识条目所属节名	知识条目具体名称
321	第6章 桁架的计算	6.4 梯形桁架	表6-19 上弦为八节间梯形桁架杆件长度及内力系数
322			表6-20 四节间梯形桁架杆件长度及内力系数
323			表6-21 六节间梯形桁架杆件长度及内力系数
324			表6-22 八节间梯形桁架杆件长度及内力系数
325			表6-23 四节间缓坡梯形桁架杆件长度及内力系数
326			表6-24 六节间缓坡梯形桁架杆件长度及内力系数
327			表6-25 八节间缓坡梯形桁架杆件长度及内力系数
328		6.5 单坡梯形桁架	表6-26 上弦为四节间单坡梯形桁架杆件长度及内力系数
329			表6-27 上弦为六节间单坡梯形桁架杆件长度及内力系数
330			表6-28 单坡梯形豪式桁架杆件长度及内力系数
331		6.6 弧形桁架	表6-29 下弦为三节间弧形桁架杆件长度及内力系数
332			表6-30 下弦为四节间弧形桁架杆件长度及内力系数
333			表6-31 下弦为五节间弧形桁架杆件长度及内力系数
334			表6-32 下弦为六节间弧形桁架杆件长度及内力系数
335		6.7 平行弦杆桁架	表6-33 上升式斜杆的平行弦杆桁架的内力系数
336			表6-34 下降式斜杆的平行弦杆桁架的内力系数
337		6.8 四坡水屋面梯形桁架	表6-35 四坡水屋面四节间梯形桁架杆件长度及内力系数
338			表6-36 四坡水屋面四节间梯形桁架（$l/h=4$）杆件长度及内力系数
339			表6-37 四坡水屋面六节间梯形桁架杆件长度及内力系数
340			表6-38 四坡水屋面六节间梯形桁架（$l/h=4$）杆件长度及内力系数
341		6.9 桁架计算例题	桁架计算例题
342	第7章 在均布荷载作用下井字梁计算	7.1 简述与计算公式	表7-1 井字梁简述
343			图7-1 井字梁计算（1）
344			图7-2 井字梁计算（2）
345			表7-2 井字梁计算公式
346		7.2 四边简支井字梁计算	表7-3 四边简支井字梁计算用表
347			四边简支井字梁计算例题
348		7.3 四边固定井字梁计算	表7-4 四边固定井字梁计算用表
349			四边固定井字梁计算例题
350	第8章 拱的计算	8.1 圆拱及抛物线拱的几何数据	表8-1 圆拱几何数据（一）
351			表8-2 圆拱几何数据（二）
352			表8-3 抛物线拱的几何数据
353		8.2 三铰拱的计算	表8-4 三铰拱的计算简述
354			图8-1 三铰拱受力示意图
355			表8-5 各种荷载作用下三铰拱计算公式
356		8.3 双铰拱的计算	表8-6 双铰等截面圆拱的计算

（续）

序号	知识条目所属章名	知识条目所属节名	知识条目具体名称
357	第8章 拱的计算	8.3 双铰拱的计算	表8-7 双铰抛物线拱的计算
358			表8-8 K值
359			表8-9 n值
360			双铰拱计算例题
361		8.4 无铰拱的计算	表8-10 等截面无铰圆拱的计算
362			表8-11 无铰抛物线拱的计算
363	第9章 排架计算	9.1 排架计算说明	表9-1 排架计算说明
364			图9-1 排架简化计算（1）
365			图9-2 排架简化计算（2）
366		9.2 二阶柱的变位计算公式	表9-2 二阶柱的变位计算公式
367		9.3 按不动铰计算排架柱顶反力的公式	表9-3 按不动铰计算排架柱顶反力的公式
368		9.4 单跨排架内力计算公式	表9-4 单跨排架内力计算公式
369		9.5 二跨等高排架内力计算公式	表9-5 二跨等高排架内力计算公式
370		9.6 一高一低二跨排架内力计算公式	表9-6 一高一低二跨排架内力计算公式
371		9.7 三跨等高排架内力计算公式	表9-7 三跨等高排架内力计算公式
372		9.8 不等高排架内力计算公式	表9-8 不等高排架内力计算公式
373		9.9 排架计算例题	排架计算例题
374	第10章 刚架计算	10.1 两端为固定铰支座的“ ”与“ ”形刚架内力计算公式	表10-1 两端为固定铰支座的“ ”形刚架内力计算公式
375			表10-2 两端为固定铰支座的“ ”形刚架内力计算公式
376		10.2 柱端为固定支座、横梁端为固定铰支座的“ ”与“ ”形刚架内力计算公式	表10-3 柱端为固定支座、横梁端为固定铰支座的“ ”形刚架内力计算公式
377			表10-4 柱端为固定支座、横梁端为固定铰支座的“ ”形刚架内力计算公式
378		10.3 两端为固定支座的“ ”与“ ”形刚架内力计算公式	表10-5 两端为固定支座的“ ”形刚架内力计算公式
379			表10-6 两端为固定支座的“ ”形刚架内力计算公式
380		10.4 两柱端为固定铰支座与固定支座的门形刚架内力计算公式	表10-7 两柱端为固定铰支座的门形刚架内力计算公式
381			表10-8 两柱端为固定支座的门形刚架内力计算公式

（续）

序号	知识条目所属章名	知识条目所属节名	知识条目具体名称
382	第10章 刚架计算	10.5 两柱端为固定铰支座与固定支座的“ ”形刚架内力计算公式	表10-9 两柱端为固定铰支座的“ ”形刚架内力计算公式
383			表10-10 两柱端为固定支座的“ ”形刚架内力计算公式
384		10.6 两柱端为固定铰支座与固定支座的“ ”形刚架（横梁为抛物线形）内力计算公式	表10-11 两柱端为固定铰支座的“ ”形刚架内力计算公式
385			表10-12 两柱端为固定支座的“ ”形刚架内力计算公式
386	第11章 结构实用计算法	11.1 力矩分配法	表11-1 力矩分配法计算
387			图11-1 力矩分配法的基本思路
388			图11-2 杆件的转动刚度
389			图11-3 分配力矩
390			力矩分配法计算例题
391		11.2 无剪力分配法	表11-6 无剪力分配法计算
392			图11-10 无剪力分配法示意图
393			无剪力分配法计算例题
394		11.3 分层法	表11-8 分层法计算
395			图11-18 分层法计算示意图
396			图11-19 两端支座弯矩的计算
397			分层法计算例题
398		11.4 反弯点法	表11-11 反弯点法计算
399			图11-21 反弯点法计算
400			反弯点法计算例题
401		11.5 D 值法	表11-12 D 值法计算
402			图11-23 框架抗侧移刚度计算图示
403			图11-24 标准反弯点位置确定
404			图11-25 梁刚度变化时反弯点影响
405			图11-26 层高变化对反弯点影响
406			图11-27 梁柱弯曲变形引起的侧移
407			图11-28 柱轴向变形引起的侧移
408			图11-29 $F(n)$ 曲线
409			图11-30 柱端弯矩示意图
410			表11-13 柱侧移刚度修正系数
411			表11-14 规则框架承受均布水平力作用时标准反弯点的高度比 y_0 值
412			表11-15 规则框架承受倒三角形分布水平力作用时标准反弯点的高度比 y_0 值

（续）

序号	知识条目所属章名	知识条目所属节名	知识条目具体名称
413	第11章 结构实用计算法	11.5 D 值法	表11-16 上下层梁线刚度比对 y_0 的修正值 y_1
414			表11-17 上下层层高变化对 y_0 的修正值 y_2 和 y_3
415			D 值法计算例题
416	第12章 结构静力计算常用数学基本知识	12.1 初等代数	表12-1 代数运算
417			图12-1 复数对应于平面上的点
418			表12-2 双曲函数
419			表12-3 代数方程
420			初等代数计算例题
421		12.2 平面三角	表12-4 角的两种度量制与三角函数的定义和基本关系
422			图12-2 三角函数定义
423			图12-3 单位圆中三角函数线
424			表12-5 特殊角的三角函数值
425			表12-6 三角函数的诱导公式及三角函数的图形与特性
426			图12-6 正切函数的图形
427			图12-7 余切函数的图形
428			图12-4 正弦函数的图形
429			图12-5 余弦函数的图形
430			表12-7 任意角三角函数的诱导公式
431			图12-8 正割函数的图形
432			图12-9 余割函数的图形
433			表12-8 三角函数公式
434			表12-9 三角形基本定理与斜三角形解法和三角形面积公式
435			图12-10 三角形基本定理简图
436			表12-10 斜三角形计算
437			图12-11 三角形面积计算简图
438			表12-11 斜三角形的解
439			表12-12 反三角函数
440			图12-12 反正弦函数图形
441			图12-13 反余弦函数图形
442			图12-14 反正切函数图形
443			图12-15 反余切函数图形
444			表12-13 反三角函数的定义域和值域
445			表12-14 三角方程
446			表12-15 最简单三角方程的解集
447			三角方程计算例题
448		12.3 微积分	表12-16 函数极限

（续）

序号	知识条目所属章名	知识条目所属节名	知识条目具体名称
449	第 12 章 结构静力计算常用数学基本知识	12.3 微积分	表 12-17 其他极限或无穷大量定义
450			表 12-18 函数的导数与微分
451			图 12-16 函数的导数与微分
452			表 12-19 导数与微分的基本公式
453			表 12-20 常用函数的高阶导数
454			表 12-21 多元函数的偏导数与全微分
455			图 12-17 偏导数定义及几何意义
456			表 12-22 不定积分
457			图 12-18 不定积分
458			表 12-23 不定积分表
459			表 12-24 定积分
460			表 12-25 定积分表
461		12.4 行列式	表 12-26 二阶行列式
462			表 12-27 三阶行列式
463			表 12-28 四阶行列式
464			表 12-29 高阶行列式及行列式的性质
465			行列式计算例题
466		12.5 矩阵	表 12-30 矩阵的一般概念
467			表 12-31 矩阵与矩阵相乘
468			矩阵计算例题
469		12.6 逆矩阵的计算	表 12-32 逆矩阵基本计算公式
470			逆矩阵计算例题
471		12.7 用行列式法解线性方程组	表 12-33 用行列式法解线性方程组的基本计算公式
472			用行列式法解线性方程组计算例题
473		12.8 用逆矩阵法解线性方程组	表 12-34 用逆矩阵法解线性方程组的基本计算公式
474			用逆矩阵法解线性方程组计算例题

表三　计算公式

序号	计算公式名称	序号	计算公式名称
1	正方形截面 1 截面系数的计算	9	不等边三角形截面 3 图示轴线的惯性矩的计算
2	正方形截面 2 图示轴线的惯性矩的计算	10	不等边三角形截面 2 图示轴线的惯性矩
3	正方形截面 1 图示轴线的惯性矩的计算	11	不等边三角形截面 1 回转半径的计算
4	等边三角形截面图示轴线的惯性矩的计算	12	不等边三角形截面 1 截面系数 W_{X02} 的计算
5	等边三角形截面截面面积 S 的计算	13	不等边三角形截面 1 截面系数的计算
6	等腰三角形截面截面系数的计算	14	不等边三角形截面 1 图示轴线的惯性矩的计算
7	等腰三角形截面回转半径的计算	15	矩形截面 2 图示轴线的惯性矩的计算
8	等腰三角形截面图示轴线的惯性矩的计算	16	矩形截面截面系数的计算

（续）

序号	计算公式名称	序号	计算公式名称
17	矩形截面1图示轴线的惯性矩的计算	56	椭圆形截面2图示轴线的惯性矩的计算
18	矩形截面惯性矩计算	57	椭圆形截面2图示轴线的惯性矩的计算
19	倾斜矩形截面1图示轴线的惯性矩的计算	58	椭圆形截面2图示轴线至边缘距离 x 的计算
20	倾斜矩形截面1截面系数	59	椭圆形截面2图示轴线至边缘距离 y 的计算
21	倾斜矩形截面1回转半径的计算	60	长圆形截面图示轴线的惯性矩的计算
22	倾斜矩形截面1图示轴线的惯性矩的计算	61	长圆形截面图示轴线的惯性矩的计算
23	中空矩形截面惯性矩的计算	62	长圆形截面面积 S 的计算
24	中空矩形截面截面系数的计算	63	椭圆环形截面图示轴线至边缘距离 y 的计算
25	中空矩形截面回转半径计算	64	椭圆环形截面截面面积 S 的计算
26	梯形截面1图示轴线的惯性矩的计算	65	椭圆环形截面惯性矩计算
27	梯形截面图示轴线至边缘距离 y_1 的计算	66	不完整圆截面2回转半径的计算
28	梯形截面图示轴线至边缘距离 y_2 的计算	67	不完整圆截面2截面系数的计算
29	梯形截面惯性矩计算	68	不完整圆截面2图示轴线至边缘距离 y 的计算
30	中空方形截面惯性矩计算	69	不完整圆截面2图示轴线的惯性矩的计算
31	倾斜中空方形回转半径的计算	70	不完整圆截面1图示轴线的惯性矩的计算
32	中空方形截面惯性矩计算	71	不完整圆截面2截面面积 S 的计算
33	倾斜中空方形截面系数的计算	72	不完整圆截面1截面面积 S 的计算
34	倾斜中空方形截面惯性矩的计算	73	不完整圆截面1图示轴线至边缘距离 y_1 的计算
35	圆角四边形截面截面系数的计算	74	部分环形截面图示轴线至边缘距离 y_2 的计算
36	圆角四边形截面回转半径的计算	75	部分环形截面截面面积 S 的计算
37	圆角四边形截面截面面积 S 的计算	76	部分环形截面图示轴线至边缘距离 y_1 的计算
38	圆角四边形截面图示轴线的惯性矩	77	部分环形截面惯性矩计算
39	四分之一圆形截面图示轴线的惯性矩的计算	78	对称截面惯性矩的计算
40	四分之一圆形截面图示轴线至边缘距离 y_2 的计算	79	对称截面截面系数的计算
41	四分之一圆形截面图示轴线至边缘距离 y_1 的计算	80	对称截面回转半径计算
42	半圆形截面图示轴线的惯性矩的计算	81	I形截面2图示轴线距边缘距离计算
43	半圆形截面图示轴线至边缘距离 x 的计算	82	I形截面2惯性矩计算
44	半圆形截面图示轴线的惯性矩的计算	83	I形截面1惯性矩计算
45	半圆形截面图示轴线至边缘距离 y_2 的计算	84	I形截面2图示轴线距边缘距离 y_1 的计算
46	半圆形截面图示轴线至边缘距离 y_1 的计算	85	I形截面1惯性矩的计算
47	圆形截面2图示轴线的惯性矩的计算	86	I形截面1截面面积S的计算
48	圆形截面1回转半径的计算	87	I形截面3惯性矩的计算
49	圆形截面1截面系数的计算	88	I形截面3惯性矩的计算
50	圆形截面1图示轴线的惯性矩的计算	89	槽形截面1图示轴线距边缘距离计算
51	椭圆形截面1惯性矩的计算	90	槽形截面1惯性矩计算
52	椭圆形截面1图示轴线至边缘距离 y_1 的计算	91	槽形截面2图示轴线距边缘距离计算
53	椭圆形截面1截面面积 S 的计算	92	槽形截面2惯性矩计算
54	椭圆形截面1图示轴线至边缘距离 y_2 的计算	93	槽形截面2惯性矩的计算
55	椭圆形截面2截面面积 S 的计算	94	槽形截面2图示轴线距边缘距离 x_2 的计算

（续）

序号	计算公式名称	序号	计算公式名称
95	槽形截面 1 惯性矩的计算	134	正六角形截面 2 截面面积 2 的计算
96	槽形截面 1 图示轴线距边缘距离 x_1 的计算	135	正六角形截面 1 图示轴线至边缘距离 y 的计算
97	箱形截面图示轴线距边缘距离 y_1 的计算	136	正八角形截面 2 回转半径的计算
98	箱形截面图示轴线距边缘距离 y_2	137	正八角形截面 2 截面系数的计算
99	箱形截面惯性矩计算	138	正八角形截面 2 惯性矩的计算
100	扇形截面图示轴线至边缘距离 y_1 的计算	139	正八角形截面 2 图示轴线至边缘距离 y 的计算
101	扇形截面图示轴线至边缘距离 y_2 的计算	140	正八角形截面 2 截面面积 3 的计算
102	扇形截面惯性矩计算	141	正八角形截面 2 截面面积 2 的计算
103	扇形截面 1 图示轴线的惯性矩的计算	142	正八角形截面 2 截面面积 S
104	扇形截面 1 图示轴线的惯性矩的计算	143	正八角形截面 1 回转半径的计算
105	扇形截面惯性矩的计算	144	正八角形截面 1 截面系数的计算
106	扇形截面图示轴线至边缘距离 x 的计算	145	正八角形截面 1 惯性矩的计算
107	T 形截面 1 惯性矩	146	正八角形截面 1 图示轴线至边缘距离 y 的计算
108	T 形截面 2 图示轴线距边缘距离 y_2 的计算	147	正八角形截面 1 截面面积 S 的计算
109	T 形截面 1 图示轴线至边缘距离 y_2 的计算	148	异形截面 1 惯性矩的计算
110	T 形截面 1 图示轴线至边缘距离 y_1 的计算	149	异形截面 1 图示轴线至边缘距离 y_2 的计算
111	T 形截面 2 惯性矩计算	150	异形截面 1 图示轴线至边缘距离 y_1 的计算
112	T 形截面 1 惯性矩计算	151	异形截面 1 截面面积 S 的计算
113	T 形截面 2 图示轴线距边缘距离计算	152	异形截面惯性矩计算 I_{x_0}
114	弓形截面图示轴线至边缘距离 y_2 的计算	153	异形截面惯性矩计算 I_{y_0}
115	弓形截面图示轴线至边缘距离 x 的计算	154	异形截面图示轴线至边缘距离 y_d 的计算
116	弓形截面图示轴线至边缘距离 y_1 的计算	155	异形截面截面面积 S 的计算
117	弓形截面图示轴线至边缘距离的计算	156	L 形截面图示轴线的惯性矩的计算
118	弓形截面惯性矩的计算	157	L 形截面图示轴线距边缘距离 y_2 的计算
119	弓形截面截面面积 S 的计算	158	L 形截面图示轴线距边缘距离 y_1 的计算
120	弓形截面惯性矩 I_{y_0} 计算	159	十字形截面图示轴线的惯性矩
121	弓形截面惯性矩 I_{x_0} 计算	160	十字形截面图示轴线的惯性矩
122	正六角形截面 2 回转半径的计算	161	Z 字形截面图示轴线的惯性矩的计算
123	正八角形截面 1 截面面积 2 的计算	162	两端为固定铰支座的直角形刚架 10 内力 V 的计算
124	正六角形截面 2 截面系数的计算	163	两端为固定铰支座的直角形刚架 10 内力 H 的计算
125	正六角形截面 1 回转半径的计算	164	两端为固定铰支座的直角形刚架 10 内力 M_B 的计算
126	正六角形截面 1 截面面积 S_2 的计算	165	两端为固定铰支座的直角形刚架 9 内力 V 的计算
127	正六角形截面 2 截面面积 S 的计算	166	两端为固定铰支座的直角形刚架 9 内力 H_C 的计算
128	正六角形截面 1 截面面积 S 的计算	167	两端为固定铰支座的直角形刚架 9 内力 H_A 的计算
129	正六角形截面 1 截面系数的计算	168	两端为固定铰支座的直角形刚架 9 内力 M_P 的计算
130	正六角形截面 1 惯性矩的计算	169	两端为固定铰支座的直角形刚架 9 内力 M_B 的计算
131	正六角形截面 1 图示轴线至边缘距离 y 的计算	170	两端为固定铰支座的直角形刚架 8 内力 V_C 的计算
132	正六角形截面 2 惯性矩的计算	171	两端为固定铰支座的直角形刚架 8 内力 H 的计算
133	正六角形截面 2 图示轴线至边缘距离 y 的计算	172	两端为固定铰支座的直角形刚架 8 内力 V_A 的计算

（续）

序号	计算公式名称	序号	计算公式名称
173	两端为固定铰支座的直角形刚架8内力 M_P 的计算	184	两端为固定铰支座的直角形刚架5内力 H 的计算
174	两端为固定铰支座的直角形刚架8内力 M_B 的计算	185	两端为固定铰支座的直角形刚架5内力 M_B 的计算
175	两端为固定铰支座的直角形刚架7内力 V 的计算	186	两端为固定铰支座的直角形刚架4内力 V 的计算
176	两端为固定铰支座的直角形刚架7内力 H_C 的计算	187	两端为固定铰支座的直角形刚架4内力 H 的计算
177	两端为固定铰支座的直角形刚架7内力 H_A 的计算	188	两端为固定铰支座的直角形刚架4内力 M_B 的计算
178	两端为固定铰支座的直角形刚架7内力 M_B 的计算	189	两端为固定铰支座的直角形刚架3内力 H 的计算
179	两端为固定铰支座的直角形刚架6内力 V_C 的计算	190	两端为固定铰支座的直角形刚架3内力 M_B 的计算
180	两端为固定铰支座的直角形刚架6内力 H 的计算	191	两端为固定铰支座的直角形刚架3内力 V 的计算
181	两端为固定铰支座的直角形刚架6内力 M_B 的计算	192	两端为固定铰支座的直角形刚架2内力 V 的计算
182	两端为固定铰支座的直角形刚架6内力 V_A 的计算	193	两端为固定铰支座的直角形刚架2内力 H 的计算
183	两端为固定铰支座的直角形刚架5内力 V 的计算	194	两端为固定铰支座的直角形刚架2内力 M_B 的计算

表四　数字表格

序号	表格名称	序号	表格名称
1	热轧等边角钢规格表	20	下降式斜杆的平行弦杆桁架的内力系数
2	热轧不等边角钢规格表	21	上升式斜杆的平行弦杆桁架的内力系数
3	热轧工字钢规格表	22	对称直线加腋梁的形常数及载常数
4	热轧槽钢规格表	23	一端直线加腋梁的形常数及载常数
5	规则框架承受均布水平力作用时标准反弯点的高度比 y_0 值	24	局部均布荷载作用下的弯矩系数
6	规则框架承受倒三角形分布水平力作用时标准反弯点的高度比 y_0 值	25	周边简支板在中心局部均布荷载作用下圆形板计算
7	上下层梁线刚度比对 y_0 的修正值 y_1	26	周边简支在环形线均布荷载作用下圆形板计算
8	上下层层高变化对 y_0 的修正值 y_2 和 y_3	27	周边简支在均布荷载作用下环形板计算
9	两边跨相等的三跨连续梁最大内力系数	28	周边简支在内圆线均布荷载作用下环形板计算
10	两跨连续深梁在支座沉陷影响下的约束力计算系数	29	周边简支承受周边环形均布弯矩作用下环形板计算
11	两跨不等跨连续梁最大内力系数	30	周边简支在内圆环形均布弯矩作用下环形板计算
12	三跨连续深梁在支座沉陷影响下的约束力计算系数	31	在悬挑部分均布荷载作用下悬挑圆形板计算
13	三等跨等截面连续梁在常用荷载作用下内力及挠度计算系数	32	在支承边内均布荷载作用下悬挑圆形板计算
14	三跨不等跨连续梁最大内力系数（3）	33	在最外边环形线均布荷载作用下悬挑圆形板计算
15	三跨连续深梁在集中荷载作用下的内力计算系数	34	周边固定、均布荷载作用下圆心有支柱的圆形板计算
16	四跨连续深梁在集中荷载作用下的内力计算系数	35	周边简支、均布荷载作用下圆心有支柱的圆形板计算
17	四跨连续深梁在支座沉陷影响下的约束力计算系数	36	周边简支、周边弯矩作用下圆心有支柱的圆形板计算
18	五跨连续深梁在支座沉陷影响下的约束力计算系数	37	圆形板按极限平衡法计算的弯矩系数
19	五跨连续深梁在集中荷载作用下的内力计算系数	38	圆拱几何数据（一）

参考文献

[1] 郭长城．结构力学[M]．北京：中国建筑工业出版社，1993.

[2] 萧允徽，张来仪．结构力学：Ⅰ[M]．3 版．北京：机械工业出版社，2018.

[3] 张来仪．结构力学[M]．北京：中国建筑工业出版社，2003.

[4] 吴德安，张熙光，顾怡荪．建筑结构工程师手册[M]．北京：中国建筑工业出版社，2005.

[5] 建筑结构静力计算手册编写组．建筑结构静力计算手册[M]．2 版．北京：中国建筑工业出版社，1998.

[6] 张永胜．结构力学[M]．北京：中国电力出版社，2016.

[7] 宋小壮．工程力学[M]．北京：机械工业出版社，2007.

[8] 王培兴，李健．工程力学[M]．2 版．北京：机械工业出版社，2018.

[9] 林贤根．土木工程力学[M]．2 版．北京：机械工业出版社，2006.

[10] 包福廷．井字梁结构静力计算手册[M]．北京：中国建筑工业出版社，1989.

[11] 施岚青．2007——、二级注册结构工程师专业考试应用指南[M]．北京：中国建筑工业出版社，2007.

[12] 施岚青．实用建筑结构设计手册[M]．北京：冶金工业出版社，1998.

[13] 唐锦春，郭鼎康．简明建筑结构设计手册[M]．2 版．北京：中国建筑工业出版社，1992.

[14] 木结构设计手册编写委员会．木结构设计手册[M]．4 版．北京：中国建筑工业出版社，2021.

[15] 叶其孝，沈永欢．实用数学手册[M]．2 版．北京：科学出版社，2006.

[16] 中国工程建设标准化协会．钢筋混凝土深梁设计规程：CECS 39—1992[S]．北京：中国建筑工业出版社，1992.

[17] 同济大学数学系．工程数学　线性代数[M]．6 版．北京：高等教育出版社，2014.

[18] 浙江大学．建筑结构静力计算实用手册[M]．北京：中国建筑工业出版社，2009.